Lourdes Figueiras

La Ciencia en tus Manos

Pedro García Barreno
(director)

La Ciencia en tus Manos

ESPASA

ESPASA FÓRUM

Directora: Pilar Cortés
Editora: Olga Adeva

Primera edición: octubre, 2000
Segunda edición: enero, 2001
Tercera edición: marzo, 2001
Cuarta edición: septiembre, 2001

Diseño de cubierta: Tasmanias
Imagen de cubierta: Anna Löscher, 1997
Ilustraciones de interior: facilitadas por los autores y archivo Espasa Calpe
Realización de cubierta: Ángel Sanz Martín

Depósito legal: M. 38.708-2001
ISBN: 84-239-9761-8

Espasa, en su deseo de mejorar sus publicaciones, agradecerá cualquier sugerencia que los lectores hagan al departamento editorial por correo electrónico: sugerencias@espasa.es

Impreso en España/Printed in Spain
Impresión: Huertas, S. A.

Editorial Espasa Calpe, S. A.
Carretera de Irún, km 12,200. 28049 Madrid

ÍNDICE GENERAL

PARTE III

LA VIDA

PARTE IV

LOS ORGANISMOS

PARTE VI

EL MUNDO DE LAS MATEMÁTICAS

Prólogo

Luis Miguel Enciso

De las actividades o disciplinas que condicionarán el destino humano en el próximo milenio, pocas lo harán con tanta fuerza como la ciencia o la tecnología, en su conjunto, y sus diferentes ramas y sectores.

Esa convicción ha movido a la Sociedad España Nuevo Milenio, a sus gestores y, en especial, a su presidente, a conceder atención prioritaria en nuestro programa a las actividades o proyectos científicos.

Uno de ellos, y de especial relevancia, es la publicación del libro La ciencia en tus manos. Esta singular especie de vademécum redactado por científicos de gran prestigio, excelentemente coordinados por Pedro García Barreno, trata de ofrecer a la sociedad española, y, en medida semejante, a las que comparten el español como idioma, un instrumento, hasta ahora inexistente y por ello más necesario, para que puedan tener una idea, completa y rigurosa, de lo que las ciencias enseñan hoy sobre la naturaleza.

Damos así respuesta a un noble desafío: el de proporcionar al hombre culto y al gran público no solo una imagen primera y esencial de los saberes, sino la imagen que busca la imprescindible síntesis entre la esencia y las letras, el lenguaje científico y el de los humanistas, los creadores, o los intérpretes de todas las artes, y, lo que es más importante, la armonía entre el hombre y el medio en que habita.

Tenemos la esperanza, en definitiva, de brindar, gracias a este libro, a gente de toda condición, una preciosa herramienta para enfrentarse, desde el conocimiento, con un universo globalizado en el que la ciencia y la tecnología ocupan un lugar de excepción.

Presidente
Sociedad España Nuevo Milenio

Presentación

José Manuel Sánchez Ron

La pluralidad y profundidad de conocimientos científicos existentes en la actualidad plantea serios problemas a todos los ciudadanos. A todos, incluso a aquellos que han hecho de la ciencia su profesión, pero que se sienten incapaces de abandonar los estrechos dominios de su especialidad. Sabemos que esos conocimientos son importantes, imprescindibles incluso para poder vivir plena y conscientemente, para poder ejercer todos los derechos y obligaciones asociadas a eso que se llama «ciudadanía», pero no disponemos de instrumentos adecuados para acercarnos a ellos. En mi opinión, La ciencia en tus manos puede —debe— ser tal instrumento. Un instrumento elaborado por un grupo en el que se encuentran profesionales de credenciales reconocidas en las diversas ciencias. Como se suele decir: «No están todos los que son, pero sí son todos los que están». Nunca antes, en nuestro país, se habían reunido con un fin educativo común un grupo comparable de científicos. Y ha sido gracias a la habilidad, conocimiento, perseverancia y esfuerzo del director de esta obra, Pedro García Barreno, que ello ha sido posible. Una cosa es darse cuenta de que la ciencia penetra y condiciona nuestras vidas, al igual que la del conjunto de la sociedad, y otra diseñar una obra equilibrada, en la que el balance entre las diferentes disciplinas científicas (matemáticas, física, química, ciencias naturales y biomédicas) responda a la situación real de la ciencia actual y a lo que esta apunta en su desarrollo. El doctor García Barreno ha logrado ese equilibrio pluridisciplinar, una tarea en la que no solo son necesarias las virtudes antes señaladas, sino que también requiere la de percibir cuáles serán las líneas maestras del desarrollo científico futuro, un futuro que no espera, que se materializa cada momento que pasa. Uno de los lemas del Mayo francés del 68 fue: «Pensar no tanto en que sois hijos de vuestro pasado, sino en que sois padres de vuestro futuro». En este mismo sentido, La ciencia en tus manos pone a disposición de sus lectores un instrumento precioso para comprender la herencia y presente de un tesoro tan importante como es el conocimiento científico, pero al mismo tiempo les brinda una joya más valiosa, si cabe: los fundamentos imprescindibles para poder entender el futuro, inmediato y a medio plazo. Y no solo para entenderlo, sino también para no ser espectadores ajenos y pasivos ante ese futuro, y poder intervenir, si así se desea, en él.

La Sociedad España Nuevo Milenio se honra en prestar todos estos servicios a la sociedad que la justifica y a la que sirve, y agradece al doctor García Barreno que lo haya hecho posible con su magistral intervención.

Comisario de Ciencia y Tecnología
Sociedad España Nuevo Milenio

INTRODUCCIÓN

Pedro García Barreno (dir.)

El deslumbrante progreso de la ciencia y de la tecnología durante el siglo XX ha provocado un cambio sin precedentes en las relaciones entre aquellas y la sociedad. Desde la Segunda Guerra Mundial la ciencia, a través de la tecnología, ha llegado a ser un elemento dominante en nuestras vidas; ello, sobre la base de los enormes beneficios que han supuesto para la humanidad. Más y mejor vida y una prosperidad económica jamás disfrutada son el resultado del desarrollo tecnológico basado en el avance del conocimiento científico. Puede asegurarse que este progreso científico continuará e incluso se acelerará en el futuro; la ciencia y la tecnología son los motores del crecimiento económico y seguirán contribuyendo al desarrollo de la sociedad humana.

Frank Press, entonces presidente de la Academia Nacional de Ciencias de Estados Unidos, escribe en el Prólogo a *Headline News, Science Views:* «Vivimos en una era de logros científicos y técnicos sin precedentes. Nuestras vidas han sido transformadas por las computadoras, los importantes avances de la medicina o las sondas espaciales y, también, por la degradación ambiental y el conflicto nuclear. Sin embargo y a pesar de su importancia, la mayoría de los desarrollos en ciencia y en tecnología son un misterio para una gran parte de los ciudadanos, independientemente de su nivel de educación o de formación. Los ciudadanos apenas comprenden lo que es un semiconductor, la ingeniería génica, el calentamiento global o cualesquiera de otros temas que inciden, de manera directa, en sus vidas». Por su parte, Hiroo Imura, miembro del Consejo para la Ciencia y la Tecnología de la Oficina del Primer Ministro del Gobierno Japonés, comenta en un editorial de la revista *Science,* titulado «Science Education for the Public», que «los rápidos avances científicos pueden, por su parte, ser fuente de problemas. Primero, la disparidad de conocimientos entre los profesionales de la ciencia y de la tecnología y el resto de los ciudadanos puede crear tal incapacidad de comunicación entre ambos grupos que favorezca el rechazo público de logros científicos importantes, como la utilización de alimentos transgénicos o de células troncales totipotentes embrionarias. Segundo, el siglo XXI se caracterizará por una sociedad basada en una cultura del conocimiento, y una buena parte de ese conocimiento será científico. Quienes no lo posean serán desplazados del mercado de trabajo. Tercero, la enorme cantidad de información científica exige un esfuerzo de aprendizaje; sin embargo, se detecta cierta pérdida de interés por la ciencia. Por último, la investigación científica y el desarrollo tecnológico exigirán un incremento mantenido de los recursos públicos; si el público pierde el interés por la ciencia y no comprende la importancia de la investigación científica, será muy difícil a los científicos conseguir la financiación adecuada».

Debe insistirse en que ese desconocimiento, cuando no indiferencia, a la ciencia y a la tecnología supone un obstáculo para la sociedad democrática, que se enfrenta a decisiones importantes sobre el sida, las drogas, la tecnología médica, la clonación de animales o la producción de energía; temas, todos ellos, que involucran explícitamente a la ciencia y a la tecnología. El pretendido desarrollo sostenible requiere de la excelencia científica y técnica en la fábrica y en el laboratorio de investigación en los temas frontera como la óptica, la genómica o la microelectrónica. Uno de los motivos que separan el ingrediente tecnocientífico del resto de un mundo común es el escaso esfuerzo de la mayoría de los científicos y de los ingenieros por dar a conocer sus trabajos más allá del ambiente profesional en el que tienden a aislarse.

Sobre la base de todo ello se ha ido gestando una preocupación creciente, compartida por numerosos comités y comisiones nacionales y por amplios sectores de la ciudadanía, para que los mundos científico-técnico y profano se acerquen un poco más. Preocupación que, de manera destacada, ha recogido y liderado la American Association for the Advancement of Science, que, en su *Proyecto 2061: Ciencia para todos los americanos,* recomienda que una de las premisas fundamentales en dicho proyecto no es enseñar más contenido, sino definir qué es esencial para conseguir una alfabetización científica. El *Proyecto 2061* se sustenta sobre la idea de que un ciudadano, de cara al futuro próximo, estará adecuadamente formado cuando, a la par de dominar su lengua, sea consciente de que la ciencia, las matemáticas y la tecnología, con sus pros y sus contras, van de la mano de la iniciativa humana; cuando comprenda los principios y los conceptos fundamentales de la ciencia; cuando esté familiarizado con el mundo natural y en el que reconozca, a la vez, su diversidad y su unidad, y cuando utilice el conocimiento y el método científicos de razonamiento con fines personales y sociales. El Consejo Nacional que elaboró el Proyecto hizo hincapié, machaconamente, en que «la trascendencia de lograr la alfabetización científica global [de la Nación] de cara a las futuras generaciones justifica la educación universal pública en una sociedad libre». La responsabilidad social y el valor intrínseco del conocimiento son los criterios que guían la acción. Acción que, en diversos entornos, ha cuajado en la forma de distintos modos de promoción, difusión o divulgación de la cultura o del conocimiento científico. Forma y modos que responden, de pleno, a ese movimiento denominado alfabetización científica *(science literacy);* un escalón más allá del alfabetismo funcional. Promoción del conocimiento científico que se ha dado por estructurar en práctico, cultural y cívico.

El conocimiento científico práctico define el acceso a técnicas y el aprendizaje de métodos que ayudan a resolver problemas prácticos inmediatos relacionados con la supervivencia y la salud. Por su parte, el conocimiento cultural es, hoy, el representante genuino de la alfabetización científica. Cuando un estudiante de historia lee algo sobre el ADN en *Scientific American,* cuando un abogado contempla en televisión un programa sobre la Vía Láctea, o cuando los alumnos de un instituto de enseñanza secundaria o un grupo de jubilados visitan un Museo de la Ciencia, están, todos, mejorando su conocimiento científico al nivel cultural. Cada uno de ellos lo hace con el mismo espíritu que cuando un estudiante de física se interesa por la historia antigua, un ingeniero lee poesía, un médico se deleita con las tragedias griegas o un mecánico disfruta en el Museo del Prado. El conocimiento científico cultural está motivado por el deseo de conocer algo acerca de la ciencia en cuanto logro de la humanidad. Es una aventura «cultural» que no soluciona problemas prácticos, pero que pretende promover un ambiente social favorable para la implantación del conocimiento científico cívico. En numerosas ocasiones este tipo de publicaciones son fruto de la colaboración entre científicos y profesionales de la comunicación; en otros casos, profesionales de la divulgación y los propios científicos se reparten las autorías que, en más de un caso, han logrado la categoría de superventas. En este capítulo llama la atención que el medio de mayor difusión —el cine— ofrece con inusitada frecuencia una imagen hostil o distorsionada de los científicos y de la tecnología; sirvan de ejemplo la saga de la *Guerra de las Galaxias, E.T.* o *La Costa de los Mosquitos.*

Por último, el conocimiento científico cívico busca la capacitación de los ciudadanos para que sean más conscientes de la incidencia de la ciencia y de la técnica en los aspectos más comunes de la vida diaria. La legislación actual, en un porcentaje significativo de casos, basa sus disposiciones legales en la ciencia o en la tecnología y, más evidente, estamos inmersos, en el día a día, en productos del sistema ciencia-tecnología. El progreso y el desarrollo de la ciencia y de la tecnología se han traducido en enormes beneficios para la humanidad, en especial más y mejores años de vida y prosperidad económica. La sociedad basada en el conocimiento de los años venideros reclamará profesionales más formados y ciudadanos más educados científicamente. Al menos, tres voces autorizadas lo reclaman. Thomas H. Kean (periodista y ex gobernador de Nueva Jersey): «En estos días de problemas complejos que exigen soluciones técnicas sofisticadas es esencial que los científicos superen su tradicional aversión a la política y que aquellos que comprenden las leyes de la naturaleza se involucren en la elaboración de las nuevas leyes de los hombres». Leon M. Lederman (premio Nobel de Física 1986): «El conocimiento de la ciencia nunca ha sido tan bajo, mientras que nunca han sido tan grandes las necesidades nacionales de un nivel público adecuado en cuestiones científicas. Estoy convencido de que no habrá decisiones políticas correctas a menos que nuestros líderes y votantes se familiaricen con los conceptos y el lenguaje científico y tecnológico». Por su parte, David Weatherall, profesor de

Medicina en Oxford, comenta: «El papel, cada vez más importante, de la ciencia y lo complicado de los factores sociales y éticos asociados [a su aplicación], que orientarán la capacidad para determinar el futuro, exigen de todos nosotros una mayor preparación científica. Los políticos deben comprender los rudimentos de la evidencia científica, y la sociedad, en su conjunto, debe estar suficientemente informada para poder participar en el debate de las complejas repercusiones que, continuamente, derivan del avance de la investigación [científica]. Esta sensibilidad hacia el conocimiento debe comenzar en la escuela, donde la formación científica debe ocupar un lugar relevante».

La promoción del conocimiento cívico, el más relegado pero el más importante, corresponde a profesionales comprometidos tanto en la escuela pública como a través de acciones o programas de formación dirigidos a los adultos. Los problemas radican en la indefinición del sistema de educación-y-formación y en la indiferencia constatable al aprendizaje. La solución no consiste, como unas cuantas líneas más arriba se señaló, en más contenido, sino en qué contenidos; ello, tanto en la escuela —un ambicioso objetivo a largo plazo— como en las diversas acciones que puedan ofertarse a la ciudadanía —objetivo a corto y a medio plazo— para que los individuos utilicen el conocimiento científico con fines personales y sociales. En todo caso, y dada la velocidad del desarrollo tecnocientífico, cualquier planteamiento debe contemplar una educación científica ciudadana continuada, desde la escuela primaria hasta la edad adulta.

El fomento de las actividades de divulgación y difusión cultural de contenido científico y técnico es, hoy, tema de atención creciente en nuestro medio por parte de la Administración del Estado (Programa Nacional de Difusión de la Ciencia y la Tecnología, del Plan Nacional de Investigación Científica, Desarrollo e Innovación Tecnológica 2000-2003), de las Administraciones autonómicas (por ejemplo: Programa de Cultura Científica y Participación Ciudadana, incluido en el III Plan Regional de Investigación Científica e Innovación Tecnológica 2000-2003 de la Comunidad de Madrid) y de las Instituciones (por ejemplo: Programa de Promoción del Conocimiento Científico y Tecnológico de la Real Academia de Ciencias Exactas, Físicas y Naturales). Por su parte, la formación en matemáticas, ciencia y tecnología ha de ser ingrediente destacado en cualquier discusión sobre reformas de la enseñanza.

El conocimiento científico es imprescindible en la formación de los ciudadanos libres, solidarios y comprometidos del futuro; tal es el objetivo de LA CIENCIA EN TUS MANOS, que se estructura en un primer bloque (Parte I) de dos capítulos introductorios que plantean los aspectos más generales de los actores principales: las naturalezas de las matemáticas (el pensamiento matemático) y de la ciencia (el valor social de la ciencia). Un segundo bloque contempla cinco áreas distintivas (Partes II-VI: el mundo físico, la vida, los organismos, el mundo de Leonardo o tecnológico y el mundo de las matemáticas) que agrupan una serie de capítulos que tratan temas específicos de cada una de ellas, tales como el Universo, la evolución, cerebro y mente, realidad virtual o las matemáticas de lo cotidiano. Cada tema ha sido escrito por un autor destacado en su campo, treinta en total, a quienes debe agradecerse el esfuerzo de haber intentado desarrollarlos con un lenguaje asequible para un lector no especializado. Gracias, también, a la Sociedad Estatal España Nuevo Milenio, que en la persona de Luis Miguel Enciso Recio, su presidente, acogió con buen talante la propuesta y la aupó hasta su ejecución definitiva. A José M. Sánchez Ron, mi más sincero y cordial reconocimiento por su apoyo. Y a Olga Adeva, de Espasa, por su generosa paciencia.

Madrid, junio 2000

PARTE I

LA NATURALEZA DE LA CIENCIA

1
El pensamiento matemático

Miguel de Guzmán

Una visión panorámica

En la cuna de la civilización occidental: la dominación de la multiplicidad en Mesopotamia

La naturaleza de la matemática se manifiesta bastante claramente en sus orígenes históricos. En el intento de exploracion por el hombre de su universo, la matemática ha jugado un papel fundamental desde muy temprano. Poco a poco, la especie humana ha ido enfrentándose con los diferentes niveles de complejidad que, tanto el mundo físico a su alrededor como su mismo mundo mental, le presenta. En muchas ocasiones, el dominio de tal complejidad ha ido íntimamente unido con avances importantes de la matemática. A continuación analizaremos muy brevemente unos pocos de esos momentos de la historia de la matemática, profundamente influyentes en el desarrollo de esta ciencia, para percibir, por medio de tal análisis, la intención subyacente en el quehacer propio de la matemática que pondremos más de manifiesto a continuación.

Desde el punto de vista matemático, el reto más cercano que tiene el hombre consiste en dominar eficazmente la multiplicidad. El mundo no es un caótico montón, sino que se presenta como una pluralidad ordenable. La concepción del número es por eso, en el fondo, tan antigua como el hombre, pero su tratamiento simbólico eficaz no fue obtenido hasta que en Mesopotamia fue ideado el sistema de numeración posicional que hoy seguimos utilizando, después de haberse perdido su uso en nuestro entorno cultural durante milenios. Cada cifra, 5, 1, 7, del número 5117 tiene un doble significado: el propio de su símbolo y el de su posición dentro del número representado (el primer y el segundo 1 de 5117 significan algo distinto). La notación posicional de los mesopotamios, como la nuestra actual, tiene dos cualidades que la convierten en un instrumento ideal para la matemática, distinguiéndose en esto de otros sistemas de numeración, también posicionales, como el romano y el griego. En primer lugar, su simplicidad suma, que hace muy transparente lo que el símbolo representa, y por otra parte la adecuación efectiva a las manipulaciones que con los números conviene hacer. Sumas, restas, multiplicaciones... resultan una tarea sencilla en el sistema mesopotámico y una verdadera pesadilla en el de los romanos, por ejemplo.

Junto a la numeración posicional, los mesopotamios dispusieron para sus cálculos de otro gran instrumento: la base sexagesimal de numeración. Es posible que esta, que toma como unidad básica de clasificación el número 60, al igual que nuestro sistema decimal toma el 10, apareciese en un intento de unificar las medidas en diversos sistemas de numeración previos, tal vez en base 10 y en base 12. En nuestra misma cultura, la influencia mesopotámica es todavía patente en nuestra medición del tiempo y de los ángulos, tareas ambas en que los astrónomos babilonios fueron expertos.

El gran hallazgo de los pueblos mesopotámicos para dominar el número no pasó a la cultura occidental posterior a través de griegos ni de romanos. Fueron los pueblos orientales, persas, indios, quienes conservaron por muchos siglos este saber que solo a través de la dominación árabe llegó muy tardíamente al mundo occidental. Es tentador especular sobre las causas de este fenómeno, pero parece claro que, en general, los griegos clásicos y, en grado mucho mayor, los romanos se desinteresaron del trabajo de efectuar experimentos, observaciones y mediciones exactas. No era este el talante de su espíritu.

La eclosión del pensamiento matemático en Grecia

La estela dejada en la historia de la humanidad por los griegos entre los siglos VII y II a. C. representa, sin duda, la influencia más profunda ejercida por un único pueblo; también en la historia de la matemática. La irrupción del genio griego en la matemática trajo consigo toda una colección de victorias intelectuales difícilmente ponderadas en su justo grado. A la racionalidad típica del espíritu griego debemos la convicción, nacida de la intuición pitagórica, «una chispa divina», como afirmó Alfred N. Whitehead, de que el Universo no es un caos enmarañado, sino un cosmos ordenado, inteligible por la razón humana, y precisamente del modo más eficaz por la razón matematizante. Para Pitágoras, «todo es armonía y número», y en el fondo, esta es también la fe subyacente a nuestro mundo científico, que aflora de forma explícita a lo largo de la historia de la ciencia en personajes como Galileo, Kepler, Newton, Descartes...: la matemática es el instrumento adecuado para estudiar la estructura del mundo observable.

A lo largo de los cuatro siglos que median entre Tales de Mileto y Pitágoras (VI a. C.), y Euclides, Arquímedes y Apolonio (III a. C.), el espíritu griego fue enfrentándose con lo que constituye aún una tarea inacabada. Ellos afrontaron con éxito la tarea de dar consistencia racional rigurosa al pensamiento

Fig. 1.1.—Pitágoras

matemático, convirtiéndolo en modelo para todo el pensamiento científico posterior. El texto de los *Elementos* de Euclides constituye la obra científica más influyente en todo el transcurso de la historia de la ciencia.

También los griegos acometieron por vez primera seriamente el problema que proporciona una verdadera profundidad a la matemática: la comprensión del infinito matemático y su correcta utilización. Desde las paradojas de Zenón al teorema de Gödel en nuestro siglo XX hay una línea de continuidad en la preocupación por desentrañar los misterios del infinito matemático, que cada vez aparece más profundo.

La matemática griega se caracteriza muy especialmente por sus logros en el dominio de la complejidad que presenta el espacio y la forma. La geometría representa el intento de dar racionalidad matemática a las relaciones espaciales, y es en ella donde los griegos tuvieron ocasión de desarrollar el modelo de ciencia deductiva que se impuso posteriormente. Los *Elementos* de Euclides han constituido el paradigma científico hasta hoy. La profundidad y el ingenio desplegados por los geómetras griegos, en especial por Arquímedes y Apolonio, resultan una fuente inagotable. Arquímedes, por otra parte, representa un punto singular en el mundo griego por razón de la enorme amplitud de sus intereses y por la genialidad de sus métodos sin precedentes. Él, junto con Newton en el siglo XVII y Gauss en el XIX, forma el grupo destacado de genios entre los genios de la matemática.

Un largo interludio

Tras el siglo III a. C. comienza un largo período de relativo estancamiento en el progreso de la matemática. Es difícil hacer afirmaciones bien fundamentadas sobre las razones de este hecho. La transición de la hegemonía griega a la romana contribuyó, ciertamente, a ello. El espíritu romano no parece haber estado tan predispuesto como el griego para la especulación científica ni filosófica. Su gran obra intelectual fue el asentamiento del derecho. Los bárbaros, que sucedieron a los romanos en el poder sobre el Occidente europeo, carecían en un principio del refinamiento necesario para gustar de los placeres de la actividad intelectual. El centro de gravedad de la matemática, como de la filosofía y de las otras ciencias, se trasladó al Oriente, donde floreció, con sus tintes y sabores peculiares, en la India y Persia, conservándose allí gran parte de las tradiciones y herencias de la Grecia clásica.

La expansión del imperio árabe propició el contacto de estos con la cultura griega. Pronto los árabes se familiarizaron con los tesoros intelectuales de los pueblos de Oriente y llegaron a convertirse en el foco de irradiación de la cultura griega clásica. La España de los siglos XI y XII, y más concretamente Toledo, con su famosa Escuela de Traductores, fue el punto de enlace del Occidente europeo con la cultura griega. Fueron muchas las obras de los griegos que llegaron a Occidente por tan tortuosos vericuetos. Halley, en el siglo XVII, el famoso astrónomo contemporáneo de Newton, tuvo la energía suficiente para aprender árabe con el fin de traducir y editar en latín algunas de las obras de Apolonio que no han llegado a nosotros más que en su versión árabe.

Sin embargo, la actividad matemática del Oriente durante estos largos siglos que median entre la brillantez de Arquímedes y la de los grandes genios del siglo XVII no se redujo a un mero rumiar los resultados de los griegos. Especialmente en astronomía y en trigonometría plana y esférica se lograron importantes resultados.

Por otra parte, no se debe tampoco pensar que el papel de los árabes durante estos siglos se restringió al de meros transmisores de la cultura griega clásica. Ellos fueron quienes en el siglo IX comienzan con las manipulaciones con símbolos que condujeron a la invención del álgebra, que llegó a un gran florecimiento en la Europa occidental durante los siglos XV y XVI. La invención del álgebra fue enormemente influyente en el desarrollo posterior de la matemática. En sí misma el álgebra representa un paso analítico muy importante en el dominio y uso racional del símbolo. Un paso casi comparable, en influencia, con la sustitución de la representación analógica del número (montones de piedrecillas, o bien muescas en una roca) por su representación simbólica.

Pero, por otra parte, el maridaje del álgebra con la geometría que Descartes llevó a cabo con la geometría analítica fue capaz de resolver de forma sencilla y mecánica muchos problemas difíciles de la geometría clásica, al tiempo que estimuló y preparó el camino para la invención del cálculo infinitesimal. Pero estos desarrollos corresponden a la obra de los grandes matemáticos del siglo XVII.

El siglo de los genios

La acumulación de talento matemático en el siglo XVII parece difícilmente repetible. Galileo, Kepler, Descartes, Fermat, Pascal, Newton, Leibniz, Huygens... son los nombres más importantes que llenan el siglo con genialidades matemáticas en cuya estela estamos todavía navegando.

Una renovación de la visión pitagórica del papel de la matemática en la exploración del mundo, ahora con unas herramientas mucho más potentes a su disposición, es la que guía esta eclosión de actividad matemática. Como Galileo afirmaba, *el libro de la naturaleza está escrito en lenguaje matemático,* y a ese lenguaje hay que acudir para descifrar sus misterios.

El enigma al que este espíritu fue aplicado con más éxito fue el de la exploración cuantitativa del cambio y de las transformaciones que se realizan en los fenómenos naturales, en primer lugar de la mecánica. El camino ya estaba preparado, por una parte, por la existencia de instrumentos de medida, del tiempo y de otras magnitudes, cada vez más perfeccionados, y por otra, mediante el alumbramiento del incipiente concepto de función, ya de alguna forma presente en los conceptos de la geometría analítica. De esta conjunción de circunstancias nació el cálculo, la creación matemática más influyente en el desarrollo de las diferentes ciencias. Primero en forma incipiente, por obra de Newton y Leibniz, pero ya desde el principio quedando bien presente la incomparable potencia de este instrumento que ha revolucionado la ciencia y tecnología posteriores.

También en este período comienza, con Fermat y Pascal, el enfrentamiento propiamente matemático con otro de los aspectos de la complejidad del mundo a nuestro alrededor: la complejidad ocasionada por lo que llamamos el azar. La teoría de la probabilidad nace, como tantos otros aspectos de la matemática, en son de juego, y con el tiempo pasa a convertirse en uno de sus campos relevantes y rigurosos, con consecuencias prácticas muy notables.

En lo que respecta a otros aspectos más puramente matemáticos de este período se puede resaltar el trabajo realizado por Fermat en teoría de números, quien al margen de una obra del griego Diofanto, recientemente editada en latín, señaló resultados y problemas que dejaron trazadas las líneas de trabajo hasta los tiempos actuales.

Un aspecto interesante de algunos de los matemáticos más eminentes de este siglo, Descartes, Pascal, Leibniz, es el de la amplitud de su interés intelectual. Descartes y Leibniz son personajes tan importantes o más en el desarrollo de la filosofía que en el de la matemática. Pascal figura con sus *Pensamientos* como un importante jalón en la literatura religioso-teológica. Newton, por

Fig. 1.2.—Newton

su parte, también participó en privado de este interés profundo de las especulaciones filosófico-teológicas, pero no quiso dar a conocer nada de ello a sus contemporáneos. La interacción entre matemática y filosofía, que se refleja en la obra de Descartes y Leibniz, marcó el rumbo de la filosofía por un período bien dilatado.

El siglo XVIII

La característica más acusada del siglo XVIII es la explotación de los nuevos métodos del análisis creados en el siglo anterior a fin de obtener un dominio matemático pleno de diversos campos de la física. El cálculo infinitesimal, que aún no se había logrado establecer de un modo rigururoso, demostraba ser tan útil en sus aplicaciones que los matemáticos ahogaron sus escrúpulos en relación con el rigor con una confianza basada en su propio éxito. Como decía D'Alembert: «Id adelante y la fe os llegará».

Los diversos miembros de la familia Bernoulli, Euler, L'Hôpital... competían con su entusiasmo por aplicar la potencia del análisis a la física. Más tarde, Lagrange, Laplace se sucedieron con grandes tratados que constituyeron las obras clásicas de la física matemática. La sistematización del análisis fue obra de Euler: el matemático más prolífico de todos los tiempos, a la vez que el dotado de mayor talento expositor. Sus *Institutiones calculi differentialis* y las *Institutiones calculi integralis* tuvieron tal influencia que la dedicación al análisis de los matemáticos del siglo eclipsó la ocupación con cualquier otra rama de la matemática.

La segunda mitad del siglo XVIII y el comienzo del XIX constituyeron la época de mayor esplendor de la matemática francesa. Los matemáticos galos de fin del XVIII se ocuparon activamente en revitalizar la geometría con creaciones como la geometría diferencial, descriptiva y proyectiva, que constituyeron campos nuevos de gran influencia en el desarrollo geométrico posterior.

El siglo XIX

La nota más característica de la actividad matemática del siglo XIX es la de asentamiento, el intento de fundamentación rigurosa de muchos de los logros conseguidos durante los dos siglos precedentes. En este período se obtiene un nivel de rigor que empalma con el espíritu que animaba en este respecto a los griegos clásicos, Euclides, Arquímedes, Apolonio. El iniciador de esta empresa es Cauchy, a través de sus cursos en París, que fueron publicados en los años veinte.

Naturalmente que la actividad expansiva, en especial del análisis matemático, continúa incansablemente. Una de las obras cumbre de la matemática aplicada fue producida en 1821 por Fourier, la *Teoría analítica del calor*. Esta obra, por una parte, proporcionaba una trascendental herramienta nueva a las matemáticas ocupadas en las aplicaciones, mientras que por otra ofrecía un sinfín de problemas profundos a los analistas matemáticos, lo que constituyó un fuerte estímulo hacia una fundamentación seria del análisis.

Relacionado con el intento de profundización en los fundamentos de la matemática que se ha mencionado antes está el hallazgo de las geometrías no euclídeas, en la primera mitad del siglo, por Lobachevsky, Bolyai y Gauss. La sorpresa de los matemáticos ante construcciones geométricas que contradecían a la euclídea y que eran tan consistentes como ella desde el punto de vista lógico fue un punto de partida muy importante para tratar de repensar y entender mejor los fundamentos epistemológicos de la matemática.

El centro del mundo matemático se traslada a Alemania, y ello es debido al peso científico de Gauss, el *Príncipe de los matemáticos,* sin discusión el talento más profundo y más completo del siglo XIX y posiblemente de toda la historia de las matemáticas. Las aportaciones de Gauss cubren todo el espectro de la matemática básica contemporánea, teoría de los números, análisis, geometría, álgebra, con obras en cada campo que por sí solas hubieran bastado para hacer de él la figura dominante. Tal es, por ejemplo, el tratado *Disquisitiones arithmeticae,* publicado en 1801, contando Gauss veinticuatro años de edad. Porque, además, Gauss tuvo capacidad sobrante para dedicarse a casi todas las ramas de las matemáticas aplicadas y dejar en ellas su impronta.

Sucesores y seguidores de Gauss fueron Dirichlet, Riemann, Weierstrass y toda una escuela floreciente que contribuyó muy eficazmente a la fundamentación sólida del análisis y de otras ramas de la matemática.

Al final del siglo XIX y comienzos del XX la preocupación por los fundamentos desemboca en el desarrollo de la teoría de conjuntos, por Cantor, y de la lógica matemática. La naturaleza epistemológica de la matemática fue analizada con sumo interés, con la intención de encontrar por fin una fundamentación sobre la que hacer descansar todo el edificio matemático.

Los matemáticos más importantes a caballo entre un siglo y otro son, sin duda, Poincaré y Hilbert, quienes se pueden contar como los últimos matemáticos verdaderamente universales que han poseído un dominio pleno de la mayor parte de la matemática contemporánea.

Dos aspectos importantes de la matemática del siglo XX

El progreso de la matemática en el siglo XX es tan espectacular en extensión y profundidad que se ha llegado a afirmar que las creaciones matemáticas en solo este período vienen a superar con mucho toda la producción realizada antes del siglo XX. Esto hace que una descripción somera de la matemática de esta centuria sea una tarea imposible. Pero hay varios desarrollos que probablemente dejarán marcado de manera fundamental el sendero de la matemática hacia el futuro.

Desde el punto de vista de la comprensión del sentido profundo del quehacer matemático, el teorema de Gödel es el gran resultado del siglo. A partir de él la matemática se entiende como una actividad humana distinta de lo que antes se pensaba que era, tal vez más modesta, pero considerablemente más profunda y reveladora de lo que es la mente humana, creadora y a la vez descubridora del edificio matemático.

Desde un punto de vista más técnico y más práctico, el desarrollo más espectacular de la matemática del siglo XX ha sido el originado por la irrupción intensa del ordenador en la matemática misma, en todas las otras ciencias y en nuestra cultura en general. Incluso los mismos métodos de trabajo de los matemáticos están empezando a cambiar debido a las múltiples posibilidades de experimentación y modelización de estructuras complejas que el ordenador ofrece. Este ha resultado ser un magnífico instrumento para estudiar formas de complejidad que hasta ahora resultaban inabordables. Las modernas teorías alrededor del caos matemático, que algunos señalan como una verdadera revolución científica, provocando cambios profundos en los esquemas de pensamiento hasta ahora aceptados, serían impensables sin la eficaz presencia del ordenador, con su capacidad de cálculo rápido, de compresión del tiempo, de modelización fiel, de representación gráfica... Se puede pensar, con razón, que las transformaciones que el ordenador ha traído consigo en la matemática y en todas las ciencias no constituyen sino el comienzo de una nueva etapa.

La naturaleza del pensamiento matemático

Una descripción del quehacer matemático

A la luz del breve panorama histórico que hemos esbozado resultan unos cuantos rasgos que permiten ir dibujando lo que el quehacer matemático se propone como tarea. La descripción general de la matemática que se expone a continuación podría ser compartida sin problemas, pienso yo, por la mayor parte de los matemáticos contemporáneos. Como veremos, incorpora y explica los rasgos de la matemática tal como fue concebida por pitagóricos y por los grandes matemáticos griegos. Cuando más adelante descendamos a la interpretación, un poco más detallada, del significado de esta actividad, entonces es cuando deberemos hacer notar las divergencias existentes entre los mismos matemáticos de la actualidad.

> La matemática es una exploración de ciertas estructuras complejas de la realidad que, mediante un proceso de simbolización adecuado de los objetos a los que se acerca, y mediante una manipulación racional rigurosa de ellos, se dirige hacia un dominio efectivo de dicha realidad.

Las estructuras complejas de la realidad que en un principio trató de explorar la actividad matemática fueron las relacionadas con la multiplicidad y con el espacio, las dos estructuras básicas con las que el hombre se enfrenta de una forma espontánea y apremiante. De la intención racional de conseguir el dominio de estas realidades surgieron la *aritmética* y la *geometría.* Esta es la razón de que, en un principio, y por mucho tiempo, la matemática fuera definida como *la ciencia del número y de la extensión.*

Pero cuando las herramientas conceptuales de la matemática iniciales, número y geometría, fueron haciéndose más sofisticadas, cuando los instrumentos materiales de observación de otro tipo de estructuras de la realidad fueron perfeccionándose, y cuando se despertó la motivación suficiente para tratar de dominar otras regiones de la realidad material o conceptual, la mente matematizante fue creando otros sistemas adecuados para lograr el señorío de tales estructuras. Así es como nacieron, por ejemplo:

- *el álgebra,* como símbolo del símbolo, es decir, como un intento simplificador, a través de la introducción de nuevos modos de simbolización, de las relaciones de la aritmética;
- *el análisis matemático,* fruto en un principio de la exploración del cambio físico en el tiempo y del estudio cuantitativo de la relación causa/efecto cuando esta es suficientemente simple de analizar;
- *la probabilidad y la estadística,* que encuentran modos de manejar cuantitativamente el azar, es decir, aquellas situaciones en las que las

causas que en ellas influyen son tantas y tan complejas que la mente matematizante ha de renunciar a examinar el influjo aislado de cada una para explorar de otro modo la influencia global de todas ellas;

- *la lógica matemática,* que trata de explorar de modo riguroso las estructuras de funcionamiento deductivo de la misma mente cuando se ocupa de temas en los que tales estructuras son susceptibles del proceso de simbolización y manipulación rigurosa que llamamos matematización...

El avance de la matemática, como vemos, tiene lugar, en extensión, a medida que la mente humana se va encontrando capacitada y provista de las herramientas adecuadas, conceptuales y materiales, para explorar nuevos campos de la realidad, ya sea externa o interna, y este proceso parece que nunca llegará a su fin, dada la extrema complejidad del mundo real, que siempre va ofreciendo nuevos retos a la mente con intención matematizante.

En tiempos recientes, gracias a la disponibilidad de un gran cúmulo de herramientas conceptuales nuevas, en torno fundamentalmente al análisis matemático, y gracias también a la presencia de la revolucionaria herramienta que constituye el ordenador, ha surgido la posibilidad de iniciar, a través de la teoría de *los sistemas dinámicos,* la exploración de los fenómenos de la naturaleza que no son lineales (es decir, el efecto no es proporcional a la causa, sino, por ejemplo, al cuadrado de la causa), y esto ha abierto una ventana para contemplar de cerca lo que se suele denominar *caos matemático.*

Un reto que se perfila para el futuro, en el que en nuestro tiempo han comenzado los primeros balbuceos, consiste en *la exploración, mediante nuevas herramientas matemáticas, del funcionamiento global de la mente humana,* del problema, por ejemplo, de encontrar explicaciones al fenómeno de la conciencia refleja, es decir, al modo en que la mente conoce que conoce.

El proceso de matematización: un camino de ida y vuelta entre la realidad y las ideas

Hasta aquí hemos tenido ocasión de contemplar cuál es el sentido del quehacer matemático, es decir, qué es lo que con eso que hemos llamado matematización se pretende. Vamos ahora a examinar un poco más profundamente cómo tiene lugar tal proceso, cuáles y cómo son las fases a través de las que la mente procede a la matematización.

¿Cómo es propiamente el proceso de matematización? A grandes rasgos se pueden distinguir las siguientes etapas:

1) *La mente se acerca a la realidad con intención matematizante,* es decir, colocada ante una realidad tal vez muy compleja la mente se encuentra motivada y suficientemente provista de instrumentos adecuados para acercarse a ella y comenzar a analizarla, es decir, a descomponerla en sus elementos más

simples, a prescindir de multitud de aspectos de esa realidad que son los causantes de su extraordinaria complejidad, a quedarse con unos cuantos que le parecen más propicios para empezar a practicar sobre ellos el ejercicio de simbolización e introducción en las redes y estructuras de sus conocimientos ya familiares a fin de aplicarles a ellos los útiles matemáticos que ya posee o de crear otros nuevos más idóneos para lo que le ha quedado de la realidad que se ha propuesto analizar. En otras palabras, abstrae, simplifica, modeliza, pero, también hay que decirlo, mutila la realidad para tratar de entenderla, al menos parcialmente.

2) *El matemático desarrolla el propio modelo mental que ha creado,* guiada la mente unas veces por el deseo de resolver los problemas prácticos que condujeron a la creación del modelo, otras veces motivada por un cierto placer estético de exploración de los problemas que el modelo mismo le propone de forma natural... la mente va desarrollando, en ocasiones incluso con una extensión y profundidad que pueden parecer poco razonables, un edificio conceptual que, según confía, puede ayudarle a entender mejor la realidad misma que inició su construcción.

3) *La mente vuelve a la realidad de partida con los resultados que sus construcciones le ofrecen, a veces realizadas sin pretensión alguna de aplicación a la realidad, y...* ***¡observa con sorpresa su adecuación a ella, a veces perfecta!*** Tal ha sido la situación en muchos casos de la historia del desarrollo de la matemática, tanto en tiempos antiguos como recientes; un caso bien conocido y que no necesita mucho comentario es el profundo desarrollo de la teoría de las cónicas en la matemática griega clásica, que tiene su origen en la curiosidad geométrica por saber cómo son las posibles secciones de un cono y que, llevado adelante con un alarde extraordinario de técnica por Apolonio en el siglo III a. C., en buena parte por puro placer estético, encontró en el siglo XVII, con Kepler y sus tres leyes sobre el movimiento de los planetas, una culminación digna de esta bella construcción teórica sobre las cónicas.

Este extraño camino, contacto inicial con una realidad, abstracción de unos cuantos aspectos de ella, construcción de todo un edificio mental por motivos que pueden ser tan variados y aterrizaje sobre la realidad inicial, que parece adaptarse a las construcciones realizadas, le deja a uno con una sensación semejante a la que uno cualquiera de nosotros experimentaría en la situación siguiente. Un buen día, basado en unos pocos detalles que conozco de la vida de una persona, me decido a escribir una novela sobre ella. Después de haberla escrito enteramente, con multitud de detalles, que yo considero ficticios, llego a conocer a tal persona... ¡y me entero de que mi descripción se ajusta, punto por punto, a la realidad! Por supuesto que mi asombro sería enorme.

No es de extrañar que este misterio de la adecuación de nuestra teoría a la realidad haya dejado perplejos a muchos de los científicos que han reflexionado sobre ella. He aquí tres testimonios llamativos. El primero pertenece a

Eugene Wigner, gran físico que recibió el premio Nobel en 1963, en un famoso artículo que lleva el significativo título «La irrazonable efectividad de las matemáticas en las ciencias naturales»:

> El milagro de la adecuación del lenguaje de las matemáticas para la formulación de las leyes físicas es un don maravilloso que ni entendemos ni merecemos. Deberíamos mostrarnos agradecidos por él y esperar que permanezca siendo válido en la investigación futura y que se extienda, para bien o para mal, para placer nuestro, aunque también tal vez para nuestra perplejidad, a ramas más amplias del saber. (E. P. Wigner, «The unreasonable effectiveness of mathematics in the natural sciences», 1960.)

El segundo testimonio pertenece a N. Bourbaki, seudónimo bajo el que un célebre colectivo matemático, con su obra *Élements de Mathématique,* a partir de los años cuarenta, alcanzó enorme influencia en el desarrollo de la matemática reciente:

> Que existe una relación íntima entre los fenómenos experimentales y las estructuras matemáticas parece confirmarse plenamente de la forma más inesperada mediante los descubrimientos más recientes de la física contemporánea. Pero no sabemos absolutamente nada sobre los fundamentos de este hecho (suponiendo que se pudiera encontrar realmente significado a estas palabras) y tal vez no lleguemos a saber nunca sobre ello. (N. Bourbaki, «L'Architecture des Mathématiques», 1948.)

Bourbaki se refiere a los avances espectaculares de la física en torno a la relatividad, partículas elementales... Parecía en aquel tiempo como si los instrumentos matemáticos ya creados casaran perfectamente para explicar una realidad que no tenía nada que ver con la motivación y los orígenes de tales instrumentos.

El tercer testimonio interesante proviene del mismo Albert Einstein, artífice en buena parte de los avances en física a los que aludía Bourbaki anteriormente:

> Aquí aparece un rompecabezas que ha perturbado a los científicos de todos los tiempos. ¿Cómo es posible que la matemática, un producto del pensamiento humano, que es independiente de la experiencia, se ajusta tan excelentemente a los objetos de la realidad física? ¿Puede la razón humana sin experiencia descubrir con su puro pensar propiedades de las cosas reales? (A. Einstein, «Sidelights of Relativity».)

El problema efectivamente asombra a cualquiera que a él se asome y, en el fondo, no es otro que el de la relación mente/mundo, sobre el que tanto han elucubrado filósofos y científicos de todos los siglos. ¿Cuál es la relación de nuestra mente con la realidad? ¿En qué consiste propiamente conocer?

Desde el campo propio de la filosofía se han dado muchas respuestas diferentes y aun diametralmente opuestas a este problema, lo cual no es muy sorprendente, dada la naturaleza tan compleja de la pregunta. Parecería que en la matemática, donde hemos construido un mundo que parece más a medida de nuestra propia mente, la situación debería aparecer más clara. ¿Cuál es la relación matemática/realidad que hace posible esta situación misteriosa? Como veremos enseguida, tampoco los matemáticos que más han reflexionado sobre ello están de acuerdo.

Respuestas al enigma: ¿realismo y formalismo frente a frente?

Para obtener una primera visión de la confrontación de que hablamos se pueden considerar dos testimonios muy importantes y bien representativos de las dos concepciones enfrentadas.

La postura calificada como *formalista* (la *forma* de nuestras afirmaciones es lo determinante en matemáticas) se puede entender a través de las siguientes palabras de Bertrand Russell con las que él describe el quehacer matemático:

> La Matemática Pura consiste enteramente en tales aseveraciones como la consistente en que, si estas y estas otras proposiciones son verdaderas acerca de *cualquier cosa* entonces estas y estas otras pro-

Fig. 1.3.—Bertrand Russell

> posiciones sobre esa cosa son verdaderas. Es esencial no discutir si la primera proposición es realmente verdadera y no mencionar qué es esa cualquier cosa de la que se supone que es verdadera [...] Si nuestra hipótesis es acerca de *cualquier cosa* y no acerca de una o más cosas particulares, entonces nuestras deducciones resultan ser matemáticas. Por lo tanto, la matemática se puede definir como el campo en que nunca sabemos de qué estamos hablando ni si lo que decimos es verdadero. [B. Russell, «Recent Work on the Principles of Mathematics», *International Monthly* 4 (1901).]

Como se observa, según esta concepción, la matemática se asemeja mucho a un mero juego en el que se introducen unos cuantos objetos (no importa para nada lo que estos objetos puedan ser) que se manejan de acuerdo con ciertas reglas convenidas. Esos objetos son, en el caso de la matemática, esas *cosas cualesquiera* a las que Russell alude, de las que se pueden afirmar (se suponen verdaderas) tales y cuales proposiciones (aunque en realidad no es necesario ni nos debe importar que sean verdaderas o no). Las reglas de combinación de esos objetos son en el caso de la matemática las reglas deductivas, es decir, las reglas por las cuales de unas cuantas afirmaciones se siguen lógicamente otras.

Es conveniente hacer notar que Russell se refiere aquí explícitamente a lo que él llama *Matemática Pura,* un término del tiempo en las universidades británicas que no incluía los desarrollos matemáticos relativos a las aplicaciones. Y también viene bien recordar que él y Alfred N. Whitehead intentaron llevar a cabo con los *Principia Mathematica* (1910-1913) un proyecto titánico interesante con el que se pretendía derivar la matemática a partir de la lógica. La descripción de Russell bien puede corresponder a dicho intento, pero lo discutible, y por muchos rechazado, es que eso constituya el quehacer propio de la matemática. A mi parecer se podría decir que la descripción de Russell se adapta de algún modo a lo que es el mero juego deductivo de la matemática o de cualquier otro sistema hipotético-deductivo, pero no a lo que ha constituido propiamente el quehacer matemático de todos los tiempos. Creo que serían pocos los matemáticos del pasado, e incluso del presente, que estarían seriamente de acuerdo con la afirmación de que su quehacer matemático es un mero juego deductivo cuya relación con la realidad es mejor dejar a un lado.

En los tiempos actuales, la concepción opuesta, que se denomina *realismo matemático,* se puede entender bien, en una primera aproximación, a través de las siguientes palabras de Kurt Gödel, autor de algunos de los trabajos más importantes en la matemática de todos los tiempos en relación con la comprensión de lo que la matemática significa desde el punto de vista filosófico. Al final de una importante conferencia, la «conferencia Gibbs», en 1951, «Some basic theorems on the foundations of mathematics and their philosophical implications», proclamaba bien abiertamente su propia concepción de la matemática:

> ... la concepción platónica es la única sostenible. Con ello me refiero a la concepción de que la matemática describe una realidad no sensible, que existe independientemente tanto de los actos como de las disposiciones de la mente humana, y que solo es percibida por ella, aunque probablemente de forma incompleta. Esta concepción es más bien impopular entre los matemáticos, aunque algunos de los grandes la han adoptado, por ejemplo Hermite, que escribió una vez lo siguiente: «Existe, si no me equivoco, todo un mundo que es el conjunto de las verdades matemáticas, al que no tenemos acceso más que por la inteligencia, al igual que existe el mundo de las realidades físicas; ambos son independientes de nosotros y de creación divina». (K. Gödel, *Ensayos inéditos,* edición a cargo de F. Rodríguez Consuegra, Mondadori, Madrid, 1994, pág. 169.)

Esta conferencia de Gödel, que ha permanecido inédita hasta hace pocos años, como la mayor parte de sus escritos filosóficos, frutos del trabajo de más de cuarenta años de intensa dedicación a las implicaciones filosóficas de sus

Fig. 1.4.—Kurt Gödel

propios resultados matemáticos, destaca su concepción pitagórico-platónica de la matemática, frente a las tendencias formalistas muy dominantes en la época en que fue pronunciada. La expresión de Gödel es bien explícita, y con toda probabilidad escogió con sumo cuidado todas y cada una de sus palabras, a juzgar por su forma de trabajar, en constante duda y replanteamiento de los pensamientos que iba elaborando, como queda bien patente en lo que va apareciendo publicado de todos los escritos muy meditados que dejó inéditos.

Formalismo y realismo son dos concepciones muy distintas de lo que el quehacer matemático significa. Esto no quiere decir que tal escisión interna inquiete mucho a la comunidad matemática. La mayor parte de los matemáticos actuales consideran que tienen ante sí una tarea suficientemente atractiva y complicada al tratar de resolver los problemas concretos que se van generando de forma natural con el desarrollo de su propio campo y dejan como responsabilidad de quienes se ocupan de explorar los fundamentos de la matemática los temas que no son de índole técnica, sino más bien de sabor filosófico. Piensan que en realidad tales problemas no afectan en absoluto la belleza ni la utilidad del juego que la comunidad matemática desde hace milenios viene practicando.

Pero parece una actitud más razonable tratar de interesarse por este tipo de problemas al menos hasta el punto de poder formarse una idea propia bien fundamentada sobre el sentido y el alcance de la actividad a la que cada uno de nosotros está dedicado. Esto es, por otra parte, bien útil a fin de no quedar atrapado por los muchos prejuicios alrededor de la ciencia, y en particular alrededor de la matemática misma, que nos pueden impedir contemplar con objetividad el lugar que nuestra actividad ocupa en el desarrollo de una cultura más plenamente humana. La matemática participa de muchos de los aspectos del juego, pero no es solamente un juego, sino también una ciencia, un arte intelectual creador de una belleza peculiar, uno de los ejes fundamentales de la cultura, con un lugar muy central en ella y una responsabilidad muy especial en su correcto desarrollo. Trataré a continuación de exponer sucintamente unas cuantas observaciones propias en torno al triángulo realidad-mente-matemática que tal vez puedan ayudar a otros a formarse su propia opinión sobre el problema.

Una explicación plausible: la aproximación permanente del quehacer matemático hacia la realidad

A mi parecer se puede concebir el sentido del quehacer matemático como una aproximación hacia la realidad, acercamiento cada vez más sutil mediante la construcción de esquemas mentales que tratan de explicar del modo más adecuado aspectos nuevos de la misma realidad o bien aspectos ya considerados por etapas anteriores que resultan ser problemáticos y aún inabarcados por nuestra comprensión. La matemática surge de la interacción continua de la mente con la realidad, del modo que señalaré enseguida.

En primer lugar quisiera dejar claro que por realidad no quiero significar solamente el mundo externo, el mundo perceptible por nuestros sentidos y cuantificable mediante nuestros instrumentos de medida, sino también el mundo mental, el universo conceptual que el matemático va estructurando, ya que es claro que la matemática se va construyendo también tomando como objeto de su consideración el edificio mismo de los objetos que ya ha construido.

Pero sí que es cierto que las realidades iniciales de partida sobre las que la mente matemática inició su exploración fueron las realidades sensibles a su alrededor. Como he indicado antes, las estructuras de multiplicidad y las estructuras espaciales presentes para nosotros en nuestra primera percepción de ellas dieron lugar a las primeras formas de matematización, aritmética y geometría.

¿Cómo? Tal vez se puedan señalar en el proceso unas cuantas etapas. El hombre capta las realidades externas directamente mediante sus sentidos, pero en cierto modo el magma caótico que podrían resultar sus percepciones se le comienza a hacer transparente ya desde el principio para su mente gracias a que sobre ellas lanza sus redes y esquemas conceptuales. La percepción sensorial del hombre no es previa en el tiempo a la percepción intelectiva, sino coincidente con ella. Juntamente con su percepción sensorial el hombre percibe relaciones de similitud, diferencia, formas, situación... entre las cosas. Es capaz de iniciar un proceso de matematización sobre ciertas estructuras básicas de la realidad en el sentido indicado anteriormente (simbolización, manipulación racional...). Sus trucos iniciales, que en un principio pudieron ser bien toscos, se convierten en esquemas más sofisticados que le proporcionan un cierto éxito.

Por ejemplo, el hombre afronta la multiplicidad, presente en las cosas y también, de una manera más sutil, en la propia conciencia de repetibilidad de su yo mismo, es decir, de su misma unidad interna. Idea el número como instrumento adecuado para manejar esa multiplicidad de las cosas mediante unas cuantas hipótesis razonables. A través de esta estructura mental llega a dominar aspectos simples de la realidad subyacente. Los éxitos conseguidos le hacen más audaz. Se atreve con aspectos más complicados y sofisticados de la realidad que observa y de las estructuras que se ha ido creando. Por ejemplo, en relación con el número, se forja conjeturas tal vez aventuradas, como la de los pitagóricos que ya hemos contemplado, según la cual *el Universo entero está regido por los números naturales (1,2,3,4,...) y por las proporciones entre ellos.*

Aparecen situaciones que resultan confusas y paradójicas. Con respecto a la concepción del número entre los pitagóricos surgió la presencia del número irracional, y el mundo se les vino abajo. Los esquemas iniciales que la mente matemática había esperado que pudieran explicar adecuadamente la realidad para la que se habían construido resultan ahora demasiado simples y estrechos para seguir explicando aspectos nuevos que han surgido o bien insuficientes para poder dar cuenta, como esperaba, de situaciones más abiertas. Es necesario revisar tales concepciones.

Esta revisión no se realiza inmediatamente, no se sabe bien cómo hacerlo, y por ello no se percibe a veces, en el desarrollo de la matemática, como un avance, sino más bien como un fracaso, como una profunda crisis, como sucedió en el caso de la irrupción del número irracional entre los matemáticos pitagóricos. Solo a posteriori podrá ser contemplada como una crisis de crecimiento, cuando, después de reparado el edificio y con una cierta visión panorámica, se deshaga la comunidad matemática de los prejuicios que le habían inducido a aceptar como buenas las ideas y expectativas que en realidad no tenían un fundamento adecuado. La realidad acaba por imponerse.

En esta interacción con la realidad, con la estructura de la naturaleza, la matemática va desarrollándose, profundizando y abarcando campos más amplios. Esta situación apunta, a mi parecer, a la existencia en la mente humana de una cierta plasticidad, también en este terreno aparentemente tan rígido del pensamiento matemático.

La mente se acerca así a la realidad para matematizarla y se construye ciertos artificios mentales, incluso en ocasiones esquemas axiomáticos bien sofisticados que, ya que de momento le van bien, incluso a veces sorprendentemente bien, los da por perfectamente adecuados y piensa que abarcan y se ajustan a la realidad, dominando en su totalidad los aspectos de ella a los que se dirigen. Piensa que esas configuraciones de su mente que con esfuerzo ha realizado se adaptan por completo a la realidad; piensa que son las leyes a las que la misma realidad se ajusta. Pero tal vez no tiene en cuenta que sus esquemas fueron abstracción y mutilación de la realidad y que de ella pueden surgir, cuando trate de enfrentarse con nuevas preguntas y problemas, aspectos que ya no son dominados por tales esquemas.

Cuando estos aspectos aparecen, en muchas ocasiones manifestados por la presencia de situaciones paradójicas, la mente se encuentra en un principio sacudida. Las cosas no casan con sus expectativas, pero no tarda en encajar la convicción que se le impone de que las cosas no son como pensaba y que tiene que aceptar la realidad tal cual es. Vuelve a construirse nuevos esquemas, nuevas estructuras; cambia de sus axiomas aquellos que piensa que le van a venir bien para que el nuevo sistema que construye se adapte a todas las situaciones que en ese terreno sabe ahora que se dan.

En mi opinión la matemática surge de esta interacción continua entre la mente y la realidad. La realidad posee su estructura, por supuesto. La realidad es como una filigrana de estructura extraordinariamente fina que actúa como un estímulo necesario para que, en la interacción mente/realidad, surja el edificio conceptual de la matemática. La mente se acerca a ella y trata, mediante los esquemas que crea, de conformarse a esa realidad en un intento que parece suficiente para los problemas simples con los que se ocupa al comienzo. Tales esquemas no tienen por qué coincidir enteramente con los de la realidad. Son aproximaciones a ella, pero nunca acabarán por abarcarla toda, como más adelante veremos.

Por supuesto que algunas de estas fundamentales estructuras conceptuales tendrán una solidez permanente, $2+2$ siempre serán 4, pero puede haber finezas, explícitas o implícitas, en esa forma inicial de acercamiento a la realidad que no parecen importantes para los problemas más básicos, pero que afloran cuando las preguntas se hacen más sofisticadas.

La aritmética de los números naturales no parece presentar problemas de fondo hasta que la mente se encara con otras preguntas que nos colocan en una cierta encrucijada. Por ejemplo, si consideramos por un lado todos los números naturales (1,2,3,4,...) y por otro todos los números pares (2,4,6,8,...), nos podemos preguntar legítimamente: ¿dónde hay más, en el primer conjunto o en el segundo? Por una parte parece claro que, como todos los pares son naturales, y el 3, por ejemplo, es natural y no par, uno debería responder que los números naturales son más. Pero por otra parte es claro que cada número par, por ejemplo 28, se puede emparejar con su mitad, aquí 14, y de esta manera los elementos de los dos conjuntos quedan emparejados uno a uno, sin que sobren números naturales ni números pares, cada oveja con su pareja. De modo que hay tantos pares como naturales. Esto es lo que constituye una de las paradojas importantes de los números naturales (paradoja de Galileo), detrás de la cual está la antiquísima polémica sobre el infinito potencial y el infinito actual. El enfrentamiento matemático de forma sistemática con situaciones semejantes tuvo lugar a finales del siglo XIX con Georg Cantor y dio lugar a una expansión considerable del ámbito de la matemática con la creación de la teoría de conjuntos.

Con respecto a paradojas semejantes a la mencionada de Galileo y otras más profundas que aparecieron en la teoría de conjuntos y en los fundamentos básicos de la matemática, Gödel pensaba que lo que sucede es que la teoría de conjuntos es algo que tiene realidad propia, en ese mundo de las ideas del que en su «conferencia Gibbs» anteriormente citada se hacía eco, y que lo que sucede es que la mente humana no ha llegado a penetrar aún suficientemente en ella para ver claro y extraer con justeza cuáles son los axiomas por los que se rige, pero que con el tiempo la mente verá más claramente y entonces será capaz de discernir cuáles son los axiomas que es preciso adoptar, pues son los de la realidad. La teoría de conjuntos, por lo tanto, es algo que está ahí, independiente de la mente humana, y que lo que hace la mente con ella no es más que observarla y darse cuenta de su forma, de manera semejante a la que un botánico va observando las diversas especies de plantas y las describe. Pero, si esto es así, ¿cómo explicar la posibilidad de establecer, por ejemplo, diversos sistemas axiomáticos en geometría y en teoría de conjuntos, igualmente legitimados desde el punto de vista del constructor lógico, y tales que el sistema A resulta más adecuado que el B para manejar y explicar ciertas situaciones mientras que el B es más apto para explicar otros aspectos de la realidad? ¿Cómo se puede afirmar a la vista de este fenómeno que solamente uno de estos sistemas es el que posee la exclusiva de ser el auténtico esquema de la realidad?

Quizá se pudiera modular el pensamiento de Gödel de la siguiente forma. Se podría tal vez pensar que, como he afirmado antes, la realidad es la motivación para que nuestro mecanismo mental construya diversos modelos, esquemas mentales, que no son necesariamente impuestos por ella ni por la forma de ser de nuestra propia estructura mental. En realidad ninguno de los esquemas que construyamos va a agotar sin residuos la realidad misma que pretende manipular y manejar. Por eso mismo la mente es, hasta cierto punto al menos, libre en su construcción. La realidad nos proporciona la ocasión. Nuestra mente la puede interpretar de diversas formas. Y cuando hablo de realidad, como dije antes, me refiero también a nuestra propia estructura mental, y muy principalmente a ella, ya que la matemática se fundamenta de forma tan determinante en esta estructura mental.

Por lo tanto, en este proceso de ajustamiento a la estructura fina de la realidad, la mente, que forma parte ella misma de tal realidad, va conformando estructuras propias que, espera, se adecuen cada vez mejor. La mente actúa en esta interacción con cierta plasticidad y libertad. Ante una misma etapa de la interacción mencionada la mente puede optar por construir tal o cual sistema de axiomas (geometría euclídea o no-euclídea, teoría de conjuntos cantoriana o no-cantoriana) e incluso es capaz de desarrollarlos todos ellos independientemente por tenerlos en reserva, tal vez a la espera de su posible aplicación cuando surja una situación que convenga. Quizá se encuentre en el futuro en circunstancias en las que uno de los sistemas que ha creado pueda proporcionarle ventajas en su interpretación de algún aspecto de la realidad.

Esta visión de la matemática permanentemente en camino hacia una comprensión más cabal de diferentes aspectos de la realidad y construyéndose y perfeccionándose a sí misma en interacción profunda con los aspectos de la realidad misma a los que dirige su contemplación está plenamente en consonancia con las propias ideas de Gödel acerca del carácter *inagotable* del quehacer matemático y con la apertura estructural del pensamiento de la matemática al misterio, como tendremos ocasión de ver en detalle más adelante, al tratar, al menos someramente, la significación del teorema de Gödel en la comprensión del significado de la actividad matemática. Pero antes quisiera centrar la atención sobre un punto interesante que de algún modo ya ha hecho su aparición en nuestra exploración del modo como tiene lugar el desarrollo de la matemática. ¿Cuál ha sido la fuerza fundamental que ha empujado al matemático a modificar las concepciones, en muchos casos bien arraigadas y aparentemente con fundamentos bien seguros, en las que estaba asentado?

La paradoja como estímulo del progreso matemático

Una paradoja es una situación a la que llegamos cuando, pensando adecuadamente, a partir de ciertas premisas de las que nos parece no poder tener ningún motivo para dudar, llegamos a una afirmación que, por lo tanto, nos parece incontrovertible, y a continuación, pensando de otro modo también indubitable, llegamos a una conclusión que contradice la anterior. Una paradoja no es un sofisma. Un sofisma es un engaño más o menos sutil. Una paradoja es una oportunidad para profundizar en nuestras ideas y concepciones, ya que pone de manifiesto que hay algo en las premisas que damos por perfectamente buenas que no hemos llegado a entender de forma correcta. En cierta ocasión, trabajando con un grupo de colaboradores sobre un problema difícil, se le oyó musitar a Niels Bohr, uno de los grandes científicos del siglo: «¡Magnífico! Hemos topado con una paradoja. Ahora sí que podemos tener esperanza de progresar».

La paradoja de Galileo que hemos considerado antes *(hay y no hay más naturales que números pares)* nos pone de manifiesto que el sentido de ese *hay más* es ambiguo cuando se trata de conjuntos infinitos y hace falta que nos pongamos de acuerdo sobre él antes de tratar de manejar un conjunto infinito con cierto rigor. Georg Cantor, al hacerlo, consiguió abrir caminos hasta entonces insospechados para poder manejar de alguna forma el concepto de conjunto infinito *actual,* hasta entonces desterrado de la matemática. Solamente el infinito *potencial* era admisible, es decir, el conjunto de los números enteros no se podía tratar matemáticamente como algo completo, en su totalidad realizado, sino como algo que se hace.

En la historia de la matemática las paradojas importantes han representado un verdadero cambio de rumbo en su evolución, al poner de manifiesto que ciertas formas de pensamiento, hasta entonces por nadie discutidas, resultaban conducir a una situación de *es y no es* insostenible para la mente matemática. El que la proporción entre las medidas de la diagonal y el lado de un pentágono regular no fuera expresable mediante una proporción entre dos números naturales, es decir, la aparición del *inconmensurable, del número irracional,* dio al traste con la creencia fundamental de los pitagóricos de que los números naturales regían todo el Universo, pero fue la ocasión para que se enriqueciera la matemática con nuevos métodos para el tratamiento del número (método exhaustivo de Eudoxo). Las cuatro paradojas de Zenón (Aquiles y la tortuga, la dicotomía, la flecha, el estadio) acabaron con la creencia, también pitagórica, en la constitución atómica del espacio y dieron ocasión para pensar mucho en la naturaleza continua del espacio de la geometría.

En tiempos más recientes, en torno al comienzo del siglo XX, las paradojas en torno a la teoría de conjuntos, la paradoja de Cantor (sobre el conjunto de todos los conjuntos), la de Russell (paradoja del barbero), de Richard (sobre los adjetivos autopredicables y heteropredicables), han dado lugar a toda una revolución en torno a los fundamentos de la matemática, que vino a tener una primera cima histórica con el teorema de incompletitud de Gödel en 1931, que enseguida examinaremos un poco más de cerca. Con esta revolución se puede decir que la matemática ha pasado a ser, en lugar de la disciplina un tanto cerrada en sí misma que el programa de Hilbert (con el que se pretendía demostrar que cualquier proposición legítima del sistema matemático es un teorema o un contrateorema) la hubiera convertido, en una disciplina inagotable, abierta, en perpetua expansión, camino de una mejor adecuación a la realidad.

Un aspecto interesante de las paradojas que hemos mencionado es que en todas ellas está de alguna forma presente algún tipo de proceso que tiene que ver con el infinito matemático. No es casualidad, ya que, como tendremos ocasión de ver enseguida, el infinito matemático, presente en el pensamiento matemático desde sus mismos orígenes, es lo que le proporciona la profundidad que posee, aunque también constituye la raíz de los problemas más profundos en los que se embarca.

Hacia la matematización del infinito. Una barrera en el camino: el teorema de Gödel

La presencia del infinito en la matemática constituye un reto insoslayable. En la misma percepción originaria de la multiplicidad presente en las cosas, en ese caer en la cuenta de la finitud (no soy quien lo llena todo) y repetibilidad de la unidad, presente en la propia conciencia del yo (hay otros como yo mismo), en esos puntos suspensivos que colocamos cuando empezamos a contar y decimos 1,2,3,... está ya presente de alguna manera la percepción de la presencia del infinito en nuestra mente.

Se trata de una presencia no temática, es decir, no se hace ella misma objeto al modo como se objetivan las cosas concretas del resto de nuestro conocimiento, pero en realidad es esta presencia la que está dando fundamento a nuestra posibilidad de conocimiento de lo que es finito. Lo finito se recorta en lo infinito como en un horizonte. El infinito está en nuestra mente a modo de un espacio en el que lo finito se destaca, precisamente delimitándose a través de su propia concreción, mostrando así que no lo es todo, que no lo llena todo. Y al mismo tiempo nuestro conocimiento de los objetos concretos, de cualquier conocimiento de lo finito, nos hace percibir la presencia de lo infinito de una forma que tal vez se entienda mejor con la siguiente comparación. En la total oscuridad de una habitación penetra por una rendija un rayo de luz que sale de la habitación por otra rendija opuesta. Entonces no vemos el rayo de luz, y no seremos capaces de percibir la presencia de ese rayo de luz a menos que un objeto, o bien las partículas de polvo del aire, sean iluminadas por ese rayo de luz. Al ver las partículas nos apercibimos de la presencia del rayo de luz. De manera parecida, el infinito de algún modo presente en nuestra mente posibilita y funda nuestro conocimiento de lo finito, y en el conocimiento de lo finito y concreto nos apercibimos de esa presencia del infinito.

El acercamiento con intención matematizante a esta estructura primordial de la realidad (la multiplicidad) es lo que da lugar, a mi parecer, al inicio de nuestras construcciones sobre el número. Y así se puede decir que el infinito matemático ya está presente en nuestro más primitivo contar 1, 2, 3,... Con el tiempo, y tras la familiarización con el número, la mente comienza a hacerse preguntas sobre la naturaleza de esa realidad presente en ella misma (por ejemplo, ¿podemos considerar como un todo acabado esa multitud que empieza con 1, 2, 3,... y que sabemos perfectamente cómo se va construyendo?, ¿o bien no tiene sentido ninguno el hacerlo?). Estas preguntas se hacen cada vez más sofisticadas. Como ciertas de ellas conducen a situaciones paradójicas y posiblemente confusas, tal como hemos visto antes, la mente se construye un esquema hipotético, cuando es preciso incluso un sistema axiomático formal, con el que aprende a tratar con más rigor la situación. Parece que todo funciona satisfactoriamente. La mente adquiere cada vez más destreza y se atreve a explorar más allá. Vuelven a aparecer otras situaciones paradójicas que le hacen comprender que sus esquemas anteriores no dominan totalmente la realidad para la que fueron construidos. Su visión actual de la situación le sugiere algunas modificaciones de sus construcciones con las que los nuevos problemas quedan solucionados...

A lo largo de la historia de la matemática, este tipo de proceso reaparece una y otra vez, motivando el progreso del pensamiento matemático. Los números irracionales aparecidos al margen de ciertas construcciones geométricas, las paradojas de Zenón en torno al movimiento y a la naturaleza continua del espacio, fueron motivaciones para construir una nueva forma de manejar matemáticamente esta forma de infinitud. Los desarrollos del cálculo infinitesimal, consolidados en un intenso trabajo de multitud de matemáticos entre el siglo XVII y finales del XIX, constituyen nuevas formas de manejo del infinito matemático. La teoría de conjuntos de Cantor, a fines del siglo XIX y principios del XX, estableció el instrumento fundamental para tratar de dar rigor a estos nuevos esquemas de pensamiento.

A principios del siglo XX, la teoría de conjuntos creada por Cantor, sobre la que se intentaba fundamentar de forma rigurosa el edificio de la matemática, parecía haber alcanzado una cierta madurez para tratar de resolver una pregunta crucial, el problema de la decisión *(Entscheidungsproblem).* Así se expresaba en 1925 David Hilbert en un artículo, precisamente titulado «Sobre el infinito»:

> En cierto sentido la matemática se ha convertido en una corte de arbitraje, un tribunal supremo para decidir cuestiones fundamentales sobre una base concreta en la que todos puedan concordar y donde cada afirmación sea controlable... Un ejemplo del tipo de cuestiones fundamentales que pueden ser tratadas de este modo es la tesis de que todo problema matemático es soluble. Todos nosotros estamos convencidos de que realmente es así. De hecho uno de los principales atractivos para atacar un problema matemático es que siempre oímos esta voz dentro de nosotros: Ahí está el problema, encuentra la contestación; siempre la puedes encontrar puramente pensando, pues en matemáticas no hay ningún *ignorabimus*. (D. Hilbert, «Über das Unendliche», *Mathematische Annalen* 95 (1925): 161-190.)

Según el sentir de Hilbert, todos los matemáticos del tiempo estaban de acuerdo en que para cualquier proposición bien construida del sistema matemático habría de existir o bien una demostración de ella o bien una demostración de su negación, porque en matemáticas no hay ningún «ignoraremos», *kein 'ignorabimus' in der Mathematik.* La demostración rigurosa de este hecho, que parecía estar fuera de toda duda razonable, fue un objetivo principal del programa que Hilbert proponía. Con ello se llegaría a establecer claramente esa condición de árbitro supremo de la ciencia matemática.

No habían pasado seis años cuando en 1931 Kurt Gödel daba al traste de forma definitiva con el programa de Hilbert. Pese a todas las expectativas de los matemáticos del tiempo, Gödel demostró que la situación real era precisamente la contraria:

> En cualquier sistema matemático suficientemente potente para que en él se pueda desarrollar la aritmética de los números naturales existen proposiciones P con perfecto sentido dentro del sistema que son indecidibles; es decir, P no se puede demostrar, pero tampoco no-P se puede demostrar.

Este es el contenido del primer teorema de Gödel (1931) sobre la incompletitud de la aritmética, que probablemente pasará a la historia como uno de los resultados más importantes del pensamiento matemático, en un artículo titulado «Über formalunentscheidbare Sätze der *Principia Mathematica* und verwandter Systeme» (Sobre proposiciones formalmente indecidibles de los *Principia Mathematica* y sistemas relacionados).

Poco después Gödel demostraría además, como resultado complementario, algo que hacía apreciar aún mejor la profundidad de su anterior teorema:

> Una de tales proposiciones indecidibles es precisamente la que afirma que en el sistema en cuestión no existen contradicciones.

Es decir, construyamos el sistema matemático que construyamos, con tan solo que sea suficientemente potente para que en él se pueda desarrollar la aritmética ordinaria, no podemos demostrar dentro de él que nunca van a surgir proposiciones contradictorias, es decir, no podemos estar seguros de que en él no va a resultar que P es un teorema a la vez que también no-P es un teorema, lo cual naturalmente invalidaría por completo el sistema, ya que cualquier afirmación y su negación serían igualmente demostrables.

Ecos del teorema de Gödel

Para concluir, he aquí algunos testimonios del impacto que el teorema de Gödel causó en la concepción de la matemática de algunos de los filósofos matemáticos más importantes de nuestro siglo.

Bertrand Russell afirmaba en 1901 que «el edificio de las verdades matemáticas se mantiene inconmovible e inexpugnable ante todos los proyectiles de la duda cínica». En 1924 ya había cambiado considerablemente de opinión. Para él, la lógica y la matemática, al igual que, por ejemplo, las ecuaciones de Maxwell, «son aceptadas debido a la verdad observada de algunas de sus consecuencias lógicas». Pero en 1959, en la descripción de su itinerario filosófico, tras la aparición del teorema de Gödel afirma: «La espléndida certeza que siempre había esperado encontrar en la matemática se perdió en un laberinto desconcertante».

El mismo Carnap, de la corriente neopositivista, al que en 1930 se podía oír ponderar la matemática como «la más cierta de todas las ciencias», señala en 1958 como una de las analogías principales entre física y matemática «la imposibilidad de la certeza absoluta».

Hermann Weyl, uno de los matemáticos más profundos de nuestro siglo, se percató, incluso antes de que Gödel publicara su contribución sobre los fundamentos, de que la matemática era «irremisiblemente falible». Y en 1949 presenta lo que para él debe ser la adecuada interpretación de la matemática como ciencia: «Ningún Hilbert será capaz de asegurar la consistencia para siempre; hemos de estar satisfechos de que un sistema axiomático simple de matemáticas haya superado hasta el presente el test de nuestros elaborados experimentos matemáticos... Una matemática genuinamente realista debería concebirse, en parangón con la física, como una rama de la interpretación teorética del único mundo real y debería adoptar la misma actitud sobria y cautelosa que manifiesta la física hacia las extensiones hipotéticas de sus fundamentos».

John von Neumann afirma, así mismo, en 1947 que «la matemática clásica, aunque nunca más se pudiera estar absolutamente seguro de su fiabilidad... se sostiene sobre un fundamento al menos tan firme como, por ejemplo, la existencia del electrón. En consecuencia, si se está dispuesto a aceptar las ciencias, se puede aceptar también el sistema de la matemática clásica». Y confiesa también cómo experimentó el mismo itinerario mental común a tantos matemáticos de nuestro siglo: «Yo mismo reconozco con qué humillante facilidad cambiaron mis puntos de vista respecto de la verdad absoluta de la matemática... y cómo cambiaron tres veces sucesivas».

Quine, uno de los lógicos matemáticos importantes de nuestro siglo, afirmaba ya en 1958 desde su perspectiva: «Lo más razonable es considerar la teoría de conjuntos, y la matemática en general, como consideramos las porciones teóricas de las ciencias naturales: en cuanto que contienen verdades o hipótesis que han de ser vindicadas menos por la pura luz de la razón que por la contribución indirecta y sistemática que hacen a la organización de los datos empíricos en las ciencias naturales».

En 1956 Imre Lakatos introduce en la matemática los conceptos filosóficos sobre la ciencia de Karl Popper. Un resultado práctico de sus investigaciones fue el siguiente programa: Lo primero que hay que hacer es dejarse en matemáticas de sentimentalismos apegados a las verdades absolutas de los pitagóricos y platónicos: «¿Por qué no admitir honestamente la falibilidad matemática y tratar de defender la dignidad del conocimiento falible frente al escepticismo cínico más bien que tratar de engañarnos a nosotros mismos creyendo que seremos capaces de arreglar invisiblemente el último jirón en el tejido de nuestras "últimas" intuiciones?».

Como se ve, de acuerdo con la visión de aquellos que más han pensado en nuestro siglo sobre la naturaleza profunda del quehacer matemático, hay que considerar la matemática como un proceso tentativo de acercamiento a la realidad que no se puede soñar en realizar de golpe ni completamente. No tratamos de verdades inmutables ni infalibles. La matemática es una actividad del hombre, vieja como la música y la poesía, y que, como ellas, persigue una cierta armonía y belleza, esas que puede ciertamente proporcionar la estructura mental ágil, limpia y elegante de las construcciones matemáticas. La causa profunda de esta inagotabilidad de la matemática es la presencia en ella de los procesos infinitos. Una presencia a la que la matemática no puede ni debe renunciar. Lo nuestro es lo infinito, sí, pero acompañado por la conciencia de la falibilidad de nuestros procesos de acercamiento a él y del empeño de corrección de nuestros errores cuando estos surjan.

2
LA CIENCIA A TRAVÉS DE LA HISTORIA

José Manuel Sánchez Ron

INTRODUCCIÓN

La ciencia constituye uno de los patrimonios más valiosos de la humanidad. Sin los recursos que nos ha suministrado, la historia de nuestra especie habría transcurrido de una manera muy diferente, especialmente desde que se produjo, en los siglos XVI y XVII, la denominada Revolución Científica. No debemos pensar, sin embargo, que aquella Revolución constituyó el punto de partida de la ciencia, cuyos orígenes se remontan muy atrás en el pasado. Tanto, que es difícil establecer algo así como un momento o período del que se pueda decir: «entonces comenzó el largo camino de la ciencia». Si buscamos entre los indicios que nos han llegado, y a los que se puede encontrar alguna «significación científica», seguramente uno de los más antiguos es el hallazgo de huesos de animales (de veinte a treinta y cinco mil años de antigüedad) provistos de series de muescas, que constituyen auténticas «máquinas de contar». Al hacer esto, nuestros antepasados estaban sentando las bases para la matemática, la, en numerosos sentidos, más básica de las ciencias.

Un nuevo paso en la dirección de la creación del pensamiento científico se produjo cuando, hace unos diez mil años, en el Oriente Medio, los humanos comenzaron a recopilar detalles de plantas, primero las más útiles, pero luego también algunas que ni tenían usos medicinales ni alimenticios. Pero la botánica es una disciplina cuyo desarrollo y sistematización ha sido lento (sin duda debido a la complejidad de sus objetos), y en este sentido su papel en el establecimiento y configuración de la ciencia fue menor que otros ámbitos de la experiencia y naturaleza más susceptibles de ser sometidos a esquemas sistemáticos: como el ya citado de contar, medir distancias y superficies, y estudiar el movimiento de cuerpos celestes.

En lo que a contar se refiere, y pasando por alto otros sistemas anteriores, cuya influencia posterior ha sido escasa, hay que citar a los sumerios, un pueblo que se instaló en el valle del Tigris y el Éufrates. Hacia el cuarto milenio a. C. los sumerios desarrollaron, primero de manera oral, escrita después (h. 3200 a. C.), un sistema de numeración basado en la agrupación en sesentenas o potencias de 60. Este sistema sería transmitido, por mediación de los babilonios y luego de los griegos y los árabes, en la expresión del tiempo, en horas, minutos y segundos, y en la de los arcos y ángulos, en grados, minutos y segundos. El porqué los sumerios introdujeron una base tan elevada es todavía hoy un misterio, aunque se han manejado varias hipótesis, como la de que eligieron el 60 por su propiedad de ser divisible por los seis primeros números enteros.

En cuanto al sistema decimal, el que más se extendió, se han encontrado rastros de su utilización en épocas y escenarios no muy alejados del de los sumerios: cuando, con la ayuda de la Piedra de Rosetta, descubierta en 1799 durante la expedición napoleónica a Egipto, se pudo descifrar la escritura jeroglífica egipcia, se encontró que su sistema de numeración, que data de hace unos cinco mil años, estaba estructurado según la base 10, aunque empleando símbolos que hacían muy engorrosa su utilización.

Contar ha sido siempre una necesidad de los humanos, pero existe al menos otra necesidad propia de lo que más tarde sería el conocimiento científico, que surgió según se iban haciendo más complejos sus sistemas de organización. Me estoy refiriendo a la astronomía y al establecimiento de calendarios.

La astronomía desempeñó un papel central en el mundo babilónico, el mundo de la dinastía semítica de Hammurabi de Babilonia (de la palabra griega para la ciudad de Babel, al sur del actual Bagdad), que hacia el 2000 a. C. tomó el relevo de los sumerios. Los babilonios colocaron la Tierra en el centro del Universo, parece que inventaron el Zodíaco y se preocuparon especialmente por conservar registros de los movimientos de la Luna. Introdujeron un año que constaba de trescientos sesenta días, dividido en doce meses de treinta días cada uno; además establecieron la semana, bautizando los días por el Sol, la Luna y los cinco planetas entonces conocidos. También fueron los responsables de la división del día en dos períodos de doce horas y descubrieron los movimientos aparentemente anómalos (retrogresiones) de algunos planetas y del Sol. Es obvio, por consiguiente, que nuestra cultura es profundamente deudora de los conocimientos e iniciativas surgidos en aquel imperio. Impulsados por estos intereses, avanzaron también en la geometría: sabían, por ejemplo, que los triángulos inscritos en un semicírculo eran rectángulos, y parece que conocían el denominado teorema de Pitágoras (la suma de los cuadrados de los catetos de un triángulo rectángulo es igual al cuadrado de la hipotenusa), aunque, como en toda su ciencia, lo expresaban a través de casos particulares.

La ciencia en el mundo griego

«A través de casos particulares». Esta sentencia muestra con especial claridad la distancia que separaba a los babilonios de lo que es realmente la ciencia: capacidad de elevarse sobre situaciones particulares, construyendo leyes que se aplican a un conjunto, cuanto más grande mejor, de casos concretos. Aunque los egipcios, que realizaron aportaciones muy notables a la geometría (como calcular el área de un triángulo isósceles o el área de un campo circular), avanzaron en la senda de la abstracción, ninguna otra civilización puede competir en este punto con la helena. Sin exageración, se puede decir que fueron los griegos los que crearon realmente la ciencia, entendida esta como un cuerpo de conocimientos organizados de manera sistemática y racional. De hecho, parte de la afirmación anterior es equívoca, en el sentido de que habría que decir que fueron ellos los que crearon el complejo «filosófico-científico», que aunque contenía lo que hoy denominaríamos sistemas científicos (la geometría de Euclides, por ejemplo), daría lugar, a través de un largo proceso histórico, a la ciencia tal y como la entendemos en la actualidad.

La primera escuela de «filósofos científicos» surgió en Mileto. En aquel puerto marítimo, Tales se formuló una de las preguntas filosóficas y científicas más básicas: ¿de qué están hechas las cosas? Y contestó, dicen: «De agua», una respuesta no tan absurda si recordamos que el cuerpo humano está formado por cerca del 80 por 100 de agua. Como matemático, Tales importó de sus viajes a Egipto reglas empíricas para medir terrenos, que le sirvieron para poner los cimientos de la geometría como ciencia deductiva: calculó la distancia entre los navíos desde el vértice de una torre; determinó la altura de una pirámide por la sombra que proyectaba y por la comparación de dos triángulos de sombra, cualquiera que fuese la posición del Sol; y demostró la igualdad de los ángulos opuestos por el vértice y la de los de la base de un triángulo isósceles. Heródoto escribió que Tales predijo un eclipse de Sol, el cual se ha datado como el que tuvo lugar el 585 a. C. A esa época debe de pertenecer, por lo tanto, Tales y el nacimiento de la filosofía y la ciencia.

La nómina de filósofos-científicos griegos que con sus contribuciones influyeron, condicionándolo, en el desarrollo futuro del conocimiento es larga, muy larga (bastaría recordar las ideas sobre la composición de los cuerpos de Anaxágoras [500-428 a. C.] y Heráclito de Éfeso [540-480 a. C.], que sostuvieron la creencia de que toda la materia está formada por cuatro elementos: fuego, agua, aire y tierra). Pero si hay que resumir, buscando los personajes en verdad esenciales, aunque su obra pudiese haber sido el fruto, largamente elaborado, de muchos otros pensadores, cuyas contribuciones han quedado ocultas por el paso de los siglos, hay que pensar en nombres como el de Euclides (h. 300 a. C.), de cuya vida poco se conoce. Aparentemente, mientras trabajaba en Alejandría, Euclides decidió compilar y sistematizar todos los conocimientos matemáticos realizados hasta entonces. Fruto de aquella decisión fueron los *Elementos,* obra formada por trece libros, en la que se pretendía demostrar todo teorema enunciado, en base al número más reducido posible de axiomas, o verdades evidentes. Seis de los libros de los *Elementos* están dedicados a la teoría de los números (incluyendo una demostración de la infinitud de los números primos) y tres a la geometría de los cuerpos sólidos (Euclides concluyó que los únicos poliedros posibles eran el tetraedro, octaedro, cubo, icosaedro y dodecaedro). Durante prácticamente dos milenios se aceptó la idea de que la geometría contenida en los *Elementos,* hoy denominada «euclidiana», era la única posible. Sería en el siglo XIX cuando se demostró que el denominado «quinto postulado», que sostenía que «por un punto exterior a una recta solo se puede trazar otra línea recta en su plano, que pase por el punto y que nunca llegue a encontrarse con la primera línea», no es el único posible, siendo factibles otros que dan origen a las denominadas «geometrías no euclidianas», la obra, realizada en el siglo XIX, de los Nicolai Lobachevski (1793-1856), János Bolyai (1802-1860) y Bernhard Riemann (1826-1866).

Otro nombre imprescindible, de la Escuela de Alejandría, fue Arquímedes (287-212 a. C.), de Siracusa, que escribió obras tan fundamentales como *Sobre la esfera y el cilindro*, *Sobre conoides y esferoides* y *Sobre las líneas espirales.* Pero Arquímedes no es recordado únicamente por sus contribuciones a la matemática, sino también por sus logros en mecánica y teoría de fluidos: introdujo la polea compuesta y el denominado «tornillo de Arquímedes», productos de sus conocimientos sobre la estática de los cuerpos sólidos, y fundó la hidrostática, siendo obra suya el «principio de Arquímedes»: «todo cuerpo sumergido en un líquido experimenta un empuje igual al peso del fluido desplazado».

El estudio del Universo fue otro de los grandes temas para la filosofía y ciencia griegas. De hecho, probablemente el primer astrónomo en un sentido moderno fuese Aristarco de Samos, nacido hacia el año 305 a. C., que, además de plantear y resolver problemas astronómicos con técnicas matemáticas rigurosas, sostuvo que es la Tierra la que gira en torno al Sol (sistema heliocéntrico). A pesar de ello, la tradición astronómica helena culminó en una obra, de Ptolomeo de Alejandría (h. 90-170), que resume siglos de astronomía griega, conocida por su nombre árabe, *Almagesto* («el más grande»), en la que se aceptaba el sistema geocéntrico (la Tierra está situada en el centro del Universo).

Finalmente está Aristóteles (384-322 a. C.), cuya obra comprende la mayor parte del conocimiento científico de su época. En la Academia de Platón, más tarde en su propio Liceo, o en sus viajes y estancias lejos de Atenas, Aristóteles se mostró como un extraordinario maestro y creador de ideas, en campos tan diversos como la física, la astronomía, la lógica y la metodología, la retórica y la poética, la ética, la biología, zoología, anatomía y fisiología. Pero nunca se contentó con exponer *lo que* sucede, sino que buscó también el *porqué* de los procesos que describía. Fue, por consiguiente, mucho más que lo que hoy denominamos un científico; fue un *filósofo de la naturaleza.* Un filósofo muchas de cuyas ideas y sistemas llegarían a ser —a partir especialmente del siglo XIII— casi reverenciados. Hasta que la física de Kepler y Galileo socavasen su manera de interpretar el movimiento de los cuerpos celestes.

Hasta ahora no he mencionado los estudios sobre el cuerpo humano, la medicina. Obviamente, semejante ámbito del conocimiento, más próximo que casi cualquier otro a los humanos, no pudo ser ignorado desde el mismo momento en que comenzó a desarrollarse el pensamiento racional. La antigüedad cuenta también con personajes paradigmáticos en este dominio. Como Hipócrates de Cos (h. 450-380 a. C.), en cuyos escritos (suyos o atribuidos a él) se observa que la medicina comenzaba a emerger, desde unos fundamentos previos en los que abundaban las ideas mágicas y religiosas. Y como Galeno de Pérgamo (129-210/216), ya durante uno de los períodos más florecientes del Imperio romano, cuyas ideas sobre anatomía y fisiología dominarían durante muchos siglos el pensamiento médico.

Camino de la Revolución Científica

El Imperio romano no mantuvo el nivel científico-filosófico que habían alcanzado los griegos. De las matemáticas, por ejemplo, los romanos realmente solo se interesaban en los conocimientos indispensables de agrimensura para la fijación de los límites territoriales. Por ello, con frecuencia se ha dicho que después de los griegos el avance científico se detuvo hasta el comienzo de la Revolución Científica. En este sentido, a la Edad Media se la ha considerado como «era de la oscuridad». Pero semejante visión es errónea si no se matiza. Es cierto que el avance en el conocimiento de la naturaleza no fue comparable al que se produjo entre los helenos, pero ello no quiere decir que se entrase en una larga y completa era de oscurantismo. En particular, los desarrollos tecnológicos prosperaron en la Europa medieval: introducción de nuevos arados, del arnés, que permitía enjaezar un caballo detrás de otro, de la rueda hidráulica, de nuevas técnicas e instrumentos de navegación y, por supuesto, de la imprenta por Gutenberg (h. 1436-1450), sin olvidar la aparición de la pólvora en Europa a lo largo del siglo XIII, la misma centuria en la que se construyeron relojes mecánicos.

Algunos argumentarán que este tipo de avances fueron «tecnológicos», no «científicos». En general, así es, pero hay que recordar que el desarrollo científico es profundamente deudor del tecnológico: sin mejores instrumentos ópticos no habría sido posible profundizar en el estudio del Universo, ni en el de los cuerpos microscópicos. Por ello, se puede decir que la Edad Media constituyó un período necesario para el avance llevado a cabo en la Revolución Científica.

Mucho menos aún se puede hablar de estancamiento si extendemos nuestra habitual perspectiva eurocéntrica, deteniéndonos en los logros del islam (otro tanto habría que hacer con China, pero esta cultura fue más opaca para Europa). El camino de la cultura, del pensamiento creativo, pasaría por Damasco y por Bagdad. Los árabes no solo sirvieron de puente transmisor de la cultura griega a la Europa medieval y renacentista, sino que aportaron logros notables en los campos de la matemática, la astronomía y la medicina. Físicos como Ibn al-Haytam, más conocido en Occidente como Alhazén, cuyas contribuciones a la óptica no es posible ignorar, astrónomos como al-Zarqali (Azarquiel) o médicos como Ibn Sina (Avicena).

El comienzo de la recuperación europea en ciencia se produjo de la mano del rescate del legado griego, perdido en gran parte en Europa pero conservado en el islam. Cuando, en el alba de los tiempos medievales, algunos educadores del Occidente, como san Isidoro de Sevilla, trataron de salvar los restos del saber del «interludio científico europeo», solo pudieron ofrecer una información de un bajo nivel científico, puesto que se documentaban en la pobre tradición científica latina y estaban casi desconectados de la auténtica tradición científica griega. El contacto tuvo que establecerse a través de traducciones medievales de origen oriental, traducciones árabes sobre todo, que, después de trasvasar los orientales griego, persa o indo, o de acrecentarlos grandemente, fueron, a su vez, vertidas a la lengua latina o a alguna de las lenguas romances, con frecuencia en ese lugar que hoy llamamos España.

Ahora bien, la recuperación para la cultura latina de la ciencia y filosofía griega y árabe realizada especialmente durante el siglo XII no significó que tales semillas floreciesen de inmediato en el áspero suelo europeo. Hubo que esperar a los siglos XVI y XVII, es decir, a la Revolución Científica.

La Revolución Científica

Por «Revolución Científica» se entiende el período de los siglos XVI y XVII durante el cual se establecieron los fundamentos conceptuales e institucionales de la ciencia moderna.

Aunque las fechas concretas son como la punta de un iceberg, que oculta un largo período de incubación, un buen punto de partida es 1543, cuando se publicaron dos libros que terminarían convirtiéndose en clásicos de la historia de la ciencia: *De humani corporis fabrica,* de Andreas Vesalio (1514-1564), y *De revolutionibus orbium coelestium,* de Nicolás Copérnico (1473-1543).

A pesar de que ninguno de los dos logró superar completamente la herencia recibida (Vesalio no supo desembarazarse de aspectos importantes de la fisiología galénica, del mismo modo que Copérnico no logró apartarse del sistema de los círculos perfectos para los movimientos de los cuerpos celestes), se puede decir que sus libros fueron revolucionarios, o, cuando menos, que constituyeron los cimientos de futuros cambios revolucionarios, en la anatomía y la astronomía, respectivamente; que inspiraron una serie de actividades, ideas y desarrollos que conducirían en el plazo de un par de generaciones a la promulgación de conceptos y teorías ya muy distintas a las antiguas.

La *Fábrica del cuerpo humano* constituyó un vibrante llamamiento en defensa de la práctica anatómica, de la disección, como base imprescindible para la comprensión de la estructura y funciones del cuerpo humano (en esencia, durante casi doscientos años, todo examen del funcionamiento de los organismos vivos se fundaría en la anatomía), mejorando sustancialmente el alcance y precisión del conocimiento relativo a la estructura del cuerpo humano, conocimiento en el que se basaría William Harvey (1578-1657) para dar el siguiente gran paso con su descubrimiento de la circulación mayor de la sangre (1628). Pero fue entonces, y solo entonces, con Harvey, cuando surgieron conflictos serios entre las ideas médicas antiguas y modernas.

Por el contrario, *Sobre las revoluciones de los orbes celestes* es una obra de filosofía y, sobre todo, de matemática aplicada, que no incluye observaciones astronómicas nuevas, ni aspiraba a que sus predicciones fueran de una exactitud sin precedentes. Lo que hizo Copérnico fue explotar la idea de que era el Sol y no la Tierra el que se encontraba, inmóvil, en el centro del Universo. Pero el abandono de la visión cosmogónica en la que la Tierra ocupaba el centro del Universo, y de la física aristotélica, por el sistema heliocéntrico, presentaba problemas. Difícilmente pueden calificarse de revolucionarias las innovaciones copernicanas en lo relativo a la astronomía práctica o matemática. De no haber sido por Tycho Brahe (1546-1601), Johannes Kepler (1571-1630) y Galileo Galilei (1564-1642), el sistema copernicano habría contribuido a perpetuar el de Ptolomeo en una forma un poco más compleja pero más grata a las mentes filosóficas.

Fueron sobre todo Kepler y Galileo quienes más hicieron en la dirección de desarrollar una astronomía y una «ciencia del movimiento» que diesen sentido al sistema heliocéntrico. Como es bien sabido, Copérnico no desarrolló una dinámica que hiciera plausible la idea de una Tierra en movimiento: si esto fuese así, ¿cómo es que los objetos libres no se alejaban de la superficie terrestre?, ¿por que no se veía que las nubes siempre se dirigían hacia el Oeste, y los cuerpos arrojados desde una torre no caían al oeste de la base de la misma? Además, Galileo realizó observaciones que sacaron a la luz las deficiencias del Universo aristotélico. Y el origen de sus observaciones tiene que ver con la tecnología, en concreto, con la utilización de lentes (telescopios) para agrandar las imágenes de objetos alejados.

No fue Galileo el primero en construir un telescopio, pero al oír de su existencia (parece que durante una visita que realizó a Venecia en julio de 1609) decidió construir uno él mismo. Al principio, pensó en él como un instrumento cuya utilidad era más práctica que científica, pero no tardó en dirigirlo hacia la Luna, viendo superficies irregulares, exactamente igual que algunos paisajes terrestres, y no la perfección de una superficie completamente esférica, como suponían los aristotélicos. Sus posteriores observaciones de los satélites de Júpiter no hicieron sino socavar aún más los modelos clásicos.

Los descubrimientos, observaciones y desarrollos teóricos realizados por Galileo, junto a los producidos por Kepler, que mostró que las trayectorias seguidas por los planetas no eran circunferencias, sino elipses, y a las contribuciones de René Descartes (1596-1650), a quien se debe la ley de la inercia (primera ley del movimiento en la mecánica clásica), allanaron el camino para la obra de Isaac Newton (1642-1727), posiblemente el científico más importante de toda la historia. Newton completó la estructura básica de la dinámica y mostró, en una teoría de la gravitación universal, que las elipses, al igual que las restantes leyes de Kepler (como la de las áreas), se obtenían como consecuencia de una fuerza universal, que dependía del inverso del cuadrado de la distancia entre dos cuerpos cualesquiera (terrestres o celestes) con masa y que no necesitaba de ningún medio para ser transmitida (de ahí su nombre: fuerzas de acción a distancia). Fue en un extenso libro, titulado *Philosophiae naturalis principia mathematica* (1687), en donde Newton expuso su gran síntesis dinámica y gravitacional.

Pero Newton no nos dejó únicamente esta gran síntesis, y otras obras capitales como la *Óptica* (1794), en la que resumió sus investigaciones ópticas, entre las que se encuentra el resultado de que la luz blanca es la suma de colores «elementales». Más que ningún otro científico, nos legó lo que constituye la esencia del método científico: la elaboración de modelos matemáticos simples que se comparan con los fenómenos naturales, comparaciones de las que surgen nuevas versiones, más complicadas, de los modelos previos.

La grandeza de Newton es aún mayor en tanto que no solo contribuyó de manera capital a la física teórica y experimental, sino que también fue uno de los matemáticos más importantes de la historia. Junto a Gottfried Wilhelm Leibniz (1646-1716), de manera independiente, inventó el cálculo infinitesimal, o diferencial, sin duda el instrumento más importante en la investigación matemática y física (la versión de Newton, algo diferente de la de Leibniz, se denomina «cálculo de fluxiones»). Sin el cálculo diferencial e integral la ciencia sería otra, sin duda alguna mucho más primitiva.

El asociacionismo científico

Las ideas (experimentos, conceptos y teorías) científicas pueden surgir en ocasiones en escenarios solitarios; Newton, por ejemplo, llevó a cabo una gran parte de su obra científica con los limitados recursos que poseía en sus habitaciones del Trinity College de Cambridge, aunque, por supuesto, necesitó conocer lo que otros científicos habían descubierto. Pero, tomada en su conjunto, la actividad científica requiere —tanto más cuanto más desarrollada y profesionalizada está— de instituciones en las que los científicos reciban educación especializada, realicen sus experimentos, intercambien ideas y publiquen sus trabajos. También en este sentido la época de la Revolución Científica fue singular, ya que en ella se crearon instituciones como las primeras sociedades científicas realmente significativas y estables.

En la Europa del siglo XVI comenzaban a proliferar las universidades. Podemos hablar de ellas en numerosas ocasiones, y con razón, como centros de saber. Pero sería una denominación un tanto equívoca, ya que las universidades eran, sobre todo y por encima de todo, centros de enseñanza, y, de hecho, sus «planes de estudios» y división en Facultades se mantuvieron estáticos durante siglos. Fue en Italia en donde surgió otro tipo de institución dedicado al fomento de la ciencia: las Academias. Las primeras Academias que podríamos denominar «modernas» fueron la Accademia dei Lincei, en Roma (1601-1630), fundada por el duque Federigo Cesi, un hábil experimentador, especialmente interesado en el estudio de las abejas y las plantas, aficionado a coleccionar objetos naturales y que poseía un jardín botánico. O la Accademia del Cimento —*Cimento* significa *experimento* (el *motto* de la Academia era «*Probando e reprobando*»)— de Florencia (1657-1667), en la que nueve científicos (la mayor parte discípulos de Galileo, como Viviani, Torricelli o Borelli) se esforzaron durante una década en construir instrumentos, desarrollar sus habilidades experimentales, buscar verdades básicas. Estas Academias precedieron a otras cuyas actividades y trascendencia sería mucho mayor. Como la Royal Society de Londres (fundada en 1660), que llegaría a presidir Newton; la Académie des Sciences de París (1666) o la Academia de Berlín, fundada por Leibniz en 1700.

La ciencia es una empresa colectiva, que requiere de intercambio de resultados. Las Academias proporcionaban un medio de comunicación entre científicos, pero no era suficiente. Una limitación importante era su reducido ámbito de influencia: una ciudad, la mayor parte de las veces. El establecimiento de sistemas postales estables (en Inglaterra existió desde comienzos del siglo XVI un servicio postal para las cartas de Estado, pero solo a mediados del siglo siguiente se creó una oficina postal general para la correspondencia privada) representó una ayuda considerable, ya que el intercambio epistolar entre los científicos constituyó un medio de comunicación muy importante, como muestra la voluminosa correspondencia de «informadores profesionales» y científicos como Mersenne, Collins, Wallis, Boyle, Huygens y Oldenburg.

Otro medio de comunicación y difusión científica, desarrollado durante la Revolución Científica, que ha perdurado hasta la fecha y que se convertiría en un elemento fundamental del «sistema científico», fueron las revistas, como las *Philosophical Transactions* de la Royal Society, cuyo primer número apareció en marzo de 1665, o las *Acta Eruditorum* (1682) y el *Nouvel Journal des Sçavans* (1698), en donde se publicaron descripciones de muchas de las principales investigaciones de la época.

CIENCIA E ILUSTRACIÓN

El siglo XVIII fue denominado por los franceses el «Siglo de las Luces»; sin embargo, en otros lugares ha sido más común denominarlo el «Siglo de la Ilustración», un término introducido por Immanuel Kant (1724-1804). Con uno u otro nombre, lo cierto es que en el XVIII el conocimiento científico traspasó fronteras que antes le habían estado, en general, vedadas. Durante la Ilustración, en efecto, se consumó la transposición de la «propiedad» del concepto y estudio de la Verdad, de la religión a la ciencia; de los teólogos y sacerdotes, a los científicos y filósofos. En este sentido terminaba la Era de la Cristiandad y comenzaba la de la Modernidad.

Animados por la gran confianza que depositaron en la capacidad —científica y tecnológica— humana de comprender y utilizar la naturaleza, los ilustrados creyeron que era posible construir una sociedad más racional, justa y cómoda. Esta unión entre «razón» y «naturaleza», entre ciencia, tecnología y sociedad, queda clara a través del título de la obra más característica de aquella época: la *Enciclopedia o diccionario razonado de las ciencias, las artes y los oficios,* la *Encyclopédie,* coordinada por dos grandes pensadores, el filósofo Denis Diderot y el físico y matemático Jean Le Rond d'Alembert (1717-1789).

Dentro del conjunto de la ciencia, el siglo XVIII asistió al apogeo de la física newtoniana. Era tal su poder explicativo, tantos sus éxitos, que, inevitablemente, se terminó por creer que en sus principios fundamentales, en las tres leyes del movimiento, se encontraba la llave para comprender el funcionamiento del Universo. Otra cosa era ser *capaces de calcular* en detalle los diferentes movimientos, pero en principio ahí, en los movimientos de las partículas que se suponía componían la materia (mecanicismo), estaba todo.

Pero no debemos pensar que el siglo XVIII se basó —filosófica y científicamente hablando— solo en las ideas físicas del mecanicismo. El «espíritu matemático» se desarrolló también con gran intensidad; no en vano en esa época vivieron matemáticos como Daniel Bernoulli (1700-1782), Lagrange (1736-1813) o Laplace (1749-1827). Y tampoco hay que olvidar que fue también en aquel siglo, en torno a 1780, cuando James Watt (1736-1819) introdujo mejoras sustanciales en las máquinas de vapor existentes, inaugurando una nueva era en la producción de energía mecánica, y dando origen de esta manera a la Revolución Industrial (terminó siendo la *Primera* Revolución Industrial), que cristalizó a partir de 1815, por lo que es en buena medida también un fenómeno decimonónico.

UNA REVOLUCIÓN QUÍMICA: LAVOISIER

La física y la astronomía, al igual que la técnica, ilustradas progresaron mucho durante el siglo XVIII, pero fue en gran medida, como se ha señalado, una explotación de las potencialidades contenidas en los *Principia* de Newton, no un cambio radical con relación a los conocimientos previos. Muy diferente fue el caso con la química. Con anterioridad a mediados de siglo la química no podía considerarse una disciplina científica independiente. Es cierto que poseía una cierta —incluso, una larga— tradición (o, mejor, antecedentes), pero sobre todo dentro del campo de la farmacia o de la medicina. Protagonistas destacados que aparecen en los libros de historia de la química, como Hermann Boerhaave (1668-1738), Georg Ernst Stahl (h. 1660-1743) o Joseph Black (1728-1799), eran médicos. Todo esto cambió con Antoine Laurent de Lavoisier (1743-1794), que logró crear un sistema teórico basado en el método experimental, al elaborar un lenguaje metódico y preciso que sirviera de eficaz instrumento de comunicación, al igual que, por supuesto, de conocimiento.

En los años finales de la década de los sesenta, Lavoisier se ocupó de investigaciones encaminadas a determinar el grado de pureza que el agua podía alcanzar mediante destilaciones sucesivas. Esto le llevó a plantearse uno de los problemas que ocupaban la atención de los químicos: la transmutación del agua en tierra. Todavía estaba extendida entre los químicos la creencia en la teoría de los cuatro elementos, agua, tierra, aire y fuego, que por sus cualidades comunes podían transformarse unos en otros. Las medidas de densidades de muestras de agua en función de las materias disueltas le hicieron sospechar que el depósito terroso que se formaba en destilaciones sucesivas de una muestra de agua, cuya densidad no variaba apreciablemente en las últimas destilaciones, era un producto de la operación. Para dilucidar el problema, consideró que el único medio era repetir las experiencias en recipientes herméticamente cerrados, con la precaución de tomar cuenta exacta del peso del recipiente y del agua empleados. Si el peso total, finalizada la experiencia, no variaba, «entonces necesariamente debía encontrarse una disminución de peso en una u otra de estas dos sustancias [el agua y el recipiente], y esta disminución debía ser precisamente igual a la cantidad de tierra separada». Si, por el contrario, el peso del conjunto aumentaba al final, entonces la «materia del fuego» que pasaba a través del vidrio y se combinaba con el agua era la responsable de tal aumento.

Lavoisier pesó cuidadosamente un recipiente de vidrio y el agua que introdujo en él; lo cerró herméticamente y puso a hervir el agua por espacio de ciento un días consecutivos. A medida que transcurría el tiempo, se formaba un residuo terroso. Una vez retirado el aparato del fuego, anotó de nuevo su peso y observó que no había variado. Comprobó entonces, en contra de la opinión común, que el fuego no producía ningún aumento de peso. Después pesó el residuo seco, e hizo lo mismo con el recipiente. El peso del residuo era prácticamente igual a la pérdida de peso experimentada por el recipiente, por lo que concluyó que el depósito terroso procedía del vidrio y no del agua. Al igual que más de un siglo antes lo había hecho Galileo con sus observaciones astronómicas, Lavoisier estaba socavando el universo aristotélico.

En la revolución química asociada con el nombre de Lavoisier el oxígeno desempeñó un papel central, pasando la combustión a explicarse como un proceso que implicaba combinación con oxígeno, en lugar de emisión de flogisto, la sustancia a la que habían recurrido hasta entonces la mayor parte de los alquimistas-químicos. Brevemente expuesta, la historia es como sigue.

A comienzos de la década de 1770, Lavoisier comenzó a investigar el papel que desempeñaba el aire en el proceso de la combustión. A finales de 1772 ya pudo demostrar que tanto el fósforo como el azufre se combinaban con el aire durante la combustión, y que los productos que se producían (los ácidos fosfórico y sulfúrico) pesaban más que el fósforo y el azufre iniciales. Se trataba, por consiguiente, de un proceso de adición, en lugar de uno en el que se producía un desprendimiento (de flogisto). En los dos años siguientes, comprobó que la calcinación era un proceso similar a la combustión; esto es, que cuando un metal se calcinaba se unía a una parte del aire circundante, aumentando de peso. En octubre de 1774, Joseph Priestley (1733-1804), uno de los químicos que más contribuyeron al conocimiento de «aires» distintos al aire común, comunicó a Lavoisier que había estudiado recientemente un gas particular que era mucho más apto que el «aire común» para mantener la combustión. Por esta razón, le había dado el nombre de «aire desflogisticado». Lavoisier pronto comprendió el papel fundamental que este nuevo gas desempeñaba en los procesos químicos de la combustión y la calcinación, que pasaron a convertirse en procesos que implicaban la absorción o combinación de un nuevo elemento, el oxígeno.

Pero con ser lo anterior importante, hubo más: una parte básica de la «revolución química» asociada al nombre de Lavoisier tiene que ver con el desarrollo de una nueva nomenclatura. Hasta entonces, se había dado un nombre arbitrario a las sustancias identificadas, nombres como aceite de vitriolo, crema de tártaro, manteca de antimonio, azafrán de Marte, sal amarga, azúcar de Saturno, que recordaban más al lenguaje culinario que a una ciencia. La asociación, en 1787, de Lavoisier con Guyton de Morveau, Berthollet y Fourcroy, para compilar un *Méthode de nomenclature chimique,* significó un paso decisivo en la racionalización de la química, introduciendo la nomenclatura que, en su esencia, ha permanecido hasta la actualidad.

La Edad de Oro de la medicina: el siglo XIX

Si el siglo XVI puede presumir de, por citar solo a unos pocos (especialmente destacados, eso sí), los trabajos de Copérnico, Vesalio o Kepler, el XVII de los de Galileo y, sobre todo, Newton, y el XVIII de Lavoisier, el XIX no se queda atrás: fue el siglo de los Helmholtz, Faraday, Kelvin, Maxwell, Riemann, Kekulé, Koch, Pasteur o Ramón y Cajal, que cambiaron la faz de la fisiología, la física, la matemática, la química y la medicina.

Esta última, la medicina, vivió una era particularmente luminosa. La nueva ciencia química resultante de la revolución que había encabezado Lavoisier acometió el análisis de la composición tanto de sustancias inorgánicas como de origen biológico. Se comprobó que las primeras contenían elementos que aparecían también en las segundas, por lo que llegó a aceptarse de modo casi general que no existía diferencia entre ambas desde el punto de vista químico. Sin embargo, todavía estaba el problema de por qué los mismos elementos formaban unas veces compuestos inorgánicos y otras orgánicos. Este problema se resolvía desde antiguo recurriendo a la idea de que existen «fuerzas vitales», no sometidas a las leyes físico-químicas, que separan cualitativamente los seres vivos de los inanimados. «Todavía a comienzos de este siglo [el XIX]» —recordaba en su autobiografía el gran fisiólogo y físico Hermann von Helmholtz (1821-1894)— «los fisiólogos creían que era el principio vital el que producía los procesos de la vida, y que se rebajaba la dignidad y naturaleza de esta si alguien expresaba la creencia de que la sangre era conducida a través de las arterias por la acción mecánica del corazón, o que la respiración tenía lugar siguiendo las leyes habituales de la difusión de los gases. Por el contrario, la generación actual trabaja duramente para encontrar las causas reales de los procesos que tienen lugar en un cuerpo vivo. No suponen que exista ninguna diferencia entre las acciones químicas y las mecánicas en el cuerpo vivo y fuera de él».

Esa generación a la que se refería Helmholtz trabajó duramente, cierto es, y lo hizo utilizando con profusión escenarios que no siempre coincidían con los que sus predecesores habían preferido. Y es que el vitalismo fue finalmente abandonado cuando la investigación experimental de laboratorio pasó a ser una fuente primordial de la ciencia médica, y dentro de esta, muy en particular, de la fisiología.

En conjunto, por el complejo universo de la fisiología de la primera mitad del siglo XIX circularon todo tipo de ideas y problemas. Teorías imaginadas para explicar los fenómenos químicos de la respiración, como la de Lavoisier, Laplace y William Prout (1785-1850), que suponían la exhalación en los pulmones de un fluido que contenía carbono e hidrógeno y que combinándose con el oxígeno del aire atmosférico daba origen al ácido carbónico y agua que sale de la respiración (el calor animal se atribuía a esta combustión, pero un problema era que los pulmones no están más calientes que las demás partes del cuerpo). Investigaciones sobre fenómenos como la putrefacción y la fermentación, que para unos (Justus von Liebig [1803-1873]) eran simplemente descomposiciones químicas, que ocurrían espontáneamente o con ayuda del oxígeno atmosférico, mientras que para otros (como Helmholtz) estaban ligadas a la presencia de microorganismos que se producen solamente por reproducción (hasta los resultados de Louis Pasteur [1822-1895], la teoría de la descomposición de Liebig mantendría su influencia). Por último, no es posible olvidar los estudios sobre el metabolismo de los movimientos musculares, que terminaron siendo relacionados con investigaciones sobre la producción de calor durante la actividad muscular. Ni, claro está, la obtención, en 1828, de la urea por el alemán Friedrich Wöhler (1800-1882) a partir del cianato amónico.

Aquellos que combatían los principios vitalistas buscaban dar a la medicina una base científica, demostrando que las enfermedades no eran nada más que desviaciones de los procesos fisiológicos normales. Convencidos de que tales procesos obedecían a leyes deterministas de la naturaleza, argumentaban que la medicina científica debería encaminarse a determinar cómo se comportaban los cuerpos, sujetos a tales leyes, bajo condiciones alteradas. Así, en sus declaraciones programáticas, estos científicos (médicos, normalmente) hacían hincapié en la utilización de experimentos fisiológicos, anatomía patológica, microscopía, química y observación clínica como las herramientas básicas para analizar las funciones corporales y la aparición de enfermedades. Para ello necesitaban instrumentos refinados. Es ilustrativo, por ejemplo, el caso de Emil Du Bois-Reymond (1818-1896), quien se distinguió por sus trabajos en electrofisiología, una disciplina cuyos orígenes se pueden asociar con la publicación de las investigaciones de Luigi Galvani (1737-1798), en 1791, con ranas decapitadas, y el subsiguiente debate con Alessandro Volta (1747-1827) sobre la naturaleza de la «electricidad animal». A lo largo de su carrera, Du Bois-Reymond concentró sus investigaciones en el desarrollo de dos tipos de instrumentos: electrodos para la conducción de corrientes bioeléctricas débiles sin distorsión, y aparatos para detectar y amplificar estas corrientes.

Esta línea de investigación, en la que medicina, fisiología, química y física se fecundaban y enriquecían mutuamente, terminó conduciendo, gracias a los trabajos de científicos como Johannes Müller (1801-1858), Rudolf Virchow (1821-1902), Karl Ludwig (1816-1895) y Helmholtz, a la enunciación de uno de los instrumentos más fecundos para la ciencia contemporánea, el principio de conservación de la energía, formulado en su forma más general por Helmholtz en 1847 (otros que enunciaron, entre 1842 y 1847, formas algo más restringidas de este principio fueron Julius Robert Mayer [1817-1878] y James Prescott Joule [1818-1889]).

Junto a estos logros (y otros tan importantes como la teoría celular de Theodor Schwann [1810-1882] o la identificación de la neurona como unidad básica del sistema nervioso, debida a Santiago Ramón y Cajal [1852-1934] en 1888), que dieron lugar a una imagen más satisfactoria del cuerpo humano, el siglo XIX debe ser también recordado por los avances realizados en la mejora de la salud pública. Muchos de esos resultados se debieron a reformas sociales, en las condiciones de vida, como el control de la calidad del agua y los alimentos, sistemas de alcantarillado o limpieza de letrinas, calles y acequias. Otros avances, extremadamente importantes, se produjeron dentro de la propia medicina «no científica», podríamos decir. Avances como los llevados a cabo por: 1) el dentista estadounidense Horace Wells (1815-1848), que en diciembre de 1844 utilizó éter como anestésico para extraerse él mismo una de sus muelas; 2) John Collins Warren (1778-1856), ayudado como anestesista por el dentista William Thomas Morton (1819-1868), que el 16 de octubre de 1846, en el Hospital General de Massachusetts, de Boston, realizó la primera operación con éter, tras la cual pronunció una frase célebre: «Señores, esto no es superchería»; 3) James Young Simpson (1811-1870), que el 19 de enero de 1847 utilizó, en Edimburgo, por primera vez cloroformo para aliviar los dolores de un parto; 4) Ignaz Semmelweis (1818-1865), que en 1848 descubrió una de las causas de la infección de las heridas en la suciedad de las manos de los médicos, introduciendo medidas antisépticas (como el lavado de manos), las cuales fueron extendidas y sistematizadas por Joseph Lister (1827-1912).

Ahora bien, todavía quedaba sin resolver el problema de por qué las medidas antisépticas resultaban tan beneficiosas. Uno de los que se interesó por este problema fue el químico francés Louis Pasteur, quien en 1865 sugirió que existían microorganismos en el aire. Y también Robert Koch (1843-1910), que tras haber llevado a cabo importantes investigaciones sobre el ántrax (en 1876 describió su etiología y patología) fue designado por la Oficina Imperial de la Salud de Berlín para asesorar en cuestiones de salud e higiene públicas. En 1882, Koch, que desarrolló métodos sencillos y originales para preparar y examinar cultivos bacterianos, anunció en la Sociedad de Fisiología de Berlín su descubrimiento del bacilo de la tuberculosis, una enfermedad —cuya primera denominación fue «tisis», «consunción» después— responsable entonces de la muerte de millones de personas cada año. Un año más tarde identificaba el bacilo del cólera.

Gracias a las investigaciones de Koch y de Pasteur, y de los que vinieron tras ellos, se llegó a conocer con gran precisión la relación causal entre microorganismos y enfermedades infecciosas. Surgió así un modo nuevo de concebir la enfermedad: la teoría microbiana de la enfermedad.

Estrechamente asociada a esta visión, aunque con antecedentes muy antiguos, están las vacunas. Desde tiempos remotos, los turcos «vacunaban» contra la viruela (una enfermedad que afecta a las vacas al igual que a las personas; por eso el nombre, que deriva del latín *vaccinae,* es decir, "de la vaca") tomando muestras del contenido de las pústulas de los casos moderados de viruela e inoculándolas a personas sanas. La arriesgada práctica llegó a oídos de la esposa del embajador de Inglaterra en Constantinopla, Lady Mary Wortley Montagu, quien en 1718 la introdujo en Gran Bretaña, aunque no era infrecuente que algunas de las personas con las que se utilizaba muriesen. Sería otro inglés, Edward Jenner (1749-1823), quien inició en 1798, la vacunación contra la viruela a gran escala, aunque con una variante con respecto al método de Montagu: Jenner no inoculaba el virus de la viruela, sino el de la viruela bovina, que es distinto, pero que provoca reacciones inmunitarias eficaces contra el de la viruela común. Además, y esto es muy importante, no tomaba muestras hasta el séptimo día de la aparición de las pústulas, es decir, cuando el germen había perdido parte de su virulencia. Consciente o inconscientemente, Jenner había descubierto el principio de la vacunación por gérmenes debilitados. De esta manera, y aunque no se poseía ningún modelo del mecanismo a través del cual se produce una infección, ni sobre cómo funciona una inmunización, la idea de que la inoculación con un germen debilitado podía ayudar al organismo a defenderse de él se vio reforzada.

Y en este punto es donde aparece, en toda su grandeza, la figura de Louis Pasteur. Químico y microbiólogo, fundador de la estereoquímica, impulsor de la microbiología y la inmunología, defensor, como ya he señalado, de la teoría microbiana del origen de las enfermedades, introductor —en conexión con su concepción biológica de la fermentación como resultado de la actividad de organismos vivos— de las técnicas de esterilización (que terminaron denominándose «pasteurización»), los trabajos de Pasteur afectaron directa y profundamente a áreas centrales de la salud pública.

Siguiendo la técnica de Jenner, cuando Pasteur preparó la primera vacuna antibacteriana contra el ántrax del ganado empleó gérmenes debilitados. Así mismo, aplicó el principio de la debilitación de los gérmenes para preparar vacunas contra la rabia, enfermedad infecciosa mortal, que afecta a los perros (que enloquecen, produciéndoles horror el agua, por lo que también se denomina hidrofobia), pero que también pueden contraer —mediante mordeduras de estos— las personas. Sus primeros estudios en este campo comenzaron en diciembre de 1880, cuando un veterinario le llevó dos perros rabiosos y le pidió su opinión. Solo había experimentado con perros cuando, en 1885, le llevaron un niño de nueve años que había sido mordido por un perro rabioso. A pesar de no ser médico, Pasteur aceptó el desafío y experimentó la vacuna en el niño con éxito. Había nacido la vacunación moderna (la única gran modificación que se produciría posteriormente fue la introducción de vacunas obtenidas por ingeniería genética, que se iniciaron en 1983 y cuyo primer producto comercializado fue la vacuna contra la hepatitis B, en 1986).

Charles Darwin y la evolución de las especies

De muy pocos descubrimientos, teóricos o científicos, se puede decir lo que se manifiesta a propósito de Charles Darwin (1809-1882): que generó una revolución intelectual que fue mucho más allá de los confines de las ciencias naturales, provocando el derrumbamiento de algunas de las creencias más fundamentales de su época. Creencias como la de que cada especie fue creada individualmente.

La idea básica de la teoría darwiniana de la selección natural es que la historia, la evolución, de las especies es un proceso esencialmente abierto, sin final único. Si se trasladan especies a lugares diferentes y aislados, cada una de ellas cambiará sin referencia a las otras, y el resultado será un grupo de especies distintas aunque «filialmente» relacionadas.

La génesis de la teoría de la evolución darwiniana fue un proceso largo y complicado, en el que Darwin se benefició de hechos como: 1) el viaje alrededor del mundo que realizó como naturalista en el barco *Beagle;* y 2) las ideas geológicas de Charles Lyell (1797-1875), el principal responsable de que fuera aceptado el denominado «principio del uniformitarismo», que mantiene que las rocas y las formaciones geológicas terrestres son resultado de procesos ordinarios que ocurren paulatinamente a lo largo de extensos períodos de tiempo (en 1830, Lyell publicó sus *Principles of Geology,* en donde aplicaba el anterior principio a la explicación de muchas de las formaciones geológicas que había descubierto durante sus viajes por Europa y América; da idea de la influencia que llegó a ejercer esta obra el que Lyell viviese para ver la publicación de trece ediciones revisadas de su libro).

La obra en la que Darwin presentó sus ideas evolutivas —que también puso en circulación, de manera independiente, Alfred Russel Wallace (1823-1913)— fue *On the Origin of Species by means of Natural Selection, or the Preservation of Favoured Races in the Struggle for Life,* uno de los libros más famosos y paradigmáticos de la historia del pensamiento universal, publicado el 24 de noviembre de 1859. El éxito de la obra fue inmediato: la primera edición se agotó el mismo día en que se puso a la venta.

A pesar del éxito popular de *Sobre el origen de las especies,* la teoría de la selección natural de Darwin fue muy controvertida durante el final del siglo XIX. En realidad, no fueron demasiados los biólogos que se tomaron en serio el *mecanismo* darwiniano, optando muchos por diferentes ideas antidarwinianas, o relegando a la selección natural como un factor secundario y puramente negativo. Detrás de este hecho se encuentra el fracaso de Darwin en convencer a sus contemporáneos de que la selección natural era un mecanismo adecuado para explicar el proceso evolutivo. Y es que Darwin descubrió el hecho de la existencia de la selección natural, y contribuyó notablemente a dilucidar la historia de la evolución animal, pero apenas pudo hacer más que vagas sugerencias acerca de por qué surgen variaciones hereditarias entre organismos y cómo se transmiten estas de generación en generación; es decir, carecía de una teoría de la herencia. Las teorías de la herencia que prevalecían entonces sostenían ideas como la de que las características de los progenitores se mezclan en los hijos; y si esto era así sería difícil explicar cómo se podían mantener, sin diluirse con el transcurso de generaciones, las características favorables.

La pieza de que carecía Darwin era la genética. De hecho, pudo haber dispuesto de la esencia de ella, puesto que el artículo fundacional del monje agustino Gregor Mendel (1822-1884), en el que formuló los principios básicos de la teoría de la herencia, a la que llegó a través de los experimentos que realizó con guisantes en el jardín de su monasterio, en lo que es hoy Brno (República Checa), fue publicado en 1865. Pero las investigaciones de Mendel apenas fueron conocidas, y cuando fueron redescubiertas, simultáneamente, en 1900, por el holandés Hugo de Vries (1848-1935) y el alemán Carl Correns (1864-1935), el autor de *El origen de las especies* ya había muerto.

Química orgánica y electromagnetismo

Las ciencias físico-químicas también experimentaron un cambio radical a lo largo del siglo XIX. Especialmente en los dominios de la química orgánica y del electromagnetismo.

Justo cuando iba a comenzar el siglo, química y física se unían espectacularmente, como si quisieran presagiar lo mucho que ambas disciplinas aportarían a lo largo de la centuria al conocimiento y explotación de la naturaleza: en 1800, Volta descubría la pila (o batería) eléctrica, un aparato para producir un flujo de corriente eléctrica utilizando procesos químicos. Con este nuevo instrumento, William Nicholson y Anthony Carlisle confirmaron aquel mismo año que el agua se descompone en dos volúmenes de hidrógeno por uno de oxígeno cuando la atraviesa una corriente eléctrica, un fenómeno denominado electrolisis, cuyas leyes serían enunciadas en 1833 por Michael Faraday, de quien me ocuparé enseguida.

Notorios fueron también los descubrimientos de nuevos elementos químicos: entre 1801 y 1828, el sueco Jöns Jacob Berzelius (1779-1848) aisló el cerio, el selenio, el silicio, el circonio y el torio; por su parte, en Inglaterra, Humphry Davy (1778-1829) encontró, en 1808 y 1809, el sodio, el potasio, el estroncio, el boro, el calcio y el magnesio, en 1810 el cloro, en 1812 el yodo y el bromo en 1826. Estos hallazgos mostraban la riqueza y variedad de la materia, pero existían otros problemas, como el de explicar cómo se unen elementos (esto es, el enlace químico) para formar las diversas sustancias químicas. Uno de los avances más notables y originales en este campo se produjo en el ámbito de la química orgánica, y se debió al químico alemán August Kekulé (1829-1896). En 1858, Kekulé publicó un artículo en el que, después de ofrecer los argumentos por los que pensaba que el carbono debía tener una valencia igual a cuatro (esto es, que se une con cuatro átomos de un elemento monoatómico, o con dos de uno diatómico, etc.), sentó las bases esenciales de la denominada teoría estructural, postulando que los átomos de carbono se podían combinar entre sí formando cadenas. En 1865, comenzó a desarrollar su teoría de la estructura del benceno (elemento descubierto en 1825 por Faraday), que para él tenía la forma de un anillo hexagonal con seis átomos de carbono interrelacionados y unidos a átomos de hidrógeno (para hacer que esta estructura fuese compatible con la valencia del carbono, representaba la cadena por enlaces simples y dobles que se alternaban).

Como consecuencia de aportaciones de este tipo, la química orgánica experimentó un desarrollo extraordinario (en 1888, por ejemplo, se conocían las fórmulas estructurales de 20.000 compuestos orgánicos, por 74.000 en 1899 y cerca de 140.000 en 1910), que mostró su rentabilidad económica y social en campos como el de los tintes y productos utilizados en agricultura y farmacia. Algunas universidades (especialmente alemanas) reaccionaron creando laboratorios en los que los estudiantes se podían familiarizar con los métodos y técnicas de investigación, que luego podían aplicar bien en industrias o para hacer avanzar el conocimiento más «académico». De esta forma la ciencia se «institucionalizó», dejó de ser patrimonio mayoritario de *amateurs,* convirtiéndose, irrevocablemente, en una profesión abierta a muy diversas clases sociales.

En lo referente a la física del electromagnetismo, el núcleo principal de su desarrollo decimonónico se encuentra en el descubrimiento de que electricidad y magnetismo no son fenómenos separados, sino que están interrelacionados. El punto de partida para llegar a este resultado crucial fue el descubrimiento realizado en 1820 por Hans Christian Oersted (1777-1851) de que la electricidad produce efectos magnéticos (una corriente eléctrica desvía una aguja imantada). La noticia del hallazgo se difundió rápidamente, abriendo el camino que conduciría a los trabajos de Michael Faraday (1791-1867), un aprendiz de encuadernador que llegó a catedrático de Química en la Royal Institution de Londres.

El caso de Faraday no es frecuente en la historia de la física: su formación matemática era muy elemental; sin embargo, no solo llevó a cabo descubrimientos experimentales fundamentales, sino que también introdujo conceptos, como las nociones de «líneas de fuerza» y de «campo», que en su momento se convirtieron en piezas básicas de la teoría electromagnética.

En 1821, poco después de saber de los trabajos de Oersted, Faraday demostró que un hilo por el que pasaba una corriente eléctrica puede girar de manera continua alrededor de un imán, con lo que se vio que era posible obtener efectos mecánicos (movimiento) de una corriente que interacciona con un imán. Una década más tarde descubrió la inducción electromagnética, un fenómeno que liga los movimientos mecánicos y el magnetismo con la producción de corriente eléctrica. Este fenómeno, que llevaría a la dinamo, representaba el efecto recíproco al descubierto por Oersted; ahora el magnetismo producía electricidad, lo que reforzó la idea de que en lugar de hablar de electricidad y magnetismo había que referirse al electromagnetismo.

La intuición natural y habilidad experimental de Faraday hicieron avanzar sustancialmente el estudio de los fenómenos electromagnéticos, pero para poder desarrollar una *teoría* del electromagnetismo se necesitaba otro tipo de científico. No hubo que esperar mucho, ni alejarse de Gran Bretaña, para que tal personaje, James Clerk Maxwell (1831-1879), apareciese. Maxwell, otro de los «verdaderamente grandes» de la física, fue capaz de unir todos los cabos sueltos que proliferaban en la electricidad y el magnetismo, e introduciendo ideas nuevas, formular una teoría completa del campo electromagnético, que luego sistematizaría en su *Treatise on Electricity and Magnetism* (1873). Como casi siempre ocurre cuando se dispone de una nueva teoría fundamental, esta no solo describe aquellos fenómenos para los que en principio fue diseñada, sino que explica y predice otros. En el caso del electromagnetismo fue el propio Maxwell quien en 1864 se dio cuenta de que la luz era también un campo electromagnético. Esto significaba que la óptica pasaba a verse englobada en el electromagnetismo.

Si la química orgánica se insertó fácilmente en el mundo socioeconómico, otro tanto sucedió con la física electromagnética, que dio origen a todo un universo de aplicaciones, entre las que destacan las de las telecomunicaciones (telegrafía con y sin hilos, terrestre y submarina, y radio). La institucionalización de la ciencia se vio así notablemente reforzada.

El siglo de las tres revoluciones científicas

El siglo XX ha contemplado tres auténticas revoluciones científicas: dos en el dominio de la física y una en el de la biología.

De hecho, los revolucionarios desarrollos de la física tuvieron mucho que ver con avances que se realizaron en los últimos años del siglo anterior. En concreto con descubrimientos como: 1) los rayos X, observados por primera vez por Wilhelm Conrad Röntgen (1845-1923) el 8 de noviembre de 1895; 2) la radiactividad, encontrada por Henri Becquerel (1852-1908) en 1896, y desarrollada por Marie (1867-1934) y Pierre Curie (1859-1906), quienes en 1898 fueron capaces de identificar dos nuevos elementos fuertemente radiactivos: el polonio y el radio; 3) la identificación del electrón como componente universal de la materia en 1897 por Joseph John Thomson (1856-1940); y 4) la introducción de los cuantos de energía llevada a cabo por Max Planck (1858-1947) en 1900, y extendida en 1905 a la propia estructura de la luz (y, en consecuencia, de toda la radiación electromagmética) por un entonces desconocido Albert Einstein (1859-1955).

Con semejante punto de partida, y con otras aportaciones (como el modelo atómico introducido por Ernest Rutherford [1871-1937] en 1911 y desarrollado por Niels Bohr [1855-1962] en 1913), se llegó a la formulación, en 1925, por un joven físico de veinticuatro años, Werner Heisenberg (1901-1976), de una teoría, o *mecánica cuántica,* que explicaba de manera bastante completa los fenómenos del microcosmos. Un año después, Erwin Schrödinger (1887-1961) proponía otra versión de teoría cuántica, la mecánica ondulatoria, que al resultar más manejable terminó imponiéndose frente a la mecánica matricial de Heisenberg.

La mecánica cuántica constituye uno de los pilares más básicos de nuestra comprensión de la naturaleza, los cuales rompen con algunas de las suposiciones fundamentales de la ciencia precedente: como la causalidad y la precisión en principio infinita en cualquier medición. Gracias a ella y a teorías que la complementan, como la electrodinámica cuántica, podemos también entender la estabilidad de los átomos, el origen y estructura de las radiaciones que estos emiten, la formación y orden de los elementos químicos, o de qué constituyentes (también llamados «partículas elementales») están formados esos elementos. Así mismo, ha hecho posible comprender mucho mejor y de manera unitaria tres de las cuatro fuerzas físicas presentes, al menos por lo que sabemos actualmente, en la naturaleza: la fuerte (que mantiene unidos los núcleos atómicos), la débil (responsable de los fenómenos radiactivos) y la electromagnética, que hoy vemos como manifestaciones diferentes de lo que en los primeros instantes del Universo era una única fuerza.

Y no acaba ahí todo; la física cuántica suministra la clave para comprender, o ha permitido construir, fenómenos o instrumentos más cotidianos, como las células fotoeléctricas y aparatos electrónicos que utilizan semiconductores, del tipo de los ya clásicos transistores, así como los más modernos y poderosos *chips,* en los que sus elementos están integrados en un pequeño bloque de material, habitualmente silicio.

El transistor, que, al contrario que los tubos de vacío que le precedieron, necesita cantidades muy pequeñas de energía para funcionar, ha sido especialmente importante. Desarrollado por John Bardeen (1908-1991), William Schockley (1910-1989) y Walter Brattain (1902-1987) en 1947, mientras trabajaban en el departamento de física del estado sólido de los Laboratorios Bell, el laboratorio industrial de investigación, asociado a ATT (American Telephone and Telegraph) y Western Electric, los transistores han terminado desempeñando funciones básicas en, por ejemplo, los billones de microprocesadores que controlan motores de coches, teléfonos celulares, misiles, satélites, tuberías de gas, hornos de microondas, computadores o aparatos para escuchar discos compactos. Forman, en definitiva, parte esencial de nuestras vidas.

La otra revolución de la física contemporánea corresponde a las teorías especial y general de la relatividad. Ambas se deben al genio de Einstein, quien las propuso en, respectivamente, 1905 y 1915. La relatividad especial gira en torno a un axioma fundamental y contraintuitivo: que la luz tiene la misma velocidad (c) en todos los sistemas de referencia, independientemente de con qué velocidad (constante) se muevan entre sí. De ahí surgió en particular el resultado de que el tiempo no es «absoluto», esto es, independiente de la elección del sistema inercial de referencia. También resultó un teorema ($E=mc^2$) para la equivalencia de la masa inercial m y la energía E de un sistema, que se haría particularmente importante para la teoría de los compuestos químicos y procesos radiactivos; en, por ejemplo, la fisión del uranio (Otto Hahn [1879-1968] y Fritz Strassmann [1902-1980], 1938), que haría posible la fabricación de las bombas atómicas que se lanzaron en agosto de 1945 sobre Hiroshima y Nagasaki, y que abrió una nueva era en las relaciones internacionales, dando lugar también a una nueva posible fuente energética para usos pacíficos.

En cuanto a la relatividad general, se trata de una teoría de la interacción gravitacional, que sustituye a la teoría de la gravitación universal de Newton. La relatividad general, uno de los logros intelectuales más destacados de la historia del pensamiento científico, explica los fenómenos gravitacionales suponiendo que el espacio y el tiempo, el espacio-tiempo, constituyen una geometría cuya forma está determinada por el contenido energético-material del sistema considerado (es por esto que necesita recurrir a la geometría no euclidiana desarrollada por Riemann). El espacio dejaba de esta manera de ser un receptáculo prefijado y plano. En 1916-1917, el propio Einstein aplicaba la teoría de la relatividad general al conjunto del Universo (en el que la interacción gravitacional es dominante), creando de esta manera la cosmología como una ciencia exacta. El modelo cosmológico propuesto por Einstein entonces, un Universo *estático,* no prosperaría finalmente, y ello debido a las observaciones de un astrofísico estadounidense, Edwin Hubble (1889-1953), quien en 1931 logró demostrar que cuanto más lejos están las galaxias, más rápidamente se alejan entre sí. La interpretación más inmediata era que el Universo se encuentra en expansión, una conclusión apoyada por los modelos cosmológicos que en base a la relatividad general habían obtenido científicos como Alexander Friedmann (1888-1925) y Georges Lemaître (1894-1966). Y si el Universo se expande, esto quiere decir que debió de existir en el pasado (estimado al principio en unos diez mil millones de años, en torno a quince mil en la actualidad) un instante en el que toda la materia habría estado concentrada en una pequeña extensión: el «átomo primitivo» de Lemaître, o, una idea que tuvo más éxito, el *Big Bang* (Gran Estallido). Nacía así una visión del Universo que nos ha acompañado desde entonces, cada vez con más evidencias en su favor (como el descubrimiento en 1965 por Arno Penzias y Robert Wilson del fondo de radiación cósmica de microondas).

La revolución del ADN

En 1953 tuvo lugar un descubrimiento cuya importancia todavía está en pleno desarrollo. Fue entonces cuando James Watson y Francis Crick descubrieron en el laboratorio Cavendish de Cambridge la estructura geométrica (en doble hélice) del ácido desoxirribonucleico, o ADN, la macromolécula que contiene, en forma químicamente codificada, toda la información necesaria para construir, controlar y mantener un organismo vivo.

El descubrimiento de la estructura del ADN constituye la auténtica piedra angular de la biología contemporánea, con, además, enormes implicaciones de tipo social. Pero esas implicaciones tardaron un poco en comenzar a llegar: no se conocían técnicas adecuadas para manipular el ADN en el tubo de ensayo. Debido a ser las moléculas de ADN de gran tamaño, cuando se las intentaba fragmentar los cortes se producían al azar, con lo cual se descomponía la información genética contenida en ellas de forma tal que era prácticamente imposible de recomponer.

Fue a finales de la década de los sesenta y comienzos de los setenta cuando comenzaron a desarrollarse las técnicas necesarias para que se pudiese hablar de «ingeniería genética», la disciplina que se ocupa de «unir genes»; esto es, de sustituir un segmento de ADN de una célula por uno de otra (al organismo que surge de este proceso se le denomina *transgénico).* Por aquellos años, en efecto, se encontraron herramientas moleculares que podían resolver muchos de esos problemas: aislamiento (1967) de la enzima ligasa que puede unir cadenas de ADN; aislamiento (1970) de la primera enzima capaz de cortar por sitios determinados las moléculas de ADN; primeras moléculas de ADN recombinante creadas en la Universidad de Stanford (1972). Es la era del «ADN recombinante», que está posibilitando innovaciones científicas y biotecnológicas especialmente llamativas.

UNA NUEVA VISIÓN DE LA TIERRA

Como no podía ser menos, también ha variado la imagen científica que poseemos de nuestro propio planeta. Hasta nuestro siglo, y aunque, al igual que en otros casos, se pueden encontrar algunos precursores de las ideas contemporáneas, se creía que, básicamente, los continentes habían estado siempre en el lugar en el que se encuentran en la actualidad y con similar geografía. Fue el meteorólogo y geofísico alemán Alfred Wegener (1880-1930) el que con más argumentos e insistencia propuso, primero en 1912 y después en su libro, *El origen de los continentes y océanos* (1915), la idea de que los continentes se encuentran en movimiento; que en el Pérmico, esto es, hace más de 250 millones de años, y durante el Triásico (hace entre 245 y 208 millones de años), los continentes que conocemos estaban agrupados en un gran supercontinente, Pangea. Más tarde, en el Jurásico (208-144 millones de años), apareció la primera fisura entre Europa y África, iniciando un proceso que ha conducido a la geografía continental actual.

Los mecanismos propuestos por Wegener no convencieron, por buenas razones, a sus colegas, ni tampoco a los de las décadas siguientes. Fue tras la Segunda Guerra Mundial, con el avance experimentado por la investigación oceanográfica, impulsada por el deseo de las grandes potencias de conocer la geografía y geología de los fondos marinos, cuando cambió la situación. Los estudios sobre paleomagnetismo y dorsales oceánicas realizados durante el Año Geofísico Internacional 1957 marcaron el punto de partida efectivo de una proliferación de datos que condujeron (gracias sobre todo a geólogos y geofísicos estadounidenses, como Robert S. Dietz, Harry H. Hess, Drummond H. Matthews, Frederic J. Vine y J. Tuzo Wilson) a una nueva síntesis, denominada «Tectónica de Placas». En esta nueva teoría no son solo los continentes los que se mueven, sino zonas más grandes de la corteza terrestre («placas»), que incluyen partes de los océanos al igual que masas continentales. Las placas se mueven sobre estratos más profundos, siendo la fuerza motriz corrientes lentas de magma viscoso.

LA PÉRDIDA DE LA CERTIDUMBRE (MATEMÁTICA)

La matemática también ha contemplado, en su constante desarrollo, algunos avances muy significativos en el siglo XX.

Buscando consolidar de manera cada vez más firme sus fundamentos, se estableció, a finales del siglo XIX, una corriente de pensamiento-investigación, el «logicismo» (cuya manifestación más señalada son los tres tomos de la obra de Bertrand Russell [1872-1970] y Alfred N. Whitehead [1861-1947] titulada *Principia Mathematica* [1910, 1912, 1913]), cuya pretensión era demostrar que toda la matemática se puede basar en la lógica. Pero, finalmente, este ambicioso programa matemático-filosófico fracasó. Un fracaso que llegó en 1931, de la mano de un lógico austriaco, Kurt Gödel (1906-1978), y de un artículo, «Sobre sentencias formalmente indecidibles de *Principia Mathematica* y sistemas afines», en el que se demostraba que en un sistema basado en la lógica utilizada por Russell y Whitehead hay siempre proposiciones indecidibles; esto es, que existen proposiciones que no pueden ser ni demostradas ni refutadas a partir de los axiomas sobre los que se edifica el sistema. Un serio golpe a pretensiones pasadas, que no ha impedido, sin embargo, que continúe progresando la investigación matemática.

Muestra de semejante progreso es, por ejemplo, el descubrimiento de los denominados objetos fractales, entes geométricos que pueden tener dimensiones «intermedias», como 3/2 o $ln2/ln3$, algo realmente extraordinario teniendo en cuenta que estamos acostumbrados a entes geométricos de dimensión 3 (volúmenes), 2 (áreas), 1 (líneas) o 0 (puntos). O de la matemática no lineal, que incardinada en las ciencias de «lo complejo» (como la física de los sistemas alejados del equilibrio o los sistemas caóticos) ha abierto la puerta a tratamientos teóricos en extensas áreas de la naturaleza mucho más satisfactorios que los precedentes.

Vemos, por consiguiente, que la investigación científica continúa pujante, lo que nos lleva a pensar que el futuro que nos espera será acaso también diferente como es nuestro tiempo de otros que contemplaron avances científicos antes insospechados.

PARTE II

EL MUNDO FÍSICO

3
EL UNIVERSO

Alberto Galindo

INTRODUCCIÓN

Por ajeno que le sea al Universo nuestro cambio de milenio, obligado parece que hablemos de lo que en el siglo que acaba aprendimos sobre esta vetusta y amplia mansión de tamaño 10^{10} años luz que nos acoge a todos [1]. No deja de ser sorprendente que, perdidos aquí en un pequeño planeta de un sol vulgar de una galaxia corriente, inmersos en tantos avatares por sobrevivir, hayamos dedicado tiempo, esfuerzo y dinero por conocer el reino de las estrellas, el imperio de las galaxias, y el titánico parto de la Gran Explosión. Y más peregrino aún el éxito habido en la empresa, como evidencia la diversidad de observaciones que encajan en la lógica deductiva de unos cuantos supuestos cosmológicos. Al final vamos a tener que creernos que no solo es posible transportar el mundo sobre los hombros, como hiciera Atlas castigado por Zeus, sino incluso meterlo dentro de la cabeza.

Del Universo contaremos primero cómo es: sus estructuras notables, su tamaño, su edad y su composición. Luego, en una segunda parte, nos preguntaremos sobre su evolución, y discutiremos, para terminar, lo que la ciencia actual dice acerca de su origen y de su final.

---

[1] Recordemos que 10^n, con $n \geq 0$, indica un 1 seguido de n ceros, mientras que 10^{-n} equivale a $1/10^n$. Un año luz (símbolo, al) es la distancia recorrida por la luz en vacío a velocidad $c \approx 300.000$ km/s durante un año. Concretamente, 1 al $\approx 10^{13}$ km. Haremos uso de la notación científica para múltiplos y submúltiplos de unidades. Así, 1 Gal $= 10^9$ al; 1 ka $= 10^3$ a, con a = año; 1 mK $= 10^{-3}$ K, siendo K el kelvin, unidad de temperatura absoluta (0 K $= -273{,}15$ °C). También usaremos, como es costumbre en astrofísica, los símbolos $\odot$, $\oplus$ para denotar al Sol y a la Tierra, respectivamente.

El Universo real

El Universo que maravilló a nuestros antepasados sigue fascinándonos a todos. Los telescopios, ya ópticos, ya sensibles a otras longitudes de onda (radio, microondas, IR, UV, X, γ), han permitido descubrir la fantástica riqueza del cosmos —con imágenes que van desde la hermosa y brillante nebulosa de emisión Trífida, energizada por la radiación ultravioleta de unas cuantas estrellas muy calientes, hasta otras sobrecogedoras que indican un Universo prono a acciones increíblemente violentas (galaxias en colisión)—, así como medir con gran precisión el espectro y temperatura de los fotones fósiles de la Gran Explosión (fondo cósmico de microondas, FCM), o detectar los gigantescos estallidos de rayos gamma.

Familiarizados todos con nuestro entorno solar (Sol, Luna, planetas, asteroides, cometas y meteoritos), vamos a salirnos de este «reducido» espacio para una visita rápida a los exteriores. Nos fijaremos primero en las estrellas y galaxias, moradores conspicuos del Universo. Luego discutiremos las «medidas» del Universo tanto en espacio como en tiempo, para finalmente comentar sobre cuáles son sus ingredientes básicos.

Estructuras notables más allá del sistema solar

Basta contemplar la bóveda estrellada del firmamento en una noche clara de novilunio, lejos de las luces de la ciudad, para intuir la sobrecogedora inmensidad del Universo.

Los miles de estrellas visibles que flotan parpadeantes en la fría negritud no son más que una minúscula fracción de las que hay en nuestra galaxia. Aunque muchas son intrínsecamente más brillantes que nuestro Sol, su gran lejanía las torna aparentemente en débiles candelas. Con ayuda de los telescopios hemos podido descubrir la existencia de un universo extragaláctico poblado de miríadas de galaxias similares a la nuestra, bien solitarias o bien agrupadas en cúmulos, y con núcleos centrales que muy a menudo albergan gigantescos agujeros negros que devoran continuamente la materia circundante.

Estrellas

Para los antiguos, las estrellas se hallaban a distancia prácticamente infinita. Hasta el siglo XIX no supimos estimar las distancias a las estrellas de nuestro entorno. Se miden en parsecs, y más popularmente, en años luz. El parsec (símbolo, pc) es la distancia a la cual el radio medio de la órbita terrestre (conocido como unidad astronómica: 1 UA $\approx$ 150.000.000 km) alrededor del Sol subtiende transversalmente un ángulo de 1″; equivale a 3,26 años luz [2].

---

[2] La definición precisa del pc es: 1 pc = 1 UA/tg 1″.

No es fácil medir distancias astrofísicas. El método de la paralaje requiere bases muy largas si queremos que el ángulo con que se ve la base desde el ápice muy alejado cuya distancia queremos estimar sea apreciable. Y la base más larga disponible es la que suministra la propia Tierra en su camino anual en torno al Sol: el diámetro de su órbita. Con esta base consiguió Bessel medir en 1838 la paralaje estelar (mitad del ángulo subtendido desde la estrella por el diámetro de la órbita terrestre ortogonal a la línea de visión) de la estrella 61 Cygni, obteniendo 1/3″, por lo que su distancia es de 3 pc[3]. Por este procedimiento se miden distancias inferiores a 100 pc. La atmósfera limita la resolución angular; mediante telescopios en órbita (como los del satélite *Hipparcos,* operativo entre 1989 y 1992) son discernibles ángulos de hasta 0,001″, con los que se alcanzan distancias de a lo sumo 1 kpc. Para estrellas más lejanas hay que acudir a otros métodos menos directos (paralaje espectrográfica, etc.).

Luminosidad. Hay estrellas que parecen más brillantes que otras. Esto puede deberse a dos razones: o bien porque son intrínsecamente más luminosas, o bien porque, aun siendo menos luminosas, están más cercanas. Se llama luminosidad absoluta de un objeto la energía total que irradia por unidad de tiempo. Así, la luminosidad absoluta del Sol es $L_\odot = 3{,}85 \times 10^{26}$ W. Se infiere este número a partir de su luminosidad aparente, brillo o flujo energético: energía que recibimos del objeto (en este caso, el Sol) por unidad de tiempo y de área. Basta tener en cuenta la relación elemental entre las luminosidades absoluta L y aparente l y la distancia d de la fuente luminosa al punto de recepción: $L = 4\pi d^2 l$. Los astrónomos usan con frecuencia los conceptos de magnitud absoluta M y magnitud aparente m para reflejar estos dos tipos de luminosidad[4].

Las estrellas con magnitudes aparentes $m \leq 6$ son visibles a simple vista; las 850 más brillantes de ellas fueron catalogadas por Hiparco (siglo II a. C.). Con prismáticos se llega a $m = 10$, y el telescopio espacial *Hubble (HST)* es capaz de registrar estrellas de magnitud +27, tras muy larga exposición. Una magnitud $m = +27$ equivale a recibir 1 fotón/m²s, a comparar con los 3×10^{11} fotones/m²s que nos llegan de Sirio A ($m = -1{,}44$, $d = 8{,}6$ al), la estrella más brillante de todo el firmamento.

Las luminosidades estelares van en general desde $10^{-4}L_\odot$ hasta $10^6 L_\odot$. Por ejemplo, para la supergigante rojiza Betelgeuse, en Orión, $L \sim 10^4 L_\odot$, y para la gigante roja Aldebarán, en Toro, $L \sim 10^2 L_\odot$. Las luminosidades de Sirio A y de su compañera Sirio B (una enana blanca) son, respectivamente, $L \sim 20 L_\odot$ y $L \sim 0{,}003 L_\odot$.

---

[3] De hecho, 61 Cygni es un sistema binario formado por las estrellas 61 Cygni A, B. La estrella más cercana es Proxima Centauri, con paralaje 0,772″, y por lo tanto distancia 4,22 al. Pero su luminosidad aparente es muy pequeña, y no se divisa a simple vista.

[4] La conexión entre l y m es $l = 2{,}52 \times 10^{-8-0{,}4m}$ W/m². Por lo tanto, un aumento de 5 en m significa un brillo 100 veces menor.

Temperatura. El color de las estrellas es un indicador de la temperatura T de su superficie. Las estrellas muy calientes son de color azul (por ejemplo, Belátrix, con T = 28 kK), y las menos calientes, de color rojo (como Betelgeuse, con T = 2,4 kK). Nuestro Sol es de color amarillo-blanco ($T_{\odot}$ = 5,8 kK). Cuando se analiza espectralmente la luz que nos llega de una estrella, aparece un espectro de líneas de absorción típico de la misma, que suministra información tanto de la tempertura T de su superficie como de su composición química. Estos espectros permiten agrupar las estrellas en clases espectrales (O,B,A,F,G,K,M)[5], de las que cada una se fracciona en tipos espectrales (del 0 al 9): O2, ..., O9, B0, ..., B9, ..., K0, ..., K9, M0, ..., M9. Las temperaturas decrecen al pasar al siguiente tipo o a la siguiente clase. Las O2 son las más calientes, y las M9, las más frías. El Sol es una vulgar G2.

Tamaño y masa. Las estrellas, por muchos aumentos con que se miren, aparecen siempre como focos puntuales (algo borrosos por la difracción), sin estructura visual. Única excepción es el Sol, debido a su proximidad. Solo en fecha reciente (1997) se ha podido resolver ópticamente la superficie de una estrella distinta del Sol. Según una ley física conocida como ley de Stefan la luminosidad intrínseca L de una estrella es, en aceptable aproximación, proporcional a su superficie y a la cuarta potencia de la temperatura T de esta, por lo que su radio R satisface $R/R_{\odot} = (L/L_{\odot})^{1/2}(T/T_{\odot})^{-2}$, donde $R_{\odot} = 6{,}96 \times 10^5$ km es el radio del Sol. Así, como la temperatura superficial de Betelgeuse es de 3 kK, y su luminosidad $L \sim 10^4 L_{\odot}$, resulta para su radio $R \sim 400 R_{\odot} \sim 2$ AU.

Una simple aplicación de la ley de Newton para la gravitación universal permite estimar la masa de una estrella siempre que conozcamos algún objeto que gire a su alrededor (un planeta u otra estrella), la frecuencia de su movimiento relativo, el semieje mayor de la elipse relativa, y los semiejes de las elipses individuales en torno al centro de masas del sistema binario. Como un 50 por 100 de las estrellas forman parte de sistemas binarios de estrellas, por este procedimiento es posible calcular las masas de muchas de ellas.

Secuencia principal. La mayor parte de las estrellas que vemos son enormes bolas de gas, principalmente hidrógeno, incandescentes. La fusión termonuclear (unión de núcleos ligeros para dar otros más pesados, con gran desprendimiento de energía) es la fuente que mantiene su actividad. Las estrellas ordinarias queman hidrógeno en su interior, transformándolo en helio. Se dice de ellas que están en la secuencia principal, categoría que abandonan cuando el combustible hidrógeno se les agota. Ejemplos: el Sol, Sirio A, Vega, α Centauri.

Las masas, luminosidades, temperatura en superficie[6] y radios de las estrellas en la secuencia principal varían entre $(0{,}01\text{-}100)M_{\odot}$, $(10^{-4}\text{-}10^{6})L_{\odot}$,

[5] Regla nemotécnica: *Oh, Be a Fine Girl (Guy), Kiss Me.* La lista podría continuar por ambos extremos.

[6] La temperatura en el núcleo central de las estrellas es mucho más elevada, del orden de 10^7-10^9 K, para hacer posible la fusión termonuclear.

(2,5-50) kK, y (0,1-10)$R_\odot$, siendo $M_\odot = 1{,}989 \times 10^{30}$ kg la masa del Sol. La composición química de todas estas estrellas es muy parecida; su masa M viene dominada por el hidrógeno (~3M/4) y el helio (~M/4), y el pequeño resto ($\lesssim$0,01M), por elementos «metálicos» (en astrofísica cualquier elemento más pesado que el He).

La gravitación y la física nuclear intervienen en el control de la combustión estelar. El estudio de estos procesos revela que una estrella ordinaria media tiene una luminosidad L tal que $L/L_\odot \approx (M/M_\odot)^{3-4}$. Por lo tanto, la vida τ de una estrella en la secuencia principal satisface $\tau/\tau_\odot \approx (M/M_\odot)^{-(2-3)}$, donde $\tau_\odot$ es la vida del Sol en dicha secuencia. Se estima que $\tau_\odot \approx 10$ Ga, de los que ya ha consumido la mitad aproximadamente.

La energía de las estrellas.—Durante siglos se especuló sobre el origen de la energía solar. Con un Sol de carbón no habría ni para empezar: se hubiera agotado en unos cinco mil años. Lord Kelvin y Helmholtz le asignaron al Sol una edad de unos pocos millones de años, suponiendo que su energía provenía de su contracción gravitacional. Pero tampoco esto puede dar cuenta de la enorme luminosidad solar y del hecho de que haya permanecido esencialmente constante durante cientos de millones de años (permitiendo la aparición de la vida en la biosfera): se estima que hubiera sido preciso que el radio del Sol menguara a razón de unos 70 m/a, por lo que suponiendo la luminosidad constante, hace unos 10 Ma el radio del Sol hubiera tenido que ser del orden de la distancia Sol-Tierra, contra toda evidencia geológica y biológica. Ni basta con la energía térmica del Sol, pues con ella podría soportar su luminosidad actual solo durante 40 Ma. A principios del siglo XX Jeans propuso la radiactividad como fuente de la energía del Sol. Tampoco esto funciona, pues la radiactividad natural es un proceso espontáneo, independiente de las condiciones de la estrella, y por lo tanto algo que la propia estrella no puede regular, contra la evidencia de enormes períodos de estacionariedad en la vida de las estrellas. Como única posibilidad queda la energía termonuclear.

En ausencia de gravitación, no habría estrellas; de no haber atracción gravitatoria, en unos días (o a lo sumo unos años en el caso de las gigantes rojas) el material de las estrellas se dispersaría por el espacio. Pero si solo hubiera gravitación, tampoco las habría: por contracción gravitacional todo el material de una estrella caería sobre su centro en cuestión de minutos (40 min para el Sol). De detener este colapso se encargan ordinariamente los gradientes de presión térmica, que mantienen, mientras pueden, la estrella en equilibrio.

Las presiones centrales de una estrella son muy altas; para el Sol, $p_\odot \sim 10^{10}$ atm. Para que un gas adquiera esas presiones debe estar su interior a una temperatura enorme: en el Sol, $T_{\odot,c} \sim 10^7$ K. A tales temperaturas las longitudes de onda de los fotones están en la banda de la radiación X. Si nada lo impidiera, estos rayos X abandonarían la estrella en unos segundos; pero el material ionizado de la estrella es opaco a la radiación, y esta puede tardar cientos de miles de años en salir, tras perder gran parte de su energía.

Fusión termonuclear en las estrellas. La síntesis termonuclear procede por variados caminos, sobresaliendo los ciclos p-p y CNO. El primero domina en estrellas de masa no superior a $2M_\odot$; el otro, que utiliza el carbono como catalizador, en estrellas más masivas y calientes.

En ambos casos, la energía total liberada en la fusión de cuatro protones para producir una partícula α (núcleo de ^4He), dos positrones e^+ o electrones positivos, dos neutrinos y varios fotones equivale a un 0,7 por 100 de la masa. Por lo tanto, el Sol tiene unas reservas nucleares de $0{,}007M_\odot c^2$, que es $\sim 10^3$ veces el total de sus reservas térmica y gravitacional. Con ellas podría lucir ~100 Ga al ritmo actual; aunque el hidrógeno que el Sol quema para producir su energía es la friolera de casi 10^{12} kg por segundo, es casi tan grande su masa $M_\odot$ que podría seguir a este ritmo durante 100 Ga más.

En estrellas dominadas por alguno de los ciclos anteriores se producen en consecuencia dos neutrinos por cada núcleo de helio sintetizado. En el caso del Sol, el número de neutrinos emitidos por unidad de tiempo es $\sim 10^{38}$ neutrinos/s, y por lo tanto su flujo sobre la superficie de la Tierra es de 10^{15} neutrinos/m^{2}s. ¡Realmente un flujo inmenso!

Evolución estelar.—Las estrellas van quemando su hidrógeno desde dentro (donde la presión y temperatura son mayores) hacia fuera; su parte central se va llenando de cenizas (helio), y al disminuir el número de núcleos presentes, su presión térmica disminuye, y el corazón estelar se contrae un poco, lo que provoca un mayor ritmo de combustión, con aumento de la temperatura y presión internas, y una consiguiente y moderada expansión de las capas superficiales.

Agotado el hidrógeno del núcleo estelar, y por lo tanto fuera ya la estrella de la secuencia principal, la contracción gravitacional del núcleo estelar continúa, y aunque haya cesado la combustión del hidrógeno central, sigue quemándose en las capas adyacentes, las temperaturas interiores continúan subiendo y la luminosidad absoluta aumenta de forma significativa. Pero el volumen de la estrella crece también dramáticamente, y por eso su superficie se enfría. El color dominante pasa a ser el rojo, lo que explica que se conozca a esta situación como fase de gigante roja.

La evolución estelar tras el abandono de la secuencia principal es muy compleja. Nos limitaremos a unas cuantas pinceladas y a comentarla con dos tipos de estrellas: una similar a nuestro Sol, y otra de masa mucho mayor.

Futuro del Sol. El Sol empezó con un 74 por 100 de H, 25 por 100 de He, y un 1 por 100 de elementos pesados, hace 4,6 Ga. En el núcleo de radio $\sim(1/4)R_\odot$ el Sol empezó a quemar H, de modo que hoy en el centro del Sol prácticamente se han invertido las abundancias de H y He. Aun así, le queda ahí H para otro tanto de tiempo.

Dentro de unos 5 Ga el Sol saldrá de la secuencia principal y emprenderá rumbo a la fase de gigante roja. Su tamaño crecerá hasta engullir a Mercurio y casi a Venus, y su temperatura bajará hasta los 3,5 kK. El crecimiento de su superficie hará que, pese al descenso de T, su luminosidad pase a ser unas dos mil veces la actual; en tal infierno, Venus, la Tierra y Marte se evaporarán total o parcialmente y los planetas exteriores perderán sus atmósferas, quedando al aire sus núcleos rocosos. Esto ocurrirá dentro de unos 7 Ga.

La contracción continuada del núcleo del Sol desde que deje la secuencia principal hará que su temperatura central pase de 15 MK hasta unos 100 MK, la suficiente para propiciar la fusión del helio central en carbono (proceso triple-α) y oxígeno.

Tardará en empezar un santiamén, apenas unos segundos; será como un fogonazo tremendo (*flash* de helio) que no trascenderá al exterior, pues su energía será absorbida por la expansión del núcleo. Al tiempo, las capas contiguas donde se sigue quemando hidrógeno se enfriarán, y la luminosidad disminuirá, mientras las capas más exteriores se contraerán, calentándose tras ello y aumentando T. El combustible helio le durará a nuestro Sol como gigante rojo unos 100 Ma.

Agotado el helio central, el Sol iniciará una segunda excursión al mundo de las gigantes rojas, quemando con ardor el helio de las capas adyacentes al núcleo (ahora formado por las cenizas del helio, a saber, carbono y oxígeno); el núcleo se contraerá y se expandirán las capas exteriores hasta alcanzar el astro una luminosidad del orden de $10^4 L_\odot$ (gran gigante roja). Ahora el radio de la estrella alcanzará la Tierra, y Marte y los planetas jupiterinos se evaporarán casi en su totalidad. Esto ocurrirá dentro de unos 8 Ga. Y con esto el Sol habrá terminado sus existencias efectivas, pues sus capas externas serán expelidas, dando lugar a una nebulosa planetaria energizada por la luz UV del núcleo estelar; la nebulosa se llevará una fracción sustancial de la masa total, y por escasez de esta su núcleo de C y O no podrá alcanzar las temperaturas y presiones suficientes para la ignición de estos elementos. El Sol se habrá reducido entonces a su pequeño núcleo carbonoso del tamaño de la Tierra, de masa $\sim 0{,}5 M_\odot$, sumamente denso (10^9 kg/m^3), y muy caliente ($T \sim 30$ kK). Será una enana blanca, cuyo lento enfriamiento durante unos 10 Ga, hasta convertirse en enana negra, no producirá nuevas contracciones por estar contrarrestado por la presión de degeneración de los electrones (consecuencia del principio de exclusión de Pauli para un gas de electrones sumamente comprimidos). Llegará un momento con este enfriamiento en que los núcleos de la estrella se configurarán en una malla cristalina, de modo que la enana enfriada será como un descomunal diamante del tamaño de nuestro planeta[7].

[7] Pero la historia de lo que será del Sol no termina ahí. La aniquilación de las WIMPs (véase *infra)* que habrá capturado del halo galáctico, y la desintegración de sus protones, podrán mantener cierta actividad energética interior. La pérdida de bariones afectará a su composición química, y al cabo de unos 10^{30} Ga habrá terminado de ser una estrella, para ser temporalmente como un gran planeta gaseoso de hidrógeno a $T \sim 0{,}003$ K y $L \sim 10^{-27} L_\odot$, transparente a la luz.

Evolución de una estrella de gran masa. Cuando la masa de una estrella en la secuencia principal es $\gtrsim 8M_{\odot}$, sus avatares tras el abandono de esta secuencia son más variados, y su final es realmente apoteósico: una explosión supernova, en la que la estrella se despoja de un alto porcentaje de su masa arrojando esa materia al exterior violentamente junto con una ingente cantidad de radiación en forma de neutrinos y fotones.

Estos estallidos ocurren ocasionalmente, uno por segundo en todo el Universo, unas dos o tres veces por galaxia y siglo. Sus luminosidades electromagnéticas (EM) son del orden de $10^{10}L_{\odot}$.

Hay dos tipos de supernovæ: SNeI y SNeII. A su vez las de tipo I aparecen en tres subtipos: SNeIa, SNeIb, SNeIc. Se distinguen por sus espectros. Todas ellas, salvo las SNeIa, son finales de estrellas de gran masa.

Las SNeIa, por contra, son tremendas explosiones termonucleares de enanas blancas en sistemas binarios de componentes cercanas, producidas cuando la masa que capturan de la estrella compañera (una gigante roja) hace que sobrepasen el límite de Chandrasekhar (véase *infra),* y la implosión gravitatoria subsiguiente «enciende» al carbono/oxígeno de la enana originando su fusión descontrolada. Viene a producirse una SNIa por galaxia cada trescientos años.

Las SNeIa son importantes candelas, posiblemente estándar, que permiten estimar distancias de hasta un Gpc, gracias a una conexión directa (establecida con SNeIa cercanas) que parece existir entre su luminosidad absoluta máxima y la pendiente de su curva de extinción.

La historia recoge varias observaciones de SNe en nuestra galaxia: entre ellas, una en 532 a. C. (citada por los chinos), y cinco en nuestro milenio (SN1006, SN1054, SN1181, SN1572 Brahe, SN1604 Kepler). Desde la de Kepler no se había divisado ninguna otra a simple vista ni siquiera en otra galaxia, hasta la pasada SN1987A (observada el 23-24 de febrero de 1987) en la Gran Nube de Magallanes. Con instrumentos la primera detección fuera tuvo lugar en 1885, y desde entonces se han registrado ya casi un millar.

Energía de una SNII. En una explosión supernova tipo II, el núcleo estelar colapsa a una estrella de neutrones en un tiempo del orden de 10 s, y casi toda la gigantesca energía producida (equivalente a unas cien veces la emitida por el Sol en los 10^{10} años de estancia en la secuencia principal) se va en neutrinos. La luminosidad EM es tal que en unos meses puede radiar más que el Sol a lo largo de toda su vida ($L_{SN,EM} \sim 10^{10}$-$10^{11}L_{\odot}$, y, por lo tanto, comparable a la de toda una galaxia). Pero esto es una ínfima parte de la energía irradiada; un factor 100 más se va en energía cinética de la materia expulsada, y por lo menos otro factor 100 adicional en energía de neutrinos. Los neutrinos vienen a llevarse el 99 por 100 de toda la energía desprendida, y son los primeros en salir de allí e informarnos del gran evento.

Las supernovæ no solo son estallidos de los más espectaculares del Universo; son también los hornos que han vomitado los elementos como el C, Fe, O, etcétera, de que estamos hechos, mucho antes de que se formara el sistema solar. Así mismo, en la explosión se producen los núcleos más pesados que el hierro.

Cadáveres estelares.—Consumidos los combustibles nucleares, tres tipos de finales aguardan a los restos estelares: enanas blancas, estrellas de neutrones o agujeros negros.

Enanas. Solamente las estrellas de pequeña masa ($M \lesssim 8M_{\odot}$) finalizan como enanas blancas. La presión de degeneración de los electrones se encarga de detener su colapso gravitacional, siempre que su masa no supere la llamada cota de Chandrasekhar ($M_{enana} \leq 1{,}4M_{\odot}$). El radio de las enanas está inferiormente acotado ($R_{enana} \gtrsim R_{\oplus}/2$). Luego las enanas blancas más pequeñas son las más pesadas y densas, con densidad máxima $\rho_{enana} \sim 10^9$ kg/m^3.

Estrellas de neutrones. Para estrellas de masa mayor la presión de los electrones es incapaz de detener el colapso gravitacional, que comprime el material de la estrella neutronizándola, al tiempo que expele capas externas de su material. Los neutrones del astro, que como los electrones también son fermiones y reclaman su espacio cuando se los comprime, ejercen una presión de degeneración que puede detener la contracción dando origen a una estrella de neutrones o púlsar si la masa residual es inferior a una masa límite ($M_{púlsar} \lesssim 3M_{\odot}$), lo que requiere que en su secuencia principal la masa de la estrella satisfaga $M \lesssim 50M_{\odot}$. El radio de una estrella de neutrones es del orden de 15 km, y su densidad, similar a la nuclear: $\rho_{púlsar} \sim 10^{17}$ kg/m^3.

Agujeros negros. Para estrellas de masas que superen estos valores la presión neutrónica cede ante la enorme presión implosiva y se forma un agujero negro (AN). Los ANs son concentraciones tan grandes de materia/energía en regiones tan pequeñas que el campo gravitatorio que crean curva de tal modo al espacio-tiempo (ET) en una zona circundante al AN que llega a «pincharlo», produciendo una singularidad, y cercenando toda posibilidad de comunicación hacia el exterior: ninguna forma de materia o energía en esa región puede abandonarla (fig. 3.1a). Más concretamente, existe una superficie imaginaria alrededor del AN, llamada horizonte de sucesos, que es como una membrana semipermeable ficticia que deja entrar pero impide salir. Para los ANs más sencillos (neutros y no rotantes) ese horizonte tiene un radio (llamado de Schwarzschild) dado por la fórmula $R_{AN} \approx 3(M_{AN}/M_{\odot})$ km.

Al no ser visibles por definición los ANs, su detección se basa en los efectos gravitacionales que producen en su entorno. Se conocen varios candidatos a ANs de masas estelares. Todos ellos son la componente compacta de sistemas binarios, en que el compañero visible es una estrella ordinaria o gigante, y el sistema es una fuente poderosa de rayos X. Esta radiación se origina en la acreción de materia de la estrella vecina por el presunto AN, materia que en su caída gravitatoria en espiral hacia este llega a adquirir por fricción temperaturas de MK. La intensidad registrada es irregular y fluctúa en centésimas de segundo, por lo que el tamaño de la zona emisora es de unos pocos miles de km.

Históricamente el primer candidato claro fue la fuente de rayos X del sistema Cygnus X-1, a unos 2,5 kpc. La estrella visible es la supergigante azul HDE 226868. Del cabeceo que sobre el movimiento de esta produce la atracción gravitatoria de su compañera compacta se infiere para la última una masa de 3-7 $M_{\odot}$, por lo que probablemente sea un AN (fig. 3.1b).

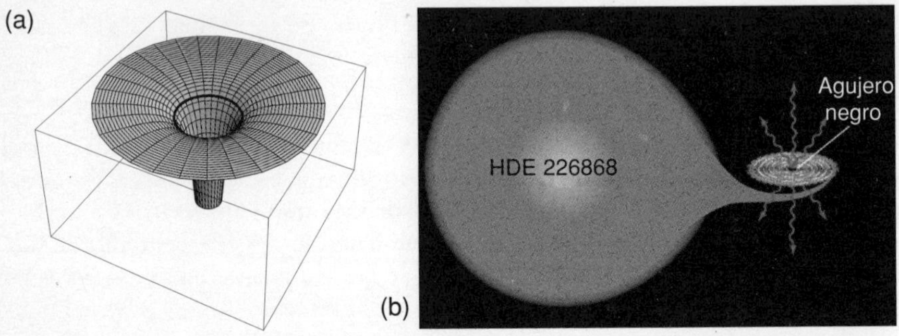

Fig. 3.1.—(a) Un AN curva tanto el ET que produce una situación singular. El círculo marca el horizonte de sucesos. (b) Esquema del sistema Cygnus X-1. (Tomado de Kaufmann III.)

Actualmente la X-nova GS 2023+33 (V 404 Cygni) es uno de los candidatos más prometedores. Para este sistema binario se sabe que la masa de la componente compacta es (10-14)$M_{\odot}$, y por lo tanto es casi con total seguridad un AN.

La fusión de dos ANs estelares puede ser la fuente energética de los «estalladores» o *bursters* de rayos γ, que en menos de un minuto pueden radiar hasta 10^{45} J en radiación EM dura.

Los agujeros negros no son realmente negros. Hawking probó en 1975 que los principios cuánticos hacen que el horizonte de sucesos levante el embargo y pueda salir al exterior, por efecto túnel, materia y energía en un proceso conocido como evaporación Hawking. El espectro de esta radiación es térmico, y corresponde a una temperatura efectiva $T_{AN} \sim 10^{-7}(M_{\odot}/M_{AN})$ K. Debido a esta pérdida de energía, el AN tiene una vida finita $\tau_{AN} \sim 10^{66}(M_{AN}/M_{\odot})^3$ a. El ritmo de emisión crece a medida que el AN va perdiendo su masa, y en el último instante se hace extraordinariamente violenta: durante el segundo que precede a su extinción, la potencia del AN excede los 10^{23} W, y por lo tanto supera en energía a la producida por la explosión de 10^5 bombas termonucleares de

100 megatones cada una. Aunque en el Universo actual, a una temperatura de fondo de 3 K, estos procesos sean irrelevantes, en el futuro muy lejano, cuando haya cesado toda actividad estelar, pueden ser muy importantes.

Galaxias

Las estrellas están agrupadas en galaxias. Estas presentan distintos aspectos (elípticas, espirales normales, espirales barradas e irregulares) y tamaños (desde elípticas enanas, con unas 10^5-10^7 estrellas, hasta elípticas gigantes, con 10^{12}-10^{13} estrellas), siendo las de tipo espiral las más espectaculares.

Nuestra Galaxia es de esta última clase. De la observación mediante efecto Doppler de las velocidades de las nubes de gas de hidrógeno en la Galaxia se ha podido inferir su distribución de materia luminosa y dibujar el aspecto que tendría vista de frente y a gran distancia. La mayor parte de sus estrellas se concentran sobre un disco aplanado, que gira diferencialmente, tardando nuestro Sol unos 220 Ma en completar una revolución a la velocidad nada despreciable de casi 1 millón de km/h, y tiene un abultamiento o bulbo central, donde todo indica que reside un insaciable y monstruoso agujero negro. Fuera del disco galáctico, desperdigados en un halo esférico de unos 100 kpc de radio, se hallan unos 150 cúmulos globulares, agregados esféricos de viejas estrellas con poblaciones incluso millonarias, así como multitud de estrellas sueltas, también antiguas, en órbitas de inclinación arbitraria respecto del plano discal.

Fue bien entrado el siglo XX cuando quedó clara la existencia del universo extragaláctico, gracias a las observaciones de estrellas Cefeidas en «nebulosas» espirales como Andrómeda (M31), realizadas en el Observatorio de Mount Wilson (Pasadena, California) por Edwin Hubble, joven abogado que decidió cambiar la toga por el telescopio. Estas estrellas son variables: su luminosidad cambia periódicamente (con períodos del orden de 1-10^2 días), con una frecuencia que viene a ser inversamente proporcional a su luminosidad media. Por eso, calibrando esta relación con Cefeidas en nuestra Galaxia a distancias bien medibles, su localización en otras galaxias sirve para indicar su distancia a través de su período y luminosidad aparente. Cuando Hubble infirió así que Andrómeda está a 0,7 Mpc [8], y que a esa distancia su diámetro angular ($\sim$2,5 veces el de la Luna llena) indicaba un tamaño de unos 70 kal, mucho mayor que el de nuestra propia Galaxia, no cabía duda de que tal nebulosa estaba bien afuera de nuestra Vía Láctea.

Hoy sabemos que nuestra Galaxia es una de las 10^{11} galaxias del Universo visible, la mayor parte de ellas de tipo espiral (normal o barrada).

[8] En realidad, Hubble le atribuyó una distancia del orden de la mitad, porque en aquel entonces se ignoraba que hay dos tipos de Cefeidas.

ANs en núcleos de galaxias.—Muchos núcleos de galaxias albergan un AN gigantesco, de millones de masas solares, que devora insaciable la materia que lo rodea. Se detecta su presencia a través de las velocidades diferenciales de giro de un disco de estrellas cercanas que orbitan alrededor del núcleo; de ellas se infiere una masa central tan grande para el volumen que ocupa que forzosamente debe de estar dentro de su radio de Schwarzschild y, por lo tanto, ser un AN. Por ejemplo, en el núcleo de nuestra propia Galaxia, marcado por la intensa radiofuente Sagittarius A*, hay muy probablemente un AN de masa $M_{AN} = (2{,}6 \pm 0{,}2) \times 10^6 M_{\odot}$, en una región de diámetro $\lesssim 1$ UA. Y en el núcleo de la vecina Andrómeda (M31), distinguible a simple vista a unos 700 kpc, parece que se encuentra otro AN supermasivo ($M_{AN} \sim 10^7 M_{\odot}$).

Núcleos galácticos de galaxias muy lejanas pueden presentar una gran luminosidad, hasta muchos miles de veces la suma de las luminosidades de sus estrellas, y fluctuante en cuestión de horas, días, semanas o meses, plausiblemente originada por un elevado ritmo de acreción de un AN central supermasivo. Tales galaxias se llaman activas. Los cuásares (las fuentes luminosas «estables» más potentes del Universo conocido) y los «destelladores» o *blazars* (luminosidades $\sim 10^{11}$-$10^{15} L_{\odot}$) son muestras de estas galaxias activas. La enorme luminosidad de sus núcleos impide con frecuencia ver la galaxia anfitriona.

Cuando la despensa del material de acreción se achica, la luminosidad de un núcleo galáctico activo se reduce hasta llegar a la normalidad de las galaxias no muy lejanas. Los cuásares abundaron cuando el Universo tenía entre 1-4 Ga. El más cercano de entre los diez mil cuásares conocidos (con desplazamientos al rojo en el intervalo [0,06, 5]) se halla a unos 250 Mpc, por lo que hace como 1 Ga que las galaxias ya no generan estas poderosas fuentes. La colisión de dos galaxias puede reactivar el mecanismo al proporcionar nuevo material para «alimentar» a los ANs centrales.

Cúmulos y supercúmulos de galaxias

Muchas galaxias se agrupan en cúmulos, sostenidas por su atracción gravitacional mutua. Como aquellas, los cúmulos ya no participan de la expansión general. Nuestra Galaxia forma parte de un pequeño cúmulo de una treintena de galaxias, entre las que destacan Andrómeda (M31), la Gran Nube de Magallanes y la Pequeña Nube de Magallanes. Este cúmulo se conoce como Grupo Local, y su tamaño es de 1 Mpc. Pero hay cúmulos mucho más ricos y grandes, como el de Virgo (con unas dos mil galaxias, tamaño [diámetro] ~3 Mpc, a distancia de unos 15 Mpc) y el de Coma (con unas diez mil galaxias, tamaño del orden de 6 Mpc, y distancia ~90 Mpc). Se conocen unos cuatro mil cúmulos.

A su vez, los cúmulos se asocian en supercúmulos, que ahora empiezan a dejar de expandirse. Son las estructuras mayores detectadas en el Universo, con decenas de cúmulos y tamaños $\lesssim 100$ Mpc.

Muros y vacíos

Al representar en 3D la distribución de las galaxias de bajo desplazamiento al rojo (véase *infra)* en varias muestras del cielo, se obtiene el gráfico de la figura 3.2a. En él se aprecian dos bandas de aglomeración, llamadas el Gran Muro (del que el cúmulo de Coma forma parte) y el Muro Sur, así como ingentes vacíos (de tamaño entre 40 y 140 Mpc) con muy pocas galaxias. Véase también la figura 3.2b.

Las altas velocidades peculiares (de varios centenares de km/s), con direcciones convergentes, de nuestro entorno galáctico permite inferir la existencia de una gran concentración de cúmulos, llamada Gran Atractor, de masa unas $10^{17}M_{\odot}$, sita en el cielo Sur.

Las irregularidades locales van suavizándose al aumentar la escala de observación. Nuestra Galaxia y su Grupo Local forman parte del cúmulo de Virgo, y este del Supercúmulo Local. Se han identificado una veintena de otros supercúmulos, como Pisces-Cetus e Hydra-Centaurus. La escala de los cúmulos es de unos 15 Mpc, y la de los supercúmulos, unos 150 Mpc. Existen cadenas filamentosas de galaxias que empalman supercúmulos formando como una red. Se han detectado regiones inmensas de muy baja densidad, llamadas vacíos, como el de Boötes; son como burbujas de hasta unos 75 Mpc

(a) (b)

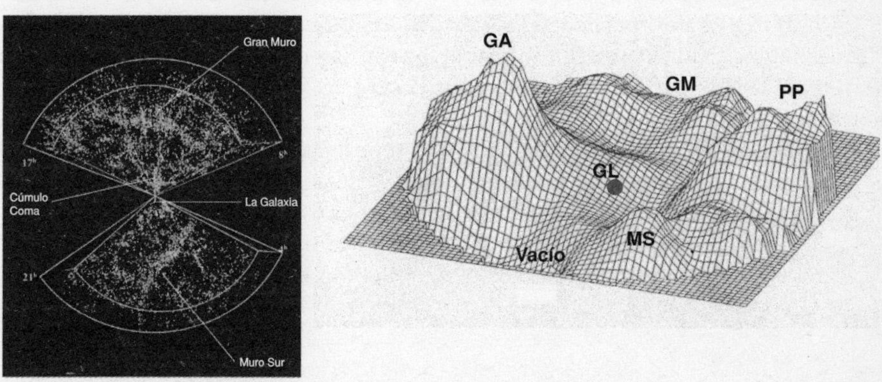

Fig. 3.2.—(a) Distribución de unas 9.500 galaxias a distancia $\lesssim$ 200 Mpc. (Tomado de Kaufmann III.) (b) Reconstrucción del campo de densidad de materia responsable de los movimientos peculiares de unos miles de galaxias visibles en un cubo de unos 100 Mpc de lado a nuestro alrededor. Nuestra Galaxia está en el centro (Grupo Local), y se señalan el Gran Atractor (a unos 40 Mpc, ocultado por nuestro plano galáctico), el Gran Muro, el Muro Sur, los conglomerados de galaxias Perseus y Pisces, y un vacío. (Tomado de A. Dekel, *Annu. Rev. Astron. Astrophys.,* 1994.)

de diámetro en cuyas superficies tienden a acumularse las galaxias. Abundan los vacíos de unos 30 Mpc.

Tamaño del Universo

El tamaño del Universo visible crece a diario a velocidad comparable a la de la luz. El valor preciso depende de su historia pasada; en el espíritu del modelo cosmológico estándar que luego discutiremos, esta información es codificable en el contenido energético del Universo actual y en su ritmo de expansión, que viene cuantificado por el parámetro de Hubble $H_0 = 100h_0$ km/s/Mpc, donde $h_0 \in [0{,}5,\ 1]$ es un «factor de ignorancia» sobre cuyo valor parecen finalmente converger los diversos métodos de evaluación: $h_0 = 0{,}65 \pm 0{,}05$.

El parámetro de Hubble permite inferir distancias cosmológicas recurriendo a la ley de Hubble, que relaciona la distancia (por luminosidad) d a una lejana fuente astrofísica de luz con el desplazamiento $z := \Delta\lambda/\lambda$ al rojo de la luz recibida: $d = (c/H_0)z$, si $z \ll 1$.

Como ejemplo de objeto luminoso sumamente distante se tiene la galaxia 0140+326RD1, con $z = 5{,}34$, que se halla a una distancia de 13 Gal. La luz observada salió de allí cuando el Universo tenía solo 1 Ga. Fue vista en marzo de 1998 con el *Keck II*[9].

No es trivial definir el tamaño del Universo. Si este fuera cerrado, podríamos tomar como radio del Universo su radio de curvatura. Pero, como hemos de ver, posiblemente el Universo sea infinito en el espacio. Por eso recurrimos a hacernos una idea del tamaño del Universo mediante la distancia al horizonte de partículas, superficie ideal que separa las galaxias de las que hemos podido recibir información de las que todavía no ha habido tiempo suficiente desde la Gran Explosión a que nos llegara tal conocimiento.

Si se tiene presente que la luz ha empezado a viajar libremente por el Universo cuando este tenía ya unos 300 ka, el llamado horizonte visual, en el que la información entre galaxias se suponga mediada por fotones, es más reducido que el de partículas; concretamente (y tanto si hubo inflación como si no) la distancia al horizonte visual es de unos 46 Gal.

Edad del Universo

Mucho ha llovido desde que Ussher (1660), arzobispo de Armagh, calculara, a través del estudio del Antiguo Testamento, que el Universo fue creado el 23 de octubre del año 4004 a. C., a mediodía.

[9] Se conoce una galaxia con $z = 6{,}68$; cuando su luz salió hacia nosotros el Universo tenía 0,8 Ga.

Se define como edad del Universo al tiempo transcurrido desde la Gran Explosión o *Big Bang* (BB) [10]. Forzado por el valor erróneo asignado al parámetro de expansión, durante dos décadas tuvo Hubble que asignarle al Universo una edad de unos 2 Ga, menor que la del sistema solar (4,6 Ga). Con el recalibrado de las distancias galácticas en la década de los cincuenta desaparecería el conflicto. En esa misma época apareció el modelo de estado estacionario, debido a Bondi, Gold y Hoyle. Según este modelo, el Universo existió siempre, es decir, su edad era infinita, y se mantuvo inalterable. Cayó en desgracia tras descubrirse la radiación fósil, de cuyo espectro térmico y alto grado de isotropía fue incapaz de dar una explicación natural.

Es claro que la edad actual $\tau_{U,0}$ del Universo es superior a la de cualquiera de sus objetos. En particular, $\tau_{U,0} > \tau_{\text{sistema solar},0} = 4{,}570 \pm 0{,}030$ Ga, estimación de la edad de las rocas terrestres y lunares más antiguas, y de material meteorítico, lograda por medidas de las abundancias relativas de los isótopos $^{235,238}U$ y $^{204,206,207}Pb$. Mejor aún, $\tau_{U,0} > \tau_{\text{cúmulos globulares},0} = 12{,}8 \pm 1$ Ga, cota proveniente del estudio de 17 cúmulos globulares en nuestra Galaxia, los objetos más viejos de cuantos pueden datarse con cierta precisión.

Teniendo en cuenta el tiempo transcurrido (entre 0,2 y 1 Ga) hasta la formación de las primeras estrellas, y las medidas recientes de SNeIa, se estima actualmente la edad del Universo en $\tau_{U,0} = 14 \pm 1{,}5$ Ga.

Composición del Universo

El elemento químico más abundante del Universo es el hidrógeno, seguido de cerca por el helio. Prácticamente las 3/4 (1/4) partes de toda la masa bariónica son hidrógeno (helio-4). Estas proporciones se mantienen en nuestro entorno solar, en el que aproximadamente queda solo un 2 por 100 para los restantes elementos (O, C, Ne, N, Si, Mg, Fe, S, ...).

El conocimiento de las formas de materia y energía dominantes en el Universo, en cada época, es crucial para entender su historia y predecir su futuro. La densidad ρ_i de cada forma de materia/energía del Universo se cuantifica a través de su valor relativo $\Omega_i := \rho_i/\rho_c$ a la llamada densidad crítica ρ_c [11], aquella para la cual la energía cinética de la expansión está exactamente contrarrestada por la energía potencial gravitatoria del Universo. En la época actual (indicada por el subíndice 0) vale $\rho_{c,0} \approx 10^{-26}$ kg/m^3.

El símbolo Ω denotará la razón ρ/ρ_c, donde ρ es la densidad total de materia/energía. Si se trata de la época presente, escribiremos Ω_0.

---

[10] Generalmente se piensa que el Universo comenzó con el BB, pero no se conoce razón para que así haya sido.

[11] Exactamente, $\rho_c := 3H^2/(8\pi G_N)$, donde H es el ritmo de expansión en la época en cuestión y G_N la constante de Newton de la gravitación universal.

Materia

Llamamos materia a la energía no relativista, consistente en partículas masivas y lentas que ejercen presión despreciable y pueden aglomerarse gravitacionalmente. Hay una materia ordinaria que nos es familiar: es la materia bariónica que forma los cuerpos visibles. Pero hay fuertes evidencias de que existe materia que, por no verse en el sentido literal del verbo, se denomina oscura. Puede ser tanto bariónica como no bariónica. Denotaremos por $\Omega_{0,M}$ la fracción de masa (relativa a la crítica) en forma de materia no relativista.

Materia luminosa.—Esta componente es fundamentalmente la materia estelar, medida a través de la masa interior a las partes luminosas de las galaxias, que a su vez se infiere por su tirón gravitacional sobre las nubes de gas que giran a su alrededor en los aledaños de la zona. Se estima así que $\Omega_{0,\mathrm{lum}}=0{,}5\%$.

Materia bariónica.—Como su nombre indica, es la materia constituida por bariones (protones y neutrones). El hidrógeno es el componente más abundante de la materia bariónica, seguido del ^{4}He. Entre ambos dan cuenta del 98 por 100 de la materia ordinaria, con abundancias (en número de átomos) repartidas en una proporción 12:1. Como es fácil de comprender, entresacar de las observaciones, tras una docena de miles de millones de años de evolución química (mejor dicho, nuclear), las abundancias al finalizar el primer día de la vida del Universo, no es sencillo. Hoy se cree que los núcleos ligeros D:=^{2}H, ^{3}He, ^{4}He y ^{7}Li son en buena parte primordiales, que núcleos como el ^{6}Li, ^{9}Be y ^{10,11}B se han generado por espalación producida por rayos cósmicos, y que los núcleos con $A \geq 12$ se han formado en estrellas de gran masa.

Helio-4. Las estrellas son máquinas eficientes de producción de helio; pero no les ha dado tiempo de producir más allá de un bajo porcentaje del He observado; la mayor parte de él es de origen primordial.

Un análisis de la emisión por recombinación del HeI en varias regiones HII extragalácticas de muy bajo contenido metálico lleva a la siguiente abundancia primordial en masa inferida para el ^{4}He: $Y_{P}=24{,}4\%$.

Los demás elementos ligeros (D, ^{3}He, ^{6,7}Li, ^{9}Be, ^{10,11}B) son mucho más escasos, y de ellos solo para los D, ^{3}He, ^{7}Li puede aislarse con cierta objetividad una parte primordial. Nos fijaremos solo en el deuterio, por ser un excelente «bariómetro».

Deuterio. Una característica del deuterio es la facilidad con que se destruye, y la dificultad en sintetizarlo, debido a ser el núcleo estable menos ligado. Las estrellas lo consumen, transformándolo en ^{3}He, y por lo tanto las abundancias de D observadas en cualquier lugar y época proporcionan cotas inferiores a la primordial.

En los últimos años se ha conseguido, mediante el telescopio *Keck* de 10 m y su espectrógrafo *HIRES* de alta resolución, detectar deuterio en nubes de hidrógeno enormemente alejadas (z entre 2,6 y 4,7), a través de su absorción sobre la luz emitida a su espalda por cuásares todavía más lejanos. Estas nubes parecen prístinas, y poco evolucionadas, con abundancias metálicas que no llegan al 1 por 100 de la del sistema solar, por lo que su deuterio sería prácticamente primordial. De estas observaciones se infiere que la abundancia de deuterio primordial y_2 en número es $y_2 = 0{,}003\,\%$.

Combinado esto con cálculos basados en la teoría de la cosmonucleosíntesis, se obtiene el parámetro de densidad bariónica $\Omega_{0,B} = 4{,}5\,\%$.

Materia oscura.—La materia total de las galaxias, incluidos sus halos invisibles, se detecta por la atracción gravitacional que ejerce sobre nubes de gas o estrellas desperdigadas. A finales de la década de los setenta la espectroscopía Doppler reveló que las estrellas y nubes de hidrógeno neutro en los brazos de las galaxias espirales tienen velocidades orbitales prácticamente constantes al aumentar su distancia al centro galáctico, mientras que de estar la masa concentrada en el núcleo esa velocidad debería decrecer con la distancia. Esto sugiere que esos brazos están inmersos en una bola de masa invisible.

Los halos son esferoidales, se extienden bastante más allá de donde hay luz en la galaxia, y contienen masa oscura que es ~20 veces la visible. Un análisis de casi un millar de galaxias conduce a la estimación siguiente para la contribución a Ω_0 de la masa total (halo incluido) de las galaxias: $\Omega_{0,gx} \approx 10\,\%$.

El halo de nuestra Galaxia tiene un radio de unos 50 kpc al menos[12], y alberga una masa $M_{Gx \leq 50\ kpc} \approx 5 \times 10^{11} M_{\odot}$. Otras galaxias espirales aisladas tienen halos de hasta 200 kpc de radio, pues las velocidades orbitales de sus galaxias satélites se mantienen sin decrecer hasta esa distancia, con valores típicos de 200-250 km/s.

En 1933 Zwicky se percató de que la masa en las galaxias del cúmulo Coma era insuficiente para explicar sus altas velocidades. La masa total de los cúmulos galácticos supera la suma de las masas totales de sus galaxias individuales. Contienen los cúmulos en particular una ingente cantidad de gas intergaláctico muy caliente, que emite radiación X, y que domina su presupuesto bariónico. Varios métodos para «masar» los cúmulos conducen a estimaciones similares.

Del estudio de la radiación X del gas caliente intracumular en 45 cúmulos se ha inferido la fracción entre la masa del gas y la masa del cúmulo. Pero el gran tamaño de los cúmulos hace razonable suponer que son una muestra fiable del universo medio. Por ello, a partir de esa fracción y con el valor de $\Omega_{0,B}$ proporcionado por la cosmonucleosíntesis, resulta: $\Omega_{0,M} = 30\text{-}40\,\%$.

En resumen, de la comparación $\Omega_{0,lum} \ll \Omega_{0,B} \ll \Omega_{0,M}$ se desprende que: 1) casi un 99 por 100 de la materia del Universo es oscura, es decir, invisible

[12] Podría superar con creces los 100 kpc.

(no se ha visto ni por absorción ni por emisión electromagnéticas, pero ahí está, mostrando dinámicamente su presencia vía la atracción gravitacional); 2) casi un 90 por 100 de la materia oscura del Universo es exótica (no bariónica); 3) un 14 por 100 de toda la materia es bariónica; y 4) solo un 10 por 100 de los bariones son visibles.

¿De qué consta la materia oscura que hay en los halos galácticos y en los cúmulos galácticos? Una posibilidad es que resida en algún tipo de objeto astrofísico mundano, restos bariónicos oscuros de viejas estrellas formadas en épocas tempranas de la vida del Universo. Se les ha bautizado como MACHOs *(Massive Compact Halo Objects).* Otra posibilidad es que se trate de WIMPs *(Weakly Interacting Massive Particles),* materia exótica.

MACHOs. En principio, los MACHOs pueden tener distintos orígenes y masas. Pero la imposición de limitaciones sobre sus contribuciones al fondo de luz y a los productos de nucleosíntesis deja como únicos remanentes estelares oscuros tal vez relevantes las enanas marrones [13] y blancas, y en proporción menos sustancial los ANs de gran masa.

Enanas de esos tipos en nuestro halo galáctico podrían detectarse por su efecto microfocalizador como lupa gravitacional sobre estrellas de la galaxia vecina Gran Nube de Magallanes (GNM), a unos 50 kpc de distancia. Si alguno de estos objetos oscuros en nuestra Galaxia se interpusiera en la línea de visión, su acción como lente gravitacional produciría un aumento temporal en la luminosidad aparente de la estrella controlada; de ser esos objetos oscuros los ingredientes principales de la materia oscura, se espera ver entre diez y cien de esos casos de aumento de luminosidad en un año. En septiembre de 1993 se anunciaron los tres primeros sucesos. Desde entonces se han registrado una veintena de focalizaciones de estrellas de la GNM [14]. Su análisis lleva a la exclusión de las enanas marrones como componente principal del halo, y en la hipótesis de que las lentes observadas sean objetos oscuros de nuestro halo, sugiere que la masa de este tiene una fracción $\sim 1/3$ en forma de MACHOs de masa media $\sim 0{,}5 M_{\odot}$, probablemente enanas blancas. Sin embargo, tan abultada participación no casa en modo alguno con la escasez de enanas blancas vistas. Podría muy bien ocurrir que las focalizaciones observadas fueran producidas por estrellas de baja masa de la propia GNM, o de una galaxia enana interpuesta, o tal vez de una arruga del disco de nuestra Galaxia. Está claro que hacen falta más observaciones para aclarar la naturaleza, situación y abundancia de las lentes.

[13] Objetos subestelares cuya baja masa ($< 0{,}08 M_{\odot}$) les incapacita para iniciar reacciones termonucleares.

[14] También se han observado varias focalizaciones de estrellas en la Pequeña Nube de Magallanes (PNM), y algunos centenares de focalizaciones de estrellas del bulbo de nuestra propia Galaxia.

WIMPs. Los candidatos a WIMPs son generalmente fósiles térmicos neutros, «descolgados» termodinámicamente del resto del Universo en algún momento de la era de la radiación (véase *infra),* cuando su abundancia corría parejas con la de los fotones. (Excepción notable son los presuntos axiones.) Deben interaccionar muy débilmente, y ser estables o de vida comparable a la edad presente del Universo. Según que las partículas candidatas a materia oscura posean velocidades mucho mayores (menores) que la velocidad canónica de escape ($\sim 10^{-3}c$) de una galaxia media al alcanzarse la igualdad energética materia-radiación, se habla, respectivamente, de MOC (materia oscura caliente) o de MOF (materia oscura fría).

Los neutrinos han sido de siempre los favoritos a materia oscura caliente: existen, y la teoría de la cosmonucleosíntesis sugiere que los hay en grandes cantidades. A poca masa que tuvieran ($\sim$5-50 eV/c^2), su presencia bastaría para cerrar el Universo. Pero hay razones para dudar de que sean los componentes dominantes de la materia oscura: la masa mínima en esos neutrinos que podría condensarse gravitacionalmente es enorme, similar a la de un supercúmulo, y solo puede haberse formado tarde, para $z \lesssim 3$. Esto hace de la MOC en soledad un candidato descartable, dada la evidencia de formación muy temprana de galaxias y posterior de estructuras mayores. Sin embargo, es posible que acompañe en pequeña dosis a la MOF. Los resultados de la Colaboración SuperKamiokande indican que al menos uno de los tipos de neutrinos tiene masa $\gtrsim$0,1 eV/c^2, por lo que la contribución neutrínica a Ω_0 sería $\gtrsim$0,3% (¡comparable por lo menos a la de las estrellas luminosas!). Por otra parte, el análisis de estructuración mediante MOF acota superiormente esa contribución ($\lesssim$15%).

La MOF cuenta con más novios: neutralinos χ, axiones a, etc. Experimentos en el CERN y en Fermilab permiten acotar por abajo la masa de los neutralinos. Estos candidatos deben ser electromagnéticamente neutros, y han de carecer de interacción fuerte; de lo contrario se hubieran condensado con la materia ordinaria afectándola isotópicamente más allá de los límites observados.

A la caza de WIMPs. Las WIMP's de masa entre diez y mil veces la del nucleón tendrían un movimiento lo suficientemente lento como para ser capturadas gravitacionalmente en los halos galácticos. Esta última posibilidad es favorita entre los experimentales de partículas, que intentan detectar WIMPs en los laboratorios terrestres. Se espera que haya entre diez y cien de esas WIMPs por litro de espacio, moviéndose a velocidades de una milésima la de la luz; con estos flujos de 10^6 WIMPs cm^{-2} s^{-1}, unas 10^{15} WIMPs deben de atravesar nuestro cuerpo cada día. Interaccionan de forma tan débil que solo unas pocas de ellas lo harán con nuestros átomos a diario. La mayoría cruzará la Tierra limpiamente. Entre 10^{-2} y 10^2 WIMPs (rango de estimaciones teóricas) interaccionarán al día con una muestra material de 1 kg, frente a millones de colisiones originadas en esa muestra por rayos cósmicos, y por rayos gamma y neutrones de material radiactivo circundante. Para apantallar la radiación cósmica (sobre todo los muones) se utilizan minas o túneles[15].

En varios laboratorios se ha alcanzado ya la sensibilidad y bajo fondo radiactivo suficientes para detectar señales de WIMPs (la energía de retroceso del orden de unos keV producidos por el choque elástico de neutralinos con núcleos del detector, o los fotones en que se convierten los axiones en presencia de un campo magnético sumamente intenso); se está realizando una intensa búsqueda que barre sistemáticamente las zonas de posibles valores de los parámetros que definen a los presuntos candidatos. Sin duda, la identificación de la materia oscura es el problema central de la cosmología para esta década.

Radiación

La radiación electromagnética (EM) representa una fracción $\Omega_{0,\gamma}$ de Ω_0 que, aunque diminuta, es de una extraordinaria importancia, no solo por ser el vehículo portador de prácticamente toda la información que tenemos del Universo, sino porque sus características muy especiales en una parte del espectro se han convertido en uno de los pilares básicos en que se cimenta la cosmología física.

Fondo cósmico de microondas.—Dos radioastrónomos de los Laboratorios Bell, Arno Penzias y Robert Wilson, descubren casualmente en 1964 un fondo isótropo y estable de fotones cuyo flujo para $\lambda = 7{,}35$ cm equivalía a una temperatura de antena de unos 3,5 K.

Había sido predicha su existencia en 1948 por Gamow como radiación fósil de un BB caliente. En 1965 resurge con fuerza la idea en el grupo de astrofísicos de Princeton, encabezados por Dicke; su necesidad cosmológica para evitar un exceso de «cocción» (por fusión) del hidrógeno en la fase primitiva de la historia del Universo les lleva a preparar un experimento encaminado a su detección. Y en esto estaban cuando se enteran del hallazgo histórico de Penzias y Wilson. Estos habían detectado fotones, desplazados al rojo con $\Delta\lambda/\lambda \sim 10^3$ (!), procedentes del «plano» más alejado del Universo que puede «fotografiarse». Se trata de fotones liberados por el Universo cuando este, con un tamaño $\sim 10^3$ más pequeño que ahora y con unos 300.000 años de edad, se hizo transparente a la luz (época de recombinación).

La medida de Penzias-Wilson no bastaba para justificar *stricto sensu* la asignación de una temperatura. Medidas ulteriores a otras frecuencias confirmaron que esta radiación cósmica de microondas es térmica, es decir, tiene un espectro de Planck. Aparentes distorsiones en la zona submilimé-

[15] En el túnel de Canfranc (Huesca) se ubica un laboratorio de la Universidad de Zaragoza donde se realiza este tipo de búsquedas.

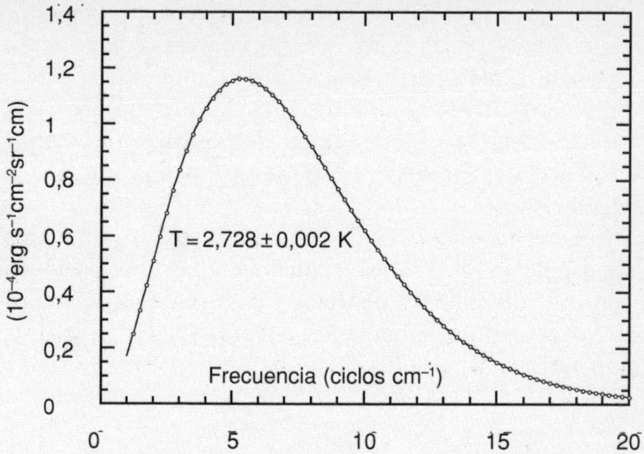

Fig. 3.3.—Espectro planckiano del FCM sobre una década de frecuencias. Los errores en los datos experimentales son inapreciables

trica fueron totalmente barridas por las medidas suministradas por el satélite *COBE (Cosmic Background Explorer)*, que en tan solo nueve minutos de recogida de datos proporcionó el 13 de enero de 1990 un histórico espectro prácticamente planckiano (fig. 3.3). En la actualidad se sabe que $T_{\gamma,0} = 2{,}728 \pm 0{,}002$ K.

Pero antes de obtener el valor de $T_{\gamma,0}$ hay que eliminar de los datos observacionales la componente dipolar del FCM.

Componente dipolar del FCM. Una característica muy destacada de la radiación de fondo es su alto grado de isotropía. A lo largo de toda una escala angular entre 10″ y 180°, $\Delta T_{\gamma,0}/T_{\gamma,0} < 10^{-3}$. Supuesta perfectamente isótropa y térmica para unos observadores distinguidos (los observadores fundamentales del modelo cosmológico), esa radiación sigue teniendo un espectro de Planck para cualquier otro observador, pero con temperatura dependiente de la dirección de incidencia de los fotones, como correspondería a un efecto Doppler producido por el movimiento del receptor respecto de la fuente.

Y, en efecto, se ha observado experimentalmente que $T_{\gamma,0}$ presenta una pequeña componente dipolar, de amplitud máxima $\Delta T_D = 3{,}4$ mK, que indica que el centro de masas del Sistema Solar se mueve hacia Leo con una velocidad $v_{\odot} = 370$ km/s relativa al nuevo «éter», sistema en reposo del FCM, o colección de observadores distinguidos para la radiación cósmica de microondas. El giro de la Tierra en torno al Sol produce modulaciones en la anisotropía dipolar observada; la originada por el movimiento de la Tierra es una fluctuación anual de 0,3 mK, correspondiente a una velocidad orbital media de 30 km/s.

Multipolos superiores del FCM. Tras extraer la componente anisótropa de origen Doppler, queda para el reparto de temperaturas una distribución altamente isótropa (la prueba más rotunda del principio cosmológico, que discutiremos más adelante). La detección de posibles anisotropías en esta es sumamente difícil, pues las señales esperadas son una fracción 10^{-5}-10^{-6} del ruido del detector.

En la primavera de 1992 el *COBE* suministró los ansiados datos que muestran la existencia real de anisotropías. Después de tres años de recogida de casi un centenar de millones de datos y cuatro meses de análisis, se disponía de pruebas fehacientes de pequeñas irregularidades en la distribución espacial de temperaturas de la radiación fósil[16].

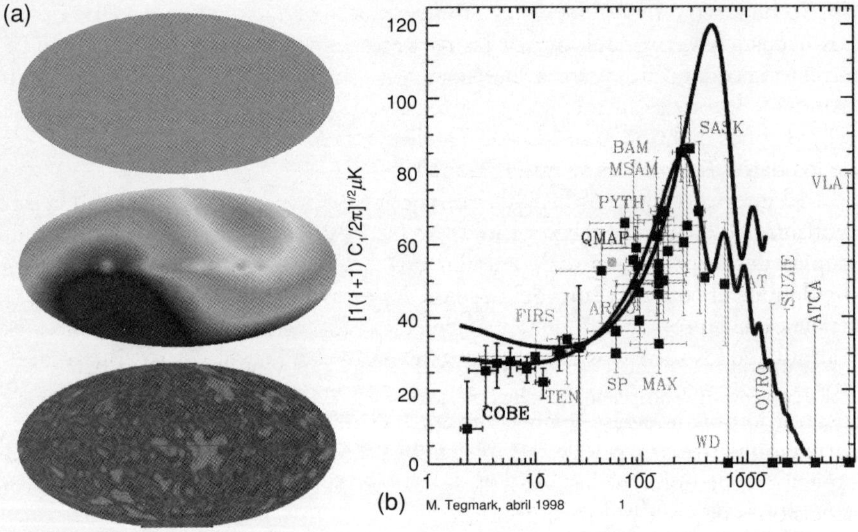

Fig. 3.4.—(a) Tres mapas de temperatura del FCM: el fondo monopolar, la componente dipolar, y las anisotropías residuales promediadas en regiones de 10°. (NASA.) (b) Resultados de mediciones del espectro de potencia de las variaciones angulares de la temperatura del FCM. Cubren un rango $2 \lesssim \ell \lesssim 10^4$. Las barras horizontales marcan los rangos de momentos angulares a los que cada experimento es sensible. La curva continua más baja es la predicción teórica de un modelo $\Omega_0 = 1$, $\Omega_{0,M} = 0{,}35$, y es la que mejor se aproxima a los datos observacionales. La otra curva es para un universo abierto con $\Omega_0 = 0{,}3$

[16] Este importante hallazgo revelaba el rastro, en el mapa de temperaturas, de las semillas en torno a las que se nuclearon los primeros «grumos» de materia que más tarde originarían las grandes estructuras astrofísicas, reafirmando con ello la confianza en los modelos cosmológicos actuales.

Había anisotropías a todas las escalas angulares $\gtrsim 7°$ (recordar que el diámetro aparente de la Luna llena es de unos 30′), que promediadas en regiones de unos 10° daban fluctuaciones rms de valor 30 ± 5 μK (véase fig. 3.4a).

Para discernir más entre distintas teorías cosmológicas, se hace imprescindible obtener medidas de precisión comparable a esas pero en menor escala angular. A aperturas $\lesssim 1°$ los detalles finos de los modelos microfísicos entran en escena.

Los resultados del *COBE,* limitados a distancias angulares $\gtrsim 7°$, solo vieron momentos angulares $\ell \lesssim 20$ [17]. Para escudriñar regiones de anchura $\lesssim 1°$ hacen falta momentos angulares $\ell \gtrsim 200$. En la figura 3.4b se recogen los resultados de diversas mediciones, tanto del *COBE* como de otros experimentos desde tierra o en globos.

Nótese un pico en la zona $\ell \sim 200$, correspondiente a la escala de un grado. Su hallazgo en 1997 señala el primero y más destacado de una serie de picos «acústicos», producidos por las oscilaciones (en el campo gravitatorio de la materia oscura) del plasma fuertemente acoplado de bariones (iones y electrones) y fotones durante la recombinación, y sugiere un universo crítico ($\Omega_0 = 1$, pues dicho pico se sitúa en $\ell \simeq 220/\sqrt{\Omega_0}$). Concretamente, del análisis de los datos disponibles se infiere que $\Omega_0 \approx 1{,}0 \pm 0{,}1$.

El intervalo $100 \lesssim \ell \lesssim 1.500$ contiene la información más sensible a la microfísica. Medir con precisión suficiente (sensibilidad $\Delta T/T \sim 10^{-6}$) las anisotropías desde pequeña escala angular ($10' \lesssim \theta$) puede proporcionar grandes dividendos al conocimiento del cosmos. La estructura de los espectros de potencia de la anisotropía depende de diversas hipótesis teóricas. Las posiciones y alturas de los sucesivos picos acústicos varían con los valores de los parámetros cosmológicos, como H_0, Ω_0, y $\Omega_{0,B}$, que intervienen en los distintos modelos, por lo que, además de discernir entre estos últimos, esta información observacional precisa puede permitirnos, en el contexto de algún modelo específico, desenterrar los valores de dichos parámetros fundamentales con precisiones de unas pocas centésimas [18].

La misión *Planck Surveyor* de la Agencia Espacial Europea, prevista para el año 2007, tiene como objetivo científico levantar en la próxima década un mapa detallado de las fluctuaciones del FCM a partir de $\theta \gtrsim 10'$.

Por su parte, la NASA proyecta mandar en el 2001 el satélite *MAP (Microwave Anisotropy Probe)* para medir anisotropías con $\theta \gtrsim 0{,}3°$, en una órbita a 1,5 millones de km de la Tierra, en el punto de Lagrange L2 del sistema Sol-Tierra.

[17] La relación aproximada entre momentos angulares y ángulos (en radianes) es: $\ell\theta \approx \pi$.

[18] Hasta en cuestiones aparentemente tan peregrinas como puede ser la topología global del Universo tiene algo que decir el mapa de anisotropías del FCM. Por ejemplo, permite descartar ciertos modelos toroidales de universo.

Densidad de energía relativista.—El estudio de las diversas fuentes de emisión electromagnética en las distintas zonas del espectro indica que la contribución fotónica $\Omega_{0,\gamma}$ y Ω_0 está dominada por el fondo cósmico de microondas: $\Omega_{0,\gamma} \approx \Omega_{0,\mathrm{FCM}} = 0{,}006\%$.

La cosmología física predice un fondo cósmico de neutrinos a temperatura $T_{\nu,0} \approx (4/11)^{1/3} T_{\gamma,0} = 1{,}95$ K. De ser su masa nula, contribuirían globalmente a la densidad de energía en $\Omega_{0,\nu\bar{\nu}} := 0{,}004\%$.

La contribución $\Omega_{0,\mathrm{ER}}$ de la materia extremadamente relativista y conocida (fotones y tres familias de neutrinos de masa supuestamente nula o $\ll 10^{-3}$ eV/c^2) es, por lo tanto: $\Omega_{0,\mathrm{ER}} = \Omega_{0,\gamma} + \Omega_{0,\nu\bar{\nu}} = 0{,}01\%$.

Vacío y energía oscura

En 1917 propone Einstein el primer modelo de Universo acorde con su relatividad general. En esa época todavía se cree en la inmutabilidad de los cielos. Por eso Einstein busca un modelo estático. Para ello se ve obligado a modificar sus propias ecuaciones, añadiendo un término cosmológico proporcional a una constante Λ, llamada constante cosmológica. Esta debe ser positiva para que su presencia simule una repulsión cósmica necesaria para contrarrestar la atracción gravitacional y garantizar así la estaticidad del Universo.

Resulta sorprendente que prevaleciera en Einstein el prejuicio aristotélico-newtoniano sobre su principio director de geometrías sin elementos absolutos. De haber seguido fiel a sí mismo, Einstein hubiera predicho, con una docena de años de antelación a su detección, la más grandiosa consecuencia de su teoría de la gravitación: la expansión del Universo. Cuenta Gamow que en su arrepentimiento se refería Einstein a este pegote artificial como «la mayor estupidez de mi vida» [19]. En 1931 propone formalmente la eliminación del término cosmológico, y con el holandés De Sitter pasa a defender un modelo de Universo en expansión en que el ET es de curvatura no nula pero el espacio vuelve a ser infinito y plano. Era esto en 1932, tres años después del descubrimiento por Hubble (1929) de su ley de recesión galáctica. Pero ya otros se le habían adelantado: Friedmann, matemático y meteorólogo ruso, que en 1922 presenta un modelo relativista de Universo en expansión, isótropo y homogéneo; y Lemaître, abate belga, quien en 1927 elabora modelos, también en expansión, aunque con constante cosmológica no nula.

La presencia de una constante cosmológica $\Lambda > 0$ equivale a la existencia de un medio de densidad de energía constante ρ_Λ y presión negativa $p_\Lambda = -3\rho_\Lambda$, de modo que su efecto gravitacional, medido por la combinación $\rho_\Lambda + 3p_\Lambda$, de valor negativo, es el de una repulsión, como si se tratara de una sustancia antigravitante. Se dice que es una energía de vacío.

[19] Pero vamos a ver que, casi un siglo después, ha renacido con brío la idea de una importante energía de vacío para explicar que el ritmo de expansión hoy observado parece estar acelerado.

Desde hace algún tiempo los datos y los modelos insisten en que un Universo con $\Lambda > 0$ arreglaría bastantes cosas. Por ejemplo, la focalización gravitacional de cuásares producida por galaxias aisladas y por cúmulos galácticos interpuestos es sensible a la presencia de Λ, y ha llevado, si el Universo se supone crítico, a la estimación $\Omega_{0,\Lambda} = 0{,}7$, y a la exclusión de $\Omega_{0,\Lambda} = 0$ con un N.C. del 97 por 100.

Expansión acelerada. Por otro lado, ya hemos visto que $\Omega_0 \approx 100\%$, que la contribución de la radiación a la energía global es despreciable, y que la materia capaz de agruparse gravitacionalmente es responsable tan solo de $\Omega_{0,M} \approx 35\%$. ¿De qué consta el resto $\approx (\Omega_0 - \Omega_{0,M})$ de la energía, una energía oscura, extraña, y uniformemente distribuida? Candidato favorito por las simulaciones numéricas de estructuración del Universo es la energía de vacío, esto es, la presencia de una constante cosmológica no nula. Otras alternativas, como un escenario de miniinflación dinamizada por un campo escalar evolutivo, llamado «quintaesencia», son serias alternativas, no descartables en este momento.

Tales ingredientes con altas presiones negativas tendrían una tarjeta de presentación inequívoca: propiciarían una expansión ¡acelerada! En 1998 dos grupos de astrofísicos (Perlmutter y cols., Schmidt y cols.) presentaron resultados sobre medio centenar de supernovas Ia con z entre 0,3 y 0,9 que sugieren que efectivamente el Universo se expande cada vez más deprisa[20]. Si la expansión se estuviera frenando, las velocidades de recesión de las galaxias cuando emitieron la luz que recibimos sería mayor que la que tienen en la actualidad, con la consiguiente disminución de la distancia y aumento del brillo para un z dado. Sin embargo, las observaciones a través de las distancias inferidas usando las SNeIa como antorchas de referencia indican todo lo contrario (fig. 3.5).

El mejor ajuste con constante cosmológica a los datos obtenidos hasta el momento lleva a $\Omega_{0,\Lambda} = 0{,}8 \pm 0{,}2$.

Evolución del Universo

Para los griegos el cosmos no cambiaba. Newton pensaba lo mismo, y ya hemos dicho que incluso Einstein compartió esta creencia hasta que en 1929 descubriera Hubble la expansión del Universo.

En 1914 Slipher detectó el desplazamiento al rojo (de las líneas espectrales) de muchas galaxias, indicativo de que se alejaban de nosotros. En 1929, tras años de observación en el Observatorio de Mount Wilson con el te-

[20] La conclusión no es aún definitiva. Es posible que cuando se disponga de SNeIa con $z \gtrsim 1$ se disipen algunas dudas razonables que subsisten sobre la fiabilidad de estas SNe como candelas estándar.

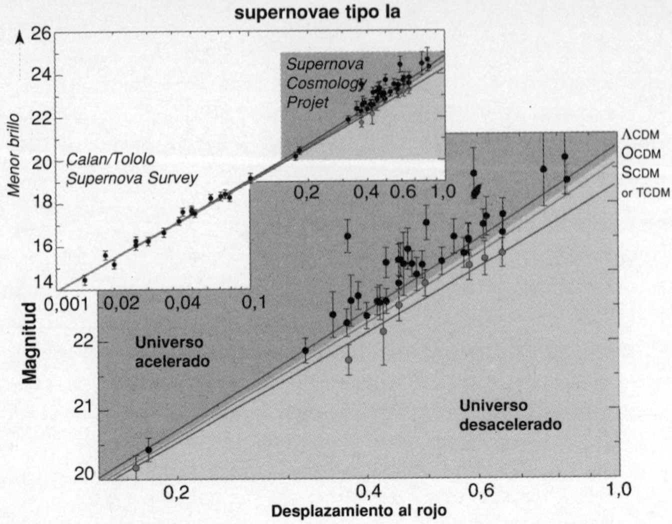

Fig. 3.5.—Resultados sobre SNeIa con desplazamientos al rojo bajos (Calan-Tololo Supernova Survey) y altos (Supernova Cosmology Project). La atracción gravitacional de la materia frena la expansión, y eso realza el brillo de las SNe lejanas. La repulsión de una energía de vacío, acelerando la expansión, produce el efecto contrario, apagando dicho brillo. Los datos recogidos apoyan el predominio del efecto repulsivo y una aceleración neta. (Tomado de N. A. Bahcall, *et al., Science,* **284,** 1481 (1999)

lescopio de 100″, Hubble enunció su famosa ley de expansión: la velocidad de recesión de cada galaxia es proporcional a su distancia (fig. 3.6). Es decir, $v = H_0 d$, donde $H_0 = 100\ h_0$ km/s/Mpc es la constante o parámetro de Hubble; ya dijimos que $h_0 \approx 0{,}65$. Esto significa que una galaxia a 10 Mpc de nosotros se aleja a la velocidad de unos 650 km/s; si está a 30 Mpc, esa velocidad es 2×10^3 km/s.

La fórmula de Hubble solo sirve si $v \ll c$, o equivalentemente, para distancias $d \ll 1$ Gpc. Luego veremos una expresión algo más general.

El paso hacia atrás de la película del Universo en expansión nos presentaría, por lo tanto, un Univereso en contracción y nos sugeriría que aproximadamente $H_0^{-1} = 15$ Ga atrás hubo una fase primitiva de este con la materia estrujada al límite hasta estados de extrema densidad, que se expandió dando origen al Universo conocido. Se habla de la Gran Explosión o *Big Bang* (BB) para denotar tal evento[21]. Este singular comienzo fue enormemente caliente.

[21] Nombre poco afortunado desde el punto de vista científico, puesto por Hoyle en un programa radiofónico en 1950. No hubo una explosión localizada; si insistimos en usar este término, habría que pensar en explosiones simultáneas en todos los puntos del espacio.

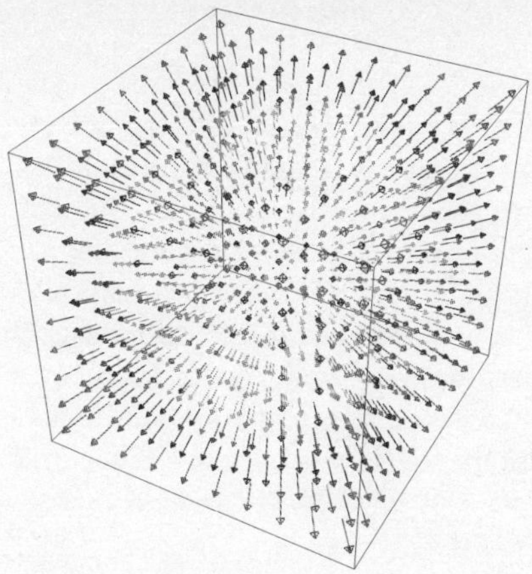

Fig. 3.6.—Expansión del Universo con respecto a cualquiera de sus galaxias

Así lo atestigua el fondo cósmico de microondas (FCM). Esta radiación muy fría (3 K) que permea el Universo es como el pálido resplandor de aquella «bola» de fuego primigenia. Hemos visto muchas veces sus efectos en la pantalla del televisor cuando el canal emisor está cerrado; alrededor de un 1 por 100 del ruido EM que llega a la antena es debido al FCM. Estos «susurros» EM del BB contienen información preciosa sobre el origen e infancia del Universo.

El principio cosmológico

Para ordenar su visión racional del Universo, los científicos se han visto obligados a un ejercicio de modestia sin precedentes, renunciando a ocupar un puesto de privilegio tanto en el espacio como en el tiempo. Copérnico nos apartó del centro del Sistema Solar; Darwin hizo del hombre un mero eslabón en el árbol evolutivo de las especies; y Zwicky nos ha mostrado que la materia de que estamos hechos no es del tipo dominante. Y ante esto, como en grito de protesta, proclamamos al viento que si nosotros no somos el centro, que nadie más lo sea, o que lo seamos todos, y declaramos equivalentes a efectos globales todos los puntos de observación del Universo. Esta es la esencia del principio cosmológico (PC). En términos más técnicos y concretos, el PC afirma que todos los observadores fundamentales (así llamados quienes cabalgan sobre galaxias promedio, o corrigen sus observaciones para que lo parezca) ven la misma cosmohistoria. Es un principio no sometible, por su contenido, a verificación directa. Son sus consecuencias, muchas e importantes, las que lo avalan como guía directriz para erigir la cosmología o sistema del mundo.

Y, sin embargo, la noche es oscura

En un Universo infinito, uniforme, euclidiano y estático (como el de Newton) el cielo nocturno sería brillante cual nuestro Sol. Así puede concluirse de simples argumentos de Halley y Cheseaux en el siglo XVIII y Olbers en el XIX. Nótese, pues, cómo de sencillas observaciones pueden deducirse profundas consecuencias. Y dada la oscuridad de la noche, una o varias de las premisas anteriores deben fallar. Ni la infinitud ni la euclidianidad tienen la culpa. La falta de estaticidad debida a la expansión es responsable en parte de la negritud nocturna, porque el desplazamiento al rojo de las fuentes lejanas debilita su luminosidad aparente. Pero es la finitud de la vida de las estrellas como fuentes termonucleares la causa mayor de que el cielo sea oscuro al acabar el día.

Un tiempo para el Cosmos

Si los observadores fundamentales eligen el origen de sus tiempos (medidos con buenos relojes) de modo que, para todos ellos, tengan los mismos valores en cada instante los parámetros cosmológicos (densidad media del Universo, temperatura del FCM, etc.) que miden, el tiempo común resultante se llama tiempo cósmico t. Queda definido salvo cambio global de origen. Se acostumbra a elegir este de modo que $t=0$ en el BB. Los sucesos $t=$const. ocurren todos en el mismo instante cósmico. Marcan una (hiper)superficie de simultaneidad (fig. 3.7a).

La geometría del Universo

Otra consecuencia notable del PC es su implicación sobre cómo medir distancias e intervalos temporales en el Universo a gran escala. Concretamente, dicta el PC que la geometría del espacio-tiempo es del tipo Robertson-Walker: las superficies de simultaneidad son de curvatura constante $k/\mathrm{R}^2(t)$, donde $k\,(=-1,\,0,\,1)$ es el índice de curvatura, y $\mathrm{R}(t)$ es el factor de escala del Universo en el instante cósmico t. Las distancias entre dos galaxias muy alejadas en dos instantes distintos t, t' están en la relación $\mathrm{R}(t)/\mathrm{R}(t')$; como el Universo se expande, $\mathrm{R}(t)$ crece con t.

En dos dimensiones tenemos una imagen clara de lo que es una superficie de curvatura constante (véase fig. 3.7b): si es positiva, pensamos en la superficie de una esfera; si es nula, en un plano, y si es negativa, en una seudoesfera (engendrada por rotación de una tractriz). Pero en las tres dimensiones que tienen las superficies de simultaneidad la imaginación lo tiene más duro para intuir las posibilidades del Universo, que típicamente son: borde tridimensional (3D) de una bola 4D ($k=1$), espacio euclídeo ($k=0$), y una hoja de un hiperboloide 3D ($k=-1$). Es decir, espacio cerrado si $k=1$; abierto plano si $k=0$ (se habla en ese caso de universo crítico), y abierto no plano en el caso $k=-1$[22].

---

[22] Hay que advertir, no obstante, que hay otras posibilidades más sutiles en las que no podemos entrar.

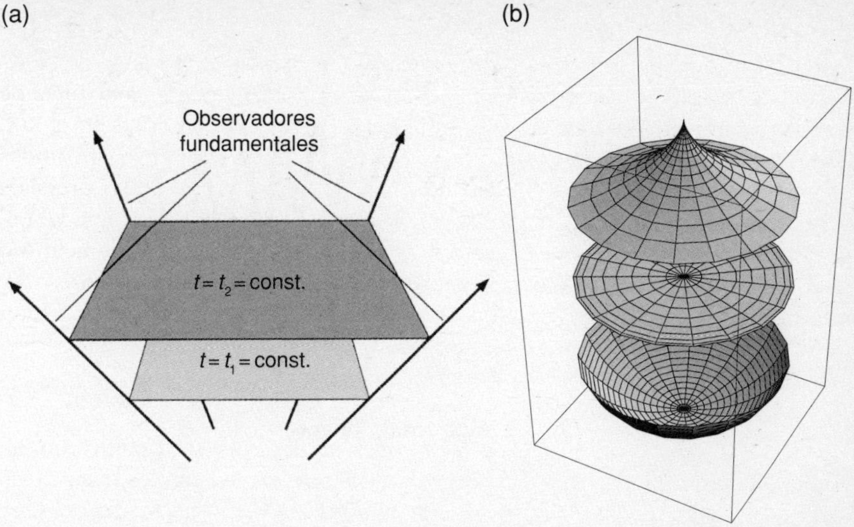

Fig. 3.7.—(a) Superficies de simultaneidad. (b) Superficies de curvatura constante: seudoesfera, plano y esfera

Desplazamiento cosmológico al rojo

Los fotones que nos llegan de una galaxia lejana salieron de esta cuando el Universo era mucho más joven y pequeño. Durante su largo camino hasta nosotros el tamaño del Universo ha ido creciendo, y esos fotones han ido ajustando su longitud de onda a este de modo que $\lambda(t)/R(t) = \text{const.}$ en todo instante (fig. 3.8). Luego $\lambda(t)$ es mayor en la recepción que en su emisión, y por eso se habla de corrimiento al rojo. Se acostumbra a representarlo a través de la variable z definida mediante $1 + z := \lambda_r(t)/\lambda_e(t)$, esto es, $z = [\lambda_r(t) - \lambda_e(t)]/\lambda_e(t) =: \triangle\lambda/\lambda$. Es obligada la pregunta: ¿cómo se conoce $\lambda_e(t)$? Por su identificación relativa a través de $\lambda_r(t)$ en un grupo de líneas espectrales podemos saber a qué transiciones atómicas corresponde $\lambda_e(t)$, y medir esta directamente en los laboratorios terrestres.

Existe una compleja vinculación entre z y la distancia d a la galaxia medida a través de su luminosidad. Esta relación, cuando $z \lesssim 1$, se simplifica, y queda en la forma $d = (c/H_0)z[1 + (1/2)(1 - q_0)z]$, donde H_0 y q_0 son los parámetros de Hubble y de deceleración (o de Sandage) en la época actual ($t = t_0$). El primero mide el ritmo relativo de expansión y el segundo es un índice a su vez de la variación temporal de dicho ritmo. La parte lineal domina a muy pequeño z (véase fig. 3.9); en este caso, $z \approx v/c$, donde v es la velocidad de recesión de la galaxia emisora, y recuperamos la conocida ley de Hubble $d \approx v/H_0$.

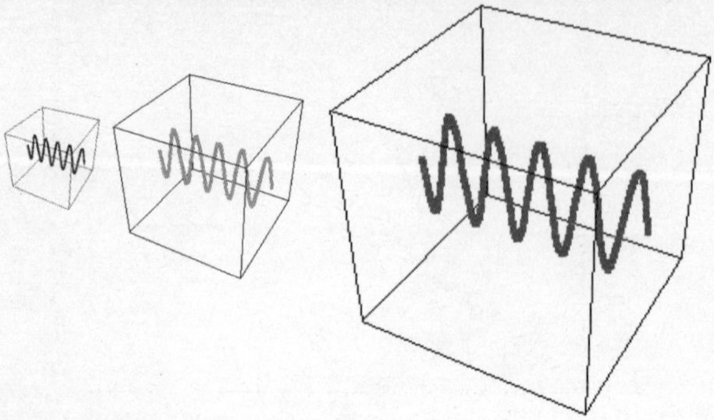

Fig. 3.8.—Expansión y fotones

Dinámica global del Cosmos

¿Cómo varía con el tiempo la escala del Universo? Einstein nos dio la respuesta: de igual modo que la geometría indica a la materia cómo debe moverse en un campo gravitatorio (geodésicas de caída libre), la materia (y en general la energía) gobiernan la evolución de la geometría a través de las celebérrimas ecuaciones de Einstein, dictándole cómo debe curvarse. Si bien a escalas de cúmulos galácticos e inferiores el Universo presenta una clara estructura fractal, a escalas superiores ($\gtrsim$150 Mpc) los datos disponibles indican un grado de homogeneidad e isotropía creeciente con la escala, de modo que $D \uparrow 3$; aprovechamos esta información para simplificar al máximo el contenido energético del Universo a gran escala simulándolo como un fluido perfecto descrito por dos magnitudes, la densidad media de energía $\rho(t)$ y su presión $p(t)$. A la densidad y presión contribuyen, que sepamos: 1) la materia luminosa de las galaxias; 2) la materia oscura; 3) la radiación (fotones, neutrinos muy ligeros, y presuntos gravitones), y 4) la energía oscura (posiblemente, el vacío). En los casos 1 y 2 la presión es despreciable ($|p| \ll \rho$); en el caso 3, $p = \rho/3$, y en el caso 4, $p \sim -\rho$.

Atendiendo a las posibles componentes del parámetro indicador cosmológico $\Omega := \rho/\rho_c$, escribimos $\Omega = \Omega_M + \Omega_{ER} + \Omega_\Lambda$, incluyendo en Ω_M tanto la parte visible como la oscura.

De las ecuaciones de Einstein para la geometría de Robertson-Walker se obtienen las gráficas de R(t) en la figura 3.10 para distintas combinaciones de las densidades. También conducen a una expresión simple para la edad actual $\tau_{U,0}$ del Universo, de la que en particular, con los datos hoy favoritos ($\Omega_{0,M} \sim 1/3$, $\Omega_{0,\Lambda} \sim 2/3$), resulta $\tau_{U,0} \approx 14$ Ga, en total acuerdo con lo dicho *supra* sobre la edad observacionalmente inferida.

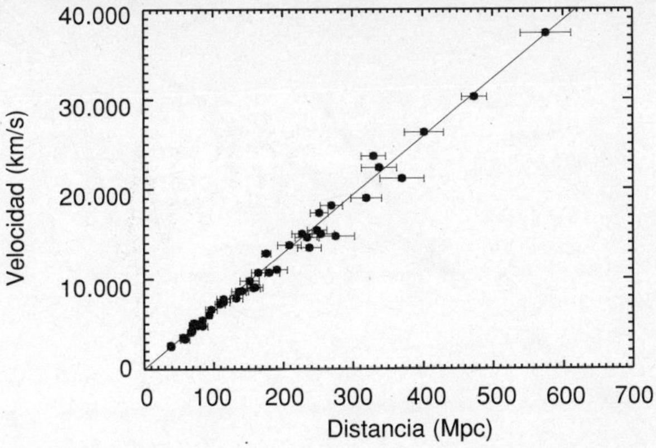

Fig. 3.9.—Ley de Hubble con datos de SNeIa. La pendiente del ajuste es 65 km/s/Mpc. (Tomado de M. S. Turner, J. A. Tyson, astro-ph/9901113.)

Infancia del Universo

El FCM indica un inicio caliente para el Universo. Las altas temperaturas sugieren equilibrio termodinámico; la termalización «plancha» los detalles locales inaccesibles y los hace irrelevantes ante la historia. La libertad asintótica del modelo estándar de partículas elementales permite tratar la sopa primordial, el magma cósmico, como un gas ideal, simplificación enorme que contrasta con la dificultad de la física en épocas de desequilibrio. Por si lo anterior fuera poco, la naturaleza nos echa otra mano al presentarse como esencialmente neutra en todas las cargas. De hecho, esto no es cierto de manera estricta: hay un cierto favoritismo cósmico que inclina ligeramente la balanza hacia un pequeño exceso, en el Universo muy primitivo, de materia sobre antimateria, poco, pero suficiente para que podamos estar ahora aquí hablando de estas cosas. Uno de los problemas remanentes hoy es justamente hallar el mecanismo correcto de la bariogénesis, de cómo se produjo este minúsculo predominio.

Todo esto nos permite reconstruir la historia del Universo infante, que fue enfriándose con la expansión a un ritmo dado por la relación aproximada $t_s \mathrm{T}^2_{10\,\mathrm{GK}} \approx 1$, siendo t_s el tiempo en segundos desde el BB, y $\mathrm{T}_{10\,\mathrm{GK}}$ la temperatura de los fotones en unidades de 10^{10} K. Para el relato de esta gigantesca extrapolación científica conviene partir en cuatro eras el tiempo transcurrido. Estas eras, con sus límites y el estado de conocimiento de la física adecuada para su descripción, son las siguientes.

Era de Planck.—Esta era, que abarca desde el comienzo hasta un tiempo del orden del tiempo de Planck ($t_{\mathrm{Planck}} \sim 10^{-43}$ s), cuando la temperatura ha descendido hasta ser $\sim \mathrm{T}_{\mathrm{Planck}} \sim 10^{32}$ K, es absolutamente desconocida, tanto

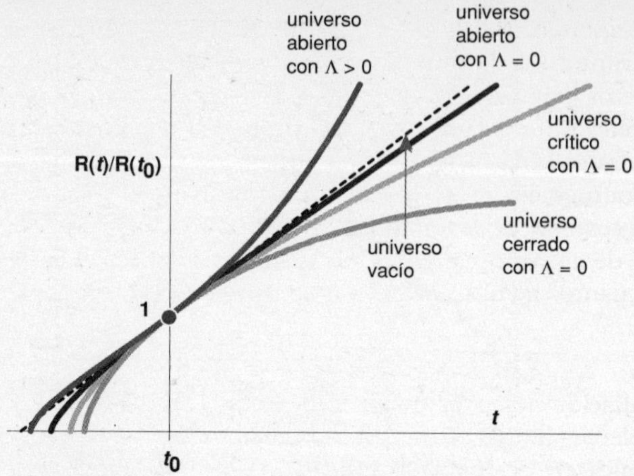

Fig. 3.10.—Distintos tipos de evolución. De arriba abajo: 1) universo crítico con $\Omega_0 = 1$, $\Omega_{0,\Lambda} = 2/3$, $\Omega_{0,ER} = 10^{-4}$, correspondiente a nuestro Universo en expansión acelerada; 2) en línea discontinua, universo vacío $\Omega_0 = 0$; 3) universo abierto con $\Omega_0 = 1/3$, $\Omega_{0,\Lambda} = 0$, $\Omega_{0,ER} = 10^{-4}$; 4) universo crítico con $\Omega_0 = 1$, $\Omega_{0,\Lambda} = 0$, $\Omega_{0,ER} = 10^{-4}$; y 5) universo cerrado con $\Omega_0 = 2$, $\Omega_{0,\Lambda} = 0$, $\Omega_{0,ER} = 10^{-4}$

en su estado como en sus leyes. Algunos creen que en ella desembocó el Universo surgido de la nada como fluctuación cuántica, que ese Universo fue un puro objeto cuántico durante este brevísimo sueño, y estuvo en él dotado de una sola fuerza. Indescriptible en términos geométricos conocidos, se añade que en su fase final dejó solo a la vista el tejido espaciotemporal conocido, de dimensión 3 + 1, tras enrollar sus posibles dimensiones extra en pequeños círculos de 10^{-35} m de radio.

Era de la radiación: subera «especulativa».—En la era de radiación predomina la energía relativista sobre la materia. La subera «especulativa» cubre desde la edad de Planck hasta la transición de fase de Salam-Weinberg a la temperatura $T_{SW} = 10^{15}$ K, cuando se rompe la simetría electrodébil. Ni la física para analizar esa era, ni por lo tanto la astrofísica, se conocen bien. Los detalles varían según los modelos de moda. Hasta hace unos años se pedía de esta era que explicase la bariogénesis; hoy se le pide además que dé cabida a la inflación. Es una era que empieza con dos fuerzas distintas, la gravitatoria y la electronuclear, y enseguida pasa a tener tres fuerzas diferenciadas, rompiéndose la electronuclear en la fuerte y electrodébil.

Épocas y/o momentos distinguidos son [23]:

[23] Para el cálculo de tiempos, temperaturas, etc., suponemos, de no decir lo contrario, que el Universo es crítico, con $h_0 = 0{,}65$, $\Omega_{0,M} = 1/3$, $\Omega_{0,\Lambda} = 2/3$, y como parámetros de inflación tomaremos los escogidos *infra* en «El paradigma de la inflación».

Ruptura electronuclear. $T \sim T_{TGU} = 10^{27}$ K, $t \sim t_{TGU} = 10^{-35}$ s.

En esta ruptura de la simetría de gran unificación (TGU) pudieron generarse defectos puntuales (monopolos), filiformes (cuerdas cósmicas), de dos dimensiones (muros cósmicos). Del problema que plantean esos monopolos supermasivos (de masa $\sim 10^{-8}$ g $\sim$ masa de una bacteria) hablaremos luego. Las cuerdas cósmicas son objetos muy curiosos, candidatos (poco probables) a semillas de las grandes estructuras astrofísicas, y compatibles con el grado de anisotropía del FCM, si su densidad lineal es $\lesssim 10^{21}$ kg/m. Los muros, cuantos menos, mejor, por su carácter perturbador de la isotropía del FCM.

Inflación. $t_{TGU} = 10^{-35}$ s $< t < 10^{-33}$ s.

De la inflación nos ocuparemos más tarde. Le corresponde resolver un saco de problemas (horizontes, planitud, monopolos, espectro de fluctuaciones primordiales, etc.), y lo hace con brillantez, de una sola tacada.

Tras ese período, algunos sitúan la bariogénesis, como subproducto de la TGU. Otros esperan a hacerlo más tarde, tras la rotura electrodébil. De haber sido el Universo exactamente simétrico en los contenidos de materia y antimateria, su aniquilación mutua haría que la abundancia hoy de nucleones fuera unos 9-10 órdenes de magnitud inferior a la real. En particular, no hubiera habido nunca nadie por ahí hablando de estas cosas. Afortunadamente hubo en el Universo muy primitivo ($t \lesssim 1$ μs) un pequeño exceso de materia sobre antimateria, cifrable en 1 parte en 10^9, que es el que ha sobrevivido al exterminio, y constituye la materia bariónica del Universo actual (que hasta las escalas de cúmulos no parece tener una componente observable de antimateria). De cómo se produjo inicialmente ese exceso trata la bariogénesis. Sakharov sentó las premisas necesarias. Todas se dan en alguno de los escenarios contemplados, y con el ajuste oportuno, en la extensión requerida.

Ruptura electrodébil. $t \sim t_{SW} = 10^{-12}$ s, $T \sim T_{SW} = 10^{15}$ K.

Marca la separación de las fuerzas electromagnética y débil.

Era de la radiación: subera electrodébil.—Se extiende desde el tiempo t_{SW} de Salam-Weinberg hasta que cesa el dominio de la radiación sobre la materia, y sus contribuciones se equilibran. Esto ocurría cuando el Universo tenía una edad t_{eq} de unos 50 ka, y una temperatura T_{eq} del orden de 10^4 K.

Es una era en que la física necesaria está muy bien conocida [Cromodinámica Cuántica (CDQ) y modelo electrodébil de Glashow-Salam-Weinberg], y es muy simple la astrofísica [modelo cosmológico estándar o *Big Bang Básico* (BBB)]. Presenta ya diferenciadas las cuatro fuerzas de nuestro tiempo. Tiene dos largas épocas destacables:

Quarks y gluones. Va desde el inicio de la era hasta el confinamiento del color ($T_{CDQ} \sim 10^{12}$ K): $t_{SW} = 10^{-12}$ s $< t < t_{CDQ} = 10^{-5}$ s.

Son estos unos momentos de oscuridad para la microfísica, pues tiene lugar una transición de fase poco conocida a pesar de su baja energía.

Hadrones. Abarca desde la transición quark-hadrón hasta el final de esta era (igualdad energética de materia y radiación): $t_{\mathrm{CDQ}}=10^{-5}$ s$<t<t_{\mathrm{eq}}=50$ ka. Algunos hitos importantes en esta época son:

- Al bajar las temperaturas por la expansión hasta 10^{10} K ($t=1$ s), los neutrinos se desacoplan del resto.
- Un par de segundos después llega el exterminio total de los positrones (que se aniquilan con electrones), calentándose con ello la «sopa cósmica», pero muy poco los neutrinos descolgados.
- Al bajar a $T=10^{9}$ K, todo el Universo, cuya edad en esos momentos es de 2 minutos, y su densidad tres veces la del plomo, se transforma en un gigantesco horno termonuclear, en que una cuarta parte de los nucleones existentes se fusionan rápidamente en núcleos ligeros, evitando así la desaparición total de los neutrones.

Cosmonucleosíntesis. El estudio de los procesos de síntesis nuclear en el Universo primitivo requiere el manejo de las numerosas reacciones que intervienen en el balance. Cálculos muy cuidadosos y complejos conducen a los resultados reflejados en la figura 3.11a,b. Las cosmoabundancias finales, fijado el modelo de partículas elementales, son función exclusiva del parámetro cosmológico $\eta:=n_{\mathrm{N},0}/n_{\gamma,0}$, que expresa el cociente #nucleones/#fotones en la época actual[24].

En particular, la del deuterio es muy sensible al valor de η, constituyendo por ello este núcleo un valioso «bariómetro» que ha permitido evaluar $\eta=5\times10^{-10}$, de donde resulta la cota ya mencionada para $\Omega_{0,\mathrm{B}}$.

Teniendo en cuenta todas las incertidumbres que afectan a los parámetros de este análisis (secciones eficaces, ritmos de desintegración débil, la vida media del neutrón, etc.), se han podido asignar errores estadísticos a las predicciones, y así obtener las curvas representadas, con grosores que indican las franjas $\pm2\sigma$ entre las que caen las predicciones de un 95 por 100 de las realizaciones numéricas.

La explicación de la abundancia primordial del helio será uno de los éxitos más sonados del modelo cosmológico estándar. Este modelo permite calcular la abundancia Y_{NSP} del ^{4}He producido en la nucleosíntesis primordial (NSP) con gran precisión. Se tiene, con un N.C. del 95 por 100: $Y_{\mathrm{NSP}}=0{,}246\pm0{,}0014$.

Era de la materia.—Empieza con el predominio de la materia sobre la radiación en $t_{\mathrm{eq}}=50$ ka, y llega hasta nuestros días. Los problemas en esta era son de astrofísica pura y dura, centrados en la formación de las diversas estructuras que observamos. Necesita de una física que es bien conocida, pero difícil de aplicar: la física de fluidos, la magnetohidrodinámica, la física nuclear y atómica, etc.

---

[24] La razón η se ha mantenido constante desde la aniquilación de los positrones.

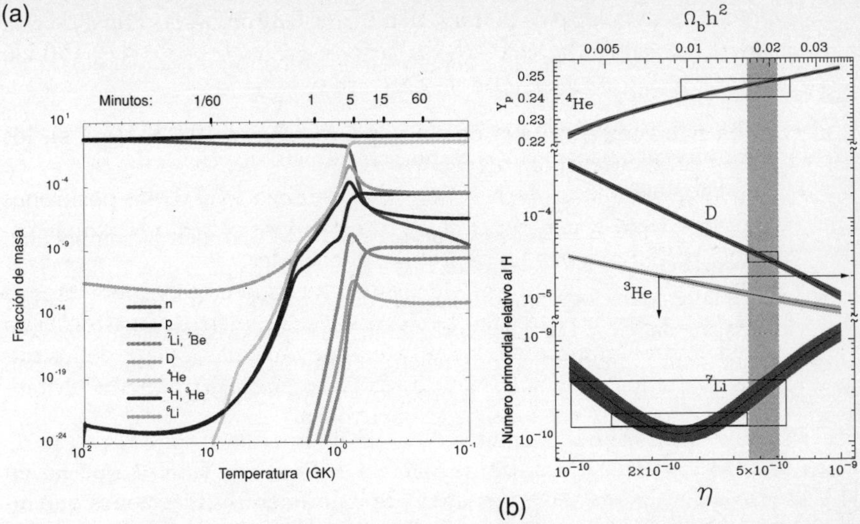

Fig. 3.11.—(a) Fracciones de masa bariónica primordiales en función de la temperatura del Universo. (b) Abundancias primordiales teóricas del ^{4}He (en masa), y del D, ^{3}He y ^{7}Li (en número relativo al H). Las cajas indican los valores observados con un 95 por 100 de N.C., y la franja vertical, el valor de η proporcionado por la observación del D primordial. Para el ^{7}Li se incluye la posibilidad de que las estrellas viejas devoren hasta un 50 por 100 de este. (Tomadas de S. Burles, *et al.,* astro-ph/9903300)

Hay en ella dos épocas conspicuas:

Plasma. Va desde t_{eq} hasta el tiempo de «recombinación» $t_{rec} \approx 0{,}28$ Ma (momento en que el 90 por 100 de electrones se unen a los protones, a temperatura $T_{rec} \approx 3{,}5$ kK), parecido al tiempo $t_{desac} \approx 0{,}33$ Ma de desacoplo de los fotones (instante en que $T_{desac} \approx 3{,}2$ kK y el camino libre medio de los fotones iguala a la distancia Hubble *c*/H).

Con anterioridad al momento de desacoplo, el Universo era como una niebla densa y resplandeciente; posteriormente, esta «bola de fuego» se hizo transparente a la luz. Ese desacoplo o liberación de los fotones no fue instantáneo, sino que tuvo lugar gradualmente, durante unos 50 ka, mientras las temperaturas bajaban cruzando por los 3.200 K.

Átomos neutros. Desde que el Universo se hace transparente a la radiación en t_{desac}, la materia ordinaria (bariónica) empieza a aglomerarse lentamente, formando las grandes estructuras (galaxias, cúmulos galácticos, etc.) que conocemos. Y ahí estamos. Ahora: $t_{hoy} = 14$ Ga, y $T_{hoy} = 2{,}73$ K.

Dificultades del modelo cosmológico

Al empezar la década de los ochenta varias dificultades conceptuales asediaban a los cosmólogos. Si bien las predicciones iban viento en popa, cierta comezón no dejaba dormir a los teóricos, que ya no podían ignorar por más tiempo preguntas acuciantes cuyas respuestas habían ido relegando.

He aquí algunas:

Horizontes. ¿Por qué las temperaturas del FCM (extraída la componente dipolar) no cambian con la dirección de observación (salvo partes en 10^6)? Pensemos que dos antenas apuntadas a direcciones que difieran tan solo en 1° (el doble del diámetro angular de la Luna llena) registran fotones provenientes de zonas del Universo que nunca anteriormente estuvieron en contacto causal. ¿Cómo se han puesto de acuerdo? Este es el llamado problema de los horizontes.

Planitud. Y después de tantos años desde la Gran Explosión, el parámetro de densidad Ω sigue siendo próximo a 1. Pero este valor es tan inestable, que necesariamente en el pasado debió ajustarse al valor crítico 1 con enorme precisión (problema de la planitud).

Monopolos y reliquias no deseadas. Al irse enfriando el Universo en su expansión, ha podido sufrir transiciones de fase, en las que ciertas simetrías se rompen, produciéndose defectos (puntuales, filiformes, o de tipo sábana).

Destacan los monopolos masivos (fruto de la ruptura de la gran unificación), de los que, de no impedírselo algún proceso, habría hoy uno por cada 3.000 m^3, por lo que, siendo su masa unas 10^{16} veces la del protón, contribuirían a la densidad de masa del Universo 12 órdenes de magnitud más que el resto de la materia. Es el problema de los monopolos. ¡Con ellos el Universo hubiera colapsado hace años!

El paradigma de la inflación.—La idea brillante para resolver de una tacada todos estos problemas, amén de otros parecidos, se debe básicamente a Guth (1980-1981), que sugirió que una fase de crecimiento exponencial podía resolver un montón de problemas de la cosmología tradicional. El modelo original de Guth requirió correcciones. La variedad actual de modelos inflacionarios es tan grande que bien podría hablarse de la inflación como de un paradigma en busca de un modelo concreto.

Nos limitaremos aquí a resumir algunas ideas elementales y conclusiones genéricas de la cosmología inflacionaria, con un Universo crítico como final.

La inflación fue un brevísimo período de expansión exponencial, superlumínica, del Universo que hinchó tanto sus dimensiones que el Universo hoy visible (una distancia al horizonte de 50 Gal) tenía al final de la inflación unos 10 m de radio, bastante menor que el tamaño del horizonte en ese instante (10^4 m con inflación mínima, a comparar con los 10^{-24} m del radio del horizonte sin inflación).

Relato de un proceso inflacionario. Antes del instante t_{TGU} el vacío presentaba la simetría completa de la dinámica; al enfriarse hasta una temperatura crítica del orden de 10^{27} K, se rompe espontáneamente esa simetría, y aparece toda una colección de posibles nuevos vacíos con energía inferior a la del vacío anterior, que deja de ser estable y se convierte en el llamado «falso vacío»; se forman dominios en que el Universo cae en el mismo vacío, dominios de coherencia de un cierto campo (escalar) de fuerzas. Estos dominios son del tamaño del horizonte en ese instante, es decir, de unos 10^{-26} m. Crecen superlumínicamente con la inflación movida por una energía esencialmente de vacío asociada a dicho campo escalar muy lentamente variable, y al final de esta su tamaño es del orden de 10^4 m (supondremos, por concreción, un factor amplificador mínimo de 10^{30}, suficiente para curar los males señalados sobre horizontes, planitud y monopolos), mucho mayor que el diámetro (unos 10 m) en aquel instante (edad 3×10^{-33} s) de nuestro Universo hoy visible.

Las partículas que hubiera se diluyen por completo (en particular, los posibles monopolos) y la única energía relevante en el dominio es la del falso vacío; al final, la devuelve como calor latente, recalentando el Universo hasta una temperatura del orden de la que hubiera tenido en ausencia de la inflación, y estableciendo así unas condiciones para este similares a la del BBB. Y todo esto, independientemente de las condiciones globales iniciales antes de la inflación; esta se ha encargado de hacerlas irrelevantes, «planchándolas».

Fluctuaciones primordiales y otros méritos. Aparte de resolver los problemas de horizontes, planitud, etc., el logro más significativo del modelo es la predicción de un espectro concreto para la distribución de inhomogeneidades. La inflación borra las inhomogeneidades preexistentes, pero no puede acogotar al principio de indeterminación, y las fluctuaciones cuánticas del campo escalar, enormemente amplificadas por la inflación, son semillas concretas de inhomogeneidad, con un espectro que resulta ser invariante bajo escala: la amplitud de esas inhomogeneidades es más o menos igual (del orden de 10^{-5} en valor relativo) en todas las dimensiones. Es como si las ondulaciones del océano, con independencia de su longitud de onda, fuesen todas de igual amplitud.

La idea inflacionaria parece una forma muy económica de dar cuenta de los muchos aspectos del Universo que hemos mencionado, y que de otro modo parecen inexplicables; y lo consigue de un modo independiente de las condiciones iniciales, lo cual le añade más atractivo aún. Además, el campo escalar de la inflación no solo proporciona la «dinamita» para la expansión tras el BB, sino que también se encarga de producir con sus oscilaciones coherentes al caer sobre el vacío verdadero todas las partículas que poblaron el Universo tras el BB, y que hoy contamos en $\sim 10^{89}$. Es causa de asombro que tal titánica fuerza pueda haber transformado una «mota» insignificante del Universo primitivo en el magnífico escenario que nos envuelve; y motivo de perplejidad el que muchas otras motas pudieron emprender caminos divergentes, insufladas por otras condiciones iniciales del campo motor, originando otros universos con otros valores de los parámetros físicos fundamentales. ¿No deberíamos por ello apearnos de todo protagonismo y hablar humildemente de nuestro «bb» *(big bang,* con minúsculas), por descomunal que este fuera?

Posibles escenarios finales

El modelo cosmológico estándar nos llevaba ingenuamente hasta hace muy poco tiempo a enlazar geometría y destino. Aceptábamos tácitamente que la materia/energía media del Universo era normal ($|p| \leq \rho$, $\rho + 3p \geq 0$), y como consecuencia inferíamos que un universo cerrado colapsaría en una Gran Implosión, un universo crítico se expandiría sin cesar aunque a ritmo cada vez más lento, y que un universo abierto tendría una expansión indefinida y de ritmo asintomáticamente constante.

La reentrada en escena de la constante cosmológica nos obliga a desempolvar otras posibilidades que habíamos arrinconado. En sentido estricto, ya no se puede predecir la eternidad futura basándonos en los parámetros de hoy; los de mañana pueden desvirtuar por completo la predicción. Por ejemplo, la mera existencia futura y persistente de una constante cosmológica negativa, por pequeña que fuera, terminaría por colapsar al Universo.

Por lo tanto, la clave del destino está no en la geometría, sino en la última ecuación de estado. Necesitamos una teoría fundamental que nos enseñe a cómo llegar a los valores asintóticos de los parámetros del Universo. Por ejemplo, mientras los físicos no sepamos explicar el valor de la constante cosmológica (que se aparta en más de 100 órdenes de magnitud de su valor «natural»), no estaremos seguros de que nuestro «vacío» sea permanente, el vacío real del Universo, y no un falso vacío. Y si fuera el caso que esa teoría fundamental diera resultados probabilistas sobre los parámetros, entonces jamás podríamos vislumbrar el futuro real del Universo.

Dicho esto, haremos un ejercicio de simplificación, e imaginaremos dos futuros distinguidos[25]:

- Expansión indefinida frenada. Sería el caso para un Universo con $k \leq 0$, y $\Omega_\Lambda = 0$.
- Expansión indefinida acelerada. Tendría lugar, por ejemplo, para un Universo con $k \leq 0$, y $\Omega_\Lambda > 0$.

Expansión indefinida frenada.—Hasta hace un año, nadie pensaba en la expansión acelerada, y disponíamos de una descripción cuidadosa y brillante, debida a Dyson, de la evolución futura del Universo, apropiada para universos abiertos en expansión indefinida, pero con materia normal, y por lo

[25] Dejamos de lado el caso de un Universo colapsante, que terminaría por zambullirnos en un infierno dantesco, pero que es poco probable dados los valores actuales de los parámetros cosmológicos.

tanto expansión siempre frenada. Una actualización interesante (Adams y Laughlin) de esta escatología resume el futuro como sigue. Contaremos por conveniencia el tiempo en términos de η, un tiempo logarítmico adimensionado cuya relación con el tiempo cósmico τ es esta: $\tau =: 10^{\eta}$ años; esto es, $\eta = \log_{10}(\tau/1 \text{ año})$. Los valores enteros de η se conocen como «décadas cosmológicas». Se distinguen estas grandes eras:

Era de radiación. $-\infty < \eta \lesssim 4$. Ya fue discutida *supra.*

Era estelífera. $6 \lesssim \eta \lesssim 14$. Es la actual ($\eta = 10$). Se llama así porque durante ella prácticamente toda la energía que se produce es a través de las fusiones termonucleares en las estrellas.

Era degenerada. $15 \lesssim \eta \lesssim 41$. En esa era casi todos los bariones del Universo se albergarán en objetos degenerados (enanas marrones, enanas blancas, estrellas de neutrones y ANs). La energía se producirá a través de la desintegración de los protones y la aniquilación de las partículas exóticas (WIMPs).

Era de los ANs. $42 \lesssim \eta \lesssim 141$. En ella los únicos objetos de tipo estelar que quedarán serán ANs de masas muy variadas, que se evaporarán cuánticamente durante esa era.

Era oscura. $142 \lesssim \eta$. Así llamada por dos razones: primero, porque en ella ya no hay bariones, ni ANs, solo quedan fotones de longitudes de onda descomunales, neutrinos, electrones y positrones; y segundo, por ser sumamente peligroso ir más allá de la extrapolación anterior, pues no sabemos si las leyes de la física serán estrictamente invariables durante períodos tan largos de tiempo, ni podemos excluir que irrumpa en nuestra parte inflada del Universo alguna otra «burbuja» que propicie un colapso final o tenga constantes físicas distintas, ni...

Expansión indefinida acelerada.—Finalmente, si el Universo mantuviera en el futuro la expansión acelerada (que comenzó cuando tenía la mitad de años que ahora), se produciría un cambio sustancial en el panorama escatológico: la fuga de las galaxias por el horizonte (de sucesos) nos impediría observar la evolución futura de la mayoría de las estructuras astrofísicas. Si la energía de vacío que sugieren hoy las SNeIa sigue en pie, se estima que dentro de unos 150 Ga solo podríamos discernir las galaxias de nuestro Supercúmulo Local. (Las otras alcanzarán un desplazamiento al rojo $z \gtrsim 5.000$, y en algo más de un par de billones de años, $z \gtrsim 10^{53}$, de modo que incluso las fuentes de gammas más energéticas aparecerán con longitudes de onda superiores al tamaño del horizonte.) Por lo tanto, cuando la edad del Universo sea unas doscientas veces la actual (vida del orden de la de vida de estrellas de muy baja masa), solo podremos ver lo que hay ahora hasta unos 10 Mpc; el resto se habrá escondido para siempre.

Conclusión

Impresionante ha sido el avance en esta segunda mitad del siglo. Años atrás, Bondi acostumbraba a comenzar sus charlas diciendo: *the data in cosmology are so likely to be wrong that I propose to ignore them.* Hemos visto que ya no es así; los datos observacionales aumentan y mejoran en calidad cada día. Con el hallazgo por el *COBE* de las inhomogeneidades en la distribución de temperaturas del FCM se ha erigido un cuarto pilar de apoyo al BBB inflacionario (los otros tres, expansión del Universo, FCM y cosmoabundancias, datan de hace años). El agudo problema de la estructuración del Universo parece que por fin está bien encarrilado. La materia oscura debe de ser dominantemente fría, si queremos, como obliga la observación, que las estructuras se formen desde abajo (primero galaxias, con $z \sim 2\text{-}4$, que se agrupan más tarde en cúmulos, y estos, posteriormente, en supercúmulos, muchos de los cuales se están formando ahora). Apunta así como candidato favorito para nuestro sistema del mundo un modelo cosmológico tipo «BBB + inflación + MOF», con una componente importante de energía oscura (hasta la criticidad), amén de la miaja obligada de bariones, y quizá con un poco de MOC en forma de neutrinos de pequeña masa.

El balance es sin duda muy positivo, y hay razones para el optimismo.

Pero nunca está de más la prudencia. Y no olvidemos nunca que cada época tiene sus mitos y los llama verdades supremas.

Esta década del 2000 y la siguiente prometen ser apasionantes para la astrofísica. Las misiones *MAP* y *Planck* van a proporcionarnos un mapa de anisotropías del FCM con resolución angular de $\sim 0{,}1°$. El proyecto *SDSS (Sloan Digital Sky Survey)* levantará un mapa 3D de 10^6 galaxias de $z \lesssim 0{,}1$ en un 25 por 100 del hemisferio Norte. De los datos del primer mapa (FCM) se podrán obtener Ω_0, h_0 con una precisión mejor del 1 por 100; el segundo mapa dará información sobre estructuración de la materia a gran escala suficiente para fijar con precisión $\Omega_{0,M}h_0$. Por lo tanto, de ambos obtendremos $\Omega_{0,M}$, $\Omega_{0,\Lambda}$, h_0. Así mismo darán información sobre la contribución $\Omega_{0,\nu}$ de neutrinos de masa $\gtrsim 0{,}1$ eV/c^2. Los experimentos sobre el FCM y las prospecciones de galaxias con medida de sus desplazamientos al rojo suministran informaciones cósmicamente complementarias para la determinación de la docena de parámetros (tanto cosmológicos como relativos al campo de la inflación y a la composición de la materia/energía) de los que depende el modelo cosmológico estándar extendido con inflación y un modelo de materia/energía oscura.

Nuevos y mejores telescopios, como el *Next Generation Space Telescope,* permitirán estudiar las primeras galaxias y estrellas.

A los físicos de partículas les toca aclarar cuanto antes qué es la materia oscura, de qué está hecha. Muchos detectores bajo tierra intentan registrar alguna colisión de neutralinos con núcleos. Se busca también la transformación de algún axión en fotón en presencia de un campo magnético muy intenso. Y varios experimentos tratarán de mejorar nuestro conocimiento de las masas de los neutrinos, primer ejemplo de materia oscura puesto en evidencia por la Colaboración SuperKamiokande. Finalmente, si persiste la necesidad de dar entrada definitiva a la constante cosmológica, los físicos teóricos tendrán que encontrar una teoría que explique su valor inesperado.

La ciencia es un hermoso ejercicio de comprensión, y también de compresión. Las fronteras retroceden; decía Hubble que la historia de la astronomía es una historia de horizontes en retirada. De cada respuesta nacen cientos de nuevos interrogantes. Razón tiene Pablo Neruda cuando en su poema «Ya no sé nada» escribe:

> Lo cierto es que una abstracta incertidumbre
> sale de cada caos que regresa
> cada vez a ser orden,
> ...

Bibliografía adicional

Revistas de divulgación científica:

Investigación y Ciencia (Scientific American)
Mundo Científico (La Recherche)

Archivos generales en la red:

APD (http://www.star.ucl.ac.uk/~apod/apod/astropix.html/)
CERN (http://www.cern.ch/)
COBE (http://www.gsfc.nasa.gov/astro/cobe/cobe_home.html/)
ESO (http://www.eso.org/)
HST (http://www.stsci.edu/)
IAC (http://www.iac.es/home.html/)
MAP (http://map.gsfc.nasa.gov/)
Mt. Wilson (http://www.mtwilson.edu/)
NASA (http://www.nasa.gov/NASA_homepage.html/)
PLANCK (http://astro.estec.esa.nl/SA-general/Projects/Cobras/cobras.html)
SOHO (http://sohowww.nascom.nasa.gov/)
VLT (http://www.eso.org/outreach/info-events/ut1fl/astroimages.html)

Archivos especializados en la red:

LANL e-print archives (mirror) (http://xxx.unizar.es/archive/astro-ph/)

4
La Tierra

Agustín Udías

Introducción

El fin de la ciencia es comprender la naturaleza del mundo material que nos rodea. La ciencia actual ha penetrado los misterios de la constitución de los últimos componentes de la materia y desvelado la inmensa extensión del Universo. Sin embargo, aunque parezca paradójico, la Tierra, que es nuestro hogar, sigue siendo en muchos aspectos una gran desconocida. Damos por supuesto que lo conocemos todo sobre ella, y en realidad ignoramos todavía muchas cosas. Como se suele decir, la cercanía engendra desprecio, o mejor, despreocupación, y por eso lo más cercano y cotidiano es a lo que menos atención prestamos. Desde la antigüedad el hombre se ha planteado las primeras preguntas científicas observando la Tierra y los astros. Todavía hoy nos siguen preocupando cuestiones como ¿cuál es la forma de la Tierra?, ¿está la Tierra inmóvil o se mueve?, ¿cuál es el origen de los continentes y los océanos?, ¿por qué existen las montañas?, ¿cuál es la causa de las erupciones de los volcanes y por qué se producen los terremotos? En este capítulo trataremos de presentar de forma muy breve el estado actual de nuestro conocimiento sobre la Tierra. Primero hablaremos de su condición de planeta, dónde está situado con respecto al Sol, nuestra estrella, y luego trataremos de su forma y movimiento, los campos de gravedad y magnético, su estructura interna desde la corteza al núcleo, los procesos dinámicos que en ella tienen lugar y que la convierten en un planeta vivo, y finalmente su origen e historia.

La Tierra, un planeta singular

Durante muchos siglos, desde los primeros ensayos astronómicos de la cultura babilónica, el hombre se ha preocupado de la posición de la Tierra respecto a los demás astros. En los primeros modelos cosmológicos de los astrónomos griegos como los de Eudoxo en el siglo IV y de Hiparco en el II a. C. y en la gran síntesis astronómica de Tolomeo en el siglo II de nuestra era, la Tierra, que consideraban ya como un cuerpo esférico flotando en el espacio, estaba situada en el centro del Universo, con todos los demás astros, incluidas las estrellas, girando a su alrededor. Esta es la situación aparente para un observador terrestre. Algunos espíritus audaces como Aristarco, un siglo antes que Hiparco, habían colocado el Sol en el centro del Universo y la Tierra girando a su alrededor, como lo habían hecho también algunos autores de la escuela pitagórica, pero su sistema tuvo poco éxito y hasta fue considerado como impío. La visión geocéntrica se mantendrá durante toda la antigüedad y la Edad Media. En 1543 Nicolás Copérnico publica su obra en la que establece definitivamente la posición correcta de la Tierra y su movimiento dentro del Sistema Solar. Hoy sabemos que la Tierra ocupa la tercera órbita alrededor del Sol después de Mercurio y Venus y seguida de Marte, Júpiter, Saturno, Urano, Neptuno y Plutón. El Sol tampoco es el centro del Universo, al estar situado en un lugar nada especial alejado del centro de nuestra galaxia. El Sol junto con las demás estrellas que la forman gira alrededor del centro de nuestra galaxia con una velocidad de unos 220 km/s (un kilómetro por segundo es una velocidad de 3.600 kilómetros por hora, mayor que la de los aviones más rápidos). Nuestra galaxia, lo que en el cielo llamamos la Vía Láctea, tiene

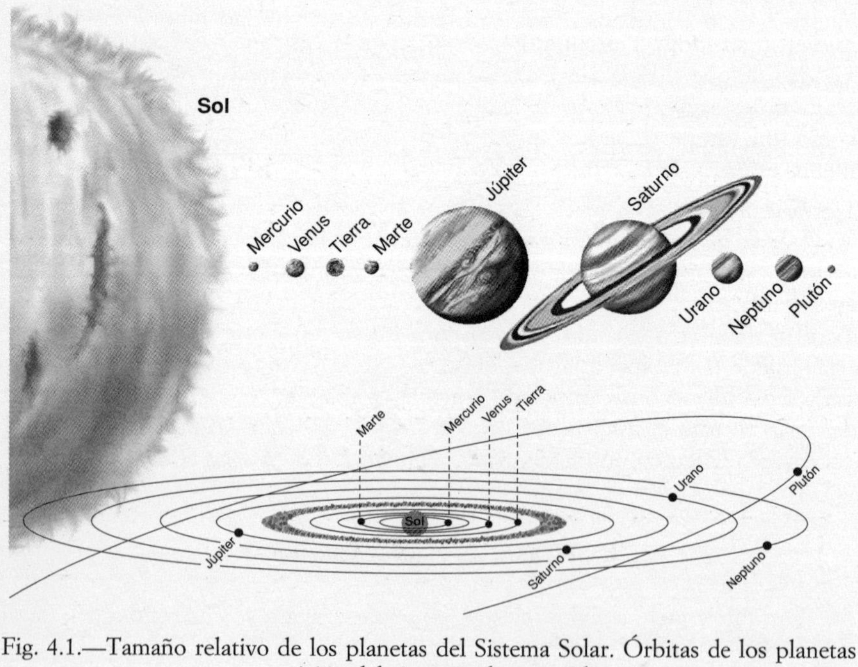

Fig. 4.1.—Tamaño relativo de los planetas del Sistema Solar. Órbitas de los planetas y posición del cinturón de asteroides

forma de espiral, con un diámetro aproximado de 100.000 años luz (un rayo de luz tarda ese tiempo en ir de un extremo a otro). Si tenemos en cuenta que la velocidad de la luz es de 300.000 km/s, la distancia en kilómetros es de 10^{17} (para expresar números muy grandes se usan las potencias de diez que representan un uno seguido de tantos ceros como indica el exponente), lo que nos hace ver sus enormes dimensiones. Se trata de una galaxia normal, como una más de los millones que sabemos que existen en el Universo, y se mueve también respecto a las galaxias vecinas con una velocidad de unos 600 km/s. Perdida en las enormes dimensiones del Universo, cuyo diámetro se supone del orden de 10^{23} km, no ocupa ningún lugar privilegiado, ya que no tiene sentido hablar de un centro del Universo, al tener este el mismo aspecto visto desde cualquier punto. Si el Universo tuviera las dimensiones de un campo de fútbol, nuestra galaxia ocuparía un espacio de menos de una décima de milímetro. Esto nos indica las pequeñas dimensiones de la Tierra comparadas con la totalidad del Universo.

Figura y movimiento de la Tierra

En la antigüedad se pensó que la Tierra era plana, esta es la primera impresión que el hombre tiene contemplando su superficie, pero ya en el siglo VI a. C. la escuela pitagórica en Grecia la concibió como una esfera flotando en el espacio. Varios autores griegos como Eratóstenes en el siglo III a. C. midieron su radio y circunferencia, en algunos casos con bastante exactitud. La idea de que durante la Edad Media se volvió a considerar la Tierra como plana no es exacta, ya que Beda el Venerable, en el siglo VIII, habla ya de ella como una esfera, siguiendo a los autores latinos y griegos. La figura perfectamente esférica de la Tierra se mantiene hasta finales del siglo XVII, en que se empieza a pensar que su forma debe de estar achatada por los polos. La primera idea la sugirió Isaac Newton desde un punto de vista puramente teórico, considerando la figura de equilibrio de un cuerpo bajo fuerzas de gravitación y rotación. Finalmente, las dos expediciones organizadas por la Academia de Ciencias de Francia para medir la longitud de un grado de latitud cerca del polo Norte y del ecuador entre 1735 y 1743, y en la que participaron dos españoles, Jorge Juan y Antonio de Ulloa, confirmaron el achatamiento de la Tierra por los polos. El valor más reciente para este aplanamiento es 1/298.257. Este valor es el cociente entre la diferencia entre el radio ecuatorial y el polar (21,4 km) y el radio ecuatorial. De esta manera se acepta para la Tierra la forma de referencia de un elipsoide de revolución de radio ecuatorial de 6.378 km y polar de 6.357 km. A esta figura de referencia se le llama elipsoide terrestre, cuya proyección sobre un plano son los mapas que usamos normalmente. Sin embargo, aun prescindiendo de las irregularidades de las montañas y los valles, la forma de la Tierra no es del todo regular y se aparta de esta figura elipsoidal, unas veces por encima y otras por debajo, con distancias hasta de 100 m. Para evitar las pequeñas irregularidades de la topografía de la superficie de la Tierra, se considera su forma real aquella que tendría el nivel de la superficie del mar, prescindiendo de las mareas, si se prolongase este nivel en los continentes, y a esta figura se la llama el Geoide. Las medidas actuales de Geodesia, la ciencia que estudia la forma y dimensiones de la Tierra, tanto terrestres como espaciales, estas últimas utilizando observaciones de satélites artificiales, permiten determinar con mucha precisión la forma exacta del Geoide.

En conclusión, la Tierra tiene una forma casi esférica con un radio de 6.371 km, una masa de $5{,}97\times10^{24}$ kg y una densidad de 5,52 g/cm^3 (el agua tiene densidad 1 g/cm^3). Podemos ahora compararla con los demás planetas. Júpiter tiene un diámetro diez veces mayor que la Tierra y una masa doscientas veces mayor, aunque su densidad es casi cinco veces menor (1,3 g/cm^3). Mercurio y Venus tienen una densidad parecida a la Tierra (6 y 5,1 g/cm^3, respectivamente). Venus, en radio, masa y densidad, es el planeta más parecido a la Tierra (6.110 km, $4{,}9\times10^{24}$ kg y 5,1 g/cm^3, respectivamente). Marte tiene un tamaño más pequeño, su radio es solo la mitad del de la Tierra y su densidad es menor (3,9 g/cm^3). A partir de Júpiter la densidad de los otros planetas es mucho más pequeña, entre 0,7 y 2,2 g/cm^3. Plutón, el planeta más alejado, es un caso extraño: tiene una densidad parecida a la Tierra, su radio es solo la mitad y su masa no llega a una quinta parte. Algunos lo consideran más como un asteroide grande que como un planeta pequeño. La Tierra, como todos los planetas, tiene una órbita en torno al Sol en forma de elipse con una distancia media al astro rey de $1{,}5\times10^8$ km y tarda un año en dar cada vuelta, es decir, su velocidad es aproximadamente de 30 km/s o 108.000 km/h. No está ni muy cerca ni muy lejos del Sol, lo que le haría en ambos casos no muy apta para la vida por el excesivo calor o frío. Todos los planetas giran alrededor de sí mismos además de alrededor del Sol, con un período de rotación que en el caso de la Tierra es un día. Si se toma el día como unidad de tiempo, la traslación de la Tierra alrededor del Sol tarda 365,256 días. El hecho de que el tiempo que tarda en dar una vuelta alrededor del Sol (el año) no sea un número entero de días es la razón de tener años bisiestos, en los que se añade un día más en el calendario. Marte tiene un giro parecido al de la Tierra, mientras que Júpiter, Saturno, Urano y Neptuno giran con más rapidez, con períodos entre 10 y 15 horas, y Mercurio y Venus mucho más lentamente, con períodos de 59 y 243 días, respectivamente. Todos los planetas, con excepción de Mercurio y Venus, tienen satélites girando a su alrededor. En el caso de Júpiter sus dieciséis satélites son mucho más pequeños que él, y lo mismo sucede con los dieciocho de Saturno. La Tierra tiene un único satélite, la Luna, a una distancia de $3{,}8\times10^5$ km, que tiene un radio solo una cuarta parte el de la Tierra, lo que da al sistema Tierra-Luna unas características particulares.

Hemos hablado de los dos movimientos de la Tierra, su rotación en un día y su traslación alrededor del Sol en un año. Pero la Tierra tiene también otros movimientos. La intersección del eje de rotación de la Tierra con su superficie define los polos geográficos Norte y Sur. El plano, en el que se encuentran los planetas y el Sol se llama el plano de la eclíptica. Este plano, en el que la Tierra se traslada alrededor del Sol, no coincide con el plano del ecuador, sino que forma con él un ángulo de 23 grados. Esta inclinación es la responsable de las estaciones a lo largo del año. Si consideramos un eje normal al plano de la eclíptica que pase por el centro de la Tierra, este forma también con el eje de rotación de la Tierra un ángulo de 23 grados. El eje de rotación de la Tierra tiene un movimiento lento alrededor del eje de la eclíptica que tarda 25.800 años en dar una vuelta completa. Este movimiento se conoce como la precesión de los equinoccios, ya que los dos puntos de los equinoccios varían lentamente con respecto a la posición de las estrellas. Los equinoccios corresponden a la línea de intersección del plano ecuatorial con el plano de la eclíptica. El Sol está en esos puntos en primavera y otoño, y el día y la noche tienen entonces la misma duración. Este movimiento hace que el polo Norte celeste (prolongación en el cielo del polo Norte terrestre), que ahora

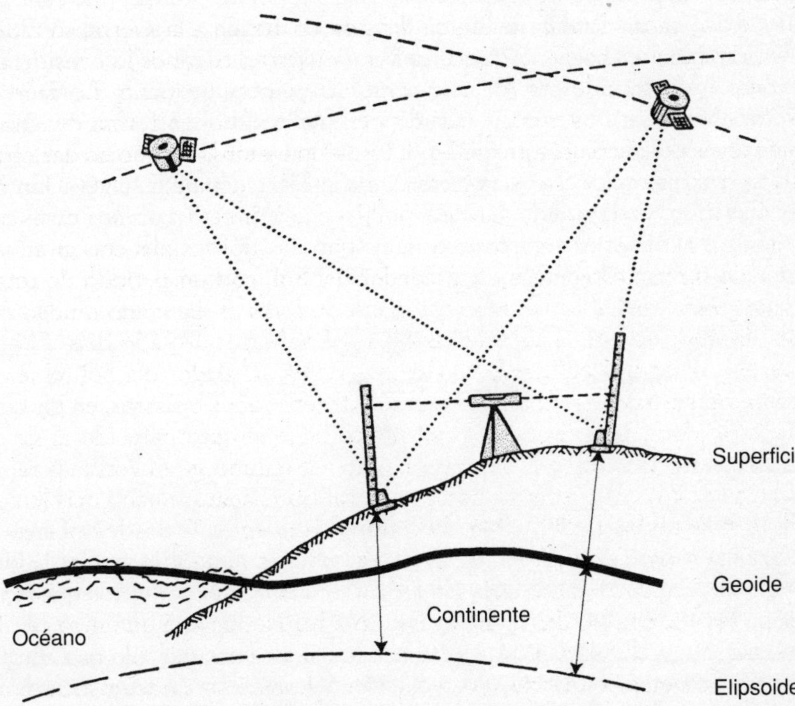

Fig. 4.2.—Medidas de la superficie de la Tierra por nivelación y por satélites. Superficies del geoide y del elipsoide. La distancia entre el geoide y el elipsoide no pasa de 100 m

está situado cerca de la estrella Polar, vaya variando de posición respecto a las estrellas y dentro de unos cinco mil años estará cerca de la estrella Alfa Cephei y el equinoccio de primavera también se habrá movido de su posición actual en la constelación de Aries. Por otro lado, el eje de rotación de la Tierra no coincide exactamente con el eje de simetría de su figura (la diferencia es de unos 3 m) y a su vez gira también a su alrededor con una vuelta cada 436 días.

El avance más notable en nuestro conocimiento de la forma de la Tierra se debe a las medidas desde satélites artificiales. Las primeras se hicieron analizando las características de las órbitas de los primeros satélites *Sputnik* y *Vanguard* en 1957, que dieron por resultado que el hemisferio Sur es un poco mayor que el Norte, lo que se conoció popularmente como la forma de pera de la Tierra. No hay que exagerar esta imagen, ya que se trata solo de diferencias de unos 20 m, es decir, muy poco comparado con los 6.371 km de su radio. Los estudios más modernos incluyen el análisis de numerosos satélites y dan como resultado unos valores muy exactos para la forma de la Tierra. Un tipo de satélite diseñado especialmente para realizar estos cálculos proporciona, por medio de altimetría por radar desde órbitas relativamente bajas, la medida directa de la superficie externa de la Tierra. Otro sistema de medidas de satélite, muy utilizado actualmente, es el conocido con las siglas GPS *(Global Positioning System,* es decir, Sistema de Localización Global). Este sistema establecido hacia 1973 utiliza veinticuatro satélites a una altura de unos 20.000 km situados de forma que en cualquier punto de la Tierra y en cualquier momento siempre hay más de tres satélites sobre el horizonte. Pensado para su utilización estratégica por Estados Unidos, este sistema es hoy utilizado con fines geodésicos de medidas de la Tierra y para la navegación civil. La exactitud de las medidas geodésicas, incluso para distancias muy grandes, tanto por métodos terrestres como espaciales, es hoy del orden de un centímetro.

Campos de la gravedad y magnético

Campo de la gravedad

La combinación de la fuerza gravitatoria debida a la masa de la Tierra y la fuerza centrífuga de su rotación producen la atracción de la gravedad que experimentamos en su superficie. Esta atracción hace que los cuerpos caigan sobre la Tierra con una aceleración que también se llama aceleración de la gravedad. Como la fuerza centrífuga es máxima en el ecuador y nula en los polos, y la figura de la Tierra está achatada por los polos, la atracción de la gravedad no es la misma en cualquier punto de la Tierra. En la actualidad, la atracción o aceleración de la gravedad se puede medir con gran exactitud; recientemente se llevó a cabo una medida en Madrid por el Instituto de Astronomía y Geodesia (Consejo Superior de Investigaciones Científicas y Universidad Complutense), dando como resultado 9,799641268 m/s^2; la medida tiene una exactitud de una parte en mil millones. La mayor diferencia entre los valores de la aceleración de la gravedad se encuentra entre las medidas en los polos, 9,83221 m/s^2, y en el ecuador, 9,78049 m/s^2. La gravedad, por lo tanto, es menor en el ecuador que en los polos, debido a que en el ecuador la fuerza centrífuga que está en dirección contraria a la gravitacional es mayor y la distancia al centro de la Tierra debida al achatamiento por los polos es también mayor.

Las irregularidades en el material de la Tierra hacen también que el valor de la gravedad varíe de unos puntos a otros en una proporción muy pequeña. Estas ligeras variaciones se llaman anomalías de la gravedad y su estudio se utiliza en la búsqueda de yacimientos minerales. Los aparatos para medir la variación de la gravedad se llaman gravímetros y pueden detectar cambios del orden de una parte en cien millones y aun una parte en mil millones. Técnicas modernas de medida pueden llegar todavía a mayores precisiones. Intrusiones de rocas de menor densidad que las rocas circundantes, como los domos de sal, producen anomalías negativas, y las de rocas más pesadas, como las de mineral de hierro, anomalías positivas. La precisión de estas medidas permite el que se utilicen también en arqueología, para detectar tumbas o antiguos muros enterrados. Las tumbas producen pequeñas anomalías negativas, y los muros, positivas.

Campo magnético

Además del campo de la gravedad debido a su masa y rotación, la Tierra tiene también un campo magnético. Este es el responsable de que la brújula señale hacia el Norte. Aproximadamente desde el siglo XII en Occidente y con mas antigüedad en China, la propiedad de una aguja imantada, que pueda girar en el plano horizontal, de orientarse señalando hacia el Norte ha servido a los navegantes en sus viajes. Durante mucho tiempo se desconocía la razón de esta propiedad de la brújula, hasta que en 1600 William Gilbert, médico de Isabel de Inglaterra, propuso que la Tierra era ella misma un gran imán. De esta manera tiene dos polos, positivo y negativo. La intersección de cada uno de estos polos con la superficie de la Tierra forma los polos geomagnéticos. Estos no coinciden con los polos Norte y Sur geográficos (intersección del eje de rotación con la superficie de la Tierra), sino que están un poco separados de ellos. El polo magnético negativo está en el hemisferio Norte, y el positivo, en el Sur. El hecho de que los polos magnéticos no coincidan con los geográficos es el responsable de que la brújula no señale exactamente hacia el Norte, sino un poco desviada de él, con un ángulo que se llama la declinación magnética. Este ángulo varía de unos sitios a otros, como ya lo comprobó Cristóbal Colón en su primer viaje a través del océano Atlántico.

El campo magnético de la Tierra se puede aproximar suficientemente con el de un dipolo magnético (es decir, como un imán con sus dos polos) situado en el centro de la Tierra e inclinado unos once grados con respecto al eje de rotación con un momento magnético de $7{,}9 \times 10^{22}$ Am^2 (amperios/metro cuadrado son las unidades con que se mide el momento magnético de un imán). Esto es una representación, ya que el origen del campo magnético terrestre, como veremos un poco más adelante, es debido a unos procesos complejos en el núcleo de la Tierra. Si medimos la intensidad del campo magnético en un punto de la superficie de la Tierra obtenemos un valor, que para una medida en Madrid en 1996 es de 44.332 nanoteslas (tesla es la unidad de inducción magnética y una nanotesla es una mil millonésima parte de ella, 10^{-9}). El campo magnético en la superficie de la Tierra no es, por lo tanto, muy intenso. En el laboratorio se pueden producir campos magnéticos de varias teslas, es decir, 100.000 veces mayores. La dirección del campo en cada punto de la Tierra forma con la vertical un ángulo llamado inclinación magnética, que para Madrid en 1996 era de 55,5 grados. En ese año la declinación magnética era de 3,6 grados hacia el Oeste. Se ha especificado el lugar y el año de las observaciones porque el campo magnético terrestre varía tanto con la posición sobre la superficie de la Tierra como con el tiempo, a diferencia del campo de la gravedad, que es constante en el tiempo.

Dos son los tipos de variaciones del campo magnético, una rápida a lo largo del día con un máximo aproximadamente a las doce horas y otra lenta que solo se aprecia comparando medidas hechas en distintos años. Esta última variación se llama la variación secular. Desde que empezaron las medidas de la intensidad del campo magnético, hacia 1860, se ha observado que los valores han ido disminuyendo lentamente. Por otro lado, los valores de la inclinación y declinación magnéticas, en un mismo lugar, también varían con el tiempo. Colón observó que la declinación era hacia el Oeste cerca de España, nula en las islas Azores y desde allí hasta América hacia el Este. El lugar de declinación nula pasa hoy al oeste de Florida, es decir, se ha desplazado desde el siglo XV hacia el Oeste más de 6.000 km. Los efectos principales de la variación secular son que el valor del momento del dipolo terrestre ha disminuido en un 5 por 100 en los últimos cien años y la posición del polo magnético ha variado en unos diez grados de longitud y uno de latitud.

Resultados más dramáticos de la variación secular del campo magnético terrestre se obtienen cuando se estudia la variación a lo largo de las largas eras geológicas, es decir, retrocediendo en el tiempo millones de años. Esto es posible hoy día debido a una nueva ciencia llamada Paleomagnetismo, que empezó a desarrollarse hacia los años cuarenta y que estudia el campo magnético terrestre en el pasado. La posibilidad de observar hoy cómo era el campo magnético de la Tierra hace millones de años se basa en el estudio de la magnetización de las rocas. Todos sabemos que si frotamos una aguja de hierro con un imán esta se imanta y se convierte también en un pequeño imán. Con el tiempo, sin embargo, esta imantación o magnetización disminuye y termina por desaparecer. Muchas rocas tienen materiales magnéticos, como la magnetita, que pueden ser imantados por el campo terrestre. En unas circunstancias especiales, por ejemplo, cuando la roca se enfría después de haber sido calentada, como es el caso de las lavas de los volcanes, esta imantación tiene un carácter permanente y se mantiene a pesar de que pasen millones de años. De esta forma, el estudio de estas rocas nos proporciona una información sobre cómo era el campo magnético de la Tierra en el pasado geológico. La primera sorpresa que han suministrado estos estudios es que la polaridad del campo magnético ha variado muchas veces a lo largo del tiempo, con épocas en las que la situación del campo estaba invertida con respecto a la actual, es decir, el polo positivo en el hemisferio Norte y el negativo en el Sur. En los últimos cinco millones de años, este cambio o inversión de los polos ha sucedido prácticamente cada millón de años. Estas inversiones de los polos magnéticos implican que el campo magnético aumenta y disminuye en el tiempo, cambiando también de polaridad. Otro resultado del Paleomagnetismo es que los

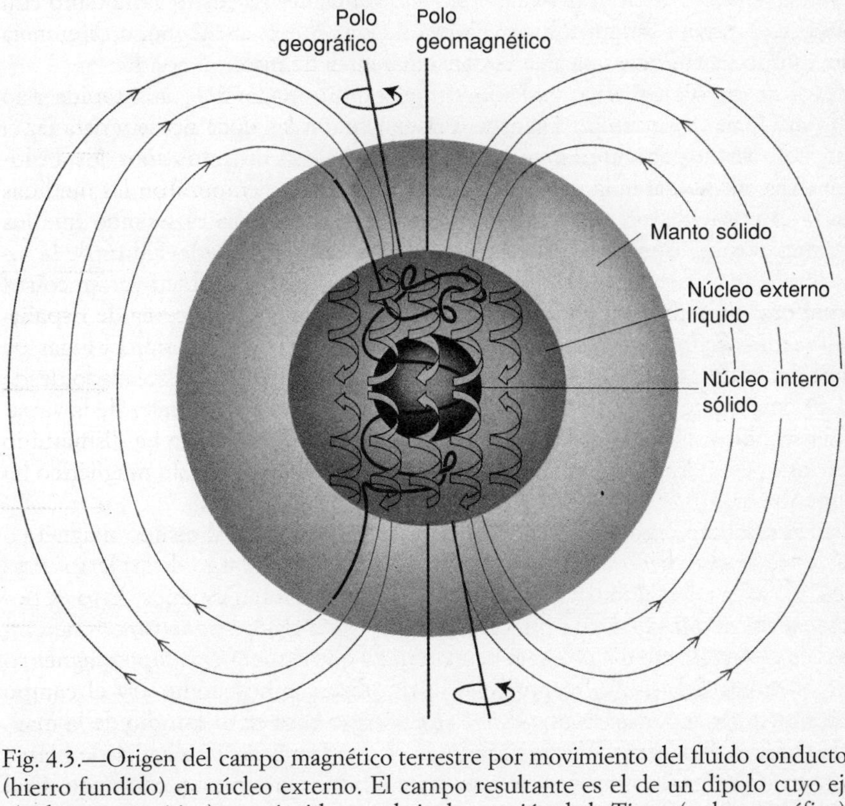

Fig. 4.3.—Origen del campo magnético terrestre por movimiento del fluido conductor (hierro fundido) en núcleo externo. El campo resultante es el de un dipolo cuyo eje (polo geomagnético) no coincide con el eje de rotación de la Tierra (polo geográfico)

polos magnéticos en el pasado no han estado siempre situados en el mismo lugar donde están ahora, sino que han sufrido una lenta migración a lo largo del tiempo geológico.

Uno de los problemas sobre la Tierra en cuya solución se ha encontrado mayor dificultad ha sido el de explicar de manera adecuada el origen del campo magnético. Prácticamente hasta hace no muchos años no se tenía una idea correcta de los procesos que dan origen al campo magnético. Se sabía que estaba producido en el interior de la Tierra, pero no cuál era exactamente su mecanismo. Hoy sabemos que el fundamento del origen del campo magnético está en lo que se conoce como la dinamo autoinducida del núcleo terrestre, cuyos primeros modelos fueron presentados por geofísicos como J. Larmor, W. M. Elsaser y E. N. Parker. Desde hacía ya tiempo se conocía, por observaciones de otros tipos, entre ellas la de las ondas sísmicas, que la Tierra posee un núcleo formado casi en su totalidad de mineral de hierro, cuya parte externa (núcleo externo) se encuentra en estado de fusión, mientras que la interior (núcleo interno) es sólida, como veremos con más detalle en páginas posteriores. El mineral de hierro es un buen conductor de la electricidad. Si hacemos circular el material conductor en un campo magnético se generan corrientes eléctricas. Estas corrientes a su vez producen un campo magnético. Es posible, por lo tanto, que a partir de estas corrientes de material conductor se origine un campo magnético que sea autogenerativo, es decir, que se regenere y se mantenga en el tiempo mientras exista este movimiento de material. En el núcleo externo, el material se mueve debido a las corrientes de convección térmicas, al estar a mayor temperatura su parte inferior que la superior. Las corrientes de convección son las que se producen en un recipiente de agua cuando se pone a calentar. Estas corrientes se orientan debido a la rotación de la Tierra en dirección a lo largo del eje de rotación. En realidad, los procesos en el núcleo de la Tierra son muy complejos y pueden intervenir otros factores además de la temperatura. El resultado final es un proceso como el de una dinamo en la que el campo magnético resultante es el que observamos en la superficie y que corresponde al de un dipolo magnético, como ya hemos explicado antes. Debido al carácter dinámico del origen del campo magnético terrestre, este no es constante, cambia con el tiempo y experimenta variaciones en la orientación de sus polos e inversiones de su polaridad. Estas características se observan en el campo terrestre, como ya hemos indicado.

La ionosfera y magnetosfera

Además del campo magnético interno, cuyas propiedades ya hemos explicado, en la superficie de la Tierra se observa un componente que es de origen externo, es decir, no es generado en el interior de la Tierra, sino fuera de ella. Este campo varía con el tiempo de una manera mucho más rápida que el campo interno. Las variaciones tienen períodos que oscilan entre minutos y horas y días. Basta examinar un registro del campo magnético con el tiempo (magnetograma) para observar estas variaciones, que a veces son muy irregulares. Las principales variaciones son de dos tipos. El primero corresponde a variaciones con período de un día, llamadas variación diurna, que tiene su máximo hacia las 12 horas solares y es más prominente en los meses de verano. Esta variación es mayor para las latitudes bajas, es decir, cerca del ecuador. El segundo tipo lo forman variaciones que se dan de forma esporádica y reciben el nombre de tormentas magnéticas. Estas producen alteraciones de las observaciones magnéticas que pueden durar durante algunos días, a veces con grandes amplitudes. Estas tormentas, que afectan a toda la Tierra cuando son de gran intensidad, pueden alterar las comunicaciones y el funcionamiento de los equipos de los satélites artificiales.

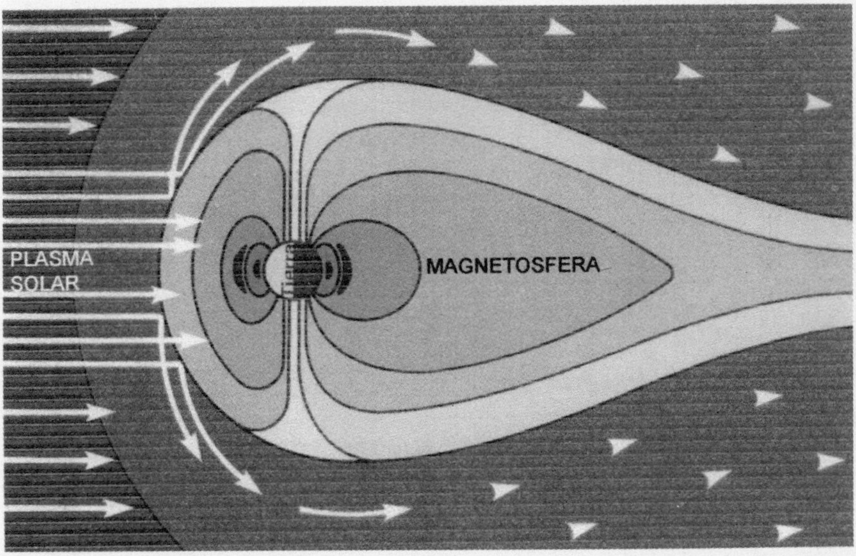

Fig. 4.4.—Formación de la magnetosfera por la acción del viento o plasma solar sobre el campo magnético terrestre. El campo magnético se comprime frente al Sol y se estira en la dirección opuesta

El campo magnético externo tiene su origen en dos estructuras que rodean la Tierra, que se llaman la ionosfera y la magnetosfera, y la acción sobre ellas de la actividad del Sol. La ionosfera está formada por unas capas altas de la atmósfera de moléculas ionizadas, es decir, con una carga eléctrica positiva de oxígeno y nitrógeno y de electrones libres, situadas entre los 50 y 600 km de altitud. La densidad máxima de las partículas ionizadas es aproximadamente de un millón de partículas por cm^3. La ionosfera forma una capa alrededor de toda la Tierra. La existencia de esta capa se descubrió cuando en las primeras emisiones de radio por Guglielmo Marconi se observó que estas podían detectarse a distancias muy grandes, lo que solo era posible si las ondas de radio se reflejaban en la ionosfera. La magnetosfera es una estructura más compleja que se extiende por una región exterior a la Tierra hasta distancias de entre 6 y 100 radios terrestres. La parte de menor distancia (6 radios terrestres) es la que está frente al Sol y se encuentra comprimida por él. La parte opuesta al Sol forma una larga cola de hasta 100 radios terrestres. La magnetosfera se produce debido a la interacción entre el viento solar y el campo magnético terrestre. El viento solar es una emisión continua de partículas por parte del Sol que se propagan hasta la Tierra a una velocidad de unos 500 km/s. Estas partículas, predominantemente protones, chocan con el campo magnético terrestre, deformándolo, comprimiéndolo de cara al Sol y extendiéndolo en la dirección opuesta. El campo magnético terrestre queda, de esta forma, comprimido dentro de una región que forma la magnetosfera (esfera magnética) y se anula fuera de ella. Dentro de la magnetosfera se encuentran regiones de plasma (gas ionizado), y su estructura, muy complicada, no se ha descubierto hasta que no se ha dispuesto de las modernas observaciones desde satélites artificiales. El campo magnético terrestre tiene la propiedad de desviar la trayectoria de las partículas que inciden sobre ella. De esta forma, la magnetosfera se comporta como si fuera un gran paraguas que protege la superficie de la Tierra de la incidencia de las radiaciones solares y cósmicas. La existencia del campo magnético de la Tierra es, por lo tanto, un factor beneficioso en el desarrollo de la vida, ya que protege su superficie de la incidencia nociva de las radiaciones.

Las dos variaciones del campo magnético externo de las que ya hemos hablado se deben a procesos en la ionosfera y en la magnetosfera. La variación diurna se debe a la irradiación solar sobre la ionosfera que produce movimientos de corrientes en ella. Estas corrientes de partículas con carga eléctrica se comportan como los procesos de que hemos hablado en el núcleo terrestre y dan origen a lo que se conoce como la dinamo ionosférica. El resultado es un campo magnético responsable de la variación diurna observada sobre la superficie de la Tierra. En el Sol se dan en ocasiones grandes fulguraciones y erupciones de su cromosfera o capa más externa. Estos fenómenos producen una eyección de una nube de partículas ionizadas que se propaga hasta la Tierra. Al llegar a la magnetosfera, las partículas chocan con su superficie externa y producen en ella una serie de procesos que son los que dan origen a las tormentas magnéticas. Entre estos procesos, el más importante es la formación de una corriente de partículas, que produce una corriente eléctrica en forma de anillo en torno a la Tierra alrededor del ecuador. Esta corriente es la responsable de la fase principal de las tormentas magnéticas.

La atmósfera y los océanos

Las dos capas más exteriores de la Tierra la forman la capa gaseosa o atmósfera y la capa de agua o hidrosfera, formada principalmente por los océanos que cubren las tres cuartas partes de la superficie. Estas dos capas son fundamentales para la vida. En la parte alta de la atmósfera se encuentra la ionosfera y más allá de ella la magnetosfera, de las que ya hemos hablado al tratar el campo magnético terrestre. El límite exterior de lo que podemos llamar el medio ambiente de nuestro planeta se extiende así hasta el límite de la magnetosfera, a varios radios terrestres de distancia. Fuera de ella se encuentra el espacio interplanetario.

La atmósfera de la Tierra está formada fundamentalmente por dos gases: nitrógeno (N_2) en un 78 por 100 y oxígeno (O_2) en un 21 por 100 al nivel del mar. Otros gases se hallan en menor proporción, como el vapor de agua, que puede llegar a concentraciones de 4 por 10.000, y el dióxido de carbono (CO_2), presente hoy en unas 300 partes por millón. El número de moléculas de estos gases, que al nivel del mar es de unas 10^{25} por metro cúbico, disminuye con la altura, de forma que a 100 km la proporción ha bajado a solo 10^{18}, es decir, es diez millones de veces menor. Entre la superficie del suelo y 16 km de altura la capa de la atmósfera recibe el nombre de troposfera; desde esa altitud hasta 50 km, la estratosfera; de ahí a los 100 km, la mesosfera, y más arriba, hasta los 500 km, la termosfera. La temperatura en la atmósfera disminuye con la altura, de forma que si en verano la temperatura a nivel del suelo es de 30 °C, en el límite de la troposfera, a unos 16 km de altitud, es de unos –60 °C (60 grados bajo cero). Dentro de la estratosfera la temperatura aumenta desde –60 °C hasta aproximadamente 0 °C en su parte superior a 50 km de altitud. A partir de esta altitud la temperatura vuelve a disminuir dentro de la mesosfera hasta temperaturas muy bajas, de unos –100 °C.

Una de las características más importantes de la atmósfera es la de su balance de energía, debido a la irradiación del Sol. Las moléculas de los gases de la atmósfera absorben, reemiten y dispersan la radiación del Sol. Dependiendo del tipo de partículas de que se trate, la dispersión de la radiación es de una longitud de onda determinada. La dispersión de los componentes de longitud de onda corta de la luz solar dan al cielo, cuando el Sol está alto sobre el horizonte, su color azul, mientras que al atardecer, cuando el Sol está cerca del horizonte, su aspecto se vuelve amarillento y anaranjado, debido a que la luz solar tiene que cruzar un espesor mayor de atmósfera y a la presencia en sus capas bajas de partículas de polvo. La presencia de estas partículas de polvo, llamadas aerosoles, es debida a las erupciones volcánicas, cristales de sal de la evaporación de los océanos y la contaminación humana. De la irradiación solar, aproximadamente un 50 por 100 es absorbido o dispersado en la atmósfera y otro 50 por 100 llega a calentar la superficie de la Tierra. Este calor vuelve a ser irradiado hacia la atmósfera en un 25 por 100, pero ahora a una longitud de onda mayor, siendo, en parte, absorbido por los gases de la atmósfera, calentándola. En esta absorción interviene sobre todo el vapor de agua y el CO_2. Este es el fenómeno que se conoce como efecto invernadero. Las emisiones de CO_2 debidas a la actividad humana, desde principios de este siglo, se han prácticamente duplicado, y se ha constatado a su vez que la temperatura global de la Tierra ha aumentado en aproximadamente un grado. Este es el calentamiento global y el cambio climático, del que tanto se habla hoy. Si continuamos aumentando el contenido de gases que producen efecto de invernadero, por la contaminación debida a las actividades humanas (principalmente CO_2, pero también metano CH_4 y los llamado CLFC, cloro-fluor-carbonados), el calentamiento seguirá creciendo con catastróficos resultados, por el aumento del nivel de los océanos debido a su expansión térmica y la fusión de las masas de hielo de la Antártida y Groenlandia y otras consecuencias nocivas en el clima.

Una de las características que hacen de la Tierra un planeta singular y propicio a la vida es la abundancia de agua en su superficie. Solamente sobre un planeta con la masa y composición química adecuada y a la distancia debida a su estrella, alrededor de la cual gira, puede encontrarse agua en forma líquida. La mayor proporción de agua en la Tierra está en los océanos, que cubren un 71 por 100 de la superficie. La profundidad media de los océanos es de unos 4.000 metros y el volumen total de agua unos 1.350 millones de kilómetros cúbicos (un kilómetro cúbico es el volumen de un cubo de un kilómetro de lado; un decímetro cúbico es un litro), lo que corresponde a 10^{21} litros. Alrededor de la costa, la profundidad del mar aumenta lentamente hasta los 200 metros en una extensión variable que se llama la plataforma continental. A partir de esta distancia comienza el talud y las profundidades aumentan hasta los planos abisales a unos 4.000-5.000 metros. Las partes más profundas están formadas por las grandes simas oceánicas, en especial en el Pacífico, donde la profundidad puede superar los 10.000 metros.

El agua de los océanos es salada, con un contenido de sales de una media de 3,5 por 100, mientras que el agua dulce solo tiene un contenido de sales entre diez y cien veces menor. El agua pura o destilada está formada por moléculas, combinación de oxígeno e hidrógeno (H_2O). Las sales más abundantes del agua del mar son el cloruro sódico (ClNa) o sal natural, con una concentración de unos 20 gramos por kilogramo, seguido, en proporción mucho menor de 1-2 g/kg, por sulfatos de magnesio y calcio. La salinidad varía de unas partes a otras y con la profundidad. En las zonas tropicales la salinidad puede superar el 3,7 por 100 y en latitudes por encima de 60 grados ser menor de 3,4 por 100. La temperatura del agua del mar varía también de unas regiones a otras y con la profundidad. En la zona tropical la temperatura de la superficie del mar oscila entre 25 °C y 28 °C, mientras que a latitudes mayores de 40 grados la temperatura es menor de 10 °C. Con la profundidad, la temperatura disminuye, de forma que a más de mil metros la temperatura es de unos 5 °C y disminuye a temperaturas por debajo de 2 °C para profundidades mayores de 3.000 metros. Tanto la atmósfera como los océanos están sujetos a movimientos, como veremos a continuación.

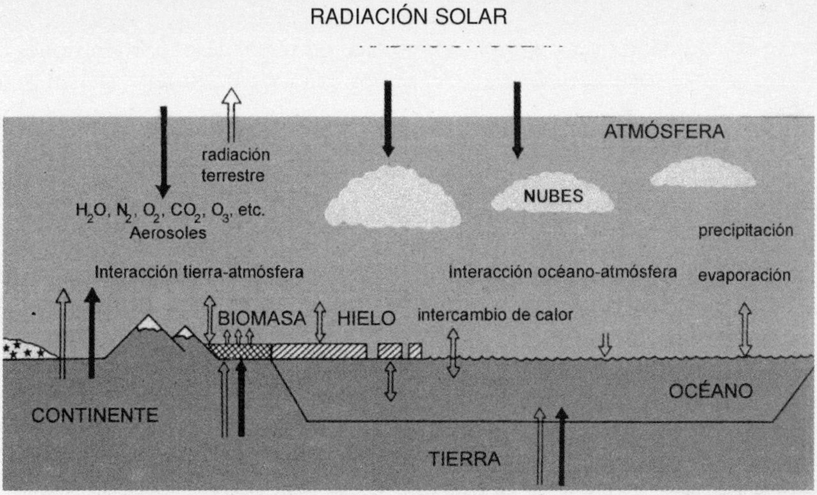

Fig. 4.5.—Esquema simplificado de la interacción entre la atmósfera y el océano y la tierra. Balance entre la radiación solar recibida y reemitida y otros procesos

Movimiento y dinámica de la atmósfera y el mar

La atmósfera y los océanos se encuentran en continuo movimiento. La apariencia de la atmósfera está cambiando de manera constante debido a las continuas corrientes de viento que impulsan las nubes. A veces, en poco tiempo, se pasa de cielos despejados a estar totalmente cubiertos de espesas y oscuras nubes. El vapor de agua de las nubes, a su vez, forma un continuo ciclo de evaporación y condensación, volviendo a la superficie de la Tierra en forma de lluvia, nieve o granizo. Las nubes están formadas por concentraciones de pequeñas gotas de agua, teniendo aproximadamente una gota por milímetro cúbico. Las corrientes de aire mantienen estas gotas en suspensión y cuando se unen para formar gotas mayores se produce la lluvia con gotas del tamaño de unos 2 mm; se necesitan cerca de un millón de las pequeñas gotas de la nube para formar una sola gota de lluvia. Hay varias clases de nubes, como los cúmulos y cirrocúmulos, que pueden llegar a alturas de 12 km. La mayor parte de este vapor de agua proviene de la evaporación del agua de los océanos en la zona tropical. La proporción de vapor de agua en la atmósfera es lo que llamamos humedad del aire. La humedad del aire altera nuestra percepción del frío y del calor, aumentándola en ambos casos. El viento es el movimiento del aire y tiene velocidades desde una suave brisa hasta la fuerza de las grandes tormentas, en las que se alcanzan velocidades de hasta 200 km/h. El motor del movimiento del aire es el calor de la irradiación solar, que hace que se produzcan regiones de baja presión o ciclones, en los que la circulación del viento es en el sentido contrario a las agujas del reloj, y las regiones de alta presión o anticiclones, donde la circulación es en el sentido de las agujas del reloj. Los mapas del tiempo nos han familiarizado con esos conceptos de altas y bajas presiones, así como con los de los frentes fríos y cálidos que se forman entre ellas y en los que se acumulan las nubes y la lluvia. La rotación de la Tierra afecta en gran medida la circulación del aire en la atmósfera. El ejemplo más claro es en los vientos alisios y contraalisios al norte y sur del ecuador. Los primeros soplan en dirección sudeste y los segundos en dirección noroeste.

El agua de los océanos está así mismo en continuo movimiento. El origen de esta circulación es también la irradiación del Sol. Hay que distinguir entre la circulación vertical, producida por la temperatura y la salinidad del agua, y la horizontal, provocada por la fuerza del viento. De las corrientes horizontales, la más conocida es la corriente caliente del Golfo, que desde el golfo de México cruza el Atlántico hasta el norte de Europa, desde donde vuelve como corriente fría hasta Canadá. En el centro del Atlántico, las corrientes van de las costas de África a las de América del Sur, para volver otra vez más al sur hacia el oriente. El Pacífico se ve cruzado de este a oeste por las corrientes norte y sur ecuatorial y más al norte y al sur en sentido contrario. Otros movimientos del agua de los océanos son las olas impulsadas por el viento y las mareas. Estas últimas son efectos de la atracción gravitacional de la Luna y el Sol. El componente principal de las mareas es debido a la Luna y tiene un período semidiurno, es decir, hay dos pleamares y bajamares al día. Debido a su proximidad, el efecto de la Luna sobre las mareas es el doble del producido por el Sol. Además de la marea de los océanos, a la que estamos más acostumbrados, existe una marea atmosférica. Ya indicamos que el efecto de esta marea influye en la generación del campo magnético externo por la ionosfera.

En conclusión, tanto la atmósfera como los océanos son sistemas dinámicos en continuo movimiento. La fuente energética en ambos casos se deriva de la irradiación del Sol y de las fuerzas gravitacionales, tanto de la Tierra como de la Luna y el Sol, y la energía de la rotación de la Tierra y su traslación alrededor del Sol. Prescindiendo del influjo de la atmósfera, el valor medio de la radiación solar sobre la superficie de la Tierra es de 340 W/m^2 (vatios por metro cuadrado). La Tierra, por lo tanto, está continuamente recibiendo energía del Sol en forma de radiación. Por otro lado, la rotación de la Tierra y su campo gravitacional son también fuentes de energía para los procesos que se dan en su superficie, lo mismo que la atracción gravitacional del Sol y la Luna. Estas fuentes de energía son las responsables de los movimientos observados tanto en la atmósfera como en los océanos.

El interior de la Tierra

El conocimiento del interior de la Tierra es algo relativamente moderno. En los siglos XVII y XVIII se especulaba con imágenes más o menos fantásticas en las que no faltaba nunca un fuego central que explicaba las erupciones volcánicas. Atanasio Kircher, jesuita profesor del Collegio Romano, publicó una obra en 1640, con el título *Mundus Subterraneus,* que tuvo una gran difusión y en la que concebía el interior de la Tierra con una serie de conductos de fuego que comunicaban un fuego central con los volcanes, y a ellos se debían tanto las erupciones como los terremotos. El hecho de que la densidad media de la Tierra sea de 5,2 g/cm^3, mientras la densidad de las rocas de la superficie no pasen de densidades de 3 g/cm^3, llevó, ya en el siglo XVIII, a concebir la Tierra con un núcleo de densidad más alta formado de mineral de hierro, lo que también explicaba la existencia del campo magnético y el hecho de que los meteoritos tuvieran un alto contenido de hierro. En la teoría propuesta por Laplace en el siglo XVIII de la formación del Sistema Solar, la Tierra se concibe como un cuerpo incandescente que ha ido enfriándose. En este proceso, el material más pesado se ha ido depositando en el centro y el más ligero en la parte más superficial. A lo largo del siglo XIX todavía no se tenía ningún tipo de observación científica que diese información sobre la estructura del interior de la Tierra. Esta información vendrá de parte de la sismología, al estudiar la naturaleza de las ondas generadas por los terremotos, al principio de este siglo.

Se puede decir que cuando hay un gran terremoto las ondas generadas por él que se propagan por toda la Tierra iluminan su interior y permiten a los que las estudian ver a través de ellas su naturaleza. Los terremotos generan tres tipos fundamentales de ondas, a saber: ondas longitudinales, llamadas ondas P; ondas transversales, ondas S, y ondas superficiales que se propagan a lo largo de la superficie. Las ondas P y S, al propagarse en el interior de la Tierra, se reflejan y refractan en las distintas capas que forman su estructura y de esta forma dan información de su interior. Las ondas superficiales también dan información de las distintas capas que forman el interior de la Tierra. Para estudiar las capas más superficiales se generan ondas de forma artificial, por medio de explosiones hechas con este fin. Estos métodos de exploración superficial se han desarrollado mucho por la industria del petróleo. Una técnica moderna que se puede aplicar a todo el interior de la Tierra es la que se conoce como tomografía sísmica. Esta metodología es semejante a la tomografía que tanto ayuda a la medicina proporcionando imágenes del interior del cuerpo humano, pero ahora aplicada al interior de la Tierra y revelando los detalles de su estructura. Hoy día se ha adelantado mucho en los métodos para estudiar el interior de la Tierra y cada vez conocemos con más detalle su estructura. De esta forma, aunque solo tenemos acceso directo a la superficie y las perforaciones más profundas solo llegan a unos pocos kilómetros, gracias a las técnicas modernas conocemos con bastante detalle todo el interior de la Tierra hasta su centro. El interior de la Tierra está formado por tres regiones concéntricas que se denominan corteza, manto y núcleo. Veamos brevemente su naturaleza.

La corteza

La parte más exterior de la Tierra la forma lo que se llama la corteza. Esta es una capa muy delgada de un espesor medio de unos 30 km y sus características varían mucho de unas zonas a otras. La diferenciación mayor es la que existe entre la corteza debajo de los océanos (corteza oceánica) y debajo de los continentes (corteza continental). La corteza está separada del manto por una superficie que se conoce como discontinuidad de Mohorovicic, o en abreviatura el Moho, en honor de su descubridor, el geofísico croata Ardrija Mohorovicic, en 1909. El espesor de la corteza varía, dependiendo de si se trata de océanos, zonas costeras, mesetas y zonas montañosas.

La corteza en los continentes, o corteza continental, tiene un espesor medio de unos 30 km. Está dividida en dos partes: la más superficial es la llamada corteza superior o corteza granítica, debido a estar formada por este tipo de roca, con un espesor de unos 20 km. Debajo está la corteza inferior, llamada también corteza basáltica, formada por rocas de basalto con un grosor de unos 10 km. Aunque se ha hablado de un grosor medio de 30 km, el espesor de la corteza continental varía de unas zonas a otras. En las regiones costeras, la corteza es más delgada, de unos 25 km, y debajo de las montañas la corteza es más gruesa, llegando hasta tener 60 km debajo de los grandes macizos montañosos del Himalaya y los Andes. En España la corteza tiene un espesor de 32 km debajo de las mesetas, aumenta a 40 km y casi 50 km debajo de las cordilleras Béticas y Pirineos y se adelgaza al acercarnos a la costa. La parte más superficial de la corteza está formada por rocas sedimentarias, como las calizas y las areniscas, formando capas de grosor variable que puede llegar a algunos kilómetros. Estas rocas se han formado por la sedimentación, en los mares junto a la costa y a veces también en lagos, de los materiales erosionados y arrastrados por los ríos. Debajo se encuentran las rocas de origen ígneo, es decir, formadas por solidificación del material fundido del interior de la Tierra. Estas rocas se dividen en las rocas graníticas de la corteza superior, ricas en sílice y formadas principalmente por silicatos de aluminio, con una densidad media de unos 2,6 g/cm^3, y las rocas basálticas en la corteza inferior con rocas pobres en sílice, rocas oscuras y pesadas, formadas principalmente por silicatos de magnesio y hierro, con una densidad de 3,2 g/cm^3. Otra característica que distingue la corteza granítica de la basáltica es la velocidad de las ondas sísmicas, que, por ejemplo, para las ondas longitudinales (ondas P), en la primera es de 6 km/s y en la segunda de 7 km/s. Hemos mencionado que debajo de las montañas el grosor de la corteza aumenta. Esto sucede sobre todo respecto a la capa granítica, que llega a tener un gran espesor de más de 40 km. La relación entre la altura de las montañas y el grosor de la corteza lleva a pensar que las montañas tienen, por así decirlo, raíces de material menos denso penetrando en el manto. Responsable de este fenómeno es el principio llamado de isostasia. Según él, la altura de las montañas se mantiene debido a la existencia de estas raíces. Es el mismo principio que hace que si ponemos bloques de madera flotando en el agua los que tienen mayor altura sobre la superficie del agua tienen también mayor profundidad debajo de ella. De forma parecida, las montañas se pueden considerar como bloques de material más ligero (granítico) flotando sobre el manto, que es de material más denso. La idea de la existencia de raíces de las montañas fue propuesta, ya en 1856, por George B. Airy al estudiar los Himalayas.

La corteza en los océanos o corteza oceánica se caracteriza por no poseer la capa granítica. Su espesor es de esta forma mucho menor que la continental, de entre 6 y 10 km. En las zonas abisales, donde la profundidad del mar es de unos 4.000 m, la corteza terrestre tiene una delgada capa de sedimentos y debajo de ella está la capa basáltica de unos 8 km de espesor. La transición de la corteza continental a la oceánica se realiza en las zonas costeras y en las plataformas continentales, en las que la capa granítica va disminuyendo de espesor hasta desaparecer. En los mares poco profundos y cerca de la costa el grosor de la corteza es un poco mayor y tiene características intermedias entre la corteza oceánica y la continental. Vemos, por lo tanto, que la corteza, tanto en espesor como en composición, es muy variada, con los dos extremos en las zonas más profundas de los océanos y debajo de las montañas más altas.

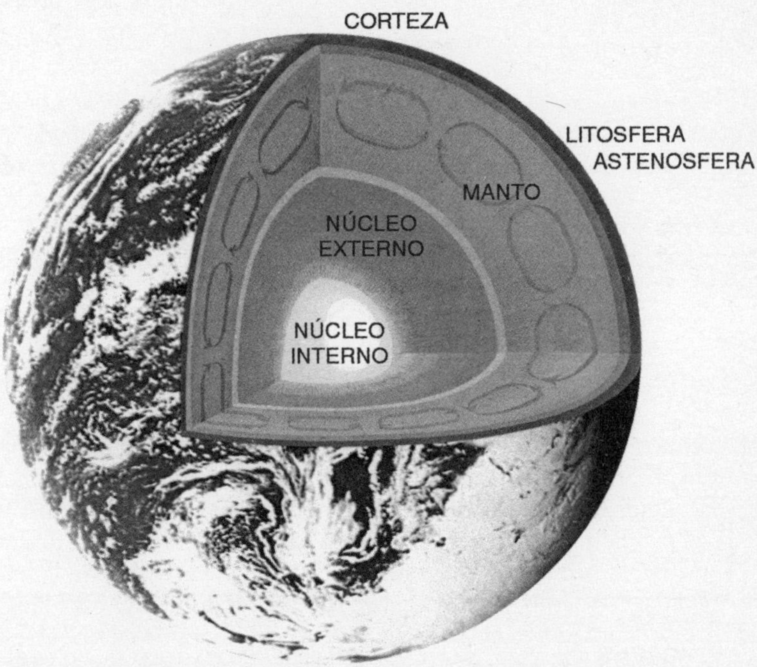

Fig. 4.6.—Regiones más importantes del interior de la Tierra: corteza, litosfera, astenosfera, manto, núcleo externo (líquido) y núcleo interno (sólido)

El manto terrestre

La región por debajo de la corteza recibe el nombre de manto terrestre y se divide en manto superior, desde el Moho hasta 700 km, y manto inferior, desde 700 km hasta la frontera con el núcleo a 2.900 km de profundidad. En el manto superior la velocidad de las ondas P aumenta de 8 a 11 km/s y la densidad de 3,3 a 4 g/cm^3. El material del manto superior es bastante homogéneo y está formado principalmente de silicatos de magnesio y hierro, semejantes a las rocas llamadas peridotitas que se encuentran en la superficie. Al aumentar la profundidad, se producen cambios en los minerales con composiciones de cada vez mayor densidad. A profundidades de 450 y 760 km existen dos cambios bruscos de los minerales que causan así mismo grandes alteraciones en la densidad y en la velocidad de las ondas P.

El manto inferior es la parte del interior de la Tierra que se extiende entre los 700 y los 2.900 km de profundidad. El material es de una relativa homogeneidad y está compuesto de silicatos y óxidos de magnesio y hierro. A medida que aumenta la profundidad, la estructura cristalina se hace más compacta por influjo del aumento en la presión, de forma que se incrementa lentamente la densidad (entre 4,4 y 5,6 g/cm^3) y la velocidad de las ondas sísmicas (entre 11,7 y 13,7 km/s para las ondas P y entre 5,9 y 7,2 km/s para las S). La temperatura dentro del manto aumenta, también, desde 1.500 a 3.000 °C. Las técnicas modernas de tomografía sísmica han demostrado que la homogeneidad de la naturaleza del material del manto inferior no es total. En él existen regiones en las que las velocidades de las ondas sísmicas son más altas y otras más bajas, con pequeñas diferencias. Estas se han asignado a cambios relativos de temperatura correspondiendo a zonas más calientes (velocidades más bajas) y más frías (velocidades más altas). La estructura de estas regiones frías y calientes es debida a la existencia de corrientes de convección dentro del manto inferior. Estas corrientes son parte de la dinámica global de la Tierra.

El núcleo

La primera determinación directa de la existencia del núcleo de la Tierra, a partir de la observación de las ondas sísmicas, se debe a Richard D. Oldham, en 1906, y la medida de su profundidad a 2.900 km, a Beno Gutenberg, en 1912. El núcleo está dividido en dos partes, el externo y el interno. A pesar de que la densidad aumenta de forma notable, pasando de 5,6 a 9,9 g/cm^3 entre la base del manto y el núcleo externo, la velocidad de las ondas P disminuye a 8,1 km/s y las ondas S no se propagan en él. La razón de esto último reside en que el material del núcleo externo está en forma fluida, es decir, se encuentra en estado de fusión, y en un fluido no pueden propagarse ondas transversales. La parte más interior del núcleo, o núcleo interno, es sólida, con un radio de 1.216 km. La temperatura sigue aumentando en su interior hasta valores entre 5.000 y 7.000 °C. El material del núcleo es bastante homogéneo y está formado por un 90 por 100 de hierro y el 10 por 100 restante de minerales más ligeros como níquel, silicio, azufre y carbono. La presencia de estos elementos es mayor en el núcleo externo, lo que hace que disminuya el punto de fusión y de esta forma el material se encuentra en dicho estado. Debido al aumento de presión cerca del centro de la Tierra, el material del núcleo interno vuelve a ser sólido y en él aumentan la densidad (13,1 g/cm^3) y las velocidades de las ondas sísmicas (P = 11,3 km/s, y S = 3,7 km/s). La zona de transición entre el manto sólido y el núcleo externo líquido, en la que el material cambia drásticamente de composición, es de gran interés y tiene una gran inhomogeneidad, con una topografía desigual que llega a alcanzar desniveles de 300 km. Dentro del núcleo externo se generan, en el material fundido de hierro, corrientes de convección que son las que dan origen al campo magnético terrestre, como ya hemos mencionado. Estas corrientes dan origen a zonas más calientes y más frías dentro del núcleo externo, que han sido localizadas recientemente con los estudios de tomografía sísmica. También se ha detectado en el núcleo interno una fuerte anisotropía debida a una alineación de los cristales del mineral de hierro a lo largo del eje de rotación de la Tierra. Cuando las propiedades de un material son las mismas en cualquier dirección este se conoce como material isótropo. Cuando las propiedades varían con la dirección se dice que existe anisotropía, es decir, falta de isotropía. La anisotropía del núcleo interno consiste en propiedades especiales en la dirección paralela al eje de rotación de la Tierra. Anisotropía existe también en otras regiones de la Tierra como la corteza y el manto. Este conocimiento tan detallado de la naturaleza del interior del núcleo terrestre solo ha sido posible muy recientemente con los modernos métodos de observación sismológica.

El calor de la Tierra

Ya se ha mencionado anteriormente la distinta temperatura a la que se encuentran las diversas partes de la Tierra. Por ejemplo, hemos hablado de las grandes temperaturas en el interior de la Tierra, que pueden llegar en el núcleo interno hasta los 7.000 °C. Podemos preguntarnos ahora cuál es el origen de este calor. En el siglo pasado se suponía que el calor de la Tierra era el calor residual de su formación a partir de una masa incandescente, de acuerdo con la teoría de Laplace de la formación de los planetas a partir de la nebulosa solar. Esto llevó en el siglo XIX a una controversia entre físicos y geólogos. Uno de los primeros, Lord Kelvin, calculó que la Tierra habría tardado en enfriarse entre veinte y ochenta millones de años. Esto era muy poco tiempo para explicar los procesos geológicos de erosión, sedimentación y formación de montañas y la evolución de los seres vivos, que necesitaban, por lo menos, cientos de millones de años. Como entonces no se conocía ninguna manera de generar calor en el interior de la Tierra, la situación parecía llevar a una contradicción entre el tiempo requerido por la geología y el que permitía la física. La controversia no se resolvió hasta el descubrimiento de la radiactividad a principios de este siglo. La desintegración de material radiactivo produce calor, y de esta forma el calor actual de la Tierra no tiene por qué ser calor residual de su formación a partir de un cuerpo incandescente.

La temperatura en el interior de la Tierra aumenta con gran rapidez. En las minas profundas se ha observado que la temperatura aumenta un grado por cada 30 metros de profundidad. Este calor interno de la Tierra resulta en la existencia de un flujo de calor en la superficie, con un valor medio de 40 mW/m^2 (la unidad de flujo de calor es el vatio por metro cuadrado). El aumento de temperatura observado cerca de la superficie, que corresponde a unos 30 °C por kilómetro, daría unas temperaturas excesivamente altas para solo 1.000 km de profundidad. Por lo tanto, este aumento tan rápido se da solo en los primeros 100 km, a cuya profundidad la temperatura es de unos 1.500 °C. Desde esa profundidad hasta el núcleo interno, la temperatura aumenta gradualmente hasta alcanzar unos 7.000 °C. Este perfil de temperaturas del interior de la Tierra está bastante bien fundamentado, aunque no lo conozcamos con la precisión con que sabemos la distribución con la profundidad de otras propiedades, como la densidad.

A través de toda su superficie, la Tierra está perdiendo continuamente calor. Esta pérdida de calor interno continuo se llama flujo geotérmico y tiene un valor medio de 80 mW/m^2. Apenas hay diferencia entre el flujo térmico en los océanos y los continentes. Sin embargo, sí hay zonas anómalas en las que este flujo puede ser hasta cinco veces mayor. Esto sucede, sobre todo, en las zonas volcánicas, en las que el valor puede llegar en algunos sitios a 500 mW/m^2. En España, un lugar de fuerte flujo térmico se encuentra en las islas Canarias, por ejemplo, en concreto en la isla de Lanzarote.

La distribución de temperatura en el interior de la Tierra y los valores del flujo de calor en su superficie están vinculados a la historia térmica de la Tierra. Como ya hemos mencionado, los primeros modelos de evolución de la Tierra, deducidos a partir de la teoría de la nebulosa solar de Laplace, suponían que la Tierra se había formado originalmente como un cuerpo incandescente que luego se había ido enfriando. Hoy se acepta que la Tierra se formó por la agregación de cuerpos y polvo en torno al Sol; por lo tanto, como un cuerpo relativamente frío. Debido a la compresión gravitacional y el calor producido por los elementos radiactivos, sobre todo los de corto período, la Tierra se calentó rápidamente, produciendo una fusión generalizada en su interior. El material más pesado se fue depositando en las profundidades, formando el núcleo, y quedando los materiales más ligeros en la parte más superficial. A esta etapa, que pudo haber durado cerca de mil millones de años, se sigue un tiempo de equilibrio térmico en el que el calor, producido por la radiactividad de elementos de largo período, se ve contrapesado por el enfriamiento progresivo y un fuerte flujo térmico hacia el exterior. En esta etapa las corrientes de convección térmica en el manto eran muy intensas y el flujo térmico en la superficie podría haber tenido valores más de cinco veces superiores al actual. La época reciente, que abarca los últimos cuatro mil millones de años, se caracteriza por un lento enfriamiento y el decrecimiento del flujo térmico. Durante este tiempo se produce un engrosamiento de la litosfera y la creación de nuevo suelo oceánico que favorece el enfriamiento de la parte superficial. La situación actual es, por lo tanto, de lento enfriamiento, favorecido por las corrientes de convección, pero en el que se sigue generando calor, a partir de la lenta desintegración de isótopos radiactivos de largo período.

La Tierra, un planeta vivo

Las distintas regiones del interior de nuestro mundo tienen movimientos del material que las forma, lo que le convierte, por así decirlo, en un planeta vivo. Esto es más que una metáfora, ya que la dinámica y movimiento del material de la Tierra tiene una relación con el origen y mantenimiento de la vida sobre ella. Si miramos a la Luna, esta no tiene ni océanos ni atmósfera. Su superficie está marcada por el impacto de los asteroides y meteoritos que han chocado contra ella y ningún proceso ha borrado como en la Tierra las marcas de estos impactos. La Luna se puede considerar como un astro muerto. Marte, aunque no se puede considerar como un planeta muerto, su contraste con la Tierra es también muy grande. En Marte no hay océanos y solo, al parecer, agua en forma de hielo en los casquetes polares; apenas hay una atmósfera muy tenue formada por CO_2, lo que permite la observación sin dificultad de su superficie desde la Tierra. Hasta ahora todos los intentos de encontrar vestigios de vida en Marte han sido inútiles. Los demás planetas son todavía menos propicios para la vida.

Terremotos y volcanes

Hemos visto cómo las capas gaseosa (atmósfera) y líquida (océanos) que cubren la Tierra están en un continuo movimiento. En contraste, la parte sólida nos parece estable y no sujeta a movimientos. Esto no es más que una apreciación aparente, y veremos cómo la parte sólida de la Tierra está también sujeta a continuos movimientos y procesos dinámicos. Así como los movimientos de la atmósfera y del mar nos son bien evidentes por su velocidad e intensidad, los de la parte sólida de la Tierra son mucho más lentos y deben ser conocidos a partir de sus consecuencias. Las dos más notables, y a veces con efectos catastróficos, de los procesos dinámicos que afectan a la parte sólida de la Tierra son los terremotos y las erupciones volcánicas.

Los terremotos están producidos por la fractura súbita de la corteza terrestre, debida a la acumulación de esfuerzos tectónicos. Estos esfuerzos son a su vez consecuencia del movimiento de las placas en las que está dividida la litosfera, como veremos más adelante. Continuamente se están produciendo terremotos, aunque estos solo acaparan la atención pública cuando suceden cerca de zonas urbanas, causando grandes daños y pérdidas de vidas humanas, como los recientes de Turquía y Taiwan. El tamaño de un terremoto se mide por su intensidad, fuerza con la que se siente en su cercanía, y su magnitud, medida de la energía liberada en el foco. Los grados de intensidad se designan por números romanos del I al XII. A partir del grado III son sentidos por todos y a partir del grado VIII producen daños a los edificios. La magnitud se mide por la escala originalmente diseñada por Charles F. Richter, y la máxima es de 8,5 a 9, dependiendo de la escala utilizada. En términos de energía, un grado más en la escala equivale a 3.000 veces más energía liberada. La causa de los terremotos está en los esfuerzos tectónicos, es decir, los que ocasionan las deformaciones de la corteza terrestre, produciendo plegamientos y fracturas y, por lo tanto, dando origen a las cadenas montañosas y otros accidentes. Estos esfuerzos producen, en un momento dado, el que la corteza se rompa, y este proceso constituye un terremoto. El tamaño de la fractura varía de unos cientos de metros para terremotos muy pequeños a varios cientos de kilómetros en los más grandes. El terremoto de Chile de 1960 produjo una fractura, a lo largo de toda la costa, de cerca de mil kilómetros, y el de San Francisco de 1906, una de más de 300 km. Al producirse un terremoto se generan ondas elásticas que se propagan por toda la Tierra. En la cercanía del foco estas ondas producen aceleraciones del suelo que llegan a superar la de la gravedad, causando de esta forma grandes daños a los edificios y estructuras.

La distribución geográfica global de los terremotos muestra que estos están concentrados en zonas muy concretas que se llaman sísmicamente activas, mientras que el resto lo forman las zonas estables donde los terremotos son muy raros. Las zonas activas coinciden con los bordes de las placas de la litosfera. Un mapa de epicentros (proyección del foco sísmico sobre la superficie) muestra de forma clara la situación de los bordes de las placas. La zona sísmica que afecta a España está formada por el borde entre las placas de Eurasia y África, y el movimiento relativo de estas dos placas es el causante de los terremotos que se producen en el Mediterráneo. Otras zonas sísmicas activas son el borde del Pacífico, tanto en la parte del oeste de América del Norte, Central y del Sur como en la parte este, islas Aleutianas y Kuriles, Japón, Filipinas y los arcos de islas del Pacífico Sur. Desde el extremo del Mediterráneo hasta el Pacífico se encuentra una región activa que sigue en dirección de Oeste a Este desde el Cáucaso por el Himalaya y el sur de China. Los terremotos se producen a distinta profundidad. Los más numerosos son superficiales, a menos de 30 km de profundidad. Los terremotos más profundos, que pueden llegar hasta los 700 km, se dan solo en zonas muy concretas que están relacionadas con fenómenos especiales en los que la litosfera se introduce dentro del manto.

La ocurrencia de los terremotos es bastante estable. Todos los años se producen dos o tres terremotos de magnitud mayor que 8, unos veinte de magnitud 7, unos ciento cincuenta de magnitud 6 y más de diez mil de magnitud 4. Para comprender la energía liberada por un terremoto se puede comparar con la de una explosión nuclear. Una explosión de cinco megatones (un megatón es un millón de toneladas de explosivo convencional TNT), como la realizada en Alaska en 1971, produjo una liberación de energía equivalente a un terremoto de magnitud 7. La energía de un terremoto de magnitud 8 es tres mil veces mayor, es decir, equivaldría a la explosión simultánea de tres mil de estas bombas. La energía liberada por todos los terremotos durante un año es equivalente al consumo mundial de energía durante el mismo tiempo y a una explosión de aproximadamente seis mil megatones. Esto nos da una idea de la enorme energía liberada por los terremotos que nos descubren también la magnitud de los procesos dinámicos que tienen lugar en el interior de la Tierra sólida.

Otro fenómeno que nos está indicando el carácter dinámico de la Tierra es el de las erupciones volcánicas. La erupción de un volcán está formada por el afloramiento a la superficie de material fundido procedente del interior, generalmente del manto superior. Las imágenes espectaculares de las grandes erupciones volcánicas, que arrojan en poco tiempo grandes cantidades de lava fundida y nubes de ceniza que llegan a formar columnas de hasta 30 km de altura, nos dan una indicación de los fenómenos térmicos de su interior. La mayoría de los volcanes están situados en los márgenes entre placas, aunque en algunos casos existen volcanes en el interior de las placas, como los de las islas Hawai en el centro del Pacífico. Puede parecer que solo son los volcanes los que nos dan una indicación de que el interior de la Tierra está caliente, pero esto no es así. Como ya vimos al hablar del calor de la Tierra, esta pierde calor continuamente a través de su superficie.

Dinámica de la litosfera

Las primeras teorías geológicas del siglo pasado sobre el origen de las montañas se basaban en la teoría del enfriamiento y contracción de la Tierra. El resultado era que en la corteza solo podía haber movimientos verticales de levantamientos de continentes y montañas y hundimientos en mares y océanos. La primera idea de que los continentes se habían movido horizontalmente fue propuesta en 1912 por Wegener y fue al principio recibida con mucha oposición. No es hasta los años sesenta que una enorme cantidad de nuevos datos y observaciones geofísicas y geológicas demostraron que, en efecto, Wegener tenía razón, al decir que los continentes se han desplazado horizontalmente en el pasado y lo siguen haciendo hoy. Uno de los fallos de Wegener fue que no propuso un mecanismo plausible del movimiento de los continentes. Esto se ha corregido en las teorías modernas que están vinculadas al movimiento de las placas litosféricas y que se conoce como la tectónica de placas.

En los procesos tectónicos que han dado origen a la distribución de continentes y océanos y la formación de las montañas toman parte activa tanto la

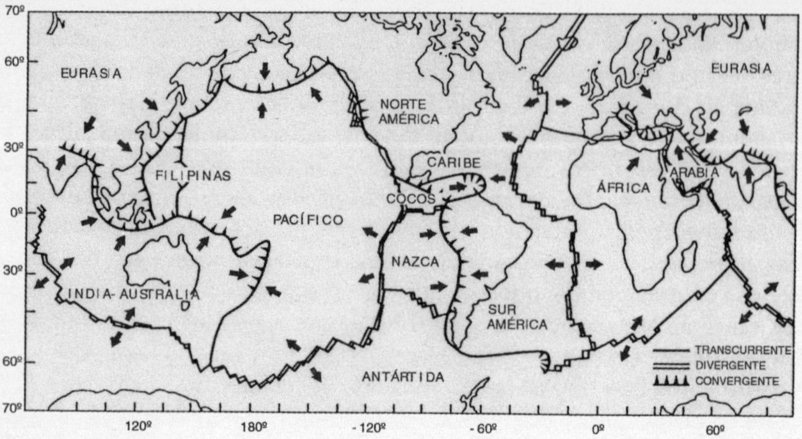

Fig. 4.7.—Distribución de las principales placas litosféricas. Naturaleza de los bordes de placas y dirección de su movimiento. La velocidad de su movimiento varía entre 1 y 6 cm/año

corteza como el manto superior. Para explicar estos procesos se han introducido modernamente dos nuevas divisiones de las capas superficiales de la Tierra, a saber, litosfera y astenosfera. Estas dos capas están relacionadas con la tectónica de placas que explicaremos más adelante. La litosfera está formada por los primeros 100 km y, por lo tanto, abarca la corteza y parte del manto superior. Su espesor no es uniforme y varía de unos 60 km debajo de los océanos a 120 km en los continentes. La litosfera, o capa pétrea, está formada por un material más rígido y frío, su límite inferior tiene una temperatura de 1.500 °C (grados centígrados) y las velocidades de las ondas P y S son relativamente altas. Por debajo de la litosfera se encuentra la astenosfera, o capa débil, en la que, debido a la mayor temperatura, el material está en estado de semifusión con un alto grado de plasticidad y viscosidad. En esta capa las ondas sísmicas tienen velocidades más bajas que en la litosfera. El límite inferior de la astenosfera está situado a unos 120 km de profundidad en los océanos y 200 km en los continentes. El sistema litosfera/astenosfera es fundamental para la explicación de la dinámica del movimiento de las placas, como se verá más adelante. En efecto, la rigidez de la litosfera y la viscosidad de la astenosfera permite que la primera se deslice horizontalmente por encima de la segunda.

La tectónica de placas

La litosfera está dividida en seis placas principales denominadas Eurasia, África, América (a veces dividida en dos, América del Norte y del Sur), Pacífico, Indo-Australia (a veces dividida en dos, India y Australia) y Antártida.

Otras placas más pequeñas son la de Nazca, Cocos, Caribe, Arabia, Filipinas, Anatolia y Somalia. Otras placas más pequeñas aún reciben el nombre de subplacas o microplacas, que pueden tener un movimiento más o menos independiente. Las placas no tienen la misma extensión que los continentes, sino que abarcan tanto parte continental como oceánica. Por ejemplo, la placa de África abarca hasta la mitad del Atlántico y del Índico y ninguno de sus bordes coincide con los del continente. En los bordes de las placas se producen terremotos como consecuencia de su movimiento relativo y en ellos se encuentran muchas veces volcanes activos. El movimiento relativo de las placas que están en contacto determina el tipo de proceso que se da en los márgenes de placas. Estos procesos se pueden dividir en tres tipos. En unos las placas se separan una de la otra y en el espacio que queda se va generando nueva litosfera oceánica. Esta generación se produce, sobre todo en las dorsales oceánicas, por la salida de material fundido procedente del interior del manto en fenómenos volcánicos. En otros márgenes, las placas se juntan chocando entre

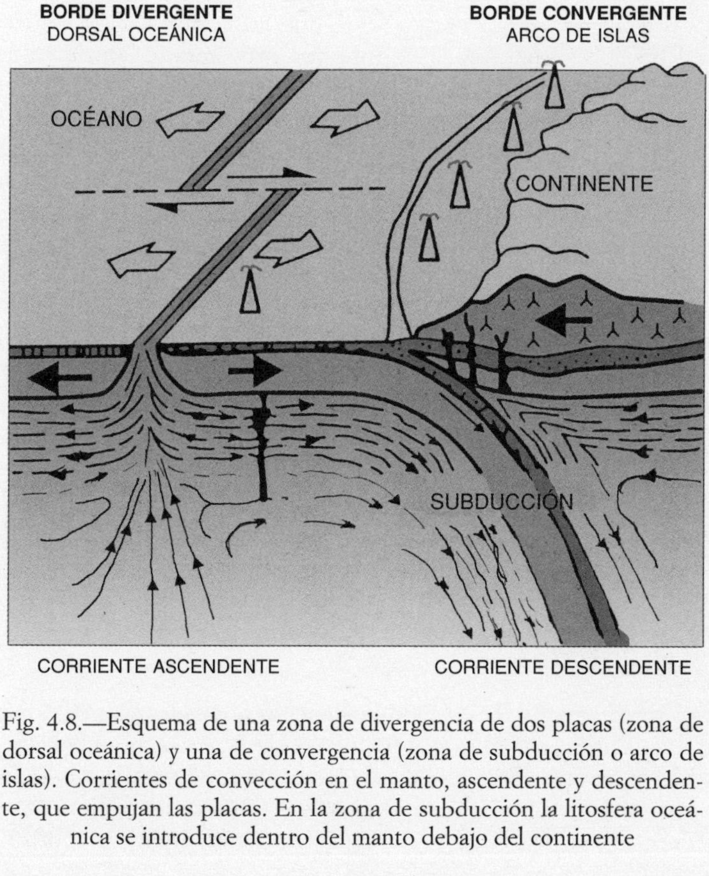

Fig. 4.8.—Esquema de una zona de divergencia de dos placas (zona de dorsal oceánica) y una de convergencia (zona de subducción o arco de islas). Corrientes de convección en el manto, ascendente y descendente, que empujan las placas. En la zona de subducción la litosfera oceánica se introduce dentro del manto debajo del continente

sí. En este caso, si una de las dos placas tiene litosfera oceánica, el material oceánico se introduce por debajo del continental en un proceso que se llama subducción. Este proceso se produce, sobre todo, en las zonas de arcos de islas, como los del océano Pacífico, en las que existe también abundante vulcanismo. Por último, las placas en contacto pueden deslizarse horizontalmente una paralela a la otra. Por ejemplo, en el Atlántico, desde Azores a Gibraltar, la placa de Eurasia se desliza hacia el Este con respecto a la de África. Las dos se separan de la de América, abriéndose el Atlántico y creándose nueva litosfera oceánica en lo que se conoce como la dorsal Centroatlántica, una cordillera de montañas submarinas de naturaleza volcánica que divide el Atlántico de Norte a Sur por su centro. En el Mediterráneo, las dos placas de Eurasia y África chocan entre sí y parte de la litosfera oceánica de la placa de África se introduce por debajo de la continental de Eurasia en las zonas de subducción de Sicilia-Calabria y del Arco Helénico. En estas dos regiones se producen abundantes terremotos hasta profundidades de 300 km y forman las regiones sísmicas más activas del Mediterráneo.

La velocidad del movimiento de las placas varía de unos sitios a otros y es entre 0,2 y 6 cm por año. Hemos dicho que en la dorsal Centroatlántica la placa de Eurasia se separa de la de América, moviéndose la primera hacia el Este y la segunda hacia el Oeste. Si la velocidad ha sido constante de 6 cm/año y la distancia de la costa de Portugal a la de América es de 12.000 km, quiere decir que las dos costas estaban juntas hace 200 millones de años. Por otro lado, las investigaciones del Paleomagnetismo, como ya hemos mencionado, han confirmado que, en efecto, hace 200 millones de años no solo América y Eurasia, sino todos los continentes, estaban unidos formando un único continente al que se ha dado el nombre de Pangea. A partir de esa fecha los continentes han ido desplazándose unos respecto a los otros hasta llegar a la situación que tienen ahora. El movimiento es lento pero sigue siendo activo, con lo que, dentro de millones de años, la distribución de los continentes será distinta a la que es ahora. Por otro lado, la litosfera continental se mantiene prácticamente constante a lo largo del tiempo, mientras que la oceánica se va destruyendo en las zonas de subducción y creándose de nuevo en las dorsales oceánicas. La razón de la estabilidad de la litosfera continental es la presencia de la capa granítica de menor densidad en la corteza que está ausente en la corteza de los océanos.

Deriva de los continentes

Desde muy antiguo ha llamado la atención que la forma de las costas del Atlántico, de Europa y África, por un lado, y de América, por el otro, parecen encajar perfectamente. Esto ha llevado a elucubrar sobre si en un tiempo del pasado no habrían estado unidas. Numerosos estudios de distinto tipo, como del paleoclima y la distribución de las glaciaciones, vienen a confirmar este

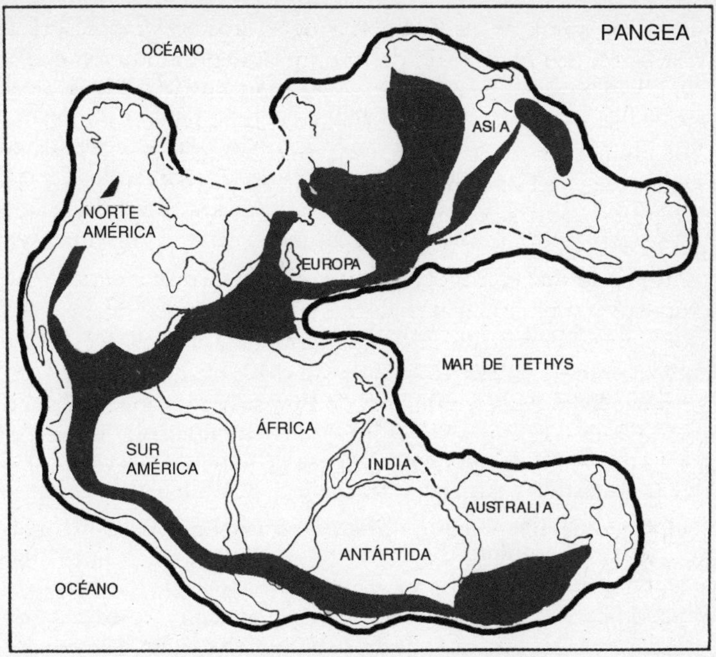

Fig. 4.9.—Reconstrucción de la unión de todos los continentes en el único continente Pangea hace unos 300 millones de años. La zona sombreada corresponde a las antiguas cadenas montañosas formadas antes de hace 250 millones de años

hecho. Quizá han sido los estudios de paleomagnetismo, del que hemos hablado anteriormente, los que han apoyado con datos experimentales definitivos el hecho de que los continentes se han movido unos con respecto a otros. En los estudios de paleomagnetismo, utilizando rocas recientes de cualquier continente, siempre se obtiene la misma posición para el polo magnético que coincide aproximadamente con la posición actual. Sin embargo, al determinar para una misma época del pasado, hace millones de años, la situación del polo magnético, se encuentra que rocas de dos continentes distintos dan resultados distintos. Esto implica que en aquella época los continentes no tenían la misma posición relativa que la que tienen ahora y, por lo tanto, se han desplazado unos con respecto a otros en el pasado. Por ejemplo, la posición del polo magnético determinado a partir de las rocas de Eurasia y América, a medida que nos alejamos de la época actual en la que los polos coinciden, empiezan a separarse en dos trayectorias distintas de los polos magnéticos. Esto indica que hace más de 180 millones de años América y Eurasia estaban unidas cerrando el Atlántico y se fueron separando después y abriéndose el Atlántico hasta su posición actual.

La reconstrucción de la situación de los continentes en el pasado y su movimiento relativo se conoce hoy con bastante exactitud. Hace aproximadamente 200 millones de años todos los continentes estaban juntos formando un único continente, al que ya Wegener había llamado Pangea (es decir, toda la tierra). Por lo tanto, no existía el océano Atlántico y la costa este de América estaba unida a las costas occidentales de Europa y África. Todos los continentes del Sur, África, India, América del Sur, Australia y Antártida, estaban también unidos, formando un solo bloque al que se llama Gondwana, y separados, en parte, de los del Norte, Eurasia y América del Norte, que formaban el bloque de Laurasia, por un mar llamado Tethys. Hace unos 180 millones de años empieza a romperse el continente de Pangea y a separarse, por un lado, América del Norte de Eurasia y la India de la Antártida. Hace 135 millones de años continúa la apertura del océano Atlántico con la separación de Eurasia de América del Norte y por el mismo tiempo comienza la de África de América del Sur. India, por su parte, sigue desplazándose hacia el Norte alejándose de la Antártida y Australia. Hacia hace 60 millones de años se producen los procesos que dan como resultado la actual configuración de los continentes, apertura completa del Atlántico, separación de Groenlandia de Eurasia, incorporación de la India al sur de Eurasia, dando en este choque como resultado la cadena de los Himalayas, separación de Australia de la Antártida, Madagascar de África y cierre del antiguo océano Tethys, quedando como residuos de este antiguo mar los actuales mares Mediterráneo, Negro y Caspio. Este movimiento de las placas continúa hoy, aunque por su lentitud, entre 1 y 6 cm por año, no lo apreciamos.

La interacción de unas placas con otras es también el origen de las cadenas montañosas. Aunque en cada caso la situación es distinta, un proceso muy común de la formación de una cadena montañosa es el siguiente. La erosión de los continentes por acción del agua y el viento depositan en las zonas costeras grandes cantidades de sedimentos que se van acumulando en el fondo del mar. Si la costa está situada en un margen de colisión de placas, el empuje de la placa oceánica hace que los sedimentos se plieguen y fracturen y terminen por amontonarse y elevarse sobre el borde continental formando una cadena de montañas. El plegamiento y levantamiento de los sedimentos suele ir acompañado de fenómenos volcánicos. La erosión posterior da a las montañas el aspecto que hoy tienen. Un ejemplo de este tipo de proceso es la gran cadena montañosa de los Himalayas, que se forman por empuje hacia el Norte de la placa de la India contra el borde inferior de Eurasia. En este choque fenomenal, los sedimentos marinos depositados frente a la costa se plegaron formando las altas montañas que hoy nos impresionan tanto. Un origen similar, pero a un nivel más moderado, es la formación de los Alpes, debida al choque de la pequeña placa de Italia empujada por África contra el borde sur de Europa. Parecido origen es el de la cadena de montañas de todo el borde oeste de las dos Américas, que se formaron por el choque de la placa del Pacífico al Norte, y al Sur en el caso de los Andes de la placa más pequeña de

Nazca, en movimiento hacia el Este, mientras que América se mueve hacia el Oeste como resultado de la apertura del Atlántico. En los Andes, los fenómenos volcánicos son muy abundantes y los picos más altos corresponden a grandes volcanes, muchos de ellos todavía hoy activos.

La pregunta que nos podemos hacer ahora es cuál es el origen o mecanismo de este movimiento de las placas. La complejidad de contestar a esta pregunta satisfactoriamente fue una de las dificultades mayores que tuvo Wegener para que se aceptase su teoría de la deriva de los continentes. Ya hemos insistido que no son los continentes los que se mueven, sino toda la litosfera rígida que resbala por encima de la astenosfera viscosa. Los continentes pueden considerarse como superpuestos encima de la litosfera y se mueven arrastrados por ella, como en una cinta transportadora. De todas formas, tiene que haber un mecanismo que mueva la litosfera, de forma que sus diversas placas se desplacen unas con respecto a otras. Aunque se han propuesto varios mecanismos, el fundamental consiste en las corrientes de convección térmica en el interior del manto. El símil más sencillo de cómo funcionan estas corrientes, como ya vimos al hablar del origen del campo magnético, es el observar el movimiento del agua en un recipiente calentado por debajo antes de que hierva. El agua más caliente del fondo sube a la superficie y la más fría de la superficie baja hasta el fondo, estableciéndose de esta forma corrientes térmicas que se llaman de convección. Lo mismo sucede en la Tierra, cuyo interior, como ya hemos visto, está mucho más caliente que su superficie. Este calor interno de la Tierra es la fuente de energía detrás del movimiento de las placas de la litosfera. La litosfera puede considerarse como un material relativamente frío, a menos de 1.300 grados, mientras que por debajo el material del manto está más caliente. Como a medida que nos adentramos en el manto el calor aumenta, se establecen corrientes de convección térmica, que finalmente arrastran las placas de la litosfera. La forma de estas corrientes depende de la misma distribución de los continentes. Las zonas de extensión, es decir, las dorsales centrooceánicas, corresponden a las zonas donde afloran las corrientes ascendentes, en las que llega a la superficie material caliente del interior. Las zonas de subducción, en las que se hunde la litosfera oceánica, corresponden a las corrientes descendentes, en la que el material frío de la litosfera es arrastrado hacia el interior del manto. La velocidad de estas corrientes es similar a la del desplazamiento de las placas, es decir, entre 1 y 6 cm/año. La deriva de los continentes es, por lo tanto, la expresión en la superficie de procesos que tienen lugar en el interior de la Tierra.

Movimiento y corrientes en el manto y núcleo

Al hablar del interior de la Tierra hemos dicho que el material que forma el manto es sólido. Sin embargo, esto no impide que en él se den también corrientes de material producidas por las diferencias en temperatura entre su parte más interior y la más superficial. Por debajo de la astenosfera, la temperatura es aproximadamente de unos 1.500 grados, mientras que en la base del manto, en la frontera con el núcleo, es de unos 3.000 grados. A estas temperaturas, el material sólido del manto, formado por silicatos de hierro y magnesio, tiene características de una cierta viscosidad que le permite un flujo a velocidades muy pequeñas, del orden de las detectadas en el movimiento de las placas, es decir, de centímetros por año. Estas corrientes eran hasta hace poco tiempo una pura elucubración, sin apenas base de observación. Sin embargo, en los últimos años el estudio de la propagación de las ondas sísmicas en el interior de la Tierra ha permitido detectar suficientes indicios de la existencia de estas corrientes. En efecto, los métodos modernos de tomografía sísmica, que ya hemos mencionado, permiten detectar en todo el interior del manto zonas donde la velocidad de las ondas es mayor y otras en las que es menor, en una pequeña proporción del 1 o 2 por 100. Las zonas de mayor velocidad se interpretan como zonas más frías y las de menor velocidad como zonas más calientes. Al aumentar la temperatura, el material se vuelve más viscoso y la velocidad de las ondas sísmicas disminuye. El estudio detallado de estas regiones más frías y más calientes dan como resultado el detectar las corrientes de material en todo el manto terrestre. Las regiones de material más frío corresponden a las corrientes de convección descendentes, y las más calientes, a las ascendentes. Se ha podido correlacionar la situación de estas corrientes con las zonas de extensión y de subducción en la superficie, lo que nos descubre que los movimientos de las placas en la superficie tienen su origen en procesos más profundos que abarcan todo el manto.

Ya vimos cómo el material en el núcleo externo está en estado fluido, por lo que no es de extrañar que en él se den también corrientes de convección térmica, con más facilidad que en el manto. La diferencia de temperatura entre la superficie del núcleo externo y su parte más interior en la frontera con el núcleo interno es de más de mil grados. Ya hemos mencionado que el material del núcleo está prácticamente formado por hierro fundido. Las corrientes generadas en este material son más rápidas que las del manto y se calcula que pueden ser del orden de centímetros por hora, esto es, unas diez mil veces más rápidas que el movimiento de las placas en la superficie. Como ya dijimos, el efecto más importante de este movimiento del material del núcleo externo es la generación del campo magnético terrestre. Sobre estas corrientes influye el movimiento de rotación de la Tierra, de forma que el campo magnético generado corresponde en su mayor parte al de un dipolo magnético, en una dirección cercana a la del eje de rotación. Para sustentar el campo magnético han de mantenerse las corrientes de convección y, por lo tanto, el gradiente térmico, es decir, la diferencia entre la temperatura entre su superficie y su interior, que, como dijimos, se supone que es de más de mil grados. Como ya hemos visto, el núcleo interno es sólido debido a las altas presiones a las que está sometido el material en su interior.

ORIGEN Y FORMACIÓN DE LA TIERRA

Después de haber visto de forma muy breve las características más importantes de la estructura de la Tierra y de los procesos dinámicos en su interior, tenemos que considerar finalmente su origen e historia. Los planetas en torno al Sol tienen su origen en la nube de gas y polvo que rodeaba al Sol, después que este fuera formado a partir del mismo material. El Sol, como toda estrella, nace del colapso de este tipo de nube, concentrando la mayor parte de la masa en su centro y originando temperaturas por encima del millón de grados. No todo el material de la nube se concentró en el Sol y la parte restante se situó en un disco de gas y polvo en torno a él. Por aglutinación o accreción (este es el término usado por los astrónomos y geofísicos), las partículas de polvo se fueron uniendo para formar pequeños cuerpos como los asteroides, a los que se ha dado el nombre de planetesimales. Poco a poco, por repetidos choques, estos van creciendo en tamaño. En el caso de la nube en torno al Sol o nebulosa solar, las partículas más pesadas estaban más cerca de él, y las más ligeras, formadas prácticamente de gases, en la más exterior. Esto explica el que los planetas interiores, como Mercurio, Venus, Tierra, Luna y Marte, estén formados por material más pesado, y los más exteriores, Júpiter, Saturno, Urano y Neptuno, por material más ligero.

Hace aproximadamente 4.550 millones de años, el tamaño de la Tierra, que había ido creciendo a partir de estos pequeños planetesimales procedentes de la nebulosa solar, ya era prácticamente el actual. Fría en su origen, la Tierra se fue calentando en su interior, debido a la energía producida por los choques, la fuerza gravitacional y el calor de los elementos radiactivos. Estos procesos llevan a que la Tierra llegue a estar casi fundida en su interior a excepción de una delgada corteza. En esta situación se inicia el proceso de diferenciación gravitacional, concentrándose el material pesado hacia el interior para formar el núcleo. Este, por lo tanto, se forma en una época muy temprana de su historia. El fenómeno más importante que afecta a la Tierra en esta época es la formación de la Luna. Su tamaño relativo con respecto a la Tierra y su órbita prácticamente circular hace de nuestro satélite un caso muy particular. Hasta fechas recientes, las teorías sobre el origen de la Luna se dividían en dos tipos, las de la captura de un pequeño planeta por la Tierra y las que suponían que el paso cercano de un astro habría arrastrado parte del material de la Tierra para formarla. Estas dos hipótesis han sido modernamente descartadas y las teorías actuales favorecen el origen de la Luna por el choque de un planetesimal de suficiente tamaño, aproximadamente como Marte, con la Tierra que habría arrastrado parte del material de esta para formar la Luna. Como el material selenita es muy parecido al del manto de la Tierra, este choque habría sucedido después de la formación del núcleo terrestre, es decir, hace aproximadamente 4.500 millones de años. Este catastrófico encuentro habría alterado de forma sustancial la formación de la Tierra y puede ser el origen de que la capa granítica de la corteza continental no cubra toda la superficie. Este choque no es el único, y se supone que en la primitiva historia de la Tierra numerosos impactos con asteroides de menor tamaño siguieron sucediendo. Uno de ellos debió de ser el responsable de la inclinación del eje de rotación de la Tierra con respecto al plano de la eclíptica. Estos choques con meteoritos han continuado, aunque con menor frecuencia, a lo largo de la historia más reciente de la Tierra. Algunos de estos impactos se han correlacionado con extinciones de seres vivos, como el que se supone causó la desaparición de los dinosaurios, al final del período Cretáceo, hace 65 millones de años. El más reciente, cuyo cráter se conserva todavía, con un diámetro de dos kilómetros y una profundidad de 150 metros, ocurrió en Arizona hace unos diez mil años.

Las rocas más antiguas que se conservan en la Tierra tienen una edad de unos cuatro mil millones de años. Esto quiere decir que en esa época ya se habían formado las rocas de los continentes. El estudio de la edad de las rocas a partir de los fósiles que se encuentran en ellas ha llevado a la división de las edades geológicas. Las eras son la Primaria o Paleozoico, hace 570 Ma (millones de años); Secundaria o Mesozoico, hace 225 Ma; Terciaria, hace 65 Ma, y Cuaternaria, hace 2 Ma. El tiempo anterior al Paleozoico se divide en el Arqueozoico, hace 3.200 Ma, y el Proterozoico, 2.500 Ma. Cada era se divide, a su vez, en períodos: el Paleozoico, en Cámbrico, Ordoviciense, Silúrico, Devónico, Carbonífero y Pérmico; el Mesozoico, en Triásico, Jurásico y Cretáceo; la era Terciaria, en Paleoceno, Eoceno, Oligoceno, Mioceno y Plioceno, y la era Cuaternaria, en Pleistoceno y Reciente. Esta división nos permite situar la evolución de la vida sobre la Tierra. Las primeras bacterias pudieron aparecer hace unos 3.500 Ma; los primeros animales pluricelulares, hace 700 Ma; los vertebrados y plantas, hace 500 Ma; los reptiles, y entre ellos los dinosaurios, hace 300 Ma; los mamíferos, 150 Ma, y finalmente, el hombre, hace unos dos millones de años.

Una de las características de la Tierra, que la hacen tan propicia para la presencia de la vida sobre ella, es la existencia de gran abundancia de agua tanto en los océanos como en la atmósfera. El origen de la atmósfera y en ella de gran proporción de vapor de agua y la abundancia de agua en los océanos es un problema difícil. Parte de los gases de la atmósfera debió de provenir a partir de las rocas mismas, que forman la corteza terrestre, y de las numerosas erupciones volcánicas, más abundantes en las eras primitivas de la formación de la Tierra. Sin embargo, la abundancia de agua no parece quedar explicada de este modo. Una teoría hoy muy aceptada es la de la aportación a los gases de la atmósfera por el choque de numerosos cometas. Hoy sabemos que los cometas tienen abundante hielo y por ello pueden haber contribuido de forma notable a la proporción de agua en la atmósfera y a la de los océanos. Otros gases que contribuirían serían CO_2 y CH_4. La atmósfera primitiva de la Tierra estaba formada por estos y otros gases, con una ausencia notable de oxígeno. El oxígeno de la atmósfera actual, tan necesario para la vida, se produjo más tarde por la acción de fotosíntesis de las primitivas bacterias y algas y alcanzó los niveles actuales hace unos dos mil millones de años. La fotosíntesis es el proceso por el que las plantas absorben el dióxido de carbono y producen oxígeno. Actualmente la producción de oxígeno por este proceso es de 10^{14} kg/año. La respiración de los animales es el proceso contrario, que absorbe oxígeno y produce dióxido de carbono.

Conclusión

Este rápido paseo por la estructura y la historia de nuestro planeta Tierra nos ha mostrado su enorme complejidad y las características que han hecho de él un lugar idóneo para la vida. Ha sido necesario un largo proceso de 4.600 millones de años para preparar el escenario en el que aparecen los primeros hombres primitivos, hace solo un par de millones de años, y que se convertirán, con el tiempo, en las criaturas capaces de descubrir y comprender las maravillas terrestres. Cuanto más avanzamos en nuestro conocimiento sobre la Tierra, más apreciamos la íntima relación que el hombre tiene con su medio ambiente. Muchas circunstancias favorables han sido necesarias para que se desarrolle la vida sobre su superficie. Por ejemplo, los procesos en el núcleo, que creemos tan alejados de nosotros, son necesarios para mantener el campo magnético que nos protege de las radiaciones. La renovación de la corteza terrestre, que se genera en las dorsales oceánicas y se destruye en las zonas de subducción, juega un papel importante en el ciclo del carbono, tan necesario para la vida. Se podrían poner otros muchos ejemplos.

En los últimos años nuestro conocimiento de la Tierra ha progresado rápidamente, permitiendo descubrir muchos detalles de su estructura interna y la compleja dinámica de sus distintas partes. A medida que ha ido aumentando nuestro conocimiento, ha empezado también a crecer el sentimiento de nuestra responsabilidad en conservar la integridad del entorno en que vivimos y del que sacamos los recursos, cada vez mayores, necesarios para mantener una población cada vez más numerosa. Por otro lado, crece la demanda del consumo de energía que lleva emparejado el aumento en el nivel de vida, sobre todo en los países más desarrollados. El enorme desequilibrio entre estos países y los menos desarrollados no puede mantenerse en el futuro. La actividad humana empieza ya a interferir, de manera a veces alarmante y puede que de forma irreversible, con el equilibrio de nuestro planeta. El calentamiento global y el cambio climático consecuente no es más que un aviso de otros efectos negativos. Por esta razón, se habla cada vez más de la necesidad de un desarrollo sostenible. Tomar conciencia de estos problemas y de la necesidad imperiosa de ponerles remedio es responsabilidad de todos.

5
El mundo del microcosmos: un siglo de física de partículas

Francisco J. Yndurain

Introducción: hace cien años

No cabe duda de que los fines de siglo, tal como el próximo a ocurrir, incitan a hacer un balance; entre otras cosas, del estado de los conocimientos. En este artículo nos vamos a dedicar precisamente a eso, dentro del marco de la física y, más concretamente, de la física a escala microscópica, también conocida como física de partículas elementales. En efecto, uno de los descubrimientos capitales de los últimos cien años es que toda la materia puede comprenderse como agregados de unas pocas entidades fundamentales, las que a su vez no tienen estructura ni son reducibles a objetos más pequeños: más adelante nos referiremos en detalle a estas partículas elementales. También se conoce esta física como física de altas energías porque son necesarias energías colosales (de cientos de miles de millones de electrón-voltios) para explorar el mundo subatómico y subnuclear: uno de los temas que trataremos será el de los gigantescos aceleradores de partículas utilizados para esta exploración del universo microcósmico. Pero antes de entrar en la discusión detallada de estas partículas de las que toda la materia está compuesta, y de sus interacciones, es interesante echar un vistazo a la situación de la física básica a finales del siglo precedente; igualmente, acabaremos este artículo con un breve repaso de la situación de la física de partículas al final del siglo actual, y con algunas especulaciones sobre su posible desarrollo en el XXI.

Como es sabido, la evaluación de la situación científica (y no solo científica) a finales del siglo XIX era extraordinariamente positiva; hasta tal punto que es corriente hablar del «optimismo decimonónico». Después de los avances en la comprensión de la mecánica (y de la gravitación) que habían llevado a éxitos tales como la predicción de la existencia y localización del planeta Urano, y los de la teoría cinética del calor que habían permitido reducir los fenómenos térmicos a mecánica, llegaron los de la teoría del electromagnetismo. Esto último implicaba un profundo conocimiento, a nivel macroscópico, de las fuerzas eléctricas y magnéticas y condujo a invenciones tales como el teléfono, telégrafo y luego la radio que cambiaron el mundo de las comunicaciones; así como las dinamos o la luz eléctrica. Invenciones que penetraron en todos los ámbitos de la sociedad. El optimismo parecía justificado, y la solidez de la física, basada en las ecuaciones de la mecánica de Newton y Galileo, la teoría cinética del calor y las ecuaciones del electromagnetismo de Maxwell, era tal que se conoce a la correspondiente física con el bien merecido nombre de «física clásica». La conjunción de las teorías clásicas parecían explicar todas las fuerzas que actúan en el Cosmos. En cuanto a la composición de este, la tabla periódica de Mendeleiev (fig. 5.1) ofrecía un válido esquema clasificatorio que

ОПЫТЪ СИСТЕМЫ ЭЛЕМЕНТОВЪ,

ОСНОВАННОЙ НА ИХЪ АТОМНОМЪ ВѢСѢ И ХИМИЧЕСКОМЪ СХОДСТВѢ.

			Ti=50	Zr=90	?=180.
			V=51	Nb=94	Ta=182.
			Cr=52	Mo=96	W=186.
			Mn=55	Rh=104,4	Pt=197,4.
			Fe=56	Ru=104,4	Ir=198.
			Ni=Co=59	Pl=106,6	Os=199.
H=1			Cu=63,4	Ag=108	Hg=200.
	Be=9,4	Mg=24	Zn=65,2	Cd=112	
	B=11	Al=27,4	?=68	Ur=116	Au=197?
	C=12	Si=28	?=70	Sn=118	
	N=14	P=31	As=75	Sb=122	Bi=210?
	O=16	S=32	Se=79,4	Te=128?	
	F=19	Cl=35,5	Br=80	I=127	
Li=7	Na=23	K=39	Rb=85,4	Cs=133	Tl=204.
		Ca=40	Sr=87,6	Ba=137	Pb=207.
		?=45	Ce=92		
		?Er=56	La=94		
		?Yt=60	Di=95		
		?In=75,6	Th=118?		

Fig. 5.1.—Primera versión de la tabla periódica de Mendeleiev (1869)

permitía entender toda la materia en términos de unas ciertas sustancias elementales (aunque el número de estas fuese algo elevado, casi cien al final del siglo) y de sus enlaces químicos, de naturaleza eléctrica. Aparentemente, solo faltaban por aclarar pequeñas cuestiones de detalle, y el espíritu de la época se resume muy bien en las siguientes frases de Helmholtz:

> Llegamos finalmente a descubrir que el problema de la ciencia física consiste en reducir los fenómenos naturales a fuerzas invariables de atracción y repulsión [...]. La solución de este problema es la condición de una inteligencia completa de la naturaleza. Y su misión [la de la ciencia] terminará en el momento en que dicha reducción esté completada y se haya demostrado que esta explicación es la única que cuadra con los fenómenos naturales.

Helmholtz era un científico de primera fila responsable, entre otras cosas, del concepto de conservación de la energía, tan básico en la ciencia del siglo XIX (y del XX). Su optimismo, sin embargo, era injustificado; algo que es evidente a posteriori, cuando se piensa en las revoluciones que la teoría de la relatividad y la mecánica cuántica o la física de partículas han causado, poco menos que destruyendo el edificio clásico. Pero también hubiera podido el excesivo optimismo de finales del siglo XIX ser mitigado si se hubiese prestado atención a una serie de cuestiones, de fenómenos, conocidos antes de 1900, y que no solo eran inexplicables, sino que claramente contradecían a la física clásica. Mencionaré cuatro de los más importantes.

La radiación a bajas temperaturas. Aunque parecía un fenómeno menor, lo cierto es que estuvo en el origen de la mayor revolución que se ha producido en la ciencia física desde los tiempos de Galileo, la mecánica cuántica. El efecto es sencillo: la cantidad de energía radiada por un cuerpo que se calienta está de acuerdo con lo que las leyes de la radiación electromagnética y la termodinámica predecían a altas temperaturas; pero a bajas temperaturas los resultados experimentales discrepaban radicalmente de las predicciones teóricas. En 1900, Max Planck sugirió que esto podía ser debido a que la radiación electromagnética no se emite de forma continua, sino bajo la de paquetes discretos de energía, los *quanta* de la radiación: en total contradicción con lo que uno espera de la mecánica, o el electromagnetismo clásicos, pero en acuerdo con la experiencia.

La radiactividad natural, descubierta en 1896 por Henri Becquerel, presentaba el inexplicable fenómeno de sustancias (el uranio o el radio, por ejemplo) que emiten continuamente energía de forma al parecer inagotable, y en paquetes discretos: algo que era incompatible con las ideas clásicas. La explicación del fenómeno tardó siete años en comenzar a vislumbrarse, cuando Einstein identificó masa y energía y, aunque bastante después, cuando pudo comprobarse que la energía producida por las sustancias radiactivas se hacía a expensas de pérdida de masa y, finalmente, al asociar la emisión en paquetes a la teoría de los *quanta*.

Contradicción entre la mecánica de Newton y las ecuaciones de Maxwell. Los problemas anteriores son ejemplos de evidencias experimentales de fenómenos inexplicables con la mecánica clásica; pero había, desde el último tercio del siglo pasado, un importante problema de consistencia interna. En efecto, la teoría del electromagnetismo de Maxwell implicaba que la velocidad de la luz es una propiedad del vacío, y por lo tanto constante, independientemente del sistema de referencia desde el que la luz se emite. Mientras que se sabía, ya desde Galileo, que las velocidades deben añadirse. De manera que, si desde una fuente en movimiento con velocidad v se emite luz, su velocidad debería ser $v+c$, siendo c la velocidad de la luz emitida por una fuente en reposo (y lo análogo si el que se mueve es el observador). Antes de finales de siglo la solución a esta paradoja consistía en suponer la existencia de una sustancia, el éter, en reposo absoluto, que permeaba todo el Universo, y en el que se propagaban las ondas electromagnéticas, en particular la luz (el «éter lumínifero»). Este éter debería tener propiedades altamente peculiares; para poder soportar las vibraciones del campo electromagnético debía ser más rígido que el acero, pero tenía que ser infinitamente sutil para que su presencia no perturbase los movimientos de los planetas y otros cuerpos celestes. (Al final de este ensayo veremos un moderno avatar del éter, el llamado «campo de Higgs», que también tiene propiedades sorprendentes.)

A partir de 1881 Albert Michelson, primero solo y luego en colaboración con Edward Morley, realizó una serie de experimentos con señales luminosas diseñados para medir la velocidad de la Tierra con respecto al éter. Los resultados fueron negativos: aparentemente, la ley de composición de velocidades de Galileo, dada más arriba, era inválida para la luz, lo que implicaba la necesidad de modificaciones drásticas de la hasta entonces sacrosanta mecánica clásica. Primero Fitzgerald y luego Lorentz y Poincaré comenzaron la formulación de una nueva mecánica, culminada por Albert Einstein en la teoría de la relatividad, la segunda gran revolución del siglo.

Contradicción entre la edad de la Tierra y la del Sol. A principios del siglo XIX comenzó a desarrollarse la ciencia de la geología. En particular, se realizaron estudios de los tiempos que tardan en formarse ciertas rocas y rellenarse los sedimentos. La sorprendente conclusión a la que llegaron los geólogos era que la Tierra tiene que ser enormemente vieja para que se hayan podido formar las estructuras de rocas y sedimentos observados. Desde luego mucho más vieja que los seis mil años de la tradición bíblica: como veremos, muchísimo más. Digamos de pasada que este hallazgo decimonónico ya había sido anticipado por los griegos; concretamente, por Heródoto. Efectivamente, Heródoto observó, durante su estancia en el Egipto Medio, la presencia en sus montes de conchas y caparazones de mariscos, de lo que deduce que debió de estar en la antigüedad cubierto por el mar, para luego rellenarse con sedimentos: «que dentro del término de veinte mil años a lo menos, no quedase cegado el golfo» (Heródoto, *Historias).* Pero Heródoto fue muy conservador: de las detalladas observaciones geológicas llevadas a cabo en el siglo pasado se deducía que la edad de la Tierra debía de ser de miles de millones de años.

No solo era la tradición bíblica la que estaba en contradicción con los hallazgos de la ciencia de la geología. El problema que esta planteaba es que la edad del Sol, deducida con los conocimientos de la época, resultaba ser miles o incluso millones de veces inferior a la de la Tierra. En efecto, para producir la energía que ya se sabía envía el Sol, la única fuente imaginable era la de la contracción gravitatoria de su inmensa masa gaseosa, lo que efectivamente podía calentar el Sol a los cientos de miles de grados a los que está este cuerpo. El problema es que esta contracción dura muy poco tiempo (a escala cósmica): como mucho, millones de años, no *miles* de millones. Poincaré, en sus *Últimos pensamientos* (pág. 24), muestra su perplejidad por esta enorme discrepancia y, como físico y matemático que era, dirige sus sospechas sobre los resultados de los análisis geológicos [1]. Pero la geología estaba totalmente acertada: lo que fallaba era la física. En efecto, la energía que el Sol nos envía no se debe a su contracción gravitatoria; el Sol no se ha contraído apreciablemente en los últimos miles de millones de años. La energía del Sol, o la de cualquier otra estrella, proviene de reacciones nucleares en su interior, algo totalmente inconcebible para un físico del siglo XIX; para entender el mecanismo hay que hacer uso de la relatividad, de la mecánica cuántica y de la física de partículas elementales. De hecho solo fue a mediados de siglo cuando Bethe propuso una teoría satisfactoria de la energía producida por el Sol.

Dejamos por ahora estos temas; en la última parte de este artículo se verán similitudes y diferencias con la situación a fines de nuestro siglo XX.

Los orígenes de la investigación en lo infinitamente pequeño. Las teorías atómicas de los filósofos griegos. La teoría atómica en química y termodinámica

En 1766, Cavendish aisló el hidrógeno, y en 1733, Bergmann estableció los principios del análisis químico. Utilizándolos, Priestley descubrió el oxígeno y el hidrógeno en 1774 y, en 1783, Lavoisier consiguió la descomposición del agua en estos componentes, oxígeno e hidrógeno, y su síntesis a partir de ellos, para, en 1789, clasificar los elementos químicos conocidos en la época. A partir de este momento se identifican, descomponen y combinan la infinita variedad de sustancias presentes en la Tierra en términos de unas pocas, que son invariantes bajo estos cambios. En efecto, si tomamos hidrógeno y lo

[1] Poincaré no fue, ni mucho menos, el único. Algo parecido había expresado ya en 1865 W. Thomson, Lord Kelvin, en una desafortunada comunicación a la Royal Edinburgh Society. Véase la cita en, por ejemplo, la recopilación de J. M. Sánchez Ron, *Como al león por sus garras.*

quemamos en atmósfera de oxígeno, obtendremos agua; y si descomponemos esta, el oxígeno e hidrógeno resultantes tienen exactamente las mismas propiedades que los iniciales. La combustión y posterior electrolización (si es este el método que utilizamos para descomponer el agua) no les han afectado. Parece, pues, que los elementos estuviesen formados de unidades que se combinan unas con otras, pero que no sufren cambios: lo que llevó a Dalton, alrededor de 1808, a formular la teoría atómica según la cual todos los elementos están formados por pequeñas unidades, los *átomos,* los que a su vez se suponen indivisibles (en griego, 'átomo' quiere decir precisamente esto), aunque pueden combinarse unos con otros.

La hipótesis de Dalton era revolucionaria para su tiempo; en efecto, toda la evidencia para la estructura atómica de la materia que había en la época era indirecta. A pesar de ello no fue Dalton el primero en formularla; Demócrito y Leucipo se le habían adelantado más de dos mil doscientos años. Aunque sin la sólida base empírica de que disponía Dalton, el genio de los griegos ya había intuido que una posible explicación a los fenómenos de descomposición y combinación que se observan en la naturaleza estaba en postular una estructura en unidades elementales invariantes.

Este golpe de genio de los griegos no debe, sin embargo, hacernos olvidar que su teoría era una mera hipótesis, sin posibilidades de comprobación experimental con la tecnología de la época; de manera que era una cuestión de gusto el aceptar las ideas de Demócrito y Leucipo, o las de sus competidores, tal Anaxágoras o Empédocles, que consideraban a la materia como continua e infinitamente divisible. Los mecanismos de unión y disociación de los átomos eran concebidos por Demócrito y Leucipo suponiendo que estas combinaciones se realizaban de forma mecánica, y así, un tanto ingenuamente, imaginaban a los átomos provistos de ganchos que les permitiesen enlazarse. A diferencia de esto, Dalton, guiado por los experimentos de electrolisis de descomposición del agua que hemos citado, pensaba (correctamente) que el enlace entre los átomos era de naturaleza eléctrica.

A pesar de esto la hipótesis atómica fue durante bastante tiempo, de hecho a todo lo largo del siglo XIX, solamente una hipótesis. Aunque la evidencia de la estructura atómica de la materia fue pronto tan aplastante que a principios de nuestro siglo ningún científico serio dudaba de su existencia; de hecho, el problema central de la investigación en la estructura microscópica de la materia pasó a ser el de la composición de dichos átomos, que resultaron ser mucho menos indivisibles de lo que Dalton (o Demócrito y Leucipo) pudieron suponer. Pero antes de entrar en esto, es conveniente decir algunas palabras más sobre las razones que hicieron que la teoría atómica de la materia se apuntalase. Estas razones son, en primer lugar, la extensión de los experimentos de Lavoisier hasta comprobarse que, efectivamente, todos los materiales que se encuentran en la Tierra están formados por combinaciones de un número finito de sustancias, algo menos de un centenar. Pero tal vez la vindicación más impactante de la teoría atómica fue la formulación de la mecánica estadística por Maxwell y Boltzman (entre otros), que permitió reducir todos los fenómenos termodinámicos al movimiento de las partículas constituyentes de los gases o, más generalmente, de cualquier material. Hay pocas marcas más seguras de lo correcto de una hipótesis que, formulada esta basándose en un tipo específico de fenómenos (los enlaces químicos, en el caso de la hipótesis atómica), resulte ser instrumental en entender otros aparentemente no relacionados, tales como las propiedades térmicas de los gases.

El descubrimiento del electrón. El átomo de Rutherford; el núcleo atómico

A pesar de los éxitos de la teoría atómica, incluso a finales del siglo XIX aún quedaban dudas sobre su validez general. Y así, todavía en 1897, un científico tan competente como Lord Kelvin[2] podía escribir que la idea de que «la electricidad es un fluido continuo merece que se tenga muy en cuenta». Podía Lord Kelvin haber esperado un poco antes de manifestarse, y hubiera evitado un importante traspié. En efecto, en el mismo año, Joseph J. Thomson, en un famoso experimento que ya hemos mencionado y que discutiremos con algún detalle más adelante, descubrió que la electricidad está formada por el movimiento de partículas elementales, los electrones. Además, identificó a estos como componentes universales de los átomos: a la vez invalidando una de las ideas de Dalton (después de todo, los átomos resultaban ser divisibles) pero confirmando la naturaleza eléctrica de los enlaces químicos.

En 1897 Thomson publicó en la prestigiosa revista *Philosophical Magazine* (vol. 44, pág. 293) la interpretación de las desviaciones de las trayectorias de los rayos catódicos al someterlos a un campo magnético como debidas a estar estos constituidos por partículas elementales, los electrones. Pocos experimentos habrán tenido tanto impacto: tecnológico (las aplicaciones de los electrones llenan nuestro mundo industrial), científico, que exploraremos en este ensayo, y filosófico. En efecto, la existencia de los electrones, estos sí indivisibles, zanjaba la vieja controversia entre Anaxágoras y Demócrito, probando, sin lugar a dudas, la naturaleza granular de la estructura de la materia.

En su descubrimiento, que podemos considerar como el origen de la investigación moderna en el mundo de lo infinitamente pequeño, utilizó Thomson el tubo de rayos catódicos, artilugio inventado por Crookes algunos años antes. Aparte de su importancia por otras razones, los experimentos de Thomson son interesantes porque muestran muy claramente la dependencia mutua de la ciencia y la tecnología. En efecto, durante mucho tiempo Thomson fue incapaz de ver una desviación de los rayos catódicos debido «a la presencia de gas en el tubo [...]: era necesario hacer un vacío más perfecto. Esto se dice pronto. La técnica de producir vacío estaba en aquel tiempo en un es-

[2] W. T. Kelvin, *Nature* 56: 84 (1987).

tado rudimentario» (Thomson, *Recollections and Reflections,* 1937). Pero no solo dependió el descubrimiento de la mejora en la tecnología del vacío, sino del desarrollo del control de la electricidad, sin el que el tubo de Crookes hubiera sido imposible. Esto nos lleva a una breve descripción del tubo, prototipo de tantas otras máquinas (aceleradores de partículas) utilizadas para la exploración del microcosmos.

El tubo de rayos catódicos consta de un recipiente en forma aproximadamente cilíndrica, hecho de cristal para poder observar lo que ocurre en su interior, donde se ha hecho el vacío. En un extremo se insertan dos cables eléctricos que se conectan, en el interior, por un filamento. Al pasar la corriente el filamento se pone incandescente y sus electrones se desligan de los átomos, formando una nube alrededor del filamento. Podemos ahora acelerar los electrones por medio de un campo eléctrico (estos electrones acelerados forman los *rayos catódicos)* y lanzarlos sobre una placa colocada al otro extremo del tubo (llamada cátodo), donde podemos medir la carga eléctrica depositada por su llegada. Si no hay campos eléctricos o magnéticos en su recorrido, estos electrones impactarán en el centro de la placa; si conectamos un campo magnético, se desviarán. Midiendo esta desviación podemos saber las propiedades (carga eléctrica y masa) de las partículas.

Para que esto sea factible, para poder arrancar electrones de los átomos, necesitamos al menos una energía igual a la que liga a estos; energía del orden de electrón-voltios. Esto es una constante, como veremos: la exploración de la estructura de la materia depende crucialmente de la energía de que dispongamos para llevarla a cabo. A finales del siglo XIX solo se disponía de energías del orden de unos pocos electrón-voltios[3] y, por lo tanto, la cuestión de la estructura del átomo solo se podía plantear de forma especulativa. La única evidencia fidedigna que se tenía era la de que es posible arrancar electrones de los átomos, luego estos deben de contener electrones. El propio Thomson propuso un modelo del átomo (como veremos, equivocado) en el que este contenía una mezcla uniforme de partículas con carga eléctrica neutra, los electrones, y otras con carga positiva, los protones, descubiertos también por aquellas fechas.

La situación cambió pocos años después. Ciertamente, con la tecnología de la época era poco menos que imposible obtener energías localizadas muy superiores al electrón-voltio; pero en 1896 Becquerel, primero, y en 1898 los Curie (Pierre y Marie), descubrieron que ciertas sustancias naturales (uranio y

[3] La unidad de energía electrón-voltio y sus múltiplos megaelectrón-voltio, abreviado a MeV, un millón de electrón-voltios, y gigaelectrón-voltio (GeV), mil millones de electrón-voltios, son muy convenientes en física del microcosmos. Un electrón-voltio es la energía que adquiere un electrón en un potencial eléctrico de un voltio. Si esta cantidad parece pequeña es porque en una corriente eléctrica (por ejemplo) de un voltio solo unas pocas partículas se mueven. Si proporcionáramos a cada partícula de un cuerpo una energía de un electrón-voltio, la temperatura del cuerpo subiría a diez mil grados.

radio, primeramente, y luego polonio y muchas otras) tienen la propiedad de emitir radiaciones de partículas muy energéticas: de hasta 20 megaelectrón-voltios. La radiactividad natural proporcionó a los científicos de principios de siglo la posibilidad de explorar distancias muy pequeñas, ya que estas radiaciones tenían un gran poder de penetración[4], de hasta menos de una millonésima de millonésima de centímetro. Esto es lo que aprovechó Rutherford, quien, en una serie de experimentos brillantes y decisivos, lanzó radiación alfa proveniente de desintegraciones del polonio (elemento que producía las partículas más energéticas) sobre distintos blancos. En estos experimentos mostró de manera incontrovertible que el átomo consta de un núcleo con carga positiva, muy pesado y pequeño (unas cien mil veces menor que el átomo), rodeado, a gran distancia relativa, de una nube de electrones.

Los resultados de los experimentos de Rutherford, realizados a partir de 1910, planteaban más problemas de los que resolvían. En primer lugar, ¿de qué estaba hecho el núcleo? Su masa era, aproximadamente, un múltiplo de la del protón; su carga era también un múltiplo de la del protón: pero ambos números no coincidían. El propio Rutherford, en 1920, sugirió que el núcleo podía contener, además de protones, otras partículas de masa parecida pero sin carga eléctrica. Son los *neutrones,* producidos primeramente por Walter W. Bothe (que los supuso, erróneamente, fotones) y luego por los Joliot-Curie (Irène y Frédéric), para ser finalmente identificados por Chadwick en 1932. En segundo lugar, ocurre que, además de la existencia de esta nueva partícula, todos estos resultados implicaban la existencia de unos nuevos tipos de fuerza. En efecto, los protones del núcleo, al tener la misma carga, deberían repelerse: era necesaria una interacción que compensara esta repulsión y que, para mantener el núcleo compactado en un espacio tan pequeño, casi una millonésima del tamaño del átomo, debería ser extraordinariamente intensa. Pero además debería tener muy corto alcance, o hubiera sido detectada antes. Y, en efecto, Rutherford demostró que cuando los proyectiles pasaban muy cerca del núcleo eran deflectados por una intensa interacción a la que, por este motivo, se denominó interacción fuerte.

La imagen de la estructura microscópica de la materia en el primer tercio del siglo que está ahora próximo a terminar era, pues, razonablemente sencilla. Teníamos neutrones y protones ligados en el minúsculo núcleo atómico; y girando a gran distancia de este, una nube de electrones. La interacción que liga al núcleo con estos últimos es la electromagnética, razonablemente bien

---

[4] No es este el lugar de presentar una discusión detallada de por qué hacen falta grandes energías para poder penetrar pequeñas distancias. Desde el punto de vista práctico, es sabido que los rayos X, más energéticos que la luz ordinaria, son más penetrantes; y el microscopio electrónico resuelve distancias aún menores. Esto es una consecuencia de la mecánica cuántica, más concretamente de la relación de De Broglie y del principio de incertidumbre de Heisenberg. Podemos decir que, si medimos la energía en electrón-voltios, para penetrar a distancias de una diezmillonésima de centímetro necesitamos energías de unos diez mil electrón-voltios, y la energía aumenta en proporción para explorar distancias más pequeñas.

entendida: parecía que solo quedaban como retos para los años siguientes el investigar la estructura de la interacción fuerte y la de la misteriosa «fuerza débil» nuclear, responsable del fenómeno de la radiactividad. La naturaleza, sin embargo, reservaba sorpresas.

LA EXPLORACIÓN EXPERIMENTAL DE PEQUEÑAS DISTANCIAS. ACELERADORES Y RAYOS CÓSMICOS

Como ya hemos dicho, la posibilidad de estudiar la estructura de la materia a pequeñas distancias depende de las energías de que dispongamos. Para un primer estudio del átomo bastaron los pocos electrón-voltios del tubo de Crookes; el descubrimiento del núcleo y de su composición en protones y neutrones requirieron energías millones de veces mayores, que se encontraron aprovechando las producidas por la propia naturaleza en sustancias radiactivas. Pero para explorar la posible estructura de protones y neutrones eran necesarias energías mucho mayores. Estas pueden encontrarse en la naturaleza. En efecto, entre los rayos cósmicos que, provenientes de no se sabe dónde, nos bombardean continuamente se encuentran de cuando en cuando algunos de una energía extraordinaria. De hecho, varios de los descubrimientos clave de la física de partículas se realizaron estudiando rayos cósmicos; y, tal vez, cuando los aceleradores construidos por el hombre lleguen a su límite, tengamos que volver al estudio intensivo de los rayos cósmicos; algo que, de hecho, está ya empezando a suceder. Pero los rayos cósmicos son erráticos; un estudio sistemático solo ha sido posible al controlar nosotros los proyectiles con los que hurgamos en las entrañas de la materia. Efectivamente, el progreso en el estudio de las partículas elementales, y de las fuerzas que actúan entre ellas, ha ido parejo con la construcción de aceleradores más y más potentes.

Los primeros aceleradores que se construyeron fueron los de Cockroft-Walton en Cambridge (Gran Bretaña), y el de Van der Graaf en el MIT, operativos a partir de 1933 y capaces de energías de unos pocos millones de electrón-voltios. Tanto unos como otros eran, realmente, desarrollos del tubo de rayos catódicos: por medio de campos eléctricos se aceleraban partículas cargadas. Sin embargo, este método tenía como limitación obvia la de los campos eléctricos que podían crearse; y un avance sustancial solo se dio con el desarrollo, en la segunda mitad del siglo, de los ciclotrones o sincrotones; avance en el que fue pionero el americano Ernest Lawrence, que publicó la teoría de estos artefactos en 1930 y construyó el primero tres años después[5]. En estos aceleradores se hace seguir a las partículas una trayectoria circular (de donde el nombre ciclotrón), por medio de campos magnéticos; dándoles a estas partículas,

[5] De hecho, los conceptos habían sido ya discutidos por el noruego Rolf Wideröe en 1923-1925.

de forma sincronizada con su paso por puntos fijos de la trayectoria (de donde el nombre sincrotrón), un impulso por medio de campos eléctricos. Podemos decir que la forma de estas máquinas es la de un neumático, en cuyo interior se hace el vacío, y por el que circulan las partículas, dando más y más vueltas y recibiendo, a cada giro, la energía de los campos eléctricos sincronizados con su paso. Desde el primitivo prototipo de Lawrence, de unos 27 centímetros, construido en colaboración con su estudiante Stanley Livingstone en 1933, hasta el gigantesco LEP (fig. 5.2), a caballo entre Francia y Suiza, en la proximidad de Ginebra, con 27 kilómetros de circunferencia, el principio ha sido esencialmente el mismo. La ventaja de estos aceleradores es que, al pasar una y otra vez las partículas por los puntos en que reciben energía, esta no está limitada a la que, en un acelerador lineal, recibirían una sola vez[6].

Una lista de los aceleradores más importantes la presentamos en el cuadro adjunto. Como se ve, los Estados Unidos llevaron durante bastante tiempo la delantera; después, especialmente a partir de la puesta en funcionamiento del CERN (Laboratorio Europeo de Física de Partículas), Europa se puso, más

Fig. 5.2.—Acelerador LEP, cerca de Ginebra, a caballo sobre la frontera franco-suiza. La estructura en forma de horquilla, abajo, a la izquierda, es el aeropuerto internacional de Ginebra

[6] Esto no es totalmente cierto; algunos, pocos, de los aceleradores construidos modernamente son *lineales,* recibiendo las partículas aceleraciones en diversos puntos a lo largo de la trayectoria en línea recta de varios kilómetros.

o menos, al mismo nivel. Fuera de Europa solo en la antigua Unión Soviética y, más recientemente, en Japón se han construido artilugios comparables.

Es interesante que, a partir de un cierto momento, los aceleradores más potentes son los llamados colisionadores, en los que partículas de cargas eléctricas opuestas, tales como protones y antiprotones, electrones y positrones o, en el caso de HERA, electrones y protones, se hacen girar en sentidos opuestos en el interior del acelerador de manera que colisionen de frente. (Sin embargo, en un par de casos las partículas que se hacen colisionar tienen la misma carga eléctrica.) Debido a las peculiaridades de la cinemática relativista esto no duplica la energía de colisión, sino que, *grosso modo,* podemos decir que la eleva al cuadrado (medida en GeV). A cambio, el delicado ajuste que

Tabla 5.1

Cosmotrón (Brookhaven, Nueva York, EEUU; 1952)	2,8 GeV. Protones
Bevatrón (Berkeley, California, EEUU; 1954)	3,5 GeV. Protones
Dubna (URSS; 1957)	4,5 GeV. Protones
Proton-Synchrotron (CERN, Ginebra, Suiza; 1959)	7 GeV. Protones
AGS (Brookhaven, Nueva York, EEUU; 1961).	8 GeV. Protones
CEA (Cambridge, Mass., EEUU; 1962)	3,5 GeV. Electrones
DESY (Hamburgo, Alemania; 1964)	3,8 GeV. Electrones y positrones
SLAC (Stanford, California, EEUU; 1966)	7 GeV. Electrones y positrones
Serpukhov (URSS; 1967)	5 GeV. Protones
ISR (CERN, Ginebra, Suiza; 1971)	62 GeV. Protones
Fermilab (Chicago, EEUU; 1972)	8 GeV. Protones
Super-Proton-Synchrotron (CERN, Ginebra, Suiza; 1976)	7,5 GeV. Protones
PETRA (Hamburgo, Alemania; 1978)	38 GeV. Electrones y positrones
PEP (Stanford, California, EEUU; 1980)	36 GeV. Electrones y positrones
Collider (CERN, Ginebra, Suiza; 1981)	540 GeV. Protones y antiprotones
Tevatron, Fermilab (Chicago, EEUU; 1986)	2.000 GeV. Protones y antiprotones
SLC (Stanford, California, EEUU; 1986)	100 GeV. Electrones y positrones
LEP (CERN, Ginebra, Suiza; 1987)	100 GeV. Electrones y positrones
KEK (Tsukuba, Japón; 1987)	60 GeV. Electrones y positrones
HERA (Hamburgo, Alemania; 1992)	310 GeV. Electrones y protones
LEP-200 (CERN, Ginebra, Suiza; 1997-1999)	200 GeV. Electrones y positrones
LHC (CERN, Ginebra; 2005, en construcción).	14.000 GeV. Protones y antiprotones

Algunos de los mayores aceleradores construidos a partir de 1950, con el lugar y fecha de puesta en marcha, y su máxima energía (en el centro de masas); en GeV = miles de millones de electrónvoltios. También se indican las partículas que se aceleran y utilizan como proyectiles. Puede observarse que, en general, los aparatos que aceleran electrones consiguen menos energía que los que aceleran protones; pero son muchas veces más eficaces porque los electrones son partículas elementales a diferencia de los protones, compuestos de quarks: los aceleradores de electrones son máquinas más «limpias». En algunos (pocos) casos los aceleradores son lineales.

implica hacer chocar a dos chorros de partículas que se mueven casi a la velocidad de la luz hace a estos aceleradores menos precisos que aquellos en los que las partículas, una vez aceleradas, se hacen chocar con un blanco fijo: de forma que prácticamente todas producen interacción.

En la actualidad los aceleradores de partículas están llegando a su techo. Excesivamente grandes (los 27 kilómetros del de mayor tamaño, el LEP, serán difíciles de superar); demasiado costosos, del orden de muchos miles de millones de dólares; y requiriendo demasiada mano de obra, miles de personas entre científicos e ingenieros. Finalmente, el *tempo* de su construcción es excesivamente largo; desde que se comenzaron en serio los estudios para el último behemot, el LHC (de sus iniciales en inglés, *Large Hadron Collider),* y su esperada puesta en marcha (prevista entre 2005 y 2007), van a transcurrir casi veinte años: y eso que el LHC aprovecha toda la infraestructura del LEP. Salvo que se descubran métodos radicalmente nuevos de aceleración de partículas (de lo que se habla mucho, pero de lo que no hay nada firme) tendremos que volver a los rayos cósmicos que, de cuando en cuando, proporcionan partículas de energía hasta cien veces las del LHC. Pero, por desgracia, el número de estos es tan pequeño que no es fácil imaginar cómo pueden utilizarse para una investigación sistemática. Parece que la exploración de la estructura última de la materia está tocando a su fin, al menos en lo que se refiere a su vertiente experimental.

Detectores

No basta con romper el átomo, o el núcleo, para saber de qué están hechos, o cómo estaban ligados, y cómo interaccionan sus componentes: son necesarios detectores que nos midan e identifiquen todo esto, y hace falta después interpretar los resultados experimentales. La labor de detección de partículas y de interpretación de datos es tal vez la más importante en el progreso de las investigaciones sobre la estructura microscópica de la materia: dos ejemplos ilustrarán lo dicho.

En 1932, Irène y Frédéric Joliot-Curie (ella, hija de la famosa Marie Curie) publicaron un artículo en la revista *Comptes Rendus,* dando cuenta de resultados experimentales en los que se observaba que una cierta radiación, inducida por la desintegración del polonio (como vemos, estamos aún en la época previa a la construcción de aceleradores), provocaba la emisión de protones de una capa de parafina. Los Joliot-Curie no supieron interpretar el fenómeno y tuvo que ser Chadwick quien realizase un experimento similar y lo interpretara, correctamente, como debido a la producción de neutrones en la radiación. (Chadwick no fue el único en darse cuenta de esta interpretación; según cuenta Segré, cuando el físico italiano Ettore Majorana leyó el artículo de los Joliot-Curie exclamó: «¡Los muy tontos! ¡Han encontrado el neutrón y no se han dado cuenta!».) Tampoco Bothe había sido capaz de identificar los neutrones, que de hecho produjo antes que los franceses.

El segundo ejemplo es el del acelerador ISR, construido en el CERN en 1971, y con una energía de 62.000 millones de electrón-voltios. El ISR (de las iniciales en inglés de *Intersecting Storage Rings)* fue el primer colisionador, y se adelantó técnicamente en muchos años a los demás aceleradores; pero apenas descubrió nada. A pesar de tener energía como para producir los quarks de tipos *c, b,* o los leptones *tau,* estos descubrimientos se perdieron, realizándose en los Estados Unidos entre los años 1974 y 1977; no por baja calidad de los detectores utilizados en el CERN, sino por no saber qué productos de la colisión analizar.

Pasamos, pues, a una breve descripción de los detectores utilizados en la búsqueda de partículas y fuerzas fundamentales. En el siglo pasado, y durante una buena parte del principio de este, los detectores eran esencialmente placas o emulsiones fotográficas; pero a finales del siglo XIX y, sobre todo, en el actual a partir de los años cuarenta y cincuenta, se desarrollaron detectores específicamente para la tarea de investigar partículas que se mueven con unas energías tremendas. Uno de los primeros tipos de detectores fueron las cámaras de niebla[7]. En estas se encierra en una cámara vapor sobresaturado; al pasar una partícula, pequeñas gotas de agua (niebla) se condensan a lo largo de su trayectoria, igual que se condensan en la estela de un avión a reacción. Estas trazas se fotografían, y estas imágenes después se analizan para inferir las propiedades de las partículas que dejaron el rastro. Un mecanismo parecido es el de las cámaras de burbujas, excepto que aquí, en lugar de un vapor saturado, se utiliza un líquido sobrecalentado. El paso de la partícula produce pequeñas burbujas que se alinean también a lo largo de su trayectoria.

El último método ha sido, durante muchos años, el más eficaz. Esto impulsó la construcción de cámaras de burbujas cada vez más grandes hasta llegar a una de las de mayor tamaño, la llamada Gargamelle (en honor de la madre del personaje del cuento de Rabelais, *Gargantúa),* un cilindro de casi dos por cinco metros relleno de 18 toneladas de líquido (freón) que, todavía en el año 1973, fue instrumental en realizar el descubrimiento de las llamadas corrientes neutras y, con ellas, indirectamente de la partícula *Z*, confirmando las teorías de Glashow y Weinberg de interacciones débiles.

Pero ya en esa época las necesidades de detección de partículas habían llevado al desarrollo de otros métodos en los que las trayectorias se reconstruyesen electrónicamente. Son los contadores (basados en principios similares a los de los conocidos contadores Geiger), las cámaras de chispas, en las que las partículas cargadas eléctricamente producen chispas al pasar entre placas, los contadores Cerenkov, fototubos y un largo etcétera. En particular, el desarrollo de las llamadas cámaras de hilos proporcionales y las de deriva resultaron instrumentales.

[7] Inventadas por Charles T. R. Wilson a partir de estudios comenzados en 1895 y llevados a buen fin en 1911, y perfeccionadas por él mismo y otros en los años treinta.

El tamaño de los detectores también ha ido creciendo; muchos de los utilizados en el acelerador LEP, en el CERN, son mayores que un edificio de tres plantas, y los que se emplean en HERA (como el mostrado en la fig. 5.3) o Fermilab no son menores. El tamaño de los grupos de investigadores necesarios para construir y manejar semejantes ingenios también ha ido creciendo, así como ha ido aumentando el número de países involucrados en cada experimento. A principios de los ochenta, la colaboración EMC *(European Muon Collaboration)* llegó a contar con 137 científicos de una docena de países. Los experimentos de LEP, HERA o Fermilab se llevan a cabo por colaboraciones

Fig. 5.3.—El detector llamado Zeus, uno de los que operan en el acelerador HERA, en Hamburgo, en cuya construcción participaron científicos españoles del grupo de la Universidad Autónoma de Madrid. El detector está abierto por la mitad para servicios de mantenimiento. La estructura exterior es un calorímetro externo, que solo recoge la energía de las partículas que han atravesado la parte interna del detector (cilindro en el centro de la foto). El tamaño del detector es aproximadamente el de una casa de tres pisos

con más de quinientos participantes, representando países de toda Europa más americanos, japoneses, chinos, etc. La ciencia tiene fama de ser internacional: la física de partículas lleva esto a las últimas consecuencias.

Un problema nada trivial es el de análisis de las imágenes que proporcionan los detectores. A las tremendas energías de los grandes aceleradores actuales, las brutales colisiones producen chorros de partículas, siendo el número de estas de docenas e incluso centenares. Los métodos de tratamiento informático de señales han sido esenciales en la identificación de los productos de las colisiones ultraenergéticas; de manera que no es sorprendente que hayan exigido un importante desarrollo de la informática en los laboratorios de física de partículas. Hasta tal punto que la industria noruega de microprocesadores, durante un tiempo líder mundial, se desarrolló en colaboración con el CERN. Fueron también científicos de este organismo (en particular, T. Bernes-Lee) los que, motivados por la necesidad de transmitir datos e información entre miembros de colaboraciones científicas desparramados por Europa, desarrollaron, al final de los años ochenta, la transmisión de información en hipertexto, poniendo en marcha la *World Wide Web* (Internet). Dos bonitos ejemplos de cómo la investigación básica produce *spin-offs* en tecnología punta.

En los detectores que hemos mencionado hasta ahora las partículas se identifican individualmente; existen otros tipos de detectores en los que únicamente registramos la energía que llevaban las partículas que los golpean. Un ejemplo son los detectores calorimétricos, en los que se mide la cantidad de calor depositada por los choques de las partículas que llegan a ellos. Obviamente menos finos que los anteriores, estos detectores tienen ventajas complementarias, tales como ser sensibles a todo tipo de partículas: la mayor parte de los otros detectores solo registran partículas con carga eléctrica. En cierto sentido, son complementarios a los anteriores, y de hecho se utilizan muchas veces acoplados, produciendo información como la recogida en la figura 5.4.

Partículas e interacciones. I: Interacciones

Así como el siglo XVII vio el desarrollo de la mecánica clásica por Galileo y Newton, y el XIX la teoría clásica del electromagnetismo por Maxwell y otros, las bases de la física en el siglo XX son la relatividad y la mecánica cuántica. Sin ellas hubiese sido imposible el progreso, no solo en la comprensión de la naturaleza a escala microscópica, sino de una buena parte de los fenómenos cuya aplicación ha cambiado la sociedad en los últimos años: ordenadores, televisores o centrales nucleares constituyen algunos ejemplos familiares a todos. No podemos ahora presentar una descripción detallada de relatividad o mecánica cuántica. Tanto por falta de espacio como por haber sido discutidas en otros artículos en este libro. Pero sí es necesario hacer hincapié en que cualquier discusión de la física del microcosmos las presupone.

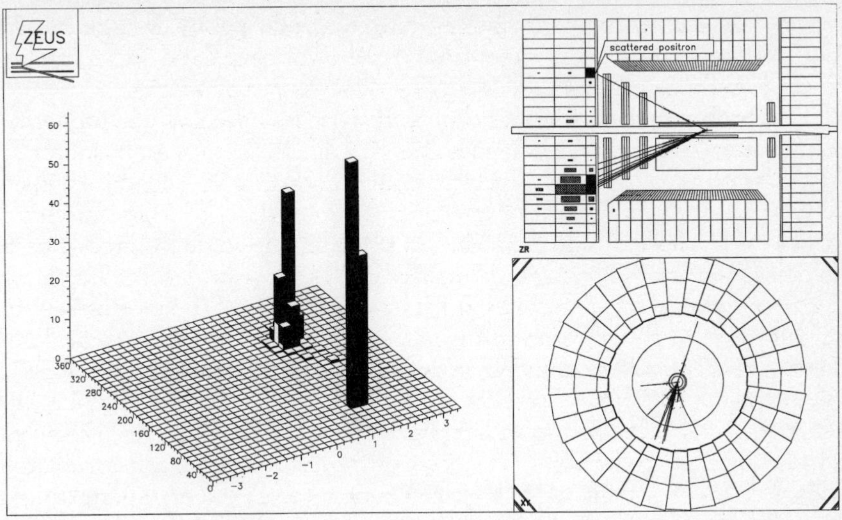

Fig. 5.4.—Trazas de partículas registradas en el detector Zeus, localizado en el acelerador HERA. En la figura de la izquierda, la altura de las «torres» es proporcional a la energía depositada por las partículas en el detector. En las figuras de la derecha, se ve una reconstrucción lateral (arriba) o central (abajo) de los trazos dejados por las partículas

La relatividad y la mecánica cuántica describen el *marco* en el que actúan las fuerzas que operan en el Universo; un problema distinto es el de la naturaleza de estas interacciones. Para obtener una imagen del Universo no basta con saber que cualquier interacción debe ser invariante relativista, y debe obedecer las leyes de la mecánica cuántica: es necesario determinar qué interacciones específicas utiliza la naturaleza, y cómo actúan. Cuando describimos los experimentos de Rutherford indicamos que estos no solo determinaron la estructura del átomo, sino que revelaron la existencia de una fuerza, que actúa entre neutrones y protones (pero no en los electrones), mucho más intensa que la electromagnética, y que por esto se conoce como «interacción fuerte», y a las partículas que la experimentan como *hadrones* (del griego *'adros* 'fuerte'). También mencionamos que el descubrimiento de la radiactividad implicó la existencia de un tipo de fuerzas mucho menos intensas que las electromagnéticas (y a las que, con evidente falta de imaginación, se ha bautizado como interacciones débiles) responsables de desintegraciones, en especial de la desintegración llamada «beta». Junto con la electromagnética y la familiar interacción gravitatoria tenemos, pues, un cuarteto de fuerzas; y, parafraseando a Helmholtz, podemos decir que su desentrañamiento equivale a una comprensión, al menos en principio, de todos los fenómenos observados en el microcosmos. Este fue el problema que se les planteó a los físicos al final del primer tercio del siglo.

El problema está lejos de ser trivial. La estructura de las fuerzas más familiares, las electromagnéticas, se determinó bastante pronto; ya en 1927 Dirac realizó los primeros cálculos cuánticos de interacción de la radiación con la materia, y en los años cuarenta-cincuenta, gracias a los trabajos de, entre otros, Schwinger y Feynman, se construyó una teoría (electrodinámica cuántica) perfectamente compatible con los principios básicos de la relatividad y la mecánica cuántica y con una capacidad predictiva impresionante. No podemos aquí presentar unas explicaciones detalladas sobre los test de precisión de la electrodinámica cuántica, precisión que ha sido calificada de «inhumana» por John Horgan; sin embargo, y prescindiendo de detalles, sí presentamos una tabla de comparaciones entre teoría y experimento, para dar una idea de la exactitud (inhumana, realmente) de la comprensión de estos fenómenos, que llega a veces a diez e incluso doce y catorce cifras decimales para el acuerdo entre la teoría y el experimento.

Las interacciones débiles y las interacciones fuertes tardaron bastante más en ser comprendidas. La razón, indudablemente, es que al ser interacciones de corto alcance solo se manifiestan de forma directa en el mundo subatómico. Por lo tanto, y a diferencia del electromagnetismo, no partíamos de una teoría clásica bien establecida, de manera que se tuvo que construir, directamente, una teoría cuántica y relativista de ambas interacciones. De hecho hubo que esperar a los años 1971-1973 para encontrar las teorías correctas y completas. En estos años se produjeron, primero, la demostración por el holandés Gerhard 't Hooft, culminando trabajos comenzados por el también holandés Martinus Veltman, de la autoconsistencia (llamada, por motivos técnicos, renormalizabilidad) de las teorías propuestas fenomenológicamente por Glashow, Weinberg y Salam para interacciones débiles; y, segundo, el descubrimiento, utilizando los desarrollos de 't Hooft y Veltman, de la propiedad de libertad asintótica (Gross, Wilczek y Politzer) de las interacciones fuertes. Estos avances hicieron posible obtener teorías consistentes con la relatividad y mecánica cuántica de ambos tipos de interacciones; teorías que, además, han superado con éxito las muy abundantes confrontaciones experimentales realizadas hasta la fecha. Aunque no hay ni evaluaciones teóricas, ni resultados experimentales tan exactos como en el caso de la electrodinámica cuántica, es cierto que el nivel de precisión de los cálculos con interacciones débiles llegan a las cuatro cifras significativas y, para interacciones fuertes, el nivel está en el 1 por 100. Más adelante mencionaremos ejemplos para cada interacción.

La única cenicienta, en lo que se refiere a la comprensión de la estructura microscópica de las interacciones, es la interacción gravitatoria: curiosamente la que conocemos desde hace más tiempo. Aunque tenemos una teoría de extraordinario éxito de la interacción gravitatoria a nivel macroscópico (la teoría de la relatividad general de Einstein), lo cierto es que no hemos sido capaces de construir una teoría microscópica de la gravedad, y aún hoy no sabemos si la

Tabla 5.2

Comparación teoría-experimento para interacciones electromagnéticas

1) Momentos magnéticos de electrón (e) y muón (μ). Es costumbre dar los valores de la anomalía, a, que es en lo que se diferencia el momento magnético del magnetón de Bohr (predicho en primera aproximación por la teoría de Dirac).

$$\text{experimento:} \quad a(e) = (1\,159\,652\,188 \pm 3) \times 10^{-12}$$
$$\text{teoría:} \quad a(e) = (1\,159\,652\,140 \pm 27) \times 10^{-12}$$

$$\text{experimento:} \quad a(\mu) = (1\,165\,924 \pm 8) \times 10^{-9}$$
$$\text{teoría:} \quad a(\mu) = (1\,165\,919 \pm 2) \times 10^{-9}$$

2) Para el efecto Lamb (desplazamientos de energías en algunos niveles energéticos del átomo de hidrógeno) tenemos,

$$\text{experimento:} \ \Delta E(2S_{1/2} - 2P_{1/2}) = 1\,057\,851 \pm 20 \text{ kHz}$$
$$\text{teoría:} \ \Delta E(2S_{1/2} - 2P_{1/2}) = 1\,057\,862 \pm 30 \text{ kHz}$$

3) La estructura hiperfina (diferencia de niveles energéticos entre estados con diferente espín, y que se denota por $\Delta\nu$) del hidrógeno es, tal vez, el número mejor conocido en la naturaleza. Experimentalmente,

$$\Delta\nu(\text{hidrógeno}) = 1\,420,405\,751\,766\,7 \pm 0,000\,000\,000\,9 \text{ MHz}$$

pero la precisión del cálculo teórico «solo» llega a una parte en un millón debido a que intervienen efectos de estructura del protón, que no son muy bien conocidos.

El mutonio es un estado ligado de electrón y muón, similar al átomo de hidrógeno, y en que el muón juega el papel del protón. También es similar el positronio (estado ligado de electrón y positrón). Los valores experimental y teórico para la estructura hiperfina son, en estos casos (en megahercios, MHz),

$$\Delta\nu(\text{muonio; exp.}) = 4\,463\,302,88 \pm 0,16$$
$$\Delta\nu(\text{muonio; teor.}) = 4\,463\,303,11 \pm 2,6;$$

$$\Delta\nu(\text{positronio; exp.}) = 203\,389,1 \pm 0,74$$
$$\Delta\nu(\text{positronio; teor.}) = 203\,404,5 \pm 9,3$$

4) Los desplazamientos de otros niveles energéticos en el positronio proporcionan también impresionantes tests: en MHz y con notación espectroscópica,

	$\Delta E(2^3S_1 - 2^3P_0)$	$\Delta E(2^3S_1 - 2^3P_1)$	$\Delta E(2^3S_1 - 2^3P_2)$
experimento:	$18\,504,1 \pm 10$	$13\,001,3 \pm 3,9$	$8\,619,6 \pm 2,7$
teoría:	$18\,496,1$	$13\,010,9$	$8\,625,2$

El grado de precisión a que hemos llegado es más evidente si consideramos que los números que estamos citando son *correcciones* a los niveles energéticos, los que, al orden más bajo, vienen dados por la ecuación de Schrödinger. Es decir, los números de las ecuaciones de más arriba deben ser comparados con el *Rydberg,* energía del estado fundamental de átomos hidrogenoides, de valor

$$1 \text{ Ry} = 38423,289 \times 10^9 \text{ MHz}$$

Tanto para los momentos magnéticos como para estados ligados, la precisión es, pues, del orden de una parte en 10^9 o incluso 10^{12} (!).

teoría de Einstein es compatible con la mecánica cuántica. Esto es así, indudablemente, por una falta total de información experimental sobre la interacción gravitatoria a cortas distancias. A lo más que hemos llegado es a los experimentos del tipo del realizado por Eötvös, midiendo la interacción gravitatoria entre dos cuerpos a unos pocos centímetros: la interacción gravitatoria entre partículas elementales (quarks, electrones o incluso núcleos) es tan minúscula que no hay esperanza de que pueda ser medida, ni en la actualidad ni en un futuro previsible. Y sin información experimental no hay física sólida, sino especulaciones más o menos ilustradas; de algunas de ellas hablaremos al final de este artículo.

Hemos mencionado antes la precisión inhumana de la teoría de las interacciones electromagnéticas. En las interacciones fuertes y débiles no se llega a tales extremos de precisión. Por una parte, los experimentos son mucho más difíciles, ya que han de realizarse sobre interacciones que tienen muy corto alcance: una billonésima (billón español, un millón de millones) de milímetro, y las débiles aún menor, unas mil veces menos. De manera que son necesarios experimentos a enormes energías, necesariamente poco controlables. En el caso de las interacciones fuertes tenemos además el fenómeno del confinamiento que dificulta cálculos muy precisos, ya que, debido a él, los quarks nunca pueden estudiarse aislados, e incluso el vacío tiene una compleja estructura. De hecho lo que es realmente impresionante, constituyendo un auténtico *tour de force,* es que hayamos sido capaces de descifrar estas interacciones, y de realizar medidas acerca de ellas. Sin embargo, y a pesar de su dificultad, se han conseguido precisiones notables: como ya hemos dicho, en las interacciones débiles, llegamos a errores del 1 por 1.000 en la predicción de resultados experimentales; y en las interacciones fuertes estamos llegando al 1 por 100.

No vamos a presentar aquí una lista detallada de las comprobaciones experimentales de nuestras teorías de interacciones débiles y fuertes, que llenarían un volumen entero; pero como ejemplo mencionaremos un par de ellas para cada caso. Comenzando por las interacciones fuertes, citaremos los estados ligados de quarks *b* y antiquarks *b.* La diferencia de energía entre los niveles con número cuántico principal 2, y momento orbital 1 y 0, respectivamente, es de 123 millones de electrón-voltios (MeV), medida en experimentos. Teóricamente se obtiene el valor de 162 MeV, con un error en el cálculo de 38 MeV.

El segundo ejemplo es el de la desintegración del mismo estado ligado. Si calculamos teóricamente la probabilidad de esta desintegración en un par electrón-positrón, obtenemos el resultado, para la anchura de desintegración en el estado fundamental, de 1.143 electrón-voltios, con un error de 110 electrón-voltios, en buen acuerdo con el resultado experimental, entre 1.280 y 1.360 electrón-voltios. Estos acuerdos, a pesar de ser mucho menos precisos que en el caso electromagnético, son quizá más impresionantes. En efecto, el cálculo teórico es tan complicado que solo ha sido completado muy recientemente. El motivo es que al nivel de exactitud requerido por el experimento es obligatorio tener en cuenta no solo efectos relativistas, y efectos cuánticos de orden elevado, sino incluso la estructura del propio vacío. Las medidas experimentales son también muy difíciles y han sido realizadas en los años ochenta. Para poderlas hacer era primero necesario producir los quarks *b*, para lo que se necesitaba energías de al menos diez mil millones de electrón-voltios.

Con respecto a las interacciones débiles, puede mencionarse que la existencia de las partículas *W* y *Z* había sido predicha teóricamente; con bastante certeza, a partir del año 1971 en que 't Hooft demostró la consistencia de las teorías de Glashow y Weinberg de las interacciones débiles. La primera evidencia experimental (indirecta) de la existencia de la partícula *Z* se obtuvo dos años después en unos experimentos llevados a cabo en el CERN con la cámara de burbujas Gargamelle, bajo la dirección de Lagarrigue. En los tres o cuatro años posteriores se obtuvo más evidencia *indirecta;* por esta, y basado en cálculos teóricos, se dedujeron las masas de las partículas *W*, *Z* y sus anchuras de desintegración con un error de menos del 1 por 100. Predicciones brillantemente confirmadas en 1981-1982 cuando dos equipos liderados uno por Carlo Rubbia y el otro por Darriulat y Di Lella aprovecharon la enorme energía disponible en el colisionador del CERN, unos quinientos mil millones de electrón-voltios, y sus magníficas propiedades de focalización (desarrolladas por Simon Van der Meer) para producir y estudiar aquellas partículas.

A partir de 1987 se puso en marcha en el CERN, en Ginebra, el acelerador LEP (iniciales de *Large Electron-Positron Collider),* el mayor acelerador construido hasta la fecha: 27 kilómetros de circunferencia. Este es un acelerador extraordinariamente limpio; al ser los proyectiles partículas elementales, no se producen los desechos típicos de los colisionadores de partículas compuestas (como los protones). Con él se podían medir con gran precisión, hasta cuatro cifras decimales, las propiedades de las partículas *Z*; por ejemplo, su anchura de desintegración, 2.487 MeV (más o menos, 10 MeV). Al comparar con los cálculos teóricos resultaba una pequeña discrepancia. La cual inmediatamente se interpretó como debida a no haber tenido en cuenta la existencia del quark *t*, existencia de hecho predicha por la teoría desde más de diez años antes. Realizados los cálculos teóricos se obtuvo que el acuerdo con las medidas de LEP solo era posible si el quark *t* tenía una gran masa, del orden de 180 veces la masa del protón. En 1995 el Tevatron de Fermilab llegó a la energía necesaria para poder producir experimentalmente los quarks *t*: al realizar la correspondiente medida de la masa esta resultó tener, precisamente, el valor deducido por consistencia de las medidas de LEP.

PARTÍCULAS E INTERACCIONES. II: ELECTRONES, NEUTRINOS Y QUARKS. «FAMILIAS» DE PARTÍCULAS

Toda la materia del Universo está formada por agregados de tres tipos de partículas elementales: electrones, neutrinos y quarks, o por los *quanta* de radiación de los campos correspondientes a las fuerzas que actúan en ellas (interacciones electromagnéticas, débiles, fuertes y gravitatorias).

En primer lugar, tenemos los cuatro constituyentes fundamentales de la materia que nos rodea, representados en la tabla adjunta. Con la excepción de algún raro rayo cósmico y de ocasionales neutrinos de tipo *mu* o *tau*, la Tierra y el Sol, los planetas y las estrellas, hasta las más alejadas galaxias, están compuestas de electrones, neutrinos y quarks de los tipos *u* y *d*. En la tabla 5.3 presentamos los símbolos bajo los que se conocen a las partículas seguidas de sus cargas eléctricas, en unidades de la carga del protón.

Tabla 5.3

Símbolos bajo los que se conocen a las partículas seguidas de sus cargas eléctricas, denotadas por el símbolo Q, en unidades de la carga del protón

e;	$Q_e = -1$
ν_e;	$Q_\nu = 0$
d;	$Q_d = \frac{-1}{3}$
u;	$Q_u = \frac{2}{3}$

A estos constituyentes pueden añadirse fotones y gluones[8], así como las partículas *Z* y *W*, que intermedian las interacciones débiles: partículas todas estas que a veces no son considerados como «ladrillos», sino como «cemento» en la constitución de la materia.

La identificación de los componentes últimos de la materia no fue sencilla. Después del descubrimiento del electrón por Thomson, que ya citamos, llegó el del núcleo atómico por Rutherford y la identificación de protones y neutrones como constituyentes de estos núcleos. Como ya hemos mencionado, en los años treinta-cuarenta se había establecido que todos los núcleos están compuestos por dichas partículas; desde el más sencillo, el de hidrógeno con un solo protón, hasta el más complejo de los que se encuentran en la naturaleza, el de uranio con 92 protones y ciento y pico neutro-

[8] Los *gluones* son los *quanta* de las interacciones fuertes. Son partículas sin masa, poseen autointeracciones, y están confinadas (como los quarks). Fueron postuladas a principios de los setenta, y detectadas indirectamente a finales de esta década. También en esa época se obtuvo evidencia experimental directa de su existencia, en primer lugar en el acelerador PETRA en Hamburgo.

nes. Parecía, pues, que protones y neutrones fuesen los últimos constituyentes de la materia nuclear, y que para entenderla solo hiciese falta una teoría de sus interacciones. Pero todas las teorías que se idearon resultaron ser incorrectas o, como la de Yukawa, de una validez solo aproximada. En los años cincuenta, con el advenimiento de los potentes aceleradores de partículas, capaces de energías de miles de millones de electrón-voltios, pudo explorarse el interior de protones y neutrones en una serie de cruciales experimentos realizados por Hofstadter en Estados Unidos. La conclusión de estos experimentos fue que ambas partículas presentan estructura; algo que Gell-Mann, en 1964, explicó suponiendo que tanto neutrones como protones están formados por unas partículas más elementales, los quarks, de los que neutrón y protón se encuentran de dos tipos, denominados convencionalmente *u* y *d*. En la época en que Gell-Mann hizo su hipótesis se sabía que existe otro tipo de quark, el quark *s*; y en tiempos posteriores se han descubierto otros tres tipos de quarks, el *c* (en 1974), el *b* (en 1977) y el *t* (en 1995), los tres últimos de hecho predichos por consideraciones teóricas antes de ser encontrados experimentalmente. Por deducciones del mismo estilo sabemos también que no hay más tipos de quarks que los seis que hemos mencionado.

También al filo del cambio de siglo, de hecho algo antes, Becquerel había descubierto la radiactividad natural, y con ella la tercera fuerza que opera en el mundo microscópico, la interacción débil que ya hemos mencionado. El típico proceso de esta interacción era la desintegración conocida como desintegración beta, en que un neutrón de un núcleo se desintegraba emitiendo rayos beta (de hecho, como se identificó bastante pronto, formados por electrones) y convirtiéndose en un protón (véase la fig. 5.5). Pero del estudio de esta reacción se seguía una desconcertante paradoja: la energía del estado inicial era superior a la de los productos de la desintegración. Esta paradoja era un de-

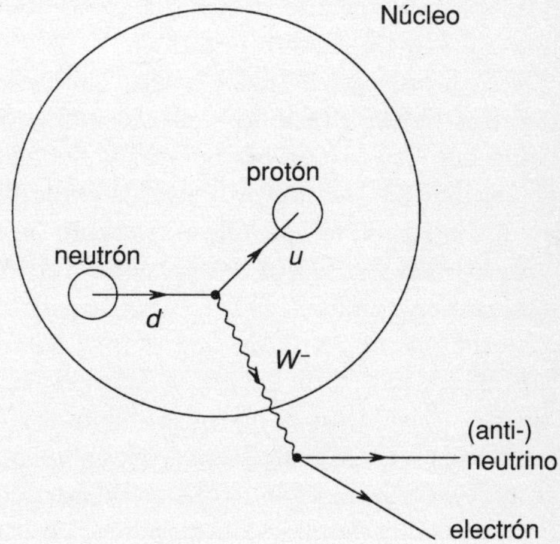

Fig. 5.5.—Esquema de la desintegración beta. El núcleo resultante es inestable, y se rompe (fisión natural) emitiendo, en general, partículas alfa y energía suplementaria en forma de radiación electromagnética (rayos γ)

sastre: aparentemente, ponía en cuestión la ley de conservación de la energía, uno de los pilares sobre los que se asentaba todo el edificio de la física. Durante un cierto tiempo pareció incluso que hubiese que abandonar esta ley; pero en 1930, en una famosa carta que el físico alemán Wolfgang Pauli dirigió al congreso de radiactividad celebrado en Tubinga, este dio cuenta de que el principio de conservación de la energía podía salvarse si se suponía que, junto con electrón y protón, el producto de la desintegración contenía una partícula de masa muy pequeña o nula, eléctricamente neutra y que solo interaccionase débilmente. No es extraño que de esta partícula (conocida con el nombre que le dio Fermi de *neutrino)* dijese Pauli que jamás iba a ser detectada experimentalmente.

Sin embargo, aquí Pauli se equivocó. Primero en unos difíciles experimentos realizados por Reines y Cowan en 1956, y luego de manera casi rutinaria, los neutrinos no solo se detectan, sino que hemos llegado a poderlos utilizar como proyectiles para con ellos (aprovechando precisamente la debilidad de su interacción) penetrar en el interior de otras partículas. No solo eso; los modernos detectores de neutrinos, aparatos masivos de muchas toneladas de peso, son sensibles a los neutrinos procedentes de los procesos nucleares que se llevan a cabo en el Sol, y que proporcionan su energía: e incluso, cuando en 1987 se produjo la explosión de una supernova en una de las Nubes de Magallanes (galaxias situadas en la vecindad de nuestra Vía Láctea, a cientos de miles de años luz de nosotros), algunos detectores pudieron identificar el paso de los neutrinos producidos en la colosal detonación.

Como hemos dicho antes, a estas partículas citadas hay que añadir las que transmiten las tres interacciones fundamentales, fuertes, electromagnéticas y débiles; respectivamente, gluones, fotones y partículas *W*, *Z*. Finalmente tenemos el *gravitón,* que sería la partícula que transmite la interacción gravitatoria; aunque, debido a que todavía no tenemos una teoría consistente de la gravedad que tenga en cuenta la relatividad y la mecánica cuántica, y a que no hemos sido capaces de detectarlo experimentalmente, el *status* del gravitón es hoy por hoy un tanto hipotético.

Con estas partículas e interacciones somos capaces de explicar el mundo que nos rodea; desde los enlaces químicos, y la estructura del átomo, hasta, como hemos visto en el caso de los neutrinos, las reacciones que mantienen el Sol brillante o las que provocan la explosión de una supernova. Pero las cosas no acaban aquí; la naturaleza presenta un hecho extraordinariamente curioso, cuya explicación se nos escapa por completo; y es que, por cada una de las partículas mencionadas en la tabla 5.3, existen otras dos con propiedades idénticas excepto por la masa, que es muy superior. Estas partículas se desintegran rápidamente y, por ser muy masivas (excepto los neutrinos), solo pueden crearse a las enormes energías disponibles en los grandes aceleradores actuales, o en rayos cósmicos excepcionalmente energéticos. Así, la tabla 5.3 debe completarse con otras dos listas de partículas pesadas, quedando el elenco de partículas elementales como aparece en la tabla 5.4.

Tabla 5.4

Todas las partículas elementales, agrupadas en «familias»

[Las partículas de la primera familia (primera fila) constituyen prácticamente todo el Universo; la única utilidad de las partículas de la segunda y tercera familias parece ser proporcionar trabajo a los físicos de altas energías]

$e;\ Q_e = -1$	$\mu;\ Q_\mu = -1$	$\tau;\ Q_\tau = -1$
$\nu_e;\ Q_{\nu_e} = 0$	$\nu_\mu;\ Q_{\nu_\mu} = 0$	$\nu_\tau;\ Q_{\nu_\tau} = 0$
$d;\ Q_d = \frac{-1}{3}$	$s;\ Q_s = \frac{-1}{3}$	$b;\ Q_b = \frac{-1}{3}$
$u;\ Q_u = \frac{2}{3}$	$c;\ Q_c = \frac{2}{3}$	$t;\ Q_t = \frac{2}{3}$
«Familia» 1	«Familia» 2	«Familia» 3

El hecho de que, aparte de su masa, las partículas *mu* (o *muones)* y *tau* tengan propiedades idénticas al electrón ha hecho que a veces se las conozca como «electrones pesados». Globalmente, se conoce a electrones (ligero o pesados) y neutrinos como *leptones,* por ser más ligeros que los quarks; a estos, y a las partículas compuestas de ellos, se los conoce como hadrones por participar en las interacciones fuertes. Un caso también sorprendente es el de los neutrinos; no solo se han detectado, sino que sabemos que existen de tres tipos distintos: neutrinos electrónicos, neutrinos muónicos y neutrinos tauónicos, que solo se diferencian en que cada uno acompaña, en la interacción débil, al leptón (electrón, *mu* o *tau*) correspondiente y, tal vez, en una minúscula diferencia de masas.

La historia del descubrimiento de todas estas partículas forma uno de los capítulos más apasionantes del desarrollo de la ciencia en los últimos cincuenta o sesenta años. Unas veces yendo por delante el experimento (al principio) y otras la teoría (a partir de los años 1971-1973, al establecerse las teorías de interacciones débiles y fuertes) ha sido necesaria una enorme inventiva y unos impresionantes desarrollos tecnológicos para desenmarañar el rompecabezas del mundo subnuclear. Aunque una breve historia como la que podemos presentar aquí nunca hará justicia a la brillantez del esfuerzo realizado, no podemos acabar este capítulo sin, al menos, decir unas palabras al respecto.

Dejando a un lado al electrón, ya mencionado, la primera partícula nueva descubierta en este siglo fue el positrón, encontrado por Carl D. Anderson en 1932 analizando las trazas dejadas por rayos cósmicos en una cámara de niebla. Aunque esta partícula no era realmente nueva: el positrón es la antipartícula del electrón y su existencia había sido predicha por Dirac unos años antes. En efecto, de condiciones muy generales de relatividad y mecánica cuántica se sigue que, por cada partícula, debe existir una antipartícula, con todas las propiedades idénticas excepto su carga, que es de signo opuesto: la famosa antimateria. Su *glamour* ha decrecido bastante; hoy día se produce con gran facilidad y de hecho, como vimos al hablar de aceleradores, estos utilizan rutinariamente antipartículas como proyectiles.

Pero muy pronto comenzaron las sorpresas. El mismo Anderson y Seth H. Neddermeyer, analizando ahora trazas en cámara de burbujas (pero todavía con rayos cósmicos), detectaron en 1937 las partículas *mu*, o *muones.* Con una masa unas doscientas veces la del electrón, esta partícula era la primera que se detectaba de la segunda familia. El muón fue una total sorpresa; todavía hoy, después de estudios exhaustivos sobre muones (que incluyen su utilización como proyectiles y la medida de sus propiedades, algunas con nueve decimales de precisión), lo único que sabemos del muón es que todas sus propiedades, excepto su masa, son idénticas a las del electrón. Por qué el demiurgo decidió duplicar (de hecho, triplicar) las partículas elementales, es hoy tan misterioso como en 1937. En 1975 la situación se hizo más compleja. A partir de ese año, Martin Perl en SLAC (ahora ya con ayuda de un acelerador) identificó unas nuevas partículas, los *tau*, también con propiedades idénticas al electrón, pero mucho más pesadas aún que los muones: unas 3.500 veces más que el electrón. Solo la gran energía del acelerador de SLAC, casi cinco mil millones de electrón-voltios, la gran capacidad de análisis de los detectores y la intuición y tenacidad de Perl, que tuvo el acierto de buscar la señal adecuada en el sitio oportuno, hicieron posible el descubrimiento, confirmado poco después por el laboratorio alemán DESY, en Hamburgo.

El identificar que no hay un solo tipo de neutrino, sino tres, tampoco fue fácil. En 1961-1962 se estableció una fuerte competencia entre los laboratorios de Brookhaven, en Estados Unidos, y el CERN, en Europa, para dilucidar si los neutrinos eran todos del mismo tipo o los que acompañaban al electrón eran distintos de los que seguían al muón, para lo que había indicios teóricos. El laboratorio europeo perdió una batalla que tenía ganada al repartir su tiempo de utilización del acelerador entre el experimento del neutrino y otros varios proyectos, lo que llevó al equipo americano dirigido por Leon M. Lederman, Melvin Schwartz y Jack Steinberger a llevarse la gloria (y el correspondiente premio Nobel) al establecer que el neutrino que se produce en procesos que involucran al electrón es distinto del que se produce con muones. En 1975-1978 se comprobó, por el grupo de Perl, y por los experimentos en DESY, que existe una tercera clase de neutrinos, los que acompañan a las partículas *tau.*

Los *quarks* fueron a la vez más fáciles y más difíciles de encontrar. Más difíciles porque, al estar confinados, no pueden verse aislados y, por lo tanto, han de detectarse en el interior de otras partículas. Más fáciles porque los experimentos de Hofstadter ya mencionados indicaron muy pronto que los protones y neutrones son partículas compuestas. A partir de 1947 se identificaron, en los rayos cósmicos, unas partículas que interaccionaban fuertemente, pero que eran distintas de las ya conocidas, protón, neutrón y piones (estos últimos descubiertos, también en rayos cósmicos en 1947, por Powell y colaboradores). Partículas a las que, por estas propiedades, se llamó «partículas extrañas». A partir de 1953 fue posible producir esas partículas en aceleradores, con lo cual sus propiedades pudieron estudiarse en detalle. Después de importantes avances en la comprensión de sus simetrías, M. Gell-Mann y G. Zweig (independientemente) propusieron un modelo en el que tanto protón, neutrón y pión, como las partículas extrañas, estaban constituidas de tres tipos de partículas realmente elementales, a las que Gell-Mann dio el nombre de *quarks,* nombre tomado de la novela de Joyce *Finnegan's Wake.* Los protones, piones y neutrones están formados por quarks de los tipos conocidos convencionalmente por *u* y *d*; las partículas extrañas contenían un nuevo tipo de quark, llamado *s* (de *strange),* que reemplazaba a uno de los *u*, *d*. Las propiedades del quark *s* resultaban ser idénticas a las del quark *d*, excepto su masa, unas veinte veces mayor.

Ninguna de las partículas que hemos descrito hasta ahora había sido predicha por la teoría: en este sentido, todas ellas fueron unas sorpresas. La situación cambió posteriormente. A partir de 1971-1973, y como ya hemos mencionado, las teorías de las interacciones fuerte y débil habían sido establecidas. Como consecuencia tenemos que todas las demás partículas que entran en la tabla 5.4 fueron predichas por consideraciones teóricas; algunas mucho antes de ser encontradas, y en algunos casos con sus propiedades descritas con gran detalle. El quark de tipo *c*, con propiedades idénticas a las del *u*, pero con masa unas trescientas veces mayor, había sido postulado ya en 1964 por Hara para corregir unas ciertas inconsistencias de las desintegraciones de partículas extrañas. En 1970, Glashow, Iliopoulos y Maiani estimaron que su masa tenía que ser unas 1,5 veces la del protón. Y, en efecto, en 1974 de forma independiente el grupo de Ting en Brookhaven, y el de Richter en SLAC, descubrieron las llamadas partículas *psi*, con masa tres veces la del protón y compuestas de un quark *c* y un antiquark *c*. Muy poco después varios grupos de teóricos (entre los que se pueden destacar los franceses Bouchiat, Iliopoulos y Meyer, y los japoneses Kobayashi y Maskawa) se dieron cuenta de que, si la teoría de interacciones débiles tenía que ser consistente, entonces la existencia del *tau* implicaba la de dos nuevos quarks, denotados, respectivamente, por *b* y *t*. En efecto, el quark *b* fue encontrado por Lederman en Brookhaven pocos años después; tal y como predecía la teoría, sus propiedades eran idénticas a las de los quarks *d* y *s*, pero su masa (que esta vez no había sido predicha por la teoría) era más de veinte veces la del segundo. La saga del quark *t*, la última partícula elemental en ser descubierta, ha sido ya contada con anterioridad.

La historia, aparentemente, termina aquí. La precisión de las medidas experimentales, en especial en LEP, y de los correspondientes cálculos teóricos, nos permiten, con un buen grado de certidumbre, saber que no hay más familias que las que ahora conocemos, pues hubiesen producido efectos similares a los que indicaron la existencia del quark *t*.

SIMETRÍAS

La cuestión de las simetrías es una de las que han permeado la ciencia en el siglo actual, en especial en relación con la física de las partículas elementales (pero no solo con esta ciencia; la noción de simetría fue importante, por ejemplo, en el descubrimiento de la estructura en doble hélice del ADN). En este apartado vamos a discutir, con la concisión obligada en un ensayo de la naturaleza del nuestro, algunas de las apariciones de la noción de simetría en física de altas energías.

La simetría relativista

La primera aparición importante de la cuestión de la simetría ocurre ya a finales del siglo pasado, aunque su trascendencia solo se reconoció en el actual. Está relacionada con la colisión entre la mecánica de Galileo y Newton con la teoría del electromagnetismo de Maxwell. De hecho, podemos formular esta colisión diciendo que las transformaciones de simetría de las ecuaciones de Maxwell no coinciden con las de la mecánica clásica, lo que las hace incompatibles. Las transformaciones de simetría de la mecánica clásica constituyen un grupo, conocido como grupo de Galileo. Las transformaciones de simetría de las ecuaciones de Maxwell fueron estudiadas por un científico alemán, Waldemar Voigt, en 1887, bastante antes de que se descubriera la teoría de la relatividad. El trabajo de Voigt no fue apreciado, y las transformaciones de simetría de las ecuaciones de Maxwell, que forman las transformaciones relativistas (hoy, con cierta injusticia, conocidas como transformaciones de Lorentz y Poincaré), fueron derivadas, independientemente, por estos dos autores y por Einstein. La moraleja de esta historia es que, si en el siglo XIX y principios del XX se hubiese prestado más atención a las cuestiones de simetrías, la teoría de la relatividad (restringida) se hubiese descubierto bastante antes, como reconoció el propio Lorentz ya en 1907 (véase, por ejemplo, el libro de Pais citado en las «Lecturas recomendadas»). En efecto, un análisis físico de las transformaciones encontradas por Voigt hubiese demostrado que, en el límite de velocidades pequeñas en comparación con la de la luz, se convierten en las de Galileo: proporcionando la solución correcta a la aparente incompatibilidad de electromagnetismo y mecánica.

Paridad, conjugación de carga, inversión temporal

Las transformaciones relativistas (cambios de sistemas de referencia) son transformaciones realizables. Esto es, podemos mirar un fenómeno desde un observatorio que esté en reposo con respecto a él, o que se mueva con una velocidad determinada; y lo mismo ocurre con rotaciones o traslaciones: es, al menos en principio, perfectamente posible girar o trasladar un objeto. Las transformaciones que vamos a discutir ahora no son realizables en experimentos. Además, no son simetrías exactas en el mundo microscópico, donde solo se verifican aproximadamente.

Comenzamos considerando la transformación conocida como paridad, o inversión espacial. Es la simetría que nos pasa de la mano derecha a la izquierda, o de un objeto a su imagen en el espejo. Es evidente que no puede realizarse físicamente; por más vueltas que le demos, no es posible superponer la mano derecha sobre la izquierda. De manera intuitiva, parece que, aunque la transformación no sea posible de realizar, un objeto y su imagen por inversión espacial deberían tener las mismas propiedades; pero no es así. Incluso a nivel macroscópico se sabe que abundan más los seres humanos con el corazón a la izquierda, y los sacáridos «dextro» son muchísimo más comunes que los «levo».

Hasta 1956 se creía que estas asimetrías eran una mera cuestión estadística; tal vez en una galaxia muy, muy lejana, hubiese seres humanos con el corazón a la derecha. Pero en este año T. D. Lee y C. N. Yang, científicos americanos de origen chino, se dieron cuenta de que unos problemas de desintegraciones de partículas elementales (concretamente, de kaones en dos o tres piones) podían resolverse suponiendo que las interacciones débiles violan la invariancia bajo paridad. Además, propusieron verificaciones experimentales de este hecho, las que se realizaron en el mismo año 1956 por el equipo de C. S. Wu.

El descubrimiento de Lee y Yang fue esencial para el estudio de las interacciones débiles. Llevó a escribir la ecuación adecuada para los neutrinos, y a encontrar la estructura correcta (vector-axial) de las interacciones débiles.

La segunda transformación que consideramos es la llamada conjugación de carga, o conjugación partícula-antipartícula. Consiste en reemplazar cada partícula por su antipartícula. De nuevo parece intuitivamente obvio que esta simetría debería ser respetada en la naturaleza; pero no es así. Al estudiar la violación de la paridad se vio, de inmediato, que la conjugación partícula-antipartícula también debería violarse. Así mismo muy pronto Landau y Salam, entre otros, se dieron cuenta de que podían salvarse a la vez paridad y conjugación de carga combinándolas. Por ejemplo: si aplicamos paridad a un neutrino *(levo),* la partícula correspondiente no existe; pero si, a la vez, le aplicamos conjugación de carga, obtenemos un resultado perfectamente válido, un antineutrino *dextro.*

A pesar de esto, también tenemos aquí una situación asimétrica en la naturaleza. En efecto, no cabe duda de que a nuestro alrededor hay mucha más materia que antimateria. ¿Es esto una fluctuación local, y cabe esperar que en otras galaxias predomine la antimateria? La evidencia astrofísica que tenemos indica que esto no es así, sino que en todo el Universo accesible predomina la materia sobre la antimateria. La razón de tal asimetría es uno de los más profundos y fascinantes problemas cosmológicos, y uno de los que han sido más influidos por la física de partículas. Su solución, todavía no aclarada, tiene como requisito la violación de la simetría combinada paridad-conjugación de carga. Esta violación fue, en efecto, observada en 1964 por Christensen, Cronin, Fitch y Turlay estudiando desintegraciones de partículas extrañas. No existe, hoy por hoy, una teoría completamente aceptada de este fenómeno, aunque los trabajos de Kobayashi y Maskawa ofrecen la *posibilidad* de entenderlo dentro de la teoría estándar de interacciones.

La última simetría de este tipo que discutiremos es la inversión temporal: es decir, el cambio de pasado por futuro. No parece intuitivamente que esta sea una buena simetría; pero, a escala microscópica, la situación es distinta. En mecánica clásica, en efecto, tenemos perfecta simetría: la diferencia entre evolución de pasado a futuro, o la inversa, resultan ser, simplemente, debidas a la asimetría de las condiciones iniciales. Pero esta invariancia parece ser, en el mundo de las partículas elementales, solo aproximada. Todos los mecanismos inventados para explicar la ruptura de la invariancia bajo la simetría combinada paridad-conjugación de carga implican violación de la simetría bajo el intercambio pasado-futuro. Dejamos aquí esta cuestión con el comentario de que su comprensión profunda puede ofrecer importantes claves para el entendimiento de los orígenes del Cosmos.

Simetrías internas

Tal vez una de las mayores novedades que la física de partículas ha aportado a la ciencia es el concepto de espacio «interno» y el concomitante de «simetría interna». La posibilidad de que exista un espacio interno, distinto del espacio tridimensional ordinario, fue primeramente sugerida por Werner Heisenberg, en 1932, en conexión con las simetrías de las fuerzas nucleares, al darse cuenta de lo parecido de las propiedades de núcleos con distinto número de protones y neutrones, pero con igual número total de ambos. Heisenberg propuso que las interacciones fuertes fuesen consideradas como invariantes bajo el cambio de neutrones por protones, y viceversa, siendo, por lo tanto, estos dos objetos realmente estados de la misma partícula. Esto puede formalizarse al introducir el espacio interno que hoy (después de varios cambios de nombre) se conoce como espacio de isospín. En esencia, podemos describir la situación como sigue. Imaginémonos el espacio ordinario. Si en él nos giramos 180 grados, está claro que, para un observador, habremos cambiado. Pero está igual de claro que seguimos siendo la misma persona, con las mismas propiedades. De igual manera, si en el espacio de isospín giramos un protón 180 grados, obtenemos un neutrón: partícula que presenta apariencia distinta, pero las mismas interacciones nucleares.

Es difícil de exagerar la importancia que este concepto de «espacio interno» y «simetría interna» ha tenido en la física de partículas. El concepto original de isospín, y su generalización por Gell-Mann y Ne'eman a la llamada simetría SU(3), fueron instrumentales en el estudio de las interacciones de hadrones, tanto débiles como fuertes. Y aunque hoy sabemos que no tienen carácter fundamental (son debidas, simplemente, a la pequeñez de la diferencia de masas de los quarks ligeros en comparación con la escala de masas hadrónicas), el concepto de isospín ha resultado ser aplicable a las interacciones débiles: en la teoría de Glashow-Weinberg-Salam, el electrón y el neutrino resultan ser distintos estados de la misma partícula, obtenidos uno de otro por rotación de 180 grados en un espacio interno. Espacio conocido como de «isospín débil» y que, este sí, resulta ser de carácter fundamental. Las interacciones fuertes también involucran un espacio interno, llamado «espacio de color» (que *no* tiene nada que ver con el *color* ordinario), y cada especie de quark, y cada gluón, pueden presentar varios aspectos al realizar rotaciones en este espacio de color.

No es excesivamente complicado estudiar experimentalmente el espacio interno; por ejemplo, si golpeamos a un electrón con una partícula *W*, lo hacemos girar en el espacio interno, al convertirlo en un neutrino. El *status* de las simetrías internas no está, sin embargo, del todo claro. En primer lugar, no es fácil compatibilizarlas con algunos aspectos sutiles de otras simetrías (las llamadas *reglas de superselección,* que no discutiremos aquí). Además, en el estado actual de los conocimientos sobre el mundo microscópico, tenemos que suponer que los espacios internos y el ordinario están desacoplados. La abundante evidencia experimental de la existencia de estos espacios y simetrías internos no resuelve el problema de la conexión de dichos espacios con el espacio ordinario, problema que ha recibido gran atención, pero poca clarificación. Una conexión tal vez posible podría darse en las teorías de cuerdas: con el problema endémico de estas de no presentar predicciones experimentales que puedan ser verificadas.

Transformaciones gauge

Las transformaciones gauge fueron introducidas en primer lugar por el físico y matemático Hermann Weyl, que las estudió tanto en relatividad general («transformaciones gauge espaciotemporales») como en electromagnetismo («transformaciones gauge internas»). La importancia de estas transformaciones gauge ha ido *in crescendo* a lo largo del siglo; en la actualidad, pocos dudan que la invariancia gauge es uno de los principios básicos de la naturaleza. La invariancia gauge puede involucrar el espacio ordinario y, efectivamente, la teoría de la relatividad general de Einstein puede deducirse postulando la invariancia de tipo gauge de las transformaciones generales de coordenadas. Y puede involucrar un espacio interno, como en las interacciones electromagnéticas, débiles y fuertes. Nosotros discutiremos brevemente estos últimos casos.

Comenzamos por las interacciones electromagnéticas. Como es sabido, el potencial entre dos cargas, e_1 y e_2, situadas a distancia r, viene dado por la fórmula de Coulomb,

$$V = \frac{e_1 e_2}{r}$$

Pero, en principio, también podemos modificar este potencial sumándole una constante, *C* (que puede ser dependiente del tiempo): modificación que no altera las propiedades físicas descritas por el potencial. Basta (en mecánica cuántica) con cambiar la fase de la función de onda en una cantidad proporcional a *C* para que la ecuación básica, la ecuación de Schrödinger, quede invariante. Este es un caso sencillo de la simetría gauge en electromagnetismo. Una consecuencia de esta simetría es que la carga eléctrica debe ser conservada, algo que se sabe experimentalmente con una gran exactitud.

La invariancia gauge en electromagnetismo es (relativamente) simple porque las partículas que transmiten la interacción electromagnética, los fotones, no tienen carga eléctrica. En 1954, Yang y Mills se plantearon estudiar qué consecuencias tendría la invariancia gauge para campos que tuvieran autointeracciones. La sorprendente conclusión fue que son muy restrictivas. En primer lugar, las correspondientes partículas no podrían tener masa; y, en segundo lugar, todas sus interacciones tendrían que tener la misma intensidad. La segunda propiedad es esencial para entender por qué las partículas de las tres «familias» de partículas tienen la misma interacción débil y fuerte, a pesar de sus muy distintas masas; o por qué quarks y leptones tienen las mismas interacciones débiles. La comprobación experimental de esta universalidad es muy detallada; en los últimos años se ha realizado una muy espectacular al comprobarse en el acelerador LEP200 que la intensidad de la interacción débil entre partículas *W* y *Z*, a energías de hasta 200 GeV, es la misma que entre electrón, muón y neutrinos en la desintegración del muón, a 100 MeV. Así mismo, la intensidad de las interacciones fuertes en las desintegraciones hadrónicas de las partículas *Z* y *tau* es la misma, a pesar de involucrar energías variando en un factor 50.

La propiedad de que las partículas correspondientes a campos con autointeracción no puedan tener masa lleva a uno de los rompecabezas de la física de partículas actual. Puesto que las partículas *W* y *Z* tienen autointeracciones, se sigue de la invariancia gauge que no deberían tener masa: pero sí que la tienen, y muy grande. La solución (no totalmente satisfactoria) a esta paradoja, a través del mecanismo de Higgs, la discutiremos más adelante.

PROBLEMAS CON EL MODELO ESTÁNDAR. INTERACCIÓN GRAVITATORIA

Imagino que lo dicho hasta ahora habrá dejado la impresión, correcta, de que (en líneas generales) contamos con una teoría coherente y extraordinariamente exitosa de las interacciones que operan en el microcosmos. En efecto, el modelo («modelo estándar») que incorpora las teorías relativistas y cuánticas de interacciones fuertes, electromagnéticas y débiles ha superado todas las confrontaciones con la evidencia experimental: desde las energías más pequeñas hasta los millones de millones de electrón-voltios que se alcanzan en el laboratorio Fermilab de Illinois; desde la precisión de las medidas de masas de estados ligados o de momentos magnéticos, a baja energía, hasta las fabulosas del acelerador LEP en el CERN (Ginebra), realizadas hasta doscientos mil millones de electrón-voltios, y alguna de las cuales ya hemos citado. Sin embargo, aún quedan puntos oscuros; si no en confrontación con el experimento, en la que no existe, hoy por hoy (y a diferencia de lo que ocurría a finales del siglo XIX), ninguna discrepancia, sí que hay problemas de principio. Presentaré ahora una lista de los (a mi juicio) más sobresalientes para cada una de las tres interacciones fuertes, débil y electromagnética, y luego diré algunas palabras sobre la interacción gravitatoria. Nótese que alguna de las cuestiones son de carácter bastante técnico; ruego disculpas al lector sin conocimientos especializados.

Interacciones fuertes. ¿Por qué los quarks tienen espín 1/2, y no 0, o 1? ¿Por qué tienen tres colores (y no 6, 8 o 27...)? ¿Por qué hay seis espacios de quark? ¿Por qué no hay violación fuerte de invariancia bajo inversión temporal?

Interacciones electromagnéticas. El fotón es la única partícula intermediaria que no interacciona consigo misma. Hay indicaciones serias de que la teoría es inconsistente, si no se la modifica sustancialmente a energías muy altas. ¿Por qué todas las cargas eléctricas son múltiplos enteros de 1/3 de la del protón?

Es notable que todos estos problemas de la interacción electromagnética se resolverían en las llamadas teorías de gran unificación, que discutiremos al final de este ensayo.

Interacciones débiles. La teoría que describe estas interacciones es muy peculiar. Es la única teoría en la que la invariancia gauge está rota, y las partículas intermedias tienen masa. El mecanismo por el que adquieren masa es altamente sospechoso: consiste en suponer que el vacío está lleno (!) de un campo que únicamente interacciona con las partículas con masa. Esto no solo recuerda al éter, sino que presenta problemas similares a los de este; en particular una constante cosmológica inaceptable. Por otra parte, la partícula correspondiente a dicho campo, llamado campo de Higgs, por el físico que propuso el modelo, es la única que aún no se ha encontrado. Finalmente, las masas de las partículas tienen valores que parecen escogidos al azar, variando en más de cinco órdenes de magnitud (sin contar a los neutrinos, de cuyas masas apenas se sabe nada). El esquema de masas es tan enrevesado que parece imposible que pueda ser resuelto sin una modificación drástica de toda la teoría o, al menos, sin introducir en ella ideas totalmente nuevas.

Los problemas de las interacciones débiles, sobre los que volveremos al final de este ensayo, son indudablemente más severos que los que aquejan a las otras interacciones.

Interacción gravitatoria. Las cuerdas. De todas las interacciones que conocemos, la más familiar de todas, la gravitación, es, paradójicamente, de la que sabemos menos a nivel microscópico. La teoría de la relatividad general de Einstein, de extraordinario éxito para interacciones macroscópicas, no dice absolutamente nada sobre las propiedades cuánticas de la gravedad. Lo que es peor, todos los intentos por construir una teoría de la gravedad consistente con la relatividad y la mecánica cuántica se han saldado con un fracaso. Las únicas teorías que parecen ofrecer alguna esperanza a parte de la comunidad de físicos de altas energías son las teorías de cuerdas[9]. El problema con estas teorías es que, como ha dicho en frase feliz Álvaro de Rújula, sus predicciones son inobservables o inobservadas. En efecto, una buena parte de las hipótesis de las teorías de cuerdas son imposibles de verificar experimentalmente; y, las que lo podrían ser, son inobservadas. Predicen en efecto estas teorías una plétora de dimensiones extra, tan extraordinariamente pequeñas que son inobservables; y otra plétora de partículas (llamadas, por motivos técnicos, *compañeros supersimétricos,* a las que nos volveremos a referir), inobservadas. Por supuesto no podemos demostrar que las teorías de cuerdas son falsas: y tal vez en el acelerador LHC, que producirá resultados a partir del año 2008, se encuentre algún «compañero supersimétrico». Mientras tanto deberán permanecer estas teorías en el dominio de la especulación.

La física de partículas al final del siglo XX. Perspectivas para el siglo XXI. El problema de las masas y el mecanismo de Higgs. La cuestión de los neutrinos

No es el de profeta o adivino un oficio cómodo. A los peligros que acecharon a los de la antigüedad (baste recordar cuántos murieron lapidados, quemados o, como Laocoonte y sus hijos, presa de serpientes) se une uno indudablemente menos violento, pero más seguro, que es el de la confrontación de las predicciones con la realidad: piénsese en las afirmaciones de Helmholtz y Lord Kelvin que hemos citado al principio de este ensayo. Sin embargo, un artículo sobre la ciencia del microcosmos en el último siglo estaría incompleto sin un mínimo intento por extrapolar nuestros conocimientos y presentar un panorama de posibles líneas de progreso. Antes de ello, sin embargo, y para

[9] Pero no a todos. Por poner ejemplos ilustres, Veltman, Feynman o Glashow (el tercero, en particular, en un artículo vitriólico con Paul Ginsparg, «Desperately seeking superstrings?», publicado en *Physics Today,* mayo 1986) han mostrado su total desconfianza hacia tales teorías; mientras que Gell-Mann o Witten piensan que son perfectamente viables. La opinión personal del que esto escribe se inclina bastante en la dirección de Glashow: me resultaría sorprendente que las teorías de cuerdas, al menos en su forma actual, proporcionaran una descripción de la realidad física.

tomar perspectivas, vamos tanto a recapitular la situación de la física de partículas que hemos descrito anteriormente como a describir los intentos (esencialmente fallidos) de ir más allá que han tenido lugar en el último cuarto del siglo.

Como ha quedado claro en la parte anterior de este ensayo, somos en la actualidad capaces de comprender toda la estructura microscópica de la materia en términos de los quarks de tipo *u*, *d* que forman (interaccionando entre sí a través de las interacciones fuertes) los protones y neutrones; los que a su vez constituyen los núcleos de todos los átomos que encontramos en la naturaleza. Estos átomos contienen también electrones, ligados a los núcleos por la interacción electromagnética. Finalmente, en las desintegraciones radiactivas de algunos de los núcleos se producen, a través de las interacciones débiles, y además de las partículas citadas, neutrinos (de tipo electrónico). A la teoría compendio de las tres interacciones, y las cuatro partículas fundamentales, y que se ha mostrado capaz de proporcionar una descripción detallada y coherente de todos los fenómenos observados en el microcosmos, se la conoce globalmente como «modelo estándar», como ya hemos indicado.

No cabe duda de que el progreso en la comprensión de la estructura de la materia que esto implica es enorme. Los fenómenos que a finales del siglo pasado constituían importantes puntos oscuros, tales como desintegraciones radiactivas o los mecanismos de producción de energía por las estrellas, han sido explicados; como lo ha sido la estructura del núcleo atómico descubierto a principios de este. De los casi cien elementos químicos de la tabla de Mendeleiev hemos pasado a cuatro: los quarks de tipo *u*, *d*, el electrón y el neutrino electrónico. Podemos decir que, a partir de 1971-1973, años en que se propusieron las teorías correctas de interacciones débiles y fuertes, y culminando en 1982, en que se descubrieron (con todas las propiedades predichas por la teoría) las partículas intermediadoras de la interacción débil, las *W* y *Z*, tenemos una descripción sencilla y coherente de la materia. Sin embargo, casi desde el principio, ya desde 1973-1975, comenzaron los intentos por ir más allá del modelo estándar. Intentos que, hasta hoy, se han saldado con un fracaso: a pesar de lo cual vamos a discutir brevemente algunos de los más interesantes, puesto que, aun sin éxito por el momento, pueden tal vez formar la base de la física de partículas en el siglo XXI.

Comenzamos por las llamadas «teorías de gran unificación». A mediados de los años setenta, Pati y Salam y, especialmente, Georgi y Glashow, construyeron modelos en los que las tres fuerzas (débiles, electromagnéticas y fuertes) se unificaban en una *única* interacción; y las cuatro partículas (quarks *u*, *d*, electrón y neutrino electrónico) resultaban ser diferentes estados de una *única* partícula elemental. Tales teorías tenían además otras importantes consecuencias. En primer lugar, explicaban por qué todas las cargas son múltiplos enteros de la del quark *d* (1/3 de la del electrón). En segundo lugar, eliminaban los problemas de autoconsistencia de la electrodinámica cuántica. En tercer lugar, la intensidad relativa de las fuerzas resultaba una *predicción* de la teoría, predicción que estaba de acuerdo con los resultados experimentales, dentro de la precisión alcanzable en los años setenta-ochenta. Finalmente, la gran unificación implicaba que el protón tenía que ser inestable, siendo su tiempo de desintegración de 10 elevado a la potencia 30 años. Esta predicción tenía importantes consecuencias cosmológicas, ya que ofrecía una posible explicación de la aparición de la materia en el *Big Bang,* a partir de energía pura, por el proceso inverso al de desintegración.

Las teorías de gran unificación tuvieron mucho auge durante un tiempo; pero cayeron en un cierto descrédito en los años ochenta, y esto debido a las siguientes razones. En primer lugar, los experimentos realizados en tres o cuatro laboratorios del mundo para intentar encontrar la desintegración del protón no dieron fruto, llegándose en 1983 a establecer la vida media del protón como superior a 10 a la 33 años, decididamente incompatible con los modelos de gran unificación. (Sin embargo, los experimentos no resultaron inútiles; no detectaron la desintegración del protón, pero sí los neutrinos producidos por la explosión de una supernova en las Nubes de Magallanes, a la que ya nos hemos referido.) En segundo lugar, al realizarse medidas más y más precisas, se vio que las relaciones implicadas por los modelos de gran unificación para las intensidades de las interacciones no se cumplían con la exactitud esperada. En tercer lugar, tenían las teorías de gran unificación problemas de consistencia (las llamadas jerarquías, de carácter bastante técnico y que no discutiremos). Esto es una lástima; personalmente, espero que alguien consiga reformular las teorías de gran unificación salvando sus éxitos y corrigiendo sus defectos: encuentro la idea muy atractiva.

El segundo tipo de extensiones ensayadas fueron las teorías supersimétricas, introducidas por Julius Wess y Bruno Zumino a principios de los setenta. En estas teorías lo que se unifican son las partículas y las fuerzas. Es decir, si funcionasen realmente las teorías supersimétricas, los quarks, electrón y neutrino, por una parte, y los fotones, gluón y partículas *W*, *Z*, por otra, serían, simplemente, distintos estados de un único objeto fundamental. La enorme elegancia formal de este tipo de teorías, unificando entidades aparentemente distintas, ha hecho que muchos físicos hayan sido seducidos por ellas; hasta tal punto que en la actualidad, más de veinticinco años después del trabajo original de Wess y Zumino, la supersimetría sigue siendo uno de los temas principales de investigación en física de partículas. Y ello a pesar de dos fracasos, en mi opinión casi definitivos.

En primer lugar, la idea de unificar las partículas y las fuerzas *conocidas* no funciona. Es necesario suponer la existencia de hasta ahora inobservadas fuerzas y partículas complementarias (conocidas en la jerga del oficio como *compañeros supersimétricos,* y que ya han aparecido en este ensayo al hablar de las teorías de cuerdas) a las que hay que dotar de unas masas enormes para explicar su ausencia en los experimentos realizados con los aceleradores construidos hasta la fecha. En segundo lugar, todos los modelos concretos que se han construido de supersimetría, en los que se hacían predicciones sobre las masas de los compañeros supersimétricos que pudieran ser verificadas experimentalmente, han resultado invalidadas cuando se han realizado los correspondientes experimentos. Según han ido incrementándose las energías de los aceleradores, los constructores de modelos supersimétricos han tenido que modificar estos haciéndolos más alambicados, en particular suponiendo a los compañeros supersimétricos más y más pesados, para escapar a la observación.

Pero el problema tal vez más grave que, en mi opinión, presentan tanto gran unificación como supersimetría es que no tocan apenas ninguna de las carencias que aquejan a la física de partículas. No explican por qué existen las dos familias de partículas elementales pesadas que hemos descubierto en experimentos a altas energías. No explican el enrevesado esquema de las masas de las partículas. Y, finalmente, no resuelven los dos puntos débiles que presenta la física actual de altas energías: el mecanismo de Higgs y la imbricación de la relatividad general (gravitación) en la física microscópica. Estas dos cuestiones, que constituirán sin duda (no parece que sea esta una profecía arriesgada) la base de la investigación en física en el siglo que viene, no son resueltas total ni parcialmente por grandes unificaciones o supersimetrías.

Acerca de la cuestión de la imbricación de la gravedad, las teorías de cuerdas constituyen (justo es decirlo) las únicas que, por lo menos, tocan el problema. Aunque tampoco tengo dudas de que estas teorías continuarán siendo objeto de investigación en el próximo siglo, me resultaría (como ya he dicho) sorprendente que resolvieran en un futuro próximo el problema sin el que una teoría física se queda en mera especulación, a saber: producir predicciones que se puedan verificar experimentalmente. También es cierto que, como ya he anunciado, mi pesimismo no es compartido de forma unánime por la comunidad de físicos de altas energías.

Con respecto al problema del campo de Higgs, ni las teorías de cuerdas tienen nada que decir. Nosotros vamos en la última parte de este ensayo a discutir, con algo más de detalle de lo hecho en el apartado anterior, en qué consiste este problema; no solo por su importancia, sino porque es posible que sea el único que podamos resolver en los próximos años, en particular con la ayuda del acelerador LHC, en la actualidad en construcción en el CERN, cerca de Ginebra. Las demás cuestiones (imbricación de la gravedad o la razón del esquema de masas) requerirán, probablemente, información experimental inalcanzable con los aparatos que podemos imaginar hoy día.

Para explicar el problema del mecanismo de Higgs tenemos que retroceder a las teorías de las interacciones débiles. Ya en 1961 Sheldon Glashow había formulado una teoría, en esencia idéntica a la que ha sido comprobada experimentalmente, suponiendo que las interacciones débiles son mediadas por partículas *W* y *Z*. Para estar de acuerdo con los resultados experimentales, Glashow reconoció que tenían que tener estas partículas unas enormes masas, docenas de veces mayores que el protón (como hoy sabemos, la *W*, unas noventa veces, y la *Z*, casi cien). Pero esto es un desastre; debido a que las partículas *W*, *Z* tienen autointeracciones, la teoría solo puede ser consistente si su masa es cero. Higgs, entre otros, encontró una solución al problema. Consiste en imaginar que el vacío está lleno (!) de un campo, que en su honor se conoce hoy como campo de Higgs. En su modelo no todas las partículas interaccionan con ese campo; las que lo hacen adquieren algo indistinguible de la masa, ya que al moverse en el vacío ocupado por el campo de Higgs tienen que arrastrarlo. Weinberg e, independientemente, Salam y Ward, se dieron cuenta de que se podía salvar el modelo de Glashow suponiendo que las partículas *W* y *Z* no tienen masa por sí, sino solo como reflejo de su interacción con el vacío de Higgs. (De hecho, hay que suponer que las masas de todas las partículas tienen este extraño origen.)

El vacío de Higgs es muy incómodo. En primer lugar, la partícula correspondiente al campo de Higgs es la única que no ha sido encontrada experimentalmente. Existen indicaciones indirectas sobre su posible existencia en las medidas de precisión realizadas, en especial por LEP y LEP200, sobre las partículas *W* y *Z*; pero no hay nada definitivo. Lo peor, sin embargo, es el parecido del campo de Higgs con el éter, y el presentar problemas casi tan formidables como aquel. En particular, como Linde, Dreitlein y Veltman han hecho ver[10], la existencia del campo de Higgs tiene enormes consecuencias en conexión con las interacciones gravitatorias, a las que el campo de Higgs no puede sustraerse. En particular, la presencia de un campo llenando el «vacío» implica que todo el Universo debería colapsar inmediatamente. La única solución para evitar este colapso es introducir una constante cosmológica *ad hoc* que cancele con exactitud, con más de cincuenta cifras decimales de precisión, el efecto del campo de Higgs: una solución difícilmente creíble.

¿Existe realmente el campo de Higgs? ¿O su introducción es únicamente un artilugio que esconde nuestra ignorancia acerca de una teoría más fundamental? Sin duda, esta será una de las cuestiones más ardorosamente investigadas en el próximo siglo con el único acelerador que gozará (tal vez) de la energía suficiente para resolverlas.

Por último, mencionamos una cuestión que, poco a poco, ha ido ganando carta de naturaleza, y que constituye hoy, y constituirá sin duda en el próximo siglo, uno de los temas centrales de investigación: ciertamente experimental, y es seguro que también teórica. Esta es la cuestión de la masa de los neutrinos.

La historia empezó con un heroico experimento, liderado por Raymond Davis, que, comenzado a principios de los años sesenta, estaba destinado a intentar detectar los neutrinos que las reacciones nucleares producidas en el Sol generan en enormes cantidades. El problema es que la interacción de los neutrinos es proporcional a su energía y, dadas las pequeñas energías de los neutrinos solares, era necesario un colosal detector para registrar alguno de

[10] A. D. Linde, *Pis'm. Zh. Eksp. Teor. Fiz.* 19: 320 (1974); J. Dreitlein, *Phys. Rev. Lett.* 33: 1243 (1974); M. Veltman, *Phys. Rev. Lett.* 34: 777 (1975).

ellos. Davis utilizó como detector varias toneladas de un compuesto de cloro, el cual, al interaccionar con los neutrinos, se transmutaba en un material radiactivo. Para evitar contaminación con rayos cósmicos, el detector se situó en las profundidades de una mina, en Dakota del Sur. Cada varios meses se analizaba el material por medio de detectores de radiactividad, esperándose detectar algún neutrino al año.

Durante mucho tiempo el detector de Davis funcionó sin éxito. Las señales de neutrinos tardaron en llegar y, cuando lo hicieron, eran mucho menos frecuentes de lo que se esperaba: al menos un factor dos, tal vez un factor tres. Pero el detector de Davis era tan difícil de controlar que la comunidad científica no prestó demasiada atención al hecho. Sin embargo, en los últimos años ochenta, y a lo largo de los noventa, y probablemente ayudados los experimentadores por la *expertise* adquirida en los intentos de detectar la desintegración del protón, se han llevado a cabo otros experimentos utilizando materiales distintos del de Davis, y con sensitividad a neutrinos producidos en reacciones solares distintas de las consideradas por él. Aunque los experimentos son muy duros, ya que después de grandes esfuerzos solamente se recogen unos pocos sucesos en varios años, la conclusión parece confirmarse: se detectan algo menos de la mitad de los neutrinos que el Sol emite. Lo que es más, hay experimentos de rayos cósmicos que parecen indicar que también el número de interacciones de neutrinos procedentes de esta fuente decrece cuando aquellos tienen que viajar un largo recorrido antes de llegar al detector.

No podemos, con seguridad, dar una razón para este curioso comportamiento de los neutrinos. Cuando viajan una pequeña distancia entre la fuente que los produce y el detector, como es el caso con los producidos en reactores nucleares o en aceleradores, sus señales son exactamente lo que la teoría predice. Pero cuando media una gran distancia entre fuente y detector, parece que los neutrinos se perdiesen por el camino.

Se han propuesto docenas de explicaciones para este fenómeno. La más sencilla es suponer que los neutrinos tienen una muy pequeña masa (tal vez generada por el mecanismo de Higgs), con lo cual podrían desintegrarse, o tal vez oscilar, entre los tres posibles tipos de neutrino. Así, el neutrino electrónico (que es el que producen las reacciones solares) podría desintegrarse, o transmutarse, en neutrinos tipo *mu* o *tau*, que los aparatos utilizados por Davis y los demás experimentos no son capaces de detectar. Esto es un problema abierto; no cabe duda, dada la lentitud que, por su propia naturaleza, tiene el desarrollo de los experimentos, de que será uno de los que tendrán ocupados tanto a teóricos como experimentales durante mucho tiempo.

6
El mundo de la química

José Elguero

Introducción

Es habitual colocar la química, con respecto a las otras disciplinas, en una disposición lineal que va de las matemáticas a la medicina:

Esa posición *central* es la cara (ciencia de transferencia) y la cruz (¿solo es eso?) de la química. Una representación de la química en la encrucijada de las ciencias empíricas y las ciencias teóricas parece preferible.

El progreso de la química viene dado por descubrimientos empíricos, muchas veces inesperados, y las construcciones teóricas basadas en la física. Ambos se influyen mutuamente, aunque en el siglo XX los modelos teóricos hayan ido claramente a la zaga. El tiempo que pasa entre un descubrimiento experimental y su justificación teórica es cada vez más corto, pero aún no es usual que un estudio teórico preceda a un descubrimiento, al menos, uno que sea relevante [1]. Eso será tarea del siglo XXI.

Se puede considerar que la historia moderna de la química empieza en 1939 cuando Linus Pauling [2] publica *The Nature of the Chemical Bond and the Structure of Molecules and Crystals.* La influencia del libro fue enorme.

[1] Uno de esos raros casos es la predicción, en 1970, por Zen-ichi Yoshida y Eiji Osawa, de la existencia del fulereno C_{60}, descubierto por Smalley en 1985 (véase apartado «Química supramolecular»).

[2] Al nombre de Pauling (premio Nobel de Química [PNQ] 1954) hay que asociar el de Erich Hückel (1896-1980), cuyos trabajos de 1931 sobre los fundamentos teóricos de la química son comparables en importancia, aunque hayan sufrido un problema, que hoy llamaríamos de «marketing», que nunca padeció Pauling.

Fig. 6.1.—Linus Pauling y Erich Hückel

Por vez primera se disponía de una visión coherente de la química basada en la mecánica cuántica. Hasta entonces la química había hecho grandes progresos con un aparato teórico rudimentario: el átomo de carbono tetraédrico y la isomería óptica de Pasteur-Van't Hoff-Le Bel (Jacobus H. Van't Hoff, primer PNQ 1901), el átomo de carbono plano del benceno de Kekule y la mesomería. A eso hay que añadir las propiedades tridimensionales de los complejos metálicos, mucho más ricas que las del carbono, a las cuales hay que asociar el nombre de Alfred Werner (PNQ 1913).

Obviamente, el libro de Pauling no surgió todo formado de la cabeza de su autor: los resultados de muchos químicos allí citados fueron asimilados y organizados. Una rama de la física, la difracción de rayos X, tuvo una influencia notable al proporcionar datos fiables sobre la estructura tridimensional de las moléculas y los iones que forman los cristales.

Parece oportuno decir aquí dos palabras de las relaciones de la química con sus más próximas vecinas, la física y la biología. Las relaciones con la informática, cuya influencia (ap. «Química y ordenadores») es muy grande, no será discutida aquí, porque, legítimamente, no se puede considerar específica a la química.

Aparte del impacto trascendente de la teoría cuántica (ap. «Los fundamentos de la química»), la física ha influido en la química a través de los métodos de determinación estructural (ap. «Métodos físicos»). Uno de los raros casos en los que un descubrimiento físico contemporáneo afectó directamente a la química fue la predicción de Tsung Dao Lee y Chen Ning Yang (ambos PNF 1957), verificada por Chien-Shiung Wu en 1957, de la violación del principio de conservación de la paridad en la interacción débil (ver el capítulo precedente de Francisco J. Yndurain).

Hasta 1957 era obvio que la asimetría no formaba parte intrínseca del Universo. No había explicación causal de por qué la naturaleza había seleccionado los aminoácidos L y los azúcares D. Aunque extraordinariamente pequeño, $6{,}5\times10^{-14}$ J mol^{-1}, el valor deducido de principio LYW favorece a los aminoácidos L (véase, sin embargo, en el apartado «Química y medicina», el descubrimiento del papel de la D-serina).

Relacionado con este tema, la existencia de enantiómeros ha preocupado a los creadores de la física cuántica. Ya en 1927 Hund escribía: «Si una molécula admite dos configuraciones diferentes, que son imágenes especulares una de otra, entonces los estados estacionarios no corresponden a un movimiento entre una de esas dos configuraciones de equilibrio. Más bien, cada estado estacionario está compuesto por las configuraciones diestra (D) y siniestra (L) en iguales proporciones [...]. El hecho de que las configuraciones D y L de una molécula no sean estados cuánticos (valores propios del Hamiltoniano) parece contradecir la existencia de isómeros ópticos». Muchos grandes nombres de la física contemporánea se han ocupado de ese problema: Rosenfeld, Born (PNF 1954), Jordan, Landau (PNF 1962), Wigner (PNF 1963) y Gennes (PNF 1991).

En dirección contraria, hay un descubrimiento químico que tiene más relevancia en física que en química. Nos referimos a la reacción de Belousov-Zhabotinski (BZ), considerada por Ilya Prigogine como uno de los descubrimientos más importantes del siglo, comparable con el hallazgo de los quarks o la introducción de los agujeros negros. La significación de las reacciones BZ está relacionada con la demostración de la existencia de un nuevo tipo de coherencia y muestra que en condiciones de no-equilibrio la coherencia se extiende en distancias macroscópicas del orden de centímetros. Estas reacciones y otros fenómenos están relacionados con la termodinámica de sistemas en situaciones de no-equilibrio y con la teoría de las estructuras disipativas que le valieron a Prigogine el PNQ 1977. Para ser ecuánimes debemos hacer notar que Peter Atkins es muy negativo, en su ensayo sobre la química-física en el próximo milenio, acerca del interés de estos estudios.

En lo que se refiere a la frontera química-biología, algo diremos en el apartado «Química y medicina» y en las conclusiones. Adelantemos aquí, aunque pueda parecer una opinión corporativa, que mi convencimiento profundo es que la física no va a invadir el dominio de la química (porque la química no interesa a los físicos), pero que la química sí va a invadir el de la biología.

¿Qué puede esperar la biología de la química? Mucho. ¿Qué puede esperar la química de la biología? Esencialmente, objetivos y problemas: ideas para nuevos temas de investigación. Como la síntesis de la vitamina B_{12} lo fue para

Woodward y Eschenmoser y la de la Palitoxina para Kishi (véase ap. «Química orgánica»). Pero nada a nivel profundo, a nivel conceptual (¿qué más da que se descubra un reactivo o un mecanismo nuevo trabajando sobre una sustancia, aunque sea el ADN, importante en biología, o sobre un producto totalmente exobiótico?). No hay nada en un sistema vivo que lo diferencie (ni siquiera que lo caracterice) de una reacción química industrial. No es verdad, como se ha dicho, que los químicos postulen modelos aditivos y los biólogos modelos interactivos.

La relación de la biología con la química es la misma que la de la meteorología con la física: muy complicada, pero sin misterio. Es más un problema de supercomputación que de ideas químicas nuevas. ¿Que se oye decir? Pues evidentemente es falso, doblemente falso. Primero, las interacciones covalentes juegan un papel esencial en biología; lo que pasa es que los químicos las han estudiado bien y por eso se dan por obvias. Segundo, ¿qué químico estructural no está interesado por las interacciones débiles? Los enlaces de hidrógeno, los efectos cooperativos, el «apilamiento» de bencenos, las fuerzas de dispersión, etc., están en el corazón de sus preocupaciones. Cada cosa a su tiempo: ya se ha establecido una sistemática de las fuerzas enlazantes; ahora (y en los próximos decenios) les llega el turno a las no enlazantes.

Conclusión: en los próximos veinte o treinta años los químicos van a invadir la biología, que va a pasar de ser una ciencia de modelos sencillos para convertirse en una disciplina cuantitativa y rigurosa, sin perder la «espontaneidad» que caracteriza tanto a la química como a la biología.

LOS FUNDAMENTOS DE LA QUÍMICA

La química, tal como la conocemos hoy, se inicia en el año 1901 cuando Max Planck (PNF 1918) introduce los *quanta* para explicar la radiación del cuerpo negro (véase el capítulo precedente, «El mundo del microcosmos»). En pocos años, una constelación de grandes científicos[3, 4], construyó uno de los más notables edificios de la historia de la humanidad, la mecánica cuántica, edificio que, muy probablemente, seguirá siendo considerado excepcional el próximo milenio.

---

[3] No hay razón para suponer que entre 1900 y 1930 hubo más genios sobre la tierra que en otras épocas anteriores o posteriores. Es más razonable asumir que los genios representan un pequeño porcentaje de la humanidad y, por lo tanto, aumentan con la población. Probablemente un conjunto de personas, muy inteligentes, incluido algún genio, encontró entonces un extraordinario tema de trabajo.

[4] Entre ellos, Einstein, que, bien que mucho más conocido por las dos teorías de la relatividad, recibió el PNF 1921 por su estudio del efecto fotoeléctrico (1905). Nótese que si bien las correcciones relativistas son importantes para entender el comportamiento de moléculas que tengan átomos pesados (principalmente, oro, platino y mercurio), la contribución de la teoría de la relatividad es insignificante frente a la cuántica en lo que a la química se refiere. Para los químicos, Planck es mucho más importante que Einstein.

El solo enunciado de sus nombres produce un escalofrío de emoción: Planck, Schrödinger (PNF 1933), De Broglie (PNF 1929), Heisenberg (PNF 1932), Bohr (PNF 1922), Pauli (PNF 1945), Born (PNF 1954), Jordan, Einstein, Dirac (PNF 1933), Von Neumann, etc. Durante bastantes años, los físicos de principios de siglo tenían tanto que descubrir y entender, que la química permaneció olvidada. Pero ya en 1928, Paul Adrien Maurice Dirac escribió en su clásico libro *The Principles of Quantum Mechanics:* «El conjunto de la física y de la química ha quedado reducido a matemáticas aplicadas».

Uno puede hacerse la pregunta retórica: ¿cómo hubiese evolucionado la química si Planck no hubiese descubierto la teoría cuántica? No se trata de entrar en la disputa, que afecta a todos los grandes descubrimientos científicos, de si tienen un momento de madurez intrínseco que hace que necesariamente alguien los «descubra» entonces. Se trata aquí, más modestamente, de imaginarse las consecuencias que hubiese tenido para la química si la mecánica cuántica hubiese permanecido desconocida hasta nuestros días.

A mi modo de ver, la respuesta es: hubiese crecido menos, hubiese crecido torcida, pero hubiera crecido. Porque la química responde a las necesidades de los hombres y porque es una ciencia experimental. Aún hoy la mayoría de los químicos solo tiene unas nociones muy rudimentarias de química teórica, y eso no les impide avanzar. Si se exceptúan las técnicas instrumentales (¡pero qué excepción!), que la mayoría de los químicos usan como una *caja negra,* se puede ser un químico razonablemente bueno siendo un semianalfabeto en física.

La estructura de la química

A fines de exposición, es conveniente dividir la química en *química orgánica, química inorgánica, química física* y *técnicas físicas o instrumentales.* Las otras muchas químicas (química analítica, bioquímica, ingeniería química, etc.) están basadas en esas cuatro disciplinas más algo característico de cada una de ellas: estadística y robótica para la química analítica, fisiología para la bioquímica, mecánica y dinámica de fluidos para la ingeniería, etc. La química supramolecular (ap. «Química supramolecular»), ni siquiera eso.

A continuación discutiremos esos cuatro grandes campos, resumiendo hasta dónde hemos llegado y qué nos espera en el próximo futuro. Haremos lo mismo con algunos temas específicos, prefiriendo esta estructura a una división global entre presente y futuro que nos obligaría a repetirnos.

Química orgánica

La esencia de la química orgánica es la creación de enlaces carbono-carbono (si es factible, varios a la vez) de la manera más selectiva posible (enantio, estéreo, etc.) y en las condiciones más suaves posibles. Hoy por hoy, las enzimas hacen eso mejor que cualquier químico y va a ser difícil superar a la selección natural, aun cuando el químico tiene un arsenal de herramientas que no usa la naturaleza, en particular metales «exóticos».

Se puede considerar a Woodward como el paradigma de la actitud de un químico orgánico frente a los problemas que plantea la síntesis total de un producto natural. Su posición y la de sus numerosos alumnos es que para cada compuesto existe una síntesis óptima y que para conseguirlo hay que actuar sobre el estado de transición, tal como hacen las enzimas. En otras palabras, hay que introducir en el sistema un catalizador que acerque los reactivos y los coloque en una posición adecuada para que de todas las posibles vías reaccionales solo una sea elegida. El desorden o multiplicidad de productos de reacción y la velocidad de reacción están ligados a las colisiones cuya eficacia depende de la distancia y de la orientación relativa de las moléculas que chocan.

Muchos químicos prestigiosos han desarrollado metodologías que permiten la creación de varios enlaces simultáneamente (reacciones «tándem», «dominó», etc.), pero si hay que destacar dos contribuciones significativas y respetuosas con las concepciones de Woodward elegiremos la reacción de Sharpless y la metátesis de olefinas. Barry Sharpless (MIT) introdujo en los años ochenta la epoxidación asimétrica de olefinas, en particular de dobles

Fig. 6.2.—Robert B. Woodward

enlaces C=C en alcoholes alílicos para obtener epóxidos, usando como catalizador un derivado de titanio y un tartrato ópticamente activo, pudiendo ser este el (+) o el (–). La idea de que la quiralidad esté en el catalizador fue revolucionaria y estimuló a los químicos, siempre interesados en síntesis asimétrica, a progresar en esta dirección, lo que han conseguido con notable éxito [por ejemplo, con el complejo de titanio(IV) de Carreira, ahora en el Politécnico de Zúrich]. En general, es de esperar un incremento en el número de reacciones selectivas para la preparación de moléculas cada vez más complejas utilizando prácticamente todos los elementos de la tabla periódica, lo que llevará, de hecho, a una unificación de la química orgánica e inorgánica (excluyendo la química del estado sólido) en una *química molecular* (que incluye también a toda la química organometálica; ap. «Química inorgánica»).

La reacción de metátesis es conocida de antiguo, pero que gracias a los trabajos de Calderón, Banks, Grubbs y otros químicos ha experimentado un gran desarrollo. La introducción de catalizadores metálicos de manejo sencillo ha hecho de esta reacción una de las más interesantes de los últimos tiempos. Consiste en una doble transformación de olefinas que se puede emplear para construir anillos medianos o grandes compuestos supramoleculares (ap. «Química supramolecular»). La reacción procede formalmente como está representado en la figura 6.3, pero el mecanismo real no pasa por un anillo de cuatro miembros, sino que es una reacción en cadena en la que intervienen complejos metal-carbeno.

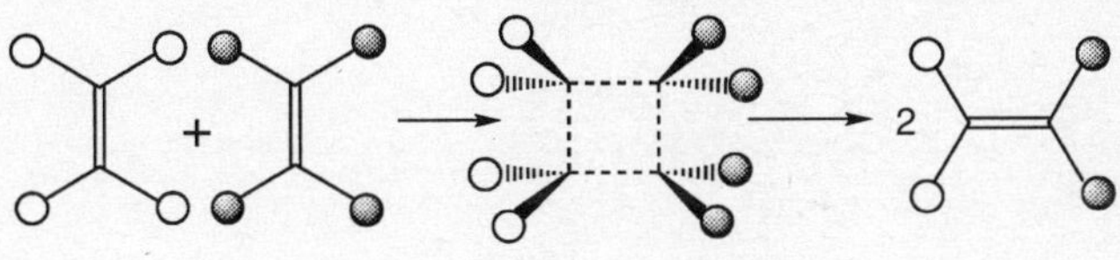

Fig. 6.3.—Reacción de metátesis

Aunque en este capítulo hemos evitado, en la medida de lo posible, el uso de fórmulas, debemos recordar algunos hitos en la síntesis orgánica usando ese tipo de representaciones. Además, para el lector no químico debemos añadir que procediendo así, usando texto en lugar de fórmulas, hemos traicionado, en cierta medida, el espíritu de nuestra disciplina. Las estructuras químicas bidimensionales (que se pueden imprimir) son, para un químico, mucho más ricas en información que las palabras: *son los jeroglíficos de nuestro lenguaje.* La mayoría de las revistas de la especialidad tienen índices temáticos con dibujos: son mucho más rápidos de sobrevolar que las palabras.

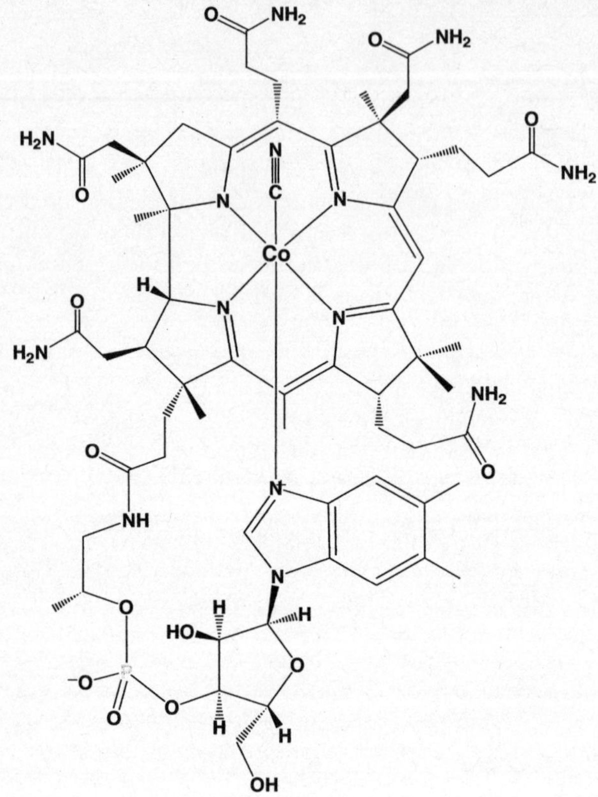

Fig. 6.4.—Vitamina B_{12}

Hemos querido solo recordar cuatro ejemplos, todos de productos naturales:

La vitamina B_{12}. Este compuesto fue sintetizado en 1973 por Robert Burns Woodward, en Harvard (PNQ 1965), con la colaboración de Albert Eschenmoser, del Politécnico de Zúrich.

La Palitoxina. Preparada en 1989 por Yoshito Khisi, es la molécula sintética con más estereocentros (64), lo cual quiere decir que tiene 2^{64} formas diferentes (sin contar con la isomería de los dobles enlaces), o lo que es lo mismo, aproximadamente $1{,}8 \times 10^{19}$ estereoisómeros, de los cuales solo uno es idéntico al producto natural.

Entre las sustancias más tóxicas están la Brevetoxina, sintetizada en 1995 por Kyriacos C. Nicolaou, y la Maitotoxina. Esta última sustancia, aislada del dinoflagelado *Gambierdiscus toxicus,* es el producto natural no peptídico de mayor peso molecular y su estudio ha corrido a cargo de un grupo de investigadores de la Universidad de Tokio.

Finalizaremos este apartado de la síntesis orgánica «tradicional» con una frase de reflexión: Seebach ha recordado lo que solía decir Gilbert Stork: «Por lo tanto, no es sorprendente que la síntesis orgánica esté lejos del nivel que mucha gente asume. El progreso continúa, pero no habrá desarrollos dramáticos. Es más como un glaciar que se mueve gradualmente hacia delante hasta finalmente cubrir una región entera, pero pasarán siglos antes que la síntesis adquiera la posición que mucha gente le atribuye hoy».

Pasemos ahora a desarrollar con más detalle el uso de *enzimas*[5] en química orgánica: el tema lo merece, ya que toca a la biología, a la catálisis (ap. «Catálisis»), a la química médica (antibióticos; ap. «Química y medición») y a la química orgánica de síntesis. Las enzimas son los catalizadores de los sistemas biológicos. Casi todas las enzimas conocidas son proteínas, aunque también se han encontrado algunas moléculas de ARN catalíticamente activas (ribozimas); pero hasta donde se conoce, son casos muy excepcionales. En cuanto proteínas no tienen ninguna característica especial: aminoácidos habituales, muchas de ellas son metaloproteínas y pueden tener una o más cadenas peptídicas.

Desde un punto de vista termodinámico, las enzimas funcionan exactamente igual que un catalizador químico, estabilizando el estado de transición al disminuir la energía libre necesaria para alcanzarlo. Lo que se representa en la figura 6.5 como líneas rectas de un solo tramo en la práctica es mucho más complicado, con una sucesión de estados de transición parciales con pequeños saltos energéticos, compatibles con las reacciones de los organismos vivos que constituyen el campo de aplicación «natural» de las enzimas.

En cuanto a su aplicación a la Síntesis Orgánica tienen tres características generales especialmente interesantes para un químico: 1) poder catalítico; 2) especificidad, sea de reacción, sustrato o de producto; 3) condiciones experimentales muy suaves.

Las enzimas aceleran reacciones multiplicando su velocidad por factores de hasta 10^7, como en el caso de la anhidrasa carbónica de riñón, que cataliza la hidratación de dióxido de carbono a ácido carbónico y es una de las enzimas más rápidas que se conocen. Cada molécula de enzima es capaz de hidratar 10^5 moléculas de CO_2 por segundo. De hecho, la mayoría de las reacciones de los sistemas biológicos transcurren a velocidades no perceptibles en ausencia de enzima.

Hay un punto completamente básico, pero que se olvida con frecuencia: una enzima es un catalizador y no un reactivo, es decir, no puede alterar el

[5] Recordemos la utilidad de los *anticuerpos catalíticos* como enzimas artificiales para abordar problemas que no se pueden resolver con enzimas naturales o con métodos sintéticos más tradicionales. Los resultados obtenidos por Richard A. Lerner en el Instituto Scripps son muy interesantes y con seguridad es este un aspecto de previsible desarrollo.

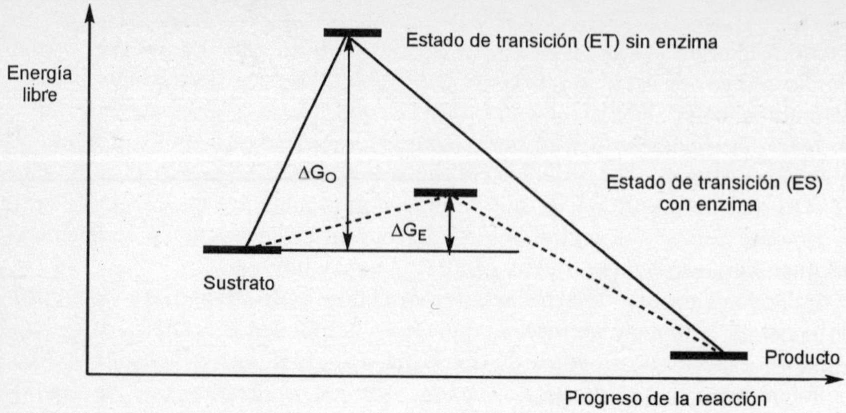

Fig. 6.5.—Desarrollo termodinámico de una reacción sin catalizar y catalizada

equilibrio de una reacción química, sino el tiempo que tarda en alcanzarse. Volviendo al ejemplo de la anhidrasa carbónica, supongamos que la constante de equilibrio de la reacción es 10^6 a un determinado pH, temperatura, fuerza iónica, etc. Esto significa que, una vez alcanzado el equilibrio, la proporción de moléculas de ácido carbónico será un millón de veces la del dióxido de carbono, haya o no enzima. Lo que sí ocurre es que, si con enzima tarda un segundo en alcanzarse el equilibrio, sin enzima tardaría diez millones de segundos, pero el equilibrio al que se llegaría sería el mismo.

La segunda característica de gran utilidad en Síntesis Orgánica es la especificidad de reacción, pues una enzima cataliza solo una reacción o un grupo muy próximo de reacciones, como las proteasas, que hidrolizan los enlaces peptídicos, amidas, pero también tienen cierta capacidad esterasa. Simultáneamente, las enzimas tienen selectividad de sustrato y especificidad de producto. El mejor ejemplo referido al sustrato es la ADN polimerasa, con la delicada misión de transmitir la herencia, que en términos de Biología Molecular significa crear una cadena de ADN complementaria a la cadena de ADN que le sirve de molde, seleccionando el nucleótido exacto entre los cuatro posibles. El número de nucleótidos erróneos es inferior a uno por millón. Ejemplos de la especificidad de producto son las nitrilasas, que adicionan ácido cianhídrico a un aldehído, dando como producto la α-cianhidrina ópticamente pura, solo uno de los dos enantiómeros posibles.

La tercera característica, suaves condiciones experimentales, es consecuencia de la misión natural de las enzimas, pues las reacciones bioquímicas no aceptan grandes saltos energéticos, altas temperaturas o reactivos agresivos.

La disposición exactamente definida por los grupos funcionales presentes y su distribución en la cavidad, normalmente hidrófoba, determinan la especificidad de la enzima. Es el viejo modelo intuitivo de llave-cerradura. Esta estructura tan precisa tiene que ser además lo bastante flexible como para permitir los cambios conformacionales que se produzcan al pasar de un intermedio a otro, es decir, tanto la conformación activa como los diferentes intermedios están estabilizados por una serie de interacciones débiles que se forman y deshacen en el transcurso de la reacción: enlaces electrostáticos y de hidrógeno, fuerzas de Van der Waals e interacciones hidrófobas.

Está claro que las enzimas, pese a sus inconvenientes, tienen un potencial sintético enorme. Con la excepción de algunos procesos industriales como la hidrólisis de penicilinas que se explica más abajo, es a mediados de los ochenta cuando comienza la aplicación masiva en los laboratorios de síntesis. Este retraso se ha debido a factores tales como: dificultad de obtención, prejuicios o desconocimiento, reacciones no generales, fácil inactivación y uso de un medio acuoso.

Las primeras publicaciones serias de enzimas comienzan en los años veinte, y en 1926 Sumner obtiene la primera enzima cristalizada, una ureasa, aunque no muy pura. En 1940 se han obtenido ya unas veinte enzimas con un alto grado de pureza. Estas purificaciones eran verdaderamente heroicas, pues con los métodos disponibles hacía falta tratar muchos kilos de hígado de animales de matadero para obtener unos miligramos de esterasa activa.

El gran impulso al estudio de enzimas y fermentación viene dado por las propiedades maravillosas de la penicilina y el éxito que se consigue en su aumento de producción. Se toman muy en serio los sistemas de muestreo de suelos, residuos orgánicos, etc., en busca de microorganismos capaces de producir sustancias o actividades interesantes. Esto condujo a perfeccionar los sistemas de fermentación y purificación de enzimas en general, y ya a lo largo de los años setenta y ochenta aparecen enzimas comerciales a precios asequibles. En la actualidad basta abrir los catálogos para comprobar que la oferta es muy amplia, y el hecho de que una enzima sea comercial implica que es relativamente activa, estable y fácil de manejar.

Precisamente la hidrólisis de las penicilinas naturales (G o V), obtenidas por fermentación de cepas superproductoras de *Penicillium acemonium,* al ácido 6-aminopenicilánico (6-APA), fue una de las primeras aplicaciones industriales de las enzimas en sustitución de un método químico que, si bien era muy eficaz, era mucho más caro en razón de los reactivos y disolventes empleados y ecológicamente inaceptable por los residuos que generaba. Muy negativo fue el tradicional desconocimiento y prejuicios de los químicos hacia los sistemas biológicos, en gran parte generado por los nombres de las mismas enzimas, que han supuesto con mucha frecuencia una barrera a su aplicación.

Como resumen se puede concluir que las enzimas son herramientas muy útiles en Síntesis Orgánica, especialmente cuando se trata de elegir entre dos o más posibilidades, es decir, reacciones selectivas para cualquier tipo de isomería, y en lo que se refiere a manipulación de compuestos inestables, pues las condiciones de reacción de las enzimas son muy suaves a temperaturas fisiológicas o poco más, pH en torno al neutro y sin reactivos químicos agresivos. La suma de estas dos ventajas lleva a que los procesos enzimáticos son muy simples, hasta el punto de sustituir con ventaja procesos químicos muy buenos. Su principal inconveniente es su implícita falta de generalidad, que exige poner a punto cada proceso, pero en la práctica no es muy complicado precisamente por la simplicidad de los procesos enzimáticos, que permiten obtener mucha información en muy poco tiempo y con un gasto mínimo de productos.

Química inorgánica

Es conveniente, con fines pedagógicos, dividir la química inorgánica moderna en *química organometálica, química de coordinación, química del estado sólido* y *química bioinorgánica,* que luego pasaremos a definir. Pero para evitar todo malentendido, vaya por delante que las fronteras entre ellas son muy difusas y que hay muchos temas de investigación que pertenecen a dos o tres divisiones. Citemos como caso muy relevante y difícil de clasificar el aislamiento del catión N_5^+ en forma de hexafluoroarseniato (AsF_6^-). Cuando los químicos logren aislar el anión del pentazol (N_5^-) se podrá construir una sal sin carbono, puramente inorgánica ($[N_5^-N_5^+]$, probablemente un terrible explosivo), pero al mismo tiempo muy «orgánica», ya que relacionada con el anión del ciclopentadieno y con los cumulenos.

Aun así, quedan aspectos de la química inorgánica (gases nobles, flúor) que encajan mal en la anterior división.

Química organometálica es la química de los compuestos con enlaces metal-carbono. La opción es difícil, pero si hemos de elegir un representante del pasado reciente y uno del futuro inmediato, dos nombres posibles son los de Wilkinson y Schrock.

Geoffrey Wilkinson (PNQ 1973) escribió con F. Albert Cotton una obra titulada *Advanced Inorganic Chemistry* que ha tenido una gran influencia sobre sucesivas generaciones de estudiantes. Un gran libro de texto (otro célebre es «el March»: Jerry March, *Advanced Organic Chemistry)* debe ser considerado como una gran contribución al progreso de la ciencia, aunque las aportaciones de su autor sean relativamente pequeñas, lo cual, como es obvio, no es el caso de Wilkinson. Se puede considerar a este químico inglés como uno de los fundadores de la química organometálica (junto con Ernst Otto Fischer, el químico alemán con el que compartió el PNQ). El catalizador de Wilkinson, un complejo de rodio con cloro y ligandos fosforados, ha jugado y juega un papel importante en química orgánica: transformación de aldehídos en hidrocarburos, reducción de olefinas (pasar de un enlace doble C=C a un enlace sencillo C-C), desulfonación, etc., son algunas de sus aplicaciones.

Richard R. Schrock, químico inorgánico-organometálico del MIT, es un científico extraordinariamente brillante (alquilidenos o carbenos de Schrock, entre otros grandes logros), con muchos años por delante. Sus trabajos están relacionados con la reacción de metátesis de olefinas (ap. «Química orgánica») en su variante asimétrica, con la síntesis de polímeros ordenados (ap. «Química y materiales») y otros muchos temas de relevancia.

Tanto Wilkinson como Schrock han unido su nombre al de catalizadores, tema estrella de la química inorgánica en la vertiente de los complejos metálicos de coordinación y de los correspondientes catalizadores regio, estéreo y enantioespecíficos.

Dentro de la *química de coordinación* (enlaces metal con elementos del sistema periódico diferentes del carbono) pueden situarse los esfuerzos para activar el nitrógeno N_2 (su nombre correcto es dinitrógeno). La transformación del nitrógeno en amoniaco (proceso Haber-Bosch) (Fritz Haber, PNQ 1918; Carl Bosch, PNQ 1931) ha sido y aún es uno de los grandes descubrimientos de la química, cuyas consecuencias económicas son incalculables. Es sorprendente que, a pesar de muchos esfuerzos, solo en tiempos recientes se han logrado progresos significativos que auguran resultados importantes para el próximo siglo. El problema de la química del dinitrógeno ($N \equiv N$) es que es necesario romper uno de los enlaces más fuertes entre dos átomos.

Los esfuerzos para activar el dinitrógeno avanzan en dos frentes independientes bastante alejados uno del otro. Uno es el uso de compuestos de coordinación como catalizadores (ap. «Catálisis») y otro es el estudio del mecanismo de la enzima nitrogenasa presente en las bacterias que transforma el N_2 en NH_3. Los primeros (Cummins) utilizan complejos de molibdeno con ligandos nitrogenados, complejos de niobio unidos a calixarenos y complejos de circonio unidos a fósforo y nitrógeno. El objetivo de estos estudios no es la transformación en amoniaco, sino más bien transformar directamente N_2 en compuestos más elaborados, tales como hidracina, enlaces carbono-nitrógeno, heterociclos nitrogenados, etc.

Los grupos que trabajan en la nitrogenasa tratan de mimetizar sus propiedades. Esta enzima contiene hierro (Fe, como el catalizador Haber-Bosch) y molibdeno (Mo, como los complejos de Cummins). Su extraordinaria eficacia está ligada a unas restricciones geométricas difíciles de imitar en el laboratorio. Gracias a las estructuras de rayos X determinadas por Rees en California, se empieza a entender cómo funciona la enzima. La síntesis de cofactor Fe-Mo es un tema de gran dificultad, al cual se están dedicando muchos de los mejores grupos de química de coordinación.

En los últimos años las relaciones entre los complejos de dihidrógeno (enlaces σ) y los hidruros metálicos (dos formas de unirse hidrógeno a un metal) están despertando mucho interés, tanto por sus propiedades fundamentales (acoplamientos cuánticos) como por sus posibles usos como agentes de hidrogenación.

Química del estado sólido. La obtención de óxidos metálicos compuestos para su uso como superconductores a altas temperaturas, las cerámicas resistentes a temperaturas elevadas (satélites, lanzadera espacial, vitrocerámicas, etcétera) y la oblea de silicio dopada son, posiblemente, las realizaciones más importantes en este apartado.

En la química del estado sólido la síntesis de nuevos materiales (polímeros, cristales líquidos, coloides metálicos, nanoclusters, materiales con propiedades ópticas no lineales, eléctricas o magnéticas de interés) ha tenido una gran trascendencia y es un campo apenas abierto para el que se prevé un desarrollo espectacular en los próximos años.

Es posible depositar películas mono- y multicapa, compuestas de coloides inorgánicos aniónicos (derivados de zirconio, niobio o tántalo) y de policationes orgánicos, sobre superficies por autoorganización (ap. «Química supramolecular»). Estos materiales son útiles para colectores lumínicos acoplados a sistemas de transferencia electrónica, es decir, en *electrónica molecular*. Es notable que tanto fulerenos como nanotubos, dos de los más espectaculares logros de la química orgánica supramolecular, pueden ser construidos con sulfuros de los primeros metales de transición. Así, Reshef Tenne, del Instituto Weizmann, ha usado molibdeno, por ejemplo, en forma de MoS_2, para preparar excelentes lubricantes.

El esclarecimiento de la química en la interfaz sólido-molécula (catálisis heterogénea: mecanismos y naturaleza de los intermedios) necesita realizar un esfuerzo reduccionista semejante al que se ha seguido durante el último siglo en química molecular.

Química bioionorgánica. A nadie le sorprenderá que en los procesos que ocurren en los seres vivos, los metales y su capacidad de oxidorreducción juegan un papel fundamental. Naturalmente, un ser vivo muere si cualquiera de las componentes químicas desaparece, y enferma si bajan de un cierto umbral. No es que los metales sean más «vitales» que los azúcares o los aminoácidos; son simplemente iguales en importancia. Esta reiteración es útil para rectificar una imagen demasiado «orgánica» de la vida.

En este campo hay que citar los trabajos de Henry Taube (PNQ 1983) y sus estudios sobre los procesos redox, en especial sobre el mecanismo de las reacciones de transferencia electrónica de los compuestos de coordinación, de enorme trascendencia en esta rama de la química, sin olvidar los resultados obtenidos por los nobelizables Richard H. Holm y Harry B. Gray.

QUÍMICA FÍSICA

Probablemente es el campo de la química más difícil de resumir, y ello por varias razones: 1) tiene una frontera común mal definida con la física[6]; 2) cu-

[6] A título de curiosidad, la Sociedad Química Americana (ACS) y la Sociedad Física Americana (APS) tienen dos revistas, respectivamente, *Journal of Physical Chemistry* y *Journal of Chemical Physics,* que recogen publicaciones muy parecidas.

bre casi todos los aspectos de la química (hay quien dice que toda la química es química física); 3) sus diferentes ramas están muy especializadas, haciendo que, incluso entre los que las practican, tengan dificultad de comunicación.

Peter Atkins, probablemente el más célebre autor de libros de texto, tanto de *Química General* como de *Química Física,* ha escrito un párrafo que no nos resistimos a traducir.

> Si tuviese que fundar un Instituto de Química Física que nos llevase a través de los próximos mil años, estaría dedicado a la química física de la vida. La química física ha pasado su siglo de formación en los jardines de la infancia de la complejidad, aprendiendo primero a hacer frente a los gases perfectos y las soluciones ideales, emergiendo luego la extraordinaria utilidad de la termodinámica de los sistemas en equilibrio y la comprensión de la estructura de los átomos, moléculas y de sus agregados sencillos. Se ha mostrado capaz de capturar posición decimal tras posición decimal en el universo etéreo de la espectroscopía en fase gas y ha empezado a explicar los sucesos en una escala de tiempos en que la química empieza a devenir física con las reacciones prácticamente congeladas en el tiempo. Ahora se encuentra equipada para penetrar en la impresionante complejidad de la vida, mostrando su subyacente sencillez. ¿Cómo equiparía mi Instituto? Mis cuatro departamentos principales estarían basados en el uso de láseres [ap. «Métodos físicos»], en una fuente de radiación sincrotón para la difracción [ídem], en resonancia magnética [ídem] y en computación.

En este apartado vamos a ocuparnos, casi exclusivamente, de *química computacional* en sus dos vertientes: tanto cálculos teóricos como modelado molecular. El primero de ellos comienza a ser una herramienta de uso corriente en el laboratorio como apoyo a otras técnicas y para probar diferentes hipótesis (mecanismos de reacción, conformaciones accesibles, estados de transición, etc.). El modelado molecular, por otra parte, ha permitido estudiar grandes sistemas incluso en fases condensadas (estado sólido o en disolución). Esto ha permitido estudiar interacciones fármaco-receptor así como proponer nuevos fármacos. Es de esperar que en un futuro próximo se verá un avance en el desarrollo de algoritmos más realistas para el estudio de fases condensadas en los cálculos teóricos y el estudio de estados excitados. Ambos aspectos se podrán emplear para mejorar los algoritmos actuales utilizados en modelado molecular. En particular, para el análisis y la predicción del plegamiento de proteínas (ap. «Química y ordenadores»).

Puede parecer sorprendente, pero solo en las postrimerías del siglo XX se ha empezado a tener una idea clara de las propiedades del agua (punto de fusión, punto de ebullición, estructura del hielo, etc.)[7]. La convergencia de es-

[7] Las propiedades de los compuestos químicos son debidas a grandes colecciones de moléculas, ya que son propiedades estadísticas. Una molécula de agua no tiene punto de fusión.

tudios experimentales en fase gas de agregados *(clusters)* de agua a muy baja temperatura y de cálculos teóricos de tales agregados (hasta 26 moléculas de agua) están a punto de alcanzar la comprensión del diagrama de fase del agua, incluido el famoso punto triple que sirve para definir las escalas Kelvin de temperatura (por definición, hay exactamente 273,16 K entre el cero absoluto y el punto triple del agua).

Una molécula de agua tiene dos grupos O-H y dos pares de electrones libres sobre el átomo de oxígeno; es, pues, un doble dador y un doble aceptor de enlaces de hidrógeno:

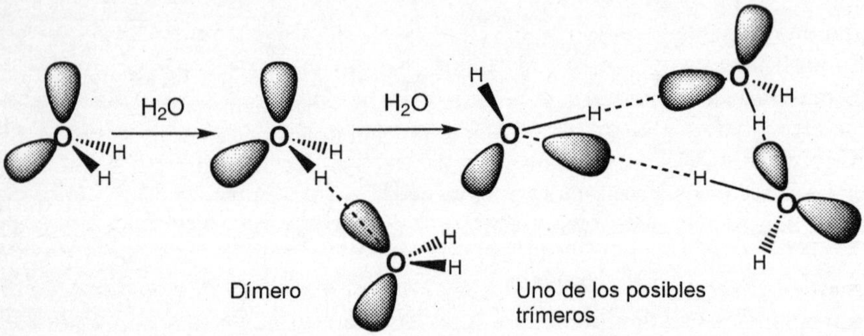

Fig. 6.6.—Autoasociación del agua

Ello le confiere una enorme capacidad de autoorganizarse (líquido y diferentes tipos de hielo) y de organizarse alrededor de otras moléculas, ya sean xenobióticas, como el benceno, ya moléculas de la vida, como el ADN.

En lo que concierne al futuro desarrollo de la computación, uno de los aspectos que más interesan al químico es el de poder obtener información sobre los *estados de transición* de manera que se entiendan más profundamente los mecanismos de reacción y, sobre todo, poder intervenir en dichos estados para dirigir la síntesis según nuestros objetivos (ap. «Química orgánica»). Cada vez son más los resultados experimentales que coinciden con antiguas predicciones teóricas; así, por vez primera se han logrado imágenes de un orbital *d*: estos experimentos confirman la teoría: ¡son exactamente iguales que en los libros de texto!

Entre las propiedades termodinámicas está el gran campo de los disolventes, a cuya modelización tanto contribuyó Robert W. Taft y que se ha enriquecido en los últimos años con los líquidos supercríticos, el agua superfluida, etc. Recientemente ha aparecido una nueva clase de disolventes, los *líquidos iónicos.* Estos compuestos son sales (anión inorgánico, catión orgánico, tal como el hexafluorofosfato de 1-metil-3-butilimidazolio) descubiertas por Kenneth R. Seddon en Belfast. Estos disolventes, líquidos entre 0 y 200 °C, aceleran notablemente muchas reacciones, no tienen presión de vapor detectable y son reciclables: les espera un prometedor uso en la industria.

MÉTODOS FÍSICOS

Un laboratorio de química a finales de siglo necesita imprescindiblemente dos métodos descubiertos por los físicos, pero hoy en manos de los químicos: la resonancia magnética nuclear (RMN, que los médicos llaman, por eufemismo, resonancia magnética) y la cristalografía de rayos X. Además, necesitan un método analítico que bien pudiera ser la cromatografía de líquidos de alta resolución acoplada con espectrometría de masas.

En lo que se refiere a la RMN, esta técnica ha cambiado en primer lugar el análisis de los compuestos sintetizados. En un segundo apartado está su aplicación para la determinación estructural (conformación) de pequeñas y grandes moléculas, siendo posible hoy día el análisis de proteínas completas. En un futuro no muy lejano se empezará a usar *software* capaz de analizar de forma automática complejos espectros de proteínas, proporcionando de forma rápida y fiable estructuras tridimensionales. Más tarde, el desarrollo de la RMN permitirá el seguimiento, en tiempo real, de los procesos que ocurren en los seres vivos (crecimiento y degradación).

¿Son de esperar grandes cambios en esta técnica, comparables con la revolución que supuso la introducción de la transformada de Fourier por Richard R. Ernst (PNQ 1991)? Una de las posibilidades será cuando se consigan imanes supraconductores a altas temperaturas, ya que ello tendrá un efecto inmediato en RMN. Más revolucionarias son las investigaciones de Alex Pines (Universidad de California, premio Wolf y candidato al PN), el uso de las técnicas basadas en transiciones a doble *quanta,* el empleo del xenón (isótopo 128, *spin* 1/2) para examinar el sistema respiratorio y el cerebro, el estudio de sólidos que contienen núcleos paramagnéticos. Alex Pines ha anunciado recientemente la posibilidad de construir aparatos de resonancia magnética de imagen (MRI) con electroimanes convencionales, lo cual pondría esta técnica al alcance de cualquier consultorio primario.

En lo que se refiere a la *difracción de rayos X,* hay que decir que esta técnica no está tan integrada en el mundo de los químicos como la RMN, debido a su mayor dificultad y rendimiento. Si comparamos todas las estructuras de compuestos orgánicos, organometálicos y de coordinación descritos en las bases de datos de Cambridge, unas 210.000, con el número de espectros RMN realizados en el mismo período de tiempo, cientos de millones, quinientas veces más, es evidente el espacio que ambas técnicas ocupan en la práctica cotidiana de los químicos. Aunque aquí nos limitaremos a la difracción de rayos X, por ser la más accesible, no debemos olvidar tanto la difracción de neutrones como el uso de la radiación sincrotrón.

Explica Jack D. Dunitz (ETH, Zúrich), uno de los grandes cristalógrafos contemporáneos, cómo ha evolucionado la cristalografía de rayos X en sus cincuenta años de actividad. Al principio era un difícil, trabajoso y altamente especializado método de estudiar las estructuras cristalinas y moleculares, que necesitaba de un conocimiento profundo de sus fundamentos y de una buena intuición para imaginar la estructura correcta de un compuesto, incluso de uno sencillo. Hoy día, un conjunto de procedimientos altamente automatizados, de carácter más o menos rutinario, que necesitan más de la habilidad para manipular programas de ordenador que profunda reflexión o gran imaginación. A ello ha contribuido esencialmente el desarrollo de la informática (ap. «Química y ordenadores») y la introducción, primero, de los llamados métodos directos de resolución de estructuras cristalinas (parte computacional) y luego de los detectores de área (parte instrumental).

Para el futuro hay que esperar mejoras en los métodos existentes más que algo radicalmente nuevo. Entre esos métodos ya conocidos, pero que van a experimentar un gran auge, destacaremos, a nivel de programación, más aplicaciones de los métodos de máxima entropía o el análisis topológico de mapas de Fourier, así como un uso más frecuente de los diagramas de difracción de polvo microcristalino para determinar la estructura de compuestos de talla media. También se espera que los detectores de área faciliten la determinación de estructuras desordenadas, que se use más la cristalografía de rayos X para estudios dinámicos en cristales, así como para establecer experimentalmente los mapas de densidad electrónica, si bien en este último caso entran en concurrencia con los cálculos mecanocuánticos, mucho más rápidos[8]. En fin, para un futuro más lejano queda la predicción del empaquetamiento cristalino, hoy balbuceante, lo que implica un conocimiento de los procesos de crecimiento y nucleación de cristales. No conviene olvidar el formidable instrumento de trabajo de las bases de datos de Cambridge y de Brookhaven, que crecen exponencialmente (ap. «Química y ordenadores»), y la importancia de la difracción de neutrones para el estudio estructural de moléculas biológicas y organismos enteros (virus).

En el campo de las biomoléculas hay que destacar sobre todo el uso de la *radiación sincrotrón* y su aplicación en la determinación de la estructura de macromoléculas, tanto en estado sólido como en disolución. Debería ser posible seguir por estas técnicas (y otras como las de correlación fotónica) la evolución de las moléculas en solución y «verlas» reaccionar. Mucho de lo que ahora tenemos que imaginar o simular con un ordenador será próximamente evidencia experimental.

El conjunto de técnicas conocidas con las iniciales SPM *(Scanning Probe Microscopies),* entre las que destaca la STM *(Scanning Tunneling Microscopy:* microscopía de barrido por efecto túnel, por el que recibieron el PNF 1986

[8] Es notable el cambio de paradigma que afecta a las relaciones entre valores calculados y experimentales. Se ha dicho, medio en serio, que «para qué medirlo, si se puede calcular». El único caso de discrepancia entre geometrías calculadas y geometrías experimentales afectaba a la molécula de 3-etinilciclopropeno. Según la determinación por rayos X esta molécula poseía el doble enlace C=C más corto conocido (1.255 Å); según los cálculos teóricos el valor era de 1.296 Å, típico de un ciclopropeno. Según el profesor Dunitz, la discrepancia proviene de haber despreciado correcciones relacionadas con el movimiento de la molécula en el cristal. Es decir, *¡tenía razón el cálculo!*

sus descubridores, Gerd Binning y Heinrich Rohrer), representan un cambio revolucionario para la química: ¡por fin se ven los átomos de Dalton!

Al contrario que las demás técnicas instrumentales que trabajan sobre unas enormes colecciones de moléculas[9], la STM «ve» *una* molécula determinada. Se dice que en cada vaso de agua que bebe un inglés hay una molécula de agua que ha transitado por la vejiga de Cromwell. Cuando vemos, en un experimento de STM, un átomo de oxígeno de una molécula de agua, estamos viendo algo viejo de millones de años, con una historia apasionante, tanto química (¿fue CO_2 o SIO_2?) como biológica (¿quitó la sed a Cromwell?).

Naturalmente, todo tiene un precio. Los químicos están muy interesados en obtener información de una muestra visible al ojo, bien para conocer su pureza, bien para determinar su composición en caso de una mezcla. Para eso, una técnica de observación de moléculas aisladas no es útil. Por otro lado, ¡qué extraordinarias posibilidades ofrecen las SPM! Ya se ha conseguido determinar la configuración absoluta de una molécula por STM, y eso es solo el principio. En el siglo XXI puede convertirse en la manera más rápida y segura de abordar los problemas de quiralidad.

Hemos guardado para el final uno de los más fascinantes avances de finales del siglo XX: el desarrollo de los láseres pulsantes, que en un período de tiempo relativamente corto han permitido el desarrollo de la química del femtosegundo (Femtoquímica), acercándose hacia los altosegundos y el muro del principio de incertidumbre. Aquí destaca el nombre de Ahmed H. Zewail (PNQ 1999), pero muchos otros espectroscopistas en el mundo trabajan en esa dirección, que necesita la interacción con químicos teóricos que sepan abordar los problemas dinámicos de los estados excitados, tales como Jörn Manz (Berlín). Zewail, de origen egipcio, ocupa la cátedra Linus Pauling en el prestigioso California Institute of Technology.

QUÍMICA Y MEDICINA

El que muchos medicamentos tengan un origen «natural» merece que le dediquemos un pequeño comentario. Es un hecho bien conocido que todos los seres vivos, a excepción de los virus y, prácticamente, los mamíferos, producen sustancias que los humanos pueden utilizar como fármacos. De los hongos (penicilinas), a las plantas (morfina), a los árboles (taxol, un antitumoral), a los organismos marinos (Briostatina, para el tratamiento de la leucemia) y a los batracios (epibatidina, un analgésico no opiode), la lista es intermina-

[9] Hay que tener conciencia de la tremenda magnitud del número de Avogadro (6.022×10^{23}). Un mol contiene aproximadamente 10^{24} moléculas y un compuesto químico medio tiene una masa de 500 daltons. Eso quiere decir que 500 g de ese producto contienen 10^{24} moléculas. Una determinación estructural por RMN requiere 5 mg (10^{19} moléculas) y un cristal para difracción de rayos X puede pesar 0,5-0,05 mg (10^{18} a 10^{17} moléculas).

ble. En un futuro próximo, mamíferos genéticamente modificados serán fuente usual de sustancias complejas útiles como medicamentos.

Hay dos posibles explicaciones al gran papel que los productos naturales han jugado y, sin duda, jugarán en el descubrimiento de medicamentos. La primera es histórica: antes de la llegada de la era de la química, la única fuente de estructuras complejas eran los seres vivos. Como aún no está agotado el acervo de conocimientos de las medicinas primitivas, esta fuente de inspiración debería mantenerse algún tiempo. Pero esta explicación solo puede ser parcial, ya que se encuentran medicamentos en organismos nunca ensayados por la humanidad.

Planteado de manera racional, eso quiere decir que es más probable que una sustancia (generalmente, un metabolito secundario —denominado así porque no es esencial para la supervivencia del individuo) presente en un ser vivo sea biológicamente beneficiosa para un ser humano o un mamífero de laboratorio (ratón, rata, cobaya, conejo, perro, mono) que un producto químico «artificial», sintetizado al azar.

La única razón para que el tejo contenga en su corteza una sustancia anticancerosa tiene que ser la profunda relación genética entre todos los seres vivos. Obviamente, al tejo le traen sin cuidado los humanos; ni siquiera tiene cáncer de mama.

Para complicar más el problema, con frecuencia el producto natural tiene que ser modificado «artificialmente», en menor o mayor grado, para obtener un medicamento. Hemos reunido en la tabla 6.1 una serie de principios activos usuales, sus aplicaciones y su origen: N, natural; SS, semisintético (preparado a partir de un producto natural), o A, artificial.

Hoy día, aparte de los antibióticos y los esteroides, la inmensa mayoría de nuestra farmacopea es producto del ingenio de los químicos y farmacéuticos. Eso va a cambiar con el paso del tiempo debido a una serie de factores:

1) Cuando el proyecto Genoma Humano, que estará acabado hacia 2003, revele los secretos del ADN humano será posible para químicos y biólogos moleculares unir fuerzas y empezar a diseñar agentes específicos que refuercen o debiliten la actividad de los genes.

2) En síntesis destaca la enorme importancia de los métodos combinatorios, tanto en la producción de interés biológico como en catálisis.

3) La química en biología y en medicina, en algún caso ya comentada antes: comprensión de los procesos fundamentales de la vida, estructura de biomoléculas, desarrollo de nuevos fármacos, la química prebiótica... y naturalmente *la neuroquímica.*

El descubrimiento reciente más importante ha sido las aproximaciones combinatorias a la química. Esto ha supuesto la inversión de la tendencia hacia la búsqueda de métodos cada vez más selectivos para la preparación de moléculas cada vez más complicadas estructuralmente y con mayor número

Tabla 6.1

Origen de los principales medicamentos

Rango	Nombre genérico	Clase terapéutica	Origen
1	Omeprazol	Antiulceroso gástrico	A
2	Simvastatina[1]	Hipocolesterolémico	N
3	Fluoxetina[2]	Antidepresivo	A
4	Ranitidina	Antagonista-H_2 (antiulceroso gástrico)	A
5	Amlodipina	Antihipertensivo (bloq. canales de Ca)	A
6	Enalapril	Antihipertensivo (inhibidor de la ECA)	A
7	Amoxicilina	Antibiótico	SS
8	Sertralina	Antidepresivo	A
9	Paroxetina	Antidepresivo	A
10	Ciprofloxacina	Antibacteriano (quinolona)	A
11	Etinilestradiol	Contraconceptivo oral	SS
12	Hidroclorotiazida	Diurético	A
13	Codeína	Analgésico (antitusígeno)	N, SS
14	Albuterol	Agonista β_2 (antiasmático)	A
15	Digoxina	Cardiotónico	N
16	Penicilina V	Antibiótico	SS
17	Furosemida	Diurético	A
18	L-Tiroxina	Hipotiroidismo	N
19	Triamtereno	Diurético	A
20	Alprazolam	Ansiolítico (benzodiazepina)	A
21	Eritromicina	Antibiótico	N
22	Naproxeno	Antiinflamatorio	A
23	Nifedipina	Antihipertensivo (bloq. canales de Ca)	A
24	Diltiazem	Antihipertensivo (bloq. canales de Ca)	A
25	Noretindrona	Contraconceptivo oral	SS
26	Verapamilo	Antihipertensivo (bloq. canales de Ca)	A
27	Cefaclor	Antibiótico (cefalosporina)	SS
28	Insulina	Hipoglucémico	N
29	Hidrocodona	Analgésico narcótico, antitusivo	SS
30	Gliburide	Hipoglucémico, antidiabético	A
31	Prednisona	Esteroide antiinflamatorio	N
32	Terfenadina	Antihistamínico	A
33	Ibuprofeno	Antiinflamatorio	A
34	Atenolol	Antihipertensivo (β-bloqueante)	A
35	Norgestrel	Contraconceptivo oral	SS
36	Captopril[3]	Antihipertensivo (inhibidor de la ECA)	A
37	Dipiridamol	Vasodilatador coronario	A
38	Nitroglicerol	Vasodilatador coronario	A
39	Cefalexina	Antibiótico (cefalosporina)	SS
40	Ácido clavulánico	Inhibidor de β-lactamasa)	N
41	Lisinopril	Antihipertensivo (inhibidor de la ECA)	A
42	Cimetidina	Antagonista-H_2 (antiulceroso gástrico)	A
43	Lorazepam	Ansiolítico (benzodiazepina)	A

Tabla 6.1 (continuación)

Rango	Nombre genérico	Clase terapéutica	Origen
44	Metoprolol	Antianginoso (β-bloqueante)	A
45	Teofilina	Antiasmático	N
46	Diazepam	Ansiolítico (benzodiazepina)	A
47	Fenitoína	Antiepiléptico	A
48	Warfarina	Anticoagulante	A
49	Amitriptilina	Antidepresivo	A
50	Trimetoprim[4]	Antibacteriano	A
51	Tetraciclina	Antibiótico	N
52	Gemfibrozil	Hipocolestrolémico	A
53	Diclofenac	Antiinflamatorio	A
54	Aciclovir	Antiviral	SS
55	Famotidina	Antagonista-H_2 (antiulceroso-gástrico)	A
56	Doxiciclina	Antibiótico	SS
57	Propranolol	Antiarrítmico (β-bloqueante)	A
58	Astemizol	Antihistamínico	A
59	*Cis*-platino	Anticanceroso	A
60	Ketoconazol	Antimicótico	A
61	Ondansetron	Antiemético	A
62	Paracetamol	Analgésico	A
63	Tacrina	Anti-Alzheimer (colinérgico)	A
64	Taxotere[5]	Anticanceroso	SS
65	Sildenafil[6]	Disfunciones sexuales	A
66	Zanamavir[7]	Antiviral	A
67	Celecoxib[8]	Antiinflamatorio nueva generación	A
68	Zidovudina	Antiviral (HIV)	A

N: natural; SS: semisintético; A: artificial.
1: Análogo sintético del producto natural Lovastatina.
2: Comercializado como Prozac.
3: Diseñado por ordenador.
4: Combinado con Sulfometoxazol.
5: El producto natural, Taxol (Paclitaxel), también es comercial.
6: Comercializado como Viagra.
7: Comercializado como Relenza, este fármaco, inhibidor selectivo de la neuraminidasa, ha sido diseñado por modelización molecular.
8: Comercializado como Celebrex.

de centros quirales. La *Química Combinatoria* representa no la convergencia hacia métodos más selectivos y más controlados, sino la divergencia que supone querer preparar productos más diversos estructuralmente, aun a costa de perder, al menos al principio, algo de control sobre la marcha de cada reacción y de cada estructura.

La Química Combinatoria es un conjunto de metodologías químicas encaminadas a la preparación de productos químicos, generalmente en grandes números, que cubran determinadas áreas del espacio químico. La preparación de esta diversidad química se lleva a cabo mediante la reacción, de forma combinatoria, de una serie de moléculas, que son fragmentos o monómeros, que componen los productos finales que forman la librería.

La aparición de la Química Combinatoria ha marcado otros cambios en la química. Es una disciplina en cuyo nacimiento y desarrollo han influido decisivamente los centros de investigación privados. Su objetivo ha sido la creación de diversidad química de la que seleccionar productos con determinadas propiedades de utilizar industrialmente en la química fina (Farmacia, Agroquímica, Química de la alimentación, aditivos de todo tipo, etc.), la Ciencia de materiales, etc.

Además de la Química Combinatoria, entre las disciplinas científicas y nuevas tecnologías que más significativamente están revolucionando el descubrimiento de nuevos fármacos hay que mencionar los avances en biología molecular y celular y el desarrollo del *high-throughput* y *ultra high-throughput screening*.

En este contexto, una tecnología emergente que sin duda mejorará el proceso es la genómica, que se refiere a los métodos automatizados para el estudio de la genética y las funciones de los genomas de los organismos vivos. Ahora bien, los datos que proporciona la *genómica,* en otras palabras, las secuencias de ADN/ARN, no son suficientes para identificar un nuevo objetivo terapéutico, siendo necesario conocer la relación entre los genes y su función. A esta nueva tecnología, que estudia la función de las proteínas de los genes a la que está evolucionando la genómica, es lo que se denomina *proteómica.*

La finalidad de la proteómica es la descripción cuantitativa de la expresión de las proteínas y de sus cambios bajo la influencia de perturbaciones biológicas como la enfermedad o el tratamiento terapéutico. Ahora bien, quedan todavía bastantes problemas técnicos a resolver para que la proteómica se convierta en lo que ha supuesto la genómica estos últimos diez años, aunque científicos optimistas empiezan a hablar ya del proyecto del proteoma humano.

A pesar de las limitaciones, las posibilidades que ofrece la proteómica de contemplar la multiplicidad de factores implicados en una enfermedad, que raramente es ocasionada por un único gen, va a permitir identificar nuevas dianas terapéuticas, que se estiman entre mil y cuatro mil proteínas, así como reconocer individuos predestinados por su proteoma a sufrir determinados efectos secundarios en la terapia con fármacos.

Entre lo más relevante de los descubrimientos recientes hay que incluir el papel fisiológico que juega un aminoácido de la serie D (recordar que *casi todos* los aminoácidos naturales pertenecen a la serie L [ap. «Introducción»], salvo en las bacterias): la D-serina. Este compuesto se ha encontrado en el cerebro de los mamíferos y actúa como ligando endógeno del receptor NMDA (N-metil-D-aspartato), por lo que bien pudiera estar implicado en la esquizofrenia. Así, si se aumentan los niveles de D-serina mejoran los síntomas de los pacientes; incluso se ha probado con éxito la combinación D-serina con algunos ansiolíticos.

Es previsible que avances en la comprensión de la naturaleza del enlace químico (ap. «Química física») afecten profundamente aspectos tales como la interacción de macromoléculas biológicas entre sí (proteínas, glicoproteínas, ácidos nucleicos, etc.) y con moléculas pequeñas, por ejemplo, fármacos. La comprensión de estas interacciones puede permitirnos conocer mejor cómo funcionan procesos biológicos clave (farmacología, medicina, agricultura, alimentación), con el fin de modificarlos para producir un fin socialmente beneficioso. También habrá progresos en métodos analíticos (ap. «Métodos físicos») que permitan conocer las estructuras de ciertas moléculas importantes y sus interacciones dinámicas en tiempo real.

Sería un error grave creer que los avances en el campo del medicamento realizados a lo largo del siglo XX han resuelto la mayoría de los problemas. Algunos como la artritis, el cáncer o la gripe se resisten a ser eliminados. Otros, como la aparición de resistencias a antibióticos, las nuevas enfermedades víricas, tales como sida y fiebres *lasa* y *ébola,* hacen que estemos hoy frente a retos análogos a los de principios del siglo XX. Incluso un problema químico como el diseño de un verdadero análogo del enlace peptídico resistente a peptidasas, que permitiera el uso de péptidos por vía oral, sigue sin haberse resuelto de una manera satisfactoria, a pesar de los muchos esfuerzos realizados en esta dirección.

Química y materiales

Aunque hay un capítulo de esta obra (el 23, «Materiales: odres viejos y dispositivos nuevos», por Miguel Á. Alario) dedicado específicamente a este tema, no es posible hablar del mundo de la química sin hablar de materiales. Entre otras razones, porque la vertiente «ciencia de los materiales» hace contrapeso a la vertiente «biológica» de la química orgánica. La balanza se inclina tan fuertemente hacia la biología que hay quien cree que si la química no es biológica, no es nada. Es esta una posición academicista que olvida, cuando no desprecia, todo el sector industrial basado en los materiales: nuevos materiales orgánicos e inorgánicos (polímeros, semiconductores, cristales líquidos, coloides, etc.) con aplicaciones tecnológicas.

Entre los materiales *inorgánicos* no hay que olvidar a uno de los descubrimientos probablemente más importantes en la química en los últimos decenios, como ha sido el de los superconductores de alta temperatura crítica. Nadie cuestiona que procediera del campo de la física, pero su relevancia en la química inorgánica estructural y química del estado sólido ha sido muy importante y previsiblemente seguirá siéndolo en los próximos años, no solo en estas disciplinas, sino también en otras afines.

Entre los materiales *orgánicos,* los *polímeros* ocupan la primera plaza: pinturas, trajes, chaquetas antibala, prótesis de cadera, dientes artificiales, etc., están tan presentes en nuestra vida, son tan familiares que no somos conscientes de que vivimos en y gracias a un mundo de polímeros sintéticos. Sufren también, como les pasa a muchos campos de la química, de su propio éxito. Son tan cercanos a la perfección que dan la sensación de ciencia agotada. Nada más falso. Polímeros conductores, ferroeléctricos sin centro quiral para su uso en fotónica, espejos inteligentes, membranas que sean tan específicas como las biológicas, sangre sintética, son algunos de los desafíos que quedan por resolver a los científicos que trabajan en este campo. Ya han conseguido fibras con propiedades mecánicas frente a la ruptura que se empiezan a acercar a la energía de ruptura del enlace carbono-carbono; así, polietileno de ultraalto peso molecular (del orden de millones), tratado convenientemente, resiste tensiones veinte veces superiores al acero.

Los *cristales líquidos* o más propiamente compuestos mesógenos (ya que presentan fases mesomórficas) son un conjunto de compuestos cada vez más variado que tienen en común un comportamiento intermedio entre el sólido cristalino y el líquido: son sólidos en una o dos direcciones y líquidos en las otras. El campo es a la vez fascinante y lleno de aplicaciones de todos bien conocidas (pantallas, por ejemplo) y otras menos conocidas, como el kevlar.

El gran descubrimiento «estrella» ha sido el de los *fulerenos,* con una gran influencia en química orgánica, inorgánica y en la ciencia de los nuevos materiales, que presentaremos en el próximo apartado.

Materiales mesoporosos. Desde el descubrimiento de las sílices mesoporosas, MCM-41 y FSM-16, ha aumentado el interés por la preparación de materiales mesoporosos, para uso como catalizadores y tamices moleculares. Los óxidos mesoporosos de metales de transición pueden tener aplicaciones como materiales funcionales con propiedades características de sus ordenadas cavidades.

Nanotecnología. Se trata de un campo interdisciplinar que estudia la transferencia de objetos macroscópicos (por ejemplo, máquinas) a agregados microscópicos. La construcción paso a paso presenta muchas dificultades, por lo cual las esperanzas están puestas en la autoorganización, basada en la simetría de los componentes y en factores termodinámicos (entropía, entalpía). Es importante que los enlaces no-covalentes se formen y rompan reversiblemente de manera que permitan la corrección de errores durante el proceso de autoreplicación. Destaca en este campo la contribución de Makoto Fujita (Universidad de Nagoya), que usa la ortogonalidad de los enlaces nitrógeno-paladio-nitrógeno para construir cajas supramoleculares de grandes dimensiones (ap. «Química supramolecular»).

Podemos incluir aquí el tema de los *dendrímeros,* aunque también tendrían cabida en el apartado siguiente, porque, si bien los dendrímeros son compuestos moleculares, relacionados con los polímeros (han sido llamados «polímeros coliflor»), tienen propiedades supramoleculares muy interesantes. Descubiertas por Fritz Vogtle y Edwin Weber en 1978-1979 y desarrolladas por Donald A. Tomalia y Georges R. Newkome, estas fascinantes moléculas crecen a partir de un núcleo central, en capas sucesivas, llamadas *generaciones,* hasta adquirir una forma esférica. El físico Pierre-Gilles de

Gennes (PNF 1991) ha elaborado un modelo matemático sencillo que predice que más allá de la generación $n=10$ la congestión en la superficie será tal que el dendrímero no podrá crecer más. Jean-Pierre Majoral (Toulouse) ha llegado hasta $n=12$, que por el momento son los dendrímeros de generación más elevada conocidos.

Química supramolecular

Además del campo de los productos naturales, la otra gran fuente de inspiración de los químicos es la simetría y el recuerdo de los juguetes sencillos de su infancia: es frecuente que los químicos supramoleculares hablen de «Mecano» y de «Lego» a propósito de sus moléculas. Como a los autores de ciencia ficción, les es difícil imaginar estructuras no relacionadas con su universo cultural. Será curioso ver el efecto que la educación, basada en los ordenadores, de los adolescentes actuales tendrá en las moléculas que imaginen.

La química supramolecular guarda relación con un avance «conceptual». Esto es, se ha cambiado de pensar que la razón de la «función» de las sustancias químicas era «su identidad» al convencimiento de que la razón es «su forma». En otras palabras, hemos pasado de relacionar [ser → función] a relacionar [como es → función] en un orden no solo molecular (ya establecido anteriormente por la química orgánica), sino a nivel supramolecular. La caracterización de estructuras complejas no conectadas de una manera trivial por enlaces químicos ordinarios es de lo más importante que ha sucedido en el último cuarto de siglo.

La fascinación que la molécula formada por sesenta átomos de carbono ejerce sobre los químicos es, al menos en parte, debida a su parecido con un balón de fútbol[10]. Los químicos supramoleculares han construido conjuntos de moléculas que remedan, a nivel molecular, pesas de halterofilia (rotaxanos), lanzaderas *(shuttles),* anillos enlazados (catenanos), incluido el símbolo olímpico (olimpiano o [5]catenano), etc.

Por ejemplo, un *rotaxano* puede ser presentado simbólicamente como aparece en la figura 6.7.

Se trata, pues, de un anillo que se desplaza libremente alrededor de unaspesas. Convenientemente modificado puede convertirse en un «tren» que se mueve entre dos o varias estaciones, sean las vías rectas o en forma circular.

Todo este fascinante campo de las estructuras supramoleculares, al que

[10] Este sólido arquimediano está formado por anillos pentagonales (12) y hexagonales (20), y por ello dos autores españoles, José Castells y Félix Serratosa, propusieron que se le llamase futboleno o soccereno. El nombre que ha triunfado es el de fulereno *(fullerene),* contracción de la propuesta inicial, *buckminsterfullerene,* en honor del arquitecto Buckminster-Fuller, célebre por sus domos geodésicos. Sus descubridores, Rober F. Curl, Harold W. Kroto y Richard E. Smalley, recibieron por ello el PNQ 1996.

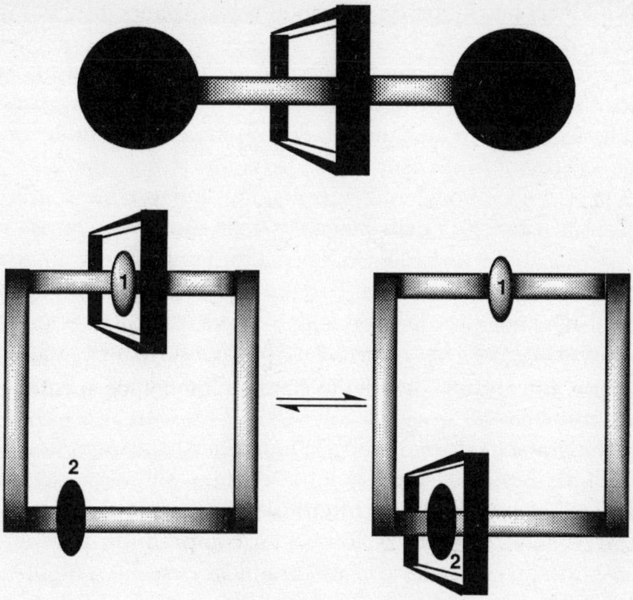

Fig. 6.7.—Rotaxano

están asociados, entre muchos otros, los nombres de Jean-Marie Lehn (PNQ 1987), J. Fraser Stoddart, Julius Rebek y Georges M. Whitesides (alguno de ellos, futuro premio Nobel), tiene muchas posibilidades de contribuir al desarrollo de ordenadores y a la obtención de receptores abióticos que simulen las de los receptores naturales.

Siendo probablemente el campo de la química con más empuje a finales del siglo XX y uno de los más prometedores y estimulantes para el nuevo milenio, es difícil resumir su tremenda actividad. Por ello solo hemos recogido unos pocos ejemplos.

1) Los *fulerenos* y los *nanotubos* de carbono. En este campo, los descubrimientos más previsibles estarán relacionados con la obtención, caracterización, estudio y utilización de objetos moleculares nanoscópicos. Las nanociencias, de las que forman parte los nanotubos, serán una de las áreas de trabajo más fértiles, en los próximos años; entendiendo a estas en su sentido más amplio, englobando a todo aquello que tiene interés en el campo de la biología, electrónica molecular, sensores, biomedicina, etc.

2) Una de las áreas de la química en el contexto económico-social actualmente dominante es el conocimiento y control de las fuerzas débiles que controlan el *ensamblaje molecular*. Ello permitirá revitalizar áreas como la de fabricación de materiales con las propiedades deseadas por la industria. Entre los descubrimientos más deseables estarán aquellos que

permitan entender, predecir y controlar totalmente las interacciones débiles entre moléculas.

El *enlace* (que algunos llaman puente) *de hidrógeno* (véase también el ap. «Química física», a propósito de la estructura del agua) es la más fuerte de las interacciones débiles en las que se basa la química supramolecular. Hoy se ha alcanzado un dominio de este enlace próximo al del enlace convencional de la química, el enlace covalente. Fue Pauling quien comprendió su papel fundamental en la estructura de los cristales [11]; en estos momentos es un método habitual de construir notables edificios supramoleculares en competencia solo con los compuestos de coordinación (ap. «Química inorgánica»). Su efecto sobre el plegamiento de proteínas es clave; recientemente, los acoplamientos de «*spin*» *a través del enlace de hidrógeno* (Grzesiek, Limbach) están siendo utilizados con fines estructurales tanto en pequeños agregados moleculares como en proteínas.

3) *La ingeniería de cristales.* Según Gautam R. Desiraju, uno de sus más conocidos representantes, la ingeniería de cristales se puede definir como la comprensión de las interacciones intermoleculares que gobiernan el empaquetamiento cristalino y la utilización de tal comprensión para el diseño de nuevos sólidos con propiedades físicas y químicas deseables. Siguiendo el pionero trabajo de Pauling y de Kitaigorodskii, los químicos llevan decenas de años intentando predecir la estructura de un cristal a partir de su composición. Empieza a haber progresos, pero es un problema de gran complejidad, tanto a nivel de computación como de desarrollo de potenciales de interacción (ap. «Métodos físicos»).

4) Cuando Leo A. Paquette sintetizó en 1980 el *dodecaedrano* ($C_{20}H_{20}$) se dijo de ese trabajo que era el Everest de la síntesis. En 1999, un dodecaedro formado por cincuenta moléculas, de fórmula «supramolecular» $C_{2900}H_{2300}N_{60}P_{120}S_{60}O_{200}F_{180}Pt_{60}$, ha sido caracterizado por Peter J. Stang. El producto tiene 7 mm de diámetro y puede verse por microscopía electrónica de transmisión (fig. 6.8).

5) Los objetos *mesoscópicos* de Whitesides. Se trata del autoensamblaje de objetos milimétricos (mesoescala) recortados en láminas de polidimetilsiloxano (PDMS), por ejemplo, láminas hexagonales, cuyas caras laterales (los bordes) son unos hidrobóficos (el PDMS natural) y otros hidrofílicos (PDMS modificado). Colocados en una interfaz agua/perfluorodecalina y agitados regularmente, forman figuras geométricas debido a las fuerzas capilares.

Estos experimentos de autoasociación son relevantes tanto en ciencia de materiales como en mecánica estadística. Estructuras más complejas, que respetan una jerarquía de interacciones, también han sido preparadas en Harvard, abriendo así la puerta a modelos de interacción entre receptores y ligandos.

[11] Un cristal es el ejemplo perfecto de estructura supramolecular y, en muchos de ellos, son los enlaces de hidrógeno los que determinan cómo se empaquetan las moléculas.

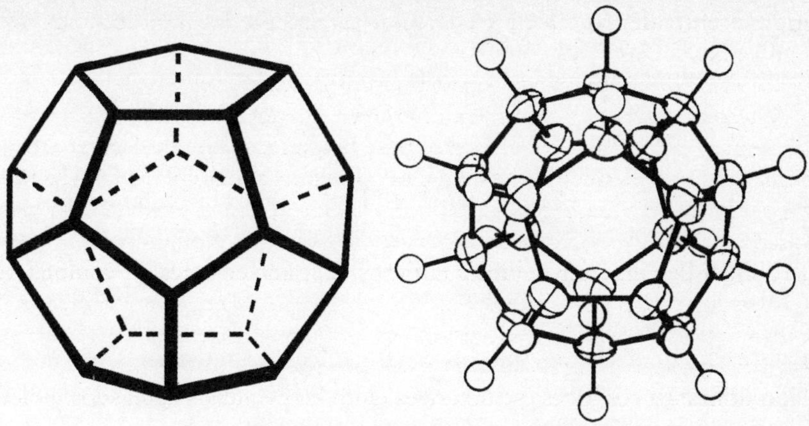

Fig. 6.8.—Dodecaedro y dodecaedrano

6) El *trinquete («ratchet») molecular.* Con la intención de construir moléculas que hagan trabajos mecánicos específicos a voluntad del químico, se han diseñado y obtenido diversos ingenios moleculares *(molecular devices,* MD). Uno de los problemas más difíciles era obtener una rueda que girase siempre en el mismo sentido, el análogo de un trinquete.

Los primeros resultados fueron negativos; en efecto, un trinquete molecular viola el segundo principio de la termodinámica (véase R. P. Feynman en sus célebres *Lectures on Physics,* vol. 1), ya que, a pesar de las apariencias engañosas, cuando el garfio se levanta, la rueda gira en los dos sentidos con igual probabilidad. El ingenio de los químicos (Ben L. Feringa, en Groningen, y T. Ross Kelly, en Boston) ha resuelto este problema usando la quiralidad y un proceso fotoquímico (BLF) o una secuencia de reacciones en el otro (TRK).

En el apartado «Química y ordenadores» comentaremos el efecto de una revolución en los ordenadores sobre la química. Recíprocamente, la *electrónica molecular* puede modificar el mundo de la informática. Otro reto muy importante, y que ya empieza a perfilarse, es el de *los interruptores atómicos de luz.* Un campo donde nuevas moléculas pueden lograr «domesticar» la luz, tal como lo han hecho los semiconductores con la electricidad hace ya algunas décadas.

CATÁLISIS

Este es uno de los campos de la química que merece la mayor atención; la dificultad es que cubre toda la química, por lo que se encuentra repartido en otros apartados de este documento: en síntesis orgánica (ap. «Química orgánica»), enzimas (ídem) y estados de transición (ap. «Química física»).

En síntesis de nuevos catalizadores conviene señalar la enorme importancia que van a tener los métodos combinatorios (ap. «Química y medicina»). Entre sus aplicaciones, sobre catálisis *heterogénea* hay que mencionar la importancia de las zeolitas, la de los materiales mesoporosos, etc. Y en catálisis *homogénea,* aparte de los procesos que se podrían considerar convencionales (hidroformulación, metátesis, etc.), el desarrollo más relevante, para el que además se prevé una enorme importancia en los próximos diez-quince años, es el de la catálisis enantioselectiva, cuyo desarrollo industrial mueve muchos miles de millones de pesetas al año (trabajos de Noyori Sharpless y Kagan, candidatos al PNQ desde hace años). Ya que esta es la era de los plásticos, hay que destacar la catálisis de polimerización en todas sus variantes. Hay que seguir trabajando en catalizadores que permitan procesos industriales limpios, así como nuevas fuentes de energía. Algunos aspectos merecen un tratamiento más específico, tales como las zeolitas, el tratamiento de la luz solar o la química verde.

Las *zeolitas* son una familia muy amplia de aluminosilicatos cristalinos mesoporosos, la mayoría de ellos sintéticos. Su importancia industrial en petroquímica es considerable. Dependiendo de la estructura de la zeolita, varía la geometría de los microporos cuyas dimensiones están en el rango de los tamaños moleculares. En estos espacios interiores tienen lugar reacciones químicas y fotoquímicas de una forma controlada y se pueden aislar especies muy reactivas de vida media muy corta fuera de la cavidad.

En lo que respecta al futuro, el enorme reto de la química es la *fotólisis* del agua con fotones del espectro visible. La producción de hidrógeno por esta vía sería la fuente inagotable de energía limpia para el siglo que nos llega. Los semiconductores de que disponemos hoy día no son eficientes para este proceso. Estos avances necesitan de estudios fundamentales de los posibles catalizadores. Una vez más, es necesario mejorar nuestro conocimiento de los estados de transición, para poder modificarlos.

En este apartado podríamos enmarcar la *química verde,* es decir, los procedimientos químicos industriales respetuosos con el medio ambiente, incluidos aquellos métodos de su reparación. Independientemente de que usen catalizadores o no, podemos citar como ejemplos la transformación de celulosa (el compuesto orgánico más abundante en la Tierra) en ácido levulínico, importante intermedio de síntesis; los complejos macrocíclicos de hierro(III) que aumentan la capacidad oxidante del agua oxigenada (peróxido de hidrógeno) para su uso como blanqueante en la industria de la madera y del papel. Métodos químicos no convencionales, tales como los que emplean ultrasonidos o microondas en ausencia de disolvente, pueden convertirse en procedimientos industriales limpios, ya que no generan efluentes contaminados.

Química y ordenadores

Un salto cualitativo en la velocidad de procesado, un factor mil, por ejemplo, tendría consecuencias revolucionarias en química. Esto se podrá conseguir con ordenadores cuánticos (problema físico) o con ordenadores moleculares (problema químico), aunque las redes mundiales, el procesamiento en paralelo y la eficacia de los algoritmos también contribuirán. Cuando se consiga, la química teórica (uno de los grandes consumidores, con la meteorología, de potencia de cálculo) dará un salto de la explicación a la predicción.

El número de moléculas posibles es casi infinito. Un pequeño cálculo muestra que el hidrocarburo $C_{167}H_{336}$ tiene más isómeros que partículas hay en el Universo. Y no es un compuesto desmesurado; por ejemplo, los hidrocarburos $C_{384}H_{770}$ (lineal) y $C_{288}H_{576}$ (anillo) han sido sintetizados. Necesitamos, pues, urgentemente, un método de diseño, un método de predicción que nos permita imaginar estructuras y predecir sus propiedades. Ese método solo puede ser la química teórica. Pero para abordar problemas reales es necesario disponer de ordenadores basados en conceptos nuevos, pues los que conocemos tienen un límite predecible demasiado pequeño[12]. Hoy es inconcebible simular, a nivel químico-teórico, una célula entera, ni siquiera una proteína y sus funciones. Ese es el objetivo para futuras generaciones de químicos. De la ecuación de Schrödinger para la molécula de dihidrógeno hasta un ser vivo, ese debe ser el camino a recorrer.

El plegamiento de proteínas. Es incluso probable que el problema de los *priones* necesite para ser entendido estudios de dinámica conformacional de proteínas. Recordemos que es la forma tridimensional de una enzima lo que le confiere sus propiedades catalíticas, sirviendo como un molde de forma cuidadosamente definida, bien que ligeramente deformable, para que otras moléculas encajen en él y se encuentren unas con otras; si no, dependerían de colisiones al azar, razón por la cual las enzimas aumentan dramáticamente la velocidad de las reacciones químicas (ap. «Química orgánica»). La elegancia de este sistema es una de las claves que hacen posible la vida, pero plantea un problema. Las enzimas son, a menudo, capaces de plegarse en más de una forma y, en general, solo una es deseable. Gran parte del trabajo de la selección natural durante millones de años ha sido encontrar las proteínas decisivas cuya preferencia por su forma estándar es mucho más fuerte que su tendencia a plegarse en cualquier otra forma.

Moléculas con dos plegamientos alternativos pueden constituir una trágica amenaza. La «enfermedad de las vacas locas», el *scrapie* de las ovejas y sus correspondientes contrapartidas, el Kuru y la enfermedad de Creutzfeldt-

[12] La «ley» de Moore dice que la capacidad de un ordenador de talla determinada se dobla cada 1,5 años; el *software* aún crece más deprisa. Pero con la tecnología actual este crecimiento exponencial tenderá pronto a un límite superior.

Jacob, son causadas por proteínas, llamadas *priones,* con dos formas alternativas.

Normalmente están plegadas en una de las formas, y en esa conformación hacen un trabajo útil. Pero ocasionalmente adoptan la otra conformación. Entonces ocurre una cosa terrible. La presencia de una proteína con la forma alternativa induce a las otras a adoptar esa conformación. Una epidemia de proteínas deformadas se extiende por el sujeto como una cascada de fichas de dominó. Una sola proteína «torcida» puede infectar a otro cuerpo y desencadenar otra cascada de dominó. La consecuencia es la muerte debida a agujeros esponjosos en el cerebro, porque la enzima en su forma alternativa no puede hacer su trabajo.

Este problema se podría abordar desde una perspectiva computacional, dentro de lo que se denomina *dinámica molecular.* A fin de cuentas, se trata de un sistema conceptualmente sencillo, computable, que se compone de:

1) La proteína en su conformación estándar, P_E.
2) La proteína en su conformación «priónica», P_P.
3) La barrera que separa estas dos conformaciones, Δ_B.
4) El mecanismo por el que P_P induce la transformación $P_E \rightarrow P_P$.

Probablemente, la conformación P_P es más estable que la P_E, pero la barrera, en ausencia de catalizador, debe ser elevada. Por otro lado, el complejo P_EP_P se transforma fácilmente en P_PP_P o bien P_P produce un transmisor T_P que cataliza la transformación $P_E \rightarrow P_P$. Un tratamiento riguroso de este problema requiere el conocimiento de la secuencia (estructura primaria) de la proteína P_E, alguna información sobre su estructura tridimensional y una potencia de cálculo de la que no disponemos aún.

Otro aspecto muy importante que evolucionará rápidamente es el de las *bases de datos* estructurales y su análisis. Hasta hace unos años solo existían unas pocas y su estudio para encontrar nuevas interacciones era bastante limitado, pero con el aumento de datos, sobre todo en el campo de estructura de proteínas, su estudio puede proporcionar muchas ideas sobre el plegamiento de proteínas (ver exposición anterior). Dado su acceso por la red, su uso es cada día más generalizado y no puede más que aumentar en contenido total, facilidad de búsqueda y riqueza de información. Por ejemplo, la base de datos del Chemical Abstract Service (CAS) contiene en la actualidad datos de 22 millones de compuestos, mientras otras bases están centradas más en las transformaciones directas (sintéticas) o indirectas (retrosintéticas) que en los compuestos. Hay también bases de datos cristalográficas (ap. «Métodos físicos») y bases de datos de proteínas (de Brookhaven). En estas últimas se encuentra la información estructural, obtenida por rayos X y/o RMN, de varios miles de proteínas, de gran utilidad para el diseño racional de nuevos fármacos, en particular inhibidores enzimáticos (ap. «Química y medicina»).

CONCLUSIONES

La división de la química en varias ramas tiene sobre todo valor pedagógico y es de esperar que se vaya atenuando. El problema es más complejo de lo que a primera vista parece. Piénsese que lo mismo se podría decir de la química y de la física o de la química y la biología, y nadie imagina que sus fronteras vayan a desaparecer en un futuro próximo. La barrera entre orgánica e inorgánica debería ser la más fácil de superar. Pero el esfuerzo para adquirir los conocimientos necesarios es enorme: ¡nada menos que tratar todo el sistema periódico al nivel de refinamiento de la química orgánica! El caso de las fronteras con la química física es más complejo.

Los químicos están sentados en la cresta de una montaña entre dos valles profundos: a su izquierda, los nuevos materiales; a su derecha, la biología y la medicina. Una posibilidad es que la química tal como la conocemos desaparezca, para convertirse en dos disciplinas. Para seguir con la metáfora, es como si todos bajásemos a los valles, donde nos encontraríamos más cómodos. El que esto escribe ha luchado siempre contra esta tendencia, porque cree que sería un error. Alguien debe quedar arriba para transferir conocimientos de uno a otro valle. Además, sigue habiendo problemas generales de la química: gran parte de la química física (que no puede reducirse a biofísica), todos los problemas de selectividad (la preparación de moléculas con una disposición/geometría predeterminada y sus consecuencias con respecto a sus propiedades macroscópicas).

La imaginación de los químicos unida a la naturaleza combinatoria de su disciplina van a conducir a una explosión de moléculas fascinantes. Piénsese en lo que ya han conseguido juntando fulerenos, porfirinas, agregados de boro y TTF (tetratiofulvaleno). Cada vez que surge una molécula original, sus combinaciones son exploradas, buscando las más bellas, las más dramáticas. En la elección de cómo y de qué manera combinar los fragmentos se distinguen los grandes químicos de los otros.

Otro de los campos en los que se avanzará es en el llamado *«problema inverso»*. Hasta ahora la química predice propiedades dada una estructura molecular. El problema inverso trata de hacer lo contrario: dada una propiedad, encontrar la estructura química que lo posea en su forma óptima. Esto es diseño molecular de verdad.

En conclusión, podemos decir que hay dos clases de químicos [13]: los pesimistas-lúcidos y los optimistas-incorregibles. Los primeros creen que el progreso de la química no puede venir de sus fundamentos, sino únicamente sus objetivos. Piensan que todo lo que los químicos usan como soporte conceptual fue descubierto hace tiempo. No solo la mecánica cuántica, sino también los modelos empíricos (Hammett-Taft-Hansch), la espectrometría de masas

[13] Una tercera clase estaría formada por aquellos profesionales que no les interesan los problemas metaquímicos.

(Thomson), la teoría del complejo activado (Eyring), la mesomería, la electronegatividad, etc., son todos anteriores a 1940.

Los segundos, fuertes del saber que toda predicción es probablemente errónea, piensan que hay indicios de grandes cambios por venir: caos y redes neuronales en modelado empírico, espectroscopias de femtosegundos (1 fs = 10^{-15} s) o incluso de attosegundos (1 as = 10^{-18} s), la supraconducción a alta temperatura, etc.

Si difieren en los fundamentos, todos coinciden en que una invasión pacífica de las ciencias biológicas es una de las grandes avenidas por explorar que se ofrecen a los químicos. Como John Maddox[14] ha hecho notar en su libro (pág. 190): *«There is yet no single protein molecule of any complexity whose mechanical action is clear to ordinaty chemists»*. Mi impresión es que este será uno de los frentes donde la química avanzará en el siglo XXI. No solo en esta área tan específica de la bioquímica, sino en general en el campo de los llamados «ingenios moleculares», es decir, el diseño de moléculas que hagan trabajos mecánicos específicos a voluntad del químico. Como se ve, biología y materiales no deben aislarse, so precio de empobrecer la química y, por ende, la ciencia.

Agradecimientos

Muchos químicos españoles me han ayudado a escribir este artículo. Para no hacerles responsables de lo aquí escrito, no los citaré nominalmente, pero ellos reconocerán lo que es suyo, y por su ayuda desinteresada, reciban aquí mi más sincero agradecimiento. Como también a don Francisco Caballero, que pacientemente ha corregido este texto.

[14] Es obvio que la química llega difícilmente al público a través de las revistas de divulgación. Una gran responsabilidad la tiene John Maddox, el antiguo editor de *Nature,* posiblemente la persona que más daño ha hecho a los químicos al negarles acceso a su revista e ignorándolos en sus libros y artículos en periódicos; por ello merecería el premio Stahl (el «inventor» del flogisto).

PARTE III

LA VIDA

7
La evolución y la herencia biológica

Francisco J. Ayala

Introducción

La «evolución» de los organismos se refiere a la relación genealógica que existe entre ellos, según la cual todos los seres vivientes descienden de antepasados comunes que son más y más diferentes de sus descendientes cuanto más tiempo ha pasado de unos a otros. La evolución biológica implica, además, como consecuencia, el origen de nuevas especies. La «especiación» es el proceso por el cual una especie da lugar a dos. Las especies se diversifican a través del tiempo, de manera que especies contemporáneas que son muy semejantes entre sí descienden de un antepasado común más reciente que el antepasado de especies que son más diferentes. Así, los humanos y los chimpancés descienden de un antepasado común que vivía hace menos de diez millones de años, mientras que el último antepasado común de humanos, gatos y elefantes vivía hace más de cincuenta millones de años, y los antepasados comunes de anfibios, reptiles, aves y mamíferos eran peces que vivían hace cientos de millones de años.

El proceso de diversificación está contrarrestado por la extinción de especies. Se estima que casi el cien por cien de todas las especies que existieron en el pasado han desaparecido sin dejar descendientes. Las especies actuales, estimadas en unos diez millones (las descritas por los biólogos son menos de dos millones), son el saldo entre la diversificación y la extinción.

Darwin usó la expresión «descendencia con modificación» para referirse a lo que ahora llamamos evolución biológica. En el siglo XIX la palabra «evolución» no tenía el sentido de hoy, sino que se refería al desarrollo ontogenético del individuo, desde el huevo al adulto. La expresión «descendencia con modificación» sigue siendo una definición breve apropiada de la evolución biológica.

Darwin, sus contemporáneos y sucesores del siglo XIX, descubrieron gradualmente la evidencia que confirma la evolución biológica. Los biólogos actuales no hacen tal esfuerzo, puesto que el fenómeno de la evolución está confirmado más allá de toda duda razonable. La situación es comparable en este sentido a la revolución de los planetas alrededor del Sol, la redondez de la Tierra, o la composición molecular de la materia, fenómenos universalmente aceptados por los expertos, que no se ocupan ya de confirmarlos.

PRECEDENTES HISTÓRICOS

Mitos sobre el origen del mundo, del hombre y de las demás criaturas existen en todas las culturas humanas. La tradición judeocristiana atribuye el origen de los seres vivos a su creación por un Dios omnipotente, quien proveyó a los pájaros con alas para que pudieran volar, a los peces con agallas y aletas para vivir en el agua, y al hombre con inteligencia para dar culto a su Creador.

Los filósofos de la Grecia clásica proponen mitos sobre la creación, algunos de los cuales tienen sabor evolutivo. Anaximandro propone que los animales pueden ser transformados de un tipo a otro. Empédocles especula que los animales se forman como un rompecabezas, poniendo juntas partes preexistentes que se ajustan unas con otras en combinaciones funcionales: una cabeza con un cuerpo y cuatro patas, y cosas por el estilo.

Más cercanas a las ideas evolucionistas modernas son las nociones propuestas en la Iglesia cristiana primitiva por algunos Padres de la Iglesia. San Gregorio Nacianceno (h. 330-390) y san Agustín (354-430), por ejemplo, sostienen que no todas las especies de plantas y animales fueron creadas desde el principio por Dios, sino que algunas se han desarrollado en tiempos más recientes a partir de especies o «semillas» creadas por Dios.

El interés en materias científicas durante la Edad Media era virtualmente nulo. La posibilidad de que los organismos pueden cambiar por procesos naturales aparece de manera incidental en los escritos de los dos grandes teólogos cristianos de la época, los dominicos san Alberto Magno (1200-1280) y su discípulo santo Tomás de Aquino (1225-1274).

En la Edad Moderna, ideas evolucionistas emergen eventualmente en asociación con ideas sobre el progreso histórico. La idea de progreso, en particular la creencia en el progreso humano ilimitado, es central en el pensamiento iluminista del siglo XVIII, sobre todo en Francia entre filósofos tales como el marqués de Condorcet (Jean-Antoine Caritat, 1743-1794) y Denis Diderot (1713-1784), y científicos tales como Buffon. Pero su fe en el progreso no les lleva a concebir o defender una teoría de la evolución. El matemático Pierre-Louis Moreau de Maupertuis (1698-1759) admite la generación espontánea y la extinción de especies, pero no propone una teoría de evolución —esto es, la transformación de una especie en otra por medio de causas naturales—. Georges-Louis Leclerc, conde de Buffon (1707-1788), uno de los grandes naturalistas de su tiempo, avanza una teoría del origen de las especies por procesos naturales, pero que tiene poco en común con la teoría de la evolución, tal como se entiende en el sentido moderno.

En Inglaterra, el médico Erasmus Darwin (1731-1782), abuelo de Charles Darwin, en su libro *Zoonomia,* especula sobre la transmutación de las especies vivientes, pero no desarrolla en detalle una teoría biológica sobre la evolución. Mucho más importante es la influencia del botánico sueco Carolus Linnaeus (1707-1778), autor del sistema jerárquico para la clasificación de plantas y animales que está todavía en uso, aun cuando ampliado y modernizado. La organización jerárquica diseñada por Linnaeus eventualmente contribuyó de manera importante a la aceptación de la evolución, ya que la descendencia común y divergencia gradual propuestas por la teoría de la evolución implican relaciones jerárquicas de mayor o menor semejanza, tal como son reconocidas en el sistema de Linnaeus.

El naturalista francés Jean-Baptiste Lamarck (1744-1829) propone en los primeros años del siglo XIX una teoría de la evolución biológica, la primera que es detallada, extensa y consistente, aunque eventualmente se demostró que era errónea. Según Lamarck, los organismos evolucionan de manera necesaria a través del tiempo, en un proceso que pasa continuamente de formas más simples a formas más complejas. El proceso se repite incesantemente de manera determinística: los gusanos de hoy tendrán en eras remotas descendientes humanos, al igual que los humanos de hoy descienden de gusanos del pasado. Lamarck propone que, sobrepuestas al proceso necesario de evolución gradual ascendente, se dan modificaciones en los organismos en tanto que estos se adaptan a su ambiente debido al cambio de sus hábitos. El uso de un órgano lo refuerza; su desuso lleva a la eliminación gradual. Las características adquiridas por uso y desuso, de acuerdo con esta teoría, son heredadas por los descendientes.

Importantes en el desarrollo de las ideas evolucionistas de Darwin y de sus predecesores de los siglos XVIII y XIX fueron los descubrimientos de restos fósiles y su interpretación. La existencia de restos petrificados de animales era conocida desde la antigüedad. Muchos de estos fósiles, consistentes particularmente en huesos, conchas y otras partes duras de animales, pertenecen a especies que ya no existen en los tiempos actuales. El gran anatomista francés Georges Cuvier (1769-1832) descubrió numerosos fósiles y los analizó con gran detalle, haciendo notar que frecuentemente se encontraban en niveles superpuestos, de manera que los fósiles de un nivel eran diferentes de los encontrados en el contiguo, por debajo o por encima. La interpretación de Cuvier era que grandes catástrofes habían ocurrido en la historia de nuestro planeta, las cuales habían causado la extinción de faunas completas, que eran luego reemplazadas por especies nuevamente creadas por Dios. Una de estas catástrofes fue, según el zoólogo Jean Louis R. Agassiz (1807-1873), el diluvio universal narrado en la Biblia.

Charles Lyell (1797-1875) propuso una explicación radicalmente diferente, conocida como «uniformitarianismo». Según Lyell, los procesos geológicos ocurren de manera gradual y continua, gobernados siempre por leyes constantes. Los cambios aparentemente grandes observados en la transición de un estrato geológico a otro serían, más bien, el resultado acumulativo de procesos actualmente existentes, como la lluvia y la erosión, además de erupciones volcánicas, inundaciones y fenómenos similares. Lyell publicó en 1830 el primer volumen de su obra maestra, *Principles of Geology,* que tuvo gran influencia sobre Darwin, quien lo llevó consigo durante su viaje alrededor del mundo, en el *H.S. Beagle,* que duró cerca de cinco años y durante el cual empezó a formular sus ideas sobre la evolución de las especies.

Evolución y genética

La teoría moderna de la evolución deriva de *El origen de las especies* (1859), la obra maestra de Charles Darwin (1809-1882). Alfred Russel Wallace (1823-1913) descubrió la selección natural independientemente de Darwin. En 1858, desde el archipiélago malayo en donde vivía de forma temporal, Wallace envió un corto manuscrito a Darwin proponiendo el proceso de selección natural. El 1 de julio de 1858, un año antes de la publicación de *El origen de las especies,* un artículo escrito conjuntamente por Darwin y Wallace fue presentado en una reunión de la Linnean Society de Londres, en ausencia de ambos autores, con poco impacto en los científicos presentes.

Darwin resume el argumento central de la teoría de la evolución por medio de la selección natural de la manera siguiente:

> Dado que se producen más individuos que los que pueden sobrevivir, tiene que haber en cada caso una lucha por la existencia, ya sea de un individuo con otro de su misma especie o con individuos de especies distintas, ya sea con las condiciones físicas de la vida [...]. Viendo que indudablemente se han presentado variaciones útiles al hombre, ¿puede dudarse de que del mismo modo aparezcan otras que sean útiles a los organismos mismos, en su grande y compleja batalla por la vida, en el transcurso de las generaciones? Si esto ocurre, ¿podemos dudar —recordando que nacen muchos más individuos de los que acaso pueden sobrevivir— que los individuos que tienen ventaja, por ligera que sea, sobre otros tendrán más probabilidades de sobrevivir y reproducir su especie? Y al contrario, podemos estar seguros de que toda variación perjudicial, por poco que lo sea, será rigurosamente eliminada. Esta conservación de las diferencias y variaciones favorables a los individuos y la destrucción de las que son perjudiciales es lo que yo he llamado Selección Natural.

La explicación darwiniana de la evolución de los organismos por medio de la selección natural es extremadamente simple al mismo tiempo que poderosa. El punto de partida es la existencia de variaciones hereditarias, un hecho

Fig. 7.1.—Charles Darwin (1809-1882), creador de la teoría de la evolución. Réplica del cuadro de John Collier, 1883

de observación que Darwin consideraba incontrovertible aun cuando ignoraba los mecanismos de mutación que dan origen a la variación hereditaria. Otro hecho de observación es que solo una fracción de los individuos sobreviven hasta su madurez y se reproducen; la mayoría mueren antes de dejar descendencia. Basándose en parte en la experiencia adquirida por los ganaderos y agricultores que practican la selección artificial, Darwin arguye que ciertas variantes hereditarias serán más ventajosas que otras para los organismos que las poseen. Los organismos que poseen variantes favorables tendrán una probabilidad mayor de sobrevivir y reproducirse que los organismos carentes de ellas. Como consecuencia, el proceso de la reproducción a través de las generaciones llevará a la multiplicación de las variantes hereditarias beneficiosas y a la eliminación de las variantes desventajosas.

Una dificultad seria con que se enfrentaba la teoría darwiniana era la carencia de una teoría de la herencia que pudiera dar cuenta de la reproducción, de generación en generación, de las variaciones sobre las que actúa la selección natural. Las teorías de la herencia preponderantes en el siglo XIX proponían que las características de los progenitores se mezclan en los hijos, como una pintura azul y una blanca se mezclan dando un color intermedio. Esta propuesta es falsa, pero además haría difícil la selección natural, puesto que las ventajas y desventajas se promediarían cada generación, disminuyendo la eficacia de la selección.

Durante la década de 1860, cuando el impacto de la teoría de Darwin comenzaba a sentirse en varios países, el monje agustino Gregor Mendel llevaba a cabo experimentos con guisantes en el jardín de su monasterio en Brünn (Austria-Hungría; hoy, Brno, República Checa), cuyos resultados publicó en 1866. Mendel, en un ejemplo magistral de método científico, analiza los resultados de sus experimentos y, basado en ellos, formula los principios fundamentales de la teoría de la herencia, todavía vigente. La teoría da cuenta de la herencia biológica a través de pares de factores («genes»), heredados uno de cada progenitor, que no se mezclan sino que se separan («segregan») uno del otro en la formación de las células sexuales o gametos. Si designamos un par de genes *A* y *a* (de manera que, por ejemplo, *A* determina que los ojos sean castaños y *a* que sean azules), los individuos pueden ser de tres clases: *AA*, *Aa* y *aa*. Los individuos *AA* producen solo gametos *A*; los *aa* producen solo gametos *a*; los *Aa* producen gametos *A* y *a*, la mitad de cada clase.

Darwin formula la teoría de la evolución partiendo de la existencia de variaciones hereditarias. Así mismo arguye que, dado que variantes beneficiosas para el hombre ocurren en plantas y animales domésticos (rosas de varios colores, caballos más o menos veloces), deben igualmente de ocurrir en la naturaleza variaciones que sean favorables o útiles a sus portadores en la lucha por la existencia. Las variaciones favorables desde el punto de vista del organismo son las que incrementan su probabilidad de sobrevivencia y procreación.

Fig. 7.2.—Gregor Mendel, descubridor de los principios fundamentales de la herencia

Tales variaciones serán preservadas y multiplicadas de generación en generación a expensas de las menos ventajosas, precisamente porque sus portadores sobreviven y se multiplican con más eficacia. Este proceso de multiplicación de variaciones ventajosas a costa de las que no lo son es lo que Darwin llama «selección natural», como vimos más arriba.

Un resultado importante de tal proceso es que los organismos están adaptados a su ambiente, y constan de partes y órganos que sirven funciones útiles. La razón de ello es que son precisamente las variaciones que mejoran la adaptación al ambiente las que aumentan la probabilidad de que un organismo sobreviva y se multiplique.

Otro resultado importante de la selección natural es la evolución. A medida que variaciones más útiles que las preexistentes van apareciendo, irán por ello reemplazando a las anteriores, con la consecuencia de que las especies cambian gradualmente en su apariencia y configuración. El proceso de evolución es, además, impelido por cambios ambientales y la evolución de otras especies, dado que estos cambios y evolución crean nuevos desafíos a otros organismos.

La selección natural puede ser descrita como un «proceso de reproducción diferencial». Una definición más detallada haría notar que lo que se reproduce diferencialmente son variantes hereditarias; y que lo que determina la reproducción diferencial es el hecho de que tales variantes incrementan la probabilidad de sobrevivencia y procreación de sus portadores respecto a los portadores de las variantes alternativas. Por ejemplo, cuando ardillas con color gris-marrón se reproducen en el bosque más eficientemente que las que tienen la piel más clara, la selección natural está favoreciendo la multiplicación del gen que produce el color gris-marrón a costa del gen que determina el color claro. La razón de esta reproducción diferencial es que el color gris-marrón hace a las ardillas menos conspicuas en el bosque, con lo cual pueden evitar mejor a sus depredadores.

La selección natural surge como consecuencia de diferencias en la sobrevivencia, la fertilidad, el ritmo de desarrollo, éxito en encontrar pareja o cualquier otro aspecto del ciclo vital del organismo. Pero todas esas diferencias pueden ser incorporadas bajo el término de «reproducción diferencial», puesto que todas ellas afectan a la selección natural precisamente en la medida en que afectan al número de descendientes de cada organismo.

La evolución, desde el punto de vista genético, es un proceso consistente en dos episodios. El primero abarca el origen de la variación hereditaria; el segundo es la selección natural.

El origen de la variación hereditaria incluye, a su vez, dos mecanismos: 1) el proceso de mutación, por el cual una variante genética aparece a partir de otra; y 2) el proceso sexual que recombina las variaciones genéticas en las células sexuales (los gametos masculinos y femeninos, o espermatozoides y óvulos), dando lugar a una infinidad de combinaciones entre ellas.

Mutaciones y sus consecuencias

La herencia es un proceso conservador. La información que determina la herencia biológica está codificada en la secuencia de nucleótidos del ADN (ácido desoxirribonucleico). Las moléculas de ADN son largas hélices dobles, cada una de cuyas dos hebras es una cadena lineal de cuatro tipos de componentes, moléculas relativamente sencillas llamadas nucleótidos y representadas por las letras A, C, G y T. Las dos hebras de una hélice son complementarias, de manera que, cuando se separan durante la replicación, cada una sirve de molde negativo para la otra. Cada replicación produce así dos moléculas de ADN que son idénticas una a otra, y a la molécula parental.

El ADN de un gen típicamente consiste en varios cientos de nucleótidos; cada tres nucleótidos consecutivos forman un «codón», que codifica un aminoácido determinado. La secuencia de codones determina así la secuencia de aminoácidos que forman la proteína particular codificada por ese gen. La secuencia de nucleótidos en el ADN es primero transcrita en una molécula de ARN (llamado ARN «mensajero»; la sigla ARN representa el ácido ribonucleico, una molécula de constitución semejante al ADN, pero que consta de los nucleótidos A, C, G y U, los tres primeros de los cuales son los mismos que forman el ADN, y U es parecido a T). El ARN mensajero está formado por una sola hebra que refleja fidedignamente la secuencia de nucleótidos en una de las hebras del ADN. La secuencia de nucleótidos en el

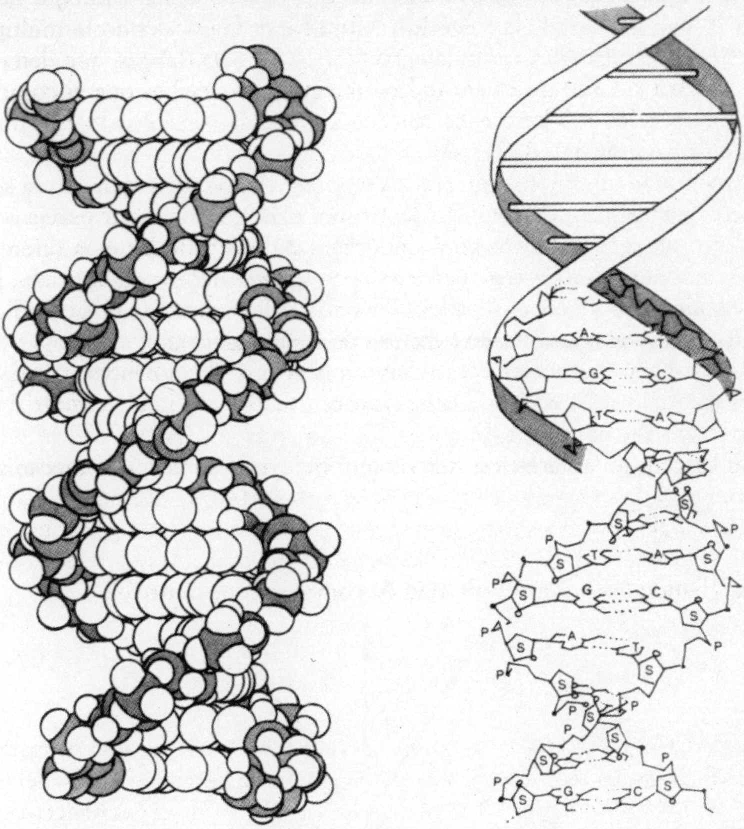

Fig. 7.3.—*Dos representaciones de la estructura en doble hélice del ADN.* El diagrama de la izquierda representa los cuatro tipos de átomos (carbono, fósforo, hidrógeno y oxígeno) con su volumen. El diagrama de la derecha muestra en el centro las cuatro clases de bases nitrogenadas (representadas por A, C, G y T), cuya sucesión a lo largo de la molécula expresa la información genética (de la misma manera a como la sucesión de las letras del lenguaje expresa la información semántica)

ARN es la que se «traduce» directamente en la secuencia de aminoácidos en la proteína.

Si la herencia fuera un proceso completamente fidedigno, la evolución no podría suceder porque no existiría la variación necesaria para que tenga lugar la selección natural. «Errores» ocasionales, o mutaciones, ocurren durante la replicación del ADN, de manera que las células hija difieren de las células parentales en la secuencia de los nucleótidos o en el número de ellos en el ADN. Una mutación dada aparece primero en una sola célula de un organismo, pero es transmitida a las células descendientes.

Las mutaciones pueden ser clasificadas en dos categorías: mutaciones puntuales o génicas, que afectan solo a uno o pocos nucleótidos en un gen; y mutaciones cromosómicas, que afectan a muchos nucleótidos y pueden cambiar el número de los genes, su organización en un cromosoma dado, y también el número de cromosomas.

Una mutación puntual puede deberse a la sustitución de un nucleótido por otro, o a la inserción o deleción de uno o varios nucleótidos. Sustituciones de un nucleótido por otro en la secuencia del ADN pueden desembocar en cambios en las secuencias de aminoácidos de la proteína, aunque este no es siempre el caso. El código genético es redundante, de manera que varios codones pueden codificar el mismo aminoácido. Por ejemplo, el triplete AUA del ARN mensajero codifica el aminoácido isoleucina. Si la tercera A es reemplazada por U o C, el triplete seguirá codificando la isoleucina; pero si es reemplazado por G, codificará la metionina.

Cuando la sustitución de un nucleótido en el ADN produce un cambio de aminoácido en la proteína correspondiente, el cambio puede pasar desa-

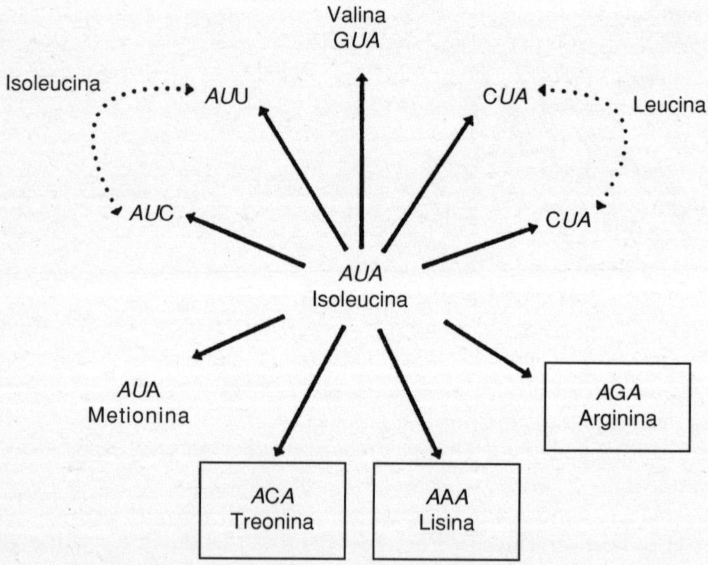

Fig. 7.4.—*Mutaciones génicas.* Las mutaciones se producen aleatoriamente durante la replicación del ADN. La sustitución de un nucleótido por otro, entre los tres de que consta cada triplete, da lugar a nueve mutaciones posibles, que pueden o no codificar el mismo aminoácido. Por ejemplo, la sustitución de la tercera A en AUA por U o C codifica para el aminoácido isoleucina, igual que el triplete original. Otras mutaciones cambian el aminoácido por otro, pero con propiedades no muy diferentes de isoleucina, mientras que tres de las mutaciones dan lugar a los aminoácidos treonina, lisina y arginina, que tienen propiedades muy distintas de las de la isoleucina

percibido o provocar alteraciones importantes de la función biológica de la proteína. Además, algunas sustituciones de nucleótidos cambian el codón de un aminoácido en un codón de «puntuación», y estas mutaciones tienen efectos graves. (Codones de puntuación son los que, como las comas y los puntos en la escritura ordinaria, indican dónde termina o comienza el sentido de una secuencia de letras.) Si, por ejemplo, la segunda U del triplete UUA es reemplazada por A, el triplete se convierte en UAA, un codón de «terminación» (que indica que la proteína ha terminado), con el resultado de que los tripletes siguientes de la secuencia del ADN no son traducidos en aminoácidos y la proteína resultante es incompleta.

La adición o sustracción de un nucleótido en el ADN deriva con frecuencia en una secuencia notablemente alterada de aminoácidos en la proteína codificada. Esto se debe a que la suma o la resta de uno o dos nucleótidos cambia la «pauta de lectura» de la secuencia a partir del punto en que se insertan o remueven los nucleótidos. Por ejemplo, asumamos que un segmento de ADN se lee como ...CAT-CAT-CAT-CAT-CAT... Si un nucleótido, digamos una T, es insertado después de la C del primer triplete, el segmento se leerá entonces como ...CTA-TCA-TCA-TCA-TCA... Desde el punto de inserción en adelante, la secuencia de aminoácidos codificados es alterada. (Si se añaden o pierden un total de tres nucleótidos, el marco de lectura original se restaura en el resto de la secuencia.)

A menudo, los efectos deletéreos de una mutación dependen de condiciones ambientales particulares. Un ejemplo extremo es la hemofilia. Si se provee a los hemofílicos con los coagulantes que son incapaces de sintetizar, pueden llevar una vida esencialmente normal. Así, por ejemplo, dos hijos del rey Alfonso XIII (uno de ellos el Príncipe de Asturias) y tíos del rey Juan Carlos I, que habían heredado la hemofilia de su madre la reina Victoria Eugenia *(Ena),* vivieron bastantes años, aunque ambos fallecieron como consecuencia de hemorragias masivas causadas por accidentes de automóvil, Alfonso a los treinta y tres años y Gonzalo a los veinte.

Las mutaciones cromosómicas pueden afectar el número de cromosomas o su estructura y configuración.

Los cambios en el número de cromosomas pueden ocurrir por fusión de dos cromosomas en uno, por división de un cromosoma en dos, o por adición o sustracción de uno o más cromosomas completos o aun de conjuntos de cromosomas (poliploidía). Por ejemplo, en la evolución de la especie humana ocurrió una fusión de dos cromosomas relativamente pequeños en uno grande, denominado cromosoma 2. Los chimpancés, gorilas y otros primates conservan la situación original de estos cromosomas separados. Y el trigo candeal, que se utiliza para hacer pan, es una especie poliploídica, que tiene tres veces más cromosomas que su especie ancestral.

Los cambios en la estructura de cromosomas pueden ocurrir por inversión, cuando un segmento cromosómico rota 180 grados; por duplicación, cuando se repite un segmento cromosómico, que puede contener uno o más genes; por deleción, cuando se pierde un segmento cromosómico que, como en la duplicación, puede ser más o menos grande; o por traslocación, cuando un segmento cambia de un lugar a otro en el mismo o en diferente cromosoma.

Las duplicaciones y deleciones cromosómicas aumentan o disminuyen la cantidad de ADN del organismo, un proceso que a lo largo de la evolución puede tener consecuencias importantes. El orgamismo ancestral de todos los seres vivos que contienen ADN probablemente tenía una pequeña doble hélice de ADN con muy pocos genes. Hoy, los organismos contienen miles de genes descendientes del segmento ancestral de ADN a través de múltiples duplicaciones y mutaciones génicas.

EQUILIBRIO GENÉTICO

Existe variación genética en todas las especies de organismos, y la diversidad es copiosa. Esta variación es reordenada en múltiples y siempre diferentes maneras en cada generación por el proceso de reproducción sexual. Durante la formación de los gametos (óvulos y espermatozoides), los cromosomas heredados de los dos progenitores se recombinan entre sí, de manera que cada gameto lleva unos genes recibidos del padre y otros de la madre. La variación de gametos y, por lo tanto, de individuos que así resulta es virtualmente infinita, y proporciona un amplio abanico de oportunidades para que ocurra la selección natural.

Pero la reorganización de los genes no cambia su frecuencia; es decir, la herencia por sí misma no engendra cambio evolutivo. Este principio está formulado en la ley del equilibrio genético, conocida como la ley de Hardy-Weinberg, así llamada porque fue descubierta independientemente en 1908 por el inglés Godfrey H. Hardy y el alemán Wilhem Weinberg.

La ley de Hardy-Weinberg describe el equilibrio genético en una población por medio de una ecuación algebraica sencilla que determina la frecuencia de los genotipos individuales en función de la frecuencia de los alelos (alelos son las formas alternativas de un gen, como A y a, usados más arriba al hablar de los descubrimientos de Mendel). Si los dos alelos de un gen son representados por A y a, hay tres posibles genotipos: AA, Aa y aa. Si las frecuencias de los dos alelos son p y q, respectivamente, la frecuencia de equilibrio de los tres genotipos viene dada por: $(p+q)^2=p^2+2pq+q^2$. Es decir, la frecuencia de AA es p^2, la de Aa es $2pq$, y la de aa es q^2. Por ejemplo, si las frecuencias de los alelos M y N, que determinan ciertos grupos sanguíneos, son 0,461 y 0,539, las frecuencias de los correspondientes grupos sanguíneos son MM: $0{,}461^2=0{,}213$, MN: $2\times 0{,}461\times 0{,}539=0{,}497$ y NN: $0{,}539^2=0{,}290$.

Las frecuencias de los genotipos se calculan de la misma manera para cualquier número de alelos. Si hay tres alelos con frecuencias x, y, z, las frecuencias de los seis genotipos correspondientes se obtienen mediante la fórmula $(x+y+z)^2$. Por ejemplo, los grupos sanguíneos llamados ABO están determinados por tres alelos, A, B y O. Si la frecuencia del alelo O es $z=0{,}6$, la frecuencia del grupo sanguíneo con genotipo OO es $z^2=0{,}36$.

Evolución génica

Los procesos que cambian las frecuencias génicas son la mutación, la migración, la deriva genética y la selección natural. Examinaremos muy brevemente las consecuencias de los tres primeros procesos, dejando la selección natural para el final.

El proceso de mutación cambia las frecuencias génicas con mucha lentitud, debido a que las tasas de mutación son bajas; típicamente una mutación aparece por cada cien mil o más individuos. Si la evolución dependiera solo de la mutación, sería un proceso demasiado lento. Aun así, tenemos que reconocer el papel fundamental de la mutación, puesto que produce las variantes genéticas iniciales de que dependen los otros procesos.

Los animales emigran de una localidad a otra. Las plantas son menos móviles, pero el polen y las semillas son transportados por el viento y los animales. La migración en el sentido genético implica que los organismos (o sus gametos o semillas) van de un lugar a otro y se entrecruzan con los individuos de la población a la que llegan. Por eso, la migración en este sentido se llama flujo genético, porque implica la mezcla de los genes de poblaciones diferentes.

El flujo genético no cambia de por sí las frecuencias génicas de la especie como una totalidad. Lo que cambian son las frecuencias génicas en una localidad dada, si las frecuencias de los emigrantes y de los residentes no son iguales. En general, cuanto mayor sea la diferencia en frecuencias alélicas entre los individuos residentes y los inmigrantes, y cuanto mayor sea el número de inmigrantes, mayor será el efecto de la migración en cambiar la constitución genética de la población residente.

Las frecuencias génicas pueden también cambiar por razones puramente aleatorias, lo que se llama deriva genética. La deriva genética se produce debido a que cualquier población consta de un número finito de individuos. La frecuencia de un gen puede por ello cambiar de una generación a otra debido a lo que se llaman errores de muestreo. La razón es esencialmente la misma, el azar, que hace posible que salga cara más de cincuenta veces cuando se tira una moneda al aire cien veces.

La magnitud de los cambios de frecuencia génica debidos a deriva genética está inversamente relacionada con el tamaño de la población; cuanto mayor sea el número de individuos, menor será el efecto de la deriva génica. Esta relación inversa entre tamaño de muestra y magnitud de errores de muestreo puede ser ilustrada por referencia, otra vez, a lo que pasa cuando se tira una moneda a cara y cruz. Cuando una moneda se tira dos veces, no es sorprendente si salen dos caras, aun cuando ello representa el cien por cien de los casos. Pero resultaría sorprendente y sospechoso si salieran cien caras en cien tiradas, que es también el cien por cien de los casos. Uno espera que la proporción de caras obtenidas en una serie de tiradas se aproxime a 0,5 cuando el número de tiradas es grande.

Los efectos de la deriva génica son normalmente pequeños de una generación a otra, dado que la mayoría de las poblaciones naturales la forman miles de individuos. Pero los efectos sobre muchas generaciones pueden ser importantes. Una situación extrema en que la deriva genética puede tener importantes consecuencias evolutivas se da cuando se establece una población a partir de muy pocos individuos. Este fenómeno es conocido como el «efecto fundador». Las poblaciones de muchas especies que viven en islas oceánicas, aunque ahora pueden constar de millones de individuos, son descendientes de uno o muy pocos colonizadores que llegaron hace tiempo por dispersión accidental. La situación es similar en lagos u otras masas de agua aisladas, en bosques y en otros sistemas terrestres apartados. Debido a errores de muestreo, las frecuencias de los genes pueden ser diferentes en los pocos colonizadores y en la población de la que proceden, y ello puede tener efectos duraderos en la evolución de tales poblaciones aisladas.

Variaciones fortuitas en las frecuencias alélicas similares a las debidas al efecto fundador ocurren cuando las poblaciones pasan a través de un cuello de botella. Cuando el clima y otras condiciones son desfavorables, las poblaciones pueden reducir drásticamente sus efectivos y correr el riesgo de extinguirse. Tales poblaciones, más tarde, pueden recobrar su tamaño típico, pero la deriva puede alterar considerablemente sus frecuencias alélicas durante el cuello de botella.

En la humanidad primitiva, las tribus eran con frecuencia diezmadas a causa de diversas calamidades, aunque eventualmente se recobraran a partir de los supervivientes o inmigrantes de otras tribus. Las diferencias entre las poblaciones humanas en la frecuencia de algunos genes, como los que determinan los grupos sanguíneos ABO, parecen ser, al menos en parte, el resultado de los cuellos de botella por los que pasaron las poblaciones humanas primitivas.

EFECTOS DE LA SELECCIÓN NATURAL

El concepto moderno de selección natural fue descubierto por Darwin, pero ahora se formula con más detalle y precisión. En particular, la selección natural se describe hoy día en términos genéticos como la reproducción diferencial de genes que favorecen la adaptación al ambiente de sus portadores. Además, se ha desarrollado una teoría matemática que permite medir la selección, especificar las condiciones importantes en casos particulares y predecir los resultados del proceso.

La selección natural explica no solo la evolución, sino también, y de manera importante, la adaptación de los organismos al ambiente en que viven: por qué tenemos ojos «diseñados» para ver, manos para coger y riñones para modular la composición de la sangre. Cualquier variante hereditaria que aumente la probabilidad de que el organismo sobreviva y se reproduzca, aumentará en frecuencia en las siguientes generaciones, precisamente porque los organismos portadores de tales variantes dejan más descendientes que los que carecen de ellas. Lo que cuenta al final es el número de descendientes, por lo cual es posible describir la selección natural simplemente en términos de eficiencia reproductora, aun cuando otros componentes entran en juego, pues para reproducirse hay que sobrevivir, encontrar pareja y ser fértil.

Las variantes desfavorables (o menos favorables: la selección natural es un proceso relativo o diferencial) son eventualmente eliminadas por selección natural; sus portadores dejan menos descendientes que los portadores de las variantes favorables. Las mutaciones favorables se van, pues, acumulando a través de las generaciones, mientras que las desfavorables se van eliminando.

¿Cuáles son los genes que favorecen la eficiencia reproductiva? Precisamente aquellos que son útiles como adaptaciones; es decir, los que facilitan la percepción del ambiente (como los sentidos corporales), el conseguir y procesar alimentos, tolerar la temperatura, evitar depredadores y muchas otras características que se conocen con el nombre general de «adaptaciones» a las circustancias en que el organismo vive.

Es precisamente como consecuencia de la selección natural que los seres vivos son «organismos», es decir, están bien organizados, consistiendo de partes bien integradas entre sí y que pueden llevar a cabo las funciones apropiadas para el estilo de vida del organismo: el pez en el mar, el pájaro volando, las cebras comiendo hierba y evitando los animales de presa.

El proceso de selección natural continúa indefinidamente, puesto que solo requiere que existan variantes hereditarias que afecten la eficiencia reproductora de los organismos. Tales variantes aparecen por mutación, si es que no están ya presentes en la especie. El proceso es facilitado por el hecho de que los ambientes en que los organismos viven se están siempre modificando. Los cambios ambientales incluyen no solo el clima y otros aspectos físicos, sino también el entorno biológico, puesto que los depredadores, parásitos y competidores con los que un organismo interactúa le afectan de manera importante. El entorno biológico de una especie cambia sin cesar, puesto que las especies que constituyen ese entorno están evolucionando a su vez. El proceso de evolución por selección natural implica una retroalimentación *(feedback)* que deviene en su continuación indefinida.

La mutación, la migración y la deriva genética son procesos aleatorios respecto a la adaptación: ocurren independientemente de las consecuencias que dichos cambios puedan tener en la adaptación al ambiente y la eficiencia reproductora del organismo. Si esos fueran los únicos procesos de cambio evolutivo, la organización de los seres vivos se desintegraría gradualmente.

Los efectos de tales procesos serían análogos a los que produciría un mecánico cambiando partes de un motor al azar, sin preocuparse del papel de cada pieza en la máquina. La selección natural revisa, por así decirlo, de manera incesante los efectos desorganizadores de la mutación y de otros procesos, asegurando que los cambios que persisten son precisamente aquellos que favorecen a sus portadores.

Diversidad de especies

La selección natural da cuenta no solo de la preservación y mejoramiento de la organización de los seres vivos, sino también de su diversidad. En diferentes localidades o en diversas circunstancias, la selección natural favorece distintos caracteres, precisamente aquellos que hacen al organismo mejor adaptado a las condiciones particulares de su forma de vida, sea en el agua, la tierra o el aire, sea pastando o cazando, sea en forma de gusano, de cangrejo o de árbol.

La explicación tradicional del origen de las especies es que fueron creadas por Dios. De la misma manera, el origen de la Tierra, de los planetas y de las estrellas se atribuye a la creación divina. La noción de creación en estos casos puede entenderse en dos sentidos distintos, que pueden llamarse creación general y creación especial. La noción de creación general atribuye a Dios el origen del Universo y todo lo que en él existe a partir de la nada. Esta noción de creación a partir de la nada no es una noción científica, sino metafísica o religiosa.

La noción de creación especial atribuye a Dios no solo el origen del Universo en general, sino también el origen de entidades particulares en su forma actual, sea la creación de especies como el gato o el hombre, o cuerpos celestes como la Tierra y el Sol. La creación especial atribuye también al Creador la configuración y propiedades de estos seres, tales como los ojos del gato o los mares y montañas de la Tierra.

La atribución a Dios del origen especial de las realidades del Universo es un residuo de culturas precientíficas. El origen de los planetas, como el origen de las especies, son asuntos que se pueden investigar científicamente, puesto que no se trata de creación de la nada, sino de la transformación de la realidad material del Universo.

La investigación científica del origen de las especies comienza con Darwin. En su libro *El origen de las especies*, Darwin explica la evolución de los organismos, y por lo tanto el origen de las especies, como resultado de procesos naturales. El proceso de selección natural descubierto por Darwin explica la espléndida diversificación del mundo viviente, desde los humildes gusanos a las espectaculares aves del paraíso, de las levaduras y hongos a las encinas y orquídeas. Según la teoría de Darwin, las especies no están diseñadas con antelación, sino que son un producto incidental de la reproducción diferencial de los organismos. Los ambientes, como ya observaba Darwin, cambian continuamente a través del tiempo, y son diferentes de un lugar a otro. La selección natural, por consiguiente, favorece distintas características en diferentes situaciones. La acumulación de diferencias produce eventualmente distintas especies.

Origen de las especies

La experiencia cotidiana nos enseña que hay diferentes tipos de organismos y cómo distinguirlos entre sí. Todo el mundo sabe que las personas pertenecen a la especie humana y que son diferentes de gatos y perros, los cuales a su vez son diferentes entre sí. Aunque las especies son identificadas por su apariencia, hay algo que es más fundamental y de gran significado biológico subyacente a la similitud de apariencia: los individuos de una especie son capaces de cruzarse entre sí, pero no pueden entrecruzarse con individuos de otras especies. Esta noción está expresada en la siguiente definición: «las especies constan de grupos de individuos que son capaces de cruzarse entre sí, pero no con individuos pertenecientes a otros grupos».

La habilidad para entrecruzarse es de gran importancia biológica, porque ello determina que las especies son unidades evolutivas independientes. Los cambios genéticos originados en individuos particulares pueden dispersarse por selección natural a todos los miembros de la especie, pero no a individuos de especies diferentes. Dicho de otra manera, los individuos de una especie comparten un acervo genético común que no es compartido por individuos de otras especies. Diferentes especies tienen acervos genéticos que evolucionan con independencia unos de otros como consecuencia de estar aislados reproductivamente.

La definición dada de especie se aplica con propiedad solo a organismos de reproducción sexual, puesto que utiliza como criterio la posibilidad o no de entrecruzamiento. Pero existen organismos que no procrean por entrecruzamiento sexual; en particular, hay muchos organismos cuya reproducción es «clonal», que se multiplican por fisión de un individuo en dos. Las bacterias y muchos protozoarios cuentan con organismos clonales. La distinción de especies en organismos de reproducción no sexual se hace por consideraciones tales como su morfología externa, sus propiedades químicas y fisiológicas y su constitución genética.

En organismos sexuales una especie, así pues, consta de individuos capaces de cruzarse entre sí pero no con individuos de la otra especie. El origen de una nueva especie implica por ello la evolución de mecanismos o barreras biológicas que impiden el entrecruzamiento con individuos de especies diferentes. Las propiedades biológicas que impiden el entrecruzamiento se llaman «mecanismos de aislamiento reproductivo».

Los biólogos clasifican los mecanismos de aislamiento reproductivo en dos grupos: 1) prezigóticos, que impiden la fecundación del óvulo (el zigoto es el óvulo fecundado, del que se desarrolla el individuo), por ejemplo porque no hay atracción entre los sexos, como no la hay entre un perro y una gata; y 2) poszigóticos, que actúan después de la fecundación, es decir, que hacen que el híbrido sea inviable o estéril, como es el caso de las mulas, que son hijas estériles de asno y yegua (o de caballo y asna). La investigación del origen de una especie se convierte así en la búsqueda de cómo aparecen los mecanismos de aislamiento reproductivo en ese caso particular.

MACROEVOLUCIÓN

La evolución de los organismos consiste en dos procesos distintos, aun cuando relacionados entre sí, llamados anagénesis y cladogénesis.

La anagénesis hace referencia a los cambios que ocurren dentro de un linaje a través del tiempo. La duplicación del tamaño del cerebro ocurrida en el linaje humano desde hace tres millones de años hasta el presente es un ejemplo de evolución anagenética. Otro ejemplo es la reducción de cuatro dedos a uno en la pata del caballo, desde su antepasado llamado *Hyracotherium,* que vivía hace cincuenta millones de años, hasta el caballo moderno.

Los ejemplos de evolución anagenética son literalmente innumerables, puesto que incluyen todos los cambios que han ocurrido desde los primeros organismos hasta llegar a los presentes, a través de todos sus antepasados. Además, dentro de un linaje dado la anagénesis afecta a caracteres distintos. En los humanos, por ejemplo, además del aumento del cerebro, ocurrieron otros cambios morfológicos, bioquímicos y conductuales, tales como el aumento de estatura de unos 130 a 165 centímetros, la transformación de la configuración de la pelvis asociada a la postura bípeda y muchos más. Otros términos utilizados para referirse a la anagénesis son «evolución lineal», «evolución filética» o «evolución filogenética».

La cladogénesis hace referencia a la diversificación o multiplicación de linajes. Por ejemplo, la diversificación de los linajes que llevan al hombre, el chimpancé y el gorila, a partir de un linaje único que existía entre hace ocho y diez millones de años, es un ejemplo de cladogénesis. Los ejemplos de cladogénesis también pueden multiplicarse sin número, puesto que la evolución cladogenética ha producido la extraordinaria diversidad del mundo viviente, que consta de unos diez millones de especies vivientes, además de los muchísimos millones de especies extinguidas en el pasado. Términos sinónimos para referirse a la cladogénesis son «evolución divergente» y «evolución diversificadora».

El fenómeno cladogenético fundamental es la especiación, el proceso por el cual una especie da lugar a otras. Debido a que las especies están reproductivamente aisladas unas de otras, son por ello entidades evolutivas independientes; esto es, los cambios evolutivos que ocurren en una especie no son compartidos por otras, debido a que no pueden ser genéticamente transmitidos entre ellas. A medida que pasa el tiempo, las especies se vuelven más y más divergentes entre sí, como consecuencia de la evolución lineal. Por ejemplo, los linajes descendientes de dos especies que divergieron hace unos diez millones de años dieron lugar a organismos tan diferentes como el gorila y el hombre.

La evolución de los seres vivos puede ser representada como un árbol, con ramas que se van dividiendo a medida que se alejan de la base del tronco. La base del tronco representa la especie ancestral común a todas las del árbol, y la ascensión hacia la copa encarna el paso del tiempo. Sus ramas figuran linajes en evolución, algunos de los cuales eventualmente se extinguen mientras otros persisten hasta el presente. Tales «árboles» se denominan «dendrogramas» (del griego *dendron* 'árbol'), «árboles filogenéticos», o simplemente «filogenias».

El registro fósil sugiere que la evolución morfológica es en general un proceso gradual. Los cambios evolutivos usualmente se deben a la acumulación en el tiempo de cambios relativamente pequeños. Sin embargo, el registro fósil es discontinuo, los estratos fosilíferos están separados por fronteras marcadas. La acumulación de fósiles en un depósito geológico (estrato) es constante en el tiempo, pero la transición de un estrato a otro puede involucrar brechas de decenas de miles de años.

Con frecuencia se observa que especies nuevas, típicamente caracterizadas por pequeños pero discontinuos cambios morfológicos, aparecen en la transición de un estrato a otro, mientras que los fósiles recogidos en un mismo estrato exhiben poca variación morfológica. Esto no significa que la transición de un estrato a otro involucre siempre cambios repentinos en morfología; al contrario, ciertas formas fósiles a veces persisten virtualmente sin cambio alguno a través de varios estratos geológicos, cada uno de ellos representando millones de años.

Las discontinuidades morfológicas a las que acabamos de aludir son, con frecuencia, atribuidas por los paleontólogos a la discontinuidad de los sedimentos; esto es, a las brechas importantes de tiempo que abarcan las fronteras entre estratos. Se supone que si el registro fósil fuera menos discontinuo, la transición de unas formas a otras sería más gradual. No hay, sin embargo, razón alguna para suponer que todas las especies seguirán cambiando morfológicamente a través del tiempo y de manera gradual. Más aún, se conocen linajes que han permanecido sin cambio discernible durante períodos extremadamente largos. Entre los ejemplos mejor conocidos se encuentran los llamados «fósiles vivientes», como *Lingula* (llamada en inglés *lamp shell* o «concha de lámpara»), un género de braquiópodo que ha persistido sin cambios discernibles durante cuatrocientos millones de años, desde el período Ordovícico hasta el presente; o la tuatara *Sphenodon punctatus,* un reptil sin evolución morfológica notable durante cerca de doscientos millones de años, desde principios del Mesozoico hasta el presente.

Algunos paleontólogos han propuesto que las discontinuidades del registro fósil no son artefactos creados por brechas en el registro, sino que reflejan la verdadera naturaleza de la evolución morfológica que, dicen ellos, ocurre solo y de manera súbita durante la formación de nuevas especies. La ausencia de evolución morfológica, o estasis, de linajes tales como *Lingula* y *Sphenodon* sería, por lo tanto, debida a la falta de especiación en esos linajes. La proposición de que la evolución morfológica es episódica, debido a que la mayoría de los cambios morfológicos ocurrirían únicamente durante los breves eventos de especiación, y sin que hubiera virtualmente cambio alguno durante la subsecuente existencia de las especies, es conocida como la teoría del equilibrio puntuado.

La cuestión de si el registro fósil es predominantemente puntuado o gradual es motivo de debate. La imperfección del registro hace improbable que el asunto sea resuelto de forma definitiva en un futuro próximo. Estudios detallados en depósitos abundantes de fósiles favorecen en unos casos al gradualismo y en otros al equilibrio puntuado. Pero la polémica no es sobre si solo uno o el otro patrón ocurre, sino sobre su frecuencia relativa. Algunos paleontólogos argumentan que la evolución morfológica es en la mayor parte de los casos gradual y otros piensan exactamente lo contrario.

Parte del problema es que la distinción entre lo gradual y lo episódico depende de quien la analice. Consideremos la evolución de la robustez de las estrías (la relación entre su grosor y su altura) en las conchas del braquiópodo *Eocelia.* Cuando se analizan los numerosos fósiles encontrados en un depósito en Gales, que cubre un período de diez millones de años, la interpretación de los resultados es ambigua. Una posible explicación es que la robustez de las estrías permaneció virtualmente constante durante dos millones de años (desde hace cuatrocientos quince a cuatrocientos trece millones de años), y que más tarde se produjo un cambio rápido durante el siguiente millón de años, seguido de una virtual estasis de cinco millones de años de duración. Pero los mismos datos pueden interpretarse, por el contrario, como un ejemplo típico de evolución gradual en que la tasa de cambio es algo mayor en unos momentos que en otros. Así mismo, la evolución del tamaño del cerebro en nuestros antepasados es percibida por unos paleontólogos como un proceso predominantemente gradual, mientras que otros hacen hincapié en ciertas discontinuidades. Se trata de una polémica que, al fin y al cabo, no tiene mucha enjundia, aun cuando ha recibido bastante atención en los medios de opinión pública.

8
La célula

Juan Fernández Santarén

Introducción histórica a la Teoría Celular

En la actualidad tenemos una idea bastante precisa del significado del término biológico célula, que automáticamente nos lleva a asociarlo con la unidad fundamental de la que están compuestos los seres vivos. No siempre las ideas estuvieron tan claras.

Aunque desde que el hombre tuvo consciencia de sí mismo una de las primeras preguntas que se formuló fue qué es la vida y cuál es su causa última, las respuestas que durante siglos ofreció a dichos interrogantes estuvieron basadas en el más puro empirismo, cuando no en la superstición y la magia. Fue necesario disponer de algún instrumento que permitiera aumentar la capacidad de observación del ojo humano para comenzar a responder, con cierto rigor, sobre la constitución de la materia viva. Ese instrumento fue el microscopio de luz, cuyo desarrollo dependió, lógicamente, de los avances en la producción de las lentes de vidrio. En el siglo XVII dichas lentes se refinaron al punto de poder ser utilizadas para construir microscopios simples.

En 1655 el británico Robert Hooke (1635-1703) comunicó a la Royal Society de Londres que, al examinar al microscopio una delgada lámina de corcho, la había encontrado integrada por una serie de diminutas cavidades separadas por paredes. A esos compartimentos los denominó «células», que significa pequeños espacios. Por primera vez unas lentes de aumento ofrecían a los ojos del observador la imagen de las estructuras biológicas fundamentales, imágenes que el cerebro todavía no estaba en condiciones de interpretar correctamente. El nombre de «célula» permaneció incluso a pesar de que las estructuras que Hooke había descrito eran solamente las paredes que perduraban una vez que las células vivas de su interior habían muerto.

Durante casi doscientos años el microscopio de luz se mantuvo como un instrumento exótico a disposición de unos pocos individuos potentados. No fue hasta el siglo XIX cuando empezó a utilizarse de forma habitual para observar células vivas, y solamente a partir de 1830, cuando se introdujeron los microscopios acromáticos y se mejoraron las técnicas de conservación y manipulación de los tejidos, fue posible hacer observaciones histológicas precisas. Aunque la aparición de la Biología Celular como disciplina propia fue un proceso gradual al que contribuyeron muchos individuos, su nacimiento oficial va asociado a dos hechos concretos: en 1838, el botánico Matthias Jacob Schleiden (1804-1881) sugirió que todos los elementos estructurales de las plantas estaban compuestos por células, y al año siguiente el zoólogo Theodor Schwann (1810-1882) elaboró una hipótesis similar para los animales. Las conclusiones de Schleiden y Schwann son consideradas como la formulación oficial de la «Teoría Celular», aunque los primeros indicios a la idea de que la célula es el componente básico de los organismos vivos ya habían surgido bastante antes. No podemos dejar de mencionar al botánico escocés Robert Brown (1773-1858), el primero que reconoció al núcleo como un constituyente esencial de las células vivas y, aparentemente, pionero en pensar en la organización de las plantas en términos de constituyentes celulares.

De acuerdo con Schleiden, la primera fase de la generación de las células era la formación de un «núcleo de cristalización» en el interior de la sustancia intracelular que progresivamente iba aumentando hasta convertirse en una nueva célula. Esta idea de «formación de la célula libre», que todavía tenía trazas de la vieja teoría de la «generación espontánea», aunque con una variante intracelular, fue rechazada en los años cincuenta del siglo XIX por Robert Remak (1815-1865), Rudolf Virchow (1821-1902) y Albert Kölliker (1817-1905), quienes demostraron que todas las células se forman a través de escisiones de células preexistentes. El célebre aforismo de Virchow *«omnis cellula e cellula»* («toda célula surge de una célula preexistente») se erigía en la base de la teoría de la formación de tejidos, incluso en un tiempo en el que todavía no se conocía el mecanismo de la división nuclear.

La Teoría Celular estimuló una aproximación reduccionista a los problemas biológicos y se convirtió en el paradigma estructural más general de la Biología. Ponía énfasis en el concepto de unidad de vida y postulaba la idea de organismo como «república de unidades elementales de vida». Además, la célula también empezó a considerarse como el elemento básico de los procesos patológicos. Las enfermedades, independientemente del agente causante, comenzaron a interpretarse como una alteración de las células en el organismo. La *Cellularpathologie* de Virchow fue el concepto patológico más importante hasta que, en este siglo, se desarrolló la Patología Molecular.

Después de que Schleiden y Schwann formularan la Teoría Celular los constituyentes básicos de la célula se consideraron que eran tres: una pared o simple membrana, una sustancia viscosa denominada «protoplasma» y el núcleo. Pronto se hizo evidente que el protoplasma no era un fluido homogéneo. La introducción de objetivos de inmersión en 1870, el desarrollo de las técnicas de microtomía y el uso de nuevos métodos de fijación y tinción mejoraron en tal grado la microscopía que, hacia finales del siglo XIX, algunos de los orgánulos que hoy consideramos como integrantes fundamentales de la célula estaban correctamente identificados. El término «ergastoplasma» («retículo endoplásmico») se introdujo en 1897 y las mitocondrias fueron observadas por diversos autores y bautizadas por Carl Benda (1857-1933) en 1898, el mismo año que Camilo Golgi (1843-1926) descubrió el aparato intracelular que lleva su nombre.

En el interior del núcleo era posible visualizar el nucléolo y una serie de estructuras en forma de cintas se hacían patentes durante la división celular. Como esas estructuras podían teñirse con facilidad fueron denominadas «cromatina» por Walter Fleming (1843-1905), quien también introdujo el término «mitosis» en 1882, haciendo una magnífica descripción del proceso. Fleming observó el desplazamiento longitudinal de los cromosomas [término introducido en 1888 por Wilhelm Waldeyer (1836-1921)] durante la metafase y estableció que cada mitad del cromosoma se mueve hacia polos opuestos del núcleo mitótico.

Sin embargo, quedaba un tejido que parecía escaparse de la Teoría Celular: el tejido nervioso. Su extrema complejidad estructural, unida a la fragilidad y dificultad de manejo, impedía reducirlo a los simples modelos derivados de la Teoría Celular. Las células nerviosas con sus prolongaciones y fibras ya se observaban en la primera mitad del siglo XIX; sin embargo, los intentos por reconstruir una estructura tridimensional coherente se veían frustrados por la imposibilidad de determinar las relaciones exactas entre los cuerpos celulares (somas), las prolongaciones protoplásmicas neuronales (dendritas) y las fibras nerviosas.

En 1872 el histólogo alemán Joseph Gerlach (1820-1896), ampliando las ideas previas de Kölliker, propuso que en el sistema nervioso central las células establecían anastomosis (fusión directa) con sus vecinas a través de una red formada por las diminutas ramificaciones de sus dendritas. De acuerdo con este concepto, la red o retículo era un elemento esencial de la materia gris que proporcionaba un sistema para las comunicaciones anatómicas y funcionales, un protoplasma continuo a partir del cual se originaban las fibras nerviosas.

En 1873 se produjo un hecho trascendental cuando Golgi desarrolló la denominada «reacción negra», una técnica en la que por razones que todavía hoy se desconocen un precipitado de cromato de plata teñía al azar solo un reducido número de células, dejando sin teñir el resto, lo que permitía que emergieran elementos individuales de entre el puzzle nervioso.

Golgi descubrió la técnica, pero fue Santiago Ramón y Cajal (1852-1934) quien, utilizando una variante de esta, se atrevió a ir en contra del «paradigma reticularista». Sus investigaciones neuroanatómicas demostraron con asombrosa nitidez que la célula nerviosa y sus prolongaciones formaban una unidad independiente, estableciendo las bases conceptuales de la neurociencia moderna.

En el sistema nervioso también existía separación entre células, anatómica y funcionalmente independientes, que interaccionaban por contigüidad en vez de por continuidad. La Teoría Celular aplicada al sistema nervioso empezó a conocerse como «Teoría de la Neurona», recogiendo el término introducido en 1891 por Waldeyer para indicar la célula nerviosa independiente.

La Teoría Celular había obtenido su triunfo final y se constituía, junto con la Teoría de la Evolución, en la generalización más importante de la Biología. Hoy, casi trescientos cincuenta años después de las primeras observaciones de Hooke, la moderna Teoría Celular puede reducirse a cuatro principios fundamentales:

1. Las células forman toda la materia viva.
2. Toda célula proviene de otra célula preexistente.
3. La información genética necesaria para la vida de las células se transmite de una generación a la siguiente.
4. Las reacciones químicas de un organismo, esto es, su metabolismo, tienen lugar en las células.

Técnicas de estudio de la célula

La correcta caracterización de cualquier entidad biológica requiere del conocimiento, lo más detallado posible, de su estructura y función, dos propiedades indisolublemente unidas en Biología. En el caso que nos ocupa, la célula, dos técnicas, complementarias en cuanto a la información que proporcionan, han resultado fundamentales para alcanzar una gran parte del conocimiento actual. En primer lugar la microscopía, con sus múltiples variantes, ha proporcionado detallada información sobre la estructura de la célula, mientras que las técnicas de fraccionamiento mediante centrifugación han permitido el aislamiento y purificación de los diferentes orgánulos subcelulares posibilitando el posterior conocimiento de su función.

Microscopía: la arquitectura interna de las células

Microscopía significa ver una imagen aumentada de algo muy pequeño.

La capacidad para distinguir dos objetos muy cercanos se utiliza como medida del poder de resolución de un microscopio, existiendo una cierta distancia (d_o) para la que se alcanza ese límite:

$$d_o = 0{,}61\ \lambda / n \text{ sen } \alpha$$

Como vemos, la distancia mínima es función de la longitud de onda de la radiación utilizada (λ), del índice de refracción (n) del medio (aire o líquido) que se halle sobre la muestra y del ángulo de abertura de la lente (α).

La resolución de un microscopio óptico se puede aumentar ligeramente (es decir, en la ecuación anterior se puede reducir d_o) incrementando el índice de refracción del medio, utilizando por ejemplo aceite en lugar de agua entre la muestra y la lente del objetivo. Sin embargo, la variable más importante es la longitud de onda de la luz incidente. Con la longitud de onda más corta posible de la luz visible (0,4 µm, para la luz azul), la resolución máxima está alrededor de 0,2 µm. Esto supone una gran mejora con respecto a la resolución de 100 µm que tiene el ojo humano, pero, a pesar de ello, estructuras subcelulares tan grandes como una mitocondria apenas son visibles con el microscopio óptico.

Existe una dificultad adicional para la observación de la estructura interna de una célula. Los diferentes constituyentes celulares absorben de manera similar la luz visible, resultando transparentes y carentes de color. Una posibilidad es teñir las células con agentes que coloreen de forma diferencial algunas de las partículas subcelulares. De forma alternativa se puede aprovechar el hecho de que los componentes celulares difieren ligeramente en sus índices de refracción, y esas pequeñas diferencias pueden visualizarse por medio de trucos ópticos.

Microscopio de contraste de fase

El método lo describió Fritz Zernike (1888-1966) en 1934 y revolucionó las bases de la investigación biológica al permitir la observación de células vivas en cultivo.

El contraste de fase es ideal para observar objetos finos que no estén teñidos, por ejemplo para células en cultivo que tengan del orden de 10 µm de «espesor» por encima del núcleo pero menos de 1 µm de «espesor» en la periferia. El ojo humano apenas puede verlas en campo claro. Sin embargo, existen pequeñas diferencias entre los índices de refracción de las células y la solución acuosa que la rodea, y en el interior de la célula, entre el citoplasma y el núcleo. El microscopio de contraste de fase resuelve el problema mediante un dispositivo óptico que convierte esas desemejanzas en diferencias de intensidad. El efecto óptico utilizado consiste en un desplazamiento de la fase en el rayo de luz. Durante su viaje a través del núcleo celular, citoplasma o agua, las ondas de luz resultan levemente desplazadas, dado que esos medios tienen índices de refracción algo diferentes. Como resultado, una onda de luz que pase a través de un núcleo celular se retrasará respecto de una onda luminosa que solo ha pasado a través del agua. La cantidad de «retraso» se denomina desplazamiento de fase. Antes de entrar en la muestra las ondas están «en fase», pero esto ya no vuelve a suceder una vez que han pasado a través de diversos materiales. El ojo humano no puede apreciar esos desplazamientos de fase en la imagen del microscopio, tan solo puede distinguir entre diferentes intensidades y colores, pero la técnica de contraste de fase utiliza un «truco» óptico para convertir los desplazamientos de fase en «valores de grises». Este microscopio se utiliza frecuentemente para estudiar el crecimiento de tejidos en cultivos celulares, los cuales serían, de otra manera, transparentes.

Microscopía de Nomarski

Al igual que la microscopía de contraste de fases, es un tipo de microscopía de interferencia pero que utiliza luz polarizada. En la técnica óptica de Nomarski el contraste es mayor en las regiones de la muestra donde la absorción de luz es muy variable en un área muy pequeña. De esta forma los márgenes de las estructuras, tales como el contorno de la célula y del núcleo, se pueden apreciar nítidamente debido a su buen contraste.

Microscopio de fluorescencia

En la microscopía de fluorescencia las muestras se tratan con reactivos especiales capaces de absorber luz de una cierta longitud de onda durante un período de tiempo muy corto y emitirla a continuación. Sin embargo, esta luz emitida tiene una longitud de onda que es, aproximadamente, entre 20 y 50 nm más larga que la luz de excitación absorbida, es decir, está algo desplazada «hacia el rojo» (desplazamiento Stokes). Si, por ejemplo, se absorbe luz azul, se emitirá luz verde inmediatamente después. El verde emitiría amarillo; el amarillo, naranja, y la luz UV, luz visible.

Este efecto es muy útil: una muestra marcada de esta forma se ilumina con luz pura azul filtrada y se observa utilizando un filtro que es completamente opaco a la luz azul pero que transmite luz verde de larga longitud de onda, amarillo y rojo. Las estructuras marcadas con moléculas fluorescentes brillarán en verde contra un fondo oscuro.

Actualmente los métodos fluorescentes son muy específicos debido al acoplamiento permanente de las moléculas fluorescentes con sustratos biológicos; por ejemplo, anticuerpos. Además, los actuales microscopios confocales permiten separar la luz de excitación mediante una serie de filtros de forma continua, posibilitando la observación de hasta tres tipos de moléculas fluorescentes de espectro diferente en la misma preparación. El computador compone una imagen electrónica a partir de los valores medidos, permitiendo visualizar planos individuales de la muestra y generar imágenes tridimensionales de ella.

Microscopio electrónico de transmisión

El desarrollo del microscopio electrónico, a principios de los años cincuenta, hizo posible el estudio detallado de la organización subcelular con un extraordinario nivel de resolución debido al empleo de un haz de electrones como fuente de iluminación.

Los electrones, acelerados por voltajes del orden de 50.000 voltios, poseen las propiedades de una onda con una longitud de tan solo 0,005 nm. La máxima resolución teórica del microscopio electrónico es de 0,5 nm, es decir, 400 veces mayor que la del microscopio óptico y 200.000 veces mayor que la del ojo humano. Sin embargo, la resolución real del microscopio electrónico, al estudiar sistemas biológicos, es considerablemente menor debido a la naturaleza del propio material de estudio y al complejo procesamiento al que normalmente hay que someter la muestra.

En el microscopio electrónico de transmisión la imagen depende de las variaciones en la absorción de los electrones incidentes por parte de las diferentes moléculas de la preparación tras haber sido finamente cortadas y teñidas con metales pesados, que absorben con eficacia los electrones y se unen preferentemente a ciertos componentes celulares, como las membranas. La resultante es que al microscopio electrónico una gran parte de la maraña de componentes celulares se resuelve en orgánulos discretos, que ahora pueden observarse en mayor detalle que con el microscopio de luz.

La naturaleza de las imágenes obtenidas depende del tipo de microscopio utilizado y del método empleado para preparar la muestra. Existen diferentes técnicas diseñadas para destacar determinadas características estructurales, teniendo cada una sus propias ventajas y limitaciones (fig. 8.1). Con un microscopio electrónico es posible llegar a visualizar incluso algunas de las grandes moléculas individuales de la célula.

Microscopio electrónico de barrido

Esta modalidad de microscopía permite visualizar superficies celulares u otras preparaciones sin cortar. La muestra, una vez fijada y seca, se cubre con una delgada lámina de un metal pesado, como el platino. En el interior del microscopio, un haz de electrones barre la superficie de la muestra y los electrones dispersados por la preparación (en lugar de los que la atraviesan, como en el microscopio electrónico de transmisión) se enfocan hacia un detector, apareciendo en un tubo de rayos catódicos la señal resultante. Debido a que la dispersión de los electrones en cualquier dirección es función del ángulo que forma el haz con la superficie de la muestra, las micrografías del microscopio electrónico de barrido tienen una apariencia tridimensional (fig. 8.2). El poder de resolución del microscopio electrónico de barrido es de aproximadamente 10 nm, mucho menor que el de transmisión.

Fraccionamiento celular por centrifugación

El aislamiento y purificación de los diferentes orgánulos subcelulares supuso un notable avance en biología celular al permitir el estudio detallado de su composición y funciones metabólicas. Todo fue posible gracias a la centrifugación: técnica de separación de sustancias sometidas a la acción de campos gravitacionales intensos.

El primer paso en la purificación de una partícula subcelular consiste en la rotura de la pared celular, de la membrana plasmática, o de ambas. La se-

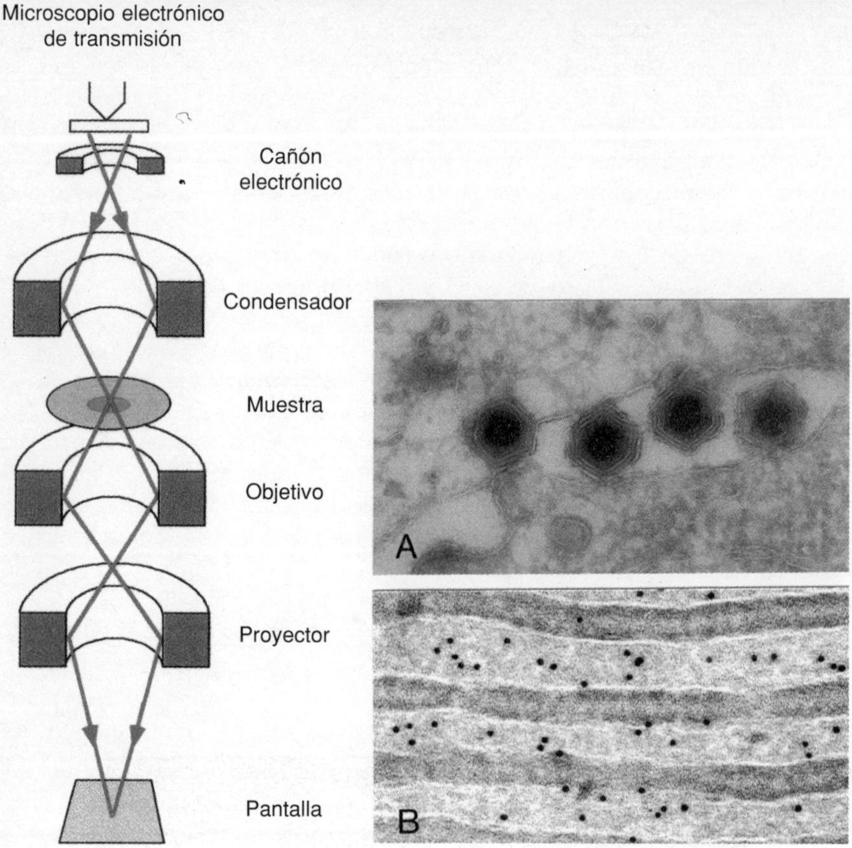

Fig. 8.1.—*Microscopio electrónico de transmisión.* El microscopio electrónico de transmisión es, en principio, similar a un microscopio óptico invertido pero utiliza un rayo de electrones en vez de un rayo de luz y lentes magnéticas en lugar de lentes de vidrio. La muestra se encuentra al vacío y debe ser muy fina. El microscopio electrónico de transmisión tiene un aumento útil de hasta un millón de veces y una resolución, con muestras biológicas, de aproximadamente 2 nm. (A) Micrografía electrónica de una criosección de células de mamífero infectadas por virus en un proceso de gemación. (B). Diminutas partículas de oro (de 5-20 nm de diámetro) se pueden utilizar para revelar la localización de moléculas específicas en el microscopio electrónico, de la misma manera que los marcadores fluorescentes se acoplan para detectar moléculas específicas en el microscopio de luz. Normalmente anticuerpos de especificidad conocida se unen a esferas de oro coloidal electrodenso y se utilizan para marcar secciones finas de células o tejidos en un proceso denominado inmunomicroscopía electrónica. Las esferas de oro aparecen en el microscopio electrónico como puntos negros y revelan la localización subcelular de la estructura reconocida por el anticuerpo. (Fotos cortesía de Germán Andrés)

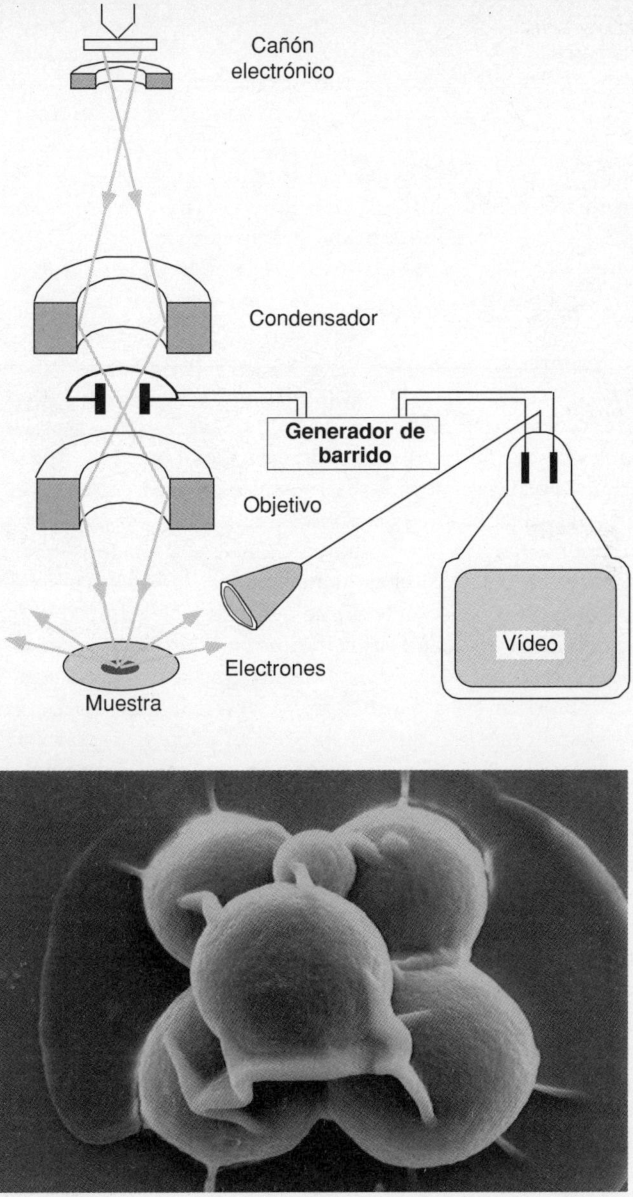

Fig. 8.2.—*Microscopio electrónico de barrido.* La imagen la forman los electrones secundarios que emite la muestra cuando un rayo de electrones primarios hace un rápido barrido sobre ella. La señal de la pantalla de vídeo está sincronizada con el movimiento del rayo de electrones primarios sobre la muestra mediante el deflector del generador de barrido. La fotografía inferior muestra las células de un embrión de ratón en los primeros estadios del desarrollo. (Foto cortesía de Esperanza Salvador Rueda)

lección del método de rotura más adecuado depende de la naturaleza del material biológico y de la finalidad del estudio. Muchas células aisladas en suspensión pueden romperse mediante choque osmótico, presión-descompresión o ultrasonidos. Los tejidos pueden romperse agitándolos en un triturador con aspas a gran velocidad o utilizando homogeneizadores de émbolo especiales en los cuales las células son forzadas a pasar a presión a través de un espacio muy estrecho entre el émbolo y la pared del recipiente. En cualquier caso, el resultado de esta primera etapa es siempre un homogeneizado que contiene la mezcla de los distintos componentes celulares. Generalmente, este homogeneizado celular se filtra para eliminar las células que no se han roto.

Los diferentes orgánulos celulares difieren tanto en tamaño como en densidad. El procedimiento de fraccionamiento más sencillo utiliza la centrifugación diferencial, una técnica en la cual se utiliza una ultracentrífuga provista de un rotor que alberga una serie de tubos con el homogeneizado y en cuyo interior se generan elevadas fuerzas centrífugas debido a la alta velocidad de giro que alcanza. Los orgánulos grandes y densos alcanzan el fondo del tubo de centrífuga más rápidamente que los pequeños y menos densos, formando un sedimento. En el esquema clásico de separación por este método, el homogeneizado se somete a una centrifugación inicial 700 veces superior a la fuerza de la gravedad (g) durante diez minutos, logrando sedimentar selectivamente los núcleos, el orgánulo más grande. Si el material que aún no se ha sedimentado en estas condiciones se traslada a otro tubo y se somete a una centrifugación más rápida y de mayor duración se depositan las mitocondrias y los cloroplastos en el sedimento. Una centrifugación final de 100.000 g durante sesenta minutos del sobrenadante posmitocondrial da como resultado la sedimentación de la denominada fracción microsómica, que incluye fragmentos de la membrana plasmática, retículo endoplásmico, peroxisomas, etc. El material que no se ha sedimentado después de esta centrifugación constituye la fracción soluble, y contiene una gran parte de las macromoléculas celulares.

La ventaja de este método es su rapidez y sencillez, pero, debido a la distribución homogénea de partículas en el tubo de centrífuga al iniciar las centrifugaciones, no es posible obtener fracciones de orgánulos de alta pureza. Para paliar este problema se puede recurrir después a la centrifugación en gradiente de densidad, en la cual una fracción de orgánulos parcialmente purificada se coloca sobre una solución que contiene un gradiente de densidad de una sustancia como la sacarosa o el glicerol, por ejemplo.

Eligiendo de manera adecuada el rango de valores de densidad que abarca el gradiente y las condiciones de centrifugación es posible separar los distintos orgánulos en base a sus diferentes valores de densidad (centrifugación isopícnica) o de coeficiente de sedimentación (centrifugación de zona).

La pureza de las preparaciones de orgánulos se puede evaluar por su morfología (utilizando el microscopio electrónico) o por su contenido en enzimas marcadoras, las cuales se sabe que se localizan específicamente en orgánulos concretos. Por ejemplo, la proteína citocromo *c* tan solo se encuentra en las mitocondrias: su presencia en otras fracciones es una medida de su contaminación por mitocondrias. De la misma manera, solo hay catalasa en los peroxisomas; solo hay fosfatasa ácida en los lisosomas, etc.

TAMAÑO CELULAR Y COMPARTIMENTALIZACIÓN

Las células tienen una amplia variedad de tamaños que van desde las pequeñas bacterias de tan solo 0,2 µm de diámetro hasta ciertas células nerviosas cuyas prolongaciones pueden alcanzar uno o más metros de longitud. Sin embargo, la mayoría de las células de organismos superiores muestran un tamaño bastante predecible, con dimensiones en el rango de 20-40 µm de diámetro. ¿Por qué?

Dado que la célula coordina sus actividades metabólicas por difusión, la velocidad de difusión de las moléculas a través de las células es la que restringe el diámetro de esta entre los límites antes mencionados. Las pequeñas moléculas de interés biológico necesitan varios segundos para alcanzar su equilibrio de difusión en distancias de pocos micrómetros, mientras que la difusión en distancias de pocos centímetros requeriría días. Si las células fueran demasiado grandes, su metabolismo se vería comprometido por una difusión demasiado lenta, tanto desde la superficie de la célula al interior como en sentido inverso. Por ello, con independencia de su forma, en la mayoría de las células ninguna parte interior que sea metabólicamente activa dista más de 15 a 25 µm de la superficie celular.

Algunos organismos unicelulares, que superan significativamente este tamaño, han tenido que desarrollar sistemas capaces de transportar con rapidez sustancias químicas de una región de la célula a otra, consistentes en un flujo continuo de citoplasma que circula alrededor de la célula justo por debajo de la membrana superficial, actuando como una cinta transportadora de los nutrientes necesarios y para la recogida de desechos.

Otro límite al tamaño celular lo impone la necesidad de mantener unas concentraciones adecuadas para los compuestos que intervienen en los diferentes procesos metabólicos que se llevan a cabo en su interior. Para que tenga lugar una reacción química en la célula, los reactivos implicados deben coincidir y unirse, normalmente en presencia de una enzima específica, y la frecuencia de dichos encuentros será, como es lógico, proporcional a la concentración de los reactivos y de la propia enzima. Si queremos mantener unos niveles adecuados de reactivos y enzimas, la célula no puede superar un determinado tamaño. Pensemos que si una célula aumenta su tamaño duplicando su longitud o su diámetro, el número de moléculas debería multiplicarse por ocho para mantener su concentración, y esto superaría la capacidad de síntesis de la célula.

Algunos organismos han resuelto este problema mediante la compartimentalización de actividades en el interior de la célula. Si todas las enzimas y compuestos necesarios para llevar a cabo un determinado proceso se localizan en el interior de una región específica de la célula, se podrá mantener una alta concentración local de esas enzimas y compuestos en dicha región, que será considerablemente mayor que en el resto de la célula. Esto es lo que ocurre. Las células de plantas y animales tienen una variedad de compartimentos delimitados por membranas que están muy especializados para llevar a cabo funciones específicas en su interior, albergando altas concentraciones de enzimas específicas y compuestos implicados en procesos celulares concretos. Así, estos procesos pueden ocurrir de forma muy eficiente, permitiendo que las células compartimentalizadas puedan tener dimensiones considerablemente mayores que las de las que no lo están.

Organización celular: procariotas y eucariotas

El tamaño y la compartimentalización de funciones que acabamos de considerar son, entre otras, dos de las propiedades que permiten reconocer dos grandes grupos o categorías de organismos vivos: los *procariotas* y los *eucariotas*.

Existen, no obstante, otros criterios organizativos que resultan fundamentales para esta simple pero esencial clasificación; por ejemplo, la presencia o ausencia de un núcleo. Las células procariotas, supuestos antepasados de toda forma de vida sobre la Tierra, carecen de núcleo y de cualquier otro compartimento interno limitado por una membrana. La propia etimología del término procariota (del griego *pro* 'antes de'; *Karyon* 'núcleo') ya indica que existían antes de las células nucleadas más complejas. Las bacterias son organismos procariotas.

Las células eucarióticas (del griego *eu* 'verdadero'; *Karyon* 'núcleo') presentan en su interior un núcleo delimitado por una doble membrana. Los protistas, los hongos, las plantas y los animales son organismos eucariotas.

Señalemos que la compartimentalización no solo afecta y define al núcleo. Los eucariotas también poseen otras regiones subcelulares que se encuentran rodeadas por membranas cerradas: las mitocondrias, donde se genera la mayoría del ATP celular; los retículos endoplásmicos liso y rugoso, que son una red de membranas donde se sintetizan glicoproteínas y lípidos; las vesículas de Golgi, que transportan los constituyentes de la membrana a sus lugares apropiados en la célula; los lisosomas, que degradan muchas macromoléculas; los peroxisomas, que metabolizan el peróxido de hidrógeno; y varias vesículas menores. Las células vegetales también contienen cloroplastos, que son los centros fotosintéticos, y un gran número de orgánulos llenos de líquido llamados vacuolas.

Los procariotas y los eucariotas contienen macromoléculas similares

El volumen de una célula típica de mamífero es varios cientos de veces mayor que el de una bacteria; sin embargo, la composición de todas las células procarióticas y eucarióticas es similar. Alrededor del 70 por 100 en peso de una célula típica está constituido por agua. Pequeñas moléculas, como sales, lípidos, aminoácidos y nucleótidos, dan cuenta de otro 7 por 100, mientras que el 23 por 100 restante se halla formado por macromoléculas, fundamentalmente, ácidos nucleicos (ADN, ARN), proteínas y polisacáridos.

Organización del ADN

Además del tamaño y la existencia del núcleo ya mencionado, se pueden observar diferencias entre células procarióticas y eucarióticas a distintos niveles. En primer lugar existen diferencias importantes en la cantidad de información genética por célula. El genoma de una bacteria típica como *E. coli* contiene $4{,}4 \times 10^{-15}$ g de ADN, una cantidad correspondiente a 4×10^6 pares de bases con una capacidad máxima de codificación para unas 3.300 proteínas diferentes. Sin embargo, no todo el ADN bacteriano codifica proteínas; una célula bacteriana típica contiene alrededor de 2.000 proteínas distintas.

Las células eucarióticas contienen de 40 a 100 veces más ADN que las células procarióticas. Si todo este ADN se utilizara para codificar proteínas, algunas células animales serían capaces de presentar 3×10^6 proteínas diferentes. Sin embargo, solo una pequeña parte del ADN codifica proteínas. Se cree que los invertebrados sintetizan alrededor de 5.000 proteínas, mientras que el hombre sintetiza unas 50.000.

La estructura, replicación, transcripción y traducción del ADN eucariótico es similar en células animales y vegetales, pero difieren considerablemente en muchos aspectos de los procesos genéticos de las células procarióticas. Así, por ejemplo, la mayor parte o todo el ADN de los procariotas se encuentra en forma de una única molécula circular. Se dice que la célula posee un solo cromosoma, aunque su organización es muy diferente de la que existe en los cromosomas de las células eucarióticas. Varias especies de procariotas poseen, además del ADN cromosómico, pequeñas moléculas de ADN circular llamadas plásmidos, que tienen entre 1.000 y 30.000 pares de bases y generalmente codifican proteínas que no son esenciales para el crecimiento de la célula pero son requeridas para conferir resistencia a antibióticos u otros materiales tóxicos. Estos plásmidos son herramientas esenciales en la tecnología del ADN recombinante.

Por el contrario, en las células eucarióticas el ADN nuclear se encuentra dividido en dos o más cromosomas diferentes. Todas las células en todos los individuos del mismo sexo de una especie dada tienen idéntico grupo de cromosomas, que difieren notablemente en su número, forma y tamaño entre una especie y otra. Las células humanas, por ejemplo, contienen dos juegos de

23 cromosomas, cada uno de los cuales engloba, por término medio, aproximadamente 30 veces la cantidad de ADN presente en una célula de *E. coli.* Se cree que cada cromosoma contiene una única molécula lineal de ADN bicatenario. En la mayoría de los organismos eucarióticos, casi todas las células son diploides ($2n$), lo que significa que contienen dos ejemplares de cada cromosoma. Las células haploides ($1n$) solo disponen de un ejemplar de cada cromosoma. En los mamíferos, prácticamente todas las células del cuerpo son diploides, a excepción de las células sexuales, que son haploides.

En las células eucarióticas, casi todo el ADN cromosómico se encuentra asociado de forma muy específica y constante a un conjunto de cinco proteínas básicas diferentes llamadas histonas, cuyas secuencias de aminoácidos se ha mantenido extraordinariamente invariante a lo largo de la evolución. No se conoce la existencia de histonas en células procarióticas, aunque el ADN bacteriano se encuentra asociado, aparentemente, a un tipo de proteína de la que no se conoce su identidad.

La célula procariótica: las bacterias

Las bacterias son las células que presentan una organización más simple, por lo que resultan muy adecuadas para mostrarnos qué es la vida en sus esencias. Típicamente son esféricas, con forma de rodillo de unas pocas micras de longitud. Con frecuencia tienen una cubierta protectora llamada pared celular, debajo de la cual una membrana plasmática encierra un compartimento desprovisto de estructura interna organizada que incluye el ADN. La pared celular, cuyos constituyentes confieren frecuentemente propiedades antigénicas, evita que la bacteria se hinche cuando la concentración de los metabolitos en la célula sobrepasa a la concentración que tienen en el medio externo que rodea a la bacteria.

Las bacterias aprovechan un enorme rango de hábitat, desde los restos de lava volcánica hasta el interior de otras células, y prácticamente cualquier tipo de material orgánico puede ser utilizado como alimento por un tipo u otro de bacterias, llegando algunas a vivir totalmente a expensas de sustancias inorgánicas. De la misma forma, nos encontramos con bacterias aeróbicas que utilizan el oxígeno para oxidar las moléculas de su dieta, mientras que otras son anaeróbicas y evitan el medio rico en oxígeno que podría matarlas. También tenemos casos de células bacterianas que, a semejanza de las células vegetales, son fotosintéticas y toman del sol la energía que necesitan para vivir. En cualquier caso, las bacterias desempeñan un papel único y fundamental en la economía de la vida sobre la tierra: muchos organismos vivos dependen de los compuestos orgánicos que esas células generan a partir de materiales inorgánicos.

Los estudios moleculares revelan que dentro de la clase de los procariotas existen dos grandes linajes separados, denominados *arquebacterias* y *eubacte-*

rias, cuyos miembros, a nivel molecular, difieren entre sí en la misma medida en que lo hacen con respecto a los organismos eucariotas. Las arquebacterias se encuentran normalmente en medios muy extremos y poco favorables, como por ejemplo fuentes termales sulfurosas, ambientes carentes de oxígeno o altas concentraciones de sal. Estos hábitat, que resultan hostiles para la mayoría de los restantes seres vivos, recuerdan las condiciones que debieron de existir en la tierra primitiva, donde las criaturas vivas comenzaron a evolucionar antes de que la atmósfera empezase a ser rica en oxígeno.

Las eubacterias, que representan la mayor parte de las especies bacterianas, incluyen a su vez un grupo característico de organismos denominados cianobacterias que poseen el mismo pigmento fotosintético que las algas nucleadas y las plantas superiores.

Desde un punto de vista práctico, las especies bacterianas se pueden dividir en dos grupos según su capacidad para ser teñidas por la técnica de Gram. Las de la clase gramnegativa, es decir, las que no se tiñen con la tinción de Gram, poseen dos membranas superficiales. La membrana interna es la membrana plasmática y, por ser la barrera principal de permeabilidad de la célula, contiene proteínas que permiten a ciertos nutrientes y compuestos químicos entrar y salir de la célula, mientras que se lo impiden a otros. La membrana externa presenta la peculiaridad de ser permeable a muchos compuestos químicos con un peso molecular de 1.000 o superior y contiene unas proteínas llamadas porinas, que revisten unos canales lo suficientemente grandes para que pasen esas moléculas. Entre ambas membranas está el periplasma, el cual contiene peptidoglicanos, un complejo de proteínas y oligosacáridos que le confiere rigidez a la célula, y un espacio ocupado generalmente por proteínas secretadas por la propia célula.

Las bacterias grampositivas poseen una única membrana plasmática, careciendo de membrana externa ni espacio periplasmático. Su peptidoglicano es más grueso que el de los organismos gramnegativos, y la bacteria secreta proteínas al medio de cultivo y no al espacio periplasmático.

La membrana plasmática de algunas bacterias se encuentra muy plegada y se extiende hacia el interior de la célula en unas invaginaciones llamadas mesosomas que en ocasiones se han llegado a especializar. Así, por ejemplo, en ellos se localiza el sistema transportador de electrones y el sistema de formación de ATP o los pigmentos que absorben la energía luminosa durante la fotosíntesis en algunas bacterias fotosintéticas.

El organismo procarionte más estudiado es una bacteria gramnegativa llamada *Escherichia coli,* o *E. coli.* Esta pequeña eubacteria tiene un diámetro de aproximadamente 1 µm y una longitud de 2 µm, y su hábitat habitual es el aparato digestivo de los humanos y otros vertebrados, aunque puede reproducirse con facilidad en el laboratorio si se le suministra un medio de cultivo rico en nutrientes.

La parte de la célula limitada por la membrana plasmática se denomina citoplasma y está compuesto, en peso, por un 50 por 100 de proteína junto con, aproximadamente, 800 tipos diferentes de pequeñas moléculas e iones. Cuando a estas se añaden las diversas macromoléculas, como proteínas y ácidos nucleicos, el número de especies químicas diferentes que se encuentran en *E. coli* se eleva a más de dos mil.

Una célula de *E. coli* contiene unos 15.000 ribosomas, la mayoría cerca de la periferia de la célula. Son las fábricas moleculares donde se producen las proteínas, con una capacidad de síntesis prodigiosa, ya que cada ribosoma puede producir una molécula de proteína por minuto.

Sus instrucciones genéticas se encuentran en una única molécula circular de ADN bicatenario que se localiza en una región central. El ADN debe estar replegado sobre sí mismo varias veces: una molécula de ADN cromosómico de *E. coli* estirada hasta alcanzar su máxima longitud mediría más de 1 mm, unas mil veces la longitud de la propia célula. En la replicación del ADN bacteriano, según se separan las dos hebras, cada una sintetiza una hebra complementaria. La célula se divide entonces en dos, conteniendo cada una de ellas una hebra de la molécula original de ADN y una hebra complementaria recién sintetizada.

En términos moleculares sabemos cómo funciona *E. coli* mejor que cualquier otro tipo de organismo vivo. La mayoría de nuestros conocimientos sobre los mecanismos fundamentales de la vida, tales como la replicación del ADN o la codificación de las instrucciones genéticas, ha surgido de los estudios en dicha bacteria. Con posterioridad, las investigaciones han venido a confirmar que esos procesos básicos ocurren esencialmente de la misma forma en nuestras propias células que como lo hacen en *E. coli.*

La célula eucariótica

Como ya hemos mencionado, una de las características fundamentales de la célula eucariótica es su compartimentalización. El microscopio electrónico pone de manifiesto en su interior toda una serie de orgánulos bien definidos en cuanto a estructura y función (fig. 8.3). Analicemos los fundamentales.

El núcleo celular

El núcleo es el orgánulo más prominente de la célula eucariótica y su auténtico centro de control (fig. 8.4). Se encuentra rodeado por dos membranas que constituyen la *envuelta nuclear,* siendo la membrana interna la que define propiamente el núcleo. Ambas membranas nucleares parece que se fusionan en los poros nucleares que, con forma de anillo, están integrados por un conjunto específico de proteínas que regulan el flujo de macromoléculas entre el núcleo y el citoplasma. En muchas células, la membrana nuclear externa se prolonga con un extenso sistema citoplasmático membranoso llamado retículo endoplásmico (RE). El espacio entre las membranas nucleares interna y externa es continuo con el lumen, o cavidad central del RE.

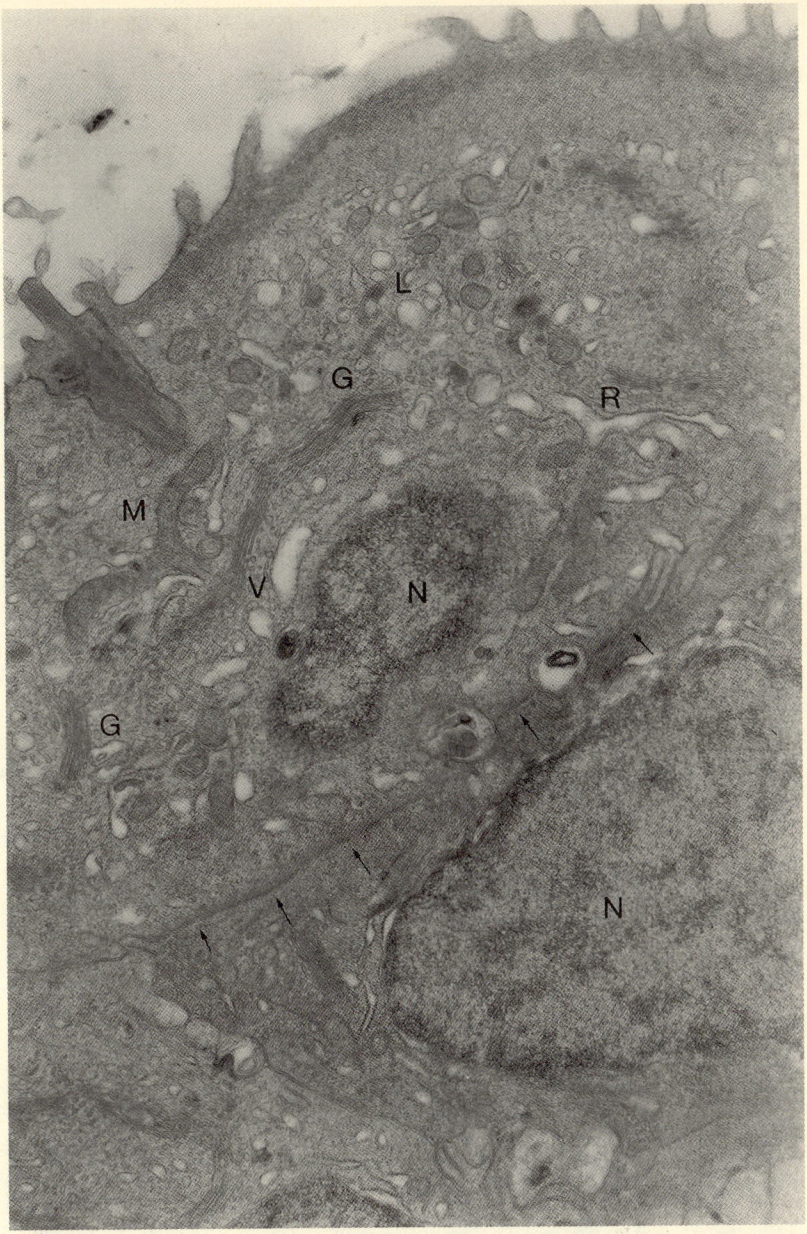

Fig. 8.3.—*La célula eucariótica.* Micrografía electrónica de células epiteliales de la cavidad bucal de un pez. Las flechas indican la membrana plasmática que marca el límite de una de las células en la que se han señalado algunos de los orgánulos fundamentales: núcleo (N), mitocondria (M), vesículas de Golgi (G), retículo endoplásmico (R), lisosomas (L). (Foto cortesía de Agustín Zapata)

El núcleo es el auténtico almacén de la información de la célula, conteniendo normalmente más del 90 por 100 del ADN celular, que se encuentra enrollado formando una masa densa llamada cromatina. El ADN codifica la especificación genética del organismo y tanto su replicación como la transcripción de ADN a ARN ocurren en el núcleo.

Una segunda masa densa del núcleo, llamada nucléolo, es el principal sitio de síntesis de ARN y el lugar donde se ensamblan algunas de las subunidades de los ribosomas. Las regiones no nucleolares del núcleo se llaman nucleoplasma. Con el microscopio electrónico se puede ver que en el nucleoplasma hay regiones con gran concentración de ADN, a menudo íntimamente asociadas con la membrana nuclear.

La síntesis de los ARN mensajeros en procariotas y eucariotas difiere en muchos aspectos importantes. Como hemos mencionado, en los procariotas, no hay membrana nuclear que separe el ADN cromosómico de los ribosomas. Por lo tanto, los ribosomas pueden traducir una molécula de mARN a proteína mientras el ARN está todavía en forma naciente, es decir, mientras aún está siendo sintetizado sobre el ADN.

En las células eucarióticas, el ADN cromosómico se encuentra dentro del núcleo. Allí se sintetiza el ARN mensajero (mARN) que posteriormente se transporta al citoplasma. De esta manera, la síntesis del mARN y su posterior traducción a proteína por parte de los ribosomas son procesos totalmente separados, que se llevan a cabo en localizaciones diferentes de la célula. Esta separación temporal entre la síntesis del mARN en el núcleo de células eucarióticas y su traducción permite que el mARN experimente, tras su síntesis, una serie de modificaciones antes de ser utilizado en la síntesis de proteínas. La mayoría de estas modificaciones no se dan en las células procarióticas.

Otra diferencia reseñable es que el mARN procariótico suele empezar a degradarse justo después de haber iniciado su traducción e incluso antes de que haya finalizado su síntesis. El mARN de los procariotas generalmente tiene una vida media corta de segundos a minutos. Por el contrario, el mARN citoplasmático de las células eucarióticas es relativamente estable, con una vida media de incluso horas.

División celular y replicación del ADN

Una propiedad esencial de toda célula viva, tanto procariota como eucariota, es la capacidad de duplicar su ADN genómico y transmitir copias idénticas a cada célula hija. Todas las células vivas están sometidas a un ciclo celular que abarca dos períodos: 1) *división celular,* que comprende la división de la célula y la separación de las células hija; y 2) *interfase* o período de crecimiento celular. Las células procarióticas y eucarióticas difieren notablemente en su forma de coordinar la síntesis del ADN y la división celular, así como en los procedimientos para asegurar la continuidad del ADN genómico.

En bacterias de crecimiento rápido, el ADN se replica a lo largo de la mayor parte del ciclo celular; cuando termina la replicación, se da inmediatamente la separación celular o citocinesis. No hay condensación y descondensación del ADN ni ningún aparato visible que intervenga en la división celular. Aparentemente, las dos hebras hija de ADN están unidas por diferentes puntos a la membrana plasmática para asegurar que cada célula hija recibe una copia del ADN.

En el ciclo celular de una célula eucariótica se pueden distinguir varias etapas (fig. 8.4). La replicación del ADN solo se da en la fase de síntesis (S) de la interfase. Durante este período, cada molécula de doble hélice de ADN se replica en dos moléculas hija idénticas. Antes y después de la fase S hay dos períodos de interfase, denominados G_1 y G_2, respectivamente, en los que no hay una síntesis neta de ADN, pero en los que sí puede repararse el ADN dañado. Durante el período G_2, la célula contiene dos copias de cada una de las moléculas de ADN que se hallaban en la célula en G_1. A lo largo de la interfase hay un crecimiento celular continuado y síntesis de otras macromoléculas celulares, tales como ARN y proteínas. Finalmente la célula se divide en el período mitótico (M) y las copias idénticas de ADN celular se distribuyen en cada una de las células hija.

En células de mamíferos de diferente índice de crecimiento, los períodos S, G_2 y M son bastante constantes (alrededor de 7, 3 y 1 h, respectivamente). El período más variable es el G_1, el cual puede durar desde 2-3 h hasta varios días. Las células que no se replican, como las nerviosas o las del músculo estriado, se detienen generalmente en una fase denominada G_o.

La mitosis es la división nuclear, implicando la separación de los cromosomas duplicados en dos grupos genéticamente idénticos entre sí (fig. 8.5). Cuando una célula se prepara para dividirse en dos células hija las moléculas de ADN se condensan progresivamente haciéndose individualmente visibles en el microscopio como cromosomas. Aunque los acontecimientos que se dan con posterioridad se desarrollan sin solución de continuidad, se dividen convencionalmente en cuatro etapas: profase, metafase, anafase y telofase.

Durante la profase y la metafase, un cromosoma está formado por dos filamentos idénticos enrollados, las cromátidas, cada una de las cuales contiene una de las dos moléculas hija de ADN idénticas que se produjeron en la fase S. A medida que avanza la profase, las cromátidas se van condensando, manteniéndose unidas por sus centrómeros, o regiones de constricción.

Es en este momento cuando unas pequeñas partículas cilíndricas llamadas centríolos comienzan a jugar un papel fundamental. Mientras los centríolos se separan y migran a los extremos opuestos de la célula, generan una serie de microtúbulos en todas direcciones cuyas fibras van a organizar el denominado huso mitótico, que va a ser el responsable de dirigir el movimiento de los cromosomas. Algunos de estos microtúbulos ponen en contacto a los centríolos con los cinetócoros, unas regiones granulosas que se hallan unidas a los centrómeros de las cromátidas. Al final de la profase, desaparece la membrana nuclear.

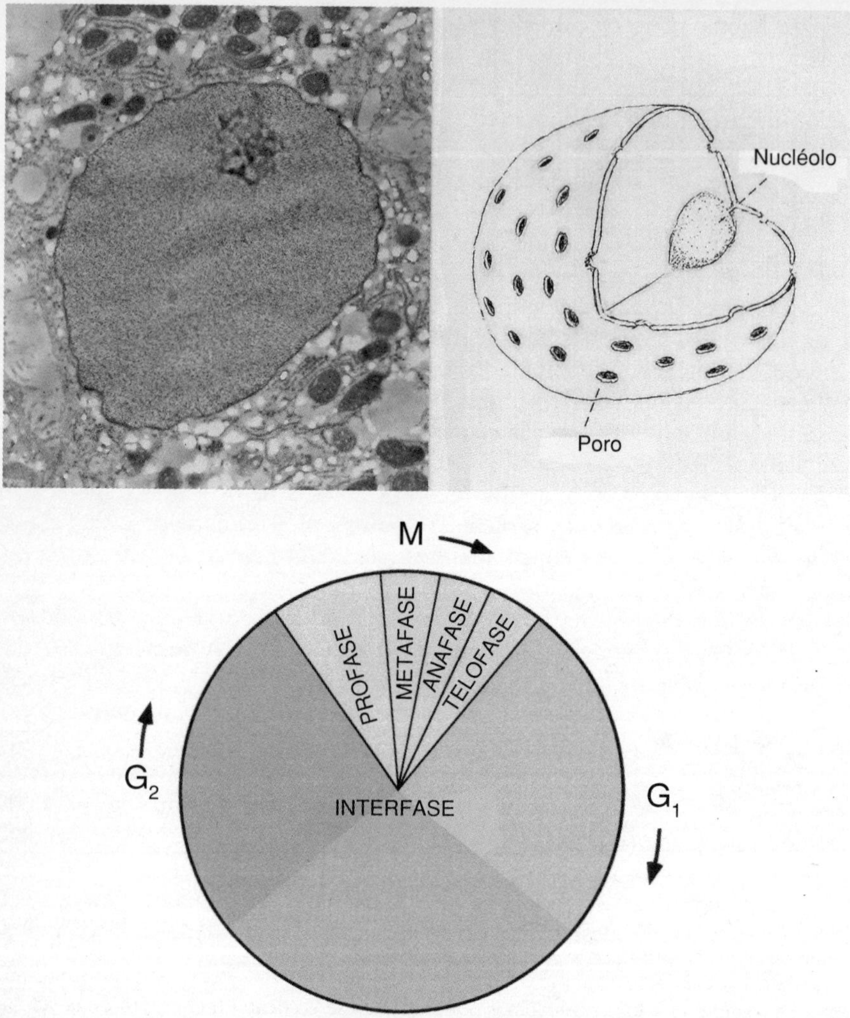

Fig. 8.4.—*El núcleo.* Es el orgánulo que contiene la mayor parte del ADN de la célula eucariótica. La micrografía electrónica muestra una sección de un núcleo interfásico de una célula de mamífero en el que se aprecia el nucléolo como una mancha oscura. Los cromosomas individuales no se ven porque el ADN está disperso a través del núcleo en esta etapa del crecimiento celular. (Foto cortesía de María Teresa Rejas.) El dibujo tridimensional muestra la doble membrana nuclear provista de poros. La figura inferior esquematiza el ciclo celular eucariótico. Los procesos nucleares incluyen la mitosis (M) y una interfase subdividida a su vez en una fase de síntesis (S) y dos períodos denominados G_1 y G_2. Al final de cada ciclo la célula se ha dividido en dos células hija, cada una con un núcleo conteniendo el mismo material genético que la célula original.

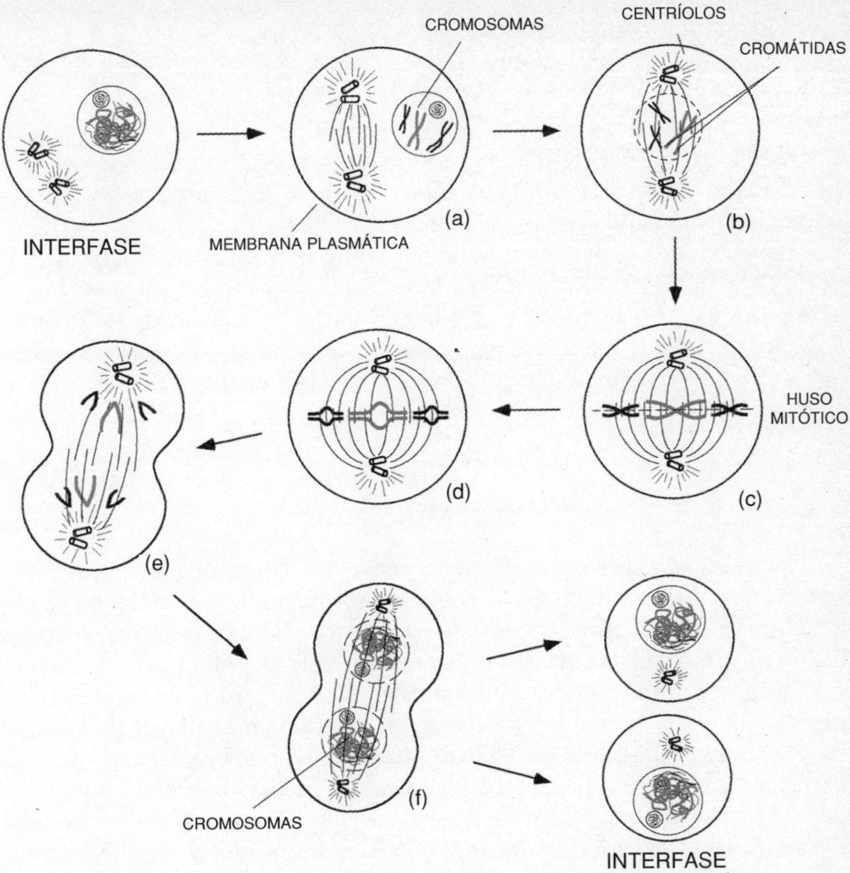

Fig. 8.5.—*Mitosis y citocinesis en células animales.* (a) Cuando una célula interfásica inicia la división los cromosomas se hacen visibles y se condensan gradualmente. (b) A continuación los centríolos migran a los polos opuestos de la célula. (c) La envuelta nuclear se fragmenta y los cromosomas condensados se colocan en el centro de la célula. (d) Las cromátidas hija mueven a los extremos opuestos de la célula. (e) Los dos juegos de cromosomas se separan. (f) Las células se dividen dando lugar a dos células hija de idéntica composición genética con sus cromosomas nuevamente dispersos en estado interfásico

Durante la metafase, las cromátidas hermanas condensadas, asociadas a cada polo de la célula por los microtúbulos que están unidos a sus cinetócoros, migran al plano ecuatorial de la célula.

En la anafase se da la separación de las dos cromátidas hermanas por sus centrómeros. Esto ocurre simultáneamente en el juego completo de cromosomas. Los miembros de cada par de cromátidas, ahora cromosomas independientes, emigran a los polos opuestos de la célula, lo cual asegura que cada célula hija reciba el mismo complemento cromosómico.

En la telofase, los cromosomas empiezan a desespiralizarse, quedando menos condensados. La envuelta nuclear se reconstruye delimitando dos núcleos hijo con idéntico contenido genético. Simultáneamente, se da la separación y segregación del citoplasma celular en un proceso llamado citocinesis. Cuando la mitosis está completa los cromosomas se descondensan y vuelven a su forma extendida de la cromatina interfásica.

En animales y vegetales superiores, la división celular primaria que se aparta de la mitosis es la que está destinada a dar lugar a los gametos: los espermatozoides y los ovocitos. Como la mayoría de las células de los organismos superiores, las que se dividen para producir gametos son diploides, la meiosis implica dos divisiones celulares separadas y da lugar a cuatro células haploides a partir de una única célula diploide.

Producción de energía celular: mitocondrias y cloroplastos

Tanto los animales como las plantas necesitan energía para vivir, crecer y reproducirse. Los primeros pueden utilizar solamente la energía química obtenida de la alimentación de productos de otras estructuras vivas, pero las plantas pueden tomar su energía directamente de la luz solar.

Las mitocondrias son orgánulos presentes en la mayoría de las células eucarióticas, siendo su función fundamental el producir la mayor parte de la energía química de las células (fig. 8.6, superior). Su número depende del tipo de célula y de la actividad de esta, pero pueden oscilar entre 800 y 3.000, llegando a ocupar un 20 por 100 del volumen celular. Su estructura es muy típica, con forma esférica o ligeramente alargada, y se encuentra rodeada, al igual que lo estaba el núcleo, por una doble membrana con características diferentes. La membrana externa está extendida y contiene una serie de proteínas específicas denominadas porinas, que permiten el paso de moléculas con un tamaño de hasta 10.000, lo que hace que la membrana sea selectivamente permeable. La membrana interna es mucho menos permeable y presenta una serie de pliegues denominados crestas, que se proyectan hacia la matriz o espacio central interior de la mitocondria. Es en esta membrana interna donde se localizan los complejos enzimáticos responsables de la síntesis de ATP.

La matriz contiene ribosomas y varias moléculas de ADN circular de tamaño relativamente pequeño, el ADN mitocondrial, que al parecer deriva de bacterias que fueron engullidas por algún ancestro de las células eucarióticas actuales. Este ADN se reproduce dividiéndose en dos y tiene capacidad para realizar su transcripción para dar mARN y traducirse utilizando los ribosomas mitocondriales, codificando un pequeño número de proteínas de la membrana interna del orgánulo. Sin embargo, la información genética de la mayoría de las proteínas mitocondriales reside en el ADN nuclear. Estas proteínas se

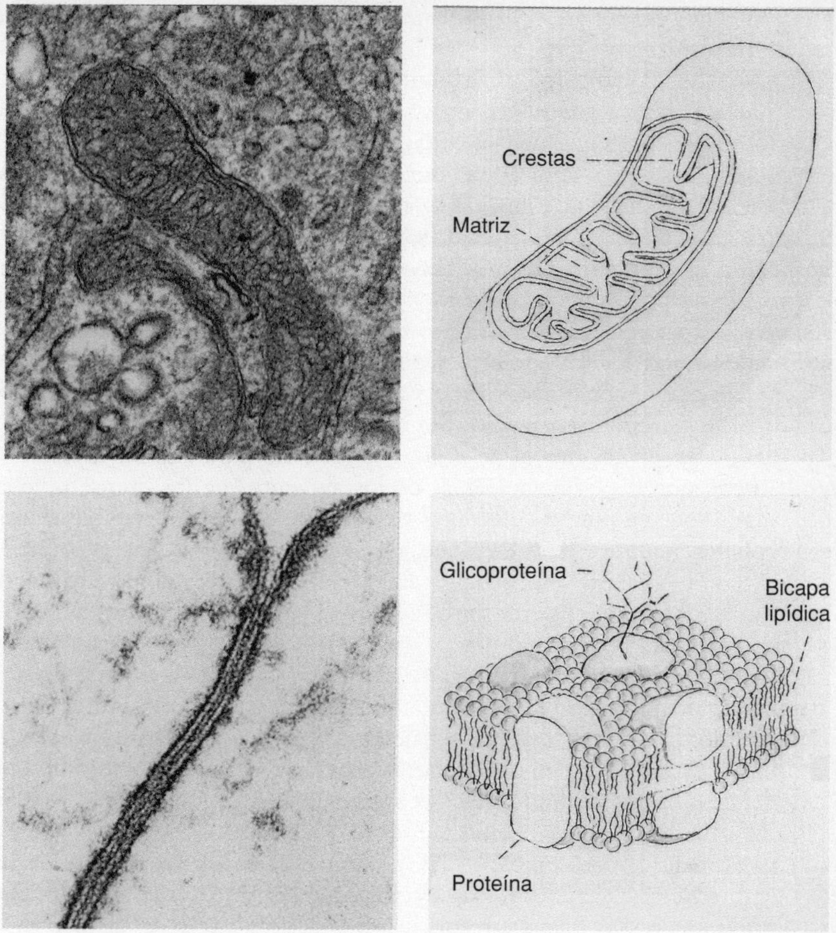

Fig. 8.6.—*Las mitocondrias.* Son los orgánulos donde se genera la energía en las células aeróbicas. La micrografía superior muestra una mitocondria de mamífero tal como se observa al microscopio electrónico. (Foto cortesía de Agustín Zapata). La representación tridimensional ilustra la disposición de las membranas mitocondriales. Nótese que la externa es lisa, mientras que la interna tiene numerosos plegamientos en donde se localizan la mayoría de las proteínas responsables de la respiración celular.
Membrana plasmática. La micrografía electrónica inferior corresponde a una fracción enriquecida de membranas plasmáticas de hígado de rata mostrando las membranas de dos células adyacentes. (Foto cortesía de Agustín Zapata.) El dibujo tridimensional presenta el modelo del Mosaico Fluido de la estructura de membrana. Las proteínas periféricas se distribuyen a lo largo de las superficies hidrófilas de la bicapa lipídica o quedan englobadas a poca profundidad. Las proteínas integrales penetran muy hondo y algunas atraviesan la membrana por completo. Estas últimas pueden tener poros a cuyo través entran y salen de la célula ciertas sustancias

sintetizan en los ribosomas del citoplasma y son transportadas posteriormente a la mitocondria.

La función fundamental de las mitocondrias es, como hemos mencionado, producir la mayor parte de la energía química de las células a partir de la oxidación de las moléculas de la comida, principalmente la glucosa. En las células eucarióticas la etapa inicial del metabolismo de la glucosa es la glicólisis, en donde cada molécula de glucosa se convierte en el citoplasma en dos moléculas de piruvato sin intervención del oxígeno molecular. Este piruvato se transporta a la mitocondria, donde tiene lugar su completa degradación aeróbica a CO_2 y H_2O en un proceso asociado a la síntesis de 36 moléculas de adenosina trifosfato (ATP), auténtico combustible químico que permite la mayoría de las actividades celulares. Dado que la mitocondria consume oxígeno y elimina dióxido de carbono en el curso de esta actividad, el proceso recibe el nombre de *respiración celular*. Sin mitocondrias, los animales, los hongos y las plantas serían incapaces de utilizar el oxígeno para extraer la máxima cantidad de energía de las moléculas de los alimentos de los que se nutren. Los organismos que pueden utilizar el oxígeno de esta forma, incluyendo todas las plantas y animales, se dice que son *aeróbicos*. Unos pocos organismos eucarióticos (al igual que muchos procarióticos) son incapaces de vivir en ambientes que contienen oxígeno: se dice que son *anaeróbicos* y no tienen mitocondrias.

Aunque la estructura nuclear y citoplásmica de las células vegetales es, en muchos sentidos, similar a la de las células animales, tienen, sin embargo, varios orgánulos que son estructural y fisiológicamente únicos. Uno de ellos, el plastido, es capaz de desempeñar varias funciones, desde la fotosíntesis al almacenamiento de almidón, lípidos o proteínas. Los plastidos en los que se realiza la fotosíntesis en las plantas verdes se denominan cloroplastos y su estructura es incluso más compleja que la de las mitocondrias: además de las dos membranas que le rodean, los cloroplastos también contienen una membrana interna muy plegada que forma un sistema de sacos discoidales aplanados llamados tilacoides que se apilan formando los denominados *grana*.

Desde el punto de vista de la vida en la tierra, los cloroplastos llevan a cabo un papel aún más esencial que las mitocondrias: ellos realizan la *fotosíntesis*. Los tilacoides contienen pigmentos (clorofila y carotenoides) capaces de captar la energía de la luz del sol y utilizarla para transformar el CO_2 en hidratos de carbono sencillos. En el proceso eliminan oxígeno como producto de desecho. Las células de las plantas, como las células animales, pueden entonces extraer esta energía química almacenada cuando la necesitan, oxidando esos azúcares utilizando sus mitocondrias.

Los cloroplastos también contienen su propio ADN capaz de codificar algunas de las proteínas clave del cloroplasto, aunque la mayoría de estas proteínas se sintetizan en el citosol y son incorporadas posteriormente al orgánulo. Los cloroplastos se reproducen dividiéndose en dos y se piensa que han evolucionado a partir de bacterias fotosintéticas que encontraron un hábitat adecuado en el citoplasma de una célula eucariótica primitiva. Este hecho evidentemente creó una relación *simbiótica* en la que tanto el huésped eucariótico como la bacteria engullida se ayudaron mutuamente para sobrevivir y reproducirse juntos.

Por último, ¿qué ocurre en las células procarióticas que, como ya sabemos, carecen de mitocondrias? La respuesta es que la mayoría de estos organismos también son capaces de realizar la conversión de la glucosa en CO_2, ya que, en regiones específicas de su membrana plasmática, contienen todas las proteínas necesarias para el metabolismo aerobio y para la fosforilación oxidativa. De igual forma, existen determinadas bacterias (las «algas» cianofíceas) capaces de llevar a cabo la fotofosforilación y la fotosíntesis, sin poseer cloroplastos en su interior, pero conteniendo en su lugar las enzimas y pigmentos necesarios en determinadas invaginaciones de la membrana plasmática.

Membranas

Una característica fundamental de todas las células eucarióticas es la presencia de membranas con la misión de desempeñar una serie de funciones fundamentales en la vida de la célula. Algunas de estas funciones son las siguientes:

1. *Definen y compartimentalizan la célula:* La célula necesita estar separada físicamente del medio ambiente para retener las sustancias adecuadas en su interior y mantener los compuestos indeseables fuera. Además, las células eucarióticas están compartimentalizadas, de manera que diferentes tipos de actividad pueden tener lugar en localizaciones separadas y bien definidas. Parte de esta especificidad reside precisamente en las membranas del orgánulo que están integradas por una bicapa lipídica que alberga las proteínas que confieren a cada membrana, o región de membrana, unas características únicas y las capacita para su función. La membrana plasmática es obviamente responsable de definir y contener la célula como un todo, mientras que las diferentes membranas intracelulares sirven para compartimentalizar funciones dentro de la célula eucariótica (fig. 8.6, inferior).

2. *Controlan el movimiento de las sustancias que entran y salen de la célula o de sus orgánulos:* Además de delimitar las células y sus orgánulos internos, las membranas, tanto la plasmática como las de los diferentes orgánulos, también regulan el movimiento de sustancias a su través. Toda una serie de nutrientes, iones, gases, agua y otros compuestos, necesitan ser tomados por la célula, mientras que determinados productos de desecho necesitan ser eliminados. Esas funciones son posibles porque las membranas son diferencialmente permeables, permitiendo el paso de unas sustancias y excluyendo a otras. Algunos compuestos entran por difusión, mientras que otros requieren transportadores específicos. En ocasiones, la entrada es espontánea, mientras

que en otros casos el proceso requiere consumo de energía. En cualquier caso, siempre hay un control selectivo.

3. *Detección de señales externas:* Las células reciben continua información de su medio ambiente, normalmente en forma de señales eléctricas o químicas. Esas señales son cruciales para cambiar la naturaleza o la velocidad de las actividades celulares. En numerosas ocasiones la información afecta al punto de hacer que la célula inicie una serie o ciclo de actividades en los que no estaba previamente implicada, como división celular o diferenciación.

La membrana plasmática desempeña un papel central tanto en la detección de dichas señales como en la generación de una respuesta. A veces la señal es transmitida al interior de la célula y causa un efecto interno. Sin embargo, en la mayoría de los casos, las moléculas que representan la señal primaria permanecen fuera de la célula, pero mediante su unión a un receptor específico de la membrana generan una señal secundaria en el interior. De esta forma, los receptores de la membrana plasmática permiten a la célula reconocer y responder a una variedad de señales químicas específicas. Uno de los ejemplos más importantes de este tipo de señales son las hormonas.

4. *Sirven como localización para llevar a cabo funciones específicas:* Las membranas llevan a cabo determinadas funciones específicas porque las moléculas o estructuras necesarias para realizar esas labores se encuentran localizadas en la propia membrana. De hecho, una de las mejores formas de caracterizar una membrana es describir las enzimas y moléculas específicas asociadas a ella.

5. *Comunicación celular:* Otra función de gran importancia asociada a la membrana plasmática es comunicar e interaccionar con otras células. La mayoría de las células de un animal pluricelular no son entidades aisladas; todo lo contrario, grupos de células con especializaciones similares se unen para formar tejidos en los que las células siempre están computando con sus vecinas en un continuo intercambio de metabolitos y señales.

Todas estas funciones —compartimentalización, transporte, detección de señales, localización de funciones y comunicación— dependen de la composición química y las características estructurales de las membranas. Vamos a describir brevemente a continuación algunos de los complejos celulares de membrana con las funciones que realizan.

Normalmente, el mayor sistema de membranas de las células eucarióticas es el retículo endoplásmico (RE), integrado por una red continua de membranas interconectadas que se extiende por una gran parte de su interior. Es posible diferenciar dos tipos diferentes de RE:

Retículo endoplásmico rugoso: En las proximidades del núcleo el RE se funde con la membrana externa de la envuelta nuclear. En esta región el RE se encuentra cubierto por ribosomas, por lo cual se le denomina retículo endoplásmico rugoso (fig. 8.7, superior). El RE rugoso sintetiza lípidos de membrana y proteínas de secreción. Estas proteínas recién sintetizadas se introducen a través de la membrana del RE en el lumen o cavidad central del RE, donde son modificadas y transportadas por la célula. Todas las células eucarióticas contienen una cierta cantidad de RE rugoso porque es necesario para la síntesis de algunas proteínas de la membrana plasmática y glicoproteínas, siendo muy abundante en células especializadas en la producción de proteínas de secreción.

Retículo endoplásmico liso: El RE liso no tiene ribosomas y está implicado en la síntesis y metabolismo de ácidos grasos y fosfolípidos y en la modificación y transporte de las proteínas sintetizadas en el RE rugoso. La cantidad de RE liso varía según el tipo de célula. Contiene enzimas que modifican o destoxifican sustancias químicas tales como pesticidas o carcinógenos, convirtiéndolos en productos conjugados más solubles que pueden ser entonces secretados por el organismo.

Aparato de Golgi.—Después de su síntesis, las proteínas de secreción se trasladan desde el RE rugoso a la cavidad luminal de otro grupo de orgánulos limitados por membranas, las vesículas de Golgi. Se trata de una serie continua de sacos aplanados llenos de fluido donde se reciben, y a menudo modifican, las proteínas sintetizadas en el RE para dirigirlas al exterior de la célula o a sus destinos adecuados (fig. 8.7, inferior).

¿Cómo va una proteína desde el lumen del RE a las vesículas de Golgi? Por lo que se ha podido observar, de las regiones del RE rugoso que no están cubiertas de ribosomas se desprenden unas pequeñas vesículas que contienen sustancias del lumen del RE y que se fusionan con los sáculos membranosos de la denominada región *cis* del Golgi. El contenido es posteriormente transferido a la región *trans,* donde se liberan las proteínas mediante vesículas de secreción. En el lumen del Golgi es donde se incorporan a las proteínas los hidratos de carbono y los lípidos, formándose glicoproteínas y lipoproteínas. En muchas células estas vesículas de secreción se fusionan rápidamente con la membrana plasmática, liberando su contenido al espacio extracelular, proceso que recibe el nombre de *exocitosis.* En otras células, las vesículas de Golgi se fusionan con vesículas de secreción que no liberan su contenido inmediatamente al exterior; en lugar de ello, estas vesículas secretoras se fusionan con otras vesículas similares y pasan a ser los almacenes de reserva intracelulares. Cuando una señal apropiada, como por ejemplo una hormona, estimula una célula, las vesículas secretoras se fusionan con la membrana plasmática y liberan sus productos al fluido extracelular.

La explicación precedente sobre la secreción de proteínas da una idea de algunos principios importantes relacionados con la estructura y función de los orgánulos limitados por una membrana. Cada tipo de orgánulo tiene una función determinada que llevar a cabo y contiene un conjunto específico de enzimas para realizar ese objetivo. Los orgánulos no se hallan aislados unos de otros y mientras realizan sus funciones están en constante comunicación entre sí. Muy probablemente esta comunicación está facilitada por pequeñas ve-

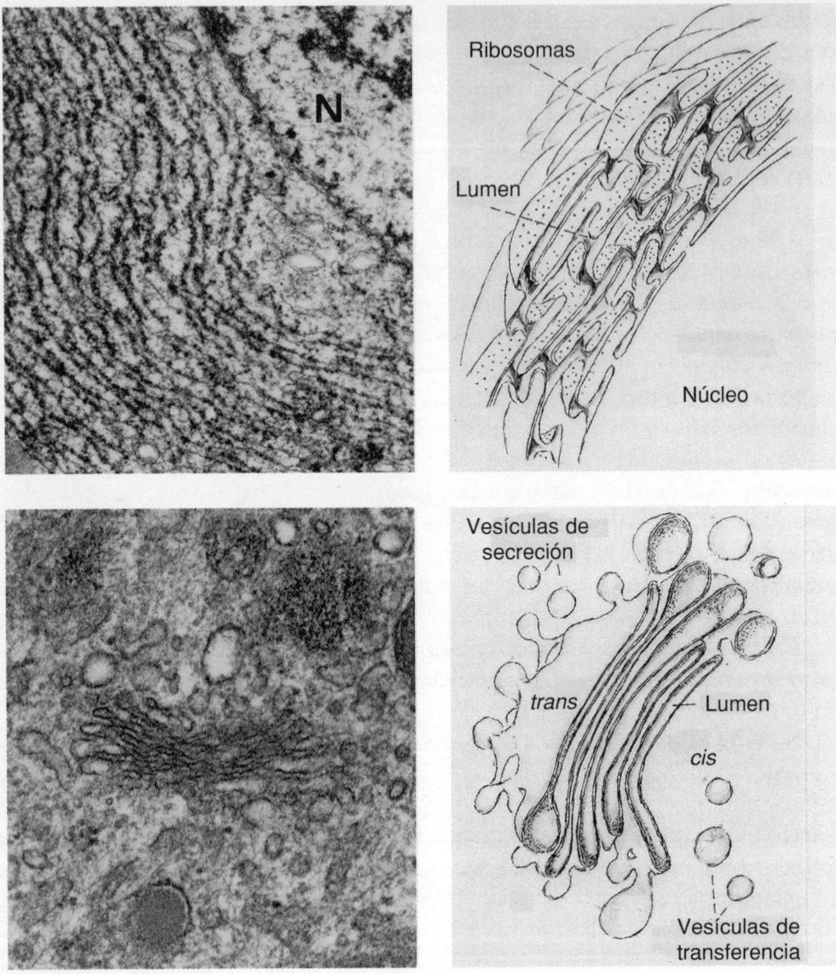

Fig. 8.7.—*Retículo endoplásmico.* La micrografía electrónica superior muestra una región de retículo endoplásmico rugoso de una célula de mamífero donde se aprecian claramente los ribosomas y una parte del núcleo (N). (Foto cortesía de Agustín Zapata.) La ilustración tridimensional presenta la organización del RE rugoso integrado por una serie de membranas aplanadas recubiertas de ribosomas en su superficie externa. Nótese que es continuo con la membrana nuclear interna.
Complejo de Golgi. Está implicado en la síntesis y empaquetamiento de moléculas destinadas a ser secretadas por la célula, así como a dirigir las proteínas de nueva síntesis a sus localizaciones celulares concretas. La micrografía electrónica inferior muestra el aparato de Golgi de una célula animal en la que se observan claramente las vesículas formadas en los extremos de las pilas membranosas. (Foto cortesía de Agustín Zapata.) El dibujo tridimensional reconstruye el aparato de Golgi a partir de las imágenes del microscopio electrónico. Está compuesto por una serie de sacos de membranas aplanadas y apiladas de las que se desprenden pequeñas vesículas

sículas que envían los constituyentes de la membrana y el contenido del lumen de un orgánulo a otro. Algunas de estas vesículas de transporte se llaman vesículas revestidas porque poseen una cubierta externa compuesta principalmente por la proteína clatrina. Uno de los grandes misterios de la biología celular es cómo «saben» las vesículas de transporte intracelular con qué membrana se han de fusionar y, por lo tanto, dónde han de liberar su contenido.

Lisosomas.—La mayor parte de las células animales tienen varios centenares de vesículas digestivas especializadas, llamadas lisosomas (del griego *lysis* 'disolución'). Son orgánulos pequeños limitados por membranas que contienen ribonucleasas, desoxirribonucleasas y proteasas capaces de degradar moléculas celulares (ARN, ADN y proteínas), así como digerir partículas (bacterias) que hayan sido ingeridas por la célula mediante endocitosis. En su interior tiene lugar la digestión intracelular eliminando nutrientes de las partículas de comida y rompiendo las moléculas indeseables para su reciclaje o excreción. Todas estas enzimas solo actúan a valores de pH ácidos y son inactivas a los valores de pH neutro de las células y de la mayoría de los fluidos extracelulares. No se sabe qué característica aparece en los orgánulos viejos o defectuosos para que sean transferidos para su degradación a los lisosomas.

Peroxisomas.—Los peroxisomas son un tipo de orgánulos de pequeño tamaño presentes en el citoplasma de todas las células animales; los glioxisomas son unos orgánulos equivalentes que se encuentran en los vegetales.

Su morfología recuerda a la de los lisosomas pero su contenido interno es diferente, conteniendo enzimas específicas que degradan los ácidos grasos y aminoácidos. Como un producto colateral de estas reacciones de oxidación es el peróxido de hidrógeno (H_2O_2), sustancia corrosiva y tóxica, los peroxisomas también contienen grandes cantidades de catalasa, enzima que degrada el H_2O_2, protegiendo a la célula de los subproductos tóxicos de su propio metabolismo.

Citoplasma y citoesqueleto

Si eliminúramos la membrana plasmática y todos los orgánulos provistos de membrana de una célula eucariótica, nos quedaríamos con el *citosol,* que es la región no particulada del citoplasma, es decir, una zona que no está incluida dentro de ningún orgánulo subcelular. Contiene multitud de grandes y pequeñas moléculas en concentración tan elevada que hacen que se comporte más bien como un gel que como una solución líquida, y lejos de ser un medio homogéneo en el que se ubican los diferentes orgánulos, el citosol es el lugar donde acontecen muchas de las reacciones químicas fundamentales para la célula. Bajo el microscopio se puede ver que en las células eucarióticas, pero no en las bacterias, el citosol posee toda una serie de finos filamentos que ayudan a mantener la forma de la célula, su movilidad, y que, probablemente, sirven de punto de anclaje para otras estructuras celulares. Este conjunto de filamentos se denomina citoesqueleto y se han identificado al menos tres tipos diferentes de estas fibras. Los filamentos más gruesos (20 nm de diámetro) se denominan microtúbulos porque tienen forma de un pequeño tubo hueco, y están constituidos fundamentalmente por la proteína tubulina (fig. 8.8). Se reorganizan en disposiciones espectaculares en células en división, donde ayudan a los cromosomas duplicados a distribuirse equitativamente entre las dos células hija.

Los más finos de estos filamentos son los filamentos de actina (7 nm de diámetro), que están presentes en todas las células eucarióticas, siendo especialmente abundantes en las células musculares, donde integran parte de la maquinaria que genera las fuerzas contráctiles. Con un grosor intermedio entre los microtúbulos y los filamentos de actina están los filamentos intermedios (10 nm de diámetro), de los que se han identificado al menos cinco tipos diferentes, cada uno formado por una proteína distinta, que sirven para consolidar la maquinaria celular. Estas tres clases de filamentos, junto con otras

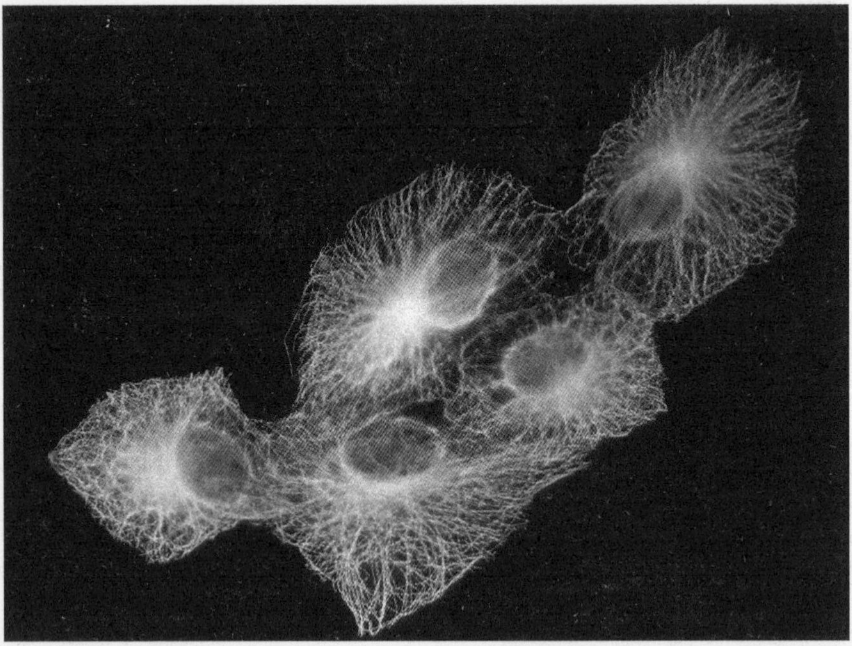

Fig. 8.8.—*El citoesqueleto* (tal como aparece al microscopio de fluorescencia). Células de fibroblastos observadas al microscopio de fluorescencia tras haber sido tratadas con un anticuerpo fluorescente que se une específicamente a los microtúbulos. Nótese que los microtúbulos atraviesan el citoplasma en las células interfásicas, pero quedan excluidos del núcleo que aparece como un disco oscuro en el centro de la célula. (Foto cortesía de Jesús Ávila)

proteínas que están unidas a ellos, forman un sistema que da a la célula su consistencia mecánica, controla su forma y conduce y guía su movimiento.

En el citosol también es posible visualizar al microscopio electrónico, como pequeñas partículas, los ribosomas, las maquinarias moleculares que hacen posible la síntesis de proteínas. Parecen estar libres, aunque pueden estar unidos a fibras citoesqueléticas. Los ribosomas que no están unidos a la membrana del RE sintetizan proteínas que se incorporan a las fibras citoesqueléticas (p. ej., actina), a las mitocondrias (p. ej., citocromo *c*) y a los peroxisomas (p. ej., catalasa).

Además, el citosol de muchas células posee cuerpos o gránulos de inclusión, regiones citoplasmáticas particuladas que no están rodeadas por una membrana. Algunas células, específicamente las células musculares y los hepatocitos, que son el tipo celular principal del hígado, contienen granos citosólicos de glucógeno, un polímero de la glucosa que actúa como una sustancia de reserva de energía celular y que puede llegar a representar el 10 por 100 del peso húmedo del hígado. En el caso de las células del tejido adiposo encontramos grandes gotas de triglicéridos casi puros que son una forma de reserva de los ácidos grasos.

Prolongaciones extracelulares

Aunque la membrana plasmática forma la principal barrera de permeabilidad de la célula, tanto en organismos procariotas como eucariotas encontramos algunas partes de la célula que se prolongan fuera de ella.

En la superficie de las células bacterianas gramnegativas se encuentran dos tipos fundamentales de apéndices proteicos: los flagelos y los pili. En ambos casos se trata de estructuras alargadas y finas que se originan en el corpúsculo basal. El flagelo está compuesto por un solo tipo de proteína, la flagelina, que está estructurada en cadenas helicoidales enrolladas alrededor de un núcleo central hueco y desempeña un papel fundamental en el movimiento bacteriano.

La función de los pili, cuya longitud es inferior a la de los flagelos, no se conoce tan bien. Intervienen en la conjugación sexual y en algunas bacterias patogénicas participan en el proceso de invasión, facilitando la fijación de la bacteria en las células del organismo huésped.

Las células eucarióticas poseen en su superficie una serie de protuberancias y prolongaciones al servicio de muchas funciones específicas. Los cilios y flagelos son estructuras alargadas y móviles que salen como prolongaciones de las membranas plasmáticas de muchas células animales y vegetales y de organismos unicelulares. Se diferencian de los flagelos procarióticos por su composición y por su mecanismo de movimiento. Unos manojos de filamentos denominados microtúbulos van a lo largo de los núcleos centrales de los cilios y flagelos eucariotas. Estos microtúbulos están formados por la proteína tubulina, y son parecidos en su estructura a los microtúbulos que participan en el huso mitótico.

En células especializadas en la absorción de nutrientes, la membrana plasmática forma un gran número de proyecciones denominadas microvellosidades que aumentan considerablemente la superficie de la célula y permiten una mayor eficacia de absorción.

Los lamelipodios son finas extensiones aplanadas que aparecen en fibroblastos de vertebrados y están constituidas por una malla de filamentos que contienen actina y permiten el movimiento del fibroblasto.

Señalemos, por último, que muchas estructuras esenciales de las células eucarióticas se encuentran más allá del dominio de permeabilidad definido por la propia membrana plasmática. En la formación de contactos específicos y uniones entre células participan toda una serie de proteínas que se encuentran unidas a las superficies exteriores de las células animales en los denominados espacios intercelulares.

ESPECIALIZACIÓN CELULAR: UNIDAD Y DIVERSIDAD EN BIOLOGÍA

Hablamos normalmente de la célula sin especificar ninguna en particular, como si todas fuesen equivalentes, pero se estima que existen al menos diez millones de organismos vivos diferentes en el mundo, quizá cien millones de acuerdo con algunas estimaciones. ¿Qué tienen en común y en qué se diferencian?

En términos de estructura y función, las células se caracterizan tanto por su unidad como por su diversidad, y la Biología Celular necesita ser consciente de ambos hechos. Por unidad y diversidad debemos entender que todas las células se parecen entre sí en algunos aspectos, mientras que difieren en otros.

Las células varían enormemente en apariencia y función. El cuerpo humano, por ejemplo, está formado por más de doscientos tipos de células extraordinariamente variadas y distintas entre sí. Encontramos diferencias en sus formas y movimientos, o en sus requerimientos químicos y actividades que desarrollan. En un organismo multicelular existe una división del trabajo de las células, permitiendo a algunas de ellas alcanzar un grado extremo de especialización para llevar a cabo funciones concretas, haciendo que sean dependientes de sus células vecinas para muchos requisitos básicos. Incluso la necesidad más básica de todas, pasar las instrucciones genéticas a la siguiente generación, está delegada a especialistas: el huevo y el esperma.

Ahora bien, a pesar de la extraordinaria diversidad de animales y plantas, es sorprendente el hecho de que todas las células en todos los organismos tienen algo en común, algo que hace que todos ellos puedan llamarse seres vivos. ¿En qué sentido son semejantes todas las entidades vivas?

Aunque el grado de nuestra ignorancia es todavía muy apreciable, la Biología Molecular comienza a resolver el problema de forma satisfactoria. Ahora sabemos que todos los seres vivos que conocemos son similares, no solo en el sentido abstracto de que todos ellos crecen, se reproducen y mueren, sino en un asombroso nivel sobre los detalles de su química. En todos ellos, las instrucciones genéticas —*genes*— se guardan en las moléculas de ADN, escritos con el mismo código químico, construido por las mismas unidades químicas, interpretado esencialmente con la misma maquinaria química, y duplicado en la misma forma para permitir al organismo reproducirse. El ADN dirige la producción de una inmensa cantidad de moléculas de proteína que definen el comportamiento de la célula. Es decir, aunque todos los tipos celulares generados durante el desarrollo embrionario a partir de una célula huevo fertilizada contienen copias idénticas del ADN de la especie, en un organismo multicelular las células individuales hacen un uso distinto de sus instrucciones genéticas. Diferentes células expresan diferentes genes, dependiendo de las sugerencias que ellas y sus antecesores hayan recibido de su medio ambiente. El ADN no es una simple lista que especifica las moléculas que debe tener cada célula, y una célula no es simplemente el ensamblaje de todos los integrantes de la lista. Más bien cada célula se comporta como una entidad provista de sensores para recibir señales del medio ambiente, y con capacidad para controlar toda una serie de posibles actividades.

No podemos olvidarnos de otra variable fundamental a la hora de entender el problema de la diversidad biológica: el tiempo. Las primeras formas de vida aparecieron, hace unos cuatro mil millones de años, como pequeños organismos unicelulares que fueron cambiando a medida que lo hacía el medio ambiente terrestre en el que vivían. La aparición de las formas de vida pluricelulares supuso un cambio cualitativo fundamental, ya que de manera progresiva las células que habían sido unidades autónomas y autosuficientes se fueron haciendo cada vez más dependientes de otras células para algunos aspectos concretos de su existencia. Esta íntima interdependencia y cooperación entre células posibilitó que los organismos incrementaran sus capacidades para crecer y sobrevivir en ambientes diferentes sin tener que desarrollar nuevas formas de organización. Los nuevos organismos que surgieron estaban formados por unas masas de células individuales, donde cada tipo de célula era capaz de llevar a cabo una función determinada. La especialización del trabajo celular dentro de los grandes organismos les concedió importantes ventajas evolutivas.

Una última consideración. La célula se reproduce por duplicación de su ADN, pero la copia no siempre es perfecta y las instrucciones a veces tienen errores. Las *mutaciones,* es decir, cambios en el ADN, pueden dar origen a descendencia que ha cambiado a peor en el sentido que es menos capaz de sobrevivir y reproducirse; o ha cambiado a mejor en el sentido que es más capaz para sobrevivir y reproducirse; o ha cambiado de forma neutra, siendo diferente pero igualmente viable. La lucha por la supervivencia elimina a los primeros, favorece a los segundos y tolera a los terceros. Además, la *reproducción sexual,* donde dos células de la misma especie se funden, uniendo su ADN, permite que las instrucciones genéticas tengan nuevas combinaciones en la siguiente generación. Esos sencillos principios de cambio y selección, aplicados repetidamente a través de miles de millones de generaciones celulares, son las bases de la *evolución,* el proceso mediante el cual las especies vivas se van modificando gradualmente y adaptándose a su medio ambiente de forma cada vez más sofisticada. La evolución nos ofrece una explicación inicial pero lógica de por qué actualmente las células son tan semejantes en sus fundamentos: todos tenemos un origen evolutivamente común, y en apariencia parece que todos tenemos los mismos mecanismos moleculares que han ido divergiendo gradualmente, explotando el potencial de la maquinaria celular en un sinfín de formas diferentes.

9
ECOSISTEMAS Y BIODIVERSIDAD

Francisco Díaz Pineda

INTRODUCCIÓN

Las aportaciones de la biología se han prodigado en el siglo XX. A principios de ese período los biólogos contaban ya con un conocimiento considerable, que crecería mucho en la segunda mitad de la centuria. En aquellos comienzos se conocía ya muy bien la distribución geográfica de los seres vivos, diferenciándose grandes regiones geográficas y «biomas» con una vegetación y una fauna características. Desde muchos años atrás se contaba con una avanzada y útil forma de clasificar jerárquicamente a aquellos organismos en reinos, familias, géneros, especies, razas, etc., y se entendía bastante bien su morfología y funcionalidad. Se reconoció pronto el alcance del carácter de transformador de energía que tiene todo organismo vivo, la proyección fisiológica y ecológica de ello y la importancia de la termodinámica para el conocimiento de la vida en todos sus niveles de organización.

Se había reparado largamente en que los indivíduos de las diferentes especies no vivían aislados en la naturaleza, sino constituyendo poblaciones. Lo interesante de ello era que estas tenían propiedades nuevas, de las cuales carecían los especímenes al ser considerados aisladamente, como reflejaban las tasas de natalidad y mortalidad, la supervivencia o la fertilidad de esas poblaciones. Tales propiedades variaban de unos lugares a otros, según las circunstancias, llevando consigo una serie de consecuencias asociadas. Las poblaciones tampoco se encontraban aisladas, sino formando parte de sociedades más o menos organizadas junto a otras especies, con las que interactuaban de alguna forma: compitiendo, cooperando, siendo depredadoras, depredadas, parasitadas, etc.

La idea de que las especies constituían comunidades o asociaciones pluriespecíficas muy bien definidas, que se consideraban poco menos que grandes organismos, capaces de cambiar con el tiempo de manera bastante bien determinada, casi como lo hace un embrión gracias al mensaje genético heredado, llevó a A. G. Tansley a publicar en 1935 una revisión del tema en la revista norteamericana *Ecology*. El trabajo apareció en julio de ese año y contemplaba algunos conceptos que el autor creía usados con poco rigor por naturalistas ocupados entonces en la descripción de la vegetación. El artículo trataba de cosas tales como: *comunidad biológica* —la sociedad que constituyen las especies en la naturaleza—, *sucesión ecológica* —el cambio que tiene lugar en un sitio con el paso del tiempo y que denuncian las especies biológicas que sucesivamente van instalándose y desapareciendo de allí—, *clímax* —el estado más estable o duradero alcanzado por ese lugar en su madurez, considerado como un «cuasiorganismo»—, *factores bióticos* —las influencias que otros seres vivos tienen en la distribución y abundancia de las especies o comunidades objeto de la atención del observador—, etc.

Interesado sobre todo en la sucesión ecológica, Tansley indicaba que esta no debía describirse solo en términos de una secuencia de especies, colonizadoras o inmigrantes unas y más o menos permanentes otras, puesto que esta circunstancia no era la única que variaba con el tiempo, sino que debía considerarse también cómo cambiaban las características físicas del lugar donde el proceso ocurría. Con el tiempo, las interacciones de las especies variaban y también las relaciones de estas con el entorno físico, comportándose el conjunto como un «sistema», en el sentido que daban los físicos a la palabra. Ese conjunto comprendía, según Tansley, «no solo la compleja entidad biológica de los organismos presentes, sino también el complejo de factores físicos donde esos organismos se desarrollan». Tal complejo de factores, ya conocido entonces con el nombre de *ambiente,* era considerado por este investigador como el conjunto de los «factores del hábitat» —el lugar donde coincidían e interactuaban las especies de aquel colectivo biológico.

> [...] Aunque el interés del biólogo se centre primordialmente en los organismos vivos [...] debe tenerse en cuenta la imposibilidad de separarlos del ambiente [...] con el cual constituyen sistemas físicos que podemos llamar *ecosistemas,* que son de los más variados tipos y tamaños [...] estos sistemas constituyen una categoría entre los numerosos sistemas que pueden diferenciarse desde el Universo hasta el átomo.

A partir de Tansley la *ecología* pasaría a ser la «ciencia de los ecosistemas». El neologismo «ecología» se debía a Ernest H. Haeckel, que lo había empleado ya en 1867, más de medio siglo antes de aparecer en *Ecology* el célebre artículo. La etimología señala expresamente una ciencia dedicada al estudio del ambiente —«casa» *(oikos)*— donde habitan y se reproducen los organismos vivos.

El punto de vista que esta ciencia adopta sobre el ambiente se basa en la naturaleza viva, de manera que la ecología puede considerarse como una parte de la biología que trata de relacionar los conocimientos sobre la vida con los que aportan las ciencias ocupadas en los demás fenómenos, tanto físicos como químicos. Esa vida por la que se interesa el ecólogo es la organizada a niveles superiores al organismo, como las poblaciones y las comunidades biológicas, pero yendo más allá de estas, al considerar que las *unidades* de las que forman parte se basan en «intercambios» de diferente tipo e intensidad, dentro y entre sistemas biológicos y entre estos y los sistemas físicos (abióticos) que componen el hábitat. Estos últimos sistemas constituyen lo que llamaríamos hoy el «medio ambiente» —aunque, como se verá luego, el término se preste a diferentes acepciones y modas.

Aquellas unidades son los sistemas ecológicos o ecosistemas.

LAS TRAMAS DE LA NATURALEZA

El fundamento de los ecosistemas no lo constituyen tanto los componentes vivos (la *biocenosis)* y los inertes (el *biotopo)* presentes en cualquier lugar, sino más bien las interacciones que ocurren en este conjunto. Estas interacciones deben ser medidas de distintas formas, principalmente como intercambios de materia y de energía o, en general, en términos de «flujos de información».

Entre biotopo y biocenosis existe una relación global fundamental desde el punto de vista del funcionamiento del ecosistema: hay un flujo de energía y un intercambio de materia entre ambos. La energía ingresa en el sistema como radiación solar y sale como calor. Una parte pequeña de ella, captada en fotosíntesis, induce la incorporación a la biocenosis de elementos químicos que tienden a aparecer oxidados en el biotopo (dióxido de carbono, nitratos, sulfatos), pero una vez se incorporan a la biomasa aparecen reducidos (glúcidos, proteínas y en general grados menores de oxidación que en el medio físico). La respiración vuelve a oxidarlos y los devuelve al medio, de manera que estas transferencias de materia constituyen *ciclos biogeoquímicos* apreciables a escalas locales y geográficas. Este funcionamiento global no cambia esencialmente con la organización temporal que ocurre en todo ecosistema (la sucesión), pero, con el tiempo, la biomasa tiende a crecer y los flujos energéticos se hacen más lentos.

La ecología, más expresamente basada en la física que en la biología, invita, pues, a adoptar una perspectiva nueva sobre la naturaleza al contemplar cualquier lugar y considerar que lo que contiene representa mucho más que la suma de sus componentes. En ese lugar podría incidir el Sol y, como consecuencia, calentarse el suelo. El agua que contenga se evaporará con el calor. También el aire se moverá, llevándose el vapor y resecando el suelo. El agua más profunda del terreno tendrá que ascender capilarmente hacia la superficie seca, evaporándose también. Las plantas aquí presentes viven gracias al Sol y a ese flujo de agua, parte del cual transcurre a través de sus propios cuerpos: las raíces, los tallos y las hojas, que en realidad actúan de «puente» entre el agua líquida del suelo y el vapor del aire. El crecimiento de las plantas ocurre gracias a esa agua, el carbono del aire y los nutrientes del suelo. Han de ser comidas por animales, que solo pueden vivir a expensas de ellas. Los animales pueden ser parasitados o devorados por otros y los cadáveres de todo este conjunto ser descompuestos en el suelo por bacterias y hongos.

Al caer la tarde y ponerse el Sol el suelo se enfría. Puede enfriarse tanto que la humedad del aire se podría condensar en su superficie y formar rocío, empapándola de nuevo. Cuando llueva, el agua se infiltrará en el suelo a través de la hojarasca y percolará tal vez profundamente. Los microorganismos edáficos vivirán tanto más activos con esa agua cuanto más caliente esté el suelo. A corta distancia de allí el agua aflorará en una vaguada o, a gran distancia, en un humedal o en el río que drene toda la cuenca.

Se comprende sin dificultad que este conjunto de procesos forman un sistema físico, y, si se quiere, también químico y biológico, que funciona gracias a la energía solar. Todos los procesos que ocurren en la superficie de la Tierra donde participen seres vivos son parte de un sistema de este tipo.

El habitante de la gran ciudad, muy distante de este sitio, podrá sentirse ajeno a esta dinámica, pero realmente no está libre de ella. Habrá desayunado con el pan y la mantequilla fabricados gracias a la existencia de sistemas como este, aunque ligeramente modificados por el agricultor y el ganadero. Habrá utilizado la energía del carbón, el gas o el petróleo para cocinar, calentarse e ir al trabajo: una energía acumulada por la vida a lo largo de su historia a partir de procesos idénticos al descrito y luego almacenada como «fósil». El próximo fin de semana aquel hombre probablemente libere la tensión que le produce el estrés urbano yendo al campo a contemplar el resultado de una trama ecológica como la descrita, que se conoce como «paisaje».

El detalle al que pueden ser observados y medidos los fenómenos naturales del tipo comentado y la trascendencia de los mismos son muy variables. Se tratará de un ecosistema, y no de un simple sistema inorgánico, siempre que haya organismos vivos implicados en su funcionamiento. Por ejemplo, un ecosistema puede basarse en los fenómenos que ocurren en un montón de hojas pudriéndose en el suelo, en todo el césped de un jardín, en el jardín entero, el jardín y la casa, el garaje de esa casa, el barrio, la ciudad, toda una cuenca hidrográfica, un continente, el océano o el planeta Tierra (la *ecosfera).*

Concepto e imagen del ecosistema

En la docena de palabras de mayor éxito que la ciencia ha generado durante el último siglo se encuentra probablemente el término «ecosistema». Más adelante se aludirá a otra mucho más reciente y también muy utilizada: «biodiversidad». Estas palabras han terminado incorporándose al lenguaje popular y, por supuesto, a todos los foros del controvertido debate «desarrollo económico/medio ambiente». Aunque el concepto no lo definiera Tansley hasta 1935, la idea que hay detrás probablemente surgió con la manera de contemplar la naturaleza que se contiene en las obras de Alexander von Humboldt —sobre todo su célebre *Kosmos* (1845-1858)—, K. Möbius (1877) y S. A. Forbes (1887) (tabla 9.1). La ciencia ecológica, directamente implicada en la idea, ha venido

Tabla 9.1

a) Entidades ambientales

A. von Humboldt (1808)	Cuadro de la naturaleza	Descripción de procesos naturales relacionados, resaltando la unidad del mundo *(Kosmos).*
A. von Humboldt & A. Bonpland (1805). Reformulado por Ch. Flahault & V. Schröter (1910)	Asociación	Conjunto de organismos (plantas) de distintas especies que tienden a presentarse juntos y corresponden a determinadas circunstancias del medio.
A. Suess (1875). Reformulado por V. I. Vemadsky (1920)	Biofera	Zona terrestre, concebida como sistema de interacción, donde está concentrada la vida.
K. Möbius (1877)	Biocenosis	El contenido original equivale prácticamente al de ecosistema, no correspondiendo al actual de colectivo de organismos.
S. A. Forbes (1887)	Microcosmos	El lago se organiza mediante la integración de partes en una unidad superior.
C. Berg (1931)	Paisaje geográfico	El territorio es un sistema complejo geomorfológico, local climático, hidrológico y biológico.
A. G. Tansley (1935)	Ecosistema	Cualquier área de la naturaleza interpretada desde el punto de vista de la interacción de factores bióticos y abióticos.
V. Grigoriev (1937)	Envuelta geográfica	Gran sistema de interacción objeto de todas las ciencias de la naturaleza.
H. Sukachév (1940)	Biogeocenosis	La misma idea que el ecosistema, aunque la derivación y contextos hayan sido diferentes.
N. A. Solntsiev y otros (1947)	Complejo territorial natural	El territorio se subdivide jerárquicamente, distinguiéndose pautas repetitivas y asociadas de manera característica.
C. S. Christian y otros (1950)	*Land-system*	La misma idea anterior.
L. C. Cole (1958)	Ecosfera	Ecosistema Tierra.
V. B. Sochava (1963)	Geosistema	Pretende corregir desequilibrios en la excesiva insistencia en componentes bióticos al aplicar algunas de las ideas anteriores.
F. G. Bernáldez (1973)	Paisaje	Sistema ecológico («criptosistema») percibido por el observador como «fenosistema».

Tabla 9.1

(Continuación)

b) Propiedades globales de complejos ambientales	
A. von Humboldt (1808)	Unidad material y organización estructural del mundo.
C. Darwin (1859)	Ajustes de autorregulación. Efectos de retroalimentación.
V. V. Dokucháev (1883)	Continuidad de procesos. Interacción materia viva/materia inerte.
V. V. Dokucháev (1883)	Zonalidad de la naturaleza.
V. V. Dokucháev (1886)	Transferencias de materia y energía entre componentes del sistema.
E. Warming (1895)	Reacción de los seres vivos ante la acción del ambiente físico.
F. Clements (1916)	Sucesión ecológica: tendencia a la autoorganización de los ecosistemas.
E. Huguet del Villar (1929)	Presencia de factores limitantes. Posibilidades de simplificación.
D. Thienemann (1931)	Productividad (incorporación y flujo de la energía) como propiedad global del sistema.
M. Milne (1935)	Repetitividad de pautas, catenas.
B. Kalesnik (1947)	Discretividad, «grano» a distintos niveles de la «envuelta geográfica».
R. Margalef (1958)	Diversidad. Contenido en información como parámetro relacionado con el nivel de organización de la sucesión ecológica.
V. Szent-Gyorgy (1961)	Radiación y rerradiación al espacio como flujo de energía responsable de la organización de la biosfera.
R. Margalef (1962)	Disminución del flujo de energía necesario para mantener la organización con el curso de la sucesión.
V. N. Sólntsiev (1963)	Desigual importancia de los componentes del sistema. Posibilidades de modelización.
H. J. Morowitz (1968)	Persistencia (aumento del tiempo de residencia) como característica de madurez (organización avanzada).
V. Bertalanffy (1969)	Caracterización de los complejos como sistemas «abiertos» con estados estacionarios, objetivo de la termodinámica de procesos irreversibles.
V. N. Sólntsiev (1976)	Complementariedad de la «vectorialidad-celularidad» del geosistema.

a) Relación de conceptos utilizados a lo largo de la historia reconociendo la existencia de entidades ambientales complejas. *b)* Formulación de las propiedades globales de complejos ambientales «biogeoquimiofísicos». [Según F. G. Bernáldez (1981), *Ecología y paisaje,* Blume, Madrid. Modificado.]

interesándose con el tiempo en un campo de conocimiento cada vez más amplio en torno a los ecosistemas, sobre todo tras la Segunda Guerra Mundial, al contar con el desarrollo de la informática y contribuir también a él. Hoy la ecología se basa en la aplicación de la teoría de sistemas al estudio de la naturaleza viva a partir del nivel de organización de las poblaciones biológicas. El análisis de las complejas tramas de relaciones de estas y el ambiente físico se ha visto, en efecto, facilitado con ayuda de los ordenadores. Además, en la actualidad las circunstancias invitan al ecólogo a estudiar las interferencias que el ser humano introduce en esas tramas. Ideas que en realidad no son un concepto científico, como «contaminación»; otras que lo son, como «diversidad biológica», y algunas que lo son a medias, como «perturbación», han entrado a formar parte de las observaciones y experimentos ecológicos.

Los ecosistemas suelen considerarse *naturales,* como muchas montañas y otros lugares silvestres, y *artificiales,* como la habitación donde podría estar leyéndose este texto. La diferencia entre unos y otros no está tan clara en la mayoría de los casos. La estructura y el funcionamiento de los ecosistemas son muy variables, pudiendo tener lugar multitud de procesos en unos casos y solo algunos en otros. Las características que pueden considerarse comunes a todos los ecosistemas vienen determinadas por el flujo de la energía y el ciclo más o menos cerrado que describen los elementos químicos al pasar desde los componentes del ambiente físico al biológico, y viceversa.

Las montañas, si tienen cumbres elevadas, mostrarán una representación muy variada de organismos vivos de arriba abajo. En esa dirección varía el clima y la naturaleza del sustrato. Dependiendo de ellos variarán el tipo y la abundancia de las especies biológicas, así como la masa viva acumulada, muy pequeña o nula en las altas cumbres y elevada en los bosques de las zonas bajas. En el caso de la supuesta habitación, la biomasa estará representada por el cuerpo de las personas presentes, pero el mayor número de individuos lo aportarán las bacterias, los virus, los hongos o los ácaros microscópicos de la estancia. En la montaña y en la habitación hay muy diferentes tipos de intercambios de materia, energía e información, pero el funcionamiento de ambos sistemas se basa, directa o indirectamente, en el flujo de la energía. En última instancia es probable que toda esta proceda de la radiación solar.

Resulta cada vez más difícil encontrar lugares absolutamente silvestres en todo el planeta. La influencia de la especie humana en el resto de la biosfera se ha hecho cada vez más patente, siendo muy extenso el espacio terrestre ya humanizado.

El conocimiento popular del ecosistema

Hace apenas dos décadas en la escuela se hablaba de «ecosistema» más bien poco. Los avances de la fisiología y la biología molecular constituían las novedades más espectaculares con que ilustrar la enseñanza de la «historia natural» y hacer interesante al alumno el conocimiento de la vida. Hoy la enseñanza no tiene lugar tanto de esa forma. El «conocimiento del medio» se basa mucho en reconocer que la vida en la Tierra depende de tramas complejas de relaciones que van mucho más allá de la molécula orgánica, el individuo o la población. Sin que hayan perdido actualidad aquellos avances —más bien al contrario, como muestra el presente libro—, el interés por el ecosistema ha crecido notablemente. Por un lado, se conoce mejor la vida tal como se estructura a este nivel y, por otro, las sociedades humanas están generando en todo el planeta algo que se admite como una grave «degradación ambiental». El fenómeno interesa a todos los niveles de organización de la vida y su extensión espacial afecta también a los factores del hábitat y al funcionamiento de los ecosistemas.

Esto constituye un problema más humano que biológico, pues son los recursos naturales los que están viéndose afectados. Por su parte, la biosfera ha venido sufriendo a lo largo de su historia catástrofes y perturbaciones de todo tipo e intensidad y la vida ha permanecido en la Tierra con el habitual problema de adaptarse a esos cambios. Esto lo tienen asumido todas las especies, que consiguen superarlo dentro de determinados umbrales, y constituye el marco de la evolución biológica. La continua aparición y desaparición de especies representa la serie de soluciones temporales que da la vida a las condiciones ambientales del planeta. Ramón Margalef considera que las perturbaciones naturales son «la música al ritmo de la cual tiene que bailar la biosfera». Lo que debe preocuparnos hoy es el compás que la humanidad es capaz de imponer a ese ritmo y la forma de reacción de la biosfera (fig. 9.1).

Volviendo a la escuela, cuando el niño conoce la variedad de la vida en la Tierra, como las plantas, los animales, los órganos de que constan y cómo viven, aprende también que los seres vivos constituyen las entidades llamadas biocenosis y que estas viven en su biotopo, el ambiente natural que permite su desarrollo. La biocenosis y el biotopo constituirían el conjunto percibido como ecosistema. Explicado de esta forma se tiene un nuevo concepto que puede acompañarse con una imagen, por ejemplo, de un bosque o una charca.

La naturaleza, contemplada en estado salvaje o controlada por el hombre, contiene, en efecto, plantas y animales formando conjuntos bien apreciables. Los propios términos «vegetación» o «fauna» invitan a considerar combinaciones visibles de organismos poblando lugares más o menos extensos, a los cuales dotan de un cierto carácter que, a su vez, refleja cómo debe ser el clima o las condiciones geológicas del sitio. Pero entre esos componentes existen unas relaciones medibles, y a veces fácilmente observables, que constituyen los sistemas de relaciones ecológicas o ecosistemas. Son estas relaciones las que crean al ecosistema, no los meros componentes. El ecosistema no representa, pues, una entidad física —no es una unidad en el espacio ni la suma del biotopo y la biocenosis—, sino la organización de la trama ecológica que subyace en el lugar. Las relaciones ocurren en el espacio y el tiempo, sin que haya que apreciar ninguna discontinuidad.

Así, un bosque comienza tras la frontera marcada por una cierta densidad de árboles. A partir de ella la radiación solar llega con más dificultad al suelo. El ecosistema forestal, en cambio, no presenta unos límites tan definidos. El agua que escurre y empapa los suelos del bosque y sale de él hacia el

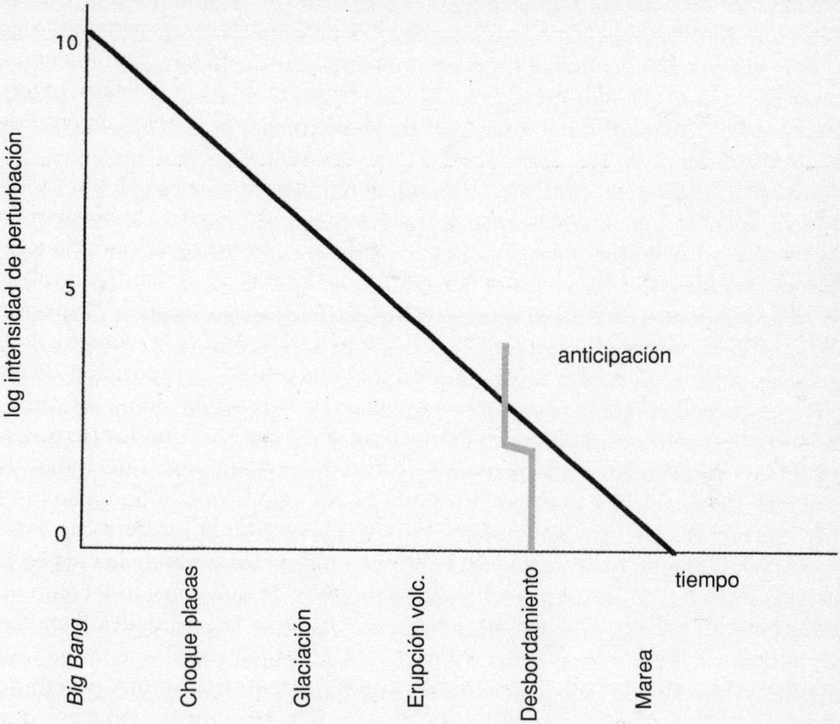

Fig. 9.1.—La biosfera está sometida a perturbaciones de diferente intensidad y periodicidad. Algunas son de gran intensidad y provocan situaciones catastróficas. Otras no lo son tanto y la vida cuenta con mecanismos adaptativos de anticipación

valle, los propágulos de organismos vivos que el viento lleva hacia el bosque o saca de él, la humedad que el aire transporta desde la masa de árboles, los animales que entran y salen de ella, comen fuera y anidan dentro, etc., forman parte de la «trama de relaciones ecológicas» conocida como ecosistema forestal. Los límites de esta trama, si los tiene, habría que definirlos subjetivamente. La superficie del bosque puede medirse sin dificultad, pero no la del ecosistema forestal que, realmente, no cuenta entre sus propiedades con la del tamaño. Tansley refiere el tamaño en su definición de ecosistema, pero probablemente obligado por la necesidad de recurrir a una imagen en la que apoyar una idea nueva, como la que se comunica al niño en la escuela. Algunos procesos ecológicos se detienen en alguna frontera identificable por el aspecto del espacio a uno y otro lado de ella, pero otros muchos no.

Igualmente, un lago se extiende por donde es visible la lámina de agua que llena la cubeta inundada, pero los arroyos que lo alimentan pueden nacer en torrenteras muy alejadas de esa lámina. El polvo y los propágulos que llegan al lago pueden generarse también muy lejos de esta lámina; sin embargo, intervienen en las tramas ecológicas de toda la masa de agua que hay debajo. En el lago hay plancton, del que depende grandemente la vida en el agua. En los arroyos, no; pero los nutrientes que transportan pueden alimentar a ese plancton. El lago es fácilmente delimitable. El ecosistema lacustre no lo es tanto, a menos que se definan de manera expresa algunas de las relaciones que constituyen el objeto de estudio y los límites espaciales hasta donde pueden ser medidas.

Las fronteras entre los sistemas ecológicos se establecen, pues, arbitrariamente por el observador en función de los procesos que va a estudiar. Por ejemplo, entre el bosque y la pradera vecina puede establecerse una frontera neta de acuerdo con la biomasa acumulada en uno y otro sitio. El bosque ocupa solo el espacio donde la biomasa tiene un valor elevado con respecto a la pradera, pero las relaciones entre un espacio y otro forman también parte del conjunto de relaciones ecológicas, salvo que se ignoren expresamente. Muchos herbívoros del bosque comen en la pradera, bastante más productiva que aquel. Desde el punto de vista del sistema físico, la frontera puede delimitarse con nitidez de acuerdo con algunos procesos. Así, la luz se extingue rápidamente en el bosque, hasta llegar al suelo con una intensidad mucho menor que la recibida por el dosel arbóreo. En la pradera la situación es bien diferente (fig. 9.2). Lo mismo ocurre con la humedad del aire a cierta altura

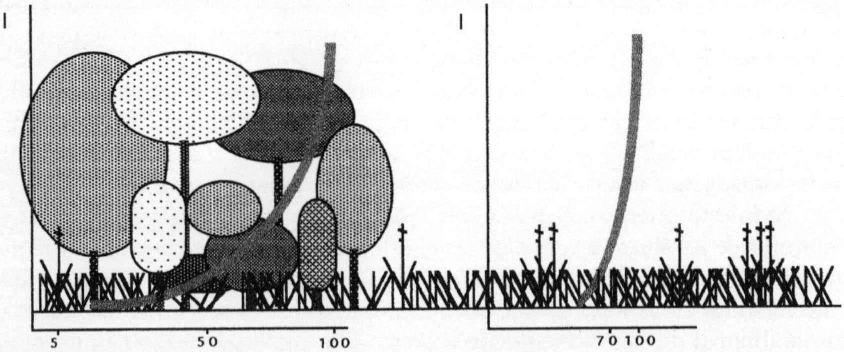

Fig. 9.2.—Aparte de la cantidad de madera y, en general, biomasa acumulada, el porcentaje de la intensidad de la luz incidente (I) que llega a la superficie del suelo (abscisas) permite apreciar la diferencia del ambiente en un bosque y en una pradera vecina. De acuerdo con criterios de este tipo puede diferenciarse la frontera entre un espacio y otro, aunque la mayoría de los procesos ecológicos se extienden más allá de esa frontera

sobre el suelo, más alta en el bosque que en la pradera, etc. A base de consideraciones como estas, expresamente indicadas, pueden diferenciarse los ecosistemas bosque y pradera, reconociéndose que en realidad ambos forman parte de un sistema más amplio.

La naturaleza, en todos sus niveles de organización, está, pues, constituida por conjuntos de sistemas interconectados y progresivamente incardinados en otros más amplios. La Tierra, el único planeta donde se conoce hoy la vida, constituye el ecosistema global que L. C. Cole llamó *ecosfera* en 1958.

Ecosistemas naturales y artificiales

El éxito del término ecosistema ha ido acompañado de una cierta apropiación y no siempre de una correcta aplicación del concepto. Con frecuencia se habla erróneamente de ecosistemas «vegetales» y ecosistemas «animales» al referirse por separado a lo que en realidad son comunidades biológicas interconectadas, cuyo funcionamiento ecológico no puede ser explicado con tal separación. Más adecuadamente, algunos geólogos y geógrafos físicos utilizan el término *geosistema* (tabla 9.1) al basar su interpretación del entorno en los procesos fisicoquímicos que configuran el territorio.

Los ecosistemas considerados naturales no estarían controlados por la actividad humana. Los artificiales dependen de algún tipo de control «externo», como los agrosistemas, las áreas metropolitanas o el mismo casco urbano. Aunque la influencia humana en la ecosfera es actualmente total, no representa siempre un control directo de los ecosistemas. Ese control es, no obstante, muy patente en gran parte del planeta (tabla 9.2). La biomasa acumulada y la estructura compleja que esta puede mostrar son los indicadores más patentes del carácter *silvestre* de los ecosistemas. En ausencia de actividad humana, la madera tiende a ser abundante, como la materia orgánica en descomposición y la ocupación del espacio por la vida, que ocurre de una forma más complicada. Junto a estas características biológicas, los flujos del agua y los elementos químicos tienden a ser lentos, tanto en sus trayectorias a través del cuerpo de los organismos vivos y la materia muerta como en el medio inerte.

Todo esto puede ocurrir siempre que el clima lo permita. Las bajas temperaturas de las áreas polares y de las altas montañas impiden la vida por razones fisiológicas. También la falta de agua líquida propia de los desiertos cálidos y helados. En el otro extremo, con agua abundante, temperaturas adecuadas y disponibilidad de ciertos elementos químicos, la vida llega a acumular cantidades considerables de biomasa, como ocurre con la mayoría de los bosques.

La humanidad tiende a simplificar la estructura y funcionamiento de los ecosistemas. Desde los inicios de la agricultura la simplificación ha consistido en un rejuvenecimiento de las biocenosis, es decir, un aumento de la producción y una disminución de la biomasa presente. Esta característica es muy evidente en los agrosistemas. La energía y los elementos minerales fluyen enton-

Tabla 9.2

Empleo de la tierra por la humanidad
(Proporción de tierra empleada por continente [1])

Territorio empleado (millones de ha)	Porcentajes territoriales			
	Cultivos	Pastos permanentes	Bosques	Otros usos
Europa (473)	30	18	33	19
Antigua URSS (2.227)	10	17	42	31
Asia (2.731)*	17	25	20	38
África (2.964)**	6	30	23	41
América (Norte y Centro) (2.138)	13	17	33	37
Sudamérica (1.753)***	8	27	51	14
Oceanía (843)	6	52	19	23

* Como referencia, Asia mantiene 336,5 millones de ha de bosque tropical y un 20 por 100 de su territorio son desiertos.
** África mantiene 703,1 millones de ha de bosque tropical y más de la mitad de su territorio son desiertos.
*** América latina mantiene 895,7 millones de ha de bosque tropical y un 15 por 100 de su territorio son desiertos.
[1] Lean, G., y Hinrichen, D., *Atlas del Medio Ambiente,* WWF-ADENA, Algaida, Madrid, 1992.

ces con rapidez entre el sistema físico y el biológico, y el capital energético acumulado tiende a disiparse rápidamente hacia el espacio.

El «medio ambiente»

«Ecosistema», «ecologismo», «ecología» —ciencia ecológica— y otros términos muy populares ligados a estos nombres, como «protección de la naturaleza», «conservación de la naturaleza», «medio ambiente» o «biodiversidad», forman parte del lenguaje actual. Diferentes sectores de la sociedad, la ciencia, la técnica y las humanidades utilizan todos estos términos con frecuencia. Resultan ser recursos fáciles del lenguaje y al parecer son útiles para todos esos sectores, en especial en un mundo tecnológicamente tan desarrollado y capaz de transformar todo lo natural. Aparte de la polémica que no cesa entre desarrollistas y conservacionistas *sensu lato,* esto tiene de bueno que en el fondo se reconoce tácitamente que en la naturaleza casi todo se relaciona con todo. Ello se acepta cada vez con más decisión en la sociedad global, tan intercomunicada e informatizada. Se tiene la ventaja de que la conciencia de que los ecosistemas existen, y pueden alterarse gravemente, terminará determinando el cambio desde el modelo de desarrollo actual hacia otro necesariamente más racional.

Las sociedades más desarrolladas suelen percibir una naturaleza casi siempre idealizada como salvaje, rica en especies biológicas, exuberante y atractiva. En ella llaman la atención o resultan ser protagonistas los árboles y los animales de cierto tamaño y apariencia («emblemáticos»). Esas sociedades se preocupan por los cambios provocados por el desarrollo económico, aunque tal preocupación contenga buena dosis de cinismo. En el mundo subdesarrollado los cambios van más ligados a la necesidad y hay menos lugar para la preocupación por la naturaleza salvaje o la calidad del ambiente habitado por el hombre mismo. Pero, a pesar del progreso del conocimiento, tanto en un mundo como en otro la supervivencia de la humanidad sigue dependiendo de la producción vegetal del planeta. Además de alimentos, la civilización necesita la energía no alimentaria acumulada por la vida desde su prehistoria y multitud de recursos dependientes de procesos que la biosfera regula, como el ciclo del agua, el oxígeno y el dióxido de carbono del aire, la configuración del paisaje natural y rural. La preocupación ante la gravedad de la situación está, pues, más justificada que el cinismo.

En este contexto, el ecosistema tiende a ser considerado como lo natural y la actividad humana como la responsable de la desaparición de los espacios naturales. La conciencia de esta «crisis ambiental» se deja ver en ideas como las esbozadas a continuación:

a) *Protección de la naturaleza.* No exenta de paternalismo, la actitud de proteger la naturaleza surgió al reconocerse que el enorme poder de la tecnología llevaba consigo un uso ilimitado de los recursos naturales y una seria afección de la naturaleza salvaje. La actitud de los proteccionistas se basaba en denunciar la amenaza que sufrían muchas especies —junto a las ya domesticadas, las cinegéticas y todas las demás, perseguidas, coleccionadas o utilizadas a conveniencia—. El hombre tecnológico era el espectador. Se sentía culpable del escenario que él mismo había creado. El mensaje de la protección se basó desde un principio en ciertas especies de aspecto vistoso, en cuya supervivencia se ejemplificaba la actitud de la defensa de la naturaleza. Siempre contó con la adhesión de personalidades de la ciencia y el pensamiento, tuvo gran éxito en los países más desarrollados, que contaban en su historia con las primeras sociedades protectoras de animales y plantas, y se sumaron a su mensaje muchos grandes propietarios de fincas montaraces y miembros de la aristocracia.

b) *Conservación de la naturaleza.* Durante mucho tiempo los proteccionistas se interesaron más por las especies salvajes que por el mundo que permitía la supervivencia de estas. Con excepción de algunos pocos de los científicos interesados en el tema y otros destacados personajes, ninguno se interesaba por la trastienda de problemas tales como la intensificación agraria, la contaminación o el dilema energético. Estos problemas entraban de lleno en la consideración de las tramas territoriales, el desarrollo económico y la interacción sistema humano/ecosistemas naturales. Se trataba de un suave cambio desde la consideración de las especies a la de los ecosistemas.

Esto empieza a considerarse en gran medida, reconociéndose a toda la naturaleza como una construcción perfecta que la actividad humana podía estar alterando seriamente. Para los científicos naturalistas, esto viene a ser una mirada retrospectiva a las ideas de Jean-Jacques Rousseau (1712-1778), Johann W. Goethe (1749-1832) o Alexander von Humboldt (1769-1859) y, más modernamente, la incorporación de los valores que para el paisaje tienen la agricultura, la ganadería, la silvicultura, la caza y la pesca tradicionales. La conservación es la administración sensata, o la gestión racional, de los recursos naturales. El mantenimiento de aquellas especies vistosas y raras, emblemáticas, depende en realidad de la conservación de las tramas de interacciones naturales de las que forman parte. Los agrosistemas quedan incluidos en esto, reconociéndose a los tradicionales como un patrimonio cultural valioso, mantenedor del paisaje y de la riqueza biológica salvaje y domesticada durante milenios. La aceptación popular de la idea de ecosistema ha venido por este camino de la mano de la conservación de la naturaleza.

c) *Ecologismo.* Surge como un conjunto de iniciativas muy heterogéneas y bastante dispares, unas más naturalistas y otras más políticas, pretendidamente socialistas, cuyo probable denominador común sería el mismo movimiento pacifista. Los ecologistas en los países de habla hispana son los «verdes» de otros países. Algo más comprometido en la práctica, o más sonado, que las manifestaciones anteriores de la protección y la conservación de la naturaleza. El movimiento se inspira en algunos principios de la ciencia ecológica, de la que toma el nombre, pero adornado con consideraciones sociopolíticas más o menos alejadas de esa ciencia. No hay fronteras netas entre sus diferentes seguidores. Algunos son partidarios de un control popular y democrático de los recursos naturales. Otros lo son de poner de una vez en práctica la idea de desarrollo «sostenible». El ecologismo-conservacionismo tendría corte más naturalista o, si acaso, menos político, considerando expresamente que la protección de la naturaleza interesa al sistema hombre-naturaleza y no a los sistemas natural y tecnológico por separado. El ecologismo se ha definido como el uso social de los recursos naturales, basando la gestión en la interacción ecosistemas/sistemas socioeconómicos.

d) *Medio ambiente.* Escrito en castellano, el término es una redundancia. El ambiente es el entorno. El medio donde transcurre la vida. Lo que nos rodea. Tiene más significado social de lo que su propio nombre indica. Representa la visión más antropocéntrica de la crisis ambiental. El hombre se sitúa en el centro del problema que él mismo crea con un modelo económico aparentemente ajeno a la verdadera economía: la dependiente de los recursos naturales. El medio ambiente aglutina los problemas del abandono y la intensificación agrarios, la planificación territorial, el «impacto ambiental», los problemas de la contaminación, la erosión, los incendios forestales o el cambio climático. Su popularidad propicia la creación de oficinas ejecutivas a todos los niveles de las Administraciones. La gestión de los espacios naturales protegidos termina dependiendo de «ministerios de medio ambiente», aunque no la planificación territorial, que se entiende más ligada al desarrollo económico.

El medio ambiente resulta ser, además, un buen negocio. La contaminación y la descontaminación pueden llevarse a cabo por los mismos *lobbies,* como la degradación del paisaje y su restauración. Los productos «ecológicos» (?) representan una nueva oferta para el consumo, como el turismo «verde» y el de aventura o la agricultura ecológica, etc.

Todo esto tiene también de bueno que la conciencia de la acción humana sobre el planeta Tierra está cada vez más presente, no solo en los foros de debate, sino en los de decisión; que debe recurrirse a la idea de ecosistema, y que las aportaciones que los científicos vienen haciendo al conocimiento, entre ellos los ecólogos, proporcionan una buena base para dirigir más sensatamente la interacción humanidad/ecosfera.

e) *Biodiversidad.* Es el término más moderno de los considerados dentro de esta temática. Se incorporó a la literatura científica y ambiental en septiembre de 1986, cuando Edward O. Wilson, por encargo de la Academia Nacional de Ciencias norteamericana y la Smithsonian Institution, organizó en Washington, D.C., un congreso sobre diversidad biológica —un concepto mucho más antiguo sobre el que se volverá más adelante.

La biodiversidad refiere la variedad de la vida, tanto al detalle local como mundial. Su uso habitual suele llevar implícitos problemas de amenazas y desapariciones de especies propiciadas por el mundo desarrollado y el subdesarrollado. Comprende: 1) tanto la variación genética natural que ocurre en las especies salvajes como la controlada por el hombre en las domesticadas; 2) el número de especies que pueblan un lugar determinado; y 3) la tipología de los ecosistemas. Se hizo popular poco después de aquel congreso de Washington, con motivo de la Conferencia de las Naciones Unidas sobre Medio Ambiente y Desarrollo (Rio de Janeiro, 1992) —la «Cumbre de Rio»—, en la que los jefes de Estado reunidos firmaron un convenio donde decían comprometerse a su conservación.

f) *Paisaje.* Es la apreciación del ecosistema a través de los sentidos. En 1974, Fernando G. Bernáldez definía así este concepto para señalar algo antropocéntrico: la percepción que tiene el observador de un escenario que es la manifestación de una trama de relaciones ecológicas subyacente. El paisaje es el *fenosistema* (por equiparación con el concepto biológico de fenotipo) o manifestación externa del ecosistema (que sería el *criptosistema,* o sistema medible y analizable, pero en gran medida oculto a los sentidos del observador). Esta explicación del paisaje se ha atribuido a Francisco Díaz Pineda, primero de los autores de un trabajo en equipo dirigido por Bernáldez y publicado en 1973, donde aparece por primera vez esta definición («Terrestrial ecosystems adjacent to Large Reservoirs. Ecological survey and impact diagnosis. Internat. Commsission on Large Dams», *XI Congress on Large Dams:* 973).

EL ECOSISTEMA «TIERRA»

La concepción de la naturaleza como un conjunto de sistemas interconectados se basa en reconocer que todos sus componentes y procesos se relacionan entre sí de alguna forma. Ciertos procesos parecen ser independientes de la energía solar, como el movimiento de las placas corticales de la Tierra. Los demás fenómenos de interés ambiental que afectan a la superficie del planeta, sobre todo el modelado de su superficie derivado del ciclo del agua, la erosión y el desarrollo de la vida, ocurren gracias a la emisión de energía por el Sol, su difusión al espacio y la intercepción de una pequeña parte de ella por la Tierra.

Dinámica de grandes masas

El movimiento de las placas de la corteza terrestre sobre el denso manto fluido sucede como consecuencia de la dinámica de tipo convectivo que puede aceptarse que transcurre en el manto. Las placas sólidas que constituyen los fondos oceánicos y los continentes se mueven sobre el manto viscoso como enormes tablas flotantes o gigantescas almadías. En mitad de los océanos las efusiones de lava del manto originan largas cadenas volcánicas o «dorsales» en dirección aproximada Norte-Sur y separan por acreción las placas, que se alejan entre sí unos centímetros al año. Así han venido distanciándose América, por un lado, y Europa y África, por otro, desde hace unos ciento ochenta millones de años, y puede explicarse la «rotura» de que es objeto el territorio de Islandia en la actualidad. La convección crearía también movimientos convergentes entre las placas en otras zonas de contacto entre ellas. Las oceánicas y continentales generan al converger levantamientos montañosos, como las Montañas Rocosas y los Andes en el borde occidental de América, o hundimientos de una placa bajo otra, como las profundas fosas del noroeste del Pacífico. Entre masas continentales se generan también movimientos verticales en el contacto de las placas, como los que originan el Himalaya en Asia, a consecuencia de convergencias de las masas continentales de la India y el resto del continente asiático.

La atmósfera y la hidrosfera manifiestan procesos convectivos que transcurren a una velocidad mucho mayor que el movimiento de las placas terrestres. El fundamento de la dinámica atmosférica se explica bastante bien a partir de la energía solar que la Tierra intercepta. En el Ecuador, donde la insolación es mayor, las superficies continentales y oceánicas están más calientes y transmiten su calor al aire, provocando su expansión, el descenso de su densidad y, en consecuencia, su ascenso. Así se elevan grandes masas de aire desde el nivel del mar hacia la estratosfera. Estas masas transportan calor en su seno hacia los Polos, describiendo grandes células de convección en las cuales el aire caliente sube, se enfría y baja volviéndose a calentar. De esta manera circula esencialmente la atmósfera y consigue transportar gran cantidad de calor hacia las latitudes medias y altas. Gracias a esto, el Ecuador puede enfriarse un poco y los Polos calentarse, evitando las temperaturas mucho más extremas que tendrían lugar en ellos si el calor se transportara solo por conducción. Esto ocurriría si la Tierra careciera de hidrosfera y atmósfera.

El aire es bastante transparente a la radiación solar. No se calienta directamente por el Sol, la mayor parte de cuya radiación es de onda corta (< 3 µm) y atraviesa el aire sin gran dificultad. En cambio, la superficie terrestre, una vez calentada por el Sol, emite radiación de onda larga (10 µm) que sí es absorbida por el aire. La absorción tiene lugar sobre todo por el dióxido de carbono y el vapor de agua que contenga la atmósfera. Estos gases proporcionan al aire las características de un invernadero, por retener durante más tiempo el calor recibido; tanto más cuanto mayor sea la concentración de esos gases en el aire. La atmósfera puede contener una cantidad de vapor de agua que varía de forma natural desde el frío y seco aire de los Polos (0,89 g de vapor por m^3 de aire a –20 °C) al cálido y húmedo aire ecuatorial (51,17 g/m^3 a 40 °C). Por su parte, la concentración de dióxido de carbono en el aire «puro» de los años cincuenta era inferior a 320 ppm, pero desde los comienzos de la Revolución Industrial la quema de combustibles fósiles ha venido haciéndolo crecer considerablemente. La concentración actual es de casi 360 ppm. Esto constituye una grave causa de preocupación, dada la cada vez más evidente participación de este «efecto de invernadero» en un probable cambio climático. Con discrepancias entre unas y otras argumentaciones, este cambio parece ir manifestándose de forma patente. Parece claro que ese efecto está inducido por el modelo de desarrollo económico insostenible puesto en práctica por la humanidad —junto al dióxido de carbono, al que se atribuye una «contribución directa» al efecto de invernadero del 55 por 100, se encuentran los clorofluorcarbonos (24 por 100), el metano (15 por 100) y el óxido nitroso (6 por 100).

En los océanos el calor se transporta desde las zonas cálidas a las frías de forma esencialmente igual que en la atmósfera. No obstante, las corrientes marinas superficiales responden en buena parte al empuje de los vientos resultantes tanto de la dinámica anterior como del hecho de que los continentes se calientan y se enfrían de verano a invierno y del día a la noche a mayor velocidad que los océanos. Además hay una componente termohalina en esta circulación, provocada porque la evaporación y la lluvia aumentan y disminuyen, respectivamente, la salinidad del agua y su densidad varía localmente. También ocurre que los vientos que circulan en paralelo a las costas provocan ascensos de agua fría desde los fondos marinos, complicando la circulación. El agua del océano se mueve también por atracción lunar. El medio día lunar provoca la subida de la marea y la bajada, cada seis horas y media, repitiéndose el fenómeno aproximadamente dos veces en el día solar, cada veintiséis horas. El Sol también ejerce una influencia de este tipo, provocando mareas diurnas, aunque su distancia de la Tierra determina una influencia más débil que la de la Luna.

La dinámica atmosférica lleva consigo el transporte de gran cantidad de agua líquida, gaseosa (vapor) y sólida de unas partes a otras de la Tierra. La evaporación de los océanos supera con creces a la de los continentes. Aquella se estima en la formidable cantidad de 430.000 km^3 al año. Los continentes solo pierden 70.000 km^3. Estas cantidades suman 500.000 km^3. La precipitación anual del planeta corresponde a esta cantidad, lo que permite cerrar cada año el ciclo hidrológico, pero varía entre los océanos (donde llueve 390.000 km^3) y los continentes (110.000 km^3). Los océanos tienen, pues, una pérdida neta anual de 40.000 km^3 de agua (430.000 – 390.000). Justo lo contrario de los continentes. Esta cantidad vuelven a recuperarla mediante la escorrentía anual de estos, principalmente a través de los ríos. Entre los continentes y los océanos se establece, pues, un enorme flujo hídrico anual. Este flujo representa el principal proceso *vectorial* que conecta entre sí a los ecosistemas continentales, a lo largo de un gradiente gravitacional reflejado por el movimiento del agua en las laderas, las cuencas hidrográficas, los ríos y los humedales, así como al conjunto de todos ellos con los sistemas marinos.

Captación biológica de la energía solar y rutas del carbono

La superficie terrestre que ilumina el Sol en todo momento abarca unos 127 millones de km^2. La radiación solar que intercepta esta superficie en continua rotación equivale a unos 177.239 billones de vatios. La fotosíntesis de las plantas permite obtener una producción primaria neta anual equivalente a unas 66 Gt de carbono (122,5 billones de vatios). Esto representa menos del 0,07 por 100 de la energía recibida del Sol. La mayor parte de esta se emplea, pues, en los fenómenos no biológicos descritos antes: una buena parte se pierde como reflexión; otra parte calienta la superficie del planeta, que, a su vez, transmite calor al aire, y una cantidad importante se gasta en evaporación —son necesarias 540 cal (2.259 J) para evaporar un gramo de agua—. Todo esto constituye un flujo energético que termina disipándose hacia el Espacio, que actúa como sumidero energético.

Estas rutas físicas de la energía constituyen el flujo *exosomático* de la ecosfera. El pequeño porcentaje captado en fotosíntesis representa la ruta metabólica *(somática)* de la energía. Es la producción primaria o producción vegetal, que puede estimarse en función de la cantidad de carbono orgánico acumulado cada año como biomasa. Esta acumulación da un promedio de 16,4 Gt de carbono orgánico al año en los bosques, 5,25 Gt en los cultivos, 6 en las estepas, 2 en los desiertos y zonas metropolitanas, 36,1 en los océanos y 0,19 en los ecosistemas acuáticos continentales. Aunque la producción primaria incorpora desde el medio inerte principalmente carbono, así como nitrógeno, azufre, fósforo, calcio y potasio, junto a otros elementos esenciales menos abundantes, el primero de estos elementos es quizá objeto de una atención especial por diferentes razones. Los números indicados no representan cantidades acumulativas en cada uno de los compartimentos de la biosfera mencionados, pues la respiración devuelve cada año a la atmósfera como dióxido la mayor parte de ese carbono. Aquellas cantidades corresponden, pues, a una estimación promedio hecha con las producciones brutas anuales y las netas (la neta expresa la diferencia entre lo fijado como carbono orgánico y lo expulsado en respiración como dióxido).

Con todo, se admite que los ecosistemas continentales constituyen un gran compartimento de carbono que mantiene permanentemente más de 600 Gt de este elemento en forma de biomasa viva y unas 1.000 Gt en la materia orgánica en el suelo. Los ambientes marinos mantienen 3 Gt en la biomasa viva y unas 3.000 en la materia orgánica. Para tener una referencia puede considerarse que el carbono fósil podría representar unas 10.000 Gt de carbono, presente en el carbón, el gas y el petróleo; la atmósfera contiene 700 Gt de carbono inorgánico (dióxido de carbono) y el océano tiene disuelto unas 38.000 (516 en el dióxido de las aguas superficiales y el resto en el de las aguas profundas). Los sedimentos carbonatados contienen 20 millones de Gt de carbono inorgánico.

Cada año la actividad humana provoca la combustión industrial de 5 Gt de carbono fósil. Esta cantidad explica que la atmósfera registre al año un aumento de este elemento por valor de 2,28 Gt, como dióxido de carbono, y en el mar se disuelvan anualmente 2,4 Gt. Pero no explica la diferencia entre estas cantidades y el combustible quemado (0,32 Gt), una cantidad nada despreciable que no permite cerrar el balance. Además, la destrucción de que han sido objeto los bosques en las últimas décadas, particularmente los tropicales, permite estimar una cantidad superior a las 6 Gt de carbono emitidas a la atmósfera cada año, así como otra no inferior a las 1,9 Gt procedentes de la oxidación de la materia orgánica de los suelos.

La situación es sorprendente y preocupante. Se desconoce en gran medida el comportamiento cuantitativo del ciclo del carbono en la ecosfera y precisamente su acumulación atmosférica como dióxido de carbono representa un problema global de gran envergadura al que ya se ha aludido. El aumento de dióxido de carbono atmosférico pone en evidencia las deficiencias del modelo de desarrollo económico iniciado con la Revolución Industrial. Si no se remedia, el problema terminará teniendo efectos desastrosos.

Biomas y biodiversidad

Sobre un mismo mapa de la Tierra pueden representarse varios conjuntos de caracteres que proporcionarían una síntesis ecológica de esta. Sería imprescindible que en los océanos figurara la distribución de las corrientes predominantes y las áreas donde tienen lugar los afloramientos de aguas frías. En los continentes debe indicarse al menos la distribución de la precipitación. Además debe señalarse la distribución de los grandes *biomas* en todo el planeta (aunque este término no es propiamente aplicado en los mares). La leyenda de las amplias zonas que representan los distintos biomas —la tundra, las selvas tropicales, los bosques mediterráneos, etc.— podría contener también un «inventario de la vida», es decir, una relación de las especies que han sido reconocidas en esos territorios, admitiéndose que el listado habría de ser muy largo (necesitaría un gran anexo a ese mapa) y siempre sería provisional, tanto por lo dinámico del carácter de estas listas como por las continuas actualizaciones de la nomenclatura que los biólogos llevan a cabo en ellas. Este inventario es la *biodiversidad*.

a) *Ambiente físico.* La temperatura de la Tierra desciende desde el Ecuador a los Polos. Es el resultado de la variación de la insolación en ese sentido, que ya se ha comentado. Esto provoca el movimiento de las masas fluidas oceánicas y atmosféricas desde las bajas y cálidas latitudes hacia las altas y frías. Aunque la distribución de las distintas formas de vida en el mar tiene mucho que ver con esto, si en el mapa se diferencian las áreas marinas de acuerdo con un parámetro global como es la producción primaria, la distribución de estas áreas resulta ser bastante independiente de la latitud. La producción primaria no tiene tanto que ver con el fenómeno referido como con la distribución de las áreas de afloramiento de las aguas profundas y frías, que están cargadas de nutrientes. Los océanos son muy poco productivos (sí en su conjunto, dada la gran extensión que abarcan), ya que el plancton de las iluminadas aguas superficiales apenas tiene nutrientes que incorporar en la fotosíntesis de las algas. Por su parte, los organismos de las aguas profundas carecen de luz, de manera que viven a expensas de lo que les llega de arriba. La radiación solar se extingue rápidamente al entrar en el agua. Los elementos químicos necesarios para la vida son abundantes en la oscuridad de las aguas profundas, pero han de aflorar a las zonas iluminadas para ser incorporados como biomasa.

La variación de la insolación y sus consecuencias ambientales también tiene mucho que ver con la distribución de las formas de vida en los continentes, pero aquí la producción primaria terrestre sí que guarda bastante relación con la latitud. La representación de este parámetro en el mapa mostraría altos valores hacia el Ecuador y bajos en los desiertos y Polos, guardando gran relación con la lluvia. La pluviosidad es el factor ambiental que mejor explica la distribución de la producción vegetal en los continentes.

b) *Áreas biogeográficas.* Las complejas comunidades de organismos que ocupan amplias áreas de la Tierra han sido denominadas biomas. Se han delimitado a grandes rasgos, teniendo en cuenta el aspecto que tales comunidades proporcionan a esas áreas y las características ambientales predominantes en ellas, principalmente las climáticas. Los seres vivos presentan ciertos «síndromes de adaptación» a las condiciones ambientales dominantes. Los naturalistas han aprovechado esto para conocer el territorio y los océanos y para describirlos. En los océanos, la dificultad de recurrir a la fisionomía ha hecho que no se hayan diferenciado las comunidades biológicas en la forma de los mencionados biomas. En el mapa de la Tierra los biomas describen sobre todo grandes extensiones continentales, de distintos tipos y tamaños, en número dependiente de los criterios que fueron adoptados en la diferenciación. En los océanos las áreas equivalentes a los biomas han sido clasificadas en función del ambiente físico: polares, templadas y tropicales, diferenciándose en todas ellas plataformas junto a los continentes. En tierra se han diferenciado igualmente grandes áreas polares, templadas, áridas y tropicales, añadiéndose a todas ellas las zonas montañosas con su zonación altitudinal.

No existen criterios universalmente admitidos para diferenciar todas estas áreas biogeográficas. Hay escuelas de pensamiento con diferentes métodos y fundamentos de estudio. La inclusión de puntos de vista ecológicos globales o sintéticos (macroscópicos) ha conducido a algunos científicos a diferenciar «ecorregiones» (escuelas canadienses), *«land-regions»* (británicas), «provincias» (rusas-soviéticas), «dominios» (estadounidenses), «clases de vegetación» (europeas), etc., cada una de ellas con subdivisiones jerárquicas que llegan a detalles espaciales considerables.

El tamaño de los ecosistemas no es fácilmente concebible. Sus límites no se definen bien. Robert G. Bailey (1996) trata la cuestión de las fronteras entre ecosistemas indicando la importancia de los métodos de análisis multifactorial para detectar tendencias de variación en el espacio. A veces estas tendencias reflejan saltos relativamente bruscos en la coocurrencia y la correlación que mantienen entre sí los componentes biológicos y los físicos, tanto en los continentes como en los mares. La vegetación y la fauna, entre los componentes más visibles del territorio, así como las características climáticas, fisiográficas y edáficas, son componentes bastante apropiados para la delimitación de grandes áreas con criterios multivariantes. La ayuda de la información proporcionada por los satélites artificiales resulta crucial. La dinámica hidrológica, que conecta entre sí las diferentes porciones de las grandes cuencas hidrográficas, constituye un elemento de cohesión en estas representaciones ecológicas del territorio a escalas pequeñas, como las que proporcionan las ideas de los grandes biomas.

Todo esto viene a ser un análisis espacial capaz de proporcionar *unidades de paisaje* como representaciones de sistemas ecológicos. Eugène Odum (1995) pone el énfasis en las diferencias ambientales y biológicas que explican la diversidad de la vida al describir los «principales» ecosistemas del mundo. La clasificación es más funcional que fisionómica y resalta las características globales del conjunto territorial que, no obstante, identifica en gran medida por su fisionomía (tabla 9.3).

c) *Biodiversidad.* Se ha comentado que la relación de especies identificadas en los distintos biomas es muy larga y siempre sería provisional. Las listas obtenidas constituyen la *biodiversidad* del planeta y podrían servir para detallar el mapa de la ecosfera con una leyenda prolija. El inventario «oficial» de las especies de la Tierra contiene una clasificación de unos dos millones de

Tabla 9.3

Ecosistemas y biomas de la Ecosfera

[Según E. Odum, *Ecology and Our Endangered Life-Support Systems,* Sinauer, Sunderland (Massachusetts), 1993. Modificado]

Tipos	Características esenciales
Ecosistemas marinos	
Océano abierto (pelágico)	Movimiento de masas de agua. Variación de la luz y las características del medio con la profundidad.
Estuarios	Mezclado de las aguas continentales y marinas.
Plataformas continentales	Mezclado, influencias de las mareas (zona nerítica, batial y borde abisal).
Regiones de surgencias	Afloramiento de aguas frías cargadas de nutrientes. Alta producción primaria.
Fondos hidrotermales	Sin luz. Oxidación biológica del ácido sulfhídrico emitido en fumarolas por bacterias quimiosintéticas.
Ecosistemas acuáticos continentales	
Leníticos	Lagos. Tienen plancton y cierta heterotrofia.
Lóticos	Caudales. Mezclado del agua. Heterotrofia.
Humedales	Balance hídrico negativo (evaporan más agua de la recibida en precipitación).
Biomas (terrestres)	
Tundra	Marcada variación temporal de la radiación solar. Suelos permanentemente helados *(permafrost).* Escasa biomasa aérea.
Bosques de coníferas boreales	Alta biomasa acumulada. Madera. Influencia mesoclimática del dosel (clima «nemoral»).
Bosques templados	Alta biomasa acumulada. Madera. Influencia mesoclimática del dosel (clima «nemoral»). Caducifolios. Dinámica estacional de la radiación solar.
Bosques mediterráneos	Variación estacional inversa de la pluviosidad y la temperatura. Madera de lenta acumulación. Estrés hídrico estival. Esclerofilia.
Pastizales templados	Escasa biomasa acumulada. Alta producción por biomasa presente.
Sabanas tropicales	Escasa biomasa acumulada. Alta producción por biomasa presente. Hiperestacionalidad inundación/sequía. Escasez de nutrientes.
Desiertos	Agua no disponible.
Bosques tropicales	El mayor registro de biomasa acumulada. Madera. Influencia mesoclimática del dosel (clima «nemoral»). Alta pluviosidad. Escasez de nutrientes. Falta de humus.
Ecosistemas domesticados	
Agrosistemas	Tasa de renovación acelerada. Simplicidad estructural. Ingresos de fertilizantes y energía exosomática.
Tecnoecosistemas rurales	Tasa de renovación acelerada. Complejidad estructural horizontal. Ingresos de fertilizantes y energía exosomática.
Tecnoecosistemas	Simplicidad biocenótica. Elevados flujos de energía exosomática.

especies de los distintos reinos —tabla 9.4 (los virus constituirían un conjunto aparte)—. Algunos autores estiman que el número actual de especies desconocidas podría superar los cien millones, lo que no deja de ser bastante especulativo. Un porcentaje probablemente altísimo de las especies que han existido se han extinguido a lo largo de los casi cinco mil millones de años de historia de la Tierra. Las extinciones, de mayor o menor envergadura, han sido causadas por perturbaciones catastróficas, tras las cuales la vida se ha recuperado lentamente cada vez, en apariencia con una cierta inercia (fig. 9.3). Es posible que la biodiversidad del planeta sea ahora muy alta en comparación con momentos anteriores de la historia de la vida, y mucha gente cree que la actividad humana podría propiciar ahora una nueva extinción.

Tabla 9.4

Inventario de la riqueza de especies descritas según datos de 1982 a 1988 aportados por el World Conservation Monitoring Centre (WCMC) y por recopilaciones hechas por varios autores

(Se añaden datos más recientes del WCMC)

Grupo	Número de especies (×1.000)	
	1982-1988	1999
Plantas superiores	267,75	270
Algas	26,90	40
Virus		5
Bacterias y arqueobacterias		4
Bacterias y cianofíceas	4,76	
Hongos	46,98	
Hongos y líquenes		100
Protozoos	30,80	40
Cnidarios	9	10
Esponjas	5	10
Moluscos	50	70
Gusanos		25
Gusanos anélidos		12
Gusanos planos		20
Crustáceos	38	40
Insectos	751	
Insectos y miriápodos		963
Quelicerados		75
Peces	25,14	22
Anfibios y reptiles	10,48	10,50
Aves	4,17	10
Mamíferos	4,17	4,50
Otros seres vivos		10

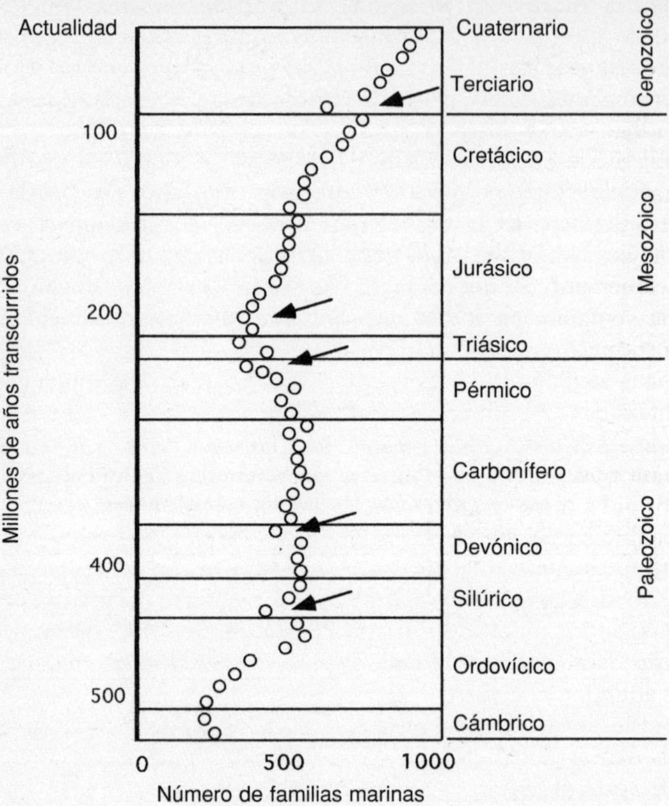

Fig. 9.3.—Las cinco grandes extinciones ocurridas a lo largo de la historia de la vida en el planeta marcan los finales de los períodos Ordovícico, Devónico, Pérmico, Triásico y Cretácico. Se admite que la biodiversidad se ha recuperado lentamente tras cada episodio. En el momento actual es posible que la biodiversidad alcance el mayor valor de la historia del planeta

Posiblemente el científico que se ha ocupado con más acierto de la acepción ecológica de la «biodiversidad» sea Ramón Margalef. Él considera que la biodiversidad puede imaginarse como un «canal» por el que circulan las especies a lo largo del tiempo, evolucionando, apareciendo continuamente especies nuevas y desapareciendo otras. La vida equivale, en efecto, a un «caudal de soluciones» para permanecer en el planeta. Este caudal se materializa en las distintas especies biológicas: el éxito de la vida en las diferentes condiciones ambientales que ocurren en el espacio y el tiempo. El sistema genético maneja la información de la especie, y las propiedades demográficas la información aportada por las relaciones intraespecíficas. El sistema nervioso, cuando lo hay, maneja la información individual. El individuo, además, puede tener la capacidad de aprender. También hay una información interespecífica no genética, que requiere contar con hábitos, costumbres, interacciones convenientes e inconvenientes que —aparte de las transmisiones energéticas entre presa y depredador— dan la razón de ser a las comunidades biológicas.

El objetivo esencial de la vida sería persistir el mayor tiempo posible, aprovechando el flujo energético que hay entre la fuente energética del Sol y el sumidero del Espacio. La persistencia es posible siempre que las características fisiológicas, morfológicas y ecológicas de la especie le permitan tolerar las condiciones ambientales del lugar donde esté presente. En unos sitios puede resultar ventajoso nacer con espinas, hojas pequeñas y largas raíces, y en otros, constituir un fracaso.

Llama la atención la relación inversa que existe entre el número de especies inventariadas en el mundo y el tamaño medio de sus especímenes. La persistencia de las especies en la Tierra parece que tuviera que alcanzar la máxima biomasa posible que el ambiente permite en cada sitio, bien sumando numerosos individuos pequeños o un número menor de organismos grandes.

El cambio sucesional de los ecosistemas transcurre desde las situaciones de juventud, caracterizadas por una baja acumulación de biomasa, a las de madurez, donde esta tiende a ser muy abundante. Es lo que ocurre cuando un cultivo se abandona y al cabo de mucho tiempo termina siendo un bosque. Las especies de mayor tamaño tienden a aparecer más tarde, mientras que las pequeñas abundan siempre.

La persistencia de las especies en las comunidades tiene lugar entre dos estrategias demográficas extremas: la de producir gran cantidad de descendientes de corta vida (especies «*r* estrategas») o la de producir muy pocos pero de larga vida (especies «*k* estrategas»). Las sardinas y los elefantes constituyen, respectivamente, dos ejemplos de esto. A su vez, las estrategias *r* parecen ser más propias de las etapas jóvenes de la sucesión, y las *k*, de las maduras, aunque en estas etapas coexistan ambas.

Las especies pueden también considerarse como acumuladoras de biomasa o como transmisoras de esta. Las plantas de los pastizales o las algas del fitoplancton son un ejemplo de esto último. Son continuamente comidas por los herbívoros, lo que no afecta a su supervivencia si el consumo no es excesivo. De hecho, muchas de las plantas de las praderas mantienen sus meristemos en la parte basal y al ser segadas no mueren. Al contrario, esto favorece su tasa de renovación —facilita su papel de «pasto» o comida del herbívoro—. Por ello los pastizales son tan productivos, al contrario que los bosques maduros (fig. 9.4). El bosque tropical, que ha sido calificado como el «pulmón del planeta», no produce en realidad una sola molécula de oxígeno. Su valor —entre otros méritos— tiene que ver más con la gran cantidad de biomasa que acumula. El carbono orgánico se mantiene concentrado principalmente como madera y mientras permanezca allí en estado químico de reducción no pasará a la atmósfera como dióxido de carbono.

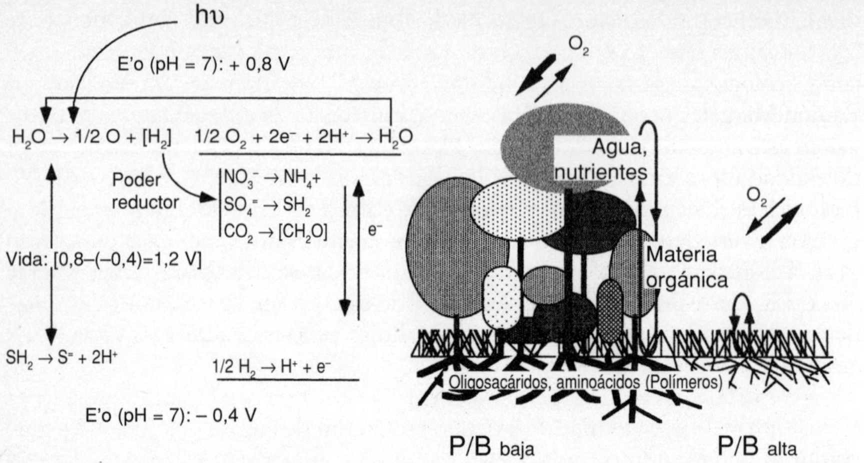

Fig. 9.4.—Esquema comparativo del funcionamiento biológico global de un bosque maduro y un pastizal. La tasa de renovación (cociente producción/biomasa, P/B) del primero es baja. Se debe a que la producción neta (el numerador de ese cociente) no es muy alta, dado el gran gasto respiratorio que supone toda la biomasa acumulada (denominador). En el pasto (derecha) ocurre lo contrario. Su producción (de materia vegetal y, en consecuencia, de oxígeno), en igualdad de condiciones ambientales que el bosque, es más alta y, además, los herbívoros mantienen a raya la biomasa. En el bosque y el pasto tiene lugar un flujo continuo de electrones en sentido vertical (parte izquierda de la figura). La vida transcurre entre una diferencia de potencial aproximada de 1,2 voltios: la diferencia que se establece en el esquema entre la fotosíntesis predominante en las hojas del dosel iluminadas por el Sol (hν) (+0,8 V, a pH = 7) y la respiración microbiana a partir de la materia orgánica aportada al suelo por todo el sistema (–0,4 V). El conjunto es una especie de sistema «redox» a pequeña escala. El proceso sería más extenso en el bosque, por la estructura vertical compleja que proporciona la madera

El número de especies que se encontrarían al analizar el territorio a lo largo de un recorrido por nuestro mapa, desde el Ecuador a los Polos, mostraría una lista cada vez más corta a medida que las distintas regiones biogeográficas se suceden en esa dirección. De manera que, en cierta forma, la biodiversidad de los ambientes terrestres variaría de acuerdo con la producción primaria registrada en estos y, en consecuencia, dependiendo del clima o, en general, de las condiciones ambientales «globales». Sin embargo, la comparación de la alta riqueza en especies de los ambientes mediterráneos semiáridos con el bajo número de especies de los productivos pastos centroeuropeos parece indicar lo contrario.

Determinar los factores ambientales que intervienen en el valor de la biodiversidad constituye un tema apasionante de investigación que surge intermitentemente y que no ha perdido actualidad. Además de esto, los ecólogos se han ocupado en explicar tanto el número de especies presentes (la *riqueza* o biodiversidad) como los valores relativos de abundancia que estas mantienen entre sí al constituir las comunidades naturales. Esta preocupación ocupó a matemáticos y ecólogos de la talla de Ronald A. Fisher, F. W. Preston, Y. Motomura o Ramón Margalef ya en los años cuarenta. El concepto de *diversidad biológica* surgió en este contexto y en ese tiempo. Margalef dice que el moderno término biodiversidad representa en realidad el «diccionario» de la vida y que la diversidad biológica es el «lenguaje» que emplea en los diferentes ecosistemas.

La diversidad representa el número de especies presentes en un lugar y la proporción de la abundancia total de especímenes que aporta cada una de ellas. La expresión de la entropía, H, usada por los físicos como medida de organización, se emplea habitualmente para medir el valor de la diversidad:

$$H = \Sigma\, p_i \times \log_2 p_i$$

p_i es la probabilidad de encontrar un individuo de una especie dada entre el conjunto de individuos que aportan todas las especies presentes. La suma de los productos de la probabilidad calculada para cada especie por su logaritmo en base 2 proporciona un valor en bits de la diversidad como medida de organización de la comunidad biológica considerada. Un bit es el logaritmo en base 2 de 2. Expresa la diversidad de una comunidad con dos especies equiprobables (con igual número de individuos). Dos bits indica la diversidad de una comunidad con cuatro especies equiprobables; tres bits, de la de ocho especies, etc. Considerando el número de especies capaces de vivir en un sitio y el reparto de sus abundancias, H expresa, pues, la diversidad biológica de ese sitio.

La biodiversidad podría representarse por aquel canal por donde circulaban las especies. Las características del flujo y las especies que lo mantienen han variado a lo largo de la historia del planeta, y con ello también la biodiversidad. Un corte transversal dado a ese canal mostraría una sección del mismo con las especies presentes en ese punto. En esta sección podrían contemplarse las abundancias relativas de unas y otras especies y, en consecuencia, se tendría una representación de la diversidad biológica en ese lugar y momento.

La máxima diversidad registrada en el mundo apenas llega a siete bits. Se ha medido en el bosque tropical colombiano y en los pastizales mediterráneos. En España y Portugal, los pastizales *adehesados* contienen, como aquellos bosques, los valores de diversidad más altos del mundo. Estos pastizales son *seminaturales*. Proceden del aclarado de los bosques originales mediterráneos practicado desde la Edad Media hasta la actualidad y la explotación de la hierba por el ganado. Mantienen una tasa de renovación muy alta. El flujo «óptimo» de energía que ello representa coincide también con una diversidad vegetal extraordinariamente alta. El variado «menú» que estos pastizales ofrecen al ganado no constituye tampoco una circunstancia despreciable. La alta calidad reconocida a los alimentos tradicionales procedentes de esta explotación podría guardar relación con ello.

Las escalas del ecosistema

Se ha visto que los ecosistemas admiten una visión *macroscópica* y otra *microscópica*. Ambas son complementarias y aplicables tanto a escalas geográficas como locales. La visión macroscópica parecería más propia del ecólogo —cuyo trabajo estaría centrado en las propiedades del ecosistema como unidad—. De la segunda participarían la mayoría de los naturalistas no específicamente ecólogos pero que trabajan en temas ecológicos. Las características locales del ambiente físico provocan una selección de los colectivos de especies que componen la biocenosis del lugar. Además, la historia biogeográfica de las especies explica su distribución en el espacio, su permanencia en unos sitios y su desaparición de otros cuyas condiciones no toleran. Ramón Margalef considera que esta doble circunstancia representa un tipo de estudio analítico, que proporciona una visión microscópica de los ecosistemas. Esto ocurre también al considerar, por un lado, numerosas variables físicas y químicas por separado y, por otro, las biológicas (especies vegetales y animales, microbios), explicando luego la correspondencia entre las distribuciones de sus datos y determinando la correlación o la dependencia estadística de unas con respecto a otras.

Las propiedades de los ecosistemas pueden ser estudiadas de forma sintética, pasando un poco por alto la identidad de las especies presentes y recurriendo a las características globales de su estructura y funcionamiento. Así, pueden aportar esta visión macroscópica la *biomasa* presente, expresada, por ejemplo, en gramos por metro cuadrado, si acaso diferenciada en animal y vegetal, su variación en el tiempo *(producción),* la *diversidad biológica* (en bits), la *tasa de renovación* de la biomasa (la producción por unidad de biomasa mantenida), la *persistencia* (el tiempo de residencia de la energía como materia viva), la *madurez* (la biomasa, su persistencia y la organización obtenida con el tiempo), etc.

La estructura del ecosistema es el estado en que se encuentra en un momento dado. Este estado puede ser descrito con parámetros propios de las dos formas de estudio comentadas: microscópica y macroscópicamente. La función es la proyección temporal de esa estructura. Aunque la estructura puede considerarse como algo instantáneo su expresión no debe constituir un concepto estático, puesto que lo esencial es el sistema y este existe porque ocurren relaciones entre los diferentes componentes, es decir, funciona.

10
El mundo de los microbios

Juan Ortín

Introducción

El descubrimiento del mundo de los microbios

El mundo de los microbios ha estado con nosotros durante todo el curso de la evolución. Sin embargo, el hombre ha sido consciente de su existencia solo a lo largo de los últimos trescientos años y nuestro conocimiento de ellos se ha acumulado esencialmente durante el último siglo.

Dado el pequeño tamaño de estos microorganismos, su descubrimiento no tuvo lugar hasta que se desarrollaron instrumentos, en su momento rudimentarios, que permitieron amplificar la imagen. Así, fue Anthony Van Leeuwenhoek quien, usando microscopios de una sola lente que él mismo fabricaba, describió la existencia de «un enorme número de animáculos que nadaban a través del agua en todas las direcciones». La calidad de las lentes que Leeuwenhoek fabricó le permitió identificar organismos unicelulares de muchos tipos, incluyendo protozoos, algas, hongos y bacterias.

Sin embargo, la observación física de estos microorganismos no llevó inmediatamente aparejado el reconocimiento de su enorme papel en el mundo en que vivimos. La existencia de los microbios como organismos vivos y las consecuencias de su actividad no fueron reconocidas hasta mucho más tarde, porque la sociedad tenía firmemente aceptado que los organismos vivos aparecían de forma espontánea en la materia orgánica en descomposición. Fue necesario que se desarrollaran en la primera mitad del siglo XIX las técnicas de esterilización por calor para demostrar que, en las condiciones apropiadas, un líquido putrescible permanecía limpio indefinidamente. A pesar de lo incontrovertible de estos experimentos, la noción de la generación espontánea permaneció en la sociedad durante largos años. Este concepto fue al fin superado por las contribuciones de Louis Pasteur, quien no solo realizó experimentos cruciales en temas de gran impacto social, sino que aportó lo que hoy denominaríamos sus dotes de gran comunicador. Así, sus resultados y contribuciones fueron publicados científicamente, pero también discutidos con amplitud en medios de comunicación no científicos y gozaron de una resonancia que no tuvieron otros investigadores previamente.

Un paso así mismo decisivo en el conocimiento del mundo de los microbios y en su estudio fue el aislamiento de cultivos bacterianos puros, primero por dilución límite de las muestras y posteriormente mediante cultivo sobre medios sólidos que contienen agar, en los que los diferentes microorganismos forman colonias independientes. Su aspecto, tamaño, propiedades de tinción y requerimientos nutricionales para multiplicarse permitieron la identificación de numerosos microorganismos relevantes, sobre todo bacterias y hongos.

Si el reconocimiento de los microbios en general se remonta a solo trescientos años, la percepción de los virus es todavía más reciente. A finales del siglo pasado, Iwanowski y Beijerinck reconocieron la existencia de un tipo distinto de microorganismo como agente causal de una enfermedad conocida como mosaico del tabaco. Casi al mismo tiempo, Löffler identificó un virus al que se responsabilizó de la glosopeda en bovinos. Poco más tarde, Twort y D'Herelle aislaron virus que infectan bacterias (bacteriófagos). A diferencia de los otros microbios «grandes» que son retenidos por filtros de porcelana o vidrio, dichos agentes atraviesan estos filtros. Esta propiedad, así como su incapacidad para multiplicarse en ausencia de un huésped apropiado, son características de los virus. Sin embargo, su detección directa hubo de demorarse hasta el advenimiento de la microscopía electrónica, bien entrado el siglo XX. Además, nuestro conocimiento de los virus ha estado retrasado respecto del de otros microorganismos hasta que fue posible, a mediados del siglo XX, su multiplicación *in vitro* sobre monocapas de células en cultivo. Es decir, hasta que se lograron aislar clones individuales de virus que forman placas o focos de infección en células susceptibles, técnica análoga a la de formación de colonias bacterianas en agar.

Los microbios como parásitos

Como consecuencia del convencimiento general de la generación espontánea de los seres vivos, discutido antes, el origen microbiológico de las enfermedades transmisibles fue un concepto difícil de arraigar en la comunidad humana. Ya desde la antigüedad era de conocimiento público que ciertas enfermedades se podían transmitir por contacto, y de ahí reciben el nombre de contagiosas, bien directo entre las personas o bien a través de objetos. De este conocimiento proviene el ancestral aislamiento de los leprosos, por ejemplo. Sin embargo, la naturaleza de la sustancia «contagiosa» permaneció en la oscuridad hasta muy recientemente. Incluso a pesar de un incipiente desarrollo de la epidemiología como estudio de las circunstancias que afectan a la salud de las poblaciones humanas, todavía se consideraba que su origen se debía a circunstancias esotéricas, tales como especiales conjunciones astrales o bien a «miasmas» ambientales desconocidos. Así, por ejemplo, ciertas epidemias de lo que hoy consideraríamos como gripe se atribuyeron a la influencia de las estrellas, y por ello se denominó la enfermedad como *influenza* en inglés.

Evidencias cincunstanciales jugaron un papel en el reconocimiento del origen microbiológico de las enfermedades infecciosas, antes del aislamiento de los gérmenes responsables. Así, se observó que la falta de higiene de los médicos y parteras incidía en la frecuencia de aparición de fiebres puerperales entre las parturientas. Más tarde, ya bajo la influencia de los trabajos de Pasteur, se establecieron tratamientos antisépticos durante la cirugía para reducir las infecciones subsiguientes. Además, desde mucho antes se habían usado procedimientos de prevención de enfermedades infecciosas que implicaban la inoculación de material procedente de enfermos («variolación», cuando se usaron pústulas de enfermos de viruela, o «vacunación», cuando Jenner utilizó pústulas de la enfermedad análoga de vaca).

Pero fue el aislamiento de los microorganismos causantes de las enfermedades el hecho que demostró el origen de las enfermedades infecciosas, gracias al trabajo de Louis Pasteur y, sobre todo, Robert Koch y la escuela alemana. El establecimiento de las condiciones de cultivo y de aislamiento de cultivos bacterianos puros permitió a Koch aislar los microbios asociados a una variedad de enfermedades. Con extremo rigor, definió las condiciones necesarias para demostrar que un cierto microorganismo es la causa de una enfermedad: su asociación regular con los enfermos; su aislamiento en cultivo puro; la producción de los síntomas por inoculación de cultivos puros en animales de experimentación y su subsiguiente aislamiento a partir de estos. Esta sólida base científica y experimental permitió a la escuela alemana aislar los bacilos de la tuberculosis, el ántrax, el tifus, la difteria y el tétanos, así como neumococos, estafilococos, gonococos y estreptococos.

Por otra parte, y en un trabajo prácticamente coetáneo con el de la escuela alemana, Louis Pasteur desarrolló procedimientos para la prevención de enfermedades infecciosas mediante manipulación de los microbios causantes. Así, en un trabajo pionero que estableció las bases para la preparación de vacunas, obtuvo preparaciones atenuadas o inactivadas del bacilo del ántrax y del virus de la rabia, aún sin tener una base científica previa para conseguir dichos objetivos.

Los microbios como herramientas de biotecnología clásica

Mucho antes de que el hombre pensara sobre los microbios ya hacía uso de ellos en los procesos de fermentación que se pierden en el origen de la civilización humana. Así, sin base científica alguna, el hombre aprendió las técnicas para preparar pan, para preservar los productos lácticos en forma de quesos y yogur, y para la preparación de bebidas alcohólicas.

Pero no fue hasta el pasado siglo cuando Louis Pasteur describió la asociación de diferentes tipos de microorganismos a los distintos procesos de fermentación: levaduras en el caso de las fermentaciones alcohólicas y lactobacilos para las fermentaciones lácticas. Se establecieron así las primeras bases para el estudio del metabolismo microbiano, que alcanzaría su máximo nivel varias décadas después y serviría de base para el desarrollo de la bioquímica.

A partir de estas fermentaciones ancestrales, y basándose en el conocimiento del metabolismo y la fisiología microbianas, el hombre ha desarrollado procesos industriales en los que se generan una enorme variedad de metabolitos de interés, tales como compuestos orgánicos básicos (etanol, acetona, glicerina, etc.) y más tarde productos de uso farmacéutico (aminoácidos, vitaminas, antibióticos). De hecho, aun en la época anterior al desarrollo de la Genética Molecular, la selección de cepas microbianas hiperproductoras permitió un enorme florecimiento de las fermentaciones industriales.

Los microbios como sujetos de estudio de Biología Molecular y Celular

Nuestro conocimiento en Biología, y por ende en Microbiología, ha tenido dos puntos de inflexión esenciales a lo largo del siglo XX. Por una parte, el descubrimiento de la estructura del ADN, el desciframiento del código genético y el establecimiento del paradigma «un gen-una proteína», que durante las décadas de los cincuenta y sesenta sentaron las bases de la Biología y Genética Moleculares. Por otro lado, el desarrollo de las técnicas de Ingeniería Genética durante los setenta y ochenta, que cambiaron la manera de estudiar los problemas biológicos y permitieron abordar cuestiones hasta entonces inaccesibles en Biología Molecular y sobre todo en Biología Celular.

Los microorganismos, por su pequeño tamaño y por su escasa complejidad genética, fueron sujetos preferentes de estudio en Biología Molecular antes del advenimiento de la Ingeniería Genética. Sobre todo los virus, por su escaso número de genes, su enorme capacidad de replicación y su carácter de parásitos intracelulares obligatorios, representaron sondas moleculares equivalentes a los genes clonados que se manejan hoy día. Utilizando virus como sujetos de estudio se descubrieron procesos biológicos esenciales y se esclarecieron sus mecanismos de acción.

Virus: las sondas de antes de la Ingeniería Genética

Durante la época en que se establecieron las claves del código genético, los bacteriófagos simples de *E. coli,* tales como el fago MS2 o el Qβ, cuyo genoma consiste en una molécula de ARN que actúa como mensajero para la síntesis de proteínas, fueron instrumentos muy útiles para determinar señales esenciales para la expresión génica como el codón de iniciación o los de ter-

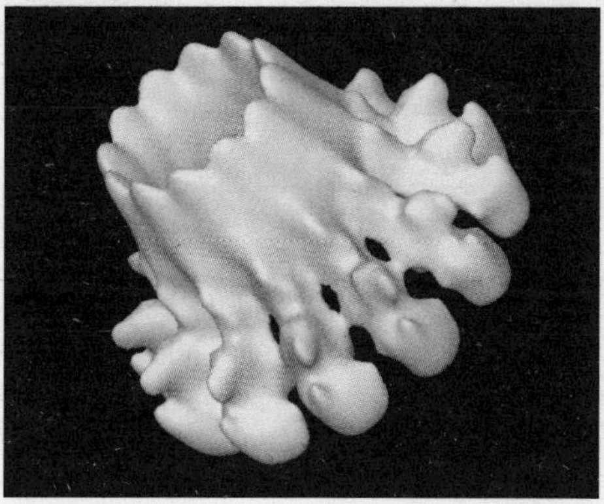

Fig. 10.1.—Reconstrucción tridimensional del conector del bacteriófago T3, obtenida mediante criomicroscopia electrónica. Esta estructura es un dodecámero de la proteína gp8 y forma la unión entre la cabeza del fago, donde se localiza el ADN viral, y la cola, responsable de la unión a la bacteria susceptible. (Esta imagen ha sido amablemente cedida por el Dr. J. L. Carrascosa, Centro Nacional de Biotecnología, Madrid.)

minación, así como la existencia de señales para el cambio de fase de lectura durante la traducción de proteínas *(ribosome frameshifting).*

Por otra parte, el estudio de la estructura de partículas virales al microscopio electrónico constituyó la base experimental para descifrar las reglas de interacción entre proteínas en agregados macromoleculares (principio de la cuasiequivalencia) que posteriormente han sido usadas para determinar la estructura de otros virus o subpartículas virales, como modelos más simples. Estos estudios, que se llevaron a cabo sobre muestras cristalizadas, abrieron el camino para posteriores desarrollos en los que se investigó la estructura de muestras no cristalinas, como virus complejos, mediante criomicroscopía y procesamiento digital de imágenes, lo que ha permitido entender cómo se ensamblan agregados multiproteicos complejos. Por otra parte, con estudios paralelos por difracción de rayos X de cristales tridimensionales se ha determinado la estructura atómica de una serie de virus isométricos.

Como se ha indicado antes, los virus son parásitos intracelulares obligatorios y, por lo tanto, son dependientes de la maquinaria biosintética celular para multiplicarse. Algunos de ellos utilizan las polimerasas celulares para la replicación de su ADN, mientras que otros han incorporado genes que codifican sus propias ADN polimerasas virales para llevar a cabo esa función. En ambos casos, el uso de estos virus para el estudio de la replicación de ADN ha permitido profundizar en el conocimiento de su mecanismo, aun en épocas anteriores al uso de técnicas de recombinación *in vitro.*

A pesar de que, según conocemos hoy día, la replicación del ADN celular se lleva a cabo por un conjunto de complejos multiproteicos, en general los virus han adoptado soluciones biológicas más simples para resolver la misma función, incluso en el caso de los virus complejos como el bacteriófago T4. Este virus ha sustituido la polimerasa del huésped por su propia ADN polimerasa. Además, ha adquirido genes equivalentes a los celulares para estabilizar la unión de su polimerasa al genoma (gancho deslizante o *sliding clamp)* y para estabilizar los ADNs de simple cadena que se producen durante la replicación. Por otro lado, el fago T7 ha desarrollado un sistema de replicación mucho más simple, en el que solo son necesarias tres proteínas para llevar a cabo la función: la ADN polimerasa, la proteína de unión a ADN de cadena simple procedentes del virus y la tioredoxina celular. Esta última, una proteína implicada en el mantenimiento del correcto estado de oxidación de puentes disulfuro en las proteínas celulares, representa un ejemplo de mixtificación de una función celular en beneficio de la replicación del virus: en lugar de utilizar la subunidad *β* de la ADN polimerasa de *E. coli* o una proteína relacionada para realizar la función de gancho deslizante, la ADN polimerasa del fago T7 se asocia fuertemente a la tioredoxina y la utiliza como un tapón que evita la disociación de la polimerasa del ADN en el proceso de síntesis y aumenta así su procesividad.

Otros casos aún más extremos son los que representan los virus ΦX174, que infecta *E. coli,* y SV40, que infecta células de mono. Ambos virus basan la replicación de sus ADNs completamente en la maquinaria de sus células huésped respectivas, con aportación de un solo factor viral que proporciona la especificidad del ADN molde y dirige la correcta iniciación de la replicación. Por ello, ambos han sido profusamente utilizados para establecer sistemas de replicación *in vivo* e *in vitro* basados en los respectivos minirreplicones. El análisis de la replicación del fago ΦX174 permitió establecer cómo se ensambla el complejo multiproteico responsable de la replicación del genoma de *E. coli* y definir el modelo de replicación del círculo rodante. Los estudios de la replicación del virus SV40, cuyo genoma forma minicromosomas en los núcleos de las células que infecta, han dado como fruto el conocimiento de los mecanismos de replicación bidireccional a partir de un origen de replicación en células de mamífero.

Uno de los procesos biológicos más relevantes que fueron descubiertos por la investigación sobre virus fue el de la maduración de los ARN mensajeros por unión de fragmentos génicos o exones, físicamente separados entre sí en el ADN genómico. Hasta finales de los años setenta, al paradigma «un gen-una proteína» se había asociado normalmente el de la colinearidad entre ellos, es decir, se asumía que la información genética que codificaba una proteína se encontraba en forma continua dentro de un fragmento discreto del ADN o gen. De los experimentos realizados sobre el control de transcripción de los Adenovirus humanos se llegó a la conclusión de que tal circunstancia era en realidad la excepción y que normalmente la información genética de una proteína se encuentra dispersa en varios fragmentos o exones separados entre sí por regiones de ADN llamadas intrones que se transcriben pero son eliminados del transcrito inicial para dar lugar al ARN mensajero maduro. Aunque se podría haber pensado que este proceso de engarce de exones o *splicing* es una particularidad de los virus, con posterioridad se ha demostrado que en la expresión de los genomas de eucariontes superiores es un fenómeno general. Normalmente los genes de estos organismos están fragmentados en numerosos exones separados por intrones, que pueden contener hasta varios miles de bases. Esta fragmentación de la información genética y la existencia del engarce de exones ha posibilitado un nivel adicional de control de la expresión génica cuando existen distintos engarces alternativos. Además, se supone que esta fragmentación ha contribuido a la diversificación génica durante la evolución mediante la redistribución de exones por recombinación.

Los estudios sobre el mecanismo del *splicing*, realizados inicialmente con las unidades de transcripción de Adenovirus y de SV40, permitieron identificar los actores principales del proceso: el transcrito inicial o premensajero, las ribonucleoproteínas pequeñas nucleares o snRNPs y los factores solubles. También se pudo identificar el mecanismo químico del proceso, el orden de actuación de cada snRNP, su papel en el proceso, las señales de secuencia en el premensajero que especifican los límites entre los exones e intrones y cómo son interpretadas por la maquinaria para definir qué es un exón y qué un intrón, con la precisión de un nucleótido.

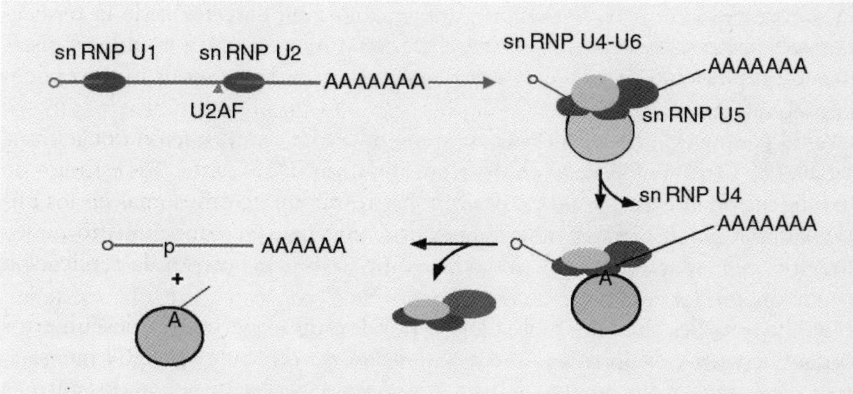

Fig. 10.2.—Esquema simplificado del proceso de *splicing* de ARNs premensajeros para eliminar los intrones y fusionar los exones. Se indica la formación del complejo de *splicing* o spliceosoma, formado por el ARN premensajero y las ribonucleoproteínas snRNP U1 a U6, y su resolución después de la actividad enzimática, para dar lugar al ARN mensajero maduro y al intrón en forma circular

E. coli: modelo biológico de complejidad mínima

La bacteria *E. coli* es el microorganismo que ha sido más estudiado en la historia. A lo largo de los últimos cincuenta años, ha sido el sistema modelo más importante para la Bioquímica y la Biología Molecular. Mediante aplicación de diversas técnicas genéticas, como la conjugación, transposición de elementos móviles en el genoma, transducción por bacteriófagos y transformación con ADN, se estableció un mapa genético para *E. coli* que tiene apariencia circular y que fue completándose con el paso de los años. Con la aportación de la comunidad científica, se identificaron genes implicados en todos los aspectos del metabolismo, replicación, división celular, control de expresión, etc., que son típicos de un procarionte. No es de extrañar que *E. coli* fuera elegido como sistema modelo en el que se desarrollaron más tarde las técnicas de Ingeniería Genética, puesto que el conocimiento de su Biología Molecular era sin duda el más completo de todos los sistemas biológicos existentes en los años setenta.

El uso de esta tecnología dio lugar posteriormente a los intentos de construir un mapa físico del ADN de *E. coli* sobre el que poder localizar los distintos genes que habían sido identificados y los que lo fueran en el futuro. Este objetivo fue conseguido por ordenamiento de una genoteca de fragmentos de ADN clonados y fue un paso intermedio en la determinación de la secuencia completa del genoma de esta bacteria. Aunque otros genomas bacterianos fueron completados antes, la secuencia del ADN de *E. coli* tiene el valor añadido de la enorme cantidad de información biológica acumulada en los últimos cincuenta años. De este modo, tenemos en esta bacteria un punto de referencia sobre el que ampliar nuestros conocimientos por comparación con otras bacterias relacionadas o evolutivamente distantes, como micoplasmas o arquebacterias.

El genoma de *E. coli* es más complejo que el de otras bacterias. Contiene 4.639.221 bases que se pueden distribuir en unos 4.288 genes. El cruce de estos datos con el mapa genético permite llegar a la sorprendente conclusión de que alrededor de la mitad de los genes que codifica esta bacteria no tiene una función asignada, a pesar del intenso estudio realizado por técnicas biológicas tradicionales. La comparación de los genes de *E. coli* con los de otros sistemas biológicos indica que alrededor del 80 por 100 de ellos tienen homólogos en otras bacterias relacionadas; alrededor de un 60 por 100, en otras bacterias más distantes, y solo un 30 por 100 son homólogos de genes identificados en eucariontes. La comparación de secuencias de diversas especies bacterianas, así como entre cepas virulentas y no virulentas, está permitiendo separar la información genética común, importante para funciones biológicas básicas de cualquier célula, de aquella relevante para determinadas funciones específicas (véase *infra*).

Una de las contribuciones básicas que se han producido durante el estudio de *E. coli* se refiere a la regulación de la expresión génica a nivel de transcripción. Del estudio del fenotipo de diferentes mutantes que afectan al metabolismo bacteriano se distinguieron mutaciones que afectaban a genes «estructurales», es decir, que realizaban una tarea bioquímica concreta, y a genes «reguladores», cuya alteración daba lugar a efectos más generales sobre varios otros genes directamente implicados en pasos metabólicos. Todo ello llevó a la propuesta de un modelo de regulación en el que un conjunto de genes primarios está controlado por otros genes llamados reguladores, entre los que se pueden distinguir dos tipos: aquellos que actuan en *«trans»,* es decir, dan lugar a productos (proteínas) difusibles que ejercen su función lejos de su sitio de síntesis, y los que actuan en *«cis»,* es decir, físicamente ligados a su sitio en el genoma. Frecuentemente, los genes primarios regulados conjuntamente están físicamente cerca en el ADN, y al conjunto de genes estructurales y reguladores de una unidad de regulación se denomina operón. Así, un operón típico contiene un gen regulador en *trans* (represor o inductor, según ejerza una función de inhibición o estimulación de la expresión génica), un gen regulador en *cis* que se denomina operador y está constituido por una corta secuencia de ADN a la que se une específicamente la proteína reguladora, y un grupo de genes estructurales que se localizan de inmediato aguas abajo del operador. De este modo, la interacción del regulador con el operador determina si los genes estructurales son expresados a un nivel normal o no.

En algunos casos, ciertos grupos de genes implicados en una vía metabólica están regulados por un mecanismo similar al del operón pero más complejo (regulón). No todos los genes que componen un regulón están físicamente ligados en el cromosoma bacteriano, pero son controlados por la misma proteína reguladora, que ejerce su acción por unión a operadores similares aunque no idénticos que se encuentran unidos a cada conjunto de genes de la vía.

Sacharomices cerevisiae: el eucarionte en miniatura

Aparte de la evidente utilidad de cepas panificadoras y cerveceras de *S. cerevisiae,* este microorganismo eucarionte ha sido usado como modelo de estudio de Biología Molecular, Bioquímica y Biología Celular durante la segunda mitad del siglo XX. Varias han sido las causas por las que se ha hecho un enorme esfuerzo en la investigación de problemas biológicos relevantes usando este microorganismo.

S. cerevisiae constituye un sistema muy asequible desde el punto de vista genético, ya que puede multiplicarse según un ciclo haploide, en el que se duplica por gemación, y mediante un ciclo diploide. Esta levadura se multiplica con rapidez en cultivo, usando medios complejos o definidos, lo que permite usar con sencillez marcadores de auxotrofía. Se puede llevar a cabo análisis mutacional en un ciclo haploide y estudiar el fenotipo de las mutaciones tanto en haploidía como en diploidía. Es posible transformar la levadura con plásmidos autorreplicativos, que se pueden mantener en copia múltiple por célula, o bien con plásmidos integrativos que se mantienen como copia única por genoma. Dada la alta frecuencia de recombinación homóloga que presenta la levadura, es sencillo seleccionar inactivaciones o bien sustituciones génicas. Todas estas propiedades han hecho posible la selección de mutaciones supresoras de la letalidad inducida por ciertas mutaciones y la búsqueda de marcadores que proporcionan letalidad sintética con otras mutaciones. Con todo ello, se han llevado a cabo estudios genéticos que han elucidado vías de señalización celular, el control del ciclo celular, las interacciones de complejos multiproteicos que intervienen en los procesos de *splicing* o de transporte núcleo-citoplasma, entre otros muchos aspectos de Biología Celular. Además, *S. cerevisiae* constituye un magnífico modelo para estudios bioquímicos, ya que se puede multiplicar a gran escala, al estilo de las bacterias, y usar para purificación de proteínas relevantes. Esta posibilidad, unida a la disponibilidad de mutantes afectados en distintos pasos de una vía concreta, añade un enorme potencial al uso de *S. cerevisiae* como modelo eucarionte simple.

Por otra parte, la complejidad genética de *S. cerevisiae* es de 12,5 Mpb, es decir, tan solo tres veces mayor que *E. coli,* por lo que representa esencialmente un eucarionte mínimo. Ello es debido en parte a que, aunque dispone de maquinaria de *splicing* similar a la presente en eucariontes superiores, el número y la longitud de los intrones existentes en *S. cerevisiae* es muy inferior a lo habitual en aquellos. En consecuencia, la secuenciación del genoma completo de *S. cerevisiae,* recientemente finalizada, equivale a la secuenciación de cADN de un eucarionte superior. El disponer de esta secuencia completa supone contar con una referencia ideal para comparar con las obtenidas de procariontes (véase *supra)* y como base para el estudio de funciones relativas al nivel celular dentro de los organismos eucariontes.

Los microbios en la nueva Biotecnología

La mejora de microorganismos usados clásicamente en Biotecnología

Como ya se ha indicado, durante el siglo XX ha habido enormes progresos en las fermentaciones industriales, fundamentalmente basados en la mejora genética de los microorganismos implicados. En su mayor parte, estas mejoras fueron realizadas por técnicas de genética clásica, mediante mutación y selección de cepas con fenotipos más adecuados. Con el establecimiento de las técnicas de Ingeniería Genética y el aumento de nuestro conocimiento de la Biología Molecular se abrió una nueva estrategia para la mejora de microorganismos relevantes para fermentaciones industriales. Ahora es posible identificar cuáles son los cuellos de botella que limitan el crecimiento del microorganismo, la producción de los metabolitos de interés económico o la utilización de determinados medios de cultivo, por ejemplo. Estos cuellos de botella pueden ser eliminados por alteración genética de puntos específicos, tales como la supresión de puntos de regulación génica no deseada, el incremento en la expresión de ciertas enzimas limitantes en una vía metabólica o la expresión de algún enzima que es necesario para el uso de un nutriente concreto.

De manera análoga, el hombre ha venido usando microorganismos para el control de infecciones y plagas en la agricultura, así como para mejorar la fijación de nitrógeno por las especies agronómicas de leguminosas. Por ejemplo, se han usado cepas no virulentas de bacterias que ocupan normalmente nichos ecológicos en las superficies de las plantas o en sus raíces para competir con la presencia de cepas bacterianas similares pero patogénicas. Así mismo, se han usado bacterias tóxicas para insectos con el fin de controlar plagas que afectan a los cultivos, el ejemplo más significativo de las cuales es *B. thuringiensis*. Algunas cepas de esta bacteria producen proteínas tóxicas para insectos pertenecientes a diferentes órdenes, dependiendo de la cepa bacteriana. Por otro lado, se han usado distintas especies de *Rhizobium* para mejorar las asociaciones simbióticas con las raíces de leguminosas y permitir un incremento en la fijación de nitrógeno.

Pues bien, todas estas propiedades beneficiosas de cepas bacterianas que eran usadas en la mejora agronómica han sido sujeto de estudio y objetivo de optimización. Así, se han preparado cepas isogénicas de especies patogénicas de plantas mediante deleción o inactivación específica de genes de patogenicidad. Estas cepas están mejor preparadas para competir con las originales en el entorno ecológico natural y, por lo tanto, serán más efectivas en el control de la enfermedad allí donde ya está presente. Se han modificado cepas de *B. thuringiensis* de modo que expresan varias proteínas tóxicas distintas, capaces de controlar diferentes insectos, ampliando su espectro de acción. Se han generado cepas de *Rhizobium* que combinan los genes responsables de nodulación con mayor espectro de huésped y las vías genéticas responsables de fijación más eficientes, por ejemplo, las que tienen la capacidad de recuperar el H_2 producido e incrementar la producción de ATP.

La generación de nuevas rutas metabólicas de utilidad

La identificación y caracterización de los genes responsables de la biosíntesis de antibióticos ha permitido concluir que en muchos casos se agrupan en regiones discretas del genoma del microorganismo productor. Ello ha permitido su clonaje y manipulación genética, así como descifrar el mecanismo de acción de los enzimas implicados y su orden de actuación en el proceso. Además, se han podido comparar las rutas metabólicas presentes en diversos microorganismos productores de antibióticos de una misma familia, y así identificar los genes implicados en las muy diversas modificaciones químicas existentes entre ellos.

Todos estos conocimientos sobre la Genética y la Bioquímica de la síntesis de antibióticos abren las puertas para el diseño de nuevas rutas de síntesis en las que se asocien genes procedentes de distintos microorganismos, o bien en las que alguno de los enzimas implicados esté alterado por mutación *in vitro,* de modo que los productos obtenidos sean distintos de los antibióticos originales. Es decir, se ha abierto la posibilidad de alterar las rutas biosintéticas de antibióticos para generar estructuras químicas modificadas e incluso de diseñar nuevas rutas capaces de producir nuevas familias de antibióticos. A la vista de la creciente aparición de cepas microbianas resistentes a los antibióticos conocidos (véase *infra),* esta posibilidad de incrementar la diversidad estructural de los metabolitos producidos por microorganismos constituye una vía de escape que permita mantener una ventaja a la humanidad en la lucha contra los microorganismos patógenos.

Una de las cuestiones que ha despertado más interés en cuanto al uso de microorganismos en la nueva Biotecnología es la eliminación de compuestos xenobióticos del medio ambiente o biorremediación. La actividad humana, sobre todo la industria, ha generado una enorme variedad de nuevos compuestos químicos, no presentes anteriormente en la naturaleza (compuestos xenobióticos), la mayoría de los cuales son recalcitrantes a la degradación por organismos vivos. Muchos de estos compuestos son tóxicos y producen profundas alteraciones ecológicas. Además, la actividad humana ha conducido a la liberación local de compuestos tóxicos (por ejemplo, metales pesados) en concentraciones no habituales en la biosfera y ha dado lugar a la movilización de compuestos tóxicos que antes no estaban biodisponibles mientras que ahora pueden afectar a gran número de organismos vivos. Todo ello ha generado la urgente necesidad de detoxificar el medio ambiente, por lo general en grandes espacios dispersos. El uso de lodos microbianos para el tratamiento de residuos orgánicos es una estrategia establecida hoy día, pero la presencia de compuestos tóxicos (xenobióticos o no) incapacita normalmente estos lodos para realizar su función.

Por todo ello, ha tenido un gran impulso en los últimos años el estudio de las vías catabólicas que permiten la transformación de compuestos xenobióticos en productos asimilables metabólicamente por microorganismos adecuados, el diseño de nuevas vías degradativas y la generación de microorganismos nuevos que acumulen las capacidades degradativas necesarias para la eliminación de estos compuestos. Estos microorganismos mejorados han de afrontar retos importantes: deben ser capaces de tomar del medio compuestos que están presentes en concentraciones muy bajas, aunque posiblemente suficientes para inhibir el crecimiento de la mayor parte de la flora microbiana normal. Además, como biocatalizadores, normalmente las enzimas responsables de la degradación tienen especificidad para determinados sustratos químicos y sin embargo los microorganismos usados en biorremediación deben sobrevivir a la presencia de mezclas de compuestos xenobióticos, no solo de productos aislados. Además, muchos de estos compuestos xenobióticos tienen carácter no polar, por lo que se adsorben con eficacia sobre superficies del medio y resultan poco disponibles para su metabolización.

La mejora de microorganismos empleados en biorremediación requiere un conocimiento de las rutas metabólicas implicadas, así como su coordinación en la cepa adecuada. Estos procesos de mejora pueden llevarse a cabo *in vivo,* mediante selección de estirpes bacterianas resultantes de transferencias génicas horizontales en cocultivos de cepas adecuadas. Estos procesos hay

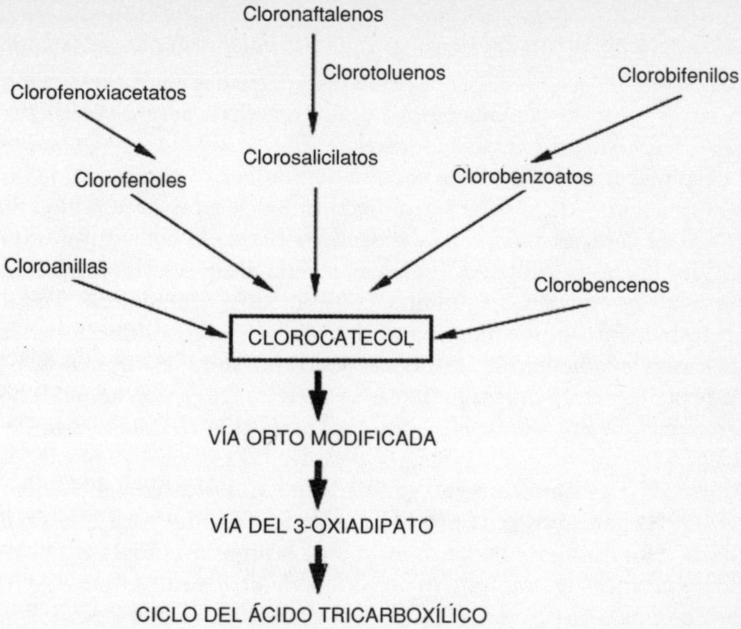

Fig. 10.3.—Posibles combinaciones de vías metabólicas degradativas de diversos compuestos clorados, que convergen en el clorocatecol y permiten su conversión en productos metabolizables

que llevarlos a cabo en el orden preciso para evitar la generación de cuellos de botella metabólicos que produzcan compuestos no degradables. En principio, también se pueden obtener cepas mejoradas mediante Ingeniería Genética, lo que implica la posibilidad de combinar rutas procedentes de microorganismos de muy diverso origen, pero supone tener un profundo conocimiento de los genes implicados y sus mecanismos de regulación. Por contra, la aproximación *in vivo* está restringida a estirpes relacionadas filogenéticamente, pero no requiere un conocimiento genético fino de estas.

La biorremediación es un área de investigación en la que los microorganismos juegan un papel primordial y que será sin duda imprescindible para poder compaginar los desarrollos tecnológicos y el crecimiento de la humanidad con un sostenimiento del medio ambiente adecuado.

La expresión de proteínas de interés en microorganismos

La posibilidad de alterar genéticamente los microorganismos ha abierto las puertas para aumentar de forma dramática la producción de proteínas en cepas modificadas, generalmente bacterias. Muchas de estas proteínas son de origen bacteriano en sí mismas y el clonaje de sus genes y su sobreexpresión, generalmente en *E. coli,* ha hecho posible disponer de enzimas que antes eran muy costosas de producir, en cantidades adecuadas y a precios asequibles. Entre estos ejemplos se encuentran desde reactivos para investigación hasta enzimas degradativas para uso industrial.

Pero mayor importancia si cabe ha tenido la expresión en microorganismos de proteínas de uso farmacológico de origen no bacteriano. Entre las proteínas de carácter terapéutico el ejemplo clásico lo constituyen los interferones. Aunque estas proteínas humanas no han alcanzado las previsiones optimistas iniciales en cuanto a múltiples posibilidades terapéuticas, hoy día es el único tratamiento parcialmente efectivo para curar las infecciones crónicas por el virus de la hepatitis C. Además de los interferones, dentro de este grupo de proteínas terapéuticas humanas se podría incluir la insulina, la hormona del crecimiento, linfocinas, etc., que han permitido el tratamiento de ciertas deficiencias.

Otro de los ejemplos paradigmáticos que nos ofrece la alteración genética de microorganismos es la producción de una vacuna para la hepatitis B en levadura. Esta forma de hepatitis es una de las más insidiosas y da lugar a infecciones crónicas en un número considerable de los casos, que degeneran en cirrosis o hepatocarcinoma. Hasta los años ochenta, la única posibilidad existente para preparar una vacuna frente al virus de la hepatitis B radicaba en la purificación de partículas inmunogénicas no infecciosas a partir del suero de individuos portadores del virus. Ello daba lugar a graves problemas por el riesgo biológico subyacente y por la limitación de material. Como consecuencia, la vacuna preparada con garantías sanitarias era escasa y muy cara. La situación cambió de forma dramática desde que se demostró que la proteína S del virus se puede expresar correctamente en levadura y forma partículas análogas a las presentes en el suero de enfermos, en completa ausencia de virus infeccioso. Estas partículas han resultado ser inmunogénicas y proteger a la gran mayoría de los receptores cuando se usan de forma adecuada como vacuna. El resultado práctico es que hoy podemos disponer de un programa de vacunación para la población general que evitará en el futuro una enfermedad de consecuencias muy graves.

Del conocimiento de los microbios a la Medicina con mayor base científica

Patogénesis y su atenuación dirigida

La mayor parte de los microorganismos conocidos no son patógenos, es decir, o bien no infectan al hombre, a los animales o a las plantas, o bien si los infectan no producen enfermedad. Más aún, en muchos casos su interacción con estos huéspedes es beneficiosa para ellos. Sin embargo, es de todos conocido que la pequeña fracción de los microorganismos que causan enfermedad son el origen de una parte muy importante de los problemas sanitarios en humanos, animales y plantas.

La revolución que ha supuesto para la Microbiología el desarrollo de la Biología Molecular y la aplicación de las técnicas de Ingeniería Genética ha abierto la posibilidad de conocer el origen de la patogenicidad de un buen número de microorganismos. Como consecuencia inmediata, ha permitido plantearse alterarlos genéticamente para eliminar los efectos perniciosos sobre el huésped y preparar cepas atenuadas que sirvan de vacuna frente a las cepas virulentas circulantes.

En el caso de las bacterias patógenas, muchos genes responsables de este tipo de interacción con el huésped (toxinas, proteínas de adhesión o de invasión celular u otros tipos de factores de virulencia) residen en elementos genéticos móviles, como transposones, plásmidos o bacteriófagos. En otros casos, estos genes de patogenicidad residen en el cromosoma bacteriano, pero se encuentran agrupados en ciertas regiones (de decenas o centenares de kilobases) que se han denominado «islas de patogenicidad». Estas regiones se caracterizan por poseer un contenido en G + C diferente del resto del cromosoma bacteriano, estar flanqueadas por secuencias repetidas o elementos genéticos móviles (ISs) y contener genes que recuerdan a genes de integrasas de bacteriófagos. Todas estas características sugieren que esas «islas de patogenicidad» provienen de otros microorganimos y fueron transmitidos horizontalmente a los actuales. De hecho, algunas de estas «islas de patogenicidad» sufren deleciones totales con frecuencia, lo que indica que todavía no han sido estabilizadas evolutivamente. Es decir, la identificación de genes bacterianos implicados en patogenicidad permite concluir que en muchos casos se trata de elementos genéticos móviles, lo que tiene consecuencias muy importantes en cuanto a la evolución bacteriana y en cuanto a las posibles estrategias para su control.

Para conseguir la atenuación de los microorganismos patógenos se pueden seguir varias estrategias, muchas veces en función de las propiedades de cada microorganismo en concreto y del nivel de conocimiento del que se disponga.

En general, cualquier alteración que suponga una disminución de la eficacia de replicación del microorganismo redundará en un cierto nivel de atenuación. Sin embargo, ha de mantenerse alguna capacidad replicativa si se quiere usar la cepa atenuada como vacuna. Lo idóneo es alterar propiedades del microorganismo que le permiten replicar eficazmente en el huésped pero no son necesarias para su multiplicación *in vitro,* en condiciones no restrictivas. Así, muchas bacterias patógenas alteran las condiciones metabólicas del huésped de modo que sufren requerimientos nutricionales *in vivo* que no serían aparentes *in vitro*. Por ejemplo, ante la posible escasez de hierro en el entorno de la infección, muchas bacterias patógenas inducen un sistema específico de captación de este ion que les permite acumular intracelularmente el poco hierro disponible. Por lo tanto, la supresión de los genes responsables de este sistema puede redundar en cepas atenuadas que no logren infectar *in vivo* aunque sí puedan replicar de manera eficiente en un medio de cultivo adecuado. Una estrategia de este tipo ha permitido obtener cepas atenuadas de *M. tuberculosis,* responsable de la tuberculosis pulmonar, al menos para la infección experimental en modelos animales. Actualmente se estima que un tercio de la población mundial ha sido infectada por esta bacteria y que un 10 por 100 de estas personas presentan tuberculosis activa. Este problema, ya ingente de por sí, tiende a aumentar por la creciente población de personas inmunodeprimidas (enfermos de sida, enfermos con tratamientos antitumorales, etc.) y por la aparición de cepas bacterianas resistentes al tratamiento antibacteriano clásico. La identificación de nuevos genes de patogenicidad en esta bacteria, que expliquen por ejemplo su capacidad para replicar en los macrófagos pulmonares, y su inactivación, es una tarea urgente para evitar que se convierta en una plaga durante el siglo XXI.

Una variante más específica de la estrategia enunciada antes consiste en la eliminación de los genes de patogenicidad responsables de expresar proteínas de adhesión a los tejidos diana o penetración dentro de las células huésped para una bacteria patógena. Por otra parte, muchos microorganismos han adquirido durante la evolución genes capaces de contrarrestar en parte la respuesta del huésped a la infección, tanto a nivel celular, bloqueando la respuesta que resultaría en apoptosis de la célula infectada, como a nivel tisular. Dentro de esta última existen ejemplos de interferencia con respuesta inespecífica, por ejemplo anulando la respuesta de interferón, como con la respuesta inmune, por ejemplo bloqueando la acción de linfocinas que permiten la amplificación de linfocitos estimulados durante la infección. Muchos de estos tipos de genes se han descubierto en virus. Entre estos el virus *vaccinia,* que se usó para la erradicación de la viruela, acumula varios ejemplos. Así, codifica inhibidores de proteasas que anulan la respuesta de apoptosis celular, proteínas que unen ARN de doble cadena y bloquean la expresión de interferón y receptores solubles de linfocinas que son liberados de las células infectadas y bloquean la acción de células del sistema inmune. Como es obvio, la eliminación de estos genes de patogenicidad da como resultado la generación de cepas del virus que replica ineficientemente *in vivo* aunque puede comportarse como el tipo silvestre *in vitro.*

En ciertos casos, el cambio de tropismo del microorganismo permite atenuar los efectos patogénicos en el huésped aunque no altere su capacidad para multiplicarse, siempre que los tejidos infectados no resulten críticos para la supervivencia del individuo. Tal ha sido el caso de las cepas vacunales atenuadas de poliovirus obtenidas por procedimientos clásicos. Normalmente el poliovirus replica en el intestino de los individuos infectados y solo en una fracción de estos afecta el sistema nervioso central, y da lugar a parálisis más o menos grave. En las cepas atenuadas se han producido mutaciones que alte-

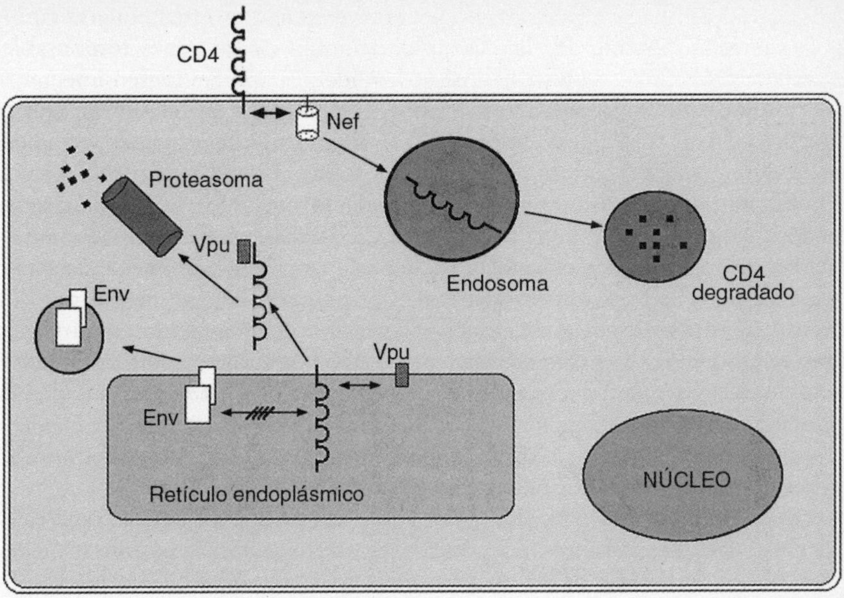

Fig. 10.4.—Esquema de las interacciones del receptor CD4 del virus VIH con los productos virales Nef y Vpu, que tienen como consecuencia la eliminación de este receptor de la membrana de la célula infectada. La proteína Nef interacciona con el receptor CD4 en la membrana y lo dirige al endosoma, con lo cual el receptor es degradado en el lisosoma. Por otra parte, la proteína Vpu interacciona con el receptor CD4 recién sintetizado en el retículo endoplásmico, con lo que se evita su interacción con la proteína viral Env. De este modo, la proteína Env es transportada a la membrana eficientemente y el receptor CD4 es enviado a la vía degradativa del proteasoma. Como consecuencia de estas acciones, el nivel de receptor CD4 en la superficie de la célula está reducido y se evita la retención en la membrana de las nuevas partículas de VIH que se producen

ran el tropismo de modo que la replicación en el sistema nervioso está muy disminuida, permaneciendo intacta la capacidad infecciosa en el intestino. De este modo se obtiene una inmunización efectiva sin resultados patológicos. La investigación sobre los determinantes de patogenicidad en poliovirus permitió identificar las mutaciones responsables de la atenuación presentes en las cepas vacunales y a partir de estos datos diseñar cepas vacunales todavía más seguras y eficaces. Sin embargo, las limitaciones de los ensayos clínicos y de registro no han permitido su uso para vacunación general, dado el éxito ya obtenido con las vacunas clásicas.

Con vistas al futuro, la aplicación de estrategias como las descritas permitirán eventualmente diseñar y construir cepas atenuadas del virus de la inmunodeficiencia humana (VIH), responsable del sida, la pandemia más importante aparecida durante el siglo XX. De hecho, la investigación sobre la Biología básica de este virus ha permitido la más rápida acumulación de conocimiento sobre un agente patógeno en la historia. Así, se han identificado una serie de genes virales que no están presentes en otros retrovirus simples y que constribuyen a la infectividad regulando la multiplicación del virus o su interacción con la célula infectada.

El gen *tat* contiene la información para la proteína Tat, que se sintetiza a tiempos tempranos en la infección y aumenta la transcripción del ADN proviral. Se han sugerido dos mecanismos para este efecto: incremento de la capacidad de elongación de la maquinaria de transcripción celular en el provirus y apertura de la estructura cromatínica en la región de integración del provirus. El gen *rev* codifica la proteína Rev, que también se sintetiza al principio del ciclo de infección y es responsable de exportar desde el núcleo celular al citoplasma los ARN mensajeros virales que no han sufrido procesamiento por la maquinaria de *splicing* de la célula. La exportación de estos mensajeros es importante para la expresión de las proteínas virales tardías. El gen *nef* codifica la proteína Nef. A esta proteína temprana se le han atribuido varias actividades durante la infección, entre las que destaca el disminuir la presencia del receptor CD4 del virus y de los antígenos de histocompatibilidad de la superficie de la célula infectada. Recientemente se ha mostrado que Nef puede servir como un factor de liberación de la célula de los viriones recién generados, permitiendo así la diseminación de la infección.

La eliminación o la inactivación de estos genes, en particular *tat* y *nef,* podría dar lugar a cepas de VIH infecciosas pero atenuadas *in vivo,* dado que producirían considerablemente menor progenie viral, su diseminación estaría reducida y permitirían una respuesta citotóxica adecuada, ya que no se afectaría la presencia de antígenos de histocompatibilidad de la superficie de la célula infectada. Obviamente, el uso de cepas atenuadas de VIH tiene el grave problema de que, como en todos los retrovirus, se produciría una integración del provirus. Este provirus podría residir en el individuo durante un largo período de tiempo, en función de la vida media de las células infectadas. Una alternativa no excluyente con la anterior sería el usar las proteínas Rev, Nef y Tat purificadas como inmunógenos para inducir respuesta citotóxica antiviral. No es de esperar una protección completa frente a la infección, ya que no se produciría una respuesta de anticuerpos efectiva, pero podría complementar la protección mediada por virus atenuados del estilo de los descritos antes. En cualquier caso, es de esperar que el estudio intensivo de la Biología Molecular del VIH, de la patogénesis de la infección y de la interacción con el sistema inmune de las personas infectadas permita en un futuro la elaboración de estrategias de protección frente a la enfermedad que puedan parar la pandemia que sigue creciendo en el mundo, especialmente en países de África y Asia.

La identificación de antígenos relevantes para la inmunoprotección

Una alternativa para la protección frente a microorganismos patógenos es identificar aquellos antígenos responsables de la respuesta inmunológica protectora y usarlos para preparar una vacuna efectiva en la que el agente patógeno no está presente. También en este caso los estudios de la Biología Molecular de una diversidad de agentes ha permitido, y permitirá en el futuro, identificar cuál de sus proteínas induce una respuesta protectora durante la infección. Más aún, en algunos casos ha sido posible identificar los epítopos reconocidos por anticuerpos neutralizantes, los inductores de respuesta de linfocitos T-colaboradores y de la respuesta de linfocitos T-citotóxicos. Esta información permite pensar en la elaboración de inmunógenos artificiales en los que se combinen los epítopos adecuados para inducir la respuesta protectora frente a un agente patógeno, incluso en ausencia de cualquiera de sus proteínas normales.

La información sobre antígenos inmunodominantes y sus epítopos es especialmente relevante en el contexto del uso de vectores vacunales universales en los que se puedan introducir secuencias específicas de, en esencia, cualquier agente patógeno.

Desarrollo de vectores vacunales universales

El virus *vaccinia,* que como se ha indicado antes fue usado en las campañas de vacunación que erradicaron la viruela, ha sido uno de los sistemas virales más empleados como vector de expresión. Ello fue así porque su genoma es ADN y permite fácilmente generar cepas virales recombinantes que expresan información genética exógena. Estos virus recombinantes han sido usados desde entonces con muy diversos objetivos científicos, como el análisis de las relaciones estructura-función en proteínas, del procesamiento y tráfico intracelular de proteínas, de la presentación antigénica y de los determinantes de la respuesta inmune, entre otros. Su posible uso como vector para el desarrollo de vacunas atenuadas fue evidente desde el principio, dada la capacidad de este virus para inducir fuertes respuestas humorales y celulares contra muy diversos antígenos, la facilidad para su uso clínico, la gran capacidad para albergar información genética exógena y la posibilidad para expresar varios antígenos diferentes en el mismo recombinante. A pesar de la experiencia acumulada en las campañas de vacunación contra la viruela, una de las mayores preocupaciones para el uso del virus *vaccinia* como vector vacunal universal ha sido el pequeño, pero significativo, número de individuos con efectos secundarios importantes que se detectó durante estas campañas. Por ello, en los años recientes se han desarrollado cepas del virus *vaccinia* en las que se han eliminado los genes virales implicados en patogenicidad (véase *supra),* obteniéndose virus «desarmados» que son capaces de inducir la expresión de genes foráneos como la cepa silvestre, pero dan lugar a una infección muy atenuada, sin efectos secundarios importantes. Cepas de este tipo, como la NYVAC, podrían servir para conferir inmunidad frente a muchos otros agentes patógenos.

Una alternativa equivalente al uso del virus *vaccinia* consiste en emplear cepas atenuadas de la bacteria *S. thyphimurium,* que confieren protección frente a las fiebres tifoideas, para expresar antígenos relevantes de otros agentes patógenos. Esta estrategia viene avalada por la capacidad de estas cepas atenuadas para inducir potentes respuestas humorales, tanto de tipo IgG como IgA, y celulares en los individuos inoculados, con mínimos efectos secundarios. Experimentalmente se ha demostrado que cepas atenuadas recombinantes de *S. thyphimurium* inducen protección frente a bacterias, virus y protozoos patógenos.

Una alternativa radicalmente diferente de vectores vacunales universales deriva del conocimiento acumulado sobre la estructura de cápsidas virales. La estructura de la cápsida proteica de algunos virus (poliovirus y rinovirus, entre otros) ha sido determinada por difracción de rayos X de cristales tridimensionales de virus purificados. Ello ha permitido, además de numerosos avances en la Biología de estos virus, el diseñar alteraciones de la estructura que todavía permita la replicación de los virus y el ensamblaje de sus cápsidas. Entre otras modificaciones posibles, se han introducido secuencias de aminoácidos inmunológicamente dominantes en la respuesta del sistema inmune frente a otra serie de patógenos, muchas de las cuales han resultado compatibles con la viabilidad del virus recombinante generado. De este modo, se ha obtenido respuesta protectora al presentar los epítopos adecuados de un patógeno en el contexto de la estructura de rinovirus. De hecho, ha sido posible generar una colección de rinovirus recombinantes, cada uno de los cuales presenta una variante distinta del epítopo más importante en la neutralización del VIH. Esta estrategia tiene el problema de la respuesta inmune frente a la estructura del vector, pero esta desventaja se puede solventar en teoría por el gran número de serotipos de rinovirus existente, lo que permitiría usar distintos vectores en diferentes circunstancias.

Además de partículas de virus, también se han usado subestructuras virales con el mismo propósito mencionado antes. Como ejemplo típico se puede mencionar la partícula que forma el antígeno *core* del virus de la hepatitis B (HBc). Esta proteína es capaz de autoensamblarse en forma de partículas icosaédricas cuando se expresa en células eucariontes o procariontes, independiente de la infección por el virus de la hepatitis B. Estas subpartículas pueden ser así mismo modificadas para introducir epítopos de otros antígenos, contra los que se monta una fuerte respuesta inmune, dado que la partícula de HBc presenta un gran efecto inmunoestimulador inespecífico.

En el extremo de simplicidad se puede considerar que la expresión de un antígeno específico por medio de un ADN recombinante en el que ese gen esté bajo el control de un promotor fuerte es un vector vacunal universal. De hecho, se ha demostrado respuesta inmune efectiva en animales a los que se ha transferido intradérmicamente ADN recombinantes que son capaces de expresar el antígeno relevante de un patógeno. En muchos casos, esta estrategia ha mostrado la inducción de protección frente al patógeno, aunque en humanos los resultados de protección no están muy claros. Uno de los problemas básicos de esta aproximación es el riesgo de integraciones del ADN transferido en el genoma del individuo receptor, lo que eventualmente podría derivar en alteraciones genéticas somáticas e incluso la formación de tumores.

En este sentido, el uso de vectores derivados de Alfavirus puede ser un complemento interesante. Estos virus contienen ARN como genoma y expresan grandes cantidades de proteína cuando se sustituye uno de sus genes estructurales por el gen responsable de un antígeno relevante. En su forma más sencilla, un vector derivado de Alfavirus expresa solo la ARN polimerasa viral, que es responsable del elevado nivel de expresión obtenido, y el antígeno foráneo. De este modo, la transferencia de un ADN recombinante con esta estructura genera un elevado nivel de expresión de antígeno con una dosis muy inferior de ADN, dado que la expresión se obtiene por amplificación del gen en forma de ARN.

Los virus como vectores para terapia génica

El conocimiento acumulado a lo largo de la segunda mitad del siglo XX sobre la Biología y Genética Moleculares, y a partir de ahí sobre la Biología Celular, Diferenciación Celular y Desarrollo, nos ha abierto las puertas a considerar métodos genéticos como procedimientos de terapia, tanto para enfermedades genéticas clásicas como para alteraciones genéticas somáticas (por ejemplo, tumorigénesis) e incluso enfermedades infecciosas (por ejemplo, sida). Para todas estas nuevas posibilidades ha sido y sigue siendo esencial el disponer de sistemas de transferencia de genes con las características de eficacia y seguridad adecuadas para estos propósitos.

Uno de los primeros virus que fueron empleados como vector fueron los Adenovirus. Además de la disponibilidad de una fuerte base de conocimiento de su Biología Molecular, acumulada durante los años ochenta, la posibilidad de obtener preparaciones de alto título, capaces de infectar un gran número de tejidos y expresar elevados niveles del gen clonado, facilitaron su uso como vector. De hecho, vectores derivados de Adenovirus han sido empleados en protocolos clínicos para tratamiento de enfermedades genéticas, tales como fibrosis quística o en la deficiencia en adenosina deaminasa (ADA). Así mismo, vectores de este tipo están siendo investigados para transferir la expresión de linfocinas inmunoestimuladoras o de genes que estimulen la sensibilidad a drogas quimioterapéuticas en el tratamiento de tumores. Sin embargo, los vectores basados en Adenovirus adolecen de problemas derivados de la potente respuesta inmune que inducen, lo que redunda en un reducido tiempo de expresión después de la transferencia.

En este sentido, uno de los sistemas más prometedores es el de los virus asociados a Adenovirus (AAV), virus muy simples, cuyo genoma está formado por ADN de cadena simple y cuya replicación depende de funciones que aportan una infección concomitante por Adenovirus. En ausencia de las funciones que provee el Adenovirus, la infección por AAV da lugar a la integración de su genoma en el ADN celular y eventualmente la expresión continuada de un gen foráneo que pueda llevar insertado en su genoma. Dado que lo único estrictamente imprescindible en un vector derivado de AAV son los extremos de su ADN y dada la ausencia de patogenicidad por las infecciones con AAV, estos vectores son de los más seguros de que se dispone para protocolos clínicos de terapia génica. El mayor problema que han presentado los vectores derivados de AAV es el requerimiento de Adenovirus para su preparación. Ello ha redundado en la necesidad de purificar los vectores recombinantes de los Adenovirus, lo que es difícil y caro. Por esta razón se han diseñado sistemas libres de Adenovirus infeccioso, pero que aportan las funciones de Adenovirus que requiere AAV, para preparar los vectores recombinantes. Con las mejoras de este tipo se han obtenido preparaciones de AAV que expresan dopamina hidroxilasa para terapia de enfermedad de Parkinson en un modelo de rata o bien que expresan el gen de la leptina para corregir la obesidad en el modelo de ratón.

Otro de los sistemas virales que tradicionalmente ha sido desarrollado para su uso como vector de expresión han sido los retrovirus. Estos virus, que contienen ARN como genoma, pasan por una fase intracelular en la que su genoma se convierte en una forma ADN de doble cadena que es integrada de manera muy eficiente en el ADN celular para formar el provirus. En este estado, el provirus no se diferencia formalmente de un gen celular y es transmitido a la descendencia de la célula en forma mendeliana. Estos vectores, que son muy útiles en células en cultivo, presentan el problema de que requieren la replicación celular para que se produzca la integración del provirus. Por lo tanto, los vectores retrovirales en general no son útiles para transferir genes a células no replicativas, como son muchos de los objetivos de terapia *in vivo*. Este problema se puede solucionar mediante el empleo de vectores basados en lentivirus, un grupo de retrovirus entre los que se encuentra el VIH, causante del sida. Como se ha indicado antes, el VIH es un retrovirus complejo que, a diferencia de los retrovirus simples, no requiere la replicación de la célula para inducir la integración del provirus. Por ello, se han desarrollado vectores derivados del VIH en los que se han eliminado los genes estructurales y son empaquetados en forma de seudoviriones mediante el uso de líneas celulares especiales que proporcionan estas proteínas estructurales. Estos sistemas son muy útiles para transferir establemente genes terapéuticos en células no replicativas. Sin embargo, el hecho de que estos vectores derivan del VIH ha suscitado profundos recelos en cuanto a que de alguna manera se pudiera generar virus VIH infectivo en los enfermos tratados. Por ello se han tomado una serie de estrategias de seguridad que eliminen estos problemas potenciales, entre las que se encuentran el producir los vectores por coexpresión a partir de varios plásmidos, ninguno de los cuales tiene la información necesaria para regenerar VIH infeccioso, y el introducir mutaciones en los vectores de manera que su replicación se inactive al generar el provirus en la célula diana (vectores suicidas). Todas estas estrategias podrían conducir a la generación de vectores seguros, capaces de transducir un gen terapéutico a una gran diversidad de tejidos diana.

El descubrimiento (o la aparición) de nuevos agentes patogénicos y el florecimiento de viejos conocidos

La enorme diversidad de los microorganismos, especialmente los virus

A pesar de la gran acumulación de datos que el hombre ha adquirido sobre los microorganismos desde su descubrimiento, hemos de ser conscientes de que tan solo conocemos una pequeña parte de las especies de bacterias, hongos y virus que existen en el mundo. Este hecho deja abierta una enorme vía para el reconocimiento de microbios que puedan ser útiles para el hombre en el futuro, pero también para la aparición de nuevos microorganismos patógenos, tanto para el hombre como para los animales y las plantas.

La gran cantidad de especies potenciales de microorganismos todavía no conocidos no es más que un reflejo de su enorme diversidad, que también vemos reflejada entre los que ya conocemos. Este hecho es especialmente relevante en el mundo de los virus, que tienen un tiempo de generación muy corto y alcanzan tamaños de población muy superiores a los de otros microorganismos. Por todo ello, las especies de virus, sobre todo los que poseen como genoma moléculas de ARN, se ajustan fielmente al concepto de cuasiespecie, en principio propuesto por Eigen sobre una base puramente teórica. Así, los virus están constituidos por mezclas muy complejas de un gran número de mutantes distintos que pueden estar afectados en una buena parte de las posiciones de la secuencia de su genoma. Estas mezclas o cuasiespecies se comportan como poblaciones muy dinámicas durante la amplificación viral, ya que poseen una elevada frecuencia de mutación, y constituyen en realidad el sujeto de la evolución del virus. De este modo, una cuasiespecie viral puede reaccionar muy rápidamente ante cambios ambientales, adaptándose a la nueva situación por alteraciones en las proporciones de los mutantes presentes en la mezcla. Los mutantes mejor adaptados pasarán a incrementar su peso en la población, pero siempre manteniendo la gran heterogeneidad de secuencias en esta, mediante aparición continua de nuevos mutantes y desaparición de aquellos menos adaptados. Aunque el modelo de cuasiespecie es en teoría aplicable a otros microorganismos y eventualmente a otros seres vivos, su potencial en cuanto a la evolución y a las consecuencias biológicas consiguientes solo quedan del todo patentes en los virus que contienen ARN, dada su elevada frecuencia de mutación, limitado tamaño genómico y enorme volumen poblacional.

Aparición o descubrimiento de nuevos microorganismos patógenos

La identificación de nuevos microorganismos patógenos está asociada a tres posibles causas. Por una parte, se producen nuevos brotes de enfermedades conocidas que se deben a alteraciones de microorganismos ya descritos pero que sufren cambios antigénicos, de tropismo o patogenicidad inducidos por alteraciones genéticas. El caso típico lo constituyen las epidemias anuales de gripe, siempre causadas por un virus de gripe pero por una cepa diferente, dada la evolución continua de sus antígenos de superficie. Eventualmente se producen pandemias, menos frecuentes pero más importantes, cuando se transfieren genes de virus presentes en reservas animales hasta los virus que infectan humanos.

Por otra parte, existen casos de identificación de los agentes causales de enfermedades conocidas pero que no se habían asociado a un microorganismo concreto o cuyo agente causal era desconocido. Así, no hace muchos años se identificó la bacteria *Helicobacter pilori* como el origen de afecciones gástricas, desde gastritis y úlceras hasta tumores. Este hecho ha permitido el tratamiento antimicrobiano de estas afecciones y presumiblemente permitirá en los próximos años la preparación de una vacuna eficaz para prevenirlas. De manera análoga, el virus de la hepatitis C fue identificado tras la evidencia epidemiológica de transmisión de hepatitis no-A, no-B en transfusiones sanguíneas.

Finalmente, se han identificado nuevas enfermedades humanas originadas por la transmisión de microorganismos de animales al hombre. El paradigma de estos nuevos patógenos es el VIH, que ha saltado la barrera de especie de otros primates al hombre recientemente, dando lugar a la mayor pandemia de finales del siglo XX. Otras enfermedades nuevas han aparecido por un proceso similar, aunque por fortuna no han alcanzado las dimensiones epidémicas del sida (véase *infra).*

Los cambios ecológicos y su influencia en la aparición de nuevos agentes patógenos para el hombre y los animales

Los cambios ecológicos, en el más amplio sentido del término, han supuesto siempre oportunidades para el establecimiento de nuevas interacciones patógeno-huésped y la aparición de enfermedades. La introducción de la viruela en las poblaciones indígenas tras la colonización española de América no es más que uno de los muchos ejemplos en este sentido. Hoy día, la expansión de la población humana y las migraciones abren oportunidades de nuevas interacciones. Así mismo, la gran frecuencia y velocidad de desplazamiento de personas alrededor del mundo permite una rápida diseminación de un nuevo agente patógeno en el caso en que se establezca un nuevo tipo de infección. En este sentido, la invasión de territorios previamente no habitados (o la exportación de animales infectados desde dichas zonas) ha dado lugar a las epidemias reconocidas de agentes como el virus *ébola,* que presenta una elevada transmisibilidad y gran mortalidad. Por otra parte, los cambios ambientales, con frecuencia inducidos por la actividad humana, ocasionan alteraciones en las poblaciones de animales que pueden ser depósitos de agentes potencialmente patógenos. Así, por ejemplo, el aumento desmesurado de roedores silvestres en Estados Unidos permitió la transferencia al hombre de ciertos Hantavirus que los infectan con persistencia. Este agente, que fue denominado virus Sin Nombre, ocasiona fiebres hemorrágicas en el hombre, con gran mortalidad. Afortunadamente, la infección no fue transmitida entre humanos, por lo que no se produjo una epidemia de importancia, pero no es descartable que un paso de adaptación del virus permitiera su establecimiento en la población humana.

La experiencia acumulada sobre nuevos patógenos ha de dejarnos claro que es esencial disponer de un sistema de alerta rápida para la detección de nuevas enfermedades. Este sistema ha de ser multidisciplinar e incluir información clínica de los servicios primarios de salud, recolección sistemática de muestras, su análisis e interpretación, y finalmente una eficaz diseminación de la información y directivas de salud pública.

Influencia de las técnicas moleculares de identificación

Además de la aparición real de nuevos patógenos, en la actualidad estamos asistiendo a un reconocimiento más efectivo de los patógenos previamente existentes, debido al enorme incremento de la sensibilidad de las técnicas de detección desarrolladas en los últimos años. Así, las técnicas moleculares han dado lugar a la identificación del virus de la hepatitis C, asociado a la mayoría de las hepatitis no-A, no-B, y del herpesvirus humano tipo 8, asociado a los sarcomas de Kaposi. La aplicación de este tipo de técnicas, por ejemplo, la PCR degenerada, permitirá la identificación de virus relacionados a otros ya conocidos, en muestras de pacientes con patologías en las que se sospecha la implicación de agentes infecciosos. Por otra parte, cuando no se tiene información alguna sobre la posible naturaleza del agente, se pueden emplear técnicas de sustracción génica usando muestras presumiblemente infectadas y controles no infectados para identificar genes del agente infeccioso.

Estos avances tecnológicos han añadido nuevos problemas en la asignación de relaciones causa/efecto durante el aislamiento de nuevos patógenos y han evidenciado las limitaciones para el uso de los postulados de Koch. Hay que remarcar en este contexto que la simple detección de secuencias de un patógeno potencial en los individuos afectados no prueba una relación de causalidad. Son necesarios datos de otra naturaleza para poder afirmar que un nuevo agente infeccioso es la causa de una patología. Por ejemplo, se requieren datos epidemiológicos e inmunológicos concordantes para llegar a una conclusión razonablemente firme. Aun así, es posible cometer errores, como ocurrió al asociar la presencia del herpesvirus tipo 2 con el desarrollo de los carcinomas cervicales, cuando su verdadero origen está en el virus del papiloma.

A pesar de todos estos avances técnicos, existen infecciones para las que es muy difícil identificar el agente causal. Por ejemplo, cuando la enfermedad es de origen multifactorial o cuando el agente causal es un prión (véase *infra).*

El abuso y mal uso de los antimicrobianos como causa del florecimiento de nuevos microorganismos virulentos

Uno de los mecanismos por los que se favorece la aparición de nuevas cepas virulentas de agentes patógenos es el uso indiscriminado o inapropiado de las sustancias antimicrobianas disponibles. Así, el uso de antibióticos como complemento de la alimentación de animales de granja, o el empleo arbitrario de antibióticos en clínica cuando no son necesarios, favorece la selección de bacterias que han desarrollado genes de resistencia. La subsiguiente transferencia horizontal de estos genes a otras bacterias permite su multiplicación en presencia del antibiótico, por lo que queda inutilizado para su uso terapéutico.

Además de la cuestión del abuso de antimicrobianos, el mayor problema reside en el mal uso de estos, sobre todo en infecciones persistentes. Dos ejemplos claros son la tuberculosis y el sida. El tratamiento efectivo de la tuberculosis se consigue por la acción de una mezcla de antibióticos, pero ha de prolongarse durante unos seis meses para superar la fase necrotizante de la respuesta y alcanzar la fase bactericida. Si el tratamiento no es seguido de una manera estricta, la concentración de los antibióticos desciende y se selecciona la aparición de bacterias resistentes, que constituyen un problema sanitario de primer orden. Una situación similar encontramos durante el tratamiento del sida con inhibidores de la replicación del VIH. La frecuencia de mutación de este retrovirus y el tamaño de población en cualquier individuo infectado son tan elevados que el uso de uno o dos inhibidores no es suficiente para eliminar la posibilidad de selección de variantes resistentes dentro de la cuasiespecie. Tan solo cuando se usan tres o más inhibidores distintos (terapia múltiple) es posible eliminar completamente la replicación del virus y, por lo tanto, la aparición de cepas resistentes. El problema se plantea en la práctica en mantener por tiempo indefinido un tratamiento complejo, ya que fallos en su seguimiento estricto derivan en un escape de replicación del virus que persiste en el individuo asintomático y en la aparición eventual de variantes resistentes que anulan la efectividad del tratamiento.

Perspectivas futuras

La técnica al servicio del hombre

El avance de las técnicas de secuenciación desde su inicio hace veinte años hasta nuestros días ha dado lugar a la reciente determinación de la secuencia completa de una serie de bacterias, de la levadura *S. cerevisiae* y de algunos metazoos simples, mientras que se espera tener completada la secuencia del ADN humano en los primeros años del siglo XXI. Esta acumulación de datos ha abierto la puerta a una manera distinta de estudiar la Biología que llamamos genómica. Además de usar esa información para comparar los genes de unos organismos con los de otros y así inferir sus funciones y sus relaciones evolutivas, ahora podemos plantearnos preguntas biológicas a nivel del genoma completo en lugar de a nivel de un gen o un grupo de genes.

Los cambios temporales, topológicos, fisiológicos o histológicos en los patrones de expresión de un gen proporcionan información muy valiosa sobre su función biológica. Estos cambios de expresión, que se traducen en cambios de los niveles de las proteínas correspondientes, tienen lugar con mucha frecuencia, aunque no siempre, a nivel de transcripción. Este hecho favorece el poder usar la información genómica directamente, ya que un simple paso de hibridación con la sonda marcada adecuada nos proporciona los datos de acumulación de los ARN mensajeros celulares. En este sentido, el desarrollo de los *microarrays* o *biochips* está cambiando nuestra manera de estudiar la Biología y probablemente cambiará en el futuro nuestra forma de vivir. Estos *biochips* consisten en un patrón ordenado de miles de puntos microscópicos en cada uno de los cuales se ha colocado un fragmento de ADN representativo de un gen de un organismo concreto. En el caso de una bacteria, un conjunto de 3.000-5.000 puntos podrían contener información representativa del genoma completo. Si se trata de *S. cerevisiae,* alrededor de 6.400 puntos suponen la colección completa de genes no ribosómicos. Estos *biochips* pueden emplearse para reacciones de hibridación con sondas marcadas representativas del conjunto de ARN mensajeros presentes en la célula en unas condiciones determinadas y, por lo tanto, se puede determinar el nivel de transcripción de cada gen celular en una sola reacción. Es más, usando mezclas de sondas marcadas con diferentes fluorocromos para hibridar con el mismo *biochip* se pueden medir los cambios de expresión acaecidos entre, por ejemplo, dos condiciones distintas de cultivo, dos variantes distintas de un microorganismo, etc.

Sirvan dos ejemplos para mostrar la incidencia que estos nuevos reactivos y estas nuevas técnicas están teniendo en el conocimiento de los microbios y para predecir las consecuencias que tendrán en el futuro.

Ya se ha mencionado antes que la levadura *S. cerevisiae* es capaz de reproducirse en condiciones anaeróbicas cuando tiene azúcares como fuente de energía para dar la fermentación alcohólica. Por contra, cuando se agotan los azúcares del medio, puede cambiar a un ciclo aeróbico en el que consume el alcohol presente. Para determinar los cambios de expresión génica que ocurren durante este cambio se han comparado a nivel del genoma completo las alteraciones que se producen en la población de ARN mensajeros celulares, usando un *biochip* con 6.400 puntos. Esta comparación ha permitido la identificación de 386 genes cuya expresión se ve alterada en un factor de cuatro veces, de los que aproximadamente la mitad no tienen todavía una función conocida. El estudio de los cambios producidos en la expresión de genes conocidos nos indica las alteraciones de flujo de metabolitos durante el cambio de fuente de energía producido. Así mismo, se reconocen grupos de genes cuyo cambio de expresión está coordinada, lo que permite inferir una regulación común. De hecho, muchos genes de cada uno de estos grupos presentan secuencias de regulación comunes, presumiblemente sitios de reconocimiento de factores de transcripción específicos.

Siguiendo una estrategia análoga, se han identificado los genes cuya transcripción está regulada por uno de estos factores, mediante comparación de los patrones de hibridación de la cepa silvestre con otra cepa en la que se había inactivado dicho gen. De este modo es posible elucidar las cascadas de regulación que tienen lugar en la célula.

Otro ejemplo paradigmático es el estudio de los cambios de expresión génica durante el tratamiento de *M. tuberculosis,* responsable de la tuberculosis pulmonar, con un antibiótico específico. La secuencia de esta bacteria está disponible, por lo que ha sido posible construir *biochips* con la práctica totalidad de los genes identificables en su genoma. Como se ha indicado antes, el tratamiento de la tuberculosis implica el uso de varios antibióticos, entre los que se encuentra la isoniacida. Esta droga afecta la síntesis del ácido micólico, un componente esencial de la membrana externa de la bacteria, y su empleo en terapéutica induce frecuentemente la aparición de cepas resistentes. Los *biochips* con la información génica de *M. tuberculosis* han sido empleados para comparar la expresión génica de la bacteria cuando se cultiva *in vitro* en ausencia *versus* presencia de la droga. Con ello se ha identificado la respuesta del metabolismo bacteriano al tratamiento. Esta respuesta incluye alteraciones en la expresión de un grupo de genes que se comportan como si constituyeran un operón y están relacionados fisiológicamente con el mecanismo de acción de la isoniacida, pero también incluye cambios en la expresión de otros genes no relacionados que podrían reflejar las consecuencias tóxicas de la droga. De este modo, es posible reconocer las vías por las que se generan cepas resistentes al antibiótico e identificar otras dianas potencialmente terapéuticas para la enfermedad, con las que realizar la búsqueda de nuevos antibióticos efectivos.

Esta estrategia experimental es directamente aplicable a otras drogas efectivas para las que no se conoce el mecanismo de acción. La información obtenida por este procedimiento permitirá predecir ese modo de acción mediante la interpretación fisiológica de los cambios de expresión observados.

De la misma manera que la genómica estudia el conjunto de los genes de un organismo, la proteómica estudia su proteoma, es decir, el conjunto de las proteínas del organismo que se expresan en unas condiciones dadas. Por lo tanto, proporciona información complementaria a los estudios genómicos en tanto sus resultados incluyen los aspectos de regulación distintos al nivel de transcripción.

El desarrollo de la proteómica tiene su origen en la posibilidad de separar de manera muy precisa y reproducible los miles de proteínas que un organismo expresa. Este avance fue conseguido hace años mediante electroforesis bidimensional: las proteínas son separadas primero por su carga neta y después por su tamaño molecular. Sin embargo, la identificación de cada una de las proteínas separadas ha sido, hasta fecha reciente, un proceso lento y difícil. Por contra, en la actualidad es posible acelerar el proceso de identificación por aplicación de espectrometría de masas, que permite determinar con gran precisión la masa molar de la proteína y sus péptidos, y comparación con la base de datos de secuencia.

Tras el proceso de identificación, la proteómica abordará aspectos funcionales a los que la genómica no tiene acceso. En uno de ellos se podrán establecer mapas de expresión en diferentes condiciones experimentales o a partir de cepas de microorganismos alteradas, con objetivos similares a los descritos antes para la genómica pero incluyendo niveles de control adicionales a los transcripcionales. El otro incluye aspectos relativos a las interacciones entre proteínas. Como ha quedado patente en otros apartados de este capítulo, las proteínas no ejercen su función de una manera aislada, sino como conjuntos o complejos macromoleculares en los que coordinan los distintos factores implicados en una ruta metabólica, proceso de regulación, etc. Por ello es muy importante determinar las conexiones físicas que se dan entre las distintas proteínas de un organismo, que son reflejo de sus interacciones funcionales. Estas asociaciones se están estudiando por fraccionamiento de subestructuras celulares o por purificación de agregados macromoleculares específicos y posterior separación e identificación de todos sus componentes mediante electroforesis bidimensional y espectrometría de masas.

Las nuevas técnicas como origen de problemas para el hombre

Toda actividad humana, incluyendo el propio crecimiento de la población, el desarrollo y uso de nuevas tecnologías y lo que en conjunto llamamos desarrollo socioeconómico de la población, comporta alteraciones más o menos importantes del equilibrio ecológico previo. Estas alteraciones tienen consecuencias para todo el sistema, incluyendo, por supuesto, a la humanidad.

Un dramático ejemplo reciente de este problema tiene que ver con el mundo de los microorganismos. Con el fin de incrementar los rendimientos en la cría de ganado vacuno en Gran Bretaña se usaron los despojos de ganado ovino para preparar los piensos, sin considerar las consecuencias de estas prácticas para la salud pública. La cabaña ovina en Gran Bretaña ha estado tradicionalmente afectada por una enfermedad neurológica fatal llamada *scrapie,* de origen infeccioso, cuyo agente causal había sido sujeto a intenso debate porque no se comportaba como un microorganismo clásico. Así, resultaba muy resistente a esterilización, a radiación ultravioleta y a radiaciones ionizantes, con un tamaño de diana de unos 55.000 Daltons. Estas características, así como su resistencia a tratamientos que destruyen ácidos nucleicos y su sensibilidad parcial a proteasas, sugirieron que el agente causal de esta enfermedad es un microorganismo no convencional de pequeño tamaño formado esencialmente por proteína, por lo que recibió el nombre de prión. La purificación de esos priones, una vez adaptados a multiplicarse en ratones, permitió concluir que están constituidos por formas alteradas de una proteína celular, PrP o proteína del prión, que se denominó PrP^{Sc}. Esta forma de PrP tiene una estructura rica en cadenas β, a diferencia de la forma normal (PrP^{C}) que contiene esencialmente hélices α. Curiosamente, alteraciones genéticas en el gen humano para la PrP están asociadas a enfermedades neurológicas familiares como la de Creutzfeld-Jacob, con una patología similar al *scrapie*. Por lo tanto, las enfermedades producidas por priones tienen características tanto de enfermedades infecciosas como de enfermedades genéticas.

No se conoce cómo puede una proteína PrP estructuralmente alterada inducir el cambio de conformación de la proteína PrP^{C} endógena y así transmitir la enfermedad, pero parece claro que la alimentación del ganado bovino con los restos de ovejas infectadas permitió la adaptación del PrP^{Sc} de ovejas a su nuevo huésped y su transmisión para establecer una nueva enfermedad que se ha llamado encefalopatía espongiforme bovina por las alteraciones patológicas observadas en los cerebros de las vacas afectadas. Esta enfermedad explotó en forma epidémica en la cabaña bovina de Gran Bretaña durante los años ochenta-noventa. Lamentablemente, la alimentación humana con carne de reses infectadas ha conducido a la transmisión de la encefalopatía espongiforme a humanos, en forma de un incremento de casos esporádicos de enfermedad de Creutzfeld-Jacob, sin componente genético asociado. Está en discusión si este incremento de casos se corresponde al pico de la epidemia por transmisión de PrP^{Sc} o bien al comienzo de una onda epidémica de proporciones mucho mayores, dado el prolongado período de incubación de la enfermedad. En todo caso, este ejemplo sirve claramente para subrayar cómo la puesta en práctica por el hombre de nuevas técnicas puede traer consecuencias no deseables para el conjunto de la humanidad y debe servir para aprender de este tipo de errores con vistas al futuro.

En este sentido, uno de los problemas más candentes en la actualidad es el evaluar los riesgos potenciales de la liberación al medio ambiente de microorganismos que han sido modificados genéticamente. Ya hemos visto a lo largo de este capítulo que las técnicas de ingeniería genética han permitido introducir en microorganismos mutaciones de todo tipo, desde inactivaciones o mutaciones específicas de un determinado gen hasta la construcción de vías metabólicas previamente inexistentes. En muchos casos, los objetivos prácticos de estos microorganismos modificados se consiguen en fermentaciones o en entornos cerrados, pero en muchos otros su utilidad potencial requiere la dispersión en regiones abiertas determinadas. Así, las bacterias detoxificadoras de productos xenobióticos o de hidrocarburos han de ejercer su función en los entornos a detoxificar. Las bacterias capaces de controlar plagas en agricultura han de ser liberadas en los campos de cultivo. En estas situaciones es imperativo el poder evaluar los riesgos potenciales para el medio ambiente que estas liberaciones pueden comportar.

Es este un problema difícil por la complejidad de los estudios que requiere, ya que implica conocer la ecología microbiana básica de los entornos donde han de liberarse los microorganismos modificados, su persistencia en dichos entornos, su capacidad de invadir otros y sus interacciones con otras especies presentes en el biotopo. Esta complejidad hace que este tipo de estudios sea lento, laborioso y muy caro, por lo que hasta el momento han sido pocos los realizados. Por contra, existe bastante experiencia sobre los efectos de la diseminación de microorganismos no recombinantes, pero diferentes de los presentes en el entorno biológico en cuestión. Así, recientemente se han realizado cientos de estudios que han implicado diseminación de cepas bacterianas patogénicas para cultivos, cepas avirulentas para el control de enfermedades, cepas implicadas en biorremediación o cepas fijadoras de nitrógeno. En muchos de estos estudios se han evaluado parámetros de dispersión y dinámica de poblaciones. Con la obvia salvedad debida a la complejidad de estos estudios, en general no se han observado alteraciones inesperadas atribuibles al uso de estos microorganismos no recombinantes. De hecho, algunos de estos agentes han sido comercializados y usados profusamente en el control de plagas, como por ejemplo las variedades comerciales de *B. thuringiensis.*

Una cuestión importante en relación a los microorganismos recombinantes es si deben ser considerados diferentes de los no recombinantes por el mero hecho de haber sido obtenidos por estas tecnologías. En algunos casos, la técnica empleada puede ser completamente irrelevante, por ejemplo cuando se trata de inactivar un gen, pero en general la ingeniería genética puede dar lugar a modificaciones que pueden ser más profundas que las que se obtienen por otros procedimientos. Es imprescindible, por lo tanto, el evaluar caso por caso las características del microorganismo en cuestión y las modificaciones introducidas para medir los riesgos potenciales y comprobar los parámetros adecuados en experimentos de liberación controlada, antes de proceder a una diseminación en el medio ambiente. Solo la acumulación paulatina de experiencia sobre la ecología microbiana de organismos nativos y recombinantes permitirá evaluar de una manera científica los riesgos inherentes a estas liberaciones de microorganismos.

La diferente problemática que presentan los microorganismos en los países desarrollados frente a los países subdesarrollados

El nivel de desarrollo socioeconómico existente en los distintos grupos de países que podemos considerar en el mundo, países desarrollados, países en vías de desarrollo y países subdesarrollados, tiene también su reflejo en los problemas que se plantean en el mundo de los microorganismos. Así, los niveles de higiene y salud públicas que se dan en los países subdesarrollados son muy inferiores a los presentes en los países desarrollados. Esta situación, junto con el hecho de que muchos países subdesarrollados se localizan en las zonas tropicales del planeta, contribuye a que las enfermedades infecciosas sean mucho mayor problema en estos países que en los desarrollados. Por contra, la diversidad genética presente en el mundo microbiano es mayor en los países subdesarrollados. Por otro lado, los aumentos de nivel en el desarrollo económico, frecuentemente más rápidos que los progresos sociales, han llevado aparejados fuertes incrementos en la contaminación ambiental, sobre todo de origen industrial y la derivada del consumo de petróleo. Con ello, las necesidades de descontaminación han aumentado de manera progresiva, especialmente en los países en vías de desarrollo.

Por desgracia, el subdesarrollo socioeconómico existente en estos países constituye en sí mismo un freno para la resolución de los problemas. Así, las carencias en el nivel educativo de la población, incluyendo los aspectos de higiene, y en infraestructura general, por ejemplo en salud pública, transportes, cadena de frío, etc., constituyen barreras que impiden aplicar en estos países soluciones probadas en los países desarrollados.

A esta situación se suma el hecho de que la mayor parte de las aportaciones en investigación y desarrollo tecnológico se producen en los países desarrollados, por lo que normalmente se deben a planteamientos que no tienen en cuenta las especiales circunstancias que se dan en los países subdesarrollados. Además, se presta mucha mayor atención a la resolución de los problemas que se presentan en los países desarrollados que en los no desarrollados. Así, las enfermedades parasitarias, por ejemplo la malaria, que afecta a millones de personas en los países en que es endémica, no ha sido estudiada con el mismo ímpetu que lo hubiera sido de haber afectado a los países desarrollados.

En este sentido, el ejemplo del sida resume a la perfección la situación. Aunque la pandemia de sida se reconoció inicialmente en los Estados Unidos, la expansión de la infección ha sido mucho más importante en regiones menos desarrolladas del planeta, como África, Sudeste asiático y en menor proporción Sudamérica, con una distribución geográfica que reproduce con bastante fidelidad el nivel de subdesarrollo. Por contra, la investigación sobre el VIH se ha concentrado de manera casi exclusiva en las regiones más desarrolladas del mundo. Como consecuencia de estos esfuerzos, hemos llegado a un conocimiento muy profundo de la Biología Molecular del agente infeccioso, pero nuestra comprensión de los mecanismos de protección son mucho menores. Se han dedicado grandes esfuerzos e inversiones para el desarrollo de inhibidores de la infección. Como resultado de ello, se dispone actualmente de tratamientos múltiples que son capaces de parar la infección, aunque de momento no se ha logrado demostrar la erradicación del virus del individuo infectado, por lo que el tratamiento ha de ser permanente. Estos tratamientos han sido muy útiles para prevenir la transmisión del virus de la madre al niño, por lo que han logrado disminuir el sida pediátrico. La aplicación de los tratamientos múltiples ha dado como resultado la disminución de la prevalencia del sida en los países desarrollados, pero esto no refleja necesariamente un descenso en la infección de la población, sino tan solo una mejora en la calidad y en la esperanza de vida de los enfermos.

Por contra, la situación es muy distinta en los países subdesarrollados. Por una parte, el coste de los tratamientos es, con mucho, demasiado elevado para su aplicación donde la subsistencia de la población es ya un logro. Por otra, la dificultad de la administración de los tratamientos actuales constituiría un obstáculo añadido. Por todo ello, el control de la epidemia en estas zonas del mundo solo puede lograrse por métodos preventivos. Sin embargo, las medidas de higiene, como el uso de preservativos y de material sanitario desechable, que han tenido un impacto favorable en los países desarrollados, sufren de las dificultades propias de la falta de infraestructuras y del bajo nivel educativo de grandes masas de población en los países subdesarrollados. Por consiguiente, solo una vacuna eficaz y de fácil aplicación será capaz de romper la transmisión del virus y aliviar un problema que está sobrepasando los límites de la salud pública para convertirse en problema demográfico y sociopolítico en zonas donde una gran proporción de la población está infectada y sin posibilidades reales de tratamiento. Lamentablemente, los esfuerzos científicos y económicos dedicados al desarrollo de una vacuna anti-VIH eficaz han sido insuficientes y no se prevé disponer de ella en el futuro inmediato.

La solución de los problemas sanitarios que, como el sida o la malaria, afectan a amplias zonas del planeta, pero sobre todo a países subdesarrollados, ha de venir de la cooperación internacional. Primero mediante la dedicación de fondos suficientes para la investigación básica sobre objetivos adecuados a la resolución de los problemas reales. Segundo, por la coordinación a nivel mundial de los esfuerzos, con vistas a la utilización de los productos y procedimientos obtenidos en todo tipo de situaciones socioeconómicas. En este sentido, disponemos de la experiencia derivada de las campañas de erradicación de enfermedades infecciosas que la Organización Mundial de la Salud ha coordinado y coordina en la actualidad. Así, hace años se logró eliminar la viruela del planeta y en la actualidad está muy avanzada la campaña de erradicación de la poliomielitis y se plantea la eliminación del sarampión. La potenciación de estos modelos, incluyendo también la coordinación internacional de la asignación de fondos para la investigación básica y no solo de la aplicación de las medidas sanitarias, podría mejorar las perspectivas de futuro de situaciones como las descritas para la pandemia del sida.

PARTE IV

LOS ORGANISMOS

11
DESARROLLO EMBRIONARIO Y MORFOGÉNESIS

Antonio García-Bellido y Enrique Martín-Blanco

INTRODUCCIÓN

La biología es la ciencia de las formas. En siglos pasados, los científicos se fascinaban ante la gran diversidad de formas que encontraban en los organismos adultos, en sus embriones y en sus fósiles. El esfuerzo de los biólogos ha estado dedicado a descomponer esas formas y describirlas en términos de unidades más pequeñas, más elementales. Gracias al microscopio se han descubierto las células y desarrollado la teoría celular (véase capítulo sobre «La célula»).

El análisis bioquímico ha descubierto la existencia de moléculas comunes a todos o casi todos los organismos: azúcares, lípidos, proteínas y ácidos nucleicos. Estas moléculas poseen formas y cargas que les permiten reconocerse e interactuar. Las actividades biológicas de estos compuestos vienen definidas por su forma particular. Esto es especialmente cierto para las proteínas en su papel como enzimas, como elementos estructurales o como reguladores de la expresión génica. La forma de estas depende de su estructura terciaria, que a su vez es expresión de su secuencia lineal de aminoácidos y consecuencia directa de la secuencia de nucleótidos de los genes que las codifican. Las reglas de esta transformación son universales (código genético), y ocurren por procesos invariantes.

El entender la base molecular de los procesos vivos requiere conocer la identidad de los genes individuales. Las variantes génicas, la naturaleza de los genes y cómo estos determinan los procesos que dan lugar al metabolismo, a la proliferación celular, a la organogénesis y al comportamiento han ocupado a los biólogos durante todo el siglo XX. Este análisis se ha realizado en organismos modelo, como bacterias, eucariotes monocelulares (como levaduras) y multicelulares (como moscas y ratones). La posibilidad de comparar genes de diferentes organismos por análisis de secuencias ha permitido constatar que los genes están conservados a lo largo de una filogenia en expansión, y ha llevado a conectar la biología de los seres actuales con la de sus ancestros. Esta conexión interdisciplinar (anatómica, genética y evolutiva) está descubriendo que la invarianza biológica llega a extremos insospechados. El fenómeno biológico se debe entender desde la perspectiva de un análisis sincrónico de organismos y su comparación diacrónica. Este es el enfoque del capítulo que nos ocupa.

Los orígenes de las formas. De las moléculas a los organismos

Las moléculas biológicas están hechas de átomos ligeros (hasta el nitrógeno) combinados con algunos átomos pesados que les pueden dar propiedades catalíticas, iónicas o estructurales específicas. En muchos casos, las moléculas biológicas se asocian en grandes polímeros de azúcares, lípidos y, fundamentalmente, de aminoácidos y nucleótidos. Estos polímeros están compuestos de monómeros unidos covalentemente, y tienen con frecuencia la capacidad de agregarse. Así, las dos bandas del ADN de doble hélice se asocian por puentes de hidrógeno, o muchos lípidos forman bicapas o micelas mediante fuerzas electrostáticas débiles. Algunos polímeros, como las proteínas, pueden también plegarse sobre sí mismos para formar estructuras tridimensionales. La forma, polaridad y quiralidad de estas moléculas son propiedades cruciales en sus asociaciones en complejos de un orden superior.

En el mundo prebiótico las reacciones químicas se realizaban en solución o sobre materiales porosos como arcillas. Posteriormente, pequeños polipéptidos y polinucleótidos (ARN) empezaron a actuar como catalizadores operando sobre membranas. Como veremos, este «reconocimiento molecular» es la base de la especificidad de todos los procesos biológicos, y estas transformaciones químicas representan el nivel más elemental de «transferencia de información» en el mundo biológico.

El reconocimiento molecular se muestra en su forma más compleja en los procesos de replicación y transcripción del ADN y en la síntesis de proteínas. En las condiciones actuales, el ADN de doble hélice se «replica» en dos bandas que se copian semiconservativamente, en un proceso que demanda el reconocimiento de nucleótidos libres. Durante la «transcripción», una de las hélices se copia por complementariedad dando lugar a un ARN de cadena sencilla, que posteriormente se «traduce» tras su asociación con complejos de proteínas, llamados ribosomas, y otros ARNs adaptadores (tARNs). No sabemos cómo este complejo proceso evolucionó en el mundo biológico primigenio; quizá la capacidad autocatalítica de los ARNs sirvió para su amplificación molecular, y tal vez su asociación a los aminoácidos hizo posible la formación de los primeros péptidos. Este paso hacia el primer nivel de complejidad biológica sigue siendo un misterio histórico.

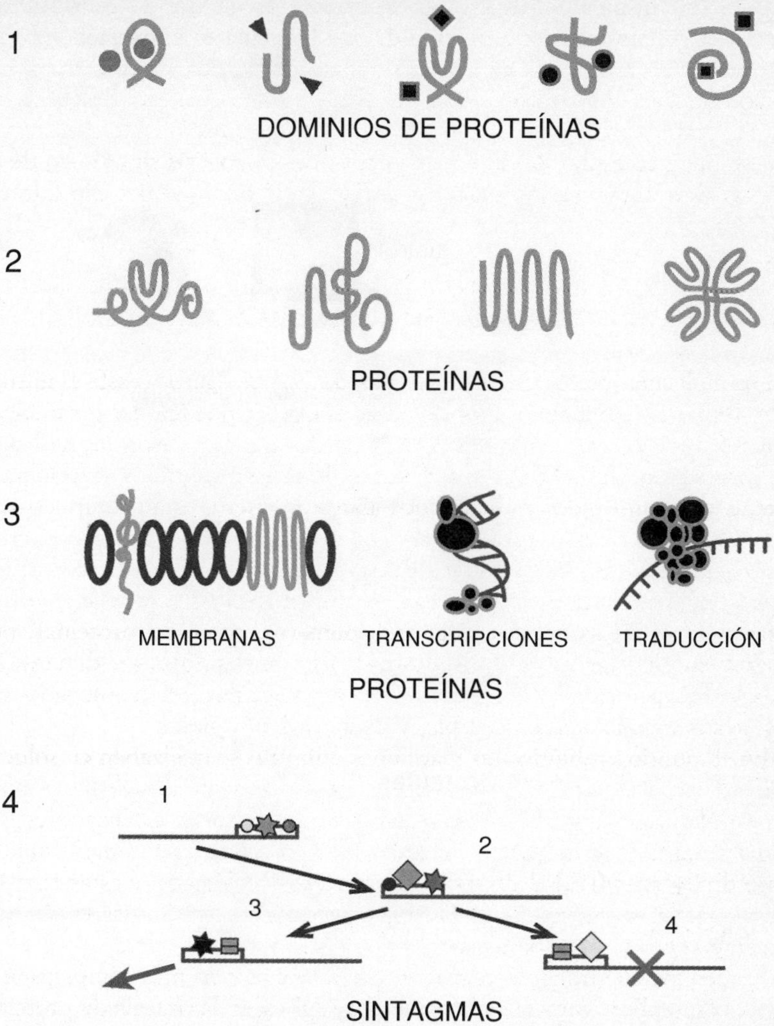

Fig. 11.1.—*Complejidad molecular.* Aumento en complejidad por asociación de elementos. 1, dominios peptídicos de diferentes configuraciones con capacidad de interacción con sustratos específicos. 2, asociación lineal de dominios peptídicos en la misma cadena de proteínas; estas asociaciones pueden ser homo- y heteronómicas. 3, asociaciones estables de proteínas en diferentes estructuras: membranas (receptores y moléculas de adhesión) o procesos de síntesis (complejos transcripcionales y traduccionales). 4, asociaciones transitorias funcionales entre genes (sintagmas). Así el gen 1 codifica para una proteína que reconoce la región reguladora del gen 2 y activa su transcripción en combinación con otras proteínas. El producto de este gen es a su vez capaz de activar (3) o reprimir (4) la transcripción de otros genes

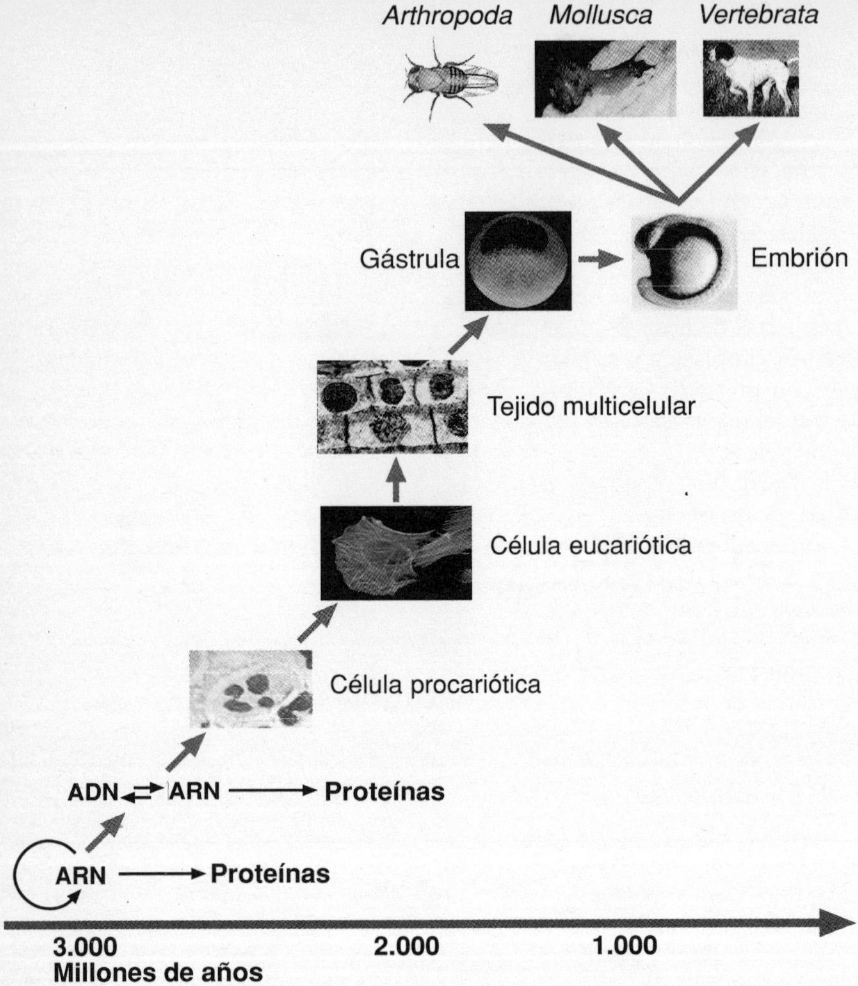

Fig. 11.2.—*Evolución de complejidad.* En etapas prebióticas se desarrollaron moléculas autocatalíticas, como el ARN, primero, y el ADN (más estable), más tarde, con capacidad de dirigir la síntesis de proteínas. La aparición de membranas permitió la celularización, con la formación de bacterias (procariotas) y, por simbiosis entre estas, de células eucariotas. Las células eucarióticas se asocian en grupos multicelulares. A partir de estos se organizan organismos con desarrollo embrionario complejo. Estos se clasifican en dos grupos, Diploblásticos, con dos capas blastodérmicas, y Triploblásticos, con tres. De estos últimos organismos, los Bilateria, surgen los grupos mayores de animales: Protostomia (como *Arthropoda* y *Mollusca)* y Deuterostomia (como *Echinodermata* y *Vertebrata).* (Véase fig. 11.3)

Los cambios mutacionales en el ADN dan lugar a variaciones en la secuencia de aminoácidos de las proteínas. El resultado de cambios en la estructura tridimensional de las proteínas es lo que afecta a su capacidad de reconocimiento y su participación en interacciones moleculares específicas. Los cambios mutacionales son difícilmente reversibles si sus productos están bajo presión selectiva, y estadísticamente imposibles cuando muchos cambios se acumulan en la misma secuencia. Así, la evolución y la adquisición de más diversidad (o disparidad) se hace irreversible.

El siguiente paso ascendente en complejidad es la celularización. Las células están compartimentadas por membranas, aislantes de la fase líquida, compuestas de proteínas y de lípidos. Las células procarióticas (bacterias) poseen un citoplasma con altas concentraciones de sales, metabolitos y proteínas, con presiones osmóticas, pH y potencial de oxidorreducción diferentes de los del medio externo. Contienen cromosomas, ribosomas y otros complejos proteicos. Los procariotes son los organismos más diversos y abundantes en la Tierra. Viven en las más extremas condiciones de temperatura, pH, salinidad y presión osmótica, y debieron de aparecer en nuestro planeta hace unos tres mil millones de años (Ma); por lo tanto, 1.500 Ma después de su formación. Más tarde en la evolución (hace 2.000 Ma) aparecen las células eucarióticas, que contienen un núcleo (que lleva los cromosomas) con su propia membrana, mitocondrias que llevan a cabo funciones de respiración o del metabolismo energético, y plástidos (en plantas), que realizan funciones especializadas de foto- o quimiosíntesis fijando la energía externa. Las células eucarióticas resultaron de la múltiple simbiosis de algunas eubacterias y arqueobacterias. La multicelularidad, otro paso mayor de complejidad, debió de surgir hace más de 1.000 Ma. La multicelularidad lleva a la especialización funcional y, por lo tanto, a la especialización de tipos celulares. Así, diferentes tipos de células (o histotipos), con diversas morfologías y funciones, se distribuyen en lugares característicos de los organismos multicelulares vegetales o animales.

Los grupos animales correspondientes a los grandes táxones (Órdenes) de organismos multicelulares aparecen ya representados en los fósiles del Cámbrico, hace 520 Ma. En etapas anteriores (Proterozoico, Ediacara; 600-500 Ma) se encuentran restos de organismos relacionados con esponjas, y cnidarios con solo dos capas blastodérmicas. Es en el Cámbrico (comienzo del Paleozoico) cuando aparecen los representantes primitivos de toda la fauna actual con un eje cefalocaudal y dorsoventral diferenciado y una simetría bilateral. Esta morfología es resultado, como veremos más adelante, de la invaginación de parte del ectodermo en un punto de la blástula y, con ello, la aparición de tres hojas blastodérmicas (organismos triploblásticos).

En lo que sigue analizaremos cómo entendemos hoy el papel de los genes en la generación de estas morfologías y cuál ha sido la base de su evolución.

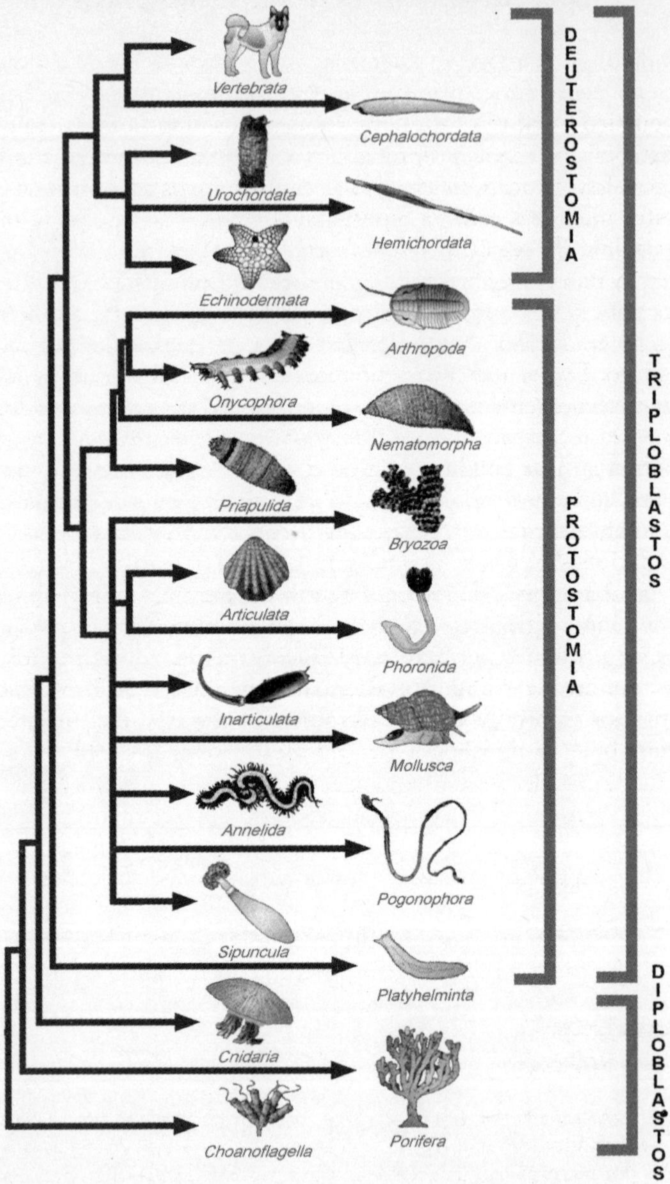

Fig. 11.3.—*Filogenia de los «phila» del reino animal.* Árbol filogenético de los mayores *phila.* Las separaciones que han dado lugar a la diversificación de estos grupos no se han producido simultáneamente, pero sí en un corto período de tiempo: en el Proterozoico tardío (Diploblastos y Triploblastos) y a lo largo del Cámbrico (Protostomia y Deuterostomia). [Figura modificada de Erwin y cols. (1997), *Am. Sci.* 85: 126-137]

MODULARIDAD DE LOS ELEMENTOS GENÉTICOS

Los datos de la filogenia molecular nos permiten inferir la organización genómica de los metazoos primigenios. Estos organismos habrían heredado el código genético y todos los mecanismos de transferencia de energía (fotosíntesis y metabolismo oxidativo), refinados a una eficacia óptima, desde sus ancestros (bacterias procarióticas y eucariotes primitivos). La mayoría de los genes de estos metazoos eran ya bipartitos; consistían en una parte reguladora no transcribible (la región promotora con diferentes secuencias reguladoras *–enhancers)* y una parte transcribible, que incluye una pauta de lectura abierta y codifica para un polipéptido. En esta región codificante se alternan exones, que van a ser traducidos, e intrones, que van a ser eliminados por escisión del ARN maduro. En las regiones genómicas correspondientes a los intrones se encuentran frecuentemente *enhancers* interspersos. Las escisiones alternativas de intrones, la recombinación, la transposición de secuencias y la conversión génica permitían una combinatoria de dominios de proteínas, y de regiones reguladoras, aumentando la diversidad de control génico. La duplicación génica, y su subsiguiente diversificación, venían generando familias de genes con modulaciones sutiles de una función básica. Una mayor diversidad se obtuvo por combinaciones de regiones dentro del mismo gen, generando proteínas con dominios diferentes. La especificidad de la estructura terciaria de los dominios de proteínas permitió a estos ser «reconocidos» por los de otras proteínas, dando lugar a la formación de complejos estables (como ribosomas, complejos transcripcionales, membranas celulares, etc.) o interacciones transitorias como entre ligandos y receptores, proteínas de adhesión en reco-

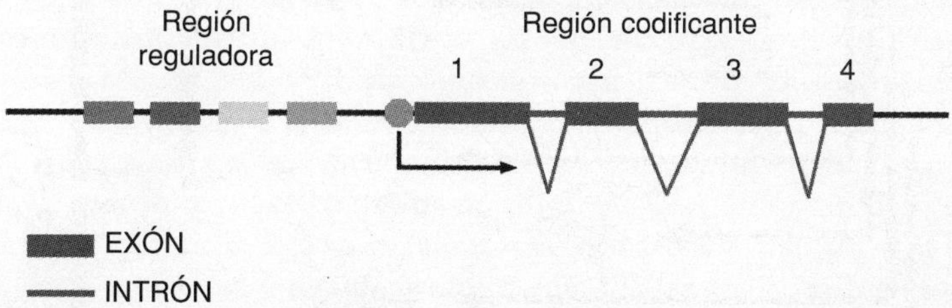

Fig. 11.4.—*Estructura de un gen eucariótico.* Un gen eucariótico tiene una estructura bipartita. Se compone de: una región reguladora, en la que se encuentran secuencias reconocidas por factores reguladores de la transcripción, cuyas diferentes combinaciones pueden dirigir la activación o la represión activa de su expresión; y una región codificante, a partir de la que se transcriben ARNs mensajeros. En la región codificante se pueden distinguir exones (1-4) que corresponden a las regiones del mensajero que van a traducirse en una fase de lectura abierta para dar lugar a un polipéptido. Entre estos se encuentran intrones que son escindidos por procesos de corte y empalme y no están presentes en el ARN mensajero maduro

nocimiento celular y en transducción de señales. Las interacciones transitorias entre proteínas de genes reguladores y los *enhancers* de los genes regulados permitían la coordinación de la expresión de conjuntos de genes en «sintagmas», para llevar a cabo operaciones genéticas concretas. Combinaciones de «sintagmas» en células de diferentes linajes celulares debían, en el Proterozoico, definir comportamientos celulares específicos, y de aquí las diversas operaciones que encontramos en los organismos actuales, sus descendientes.

El número estimado de dominios de proteínas diferentes, basado en su secuencia de aminoácidos y en comparaciones cristalográficas, solo es del orden de 1.000 a 2.000 (entre varias decenas de miles estéricamente posibles). Igualmente, a pesar de que el número de genes que podría alcanzar un genoma es en teoría infinito, este es de 4.000 a 5.000 en bacterias, 6.000-10.000 en levaduras, y de 10.000 a 20.000 en nemátodos e insectos. El abrupto aumento en el número de genes en vertebrados, que es del orden de unos 60.000 a 100.000, viene asociado a una octoploidía cromosómica, que ocurrió en dos etapas en el origen de los cordados. La secuencia, los dominios y la estructura tridimensional de las proteínas media su «reconocimiento molecular» y su capacidad de interacción con secuencias reguladoras del ADN, con sustratos en procesos enzimáticos, o con otras proteínas. La conservación durante la evolución de las secuencias génicas codificantes es atribuible a la inercia impuesta por el «reconocimiento molecular», que atribuye especificidad a las funciones (interacciones) génicas. Así, el límite a la diversidad genética nos permite descubrir invarianzas de función hasta niveles de complejidad muy altos.

La extrapolación del análisis molecular comparativo de genomas de metazoos actuales a sus ancestros comunes revela una primera paradoja de la evolución morfológica. La gran diversidad en formas y planes de construcción de los animales está asociada a un repertorio muy limitado de genes. A partir de comparaciones genómicas podemos inferir, con seguridad, que estos organismos ancestrales se construían con no más de 15.000 genes. Más aún, estas comparaciones revelan que la diversidad de secuencia entre los genes de miembros de diferentes órdenes del Cámbrico son de la misma magnitud que las que encontramos hoy día entre los miembros del mismo género. Así, la variación morfológica aparente de estos organismos está pobremente correlacionada con la diversidad del contenido informativo del genoma. En general, se puede inferir que el aumento en diversidad morfogenética resulta, en gran medida, de asociaciones combinatorias de módulos génicos conservados, esto es, de dominios de genes, de genes y de sus redes de interacción en «sintagmas». Se puede afirmar que, a lo largo de la evolución, lo que ha aumentado son la complicación y el tamaño de las zonas reguladoras de los genes, debido posiblemente a un incremento en el número de interacciones reguladoras. Esto trae consigo un aumento proporcional de genes reguladores respecto a genes con funciones celulares básicas. Estos últimos son más del 90 por 100 en bacterias y menos del 40 por 100 del total en *Drosophila* o en el ratón.

Muchos genes conservados entre *phila* muy separados actúan durante el desarrollo. Esto significa que sus funciones tienen que haber sido operativas, aunque sea de manera incipiente, en sus ancestros comunes. Por ejemplo, determinados genes codificando para receptores o miembros de cascadas de transducción de señales participan en controlar comportamientos celulares específicos en metazoos diploblásticos de origen precámbrico y en triploblásticos. No podemos saber cuál era la función primitiva de estos genes morfogenéticos primigenios, pero podemos suponer, a partir de la filogenia molecular, que algunas familias de genes pueden haberse especializado en procesos de señalización celular. En el mismo sentido podríamos hablar de la división celular controlada por genes que se han conservado desde protistas ancestros de metafitas y de metazoa; de polaridad, migración y forma celular, dependientes de conexiones intercelulares y asociaciones de receptores que han tenido que ser operativos en el Cámbrico; citodiferenciación, definiendo histotipos específicos, que se pueden encontrar en animales diploblásticos (cnidarios y ctenóforos) y metazoos triploblásticos. En suma, todas las operaciones genéticas y las propiedades celulares fundamentales estaban ya establecidas para asegurar la organización de los territorios multicelulares que darían lugar a la fantástica variedad de las morfologías triploblásticas.

Propiedades celulares

A un nivel molecular, los cambios en la forma embrionaria son la consecuencia de la expresión de moléculas que controlan propiedades celulares tales como la adhesión celular, la motilidad celular, la polaridad celular y la orientación de las divisiones celulares.

La integridad de los tejidos se mantiene por interacciones adhesivas, tanto entre células como con la matriz extracelular. Las células se mantienen juntas mediante interacciones en las que participan diferentes proteínas de la superficie celular y cuyos cambios de expresión van a influir en muchos procesos durante el desarrollo animal. Así, los cambios en estas proteínas determinan la fuerza de la adhesión y su especificidad. Las moléculas de adhesión expresadas por una célula van a definir a qué otras células se van a adherir, controlando el reconocimiento celular. Tres clases principales de moléculas de adhesión son importantes durante el desarrollo y la morfogénesis: Cadherinas, CAMs e Integrinas.

Las Cadherinas son proteínas transmembrana que, en presencia de calcio, se adhieren a las Cadherinas de la superficie de otras células. Se han identificado más de treinta tipos en vertebrados, y se han descrito varios homólogos en *Drosophila* y *C. elegans*. Tanto entre los vertebrados como en los invertebrados parecen intervenir en procesos paralelos durante el desarrollo. Así, la E-Cadherina es responsable de la integridad del ectodermo durante la gastrulación en *Xenopus,* manteniendo la estabilidad del citoesqueleto. Su homólogo en *Drosophila,* la DE-Cadherina, se expresa en todos los epitelios, y en su ausencia (mutaciones en el gen *shotgun –shg)* se produce el colapso de la epidermis embrionaria. Igualmente, también se ha observado, mediante análisis clonal, que *shg* es necesario en el mantenimiento de la integridad del epitelio en discos imaginales.

La adhesión celular independiente de calcio está mediada por una familia de moléculas que son miembros de la superfamilia de las inmunoglobulinas y que se conocen como moléculas de adhesión celulares *(cell adhesion molecules,* o CAM). Estas moléculas se unen a moléculas similares en otras células (como la N-CAM durante neurulación en vertebrados). Las CAM también pueden unirse a una clase diferente de moléculas de adhesión, las Integrinas. Estas están constituidas por heterodímeros de subunidades α y β que actúan como receptores de moléculas de la matriz extracelular para mediar la adhesión entre las células y su sustrato. Entre estas moléculas de la matriz se encuentran el Colágeno, la Fibronectina, la Laminina, la Tenascina y varios Proteoglicanos. Las Integrinas no solo se unen a otras moléculas a través de su superficie extracelular, sino que se asocian a los filamentos de Actina. Mediante esta asociación, las Integrinas transmiten información desde la matriz y modulan la forma, la motilidad y la diferenciación celulares. Existen al menos veinte Integrinas diferentes en vertebrados, y varios homólogos en *Drosophila,* tanto para las subunidades α como las β. De nuevo, su función se mantiene entre vertebrados e invertebrados.

La motilidad celular permite a las células migrar a nuevas posiciones y cambiar su forma cuando, por ejemplo, un epitelio laminar se pliega. La capacidad de las células para migrar y para cambiar de forma se determina por reorganizaciones de su estructura citoesquelética interna. Las células embrionarias se mueven sobre un sustrato sólido extendiendo láminas (lamelipodios) o proyecciones muy finas (filopodios) citoplásmicas, con las que se anclan al sustrato en puntos de contacto focal. Estas estructuras temporales contienen filamentos de Actina que se polimerizan según se produce el avance. La contracción de la red de Actina es la que ejerce la fuerza que dirige el movimiento celular. Este proceso de anclaje viene mediado por Integrinas, que probablemente no solo tienen un papel estructural, sino que son capaces de reconocer el entorno y encauzar la dirección del movimiento. Igualmente, los cambios de forma celular son generados por estos mismos filamentos de Actina. Estos pasan por procesos muy rápidos de polimerización y despolimerización que le dan a la célula un sistema altamente versátil de ensamblaje de diferentes estructuras en distintas localizaciones. De esta forma, la contracción de una red de Actina en la superficie celular puede llevar a la constricción apical de la célula o a su alargamiento longitudinal.

Las células de metazoos, en particular las células epidérmicas, muestran diferencias en, al menos, tres ejes celulares: uno ápico-basal, discernible desde organismos muy primitivos tales como esponjas, y otros dos planares, anteroposterior y mediolateral, inferibles en experimentos de disociación y reagregación celular en organismos como *Drosophila*. La polaridad ápico-basal divide a la célula en dos: un dominio apical que presenta a menudo estructuras especializadas como cilios y *microvilli,* que interviene en muchos casos en funciones secretoras, y un dominio basolateral. Estos dos dominios operan como compartimentos estancos y se aíslan por la presencia de un anillo de uniones estrechas *(tight junctions)* que impide a las proteínas y los lípidos de la membrana la libre difusión. Las especificaciones axiales planares dependen a su vez de la localización asimétrica de moléculas de adhesión y receptores, conservadas en la evolución, necesarias para definir correctamente el tamaño y la forma de los órganos.

La polaridad celular es fundamental en muchos tipos celulares, y es particularmente importante en células nerviosas. Así, las neuronas se originan por divisiones celulares polarizadas, tras las que los componentes celulares se distribuyen de forma asimétrica (esta acción está acoplada a un proceso de inhibición lateral que comentaremos más adelante); migran fuera de la zona de proliferación hacia posiciones específicas; y extienden sus axones hacia sus células «diana» en respuesta a marcas definidas. De nuevo, todos estos procesos, estudiados en gran detalle tanto en vertebrados como en *Drosophila* o *C. elegans,* así como las moléculas responsables, se encuentran bien conservados.

El ciclo celular eucariótico se divide en etapas específicas bien definidas. En la fase M se producen la mitosis y la citoquinesis, dando lugar a células hijas. El resto del ciclo celular, la interfase, se subdivide en tres períodos: un intervalo inicial conocido como G1, una fase S donde se produce la replicación del ADN y un intervalo final conocido como G2. La progresión a través del ciclo celular está controlada por un mecanismo que depende de un tipo específico de proteínas conocidas como Ciclinas, cuya concentración oscila durante el ciclo y se correlaciona con la transición de una fase celular a la siguiente. Estas Ciclinas actúan formando complejos y activando a Kinasas dependientes de Ciclinas (CDKs), que a su vez fosforilan determinadas proteínas que inician la replicación del material genético o la división celular. Este mecanismo se conserva desde levaduras a vertebrados, siendo sus componentes intercambiables entre organismos de diferentes especies. Así, en experimentos de rescate en sistemas transgénicos, CDKs y Ciclinas de una especie, expresadas artificialmente en organismos mutantes para las moléculas homólogas correspondientes, son capaces de rescatar la capacidad de división celular.

La separación de una célula en dos células hijas durante el proceso de división viene dirigida por haces de Actina organizados en anillos contráctiles. Las células polarizadas se pueden dividir asimétricamente, dando como resultado dos células hija distintas. Estas células hijas pueden tener tamaños diferentes, pero, lo que es más importante, pueden acumular componentes celulares citoplásmicos de manera preferencial. Esta diferencia va a afectar a su alocación posmitótica, su capacidad de comunicación celular y su propia actividad génica. La orientación del huso acromático en mitosis tiene a su vez otras consecuencias. Esta orientación depende de anisometrías en componentes del citoesqueleto, que son establecidas por la recepción localizada de señales intercelulares, un proceso que está conservado desde levaduras.

PROLIFERACIÓN CELULAR

La generación del espacio durante el desarrollo tiene lugar por tres mecanismos diferentes, multiplicación celular, cambio de tamaño y forma celular o por acrección, aumentando el volumen extracelular por secreción de matriz extracelular.

La proliferación celular asociada a morfogénesis puede ocurrir en dos modalidades distintas. La proliferación puede resultar de gemación de células troncales (por anamorfosis) en zonas terminales, segregando las células posmitóticas a regiones proximales o distales. Estas divisiones son asimétricas, es decir, las células originales y sus descendientes siguen posteriormente distintos regímenes de proliferación y/o diferenciación. De forma alternativa, todas las células de un conjunto celular pueden dividirse intercalarmente (diamorfosis) entre bordes definidos, rellenando un territorio. Ambos modos de proliferación se aplican al desarrollo de todos los metazoos y derivan de mecanismos comunes a plantas y animales originados hace más de seiscientos millones de años.

Un tercer tipo de proliferación es el de células progenitoras *(stem cells),* células de división rápida (o capaces de dividirse rápidamente tras estimulación) sin especialización citológica y que son capaces de renovarse a sí mismas generando más *stem cells* y de diferenciar en uno o más tipos celulares. Entre estas células se encuentran las células meristemáticas de plantas, las de los sistemas hematopoyético e inmune, algunas células epiteliales y las células germinales. Los productos finales de este tipo de sistema proliferativo, tales como las células maduras de la sangre o los keratinocitos, son en sí mismos incapaces de dividirse y mueren.

En general, los mecanismos que controlan la activación o la supresión de la proliferación celular durante el desarrollo son poco conocidos. Existen muchas variaciones en el ciclo celular durante el desarrollo, aunque normalmente las divisiones tempranas embrionarias son muy rápidas y, a diferencia de las divisiones tardías, ocurren sin que se produzca un aumento del tamaño embrionario (partición o *cleavage),* reduciéndose el tamaño celular. En algunos ciclos de división, la replicación del ADN se produce sin que ocurra una división nuclear, produciendo poliploidía o núcleos politénicos; y en otros casos la división nuclear ocurre sin que se produzcan divisiones celulares, apareciendo células multinucleadas, lo que es un proceso particularmente importante en órganos secretores.

Sabemos que, mayoritariamente, la sincronía en la división celular en etapas tempranas embrionarias se pierde a las pocas divisiones. Esta proliferación celular no homogénea durante la embriogénesis se concentra en zonas de crecimiento o centros de proliferación tales como los meristemos de las plantas o los primordios de las extremidades en artrópodos y vertebrados. El crecimiento se inicia en diferentes animales en distintas etapas. En el pollo, por ejemplo, ocurre en la región anterior al nodo de Hensen durante la regresión del surco primitivo, mientras que en anfibios *(Xenopus)* se inicia al finalizar la gastrulación. En este sentido resulta demostrativo el caso del embrión de *Drosophila,* en el que, a partir del ciclo 14, después de haber dividido sus células sincrónicamente sin crecimiento neto hasta alcanzar las 16.000, los ciclos celulares se ralentizan y las divisiones celulares pierden su sincronía.

El control del ciclo celular durante el desarrollo está sujeto a efectos intrínsecos relacionados con la formación de patrones, y es modulado por interacciones celulares locales y señales recibidas de otras células a distancia. Así, factores de crecimiento y otras señales juegan un papel clave en el control de la proliferación y el crecimiento celular, siendo en muchos casos específicos de tipos celulares. En los discos imaginales de *Drosophila,* la proliferación celular y el crecimiento intercalar del disco cesan una vez alcanzan su tamaño final, en función de la capacidad de las células para reconocer el establecimiento de un juego completo de valores posicionales, modulados por interacciones celulares. Igualmente, en vertebrados, el crecimiento embrionario es dependiente de factores de crecimiento, y así, el control de la proliferación celular en la «zona de progreso» de las extremidades del pollo viene dirigido por moléculas de la familia del «factor de crecimiento fibroblástico» (FGF), mientras que el crecimiento embrionario en el ratón depende de factores de crecimiento del tipo de la Insulina. En resumen, la coordinación de la proliferación no uniforme de diferentes órganos y diversas partes del cuerpo, que va a dar lugar a patrones de forma y tamaño especie-específicos, es mediada por los mismos tipos de factores de crecimiento y receptores en todos los metazoos. Entre estos podemos encontrar factores que operan como morfógenos difusibles (como Decapentaplegic, Spitz o Branchless en insectos y sus homólogos, los miembros de las familias de las BMPs, EGFs y FGFs, en vertebrados) y aquellos que actúan mediante comunicación celular directa (Wingless y Hedgehog en insectos y sus homólogos Wnt y Sonic hedgehog en vertebrados).

Diferenciación celular

La evolución hacia la multicelularidad conlleva el establecimiento de un sistema de comunicación e interacción celular, que tiene como consecuencia la especialización celular y la formación de órganos y tejidos. En la mayoría de los metazoos, la segregación más temprana de un destino celular es la relacionada con la especificación de la línea germinal. Sin embargo, el estado de determinación de la mayoría de las células no se adquiere tan temprano. La determinación celular consiste en la adquisición de un potencial específico de desarrollo hacia un tipo concreto celular. Una vez que las células se determinan para un destino particular, van a transmitir este estado determinado a su progenie. La diferenciación celular se adquiere cuando las células embrionarias se distinguen unas de otras y adquieren características moleculares y funciones especializadas. Este estado estable terminal se alcanza a través de estados transitorios característicos para cada tipo celular en los que las diferencias entre las células no son fácilmente detectables y consisten en alteraciones sutiles causadas por cambios en la expresión de unos pocos genes. Por lo tanto, la diferenciación es un proceso gradual que ocurre durante varias generaciones celulares. Sin embargo, la división y la diferenciación terminal representan estados que son en muchos casos incompatibles. Las células totalmente diferenciadas se dividen muy raramente. Algunas células como las musculares o las nerviosas no se dividen en absoluto, y aquellas que sí lo hacen transmiten a su descendencia el estado diferenciado, que depende únicamente de su patrón de actividad génica. Una excepción son las *stem cells,* que retienen su multipotencialidad, su capacidad de división y respuesta a estímulos externos.

La presencia o ausencia de determinadas proteínas en la célula diferenciada puede dar lugar a cambios estructurales considerables, afectando a su forma y su tamaño, con consecuencias funcionales y morfogenéticas importantes. Así, la introducción de una única proteína exógena en una célula puede cambiar su forma totalmente. Por ejemplo, ciertas células epiteliales del tracto digestivo desarrollan cerdas múltiples *(microvilli)* en su superficie apical; cada *microvillus* se encuentra anclado al citoesqueleto de actina y a una proteína específica, Villina, que es esencial para este anclaje. La transfección de Villina en células epiteliales desnudas promueve el desarrollo de *microvilli* en su cara superior.

Una característica fundamental de la diferenciación celular es que algunos genes son mantenidos en un estado activo, mientras que otros permanecen reprimidos. Los genes eucarióticos poseen generalmente regiones de control complejas. Estas contienen sitios de unión para una gran variedad de factores de transcripción, algunos de los cuales pueden activarla, mientras que otros pueden reprimirla. La posibilidad de que un factor de transcripción particular afecte a la actividad de un gen concreto depende de muchos factores: si la región reguladora del gen contiene un sitio de unión para el factor de transcripción; si otras proteínas reguladoras interaccionan con ese gen; si el factor de transcripción está fosforilado o no; o si el factor de transcripción se une a otras moléculas que pudieran inactivarlo. Así, alteraciones sutiles en un factor de transcripción, tales como un cambio en un solo aminoácido, podrían alterar su eficacia simplemente modificando alguna de estas propiedades.

Una vez activado o reprimido un gen, es necesario el establecimiento de un mecanismo que mantenga su estado de actividad génica. Una posibilidad es la presencia continua de una o varias proteínas reguladoras (activadoras o represoras) tanto en la célula diferenciada como en su progenie. Entre estas se encuentran los productos de los genes selectores, que permanecen activos durante el desarrollo, dirigiendo determinados patrones de actividad génica y el destino de regiones concretas. Otra forma de mantener un gen activo es el establecimiento de un sistema de control positivo mediado por el propio producto génico. De esta forma, para el mantenimiento de un patrón de actividad génica, solo es necesario un suceso inicial, restringido en el tiempo, como ocurre en la diferenciación de las células musculares, donde el producto del gen *MyoD* actúa como su propio activador. Un último mecanismo alternativo para el mantenimiento de un patrón de actividad génica es la alteración química o estructural de los cromosomas, cambios localizados en el empaquetamiento de la cromatina, metilación de residuos de citosina, etc.

El número de tipos celulares (histotipos) que hoy existe es relativamente pequeño, siendo su variabilidad estructural menor que el número de tipos de células funcionalmente distintas en el organismo adulto. Los fibroblastos representan una clase estructural de células con distintas funciones en diferentes tejidos, y son tan distintas unas de otras como las células cardiacas de las del músculo estriado, o las neuronas sensoriales de las motoras. Así, las células cartilaginosas en dígitos y vértebras parecen idénticas pero no son equivalentes en su potencial morfogenético, contribuyendo unas a las extremidades y las otras a la columna vertebral. Como máximo podemos encontrar poco más de doscientos tipos celulares, que se dividen en clases tales como epitelios (incluyendo ductos y glándulas), mesenquimas (músculos, nefridios, condrocitos) y células nerviosas.

Las células de distintos histotipos, en su mayor parte, no tienen un origen clonal y no están relacionadas con linajes embrionarios, sino que surgen como derivados de las tres capas blastodérmicas de los animales triploblásticos. Su determinación y diferenciación resultan de interacciones celulares locales que modulan la activación o represión de genes característicos para cada tipo celular. Este proceso tiene su origen en animales diploblásticos, más primitivos, aunque en estos son más frecuentes los tipos celulares quiméricos con funcionalidad múltiple, como el mesoectodermo epitelial y muscular y el neuroectodermo epitelial y nervioso, que aparecen separados en triploblásticos. Así, los genes reguladores (selectores) de tipo celular determinan propiedades específicas de comportamiento celular y están conservados a lo largo de la escala evolutiva. Entre estos podemos encontrar: al gen *snail (sna)* de *Drosophila,* que reprime el destino neuroectodérmico, promoviendo el desarrollo de células mesodérmicas, y cuyo homólogo en mamíferos realiza las mismas funciones; los genes del complejo *achete-scute (AS-C)* y *extramacrochetae (emc)* de *Drosophila,* que están involucrados en la especificación de células preneuronales a partir del neuroectodermo, y que tienen homólogos en vertebrados, en nemátodos, e incluso en animales diploblásticos como la hidra (cnidarios); y también en *Drosophila*, el gen *glial cells missing (gcm),* que controla el destino de las células nerviosas como neurona o como célula glía, y que se encuentra, de nuevo, conservado en vertebrados.

Estos genes selectores de tipos celulares determinan, junto con sus genes asociados en sintagmas, las propiedades de comportamiento celular específicas de las células de un determinado histotipo. En algunos casos, un tipo celular viene definido por la actividad de un único sintagma; sin embargo, es frecuente la actividad simultánea de muchos de estos genes —y sus sintagmas— en la misma célula, dando lugar a comportamientos celulares que son combinación de sus actividades, en un mecanismo que permite ampliar la diversidad histotípica.

Ejes embrionarios

El desarrollo de un embrión a partir de un grupo inicial de células lleva a la emergencia de estructuras organizadas. Por ejemplo, los blastómeros, producto de las divisiones del huevo fertilizado, tienen una relación topológica precisa con las distintas partes del futuro embrión. En estos blastómeros se organizan las actividades celulares que van a dirigir el desarrollo correcto del embrión en un patrón temporal y espacial preciso. La especificación de este patrón es controlada por múltiples mecanismos moleculares y celulares, únicos para cada momento del desarrollo y característicos para cada organismo.

La primera acción durante el desarrollo en la que se establece un patrón es durante el diseño del plan corporal; en la definición de los ejes principales del embrión. En todos los organismos multicelulares se puede distinguir al menos un eje principal, el anteroposterior (A/P), que corre de cabeza a cola (cefalocaudal), y en plantas del ápice en crecimiento a las raíces. Este es el caso desde los Radialia (como cnidarios) con dos capas blastodérmicas, neuroectodermo y endodermo (Diploblastos). Muchos animales poseen también unas partes distinguibles que definen un nuevo eje, el dorsoventral (D/V), que es ortogonal al primero. Este es el caso de los Bilateria (Triploblastos), en los que la intersección de los ejes A/P y D/V define a su vez los lados, derecha e izquierda, del animal.

La determinación de los ejes embrionarios se deriva de una distribución asimétrica de productos de algunos genes maternos, en la mayoría de los casos estudiados a nivel molecular, o de reordenamientos de componentes citoplásmicos con posterioridad a la fertilización.

Las etapas más tempranas del desarrollo de *Drosophila,* y otros artrópodos, son controladas por productos preformados que son sintetizados por la madre y depositados y localizados en posiciones terminales del huevo mientras se forma en el ovario. Los genes responsables de esta contribución materna se conocen como «genes maternos». Por contraste, «genes zigóticos» son aquellos genes requeridos durante el desarrollo del embrión y que se expresan en el propio embrión. La expresión de genes maternos crea diferencias en el eje A/P incluso antes de la fertilización. Estas diferencias permiten distinguir la futura cabeza del extremo posterior. Los genes maternos que especifican el eje A/P en *Drosophila* pertenecen a tres categorías: la clase anterior, cuyo gen más representativo es *bicoid,* y cuya falta de función conlleva la pérdida de la cabeza y estructuras torácicas; la clase posterior, con genes tales como *nanos,* cuyas mutaciones causan la deleción de estructuras abdominales; y la clase terminal, entre los que está *torso,* que afecta a las estructuras especializadas de la cabeza y la cola (acron y telson).

Los productos del gen *bicoid* (mARN y proteína) se sintetizan en el polo anterior del embrión y difunden formando un gradiente de concentración en el eje A/P. Este gradiente provee la información posicional requerida para el establecimiento de las diferencias de patrón a lo largo del eje. Bicoid, un factor de transcripción, se comporta como un morfógeno activando ciertos genes zigóticos a diferentes umbrales de concentración. El término posterior del embrión se especifica por la acción de nueve genes maternos, que intervienen en la localización del producto del gen *nanos* en el extremo posterior del embrión sin fertilizar. Nanos no actúa como un morfógeno, sino que se mantiene localizado en el polo posterior, donde reprime la expresión de genes activables por *bicoid,* tales como *hunchback*. Un componente adicional en el proceso de establecimiento del eje A/P es la definición de las regiones terminales. En este caso la especificación se debe a la activación local, en los dos extremos del embrión, de un receptor tirosina kinasa, Torso, por un ligando depositado en esas posiciones en el espacio perivitelino, fuera del huevo.

El eje D/V en *Drosophila* también se establece en el huevo sin fertilizar. El polo ventral es definido por la deposición localizada de una proteína maternal Spätzle en la membrana vitelina extraembrionaria en un solo lado del huevo. Esta proteína se procesa tras la fertilización y un fragmento activa el receptor de origen maternal Toll. Este receptor activado transmite la señal a células adyacentes, creando un gradiente de señalización ventrodorsal. A consecuencia de esta actividad, la proteína maternal Dorsal, un factor de transcripción, se transloca al núcleo poniendo en práctica un programa de actividad génica.

La organización de los ejes corporales en vertebrados depende de la acción de factores maternos, influencias externas e interacciones celulares. En el embrión de anfibios, factores maternales distribuidos asimétricamente, entre los que se encuentran la proteína Vg-1, un miembro de la familia de TGF-β, y Xwnt-11, un homólogo de la proteína Wingless de *Drosophila* (en el polo vegetal), determinan el eje entre el polo animal y el polo vegetal, que aproximadamente corresponde al eje A/P. El eje D/V, sin embargo, se especifica por la posición de entrada del esperma, que determina el polo ventral. La entrada del esperma tiene como consecuencia una rotación cortical, que lleva al establecimiento del centro de Nieuwkoop en el polo dorsal, un centro de señalización para los tejidos adyacentes. En embriones de pollo, el eje D/V se especifica en las primeras divisiones por la posición del blastodermo en relación al vitelo; así, el lado dorsal del blastodermo es el más alejado del vitelo, mientras que el lado ventral es adyacente a él. La especificación del eje A/P depende de la gravedad, que determina el lado del blastodermo (el más elevado) en el que se van a formar la zona marginal posterior y el surco primitivo. La especificación de los ejes en el embrión de ratón se realiza en ausencia de componentes maternos. En la etapa de 32 células, el embrión es un blastocisto, consistente en una esfera de epitelio, que contiene una pequeña masa celular interna de 10 a 15 células en un extremo de la que se desarrolla el embrión propiamente dicho, y un epitelio externo que formará el trofoectodermo, del que se derivan estructuras extraembrionarias. El eje D/V se establece entre la posición de unión de la masa celular interna al trofoectodermo, el polo embrionario y el extremo opuesto. No se conoce el mecanismo que establece el eje A/P, aunque es posible que implique la participación de señales provenientes del útero tras la implantación, puesto que con posterioridad el eje A/P del embrión se localiza perpendicularmente al eje longitudinal del útero.

A pesar de las muchas similitudes entre sus planes corporales, el eje D/V de los cordados está invertido cuando se compara con el de los artrópodos. Anatómicamente, el sistema nervioso central deriva de territorios ectodérmicos que permanecen mediodorsales o laterales en los Deuterostomia (cordados) y medioventrales en Protostomia (anélidos y artrópodos). De la misma forma, la aorta, que tiene siempre un origen mesodérmico, se localiza en posiciones medioventrales en cordados y mediodorsales en Protostomia. Ya en el siglo XIX se propuso que durante la evolución de los vertebrados el eje D/V giró 180 grados. En fecha reciente, esta hipótesis ha sido demostrada molecularmente. Se ha observado que los mismos genes se expresan a lo largo del eje D/V, tanto en insectos como en vertebrados, pero en direcciones inversas. Así, en *Xenopus,* la proteína Chordin es una de las señales que especifican la región dorsal, mientras que el factor de crecimiento BMP-4 especifica los destinos ventrales. En *Drosophila,* la proteína Dpp, altamente relacionada con BMP-4, es la señal dorsal, mientras que la proteína codificada por el gen *short gastrulation (sog),* homóloga de Chordin, es la señal ventral. Estas moléculas son experimentalmente intercambiables entre insectos y anfibios, y así, Chordin promueve desarrollo ventral en *Drosophila,* y Dpp dirige el desarrollo ventral en *Xenopus*. Esta similitud mecanística apoya la idea de que la divergencia entre artrópodos y vertebrados se produjo por la inversión del eje D/V y apunta a la existencia de un «Urbilateria» primitivo, anterior a una inversión secundaria dorsoventral.

SEGMENTOS Y TEJIDOS

En muchos Protostomia y Deuterostomia, el eje A/P se construye por reiteración de territorios. Esta iteración da lugar a metámeros o segmentos para todos los derivados de las capas blastodérmicas. Todos los animales segmentados son parecidos en ciertos aspectos y están subdivididos anatómicamente en tagmas: todos poseen una región cefálica anterior a la región bucal, en la que se encuentra el cerebro, o su primer rudimento evolutivo; un tronco que consiste en una serie de segmentos, más o menos similares, de número constante o variable según la especie; y un telson a partir del que se especifican todas las estructuras caudales.

El crecimiento y expansión de la parte segmentada media del cuerpo en anélidos y artrópodos primitivos ocurre por anamerismo, por gemación o condensación secuencial de los segmentos en sentido caudal, desde la región bucal hasta el ano (telson terminal). En *Drosophila* e insectos evolucionados, sin embargo, los segmentos aparecen demarcados en el blastodermo y se singularizan por partición en respuesta a señales topográficas en el embrión. Así, la acción de los genes maternos en el establecimiento del eje A/P (descrita en detalle anteriormente) tiene como consecuencia la expresión en cascada de diferentes genes que codifican para factores transcripcionales: en primer lugar, los genes *gap* subdividen el embrión en amplias regiones; diversas combinaciones de estos activan a los genes *pair rule* que definen áreas más reducidas dentro de la región torácica y abdominal; y, finalmente, su acción combinada establece la expresión de genes de polaridad segmental *(segment polarity),* y con ello la periodicidad de segmentos y la especificidad de los hemisegmentos anteriores (A) y posteriores (P) («compartimentos»). En todos los *phila* segmentados, los segmentos cefálicos y anales crecen distalmente. Los segmentos aparecen en secuencia y sentido opuestos, desarrollándose de posterior a anterior hasta el acron y de anterior a posterior hasta el telson.

Aunque los segmentos de cordados no son estrictamente homólogos a los de artrópodos desde un punto de vista anatómico, su especificación depende de los mismos genes. En vertebrados, los somites, que resultan de la migración celular y la condensación local de regiones del blastodermo, expresan genes *pair rule* y *segment polarity*. El gen *engrailed* (*en*), que se expresa en los compartimentos posteriores de cada segmento de *Drosophila,* se expresa también en la mitad posterior de cada uno de los ocho primeros somites del Anfioxo. Más aún, un homólogo del gen *pair rule hairy* (*h*) de *Drosophila* se expresa en somites alternos en el pez cebra, recapitulando su expresión en el embrión de *Drosophila*.

Un avance muy importante de la genética del desarrollo comparada es la constatación de que la especificación estructural y funcional de los distintos segmentos a lo largo del eje A/P viene definida por el mismo grupo de genes en todos los Bilateria. Así, los genes Hox, que constituyen una familia de genes reguladores de la superfamilia de las Homeoproteínas, van a especificar las distintas regiones tanto de la cabeza como del tronco y las caudales.

Ya en Cnidaria (Diploblastos) se han encontrado al menos dos (y es probable que tres) genes de esta familia que se expresan distintamente en cabeza y pie a lo largo del eje A/P. En Bilateria primitivos, y en ambos Prota y Deuterostomia, aparecen entre seis y ocho genes Hox derivados por duplicación y divergencia génica de los tres primitivos (parálogos). Todos los Hox parálogos aparecen asociados como un grupo contiguo en los cromosomas en todos los Bilateria. El número de Hox parálogos varía entre taxa, y mientras que en *Drosophila* hay ocho, en cefalocordados se encuentran trece (Anfioxo). Esta dotación se cuadruplica en cordados superiores, donde se encuentran cuatro grupos equivalentes (ortólogos) de Hox parálogos (A, B, C y D en ratón, en

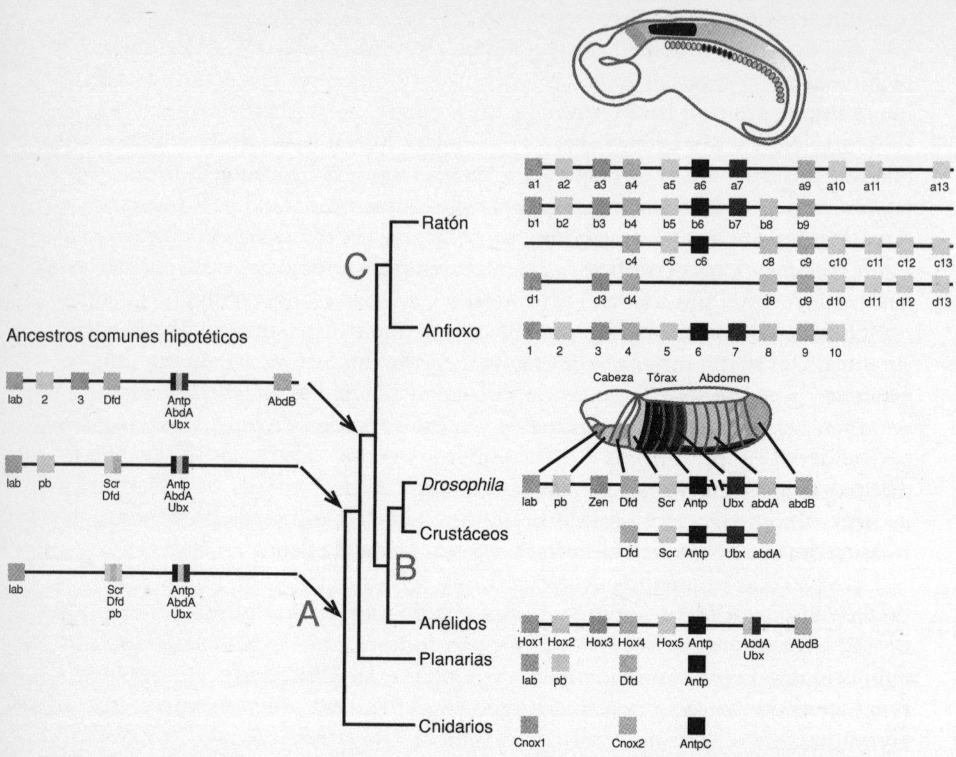

Fig. 11.5.—*Genes Hox.* Derivación filogenética de los grupos de genes Hox parálogos (por duplicación en tándem). Los códigos de tonos gris indican genes ortólogos. A la izquierda, grupos parálogos hipotéticos en la base de las radiaciones de Diploblastos y Triploblastos (A), Protostomia (B) y Deuterostomia (C). En Anfioxo (Cefalocordados) y en los demás grupos el complejo génico Hox contiene un solo grupo parálogo. En tetrápodos (ratón), una doble duplicación cromosómica ha dado lugar a cuatro grupos de genes Hox parálogos (a, b, c, d). Los patrones de expresión embrionaria de los genes Hox, en segmentos *(Drosophila)* y en el sistema nervioso (ratón) a lo largo del eje cefalocaudal, se encuentran conservados y son correlativos a su localización cromosómica. [Figura modificada de Carroll (1995), *Nature* 376: 479-485]

distintos cromosomas). Esta multiplicación se origina por dos pasos de ploidía generados en los cordados a partir de peces mandibulados (esta poliploidía afecta también a otros genes del genoma).

Los distintos Hox parálogos se expresan en diferentes segmentos, tanto en todas las hojas blastodérmicas de artrópodos (ectodermo, mesodermo y endodermo) como en el sistema nervioso central y el mesodermo (somites, vértebras y músculos) de vertebrados. Las mutaciones que causan la falta de función de estos genes dan lugar a unas transformaciones homeóticas de unos segmentos en otros (segmentos más posteriores hacia más anteriores), mientras que condiciones genéticas de ganancia de función inducen transformaciones recíprocas hacia segmentos posteriores. Estas transformaciones sistémicas afectan múltiples histotipos dentro de cada segmento. Es destacable que los genes Hox ortólogos entre artrópodos y vertebrados son funcionalmente intercambiables. Los Hox de vertebrados son capaces de revertir mutaciones en *Drosophila* en animales transgénicos y, además, las zonas reguladoras de los genes Hox de ratón son reconocidas por activadores de genes Hox de *Drosophila.*

Los genes Hox son miembros de un sintagma canónico en el que genes «activadores» disparan su expresión en localizaciones concretas. Los genes Hox se expresan entonces en regiones adyacentes, y en algunos casos solapantes, que se organizan a lo largo del eje A/P en el mismo orden en que los genes se disponen en el cromosoma. Esta colinearidad se mantiene en todos los *phila.* De esta manera, los genes Hox, genes «selectores» que dirigen la especificidad de segmento, controlan a su vez la expresión de otros genes subsidiarios «realizadores», que ponen en práctica el programa de desarrollo dictado por aquellos. Estas relaciones jerárquicas operan transformando la información posicional del embrión en procesos morfogenéticos específicos.

Esta extraordinaria conservación de genes y sintagmas en la organización axial de los Bilateria lleva a preguntarse por la función primordial de estos genes. El hecho de que estén conservados desde el origen de los metazoos, Triploblásticos y Dipoblásticos, parece indicar que estarían relacionados con la generación de identidad a lo largo de un eje, convirtiendo homogeneidad en diversidad.

La generación de la forma en el desarrollo animal demanda la reordenación de las capas celulares y el movimiento de las células de una a otra localización. El cambio de forma es principalmente un problema mecánico y requiere el análisis de las fuerzas que las células ejercen y las propiedades celulares que generan estas fuerzas. Entre estas se encuentran la adhesividad, migración, cambio de forma, polaridad y reconocimiento celular descritas anteriormente.

La formación de láminas planas o masas sólidas depende del tipo de contacto entre células. En una lámina (epitelio), cada célula solo contacta con otras células a través de parte de su superficie, mientras que otras partes permanecen expuestas al medio externo. En una masa sólida, como los huesos y la dermis, la mayoría de las células, excepto aquellas en la superficie, están compactadas con las demás. La polarización de los contactos celulares, con el desarrollo de áreas especializadas en sus superficies, tales como desmosomas o *tight junctions,* provocan que las células se organicen en epitelios laminares. Ahora bien, si en un epitelio el área de contacto entre células adyacentes cambia, el epitelio en su totalidad se pliega o cambia de forma. Muchas de las estructuras embrionarias tempranas consisten en tales epitelios, como por ejemplo las paredes de la blástula que se van a plegar para formar las capas embrionarias del ectodermo, mesodermo y endodermo, en la gastrulación.

La gastrulación en diploblastos, como la hidra (cnidaria), consiste en la invaginación de un territorio de la blástula dejando una apertura, la boca, y creando un tubo con una capa ectodérmica y otra endodérmica, el digestivo. Esta invaginación es radialmente simétrica. Por ello, estos organismos se incluyen en los Radialia.

La gastrulación en triploblastos es bilateralmente simétrica (Bilateria) y con ella se crea un eje D/V. La invaginación en el blastoporo origina el arquenteron ventralmente (tubo digestivo), que luego se cierra, y una capa intermedia que dará el mesodermo. Con el ectodermo externo aparecen, pues, tres capas blastodérmicas. Los procesos de gastrulación en triploblastos son muy diversos, incluyendo, según los grupos animales, delaminaciones, cambios de forma, expansiones y migraciones celulares, resultantes de cambios de expresión génica y del citoesqueleto; y polaridad, reconocimiento y adhesividad celular diferenciales.

La gastrulación resulta de diferencias graduales a lo largo de ambos ejes del cuerpo A/P y D/V. El eje A/P se construye en algunos Protostomia y algunos Deuterostomia mediante reiteración de territorios. Esta iteración da lugar al metamerismo de los segmentos, presente en todos los derivados de las distintas capas blastodérmicas. El eje D/V, por otro lado, se subdivide en franjas (ectodermo, neuroectodermo, mesodermo) y más tarde en histotipos y órganos con la misma seriación topográfica en todos los metámeros. Así, las relaciones anatómicas entre taxa son generativamente homólogas (véase *supra).*

La especificación de las capas blastodérmicas en triploblastos, y en particular el mesodermo y el neuroectodermo, es mediada por procesos inductivos. El proceso de inducción consiste en la influencia de un determinado grupo de células sobre células adyacentes, de tal manera que estas modifican sus operaciones de desarrollo. Las señales inductivas pueden propagarse a distancia, o pueden ser localizadas. Existen tres formas posibles de transmisión de estas señales: la transmisión a través del espacio extracelular por una molécula secretada difusible; la interacción directa entre células mediante moléculas localizadas en su superficie; el paso de señales de unas células a otras a través de canales intercelulares *gap junctions.* En los dos primeros casos, la señal es recibida por un receptor que desencadena una ruta de transducción de señales intracelular.

Una característica importante en los procesos inductivos es que las células «diana» han de ser «competentes» para la recepción de la señal, por ejemplo, expresando los receptores adecuados o poseyendo los factores de transcripción necesarios para inducir una respuesta génica. Esta competencia celular cambia con el tiempo, y provoca que las señales inductivas sean esencialmente selectivas entre los distintos destinos hacia los que las células puedan evolucionar, y no instructivas. De esta forma, la misma señal puede actuar sobre distintos tipos celulares provocando respuestas características y diferentes.

El mesodermo en anfibios depende totalmente de una señal inductiva de la región vegetal de la blástula, que convierte las células ectodérmicas adyacentes en mesodérmicas. Esta inducción primaria (vertical) entre distintas capas embrionarias es mediada por señales difusibles, entre las que se encuentran Vg-1 y Activin, dos miembros de la familia TGF-β. Inducciones de este tipo se aplican al organizador de Spemann en anfibios, al nodo de Hensen en el pollo, y a la región nodal en el ratón, que son capaces de inducir la aparición de nuevos ejes embrionarios. Procesos de inducción más locales afectan al patrón de diferenciación celular. Durante la gastrulación, la región del ectodermo adyacente a la línea media dorsal del embrión se especifica como placa neural, se pliega para formar el tubo neural, y se diferencia en el cerebro y la médula espinal. El tubo neural queda cubierto en su zona dorsal por tejido ectodérmico adyacente a la placa superior *(roof plate)* y está en contacto a través de su zona ventral, la placa de suelo *(floor plate),* con la notocorda, de un origen distinto, mesodérmico. En el tubo neural, los cambios en la expresión de diferentes factores reguladores y la especificación de diferentes tipos neuronales se producen a lo largo del eje D/V como consecuencia de un efecto inductivo de la notocorda, mediado por la acción de Sonic hedgehog (Shh). Shh inhibe directamente las homeproteínas Pax-3 y Pax-7, induciendo la especificación y diferenciación de neuroblastos migratorios y neuronas motoras.

Como hemos visto anteriormente (ejes embrionarios), el desarrollo de las estructuras anteriores viene asociado a la localización de un polo anterior y a la diferenciación de estructuras nerviosas específicas. En triploblastos, la organización de las estructuras cefálicas depende de una actividad inductora del endodermo (y no del mesodermo) sobre el ectodermo, que dirige la activación de la expresión de genes reguladores de la familia de las homeoproteínas, de las clases Paired, Antennapedia y LIM. Entre los diploblastos (que carecen de mesodermo), la expresión apical de estos genes solo es detectable en Cnidaria (hidra), los únicos que poseen una conducta alimenticia activa, pero no en otros Radialia. Esta conservación sugiere que la inducción de estructuras cefálicas es, pues, un proceso mediado por genes conservados y que su origen se remonta a antes del Cámbrico.

Otro tipo de inducción concierne a la capacidad modificadora de unas células sobre otras dentro de la misma capa blastodérmica (inducción planar). Así, también en *Xenopus,* diversas moléculas que emanan del organizador (Noggin, Chordin y Frizbee), que participan en cascadas de señalización relacionadas a proteínas de la familia de TGF-β y Wnt, inducen la dorsalización del mesodermo.

Otros procesos similares de inducción ocurren en invertebrados tales como el erizo de mar o nemátodos. Es interesante apuntar que los efectos inductivos son frecuentes en sistemas en los que el linaje celular no es determinante en el destino final de las células (como los descritos anteriormente en vertebrados). Sin embargo, inducción y linaje se pueden complementar en algunos casos. Las células pertenecientes a diferentes tipos celulares no se derivan de *stem cells* únicas, sino de múltiples precursores con grandes diferencias en su linaje. De hecho, células nerviosas y musculares pueden ser hermanas. Aunque el origen de una célula es determinante en su comportamiento, su desarrollo es, en muchos casos, dependiente de su comunicación con las células del entorno. En *C. elegans* se ha determinado el linaje completo para cada célula, siendo el patrón de división celular invariante. Cada una de sus células, 959 en machos y 1.031 en hembras, tiene un destino determinado, pero este también depende en parte de interacciones celulares específicas. Así, durante el desarrollo de la vulva, las actividades inductivas entre las células precursoras, la célula ancla y la epidermis subyacente permiten la especificación de tres tipos celulares diferentes entre las 22 células que la componen.

Durante el desarrollo, la actividad morfogenética, en muchos casos ligada a procesos de inducción, ha de limitarse a su correcto territorio de acción. Aunque la mayoría de los tejidos son policlonales, esto es, se originan a partir de células precursoras de distinto origen, existen bordes de restricción clonal, visibles anatómicamente o, a menudo, no aparentes. Los bordes delinean áreas concretas (sectores), en que las células no se mezclan con las de sectores adyacentes y en los que una actividad morfogenética va a tener lugar. Al mismo tiempo, constituyen en muchos casos una fuente de señales que afectan a los sectores adyacentes. Ejemplos típicos de bordes de restricción son los bordes de compartimento, que se analizarán en detalle más adelante.

A partir de los bordes de restricción, se explica la subdivisión de campos morfogenéticos. Un campo morfogenético constituye una unidad espacial interrelacionada, de tal manera que los cambios en una operación de desarrollo en una región concreta del campo afectan a toda su área de acción. Las venas del ala de *Drosophila* representan un campo morfogenético cuyos elementos son líneas en un plano. Estas líneas (venas) se afectan de forma coordinada en mutaciones que aparentemente afectan a la posición espacial de venas específicas. El ala se desarrolla creciendo por diamorfosis (de forma intercalar) entre bordes de restricción separando compartimentos o regiones más pequeños (sectores entre venas). Durante la proliferación del disco las células hija se colocan entre sus vecinas preferentemente a lo largo del eje A/P y Pr/Ds, de tal manera que rellenan el espacio usando los bordes como referencia.

APÉNDICES Y ÓRGANOS

Distintas variaciones en el número, tipo y forma de los apéndices caracterizan la gran diversidad de grupos de artrópodos y vertebrados. Los apéndices derivados del ectodermo ventral en artrópodos incluyen antenas, aparatos bucales, branquias, patas de diferentes tipos utilizadas para desplazarse y para la deposición de huevos, placas anales y extracrecimientos asociados al vuelo (alas de insectos). En vertebrados, los apéndices derivan del crecimiento de la

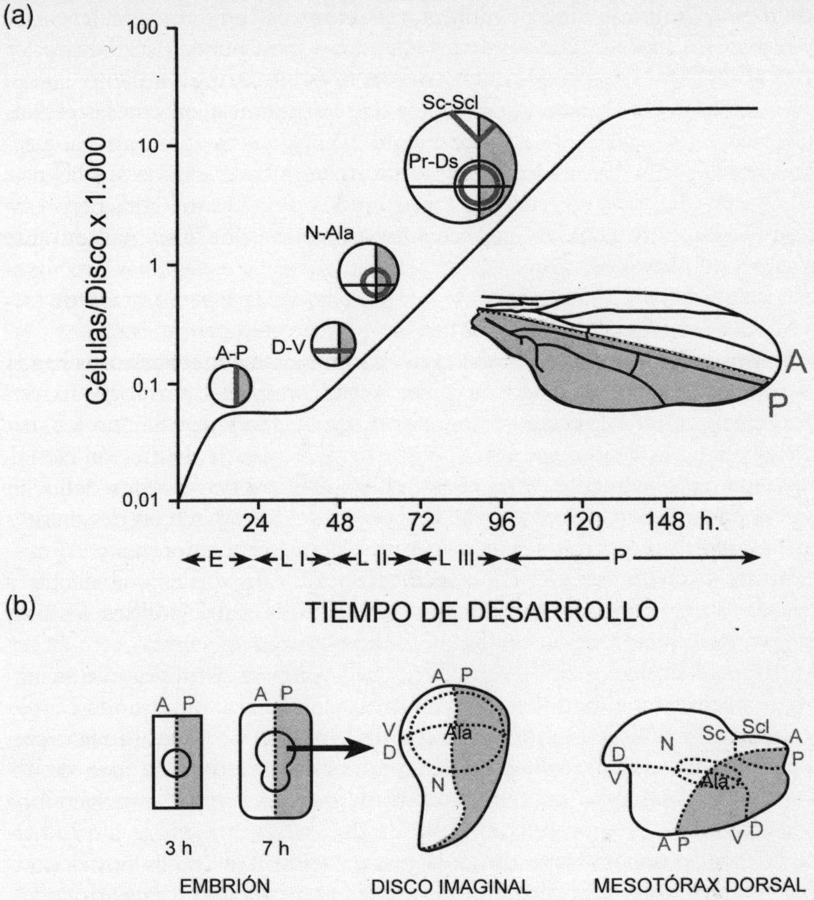

Fig. 11.6.—*Subdivisión de territorios (compartimentos clonales) en el desarrollo del ala de Drosophila.* (a) Aparición de compartimentos, en el disco imaginal, simultánea a su proliferación, a lo largo de los periodos larvarios (LI, LII, LIII). Topología de compartimentos en el disco marginal. Vista dorsal de ala adulta con el borde de restricción clonal A/P; (b) Segregación del disco en el embrión, mapas de destino del disco y vista lateral del mesotórax del adulto. La flecha indica que el disco de ala se deriva de un esbozo dorsal: A, anterior; P, posterior; D, dorsal; V, ventral; N, notum; Pr, proximal; Ds, distal; Sc, scutum; Scl, scutelum; E, embrión; LI, LII, LIII, estadios larvarios; P, pupa. [Figura modificada de García-Bellido y cols. (1992), en *Development: The Molecular Genetic Approach,* Springer-Verlag, Berlín, págs. 328-342

epidermis y del mesodermo y dan lugar a las aletas de los peces y las patas de los tetrápodos. Como regla general, los apéndices retienen las simetrías de los ejes A/P y D/V del cuerpo del que emergen, creando un nuevo eje, el proximodistal (Pr-Ds). De manera parecida a la segmentación, que avanza en sentido cefalocaudal, pero resulta de crecimiento intercalar, los apéndices se desarrollan desde la base, pero crecen por diamorfosis entre el extremo distal y la base. Los apéndices de vertebrados y artrópodos no son estrictamente órganos homólogos, pero veremos que, en su morfogénesis, hacen uso de sintagmas y genes conservados.

En los insectos, los apéndices (patas) se forman a partir de esbozos imaginales presentes en el ectodermo embrionario que están compuestos de células de origen ventral que pertenecen tanto al compartimento anterior como al posterior del segmento en que se originan (véase *supra).* Estos esbozos crecen y se invaginan en una dirección ortogonal al ectodermo y dan lugar a los discos imaginales. Las alas de los insectos se originan a partir de una subpoblación que migra dorsalmente de las células de los esbozos ventrales de pata.

En el disco de ala en *Drosophila,* las células del borde de compartimento A/P constituyen un centro de señalización que dirige el crecimiento y la organización del disco en este eje. La especificación de este borde A/P es consecuencia de la expresión del gen selector *engrailed* (*en*), que codifica para un factor de transcripción de la familia de las homeoproteínas en las células del compartimento posterior del disco. Esta localización es un reflejo de su patrón de expresión en el parasegmento embrionario del que deriva. Las células que expresan *en* también expresan *hedgehog* (*hh*), y el producto de este gen induce en las células adyacentes del compartimento anterior la expresión de *decapentaplegic* (*dpp*). La proteína codificada por *dpp*, que es un miembro de la familia TGF-β, se secreta en el borde del compartimento y es posiblemente la señal posicional que dirige la organización y el crecimiento de los compartimentos anterior y posterior. Durante el crecimiento del ala se define más tarde una nueva subdivisión compartimental que separa las células dorsales, aquellas que van a dar lugar a la superficie dorsal del ala del adulto, de las ventrales que corresponden a la superficie ventral. Los compartimentos dorsal y ventral se identificaron inicialmente por estudios de linaje celular, pero también están definidos por la expresión del gen selector *apterous* (*ap*), que codifica para un factor de transcripción con dominios LIM, que, a su vez, se expresa únicamente en el compartimento dorsal. La expresión de *ap* activa la secreción de proteínas codificadas por los genes *fringe* (*fr*) y *Serrate* (*Ser*) en las células dorsales, y estas interaccionan con las células ventrales vía un receptor (la proteína Notch), formando el margen del ala. En paralelo a su papel en la organización del patrón del margen, el intercambio de señales entre ligandos y receptores en el borde D/V estimula la proliferación celular en dirección perpendicular a este eje. Así pues, la especificación de los bordes A/P y D/V viene mediada, respectivamente, por la acción de los sintagmas *en* y *ap*. Los ligandos y receptores que participan en el sintagma *en* en el borde A/P son Hh y Dpp, entre otros; y los del sintagma *ap* en el borde D/V son principalmente Ser, N y Fr. La falta de función de *en* causa una transformación del compartimento posterior en anterior, mientras que la falta de *ap* causa la ventralización del compartimento dorsal (y con ello la falta de borde para crecer). La intersección de los bordes A/P y D/V definen el extremo del apéndice, desde donde sus células proliferan por diamorfosis, intercalarmente.

En las patas, los primeros pasos en la organización del eje A/P son los mismos que en el ala. El gen *en* se expresa en el compartimento posterior e induce la expresión de *hh*, que a su vez induce un centro organizador a lo largo del borde de compartimento. En la parte dorsal de este borde *hh* induce *dpp*, como en el ala, mientras que en la parte ventral induce *wingless* (*wg*), actuando esta proteína secretable como la señal posicional ventral en el borde A/P. Los patrones complementarios de *wg* y *dpp* se mantienen por inhibición mutua. El establecimiento del eje proximodistal también depende de las interacciones entre *wg* y *dpp*. El extremo distal de la pata se especifica en el centro del disco donde se expresa el gen *Distal-less* (*Dll*), un regulador transcripcional. El lugar de expresión de *Dll* corresponde al punto de encuentro de Wg y Dpp, siendo la actividad de *Dll* necesaria para la especificación distal y el crecimiento en el eje Pr-Ds (en su ausencia no hay distalización del apéndice). *Dll* estimula el crecimiento proximodistal contrarrestando la función de otro gen, *extradenticle* (*exd*), que define las regiones basales de los apéndices. Es interesante que *Dll* se expresa en los esbozos de patas de todos los insectos estudiados, y en branquias y patas en crustáceos; *ap* se expresa en los lóbulos proximales dorsales de las patas birramias de los crustáceos y en las branquias y lóbulos dorsales de la base de las patas de insectos primitivos, de donde se derivaron las alas de insectos pterigota.

Los apéndices en vertebrados surgen de pequeñas protuberancias *(limb buds)* que emergen del tronco del embrión en posiciones variables a lo largo del eje cefalocaudal. El primordio está constituido de un núcleo mesenquimático, al que durante el desarrollo se adhieren células musculares, de un linaje independiente, que migran desde los somitas. En la punta del *limb bud* se encuentra la «zona de progreso», compuesta de células no diferenciadas en proliferación rápida. La «zona de progreso» se localiza directamente debajo de un engrosamiento del ectodermo, la «cresta ectodérmica apical» (AER). Según crece el primordio, las células dejan la «zona de progreso» y empiezan a diferenciar en estructuras cartilaginosas (que más tarde serán reemplazadas por hueso). La parte del primordio más cercana al tronco es la primera en diferenciarse, y la diferenciación avanza distalmente según se extiende el apéndice.

En la formación de las patas de los tetrápodos participan los mismos elementos genéticos y los mismos sintagmas que en los artrópodos. Así, la AER se localiza en el ectodermo dorsal del apéndice en la posición en que se confrontan células que expresan *Radical fringe* (*Rfr*), un homólogo del gen *fr* de *Drosophila,* y células que no lo expresan (borde D/V). La AER es esencial para el establecimiento de la «zona de progreso» donde se inicia el crecimiento del primordio. La señalización desde la AER, en la que participa *Wnt-7*, un homólogo de *wg*, dirige la especificación del mesodermo dorsal induciendo la expresión del gen *Lmx-1*, homólogo de *ap*, un mecanismo muy similar al descrito para la especificación dorsoventral en discos imaginales.

La especificación del eje A/P es mediada por otra región del primordio de pata, la «zona de actividad polarizante» (ZPA), una región del margen posterior del mesénquima. La ZPA especifica posiciones a lo largo del eje A/P produciendo un morfógeno difusible, BMP-2, un homólogo del gen *dpp* de *Drosophila.* BMP-2 se expresa en forma de gradiente con los niveles más altos en el margen posterior del *limb bud,* y es inducido por *Sonic hedgehog* (*Shh*), homólogo de *hh*. Así, las aplicaciones locales ectópicas de *Shh* inducen la aparición de una nueva ZPA, incluyendo la expresión de BMP-2 y polidactilia. En el eje Pr-Ds, *Dlx*, el homólogo en ratón del gen *Dll*, aparece al inicio

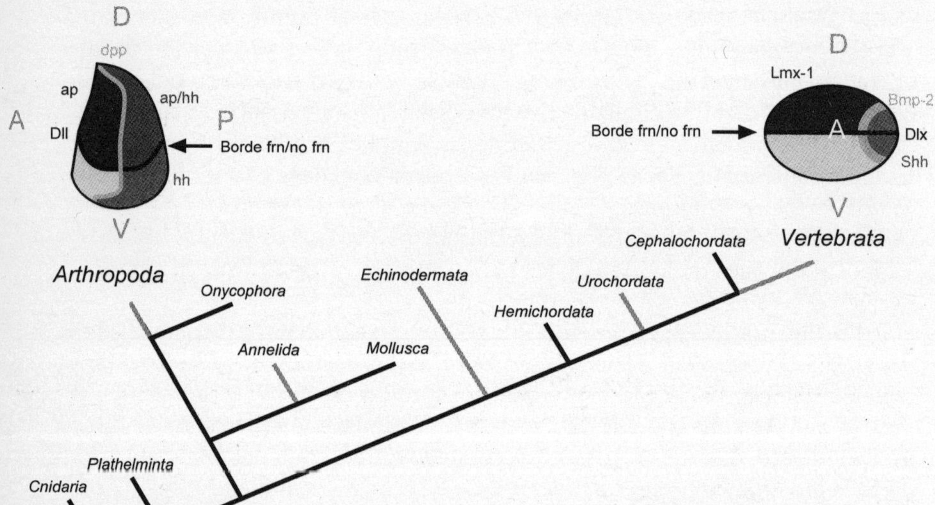

Fig. 11.7.—*Conservación de sintagmas en la morfogénesis de apéndices.* Genes responsables de la especificación de los ejes de crecimiento y la formación de patrones en el disco imaginal del ala de *Drosophila* (izquierda) y del primordio de los apéndices en el pollo (derecha). El mismo código de gris se utiliza para mostrar la expresión localizada de genes homólogos en el disco y el primordio *(ap, apterous* en *Drosophila* y su homólogo *LIM-1* en ratón; *Dll, distalless* y *Dlx; dpp; decapentaplegic* y *Bmp-2; hh, hedgehog* y *Shh; frn, fringe* y *R-frn).* Sus actividades en la subdivisión de territorios y crecimiento están descritas en el texto. En el árbol filogenético se muestran en gris aquellas ramas con organismos en los que se han encontrado elementos de este sintagma. [Figura modificada de Shubin y cols. (1997), *Nature* 388: 639-648]

de la formación de los primordios de patas bloqueando la función del gen *Pbx*, el homólogo del gen *exd* de *Drosophila,* y generando así una distinción entre regiones proximales y distales del esbozo.

Tanto los apéndices anteriores como los posteriores en los tetrápodos tienen la misma base morfogenética y las señales posicionales que controlan su organización son iguales, aunque se interpreten de forma diferente. Ambos pares de apéndices son, por lo tanto, homólogos. Las patas delanteras y traseras de tetrápodos expresan los mismos genes Hox caudales (parálogos 9 a 13 del grupo D) que las aletas anales de los peces y son probablemente derivados de ellas. Así, las patas de los tetrápodos se originan en un reclutamiento de parálogos del grupo Hox D iniciado en el Devónico inferior hace unos cuatrocientos millones de años. Las patas delanteras y traseras difieren a causa de la posición del primordio a lo largo del eje cefalocaudal del animal, expresando las anteriores genes del *cluster Hox* B, y las posteriores genes del grupo Hox C. Sin embargo, los apéndices de los vertebrados son flotantes y su relación topológica no está restringida en el eje axial y varía entre táxones: los somites, vértebras y nervios con los que están conectadas las patas corresponden a posiciones variables más anteriores y que expresan diferentes genes Hox. Esta independencia en su posición ha permitido grandes variaciones en el número de vértebras que median entre las patas delanteras y traseras en diferentes grupos de tetrápodos.

Contrariamente a los apéndices de los vertebrados, los de artrópodos derivan solo de la epidermis y están asignados a segmentos axiales constantes especificados por diferentes genes Hox. Una característica que ya está presente en los trilobites del Cámbrico, en que las distintas partes del cuerpo (tagmas) poseían ya diferentes tipos de apéndices, posiblemente especificados, como hoy día, por la expresión de diferentes genes Hox. La presencia o ausencia de estos genes en un segmento concreto determina el tipo de apéndice, maxilar, maxilopodial, patas torácicas y abdominales. A pesar de esto no existe una correlación universal en artrópodos entre el desarrollo de ciertas estructuras y un determinado gen Hox. Así, el gen *Ultrabithorax* (*Ubx*), que en Díptera determina la reducción de las alas metatorácicas a halterios, se expresa también en alas metatorácicas de otros insectos, que son idénticas a las mesotorácicas en Odonatos, y solo ligeramente distintas en Lepidópteros. Más aún, en las alas de las mariposas el gen *Ubx* deja de expresarse en ciertas posiciones para que actúen genes normalmente reprimidos por él y surjan elementos del patrón de pigmentación («ojos»).

Estos casos de heterotopía en la expresión de genes Hox en vertebrados y en artrópodos reflejan una gran versatilidad evolutiva en la activación posicional de los genes selectores a lo largo del cuerpo y en los genes realizadores que están operativamente debajo de ellos. Estos cambios han de ir asociados a variaciones en las regiones *cis*-reguladoras de genes selectores y realizadores de sintagmas más o menos invariantes. Así, la homología generativa de los apéndices de los vertebrados y de artrópodos, que es difícil de explicar como un fenómeno de convergencia adaptativa, probablemente indica que los apéndices resultan de operaciones morfogenéticas conservadas de los ancestros de Deuterostomia y Protostomia, quizá relacionadas con la creación de un nuevo eje proximodistal. De hecho los apéndices incipientes están representados en el registro fósil en los abultamientos con setas («parapodia») de los anélidos reptantes o perforantes del cieno en la base del Cámbrico.

Esta conservación de sintagmas se extiende a genes involucrados en la especificación de otros órganos. Entre otros, el tubo sanguíneo contráctil de insectos y nemátodos y el corazón de vertebrados están determinados por genes maestros homólogos: *tinman* (*tin*) en *Drosophila, CEH-22* en *C. elegans* y *NKX* en el ratón. Igualmente, el desarrollo del tubo digestivo, y en particular la faringe y el recto, está bajo el control de otro tipo de genes, los factores de transcripción, conservados en distintos *phila: forkhead* (*fkh*) en *Drosophila, PHA-4* en nemátodos y *HNF-3* en ratón.

Sorprendentemente, el mismo paradigma se puede aplicar a la generación de órganos no relacionados, pero con una función común, como los órganos ópticos. El ojo es un órgano que está presente en animales de todos los *phila* y que contiene elementos ectodérmicos, transmisores de la luz, y fotorreceptores nerviosos, anatómicamente combinados de formas múltiples. Siendo tan distintos en su anatomía, los ojos de animales tan diversos como artrópodos y vertebrados son órganos análogos no derivados de un ancestro común, sino producto de un proceso de convergencia evolutiva. Sin embargo, se ha demostrado en recientes estudios que en la construcción de organismos tan dispares como vertebrados, equinodermos, insectos, nemátodos, moluscos y aun protozoos intervienen genes comunes. Así, el gen *PAX-6*, cuya falta de función en humanos provoca la aniridia, una malformación que produce la ausencia parcial o total del iris, y en ratón el síndrome *small eye,* que afecta al desarrollo de la retina, la lente y la córnea, está conservado en un 90 por 100 de sus aminoácidos en el gen *eyeless* (*ey*) de *Drosophila*. Mutaciones en *ey* resultan en la reducción o la ausencia completa del ojo compuesto de la mosca; *ey* se expresa en el disco imaginal del ojo en la zona anterior del surco morfogenético y su expresión ectópica en otros discos imaginales induce la aparición de nuevas estructuras oculares. Más aún, el gen *PAX-6* expresado en *Drosophila* rescata el fenotipo mutante de *ey*, y si se expresa ectópicamente causa (como *ey*) la aparición de ojos en cualquier lugar de la epidermis. La homología para *PAX-6/ey* se extiende a los otros grupos animales mencionados.

En esencia, cabe especular que el gen *ey* originario estaba involucrado en la inducción de un sistema acoplado de una célula nerviosa receptora a una célula epidérmica pigmentada. La subsiguiente evolución habría llevado al reclutamiento de varias unidades elementales en el ojo de vertebrados y en el compuesto de artrópodos. De hecho, la morfogénesis del ojo de insectos tiene lugar por una ola de reclutamiento de células epidérmicas, en paralelo al avance de una ola de especificación de células fotorreceptoras, para formar los ommatidios. Pero no solo *ey* está conservado, sino también otros genes de la misma cascada morfogenética. Así, más de dos mil genes se activan en *Drosophila* a consecuencia de la actividad de *ey*, todos ellos necesarios para la morfogénesis del ojo. Muchos de estos están a su vez conservados, y todos los fotorreceptores, en distintos *phila,* usan como moléculas excitables por la luz derivados de Opsinas que están presentes desde arqueobacterias fotosintéticas. La morfología especie-específica del ojo sería de responsabilidad de otros genes de sintagmas distintos.

La morfogénesis no termina al final del desarrollo embrionario. La formación del patrón de muchos órganos ocurre en etapas en que sus primordios ocupan unas cuantas células; sin embargo, su crecimiento puede llevar años de actividad posembrionaria. Un ejemplo característico es el del crecimiento de huesos y músculos en vertebrados.

Formación de patrones

Los patrones morfológicos en el desarrollo de metazoos alcanzan un gran nivel de detalle y llegan a especificar células aisladas o pequeños grupos de células. Estos patrones de gran resolución se definen, en muchos casos, mediante mecanismos conservados.

La organización de patrones depende de la adquisición de información posicional por parte de las células. Las células dentro de un campo adquieren una identidad o valor posicional, que interpretan de acuerdo a su programa genético. El valor posicional es dinámico y depende de las propias células según van proliferando y rellenando el espacio, así como de la información topológica heterogénea del campo con respecto a la posición de sus bordes de restricción.

El control genético de la formación de patrones de dos dimensiones se ha estudiado en cierto detalle tanto en vertebrados como en invertebrados. En el caso de los elementos sensoriales epidérmicos de artrópodos, o las escamas y pelos de los vertebrados, el proceso de refinamiento de patrones se realiza en dos etapas. En primer lugar, se crean cambios en la expresión de genes «selectores» (heterogeneidades) en un territorio aparentemente homogéneo. En segundo lugar, una o varias células se seleccionan entre aquellas marcadas de antemano y entran en diferenciación terminal. Este mecanismo se definió inicialmente para las quetas y sensilas de la epidermis de *Drosophila.* Estos órganos sensoriales se forman a partir de células individuales, células madre de quetas (*sensory mother cells* —SMCs), que por sucesivas divisiones dan lugar a neuronas sensoriales y estructuras quimo- o mecanorreceptoras. Las SMCs se singularizan a partir de grupos de células «proneurales» que expresan genes del complejo *achaete-scute* (*AS-C*), que son miembros de la familia b-HLH de factores transcripcionales. Estos grupos, a su vez, aparecen en posiciones definidas en respuesta a genes reguladores de patrón

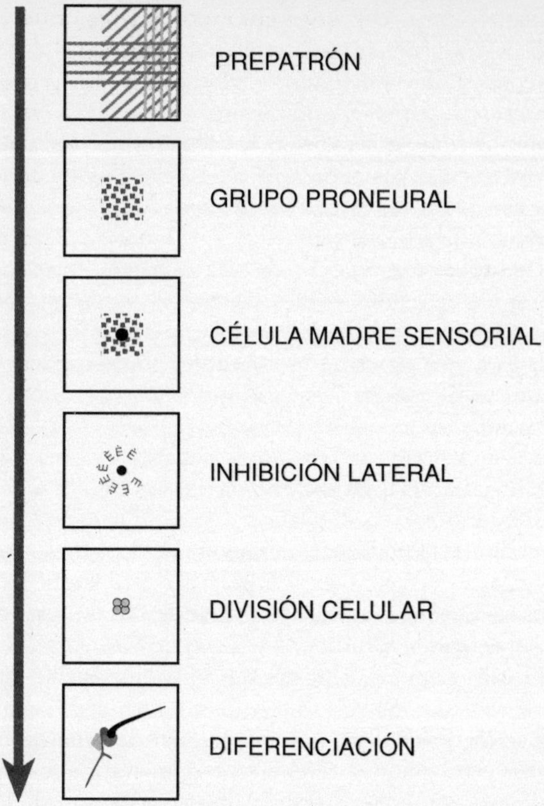

Fig. 11.8.—*Evolución del patrón de quetas.* Etapas sucesivas para la especificación del patrón de quetas. La posición de los grupos proneurales viene determinada por la expresión de genes de prepatrón. La singularización de SMCs se realiza por inhibición lateral. Los diferentes pasos se detallan en el texto. [Figura modificada de Ghysen y cols. (1989), *Trends in Genetics* 5: 251-255]

(pre-pattern genes). Así pues, la aparición de elementos de patrón resulta de la especificación secuencial de territorios más y más reducidos hasta llegar a células discretas. El proceso final de singularización se efectúa por un mecanismo conocido como «inhibición lateral», que es un sistema de selección altamente conservado en muchos procesos de desarrollo. De esta manera, intercambios de señales laterales entre células del grupo proneural, mediadas por los productos de los genes *Delta* (*Dl*), que codifica para un ligando transmembrana, y *Notch* (*N*), que codifica para un receptor, extinguen la expresión de los genes del complejo *AS-C* en todas las células del grupo excepto una, que se singularizará como la SMC.

En el sistema nervioso central del embrión de *Drosophila,* la región neurogénica de cada hemisegmento consiste en una capa de células ectodérmicas, de las cuales alrededor de veinticinco se delaminan como células precursoras neurales o neuroblastos. Tanto el patrón temporal y espacial de generación de neuroblastos como la singularización de la identidad de cada precursor están completamente estereotipados para cada segmento. El proceso de formación de neuroblastos usa los mismos mecanismos que hemos descrito para los órganos sensoriales, y utiliza genes proneurales y neurogénicos. La identidad de cada uno de los neuroblastos depende de su posición y responde a su localización específica en los ejes A/P y D/V. La expresión diferencial de diversos factores de transcripción, genes *pair-rule* y de «polaridad segmental», en los distintos precursores, va a generar una combinatoria de regulación génica que permite la identificación precisa de todos y cada uno de ellos en una secuencia temporal. Así, diferentes combinaciones génicas definen la posición y la identidad de cada uno de los neuroblastos. De esta manera, estos adquieren las instrucciones necesarias para diferenciar en un histotipo particular (glía, motoneurona, interneurona, etc.), para migrar a su posición final, y para buscar sus células «diana» y efectuar conexiones específicas. Esta misma lógica mecanística se aplica a derivados de otras capas blastodérmicas, y así la segregación de células fundadoras musculares (mesodérmicas) responde igualmente a la activación de genes homólogos a los genes proneurales del complejo *AS-C,* que codifican para factores de transcripción de la familia b-HLH (*twist*).

La especificación de células como precursores neuronales en vertebrados utiliza mecanismos similares. En *Xenopus,* las neuronas no se generan uniformemente de la placa neural, sino que se determinan a partir de las células agrupadas en tres bandas longitudinales a cada lado de la línea media ventral. La banda medial, que constituye la región ventral del tubo neural, da lugar a las neuronas motoras, mientras que las líneas laterales dan lugar a las interneuronas y las neuronas sensoriales. Durante la especificación neuronal, el producto del gen *Neurogenin,* que codifica para un factor b-HLH, relacionado con los genes del complejo *AS-C,* se enriquece en los precursores neuronales por un mecanismo de selección e «inhibición lateral», mediado por Delta y Notch. Cuando en una célula aumentan los niveles de Delta, esta inhibe la diferenciación neuronal de las células adyacentes, bloqueando la expresión de *Neurogenin*.

Los procesos de formación de patrones tridimensionales, en sistemas como los huesos, han sido mucho menos estudiados. En este caso, no solo la posición de determinados componentes, sino el tamaño y la forma especie-específica de tejidos y órganos ha de ser especificada genéticamente. No conocemos los determinantes que controlan el crecimiento en tres ejes y determinan el tamaño final, aunque es obvio pensar que dependen de la adquisición de valores posicionales en tres dimensiones, y van a implicar mecanismos de reconocimiento celular.

Evolución

El desarrollo de los organismos es una obra «programada» que se repite en todos los miembros de la misma especie, aplicando un algoritmo de interacciones génicas y de señales entre células, definido en la información contenida en sus genomas. Por contra, el avance en evolución resulta de variación mutacional, fundamentalmente reflejada en cambios a los algoritmos de desarrollo con consecuencias combinatoriales nuevas que se estabilizan en las diferentes especies. Así, la evolución corresponde a la expansión en diversidad, que, solo en ocasiones, va asociada al aumento en complejidad. Cuando esto ocurre, como en la aparición de células, procariotas y eucariotes, de la multicelularidad, de los organismos triploblásticos y, más tarde, del sistema nervioso, nuevas radiaciones evolutivas se inician, aumentando la gran variación del mundo orgánico. Las especies se extinguen individualmente (después de cinco millones de años como media) o colectivamente en catástrofes ecológicas. Nuevas especies aparecen reemplazando a otras, lentamente, o en radiaciones explosivas. La diversidad ha aumentado con la evolución; el número de especies vivas es del orden de decenas de millones, más de veinte en animales. Pero también ha aumentado la disparidad de la organización biológica, y con ella los organismos han ido alcanzando mayores grados de homeostasis frente a los cambios externos. Este aumento en disparidad está asociado al incremento en la capacidad combinatoria de operaciones genéticas. La contingencia mutacional y la complejidad creciente hacen la evolución impredecible pero de alguna manera limitada en sus resultados. En este sentido la evolución es un suceso histórico en el que podemos descubrir ciertas reglas generativas. A lo largo de la evolución, las morfologías han variado y se han diversificado aparentemente más que los cambios genéticos que determinan esa variación. Hemos visto que el número de genes de los animales (y plantas) es similar y que sus funciones son las mismas (y aun intercambiables en animales y plantas transgénicas). Hemos también visto que esta conservación se debe a las limitaciones al cambio impuestas por el «reconocimiento molecular». Así, no solo la fonética y el léxico, sino en gran medida la sintaxis del lenguaje genético, están conservadas. La morfogénesis nos aparece como un caleidoscopio de soluciones combinatoriales distintas que se estabilizan diferencialmente en las diversas especies. Como sabemos, estas variaciones son debidas a cambios en las secuencias reguladoras de los genes, más que en las codificantes.

La versatilidad de estos cambios combinatoriales de regulación génica es aparente en muchos procesos del desarrollo a cualquier nivel o estadio, sea la celularización del huevo, la gastrulación, estadios embrionarios y larvarios, u organogénesis. Esta versatilidad es especialmente notoria en especies heteromórficas, en las cuales la misma dotación genética es responsable del desarrollo de varios estadios larvarios morfológicamente distintos, de individuos por completo diferentes como pólipos y medusas, de castas en especies sociales, o de reversiones de sexo durante la vida adulta de organismos tan complejos como peces y ranas. Ciertamente, muchos de estos cambios metamórficos están mediados por hormonas. El heteromorfismo es un ejemplo extremo de la generación de heterotopías locales durante el desarrollo del mismo individuo. Por otro lado, cambios a lo largo del tiempo (heterocronías) en los patrones de expresión génica permiten la aparición de formas neoténicas, en las que los individuos juveniles pasan por un proceso de maduración sexual. Finalmente, la supresión de programas completos de desarrollo, por ejemplo, en formas parásitas, puede producir una regresión de complejidad.

¿Cómo se origina esta versatilidad morfogenética? Las causas primarias son ciertamente los cambios mutacionales. Pero como las regiones codificantes de genes están conservadas, una gran parte de la variación heterocrónica y heteronómica proviene de cambios en las regiones reguladoras de los genes. Son, pues, cambios en el rédito de un capital que continúa intacto.

El problema de la adaptabilidad de estos cambios se reduce a preguntar: ¿cuál es la «estructura» del contexto que «selecciona» las nuevas morfologías? Los nichos ecológicos y los hábitat no existen por sí solos, sino que están definidos por los organismos que los ocupan. De hecho, diferentes táxones han desarrollado estructuras y comportamientos análogos (convergentes) en medios diferentes: así, reptiles y mamíferos vuelan o nadan, o marsupiales y mamíferos repiten especie a especie las mismas estrategias alimenticias. Difícilmente cabe pensar que estos cambios fueron provocados por el medio externo. La pregunta debería replantearse como: ¿cuánta tolerancia hay en el mundo externo o en las interacciones con él, que permiten la innovación morfológica? La rápida transformación de dinosaurios a aves, de pájaros a pingüinos y de mamíferos como ratones a murciélagos o de rumiantes a ballenas, en tiempos inferiores a cincuenta millones de años, y asociados a dramáticos cambios fisiológicos, anatómicos y de comportamiento, sugiere que la tolerancia para formas intermediarias (no adaptadas o adaptándose) es muy grande. Posiblemente, la tolerancia a nuevas morfologías en la explosión cámbrica fue aún más grande, y los procesos de simbiosis y parasitismo, más rápidos. Si la tolerancia a una variación genética que produce morfologías tan dispares es grande, las proposiciones genéticas «internas» aparecen más relevantes que la estructura «externa» que selecciona y, con ello, la «adaptación» queda reducida a una cualificación antropomórfica que, meramente, denota existencia y suficiente descendencia.

12
FUNCIONES BÁSICAS Y ENVEJECIMIENTO

Javier García-Sancho

EL ORIGEN DE LOS SERES VIVOS

La aventura de la vida comenzó hace unos cuatro mil millones de años en una atmósfera de metano, amoniaco, hidrógeno, anhídrido carbónico y agua expuesta a altas temperaturas y a la radiación ultravioleta del Sol. En estas condiciones pueden formarse espontáneamente pequeñas cantidades de compuestos orgánicos. La propiedad esencial de un ser vivo es su capacidad de *autorreplicarse,* es decir, de hacer copias de sí mismo. Posiblemente, las primeras moléculas «vivas» *(biomoléculas)* fueran los *ácidos nucleicos.* Los ácidos nucleicos están constituidos por cuatro *nucleótidos* (A, G, C y T), que tienden a formar polímeros constituidos por miles o millones de unidades unidas covalentemente. Los nucleótidos tienden a unirse entre sí por enlaces débiles formando parejas complementarias, A-T y G-C. Así, usando como molde una cadena de ácido nucleico tiende a formarse otra cadena complementaria. Siguiendo de nuevo el mismo proceso se obtiene una nueva copia del ácido nucleico original (fig. 12.1).

Otra propiedad esencial del ser vivo es su capacidad para *catalizar reacciones químicas específicas,* que permiten la organización progresiva del sistema, confiriendo al ser vivo cierta independencia con respecto al medio que le rodea. Los ácidos nucleicos tienen capacidad catalítica, pero existen otras biomoléculas, las *proteínas,* en las que esta propiedad está mucho más desarrollada. Las proteínas son polímeros constituidos por miles de unidades, los *aminoácidos,* unidas covalentemente. Existen veinte aminoácidos diferentes en los seres vivos. Las proteínas se pliegan y adoptan estructuras tridimensionales muy complejas, esculpiendo nichos con formas y propiedades muy bien definidas. Estos nichos pueden fijar otras moléculas y catalizar reacciones entre ellas, que espontáneamente sucederían con extrema lentitud. A las proteínas que poseen estas propiedades catalíticas se les llama *enzimas.*

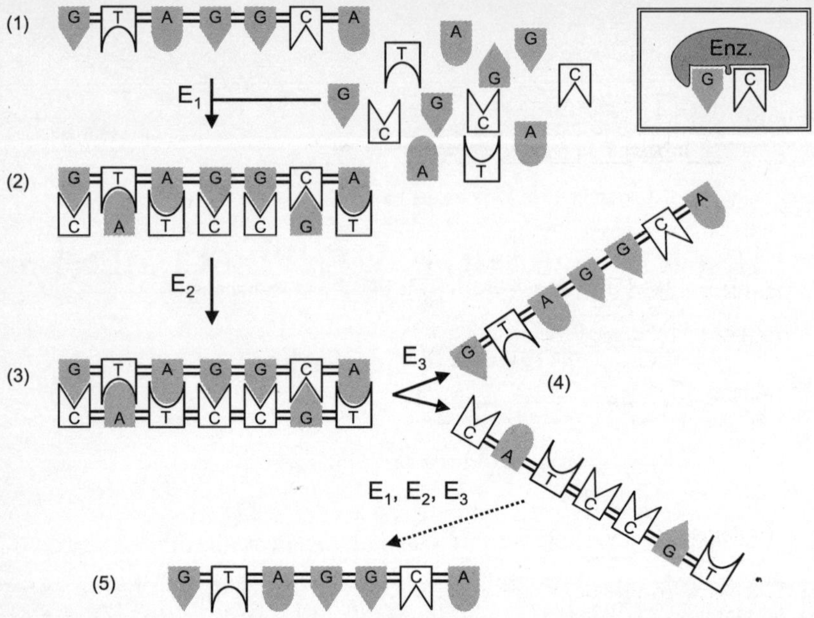

Fig. 12.1.—Los nucleótidos (A, T, G y C) tienden a formar cadenas poliméricas de ácido nucleico (1). Cada una de las unidades de esta cadena se aparea con el nucleótido complementario (2). La unión covalente (=) de estas nuevas unidades da lugar a la formación de una nueva cadena de ácido nucleico cuya secuencia de nucleótidos es complementaria de la original (3) y las dos cadenas se separan (4). Usando como molde la cadena complementaria puede hacerse una nueva copia del ácido nucleico original (5). La repetición del proceso da lugar a la síntesis de muchas cadenas idénticas del ácido nucleico original. Estos procesos suceden mucho más rápidamente si son catalizados por enzimas que facilitan la reacción entre dos moléculas específicas (recuadro de la esquina superior derecha). En la figura se representan enzimas específicas que catalizan cada una de las reacciones (E_1, E_2 y E_3). El esquema corresponde al ADN. Posiblemente, las biomoléculas más primitivas estaban constituidas por ARN, uno de cuyos nucleótidos es diferente (U en lugar de T). En algunos de los virus actuales el material genético es aún ARN

Probablemente, los primeros seres vivos estuvieron constituidos por ácidos nucleicos, pero pronto estos establecieron una simbiosis con enzimas primitivas, formadas de manera espontánea en la sopa prebiótica, que aceleraban catalíticamente el proceso de replicación (E_1, E_2 y E_3, en la fig. 12.1). En una etapa posterior, los ácidos nucleicos toman el control de la síntesis de proteínas, haciendo que se fabriquen selectivamente las enzimas necesarias para su replicación.

En la figura 12.2 se esquematizan estos nuevos refinamientos. La información genética se almacena en una doble hebra, constituida por una que

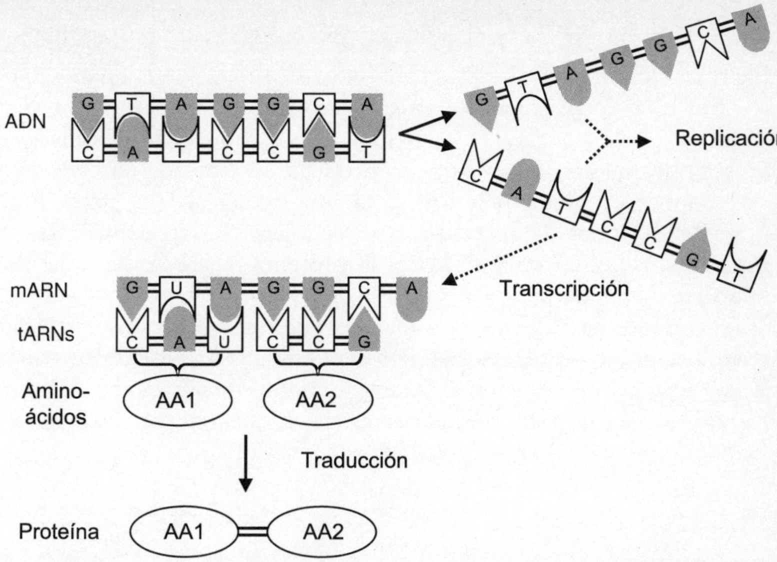

Fig. 12.2.—En los microorganismos modernos el genoma se conserva en la doble hebra de ADN, que es capaz de autorreplicarse. Para la síntesis de proteínas, el código genético (contenido en la secuencia de nucleótidos) del ADN se transcribe al ARN mensajero (mARN). Cada tres nucleótidos (un triplete o codón) codifican un aminoácido determinado. Para la traducción del mARN a proteína, los aminoácidos se unen selectivamente a su ARN de transferencia (tARN) que contiene el triplete complementario de su codón, lo que determina su unión al mARN en el lugar adecuado. La secuencia de codones en el mARN determina, por lo tanto, la secuencia de aminoácidos en la proteína. Una vez ordenados los aminoácidos sobre su molde de mARN se forman enlaces covalentes (=) entre los aminoácidos contiguos, sintetizándose así la cadena polipeptídica. En el ejemplo que se muestra los codones GUA y GGC del mARN codifican los aminoácidos valina (AA1) y glicina (AA2), respectivamente

contiene la información (en forma de secuencia de nucleótidos) y otra complementaria. Esta doble hebra es mucho más estable que la sencilla y tiene la ventaja de que, si sucede algún daño en la hebra activa, puede repararse fácilmente copiando la complementaria. La doble hebra es el ácido desoxirribonucleico (ADN) y tiene capacidad de autorreplicarse con la ayuda de las enzimas adecuadas siguiendo los pasos esquematizados en la figura 12.1. La síntesis proteica es dirigida por otra variedad de ácido nucleico, el ácido ribonucleico (ARN), que tiene un nucleótido diferente del ADN (U en lugar de T) y forma hebras sencillas en lugar de dobles. Primero la hebra activa del ADN se copia en una cadena complementaria de ARN (el mensajero, o mARN) en un proceso que se llama *transcripción.* Por otro lado, aparecen nuevas variantes de ARN que tienden a unirse selectivamente a cada uno de los veinte aminoácidos, los ARNs de transferencia (tARN). Cada uno de los tARNs contiene en su secuencia tres nucleótidos capaces de aparearse con los nucleótidos complementarios del mARN. De este modo, sobre la cadena de mARN, que actúa como molde, van uniéndose tARNs con sus aminoácidos en el orden especificado por la secuencia de nucleótidos del mARN. Así pues, cada secuencia de tres nucleótidos contiguos del mARN (lo que se llama un *triplete* o *codón)* determina un aminoácido en la cadena proteica. Una vez colocados todos los aminoácidos de la secuencia se establecen enlaces covalentes entre los aminoácidos contiguos y se libera la proteína recién sintetizada. A este proceso se le llama *traducción.* Estas proteínas, cuya secuencia está escrita en forma de codones en el ADN, son enzimas que catalizan la autorreplicación, transcripción y traducción. Así se cierra el círculo. Se ha ensamblado una maquinaria eficaz para realizar un número indefinido de copias del ADN original y todas las instrucciones necesarias están escritas (en forma de secuencia de nucleótidos, el *código genético)* en la propia molécula de ADN.

Las células

En este nuevo sistema, tan complejo, los ácidos nucleicos y las enzimas se diluirían en la sopa prebiótica haciendo improbables las interacciones necesarias para que los procesos catalíticos tengan lugar. Aquí aparece un nuevo elemento que proporciona la cohesión física necesaria para hacer eficaz el sistema: las *membranas.* Los *lípidos* presentes en la sopa prebiótica tienden a formar en el agua estructuras similares a las pompas de jabón. Pequeñas esferas llenas de agua y rodeadas por agua; pero la membrana que limita estas pequeñas esferas (el lípido) evita el paso de sustancias de fuera adentro y de dentro afuera. De este modo, el ADN, ARN y proteínas atrapadas en estas burbujas interaccionan mucho más eficazmente, se replican y sus productos se concentran en este microcosmos aislado del medio externo, la *célula* (fig. 12.3). Cuando la célula se llena demasiado se divide en dos, cada una con sus copias de ácidos nucleicos y proteínas, y el proceso se repite indefinidamente. En este momento aparece una nueva clase de proteínas, los *transportadores,* que se incorporan a la membrana, reconocen algunas de las moléculas presentes en el medio externo y permiten su entrada al interior de la célula (fig. 12.3). Las proteínas transportadoras cumplen una función similar a la de las enzimas «catalizando» el movimiento físico de las moléculas hacia el lugar adecuado. Es importante darse cuenta de que una célula contiene muchas proteínas distintas. Su material genético *(genoma)* ha surgido por la asociación de varios fragmentos de ADN *(genes),* cada uno de los cuales codifica una proteína diferente. La asociación de varios genes en un solo ser vivo mejora su rendimiento y tiende a ser favorecida por la evolución.

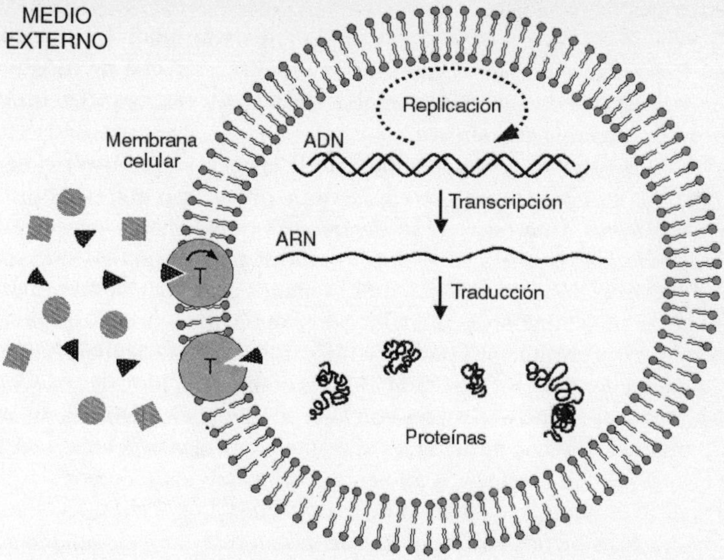

Fig. 12.3.—Esquema de una célula primitiva en la que la maquinaria necesaria para la autorreplicación y la síntesis proteica está contenida en un espacio definido por la membrana celular, formada por una bicapa de fosfolípidos. Esta membrana es impermeable a la mayor parte de las sustancias, lo que evita que las proteínas sintetizadas escapen al medio externo y se diluyan en él. La membrana evita también que sustancias presentes en el medio externo, que podrían ser tóxicas para la célula, penetren en su interior. Para posibilitar la utilización de metabolitos presentes en el medio externo (por ejemplo, aminoácidos necesarios para la síntesis proteica) aparecen proteínas transportadoras (T), que se incorporan a la membrana y permiten la entrada selectiva de estos metabolitos (en el ejemplo, solamente los representados como sectores circulares)

El metabolismo

Un nuevo hito en la historia de la vida es la aparición de proteínas-enzimas no directamente involucradas en la replicación del material genético, pero que catalizan una reacción química que, de forma indirecta, la favorece. En general, esta reacción permite *extraer energía del medio ambiente* y utilizarla dentro de la célula, por ejemplo para sintetizar nuevas moléculas orgánicas. Supongamos, por ejemplo, que un nucleótido o un aminoácido especialmente escaso está limitando la replicación del ADN. Si aparece una enzima capaz de catalizar la síntesis de la molécula deficitaria a partir de otros compuestos que abundan en el medio externo (por ejemplo, CO_2, nitrógeno e hidrógeno) se aceleraría tremendamente el crecimiento de esa célula. Así aparece la *fotosíntesis,* que permite utilizar la energía de la luz solar para la síntesis de compuestos orgánicos. Otras enzimas asociadas permiten transformaciones sucesivas en otros compuestos orgánicos de utilidad en una serie de reacciones que llamamos en conjunto *metabolismo.* Así hacen su aparición hace tres mil millones de años las cianobacterias, unas bacterias fotosintéticas que aún perduran en la actualidad.

Todas estas sofisticaciones que mejoran la eficacia replicativa del material genético surgen por puro azar y se conservan y prevalecen gracias al principio de *selección natural.* Una bacteria se divide aproximadamente tres veces cada hora. Da, por lo tanto, origen a 2^{72} (5×10^{21}) individuos en un día, aproximadamente 10^{12} veces el número total de seres humanos en la Tierra. Aun cuando la fidelidad en la transcripción y la traducción fueran tremendas y se produjera solamente un error (mutación) por cada millón de divisiones, aparecerían cada día cantidades siderales (10^{15}) de individuos mutantes. La inmensa mayor parte de estas variantes son incompatibles con la replicación sucesiva y desaparecen. Pero una minoría, todavía inmensa, es viable, se replica y se conserva. A medida que el número de seres vivos aumenta y consume los recursos de la sopa primitiva entra en juego el principio de *competición.* Los recursos se hacen escasos y las especies menos eficaces o más lentas en replicarse desaparecen arrolladas por las más eficientes. Se establece así la evolución por selección natural, en la que solo las especies mejor adaptadas al medio perduran. De esta manera ciega van seleccionándose los genes (definidos como unidades de herencia, el fragmento de ADN que codifica una proteína) que son más ventajosos para la supervivencia. Un ser vivo contiene muchos genes (una bacteria moderna, unos cuatro mil), de los cuales algunos perduran, otros desaparecen y otros se modifican durante la evolución. Por lo tanto, desde el punto de vista evolutivo los seres vivos no son sino máquinas de supervivencia, accidentales y efímeras, que los genes utilizan para llevar a cabo su evolución.

Las *bacterias fotosintéticas* tuvieron tal éxito en su evolución que al cabo de mil o dos mil millones de años modificaron la composición del planeta. Producen oxígeno como un desecho del proceso fotosintético. Este gas, que inicialmente no existía como tal en la Tierra, empieza a acumularse en la atmósfera terrestre (en la actualidad constituye aproximadamente el 21 por 100 del aire). El oxígeno es altamente reactivo y tóxico para muchos de estos microörganismos primitivos, lo que probablemente ocasionó la desaparición de muchas especies. Pero esta presión evolutiva determinó también la aparición de un nuevo tipo de organismos, las *bacterias aerobias,* capaces de utilizar el oxígeno para la combustión controlada de otras moléculas orgánicas (lo que llamamos *respiración),* obteniendo en este proceso grandes cantidades de energía. La aparición de esta nueva vía metabólica establece una simbiosis entre los dos grandes grupos de microorganismos, anaerobios y aerobios. Los primeros obtienen energía de la luz solar y producen compuestos orgánicos y oxígeno. Los segundos obtienen su energía precisamente oxidando los compuestos orgánicos y producen de nuevo los compuestos originales (anhídrido carbónico y agua).

LAS CÉLULAS EUCARIOTES

Las bacterias (los organismos procariotes en general) son saquitos limitados por una membrana celular que contienen todos los componentes necesarios para sus funciones vitales, pero no existe ninguna compartimentalización en el interior de la célula (el citoplasma). Un paso siguiente en la evolución es la aparición de organismos *eucariotes,* en los que aparece una organización subcelular: compartimentos dentro de la propia célula limitados por membranas (endomembranas). De esta forma se definen físicamente, dentro del microcosmos celular, otros microcosmos en los que suceden las distintas funciones (replicación del ADN, síntesis proteica, procesos metabólicos, etc.). Aparecen así las *organelas intracelulares,* contenidas por endomembranas (y sus correspondientes transportadores), donde se realizan subfunciones específicas. El *núcleo* contiene el ADN y en él se realiza su autorreplicación y la transcripción a mARN. La síntesis proteica sucede en los *ribosomas,* unos pequeños gránulos constituidos por un ARN especial (ribosomal o rARN), que facilitan las interacciones entre mARN y tARN para que suceda la traducción. El *retículo endoplásmico* contiene toda la maquinaria necesaria para transformar y empaquetar proteínas que están destinadas a viajar hacia otras organelas o ser segregadas hacia el medio extracelular. Existen organelas, los *lisosomas,* especializadas en la degradación (digestión) de sustancias ingeridas por la célula desde el medio externo. En la porción de citoplasma no contenido en las organelas (el *citosol)* permanecen muchas de las enzimas responsables de reacciones metabólicas generales. Dentro del citosol aparece un esqueleto fibroso que le da forma (el *citoesqueleto)* y que se utiliza adicionalmente como carriles por los que moléculas o partículas se desplazan de unas partes a otras de la célula. Este tipo de organización tiene la desventaja de su complejidad, pero, precisamente por ello, permite una estructuración de funciones complejas mucho más eficiente. Procariotes y eucariotes han coexistido en la evolución durante los últimos dos mil millones de años, lo que prueba que existen ventajas e inconvenientes en cada tipo de organización.

Parece que el problema de la respiración lo solucionaron los eucariotes de una forma peculiar: estableciendo, en tiempos remotos, una simbiosis con una bacteria aeróbica que penetró en su interior y que se transformó, con la evolución, en las modernas *mitocondrias.* Son estas organelas rodeadas por una membrana doble (la más externa derivada del eucariote ancestral y la más interna de la bacteria primitiva) donde sucede íntegramente la respiración celular. Las mitocondrias conservan todavía parte de su ADN original y su propio sistema de síntesis proteica, aunque, en el curso de la evolución, la mayor parte del material genético de la bacteria primitiva se ha ido desplazando al núcleo, y la síntesis de casi todas las proteínas mitocondriales sucede utilizando la maquinaria general de síntesis proteica y migran posteriormente a la mitocondria. Siguiendo un proceso similar, algunos eucariotes primitivos establecieron simbiosis con bacterias fotosintéticas que dieron origen a los *clo-*

roplastos, las organelas responsables de la fotosíntesis en las células vegetales actuales. Así aparecieron las células que forman los *hongos, animales* y *plantas* actuales (fig. 12.4).

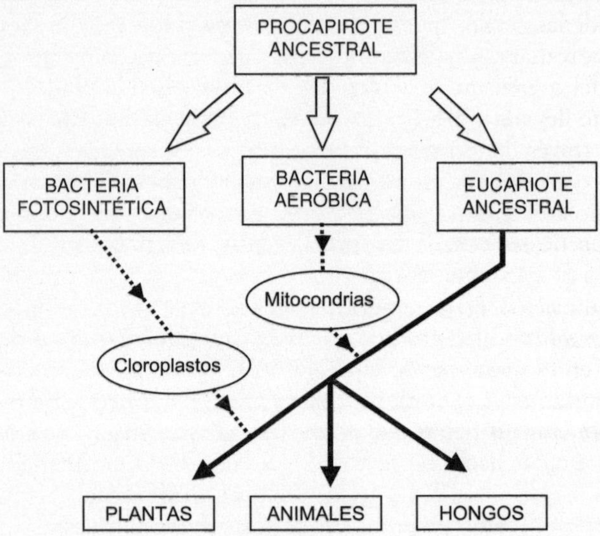

Fig. 12.4.—Esquema de la evolución de los eucariotes

Los organismos pluricelulares

Una bacteria actual *(Escherichia coli)* contiene unos cuatro mil genes distintos que suponen un total de unos cinco millones de parejas de nucleótidos en su ADN. Cada gen dirige la síntesis de una proteína distinta que aporta una función (una enzima, un transportador, etc.) al ser vivo. El ser humano posee unos cien mil genes codificados en tres mil millones de parejas de nucleótidos. (Una vez completado el proyecto Genoma Humano, treinta mil genes parece la cifra más probable). La expresión de tal cantidad de información en una sola célula supone una complejidad difícil de mantener. Para resolver este problema aparecen los *seres pluricelulares,* constituidos por muchas células distintas especializadas en funciones diferentes. Cada célula contiene todo el genoma en su núcleo, pero solo expresa (traduce a proteínas) una pequeña parte. El resultado de este proceso, llamado *diferenciación,* es que cada célula se especializa en una función diferente. Como resultado de la suma de todas estas funciones emerge un organismo mucho más sofisticado, con nuevas posibilidades de sacar provecho del medio que le rodea y, por lo tanto, primado por la evolución. En el organismo pluricelular el concepto de función adquiere una dimensión nueva, como proceso útil para el organismo considerado como una unidad. Las células individuales que lo componen pasan a un segundo plano en términos de finalidad o utilidad y sus funciones individuales deben subordinarse a las del organismo considerado en conjunto. La vida o la muerte de una célula individual carece de sentido en esta nueva dimensión. Por ejemplo, la génesis de las formas durante el desarrollo del organismo sucede gracias a la muerte de las células que sobran en los espacios que deben ser huecos.

Para coordinar las funciones de las células individuales y subordinarlas a la función del organismo aparecen mecanismos de *comunicación* intercelular, generalmente llevada a cabo por sustancias químicas que viajan de unas células a otras a través del organismo. Estos *mensajeros extracelulares* informan de los cambios que, en cada momento, están sucediendo en el propio organismo o en el medio ambiente circundante. Se usan también con fines de *regulación* de la función de las células individuales para coordinarlas y adecuarlas a la circunstancia de cada momento.

La organización de un organismo pluricelular se esquematiza en la figura 12.5. El organismo fabrica un microambiente favorable para la vida, el *medio interno,* en el que viven todas sus células. Gran parte de los esfuerzos se invierten en mantener la composición y las propiedades físicas del medio interno, la *homeostasis,* frente a la continua degradación que tiene lugar como

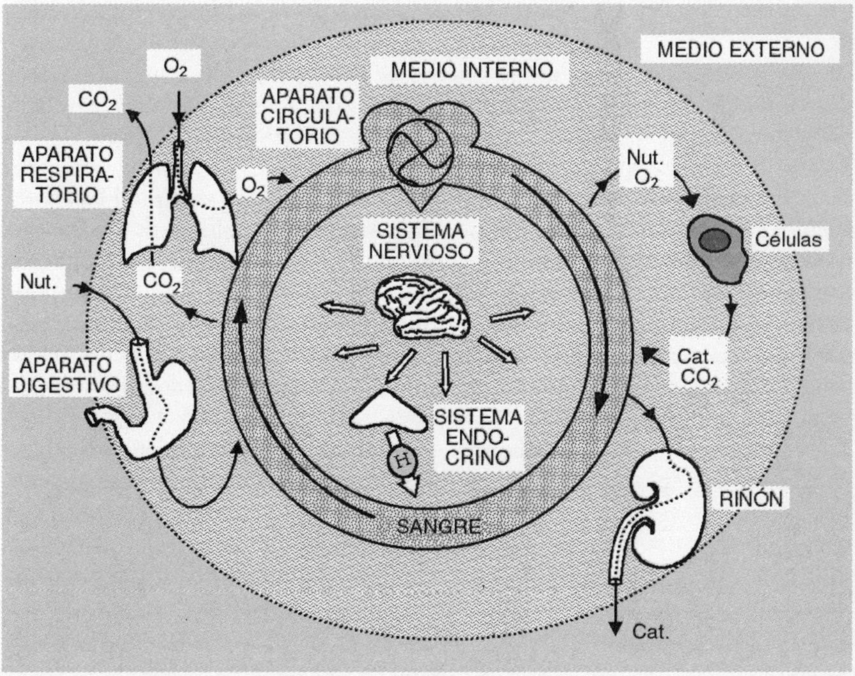

Fig. 12.5.—Estructuración de los organismos pluricelulares en aparatos y sistemas

consecuencia de los procesos metabólicos o los cambios del medio externo. Para describir el resultado de estos mecanismos homeostáticos se habla de funciones *vegetativas,* que mantienen las condiciones óptimas para el desarrollo de las funciones celulares. Existen otra serie de mecanismos destinados a captar las modificaciones del medio externo y reaccionar adecuadamente frente a ellas. Para describir estos últimos se habla de funciones *somáticas.*

Las células similares se agrupan en órganos y estos en *aparatos* o *sistemas,* cada uno de los cuales se ocupa de una función principal (fig. 12.5). Todas las células del organismo viven en su medio interno, del que toman los nutrientes (Nut.) y el oxígeno (O_2) necesarios para su metabolismo. Al medio interno vierten, a su vez, los productos de desecho o catabolitos (Cat.) y el anhídrido carbónico procedente de la respiración (CO_2). Con objeto de mantener constante la composición del medio interno, este debe ser continuamente renovado. De esta función se ocupa la *sangre,* en íntimo contacto con el medio interno de todo el organismo a través de los capilares. Los catabolitos y el CO_2 son retirados continuamente del medio interno y pasan hacia la sangre a través de la delgada pared capilar. En el sentido contrario, los nutrientes y el oxígeno presentes en la sangre difunden hacia el medio interno. Para cumplir su función de transporte la sangre debe estar en continuo movimiento desde los distintos aparatos y sistemas hacia el medio interno. El *aparato circulatorio,* constituido por el corazón y los vasos sanguíneos, se ocupa de comunicar este movimiento circular a la sangre. Los productos de desecho son captados desde la sangre por el *riñón* y eliminados al medio externo a través de la orina. Las sustancias necesarias para la síntesis de nuevos nutrientes ingresan desde el medio externo hacia el organismo a través del *aparato digestivo,* que después de procesarlas para hacerlas asimilables al organismo (la digestión) las absorbe y las vierte al torrente sanguíneo. El *aparato respiratorio* se ocupa del intercambio de gases entre el organismo y el medio externo. Así, el CO_2 producido en los tejidos alcanza, a través de la sangre, los pulmones, y se elimina al exterior. Siguiendo un camino inverso, el O_2 del aire pasa del pulmón hacia la sangre y se transporta hacia los tejidos. Las distintas funciones (circulación, respiración, digestión, etc.) deben coordinarse entre sí y ajustarse en cada momento a las necesidades del organismo. Este proceso de regulación de las distintas funciones se lleva a cabo a través de dos sistemas, el endocrino y el nervioso.

El *sistema endocrino* está constituido por una serie de glándulas, que son capaces de detectar cambios del medio interno y de segregar sustancias químicas (hormonas). Las *hormonas* alcanzan, a través de la sangre, los distintos aparatos y sistemas y modifican su función. Existen muchas glándulas endocrinas, cada una de las cuales fabrica una hormona diferente, que actúa selectivamente sobre un tipo definido de células (sus células-diana). El *sistema nervioso* está constituido por un tipo especial de células, las *neuronas,* capaces de generar señales eléctricas que se propagan de unas a otras siguiendo intrincados circuitos. Las neuronas son capaces de detectar cambios en el medio interno y, a través de los nervios (representados por las flechas en la fig. 12.5), enviar señales eléctricas a células de los distintos aparatos y sistemas y modificar su función. El sistema nervioso controla también la actividad de los músculos del organismo. A través de la regulación de la actividad muscular el sistema nervioso controla la relación del organismo con el medio ambiente (movimientos, lenguaje, etc.).

Función celular y su regulación

Todas las células de un organismo pluricelular tienen una dotación genética (un *genotipo)* idéntica. Sin embargo, cada tipo celular *expresa* (traduce a proteínas) solamente una pequeña fracción de sus genes, lo que conlleva la expresión de funciones distintas en diferentess tipos de células *(fenotipo).* La fracción de su dotación genética que una célula va a expresar se define en el proceso de *diferenciación,* que sucede generalmente durante el desarrollo embriológico del ser vivo o durante la maduración, en las primeras épocas de la vida. Existe, sin embargo, una fracción de la dotación genética que se expresa en todas o en gran parte de las células y que dirige una serie de funciones generales, comunes a todas las células, de las que nos ocuparemos a continuación.

La *replicación del ADN* sucede siguiendo las etapas que se han indicado en la figura 12.2. Solo algunas células *(células madre)* son capaces de replicarse y la proporción varía mucho de tejido a tejido. Por ejemplo, las neuronas de un individuo adulto son completamente incapaces de replicarse, mientras que las células de la sangre se renuevan cada pocos días. Las células madre de un tejido dan origen a células de una determinada línea tisular, pero son incapaces de desdiferenciarse y originar otra línea tisular distinta. La desdiferenciación es una característica de las células cancerosas.

Los genes (unos cien mil en el ser humano) se organizan en unidades funcionales mucho mayores llamadas *cromosomas* (23 parejas en el ser humano; en total, 46). Durante la división celular *(mitosis)* se sintetiza una copia de cada cromosoma, se forman dos núcleos y la célula se divide por la mitad, originándose dos células hija idénticas. En las *células germinales* (las destinadas a dar origen a un nuevo ser) sucede un tipo de división especial, llamado *meiosis,* en el que las células hija *(gametos)* poseen solamente 23 cromosomas. La fusión de dos gametos procedentes de dos seres distintos (uno masculino y otro femenino) da lugar a un huevo que hereda, por lo tanto, la mitad de su genoma de cada uno de los progenitores.

La *síntesis de proteínas* sucede siguiendo las etapas indicadas en la figura 12.2. En el núcleo sucede la transcripción del gen en mARN, que viaja al citoplasma, donde sucede la traducción a proteínas (en los ribosomas). Una vez sintetizadas, algunas proteínas se liberan al interior del retículo endoplásmico, donde sufren un proceso de plegamiento y maduración, que a veces incluye modificaciones químicas adicionales. Finalmente, estas proteínas viajan por el citosol hacia su destino definitivo, la membrana celular u otra organela. Este viaje es guiado generalmente por otras proteínas transportadoras que siguen caminos marcados por el citoesqueleto y las ayudan a penetrar a través de las membranas que cubren las organelas. La dirección final está escrita en la propia proteína; es una parte de su secuencia de aminoácidos, que coincide en todas las proteínas que tienen el mismo destino. Las proteínas sintetizadas pueden tener funciones estructurales, como las que forman parte del citoesqueleto, o catalíticas, como las enzimas y los transportadores.

La célula es una factoría muy especializada en la cual suceden multitud de procesos químicos, que llamamos *metabolismo.* El metabolismo incluye procesos de síntesis *(anabolismo)* de las moléculas más o menos complejas que constituyen la propia maquinaria celular. Estas *biomoléculas* incluyen, aparte de los ácidos nucleicos y las proteínas, lípidos (grasas) y carbohidratos (azúcares). El metabolismo sucede gracias a la existencia de *enzimas,* que catalizan reacciones químicas específicas entre los precursores de las biomoléculas para dar origen a su síntesis y transformaciones de unas biomoléculas en otras. Generalmente se encadenan varias reacciones, algunas de las cuales deben suceder en microambientes de propiedades muy definidas (pH, concentración de ciertas sales, etc.) y que se dan solamente en el interior de ciertas organelas. Para asegurar la disponibilidad de sustratos para las reacciones metabólicas en el microambiente adecuado es crucial la acción de los *transportadores,* que permiten al metabolito atravesar la membrana plasmática o las endomembranas. A veces los transportadores son capaces de concentrar el sustrato en la célula o la organela pertinente. Los transportadores son también responsables de la generación de microambientes de distinta composición dentro de diferentes organelas. Una vía metabólica puede incluir decenas o centenares de pasos similares a los descritos. La actividad de las enzimas y los transportadores puede ser *regulada* por moduladores presentes en la célula, de modo que la producción de sustancias diferentes puede ajustarse a las necesidades de cada momento.

La síntesis de biomoléculas en los procesos anabólicos requiere el aporte de energía. Esta se obtiene, a su vez, de la degradación de carbohidratos, grasas y proteínas a sustancias más simples a través de otras vías metabólicas *(catabolismo).* Por ejemplo, la glucosa, un azúcar compuesto de seis átomos de carbono, puede degradarse a dos moléculas de piruvato, un compuesto de tres átomos de carbono, con producción de energía, que puede usarse para la síntesis de otros compuestos. Este proceso, llamado glucólisis, sucede en el citosol de todas las células animales gracias a la acción sucesiva de al menos una docena de enzimas. El piruvato, gracias a la acción de un transportador, entra en las mitocondrias y allí, gracias a la acción de otras enzimas distintas, presentes en su interior, se oxida hasta CO_2 y agua, produciendo grandes cantidades de energía, utilizables también para la síntesis química. Este último proceso se llama *respiración,* sucede exclusivamente en las mitocondrias y necesita el aporte de oxígeno. La respiración produce mucha más energía que la glucólisis (unas veinte veces más) y por eso las células animales son muy dependientes del suministro de oxígeno para poder funcionar adecuadamente. Existen otras vías metabólicas que permiten la degradación de los otros principios inmediatos, proteínas y lípidos. Estos últimos son, de hecho, los que proporcionan mayor cantidad de energía por unidad de peso. Por este motivo, el organismo almacena una cantidad considerable, que puede usar como reserva energética en épocas de escasez. La grasa que acumula un ser humano (unos 15 kg) puede cubrir las necesidades energéticas de un individuo en reposo durante unos setenta días. Existen, además, vías metabólicas que permiten transformar unos principios inmediatos en otros, según las necesidades del organismo.

Comunicación intercelular

Otro aspecto que las células regulan con gran eficacia es su composición mineral y su contenido de agua (que determina su volumen). Para ello son esenciales ciertos transportadores que regulan los movimientos de iones inorgánicos (Na^+, K^+, Cl^-, Ca^{2+}, H^+, etc.). Estos transportadores están presentes en la membrana celular y en las endomembranas que limitan las organelas (cuyo interior puede tener una composición muy diferente de la del citosol). La difusión de iones a través de las membranas genera pequeños campos eléctricos *(potencial de membrana)* que tienen gran importancia como señales para activar ciertas funciones celulares.

Existe un tipo de células, las *células excitables,* que incluyen las células nerviosas y las musculares, que poseen transportadores de iones muy especiales *(canales iónicos)* capaces de generar señales eléctricas que viajan a lo largo de la membrana celular. Normalmente, las células excitables tienen un potencial de membrana de unos 100 mV (el interior de las células es negativo con respecto al exterior). Cuando la célula se excita se abren brevemente ciertos canales iónicos y la difusión de iones hace que el potencial de membrana se haga de 0 mV. El proceso dura aproximadamente una milésima de segundo y el potencial de membrana vuelve de nuevo a su valor original. Se produce así una señal eléctrica muy breve, el *potencial de acción,* que se propaga a lo largo de la membrana celular invadiendo toda la célula. El estímulo que dispara un potencial de acción puede ser físico (por ejemplo, un rayo de luz en nuestra retina) o químico (por ejemplo, la sal de los alimentos en nuestras papilas gustativas). El efecto final es que una célula excitable presente en la zona del estímulo puede detectarlo (generando uno o varios potenciales de acción) y transmitir rápidamente esta información, codificada en forma de señal eléctrica, a otras células localizadas en zonas lejanas al estímulo. Este es el tipo de trabajo que hacen las neuronas que «miran» al medio externo (a través de los ojos, la lengua, el oído, la piel, etc.) para informar al cerebro de lo que está sucediendo a nuestro alrededor. Estas neuronas emiten prolongaciones (que forman los nervios sensoriales) que terminan en otra neurona más profunda (en el sistema nervioso central). El potencial de acción «salta» de una neurona a la siguiente a través de un mensajero químico (un *neurotransmisor)* que libera la primera neurona y que excita a la segunda generando un potencial de acción en ella (fig. 12.6). Existen también neuronas que «miran» hacia el medio interno y, por el mismo procedimiento que acabamos de describir, mantienen informado al cerebro de la composición y propiedades de nuestro medio interno.

El potencial de acción no es solo un medio de transmisión de señales, sino que puede actuar disparando ciertas funciones celulares. Por ejemplo, en las neuronas produce la liberación del neurotransmisor cuando llega a las *sinapsis* (el contacto entre dos neuronas). Las *células musculares* son también células excitables, que pueden generar potenciales de acción cuando se las estimula adecuadamente. El estímulo normal de una célula muscular es la liberación del neurotransmisor desde la neurona que la inerva (fig. 12.6). El resultado de un potencial de acción en el músculo es la contracción muscular. Así pues, el sistema nervioso puede, por un lado, recoger información sobre lo que sucede en el medio que nos rodea y en nuestro propio medio interno (sistema nervioso *sensorial),* y por otro activar nuestros músculos y producir movimientos (sistema nervioso *motor).* De este modo el organismo puede actuar

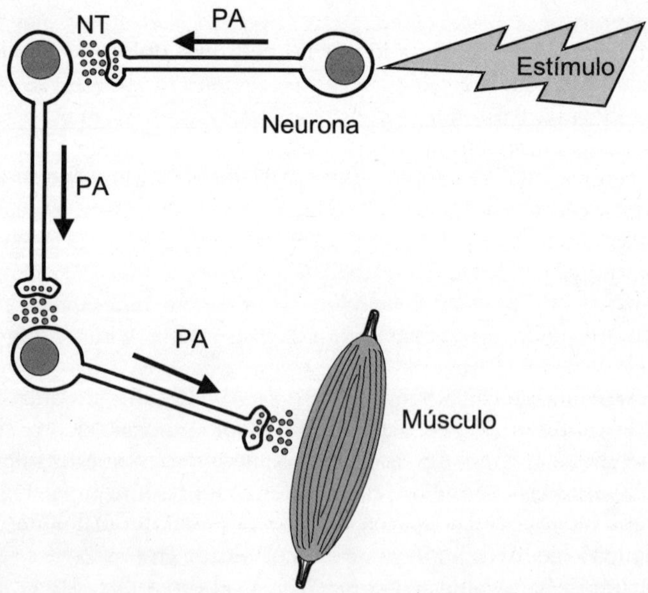

Fig. 12.6.—Esquema de un arco reflejo. PA, potencial de acción; NT, neurotransmisor

sobre el medio externo. Los órganos que forman nuestros aparatos y sistemas poseen así mismo células musculares (por ejemplo, las responsables de los movimientos del tubo digestivo o la contracción del corazón) que están controladas también, aunque más laxamente, por el sistema nervioso (sistema nervioso *vegetativo)*. Finalmente, las *glándulas* de nuestro organismo (que segregan hormonas, jugos digestivos, el sudor, etc.) tienen también inervación vegetativa que controla su función. La mayoría de las células glandulares son también células excitables que pueden producir potenciales de acción y el sistema nervioso controla su actividad a través de los neurotransmisores, de forma similar a la descrita en el músculo. El resultado de la activación de una célula glandular es la liberación de su secreción, bien hacia la sangre (células endocrinas) o hacia el exterior del organismo o alguna de las cavidades que comunica con el exterior (células exocrinas).

El sistema nervioso puede regular la función de los distintos aparatos y sistemas y adecuarla a las necesidades del organismo. Para ello, el sistema nervioso está continuamente recogiendo la información procedente tanto del medio externo como del medio interno a través de los nervios sensoriales y enviando órdenes a través de los nervios motores y vegetativos. La base de la organización de esta función son los *arcos reflejos,* que se inician en el receptor (es decir, en la neurona que recoge la información) y, a través de un circuito constituido por varias neuronas, termina en el efector (un músculo o una glándula cuya función es modificada). En la figura 12.6 se muestra un arco reflejo sencillo en el que intervienen solamente tres neuronas. Podría representar, por ejemplo, el responsable de retirar la mano cuando nos pinchamos en un dedo. El pinchazo es detectado por las neuronas dolorosas que inervan el dedo y genera un potencial de acción que, a través de una o varias sinapsis, acaba llegando a las neuronas que inervan los músculos de la mano y el brazo y provocan su contracción. Los actos más complejos, como las conductas reflexivas o las que incluyen sentimientos o emociones, implican la acción de circuitos neuronales mucho más complejos, con interacciones entre informaciones procedentes de muchas partes distintas y respuestas que incluyen componentes motores y vegetativos que afectan a la vez a muchos órganos, aparatos y sistemas.

La otra forma de regulación de los aparatos y sistemas es a través del *sistema endocrino.* En este caso, cada glándula endocrina es capaz de detectar un cambio del medio interno. Cuando este cambio sucede (por ejemplo, un aumento de la cantidad de glucosa presente en la sangre, tras las comidas) la glándula se activa (produce potenciales de acción) y libera su hormona (en este caso, la insulina) a la sangre. A través de la sangre, la hormona alcanza su órgano-diana (cuyas células poseen receptores para esa hormona) y modifica una función determinada (en este caso, activa las vías metabólicas de consumo de glucosa). Muchas hormonas afectan la expresión génica en sus células-diana y pueden, por lo tanto, modificar su fenotipo. Las hormonas pueden, de esta manera, regular procesos de diferenciación y maduración celulares.

En cierto modo, la acción de los sistemas endocrino y nervioso es similar: la modificación de la función celular a través de un mensajero químico (el neurotransmisor o la hormona). La diferencia es que el sistema nervioso alcanza su efector a través de los nervios, mientras que el endocrino lo hace a través de la sangre. El propio sistema endocrino es regulado por el sistema nervioso. La función de muchas de las glándulas de secreción interna es regulada, a su vez, por varias hormonas que se producen en la *hipófisis,* una glándula que tenemos dentro del cráneo, muy cerca del cerebro. La hipófisis está en estrecho contacto con una zona del cerebro (el *hipotálamo)* que regula la secreción de sus hormonas. El sistema nervioso puede orquestar cambios complejos, que afectan a la vez a muchas hormonas, a través del hipotálamo y la hipófisis. Además muchas de las glándulas de secreción interna tienen inervación vegetativa.

MENSAJEROS INTRACELULARES

Las acciones del sistema nervioso y el endocrino terminan con la unión del agonista (neurotransmisor u hormona) al receptor de su célula-diana. Estos *receptores* son proteínas embebidas en la membrana celular que son capaces de reconocer específicamente al agonista y unirse a él. La unión del agonista al receptor desencadena una serie de procesos *(transducción de señales)* que acaban activando o deprimiendo una o varias funciones celulares. Así, la hormona H, actuando sobre su receptor R, acaba activando la enzima E_1 y, por lo tanto, la vía metabólica en la que participaba. La consecuencia sería un aumento de la concentración de las sustancias C y P en la célula. Esta forma de acción, la activación o inhibición de enzimas específicas, es una de las más comunes. En otros casos se activan o inhiben ciertos transportadores o canales iónicos. Algunas hormonas son capaces de atravesar la membrana celular y actuar sobre *receptores nucleares,* que activan o reprimen la expresión de un gen determinado. El proceso de transducción suele incluir la formación de un *mensajero intracelular* o *segundo mensajero* que hace la conexión entre el receptor y la función a controlar, activando una cascada de procesos que desembocan en la activación (o la inhibición) de enzimas, transportadores o reguladores de la expresión génica.

El *ion calcio* (Ca^{2+}) es el segundo mensajero más común. El Ca^{2+} se está bombeando continuamente desde el citosol hacia el medio extracelular y hacia el interior del retículo endoplásmico. Por este motivo, su concentración en el citosol es muy baja, unas diez mil veces menor que en el medio que baña las células o el interior del retículo endoplásmico. Cuando la célula se activa (como resultado de la interacción de un agonista con su receptor) se abren canales iónicos selectivos para Ca^{2+}, tanto en la membrana celular como en la membrana del retículo endoplásmico, el Ca^{2+} difunde rápidamente hacia el citosol y activa una serie de enzimas que disparan una función celular. El resultado depende de la célula-diana. En el músculo es la contracción, en la neurona es la liberación del neurotransmisor, en la célula glandular es la secreción. En otras ocasiones el segundo mensajero es *una sustancia química,* que se forma en respuesta a la interacción del agonista con su receptor. Finalmente, en otras ocasiones el agonista *activa una enzima* que, a su vez, activa otra serie de enzimas. La existencia de este tipo de *cascadas,* que amplifican la señal original y provocan la activación de una serie muy numerosa de funciones, es muy característica en los procesos de transducción de señales. En muchas ocasiones el proceso de transducción implica varios mensajeros intracelulares, que interaccionan unos con otros.

El envejecimiento

El envejecimiento cursa con una serie de *cambios físicos y mentales* que son la expresión del declive de las funciones del organismo. Disminuye el peso a expensas de la masa muscular, el hueso y los tejidos nobles, aunque la cantidad de grasa y tejidos de relleno puede aumentar. Merma la fuerza muscular, las articulaciones se deterioran y los movimientos se hacen torpes e inseguros. Se pierde capacidad visual y auditiva. Se pierde memoria, rapidez de reacción, confianza en sí mismo y capacidad prospectiva (de planificar el futuro). Hay un declive de la función sexual y se agota la capacidad reproductora. Las paredes de los vasos se endurecen y se llenan de depósitos y el corazón pierde gran parte de su capacidad funcional. Las funciones respiratoria, digestiva y renal se hacen también problemáticas. Disminuye la secreción de casi todas las hormonas y el control metabólico sucede con cierta dificultad. La regeneración de los tejidos se hace más lenta y las heridas tardan en cicatrizar. La inmunidad funciona perezosamente y la capacidad defensiva del organismo frente a las infecciones disminuye. La incidencia de enfermedades aumenta dramáticamente. No solo enfermedades infecciosas, sino degenerativas y tumorales. A partir de los cuarenta años la incidencia de cáncer se dobla cada nueve años. Un 30 por 100 de las personas de más de ochenta y cinco años tienen o han tenido algún tipo de cáncer, un 75 por 100 sufre entre tres y nueve enfermedades crónicas y un 50 por 100 no pueden valerse por sí mismas. La causa de la muerte en estas personas es, con frecuencia, desconocida.

Ciertamente, envejecer no es divertido y la *eterna juventud* ha sido un anhelo, también eterno, de la humanidad. Aparece en el Génesis, cuando Dios destierra a Adán y Eva del Jardín del Edén por intentar conseguir la inmortalidad tomando el fruto del Árbol de la Vida. Los mitos griegos distinguen entre la juventud y la inmortalidad. La diosa Eos (la aurora) pide a Júpiter la inmortalidad para Titono, un joven mortal al que ha seducido. Júpiter se la concede, pero con una sutil penitencia. Con el tiempo, Titono se va haciendo cada vez más viejo, canoso y encogido. Su voz se vuelve chillona e insoportable. Eos, harta, lo encierra en su dormitorio, donde se convierte en una cigarra que canta eternamente. Los alquimistas medievales buscaron el elixir de la eterna juventud con tanto ahínco y fe como los que el hombre contemporáneo deposita en las vitaminas, la melatonina o la criopreservación de los cuerpos.

La figura 12.7 muestra la supervivencia del ser humano en varias épocas de la historia. La expectativa de vida (la edad a la que sobrevive un 50 por 100 de la población) era de unos veinte años en los tiempos de Cristo, había aumentado a unos cuarenta a principios del siglo XIX y, en los países desarrollados, está cerca de ochenta al comenzar el XXI. No cabe duda de que en estos dos milenios la expectativa de vida ha aumentado considerablemente, debido, en gran medida, al descenso de la mortalidad infantil y juvenil. Pero las tres curvas tienden a una asíntota común, como si existiera un límite de edad, una «fecha de caducidad», que el ser humano no puede superar. La última curva de la figura 12.7 es una especulación sobre la situación que se alcanzará en los años 2020-2050 en los países desarrollados. En esta época se habrá encontrado un tratamiento eficaz para las enfermedades que causan la muerte en la actualidad y la mayoría de los seres humanos vivirán más de cien años. Para entonces los cánceres serán curables, se implantarán órganos artificiales semisintéticos para sustituir a los defectuosos y la nanotecnología permitirá construir «máquinas moleculares» que se introducirán en los organismos para reparar lesiones microscópicas. No obstante, los progresos de la medicina no permitirán superar el *límite genético,* que estancará la expectativa de vida en los ciento veinte años, y el desafío es traspasar esa frontera.

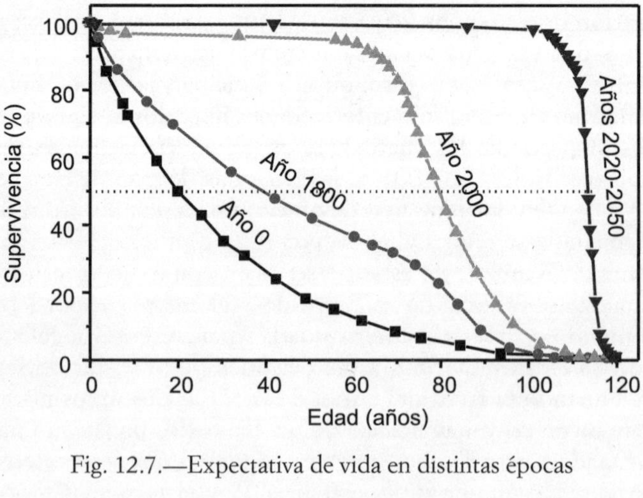

Fig. 12.7.—Expectativa de vida en distintas épocas

¿ESTÁ EL ENVEJECIMIENTO ESCRITO EN NUESTROS TELÓMEROS?

Los extremos de los cromosomas contienen una secuencia de unos diez mil pares de bases que no codifican ningún gen y que se conoce con el nombre de *telómero.* Esta especie de cubierta cumple una función protectora frente al ataque de enzimas y evita recombinaciones aberrantes del ADN cromosómico. En la década de los setenta se descubrió que la longitud de los telómeros se mantiene constante en las células de los organismos unicelulares, pero que se acorta 50-100 pares de bases con cada división celular en las células de los seres pluricelulares. Esto es debido a que la enzima que replica el ADN (ADN-polimerasa) no puede empezar a copiar desde el extremo de la hebra, sino que necesita un iniciador o cebador de ARN (de 50-100 pares de bases) que después desaparece. El resultado es el acortamiento progresivo de los telómeros con cada división. Al cabo de unas cien divisiones los telómeros desaparecen, y en las divisiones siguientes se empiezan a perder genes que están localizados cerca de los extremos del cromosoma, lo que conduce a la muerte celular. De hecho, existe un mecanismo regulador que determina que, cuando los telómeros se hacen muy cortos, las células adquieran un aspecto anormal y se dividan con extrema lentitud (células senescentes de Hayflick). Este fenómeno puede observarse en células cultivadas *in vitro.* Así, si se obtienen fibroblastos de la piel de un niño y se cultivan fuera del organismo pueden dividirse unas ochenta veces antes de hacerse senescentes; por el contrario, los fibroblastos obtenidos de un anciano de ochenta años solo se dividen unas veinte veces. Por otro lado, si se mide la longitud de los telómeros de fibroblastos obtenidos de individuos de distintas edades, hay una correlación inversa entre edad y longitud de los telómeros. En definitiva, parecería que los telómeros son una especie de reloj biológico en el que está escrita la edad de la célula y que, al llegar a cierto punto, frena la división y conduce a la muerte celular.

En las células de los organismos unicelulares existe una enzima, denominada *telomerasa,* que resintetiza la porción perdida de los telómeros después de cada división celular, de modo que su longitud se mantiene constante. Las células de los organismos pluricelulares no tienen telomerasa, lo que conduce indefectiblemente a su senectud al cabo de 50-100 divisiones. Existe una notable excepción: las *células germinales* (esto es, las que dan origen a los gametos, espermatozoides u óvulos) sí que poseen telomerasa y, por lo tanto, son capaces de dividirse indefinidamente sin acortamiento de sus telómeros. Las *células de los embriones* también poseen telomerasa, pero esta enzima se pierde durante el proceso de diferenciación, cuando las células embrionarias se transforman en un tejido definido. En los tejidos se conserva una fracción muy pequeña de *«células madre»,* que pueden dividirse para regenerarlos cuando hay destrucciones extensas de aquellos. Estas células madre poseen también cierta actividad telomerasa que permite que sus telómeros se acorten más lentamente que en el resto de las *«células somáticas»* (somáticas quiere decir que forman el soma o cuerpo del ser pluricelular, y este término se usa en contraposición con «germinales»). Como contraprueba de todo lo anterior, en experimentos recientes se ha demostrado que si se activa el gen de la telomerasa en células somáticas adultas estas células se hacen *«inmortales»,* es decir, son capaces de dividirse un número indefinido de veces en cultivos *in vitro.*

Emerge así un modelo que entronca con concepciones clásicas en el que las células germinales, inmortales, son capaces de dividirse indefinidamente originando de tiempo en tiempo excrecencias (individuos) cuyas células no poseen telomerasa y, por ello, tienen una «fecha de caducidad» bien definida. Las células germinales son, en este modelo, como el tronco de un árbol que, cada temporada, echa hojas nuevas (los individuos) que indefectiblemente amarillean al llegar el otoño y mueren en el invierno. Bajo este punto de vista el individuo es una especie de envoltorio efímero que permite la evolución de los genes inmortales. El resultado del experimento evolutivo se transmite, si tiene éxito, a la siguiente generación.

Seguramente el acortamiento de los telómeros es responsable de la mala capacidad regenerativa ante daños repetidos que se observa en los ancianos. Por ejemplo, la dificultad para la cicatrización de las heridas o la pereza del sistema inmunológico podrían derivar de que las células implicadas (fibroblastos y leucocitos, respectivamente) han llegado cerca del límite de Hayflick y se dividen con lentitud. Sin embargo, el límite de Hayflick predice tiempos de vida que son dos o tres veces mayores que los que se observan realmente, lo que sugiere que existen *otros factores* determinantes del envejecimiento. Algunos datos experimentales apoyan esta idea. Por ejemplo, la oveja *Dolly,* clonada a partir de una célula adulta, debería tener telómeros más cortos de lo normal en sus células (y este particular se ha comprobado experimentalmente). No obstante, *Dolly* no ha tenido problemas de envejecimiento prematuro. Por otro lado, se ha creado recientemente una cepa de ratones mutantes sin telomerasa, que en teoría deberían mostrar una vida acortada. Sin embargo, las tres primeras generaciones de ratones tuvieron una vida normal y solo a partir de la cuarta empezaron a aparecer alteraciones genéticas y de la reproducción. Estos resultados sugieren que el acortamiento de los telómeros no es normalmente el factor limitante más importante a la hora de determinar la expectativa de vida.

El acortamiento de los telómeros es un mecanismo de ayuda para *prevenir el cáncer.* Un cáncer está caracterizado por un crecimiento incontrolado de las células cancerosas, que invaden los territorios ocupados por las células normales, las desplazan y las ahogan. Las células cancerosas son capaces de expresar la telomerasa, con lo cual los telómeros se mantienen en una longitud suficiente como para evitar la detención de la división celular. Desde este punto de vista, las células cancerosas son células que han olvidado cómo envejecer y morir. En muchos tipos de cáncer (70-90 por 100 de los cánceres de pulmón, ovario, mama y próstata) puede detectarse la expresión de telomerasa en las células cancerosas, por lo que esta prueba analítica puede utilizarse para su diagnóstico. La posibilidad de utilizar fármacos inhibidores de la telomerasa para evitar el crecimiento de los tumores malignos se está investigando activamente en la actualidad. Debe tenerse en cuenta, no obstante, que la expresión de la telomerasa no es la única anomalía de las células cancerosas. Generalmente se expresan también otros genes que las hace más agresivas y resistentes que las células normales, facilitando que invadan y colonicen otros tejidos formando *metástasis.*

En conclusión, el acortamiento de los telómeros es un reloj que mide el envejecimiento, marca la muerte y previene el cáncer. Aunque puede ser responsable de algunas de las manifestaciones del envejecimiento, el sentir actual es que existen otros mecanismos más generales e integrados que señalan al organismo cuándo ha llegado el momento de envejecer.

GENES, EVOLUCIÓN Y ENVEJECIMIENTO

Los organismos unicelulares no envejecen. Simplemente se dividen en dos cuando la célula alcanza un tamaño crítico. La mayoría de los organismos pluricelulares envejecen, aunque se conocen unas pocas excepciones: algunas langostas, peces planos, tiburones y cocodrilos. El caso del lenguado es especialmente interesante. El macho envejece y muere, pero la hembra crece de forma indefinida sin envejecimiento aparente. Probablemente existe un determinante genético que, en el caso del lenguado, debería localizarse en los cromosomas sexuales. Así pues, *vivir eternamente no viola ninguna ley de la Biología;* existe la posibilidad de ser eternamente jóvenes. Sin embargo, desde el punto de vista evolutivo un animal viejo, con escasa fuerza vital y reproductora, no tiene ninguna utilidad para la naturaleza; es una carga, una fuga de recursos para el resto de su especie. De ahí el razonamiento, algo ingenuo, de que envejecer y morir es un gesto altruista del individuo hacia la especie.

Habitualmente se piensa en la evolución en términos de especies o individuos, pero, en realidad, *la unidad evolutiva es el gen.* El individuo es un epifenómeno accidental y efímero, que dura una sola generación. Nuestros hijos solamente heredan la mitad de nuestro material genético; nuestros nietos, la cuarta parte; al cabo de unas pocas generaciones nuestra contribución individual a los descendientes ha quedado diluida a una fracción insignificante. La especie es algo más duradera, pero también temporal, inestable, cambiante. La evolución afecta primariamente a los genes, que se mezclan con otros genes en busca de la combinación más eficaz para perdurar. Los genes son como los naipes de una baraja, que pueden combinarse en distintas jugadas (los individuos) y aun en distintos juegos (las especies). La única realidad física es la de los naipes, que el jugador trata de ordenar en la forma más ventajosa, aun cuando lo que tiene sentido para él es la jugada, que intentará repetir y mejorar si tiene éxito. Ocasionalmente uno o varios genes cambian por una mutación o un intercambio de material *(crossing-over)* con otro gen. En la inmensa mayoría de los casos el cambio resultará letal o desventajoso y no se transmitirá a la descendencia o se perderá al cabo de unas pocas generaciones. En alguna ocasión el nuevo gen conferirá una ventaja especial al individuo; entonces se transmitirá a la descendencia y, lentamente, al cabo de muchas generaciones, se impondrá ocasionando un cambio evolutivo en la especie. La evolución conserva o elimina el gen, no el individuo ni la especie.

Desde el punto de vista evolutivo, la senilidad y el envejecimiento son fenómenos irrelevantes. Afectan al individuo una vez que su fase reproductora ha pasado, de modo que los individuos más longevos no tienen más probabilidades de transmitir sus genes que los demás. *Una vida prolongada no ofrece ninguna ventaja evolutiva,* ni a la especie ni a los genes que la conforman. Aun así es muy probable que la duración de la vida esté escrita en nuestros genes. Un chimpancé, cuya dotación genética tiene una homología del 98,4 por 100 con el ser humano, vive solamente la mitad. Parece claro que en el 1,6 por 100 de material genético que nos diferencia de nuestros primos, los monos, deben de existir genes relacionados con el envejecimiento. Si pudiéramos manipularlos adecuadamente alargaríamos nuestra vida mucho más allá de lo que se conseguiría erradicando todas las enfermedades que nos azotan en la actualidad. También parece claro que la evolución no nos va a ayudar espontáneamente en esta tarea, ya que la presión evolutiva de los genes de «juventud» es nula: el prolongar la vida más allá de la época fértil no tiende a perdurar.

Existe una perspectiva, sin embargo, desde la que se podrían justificar las ventajas evolutivas de una vida larga. Las diferencias entre los genes se traducen en sus efectos, y estos pueden manifestarse no solo en el propio organismo (fenotipo), sino en el mundo que le rodea. Estas modificaciones del medio externo pueden, a su vez, influir sobre la evolución. En este caso los efectos de los genes son especialmente sutiles porque no dejan huella en el organismo. Se manifiestan fuera de él conformando un *«fenotipo extendido»*. Existen muchos ejemplos de fenotipo extendido, pero donde este alcanza su máxima expresión es en el ser humano, conformando la civilización y la cultura, que influye en el individuo y determina su comportamiento tanto o más que su fenotipo somático. El fenotipo extendido se hereda, se transmite de generación en generación a través del aprendizaje y crece y se refina por las aportaciones individuales. Al no estar determinada su transmisión por factores estrictamente genéticos, los individuos viejos, que han pasado ya su fase reproductora, sí podrían seguir aportando a este patrimonio y así conferir ventajas evolutivas a la especie. Así pues, el que estemos ahora ocupándonos de cómo alargar nuestra vida es, en el fondo, un mecanismo evolutivo generado por nuestro fenotipo extendido.

Es característico de algunos genes el expresarse preferentemente *durante una época de la vida* determinada. Así, durante el desarrollo embriológico se expresan en un momento muy bien definido genes que determinan la formación del corazón, el ojo o la mano. A lo largo de la vida extrauterina el inicio de etapas importantes está determinado también por la expresión de ciertos genes. El rápido crecimiento durante la infancia o los cambios sexuales con la pubertad son ejemplos bien conocidos. Como en los juegos de naipes, en distintos tramos de la vida pintan distintos genes. Es concebible que la vejez se desencadene cuando les llega el turno a ciertos genes responsables de cambios que tienen un efecto negativo sobre nuestra calidad de vida, función reproductora, etc. Si pudiéramos detener o retrasar su expresión conseguiríamos prolongar la juventud y alargar una vida apacible y plena. Es muy poco lo que sabemos de los factores que determinan la expresión de un gen determinado en un momento concreto, especialmente en el individuo adulto. Por homología con la ordenación de la expresión génica a lo largo del desarrollo embrionario, es de suponer que la expresión de un gen determinado se induce por la presencia de una sustancia química dada (un «factor de crecimiento») en el medio que rodea a la célula. Así, la sustancia *j* puede inducir la expresión del gen J y la *v* la del V. Si pudiéramos identificar la sustancia *v* y evitar su acción o, alternativamente, encontrar un fármaco que reprodujera el efecto de la sustancia *j*, habríamos dado con el elixir de la eterna juventud.

Otra línea de acción posible es la identificación de los genes J y V y su manipulación por técnicas de ingeniería genética. Se han identificado genes cuya manipulación alarga la vida en gusanos, moscas o ratones, pero no se sabe aún si existen genes homólogos en los seres humanos. La duración de la vida es mucho más corta en estas especies, por lo que es posible que los genes relacionados con el envejecimiento sean diferentes en los seres humanos.

TEORÍAS DEL ENVEJECIMIENTO

Es probable que existan genes cuya expresión (o falta de expresión) da lugar al envejecimiento; pero ¿cómo actúan esos genes?, ¿qué cambios producen en las células que las hacen envejecer? Existen multitud de teorías que ligan el envejecimiento a cambios concretos (tabla 12.1), pero ninguna de ellas es completamente satisfactoria. Es posible que la senectud resulte de la conjunción de varios factores, que se expresan en diferentes tejidos con distinta intensidad.

En general se acepta que el envejecimiento resulta de la *acumulación de daños* que evitan que las células cumplan con su función normalmente. Es muy posible que esos daños afecten al ADN, dificulten su replicación y su expresión y que se arrastren a generaciones sucesivas de células hasta que llega un momento en que son incompatibles con la vida. Se estima que, en cada célula, se producen diariamente y de forma espontánea unos setenta mil accidentes que pueden calificarse como daños del ADN (rupturas de la cadena, mutación o pérdida de una base, etc.). La inmensa mayoría de estos daños se reparan rápidamente gracias al concurso de *enzimas reparadoras* específicas. Si estas enzimas se volvieran perezosas los errores tenderían a perpetuarse. En

Tabla 12.1

Teorías del envejecimiento

Programación	Número de divisiones celulares limitado (límite de Hayflick). ¿Generado por alteraciones de la telomerasa?
Acumulación de errores en el ADN	Síntesis de proteínas ineficaz. Imposibilidad para la división. ¿Generado por la ineficacia de las enzimas reparadoras?
Acumulación de daños, basura y tóxicos	Gránulos de lipofuchina. Interfieren con el metabolismo normal.
Radicales libres del oxígeno	Daño del ADN, especialmente el mitocondrial. ¿Generado por ineficacia de las enzimas antioxidantes?
Teoría nutricional	La restricción calórica alarga la vida.
Teoría del colágeno	El envejecimiento del colágeno lo hace más rígido. Esto provoca anomalías articulares y formación de depósitos en los vasos.
Teoría inmunitaria	Expresión de proteínas anómalas que dan lugar a la generación de autoanticuerpos.
Teoría neuroendocrina	Alteraciones hipotálamo-hipofisarias que determinan disminución de la secreción de muchas hormonas. Esto provoca un declive de las funciones de todas las células.

el síndrome de Werner y la progeria, enfermedades genéticas caracterizadas por un envejecimiento rapidísimo (la muerte sucede antes de los veinte años), se han encontrado alteraciones en la expresión de la enzima helicasa, que participa en etapas críticas de la reparación del ADN, sugiriendo que el gen de la helicasa (en este caso, por una disminución de su expresión) podría ser uno de los implicados en el envejecimiento.

Los daños del ADN suceden espontáneamente, pero su frecuencia aumenta de manera vertiginosa en ciertas circunstancias. Una de ellas es en presencia de *radicales libres de oxígeno,* como el superóxido, el agua oxigenada, el radical hidroxilo o el óxido nítrico. Los radicales libres son moléculas muy reactivas que atacan proteínas, lípidos y ácidos nucleicos; en estos últimos ocasionan mutaciones y otros daños. Las proteínas mutadas generalmente son inactivas, con lo que su función se pierde. Si esta es esencial se produce la muerte celular. Aun cuando la proteína mutada sea funcional, las células del sistema inmune pueden detectarla y confundirla con una proteína extraña. Si es así, producen *autoanticuerpos* que atacan y destruyen los tejidos del propio organismo.

Los radicales libres se producen, por ejemplo, por acción de la luz ultravioleta en la piel, donde son responsables del envejecimiento prematuro por exposición excesiva a la luz solar. En el organismo existen sustancias *antioxidantes* que evitan la acción de los radicales libres, como las vitaminas A, E y C y los beta-carotenos. Los antioxidantes (naturales y sintéticos) se utilizan también para estabilizar y conservar los alimentos. Existen experimentos que muestran que una dieta suplementada con antioxidantes puede aumentar hasta un 30 por 100 la vida media en animales de experimentación. Este tipo de resultados hizo que incorporar antioxidantes como suplemento de la dieta se hiciera una práctica popular. Sin embargo, los antioxidantes podrían tener otros efectos colaterales (incluyendo daños del ADN). Por otro lado, el alargamiento de la vida media que se observa en los animales de experimentación se debe sobre todo a un aumento de la expectativa de vida (notablemente, reduciendo la incidencia de ciertos cánceres) más que a un alargamiento real de su duración máxima. El organismo posee también *enzimas,* como la glutation-peroxidasa o la superóxido-dismutasa (SOD), que destruyen los radicales libres de oxígeno. En la mosca de la fruta se ha logrado alargar la duración de la vida al doble produciendo una mutante que sobreexpresa el gen de la SOD. Estos resultados sugieren que el gen de la SOD y quizá otros relacionados con enzimas antioxidantes podrían actuar como reguladores (inhibidores) del envejecimiento.

La mayor fuente de producción de radicales libres de oxígeno es la respiración celular, que sucede en las *mitocondrias.* Es inevitable que algunos de los electrones procedentes de la combustión de los nutrientes escapen de la cadena respiratoria e interaccionen con el oxígeno produciendo radicales superóxido y agua oxigenada. Como hemos señalado antes, las mitocondrias poseen su propio ADN, que, además, es más sensible al ataque oxidativo que el nuclear por no estar asociado a histonas. Además, la mitocondria no posee los complejos mecanismos de reparación del ADN que existen en el núcleo. Se ha propuesto que el daño del ADN mitocondrial podría ser un mecanismo importante del envejecimiento. La pérdida progresiva de mitocondrias llevaría al descenso de la respiración, disminución de la producción de energía, pérdida de vitalidad y, finalmente, muerte. Se sabe, además, que cuando se dañan las mitocondrias se liberan mensajeros al citosol que inducen la *apoptosis* (muerte celular programada). El daño mitocondrial por radicales libres de oxígeno parece ser especialmente importante en el envejecimiento neuronal, y se han identificado importantes daños mitocondriales en las enfermedades neurodegenerativas, la enfermedad de Alzheimer y, sobre todo, en la enfermedad de Parkinson.

Se ha comprobado repetidamente que una *dieta hipocalórica* alarga la vida de los animales de experimentación. Una restricción del 35 por 100 alarga la expectativa de vida en un 65 por 100 y la máxima duración de la vida en un 50 por 100 (fig. 12.8). Estos resultados se interpretan en el contexto de la teoría del daño oxidativo por radicales libres. Al reducir la cantidad de sustra-

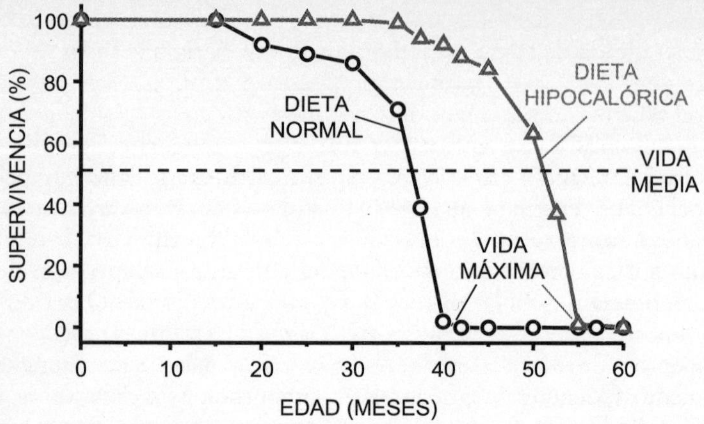

Fig. 12.8.—La restricción de calorías de la dieta aumenta la supervivencia en ratones. Una reducción de las calorías en un 30 por 100 aumenta la vida media de treinta y cinco a cincuenta meses y la vida máxima de cuarenta a cincuenta y cinco. También disminuye la presión arterial y el contenido de azúcar y triglicéridos en la sangre

tos para la respiración esta disminuye y, con ella, la generación de radicales libres de oxígeno.

En muchas células de los animales viejos, especialmente en las que no se dividen, se acumulan sustancias inservibles (por ejemplo, proteínas o lípidos dañados por radicales libres; sustancias tóxicas o inertes, como el DDT o el aluminio). Aparentemente, las células son incapaces de procesar estas basuras con suficiente rapidez y las van acumulando en gránulos, que suelen contener pigmentos anormales (lipofuchinas, que se usan como marcadores celulares de edad). Se ha propuesto que el *acumulo de lipofuchina,* interfiriendo con el metabolismo normal, es una causa significativa de envejecimiento neuronal, aunque no ha podido demostrarse con seguridad. En los animales viejos se modifica también el *colágeno,* que se hace más rígido, ocasionando alteraciones en la piel, las articulaciones y los vasos sanguíneos. En la piel, el envejecimiento se acelera por la exposición al sol, probablemente debido a la formación de radicales libres por acción de la luz ultravioleta.

Los cambios característicos del envejecimiento *suceden a la vez en todos los tejidos* del organismo, lo que sugiere que deben de existir reguladores capaces de sincronizar el proceso de envejecimiento en todo el organismo. El sistema nervioso y el endocrino coordinan las funciones orgánicas normales, por lo que se ha pensado que también deben de estar implicados en la regulación del envejecimiento. El hecho de que la secreción de todas las hormonas está disminuida en los individuos viejos apoya esta suposición. La *teoría neuroendocrina* propone que el envejecimiento de las neuronas del hipotálamo provoca un déficit de la secreción de la hipófisis. Como esta controla la secreción de muchas otras glándulas endocrinas, el resultado final sería una disminución generalizada de la secreción hormonal, que haría que todas las células periféricas perdieran vigor (las hormonas regulan, en último término, la expresión del ADN) y envejecieran. Existen datos objetivos del envejecimiento neuronal y del declive endocrino, pero es difícil concretar qué hormonas regulan el envejecimiento y cómo lo hacen. En experimentos llevados a cabo en los años ochenta se encontró que la administración de *hormona del crecimiento* a ancianos revertía la atrofia muscular, ósea, del hígado y de la piel en el equivalente a diez-quince años de edad; sin embargo, la repetición de este tipo de experimentos no ha confirmado los resultados iniciales. Las hormonas sexuales, *testosterona* y *estrógenos,* mejoran algunas de las manifestaciones del envejecimiento, pero su declive parece más bien la consecuencia que causa el envejecimiento y tiene efectos secundarios importantes, facilitando la aparición de ciertos tumores. Las *hormonas tiroideas* tienen efectos muy importantes sobre la maduración y diferenciación celulares en los animales jóvenes y su secreción disminuye con la edad, pero no revierten el envejecimiento. La dehidroepiandrosterona (DHEA), una hormona sexual menor, ha atraído la atención de muchos investigadores. Modifica la expresión génica y sus niveles en la sangre disminuyen con la edad. En animales de experimentación tiene un efecto rejuvenecedor y mejora la función del sistema inmune. Sin embargo, su papel en el envejecimiento dista mucho de estar claro. La *melatonina,* una hormona de importancia menor en el hombre, relacionada con la regulación de ciclos biológicos (luz/oscuridad; sueño/vigilia), se ha puesto de moda en los últimos años como panacea para combatir cualquier tipo de declive físico, incluyendo el envejecimiento. En varios estudios llevados a cabo con el debido rigor no se ha podido demostrar ningún efecto beneficioso del tratamiento con esta hormona.

La *teoría unificada del envejecimiento* conjuga factores genéticos y ambientales. Las células del organismo están sujetas a continuas agresiones, la más importante quizá el ataque del ADN (mitocondrial y nuclear) por radicales libres de oxígeno, que supera gracias a sus mecanismos protectores y reparadores, codificados en ciertos genes que se expresan durante la juventud. Al llegar la senectud la expresión de los genes de juventud declina y predomina la expresión de otros genes (de envejecimiento) que atenúan la eficacia de los mecanismos defensivos. La ruptura de este delicado equilibrio favorece la acumulación de errores, que disminuye la vitalidad de las células y las empuja hacia la senilidad. Este cambio en la expresión génica y su sincronización en todas las células del organismo está orquestado por el sistema neuroendocrino. Allí un reloj biológico, quizá activado por la expresión de un gen del envejecimiento, ordena cambios en la secreción de mensajeros extracelulares, hormonas o factores de crecimiento, que favorecen la expresión de los genes del envejecimiento en todas las células del organismo. En ciertas zonas, donde lesiones repetidas han forzado la regeneración, se acortan los telómeros, se alcanza el límite de Hayflick y la reparación se hace imposible. La conjunción de todos estos factores hace la vida cada vez más precaria y, eventualmente, conduce a la muerte del organismo.

PERSPECTIVAS

Previsiblemente, la batalla contra el envejecimiento se librará en dos frentes. Por un lado, los avances de la medicina nos depararán un aumento de la expectativa de vida. Por otro, la manipulación de los genes del envejecimiento nos permitirá aumentar la vida máxima y aproximarnos a la eterna juventud.

Desde el punto de vista estrictamente sanitario, el último informe de la Organización Mundial de la Salud estima que la expectativa de vida del conjunto de la población mundial aumentará desde sesenta y seis a setenta y tres años para el año 2025. El número de muertes prematuras (a una edad de menos de cincuenta años) se reducirá en un 50 por 100. La población mundial alcanzará los 8.000 millones de personas (la cifra actual es 5.800), pero su edad media aumentará considerablemente. El porcentaje de personas mayores y menores de sesenta y cinco años aumentarán en un 88 y un 45 por 100, respectivamente. En los países desarrollados la pirámide de edad se distorsionará más aún. Por ejemplo, en Francia la cifra de ciudadanos centenarios pasará de 200 a 150.000. La situación sanitaria es muy desigual entre distintos grupos étnicos. Así, por ejemplo, mientras que las muertes prematuras suponen solo un 15 por 100 del total de las defunciones en Europa, la cifra se eleva hasta el 75 por 100 en los países menos desarrollados. Las cifras medias no reflejan, por lo tanto, los límites de la medicina, sino los de la sensibilidad y la voluntad para resolver el problema.

La *medicina molecular* augura para el próximo siglo la cura de muchas de las enfermedades que nos azotan hoy (tabla 12.2). De acuerdo con las perspectivas del Proyecto Genoma Humano, para el año 2005 se conocerá la secuencia completa de todos los genes. (El desarrollo del proyecto Genoma Humano se aceleró de tal manera que este proceso se completó en febrero de 2001). Esto permitirá descubrir las bases de todas las *enfermedades genéticas.* Se calcula que en el año 2010 se habrán catalogado entre dos mil y cinco mil mutaciones responsables de estas enfermedades y que en 2020 cada persona podrá tener el código personalizado de su ADN, que permitirá diagnosticar cualquier alteración genética antes de que se manifieste y tomar las medidas adecuadas. Entre los años 2020 y 2050 la terapia génica permitirá sustituir el gen defectuoso por el normal.

Se están haciendo progresos notables en el tratamiento de algunos tipos de *cáncer* y, sobre todo, un avance vertiginoso en el estudio de los mecanismos que lo determinan. Probablemente, la mayoría de los cánceres están determinados por la expresión de proteínas anormales codificadas por *oncogenes.* Se estima que en el año 2020 se habrán catalogado genéticamente unos doscientos tipos de cáncer y que se podrán *diagnosticar muy tempranamente,* detectando la presencia de la proteína anómala en nuestra sangre. El conocimiento del genoma nos ayudará a preparar *vacunas* para prevenir un cáncer probable antes de que aparezca. Habremos aprendido a *estimular las defensas* naturales que luchan contra esta enfermedad, antioxidantes y sistema inmune, ayudando quizá a este último con la administración de *anticuerpos monoclonales* que atacan selectivamente a las células tumorales. También podremos combatir la inmortalidad del tumor utilizando *inhibidores de la telomerasa,* quizá guiados hasta sus células-diana por anticuerpos selectivos. Habremos aprendido los medios de los que se valen las células tumorales para hacer crecer los vasos sanguíneos que necesitan para garantizar su nutrición y las atacaremos en este frente *con inhibidores de la angiogénesis* (formación de vasos). Finalmente, si no queda otro remedio, intentaremos corregir los genes defectuosos por medio de *terapia génica.*

Las *enfermedades infecciosas* continúan siendo un importante azote para la humanidad (tabla 12.2). La introducción de los antibióticos ha aumentado,

Tabla 12.2

Principales causas de muerte en el mundo

[Expresadas como % del total de defunciones (OMS, 1998)]

1. Enfermedades infecciosas y parasitarias[1]		33,1
Infecciones respiratorias	7,1	
Tuberculosis	5,6	
Diarreas	4,8	
Sida	4,4	
Malaria	2,9	
2. Enfermedades cardiocirculatorias		29,3
Enfermedad coronaria	13,8	
Accidente cerebrovascular	8,8	
3. Cáncer		11,9
Pulmón	2,1	
Estómago	1,8	
Colon y recto	1,0	
Hígado	1,0	
Mama	0,8	
4. Enfermedades perinatales[1]		6,9
5. Enfermedades respiratorias		5,6
La más frecuente es la enfermedad obstructiva crónica (enfisema, bronquitis)		

[1] En los países desarrollados las cifras correspondientes a enfermedades infecciosas y perinatales son mucho más bajas y las principales causas de muerte corresponden a los apartados 2, 3 y 5. Por ejemplo, en España, el porcentaje de defunciones atribuidas a estas causas son el 38, 26 y 10 por 100, respectivamente. (Datos del INE, 1995.)

por sí sola, la expectativa de vida en diez años. Disponemos hoy de un arsenal de unos ocho mil, y unos cien se usan con asiduidad en terapéutica. Sin embargo, los microbios y virus también están sujetos a las leyes de la evolución; mutan y se adaptan al nuevo ambiente, adquieren resistencia a los antibióticos y descubren nuevas formas de transmisión y contagio. Por ejemplo, el virus del sida cambia su genoma a una velocidad del 1 por 100 por año, vertiginosa teniendo en cuenta que a los humanos nos llevó cinco millones de años el alcanzar una divergencia del 1,6 por 100 con respecto a nuestros ancestros monos. Es previsible que el estudio de la *biología molecular de bacterias y virus* nos ayude en la batalla contra las enfermedades infecciosas. La utilidad de esta aproximación se ha probado en la lucha contra el sida, donde empiezan a aparecer terapéuticas prometedoras tras solo diez años de investigaciones. Esta experiencia, el perfeccionamiento de las técnicas de secuenciación del ADN y la revolución de los métodos de *diseño molecular de nuevos fármacos* dibujan un panorama optimista en la lucha contra las enfermedades infecciosas.

Otra de las áreas en que la medicina conocerá un avance importante es la *ingeniería de tejidos y órganos,* que sustituirán con ventaja a los trasplantes actuales. La idea consiste en hacer crecer en el laboratorio un tejido para implantarlo después en el paciente. Los implantes de piel artificial obtenida por cultivo de fibroblastos se están utilizando ya en grandes quemados con buenos resultados. También se ha ensayado (con logros poco satisfactorios, por el momento) el implante de neuronas dopaminérgicas en ciertas zonas del cerebro para aliviar la enfermedad de Parkinson. Mejores resultados han tenido los implantes de células gliales (células de soporte del sistema nervioso, que segregan ciertos factores de crecimiento) para estimular la regeneración de las células nerviosas en animales con lesiones de la médula espinal. Se supone que dentro de veinticinco-cincuenta años será posible fabricar en el laboratorio *órganos artificiales* haciendo crecer células de distintos tejidos sobre un soporte de biopolímeros reabsorbibles. El hígado, riñón o corazón producidos de esta manera podrían usarse para sustituir órganos defectuosos o enfermos. Ya se han preparado de esta manera, con relativo éxito, una oreja y una nariz artificiales, aunque aún no se han implantado en pacientes. Los problemas de fondo más graves son obtener *células madre* que puedan dividirse a un ritmo suficientemente rápido en el laboratorio y asegurar la *tolerancia inmunológica* del huésped para que no rechace el implante. El primer punto puede solucionarse utilizando células embrionarias, lo cual plantea graves conflictos éticos. El segundo puede abordarse modificando las proteínas del donante por técnicas de ingeniería genética. Una alternativa posible, que soluciona a un tiempo ambos problemas, es utilizar células madre del propio huésped. Las células madre, sin embargo, se encuentran en muy pequeñas cantidades en el individuo adulto y son difíciles de aislar. Se están haciendo, sin embargo, rápidos progresos en este terreno. Una posibilidad prometedora es la de *crear células madre* del huésped inyectando el núcleo de una cualquiera de sus células en un óvulo de otro animal (del que previamente se ha extraído su núcleo). Como el núcleo de cualquier célula contiene el genoma completo del individuo, el huevo así preparado se divide dando lugar a células embrionarias que expresan las proteínas del huésped y que podrían usarse para construir el órgano artificial. Esta es la técnica que se ha usado (con éxito) para producir animales clónicos (por ejemplo, la oveja *Dolly)* y se ha demostrado ya que funciona también usando núcleos humanos y óvulos de otros mamíferos.

Otro campo que ha despertado gran interés es la posible aplicación de la *nanotecnología* a la medicina. El objetivo sería construir *máquinas moleculares* (del tamaño de una molécula) que puedan usarse para reparar lesiones microscópicas, eliminar productos de desecho, matar microbios o células tumorales e incluso corregir defectos moleculares, tales como la mutación de un gen, dentro de las células vivas. Idealmente estas máquinas moleculares deberían ser capaces de replicarse originando un ejército de diminutos robots para que fueran rentables y eficaces. La nanotecnología no está reñida con los principios de la física y se han realizado, de hecho, grandes progresos en técnicas que permiten manipular átomos individuales. Sin embargo, parece claro que queda mucho camino por recorrer antes de que se convierta en una posibilidad práctica. En realidad las biomoléculas son, de hecho, máquinas moleculares construidas por las células vivas. Quizá la nanotecnología pudiera ser útil para modificar su diseño con finalidades específicas.

Con todos sus progresos, la medicina convencional no logrará alargar el límite de la vida más allá de los ciento veinte años. Rebasar esa cifra requiere otro tipo de actuación: detener o revertir el envejecimiento. Los procedimientos que se han hecho populares actualmente, la suplementación de la dieta con antioxidantes o vitaminas y la terapia hormonal, tienen escaso valor. La reducción calórica de la dieta (manteniendo un aporte suficiente de los componentes esenciales) es el único procedimiento de eficacia demostrada, si bien su efecto es limitado. La esencia es no comer más de lo necesario y evitar en lo posible las grasas. Una actuación más radical pasa por identificar los *genes del envejecimiento* (o los de la juventud). Los resultados actuales sugieren que podrían incluir los genes que regulan la expresión de las enzimas reparadoras del ADN y las enzimas antioxidantes. Sin embargo, gran parte de la evidencia deriva de experimentos realizados en animales con un ciclo vital muy corto y cabe que el ser humano, de vida mucho más larga, utilice mecanismos diferentes. Otra línea en la que se están haciendo progresos considerables es la identificación de genes relacionados con enfermedades neurodegenerativas. Por ejemplo, la expresión de una de las variantes del gen de una apo-lipoproteína (apo-E) favorece la expresión temprana de la enfermedad de Alzheimer. Quizá ese tipo de conocimientos nos permita identificar el reloj neuroendocrino que marca las horas del envejecimiento.

Una vez se complete la secuenciación del genoma humano la tarea de identificar los genes del envejecimiento puede simplificarse considerablemente. Será posible, por ejemplo, identificar los genes discrepantes con animales de vida más corta y diseñar experimentos para confirmar si tienen efectos rejuvenecedores. De un modo u otro, es previsible que los genes del envejecimiento estén identificados en el año 2025. Aun así las posibilidades de acción abrirían un panorama escalofriante, ya que se reducirían a la *manipulación genética de los embriones* (durante la cual sería posible, de paso, eliminar otras debilidades hereditarias), un proceso muy complejo, moralmente problemático y de consecuencias impredecibles.

En realidad, la manipulación genética racional requiere mucho más que un catálogo completo de los genes. Es necesario entender cómo actúan y cómo se regula su expresión y diseñar procedimientos eficaces para modificar su función. Una tarea inmensa, que se abordará en los años 2025-2050. Si se lograra identificar las *señales que ponen en marcha la expresión de los genes de la juventud o del envejecimiento,* o los mecanismos por los que actúan en las células, podrían sintetizarse nuevos fármacos que los remedaran o antagonizaran. Alternativamente, podrían construirse e implantarse en el individuo células que expresaran los factores de crecimiento que favoreciesen la expresión de los genes de juventud en el resto del organismo.

Probablemente el camino a recorrer en la lucha contra el envejecimiento nos depare sorpresas. Como hemos comentado, las enfermedades también evolucionan y es posible que en el siglo próximo surjan algunas nuevas cuyas consecuencias no podemos prever en este momento. Por otro lado, al prolongar la vida estamos añadiendo fechas al calendario de la expresión génica. Es posible que genes que aún no conocemos, porque nunca han tenido la ocasión de mostrarnos su fenotipo, salgan ahora a la luz, y no hay manera de saber cuáles serán sus efectos. Es difícil también prever las *consecuencias económicas y sociales* del alargamiento de la vida. Los economistas calculan que por cada año adicional sería necesario un aumento del 1 por 100 del PIB para sostener el mismo nivel de vida, pero sería preciso conocer el estado de salud y el contexto social de la época para precisar estos cálculos. Más difícil aún resulta proyectar cuál sería la incidencia en las relaciones humanas y la organización de las sociedades futuras. ¿Será el secreto de la juventud un bien valioso y escaso, desestabilizador de la estructura social? Los mitos de la literatura han asociado el ansia de juventud o inmortalidad con castigos terribles (Génesis, mito de Titono, Fausto, Dr. Jeckyll) o con divisiones de la humanidad en dos bandos irreconciliables (vampiros y mortales), pero es posible que no reflejen sino el temor a lo desconocido. El siglo XXI nos deparará algunas respuestas a estas interrogantes.

13
El desafío del cerebro

Carlos Belmonte

El cerebro, un universo a explorar

Cuando hace más de cien años el español Santiago Ramón y Cajal se inclinaba por vez primera sobre el ocular de un microscopio para intentar desentrañar la estructura del cerebro, estaba seguramente lejos de imaginar que el estudio de ese órgano, al que dedicaría su fructífera vida investigadora, iba a constituir el principal reto científico con el que habría de enfrentarse la biología del siglo XXI.

Efectivamente, en los albores del segundo milenio, la Neurociencia, disciplina dedicada al estudio del sistema nervioso, es punta de lanza de la biología y la biomedicina modernas. El cerebro es un órgano con más de cien mil millones de células, cada una de las cuales establece como media un millar de conexiones con sus vecinas, a través de múltiples prolongaciones que tienen un diámetro inferior a una diezmilésima de milímetro y llegan a alcanzar más de un metro de longitud. Las neuronas se comprimen e intercomunican en el interior de este órgano, que tiene un peso inferior a un kilo y medio, y sirve de asiento a las funciones más sofisticadas y propias del mamífero superior al que llamamos *Homo sapiens*.

La extraordinaria complejidad estructural y funcional del sistema nervioso explica las dificultades que ha entrañado su estudio y la profunda ignorancia en la que todavía nos movemos, sobre todo si se coteja nuestro conocimiento del cerebro con el de otros órganos o sistemas biológicos, comparativamente más simples. Hace más de dos mil años, Aristóteles situaba nuestros sentimientos en el corazón y atribuía bondad a quienes tenían un corazón grande y blando, mientras que un corazón pequeño y duro era, para el filósofo, atributo de los malvados. Estos conceptos aristotélicos persisten todavía hoy en nuestro lenguaje, pero, lo que es más llamativo, las encuestas indican que un porcentaje sorprendentemente elevado de los ciudadanos del mundo occidental sigue sin asociar el cerebro con enfermedades mentales del tipo de la esquizofrenia o la depresión, y considera que problemas socialmente relevantes como la drogadicción, los trastornos del aprendizaje o la violencia no tienen relación con el cerebro, ni que su posible solución pasará seguramente por una mejor comprensión de este órgano.

Por eso resulta importante señalar que los llamados procesos mentales no son sino el resultado de la operación de los distintos elementos de esa compleja estructura que es el cerebro. Nuestra conducta, tanto en funciones aparentemente elementales, como el parpadeo o la retirada de la mano al quemarnos, o altamente sofisticadas, como la consciencia, el lenguaje o las emociones, se corresponde a la postre con la actividad coordinada y armónica de millones de neuronas individuales, interaccionando entre sí, en ese órgano excepcional llamado cerebro.

Los elementos del cerebro: células nerviosas y circuitos neuronales

La contribución intelectual más importante de Santiago Ramón y Cajal a la Ciencia ha sido posiblemente el descubrimiento de que el cerebro se estructura a partir de unidades celulares separadas, las neuronas, que se conectan entre sí «por contigüidad y no por continuidad», de una manera precisa y bien determinada, para permitir el paso de información de unas células a otras, dando lugar a circuitos nerviosos. Es la llamada «teoría de la neurona» que hoy, con carácter ya de doctrina, sigue plenamente vigente. Los circuitos neuronales poseen funciones y propiedades más complejas y sofisticadas que la suma de las de sus elementos celulares individuales; en otras palabras, al organizarse, tales circuitos nerviosos adquieren propiedades emergentes, distintas y que permiten la aparición de nuevas funciones. Así se empezó ya a poner en evidencia en el cruce de los siglos XIX y XX por neurólogos y neurofisiólogos británicos y alemanes como John H. Jackson, Karl Wernike o Charles S. Sherrington, que comprobaron cómo zonas separadas y bien identificadas del sistema nervioso que presentaban una organización estructural diferente, eran responsables de conductas específicas y se influían mutuamente a través de interconexiones claramente definidas.

Tipos de células nerviosas

Desde un punto de vista morfológico, las neuronas llaman la atención por su enorme variedad de formas y tamaños. No obstante, de manera general todas ellas están constituidas por un cuerpo celular, que actúa como centro metabólico de la neurona, y dos tipos de prolongaciones: una, generalmente más larga y fina, llamada axón, y otras más cortas y ramificadas, a veces muy numerosas, llamadas dendritas (fig. 13.1). Esta distinción entre el axón y las demás prolongaciones neuronales, hecha en principio sobre bases estricta-

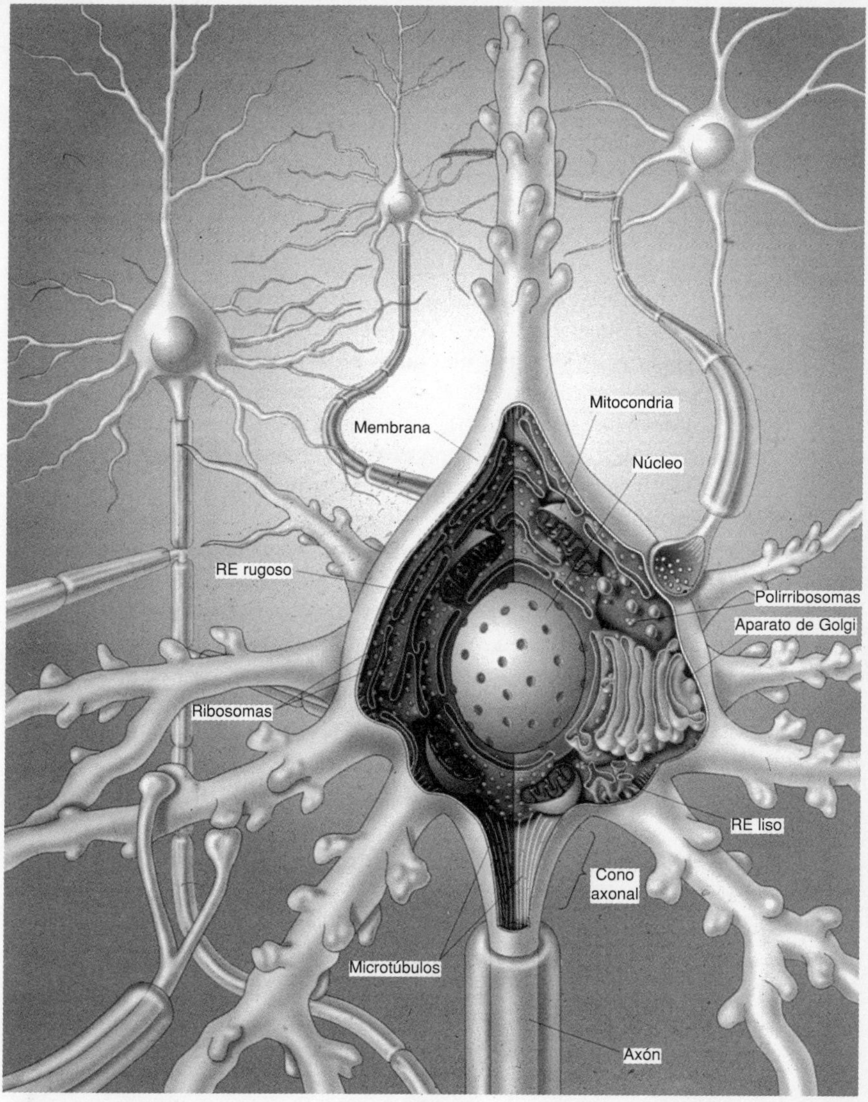

Fig. 13.1.—Representación idealizada de las neuronas. Puede distinguirse el cuerpo neuronal, las dendritas y el axón. Este último aparece recubierto de la vaina de mielina. Los abultamientos en las dendritas corresponden a puntos donde otras neuronas establecen contactos sinápticos. Algunos de estos se representan en la parte izquierda de la figura; el esquema incluye también una sinapsis sobre el cuerpo neuronal que se ha dibujado abierta a fin de mostrar las vesículas sinápticas en el interior. (Tomado de Bear y cols.)

mente morfológicas, se ha completado en fecha reciente con la comprobación de un gran número de diferencias en la estructura submicroscópica y molecular entre dendritas y axón. Este último contiene proteínas específicas, distribuidas de modo característico a lo largo de su membrana, y en él tiene lugar un activo tráfico de moléculas y pequeños orgánulos que viajan en ambas direcciones en su interior, con sistemas de transporte, bien rápido (hasta 100 cm/día) o bien lento (hasta 1 cm/día). La biología celular y molecular ha puesto en evidencia, también en los últimos años, que las diferencias de forma entre las neuronas son debidas fundamentalmente a su contenido en estructuras filamentosas, llamadas microtúbulos y neurofilamentos, que tienen una distribución variable dentro de la célula y forman el citoesqueleto. Esas diferencias en forma y tamaño se extienden también a las proteínas que sintetizan, proceso que ocurre en el cuerpo celular y las dendritas, y que resulta muy variado debido a que en el conjunto del cerebro se da una muy alta expresión de la información genética contenida en el ADN. En las neuronas tiene lugar una gran actividad bioquímica, en parte similar a la de otras células del organismo, pero también específica de cada tipo neuronal, que está dirigida a la síntesis de proteínas propias, síntesis y degradación de neurotransmisores, transporte y reciclaje de vesículas, etc.

Mucho más numerosas aún que las neuronas en el cerebro son las células de glía, que literalmente envuelven a aquellas en todas sus partes. A diferencia de las neuronas, el papel de los diferentes tipos de células de glía (llamadas astrocitos, oligodendrocitos, células de Schwann y microglía) no es la transmisión de señales de una célula a otra, sino una gama de funciones distintas, que va desde el mencionado recubrimiento y aislamiento eléctrico de las neuronas al soporte físico para el crecimiento de estas, la captación de neurotransmisores y detritus celulares, el suministro de factores de crecimiento y desarrollo neuronal, la defensa frente a la infección o la accción de barrera frente a los elementos tóxicos de la sangre, por citar las más conocidas.

La hipótesis de que lo que Ramón y Cajal llamaba «onda nerviosa» viajaba desde las dendritas al cuerpo neuronal y de este al axón es otra de las grandes aportaciones del científico español, pues al definir una «polarización dinámica de la neurona» permitió especular un modelaje, entonces sobre bases estrictamente morfológicas, de la organización de las conexiones entre distintos centros nerviosos. También Cajal fue el primero en establecer que las células se comunicaban entre sí a través de conexiones especializadas, llamadas sinapsis. Hoy día sabemos que el número, actividad, plasticidad y modulación funcional de estas conexiones son la base de muchas de las más complejas actividades del cerebro.

El progreso de nuestros conocimientos sobre las propiedades y características de las células nerviosas ha venido marcado por la disponibilidad de técnicas para su estudio, que se han ido haciendo progresivamente más sofisticadas. Como se señalaba antes, la puesta a punto de los métodos de tinción selectiva y observación microscópica de las neuronas, de los cuales el método de Golgi, magistralmente utilizado por Cajal, fue pionero, sirvió para identificar los distintos tipos morfológicos de neuronas presentes en el cerebro y proponer unos elementales esquemas funcionales de este, basados en su organización anatómica.

El impulso nervioso

Un paso adelante en la comprensión de la función neuronal lo constituyó el registro eléctrico de la actividad neuronal aislada, iniciado por el Nobel británico Edgar D. Adrian en el primer cuarto del siglo XX. Este científico fue capaz, con instrumentos rudimentarios de medida de voltaje, de registrar las débiles señales eléctricas producidas por la actividad de los axones neuronales que forman los nervios periféricos. Ello hizo posible demostrar la existencia de señales eléctricas, conducidas a gran velocidad por axones individuales, y establecer, de manera objetiva, que el sistema nervioso utiliza estos breves impulsos eléctricos (en el rango del milisegundo) para la transmisión de información a distancia. Se les llamó potenciales de acción o impulsos nerviosos. Tales potenciales de acción pueden producirse repetitivamente, hasta alcanzar en algunas células frecuencias de 1.000/s. Al igual que en un circuito telegráfico, la codificación de la frecuencia de disparo de potenciales de acción constituye el principal método de transmisión de información en el sistema nervioso, de manera que una neurona puede comunicar a la siguiente las características del mensaje (duración, intensidad, etc.) expresándolo en una frecuencia de descarga de impulsos nerviosos. Así, pudo observarse cómo la deformación de la piel o la aplicación de luz a la retina del ojo producía descargas de potenciales de acción en los axones de las neuronas que van desde estas estructuras hasta el sistema nervioso central, formando, respectivamente, los nervios cutáneos o el nervio óptico, y cuya frecuencia de disparo era proporcional a la intensidad del estímulo, de tal modo que a mayor presión sobre la piel o más luz dirigida al ojo, mayor frecuencia de impulsos nerviosos en el axón de la neurona registrada.

Canales iónicos y excitabilidad neuronal

Las células nerviosas poseen una membrana fosfolipídica, en la que se encuentran insertadas unas proteínas, llamadas canales iónicos, que se comportan como poros especializados de tamaño submicroscópico, a través de los cuales pueden pasar de un lado a otro de la membrana pequeños iones inorgánicos cargados eléctricamente como el sodio, el potasio, el cloro o el calcio. En condiciones de reposo, la distribución de los diferentes iones entre el interior de la célula y el líquido extracelular es asimétrica, lo que determina que exista una diferencia de carga neta a cada lado de la membrana, siendo el interior de la célula electronegativo en alrededor de 60-90 mV con relación al exterior. Esta diferencia de potencial eléctrico se mantiene gracias a un continuo bombeo de iones, que consume energía celular. Un estímulo que actúe sobre la membrana neuronal (moléculas diversas, corrientes eléctricas, fuerzas mecánicas, cambios de temperatura) de manera directa o indirecta acaba conduciendo a la apertura selectiva de canales iónicos y a la brusca desaparición, durante milisegundos, de la diferencia de potencial entre el interior y el exterior de la membrana. Ese cambio transitorio del potencial eléctrico es lo que llamamos el impulso nervioso o potencial de acción. Su característica más llamativa es que, desde su punto de origen, se propaga a lo largo del axón de la neurona, hasta llegar a sus terminaciones más lejanas.

Los estudios clásicos de los ingleses Alan Lloyd Hodgkin y Andrew F. Huxley en el axón gigante del calamar, laureados con el premio Nobel a mediados del siglo XX, establecieron que la entrada inicial del ion sodio y la salida inmediata a continuación del ion potasio, a través de canales muy selectivos para cada uno de estos iones, eran responsables, respectivamente, de la despolarización y repolarización de la membrana celular durante el potencial de acción. La posibilidad de introducir en el interior de una neurona un fino tubo de cristal con su punta afilada hasta un diámetro menor de 1 micra y conectado a un amplificador de voltaje inició el registro intracelular y permitió seguir con mucha mayor precisión los cambios eléctricos que tienen lugar en el soma de las neuronas, realizando con ello su análisis pormenorizado. Este puso en evidencia que las respuestas eléctricas de las neuronas son muy variadas, tanto en lo que se refiere a los iones y canales implicados en su producción como a sus características (duración, curso temporal, etc.) y a los mecanismos que las desencadenan.

En los últimos años, el avance en el conocimiento de cómo son y funcionan los canales de sodio, potasio y calcio implicados en el potencial de acción, así como otros muchos tipos de canales iónicos identificados en las células nerviosas, ha sido explosivo. Los científicos alemanes Erwin Neher y Bert Sakmann desarrollaron una técnica de registro de parches aislados de la membrana celular *(patch-clamp)* que permitió por vez primera registrar la actividad eléctrica de un solo canal, siguiendo directamente la apertura y cierre de este. La genética molecular ha logrado distinguir como entidades moleculares diferentes una gran variedad de canales, diferenciándose familias y subfamilias, con propiedades funcionales características, en lo que se refiere a sus mecanismos de apertura, cierre, inactivación, etc. Ello deja entrever una insospechada riqueza en las posibles maneras de que los distintos tipos de neuronas procesen los estímulos que les llegan, bien del exterior o desde otras neuronas, y organicen respuestas eléctricas a tales estímulos. Estas pueden ser variables en su umbral de respuesta o en su patrón de descarga, de acuerdo con el número y tipo de canales iónicos que expresa su membrana. Hay que tener en cuenta, además, que la expresión de canales iónicos en la membrana no es un proceso homogéneo y estático, que tuvo lugar al formarse la célula, sino que es diferente en el soma, las dendritas, el axón o las terminaciones periféricas, y que está sometido a una renovación y variación continuas, lo que permite inferir que cada neurona dispone potencialmente de una gran plasticidad para modificar sus características funcionales.

Los avances en el conocimiento de las bases iónicas de la excitación de las neuronas, además de ofrecer una visión de estas como estructuras heterogéneas, tanto entre ellas como en las funciones de sus diferentes partes, han tenido importantes repercusiones terapéuticas. La mayoría de los fármacos empleados en el sistema nervioso, desde los anestésicos locales hasta los antidepresivos, actúan interfiriendo selectivamente con algunos de los canales iónicos que existen en las poblaciones neuronales, cuyo funcionamiento se desea modificar o modular.

Propagación de información en las neuronas

Para la detección de los cambios (fuerzas mecánicas, energía radiante, sustancias químicas de todo tipo) que están ocurriendo de modo continuo en nuestro medio externo, así como en el interior de nuestro propio organismo, el sistema nervioso dispone de las llamadas neuronas sensoriales primarias, que tienen su cuerpo celular en los ganglios sensoriales y mandan su axón a prácticamente todos los órganos y tejidos, formando parte de los nervios periféricos. Las terminaciones nerviosas de esos axones actúan como receptores sensoriales especializados, encargados de detectar los cambios físicos o químicos en su entorno y transformarlos en una descarga de potenciales de acción.

A su vez, las neuronas responsables de mover los músculos del cuerpo, llamadas motoneuronas, que tienen su soma en la médula espinal o el tronco del encéfalo, mandan sus axones fuera del sistema nervioso central, también a través de los nervios periféricos, hasta su músculo de destino. Finalmente, los vasos sanguíneos y vísceras huecas que poseen musculatura en sus paredes reciben, al igual que las glándulas, fibras nerviosas que se originan en los llamados ganglios autonómicos y que regulan, respectivamente, su motilidad y su función secretora.

Algunos axones neuronales se localizan fuera del sistema nervioso, formando los nervios periféricos. En la inmensa mayoría de las neuronas, sin embargo, el axón y las dendritas permanecen por completo dentro del sistema nervioso central, estableciendo sus conexiones con otras neuronas, en unos casos cercanas y en otros situadas a distancias muy largas.

La velocidad a la que se conducen los impulsos nerviosos en los nervios periféricos y en los axones de las neuronas que se encuentran en el interior del cerebro es un factor importante para la supervivencia de una especie, por cuanto condiciona la rapidez con que se detectan los estímulos potencialmente peligrosos y se elaboran y transmiten las órdenes motoras para evitarlos. La respuesta evolutiva a esta presión del medio ambiente ha sido el aumento del diámetro de los axones de las neuronas implicadas en tales conductas y el desarrollo a su alrededor de una vaina de mielina. Es esta una sustancia de composición química compleja, producida por las células de glía y que actúa como un aislante eléctrico, interrumpido a tramos de 0,2-2-mm, entre los que salta el potencial de acción, haciendo que su velocidad de conducción aumente hasta cincuenta veces, en relación con la de los axones carentes de mielina. La importancia de la mielina se pone dramáticamente en evidencia en las enfermedades en las que esta sustancia está dañada o modificada. Así ocurre, por ejemplo, en la esclerosis múltiple, enfermedad en la que la vaina de mielina desaparece de los axones de neuronas del cerebro y la médula espinal, provocando debilidad motora, alteraciones del habla, la visión, etc., o en el síndrome de Guillain-Barré, donde los afectados son los axones que viajan a los músculos. Las causas de estas enfermedades, como las de tantas otras alteraciones neurológicas cerebrales, se van aclarando a medida que se avanza en el estudio de la biología molecular y la genética del sistema nervioso. Conforme se van conociendo las proteínas básicas que componen la mielina y los genes que determinan su expresión, se vislumbra qué alteraciones conducen a la producción de una mielina anómala, qué genes mutan, conduciendo a la expresión aumentada o a la ausencia de una proteína básica de la mielina, o cómo la puesta en marcha, tras infecciones bacterianas o virales, de una reacción inmunológica alterada ataca a las glicoproteínas asociadas a la mielina, dañando a esta.

Neurotransmisores e intercambio de señales entre neuronas

Desde finales del siglo XIX existía evidencia morfológica en favor de que la comunicación entre neuronas se realizaba a través de contactos especializados entre las terminaciones axónicas de una neurona y el cuerpo o las dendritas de otra, a los que se llamó sinapsis. Sin embargo, la discusión sobre si tales contactos eran eléctricos, fluyendo entre ellos corriente de una célula a otra, o tenían lugar a través de la liberación de sustancias químicas, se mantuvo durante varias décadas. Otto Loewi fue el primero en demostrar en 1921 que las fibras nerviosas parasimpáticas del corazón, cuando se activaban, liberaban una sustancia química, la acetilcolina, que retrasaba su frecuencia de contracción. La hipótesis de que la despolarización de la terminación nerviosa presináptica liberaba un neurotransmisor químico, que difundía hasta la membrana contigua de la célula postsináptica, produciendo a su vez en esta una despolarización y eventualmente un potencial de acción, fue establecida años más tarde por el Nobel Bernard Katz sus colaboradores, entre ellos el español José del Castillo y el mexicano Ricardo Miledi, en la unión neuromuscular entre axones motores y fibras musculares esqueléticas. Otros laureados con el premio Nobel, Henrg H. Dale y John C. Eccles, probaron el carácter también químico de las conexiones entre las neuronas del sistema nervioso central. Paradójicamente, cuando el modelo de sinapsis química parecía aceptado sin discusión, se descubrió la existencia de sinapsis eléctricas entre algunos tipos de neuronas que, aunque no demasiado importantes cuantitativamente, juegan un destacado papel funcional en muchos circuitos nerviosos, como es el caso de la retina del ojo.

En los ochenta años transcurridos desde los trabajos pioneros de Loewi, el conocimiento acumulado sobre la sinapsis, en sus más variados aspectos, es abrumador. No es sorprendente que se haya dedicado tanta atención experimental a este problema, porque en gran medida el funcionamiento cerebral se apoya en las características de las conexiones entre sus neuronas, que permiten un flujo altamente especializado de información, y la farmacología del sistema nervioso se dirige, sobre todo, a controlar y modular los procesos en los que se fundamenta la transmisión sináptica. Los billones de sinapsis establecidas en el cerebro comparten muchas características comunes, pero también se dan entre ellas sutiles diferencias, que abren paso a una extraordinaria diversidad funcional.

Liberación de neurotransmisores en la sinapsis

La terminación nerviosa contiene pequeñas vesículas rellenas de neurotransmisor, denominadas vesículas sinápticas. En estado de inactividad, estas vesículas se encuentran ligadas al citoesqueleto del axón en un depósito de reserva, por proteínas llamadas sintaxinas. Desde allí, se mueven a una zona especializada de la membrana (la zona activa) donde se estiban, para fusionarse después, por medio de proteínas especializadas (sinaptobrevinas, VAMP), con un mecanismo análogo al que utilizan los virus para hacerlo con la membrana celular. Se abren entonces al espacio extracelular y vacían en este su contenido, en un proceso llamado exocitosis, reconstituyéndose más adelante, con recaptación del neurotransmisor, que se reincorpora otra vez al depósito inicial. En condiciones de reposo, el proceso de liberación de neurotransmisor, que depende del calcio presente en el interior de la terminación, ocurre espontáneamente y en pequeña medida. Cuando se produce la invasión de las terminaciones nerviosas por el potencial de acción, entra mucho más calcio en estas, a través de los canales iónicos que dicho potencial abre, y el proceso de vaciamiento de las vesículas sinápticas se sincroniza y acelera mucho, con lo que también lo hace la cantidad de neurotransmisor liberado, en un ciclo que dura solo milisegundos (fig. 13.2).

Cada vesícula de un tipo de sinapsis determinado contiene un número parecido de moléculas del neurotransmisor (alrededor de cinco mil moléculas de acetilcolina en el caso de la sinapsis colinérgica entre las neuronas motoras y el músculo). El número de vesículas liberado por cada potencial de acción puede ser diferente, como lo es el neurotransmisor que contienen unas neuronas y otras. Esto ofrece no solo una amplia gama de posibilidades a la acción de una sinapsis sobre su célula diana, sino también la oportunidad de su ma-

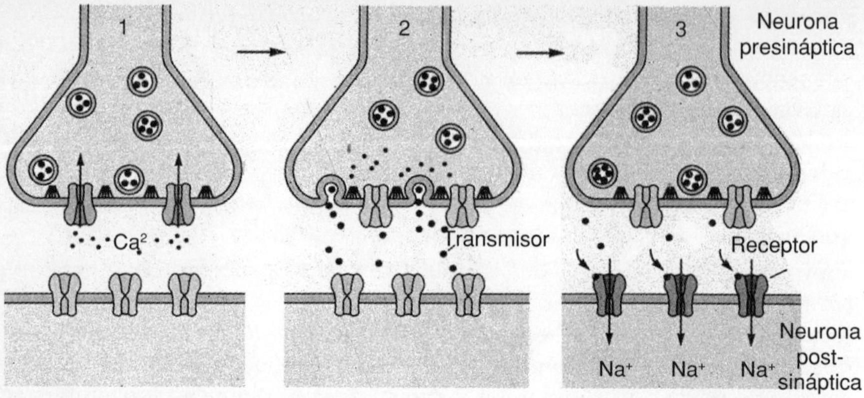

Fig. 13.2.—Etapas en la liberación de neurotransmisor: 1, llegada del potencial de acción a la terminación y apertura de canales iónicos de calcio; 2, la entrada de calcio provoca la fusión de las vesículas sinápticas con la membrana y el vaciamiento del neurotransmisor al espacio intersináptico; 3, el neurotransmisor se une a los receptores postsinápticos (un canal iónico) para llevar a cabo su acción. (Tomado de Kandel)

nipulación farmacológica selectiva. El neurotransmisor, que se ha vaciado del interior de la vesícula en el espacio intersináptico, difunde por este, hasta alcanzar la membrana de la célula con la que la terminación tiene establecida su unión sináptica.

La naturaleza ha utilizado como neurotransmisores a moléculas biológicas que están destinadas también a otros fines, aplicando el principio evolutivo, frecuentemente repetido en biología, de dar múltiples usos a elementos que son muy comunes en el organismo. Así, son neurotransmisores importantes los aminoácidos, con los que se construyen las proteínas de todos los seres vivos, algunas aminas derivadas de estos y los péptidos, formados por cadenas de aminoácidos. Otro neurotransmisor relevante y de origen diferente es la acetilcolina, que resulta sin embargo de la unión de dos compuestos químicos muy comunes en el metabolismo, el acetil coenzima A y la colina. Finalmente, el ATP, moneda energética en el metabolismo, es así mismo un neurotransmisor en algunas sinapsis.

Los extraordinarios avances de la neuroquímica en la segunda mitad del siglo XX han permitido la caracterización de multitud de moléculas neurotransmisoras, cuya estructura genérica ha servido para definir grandes familias de neuronas en el sistema nervioso de los mamíferos. Así, se ha distinguido un grupo de neuronas llamadas catecolaminérgicas, que contienen derivados diversos del aminoácido tirosina, tales como la dopamina, la noradrenalina o la adrenalina. Juegan un papel significativo en el sistema nervioso central, en funciones como la regulación del movimiento, los estados de ánimo o la atención, y también en el sistema nervioso autónomo, controlando las respuestas viscerales en situaciones de emergencia. Las neuronas serotoninérgicas derivan del aminoácido triptofano y participan en funciones cerebrales tales como el sueño, la conducta emocional o la regulación de los estados de ánimo. Las neuronas aminoacidérgicas constituyen una gran mayoría de las neuronas cerebrales y utilizan bien glutamato o glicina, como neurotransmisores excitadores, o bien ácido gammaaminobutírico, como transmisor inhibidor. Las neuronas colinérgicas usan la acetilcolina como transmisor excitatorio. Participan, junto con neuronas catecolaminérgicas y serotoninérgicas, en el control difuso de funciones cerebrales variadas y las que mandan sus axones a los músculos esqueléticos, en la ejecución del movimiento.

Hasta hace poco, ha sido creencia generalizada entre los neurocientíficos que cada neurona sintetiza y libera un tipo particular de neurotransmisor. Esta visión está siendo puesta en duda por el hallazgo, cada vez más frecuente, de neuropéptidos que coexisten en la misma neurona con los neurotransmisores más tradicionales, sugiriendo que ambos se liberan en la sinapsis, con efectos de curso temporal distinto sobre la célula postsináptica, siendo en general el de los neuropéptidos más lento y prolongado. El hallazgo reciente de que algunas moléculas gaseosas, como el óxido nitroso (NO), pueden actuar como neurotransmisores hace pensar que en años venideros el abanico de sustancias identificadas como transmisores o moduladores de la sinapsis se habrá ampliado aún más, ofreciendo nuevas posibilidades a las acciones terapéuticas sobre el cerebro, a través de la manipulación farmacológica de sus conexiones sinápticas.

Receptores postsinápticos

Uno de los grandes hallazgos unificadores en la investigación de la neurobiología celular de la segunda mitad del siglo XX ha sido el descubrimiento de que muchos de los receptores que se encuentran en la membrana de las células diana, y con los que interacciona químicamente el neurotransmisor, son también canales iónicos, que en lugar de abrirse por un cambio de voltaje, como ocurre con los canales implicados en el potencial de acción, lo hacen por unión con el neurotransmisor, permaneciendo abiertos durante un breve período de tiempo (1-10 milisegundos). Durante este instante dejan pasar iones, fundamentalmente sodio, que despolariza a la célula postsináptica. En otros casos, el efecto es inhibidor, a través de la activación de canales como los de cloro, que generalmente producen hiperpolarización de la neurona postsináptica. La biofísica y la biología molecular han aportado en la última década una amplia información sobre la composición de las proteínas que forman estos canales, su origen genético, sus mecanismos de unión al neurotransmisor, y los de subsiguiente apertura y cierre. De esa información se deduce que existen dos grandes superfamilias de canales iónicos activados por ligandos neurotransmisores: los receptores de glutamato y los de otros transmisores de molécula pequeña, como son los nicotínicos de acetilcolina, los de glicina, el del GABA, o el de la serotonina, por citar algunos de los más importantes en el sistema nervioso. La clonación de estos canales, al igual que la de los canales iónicos activados por voltaje, está permitiendo conocer con detalle las subunidades que constituyen esos poros funcionales, sus mecanismos de filtro, apertura y cierre, y los de su eventual modulación. Todo ello abre posibilidades alentadoras a la regulación terapéutica de los efectos postsinápticos de los neurotransmisores.

La acción de las moléculas neurotransmisoras sobre los receptores sinápticos persiste en tanto estas se encuentren disponibles para su unión química con la proteína del canal-receptor. Este efecto es usualmente muy breve porque, en algunos casos, existen enzimas que destruyen con rapidez a la molécula del neurotransmisor. Más importante aún, como efecto finalizador de la acción del neurotransmisor, parece ser, sin embargo, su recaptación por la terminación que lo ha liberado, que de ese modo lo recupera en parte y finaliza el efecto sináptico. Este proceso tiene gran trascendencia, pues su bloqueo farmacológico, como el que realiza, por ejemplo, el antidepresivo Prozac, puede modificar profundamente la actividad sináptica y con ello el funcionamiento neuronal. Por último, hay que señalar que, con frecuencia, la terminación presináptica posee en su membrana moléculas receptoras para su propio neurotransmisor, con lo que este puede ejercer una retroalimentación positiva o negativa sobre su liberación, contribuyendo a terminar o prolongar sus efectos.

En años recientes se ha descubierto que los neurotransmisores que actúan sobre los canales iónicos activados por ligandos, y que provocan despolarizaciones de la neurona que duran milisegundos, lo hacen también sobre otro tipo de moléculas receptoras presentes en la célula postsináptica, denominadas receptores metabotrópicos, que producen cambios eléctricos con duración mucho mayor, en el rango de los segundos e incluso los minutos. Los receptores metabotrópicos son proteínas de la membrana que se encuentran acopladas a otras proteínas, llamadas proteínas G, las cuales inician en el interior de la célula una cadena de reacciones, conducente a la formación de los llamados «segundos mensajeros». Estos regulan, a su vez, a ciertos canales iónicos, produciendo a través de ellos los cambios lentos de potencial antes mencionados. Modulan, además, a algunas proteínas reguladoras transcripcionales, lo que les permite modificar la expresión génica por la célula de nuevas proteínas, con lo que produce en esta cambios a mucho más largo plazo. Los efectos sinápticos lentos, mediados por los receptores metabotrópicos en las neuronas cerebrales, tienen un efecto modulador de la actividad sináptica, posiblemente con gran trascendencia funcional para la regulación de la intensidad, forma y duración de una conducta determinada del animal, como se comenta más adelante en relación con el aprendizaje y la memoria.

Prácticamente todas las funciones nerviosas dependen de un correcto funcionamiento de las sinapsis químicas en el cerebro. No es, por ello, de extrañar que una parte importante del esfuerzo investigador en la neurobiología moderna se dirija a avanzar más en la clarificación de los mecanismos sinápticos y en la identificación de las diferentes moléculas que participan en la transmisión de señales. También se persigue con afán nuevos modos de regular la acción sináptica, mediante fármacos con especificidad suficiente para modular, en cada caso, la dinámica de las conexiones interneuronales, de las que depende la función cerebral que se pretende suplir o modificar, sin alterar en lo posible las restantes actividades del cerebro.

CONSTRUYENDO Y RECONSTRUYENDO EL CEREBRO: GENES, DESARROLLO Y REGENERACIÓN

En el embrión en estado de gástrula, el futuro sistema nervioso aparece simplemente como un conglomerado de células, que se localiza en la porción dorsal del embrión y forma una placa engrosada de su capa más superficial, la ectodérmica. De este agrupamiento celular, de aspecto indiferenciado, surgirán los miles de millones de neuronas y células de glía que constituyen el sistema nervioso central y periférico del animal adulto. En el proceso de desarrollo y maduración neurales, las células originales se diferencian en centenares de distintas variedades y se ensamblan entre sí a través de conexiones muy bien definidas cuantitativa y cualitativamente, para dar lugar a los circuitos que sirven de base a todas las funciones cerebrales. Además, estos circuitos, lejos de quedar inamoviblemente establecidos, conservan a lo largo de la vida adulta una plasticidad que permite y condiciona en gran medida la llamativa capacidad de adaptación del cerebro a las cambiantes condiciones del mundo externo.

El análisis de los procesos que determinan el desarrollo del sistema nervioso, desde el embrión hasta el animal adulto, y el estudio de los principios que lo rigen, ha sido quizá el campo de la neurobiología en el que han surgido mayores novedades en las postrimerías del siglo XX. Hasta el advenimiento de la biología molecular del desarrollo, los avances conseguidos se basaban en estudios fundamentalmente histológicos, empleando técnicas ingeniosas para seguir el destino de las células embrionarias. Por ejemplo, la que puso a punto la francesa Nicole Le Douarin hacia 1967, implantando en el cerebro del embrión de pollo células de distintas partes del cerebro embrionario de codorniz, cuyo núcleo es muy denso y reconocible, para identificar sus migraciones bajo el microscopio. La genética y la biología molecular han permitido en pocos años dar un paso de gigante en la clarificación de las etapas más significativas de la formación del sistema nervioso y en la organización de sus circuitos neurales. La construcción de estos últimos tiene lugar en varios pasos, tales como la diferenciación de distintos tipos de neuronas, el crecimiento dirigido de sus axones hacia otras células, seleccionando aquellas con las que conectarán, y finalmente la eliminación de neuronas, prolongaciones nerviosas y sinapsis que no son necesarias para la consolidación definitiva de ese circuito en el cerebro adulto.

La formación del tubo neural

Cuando se sigue el desarrollo macroscópico del cerebro en los primeros estadios embrionarios puede observarse que la placa neural se incurva y cierra para formar un tubo neural que se flexiona varias veces, cuyo extremo cefálico produce el cerebro, mientras que la porción más caudal da lugar a la médula espinal. La diferenciación de las células de la placa neural en células nerviosas es debida a la expresión en ellas de un complejo programa genético, que se inicia por la interacción de factores inductores externos, es decir, moléculas producidas por tejidos vecinos, con moléculas presentes en la célula diana, tales como proteínas receptoras, que van a modular los factores de transcripción y la expresión de genes para la especialización de dicha célula.

En pocos años, a finales del siglo XX, se ha logrado la identificación de muchas de las moléculas que, producidas por células no neurales vecinas, actúan como inductoras de la neurogénesis. Las señales inductivas que forman la parte anterior del tubo neural, donde se diferencian las neuronas motoras, son distintas de las que dan lugar a las neuronas sensoriales en la porción posterior de dicho tubo. Es sorprendente que el gen que controla la proteína inductora de la diferenciación de la parte anterior del sistema nervioso en mamíferos (el SHH) es similar al que regula una porción importante del desarrollo embriológico de la mosca *Drosophila* (llamado *Hedgehog,* erizo en inglés). Algo análogo ocurre con el proceso que gobierna la segmentación y diferenciación, de arriba abajo, del tubo neural. Este conduce a la formación de abultamientos y dilataciones resultantes de la proliferación celular, que darán lugar a las diferentes partes del cerebro adulto, bajo el control de genes diversos, una vez más con llamativas analogías entre mosca y vertebrados. Tales observaciones corroboran que los genes que regulan el plan de conformación del cuerpo en la mosca se han conservado inmodificados en gran medida a lo largo de la evolución, hasta llegar a los mamíferos, algo que ocurre también con las moléculas receptoras y los programas de desarrollo que estas activan.

Diferenciación de las neuronas

Los principios rectores que dirigen la diferenciación de los diferentes tipos de neuronas del sistema nervioso durante el desarrollo son igualmente muy parecidos en la mosca y el hombre. El destino final de una célula ectodérmica como neurona se decide por señales que llegan desde células vecinas, que activan de manera desigual a genes neurogénicos *(notch, delta),* determinando que esas células se conviertan, o no, en neuronas. Las que lo hacen, emigran, a veces a considerables distancias, siguiendo el camino trazado por largas células de glía, hasta alcanzar su posición final. Allí, las células vecinas determinan sus características definitivas, particularmente los neurotransmisores que van a expresar mediante la liberación en su entorno de factores químicos. No menos importante es el hecho de que determinadas moléculas liberadas por los tejidos diana definen la supervivencia de las neuronas, como establecieron a principios del siglo XX los trabajos pioneros del alemán V. Hamburger y la italiana Rita Levi-Montalcini. La identificación de la primera de estas moléculas, el Factor de Crecimiento Neural (NGF), le valió el premio Nobel a Levi-Montalcini junto con Stanley Cohen. Al tiempo, abrió el camino al descubrimiento de más de una docena de diferentes factores neurotróficos, que regulan de manera selectiva la supervivencia neuronal durante el desarrollo y, en algunos casos, también a lo largo de la vida adulta. La acción de estas neurotrofinas, sin embargo, no es tanto promover el metabolismo celular para que la célula sobreviva más saludablemente, sino controlar la expresión de unos genes que regulan una vía bioquímica, latente en todas las células, incluyendo las de animales tan primitivos como los gusanos, y que conduce a la formación o inhibición de proteínas llamadas caspasas. La activación de esta vía representa un verdadero programa de suicidio, pues cuando se pone en marcha conduce a una muerte celular programada, llamada apoptosis.

La formación de circuitos neuronales

La definición de cómo es y qué contiene cada neurona no es, ni mucho menos, el último paso en la construcción del sistema nervioso adulto. Los complejos circuitos en los que se basa el funcionamiento de este se establecen gracias a que los axones de las neuronas se dirigen a una célula específica y escogen su contacto con una zona precisa de esa célula diana, ignorando en su camino otras múltiples posibilidades de sinapsis. Se han propuesto dos alternativas al fenómeno de selección de dianas celulares, la de Paul Weiss, en los años cuarenta, que postulaba que el crecimiento axónico y la formación de sinapsis era fundamentalmente un proceso al azar, de manera que la organización definitiva de las conexiones en el adulto se establecía por eliminación de las sinapsis funcionalmente inapropiadas, y la más reciente, postulada por Roger W. Sperry y defensora de la tesis de que la selectividad en las conexiones sinápticas que se establecen durante el desarrollo está determinada por una precisa compatibilidad entre señales químicas de las células pre- y postsinápticas. Esta última posibilidad parece más verosímil, y en los últimos años se han obtenido pruebas de la existencia de diversas moléculas, atrayentes unas y repelentes otras (proteínas Ig, cadherinas, integrinas, efrinas), cuyo gradiente en el entorno del cono de crecimiento del axón podría dirigir el avance de este hacia su objetivo, si bien los detalles del proceso siguen sin estar suficientemente aclarados.

Cuando los conos de crecimiento axónico se acercan a su objetivo celular tienen que elegir la célula o células diana precisas con la que establecer y mantener conexiones sinápticas. Se ignora todavía en qué grado es este un proceso predeterminado genéticamente o si, de forma alternativa, se forman en origen todas las sinapsis posibles, que luego se reajustan, eliminando unas y reforzando otras, en función de la actividad a que están sometidas, para dar lugar a la organización definitiva del circuito adulto. En el sistema visual se han obtenido pruebas concluyentes de que, durante un período crítico del desarrollo, la activación de los circuitos corticales por la actividad neural que llega de la retina es fundamental para el establecimiento de las conexiones funcionales que determinan una visión normal en el adulto. Junto a estos factores existen moléculas, como las mencionadas cadherinas y las neurexinas, que podrían intervenir en la determinación de la célula diana, y otras, como la agrina y las neurorregulinas, que participarían en la definición del espacio postsináptico y la inserción en este de los receptores postsinápticos. En el momento presente puede decirse que, si bien empiezan a conocerse los condicionamientos moleculares y funcionales que determinan la navegación de los axones en busca de su objetivo, la elección de este y los mecanismos para el refinamiento y la maduración de los contactos sinápticos, estamos aún lejos de disponer de una visión integrada de cómo se definen, forman y mantienen los circuitos sinápticos adultos.

Es plausible pensar que algunos de los factores que determinan el crecimiento de los axones durante el desarrollo puedan participar también en su regeneración, cuando son dañados por procesos traumáticos o enfermedades de otro orden. De confirmarse esta posibilidad, se abriría una vía esperanzadora a la restitución de vías nerviosas lesionadas, mediante la aplicación terapéutica exógena o la inducción de la expresión de moléculas, que estimularían el crecimiento de los axones dañados o la regeneración de neuronas centrales, perdidas como consecuencia de procesos degenerativos.

Las funciones cognitivas del cerebro

Cuando se compara con el de otras especies animales, el cerebro humano destaca por su complejidad anatómica. Esta se aprecia en el aspecto de su superficie, llena de pliegues, surcos y recovecos, y resulta más evidente aún cuando, como hicieron los primeros neurobiólogos, se analiza su morfología microscópica. En los humanos, la parte más superficial del cerebro, la corteza cerebral, ha alcanzado tal extensión durante el desarrollo evolutivo que ha debido plegarse de modo repetido para poder encajar dentro de un cráneo de dimensiones proporcionadas a las del resto del cuerpo.

Bases biológicas de los procesos mentales

El extraordinario desarrollo de la corteza cerebral en el hombre ha ido en paralelo con la adquisición de capacidades excepcionales dentro del reino animal en la captación, elaboración, almacenamiento y uso de la información sensorial, lo que se conoce con el nombre genérico de procesos cognitivos. Sin embargo, la asociación de los procesos mentales más complejos con el cerebro no ha sido históricamente obvia y encuentra todavía resistencias, más culturales que científicas, a ser aceptada de modo decidido.

La evidencia creciente de que las funciones cognitivas estaban vinculadas con el cerebro empujó a algunos científicos del siglo XIX a intentar correlacionar la sorprendente anatomía de su superficie con las características de la conducta humana. A principios del siglo actual, el alemán Franz J. Gall desarrolló la teoría de la frenología, según la cual los aspectos más característicos de la mente humana (generosidad, espiritualidad, amor paterno, etc.) se localizaban en áreas concretas de la corteza cerebral (a las que él consideraba «órganos independientes»), distinguiendo al menos 35 diferentes. Al hipertrofiarse algunas de esas áreas, por su especial uso en determinadas personalidades, se producirían abombamientos en la pared ósea del cráneo, que podían palparse desde su superficie, permitiendo así el diagnóstico de las características psicológicas del sujeto.

Frente a esta concepción, exagerada y simplista, de la localización cerebral de las funciones mentales surgió pronto la interpretación opuesta, basada inicialmente en una visión reticularista del cerebro y en experimentos de lesiones en animales o patologías en el hombre, que descalificaban a Gall. Tales posturas defendían que el cerebro funciona como un todo, que desafía aproximaciones reduccionistas y que las diferentes funciones mentales serían, en realidad, facetas de una única operación mental.

Sin embargo, con el tiempo, empezaron a recogerse datos, tanto experimentales como clínicos, que apoyaban una relación entre áreas corticales y funciones cerebrales, abriendo camino a la tesis de que el cerebro no es sino un complejo órgano sometido a las leyes biológicas y que los procesos mentales, incluso los más sofisticados, asociados al concepto abstracto de «pensamiento», eran el resultado del funcionamiento cerebral, basado en leyes similares a las que rigen al resto del mundo físico.

Así, el francés Pierre Paul Broca observó que las lesiones en áreas concretas de la corteza daban lugar a aparición de déficit neurológicos muy selectivos. Una de esas lesiones, por ejemplo, localizada en un lugar específico del lóbulo frontal del hemisferio cerebral izquierdo, causaba incapacidad de hablar (afasia), a pesar de que el aparato motor del lenguaje permanecía intacto. El sujeto, sin embargo, entendía sin problemas lo que se le decía. Con ello se identificó, por vez primera, una de las áreas cerebrales responsables del lenguaje (llamada hoy, en honor a su descubridor, área de Broca).

La heterogeneidad de las distintas áreas de la corteza cerebral se confirmó, en términos morfológicos, con los estudios del alemán Korbinian Brodmann. Al microscopio, la corteza cerebral se organiza en capas de neuronas ordenadas en columnas verticales, contiguas unas de otras. El número de las capas (en general, seis) y la morfología de las células varía de unas regiones de la corteza cerebral a otra. Basándose en la organización celular de estas (la llamada citoarquitectonia cortical), Brodmann elaboró un mapa de la corteza cerebral humana, todavía vigente en gran medida, en el que se distinguían 52 áreas corticales, que podrían servir de sustrato a diferentes funciones cerebrales (fig. 13.3). Los experimentos de estimulación eléctrica de la corteza en seres humanos despiertos que iban a ser operados de epilepsia, llevados a cabo hacia 1950 por el canadiense Wilder G. Penfield, confirmaron la relación entre las áreas 1, 2 y 3 de la corteza, descritas por Brodmann, y la aparición de sensaciones táctiles, que se proyectaban en partes concretas y claramente ordenadas del lado contralateral del cuerpo.

Estos hallazgos experimentales ejemplifican los primeros y rudimentarios pasos en la búsqueda de una localización neural de los actos mentales en el cerebro, empleando una aproximación científica. A medida que la complejidad de esos actos mentales va siendo mayor, resulta menos obvia su representación interna en el cerebro, en términos de áreas implicadas y actividad en ellas. Sin embargo, la Neurociencia de la última década del siglo XX ha sido extraordinariamente fructífera en desentrañar las bases biológicas más elementales de muchos de los procesos mentales característicos del ser humano, como son la percepción, la acción, la emoción, la memoria o el lenguaje. Ello se ha logrado integrando la información obtenida con metodologías muy diversas. Estas incluyen el registro eléctrico y la estimulación de neuronas aisladas o en grupos pequeños, correlacionándolos con conductas específicas en animales y en el ser humano. Abarcan también los nuevos métodos de imagen cerebral (tomografía de emisión de positrones, resonancia magnética funcional, magnetoencefalografía, magnetoestimulación) que han permitido estudiar con una resolución espacial y temporal cada vez más precisa la actividad de grupos neuronales asociada a percepciones y actos mentales complejos, en seres humanos conscientes, normales o con lesiones cerebrales. Finalmente, hay que destacar el uso de modelizaciones realizadas con computadoras, de redes neurales y de la información que manejan los circuitos cerebrales, para conocer con mayor precisión y simular en el laboratorio los sistemas de operación del cerebro. Gracias a estos procedimientos ha empezado a ser posible la ubicación cerebral y el análisis experimental de procesos mentales complejos, como el recuerdo de una situación o la planificación de un acto motor, que al no ser observables ni objetivables en términos de conducta motora quedaban hasta ahora excluidos de una aproximación científica.

Todavía hoy existen escuelas de pensamiento filosófico que niegan la capacidad del cerebro humano de estudiarse a sí mismo y de entender sus aspectos más complejos, en especial la consciencia, a la que consideran una experiencia irreductiblemente subjetiva, fuera del alcance de la ciencia tal y como la entendemos hoy. Pero parece razonable pensar que, como está ocurriendo con otros procesos mentales más simples, tales como las percepciones visuales o la memoria, cuyos mecanismos cerebrales empiezan a ser comprendidos, la consciencia, que sería una propiedad emergente resultante de la ope-

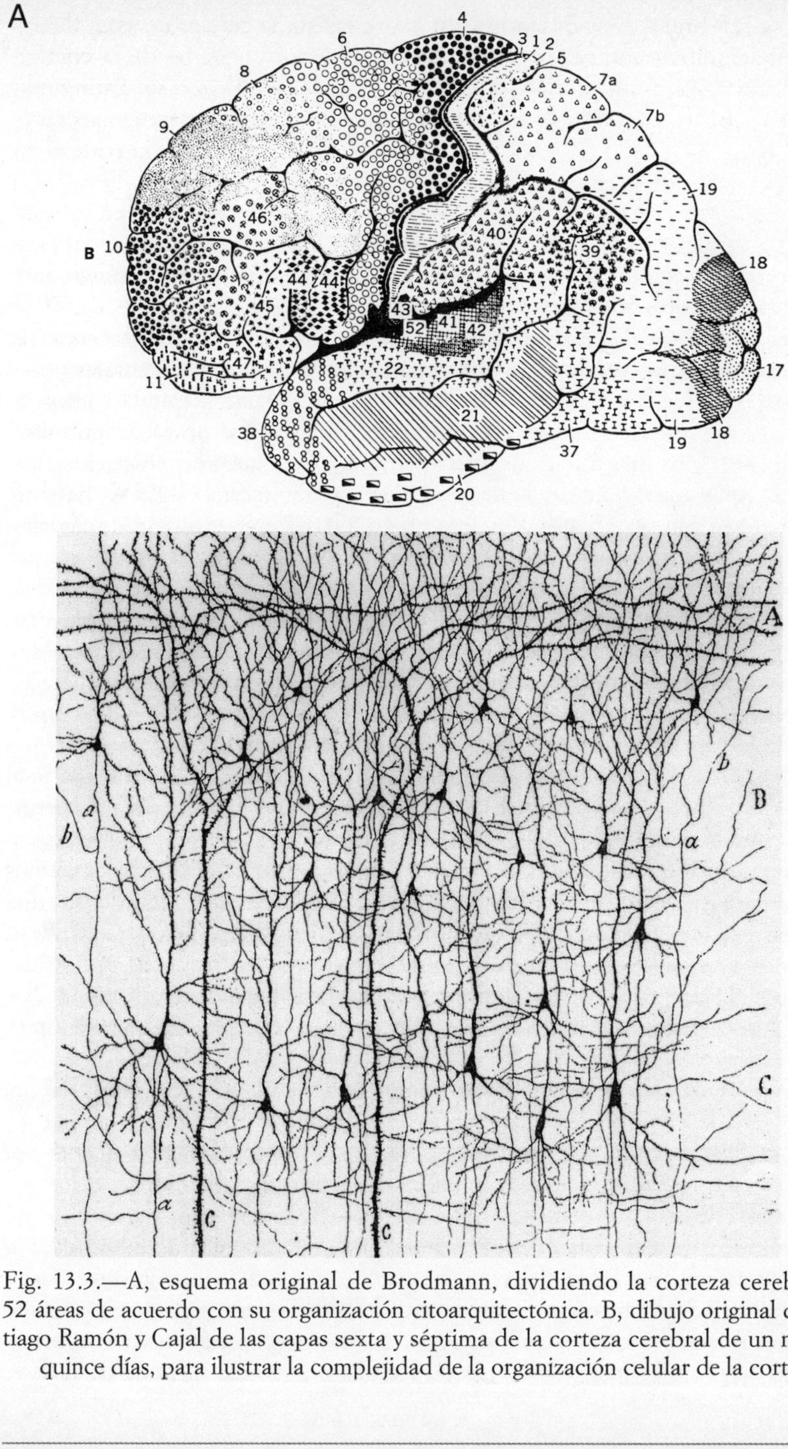

Fig. 13.3.—A, esquema original de Brodmann, dividiendo la corteza cerebral en 52 áreas de acuerdo con su organización citoarquitectónica. B, dibujo original de Santiago Ramón y Cajal de las capas sexta y séptima de la corteza cerebral de un niño de quince días, para ilustrar la complejidad de la organización celular de la corteza

ración computacional combinada de las áreas de asociación del cerebro, podrá ser descompuesta en componentes separados, con un sustrato neurobiológico más accesible, lo que permitiría entender cómo el cerebro construye esa compleja y aparentemente inextricable función.

Las percepciones

Los animales construimos una imagen del mundo exterior, condicionada por las formas de energía externa que nuestro sistema nervioso es capaz de detectar y procesar. La selección de dichas formas de energía viene dada en gran medida por las presiones ambientales a las que la especie se ha visto sometida, dando lugar al desarrollo de receptores sensoriales altamente especializados. El ser humano dispone de exteroceptores cutáneos, que le permiten detectar estímulos mecánicos, térmicos y químicos inocuos o lesivos en su entorno personal inmediato, el llamado «espacio peripersonal», que se extiende hasta donde alcanza su mano. Posee también telerreceptores situados en órganos especializados, como el ojo, el oído o el olfato, que le sirven para obtener información del «espacio extrapersonal», mucho más amplio a su alrededor. En términos de sus capacidades, los sistemas de detección de estímulos provenientes del mundo físico de que dispone el humano no son especialmente destacados si se los compara con las capacidades que poseen, con sistemas análogos, otras especies más inferiores. Así, el aparato visual de algunos insectos tiene la capacidad de detectar luz en el rango ultravioleta del espectro, y en ciertos casos, como el de la abeja, el plano de polarización de la luz, que el animal emplea para orientarse. Existen peces que perciben pequeñas perturbaciones en el campo eléctrico, como las que produce una presa nadando en sus cercanías, y que utilizan para cazar. Con el mismo fin, muchos crótalos disponen de un detector de infrarrojos que identifica el calor emitido por una potencial víctima de sangre caliente situada a una considerable distancia. Refiriéndonos a especies más cercanas, para ejemplificar las limitadas posibilidades de detección sensorial del hombre, basta señalar las capacidades olfatorias de muchos mamíferos o la de detectar ultrasonidos que poseen, por ejemplo, los murciélagos o los perros.

Lo que distingue a los animales superiores, y de una manera muy especial al hombre, de las especies más primitivas equipadas con iguales o mejores aparatos sensoriales es la capacidad de análisis de la información proporcionada por esos receptores sensoriales, para construir una abstracción del mundo exterior, de acuerdo con las propias normas de su cerebro.

Las diferentes modalidades sensoriales (tacto, temperatura, dolor, sentido de posición y movimiento del cuerpo, visión, olfación, audición, gusto) son procesadas por sistemas separados dentro del sistema nervioso. Lo que hacen los receptores sensoriales es proporcionar fragmentos de información sobre el mundo físico, en forma de descargas de impulsos nerviosos que codifican algunos de los parámetros del estímulo (fuerza ejercida por un objeto que se pone en contacto con la piel, frecuencia de repetición del estímulo, etc.). Esa información va avanzando y siendo procesada a distintos niveles del sistema nervioso, hasta alcanzar una zona específica de la corteza cerebral. Y ello es así porque las células que van transmitiendo y seleccionando los parámetros más relevantes de la información se encuentran conectadas entre sí de un modo preciso y definido. En la corteza cerebral, la información unimodal, de aspectos fragmentados del mundo exterior, se reconstruye a través de conexiones entre esas áreas corticales específicas y otras áreas multimodales de asociación, que la recopilan e integran hasta producir una percepción unitaria, sin discontinuidades. Pero aunque el cerebro funciona en cierta medida como una sofisticada y altamente eficiente máquina, capaz de computar en paralelo una gran cantidad de información, sería erróneo inferir que es una estructura de conexiones rígidas y elementos estereotipados e inamovibles. La plasticidad para modificar su organización, de acuerdo con la actividad y el aprendizaje, es muy acusada, no solo en los comienzos de la vida, sino a lo largo de toda ella.

Gracias, sin embargo, a que los mecanismos que emplea el cerebro para una percepción integrada del mundo exterior son similares entre los individuos de la especie y entre especies vecinas ha sido posible, en menos de medio siglo, conseguir un conocimiento razonablemente amplio de cómo tiene lugar este proceso. Ello se ha logrado, sobre todo, mediante el registro de células individuales en el cerebro. Si se tiene en consideración que estas se cuentan por miles de millones y que un científico puede registrar en años como máximo unos miles, es obvio que el éxito de esta estrategia se explica porque muchas de esas neuronas utilizan similares principios para el procesamiento de la información, y las distintas modalidades sensoriales emplean igualmente mecanismos parecidos a la hora de contribuir a la percepción del mundo exterior.

La visión, como ejemplo de función cognitiva

El análisis de cómo tiene lugar la construcción por el cerebro del mundo visual ejemplifica muy bien el estado actual del conocimiento sobre la percepción y las dificultades y limitaciones con que la ciencia actual se enfrenta para entender cómo tiene lugar en el cerebro la integración de una información fragmentada en un todo coherente y armónico, sin aparente solución de continuidad, como es siempre nuestra percepción del mundo visual.

Una característica señalada del sistema visual, y también de los otros sistemas sensoriales, es la organización jerárquica que se observa en los distintos procesos y estructuras que participan en la percepción. Eso conduce a que la información esté representada de forma progresivamente más compleja y abstracta en cada nivel, de modo que las propiedades de uno se construyen en gran medida por convergencia selectiva de la información que proviene del nivel anterior.

Esta organización en niveles de complejidad creciente se inicia ya en la retina, en la cual el primer escalón lo constituyen los fotorreceptores, encargados de detectar la llegada de la luz a puntos concretos de la superficie retiniana. Hacia la primera mitad del siglo XX, estudios bioquímicos y neurofisiológicos, a cargo entre otros del premio Nobel George Wald, permitieron establecer cómo los fotones eran captados por las moléculas de fotopigmento en los fotorreceptores retinianos, llamados, por su forma, conos y bastones, iniciando una cascada de reacciones químicas. Esta conduce finalmente a la apertura de canales iónicos y a señales eléctricas que se propagan hacia unas cadenas de células, longitudinales y transversales, para abandonar la retina por el millón y medio de axones de las neuronas ganglionares, que constituyen el nervio óptico (fig. 13.4). Existe un pigmento en los bastones, la rodopsina, y tres pigmentos diferentes en los conos, para las longitudes de onda correspondientes a los colores azul, verde y rojo, cada uno de ellos localizado en un tipo de cono diferente. La visión de los colores se basa en la activación selectiva de los distintos tipos de conos por las diferentes longitudes de onda de la luz, que los objetos reflejan en un grado variable. Así lo había predicho, sobre bases fundamentalmente teóricas, el inglés Thomas Young en 1802, en lo que llamó «teoría de los receptores para la visión del color», que fue luego rescatada y ampliada por el brillante científico alemán Hermann von Helmholtz. Las sensaciones de los diferentes colores resultarían de la combinación, a nivel cerebral y en proporciones distintas en cada caso, de la información transmitida por cada una de las diferentes poblaciones de conos. Así, una luz que active, por ejemplo, de modo máximo a los conos para rojo, y solo al 50 por 100 a los conos para verde, acabará evocando una sensación de color naranja.

El procesamiento de la información en la retina se basa en que las células bipolares reciben la información proporcionada por varios fotorreceptores. Una célula ganglionar, a su vez, recoge la información de varias células bipolares, y la envía al sistema nervioso central. En la retina se produce ya un fenómeno de selección de la información, puesto que los circuitos transversales de células horizontales y amacrinas producen un fenómeno denominado inhibición lateral, descubierto por el Nobel Haldan K. Hartline en el ojo del cangrejo *Limulus poliphemus* y demostrado por Stephen Kuffler en las células ganglionares del mamífero. Como consecuencia de la inhibición lateral, la descarga nerviosa de los fotorreceptores y de las neuronas activadas por el centro de un punto de luz ligeramente difuminado inhibe de forma transversal a la de aquellas que se encuentran a su lado y que reciben una iluminación más débil. Con ello se consigue una exageración del contraste, pues el mensaje que emerge de la retina es el de un punto luminoso bien definido, rodeado de oscuridad. Sin embargo, hay que señalar que, en términos de mensaje sensorial, lo que la retina produce es una abstracción simple de la intensidad luminosa, fundamentalmente una representación del contraste de luminancias.

El principio de jerarquización que empieza a regir ya en la retina persiste en niveles superiores de las vías visuales en el sistema nervioso central. Así, la

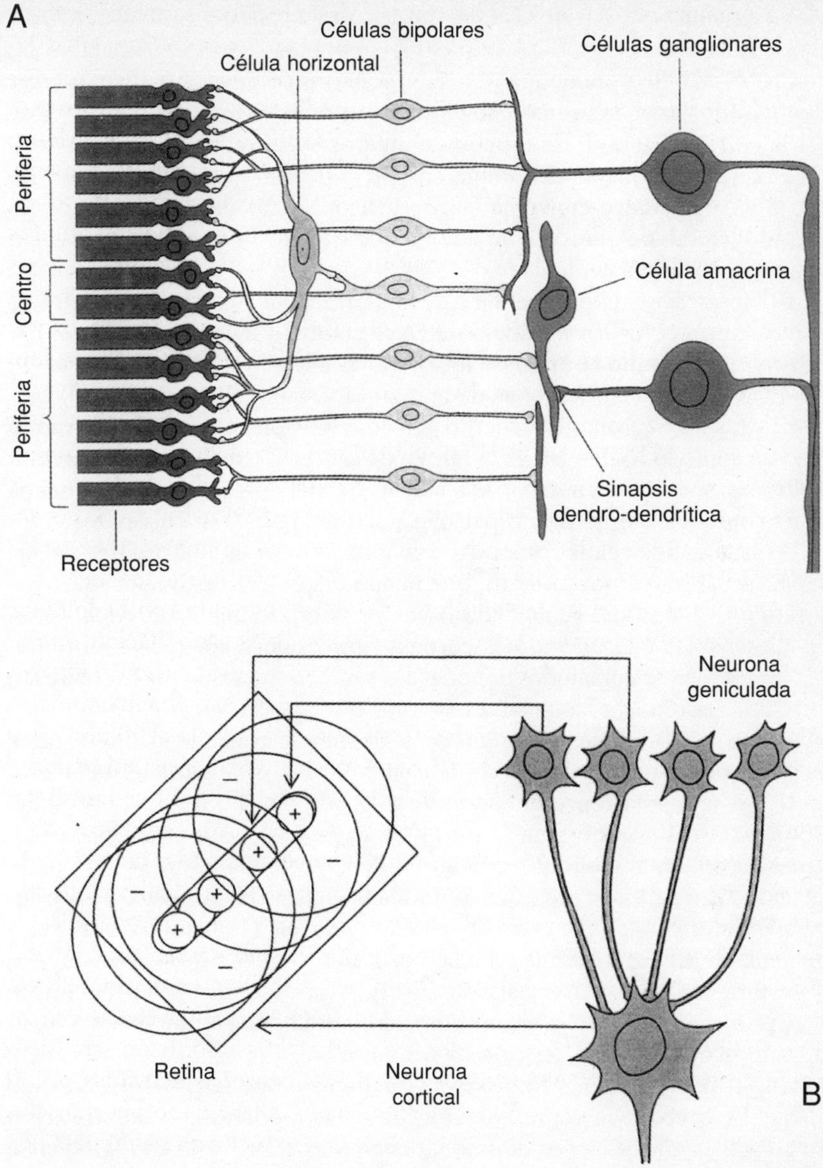

Fig. 13.4.—A, representación esquematizada de la organización celular de la retina, mostrando sus diferentes capas. B, los impulsos nerviosos enviados por varias células ganglionares de la retina, que han recibido la información de un conjunto de fotorreceptores, acaban confluyendo en neuronas corticales. Estas responderán a un estímulo en la retina en forma de barra a base de recoger la información que viene de neuronas del cuerpo geniculado, conectadas con células ganglionares, que lo están a su vez con fotorreceptores dispuestos en esta forma en la retina. (Tomado de D. H. Hubel)

descarga de impulsos nerviosos que camina por el nervio óptico desde las neuronas ganglionares llega, dentro del cerebro, a los cuerpos geniculados laterales, en el tálamo, donde, una vez más, las neuronas geniculadas supervisan la actividad de varias neuronas ganglionares. De allí, la información nerviosa viaja a la corteza cerebral. En esta existe un área, localizada en el lóbulo occipital del cerebro y que se denomina corteza estriada, área visual primaria o V1, en donde de nuevo converge la información de las neuronas del cuerpo geniculado lateral, de manera que una neurona cortical supervisa la actividad de un grupo de las del geniculado.

La demostración experimental de estos principios ha sido en gran medida el resultado del brillante trabajo de David Hubel y Torsten N. Wiesel hacia 1970 y que les valió el premio Nobel, quienes registraron por vez primera la actividad eléctrica en neuronas de la corteza visual estriada de gatos y monos. Mientras las neuronas del cuerpo geniculado lateral respondían de modo parecido a como lo hacían las de la retina, en el área V1 de la corteza cerebral las neuronas que llamaron «simples» solo se excitaban cuando se estimulaba la retina con líneas luminosas, o patrones tales como barras, cuadrados o ángulos. Además, cada célula respondía solo a una orientación específica del eje del estímulo. Resulta, por lo tanto, que mientras que para estimular una neurona retiniana o una del geniculado basta un punto luminoso circular de tamaño e intensidad adecuados, las neuronas simples de la corteza visual representan en esta las orientaciones de todas las posibles líneas de luz que puedan incidir sobre la retina y los posibles ángulos que puedan formar. Como cada una de estas posibilidades concretas se corresponde con una célula distinta, no es de extrañar que el número de neuronas corticales necesite ser tan elevado para conseguir la representación visual completa de los contornos del mundo exterior. Para construir la forma de su estímulo específico (por ejemplo, una barra), en la neurona cortical simple converge la información que se inicia en la línea de fotorreceptores estimulada en la retina, de estos a las células ganglionares con las que están conectados y de allí a las neuronas del cuerpo geniculado (fig. 13.4). En las células corticales simples tiene lugar también, por vez primera en la vía visual, la convergencia de información de ambos ojos, el primer escalón de la visión binocular, en la que se fundamenta la visión estereoscópica y la percepción de profundidad.

La distribución de la información visual en la corteza visual primaria, al igual que ocurre con la representación de otras modalidades de sensación como la táctil, sigue un orden definido, de modo que las zonas contiguas en la retina se proyectan también en áreas adyacentes de la corteza, pudiendo así construirse un mapa imaginario, que representa, en la superficie del cerebro, las proyecciones de la periferia. Este mapa del espacio visual está distorsionado en sus dimensiones relativas, porque hay zonas, como es la mácula, región central de la retina con la que vemos el detalle, en la que una célula ganglionar recibe la información de uno solo o pocos fotorreceptores, y a la que la corteza visual dedica un gran número de células y, por lo tanto, una extensión mucho mayor. Algo similar ocurre con la representación cortical de la información táctil que viene de la piel, localizada en otra área de la corteza llamada corteza somatosensorial primaria, donde también existe ese mapa topográfico y en la que la superficie cortical dedicada a los dedos de la mano o los labios es mucho mayor que a la espalda o el muslo, por ejemplo.

Otro atributo llamativo de la corteza cerebral es que se organiza en pequeñas columnas, formadas por células conectadas verticalmente entre sí, a las que llega, segregada, la información de los niveles inferiores. Lorente de Nó, quizá el más brillante de los discípulos de Cajal, sugirió ya en 1938 que esta estructura columnar podía corresponder con la de las unidades funcionales elementales de la corteza. Una década después, Vernon B. Mountcastle, en la corteza somatosensorial, y en la visual, Hubel y Wiesel, confirmaron con experimentos de registro en neuronas aisladas que todas las neuronas de una columna reciben la información del mismo campo receptor periférico y que de la interconexión entre columnas surge la organización del siguiente nivel jerárquico de la corteza, en la que la información segregada que proviene de cada columna se combina en otras neuronas para la obtención de representaciones más complejas.

La información del área visual 1 se proyecta a otras partes del cerebro, y así resulta que la corteza estriada solo es una parte de la gran extensión cortical (un 30 por 100 en el hombre) dedicada a la visión. Los experimentos pioneros de lesión localizada en animales y los datos clínicos obtenidos en pacientes indicaban que las destrucciones pequeñas en zonas bien diversas de la corteza se acompañaban a veces de la pérdida de aspectos muy concretos de la capacidad visual, como la de reconocimiento de caras, de objetos complejos, etc., sin afectar a los demás. A partir de 1970 se inició una exploración sistemática de las áreas visuales extraestriadas con métodos electrofisiológicos, y más recientemente, en el hombre, mediante el uso de las técnicas de magnetoestimulación y de imagen cerebral. Una proyección de la corteza visual primaria se dirige a zonas en la corteza parietal posterior y a la unión entre los lóbulos parietal, temporal y occipital (área mediotemporal o MT), mientras que otra gran proyección alcanza hacia delante el lóbulo temporal. En la primera se encuentran muchas neuronas que responden a la trayectoria de un estímulo visual móvil y su lesión elimina la capacidad de percepción del movimiento (ceguera al movimiento). En monos despiertos se ha registrado individualmente ese tipo de neuronas del área MT, cuya descarga está ligada a la detección de un movimiento preciso. Al tiempo, los animales realizaban una tarea, cuyo éxito dependía de la percepción de tal movimiento. Si a continuación se estimulaba eléctricamente la neurona, se observaba que el animal distorsionaba de un modo definido ese movimiento en particular. Experimentos de este tipo indican que la información codificada por una de esas neuronas es suficiente para que el animal haga un juicio de la dirección que tiene el movimiento, sobre el que basa su respuesta conductual.

Si las neuronas de las áreas mediotemporales y de la corteza parietal posterior parecen procesar el movimiento visual, es decir, la definición del «dónde» se encuentra un objeto en el espacio, las áreas temporales se especializan en la definición del «qué es» una imagen en el espacio. Al registrar estas neuronas, se observa cómo responden de manera selectiva a parámetros muy complejos de estímulo, tales como una mano o una cara, e incluso, preferentemente, a una expresión facial determinada. Estas observaciones han dado apoyo experimental a la hipótesis de que en los niveles corticales más altos existen células que contienen representaciones visuales completas, ofreciendo una base biológica a lo que J. Kornorski, en 1970, llamó «unidades gnósticas», que se encargarían de contribuir de manera directa a las experiencias perceptuales complejas, como por ejemplo el reconocimiento de las caras y de sus expresiones. Esta interpretación está también apoyada por la pérdida, en pacientes humanos con pequeñas lesiones en el lóbulo temporal inferior, de la capacidad de reconocer caras, aunque puedan seguir identificando el significado de las expresiones de estas.

La separación entre el «dónde» y el «qué es» en las áreas extraestriadas se continúa en niveles corticales más altos. Las áreas parietales posteriores y mediotemporales proyectan a un área del lóbulo frontal, que se sabe que es crítica para la memoria espacial visual, mientras que las temporales lo hacen a otra subárea frontal implicada en la memoria del reconocimiento de objetos.

Pese al avance en la comprensión de cómo se va construyendo el mundo visual en los distintos niveles jerárquicos del sistema nervioso, subsiste la gran pregunta de cómo las distintas representaciones fragmentadas de los atributos visuales se ligan entre sí para dar una señal neural que se corresponda con los complejos parámetros visuales que percibimos. Se desconoce cuáles son esos mecanismos de ligazón, y dado que no parece posible que resulten de una convergencia estática, es decir, que dispongamos de una célula para cada una de las posibles conjunciones de atributos visuales que se presentan en nuestro complejo y cambiante mundo visual, se ha sugerido que ello ocurra mediante asociaciones dinámicas de neuronas, que se sincronizarían en el tiempo, de un modo que permanece todavía como un misterio por descubrir.

En ese sentido, se ha sugerido por el neurocientífico colombiano Rodolfo Llinás que la información sensorial que llega al sistema nervioso da lugar a patrones de actividad en distintas poblaciones de células del cerebro y al silencio de otras, y que ese conjunto de actividad/silencio es lo que el cerebro transforma en una imagen coherente de la realidad, que se emplea como una plataforma de planificación de nuestra conducta motora. Para lograr la unión de una representación inicialmente fragmentada, este investigador propone añadir una dimensión temporal a las estructuras de la corteza y el tálamo en las que se fundamenta tal representación, que están segregadas espacialmente pero conectadas anatómicamente. Según él, el sistema sensorial específico proporcionaría el «contenido» sobre lo que es el mundo exterior, mientras que el llamado sistema inespecífico, que desde el tálamo activa de manera difusa y rítmica, a 40 Hz, toda la corteza cerebral, serviría de vínculo temporal, proporcionando el «contexto». De esa conjunción surgiría la experiencia cognitiva unificada.

EMOCIONES Y CEREBRO

Las experiencias sensoriales raramente son neutras. Están teñidas en mayor o menor grado de sentimientos de placer o displacer. La actividad cerebral de los humanos, que procesa de modo continuo tanto percepciones como experiencias memorizadas, se acompaña de estados de ánimo variados, tales como alegría, tristeza, depresión, ansiedad, miedo, a los que definimos de modo genérico como estados emocionales. En estos hay en realidad dos componentes distintos, uno físico, caracterizado por las reacciones biológicas que acompañan a la emoción, y otro constituido por la experiencia consciente del sentimiento que experimentamos. Así, el miedo, experiencia consciente, se acompaña también de reacciones fisiológicas bien definidas, tales como latido acelerado del corazón, palidez, sudoración, dilatación de las pupilas, etc.

Como en otras áreas de estudio del cerebro, en el siglo XX se ha avanzado señaladamente en la clarificación de los mecanismos cerebrales que ponen en marcha y coordinan las reacciones físicas del organismo, características de los estados emocionales. También se ha progresado en la identificación de los circuitos cerebrales que determinan el componente consciente de la emoción. Carecemos todavía de una visión integrada de cómo el cerebro tiñe de emociones prácticamente cualquier aspecto de la conducta humana, pero estamos más cerca de entender cómo se produce la representación cerebral de las emociones.

Un estímulo periférico causante de una reacción emotiva, por ejemplo un estímulo lesivo o potencialmente lesivo, provoca también una respuesta refleja no consciente (taquicardia, subida de presión arterial, etc.). En la teoría de la emoción propuesta a finales del siglo XIX por el psicólogo William James, esta activación neural en niveles bajos del sistema nervioso central, que provoca tal respuesta visceral, sería la que dispararía los mecanismos corticales, implicados en la aparición del sentimiento consciente de miedo y dolor que acompaña a esa situación. En otras palabras, la experiencia consciente de la emoción surgiría después y como consecuencia de cambios en el estado físico de nuestro cuerpo.

Walter B. Cannon y Philip Bard, algunas décadas después, realizaron estudios experimentales en animales, en los que consiguieron identificar las estructuras subcorticales implicadas en el correlato orgánico de las emociones. Basándose en los datos obtenidos, propusieron una interpretación opuesta a la anterior, según la cual es la información cortical consciente la que activa una «reacción de emergencia» estereotipada, que se dirige a la lucha o la huida y que resulta de la excitación desde la corteza de estructuras cerebrales más inferiores como la amígdala, el hipotálamo y las neuronas periféricas del sistema nervioso autónomo, cuya organización jerárquica permitiría producir una respuesta integrada del organismo, tanto motora como vegetativa.

Desde entonces a hoy, se ha avanzado de modo decisivo en la caracterización de las vías nerviosas que sustentan tanto los elementos periféricos de la expresión emocional como los centrales, encargados de la evaluación consciente de esta. El hipotálamo, localizado en el centro de nuestro cerebro, es la estructura que coordina el conjunto de la respuesta emocional inconsciente. Controla, por un lado, al sistema nervioso autónomo, responsable de los cambios de frecuencia cardiaca y respiratoria, modificaciones del flujo sanguíneo en los distintos órganos, erección del pelo, dilatación pupilar, respuestas hormonales y secretoras, cambios en la motilidad gastrointestinal, etc. Pero integra también acciones motoras adecuadas a las características del estímulo, elaborando en conjunto una respuesta coherente y proporcionada, ajustada a la naturaleza del estímulo que determinó su activación. En el cerebro existen además amplias áreas del neocórtex que forman parte de lo que se ha llamado el sistema límbico (corteza prefrontal, cingulada y parahipocámpica) y que parecen ser las estructuras implicadas en la génesis del componente consciente de la emoción, muy especialmente de la de miedo.

Intercalada entre las áreas corticales responsables de la parte consciente del estado emocional y el hipotálamo, donde se coordinan los elementos somáticos y vegetativos del mismo, se ha identificado una estructura, la amígdala cerebral, que, como parte del sistema límbico, parece ser el área donde se integran ambos componentes de la emoción. Su estimulación eléctrica en el hombre produce sentimientos de aprensión y miedo, mientras que los pacientes que tienen lesiones localizadas en la amígdala son incapaces de interpretar las claves sensoriales que evocan sensaciones de temor, como por ejemplo los rasgos de una cara amenazadora, bien sea vista o imaginada. Las modernas técnicas de imagen cerebral, como la tomografía de emisión de positrones y la resonancia magnética funcional, han confirmado que la amígdala se activa cuando se muestran al sujeto caras con expresiones de terror. Todo ello sugiere que en ella se coordina el componente emocional de la información sensorial, tanto innato como adquirido. La llegada a la amígdala de información sensorial desde el tálamo y la corteza sensorial primaria activa por un lado la respuesta adaptativa más primitiva, de carácter rápido, necesaria en situaciones de emergencia, mediada a través del hipotálamo. La amígdala almacena además, con mecanismos de memoria implícita, la información sobre los estímulos emotivos, haciendo que cuando estos se empiezan a producir se evoque el componente inconsciente, motor y vegetativo, de los estados emocionales. Además, las proyecciones de la amígdala a la corteza cingulada y a la corteza prefrontal sirven para añadir un sentimiento consciente de miedo y amenaza a la experiencia sensorial. Estas interacciones entre amígdala y las estructuras neocorticales mencionadas permiten, adicionalmente, combinar la emoción con el aprendizaje y la experiencia. Así, las proyecciones desde la corteza a la amígdala determinan que no solo los estímulos externos, sino el recuerdo de situaciones previas o la sola imaginación de posibles situaciones no vividas, evoque emociones. Alternativamente, tales proyecciones corticales pueden modular o suprimir, a través de la amígdala, el componente vegetativo y motor inconsciente de la respuesta emocional.

La importancia de las interacciones entre áreas de asociación en la corteza frontal y amígdala, en la determinación del tinte emocional de las percepciones, se pone claramente de manifiesto en pacientes con lesiones de estas estructuras. En ambos casos se constata una clara disociación entre la respuesta vegetativa a los estímulos emotivos y la evaluación cognitiva de estos. Los pacientes que han sufrido una lesión de la amígdala siguen respondiendo con cambios vegetativos (taquicardia, sudoración, palidez, etc.) a los estímulos amenazantes, pero no aprenden a asociar conscientemente tal estímulo con las consecuencias negativas que conlleva. Cuando se trata de pacientes con una lesión frontal, estos tienen respuestas vegetativas normales a estímulos amenazantes del tipo de un sonido o una luz intensos, que desde niveles inferiores se integran reflejamente a nivel de la amígdala, pero no dan tales respuestas vegetativas cuando se les proyectan imágenes atemorizantes, intercaladas entre otras neutras o placenteras.

Por lo tanto, los estímulos amenazantes o placenteros tienen un efecto doble. En primer lugar, ponen en marcha reacciones vegetativas y endocrinas que se integran en estructuras subcorticales como el hipotálamo y que preparan al organismo para conductas adaptativas como la lucha, la huida o el sexo, que no requieren un control consciente y que en muchos casos son innatas. A continuación, el procesamiento cortical de los estímulos con significación emotiva da lugar a la experiencia emocional consciente y a la modulación de las manifestaciones vegetativas de la emoción, un proceso que con la experiencia va adquiriendo una importancia creciente.

Las emociones y sentimientos están íntimamente ligados a lo que se llama estados motivacionales, es decir, estados que reflejan no lo que el individuo conoce, sino lo que desea o necesita. En los estados motivacionales, el cerebro responde a estímulos más internos que externos, iniciando, manteniendo y dirigiendo conductas cuya meta es la satisfacción de una necesidad fisiológica, como el hambre, la sed, el sexo o el mantenimiento de la temperatura. El estado de pulsión que genera estas necesidades da lugar a una conducta coherente y organizada, dirigida a cubrirla, y activa además una situación de alerta generalizada en el sistema nervioso. La consecución de la meta reduce temporalmente ese estado de pulsión, que empujaba a la búsqueda de su satisfacción.

El hipotálamo es, en el cerebro, el centro principal donde se localizan las células encargadas de detectar algunas de las variables que definen ciertas conductas motivacionales. Posee, por ejemplo, células que miden los niveles de glucosa y de hormonas gastrointestinales, que sirven como señales a corto plazo para iniciar respuestas conductuales dirigidas al inicio o interrupción de la ingesta de alimento. Otras sustancias, como el péptido leptina, liberado por las células adiposas periféricas, actúan como señal que informa al hipotálamo de la abundancia de grasa, evocando una inhibición del apetito y un incremento del metabolismo basal, como respuestas reguladoras del peso corporal a más largo plazo. De modo análogo, en el hipotálamo se sitúan las neuronas termorreceptoras y osmorreceptoras, que miden el grado de hidratación de nuestros tejidos y regulan la ingestión de agua. Es también el hipotálamo el que parece iniciar las conductas motoras dirigidas a la satisfacción de la necesidad. Cuando esta se completa, se genera un estado placentero, cuyas bases neurobiológicas solo se entienden en parte.

Efectivamente, desde el advenimiento de las técnicas de estimulación intracerebral, se han buscado áreas en el cerebro cuya activación explicara los mecanismos de recompensa que acompañan a la satisfacción de determinadas conductas motivacionales. Las neuronas localizadas en un área cerebral, llamada tegmental anterior, que contienen el neurotransmisor dopamina y se proyectan a la corteza límbica, parecen estar implicadas, en animales de experimentación, en los mecanismos de refuerzo y recompensa, que podrían ser equivalentes a los que generan sentimientos de satisfacción y placer en el hombre. Cuando se permite a ratas en el laboratorio autoestimularse eléctricamente en puntos distintos de esta vía, los animales lo hacen de modo continuo, prefiriéndolo al sexo o la comida, hasta quedar exhaustos. Ello no asegura, sin embargo, que estos animales experimenten placer, si bien estos y otros muchos experimentos en la misma dirección parecen indicar que la vía dopaminérgica límbica participa en los mecanismos de recompensa de las conductas motivacionales. Es precisamente en esta vía donde en apariencia actúan muchas de las drogas de abuso, como la cocaína, las anfetaminas, los opiáceos o la nicotina, que o bien aumentan la liberación de dopamina por las neuronas del área tegmental anterior, o reducen acciones inhibitorias de otras neuronas sobre ellas.

Aprendizaje y memoria

Nuestra conducta se determina en el tiempo por la interacción de tres factores: los genes, que preestablecen determinadas capacidades de acción frente a algunos estímulos; el aprendizaje, proceso por el cual adquirimos información respecto al mundo exterior, y la memoria, que es el mecanismo por el cual esa información es codificada y guardada, para su reutilización cuando es necesaria.

La evidencia obtenida por la psicología experimental y por la neurología, a través de pacientes con lesiones en la corteza cerebral, ha permitido establecer que la memoria no es una función cerebral unitaria, como tendemos a pensar culturalmente. A tenor de las características y el contenido de la información almacenada, se distinguen varios tipos de memoria. Una a corto plazo, que permite almacenar la información solo durante segundos o minutos, y la memoria a largo plazo, extendida a períodos muy prolongados, incluso el de la vida completa del individuo. Dentro de esta memoria a largo plazo se ha identificado una memoria denominada implícita (o no declarativa), que es la que nos capacita para llevar a cabo tareas secuenciales, recordando lo que hay que hacer de manera inconsciente. La memoria implícita es la que participa en el entrenamiento para acciones habitualmente repetidas y forma parte intrínseca del aprendizaje automático de esa clase de tareas. Por ejemplo, construir un rompecabezas. El otro gran tipo de memoria a largo plazo es la memoria explícita o declarativa, mucho más flexible que la anterior y que nos permite recordar hechos, personas, lugares y cosas, así como su significado, poniéndose en marcha por un acto mental deliberado y consciente. A su vez, la memoria explícita tiene dos componentes: lo que se llama memoria episódica, con la que recordamos los acontecimientos, las personas y las experiencias personales, y la memoria semántica, que capacita para el recuerdo de objetos y hechos y el de las palabras y su significado.

Bases neuronales de la memoria implícita

La memoria implícita es un proceso inconsciente. Se adquiere de forma gradual a través de la repetición. Con ella aprendemos a responder a un determinado estímulo que se reitera (memoria no asociativa) o a relacionar estímulos entre sí (memoria asociativa). A principios del siglo XX, el fisiólogo y Nobel ruso Iván Pavlov describió lo que hoy llamamos el condicionamiento clásico, por el cual un estímulo que es inicialmente inefectivo para generar una conducta determinada pasa a serlo cuando se repite en condiciones de tiempo y espacio adecuadas. En otras palabras, el animal o persona aprende a asociar un estímulo, de por sí carente de mayor significado (estímulo condicionante; por ejemplo, el sonido de una campana), con otro estímulo (estímulo incondicionado: la presencia de alimento), que da siempre una respuesta estereotipada (respuesta incondicionada; en nuestro caso, la secreción salivar o gástrica frente a la presencia del alimento). Cuando el primer estímulo se asocia con el segundo repetidamente, el animal aprende y memoriza esa relación, y frente al sonido de la campana produce una respuesta de salivación, que se llama respuesta condicionada. Este tipo de aprendizaje se encuentra en toda la escala animal, desde el caracol al hombre, y posiblemente refleja una adaptación biológica a presiones ambientales ligadas a la supervivencia.

Edward L. Thorndike y Burrhus F. Skinner describieron también lo que se ha llamado condicionamiento operativo. Una rata, colocada en una jaula que tiene una palanca que cuando toca le proporciona alimento, cosa que el animal inicialmente hace por azar, aprende con rapidez a asociar el pulsado de la palanca con la obtención de comida. Se ha producido un condicionamiento operativo, positivo en este caso, pero que podría ser negativo si la asociación va acompañada de castigo, en lugar de recompensa.

El condicionamiento permite al animal aprender a asociar fenómenos, que se dan en la naturaleza de manera relacionada, distinguiéndolos de los que ocurren al azar, haciendo así que pueda elaborar respuestas anticipativas. De hecho, se ha podido observar que no todos los estímulos son igualmente eficaces para el condicionamiento, sino que la evolución ha facilitado los mecanismos cerebrales que permiten que se establezcan más fácilmente determinadas asociaciones. Un ejemplo típico es el de la aversión a los alimentos que resultan tóxicos. Cuando un animal, incluyendo al hombre, ingiere un alimento con unas características dadas, que le provoca después náuseas y vómitos, desarrolla una aversión inmediata a ese alimento, incluso aunque la asociación con los efectos desagradables tenga una latencia de horas. Este tipo de reacción no se consigue, sin embargo, cuando se establece tal conexión entre una luz o un sonido y los vómitos, no generándose en ese caso la aversión a cualquiera de esos estímulos, lo que indica que existe una organización cerebral que predispone a la asociación entre sí de aquellos estímulos, que resultan más relevantes en términos de supervivencia, como es el caso de evitar ingerir alimentos nocivos.

Eric R. Kandel ha sido el científico que más decisivamente ha contribuido en el último cuarto del siglo XX a clarificar los mecanismos que, a nivel celular, explican cómo puede almacenarse, de modo transitorio y permanente, la información en una neurona aislada y en un circuito neuronal, como base de lo que llamábamos memoria a corto plazo y memoria implícita. Para ello utilizó un modelo experimental elemental, el molusco marino *Aplysia californica*, que posee un sistema nervioso con solo 20.000 neuronas, fáciles de registrar intracelularmente y al que puede «enseñarse» a retirar o no el sifón con el que expele agua y residuos alimenticios, aplicándole estímulos aversivos o táctiles al sifón o a la cola. A nivel celular, las neuronas sensoriales que detectan el estímulo cutáneo establecen contacto sináptico directo con neuronas motoras que retiran el sifón. Cuando el animal «aprende a no hacer caso» del estímulo inocuo, es decir, se «habitúa», lo que está ocurriendo en realidad es que se reduce la cantidad de neurotransmisor que libera la sinapsis entre la neurona táctil y la motora con el estímulo repetido, decreciendo la descarga de la neurona motora a la que excita y con ello la contracción del músculo del sifón que esta mueve. El fenómeno dura varios minutos. Se ha producido así un cambio plástico funcional de la sinapsis y con ello una memorización a corto plazo. Si el proceso de estimulación se repite al animal en varias sesiones separadas, se instaura una habituación que llega a durar tres semanas. En este caso, puede observarse que han ocurrido cambios estructurales en las neuronas, de tal manera que el número de sinapsis sensoriales en la neurona motora se ha reducido al 30 por 100 del control.

En la *Aplysia* puede también obtenerse respuestas condicionadas clásicas, cuyos mecanismos celulares han sido estudiados con gran detalle. El esquema que emerge de estos estudios es que, al coincidir en el tiempo la activación de los contactos sinápticos entre las neuronas que responden a los estímulos condicionado e incondicionado, se produce aumento de calcio intracelular y formación del segundo mensajero cAMP, del que depende la activación de proteinquinasa A, que junto a la proteinquinasa C hace más eficaz la sinapsis entre la neurona sensorial y la motora, con lo que esta dispara más impulsos nerviosos. Por otro lado, la descarga repetida de la neurona motora libera un mensajero que actúa retrógradamente sobre las sinapsis que recibe de la neurona sensorial, haciendo que estas liberen aún más neurotransmisor. De esta manera se consigue una potenciación a corto plazo de las sinapsis, que constituye la base de la memoria de corta duración.

Al igual que con la habituación, la repetición en la *Aplysia* de las sesiones de condicionamiento clásico determina que se produzcan cambios sinápticos a largo plazo. La consolidación de los cambios funcionales en estructurales representa el mecanismo básico de transferencia de la memoria de corto plazo a la de largo plazo y se corresponde a nivel celular con expresión de genes, nueva síntesis de proteínas y aumento (o reducción) del número de sinapsis que establece la célula. El primer evento es la activación, como decíamos antes, de quinasas que se traslocan al núcleo de la célula, donde activan factores activadores e inhibidores de la transcripción. Estos regulan la expresión de genes, particularmente uno que hace a la proteinquinasa A persistentemente activa y otro que forma parte de la cascada de genes que conduce al crecimiento celular y la formación de nuevas sinapsis. Con ello se consigue consolidar la respuesta funcional aumentada de la célula y así la memoria a largo plazo.

Es evidente que la memoria implícita que encontramos en los mamíferos superiores constituye un proceso considerablemente más complejo que su equivalente en un molusco. No obstante, es muy probable que las analogías entre sus componentes esenciales se extiendan también a los mecanismos celulares, y así lo sugiere los experimentos llevados a cabo en animales situados en niveles altos de la escala evolutiva. En cuanto a su localización cerebral, puede afirmarse que los mecanismos de la memoria implícita en el hombre, que incluyen vías sensoriales, motoras y emocionales, se ubican en zonas cerebrales muy diferentes, dependiendo del tipo de respuesta condicionada a que nos refiramos. Así, reacciones condicionadas, como las de cerrar los ojos al oír un sonido intenso, implican a dos zonas muy específicas del cerebelo, mientras que las respuestas vegetativas de miedo, activadas por estímulos de carácter amenazante, afectan a la amígdala cerebral.

La memoria declarativa

La relación entre las lesiones del cerebro y la pérdida de memoria o amnesia ha servido no solo de fructífera fuente de inspiración para argumentos novelescos y cinematográficos, sino también como primer paso para el estudio de los mecanismos neurales, en los que se basa la extraordinaria capacidad que poseen los seres humanos para reconocer lugares, personas, cosas, palabras o situaciones, colocando además todo ello en un contexto coherente.

En Canadá, a finales de 1960, Brenda Milner, que conocía la observación de su colega el neurocirujano Wilder G. Penfield de que el estímulo de puntos concretos de la corteza cerebral temporal en sujetos despiertos podía evocar experiencias pasadas coherentes, estudió a un paciente de este (llamado H. M.), que había sido sometido, por su epilepsia, a una resección de la parte interna de ambos lóbulos temporales y que mostró después un complejo cuadro de amnesia. Milner pudo observar que en H. M. persistían la memoria implícita, la memoria a corto plazo y la de largo plazo referida a hechos y recuerdos anteriores a su operación, pero era incapaz de transferir a la de largo plazo, para recordarla horas o días más tarde, la información que adquiría ahora con la memoria a corto plazo. Así, la investigadora, que exploraba mensualmente a este paciente, era recibida cada vez como una persona a la que acababa de conocer.

Sin embargo, H. M., como todos los pacientes con lesión temporal interna, conservaba la capacidad de aprendizaje reflejo. También mantenía la posibilidad de aprender acciones motoras ligadas a información sensorial, que no son conscientes, como resolver un rompecabezas, cosa que, como cualquier sujeto normal, iba mejorando a medida que lo repetía, si bien no recordaba haberlo practicado nunca antes. Los experimentos en primates, viendo el efecto sobre tareas específicas de lesiones muy circunscritas de la corteza temporal medial, han precisado mucho más estos déficit. El conocimiento que almacenamos como memoria declarativa se adquiere, como vimos más arriba, mediante procesamiento de la información en las distintas áreas de asociación de la corteza (prefrontal, límbica, parietooccipital, temporal) que sintetizan la información de piel, músculos y articulaciones, visual y auditiva. Desde ahí, la información va a distintas zonas de la corteza temporal (cortezas parahipocampal, perirrinal, entorrinal), que rodean a otra llamada, por su aspecto de caballito de mar en los cortes transversales del cerebro, corteza hipocampal o hipocampo, desde donde la información puede volver a la corteza entorrinal. Cada una de estas estructuras juega un papel en la memoria explícita, y así el hipocampo es muy importante para la adquisición de memoria espacial y, en menor grado que otras áreas, para el reconocimiento de objetos, mientras que la corteza entorrinal, que actúa de vía de entrada y de salida para el resto de las áreas cerebrales, participa en todo el proceso de adquisición de memoria declarativa y sus lesiones afectan profundamente a esta. Se ha sugerido, sin embargo, que el hipocampo y las áreas a su alrededor participan, fundamentalmente, facilitando un almacenamiento más permanente y final de la información (más allá de semanas o meses) en las cortezas de asociación del neocórtex implicadas en la percepción (visual, auditiva, etc.), a las que van transfiriendo lentamente la información, separando, en áreas de asociación distintas, la memoria episódica (la de los acontecimientos) de la semántica (la de hechos aprendidos).

Nos encontramos todavía lejos de conocer, de modo coherente, cómo se organizan los procesos de la memoria explícita. No obstante, la neurobiología celular, aplicada al estudio de las neuronas que forman las estructuras implicadas en la memoria, está proporcionando información muy relevante sobre los mecanismos neuronales que la sustentan en los animales superiores, y que presentan analogía con los empleados para la potenciación de los circuitos neuronales de la memoria implícita. Parece aceptado ya que, en el nivel celular, el reforzamiento y consolidación de determinados contactos sinápticos se basa en una plasticidad específica, restringida a aquellas sinapsis que están activas y que se facilitan, es decir, responden más cuando son excitadas repetitivamente, lo que se llama potenciación a largo plazo. Esta facilitación sostenida es en apariencia debida a la activación, en la célula hipocámpica, de receptores de glutamato (el receptor NMDA), con la consecutiva entrada de calcio y la activación de quinasas. Ello trae, como consecuencia final, la puesta en marcha de una cascada de genes, que conduce a síntesis de proteínas y formación de nuevas sinapsis. Cabe esperar que, en los próximos años, la investigación neurocientífica proporcione información que permita conectar los procesos que ocurren a nivel celular con la compleja interacción entre los diversos grupos neuronales que, en áreas diferentes de la corteza, proporcionan la capacidad de rememorar experiencias y reconocer los objetos y condiciones del mundo que nos rodea.

LAS ENFERMEDADES NEUROLÓGICAS Y MENTALES, EXPRESIÓN DE LA DISFUNCIÓN CEREBRAL

Las enfermedades que afectan al sistema nervioso adquieren una importancia singular, porque atañen a aquello que caracteriza de modo más específico a los seres humanos: el comportamiento cognitivo, motivacional, la memoria, la conducta emocional, etc. Como corresponde a un órgano tan complejo, existen múltiples patologías, tanto del sistema nervioso central como del periférico, con causas igualmente diversas, que van desde mutaciones genéticas bien definidas a alteraciones del flujo sanguíneo cerebral, respuestas inmunitarias anómalas, infecciones, acción lesiva de factores ambientales, etc.

De entre las patologías cerebrales, algunas destacan por su frecuencia y devastadora repercusión social. Entre ellas cabe señalar las alteraciones que afectan a la volición y el pensamiento, como la esquizofrenia, o las que causan modificaciones del estado de ánimo, entre las que sobresalen la depresión y la ansiedad. En tiempos recientes, y como consecuencia de la prolongación de la edad media de vida en la población de los países desarrollados, están adquiriendo importancia creciente algunas enfermedades neurodegenerativas, como la de Alzheimer o la de Parkinson, cuya manifestación está ligada al envejecimiento cerebral.

Quizá la consecuencia más prometedora a corto plazo del progreso que está teniendo lugar en la investigación del cerebro es la posibilidad de que algunas enfermedades, que parecían inaccesibles a la comprensión científica, empiezan a ser entendidas en sus bases moleculares y celulares, abriendo una esperanza a su tratamiento más eficaz en un futuro ya no tan lejano.

La esquizofrenia, un padecimiento que aflige de manera directa al menos al 1 por 100 de la humanidad, ha podido asociarse a una alteración poligénica que afecta a entre tres y diez genes, cuya alteración combinada por mutación o variación alélica produciría la enfermedad. Sin embargo, este componente genético no parece ser su única causa y se ha sugerido que, al defecto genético, debe añadirse otra patología, quizá una enfermedad infecciosa o una lesión perinatal, que afectaría el desarrollo del sistema nervioso, conduciendo a modificaciones en la corteza prefrontal, el hipocampo y el *globus pallidus*. Estas estructuras cerebrales forman parte del sistema cognitivo y están morfológica y funcionalmente alteradas en la esquizofrenia, como han mostrado estudios recientes empleando tomografía de emisión de positrones y resonancia magnética funcional. La neurofarmacología, por otro lado, ha establecido que los síntomas positivos (alucinaciones, delirios, etc.) y los negativos (aislamiento social, afectividad baja, conducta excéntrica) de la esquizofrenia podrían corresponderse con un mal funcionamiento de diferentes circuitos cerebrales, que usan la dopamina como neurotransmisor, y para la cual las neuronas tienen hasta seis tipos de receptores postsinápticos distintos (D1 a D6). Se ha especulado que una actividad aumentada en el circuito dopaminérgico mesolímbico, que participa en los procesos cognitivos y emocionales normales, sería la responsable de los síntomas positivos. Ello tendría lugar a través de conexiones que usan los receptores D2, D3 y, sobre todo, D4. Por el contrario, los síntomas negativos estarían ligados a un funcionamiento reducido de la transmisión dopaminérgica en la conexión mesocortical, desde el área ventral tegmental a la corteza prefrontal, que está implicada normalmente en la planificación temporal de la conducta, la atención y la conducta social, y cuya desconexión provocaría los citados síntomas negativos. Sin embargo, aunque las drogas antipsicóticas que se emplean hoy para reducir los síntomas de la esquizofrenia tienen una acción sobre los receptores dopaminérgicos, puede que se hallen implicados otros neurorreceptores, y hay datos a favor de que una hipofunción de los receptores glutamatérgicos de NMDA causa síntomas psicóticos en el adulto. Así pues, todavía queda mucho camino por recorrer antes de poder controlar, de modo armónico, los distintos circuitos afectados en esta enfermedad, contrarrestando con ello las graves alteraciones de conducta que la caracterizan.

Otro grupo de enfermedades mentales, con repercusión amplia en la población, lo constituyen aquellas que se acompañan de trastornos del estado de ánimo, tales como la depresión y la ansiedad. Lo que se llama depresión unipolar, endógena o melancólica, es una enfermedad caracterizada por un estado de ánimo negativo y displacentero, sin causa externa que lo justifique, que va acompañado de pérdida de interés del paciente por el mundo que le rodea y que le impide disfrutar de cualquier cosa, con insomnio frecuente, etc. Es un cuadro polimorfo, posiblemente compuesto en realidad por varios distintos, de indudable gravedad, pues conduce con frecuencia al suicidio. A veces, los períodos depresivos se alternan con episodios maniacos, en los que el paciente se encuentra excitado, hiperactivo e hipersexual, habla sin parar, tiene fuga de ideas, gasta sin freno y hace planes grandiosos, llegando en algunos casos al delirio. Se habla entonces de enfermedad maniaco-depresiva o bipolar.

La depresión tiene también sólidas raíces hereditarias y parece resultar, como la esquizofrenia, de una alteración poligénica que podría estar localizada en el cromosoma 18. Sobre una base genética, los factores ambientales, especialmente el estrés de la vida moderna, contribuyen al desencadenamiento de la enfermedad. Durante los ciclos depresivos, de acuerdo con los datos obtenidos con técnicas de imagen cerebral funcional en pacientes, se observa una actividad anormalmente baja en una zona concreta de la corteza prefrontal, la que se localiza junto a la rodilla del cuerpo calloso, un área con extensas conexiones con los circuitos cerebrales implicados en la emoción, como son la amígdala y el hipotálamo, y con los circuitos cerebrales aminérgicos (que usan serotonina, noradrenalina y dopamina). La hipótesis de que la principal causa de la depresión es un déficit cerebral en aminas biogénicas se basa precisamente en la participación en la enfermedad de estos circuitos y en la gran eficacia terapéutica de fármacos como los inhibidores de la monoaminooxidasa, los compuestos tricíclicos, que inhiben la recaptación sináptica de monoaminas, y los inhibidores de la recaptación de serotonina. Esta es posiblemente una interpretación simplista, ya que los sistemas moduladores aminérgicos interaccionan entre sí y con otros sistemas cerebrales, como el colinérgico. Una vez más, será necesario un conocimiento más preciso de los mecanismos celulares que se alteran en estas enfermedades para poder diseñar una terapéutica selectiva de las causas y/o los síntomas de los cuadros depresivos.

A lo largo de la vida de un individuo pueden producirse otras muchas alteraciones nerviosas, resultantes de causas muy diversas, que incluyen la isquemia o la hipoxia cerebral, la producción excesiva de radicales libres, la necrosis o la apoptosis del tejido neural, las alteraciones inflamatorias o inmunes de este, la expresión de proteínas mutantes de carácter tóxico o la reorganización anormal de circuitos nerviosos tras su lesión. En algunas de ellas, el envejecimiento cerebral parece ser un importante factor desencadenante, y los límites entre las pérdidas cognitivas y de memoria que pueden considerarse normales con la edad y las resultantes de procesos patológicos cerebrales han sido borrosos. Sin embargo, en los últimos años se ha establecido con mayor finura la relación causal entre la aparición de mutaciones genéticas y el desarrollo de enfermedades neurodegenerativas como la enfermedad de Alzheimer o la de Parkinson.

El síndrome de Alzheimer, como resulta más propio llamar a esta patología cerebral, tiene como razón inmediata de los graves cambios cognitivos y de memoria que experimentan los pacientes que lo padecen, la formación en algunas neuronas de ovillos neurofibrilares formados por filamentos helicoidales dobles, que contienen la proteína τ-hiperfosforilada dentro del cuerpo neuronal y en las dendritas. Se forman también depósitos extracelulares de la proteína β-amieloide, constituyendo «placas seniles» que causan la lesión de los axones, dendritas y cuerpos neuronales circundantes, reacción inflamatoria y glial, etc. Tanto la amieloide como las presenilinas, otras proteínas cuya expresión alterada contribuye a la enfermedad, se producen en condiciones normales en el cerebro. Es su expresión aumentada o la aparición de cambios en la proteína normal lo que conduce a los síntomas patológicos, que resultan de la reacción inflamatoria, que se acompaña de activación local de la microglía, liberación de citoquinas y reacción astrocitaria. La generación excesiva de radicales libres y residuos proteicos conduce también a la neurotoxicidad y la muerte neuronal.

La causa principal de estos cambios apunta hacia mutaciones y polimorfismos de genes, algunos de los cuales han sido identificados, tales como los que codifican a la proteína precursora de la β-amieloide (APP) y los que lo hacen con las presenilinas 1 y 2 (PS1 y PS2), cuya mutación da lugar a una forma agresiva y temprana de Alzheimer. El alelo $\epsilon 4$ de la apolipoproteína E (ApoE) es un polimorfismo normal que actúa como factor de riesgo, aunque no como causa de la enfermedad. También constituye un factor de riesgo la presencia hereditaria de un polimorfismo en el gen que codifica una proteína, la α-macroglobulina. Curiosamente, no se ha encontrado una mutación del gen de la proteína τ en el Alzheimer familiar. Sin embargo, las mutaciones de este gen dan lugar a cuadros de una demencia específica, llamada demencia frontotemporal con parkinsonismo asociado, en la que hay ovillos neurofibrilares, pero no depósitos de amieloide.

De momento, se carece de un tratamiento específico para el Alzheimer. Se busca activamente la posibilidad de inhibir la producción de amieloide, de reducir la reacción inflamatoria local y de intentar rescatar a las neuronas y sinapsis dañadas de su destrucción, mediante la aplicación de neurotrofinas. El diagnóstico precoz, como medio de iniciar un tratamiento previo al desarrollo de los síntomas de la enfermedad, es otra meta que se persigue, a través de ensayos genéticos, imagen cerebral estructural y funcional y presencia de marcadores en líquidos biológicos.

Hay otras dos alteraciones neurológicas graves, las enfermedades de Parkinson y de Hungtington, que, como la de Alzheimer, van asociadas a una agregación anormal de proteína en determinadas áreas cerebrales.

En el caso de la enfermedad de Parkinson, se producen acumulaciones de una proteína, la α-sinucleína, en el citoplasma de algunas neuronas (cuerpos de Lewy), de modo muy particular en las de la sustancia negra, un núcleo neuronal implicado en la regulación del movimiento. Ello da lugar a la destrucción gradual de sus neuronas dopaminérgicas y consecuentemente, como demostró con sus experimentos Arvid Carlsson en los años cincuenta, a la ausencia de los efectos sinápticos de la dopamina sobre las neuronas del estriado, el principal núcleo motor del cerebro. El resultado es un trastorno motor, caracterizado por temblor, rigidez y movimientos lentos (bradiquinesia), acompañado, en algunos pacientes, de demencia. El origen del Parkinson es todavía oscuro, aunque se han detectado familias con mutaciones genéticas ligadas a la aparición de la enfermedad o, aunque esta no se manifieste, a la reducción progresiva de neuronas dopaminérgicas en la sustancia negra. En la aparición de la enfermedad de Parkinson, sin embargo, los factores ambientales parecen jugar un papel no bien establecido y que se puso dramáticamente en evidencia cuando la intoxicación con un análogo de la heroína en jóvenes drogadictos provocó en estos un cuadro idéntico al del Parkinson, lo que ha dado lugar a la teoría de que la enfermedad sería causada, sobre todo, por una intoxicación química.

Mientras los factores etiológicos se definen mejor, las pautas de tratamiento de la enfermedad ejemplifican bien las diferentes estrategias que se siguen en la lucha general contra las enfermedades neurodegenerativas. Tales tratamientos incluyen la administración de fármacos como la L-dopa, un precursor de la dopamina que sería transformado en esta, sustituyendo al neurotransmisor deficitario; los antioxidantes y sustancias neuroprotectoras para prevenir o atenuar la muerte celular, y, finalmente, los implantes neuronales con células dopaminérgicas de origen vario, un esperanzador procedimiento cuya viabilidad está aún por confirmar.

Conclusiones

No es posible, en un número reducido de páginas, recoger, aunque sea brevemente, todos los importantes avances que se han producido, en menos de un siglo, en la investigación sobre cómo se organiza y opera el sistema nervioso, desde su estado embrionario más primitivo hasta que la edad empieza a hacer decaer su función. Hoy entendemos mejor las bases moleculares y celulares de la detección y procesamiento de información por el cerebro y la elaboración por este de respuestas motoras adecuadas. También nos aproximamos, cada día más, a comprender cómo se llevan a cabo las funciones cerebrales más complejas, en los campos cognitivo y emocional. Algunos de los avances conseguidos han encontrado ya su aplicación en el tratamiento de los trastornos del sistema nervioso en el ser humano.

No obstante, no se ha alcanzado todavía una explicación científica plausible a cómo el cerebro organiza la vinculación entre señales nerviosas separadas en el espacio y el tiempo que, a pesar de su aparente fragmentación anatómica y funcional en el cerebro, se experimentan por el sujeto como una unidad llena de sentido. El ser humano posee una representación unificada del yo, como un conglomerado de memorias, experiencias, pensamientos y capacidades, que persisten a lo largo de su vida, incluso si se pierden temporalmente, como ocurre durante el sueño, la anestesia o el electrochoque. No parece razonable pensar que unas experiencias perceptuales tan ricas puedan estar adscritas en cada caso a estructuras anatómicas determinadas en la corteza, sino más bien a un estado funcional de aquellas, en el que el tiempo jugaría un papel crítico. Contestar a estas y otras muchas preguntas sobre el cerebro es, como señalábamos al principio, el gran reto al que deberán enfrentarse los neurocientíficos del siglo XXI.

14
ENFERMEDADES PREVALENTES

Manuel Serrano Ríos

INTRODUCCIÓN

La denominación de este capítulo es la adaptación del término inglés *Prevalent Diseases* al castellano. Quizá esta traslocación no sea ortodoxa en términos lingüísticos, pero sí expresiva en el contexto epidemiológico en el que se desarrollarán muchos conceptos expuestos en esta parte del libro LA CIENCIA EN TUS MANOS. *Prevalencia,* un concepto básico de la epidemiología, describe en un momento dado (año, mes) la dimensión o número de sujetos afectos de una determinada enfermedad. *La incidencia,* otro concepto epidemiológico esencial, tiene un significado diferente: el número de casos nuevos de una enfermedad identificados en un período de tiempo (p. ej., un año) en una proporción determinada (p. ej., 100.000 habitantes) en una población. Se expresa, por ejemplo, como número de casos/año/100.000 habitantes. La prevalencia de una enfermedad está determinada por la incidencia multiplicada por la duración de la enfermedad.

La prevalencia no es un dato estático, y la tasa o cociente de esta puede oscilar debido a variaciones en la duración de la enfermedad. Esta tasa o cociente *(prevalence rate or ratio)* describe el resultado del cociente entre el número de individuos que presentan la enfermedad en un tiempo (año) determinado y la población a riesgo en ese momento, o en un punto intermedio del período en el que se realiza el estudio u observación de prevalencia. Es, pues, un fenómeno común que la prevalencia varíe a lo largo del tiempo en cualquier tipo de enfermedad, sea por razones intrínsecas a su causa o etiología, por la eficacia de las medidas preventivas que se le apliquen, o al contrario, por la aparición o desaparición de circunstancias propias del sujeto afectado o de su ambiente.

De este modo, la prevalencia de muchas enfermedades aumenta, disminuye o reaparece según las circunstancias que recaigan sobre su propia evolución.

Enfermedades evanescentes, emergentes y resurgidas. Los nuevos escenarios de la enfermedad en el siglo XXI

Según el informe *Emerging infections: microbial threats to health in the United States,* publicado en 1992 por el Institute de Medicine, se define como infección (o enfermedad) emergente aquella que «es nueva o resistente a fármacos cuya incidencia en humanos ha aumentado en las últimas dos décadas o que amenaza incrementarse en un futuro inmediato». Ciertas enfermedades clásicas como el cólera o la fiebre amarilla no han sido definitivamente controladas y su prevalencia aumenta en numerosos países de Asia y África. Una anécdota reciente es ilustrativa. Un individuo llegado a Alemania (1995) desde África en plena epidemia del virus *ébola* en aquel continente fue diagnosticado de fiebre amarilla a pesar de haber sido vacunado. Se creía que la fiebre amarilla estaba controlada. Enfermedades evanescentes son aquellas que, por el contrario, sí que han sido definitivamente eliminadas, como, por ejemplo, la viruela.

En la historia de la humanidad «las pestes», cuyo paradigma estaba (y está) representado por las enfermedades infecciosas, han castigado al hombre hasta épocas bien recientes.

En los últimos cincuenta años, en la sociedad moderna, equipada con una desarrollada estrategia global de prevención y un creciente (y más perfeccionado) arsenal de vacunas y antibióticos, el sueño de erradicar las «epidemias» que asolaban a la humanidad en otros tiempos dejó de ser utópico.

En efecto, tras la terminación de la Segunda Guerra Mundial, y hasta hace apenas unos años, la lucha contra las enfermedades infecciosas cosechó éxitos continuados que hicieron concebir la esperanza de que la batalla final contra ellas estaba definitivamente ganada.

La erradicación de la viruela en 1971, gracias a una campaña mundial perfectamente programada y realizada, con vacunación antivariólica, y luego de otras enfermedades virales, sostuvieron esta hipótesis. Por otra parte, el desarrollo ininterrumpido de nuevos antibióticos cada vez más específicos de agentes microbianos y también de mayor eficacia contribuyeron en los finales del siglo XX a combatir con éxito multitud de enfermedades infecciosas comunes.

Sin embargo, esta época de optimismo comenzó a ensombrecerse entre las décadas de los setenta a los noventa del siglo XX. En estos años, dos fenómenos de gran importancia señalaron el retorno con matices preocupantes de las enfermedades infecciosas. Por un lado, la eclosión de una pandemia («la peste del siglo XX») de catastróficas consecuencias para la salud pública: el síndrome de inmunodeficiencia adquirida o Sida, enfermedad nueva causada por un retrovirus cuyas características biológicas desconcertantes conmocionó a pacientes, clínicos y científicos. Por otra parte, la reaparición de enfermedades «clásicas», como la tuberculosis o la malaria (paludismo), con una ferocidad desconocida; y la emergencia brutal en ciertas partes del mundo (África, Asia,

Latinoamérica) de otras enfermedades nuevas, como la fiebre hemorrágica por el virus del *ébola,* invulnerable todavía a cualquiera de las estrategias terapéuticas proporcionadas por la ciencia actual.

El virus del *ébola* surgió del Zaire y Sudán en 1995, y provocó en estos países una alarmante epidemia con resultados fatales en el 80 por 100 de los afectados. También fue creciente la prevalencia, en numerosos países del Tercer Mundo, del cólera y de la fiebre amarilla, consideradas ya marginales o controladas, como igualmente fue sorprendente la aparición de numerosos casos de difteria en Moscú en la década de los noventa.

Estos y otros muchos datos epidemiológicos permiten afirmar que la lucha contra las enfermedades infecciosas no ha terminado al despuntar este año 2001, y que su control es cada vez más difícil. En este momento puede afirmarse que las enfermedades infecciosas son todavía causa fundamental de muertes en el mundo, con una incidencia estimada de no menos de 17 millones de personas/año, sobre todo en niños y jóvenes; y que además puede calcularse que casi el 50 por 100 de los 6.000 millones de habitantes del planeta en el año 2000 estaban amenazados de una o varias enfermedades endémicas. Este fenómeno es, desde luego, dramático en los países subdesarrollados. Por ejemplo, en los países del África subsahariana, entre 430.000 y 680.000 niños fallecen al año a causa de la malaria, una enfermedad clásicamente endémica en 91 países, lo que elevó (en 1996) el número de afectados a casi el 40 por 100 de la población mundial. En conjunto puede decirse que en 1999 ha existido, como dice el informe de la OMS (1996), una «fatal complacencia» respecto a las posibilidades de control de las enfermedades infecciosas. Y que, a pesar de los indudables logros alcanzados, estas enfermedades transmisibles representan la más importante causa de muerte en todo el mundo. Incluso en los países desarrollados, como Estados Unidos, y en fecha tan cercana como 1998, las enfermedades infecciosas representaban el tercer lugar de las causas de muerte de su población.

En las páginas que siguen discutiremos concisamente las «caras» cambiantes de algunas enfermedades infecciosas clásicas y/o los rasgos esenciales de algunas emergentes o resurgidas. La tuberculosis destaca entre las segundas, por su reciente reaparición con características cuasiepidémicas en los continentes menos desarrollados (África, Asia, India, Latinoamérica), sin respetar a los países más ricos de Europa o a Estados Unidos. Este resurgimiento evoca la devastadora historia de esta enfermedad, tan glosada por los escritores del Romanticismo durante los años finales del siglo XIX, así como en el período de la Primera y Segunda Guerras Mundiales y en los años de entreguerras.

La tuberculosis, consideraciones literarias aparte, ha mostrado un modo cambiante de incidencia a lo largo de la historia. Causante de más de la cuarta parte de las muertes en el mundo occidental en el siglo XVII, declinó en su morbilidad en la centuria siguiente para resurgir con gran agresividad en el siglo XIX. La «tisis» pulmonar, la tuberculosis ganglionar («escrofulosis») y otras manifestaciones orgánicas (riñón, huesos) de la infección por el bacilo de Koch colocaron a esta enfermedad en el primer lugar de todas las conocidas en esta época por su extensión y gravedad, con ninguna posibilidad científica de prevención o curación. Una nueva onda de decreciente incidencia aparece en la primera mitad del siglo XX, seguida de un recrudecimiento en la época de la posguerra; la introducción de fármacos como la isoniazida, la estreptomicina, rifampicina, etambutol y posteriormente otros permiten a partir de la década de los cincuenta de ese siglo una regresión importante de la infección por el bacilo tuberculoso en los países desarrollados. Así, en los sesenta y setenta de la presente centuria se demuestra una caída en la incidencia de esta enfermedad (5-10 por 100 por año), con notable buena tasa de curación de los pacientes afectados. Esta situación, estabilizada, persiste en la mayoría de los países del mundo occidental hasta bien entrados los ochenta, con un resurgir preocupante de nuevos casos de tuberculosis desde 1990 hasta los inicios de este año 2000. La escena había cambiado de tal modo que en 1993 la Organización Mundial de la Salud, alarmada por lo que se ha llamado «el retorno de una vieja Némesis», declaró ese año como de «emergencia global», ante la comprobación en los años inmediatos a esa fecha de ocho millones de casos nuevos y de casi tres millones de muertes al año (el 95 por 100 de ellos en el Tercer Mundo) causados por esa enfermedad. Este resurgir de la tuberculosis en todo el mundo en la década final del siglo XX ha adquirido particular dramatismo en los países menos desarrollados y en los de Europa del Este, con una virulencia pavorosa en Rusia, donde la incidencia de esta «vieja Némesis renacida» en niños y adolescentes aumentó casi un 80 por 100 entre 1989 y 1995. La desconcertante historia de la tuberculosis es el paradigma de las enfermedades infecciosas resurgidas y está determinada por múltiples factores, cuyo variable impacto en cada país refleja las peculiaridades étnicas/ambientales/culturales y sanitarias de cada uno de ellos.

Como se discutirá luego, en este renacer de la tuberculosis, como también en el de otras enfermedades infecciosas, no existe un factor único, pero sí alguno de importancia capital, como la epidemia mundial de sida. Se considera que mientras los individuos infectados por *M. tuberculosis* tienen un riesgo del 10 por 100 de desarrollar la enfermedad tuberculosa (p. ej., pulmonar, renal, etc.) a lo largo de su vida, este riesgo es de un 10 por 100 anual en aquellos coinfectados por virus del sida y con una mayor gravedad/mortalidad.

En países como los Estados Unidos o España la tuberculosis implantada sobre un individuo infectado con virus del sida es la causa más importante del rebrote de aquella enfermedad, mientras que en otros, como el Reino Unido, se observará la mayor incidencia en poblaciones emigrantes con muy pobre situación socioeconómica. Si la diseminación mundial del sida, como es previsible, no se detiene al comienzo del próximo siglo, puede calcularse que la incidencia mundial (en países pobres, particularmente) pasará de los cuatro millones de personas infectadas por año. Pero no acaba aquí la lista de enfermedades infecciosas emergentes y resurgidas.

También otras infecciones virales, como las provocadas por los virus B y C de la hepatitis, han resurgido y constituyen al final del siglo XX un serio problema sanitario en todo el mundo. La OMS estimó en 1996 que más de 300 millones de personas en todo el mundo eran portadoras crónicas del virus B y no menos de 100 millones lo eran del virus C. El 25 por 100 o más de las personas infectadas por estos virus morirán de enfermedad hepática crónica y sus consecuencias: hipertensión fracaso, portal hepatocelular crónico. Además, es inequívoca la relación causa/efecto entre la infección por uno u otro virus (B, C) de la hepatitis y el riesgo de desarrollar cáncer de hígado.

Otros nuevos virus colectivamente agrupados, como los causantes de «fiebres hemorrágicas», como las del *ébola, Lassa, Marburg,* o del *Valle de Riff,* son emergentes y asolan regiones específicas del Tercer Mundo, pero también pueden castigar países del mundo occidental. Como el brote epidémico de «fiebre, hemorragia y fracaso renal» sufrido en Francia en 1993 debido a las infecciones por nuevos hantavirus importados de otros países (Rusia, Yugoslavia, Holanda). No menos importante es el resurgir de enfermedades transmitidas por mosquitos, como la malaria, cuyo agente causal *(Plasmodium,* en sus tres especies: *vivax, falciparum, malariale)* es transmitido por *Anopheles,* en cuya erradicación de su medio natural (aguas estancadas, lagunas, marismas) se asentaron las esperanzas de eliminación de aquella enfermedad, que es el azote tradicional de la mayoría de los continentes pobres del mundo; y hasta bien entrado el siglo XX también de Estados Unidos y Europa. Si bien estas medidas, unidas a la introducción de insecticidas como el DDT, lograron hacia el final de la década de los cincuenta la atenuación del impacto (o casi) de la malaria en el mundo occidental. No obstante en 1996, según el informe anual de la OMS, más de 500 millones de personas eran afectados por la malaria cada año y casi dos millones de individuos fallecieron por esta causa, lo que representó un aumento de la incidencia de esta enfermedad parasitaria dos veces mayor que en 1990.

Tampoco las enfermedades infecciosas tradicionales transmitidas por agua o alimentos han escapado a este resurgimiento. Así, en 1961 se registró la séptima pandemia de cólera, debida a una nueva cepa del vibrión del cólera, de inesperada agresividad, llamada Tor. En principio (1991) detectada en Indonesia, rápidamente se extendió a Asia, África e Iberoamérica. En este último continente esta resurgida epidemia de cólera fue especialmente grave, sobre todo en Perú, provocando hasta 4.000 muertes (1992) de entre las más de 400.000 personas infectadas. Un año más tarde, otra cepa nueva de *V. colera* arrasó las poblaciones de Bangladesh y de la India.

Enfermedades emergentes y resurgidas: ¿por qué?

Es complicado desenredar el ovillo de múltiples factores que han originado esta compleja serie de enfermedades nuevas y resurgidas. Es claro, sin embargo, que la reemergencia de las enfermedades infecciosas está esencialmente condicionada por los múltiples cambios inherentes a las profundas transformaciones demográficas, socioeconómicas, tecnológicas y científicas ocurridas durante el siglo XX, y que han repercutido decisivamente tanto en los sistemas sanitarios como en la salud individual en todo el mundo.

En primer lugar, la explosión demográfica es un factor de gran importancia, con una población mundial calculada ya en 6.000 millones de personas y unas presunciones estimadas de crecimiento en la especie humana de 7.900 millones en el año 2020 y, verosímilmente, casi 10.000 millones en 2050, lo que para las naciones menos desarrolladas puede suponer incrementar su población desde 589 millones (1996) a 1.700 en el año 2050. Estas predicciones indican claramente que no solo aumentará el número de personas expuestas a la agresión de agentes infecciosos (bacterias, virus, parásitos), sino que las posibilidades de transmisión «persona a persona» serán mayores. Y supuesta la distribución prevista para la población mundial, el impacto de la enfermedad en general recaerá sobre un 80 por 100 de los habitantes del planeta, los más desfavorecidos, los más pobres seguramente. Por otro lado, dentro de cada población, el segmento más vulnerable será el de personas de la tercera y cuarta edad (65-75, 85 o más), cuya proporción aumenta sin cesar en todo el mundo; y que no siempre está debidamente compensada por el número de nuevos individuos, sobre todo en Europa, entre cuyos países España ocupa el dudoso privilegio de tener el más bajo índice de natalidad. En nuestro país, la población de más de sesenta y cinco años ha pasado de representar el 5,2 por 100 en 1900 a un 13,8 por 100 en 1991, y se prevé un crecimiento de este grupo de edad que alcance el 15,2 por 100 en 2011 y un 20 por 100 en 2031.

La vulnerabilidad de esta población envejecida a las enfermedades infecciosas, nuevas o resurgidas, será facilitada por la prevalencia creciente de otras no infecciosas como la diabetes mellitus, o ciertos tipos de cáncer que aumentan aún más la susceptibilidad a la invasión del individuo por agentes infecciosos. Si los cambios demográficos y el desequilibrio en la estructura poblacional en los distintos grupos de edad son importantes, no lo son menos el creciente predominio de las poblaciones urbanas sobre las rurales. En 1996 se estimó por la OMS que unos 200 millones de personas vivían en las ciudades, con una presunción de más de 450 millones para el año 2010. La urbanización no mejora necesariamente la situación socioeconómica de los que emigran del campo a la ciudad en la mayoría de los países, y originan otros problemas: vivienda deficiente, lamentable situación higiénico-sanitaria y marginación social, que facilitan la eclosión de la tuberculosis, de las infecciones respiratorias y de epidemias de transmisión hídrico-alimentaria. Además la urbanización, que ya no es exclusiva de los países desarrollados, sino que ha crecido espectacularmente en muchos países subdesarrollados de Asia o la India e impone hábitos de vida menos saludables, como el sedentarismo, el excesivo consumo de alcohol o de grasas saturadas, que favorecen la explosión de enfermedades no transmisibles, crónicas.

Son factores también contribuyentes a estas enfermedades emergentes algunos fenómenos característicos de tal modernización sucedida en el siglo XX, como el impresionante trasiego de personas, de una a otra parte, dentro de los países y entre continentes, facilitada por los progresos en los medios (aéreos, sobre todo) de comunicación. El turismo, el comercio internacional y los flujos migratorios forzados por la pobreza en los países de origen o por las vergonzantes guerras que han afectado a miles de personas al final del siglo XX son las expresiones más típicas que han determinado que el contacto humano se haya convertido en el vehículo preferente para la transmisión de enfermedades infecciosas. El caso del origen y diseminación de enfermedades de transmisión sexual, como el sida, es paradigmático. También el desarrollo industrial y tecnológico ha contribuido a la aparición y renacimiento de tantas enfermedades infecciosas, fundamentalmente por el descubrimiento de nuevos modos de preservado y conservación de alimentos.

Un componente clave de esta historia cambiante de las enfermedades infecciosas ha sido, indudablemente, la adaptación de los agentes microbianos a los fármacos, con la aparición de resistencia a estos por el empleo abusivo e indiscriminado de antibióticos. También por haber aprendido a sobrevivir a situaciones ambientales desfavorables. Por fin, esta revolución socioeconómica, tecnológica y sanitaria en el siglo XX no ha podido evitar que ante la avalancha de enfermedades emergentes y resucitadas la respuesta de los sistemas sanitarios en la mayoría de los países del mundo occidental no haya sido siempre óptima; fenómeno que es dramático en los países del Tercer Mundo.

La transición epidemiológica y las nuevas «epidemias»: las enfermedades crónicas no transmisibles

El término transición epidemiológica identifica una hipótesis propuesta hace más de treinta años por A. R. Omran, basada en el concepto de que la mortalidad en una población transcurre por tres fases bien definidas:

- La edad de la «pestilencia y del hambre».
- La de la regresión de las pandemias.
- La época de las enfermedades degenerativas y la de las provocadas por el hombre.

Según lo escrito en las páginas anteriores, la panorámica actual de las enfermedades infecciosas, favorecidas, entre otros factores, por el envejecimiento de la población, ha propiciado la prevalencia cada vez mayor de enfermedades crónicas no comunicables por agentes infecciosos, como el cáncer; la arteriosclerosis, con consecuencias graves, como la enfermedad cardiovascular; la diabetes mellitus y la obesidad; la hipertensión arterial, o los trastornos de los lípidos plasmáticos. Este fenómeno de progresiva instauración de enfermedades degenerativas más prevalentes (fase 3 de Omran) no ha sucedido sincrónicamente en todos los países. En el mundo occidental la transición epidemiológica ha requerido cien años, pero es hoy evidente. En contraste, esta evolución fásica de Omran se ha iniciado apenas en la inmensa mayoría de los países subdesarrollados, sumidos como se vio en plena explosión de enfermedades infecciosas nuevas y resurgidas como el virus del sida o la tuberculosis. Como consecuencia de la evolución o transición epidemiológica en el mundo occidental las causas de mortalidad en la población se han desplazado desde las enfermedades infecciosas a las enfermedades crónicas no comunicables. Incluso en muchos países subdesarrollados (África, Asia, Sudamérica), en los que la transición epidemiológica es incompleta, la cardiopatía isquémica es la segunda causa de muerte. En cualquier caso, la alarmante transición epidemiológica en todo el mundo obedece, además de al envejecimiento de la población, a la progresiva modificación de los estilos de vida, con abandono de los modos tradicionales en el ámbito rural (ejercicio físico, alimentación rica en fibra, escaso consumo de alcohol) por el modelo vital llamado occidental, en el que se impone el sedentarismo, el excesivo consumo de grasas saturadas, de azúcares refinados y de alcohol y/o tabaco. Este estilo, denominado por el epidemiólogo australiano Paul Zimmet «cocacolonización», es responsable de que no solo los países desarrollados, como Estados Unidos, Reino Unido, o los europeos, sufran estas nuevas epidemias, sino que los pueblos más remotos y exóticos, tales como los de Polinesia o Micronesia, comiencen a sucumbir al empuje de esa colonización y acusen ya sus consecuencias, con la creciente prevalencia de enfermedades como la obesidad, diabetes mellitus, hipertensión arterial y otras dislipidemias.

Disponemos ya de un número suficiente de estudios fiables que sostienen esta cambiante realidad de las enfermedades crónicas no comunicables en el mundo y su comparativa prevalencia a finales del siglo XX con las enfermedades infecciosas y las causas de mortalidad. El más notable de los estudios, llamado el «Peso global de la enfermedad» *(Global Burden of Disease),* liderado por los investigadores Murray y López, ha permitido estimar esas diferencias entre numerosos países con gran precisión estadística para el año 1990 y extender sus previsiones hasta el año 2020. De acuerdo con los resultados de estos estudios, las causas de mortalidad global según su prevalencia se resumen en la tabla 14.1.

Las enfermedades cardiovasculares, según los datos de 1993, representaron un 18 por 100 del «peso de la enfermedad» (término que incluye muertes prematuras y años de vida con algún tipo de incapacidad) en los países desarrollados, frente a un 10 por 100 en aquellos con bajo o medio nivel económico. En contraste, el impacto de las neoplasias malignas fue mucho menor (5 por 100) en países subdesarrollados que en los de alto nivel económico (15 por 100). Las enfermedades neuropsiquiátricas, nada sorprendentes, pesan notoriamente más (23 por 100) en nuestro mundo occidental que en los menos favorecidos (10 por 100), con una prevalencia de síndromes específicos, como la depresión o el alcoholismo, superior a cualquier otro trastorno neuropsiquiátrico y con escasas variaciones entre países. En este capítulo adquiere un singular relieve la enfermedad cardiovascular, como la más característica y más grave epidemia silenciosa del siglo XX y seguramente del que comienza.

LA ENFERMEDAD CARDIOVASCULAR: TELÓN DE FONDO

La transición epidemiológica descrita antes ha situado a las enfermedades cardiovasculares (véase tabla 14.1) entre las más urgentes prioridades de la salud pública a las puertas del siglo XXI. Y, sin embargo, no siempre fue de este modo, como ilustra la historia epidemiológica y clínica de estas enfermedades. Así, el famoso clínico americano William Osler, cuyos numerosos trabajos sobre la angina de pecho *(angina pectoris)* son ya clásicos en la literatura médica, confesaba (1887) que este síntoma característico de la cardiopatía isquémica por arteriosclerosis de los vasos coronarios era «una afección rara vez vista en la práctica hospitalaria», pero él mismo anotó la prevalencia creciente de la *angina pectoris* cuando, tras observar (1910) 280 nuevos casos, se preguntó si «ha aumentado su frecuencia en la comunidad», y recuerda que «existe entre los médicos americanos en Estados Unidos la impresión de su aumento en los últimos años». La percepción de una escalada dramática de la prevalencia de la cardiopatía isquémica justifica en Estados Unidos (1949) la puesta en marcha del más importante estudio epidemiológico prospectivo sobre esta enfermedad y de los factores de riesgo que la determinan: *The Framingham Heart Study,* que tomó su nombre de la pequeña ciudad del estado de Massachusetts en la que hasta hoy se continúa este singular proyecto de epidemiología vascular.

El estudio Framingham introduce por primera vez el concepto de *factor de riesgo* para designar cualquier circunstancia inherente al individuo (p. ej., herencia), a su estilo de vida (p. ej., actividad física), a un elemento ambiental o externo que pueden estar asociados a un disturbio o alteración (enfermedad) del estado de salud. Se entiende en esta formulación que un factor de riesgo *no es causa* de una determinada enfermedad, pero puede suponer una probabilidad mayor de que aquella situación patológica ocurra. Así mismo, es intrínseca propiedad de un factor de riesgo la probabilidad de que pueda ser modificada por medidas de prevención determinadas (dieta, ejercicio, fármacos) que hagan reversible la mayor probabilidad de aparición de tal o cual enfermedad. Por lo tanto, en cualquier enfermedad crónica no transmisible, y en particular en la enfermedad cardiovascular, es crítico identificar mediante

Tabla 14.1

Causas de muerte en el mundo

[J. L. Murray y A. D. López, *The Lancet* 349: 1269-1276 (1997); 354: 586-589 (1997)]

Patología	1990		2020	
	Rango	% DALYs*	Posición	% DALYs
Infección respiratoria distal	1	8,2	6	3,1
Diarreas	2	7,2	9	2,7
Periodontopatías	3	6,7	11	2,5
Depresión	4	3,7	2	5,7
Cardiopatía isquémica	5	3,4	1	5,9
Enfermedad cerebrovascular	6	2,8	4	4,4
Tuberculosis	7	2,8	7	3,1
Sarampión	8	2,6	25	1,1
Accidentes de tráfico	9	2,5	3	5,1
Anomalías congénitas	10	2,4	13	2,2
Malaria (Paludismo)	11	2,3	24	1,1
Enf. pulm. obstruc. crónica	12	2,1	5	4,1
Trauma doméstico	13	1,9	19	1,5
Malnutrición	14	1,8	37	0,5
Guerras	15	1,5	8	3
Autolesiones	16	1,4	14	1,9
Violencia	17	1,3	12	2,3
Sida	28	0,8	10	2,6
Cáncer broncopulmonar	33	0,6	15	1,8

Fuentes: DALY*: *Disability-Adjusted Life Year.* DALYs de una situación patológica representa la suma de los años de vida perdidos a causa de muerte prematura y de los años de vida vividos con la enfermedad, y ajustados respecto a la severidad de la patología. [Modificada de: Murray y López, *Science* 274: 741 (1996).]

análisis epidemiológico no solo cuáles son los factores de riesgo específico, sino, además, cuáles pueden ser reversibles o modificables y cuáles no. De este modo es posible establecer las estrategias de prevención viables para reducir la morbilidad o las consecuencias fisiopatológicas de la enfermedad cardiovascular y la mortalidad debida a ellas.

Como premisa a la discusión de los factores de riesgo determinantes de la enfermedad cardiovascular, conviene recordar brevemente algunas ideas básicas sobre el sustrato patológico de aquella: La *arteriosclerosis/aterosclerosis* vascular. *Arteriosclerosis,* etimológicamente, significa endurecimiento de las arterias, y de forma específica de las de calibre grande (aorta y sus ramas) y medianas (renal, mesentérica) que irrigan los distintos órganos y tejidos del organismo humano. La *aterosclerosis* es la lesión histopatológica básica de la forma más común de arteriosclerosis que afecta a los tres territorios vasculares de mayor significación dentro del concepto genérico de enfermedad cardiovascular: *a)* sistema arterial coronario del corazón; *b)* sistema cerebrovascular; *c)* sistema arterial periférico.

En el primer caso, la enfermedad aterosclerótica es la base de la cardiopatía isquémica; en la segunda, del ictus o enfermedad cerebrovascular; y en la tercera, de la enfermedad vascular periférica (extremidades inferiores y superiores). Las arterias, vasos de calibre grande y mediano que irrigan estos territorios (corazón, cerebro), están construidas como «tubos» por cuya luz circula, fluida, la sangre y cuya pared está estructurada en tres capas que de dentro (luz del vaso) al exterior en contacto con órganos y tejidos se denominan: íntima, media (muscular/elástica) y adventicia. La aterosclerosis es una enfermedad de la capa íntima de la arteria que, a su vez, está constituida por un tapiz continuo de células endoteliales cuya presencia no es solo estructural, sino activamente funcional en la regulación de los cambios fisiológicos del calibre arterial (vasodilatación, vasoconstricción) y en el mantenimiento del equilibrio coagulación/descoagulación de la sangre circulante mediante la producción de moléculas apropiadas antiagregantes/antitrombóticas. La lesión típica de la aterosclerosis es la placa de ateroma, una estructura fibroadiposa formada por la acumulación de lípidos (colesterol, fundamentalmente) en células de estirpe macrófago-monocítica (*foam cells* o células espumosas) seguida de la incorporación de células musculares de la capa media arterial y de la proliferación de tejido colágeno en derredor. La formación y evolución de la placa de ateroma tiene las características de un proceso inflamatorio crónico cuya iniciación puede remontarse a la época intrauterina. El desarrollo de la aterogénesis procede durante muchos años en los que la placa de ateroma está precedida, muchas veces, por simples «estrías grasas» en la superficie de la íntima; crece por sucesivos brotes inflamatorios hasta pasar de un simple «botón» de pocos milímetros apenas sobresaliente en la pared arterial a una masa que ocluye total o parcialmente la luz del vaso. En estas placas «avanzadas» su cápsula o capa fibrosa protectora se fisura, se hace inestable, y se rompe con cierta facilidad y se crean «fallas» en la continuidad del tapiz endotelial de la íntima, lo que promueve la trombosis intraarterial y la oclusión de la luz vascular. El trombo así formado puede provocar el cierre súbito de la luz arterial, ser licuado o lisado, o «cicatrizado» y organizado como una masa fibrosa adherida a la pared arterial (trombomural), que agrava aún más la oclusión preexistente. La aterogénesis incluye así estas fases sucesivas de variable continuidad en el tiempo: estrías grasas, formación de la placa de ateroma, crecimiento y ruptura de esta, trombosis, cicatrización, estenosis de la luz arterial.

Es fundamental recordar que este complejo proceso de tantos años de duración pasa mucho tiempo clínicamente inadvertido y a menudo solo se descubre en la autopsia en muchos individuos. En otros, por el contrario, la expresión clínica de una ateriosclerosis coronaria, cerebral o periférica, silenciosa durante décadas, explota súbitamente (p. ej., trombosis aguda coronaria, ruptura de una placa de ateroma), puede provocar síndromes (conjunto de síntomas y signos) muy graves (y muchas veces mortal): infarto agudo de miocardio, ictus cerebral o aterotrombosis arterial en miembros periféricos. En el territorio coronario, los síndromes clínicos característicos incluyen: la insuficiencia coronaria aguda, como *angina pectoris* y sus variantes (p. ej., angina inestable), y la necrosis o muerte celular de la fibra muscular cardiaca o infarto de miocardio. La hemorragia y el infarto por oclusión trombótica de las arterias cerebrales de pequeño a mediano calibre o la oclusión de los vasos cerebrales por restos de placa de ateroma liberadas desde alguna gran arteria (p. ej., carótida interna) son la traducción clínica más común de la enfermedad aterosclerótica cerebrovascular. En las arterias de las extremidades, más comúnmente los miembros inferiores (femorales, popliteas), la falta de riego sanguíneo (o isquemia) por enfermedad ateroesclerótica incluye la claudicación intermitente, la necrosis y, en su grado extremo, la gangrena de dedos u otros segmentos de una extremidad. La claudicación intermitente, gráficamente llamada en alemán *Schaufensterkrankheit* (enfermedad del observador de escaparates), traduce la incapacidad muscular de las extremidades inferiores para continuar un esfuerzo (p. ej., la marcha) al no recibir de las arterias ocluidas la demanda suplementaria de sangre (y, por ende, de oxígeno) que la actividad demanda.

FACTORES DE RIESGO CARDIOVASCULAR: LOS CLÁSICOS Y LOS NUEVOS

Las fuentes en las que se han identificado estos factores de riesgo cardiovascular (tabla 14.2) son múltiples, y de ellas las más fiables son los estudios de investigación básica (experimentación animal, biología molecular), la indagación epidemiológica descriptiva y analítica (caso-control, seguimiento de cohortes) y de ensayos clínicos aleatorizados de peso suficiente y durante períodos de tiempo adecuados (un año o más). A lo largo de todo el siglo XX, quizá con el estudio Framingham como modelo, pero también muchos otros (p. ej., MRFIT), se ha probado como indudable la relación causa/efecto de la obesidad, diabetes mellitus, inactividad física, hipertensión arterial, colesterol en sangre elevado y el hábito de fumar con el desarrollo de enfermedad vascular aterosclerótica. Estos factores de riesgo aislados y muchos más si se agrupan *(clustering)* en un individuo o en una población son de los llamados «clásicos», ya que su relación con la enfermedad cardiovascular fue ya sospechada a finales del siglo XIX y comienzos del XX por muchos clínicos y experimentadores.

Son definitivos los estudios de Ancel Keys y Francisco Grande Covián en las décadas de los cuarenta y cincuenta del siglo pasado para establecer la significación de estos factores de riesgo y muy selectivamente de la relación colesterol elevado y enfermedad cardiovascular que sustentó la teoría lipídica de la aterogénesis.

Tabla 14.2

Factores de riesgo cardiovascular aterogénico

No modificables	Modificables	Evidencia
Sexo masculino	Obesidad	Fuerte
Historia familiar de muerte prematura por enfermedad coronaria	Diabetes mellitus*	Fuerte
	Hipertensión arterial	Fuerte
Marcadores genéticos (por ejemplo, polimorfismo del gen de la enzima convertidora de angiotensina)	Hipercolesterolemia y descenso fracción HDL-colesterol	Fuerte
	Hipertrogliceridemia	Suficiente
	Aumento de la fracción lipoproteica	Fuerte/sólida o firme
	Tabaquismo	Suficiente
	Hiperhomocisteinemia	Suficiente
	Hiperfibrinogenemia*	Suficiente
	Inactividad física	Suficiente
	Menopausia	Suficiente

Fuente: Adaptado de *Harrison's Principle of Internal Medicine* (14.ª ed.), pág. 1349, tabla 42-1.

El peso relativo de la genética y del estilo de vida sobre la fortaleza de la relación causa/efecto de estos factores de riesgo para la enfermedad cardiovascular es difícil de establecer. En la celebrada investigación epidemiológica de *Ni-Hon-San Study* se estudió comparativamente la prevalencia de la enfermedad cardiovascular en varones japoneses residentes en Honolulú, Hawai y en la ciudad de San Francisco con la de los individuos nipones del sexo masculino habitantes de varias ciudades del país del Sol Naciente. Este estudio probó de manera inequívoca que en los residentes en Japón la cardiopatía isquémica era significativamente menos frecuente (términos estadísticos) que en sus hermanos de raza establecidos en Estados Unidos, demostrando, como muchos otros, que la adopción de otro estilo de vida, que en este caso fue el de sustituir aquel característico de la población en Japón más tradicional por otro más «occidental» como el de Estados Unidos, introduce factores de riesgo como la inactividad física y la dieta de *fastfood*.

La importancia concedida actualmente a la identificación y prevención de esos factores «clásicos» de riesgo cardiovascular por las agrupaciones científicas se traduce, por ejemplo, en recomendaciones como las del *National Cholesterol Education Program* (NCEP). Según estas pautas, adoptadas por las autoridades sanitarias de Estados Unidos y, con modificaciones no sustanciales, por las de otros países de Europa y otras partes del mundo, los criterios para identificar personas con mayor riesgo cardiovascular son:

1. Historia familiar de muerte prematura por cardiopatía isquémica.
2. Consumo habitual de cigarrillos.
3. Edad, en varones, superior a cuarenta y cinco años, o a cincuenta y cinco en las mujeres.
4. Cifras de concentración en suero de la fracción HD-colesterol (colesterol «bueno» o de baja densidad) inferior a 35 mg/dl. Además se estima que en presencia de diabetes mellitus se estima que puede obtenerse una importante reducción de la morbilidad/mortalidad por enfermedad cardiovascular hasta de un 30 por 100 solo con un descenso del 10 por 100 de colesterol o de 6 m/seg de presión diastólica, o hasta del 150 por 100 si se deja de fumar. En esta enfermedad un reciente estudio prospectivo británico (UKPDS) prolongado durante quince años en más de tres mil pacientes con diabetes mellitus tipo 2 ha demostrado una importante reducción de la mortalidad, incluida la de causa cardiovascular, si se logra un control estricto de la hiperglucemia y, tan importante como eso, de la hipertensión arterial.

Por importantes que sean estos factores de riesgo «clásicos», muchos otros, quizá más de 250, deben ser aún identificados para completar un retrato preciso del riesgo cardiovascular en nuestra sociedad moderna. De aquí que a los «clásicos» ya citados (tabla 14.2) la moderna investigación básica y epidemiológica añade sin cesar en la última década del siglo XX otros factores «nuevos», algunos de los cuales son: hiperhomocisteinemia, o aumento en la sangre circulante del aminoácido sulfurado homocisteína, o el incremento en la concentración de fibrinógeno, una proteína clave en el proceso de formación/disolución del trombo intravascular o la ferritina.

Otras proteínas marcadores de inflamación (y no se olvide que la aterogénesis es, en gran medida, un proceso inflamatorio) se postulan ya como factores «nuevos» de riesgo, como la proteína C reactiva, el propio fibrinógeno, ciertos factores de coagulación como el complejo V. Willebrand, factor VIII y factor VII, y el P-AI-1 o inhibidor de la activación del precursor del plasmígeno, proteína fundamental en la fase final de la formación del trombo de fibrina y de su disolución.

Sin embargo, mientras los nuevos conocimientos científicos alargan esa lista, la epidemiología moderna nos enfoca con alarma hacia dos epidemias convergentes: la de la diabetes mellitus tipo 2 y la de la obesidad, que no solo amenazan con convertirse en los problemas de salud más graves y extendidos del siglo XXI, sino que además son las que arrastran consigo y con mayor fuerza la continua pandemia de enfermedad cardiovascular.

DIABETES MELLITUS Y OBESIDAD: LA EXTRAÑA PAREJA Y SUS COMPAÑEROS DE VIAJE

En este punto es ya inevitable una sucinta definición de la diabetes mellitus (DM), tantas veces citada. Quizá el primer concepto es este: la DM no es una enfermedad, sino un conjunto de enfermedades o de síndromes que comparten estos trastornos:

a) Elevación permanente o crónica, oculta o sintomática, de la concentración de azúcar o glucosa en la sangre, que es debida a:
b) Una insuficiente liberación a la sangre desde la célula beta del páncreas (islotes de Langerhons) de la hormona insulina y/o a la insensibilidad o resistencia a las acciones de esta proteína por parte de sus tejidos «diana»: músculo estriado esquelético, hígado, tejido adiposo.

La insulina es una hormona de «ahorro» (anabólica) de la energía contenida en nutrientes esenciales como la glucosa, ácidos grasos o aminoácidos, cuyo transporte desde la sangre al interior de las células facilita. La insulina de este modo favorece el depósito de la glucosa como glucógeno en el hígado y músculo, de los ácidos grasos en triglicéridos en el tejido adiposo, y de aminoácidos en proteínas en el músculo y otros tejidos. La energía así almacenada, gracias a la insulina, puede ser movilizada por sus hormonas oponentes (adrenalina, glucagón, hormona de crecimiento) hacia la sangre y los tejidos cuando existe falta de aporte de sustratos, como sucede durante el ayuno. De aquí que la insulina sea una hormona crucial para mantener a despecho de la ausencia o presencia de alimentos una concentración estable (80-110 mg por día) de glucemia lo que hace posible el ininterrumpido aporte de la energía de ese nutriente a órganos vitales como el cerebro incapaces de almacenarlo y, por lo tanto, dependientes para su supervivencia de una concentración adecuada de glucosa en la sangre circulante. La defectuosa producción de insulina y/o resistencia a la insulina conducen a hiperglucemia, dato bioquímico que identifica cualquier tipo de DM, cualquiera que sea su causa, y el/los mecanismo/s por los que se originó. Múltiples clasificaciones por criterios distintos (clínicos, evolutivos, terapéuticos, patogénicos) han jalonado la historia de la DM.

En 1997 se simplificaron tanto los criterios de diagnóstico como la clasificación de los distintos tipos de DM. En el contexto de este artículo importa saber que el límite cuantitativo para establecer una cifra diagnóstica de DM es la de 126 mg/dl en plasma venoso obtenido tras un ayuno (nocturno) no inferior a ocho horas (confirmado en alguna otra ocasión) o de más de 200 mg/dl en muestras de sangre obtenidas al azar o a las dos horas de la administración por boca de 75 g de glucosa. Estas cifras pueden descubrirse incidentalmente (diabetes desconocida o ignorada) en el curso de una infección poscirugía o ante cualquier situación de estrés, bien bajo la acción de ciertas enfermedades (pancreática, hepática) o de fármacos (esteroides, diuréticos). También puede descubrirse la DM ante la presencia de síntomas sugerentes de hiperglucemia (mucha sed, o polidipsia; frecuente micción, o poliuria; apetito voraz, o polifagia; pérdida de peso) o de sus complicaciones por lesión de vasos sanguíneos mayores (arterias), menores (arteriales, capilares) o de los nervios periféricos o autónomos. Estas complicaciones dan carácter al término diabetes mellitus y complementan su definición. En la práctica las complicaciones macrovasculares reflejan la aterogénesis acelerada que induce la DM y explican la mayor prevalencia/morbilidad de la cardiopatía isquémica y cerebrovascular, como se discutirá luego, en el paciente diabético (tabla 14.3).

Las complicaciones neurológicas parcialmente originadas por microangiopatía y por las consecuencias metabólicas de la hiperglucemia sobre el ner-

Tabla 14.3

Complicaciones en la DM tipo 2

Complicación	% pacientes afectados en el curso de la enfermedad	Rasgos clínicos
Microvasculares		
a) Retinopatía no proliferativa	50-75	Afectación moderada de la agudeza visual
Proliferativa y maculopatía	10-25	Grave limitación visual (ceguera)
b) Nefropatía	5-10	Microalbuminuria (10-15 años de evolución) Transición (estadios II, III) a insuficiencia renal Terminal: con hipertensión arterial Exige diálisis/trasplante Causa importante de muerte
Neuropatías		
Leve	25-75	Parestesias. Disfunción eréctil. Pie doloroso
Severa	5-50	Pie diabético. Amputación no traumática
Cardiovascular		
Cardiopatía isquémica. Ictus cerebrovascular	15-30	Cardiopatía isquémica (angina: infarto de miocardio. Gangrena dedos pie. Ictus. Muerte)

vio son de una heterogeneidad extraordinaria. Afectan a cualquier nervio y grupos de nervios del organismo humano. En la DM como conjunto de síndromes se identifican tres tipos fundamentales:

— DM tipo 1.
— DM tipo 2.
— Diabetes gestacional o identificada durante el embarazo.

Las categorías intermedias, denominadas intolerancia a la glucosa postsobrecarga de este azúcar (cifras de glucemia entre 140 y 200 mg a las dos horas del test) e intolerancia a la glucosa en ayunas (cifras entre 110 y 126 mg/día), se incluyen también entre los subtipos diagnósticos de DM. Solo la primera categoría (intolerancia a la glucosa postsobrecarga) es considerada como un estadio obligado para transitar desde la normoglucemia a la hiperglucemia o diabetes sintomática (clínica). Además, esta categoría diagnóstica es un factor de riesgo para la enfermedad microvascular diabética (p. ej., retinopatía) y quizá también para la macrovascular.

Cualquiera de los tipos principales de DM es evaluado como factor de riesgo vascular, pero esta es predominante en el llamado tipo 2, el más frecuente y cuya prevalencia aumenta incesantemente en todo el mundo desde hace unos veinte años. Es pertinente su discusión breve, pero preferente, en este capítulo. La DM tipo 2, llamada otrora no-insulinodependiente, es una forma de DM caracterizada por la coexistencia de un defecto en la secreción de insulina y por una resistencia insulínica de grado variable, consecuencia de una compleja interacción de factores genéticos y ambientales. No obstante esta complejidad de la DM expresada en la numerosa serie de subtipos clínicos (o fenotipos) identificables, la historia natural es similar en todos ellos. Similar en que un individuo predispuesto, bajo el influjo de ciertos factores ambientales ligados a un estilo de vida sedentario, pasa durante meses o años por una etapa de «silencio clínico», pero en la que puede existir hiperglucemia ignorada hasta la aparición de síntomas clásicos o derivados de algunas de las complicaciones crónicas macrovasculares (cardiopatía isquémica, ictus cerebral) y microvasculares (retinopatía, nefropatía) y/o neurológicas (pie diabético, neuropatías). Se supone que un nuevo paciente diabético tipo 2 de cada dos ha pasado no menos de diez años sin diagnosticar, lo que explica la sorpresa frecuente de que en ese momento muchos pacientes «recién diagnosticados» exhiban retinopatía, hipertensión arterial, cardiopatía isquémica o insuficiencia renal, y desde luego obesidad.

Por sus características patogénicas y clínicas, la DM tipo 2 difiere claramente de otro tipo clásico, la de tipo 1, como se resume en la tabla 14.4. Desde el punto de vista genético, la DM tipo 2 es también muy heterogénea. Existen formas monogénicas agrupadas bajo el epónimo de MODYS *(Maturity Onset Diabetes of the Young),* de comienzo precoz, herencia autosómica dominante y escasa tendencia a complicaciones tardías. Estos subtipos, cinco

Tabla 14.4

Tipo/ Sinonimia	Edad habitual de comienzo	Etiología/Patogénesis	Clínica
Tipo I	5-20 años (puede ocurrir en adultos y ancianos)	Desconocida Genética asociada Destrucción autoinmune de la célula beta (islotes de Langerhans) Falta absoluta de insulina	Comienzo (habitualmente) brusco («polis») Tendencia a cetoacidrosis/coma Complicaciones tardías (retina/riñón) Dependencia de insulinoterapia de por vida
Tipo II	> 45 años (puede ocurrir más o menos a los 30 años)	Multifactorial Genética/Ambiental Asociada a obesidad y a otros componentes del síndrome metabólico (véase texto) Predomina insulinorresistencia Falta relativa de la insulina	No tendencia a cetoacidosis Comienzo gradual Complicaciones macrovasculares (cardiopatía isquémica, ictus) y microvascular Dieta y ejercicio Fármacos antidiabéticos Puede requerir insulina

o más, de DM tipo 2 son producidos por mutaciones puntuales en genes relevantes al metabolismo de la glucosa y/o a otros aspectos funcionales de la célula beta. Representan globalmente no más del 10-12 por 100 de todos los casos de DM tipo 2. La forma más común, asociada a la obesidad, representa el 90 por 100 o más, de todos los casos de DM tipo 2 es poligénica; y ningún gen candidato entre los estudiados por su conexión con la secreción y/o la acción de la insulina o de otros aspectos de la regulación del metabolismo intermediario ha sido definitivamente identificado como relevante a la patogenia de este síndrome diabético. De este tipo de DM, los hechos más distintivos y pertinentes a su relación con la enfermedad cardiovascular son su preocupante prevalencia, con caracteres de pandemia. Durante décadas la prevalencia de DM tipo 2 en el mundo se ha mantenido estable alrededor del 2,5-3 por 100, con marcadas diferencias entre áreas geográficas y grupos étnicos. Típicamente, la prevalencia de DM tipo 2, al contrario de lo que sucede con la DM tipo 1, es predominante en grupos muy específicos como los afroamericanos, los indios Pima, los Naurúes en la Polinesia, o los mexicanos americanos en Tejas, más que en individuos de raza blanca (caucasianos). En ciertos grupos, como Naurúes o indios Pima, dicha prevalencia ha crecido a tenor del abandono de los hábitos de «vida rural» por el tipo urbano occidental *(Western Style, New World Style),* hasta afectar al 60 por 100 o más de la población adulta.

En todo grupo étnico la prevalencia de DM tipo 2 aumenta con la edad, de modo que puede estimarse que en individuos por encima de sesenta y cinco años el 20 por 100 o más ha desarrollado o desarrollará la enfermedad. A nivel mundial, la prevalencia y la incidencia de la DM (ambos tipos) ha aumentado progresivamente desde 1990, y las previsiones son de un sostenido aumento de la DM tipo 2, con un grave impacto sanitario y socioeconómico; en cuyo proceso los países menos desarrollados de Latinoamérica, África y Asia son una vez más los peor parados por esta epidemia. Es significativa en este sentido una reciente campaña de alerta a las autoridades sanitarias de todo el mundo y a las organizaciones pertinentes, como la OMS o la Federación Internacional de Diabetes (IDF), lanzada desde Pakistán, con este angustioso lema: *Diabetes hits Asia. Help us* (La diabetes hiere Asia. Ayudadnos).

En efecto, la amenaza más seria de esta pandemia, por su morbilidad (incapacidad de algún tipo) y mortalidad, está asociada a la importante serie de complicaciones macro-microvasculares y neurológicas e inherentes al curso de la DM tipo 2 incontrolada. En la tabla 14.3 se incluyen los datos esenciales de cada una de ellas. Una atención especial merecen las complicaciones cardiovasculares de la DM tipo 2. Por un lado, la DM tipo 2 confiere a quien la padece un riesgo de cardiopatía isquémica 2-4 veces superior al de la población general, y una mortalidad por esta causa 3-7 veces mayor que en los no diabéticos. Típicamente, los episodios clínicos de cardiopatía isquémica suceden a edades más tempranas en los diabéticos que en las personas no diabéticas; y, a diferencia de lo que suele suceder en estas, las mujeres diabéticas tienen un riesgo similar al de los varones.

Por otra parte, un reciente estudio prospectivo en Finlandia confirma la observación, ya antigua, de que los diabéticos que han sufrido un infarto de miocardio tienen peor pronóstico que los no diabéticos. Además, este estudio fundamental prospectivo (7 años) de 1.059 diabéticos tipo 2 y de 1.373 sujetos de edad media (45-55 años) no diabéticos demostró que el riesgo de padecer un infarto de miocardio durante los siete años de seguimiento fue ¡equivalente! en diabéticos no previamente diagnosticados de infarto y en no diabéticos que ya lo habían padecido antes de iniciarse el estudio.

A esto se añade en fecha reciente (1998) otro estudio finlandés que ha mostrado que la tasa de casos fatales en un año tras el primer infarto no difiere esencialmente entre hombres y mujeres con DM tipo 2, pero es muy superior al observarlo en sus pares no diabéticos. Estas complicaciones de la DM tipo 2 la convierten en una enfermedad de gran impacto sanitario, gravada por un peso económico considerable derivado de los costes directos (complicaciones) e indirectos (incapacidades, disminución del riesgo laboral) que provoca. El coste de la DM tipo 2 en el mundo no está evaluado en todos los países, pero algunos de los datos disponibles (1999) en Estados Unidos, Europa y España son preocupantes, como muestran la figura 14.1 y la tabla 14.5.

La DM tipo 2 y sus acompañantes: el caso de la obesidad

Una característica destacada de la DM tipo 2 es su asociación muy frecuente con otras enfermedades metabólicas o no, que aisladamente pueden constituir también factores de riesgo cardiovascular. La obesidad es el acompañante habitual de la DM tipo 2. En efecto, más del 90 por 100 de los pacientes con DM tipo 2 son obesos. Aunque parezca extraño, lo contrario no es cierto. Típicamente, la obesidad, según su grado, es predictora segura de la aparición de la DM tipo 2, y la pérdida de peso corrige, según su importancia, total o parcialmente la hiperglucemia. Esta asociación cobra en la

T

Costes directos e indirectos d

Enfermedades asociadas	Costes) ambulatorios (Ptas.)	Costes en farmacia (Ptas.)	Costes hospitalarios (Ptas.)
Diabetes mellitus	16.779.500.000[a]	14.163.000.000[b]	31.820.655.00
Enfermedades cardiovasculares	56.661.220.000	94.726.400.000	95.516.199.00
— Enf. hipertensiva	37.046.800.000	59.232.000.000	9.031.218.00
— Cardiopatía isquémica	7.189.840.000	15.735.900.000	53.242.656.00
— Enf. vascular cerebral	6.650.980.000	12.422.000.000	33.342.325.00
— Enf. vascular periférica	5.773.600.000	7.336.500.000	
Dislipidemias	12.131.700.000	30.733.900.000	
Enfermedades musculoesqueléticas.			
— Artritis y artrosis de rodilla	2.283.540.000	1.843.150.000	
Obesidad	3.160.640.000	687.869.000	
TOTAL	147.677.820.000	236.880.719.000	222.853.053.00

[a] Costes de las consultas ambulatorias de diabetes mellitus y de la detección-control por retinopatía diabética.

[b] Incluye los costes de fármacos y tiras reactivas.

[c] En estos costes hay que considerar, previamente a la fracción atribuible, la proporción que corresponde a la DMNID (70 por 100) de los costes totales por diabetes mellitus.

Fig. 14.1—Impacto de las complicaciones en el coste de la DM2 en España

idad y sus enfermedades asociadas

racción ribuible (%)	Costes directos (Ptas.)	Costes indirectos (Ptas.)	Costes totales (Ptas.)	%
57	25.042.498.845[c]	5.626.073.100	30.668.571.945	9,0
19	46.911.725.610	30.118.021.000	77.029.746.610	22,6
19	20.008.903.420			
19	14.471.995.240			
19	9.939.907.950			
19	2.490.919.000			
19	8.144.464.000		8.144.464.000	2,4
10	412.669.000	2.995.730.000	3.408.399.000	1
100	3.848.509.000	218.400.000.000[d]	222.248.509.000	65
	84.359.866.455	257.139.824.100	341.000.000.000	100

[d] Gasto «particular». En estos costes se incluyen los gastos realizados por las personas obesas en dietas, parafarmacia, gabinetes de adelgazamiento, etc., y han sido valorados en más de 91.000 pesetas anuales.

actualidad un significado de especial importancia, ya que estamos ante una dramática elevación de la prevalencia de la obesidad en países del mundo occidental y de las naciones subdesarrolladas.

La obesidad: una pandemia global. La obesidad como factor de riesgo cardiovascular

La obesidad no es un simple problema estético, sino uno de los más graves problemas crónicos con que se enfrenta la salud pública en la actualidad. Según la definición de D. S. Garrow, uno de los grandes expertos mundiales en este campo, la obesidad «es una situación o condición de acumulación anormal de grasa en el tejido adiposo hasta el punto de que la salud del individuo puede deteriorarse más o menos gravemente». Esta acumulación de grasa deriva de la combinación de dos factores: la ingestión energética aumentada y/o que la pérdida de energía, disminuida, no compense la ingesta. El resultado es doble: balance energético positivo, y con él ganancia de peso corporal. La estimación del grado de obesidad es complejo. No obstante, un reciente informe de la OMS (1997) confirma la utilidad práctica de un método antiguo y bien simple, llamado índice de masa corporal, cuyo cálculo resulta del cociente entre: peso corporal en kg/(talla en m)^2 (criterio de obesidad: índice > 30).

Además, este cálculo permite evaluar por aproximación el grado de obesidad de un individuo. De este modo, la OMS propone una clasificación de utilidad clínica que se describe en la tabla 14.4. Esta clasificación solo es útil para la obesidad en individuos adultos.

Otros numerosos estudios clínicos y experimentales han demostrado, sin lugar a dudas, que en el sujeto obeso interesa tanto la grasa acumulada como la distribución preferente que esta muestra en la «geografía» corporal. La trascendencia clínica del patrón distributivo de la grasa corporal y su relación con las repercusiones de la obesidad sobre la salud del individuo fueron establecidos hace más de sesenta años por el endocrinólogo francés Jean Vague y redescubiertos luego por otros como el autor sueco Pier Bjorntorp, quien redesignó los apelativos del autor francés, de obesidad genoide y androide, por los de patrón de distribución de la grasa: periférico y central o visceral.

En síntesis, la grasa corporal puede depositarse en la persona obesa de modo preferente en el tejido subcutáneo de cuello y tronco, región pubiana y nalgas (patrón genoide o periférico), o bien en la región intraabdominal y con mayor frecuencia en su compartimento intraperitoneal (patrón central, visceral o androideo tipo manzana). Obviamente, la separación de ambos tipos no es idéntica en todos los individuos, y, con independencia del sexo, se observan a menudo patrones distributivos mixtos. La evaluación de la distribución de la grasa no es fácil. Ciertas medidas antropométricas, como el cociente entre los diámetros de la cintura y cadera o incluso más de la circunferencia abdominal, son aceptables medidas aproximadas de la grasa intraabdominal, que se corresponde relativamente bien con los datos obtenidos con la tomografía axial computerizada o por resonancia magnética nuclear del abdomen.

Se consideran valores límite de la normalidad para la circunferencia abdominal: < ∅ = 94 para varones; < ∅ = 84 para mujeres.

La alarmante prevalencia de la obesidad y del sobrepeso no distingue razas ni desarrollos socioeconómicos. Esta escalada de la obesidad no es solo un problema de la población adulta, sino que cada vez más crece la preocupación por el aumento del sobrepeso en niños y adolescentes. En general, los datos epidemiológicos obtenidos en los últimos veinte años demuestran que la evolución secular de la obesidad es ya desastrosa en Estados Unidos, preocupante en algunos países de Europa y todavía aún relativamente rara en muchas partes de África y Asia. La evolución en diversos países de Europa es variable, pero la tendencia a un aumento de la prevalencia de obesidad predomina, como muestra la tabla 14.6.

Según los datos, la variabilidad en Europa es notable, con cifras de una creciente prevalencia muy alta en Alemania (oriental y occidental), muy acusada en mujeres (26,8 y 21,4 por 100, respectivamente). También se ha observado un notable aumento de prevalencia e incidencia en el Reino Unido, donde se elevó más de un 50 por 100 en varones y un 45 por 100 en mujeres.

Tabla 14.6

Tendencias seculares de la obesidad en Europa

País	Años	Edades	Obesos (%)	
			Varones	Mujeres
Inglaterra	1980	16-64	6	8
	1993	16-64	13	16
Suecia	1980-1981	16-84	4,9	8,7
	1988-1989	16-84	5,3	9,1
Finlandia	1978-1979	20-75	10	10
	1991-1993	20-75	14	11
Alemania	1985	25-69	15,1	16,5
	1992	25-69	17,2	19,3
Alemania oriental	1985	25-65	13,7	22,2
	1992	25-65	20,5	26,8
Alemania occidental	1986	25-65	14,	15,2
	1991	25-65	16,0	21,4
Países Bajos	1987-1991	20-59	7	9
	1994	20-59	10	11

Fuente: WHO International Obesity Task Force, 1997.

La situación más dramática se vive actualmente en Estados Unidos, donde afecta a uno de cada tres individuos de más de cuarenta y cinco años. Si la situación presente continúa, la previsión es que para 2030 ¡el total de la población norteamericana será obesa! Por otro lado, es paradójico que en muchos países como Brasil coexistan la mala nutrición y la obesidad, con una progresión de esta que igualará a la primera en pocos años. En las islas del Pacífico Sur la obesidad epidémica ya ha borrado la belleza tradicional de sus habitantes, que han perdido el paraíso. Claramente, el estilo de vida condiciona la aparición de sobrepeso, como revelan numerosos estudios. Estos demuestran una menor prevalencia de sobrepeso/obesidad en el medio rural que en las ciudades, incluso entre individuos del mismo grupo racial. No obstante, las prevalencias varían incluso si comparten hábitos de vida similares, como ilustra la experiencia epidemiológica reciente de la isla Mauricio, en el océano Índico, en la que la prevalencia de obesidad es mayor en los hindúes que en los chinos, el otro grupo predominante en aquella nación multiétnica.

En España disponemos de datos recientes muy fiables, obtenidos por el grupo colaborador español para el estudio de la obesidad, que han sido publicados en 1998.

Según estos datos, la situación en España, sin ser amenazante, requiere más atención de la prestada hasta ahora a la obesidad. En efecto, nuestra prevalencia global es del 13,4 por 100, de la que el 15 por 100 corresponde a varones, y el 15,2 por 100, a mujeres, en una muestra poblacional extraída en cuatro comunidades autónomas de 5.388 individuos en edades entre veinticinco y sesenta años.

El análisis de la distribución por edades muestra en otros países un incremento de prevalencia desde edades más jóvenes (25-34 años) desde un 5,3 por 100 a un 20,3 por 100 en los individuos cuya edad oscila entre los cincuenta y los sesenta años.

Este estudio, el primero válido en nuestro país, muestra además un predominio de la obesidad en el sudeste de España. En la fecha de este escrito no disponemos de datos homologados que se hayan publicado sobre la tendencia (progreso y estabilización o retroceso) observable de la obesidad en España. Es probable que así sea.

Obviamente, la obesidad es un problema global de la Salud pública y su carácter crónico («se puede controlar, rara vez se cura») demanda estrategias precisas y enérgicas de prevención primaria. Y esto por la elevada morbilidad y mortalidad que conlleva la obesidad, paralela a su duración y grado de severidad (fig. 14.2). Estudios ya clásicos muestran que la tasa de mortalidad aumenta agudamente cuando el índice de masa corporal sobrepasa el punto crítico de 27 kg/m^2, y dibujando una curva en J alcanza su máximo en cifras superiores a 40 kg/m^2. Un minucioso estudio americano, prospectivo, muy reciente (1999), incluyendo más de un millón de individuos (45 por 100 varones, 55 por 100 mujeres), confirmó, entre otras conclusiones importantes, un riesgo mayor de muerte en grados severos de sobrepeso con un incremento

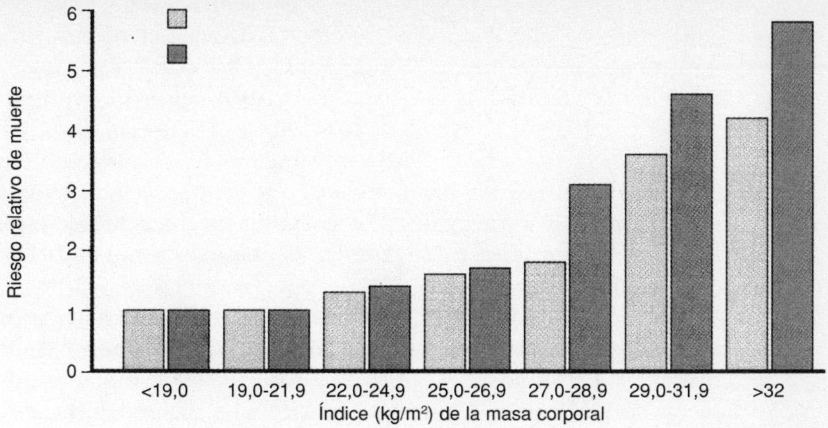

Fig. 14.2—Correlación entre riesgo relativo de muerte y grado de obesidad

gradual, constante a partir de estadios más leves (IMC 28-29). Este estudio aporta el hallazgo intrigante de que el riesgo de muerte fue mayor en individuos con obesidad sin antecedentes de enfermedad alguna y que jamás fumaron. En cuanto a diferencias étnicas, según este estudio, la obesidad resulta ser menos peligrosa para los afroamericanos que para los de raza blanca. Datos estos que contrastan con otros muchos ya publicados.

La obesidad, como han demostrado otros estudios observacionales y prospectivos, típicamente el Framingham, es factor independiente de riesgo cardiovascular, tanto en adultos como en niños. La importancia del sobrepeso en la infancia se demostró en un reciente estudio, en el que unos tres mil individuos fueron seguidos durante cincuenta y siete años, con la clara demostración de que aquellos sujetos cuyo IMC en la infancia se situaba en el percentil 75 de la población infantil a la que pertenecieron mostraron un riesgo de cardiopatía isquémica dos veces mayor que aquellos situados en niveles inferiores de índice de masa corporal. El impacto de la obesidad es a la vez directo e indirecto. Directamente, la obesidad (según su grado de severidad y duración) en adultos favorece el desarrollo de hipertrofia ventricular izquierda, una alteración de mala significación pronóstica. Quizá también de modo directo la obesidad provoca un aumento del caudal circulante, con mayor volumen de expulsión cardiaca, retención del sodio y agua en el tubo renal, que puede contribuir al desarrollo de hipertensión arterial, una enfermedad que acompaña (comorbidad es el término técnico) frecuentemente al aumento de la grasa corporal. Así mismo, ciertas alteraciones eléctricas en el corazón, tales como la prolongación del espacio QT, son efecto de la obesidad y explican la relativa frecuencia de muerte súbita de individuos muy obesos. Indirectamente, la obesidad contribuye a aumentar el riesgo cardiovascular por su frecuente asociación con su asidua compañera la DM tipo 2 y con otras enfermedades metabólicas tales como la dislipidemia (aumento de triglicéridos), de ciertas partículas «pequeñas y densas» de la fracción LDL-colesterol o colesterol «malo», descenso del componente HDL o colesterol «bueno», de la hipertensión arterial, de ciertos trastornos de la coagulación y fibrinólisis (incremento del factor inhibidor PAI-1), de aumento de segregación plaqueteriana, que contribuye a acelerar la aterogénesis y la trombosis intravascular. La coexistencia frecuente de estos síndromes de alto riesgo cardiovascular, tanto en la obesidad como en la DM tipo 2, no es un fenómeno trivial.

Actualmente, la visión patogénica de estas asociaciones se resume en el concepto moderno de síndrome metabólico con insulinorresistencia y alto riesgo cardiovascular. La tétrada básica de ese síndrome está compuesta por: obesidad visceral, la DM tipo 2 e hipertensión arterial y dislipidemia. Estudios sucesivos han añadido (y seguirán añadiendo) componentes metabólicos, hemorreológicos, inflamatorios o de otra índole. Este síndrome metabólico está en continuo crecimiento, en el que sus distintivos componentes están vinculados, más o menos directamente, por un rasgo fisiopatológico común: síndrome (pluri)metabólico, definido por la resistencia de los tejidos muscular y adiposo y el hígado a la acción de la insulina. Por eso este síndrome es sinónimo de insulinorresistencia. Una molécula nueva, aislada del tejido adiposo (rata, humanos) denominada Resistencia puede ser el vínculo más sólido entre Obesidad y DM tipo 2 en el Síndrome de Resistencia a la Insulina.

Diabetes mellitus tipo 2 y obesidad: retos para el siglo XXI de una pandemia. La prevención es prioritaria

Concluyamos este capítulo con una síntesis de las recomendaciones de la Organización Mundial de la Salud respecto a la obesidad y la de los más destacados grupos de expertos sobre la DM tipo II. Respecto a la obesidad, la premisa indispensable es aceptar que la prevención no es solo la responsabilidad del individuo, sino que requiere una profunda concienciación de la sociedad para afrontar la obesidad no como una preocupación por la estética personal, sino como una amenaza crónica a la salud personal y colectiva. En España, si juzgamos por los resultados del estudio *Delphi,* esta falta de conciencia social ante estos problemas es mínima, con un gasto enorme en supuestos (fraudulentos) remedios frente a la ganancia de peso. Debe añadirse que la prevención debe ser prioritariamente primaria (antes que el sobrepeso ocurra) y precoz con los individuos de riesgo (p. ej., con historia familiar de obesidad positiva) por la familia, por los educadores y, por supuesto, por la política sanitaria dentro de los Programás Nacionales de Salud. Las bases de la prevención primaria se sostienen en la educación permanente sobre hábitos saludables de vida, la instrucción sobre nutrición y alimentación desde el *Kin-*

dergarten, la promoción de actividad física razonable sobre principios fisiopatológicos, y la eliminación o reducción de hábitos sedentarios, del consumo excesivo de alcohol y tabaco. Obviamente, la obesidad, según dice literalmente el informe de la OMS, «no puede ser prevenida ni tratada a nivel individual, sino que comunidades, gobiernos, medios de comunicación y desde luego la industria de la alimentación tienen necesariamente que unir esfuerzos para modificar el ambiente de modo que este propicie con más dificultad para la ganancia de peso, o dicho con otras palabras, obstruya la emergencia del genotipo ahorrador».

Finalmente, cualquier estrategia de prevención de la obesidad y sus comorbidades, sea primaria, secundaria o terciaria, siempre es para toda la vida, ya que la obesidad es una enfermedad crónica, con profundas raíces tanto en el genoma del individuo como en los propios determinantes familiares, sociales y culturales que le rodean. Los objetivos deben además ser realistas, pues la obesidad puede controlarse y el exceso de peso revertirse al ideal (rarísima vez) o a niveles de poco riesgo para la salud del individuo, pero difícilmente puede curarse.

Consideraciones similares merece la diabetes tipo 2. Está universalmente admitido que este tipo de síndrome diabético, uno de los más prevalentes de las enfermedades crónicas, puede prevenirse con eficacia en el individuo y las poblaciones. Es esencial para establecer la prevención primaria, la más urgente ante la pandemia que ya existe, identificar individuos y poblaciones amenazadas de un riesgo de desarrollar la enfermedad superior al esperado por azar. Recientemente, un comité de expertos en Estados Unidos de la Sociedad Americana de Diabetes *(American Diabetes Association,* o ADA) ha superado algunas pistas para identificar situaciones con gran riesgo según concurran en individuos o poblaciones algunas de estas circunstancias: edad superior a cuarenta y cinco años, obesidad, intolerancia a la glucosa o antecedente de diabetes gestacional, familiares de primer grado con diagnóstico de algún tipo de diabetes (1, 2), pertenecer a grupos étnicos en los que la DM tipo 2 sea muy frecuente, como afroamericanos, polinesios o mexicano-americanos. La estrategia de prevención (de cualquier tipo) tiene como objetivos primordiales no solo la detección precoz de la hiperglucemia y su pronta corrección, sino además disminuir el impacto de la elevada morbilidad y mortalidad que amenaza a las personas con DM tipo 2. Una vez identificados los individuos y poblaciones de alto riesgo, las estrategias de intervención primaria, las más inmediatas y exigibles en el Sistema Nacional de Salud, se establecen sobre dos pilares: *a)* no farmacológicas: dieta, ejercicio, educación y modificación de otros aspectos del estilo de vida; *b)* farmacológicas. Los estudios de intervención no farmacológica son aún escasos pero prometedores. Es famoso el estudio *Daquing* en China, en el que una estricta aplicación (1986-1992) de consejos dietéticos y ejercicio programado en 530 sujetos logró una reducción importante (30 por 100) de la transición desde la intolerancia a la glucosa a la DM. Más interesante aún: la incidencia de diabetes tipo 2 comparada con un grupo central que continuó con su estilo de vida habitual fue mucho menor en aquellos que siguieron dieta o ejercicio o, mejor aún, una rigurosa combinación de ambos. Otros incipientes estudios en Estados Unidos *(Type 2 Diabetes Prospective Intervention Study)* y en Europa *(Suecia multicéntrico, Finlandia)* demuestran que la prevención primaria de la diabetes tipo 2 es una realidad práctica indiscutible e imprescindible. Uno de los más respetados expertos en diabetes, el profesor H. Keen, del Reino Unido, ha propuesto con ciencia e ingenio una representación gráfica de los puntos de ataque de toda estrategia primaria y posprimaria de prevención de la diabetes mellitus tipo 2 y por extensión también de la obesidad y del síndrome metabólico. Esa visión de las posibles estrategias las condensa H. Keen en su lema «El árbol de la prevención». Según esta concepción, siempre deben atacarse las raíces (p. ej., evitar la expresión de los genes de susceptibilidad), modificar las circunstancias ambientales (dieta, estilo de vida, estrés) y cortar las ramas ya visibles de las comorbidades o buscarlas entre el follaje del árbol si están ocultas, es decir, rastrear entre los individuos/poblaciones de alto riesgo los que exhiben indicios de aquellas.

Quizá pudiéramos concluir esta revisión «a vista de pájaro» de los cambios sufridos por las enfermedades infecciosas y el reto para la salud de las modernas epidemias de enfermedades de la civilización, crónicas y no transmisibles por microbios, con una síntesis de las reflexiones de la directora general de la OMS en su mensaje de 1999: «El mundo entra en el siglo XXI con esperanza pero con incertidumbre. Se han hecho notables progresos en la salud, el crecimiento económico ha sido rápido y el espectacular avance científico en el siglo XX no tiene precedentes, lo que nos puede conducir a una nueva era de progreso humano. Pero hay legados [del siglo XX] más oscuros que traen incertidumbre a esta visión [...] los conflictos regionales que han reemplazado a las guerras globales como fuente de continuo sufrimiento. Demasiada prevalencia de la pobreza [...] Pero podemos hacer una diferencia y todos los que comprometemos nuestras vidas por mejorar la SALUD podemos hacer que la esperanza predomine sobre la inseguridad en el siglo que viene».

Argumentos científicos y recursos humanos no faltan para que el progreso alcanzado en el siglo XX encuentre su oportunidad de desarrollo en el próximo.

PARTE V

EL MUNDO DE LEONARDO

15
Biotecnología

Ángel Martín Municio

Introducción

Las lenguas están invadidas en la actualidad por vocablos de nuevo cuño, acusados en ocasiones de los conflictos de nuestro tiempo y de las disputas entre la ciencia y la sociedad. Es este el caso con que, a veces, se pretende desmerecer nuestra época calificándola de *tecnológica;* como si la *tecnología* fuera un suceso reciente o moderno y no, tal como ha sucedido, un proceso vinculado a la propia especie humana y a su cultura.

Cuando el motivo, la *tecnología,* se modula con ese prefijo compositivo que denota pertenencia o relación con los seres vivos, la resultante *biotecnología* es algo más que un simple instrumento vinculado al progreso del hombre; supone también un testimonio de la cultura capaz de influir sobre las relaciones del hombre con su ambiente. Y participa, incluso, del conocimiento y diseño de la evolución, tanto de la propia evolución biológica del hombre como de su evolución cultural. Cultura, pues, como factor predominante en la selección natural de las sociedades humanas durante cientos de miles de años, hasta el punto de haberse concitado la coevolución de la cultura y el cerebro humanos. Más aún, como las células y los organismos individuales, las sociedades son también fenómenos emergentes y el comportamiento social bien pudiera ser resultante de la evolución de ciertas cualidades humanas por selección natural.

Ante todo, el hombre es un ser *cultural,* y si la *biotecnología* fue ya, en verdad, un fenómeno de la mismísima Edad de Piedra, no ha de resultar extraño que exista una *tradición intelectual,* huella que ha dejado este proceso por el que el hombre ha llegado a incorporarse al estudio y al control de su propia evolución. *Tradición intelectual* que ha ido guiando la trayectoria en que se ha movido la empresa biológica. Poseedora la biología del carácter eminentemente histórico de sus problemas, cualquier aspecto del comportamiento de los organismos tendrá que ver con el origen o la evolución de las especies.

Tampoco cabe la menor duda de que, a través de los siglos, la humanidad ha exhibido una sensibilidad distinta frente a este proceso que culmina en los tiempos más recientes con la asimilación del avance de la ciencia al progreso social y con el ejercicio de la ciencia como grupo de actividad. Por ello, la ciencia y su expresión de lo útil, la *tecnología,* han sido inseparables del desarrollo social, aunque no hayan caminado siempre en paralelo.

El alcance y la trascendencia de un simple prefijo, el *bio,* permiten asimilarlo no a la simple catalogación, más o menos exhaustiva, de los ingredientes de las ciencias de la vida; más bien al largo hilván de experimentos y de sus interpretaciones críticas, que ha sido la guía de la costura intelectual en la que se han ido encajando la adecuación empírica de las teorías biológicas y su contenido político e ideológico, relativos a la matriz social en que está embebida la ciencia. Este estilo analítico histórico de la biología y su designio tecnológico tienen reflejo en el *Elogio de la Técnica,* de García Bacca, cuando asegura: «... el olfato de los historiadores y filólogos crece ahora retrospectivamente con los años, de romo que fue por casi cuatro mil, casi hasta mitades del siglo XIX... Cuando por siglos y siglos se cree que bastan al mundo unos seis u ocho mil años para llegar a su estado actual, desde la creación, y que con pocas potencias de tatarabuelo empalma uno de nosotros con el hombre primero...». Si, en efecto, desde cientos de miles de años antes, la sucesión de las *culturas* humanas se refiere a sus logros tecnológicos, y si el hombre del Paleolítico Superior fue capaz de transformar la materia y darla expresiones rituales, y de pintar sobre las rocas la recolección de la miel, no resulta extraño que el *néctar de los dioses* fuera el primer producto biotecnológico de la humanidad.

Si los primeros hombres se encontraron con la necesidad de afrontar las exigencias de la alimentación, la protección frente a la intemperie y la defensa de otras especies animales, no cuesta trabajo hacerse cargo de la gran transformación que hubo de suponer la primera revolución, la *revolución cultural del Neolítico,* con la domesticación de los animales, el paso de la simple recolección a la producción agrícola y el aposentamiento estable y sedentario de pequeñas poblaciones en el territorio. Estos cambios, hace diez o doce mil años, forzaron las artes culinarias, multiplicaron los instrumentos destinados a la transformación y conservación de los alimentos, y se vincularon a diversas prácticas biotecnológicas. Más cercanas, las grandes civilizaciones de la Antigüedad, aún varios milenios antes de Cristo, dejaron documentos, pinturas, tradiciones y mitos acerca de las *fermentaciones* utilizadas en la obtención del pan, el vino y la cerveza. Los más famosos colorantes del Antiguo Testamento, *tekhelet, argamán* y *tola'at-shani* —según el texto hebreo de las Escrituras—, fueron de origen animal y, utilizados en la tinción de las lanas, alcanzaron durante siglos gran importancia en la economía y el comercio. En la Grecia clásica, todo aparecía entreverado de filosofía y, desde los presocráticos a los atomistas, pocos fenómenos dieron tanto que pensar a los filósofos como el de las transformaciones de la fermentación, en la que buscaron con ahínco la *sustancia primaria*. Desde estas centurias precristianas, los constituyentes de la materia viva van a ser biológicos antes que químicos, aunque, transcurridos los siglos, habrá de ser su química la que tome la primacía para, luego, condescender de nuevo ante el mayor significado de su función.

En el comienzo de este camino, el tratado de la antigüedad hipocrática *De prisca medicina,* la *Materia médica* de Dioscórides, y la *Historia Natural* de Plinio, describieron la tecnología de numerosos productos. *Bioalquimia* que continuó a través de la influencia galénica y de la ciencia árabe de Budakar y Avicena, que llevaron a cabo la primera integración de la Química y la Medicina. Poco más dio de sí, y es bien sabido, la Edad Media en estos campos de la ciencia a no ser su dura lucha por desasirse del lastre filosófico de la Antigüedad. Frente a tanto feudalismo y a tan exagerado temor de Dios, la Medicina bregó para independizarse de la tradición galénica y la Química para lograr su reconocimiento cultural. Aún en agujas del Renacimiento, el papa Juan XXII condenó la alquimia, a los doce siglos de que Diocleciano ordenara quemar todos los libros sobre ella. La ciencia ilustrada gana la ramificación independiente de la Fisiología, descubre numerosos compuestos de importancia biológica y asiste a la legislación de la Química.

Tras la revolución neolítica no hubo otro cambio de pendiente en la actitud cultural de la humanidad como el que consiguió la *revolución científica* que llevó a cabo Lavoisier. La interpretación de la combustión, la respiración y la producción de calor, basada en la nueva teoría del oxígeno, trastocó el pensamiento científico, que urgió el inmediato desarrollo de la Química y la Biología. A la vez, las *fermentaciones,* cuyos entresijos tanto habían desesperado a la humanidad, pudieron esclarecerse en su naturaleza biológica y sus transformaciones químicas. El gran debate sobre la naturaleza química de las transformaciones estuvo siempre en el trasfondo que engarzó la Ilustración con la Revolución Industrial del siglo XIX y, sobre todo, tuvo en Pasteur el soporte biológico en que sustentar la pasarela que Lavoisier había lanzado un siglo antes. De esta manera, ya pudieron circular con liberalidad y asimilarse las ideas y los métodos que dieron origen a los nuevos paradigmas químico-biológicos; y entre sus logros inmediatos, la esfumación de las filosofías vitalistas y el espectacular desarrollo que ha supuesto la *bioquímica* en la historia del conocimiento.

Rasgos históricos

La historia de la *biotecnología* puede dividirse en tres grandes etapas: la *primera,* de veintitantos siglos, desde los orígenes de la cultura del hombre hasta el siglo XVIII; la *segunda,* desde los comienzos de la *revolución científica* hasta la maduración de la Bioquímica y la aparición de la Biología Molecular; y la *tercera,* que ocupa las tres o cuatro últimas décadas del siglo XX.

La *biotecnología* de la primera mitad de nuestro siglo se fundamenta, sobre todo, en las propiedades de las enzimas y persigue, principalmente, mejorar las cualidades de los alimentos. Comienzan a aparecer desviaciones de la idea que la propia ortodoxia semántica impone: el nacer bajo el significado de lo *bio*lógico y proyectarse hacia una necesidad social bajo la forma de una *tecnología*. Adquieren importancia los *factores económicos* y el análisis riesgo-beneficio da pie a decisiones políticas no siempre vinculadas a las cuestiones científicas; los problemas sociales —de la salud y del ambiente, de modo principal— buscan soluciones en *biotecnologías específicas*. Y pasado el ecuador del presente siglo, la Bioquímica pudo ofrecer a la Biología y a la Química la tupida red del metabolismo, la especificidad enzimática y su localización celular. Sin embargo, el flujo de todas estas transformaciones adquiere para algunos el signo de lo vulgar e intrascendente; y agotadas prácticamente todas sus posibilidades de creación de nuevos paradigmas, una tendencia científica criticó la manera semidescriptiva de los tratamientos biológicos por la Bioquímica, afincada casi de modo exclusivo en el estudio del metabolismo. Así nació la Biología Molecular como una forma reduccionista de la Física a la Biología y bajo una triple concepción elitista: de los *métodos,* de los *fenómenos estudiados* e, incluso, de los *científicos* en ella implicados. Idea restrictiva que condujo al empleo de las técnicas físicas, sobre todo la *difracción de rayos X* y los *métodos espectroscópicos* de todo tipo a la dilucidación de las estructuras químicas de importancia biológica. Idea pronto ensanchada a la interpretación molecular de fenómenos biológicos de la importancia, por ejemplo, de la herencia, de la expresión y regulación génicas, de las interacciones moleculares como base de la comunicación ligando-célula y célula-célula, de la malignidad, etc. Y, como cualquier tendencia en el arte o la literatura, la Biología Molecular estricta perdió su novedad al cabo de algunas décadas, desapareció el aislamiento de su autonomía, y en esa secuencia recurrente, tan habitual en la historia del conocimiento, se vuelve a reunir con métodos e ideas de la biología vecina logrando más extensión y mayor realismo; con los métodos y los conceptos solapantes de los nuevos campos de la Biología Celular, la Genética, la Microbiología, la Virología y la Inmunología. Y fruto de esta nueva ciencia biológica unificada, colmatada de saberes, ha sido la *tercera revolución;* y, dentro de ella, la tecnología del DNA-recombinante representa un cambio en las perspectivas de la humanidad. Estos campos del conocimiento y su conexión con la *biotecnología moderna* aparecen en la figura 15.1. Las múltiples variantes de esa *biotecnología* son hoy la *fabricación bacteriana* de proteínas del hombre, la *ingeniería de proteínas,* el conocimiento y las aplicaciones del *genoma del hombre* y de otros seres vivos, la *farmacología de los medicamentos antisentido,* los *medios de diagnóstico,* las *especies transgénicas* y su gran variedad de aplicaciones, las *vacunas*, los *animales clonados,* los *embriones manipulados,* la *fitorremediación* ambiental, las *plantas clonadas* al abrigo de infecciones, de rápido cultivo, en una tierra artificial, un sol ficticio y un clima a la medida. Y entre sus variaciones, la *bio*energía, el *bio*gás, la *bio*masa,

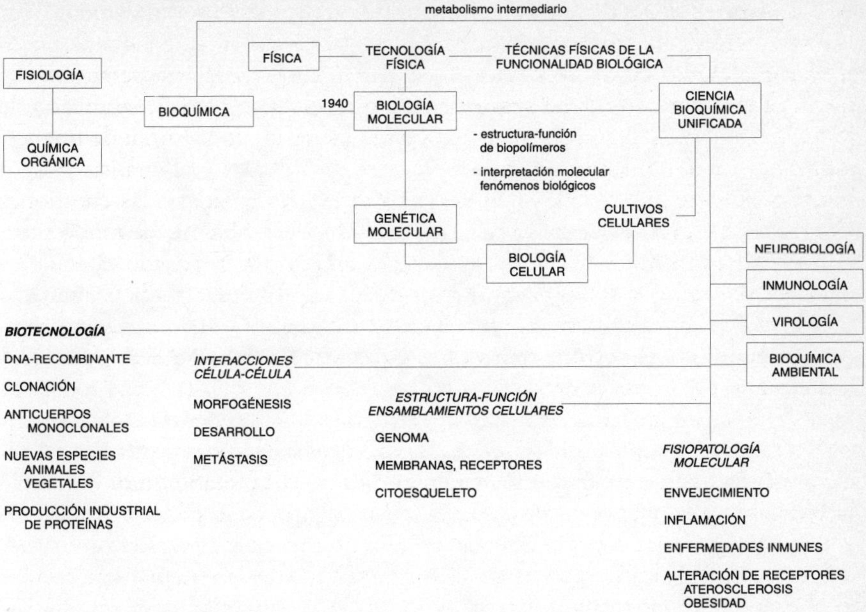

Fig. 15.1—Campos del conocimiento relacionados con la *biotecnología moderna*

los *bio*chips, los *bio*sensores, etc. Ni que decir tiene que todos estos campos no han hecho casi más que iniciarse y que se verán potenciados —y nacerán, sin duda, otros nuevos— a lo largo del siglo XXI.

BASES CIENTÍFICAS DE LA MODERNA BIOTECNOLOGÍA

La moderna biotecnología tiene sus raíces en el conocimiento científico de la *estructura* y *función de los biopolímeros,* proteínas y ácidos nucleicos. Los ácidos nucleicos responden a dos tipos de estructuras: *desoxirribonucleicos* (DNA), la secuencia de cuyos nucleótidos es responsable del almacenamiento de la información en los genes; y las distintas clases de *ribonucleicos* (mRNA, tRNA y rRNA) participantes en variadas etapas de la expresión génica conducente a la gran especificidad de las proteínas (fig. 15.2), expresada a través de sus diferentes niveles estructurales y la gran variedad de sus distintas funciones. El progresivo conocimiento de estas estructuras está dando lugar a las posibilidades de su modificación y, por lo tanto, de la repercusión correspondiente sobre su actividad biológica; nuevo campo de conocimiento designado como *proteómica.*

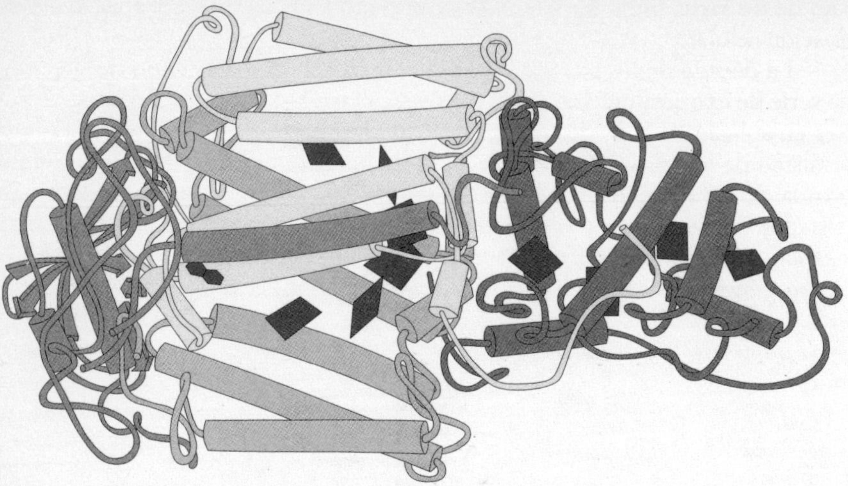

Fig. 15.2—Estructura terciaria de una proteína

El conocimiento de la *expresión génica* tuvo su punto crucial en el modelo de la *doble hélice,* propuesto en 1953 por Watson y Crick, y cuyo esquema aparece en la figura 15.3. A partir de este momento y durante las dos décadas siguientes se han producido una serie de avances científicos, entre otros:

- Se descifra el *código genético.*
- Se describe con gran detalle la maquinaria celular y los procesos bioquímicos implicados en la *replicación del DNA* y en la *biosíntesis de proteínas.*
- Se desarrolla un modelo que interpreta la *regulación de la biosíntesis de proteínas* en bacterias.
- Se descubren las *enzimas de restricción,* con una función protectora frente a la inserción de DNA extraños por virus.
- El DNA viral se replica en el laboratorio.
- El *operón lactosa* de *Escherichia coli* se aísla y caracteriza.
- Se logra por primera vez la *síntesis química de un gen.*
- La conjunción de procedimientos químicos y enzimáticos permite conocer la estructura primaria —la *secuencia*— de las proteínas.
- Se descubre la reacción enzimática de la *transcriptasa inversa* que invierte el sentido de la *transcripción* (DNA⇒ RNA).

Con estos antecedentes se encaró la década de los setenta, y en ella se dirigió la atención hacia la *diferenciación celular* y el *desarrollo,* como mecanismos dependientes de la regulación de la expresión del DNA, y hacia el estudio de los virus tumorales animales como modelos de estudio de la transformación celular.

La década de los setenta encaró también con el sentimiento de que toda la serie de extraordinarios avances teóricos no se había traducido hasta entonces en aplicaciones de cierto interés. Y fue, sin duda, de la conjunción del optimismo de los científicos, la inquietud de los empresarios y la extraordinaria ayuda de las Agencias de Promoción de la Investigación, sobre todo en los Estados Unidos de América, de donde surgió un objetivo global común: *la inserción en una célula de fragmentos de DNA de otra procedencia.* Con este objetivo, centenares de publicaciones, en la transición de la década de los sesen-

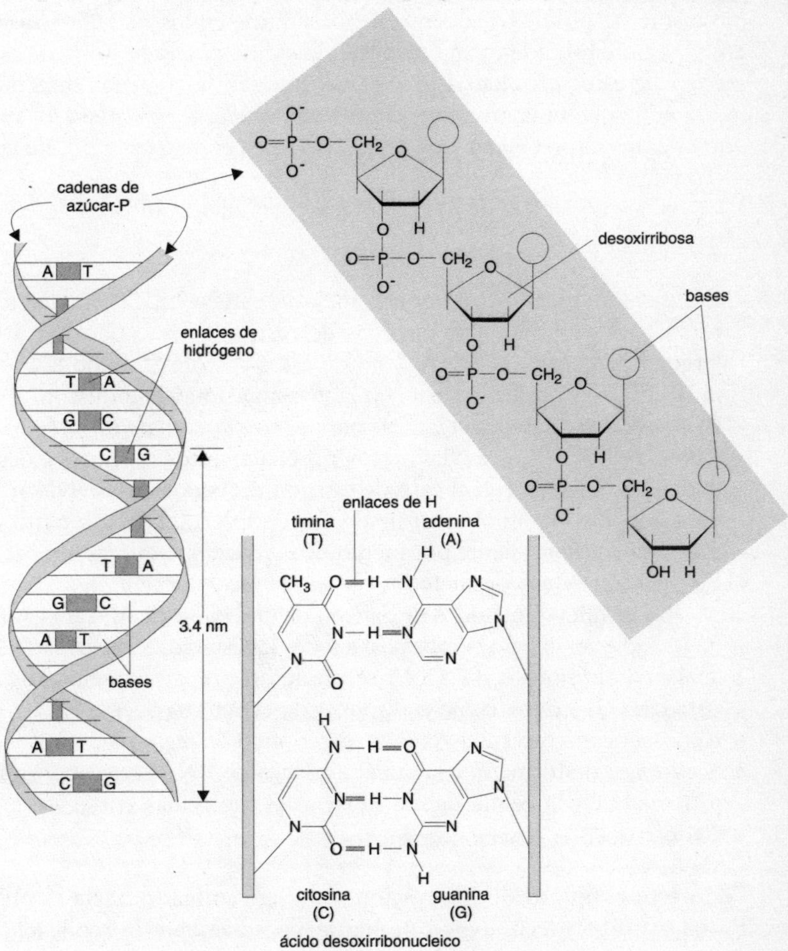

Fig. 15.3—Modelo de la doble hélice del DNA

ta a la de los setenta, van desarrollando las técnicas que permiten la *escisión específica* del DNA y la reunión de sus fragmentos; la *unión* de estas piezas a portadores tales como virus y plásmidos; y la *inserción del DNA exógeno* a células vivas. De la reunión de todas estas piezas y métodos iba a resultar lo que habría de conocerse como *tecnología del DNA recombinante,* cuyos fines fueron a la vez, desde sus mismísimos comienzos, científicos y prácticos. Dualidad que iba a caracterizar todo el ulterior desarrollo de estos procedimientos.

En la década de los setenta, la comunidad científica admitía sin duda alguna que *la reestructuración del genoma bacteriano mediante la inserción de genes extraños podría servir para la fabricación comercial de sustancias valiosas del tipo de la insulina, la hormona de crecimiento y el interferón. Aunque se admitía también que estos beneficios podrían ir acompañados de algún coste social.* Y como respuesta política a la controversia surgida en los Estados Unidos, se creó en la National Academy of Sciences, presidida por Paul Berg, una comisión asesora de estos problemas. A los pocos meses, la comisión hizo pública su opinión en la que mostraba los peligros *potenciales* o *especulativos,* superados fuertemente por los beneficios, y apostaba por el *carácter social* de la nueva tecnología.

Todavía, en la década de los setenta, se produjeron incontables avances científicos, entre otros:

- El *diseño de nuevos vectores* con mejores características en cuanto a su replicación, escisión por enzimas de restricción y capacidad de unir largos fragmentos de DNA. Uno de estos vectores ha sido el *pBR322,* muy utilizado posteriormente en la investigación y la industria.
- El desarrollo de nuevas técnicas para el *aislamiento de fragmentos específicos de DNA.* Entre ellas: *a)* los procedimientos de síntesis desarrollados por Khorana en el caso de estructuras conocidas de DNA; *b)* los métodos que logran obtener una copia de DNA (cDNA) a partir de su mRNA correspondiente por medio de la *transcriptasa inversa.*
- La puesta a punto de métodos fáciles de *secuenciación de la cadena de DNA.* Los nuevos métodos de Sanger, de un lado, y de Maxam y Gilbert, de otro, dieron un giro excepcional a todos los estudios. Con los métodos de análisis y de síntesis del DNA se pudieron preparar fragmentos aptos para fines concretos, como el disponer de extremos cohesivos.
- El descubrimiento en el genoma eucariótico de *regiones no codificantes* o *intrones,* de forma que la molécula larga de RNA sería ulteriormente procesada en la célula dando lugar a las moléculas cortas de mRNA traducibles.

Todo este conjunto de innovaciones iba encaminado hacia el objetivo primordial científico-tecnológico de lograr no solamente la replicación del DNA exógeno en el seno de las bacterias, sino asimismo la síntesis de proteínas específicas. Y en 1977 se cumplió este objetivo por Boyer e Itakura, al lograr la primera *síntesis bacteriana de una proteína humana*: la *somatostatina*. El gen utilizado fue obtenido por síntesis. El plásmido vector contenía una porción del gen estructural codificador de la β-galactosidasa, seguido por el gen de la somatostatina. Obviamente, el producto de la expresión era una proteína resultante de la fusión de la somatostatina y β-galactosidasa, que hubieron de separarse posteriormente.

Toda una serie de hechos experimentales condujo, a finales de los setenta, a la expresión en bacterias de toda una variedad de genes animales entre los que se encontraban los de la hormona de crecimiento, insulina e interferón. Por otro lado, los años 1979-1980 constituyeron un punto de inflexión de la aceptación política de las nuevas tecnologías biológicas. La promoción de la *innovación tecnológica* en su colaboración con las universidades y el sector privado se concretó en las ayudas de la National Science Foundation, y en la promulgación de dos importantes incentivos legales —*The Patent and Trademark Amendment Act,* de 1980, y *The Economic Recovery Tax Act,* de 1981— en los que se concedían a las universidades los derechos de patentes logrados con ayudas oficiales, y a la investigación cooperativa entre las universidades y la industria privada, una serie de beneficios fiscales.

Así las cosas, no era de extrañar la reacción de la comunidad científica y la plétora de hallazgos que había de caracterizar, con mayor potencia si cabe, la década de los ochenta.

En efecto, en dicha década, la *biotecnología* perfila sus actitudes en dirección a nuestros días. Las dificultades científico-tecnológicas van a encontrar salida, de un lado, en la colección de variantes que suponen tanto la *diversificación de la biotecnología vegetal* como la obtención de *reactivos biomédicos,* de los que fueron buen ejemplo los anticuerpos monoclonales. De otro lado, se intensifican los intereses comerciales, y la investigación de mercados calcula que, para el año 2000, la venta de sustancias obtenidas por síntesis bacteriana alcanzará los 40.000 millones de dólares.

La biotecnología moderna

La *biotecnología* ha sido definida por la OCDE en 1982 como *la aplicación de los principios científicos y técnicos al tratamiento de materiales por agentes biológicos con el fin de obtener bienes y servicios.* Aparte de los múltiples factores basados en la ciencia y la técnica, la biotecnología aparece rodeada de un entorno de otros diferentes problemas de orden económico, legal y de seguridad, así como de actitudes políticas y sociales.

Los *agentes biológicos* a los que se refiere la definición son principalmente microorganismos, células animales y vegetales, y preparaciones de enzimas. Los *bienes* y *servicios* son productos de las industrias de alimentación y bebidas, y de los sectores médicos y farmacéuticos. Así, la *biotecnología* incluye todos los procedimientos para la transformación de materias primas renovables y aquellos otros de producción por medio de microorganismos, cultivos de células animales o vegetales, o sus distintos componentes, en numerosas sustancias útiles para la humanidad.

Los avances llevados a cabo en los campos de la Bioquímica, la Biología Molecular, la Genética y el metabolismo bacteriano han contribuido al desarrollo de los diferentes campos de la *biotecnología,* entre los que cabe destacar la *tecnología del DNA-recombinante* (fig. 15.4). Esta técnica se añade a las clásicas de reproducción convencional por hibridación y cruzamiento intra- e interespecífico, y puede dar lugar a microorganismos, animales y vegetales transgénicos, con nuevos genes que controlan la producción de sustancias útiles o de nuevas características deseables.

La *tecnología del DNA-recombinante,* componente fundamental de la *ingeniería génica,* puede modificar el patrimonio genético de un organismo, el hombre incluido, mediante transferencia de genes aislados o creando secuencias artificiales de información genética, con lo que se consigue *añadir nuevas propiedades* o *cambiar las existentes* de una simple célula o de un organismo superior. Otros ingredientes importantes de la biotecnología moderna se refieren a las nuevas técnicas de las *fermentaciones* y de la *producción industrial de células y de productos de su metabolismo;* a la modificación de la *estructura* y, por lo tanto, de la *función* de las proteínas, incluidos los anticuerpos; a la obtención de los *hibridomas,* productos de la fusión de dos tipos de células —una del tipo de los linfocitos B productores de anticuerpos, y otra del tipo de las células de mieloma en perpetua reproducción— que originan anticuerpos frente a un único tipo de antígenos, los llamados *anticuerpos monoclonales,* de tanta aplicación diagnóstica y terapéutica; y al bloqueo de la *síntesis de proteínas* en alguna de sus etapas.

Esta *tecnología del DNA-recombinante* ha ido solamente unos años detrás de los avances científicos que ha ido suministrando la Biología Molecular, de un lado, en cuanto a las *estructuras de las proteínas* y los *ácidos nucleicos,* y, de otro, en cuanto a su participación en los mecanismos de la *expresión génica,* fundamento de la transmisión de los caracteres hereditarios. Una simple célula o un organismo superior transmite sus propios caracteres a su descendencia debido a que posee una información transmisible soportada molecularmente por la estructura en doble hélice del DNA y, en particular, por la ordenación de sus unidades. Un *gen* no es sino una unidad de información, cuyo conjunto se agrupa en los cromosomas, de número y forma fijos para cada especie. Esta *información* contenida en el DNA se *transcribe* primero en el RNA mensajero que después se *traduce* en la ordenación de los aminoácidos en la estructura de las *proteínas.* El conjunto de ambos procesos —*transcripción* y *traducción*— constituye la *expresión génica;* es decir, la manera con arreglo a la cual la información de los genes se utiliza para dirigir la estructura que otorga a las proteínas su especificidad a la vez que la enorme colección de sus funciones biológicas —*enzimas, anticuerpos, hormonas, receptores de membrana*, etc.—. Y puede suceder que cierta fun-

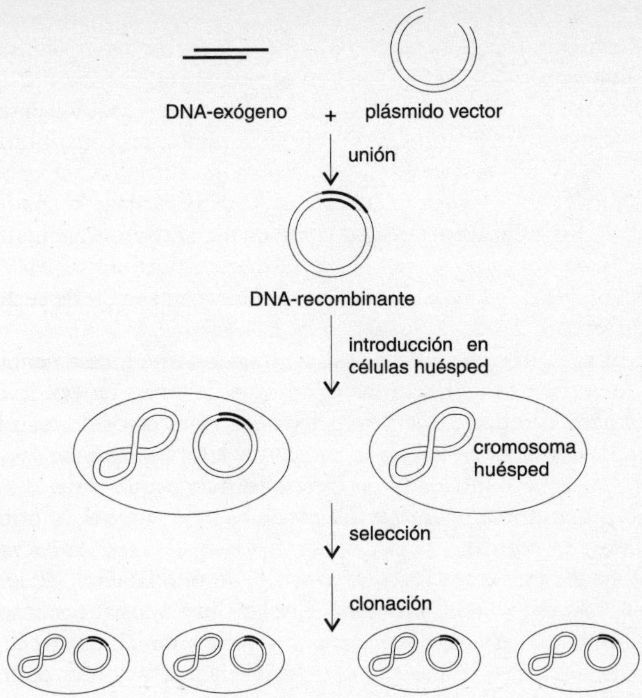

Fig. 15.4.—Esquema de la tecnología del DNA recombinante

ción de un ser vivo, el hombre incluido, en la *catálisis enzimática* o en la *defensa inmunitaria,* por ejemplo, esté disminuida o ausente, como consecuencia de la modificación o la ausencia del gen correspondiente. En este caso, mediante la *tecnología del DNA-recombinante,* se puede transferir el gen defectuoso o deficiente, fundamento del método terapéutico conocido como *terapia génica.* Tecnología que ha sido posible merced a las numerosas investigaciones fundamentales que han desarrollado los métodos de aislamiento y purificación de DNA, los métodos de análisis de su estructura, los procedimientos de troceado y engarce de los fragmentos resultantes, los vectores más aptos para su transporte —plásmidos, virus, fagos, liposomas, cromosomas artificiales humanos o de levadura.

Los últimos avances técnicos cuentan con la posibilidad del aumento notable de la cantidad de DNA, gracias a la *reacción en cadena de la polimerasa.* Lo que quiere decir que a partir de simples vestigios de células o tejidos pueden obtenerse cantidades de DNA suficientes para ulteriores experimentos de *ingeniería génica.* Todo este conjunto de técnicas no solo ha contribuido a un mejor conocimiento de la *expresión* y la *regulación* de los genes, sino que ha aportado numerosas aplicaciones en los sectores de la *medicina,* la *farmacia,* la *agricultura,* la *alimentación,* la *nutrición,* la *bioenergía,* el *ambiente* y la *conservación de la diversidad genética,* la *innovación tecnológica,* etc.

Aplicaciones iniciales de la biotecnología

La *tecnología del DNA-recombinante* ha permitido transferir a ciertas bacterias el gen propio de la *insulina* o de la *hormona de crecimiento* del hombre, y producir de forma industrial estas hormonas simultáneamente al crecimiento bacteriano. Las bacterias producen de esta manera una proteína prohibitiva para la especie, un producto ajeno por completo a su identidad. Otros ejemplos relacionados con la salud son la obtención de sustancias del tipo del *interferón* α —utilizado en ciertas formas de leucemia o de sarcoma de Kaposi—, del *activador tisular del plasminógeno* —de gran utilidad en el infarto agudo de miocardio—, del *factor VIII* —que reemplaza al factor natural carente en los pacientes hemofílicos—, o de una serie de *citoquinas* tales como la *interleuquina 2* o el *interferón* γ, relacionados con la estimulación del sistema inmunitario. Aparte de toda esta serie de moléculas terapéuticas, la biotecnología resulta en la actualidad de especial aplicación en los campos de la prevención y del diagnóstico clínico.

En abril de 1979 se presentó el primer protocolo clínico de *terapia génica* en la enfermedad conocida como β-talasemia. Hubieron, sin embargo, de transcurrir más de diez años para que, en septiembre de 1990, tras cumplir todos los requisitos establecidos, se llevase a cabo una transferencia génica a una niña de cuatro años carente del gen que codifica la *adenosina desaminasa,* una rara y grave enfermedad de inmunodeficiencia combinada, que obliga al paciente a vivir en el interior de una burbuja abiótica. A principios de 1991 se trató a otra niña de nueve años. A finales de la década se atienden en todo el mundo unos 250 pacientes con una docena de genes diferentes, utilizando 74 protocolos autorizados, tanto en el caso de enfermedades monogénicas del tipo de la *hemofilia,* como en casos de cáncer o de sida. Aunque la *terapia génica* va solucionando sus problemas, sobre todo lo relativo a la conducción del gen, y cada vez son más las enfermedades monogénicas tratadas —fibrosis cística, hemofilia A, β-talasemia, distrofia muscular de Duchenne, la ictiosis ligada al cromosoma X—, subsiste el gran reto frente a las enfermedades multigénicas, como las cardiovasculares, el cáncer, o las debidas a alteraciones neurológicas o psiquiátricas.

Entre las aplicaciones de la última década figuran las técnicas de *micropropagación in vitro* que contribuyen al acortamiento de los largos y costosos métodos de producción, crecimiento y evaluación de muchas especies vegetales; la propagación selectiva de muchas plantas ornamentales y el empleo de cultivos de células vegetales; la mejora de la resistencia a herbicidas, virus e insectos específicos. La *biotecnología animal* se aplica comercialmente a la diagnosis veterinaria, producción de vacunas y medicamentos; a la fertilización *in vitro,* a la administración de hormona de crecimiento para incrementar la producción láctea; a la obtención de animales transgénicos como modelos de enfermedades humanas. La *biotecnología* se ha aplicado comercialmente a la alimentación en los campos de la bioconversión del almidón en productos azucarados, la aromatización e intensificación de sabores, los tratamientos fermentativos de zumos y productos lácteos.

La utilización de las huellas de DNA con finalidades forenses, así como la determinación prenatal de genes relacionados con las enfermedades mentales o las degenerativas, presentan problemas técnicos, sociales y éticos de variada naturaleza.

En el tránsito hacia el siglo XXI, las líneas principales de actuación en biotecnología se recogen en la tabla 15.1.

TRATAMIENTOS ECONÓMICO-FINANCIEROS DE LA BIOTECNOLOGÍA

Con los objetivos iniciales cumplidos, la compañía Cetus iniciaba prácticamente en solitario su andadura biotecnológica, y, en 1975, en una campaña para captar inversores declaraba: «Cetus se propone fabricar proteínas en cantidades virtualmente ilimitadas, en fermentadores industriales... Nos proponemos crear una nueva industria, con el ambicioso objetivo de fabricar un vasto e importante espectro de nuevos productos utilizando microorganismos industriales». En aquel mismo año, Cohen era captado por Cetus como miembro de su consejo científico; y, al año siguiente, Herbert Boyer y el hombre de negocios Robert Swanson constituyeron la firma Genentech, destinada a la comercialización de las aplicaciones de la manipulación génica, con un capital propio inicial de mil dólares.

A finales de 1976, una serie de compañías multinacionales crean sus propios programas en dicha área; entre otras, Hoffmann-La Roche, Upjohn, Eli Lilly, Smith Kline, Merck y Miles. En los años 1977-1978 se crean diversas compañías para explotar los resultados científicos; entre ellas, Genex Corporation, en Maryland, que tuvo a David Jackson como presidente de su consejo científico, y Biogen, en Europa, con una mezcla de científicos —Kenneth Murray y Walter Gilbert, entre otros— y hombres de negocios como Dan Adams y Ray Schafer. A partir de estos momentos, toda una serie de corporaciones multinacionales comenzó a realizar inversiones en las compañías de ingeniería génica bajo planteamientos diversos. Uno de estos planteamientos fue el de las *inversiones de alto riesgo* por compañías cuyo fin primario era el obtener altas cotas de interés —superiores siempre al cien por cien—, debido al rápido crecimiento de nuevas industrias. Ejemplo de tales compañías fueron Kleiner & Perkins, Wilmington Securities e Inno Ven. Y, de este modo, la

Tabla 15.1

Líneas principales de actuación en biotecnología

PROTEÍNAS HUMANAS

— Anticuerpos monoclonales, citoquinas (interferones, factores estimulantes de colonias), enzimas (activador tisular de plasminógeno), hormonas (insulina, eritropoyetina, hormona de crecimiento), vacunas.
— Enzimas híbridas.

INGENIERÍA DE PROTEÍNAS. INGENIERÍA METABÓLICA Y DE TEJIDOS

— Proteína pancreática (GAD) responsable de la diabetes tipo 1.
— Metabolitos, aceites.
— Ingeniería de tejidos, biomateriales.

FARMACOLOGÍA, ENZIMOLOGÍA INDUSTRIAL, BANCOS DE CÉLULAS

— Vacunas, vacunas-DNA, terapia antisentido, triples hélices.
— Productos biofarmacéuticos. Biomasa. Alimentos fermentados.
— Cultivos de células vegetales y animales. Micropropagación *in vitro.*
— Células embrionarias totipotenciales.

MANIPULACIONES GÉNICAS

— Plantas transgénicas. Hemoglobina humana en tabaco. Arquitectura floral.
— Materiales vegetales industriales. Polímeros degradables.
— Animales transgénicos. Peces y aves transgénicos.
— Terapia génica. Terapia antitumoral. Reproducción asistida.
— Proteínas terapéuticas en mamíferos.
— Clonación.

BIOTECNOLOGÍA AMBIENTAL

— Fitorremediación de suelos. Bioabsorción de metales. Biodiversidad.

TÉCNICAS ESPECIALES

— Reactivos de diagnóstico. Diagnóstico génico con sondas-DNA. Biosensores.
— Cromosomas artificiales. Electroporación. Balística de genes. Liposomas.
— Fecundación *in vitro.* Tecnología «*terminator*».
— Biochips-DNA. Bioinformática.

BIOTECNOLOGÍA MILITAR

inversión en 1978 de 0,5 millones de dólares por Wilmington Securities en Genentech había producido en dos años alrededor del 1.600 por 100. A su vez, el interés de las compañías multinacionales en la ingeniería génica tenía como objetivo primordial el salvaguardar sus propios productos y mercados desde una posición de predominio; y desde esta posición, las compañías podían, a la vez, adquirir su propia experiencia y estar al tanto de los avances científicos a través de la conexión con centros universitarios. Así, por ejemplo, Eli Lilly contrató con la Universidad de California y con Genentech para preservar su dominio sobre ciertos productos concretos.

Los años 1979-1980 vieron en la política de los Estados Unidos —la única que, ciertamente, contaba en estos asuntos— una promoción de la innovación tecnológica y de los incentivos en la colaboración de las universidades con el sector privado. Así las cosas, la biotecnología jugó un importante papel en la reconversión tecnológica y en los esfuerzos de diversificación de la economía. En este sentido, el estado de Tejas ofreció interesantes ejemplos de reconversión tecnológica de las industrias del gas y el petróleo en otras de índole biotecnológica, del tipo de Cardiovascular Systems, Woodland Venture Partners, Houston Biotechnology Inc., Life Cell Corporation, etc.

En la época de los ochenta, los tratamientos económico-financieros se diversificaron con arreglo a los hechos siguientes:

- Las inversiones de las grandes compañías de *investigación universitaria* alcanzaron en el bienio 1980-1981 los 250 millones de dólares.
- Las mismas *universidades crearon sus propias empresas*. En 1981, las Universidades de Stanford y Berkeley establecieron un centro de investigación, ligado al 33 por 100 de intereses de la compañía Eugenics, sostenida por seis corporaciones industriales.
- El criterio de *diversificación de riesgos* domina las inversiones de algunas grandes compañías. En 1980, algunas compañías, como Monsanto y Du Pont, con muy escasa dedicación a los productos farmacéuticos, planificaron su entrada en el sector industrial con énfasis en la biotecnología.
- Las grandes compañías *multinacionales potenciaron sus procesos internos de I+D*. Conforme a este criterio, Eli Lilly construyó su propio centro de investigación sobre inmunología y DNA-recombinante, con una inversión de 50 millones de dólares. Y con marcadas directrices de utilización agrícola, la compañía Du Pont invirtió 85 millones de dólares en la creación de un centro especializado. En otros casos, esta potenciación interna se tradujo en la compra de las propias compañías de ingeniería génica; así, Schering-Plough adquirió la firma DNAX y, con ello, la presencia de sus asesores Berg, Kornberg y Palade. Más aún: grandes compañías con escasa dedicación a los productos farmacéuticos, al estilo de Monsanto y Du Pont, planean su entrada en el sector con énfasis en la biotecnología.

- Las compañías de ingeniería génica realizaron en 1980 la *primera oferta de sus acciones en el mercado público*. Como dato curioso, en los primeros veinte minutos de negocio, las acciones de la compañía Genentech pasaron de 35 a 89 dólares.
- En un informe del Comité de National Strategy for Biotechnology in Agriculture se urgió la reestructuración de la investigación agrícola en los Estados Unidos. En él se argüía la necesidad de un énfasis mucho mayor en investigación básica y una mayor atención de las aplicaciones biotecnológicas. Fruto de esta petición fue la concesión en 1990 de 500 millones de dólares con destino a la investigación biotecnológica agrícola, con lo que se pretendía soportar el trabajo de varios miles de científicos de un nivel adecuado en todo el país.
- A gran distancia y a mucha menor velocidad que la situación en los Estados Unidos, los países europeos y Japón comenzaron, en la década de los ochenta, la potenciación de la investigación y el desarrollo biotecnológico. Hechos motivados por la falta de capital, los problemas de aceptación política de los nuevos campos de la tecnología y la ausencia de fluidez en las relaciones entre la industria privada y la investigación universitaria. En 1983 solamente existía una compañía farmacéutica japonesa —Takeda— con ventas superiores a los 1.000 millones de dólares, frente a la docena de compañías americanas que alcanzaban esta cifra. Sin embargo, si en la década anterior la introducción de productos americanos en Japón doblaba la de los propios productos japoneses, en los primeros años de la década la industria japonesa introdujo un 70 por 100 más de nuevos productos que lo que hizo la industria americana. Hecho que se interpretó debido a que en estos años las compañías farmacéuticas japonesas invirtieron en I+D, en proporción a las ventas, un 50 por 100 más que las americanas.

Biotecnología vegetal

En el terreno de la *explotación vegetal* se aplican las nuevas biotecnologías con fines comerciales a:

- La obtención de *plantas transgénicas* con distintos objetivos: aumento de producción, control de herbicidas e insecticidas, etc.
- Obtención de *materiales de diagnóstico* de plantas.
- Desarrollo de técnicas de *micropropagación de árboles y plantas ornamentales* y de *cultivos de células vegetales*.
- Aplicaciones no alimentarias como la *conversión en biomasa* y la obtención de *productos vegetales y derivados* —celulosa, almidón, aceites vegetales, etc.

Después del período de la *agricultura extensiva,* caracterizado por el predominio de la química y la mecanización, se ha abierto la etapa de las nuevas tecnologías. La agricultura se enfrenta a tres problemas: alimentación y *desarrollo,* alimentación y *población,* y alimentación y *territorio.* Y, a pesar de que la agricultura ha experimentado avances muy profundos, el equilibrio alimentario sigue siendo muy precario; seguramente porque el notable aumento de los recursos que serían por sí mismos capaces de atender a los grandes aumentos de la población mundial no ha estado acompasado con la solución de los problemas geopolíticos.

Las *nuevas biotecnologías* pretenden mejorar no solamente los rendimientos agrícolas y las propiedades cualitativas de los productos, sino que atienden a obtenciones menos costosas y en condiciones más ecológicas, por ejemplo, menos dependientes de los abonos químicos y más adaptables a las condiciones climáticas y geoquímicas de las zonas áridas. La primera aproximación experimental tuvo por objeto incorporar a las plantas un gen, procedente de bacterias o de levaduras, capaz de suministrar resistencia a la molécula de *glifosato,* componente principal de una variedad de mezclas herbicidas que actúan inhibiendo el metabolismo de las malas hierbas. Un criterio análogo se ha utilizado para modificar las plantas con objeto de hacerlas resistentes al herbicida de amplio espectro *fosfinotricina.* De esta manera se evita la aplicación mucho más costosa de herbicidas selectivos. Así mismo, desde hace bastantes años, se ha conseguido transferir un gen procedente de *Streptomyces higroscopicus* a una serie de plantas —patata, remolacha, tabaco, tomate, alfalfa— cuyo producto convierte la fosfinotricina en un derivado desprovisto de toxicidad para la planta transgénica. En 1985 se logró incorporar el gen formador de la toxina bacteriana del *Bacillus thuringiensis* activa frente a las larvas de insectos; este gen se ha incorporado a la patata, el tabaco, el tomate y, más recientemente, al maíz. La lucha contra los virus vegetales encontró una salida al descubrirse que la transferencia al tomate o al tabaco del gen responsable de la cubierta de los virus hace a las plantas insensibles a estos agentes.

Los ejemplos de las aplicaciones biotecnológicas aumentan con objeto de procurar a las plantas nuevas propiedades de *consistencia, conservación, gusto* y *valor nutritivo.* Así, mediante la incorporación al tomate del gen que inhibe la formación de pectinasa —un activo participante de la maduración del fruto al degradar su cubierta externa aun en frío— se ha logrado mantener una *tersura constante* del producto. Los *efectos de las heladas* en los vegetales superiores se han logrado atenuar mediante otro tipo singular de procedimiento biotecnológico que consiste en tratar las plantas con cultivos bacterianos de *Pseudomonas syringae* o de *Erwinia herbicola* a las que se ha privado del gen responsable de la elaboración de una proteína que actúa como núcleo de cristalización del hielo. Al inocular las plantas con cantidades elevadas de estas bacterias modificadas, se produce un antagonismo biológico que reduce el efecto nocivo de las bacterias originales cuyos hábitat naturales son las plantas. De igual manera, se ha conseguido modificar las características nutritivas de las proteínas de reserva de algunas plantas mediante la incorporación de genes responsables de la síntesis de algunos aminoácidos esenciales como la lisina o la metionina. Así mismo, se han logrado enriquecer algunos vegetales en β-caroteno —el arroz, por ejemplo—, con lo que se modifican sus cualidades organolépticas y nutritivas —reducción del riesgo de padecimiento de cáncer.

Las plantas ornamentales se han modificado, lográndose variedades coloreadas imposibles de obtener por los procedimientos clásicos de cruzamiento o hibridación.

El notable progreso en el conocimiento de las bases genéticas de la fermentación láctica y la liberación de proteasas, y su atribución a plásmidos perfectamente identificados y clasificados, está contribuyendo a facilitar la estandarización de las bacterias lácticas y, por consiguiente, la homogeneidad de muchas producciones españolas de quesos y otros productos.

El Proyecto Genoma Humano. Otros programas

Aparte del proyecto de secuenciación del *genoma humano,* en 1995 se conoció por primera vez la secuencia de un genoma completo; fue el de la bacteria *Haemophilus influenzae,* con cerca de dos millones de bases. Al año siguiente se llevó a cabo la del agente patógeno *Mycoplasma genitalum,* con cerca de diez millones de bases. En la segunda mitad de la década se continuaron secuenciando organismos procarióticos, algunos de ellos de notable importancia clínica; entre otros varios, *Mycoplasma pneumoniae* (800.000 bases); *Helicobacter pylori* (1,66 millones de bases), responsable de la úlcera de estómago; *Borrelia burgdorferi* (1,44 millones de bases), agente patógeno de la enfermedad de Lyme; *Escherichia coli* (4,6 millones de bases), parásito del intestino; *Bacillus subtilis* (4,2 millones de bases), agente de diversos tipos de fermentaciones; *Mycobacterium tuberculosis* (4,4 millones de bases), de cuyo conocimiento podrán obtenerse datos frente a la tuberculosis, infección reemergente en los últimos años; *Vibrio cholerae* (21,5 millones de bases), agente causante del cólera; y *Plasmodium falciparum,* agente causal del paludismo. Durante este tiempo se ha comenzado así mismo la secuenciación de organismos eucarióticos, entre los que se encuentran las plantas, los hongos y los animales. Y entre ellos figuran el genoma de la levadura de cerveza *Saccharomyces cerevisiae* (13 millones de bases), el gusano *Caenorhabditis elegans* y la planta *Arabidopsis thaliana.*

El Proyecto Genoma Humano comenzó oficialmente en los Estados Unidos en 1990, con un presupuesto de 500.000 millones de pesetas, según el programa más ambicioso llevado a cabo jamás en el campo de la Biología. Su objetivo consiste en *descifrar la estructura y la función del patrimonio hereditario de la especie humana;* esto es, analizar las secuencias de DNA que constituyen los genes y los cromosomas. El *genoma humano* contiene entre 50.000 y

100.000 genes, lo que significa unos tres mil millones de bases. Y este proyecto constituye el primer intento de trazar la cartografía del patrimonio hereditario de la humanidad y de disociar el *normal* del *patológico* desde un punto de vista genético-molecular, con objeto de descubrir y comprender la fisiopatología de las enfermedades hereditarias que, en un número aproximado de 3.000, afectan a la especie humana. Este proyecto permitirá conocer de doscientas a trescientas mil proteínas, la especificidad de cuyas funciones conforman la originalidad de nuestra especie.

Alrededor de 250 laboratorios de todo el mundo participan en el proyecto; y algunos llevan a cabo proyectos de investigación de genomas más pequeños de otros organismos. Sin embargo, el proyecto ha experimentado ya varias aceleraciones; demostración de la urgencia para alcanzar lo más pronto posible la lectura total de los genes humanos. El 15 de marzo de 1999, los Institutos Nacionales de la Salud americanos han anunciado una primera aproximación para 2002-2003. Y el sector privado no ha permanecido quieto. En 1998, Craig Venter, fundador del Instituto de Investigaciones Genómicas, en Rockville, y con anterioridad director de los Institutos Nacionales de la Salud estadounidenses, se asoció con el grupo americano Perkin-Elmer para fundar la sociedad Celera Genomics, con la que alcanzar, con la décima parte del presupuesto público, tan solo un año antes, pero con la suficiente ventaja para llegar primeros a la meta, la secuencia de un centenar de genes fundamentales en la fisiopatología humana —genes de citoquinas, receptores nucleares, etcétera— cuya funcionalidad, una vez reconocida, servirá para patentar nuevas proteínas y nuevas terapias. De una sola de estas proteínas, la *eritropoyetina,* las ventas han alcanzado, en 1998, 2.000 millones de dólares. El desafío es fundamentalmente técnico para acelerar la velocidad de secuenciación. La firma Celera ha automatizado el trabajo con 230 nuevas máquinas y una velocidad de secuenciación diez veces más elevada que las hasta ahora utilizadas.

En el campo de la investigación internacional, Francia tiene un presupuesto de 130 millones de francos con esta finalidad, aplicada al cromosoma 14; Alemania consagra una cantidad semejante, y el Reino Unido, diez veces más. Este desafío ha sido definido por el director del Instituto de Genética de la Universidad de París-Sur *como un sésamo, como un continente que descubrirá una enormidad terrorífica...*

Este proyecto ha podido, indudablemente, tener lugar en un plazo tan breve merced a la enorme cantidad de investigación básica desarrollada desde el descubrimiento, en 1866, de los genes por Mendel, con arreglo a las grandes etapas que se describen en la figura 15.5.

Ya en diciembre de 1999 se ha publicado la secuencia de uno de los más pequeños cromosomas humanos, el que tiene asignado el número 22, con sus 33,4 millones de pares de bases. A este cromosoma pertenecen unos 27 genes asociados a alteraciones patológicas, cuyas responsabilidades van desde la enfermedad cancerosa a desórdenes del desarrollo fetal y del sistema nervioso. Así, el cromosoma 22 se ha reconocido implicado en la esquizofrenia, la leu-

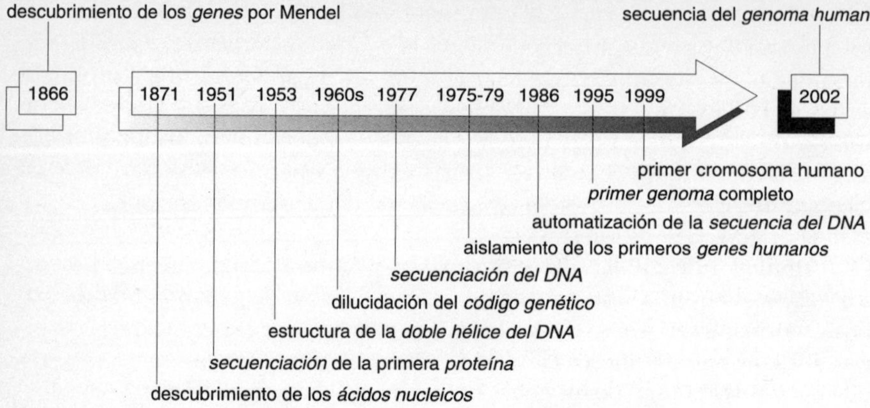

Fig. 15.5.—Las grandes etapas de la genética

cemia mieloide crónica y la trisomía 22. Y poco antes, en octubre de 1999, se ha completado la secuencia de los genes que participan en el complejo principal de histocompatibilidad en el hombre, una región del cromosoma 6 que es esencial para la puesta en marcha del desarrollo inmunitario. Estas secuencias serán de un extraordinario valor para la identificación de numerosos genes responsables de enfermedades comunes, así como para rastrear la emergencia del sistema inmunitario adaptativo a lo largo de varios millones de años.

Para el primer período, hasta 1995, se había previsto completar el mapa físico y genético a baja resolución (2-5 cM) del genoma humano completo, así como la secuenciación de varios proyectos piloto. La segunda fase (1995-2000) prevé la mejora de la tecnología para poder llegar a una definición refinada del mapa genético y físico a una escala de 1-2 cM, así como proyectos de secuenciación a mayor escala. Se previó inicialmente que en el año 2005 se produjera la integración de las bases de datos para crear una información unificada y estuviera secuenciado por completo el genoma humano, a excepción de regiones repetidas, polimorfismos y secuencias completas de áreas médicamente importantes. Los progresos tecnológicos realizados desde las primeras previsiones, y la alianza antes mencionada entre genetistas y las iniciativas industriales de la electrónica de precisión, parece que permitirán acelerar el conocimiento y la explotación del patrimonio genético del hombre. De otro lado, Craig Venter pretende igualmente secuenciar el genoma de *Drosophila* en un solo año.

El inmediato conocimiento del *genoma humano* ha conducido a la aparición de una nueva área de conocimiento biológico, la *farmacogenómica*. La misma proteína de diferentes individuos puede tener una secuencia diferente de aminoácidos; isoforma de las proteínas que son el resultado de la variación genómica que resulta de la alteración de la secuencia nucleotídica de los genes, o de la variación de la expresión impuesta por los cambios en el promotor y los elementos reguladores de control. Y así, en dependencia de las estructuras reguladoras, algunos *isogenes* se expresan a elevados niveles y otros a niveles reducidos. Como consecuencia de la combinación de ambas alteraciones, variación de la estructura de los genes y variación de los mecanismos de expresión, el número y la diversidad de los isogenes resulta muy elevado en las poblaciones humanas. Y, precisamente, son estos genes los que serán el blanco de la investigación terapéutica; *isogenes* que expresan una gran serie de proteínas diferentes, implicadas en enfermedades del tipo de cáncer, Alzheimer, Parkinson, alteraciones genéticas, etc., y que actualmente se encuentran sometidos a un intenso estudio.

En relación con los estudios que son objeto de la *farmacogenómica,* hay que señalar que el DNA nuclear no es el único material para llevarlos a cabo; en efecto, el DNA mitocondrial tiene sus propias series de genes y el 60 por 100 de los pacientes diagnosticados de Alzheimer presenta elevados niveles de mutación en este tipo de DNA. Y medicamentos de pequeño tamaño molecular se utilizan para combatir los efectos de las enzimas mitocondriales errantes, con lo que se evita o retrasa la aparición de los síntomas de la enfermedad. Todo ello va a permitir la construcción de bases de datos que relacionen los medicamentos con isogenes específicos.

Con la idea de acometer la modernización biotecnológica de Europa y fomentar las estrategias nacionales en este campo, la Comisión Europea, mediada la década de los ochenta, estableció el grupo de trabajo «Forecasting and Assessment in Science and Technology», dentro del que se creó el programa piloto «Biomolecular Enginering in the European Community» (1982-1986). Como resultado de este programa se registraron 13 patentes y 355 artículos en revistas de prestigio internacional; y se continuó con otros nuevos programas: «Biotechnology Action Programme» (1985-1989), «Biotechnological Research for Innovation, Development and Growth in Europe» (1989-1993), y diversos programas, agrupados bajo la rúbrica «Biotech» (1992-1996 y 1996-1999), que han promocionado la investigación básica, su relación con el sector empresarial, y el análisis de los aspectos sociales, legales y éticos de las actividades relacionadas con la biotecnología.

El denominado «Task Group on Public Perceptions of Biotechnology», establecido en 1991, agrupa alrededor de un centenar de sociedades científicas europeas bajo la Federación Europea de Biotecnología, y tiene como misión fomentar el conocimiento y la comprensión social de la biotecnología, y promover el debate público sobre sus aplicaciones y análisis de riesgos.

Biotecnología militar

Desde la terminación de la Segunda Guerra Mundial, la política sobre armas biológicas de la OTAN, y en particular de los Estados Unidos, ha atravesado varias fases. En una primera se utilizaron los datos británicos para comenzar en Fort Detrick (Maryland), en 1943, un intenso programa que se prolongó hasta 1970. En la segunda fase, que duró toda la década de los setenta, se acometió la eliminación de los almacenes de toxinas, células vivas y destructores de cosechas, con lo que declinó la influencia militar en este terreno. Y a partir de finales de la década de los setenta se vuelve a recuperar el interés militar por el armamento biológico; lo que, lógicamente choca con los esfuerzos para alcanzar el desarme químico.

Cuando, en 1969, la Administración Nixon renunció unilateralmente al armamento químico y biológico, y ordenó su casi total destrucción, nadie podía suponer el gran alcance que los agentes biológicos llegarían a tener en el campo militar. Fue este uno de los ejemplos más notables de la desconexión política con la ciencia. Y, curiosamente, el año 1972, fecha en que se firmó la Convención sobre el Armamento Biológico, coincidió con el comienzo de los experimentos sobre manipulación génica. Lo que no quita que, con anterioridad a 1972, ya en 1899 y 1907, fuera prohibido el uso militar de agentes patogénicos por las Convenciones internacionales de La Haya; y que, en 1925, tras la Primera Guerra Mundial, el Protocolo de Ginebra prohibiera el uso militar de gases asfixiantes y venenosos, así como de los métodos bacteriológicos. Este Protocolo fue firmado por 115 países, aunque algunos de ellos se reservaron el derecho de réplica ante el empleo por otros de las armas químicas o biológicas. En 1968, el Comité de las Dieciocho Naciones para el Desarme discutió la prohibición conjunta de las armas químicas y las biológicas, y el Reino Unido y otros países occidentales se decantaron a favor del tratamiento separado del uso de ambos tipos de armas no convencionales: de un lado, se argüía entonces el escaso valor militar del armamento biológico y la falta de su experiencia en guerra, justamente lo contrario de lo atribuible al armamento químico; por otro lado, los métodos de verificación indispensables a la puesta en práctica de ambos tipos de tratados no resultaban coincidentes. En virtud de esta dualidad de criterios, el Reino Unido, en 1969, sometió a dicho Comité para el Desarme un borrador de tratado referido exclusivamente a las armas biológicas, que fue endosado para su aprobación a la Asamblea General de las Naciones Unidas de 1971. De esta forma, la Convención sobre el Armamento Biológico se firmó en Washington, Londres y Moscú el 10 de abril de 1972, y ratificada unánimemente por el Senado de los Estados Unidos de América el 16 de diciembre de 1974. Convención que habría de ser revisada posteriormente en los años 1980, 1986 y 1991.

En 1981, la Administración Reagan acusó a la Unión Soviética de fabricar toxinas productoras de la *lluvia amarilla* con fines armamentísticos en Vietnam y el Sudeste asiático, de utilizar toxinas y otros productos tóxicos en Afganistán, Kampuchea y Laos, y de mantener un programa ofensivo químico-biológico. Al parecer, en 1979, tuvo lugar el incidente de Sverdlovsk, a unos 1.500 kilómetros al este de Moscú, motivado por un escape de esporas de *Bacillus anthracis* en el que murieron centenares de personas. La Unión Soviética arguyó que se trataba simplemente de la destrucción de carne contaminada. Todo ello violaba, efectivamente, no solo el Protocolo de Ginebra, sino la reciente Convención de 1972. Todo este conjunto de circunstancias, unido a los éxitos justamente anteriores de las aplicaciones industriales de la biotecnología, que garantizaba el diseño de nuevas armas biológicas centradas en la introducción de genes tóxicos en bacterias no patógenas o en la modificación de las propiedades físicas, biológicas o inmunológicas de los nuevos agentes, lograron interesar a los asesores militares y, con ello, se relanzó la *biotecnología militar*.

Y, de esta manera, el potencial ofensivo de los diferentes proyectos biotecnológicos patrocinados por el Departamento de Defensa de los Estados Unidos se agruparon en: agentes biológicos insensibles a vacunas; agentes biológicos que enmascaran el diagnóstico; supertoxinas; dispersión mediante aerosoles de los agentes biológicos; vectores biológicos de estos agentes; agentes biológicos resistentes a medicamentos; agentes étnicamente selectivos; armas bioquímicas, e incremento de la capacidad de producción de toxinas por las armas biológicas. Desde el lado defensivo, los proyectos contemplaron: desarrollo de vacunas, aislamiento y caracterización de antígenos tóxicos; diagnóstico ultrasensible; y desarrollo y utilización de antibióticos. Y así, durante la década de los ochenta, el Programa de Investigación de Defensa Biológica de los Estados Unidos había puesto en marcha varias docenas de proyectos basados en la tecnología del DNA-recombinante, para el ejército, la marina y las fuerzas aéreas.

Entre los virus estudiados en la década de los ochenta, con fines de su utilización militar, destacan, por exhibir los mayores porcentajes de mortalidad, el virus *ébola,* los virus de la fiebre amarilla y de la viruela, y el virus de la fiebre *lassa.* Y, entre las bacterias, la *Yersinia pestis,* el *Clostridium tetani,* el *Bacillus anthracis* y el *Actinobacillus mallei.*

Ni que decir tiene que, al mismo tiempo, los medios sociales y políticos tomaron parte en la polémica y en las acusaciones suscitadas entre los Estados Unidos y la Unión Soviética. Así, en 1983, el columnista Kucewicz, del *Wall Street Journal,* afirmaba: «... no existe justificación de lo que está sucediendo en el Sudeste asiático. La realidad es que se están produciendo allí permanentes violaciones del control de armas, sin ambigüedad, militarmente importantes y completamente cínicas». Del lado contrario se acusó a los Estados Unidos de diseñar un «campo de batalla integrado», sobre la base de la interacción del armamento convencional, nuclear y químico-biológico. Y el mismo columnista del *Wall Street Journal* aseguraba al año siguiente que la Unión Soviética se aplicaba al diseño de nuevas armas biológicas de ataque mediante los recientes procedimientos de la biotecnología y la ingeniería génica, afirmando: «... está claro que el interés soviético por las armas químicas y biológicas pone en cuestión todo su control».

En junio de 1985, la Comisión de la Guerra Química de la Administración Reagan urgió su atención hacia la guerra biológica y alertó sobre los «rápidos avances de la tecnología génica, precisamente en la que los Estados Unidos son pioneros, ofrecen la posibilidad de desarrollo de nuevos agentes para los que no se conozcan vacunas ni antídotos». En septiembre del mismo año 1985, el Comité Científico de Defensa emitió un informe que insistía en la utilización de la biotecnología tanto por parte de la Unión Soviética como por países del Tercer Mundo. Biotecnología que había roto —añadía— la barrera entre los agentes químicos y los biológicos: «... las toxinas pueden producirse por síntesis química, y la ingeniería génica puede emplearse para producir sustancias químicas de manera hasta ahora no imaginable». El año 1986 fue pródigo en la intervención del mismo Pentágono que, en el mes de marzo, informaba secretamente de que los Estados Unidos deberían desarrollar defensas frente a la guerra biológica. En el siguiente mes de julio, el Departamento Científico del Ejército recomendó la creación de un grupo mixto, con la participación de expertos biólogos, encargado de modelizar escenarios de guerra que incluyeran la utilización de las armas biológicas. Y dentro de los objetivos de este grupo se contemplaba la utilización de la moderna biotecnología: «... para modificar, incrementar o alterar la patogenicidad, capacidad de supervivencia, potencial de diseminación, y susceptibilidad a la detección de agentes biológicos viables». Y, tras reuniones conjuntas con las comisiones y departamentos científicos, el Pentágono presentó al Congreso, en mayo de 1986, un documento en el que manifestaba que «el uso militar de la biotecnología, particularmente en las manos de la Unión Soviética, presenta un reto inmediato por los éxitos logrados en la fabricación de armas biológicas, más fácilmente, más baratas y mucho más efectivas». Documento que finalizaba con la afirmación: «Las armas de guerra biológicas no son nuevas, pero muestran una nueva cara». Todo ello, como puede verse, no son sino disquisiciones sobre el mismo tema: el afán de utilizar con fines militares la moderna biotecnología, y el miedo a que el enemigo la emplee y, por lo tanto, la necesidad de establecer los adecuados sistemas de defensa.

El año 1987, en virtud de los contactos entre la Administración Bush y el presidente Gorbachov, se llegaron a acuerdos de prohibición de producción y almacenamiento de armas químicas. En los años siguientes, 1989 y 1990, diversas iniciativas del Congreso se dirigieron a extremar la seguridad y el control del Programa de Defensa Biológica, motivadas sobre todo por el extravío de un gran lote del virus *Chikunguya,* para cuya infectividad no se conocía tratamiento alguno.

Lo que no quita para que la Convención de 1972 estableciera en el artículo I la «prohibición del desarrollo, la producción y el almacenamiento, o cualquier otra forma de adquirir o conservar microbios, agentes biológicos o toxinas, cualquiera que sea su origen o método de producción, en los tipos o cantidades que no estén justificados por sus diversos usos pacíficos». El artículo II establece la destrucción o dedicación a fines pacíficos de todos los agentes biológicos, de manera segura para el hombre y el medio ambiente. El artículo III prohíbe la transferencia de agentes, armas o tecnología biológica.

La Revisión de 1980 introdujo escasas modificaciones. Era la fecha de los incidentes soviético-americanos con motivo del escape de esporas de ántrax y del uso de micotoxinas en Afganistán y otros países; acusaciones que se quedaron en agua de borrajas, pero sirvieron para mostrar la gran debilidad de la Convención y de su primera Revisión. La Revisión de 1986 se hizo mayor eco de los avances de la biotecnología, declarando «su inequívoca aplicación a todos los microbios tanto naturales como creados artificialmente, a cualquier tipo de agentes biológicos y toxinas, cualquiera que sea su origen o método de producción»; en la que, por consiguiente, se consideraban incluidas todas las «toxinas, proteicas y no proteicas, de naturaleza microbiana, animal o vegetal, y sus análogos sintéticos». La Revisión de 1991 estuvo marcada por los acontecimientos de la Guerra del Golfo y establecía nuevas medidas, entre otras las de: notificar los programas biológicos ofensivos y defensivos desde 1946; declarar las regulaciones destinadas al control de la exportación de agentes biológicos; declarar los medios de producción de vacunas frente a enfermedades humanas; y la creación de un grupo *ad hoc* de expertos con objeto de identificar las medidas de verificación desde un punto de vista científico y técnico.

Mientras tanto se sucedían los incidentes tras la Guerra del Golfo. En marzo de 1995, la Comisión de las Naciones Unidas que investigó las armas de destrucción masiva de Iraq —firmante, a pesar de ello, de la Declaración de 1972— anunció la existencia de 26 toneladas de un medio de cultivo de bacterias, importado de un país occidental en 1989. La Administración iraquí arguyó que las publicaciones justificativas de su empleo desaparecieron durante la revuelta. Argumentación difícil de admitir, ya que unos cuantos kilogramos serían suficientes para dar curso a todas las investigaciones médicas del país; y el resto, según las Naciones Unidas, se hubieran podido dedicar a obtener dos o tres toneladas de alguna de las bacterias utilizadas en el armamento biológico. Además, a finales de 1994, los inspectores de las Naciones Unidas descubrieron varios kilos de cultivos de cólera, tuberculosis y peste bubónica en un centro de investigación biotecnológica iraquí. El centro, disfrazado de fábrica de proteínas alimenticias, disponía de cámaras de incineración y zonas estériles estancas de alta seguridad, tan innecesarias para la obtención de proteínas como imprescindibles en la producción de cultivos patógenos.

En los últimos años, los científicos británicos y americanos han desarrollado técnicas capaces de detectar las armas biológicas antes de que afecten a las tropas. Consisten en laboratorios robot capaces de medir los niveles atmosféricos de materiales biológicos y, después, identificar su naturaleza. Utilizan para ello la enzima *luciferasa* que fluoresce cuando está en presencia de ATP, existente en todas las células vivas. Si los niveles son superiores a los normales, la etapa siguiente consiste en el empleo de anticuerpos específicos frente a una serie de patógenos establecidos. Un resultado positivo alertaría a las tropas para utilizar los adecuados sistemas de protección. El prototipo diseñado en Porton Down realiza la batería completa de ensayos sobre muestras continuas de aire cada tres minutos. El ejército de los Estados Unidos ha completado programas de detección en el Laboratorio Nacional de Los Álamos, capaces de detectar partículas en el aire a distancias de 30 kilómetros mediante el sistema Lidar *(Light Detection and Ranging),* que consiste en que las partículas pequeñas de la atmósfera reflejan la luz de un poderoso láser y la frecuencia de la luz reflejada depende de su velocidad. Midiendo la cantidad de luz reflejada y su frecuencia pueden obtenerse datos acerca de la densidad de las partículas y su forma de movimiento específica; así mismo es posible determinar la naturaleza de las bacterias mediante iluminación con un poderoso láser UV y el análisis de su fluorescencia. El Laboratorio de Investigación Naval de Washington ha desarrollado un equipo manual de detección por fluorescencia. Cuando las bacterias reaccionan con sus anticuerpos forman complejos que fluorescen según un espectro característico cuando se bombardean con fotones. La automatización de este proceso permite obtener resultados en unos cuantos minutos.

El paso siguiente de estos modernos sistemas de detección ha permitido distinguir variedades inocuas de letales. Ello ha sido posible únicamente mediante el análisis de DNA. Haciendo uso del método de *amplificación por reacción en cadena de la polimerasa* (PCR) se logran obtener unas cantidades de DNA millones de veces superiores a las iniciales. Este proceso originaría cantidad suficiente de DNA para conseguir esta distinción; pero el tiempo que, inicialmente, se ha requerido para llevar a cabo esta misión ha sido de una hora. Demasiado tiempo, en efecto, para tomar decisiones en el campo de batalla, y los esfuerzos se vienen dedicando a disminuirlo. No es menos cierto, sin embargo, que hace una década ni los más avispados Departamentos de Defensa hubieran previsto para el DNA semejantes aplicaciones militares, que, aunque con tiempos demasiado largos, se puede distinguir si el ataque biológico se está produciendo por la bacteria *Clostridium botulinum,* la neurotoxina de *veneno de cobra,* una proteína tóxica vegetal como la *ricina* del aceite de castor, o la *tetrodoxina* de peces.

En 1989, un grupo de 800 científicos firmó una declaración oponiéndose a la utilización de los progresos de la ciencia para el desarrollo de armas químicas y biológicas. Así dice el texto: «Los firmantes, biólogos y químicos, nos oponemos al uso de nuestra investigación para fines militares. Los rápidos avances de la biotecnología han catalizado el interés creciente por las armas químicas y biológicas en muchos países y en el posible desarrollo de nuevos agentes de guerra. Y creemos que ello puede conducir a otra carrera de armamentos; sin dejar de pensar que la investigación biomédica debe conducir al soporte y no a la destrucción de la vida. Rogamos, por lo tanto, no implicarse conscientemente en la investigación que conduzca al desarrollo de agentes de guerra químicos o biológicos». No harían falta estos comentarios acerca de los desarrollos de la nueva biotecnología para tomar nota de cómo sus métodos son igualmente válidos, desde el punto de vista científico, para la terapia génica, la medicina preventiva o la epidemiología molecular, que para las aplicaciones militares.

PATENTABILIDAD EN BIOTECNOLOGÍA

Aunque la legislación sobre patentes es algo que no suele producir demasiado entusiasmo —sobre todo teniendo en cuenta la complejidad de los procedimientos administrativos y jurídicos que rodean a las patentes—, el especial interés de la investigación y la innovación tecnológicas en este campo han planteado importantes disyuntivas.

Hasta la década de los ochenta, raras veces la ley se había ocupado de los seres vivos. En 1980, la Corte Suprema de los Estados Unidos juzgó que un microorganismo creado por el hombre podía ser objeto de patente; y en 1987, la Oficina de Patentes estadounidense aceptó el registro de una ostra, y en 1988, el de un ratón.

Por aquella época existían un proyecto de *directiva* de la Comunidad Europea, las legislaciones nacionales sobre las que tiene autoridad la Comisión de la CE, el European Patent Office (EPO), sobre el que no tiene autoridad la Comisión; las instituciones americanas tales como el Congreso, la Corte Suprema, el US Patent and Trademark Office, el Board of Patent Appeals and Interferences, el US Office of Technology Assessment; además de una serie de comisiones nacionales e internacionales de múltiple naturaleza, tales como la International Union for the Protection of New Varieties of Plants, la Britain Bioindustry Association, etc. Al lado de esta colección de organismos a legislar y opinar se añadirían los puntos de vista de credos e instituciones de la más variada naturaleza, de los colectivos profesionales, y, además, la diversidad que por fuerza habría de introducir la múltiple naturaleza de los productos a patentar. Todo ello tuvo necesariamente que ocasionar una maraña de intereses difícil de desenredar.

En 1991, la solicitud de los Institutos de la Salud americanos de obtener las patentes de los genes identificados condujo a una aguda controversia sobre la legalidad de tales patentes y sobre si ello impediría el libre intercambio de información científica. La Oficina norteamericana de Patentes y Marcas denegó la petición, y, en 1994, dichos Institutos acordaron no recurrir tal denegación. Sin embargo, cuando su entonces director, Craig Venter, pasó a fundar el Instituto de Investigaciones Genómicas en Rockville, contó con la ayuda privada inicial de 70 millones de dólares, siendo la condición exigida para tal financiación el derecho al desarrollo de cualquier resultado por la compañía Human Genome Sciences, que contaba con la participación de 125 millones de dólares de Smith-Klein-Beecham. El Instituto de Rockville había identificado en 1995 alrededor de 35.000 genes del genoma humano. Los investigadores tendrían acceso a estos datos mediante la firma de acuerdos por los que se reconocía a la Human Genome Sciences la opción para la obtención de licencias de explotación. Un ejemplo de estos acuerdos ha sido el firmado con la Johns Hopkins University, que ha dado como resultado la identificación de secuencias de genes asociados con el cáncer de colon. Ya se ha mencionado el desembarco de Venter en la compañía Celera, que recibirá cinco millones de dólares anuales de una serie de clientes por el acceso a los datos obtenidos, aunque seguirá intentando patentar varios cientos de genes humanos y una notable cantidad de estructuras polimórficas para su empleo en una especie de *medicina a la medida*. Y sin que, hasta el momento, se hayan definido las condiciones de disponibilidad de datos en los campos de la agricultura. Entre los clientes de Celera figuran Novartis Pharma, de Suiza; Pharmacia and Upjohn, de Nueva Jersey; Amgen Inc., de California. Celera planea ofrecer sus resultados a un *precio razonable* a todo el mundo, incluyendo universidades y particulares que deseen obtener datos sobre su propia salud.

En la mayoría de los países no puede ser obtenida una patente a menos que se demuestre la *novedad* del objeto de la invención. Y ello obliga a que, en el día de la solicitud de la patente, el objeto de la invención no sea de conocimiento público, bien se haya puesto de manifiesto por otros o por el mismo solicitante. La *novedad* es, pues, el principio básico de la legislación de patentes; a lo que cabe preguntarse: ¿cuál es la clase de conocimiento público capaz de impedir este acceso? En 1992, la Cámara de los Lores discutió los casos que en este sentido había reunido la European Patent Office (EPO), y sus conclusiones fueron las siguientes:

1. El grado de divulgación pública tiene que ser tal que capacite a una persona de conocimiento medio a repetir el experimento o proceso descrito. A primera vista parece, pues, que la publicación científica previa que otorgue al autor el habitual reconocimiento no entorpecerá los beneficios de una patente.
2. Una publicación detallada que suministre información suficiente impedirá la protección demandada por la patente. Aun en este caso, se dan ciertas excepciones; por ejemplo, cuando la repetición del trabajo publicado resulta imposible sin tener acceso a nuevas cepas de microorganismos, nuevas líneas celulares u otros materiales biológicos que la publicación no suministra.
3. La literatura científica no es la única forma de dar conocimiento público capaz de entorpecer la protección. Cualquier otra forma de comunicación, tales como información oral no confidencial, reuniones científicas, medios de comunicación, etc., puede justificar el grado de conocimiento público.

Sin embargo, en Europa, además de la European Patent Office (EPO), con sede en Múnich, existen la European Patent Convention (EPC) y la Directiva de la Unión Europea sobre la patentabilidad de las invenciones biotecnológicas referidas a los organismos genéticamente modificados. Y, en el lenguaje de la EPC, toda información que de una manera u otra se pone a disposición del público forma parte del *estado del arte*. Los principios de la EPC aseguran que los solicitantes de la misma invención no pueden lograr la misma patente, y en la concesión funciona el procedimiento de *para el primero que llega*.

Desde el comienzo del Mercado Único Europeo en 1993, la Comisión Europea tuvo una especial dedicación a la elaboración de leyes que rigieran los negocios comunitarios, y, entre otras, una ley común de patentes sobre los productos biotecnológicos. La primera propuesta fue bloqueada en el Parlamento Europeo, en 1988, dando lugar a un extenso y profundo debate sobre la propiedad de las plantas y animales, fruto de la creación genética, desde distintos puntos de vista —científicos, morales, legales y sociales—. De un lado del argumento se sitúa la industria química, que insiste que sin una rígida protección los Estados Unidos y Japón colapsarían la biotecnología europea. Del otro lado del argumento se sitúan los *verdes* y diversos grupos religiosos, que estiman inmoral la patentabilidad de un ser vivo. Y en el medio se sitúan científicos, ambientalistas, manipuladores de plantas, etc., preocupados por la cantidad de implicaciones de la extensión de las patentes de seres vivos. A todo lo que habría que añadir el trasfondo económico del tema, ya que en 2000 los productos biotecnológicos alcanzarán un mercado de 40.000 millones de dólares que irán a parar a las compañías poseedoras de patentes de estos productos. En el fondo de la cuestión se sitúa la European Patent Convention, de 1962, en la que se expusieron graves reservas a la posibilidad de que las compañías patentasen sectores de interés público vital. En consecuencia, la Convención prohibió las patentes de alimentos, procedimientos quirúrgicos y terapéuticos, variedades de plantas y animales, y procedimientos *esencialmente biológicos* para la producción de plantas y animales; los microorganismos no figuraban entre las prohibiciones. Quedaban incluidas en la prohibición de la Convención aquellas patentes sobre cualquier cosa contraria al *orden público* y a la *moralidad.* Sin embargo, el problema se fue de las manos cuando, en 1989, los responsables de la European Patent Office hubieron de decidir sobre los derechos de propiedad intelectual a la Universidad de Harvard por la obtención del *oncomouse,* ratón que, por inserción de un *oncogén,* desarrolla tumores rápidamente. El año anterior, la Universidad había conseguido una patente en Estados Unidos, y cedido la licencia de su venta a la firma Du Pont.

La Oficina EPO, desde el 1 de septiembre de 1999, admite la concesión de patentes, al menos teóricamente, a las variedades animales y vegetales genéticamente modificadas. Sin embargo, la EPO no es una institución oficial de la Unión Europea; mientras que todos los Estados miembros de la Unión, además de otras naciones europeas como Suiza, Noruega y los antiguos países del Este, son signatarios de la Convención. En la misma fecha ha entrado en vigor una nueva regulación en el seno de la Convención con objeto de eliminar sus discrepancias con la Directiva de la Unión Europea. La Convención suministra un mecanismo por el que las solicitudes de patentes nacionales en los países signatarios se extienden automáticamente a similares derechos de la propiedad intelectual en todos los demás países. Y cuando la Directiva de la Unión sobre la patentabilidad de las invenciones biotecnológicas ha entrado en vigor en julio de 1998, se han dado profundas discrepancias entre ella y la Convención. Situación que se complica aún más cuando al cabo de un año no todos los países de la Unión han trasladado la Directiva a sus respectivas legislaciones nacionales.

Como resultado de tal situación, las compañías que pretenden patentar variedades de plantas se encuentran en una gran perplejidad. En aquellas naciones que han puesto en marcha la Directiva, y bajo ella, pueden solicitar las patentes nacionales, país por país, aunque, obviamente, se produzcan efectos redundantes a los previstos por la EPC. Además, se puede buscar el paraguas más amplio de la EPO, aunque se corra el riesgo de que las reivindicaciones se restrinjan a las variedades.

El problema se plantea, pues, en que mientras la Directiva 98/44 permite patentar variedades con tal de que la solicitud de la invención no esté técnicamente confinada a una *única* variedad animal o vegetal, el artículo 53b de la EPC excluye explícitamente de la patentabilidad a las variedades animales y vegetales, con objeto de evitar la dualidad de la *protección de las variedades* y la *protección de la propiedad intelectual* bajo las leyes de patentes. Y, para complicar el asunto, la EPO ha sido inconsistente en la interpretación de dicho artículo 53b. En 1984, por ejemplo, su *Technical Board of Appeal* estableció que una petición de Ciba-Geigy (ahora, Novartis) sobre el procesamiento químico de las semillas naturales no se excluía de las patentes; algo que no ocurría con una variedad específica. Pero, en 1995, el mismo *Board of Appeal* autorizó a Plant Genetic Systems solamente la reclamación de plantas resistentes a herbicidas. Y, en consecuencia, se desautorizaban las reivindicaciones sobre variedades transgénicas, con arreglo al artículo 53b; discrepancia que ha conducido a una acumulación de solicitudes de plantas transgénicas a la EPO.

En un esfuerzo para unificar criterios entre la Convención y la UE, se ha modificado recientemente la interpretación del artículo 53b para adecuarlo más a la Directiva. Y, así, las reglas actuales establecen que «un grupo de plantas caracterizadas por un gen particular —y no por la totalidad de su genoma— no está amparado por la protección de nuevas variedades y, por consiguiente, no se excluye de la patentabilidad aunque comprenda nuevas variedades de plantas».

En los comienzos del año 2000 se intensifican las divergencias sobre la patentabilidad de los resultados de las investigaciones sobre el genoma humano, hasta el punto de que, en noviembre de 1999, se publicó el interés del presidente Clinton y el primer ministro Blair en asegurar a los científicos el libre acceso de los datos que resulten de ellas; aunque no se dan aún las condiciones que aseguren la firma de un tratado formal. Este libre acceso a los datos implicaría la incorporación, cada veinticuatro horas, a las bases de datos públicas, de los resultados obtenidos en las investigaciones sobre el genoma humano subvencionadas por el Proyecto Genoma Humano del Gobierno americano, el *Wellcome Trust* del Reino Unido, y las agencias científicas de Francia, Alemania y Japón. Situación que tropieza con los intereses comerciales de las empresas privadas, Celera Genomics fundamentalmente, que intentan patentar a toda costa la mayor cantidad de genes y a la mayor rapidez posible.

16
Tecnociencia médica

Pedro García Barreno

Introducción

No cabe duda de que pocos aspectos de nuestras vidas han cambiado tan profundamente en los últimos años como aquellos que se ocupan de la atención de la salud; ello es debido, en gran medida, al impresionante desarrollo tecnológico. Tecnología que, en gran parte, ha mejorado la calidad de la atención sanitaria; logro, sin embargo, que ha resultado costoso. Se oye y se lee, con frecuencia, que los sistemas de atención sanitaria en los países industrializados se encuentran en una situación de crisis. Cada año incrementa la demanda de servicios sanitarios y se reaviva el debate permanente de lo que los presupuestos y los ciudadanos están dispuestos a pagar por ello. No es un problema fácil de resolver, pues pertenece a aquellos que no tienen soluciones técnicas, sino políticas y socioculturales.

Para explicar por qué los costes de los servicios sanitarios son tan difíciles de contener se han apuntado varias razones; entre ellas, la tecnología aparece en primer lugar. La tecnología, que ha seducido a los profesionales, a los medios de comunicación y a los usuarios del sistema, es cara. El uso popular de la palabra *tecnología* —aparatos y procedimientos que operan sobre la base de la ciencia más avanzada, en contraste con lo que se supone que es el *arte* de la medicina— dista de la versión formal del término: los medicamentos, aparatos y procedimientos médicos y quirúrgicos usados en la atención sanitaria, y los sistemas organizativos y de soporte en los que se proporciona tal atención.

De acuerdo con la definición popular, la tecnología diagnóstica contempla la utilización de sofisticados aparatos, de compuestos radiactivos y de electrónica, y cómo llegar a los diagnósticos empleando computadoras; ello, de manera distinta a la tradicional de hacer la medicina a partir de la historia clínica, la palpación y la auscultación mediante un fonendoscopio. De manera similar, la tecnología terapéutica se asocia a complejas intervenciones quirúrgicas como el trasplante de órganos, a la implantación de complicados artilugios como una neuroprótesis o a procedimientos que requieren grandes máquinas como la oncorradioterapia o la litotricia ultrasónica. Todo ello distingue a la tecnología de lo que se consideran actuaciones pasadas de moda, sin duda más económicas, como el reposo, una tisana o una simple aspirina. La tecnología se percibe como algo muy complejo y, sobre todo, más caro; característica que se ha impuesto incluso en el lenguaje técnico, pues se conoce como «alta tecnología médica» o *big ticket technology* a los modernos sistemas electromecánicos cuya factura hace tambalear los presupuestos.

Tabla 16.1

Diagnóstico clínico

• Imagen manifiesta:	función de intenciones subjetivas	(síntomas)
• Imagen científica:	función del estado físico del paciente	(signos)

— Imagen clínica: *experiencia*
- Exploración directa
  - — Observación, palpación, percusión, auscultación
- Exploración directa asistida
  - — Fonendoscopio

— Imagen médica: *tecnología*
- Visualización inmediata
  - — Sistemas ópticos (escopias)
- Iconografía
  - — Imagen radiológica convencional
  - — Nueva imagen médica

Con todo, la percepción de la tecnología es cambiante; el estetoscopio de Laënec o la aplicación de la vacuna por Jenner supusieron «alta tecnología» cuando se introdujeron en la práctica médica. Así, en relación con su utilización en los servicios sanitarios, las características de la tecnología son la novedad frente a lo convencional, la complejidad científica frente a la simplicidad del sentido común y el alto coste frente a la accesibilidad. Sin embargo, hay una trampa semántica en todo ello; casi toda la medicina actual se basa en tecnologías que no existían hace cincuenta años. Peyorativamente se denomina «medicina tecnológica» y, a la vez, se imputa a la tecnología la dificultad para controlar el sistema sanitario.

Hace cincuenta años un bloqueo cardiaco en un paciente entrado en años conducía irremediablemente a la muerte; hoy, el implante de un marcapaso cardiaco (aprox., 1,5 millones de pesetas) soluciona el problema. En los años que siguieron a la Segunda Guerra Mundial, el tratamiento del fracaso renal crónico consistía en aliviar al enfermo hasta su fallecimiento; en la actualidad, el trasplante renal (aprox., 7,5 millones de pesetas) reintegra al paciente a una vida social activa. Por su parte, la revascularización miocárdica o *bypass* coronario (aprox., 4 millones de pesetas) es una práctica rutinaria, algo impensable en aquellas fechas. Hasta aquí tres ejemplos, pero la «carta» es mucho más extensa: los nuevos materiales permiten reemplazar caderas o rodillas dolorosas y lentes oculares opacificadas; la radiación de alta energía y los nuevos fármacos controlan numerosos cánceres, y combinaciones de nuevos compuestos han hecho del sida una enfermedad crónica. En nuestros días, en vez de morir ahorrando, los pacientes *viven* física, psíquica y socialmente por un precio que la sociedad debe asumir. El porcentaje de los presupuestos destinado a financiar los sistemas de salud se incrementa en proporción al éxito de la innovación tecnológica, pero las tecnologías sanitarias deben juzgarse, entre otros factores y ante todo, por los beneficios que aportan a los individuos y a la sociedad.

Por otro lado, el contrato médico, desde el nacimiento de la medicina, se ha establecido sobre las bases de la curiosidad diagnóstica (lado del médico) y la expectativa terapéutica (lado del enfermo). El genio hipocrático insertó el pronóstico entre ambas; en toda medicina racional, cualquier terapia eficaz deberá utilizarse, solamente, cuando el médico pueda anticipar —con las restricciones obvias— el curso de la enfermedad con o sin tratamiento. El pronóstico hipocrático se enseñaba como una habilidad clínica basada en observaciones empíricas y como una obligación ética. Estas ancianas reglas han guiado el contrato médico durante siglos.

En el momento actual, la importancia ética del pronóstico ha variado. Muchas intervenciones terapéuticas pueden hoy emplearse en escenarios clínicos donde nada podía hacerse pocos años atrás. Ahora, los médicos no admiten que una enfermedad pueda haber vencido a un paciente y aplican, a menudo, medidas extraordinarias ante un pronóstico más que incierto; medidas que, en ocasiones, cruzan la frontera de lo razonable. El problema de los «tratamientos inútiles», en cierto sentido erróneos al no ofrecer beneficio terapéutico alguno para el paciente, exigen un debate que revise las relaciones médico/enfermo; es necesario que la sociedad recupere el sentido común y la realidad en la percepción que tiene de las posibilidades de la medicina. Pero ese debate se ve influido por poderosos condicionantes culturales, legales y políticos. El ser humano se resiste a morir; se considera algo anormal, patológico, la muerte de una persona. El ser humano acepta con dificultad su humanidad; la ciencia le ha convencido de que es posible vencer a la muerte. Esa misma cultura tecnológica hace que el médico acepte con dificultad los límites de su poder; la muerte representa su fracaso. Sin embargo, el compromiso de la medicina no debe ser con la vida en cualquier forma, sino con el enfermo que sufre; ello lleva implícito que todos los pacientes, eventualmente, pueden morir sin que ello represente un fracaso médico.

El período moderno de la Medicina

La tecnología es tan antigua como el hombre. Desde su aparición, el hombre siempre ha sido un fabricante de herramientas, y esa capacidad le ha permitido desarrollar diferentes artesanías, a partir de las que fue elaborando la tecnología, que ha llegado a ser uno de los cuatro «medios» en los que vive; los otros son el cósmico, el natural y el social. La ciencia tiene una tradición diferente y su aparición es más reciente en la historia del hombre. Se asocia, en sus comienzos, con las matemáticas y la astronomía enraizadas en la filosofía especulativa griega. La ciencia experimental que hoy conocemos es fruto del Renacimiento. Durante todos esos siglos, ciencia y tecnología buscaron, cada una, su camino. No fue hasta la Revolución Industrial cuando, ambas, encontraron intereses comunes. La medicina y la tecnología médica han evolucionado de manera similar. Como el resto de las actividades prácticas, la medicina se desarrolló, en sus principios, como una artesanía, y desde sus comienzos la tecnología ha sido una parte esencial de ella. Ahí están los ejemplos de las trepanaciones craneales en la cirugía precolombina, los instrumentos quirúrgicos de la cirugía *ayurvédica*[1], los dispositivos para inmovilizar fracturas recogidos en el *Papiro Smith*[2] o las técnicas de acupuntura del *Nei-King*[3].

Al igual que en otros campos de la actividad humana, la ciencia, en la época moderna, se ha convertido en parte importante de la medicina. Tres acontecimientos cardinales contribuyeron a la introducción del método científico en la práctica médica durante el siglo XIX (período referido como «medicina moderna»). En primer lugar, la investigación clínica llegó a ser arte y ciencia en forma de palpación, percusión y auscultación, haciendo de la exploración física del paciente algo más que la mera inspección de la lengua, la observación de la orina o el examen del pulso radial. La introducción de tecnología instrumental como un hecho básico, común y significativo del diagnóstico comenzó en 1816 con la invención del estetoscopio. Hasta entonces, el diverso instrumental médico disponible no se había utilizado con fines de investigación diagnóstica. Los antecedentes que produjeron esta innovación residieron en el protagonismo que fue adquiriendo la perspectiva anatómica de la enfermedad.

En 1761 el anatomista italiano Giovanni Battista Morgagni (1682-1771) publicó su tratado *Del asiento y las causas de las enfermedades investigadas mediante la anatomía;* era la culminación de varios siglos de trabajo encaminado al estudio de los cambios estructurales del cuerpo (fábrica) humano provocados por las enfermedades. El trabajo condujo a los médicos a considerar las relaciones entre los síntomas y los signos detectados en el paciente vivo y las lesiones descubiertas en la autopsia. Morgagni demostró que solo com-

---

[1] Perteneciente al período brahmânico: h. 800 a. C. hasta el siglo X.

[2] Se sitúa en la XVIII dinastía —h. 1600 a. C.— del antiguo Egipto.

[3] El texto médico más importante en la tradición China: h. 2600 a. C.

prendiendo el carácter y la localización de las lesiones se podría sistematizar la naturaleza de la enfermedad y el cuadro clínico que la acompaña.

Al reclamar la imagen de las lesiones locoespecíficas como el hecho distintivo de la patología, Morgagni colaboró decididamente a transformar el concepto de la enfermedad cambiando el paradigma hasta entonces dominante. El punto de vista entonces aceptado de la enfermedad correspondía al concepto humoralista, que había dominado la medicina desde sus comienzos dos mil años atrás. El humoralismo postulaba la presencia de cuatro fluidos (humores) como sustancias corporales básicas. La salud resultaba del perfecto equilibrio entre ellos; cualquier cambio en sus proporciones rompía ese balance provocando enfermedad. La recuperación de la salud requería reestablecer el equilibrio. Por ello, el objeto de esta teoría de la salud y la enfermedad era la persona como un todo. El punto de vista anatómico de la enfermedad suponía un enfoque opuesto de la teoría; el médico se debería ocupar de las partes —donde asienta la lesión patológica—, no del todo. En el medio siglo que transcurrió desde la publicación de la obra de Morgagni hasta la invención del estetoscopio, la concepción anatómica de la enfermedad fue adoptada por la amplia mayoría de la profesión médica. Entre ella, el clínico francés Nicholas Corvisat (1755-1821) publicó, en 1806, *Un ensayo sobre las enfermedades orgánicas y las lesiones del corazón y los grandes vasos.* Corvisat, médico de Napoleón, se encontraba entre los líderes del movimiento médico que urgían a sus colegas para integrar el conocimiento anatómico en la práctica clínica, y que consideraban la investigación por la autopsia como una continuación del estudio clínico.

Tal actitud era problemática, pues ni el examen clínico del paciente ni la utilización de tecnología eran prácticas habituales en el diagnóstico de la enfermedad. Ello, porque el establecimiento de las universidades en Europa durante el siglo XIII hizo de la medicina un aprendizaje académico, en el que la utilización de las manos y de instrumentos no se consideraba una actitud apropiada de la dignidad de un doctor instruido. La práctica médica quedó relegada a cirujanos, barberos y apotecarios.

Aunque la descripción de la técnica de la percusión torácica se debe al médico vienés Leopold Auenbrugger (1722-1809), en 1761, las bases de la exploración clínica fueron establecidas, a principios del siglo XIX, por la escuela parisina. René Laënec (1781-1826), un médico del Hospital Necker de París, conocedor del método de auscultación de su colega Gaspard Bayle (1774-1816), quien aplicaba directamente el pabellón auricular sobre el tórax del paciente (auscultación inmediata), inventó el estetoscopio; ello, aplicando sobre el tórax de un paciente el extremo de un cilindro fabricado con una cuartilla de papel y a su oreja el otro extremo (auscultación mediata o mediada por un instrumento). Laënec pensó que el nuevo procedimiento diagnóstico proporcionaba una anatomización del paciente; ello al situar de manera anatómicamente precisa los signos detectados. La asociación de los sonidos localizados durante la exploración clínica con los hallazgos descubiertos en la autopsia fue el método utilizado para depurar los signos diagnósticos. El descubrimiento de Laënec supuso una verdadera revolución médica que tuvo varias influencias significativas. Primero sobre el propio diagnóstico; el estetoscopio inició una nueva era de hacer medicina. En segundo lugar sobre los médicos, quienes vieron en el estetoscopio una baza de autosuficiencia; hasta entonces dependían, para construir el diagnóstico, de la información que les facilitaba la familia y el propio enfermo. La tercera influencia del estetoscopio fue sobre el paciente, que se deslumbró con la capacidad tecnológica del médico.

Por último, el estetoscopio influyó en la organización de la propia medicina, en su práctica y en su enseñanza. El dominio de los sonidos patológicos y su asociación con las lesiones anatómicas exigían el acceso a un gran número de pacientes, la presencia de colegas con quienes discutir los hallazgos y facilidades para realizar las correspondientes autopsias donde cotejarlos. Todo ello solo podía conjuntarse en el *hospital,* institución que quedó consagrada como el lugar idóneo para la práctica y la enseñanza de la medicina. Laënec escribió: «... solamente en el hospital es posible adquirir, completar y perfeccionar la práctica y el hábito de este nuevo arte de diagnóstico».

Los logros diagnósticos alcanzados por el estetoscopio y la creciente orientación de la medicina hacia un concepto anatómico de la enfermedad crearon el clima propicio para que los médicos se lanzaran a la búsqueda de tecnologías que les permitieran el acceso a otras partes del cuerpo humano. El resultado fue una serie de innovaciones desarrolladas en la segunda mitad del siglo XIX: el oftalmoscopio (1850), el laringoscopio (1857) y una serie de espéculos disponibles en los años sesenta de ese siglo que permitieron el examen de la vejiga, el estómago, el recto o la vagina.

A finales del siglo XIX los doctores disfrutaban de su poder y prestigio como escudriñadores y analistas de la evidencia física. Pero era necesario dar el salto desde las propiedades cualitativas del estetoscopio a la cuantificación. El instrumento que inició la transición desde lo cualitativo a lo cuantitativo fue el termómetro, que, aunque inventado por Galileo (1564-1642) a finales del siglo XVI, no tuvo aplicación clínica alguna. En el año 1868, el médico alemán Carl Wunderlich (1815-1877) publicó *La temperatura en la enfermedad: un manual de termometría médica,* obra que recopilaba las observaciones sobre la evolución febril en miles de pacientes estableciendo dos principios básicos: en las personas sanas la temperatura se mantiene constante dentro de unos estrechos límites, y la evolución febril en los pacientes es una referencia importante en el seguimiento de la enfermedad. Wunderlich comparó los hallazgos termométricos con los derivados de la percusión y de la auscultación, concluyendo que la termometría tenía la ventaja sobre las investigaciones acústicas de que sus resultados podían expresarse en números.

Las diferencias que Wunderlich señaló entre el carácter de la evidencia proporcionada por el termómetro y la conseguida por diferentes técnicas de exploración física como la auscultación fueron reelaboradas por otros; entre ellos, por Edward Seguin (1843-1898), un médico americano que escribió un tratado sobre el termómetro. En los setenta, Seguin clasificó las técnicas diagnósticas en dos grupos: de «diagnóstico físico», como el estetoscopio y el oftalmoscopio, que representaban simples accesorios que ampliaban los sentidos, y de «diagnóstico positivo», como el termómetro y el esfigmógrafo, que sustituían a los sentidos proporcionando de manera automática resultados percibidos matemáticamente e independientes de los sentidos: «lo que dice el termómetro no puede contradecirse». El esfigmógrafo, desarrollado por Étienne Jules Marey (1830-1904) para monitorizar los latidos arteriales, fue el más relevante de los instrumentos de aquella época, siendo el antecedente de los aparatos electrónicos del siglo XX, como el electrocardiógrafo. Por otro lado, Marey, Seguin y Wunderlich insistieron en la necesidad de recoger, de manera sistematizada, los diferentes datos derivados de la atención médica del enfermo; actitud que fue el origen de las hojas de recogida de datos impuestas hoy, como actividad rutinaria, en la práctica hospitalaria.

En cualquier caso, la innovación tecnológica que mayor impacto ha tenido en la historia de la medicina han sido los rayos X. Cuando los detectó, hace ahora poco más de cien años, Wilhelm Conrad Röntgen (1845-1923) se refirió a ellos como *una nueva clase de rayos*. Pocos descubrimientos han abierto tantos caminos. De todas las propiedades de los rayos X, su capacidad de hacer visible lo invisible fue, sin duda, la más fascinante; por ello, durante años, la temática principal de las investigaciones se refirió a las imágenes anatómicas. Conforme creció el conocimiento de tal radiación se expandió el campo de sus aplicaciones, que incluyó el estudio de la composición y de la estructura de la materia y la estructura y el desarrollo del universo. En el año 1914, Max von Laue (1879-1960) recibía el premio Nobel de Física (PNF) por su descubrimiento de la difracción de los rayos X por los cristales, hecho que abrió las puertas al desarrollo del análisis de las estructuras cristalinas mediante la espectrometría de rayos X, estudios por los que William Henry Bragg (1862-1942) y su hijo William Lawrence Bragg (1890-1971) recibieron el PNF al año siguiente. El estudio de los rayos X también proporcionó las bases para el modelo atómico desarrollado por Ernest Rutherford (1871-1937; PNQ 1908) y por Niels Bohr (1885-1962; PNF 1922). Años después, Dorothy Crowfoot Hodgkin (1910-1994) recibió el PNQ en 1964 por sus determinaciones de las estructuras de importantes sustancias bioquímicas mediante técnicas de rayos X. Por su parte, el estudio de los rayos X emitidos por lejanos objetos estelares se ha establecido como una especialidad de la astronomía. Además, los rayos X representan una herramienta útil en metalurgia, geología, arqueología y arte, y tuvieron un lugar destacado en la *Strategic Defense Iniciative* («guerra de las galaxias»). Por último, la radiobiología (estudio del efecto de las radiaciones electromagnéticas, en especial las ionizantes, sobre los organismos vivos y sus tejidos), que tuvo su origen en las investigaciones con rayos X, facilitó las bases científicas de la radioterapia (tratamiento de la enfermedad, en especial del cáncer, mediante radiación ionizante) y de la radioprotección.

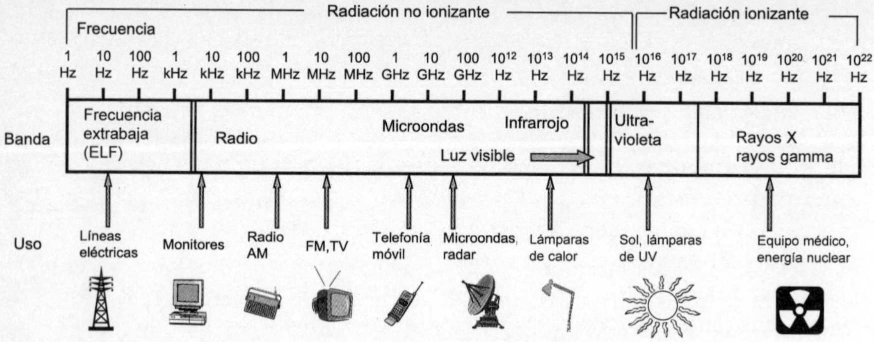

Fig. 16.1.—Espectro de frecuencias de la radiación electromagnética

La imagen incruenta del interior corporal, producto de la aplicación del descubrimiento de Röntgen, que le valió el PNF de 1901, significó una verdadera revolución conceptual y uno de los acontecimientos más impactantes de la historia de la ciencia en la conciencia del público en general. La imagen de la mano de Bertha Röntgen —una de las más insistentemente reproducidas— daría origen a una nueva era, en continua evolución, de la Medicina. Sin embargo, la aplicación del diagnóstico radiológico no fue la esperada, pues no todo fue optimismo y alabanza en torno al nuevo método. Hubo que esperar al año 1914 para que la prometedora técnica despegase. Ello por dos motivos: la Gran Guerra despertó el interés en la detección de las fracturas óseas y, en esa fecha, se fabricó el primer tubo catódico moderno. Por su parte, el período entre las dos guerras mundiales aseguró la utilización regular de los rayos X en la detección de la tuberculosis pulmonar, aunque en esta época los radiólogos no eran más que fotógrafos de rayos X. No fue infrecuente que los médicos clínicos consideraran el diagnóstico radiológico como una intrusión, a la vez que despreciaron la estática de una fotografía por rayos X frente a la dinámica de la auscultación. Ello no fue óbice para que Arthur Holly Compton (PNF 1927, por el descubrimiento del efecto que lleva su nombre) sentenciara años después, en 1957, que «durante ese período los rayos X habían salvado tantas vidas como las que se habían perdido entre las dos guerras».

Tras el desarrollo de la exploración clínica, la segunda gran contribución del siglo XIX a la medicina fue el desarrollo de la anatomía patológica, cuyas fuentes de conocimiento residen en el laboratorio y en la sala de autopsias. Anatomía patológica que, en combinación con el estudio clínico de los pacientes, hizo posible el diagnóstico exacto de la enfermedad. Los hechos que más influyeron en el desarrollo de la ciencia de la patología fueron el refinamiento del microscopio en los años veinte, la introducción del microtomo en los años cuarenta, y el descubrimiento de ciertos colorantes de aplicación histológica como la hematoxilina (extraída de la madera rojo pardusca del árbol de Campeche) en 1865 y de la eosina (preparada a partir de la fluoresceína) en 1876. Los datos clínicos precisos, junto con los hallazgos macro- y microscópicos procedentes de la autopsia, fundamentaron el método anatomoclínico que supuso el gran motor del progreso de la medicina clínica durante el siglo XIX, y aunque este avance tuvo escasa incidencia en el tratamiento de las enfermedades estableció el papel del clínico como un científico capaz de proporcionar un diagnóstico y un pronóstico fiables.

El tercer logro incuestionable de la medicina del siglo XIX fue la teoría microbiana de la enfermedad, que eliminó definitivamente el concepto milenario de la participación de «miasmas» y «aires insalubres» en la enfermedad. La fiabilidad diagnóstica se vio reforzada con el establecimiento de la microbiología, que representó para la medicina en el umbral del siglo XX el motor que supuso el método anatomoclínico a comienzos del siglo XIX. El descubrimiento por Robert Koch (1843-1910), en 1882, del bacilo que causa la tuberculosis fue el mojón más distintivo en el establecimiento de esta nueva ciencia. Pero fueron la demostración de Louis Pasteur (1822-1895) de la eficacia de la vacuna de la rabia, en 1885, y la preparación por Emil von Behring (1854-1917) de la antitoxina diftérica, en 1890, las que convencieron a los ciudadanos del papel del médico como un científico que podía curar las enfermedades.

Esos tres acontecimientos —sistematización y respaldo científico-técnico de la exploración clínica, la anatomía patológica y la microbiología— auparon la clínica a una actividad científica. A finales del siglo XIX el doctor podía, por primera vez en la historia, diagnosticar con éxito las principales enfermedades que afectaban a la humanidad. De manera similar, el médico estaba en condiciones de avanzar un pronóstico razonable del curso de la enfermedad. Y también el clínico podía diferenciar la tuberculosis de la neumonía o el tifus de la fiebre tifoidea. Las nuevas bases científicas de la medicina —diagnóstico, pronóstico y diagnóstico diferencial— prestaron un enorme prestigio a los médicos de cara a los pacientes.

Sin embargo, en el capítulo de la terapéutica las ganancias de la llegada de la ciencia a la medicina fueron modestas: unas pocas nuevas vacunas; el uso del salvarsán para la sífilis, patentado en 1909 por Paul Ehrlich (1854-1915), y una serie de sedantes como la codeína, en 1836, y de analgésicos como la aspirina, en 1892. La quinina para la malaria y los digitálicos para el fracaso cardiaco congestivo pertenecían, como principios naturales, a la farmacopea premoderna. A la vista de la vasta gama de infecciones bacterianas y virales que permanecían intratables y del efecto devastador de las enfermedades degenerativas o del cáncer, el nihilismo terapéutico del siglo XIX no parece injustificado.

La medicina contemporánea: los nuevos paradigmas

El período posmoderno de la medicina se caracteriza por la confianza sin límites del médico en la terapéutica que, por primera vez en la historia, es capaz de curar o de aliviar un vasto número de enfermedades. Sin embargo, la respuesta de los pacientes a lo que perciben como un distanciamiento cuando no falta de interés del médico es la desconfianza hacia un sistema que prima la máquina sobre la relación entre el clínico y su paciente.

La utilización de fármacos eficaces para tratar diversas enfermedades comenzó en 1935 con el prontosil o bencenosulfonamida, la primera de las sulfamidas que abrieron el camino a una cascada de fármacos antimicrobianos. La población civil tuvo acceso a la penicilina en 1945. Estos fármacos permitieron a los médicos tratar con éxito situaciones hasta entonces mortales, como la sepsis posparto, y reducir drásticamente la mortalidad por las enfermedades bacterianas. El éxito de tales «fármacos milagrosos» dirigió la investigación hacia mecanismos bioquímicos y farmacológicos, un enfoque opuesto al interés anatomopatológico que había dominado el período moderno. Con ello, el período posmoderno de la medicina comenzó cuando la concepción bioquímica de la medicina (biomedicina) se implantó como base del currículo en las facultades de medicina tras la Segunda Guerra Mundial, y cuando, a la par, el protagonismo de la tecnología se hizo evidente. En 1945, Willem Johann Kolff consiguió el primer sobreviviente a la aplicación de un riñón artificial, y en mayo de 1953, John H. Gibbon (1903-1973) efectuó, con éxito, la primera intervención quirúrgica a corazón abierto gracias al perfeccionamiento de un ingenio de circulación extracorpórea.

La esencia de la ciencia es cambiar el modo de pensar sobre el mundo y sobre nosotros mismos. No sorprende, por lo tanto, que la rápida evolución de la investigación biomédica desde la conclusión de aquel conflicto bélico haya dado un vuelco sobre cómo la medicina contempla la patofisiología y la terapéutica de las enfermedades. La bioquímica y la patología han dado paso a una nueva ciencia basada en la comprensión de la estructura, de la función y de la manipulación farmacológica de los genes (genómica) y de las proteínas (proteómica).

Para la mayoría de los ciudadanos en general y de los médicos en particular, ni la genética molecular ni la biología molecular o celular han intervenido ni intervienen en la práctica clínica del día a día. Sin embargo, la conjunción del arte de la medicina y de la precisión de la ciencia ha modelado una nueva disciplina —medicina molecular— que vislumbra el control de la enfermedad, desde las enfermedades cardiovasculares y el cáncer a las enfermedades emergentes como la tuberculosis o el sida. Esta explosión de información ha sido desencadenada por una serie de avances tecnológicos —en gran parte debida a la tecnología del ADN recombinante— y avivada por el rápido progreso del Proyecto Genoma Humano (PGH). Hoy, la biología molecular es el nuevo paradigma de la práctica y de la enseñanza médicas.

El propósito del PGH es generar un conjunto de recursos informativos, materiales y tecnológicos de libre disposición para la comunidad científica. Esta infraestructura científica mejorará la capacidad de los investigadores para abordar los retos biomédicos del futuro. Específicamente, el PGH intenta la cartografía génica del genoma humano; esto es, desarrollar un mapa de posición en los 23 pares de cromosomas humanos de cada uno de los genes (genotipo) cuya expresión define el fenotipo humano. Ello permitirá comprender nuestro desarrollo (anatómico y funcional) e identificar los genes comprometidos en diversas patologías y, como consecuencia de ello, manipularlos terapéuticamente (terapia génica).

La investigación que ha conducido al análisis génico se remonta a la última mitad del siglo XIX. En los años 1860-1865, Gregor Mendel (1822-1844) llevó a cabo una serie de experimentos de cruces de guisantes con los que demostró que los rasgos físicos como el tamaño y el color pasaban de una generación a la siguiente a través de unidades discretas. En 1944, los estudios de Oswald T. Avery y cols. (1877-1955) proporcionaron la primera evidencia experimental de que el ADN transmite la información génica. En 1953, James Watson y Francis Crick, basándose en los estudios del ADN mediante difracción de rayos X realizados por Rosalind Franklin (1920-1958), publicaron su modelo estructural en doble hélice del ADN. Este modelo predijo con exactitud que el orden de cuatro moléculas repetitivas, conocidas como bases, en la molécula del ADN alberga toda la información genética de cada ser vivo. Entre 1960 y 1966, Marshall Niremberg, Har G. Khorana y sus colaboradores descifraron el código genético que utilizan todas las células para traducir la serie de bases de sus ADNs en instrucciones para formar proteínas. En 1970, Hamilton Smith descubrió, por azar, la primera enzima de restricción que corta el ADN en sitios específicos. Daniel Nathans, utilizando esas enzimas, construyó el primer mapa físico de un cromosoma. En 1973, los investigadores comenzaron a utilizar bacterias genéticamente modificadas para clonar secuencias de ADN de interés. Edward Southern, en 1975, desarrolló un método para identificar con precisión una secuencia génica específica. En 1977, Walter Gilbert y Allan Maxam y Fred Sanger, trabajando por separado, desarrollaron técnicas de desciframiento rápido de largos segmentos de ADN mediante la determinación de la secuencia de las bases que lo integran. En 1978, Yute Wai Kan y Andrée-Marie Dozy descubrieron polimorfismos entre fragmentos largos de restricción (producidos por la acción de determinadas enzimas de restricción). Entre 1985 y 1990, Kary Mullis y cols. desarrollaron una técnica (reacción en cadena de polimerasa: PCR) que amplifica con rapidez cantidades mínimas de ADN; por esas mismas fechas se identificó por vez primera sobre un cromosoma (clonaje posicional) el gen de una enfermedad monogénica, una enfermedad inmunológica denominada enfermedad granulomatosa crónica. Richard Kolodner, en 1992, aisló un gen (MSH2) participante en el mecanismo de reparación del ADN; gen que, al año siguiente, fue involucrado por Bert Volgelstein y Richard Kolodner en la génesis de una modalidad de cáncer de colon (cáncer colorrectal hereditario no polipoideo).

Se ha estimado que el genoma humano contiene entre 35.000 y 40.000 genes. Aunque numerosas enfermedades tienen su origen en la mutación de un determinado gen, parece evidente que cierto ruido de fondo génico puede condicionar la predisposición a muchas enfermedades o la respuesta a diferentes factores ambientales. En algunos casos, como la hipertensión arterial y la enfermedad cardiovascular, la contribución genética es poligénica; situaciones cuyo abordaje actual está en los albores. En otros casos, como la hemofilia, la fibrosis quística y cientos de otras enfermedades monogénicas, los genes involucrados están perfectamente caracterizados. Por su parte, en otras patologías (la psiquiatría, por ejemplo) el protagonismo de la genética molecular avanza con rapidez.

No es posible aventurar lo que la ciencia pueda deparar en el futuro, pero es posible hacer predicciones razonables. Las neurociencias, en franca contradicción con la solemne certeza establecida de la incapacidad del sistema nervioso para cambiar, han demostrado que el cerebro es considerablemente más plástico y flexible de lo que se había pensado; circunstancia que tiene importantes repercusiones terapéuticas para las enfermedades neurodegenerativas como la de Parkinson o la de Alzheimer. Los estudios de la transducción de señales, el proceso fundamental por el que se comunican las células, han abierto nuevas estrategias farmacológicas que pueden modular cada paso de la secuencia de reacciones químicas que constituyen dichas vías. Farmacología que ha iniciado el diseño de fármacos de la mano de la *química computacional,* en la que a partir de una estructura básica (farmacóforo) se ensayan estructuras conducentes a interaccionar con moléculas diana elegidas. Sin embargo, es cierto que la ciencia biomédica no ha logrado curar el cáncer mediante la ansiada «bala mágica»; que el sida sigue siendo, en cierto sentido, intratable, y que las enfermedades crónicas o degenerativas dominan la escena médica en los países industrializados. La medicina es el arte del diagnóstico, del pronóstico y de la esperanza, y no cabe duda de que se irán dominando todas esas enfermedades y aun asumiendo que aparecerán otras nuevas.

La medicina molecular introducirá en el contrato clínico una forma sin precedentes de pronóstico; juicio que jugará un papel protagonista en numerosas situaciones. Ello surge de la identificación de genes asociados con susceptibilidad a diferentes enfermedades comunes, tales como el cáncer, la diabetes, las enfermedades cardiovasculares o las neurodegenerativas. Identificación posible en las primeras etapas del desarrollo embrionario y que se vislumbra, en pocos años, como un estudio de «rutina». En primer lugar, es difícil asignar una palabra que defina la situación o el estado creado por la presencia de tales genes: susceptibilidad, predisposición, propensión, proclividad, riesgo potencial o probabilidad. Independientemente del término elegido, la cuestión es cómo decidir la viabilidad de un embrión con un gen deletéreo para su futuro como adulto, o cómo informar a un paciente de que sufrirá una enfermedad —más o menos grave en un momento u otro de su vida— con alguna probabilidad en algunos casos y en otros con casi certeza.

La perspectiva tradicional que comparten médicos y pacientes es que la enfermedad es algo indeseable que debe prevenirse y, en su caso, eliminarse. La disponibilidad de pruebas de susceptibilidad a futuras enfermedades supone desplazar al mundo médico millones de personas que no experimentan dolor, ni inquietud, ni limitaciones de tipo alguno. Dicha población deberá organizar su vida entre colonoscopias o mamografías, de la misma manera que va al dentista; muchas personas desarrollarán, a causa de ello, síntomas psicosomáticos; otras puede que, incluso, vivan como inválidos. En cualquier caso, todo aquel en quien se detecte una susceptibilidad génica entrará a formar parte de una nueva clase de individuos: enfermos potenciales o prepacientes. Estos no serán enfermos en el sentir actual del término, pues no necesitarán tratamiento; tampoco serán individuos sanos en el sentir de estar libres de una condición médica relevante. Tendrán una relación particular con el mundo médico, obligada por la necesidad de una espera vigilada, pero que a medio plazo no parece que obtendrán beneficios de las soluciones tecnológicas de la medicina molecular; solo la terapia génica ofrece, teóricamente, soluciones a largo plazo.

Otro cambio radical asociado a la medicina molecular afectará al contexto sociocultural. Compañías de seguros, de empleo y de prospección de mercado esperan interesadas la información que fluirá de los bancos de datos génicos. Incluso el control legal de la privacidad génica —que aún no ha sido desarrollado— tendrá dificultades para impedir el acceso a dicha información. Los problemas de privacidad y de confidencialidad, con ser importantes por sí mismos, tienen mayor trascendencia en el contexto de la medicina molecular. Los principales problemas derivan de la propensión humana a clasificar a las personas en grupos y poblaciones con nombres y con números. La información génica consiste, en sentido literal, en datos relevantes a un *genos,* el término griego para tribu. Desde sus comienzos, la humanidad ha sido encasillada en grupos. La información génica puede utilizarse para crear tribus artificiales; personas identificadas no como siux, hutus, caucasianos, etc., sino clasificadas por sus marcadores génicos que comparten una propensión por una determinada enfermedad, tribus apoE4 (marcador de la enfermedad de Alzheimer), BRCA1 (cáncer de mama), MSH2 (cáncer de colon), etc. Donde hay distinción y discriminación potencial, existe injusticia. La medicina génica predictiva, que puede dividir y redistribuir las poblaciones sobre la base de sus rasgos génicos, debe acompañarse de normas de justicia que aseguren que los prepacientes no serán segregados del mundo socioeconómico que habiten.

Cartografía corporal

Durante la primera mitad del siglo XX, los rayos X fueron la tecnología diagnóstica de elección; en cierto sentido, la única elección. Como en otros muchos campos, a partir de la Segunda Guerra Mundial emergieron nuevas tecnologías que se incorporaron a la práctica clínica en las décadas de los setenta y ochenta, y que proporcionaron a los médicos la capacidad de visualizar y cartografiar el interior del cuerpo humano con un detalle y una resolución sin precedentes. Para comprender la relevancia de los escáneres por tomografía computarizada, las imágenes por resonancia magnética, los ultrasonidos y otras tecnologías, basta señalar que cada vez son menos las ocasiones en las que hay que recurrir a la cirugía exploratoria.

Los rayos X crean imágenes porque los huesos y otras estructuras corporales los absorben, mientras que los tejidos blandos permiten su paso. Las radiografías estándar son registros fotográficos de las sombras (sombragramas) que produce un cuerpo atravesado por los rayos X, y en las que no es fácil distinguir los diferentes tejidos blandos. Tales radiografías solo proporcionan una vista bidimensional de un territorio anatómico, amén de someter al paciente a una dosis considerable de radiación ionizante. Ello forzó la búsqueda de aplicaciones más sofisticadas de los rayos X.

Tabla 16.2

Radiación electromagnética en imagen médica

• Fuente externa	
— Rayos X:	radiografía convencional, tomografía computarizada (TC)
— Ultrasonido:	ecografía, ecoDoppler
• Fuente interna:	
— Intrínseca	
• Espontánea:	termo-, electro-, magnetografía
• Excitada:	resonancia magnética (RM)
— Extrínseca	
• Artificial:	tomografía de emisión de positrones (PET)
• Natural:	tomografía de emisión de fotón único (SPECT)

En el año 1979, dos físicos, Allan Mac Leod Cormack (Universidad de Ciudad de El Cabo, África del Sur) y Gogfrey Newbold Hounsfield (laboratorios EMI, Inglaterra), recibían el premio Nobel de Fisiología o Medicina por su participación en el desarrollo de la técnica basada en los rayos X denominada tomografía computacional (TC). Cormack intuyó que era posible reconstruir la estructura de un objeto a partir de los datos de atenuación (absorción de radiación por la estructura) de varios haces de radiación incidentes sobre el objeto y emitidos desde otros tantos puntos situados en un círculo a su alrededor. La reconstrucción de la estructura interna del objeto (imagen), a partir de las diferentes atenuaciones debidas a las variaciones de la densidad de los componentes de la estructura, exige manejar miles de ecuaciones; operación que solo es posible con la ayuda de una computadora, y de ahí el nombre de la técnica (tomografía ayudada o asistida por computadora). En 1963, Cormack publicó sus resultados en una revista de Física, pasando inadvertidos a la comunidad médica. Una década después, Hounsfield, desconocedor del trabajo de Cormack, intuyó, como este, que un método tomográfico sería el más práctico. Para abordar la imagen tridimensional completa, cualquier cuerpo podría trocearse en lonchas; luego, cada una de ellas podría reconstruirse a partir de la información obtenida de la atenuación sufrida por el haz de energía electromagnética al atravesarlo. Esta metodología (retroproyección) reduce el problema tridimensional de la estructura al bidimensional de las lonchas que se detectan como superficies; además, con niveles normales de radiación puede medirse el valor absoluto del coeficiente de atenuación de los diferentes componentes con una fiabilidad de un error menor del 0,5 por 100, una eficacia casi cien veces mayor que la de los métodos convencionales. Ese fue un hecho de la máxima importancia, pues el éxito de la TC se debe a que la estructura interior puede ser visualizada distinguiéndose diferencias mínimas de intensidad, lo que permitió, en el cerebro, distinguir las sustancias gris y blanca. Dado que la reconstrucción compromete secciones (planos o lonchas) transversales a lo largo del eje (axis) longitudinal del cuerpo examinado, la técnica se denomina, también, tomografía axial computarizada (TAC).

El primer tomógrafo (cerebral) clínico se utilizó en el Hospital Atkinson Morley de Wimbledon, en el año 1971, y supuso el comienzo de una nueva etapa en la medicina definida no solo por el imperio de la imagen, sino también por la eclosión de la alta tecnología médica. Al año siguiente llegaba a la clínica el primer TC de cuerpo entero. Los escáneres TC visualizan con nitidez el cerebro, el hígado, el bazo, el páncreas o las estructuras torácicas. Sin embargo, no proporcionan tan buen acceso al feto y al interior vascular; estas dos estructuras requieren otro tipo de tecnología: la ecografía y la angiografía.

El diagnóstico por ultrasonido (US) tiene su origen en aplicaciones militares (sonar) e industriales (estudio de materiales perecederos envasados). En la década de los cincuenta, ingenieros y clínicos norteamericanos cooperaron en el desarrollo de técnicas ultrasónicas diagnósticas. A pesar de que en las primitivas máquinas el paciente tenía que sumergirse en una bañera, los ultrasonidos ofrecían la ventaja de no utilizar radiación ionizante, por lo que su potencial valor en obstetricia fue rápidamente reconocido; hacia 1980 el diagnóstico por ultrasonido estaba perfectamente establecido. Desde entonces, los ultrasonidos ofrecen numerosas posibilidades como técnica no invasiva. Exámenes de rutina de mama y de próstata, diagnóstico diferencial en patología intraabdominal y estudios cardiovasculares sofisticados son sus aplicaciones más sobresalientes. Los desarrollos más recientes se refieren a las técnicas de imagen vascular que utilizan el efecto Doppler; entre ellos, la imagen dinámica en tiempo real del flujo sanguíneo, su cuantificación y la visualización de la pulsatilidad de la pared de un vaso, están abriendo la puerta a una nueva técnica diagnóstica: el cateterismo vascular funcional. Por su parte, una sonda de sonar situada en la punta de un catéter de poco más de un milímetro de diámetro puede «mapear» la topografía del interior de los vasos para detectar posibles alteraciones de su pared; ello con tal precisión que la técnica se denomina angiomicroscopía acústica.

La angiografía va más allá; persigue la introducción de una videocámara en la luz vascular con la que poder visualizar, de manera directa, cualquier territorio vascular; objetivo de próxima consecución con el empleo de fibra óptica. Durante el cateterismo cardiaco —una de las técnicas más practicadas— un catéter se introduce en la arteria femoral, a través de una punción en la región inguinal, y se avanza hasta el corazón donde se inyecta, a gran presión, un contraste opaco a los rayos X. Un dispositivo radiográfico (cinerradiografía) visualiza las características de los flujos, las condiciones dinámicas del corazón y la morfología de los vasos. Es una exploración previa y obligada a cualquier intervención sobre el corazón (valvulopatías, estenosis de las arterias coronarias). Una variante distinguida de esta técnica es la angiografía por sustracción digital; en ella la digitalización de las imágenes de un territorio tomadas sin y con contraste permite la eliminación de las estructuras que no están directamente involucradas en el estudio deseado, ofreciendo imágenes con una nitidez excepcional.

La utilización de compuestos radiactivos como trazadores que podían estudiarse mediante detectores extracorporales (medicina nuclear) tuvo cierto declinar en los ochenta; sin embargo, la incorporación de sondas específicas ha revitalizado la técnica en la última década. Por ejemplo, los anticuerpos monoclonales son compuestos diseñados para reconocer una determinada molécula o parte de ella en una estructura específica como una célula cancerosa (estudio de metástasis) o el miocardio (estudio de la extensión de un infarto). Quizá la tomografía de emisión de positrones (PET) sea la técnica de emisión más eficaz. Introducida en los años setenta, la PET es, hoy, una técnica familiar. La PET ha supuesto una herramienta insustituible para estudiar los mecanismos de las reacciones químicas *in vivo* y las bases moleculares de la adicción a las drogas y del síndrome de abstinencia, del envejecimiento, de diferentes trastornos neurológicos y de diversas enfermedades mentales. Al contrario que las imágenes proporcionadas por la TC, que son eminentemente estructurales (anatómicas), las imágenes por PET muestran la bioquímica y la fisiología (funcionales). Detrás de una imagen PET hay un isótopo emisor de positrones que la hace posible. Son isótopos artificiales pobres en neutrones de vida media muy corta —^{15}O (2 min), ^{13}N (10 min), ^{11}C (20 min) y ^{18}F (110 min)— producidos en un ciclotrón cercano y que son incorporados rápidamente en diferentes sustratos (biológicos como la glucosa, análogos como la desoxiglucosa, neurotransmisores como la dopamina o drogas como la cocaína) que serán inyectados intravenosamente en el paciente permitiendo estudiar el aporte local de sangre, los consumos de oxígeno, de ácidos grasos, de aminoácidos y de cualquier otro metabolito del metabolismo intermediario, así como las características de las interacciones entre los neurotransmisores y sus receptores. Tales posibilidades son aplicables al estudio de un órgano dado, en especial en cuadros isquémicos (cerebrales o miocárdicos), en trastornos motores, sensoriales o psiquiátricos y en cuadros neurodegenerativos o en diferentes tumores; en este último caso, la PET es útil para conocer el grado de captación de un determinado fármaco antineoplásico. La tomografía de emisión de fotón único (SPECT), que utiliza isótopos naturales, tiene las mismas indicaciones que la PET.

Pero la tecnología de imagen que ha captado la atención de la comunidad médica y que ha logrado una popularidad más allá que cualquier otra es la imagen por resonancia magnética (IRM). La IRM es un método tomográfico de emisión cuyas principales ventajas son su capacidad multiplanar, con la posibilidad de obtener cortes milimétricos o planos primarios en cualquier dirección del espacio; su elevada resolución de contraste, que es cientos de veces mayor que en cualquier otro método de imagen, y la ausencia de efectos nocivos conocidos al no utilizar radiación ionizante. Sus aplicaciones abarcan desde el estudio del cerebro en los traumatismos craneoencefálicos hasta el de los ligamentos de la rodilla en los atletas.

El fenómeno subyacente de la resonancia magnética nuclear —así se llamó la técnica originalmente, aunque se suprimió el calificativo de nuclear para evitar cualquier referencia al fenómeno «nuclear»— fue observado, de manera independiente, por Felix Bloch (Universidad de Standford, California) y por Edward Purcell (Universidad de Harvard) en el año 1946, quienes

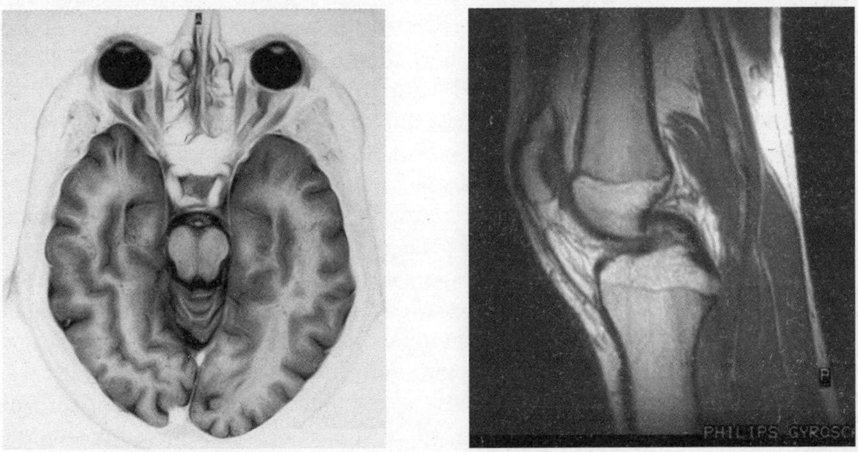

Fig. 16.2.—IRMs de un cerebro (corte horizontal) y de una rodilla (corte longitudinal) humanos normales

fueron galardonados por ello con el premio Nobel de Física en 1952. La resonancia magnética se basa en que ciertos núcleos atómicos, en particular el núcleo de hidrógeno o protón, se comportan como nanoimanes. Bloch y Purcell se dieron cuenta de que podían ponerse de manifiesto diferencias significativas en las propiedades atómicas de la materia (entre sólidos y soluciones en los días pioneros, o entre cerebros y ligamentos en las aplicaciones clínicas actuales). Ello, alineando primero los protones mediante un campo magnético y luego perturbándolos mediante pulsos de radiofrecuencia, de manera controlada. Durante el período 1950-1970 la técnica quedó relegada al campo de la física y de la química, pero no a la medicina. En la década de los setenta se estableció que los diferentes tejidos orgánicos poseían una señal de resonancia (señal emitida cuando, una vez que ha cesado la perturbación, los protones retornan —se reorientan— a su posición de alineamiento) tan distintiva como una huella dactilar. El período de reorientación se denomina tiempo de relajación; los átomos de hidrógeno de las moléculas de agua de unos tejidos se relajan más rápidamente que los átomos de hidrógeno en otros tejidos. En 1973 se obtuvieron las primeras imágenes mediante RM, reconstruidas con la técnica utilizada en tomografía computarizada. La primera IRM clínica data de 1980. Entonces, la adquisición de cada imagen o corte duraba no menos de cinco minutos. La técnica se ha desarrollado muy rápidamente, siendo posible en la actualidad la adquisición ultrarrápida de imágenes (imagen ecoplanar: EPI), la detección de incrementos muy sutiles de flujo de sangre asociados a la activación de determinadas partes del cerebro (IRM funcional) o la visualización del desarrollo fetal (IRM microscópica).

Por su parte, la magnetoencefalografía (MGE) detecta cambios en los débiles campos biomagnéticos generados por la actividad eléctrica cerebral. La actividad cortical produce campos de 10-100 femto (10^{-15}) teslas detectables en las proximidades del cráneo (la IRM utiliza campos de 0,5-2 T; el campo magnético terrestre mide 45×10^{-6} T; el campo magnético creado por la actividad bioeléctrica cardiaca mide $20\text{-}50 \times 10^{-12}$ T). La MGE utiliza sensores superconductores (*Superconducting Quantum Interference Devices:* SQUIDs) hipersensibles al campo magnético y que operan en la temperatura del helio líquido (–268 °C). La técnica complementa la información proporcionada por el registro de la actividad eléctrica cerebral (electroencefalograma: EEG) en el estudio, principalmente, de las epilepsias, y proporciona una herramienta insustituible en el estudio de las funciones cognitivas; en aquellas, la técnica de potenciales evocados (registro EEG durante la aplicación de estímulos visuales o auditivos) es un complemento ampliamente aceptado.

Tan extenso abanico de tecnologías de la imagen ha posibilitado la visualización «real» de las estructuras anatómicas en situaciones normal y patológica. Muchas de esas tecnologías (US, TC, IRM, EEG) están ampliamente aceptadas y mantienen una impresionante velocidad de innovación; otras (IRM funcional, PET, MEG) se mantienen en nichos ambientales especializados. La razón primaria de su éxito es la capacidad de haber proporcionado una información sin precedentes, útil, en la mayoría de los casos, en la atención rutinaria de gran número de pacientes. La demanda de terapéuticas cada vez más eficaces y menos agresivas exige técnicas de imagen en tiempo real. Por su parte, una misma imagen lograda mediante técnicas diferentes suele ofrecer mayor información. En la actualidad, el procedimiento es examinar en conjunto, pero por separado, cada una de las imágenes; en el futuro, las imágenes combinadas, en las que se fundan las diversas técnicas, facilitarán la labor. El problema puede derivar, paradójicamente, de que un exceso de información dificulte al clínico la toma de decisiones.

CARTOGRAFÍA CEREBRAL

El cerebro alberga 10^{10} células nerviosas (neuronas) relacionadas a través de 10^{14} interconexiones (sinapsis). Las sinapsis son los locutorios entre las neuronas, donde los neurotransmisores y sus receptores específicos son sus protagonistas. Los agentes que llevan a cabo esta interpretación se denominan neurotransmisores. Diferentes técnicas con diversas propiedades pretenden comprender los principios funcionales del cerebro estudiando otros tantos procesos biológicos; ello con la finalidad de describir las regiones cerebrales que participan en diferentes funciones. En primer lugar, la actividad neuronal incrementa el consumo energético, que puede medirse indirectamente valorando el aporte de glucosa a las regiones cerebrales comprometidas; la glucosa cubre el 95 por 100 de la demanda energética cerebral. El metabolismo regional cerebral se estudia mediante PET. Además, un aumento de la demanda energética se acompaña de un incremento del flujo y del volumen de sangre regional destinados a satisfacer la demanda de oxígeno neuronal; la IRM funcional es la herramienta adecuada. Por su parte, la actividad sináptica puede estudiarse mediante sondas (neurotransmisores marcados) que emiten positrones o fotones y que se ligan, de manera específica, con un determinado receptor; ello utilizando PET o SPECT. Por último, la activación neuronal produce pequeños flujos de corriente eléctrica que inducen débiles campos magnéticos detectables mediante EEG y MEG, respectivamente.

Las diferentes técnicas han hecho posible identificar las regiones corticales activadas cuando una persona realiza algún acto voluntario o recibe algún estímulo sensorial específico; ha sido posible demostrar cómo la imagen cerebral puede correlacionar las operaciones mentales que construyen un determinado comportamiento con las diferentes áreas cerebrales involucradas en dichas operaciones cognitivas (pensar, leer, sumar, etc.). Pero el estudio recabado hasta ahora de la función cerebral está aún lejos de formar parte de una teoría del cerebro.

IMAGEN INTERVENCIONISTA: CIRUGÍA MINIINVASIVA

La angiografía diagnóstica alcanzó su mayoría de edad en la década de los setenta; fue una técnica eficaz para estudiar, en el sistema cardiovascular, la enfermedad arteriosclerótica, y, al nivel general, para recabar información diagnóstica específica sobre la presencia de tumores y otros tipos de patologías. En este panorama, muchos de los pioneros de la radiología intervencionista se preguntaron si los catéteres que introducían en el sistema vascular podrían tener otras aplicaciones además de las diagnósticas. Los intereses clínicos se referían a si los catéteres podrían utilizarse para dirigir al mismo foco patológico fármacos antitrombóticos, anticancerosos, etc. Pronto se comprobó que los fármacos son mucho más activos cuando se aplican directamente en el lugar de la patología que cuando se administran por vía sistémica, oral o intravenosamente. Otros investigadores, interesados en la enfermedad vascular oclusiva, iniciaron técnicas desobstructivas mediante catéteres. Una nueva generación de médicos comenzó a mostrar interés en el desarrollo de este campo de actuación; hubo una transición gradual desde el angiógrafo, interesado en el diagnóstico, al intervencionista, interesado en la terapéutica.

El intervencionismo se benefició de una simbiosis con la tecnología; los pioneros de la técnica pronto se dieron cuenta de que la imaginación está limitada, exclusivamente, por la capacidad de conseguir las herramientas adecuadas para desarrollarla. La combinación del acceso vascular percutáneo (casi siempre a través de las arterias femoroinguinales) a las diferentes estructuras orgánicas, el diseño de guías teledirigidas y de miniherramientas, la introducción de nuevos materiales de contraste y el desarrollo de una imagen de altísima calidad permitieron visualizar, virtualmente, todas y cada una de las estructuras internas del organismo.

El área que tiene mayor impacto en la atención a los pacientes es el sistema cardiovascular; la *angioplastia* coronaria transluminal percutánea representa el prototipo de terapia miniinvasiva de la enfermedad oclusiva coronaria, que mejora la calidad de vida de decenas de miles de pacientes cada año. Ello ha supuesto un gran impacto en el tratamiento de la enfermedad vascular que ha visto relegar a un segundo plano los puentes vasculares *(bypass)* tradicionales. Un concepto importante de la imagen intervencionista es que, al ofrecer una terapia menos invasiva, puede aplicarse en estadios precoces de la enfermedad, evitando, a la larga, intervenciones quirúrgicas mayores.

Otras aplicaciones comienzan a desplazar otras intervenciones quirúrgicas clásicas; sirva de ejemplo el escenario denominado «punto de cita». En términos generales, pretende salvar una obstrucción vascular o de una víscera hueca en pacientes cuya condición general impide una intervención quirúrgica muy agresiva; ello mediante la colaboración de dos especialistas que intentan salvar la obstrucción mediante la colocación de un catéter introducido a través del extremo distal a la obstrucción y dirigido por una guía introducida desde el extremo proximal.

Sin embargo, uno de los territorios que se ha beneficiado especialmente de la radiología intervencionista ha sido el cerebro. Los neurorradiólogos fueron pioneros en el tratamiento de los aneurismas arteriales, en la embolización de malformaciones arteriovenosas y, más recientemente, en aproches más agresivos del *stroke*[4] y en la prevención de los efectos devastadores de la isquemia intracraneal mediante la utilización de angioplastia y trombólisis local. El ejemplo paradigmático de la neurocirugía ha sido la radiocirugía estereotáxica. En 1951, el equipo de neurocirugía del Instituto Karolinska, en Suecia, describió un método para dirigir con precisión los haces de radiación desde una fuente externa hacia lesiones cancerosas intracerebrales inaccesibles. Para localizar la lesión utilizaron, como técnica de partida, la estereotaxia; diseñada en el año 1906, se trata de un andamiaje que se fija al cráneo y define un sistema de coordenadas por el que la imagen radiológica puede asignarse a la anatomía del paciente.

Pero la colaboración entre las nuevas técnicas de imagen, la neuronavegación y la cirugía miniinvasiva han dado un vuelco a la neurocirugía. La función de la imagen médica es determinar la severidad y el lugar de la lesión; esto es, definir el estadio y la localización. La localización es, también, el primer paso en la *navegación* intracorporal. Los datos necesarios para navegar a través de las estructuras las proporcionan las variadas formas de imagen volumétrica, principalmente mediante tomografía computarizada o por resonancia magnética. Esos datos incluyen tamaño (volumen), forma (fronteras) y orientación (posición en un eje de coordenadas). La navegación intraoperatoria está en sus albores y sirve, en la actualidad, a una cirugía miniinvasiva practicada con herramientas flexibles y guiada por imagen. Las imágenes TC y RM preoperatorias pueden procesarse para producir imágenes volumétricas o tridimensionales (3-D), imágenes que son representadas en un monitor durante la cirugía. El cirujano utiliza un puntero (navegador) cuya posición es detectada y superpuesta, en tiempo real, en la imagen reconstruida a partir de las imágenes preoperatorias; ello permite al cirujano conocer con precisión la posición exacta de la estructura sobre la que ha de actuar. Localizada la lesión, hay que abordarla. Gran parte del daño tisular que provoca la cirugía deriva de la necesidad de seccionar los tejidos normales para acceder a la lesión; las tecnologías quirúrgicas actuales acceden al interior del organismo utilizando las vías naturales (broncoscopia, endoscopia digestiva, uroscopia) o a través de mínimas incisiones (ojales de entrada) y de neocorredores que conducen a la lesión sin dañar las estructuras adyacentes. Alcanzada la lesión, minibisturíes teledirigidos que emiten energía laser (bisturíes de luz) o rayos X (bisturíes de fotones) o que aplican temperaturas de congelación *in situ* (bisturíes criogénicos) consiguen su destrucción; terapéutica mininvasiva que espera incorporar, en un futuro próximo, técnicas *nanotecnológicas*.

[4] «Accidente» cerebral de causa vascular.

La práctica médica incluye multitud de ambientes microscópicos cuyo acceso escapa a las posibilidades de los sistemas mecánicos derivados de la ingeniería clásica. Las técnicas micromecánicas permiten el acceso celular de la microcirugía, de los microsensores y microprótesis y de la microfarmacología (microcontenedores de fármacos). Por su parte, la nanotecnología opera en dimensión 10^{-9} m; los nanotecnólogos manipulan átomos y moléculas más que materia concreta *(buck technology).* Aunque la nanotecnología está en su infancia y debería hablarse de nanociencia, la posibilidad de fabricar nanochips para las computadoras o micromáquinas biológicas ha supuesto que esta nueva especialidad junto con la tecnología de la información y la obtención de energía a partir de la biomasa sean las tres iniciativas multidisciplinares a las que los presupuestos de investigación de Estados Unidos para el año 2001 han prestado mayor atención. En terapéutica, el concepto de «bala química» expuesto por Paul Ehrlich representa el paradigma de la farmacología dirigida a una diana específica (célula cancerosa, lesión del ADN). La acción terapéutica puede dirigirse a un órgano (terapéutica de primer nivel: trasplante, farmacología convencional de administración sistémica o tópica de un fármaco), a una célula o a una estructura subcelular (terapéutica de segundo nivel: microfarmacología) o a una molécula determinada (terapéutica de tercer nivel: nanotecnología); en este último escalón, la biomimética persigue el diseño de genes y de proteínas que puedan reemplazar estructuras celulares patológicas.

El ambiente intervencionista también ha contagiado a otras especialidades; la cirugía laparoscópica es un buen ejemplo. Aquí, los cirujanos utilizan imagen endoscópica en vez de radioscópica para acceder a la cavidad abdominal; pequeñas incisiones por las que se introducen los sistemas de imagen y los artilugios quirúrgicos necesarios permiten realizar intervenciones (colecistectomía, nefrectomía, ligadura de trompas, herniorrafia) que, hace pocos años, exigían, las más de las veces, amplias laparotomías. La técnica es también aplicable a la cavidad torácica, al raquis y a las articulaciones; sistemas que, en su versión actual de flexibilidad y calidad óptica, se deben al desarrollo del endoscopio de fibra óptica por Harold Hopkins en 1954.

Una alianza singular de la cirugía miniinvasiva (laparoscopia) está representada por la colaboración entre Patrik Steptoe y Robert Edwards, y que culminó con el nacimiento, en julio de 1978, de Louise Joy Brown, el primer «bebé probeta» concebido mediante fertilización *in vitro* (FIV). En 1937, John Rock anticipó la posibilidad de la FIV en un artículo inspirado en el trabajo de un colega, Gregory Pincus, quien se haría famoso por su participación en el desarrollo de la «píldora anticonceptiva» —uno de los logros, con su antípoda precitada la FIV, de la medicina moderna por su gran impacto social. Con unos pocos antecedentes fallidos, Edwards ponía, a comienzos de la década de los sesenta, las primeras piedras de la FIV; ello utilizando óvulos tomados de mujeres en el transcurso de intervenciones ginecológicas mayores como histerectomías. El «teatro de operaciones» cambió radicalmente en

1968, cuando Edwards pudo disponer de los óvulos que le proporcionaba Steptoe mediante laparoscopias rutinarias.

Robots quirúrgicos

La ingeniería médica es una actividad emergente que asocia humanos y máquinas con el propósito de hacer mejor ciertas operaciones que si las realizaran cada uno de ellos por separado. Para los médicos, esta asociación es importante porque ofrece posibilidades de mejorar la eficacia y la seguridad de procedimientos clínicos existentes y de desarrollar otros nuevos que no pueden llevarse a cabo de otra manera. Para los tecnólogos, la asociación ofrece el reto de llevar a la práctica ciertas aplicaciones mediante operadores articulados.

Para diseñar asociaciones de este tipo, que involucran capacidades complementarias, es necesario considerar los puntos fuertes y débiles de cada parte. Los cirujanos tienen muchas habilidades; tienen gran destreza y están bien entrenados para sacar partido de referencias táctiles y visuales. Se adaptan y pueden realizar sus habilidades en un amplio rango de escalas geométricas. Mediante un control «juicioso», comprenden lo que hacen y lo que sucede durante el acto quirúrgico y utilizan su destreza, sus sentidos y su experiencia para ejecutar el procedimiento adecuado. Pueden analizar su propio rendimiento y aplicar las lecciones aprendidas, esto es, progresan con la práctica.

Sin embargo, los cirujanos tienen sus limitaciones. No son geométricamente precisos; en otras palabras, no pueden colocar con facilidad un instrumento determinado en una localización exacta y luego moverlo a lo largo de una trayectoria definida, ni tampoco son muy buenos a la hora de ejercer con exactitud una fuerza predefinida en una dirección determinada. No toleran bien la radiación ionizante. Son torpes si se les exige trabajar en espacios confinados durante mucho tiempo. Sufren de imperceptibles temblores en sus manos que limitan su capacidad para operar sobre estructuras muy delicadas. Se cansan y, con ello, cometen errores. Envejecen y pierden su habilidad. Por desgracia, muchas de esas limitaciones afectan la eficacia de ciertos procedimientos quirúrgicos, especialmente en aquellos casos donde se requiere una gran precisión geométrica.

Por fortuna, las máquinas tienen habilidades complementarias que pueden paliar algunos de los defectos de los cirujanos. Las máquinas son muy precisas e incansables, pudiendo repetir sin limitación alguna posiciones y trayectorias; reaccionan con rapidez adecuando instantáneamente la fuerza a la resistencia cambiante de las estructuras que encuentran en su camino. Pueden miniaturizarse para operar en espacios muy confinados y pueden resistir dosis elevadas de radiación ionizante. A la vista de todo ello, los robots se perfilan como las mejores herramientas quirúrgicas. Herramientas que no son una amenaza para reemplazar a los cirujanos, pero pueden ayudarlos a hacerlo mejor. A pesar del esfuerzo realizado, la asistencia automática —segura, fiable y efectiva— en cirugía no se ha desarrollado con la velocidad prevista.

Otro aspecto de la robótica médica es el diseño de manos robóticas sensitivas que sean capaces de restaurar la funcionalidad manual a personas que la hayan perdido; ello de la mano, valga la redundancia, de una especialidad emergente: *háptica* o ingeniería de la función manual. La posibilidad de prótesis de miembros cuyos sensores puedan percibir y transmitir información táctil a los nervios sensoriales intactos de la raíz del miembro amputado es uno de los objetivos finales de la robótica. Microrrobótica, realidad virtual, comunicaciones integrales o globales, imagen tridimensional y cirugía por telepresencia son los ingredientes clave del programa denominado *Surgery 2001,* de la *Advanced Research Projects Agency* del Pentágono. Todo ello exige replanteamientos conceptuales, docentes, formativos, prácticos y asistenciales.

CIRUGÍAS INTEGRADA POR COMPUTADORA Y VIRTUAL

Un tema relevante es la sinergia que pueda lograrse entre los métodos computacionales para la planificación prequirúrgica y la mejor capacitación para ejecutar los planes previstos. Para que los sistemas computacionales tengan valor es esencial que el cirujano sea capaz de llevar a cabo la estrategia planificada. Si se pretende la simulación cualitativa preoperatoria, debe ser posible que el cirujano ensaye una y otra vez y lleve los resultados al quirófano o los almacene en su cabeza. La utilidad de tal simulación descansa en que el sistema permita el perfeccionamiento quirúrgico clínico, proporcionando al cirujano un dispositivo interactivo en tiempo real. Si el planteamiento exige información cuantitativa —forma y posición de un tumor o posiciones y orientaciones de los fragmentos óseos en una osteosíntesis—, el objetivo será conseguir la precisión geométrica intraoperatoria.

Como cualquier campo técnico que todavía no está bien estructurado, existe a menudo cierta redundancia entre los conceptos que lo componen y las subdisciplinas que lo integran. No hay acuerdo sobre cómo debe denominarse: cirugía asistida por computadora, quirobótica dirigida por imagen, robótica médica, medicina integrada por computadora, cirugía por informatización intensiva o cirugía integrada por computadora. La última denominación enfatiza la integración de planteamientos y análisis prequirúrgicos, de sistemas de ejecución quirúrgica basados en computadora y de seguimiento y control de calidad posquirúrgicos. Sin embargo, la denominación es menos importante que la realidad emergente de estos nuevos sistemas.

La estructura arquitectónica, compleja, de estos sistemas contempla: una base de datos unificada que contenga en esencia toda la información disponible sobre el paciente, principalmente imágenes médicas; potentes sistemas de planificación prequirúrgica y análisis posquirúrgico en los que un elemento decisivo es la modelización tridimensional de la anatomía del paciente; sistemas robóticos intraoperatorios que asistan al equipo médico en la realización del procedimiento planificado y que ayuden al cirujano en la manipulación de los instrumentos; sistemas de integración de la realidad virtual de los modelos preoperatorios con la realidad actual del paciente en la mesa de operaciones, y por último, sistemas interfásicos que permitan la visualización en tiempo real de la integración virtual-actual indicada.

La medicina virtual es un aspecto fascinante de la realidad virtual. Un primer paso hacia las posibilidades venideras lo representa un atlas anatómico en CD-ROM; por su parte, un cuerpo humano digitalizado está a punto de ser vertido en la red de fibra óptica de las universidades americanas. Algo más futurista es un modelo 3-D del cerebro, «loncheable», que han desarrollado un hospital de Boston y *General Electric;* con la ayuda de unas gafas estereoscópicas y el manejo de un ratón puede diseccionarse tal cerebro como si se tratara de una preparación anatómica en la sala quirúrgica. Se necesitan otros dos aditamentos para simular un verdadero cuerpo virtual: un dispositivo de inmersión en la realidad virtual (un casco especial, *Head-mounted Display:* HMD) y unos guantes activos, y un modelo quinemático de las partes corporales.

Un residente en cirugía que se ejercita en cadáveres reales no puede repetir un procedimiento quirúrgico si se equivoca; los órganos no pueden reconstruirse una vez dañados. Además, la curva de aprendizaje de un especialista continúa durante muchos años tras lograr su titulación; se necesitan varios cientos de intervenciones *in vivo* para lograr una eficacia comprobada. Una alternativa es que los futuros cirujanos se entrenen de manera similar a como lo hacen los pilotos de aeronaves. La investigación de simuladores corporales para cirugía —algo parecido a los simuladores virtuales de vuelo— ha dado sus pasos iniciales; existen en fase experimental una pierna virtual para entrenamiento en traumatología y un cuerpo virtual para cirugía abdominal. En el abdomen virtual se encuentran todas las vísceras, y en el quirófano, también virtual, todo el instrumental necesario para la laparotomía y la intervención programada. El cirujano, enfundado en su casco de inmersión virtual y sus guantes activos, puede repetir tantas veces como desee la intervención elegida; ello sintiendo en sus manos la impresión que produce el bisturí cuando corta el tejido, y viendo imágenes compuestas que le permitan valorar lo que hay detrás de la sangre y de las superficies opacas. ¿Cuánto tiempo llevará que esa visión madure?

Por su parte, la telecirugía pretende conseguir clones virtuales de pacientes; el cirujano operaría en el replicante y sus delicados movimientos serían reproducidos, a distancia, por un robot que los repetiría, fielmente, en el cuerpo real del paciente. Desde luego que este sueño no es realidad. En particular, la integración de tales sistemas representará un serio reto incluso cuando cada uno de ellos esté plenamente desarrollado, y todo ello requiere una potencia de computación, hoy, lejana. Ayer, las computadoras más rápidas podían realizar cientos de operaciones por segundo; hoy, la velocidad de computación se mide en MIPS, millones de instrucciones por segundo; pero los sistemas de realidad virtual se desayunan con MIPS. El futuro exige no ya los gigaflops

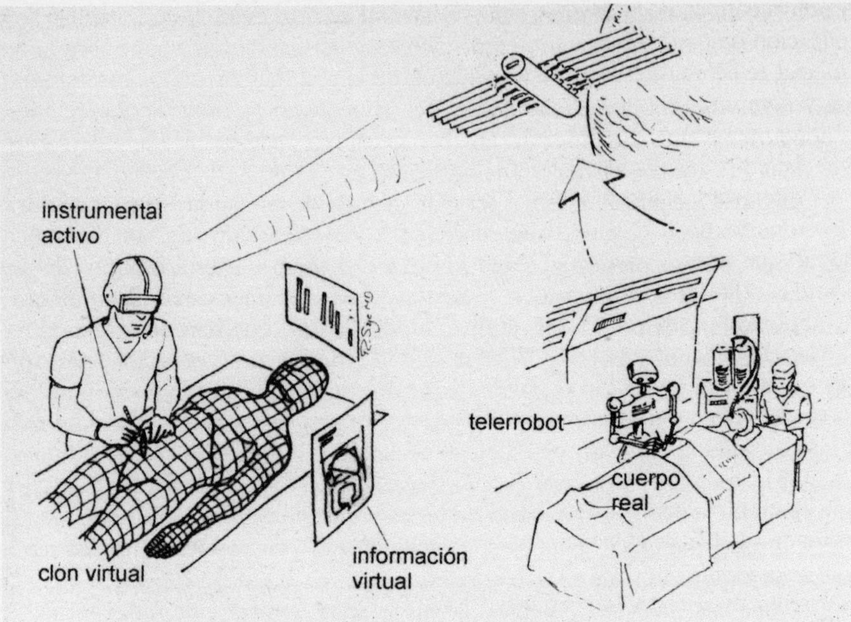

Fig. 16.3.—Clon virtual de un cuerpo vivo para telecirugía quirobótica. [Modificada de R. H. Taylor, S. Lavallo, G. C. Burdea & R. Mösges (eds.), *Computer-Integrated Surgery. Technology and Clinical Applications,* The MIT Press, Cambridge, 1996]

(miles de millones de operaciones por segundo), ya al alcance de la mano, sino los teraflops del mañana. Un teraflop ejecutará 10^{12} —un billón— de operaciones por segundo; una frontera aún lejana. En particular, la integración de tales sistemas representará un serio reto incluso cuando cada uno de ellos esté plenamente desarrollado. Tales retos no son solo técnicos; los conceptuales y los relacionados con las competencias de las actuales especialidades serán más difíciles de derribar.

Telemedicina

La historia de los sistemas de atención sanitaria de diferentes países, en las últimas tres o cuatro décadas, revela una preocupación constante por tres problemas difíciles de resolver: la distribución no homogénea de los recursos sanitarios, el inadecuado acceso a esos recursos por parte de determinados segmentos de la población y un imparable incremento del coste de la atención sanitaria. A esa preocupación deben añadirse exigencias ajenas derivadas de los contextos aeroespacial y militar. La telemedicina proporciona una respuesta polivalente a todos los problemas y exigencias señaladas; ello, mediante la aplicación de una combinación de tecnologías innovadoras de información, en especial telecomunicación audio/vídeo bidireccionales e interactivas, telemetría y computadoras para garantizar diferentes servicios médicos a pacientes remotos, y para facilitar el intercambio de información entre los médicos, en especial entre los de atención primaria y fundamentalmente los del área rural, y los diferentes especialistas de los centros asistenciales terciarios (hospitales). Por su parte, un sistema de telemedicina es un centro médico, típicamente regional, que ofrece servicios sanitarios integrados a una población definida mediante la utilización de las telecomunicaciones y las computadoras.

Sobre la base de la amplitud de la descripción aportada, podría aceptarse que la telemedicina comenzó con el intercambio de información entre los médicos o la primera vez que un médico dio un consejo a un paciente a través de un teléfono. Sin embargo, la telemedicina, tal como se entiende en el momento actual, inició su andadura a finales de la década de los sesenta, cuando se inauguró una consulta psiquiátrica a través de un circuito cerrado de televisión entre el Instituto de Psiquiatría de Nebraska y un sanatorio psiquiátrico en una región alejada de ese estado norteamericano. Pero esa primera generación telemédica quedó abortada; ello porque las autopistas de la información necesarias estaban aún por llegar, por la inexperiencia informática y computacional de los médicos que participaron en esas primeras experiencias y porque las agencias financiadoras, ante la escasez de resultados, se desanimaron prematuramente. La primera generación de proyectos de telemedicina demostró la necesidad de prestar más atención y de reevaluar con más rigor las complejas dimensiones tecnológicas, sociales, culturales y organizativas que acompañan a la introducción de la telemedicina.

A pesar de una historia que tiene ya treinta años, el progreso y la difusión de la telemedicina se caracterizan por su lentitud y limitación. Los proyectos de telemedicina —telerradiología, teleoncología y telepsiquiatría— que se iniciaron a finales de la década de los ochenta representan la segunda generación telemédica; proyectos que luchan por romper las resistencias, reales o percibidas, a su desarrollo. Las grandes oportunidades de la telemedicina para mejorar el diagnóstico, la terapéutica y la educación médica son, a la vez, grandes retos; los principales se refieren al problema de la «última milla», esto es, la capacidad de comunicación en las mismas consultas médicas y, en último lugar, en la casa de los pacientes. Están realizándose experiencias piloto mediante la instalación de pequeñas estaciones automáticas de alarma en los hogares de pacientes con enfermedades crónicas que los conectan, a través de un circuito de televisión, con una clínica. Diferentes instrumentos simples de telediagnóstico —estetoscopio, otoscopio, espirómetro, electrocardiógrafo, etcétera— pueden ser manejados por el paciente bajo la supervisión remota de una enfermera o de un médico. Ello proporciona, en tiempo real, el diagnóstico y el tratamiento precoz en situaciones límite en las que el traslado al hospital no es posible de manera inmediata.

En el terreno militar, el elemento clave de la telemedicina es garantizar el asesoramiento experto en cualquier parte y en cualquier momento. En enero de 1995, la *Advanced Research Projects Agency* anunció el inicio del *Advanced Biomedical Technology Program,* cuyo objetivo es la «telepresencia experta» en el campo de batalla que incluye, especialmente, el apoyo de diagnóstico médico por imagen. La extrapolación al campo aeroespacial es obvia. Un futuro más lejano contempla la posibilidad de colocar sensores no invasivos en localizaciones estratégicas en todo un edificio. Sensores de uso personal podrán, por ejemplo, detectar un cáncer de colon; sensores de metabolitos de determinados fármacos en orina o en el sudor podrán asegurar un tratamiento correcto; microsensores de glucosa, de oxihemoglobina o de presión arterial/pulso, en el teléfono, podrán, al asirlo, informar al hospital. De igual modo, sensores ultrasónicos en la ducha podrán detectar lesiones mamarias (ver: biosensores, pág. 554).

TRASPLANTARIEDAD

La idea de componer o de recomponer cuerpos —organismos— a partir de estructuras de distintas procedencias ha estimulado la imaginación desde tiempos remotos; así lo atestigua la mitología griega. De hecho, uno de los monstruos más emblemáticos, la Quimera, se ha erigido en símbolo paradigmático de la trasplantariedad. Ya en la Ilustración, los experimentos más famosos de trasplantes, previos al advenimiento de la inmunología moderna, los realizó el cirujano escocés John Hunter (1728-1793), extraordinario anatomista y padre de la cirugía experimental. En 1902, un cirujano vienés nacido en Hungría, Emerich Ullman (1861-1937), publicó un trabajo sobre un trasplante renal en el perro; trabajo que sirvió de estímulo para las investigaciones de Alexis Carrel (1873-1944). Carrel, graduado en la Universidad de Lyon, trabajó en Chicago en los años 1902-1904; aquí aplicó los principios de la cirugía vascular al trasplante, asentando las bases técnicas de este. Por ello, recibió el premio Nobel de Fisiología o Medicina (PNFM) en 1912.

Junto con la técnica quirúrgica —la Cirugía reclama el trasplante como suyo y tal vez sea su rama más importante—, el otro componente esencial es inmunológico. Los fundamentos científicos de la inmunología se establecieron a las puertas del siglo XX. En 1898, Jules J. B. V. Bordet (1870-1961) reconoció la lisis de los eritrocitos extraños tras la transfusión de sangre, y, en 1901, Karl Landsteiner (1868-1943) inició el estudio de los grupos sanguíneos del sistema ABO en los eritrocitos. A principios de los años veinte, diferentes estudios sobre el rechazo del injerto soportaron el trabajo clásico de Peter Gorer, que condujo a la formulación de la teoría de la especificidad antigénica tisular de los diferentes individuos. Y en 1943, Peter B. Medawar y cols. (1915-1987) demostraron que el organismo receptor destruye el tejido injertado a través de un mecanismo inmunológico que involucra una respuesta celular mediada por los linfocitos y otra respuesta humoral dependiente de los anticuerpos circulantes.

Más aún, la destrucción del injerto establece una memoria en los leucocitos que reconocerán, de inmediato, un nuevo injerto procedente del mismo donante y al que destruirán más expeditivamente que al primero.

La unión definitiva entre cirugía e inmunología tuvo lugar cuando el tipaje inmunológico fue utilizado, por vez primera, en la selección de un donante. Ello tuvo lugar en Boston, en 1954; lo realizó el equipo dirigido por Joseph E. Murray (PNFM 1990) en un trasplante renal entre gemelos idénticos (isoinjerto). Por último, la aplicación sistemática de inmunosupresión para controlar el rechazo del injerto completó el esquema básico del trasplante. Hoy, la supervivencia global de los trasplantes se sitúa en el 70-80 por 100 al primer año y en el 50 por 100 a los cinco años; hay pacientes que aún viven tras treinta años de haber sido trasplantados. Hoy, más de 100.000 trasplantes realizados y treinta y cinco años de aplicación ininterrumpida de una técnica son razones más que suficientes para que sea aceptada como rutinaria; tal es el caso de los alotrasplantes (entre individuos de la misma especie) de riñón, corazón, hígado, piel o hueso. El tiempo juega, de igual modo, a favor de los trasplantes de pulmón, páncreas, segmentos intestinales o multiorgánicos. El resultado es que el incremento en la demanda va muy por delante de la disponibilidad de órganos; el equilibrio solo podrá lograrse mediante la combinación de medidas educativas, incentivación o medidas legales, que lleguen a permitir la recuperación de todo órgano médicamente aceptable.

Todas esas razones han hecho crecer el interés respecto al uso potencial de donantes animales (xenotrasplante). Tal aproximación se consideró en el año 1905, mucho antes, incluso, de que se intentaran los aloinjertos renales. En 1963, ya en la era de la inmunosupresión, un xenoinjerto renal de chimpancé funcionó durante nueve meses en un paciente. Al año siguiente se ensayó, a partir del mismo tipo de donante, un xenoinjerto cardiaco y, a finales de 1992, un xenotrasplante hepático de un babuino. El trasplante de órganos de especies no humanas podría compensar la escasez de órganos procedentes de cadáveres humanos. Cuando se trasplanta al humano órganos procedentes del chimpancé o del babuino, el rechazo puede controlarse con cierta eficacia mediante los protocolos inmunosupresores que evitan el rechazo de aloinjertos entre humanos. Los trasplantes entre especies relacionadas se denominan xenotrasplantes concordantes. Sin embargo, la utilización masiva de órganos de primates no es muy práctica. El número de órganos recolectados distaría de ser el necesario: los primates no humanos tienen crías únicas tras períodos de gestación prolongados, y no existen individuos de grupo sanguíneo O —donante universal—, lo que recorta, de entrada, la posibilidad de donantes. Además, su producción es cara y su utilización está muy contestada por diferentes grupos sociales.

Los xenotrasplantes no aportarán una solución práctica al problema de la escasez de órganos hasta que la barrera inmunológica que dificulta el trasplante entre especies distantes —xenoinjertos discordantes— esté controlada. El cerdo se perfila como el donante ideal: crece con rapidez, es prolífico, los costes de mantenimiento son mínimos y puede ser manipulado genéticamente para conseguir rasgos definidos. Aunque no existen estudios a largo plazo, su similitud anatomofisiológica con el hombre hace factible la compatibilidad funcional entre ambas especies. Desafortunadamente, el xenotrasplante de órganos porcinos a primates no humanos se sigue de un rechazo hiperagudo en unos pocos minutos. Otro problema es el desconocimiento de cómo pueden comportarse diferentes microorganismos —bacterias y virus— propios de las diferentes especies animales donantes respecto a los humanos.

El desarrollo teórico de un animal como factoría donante universal contempla tres posibles manipulaciones génicas relevantes: la expresión de genes que codifican moléculas que previenen o que mitigan el rechazo; el silencio de los genes (noqueo génico) que codifican moléculas inmunoestimulantes, o la expresión de genes de histocompatibilidad (complejo principal de histocompatibilidad) humanos en vez de los de la propia especie. En el último caso, el animal manipulado génicamente sería, de cara al trasplante, una especie de alodonante, un animal humanizado desde el punto de vista inmunológico. Una estrategia alternativa es la inducción de inmunotolerancia en el receptor para que ignore el injerto. En cualquier caso, y a pesar de la moratoria solicitada para el xenotrasplante en humanos a la espera de consolidar un cuerpo de doctrina legal, médico y científico, las «granjas de órganos» se atisban como una esperanzadora oferta de futuro.

Ingeniería de órganos y de tejidos

En cualquier caso, cada día, miles de pacientes ingresan en los hospitales a causa del fracaso de uno de sus órganos vitales; sin embargo, dada la escasa disponibilidad de órganos para trasplantar, muchas de esas personas morirán. Se dispone de dos estrategias alternativas. Una, la utilización temporal de un dispositivo artificial (corazón artificial, riñón artificial, etc.) que supla o asista al órgano desfallecido hasta que se disponga de un donante. La segunda pretende revolucionar el tratamiento de aquellos pacientes que necesitan nuevas estructuras vitales: la fabricación de tejidos y de órganos.

Los antecedentes de la ingeniería tisular se sitúan en el año 1933, cuando un equipo de investigadores italianos recubrió células tumorales de ratón con una membrana de nitrocelulosa y las introdujo en la cavidad abdominal de un cobaya; las células vivieron aquí lo suficiente para demostrar que no fueron atacadas por el sistema inmunológico del cobaya. La mayor parte de esta investigación se orientó al tratamiento de la diabetes dependiente de insulina (diabetes tipo I), enfermedad en la que las células de los islotes pancreáticos (islotes de Langerhans), que normalmente producen insulina, son incapaces de hacerlo; razón por la que los investigadores intentan controlar la diabetes trasplantando islotes de Langerhans. A principios de la década de los setenta, un grupo de la Facultad de Medicina de la Universidad de Massachusetts utilizó la estrategia del grupo pionero y trasplantó, en perros pancreatectomizados, islotes de rata protegidos en un contenedor construido con material ultrafiltrable (el utilizado en las membranas de ultrafiltración de los riñones artificiales). La membrana resultó impermeable a los inmunocitos y a los anticuerpos del receptor, con lo que las células no fueron destruidas y funcionaron durante un cierto tiempo, pero fue permeable a la insulina producida por las células encapsuladas. Ello inició una nueva estrategia terapéutica (células encapsuladas) con múltiples aplicaciones: células productoras de analgésicos naturales insertadas en el canal medular espinal para el tratamiento del dolor crónico; hepatocitos cultivados (hígado bioartificial) capaces de detoxificar la sangre de pacientes con fracaso hepático fulminante; células epiteliales de los túbulos renales (riñón bioartificial) que depuran la sangre de pacientes con insuficiencia renal; etc. Las células que se encapsulan pueden ser previamente ingenierizadas insertándolas genes extra que las hagan hiperfuncionantes respecto a la producción de proteínas de interés. Otra posibilidad es la encapsulación de macromoléculas como la hemoglobina (sangre artificial).

Sin embargo, el objetivo final es la fabricación de órganos y de tejidos. En unos casos, un ingeniero de tejidos administrará una molécula determinada —por ejemplo, un factor de crecimiento— en una herida o en un órgano que requiere regenerarse. Tales fármacos —el factor de crecimiento en este caso— provocarán la movilización y migración de células primitivas del propio paciente que, una vez hayan alcanzado el lugar de la lesión, se diferenciarán en células específicas del tejido o del órgano lesionado, regenerando el tejido afectado. Otra posibilidad consiste en proporcionar al paciente células —propias o de un donante— que han sido previamente cultivadas e incorporadas en un esqueleto artificial o andamiaje tridimensional de biopolímeros biodegradables. La estructura completa —células y andamiaje— será trasplantada al lugar lesionado, donde las células se replicarán, se reorganizarán y formarán nuevo tejido; a la vez, los biomateriales que forman el andamiaje serán degradados. El resultado final será un producto «normal», un neoórgano.

Hasta llegar a la realidad de los neoórganos, unas cuantas realizaciones jalonan la ingeniería tisular. En 1965, Marshall R. Urist, de la Universidad de California, en Los Ángeles, demostró la neoformación ósea ectópica en los animales que habían recibido implantes de hueso pulverizado; observación que condujo al aislamiento de proteínas específicas (proteínas morfogénicas óseas) responsables del efecto señalado. Clonados los genes relevantes correspondientes, varias compañías farmacéuticas comercializaron proteína recombinante humana que se aplicó, con éxito, en defectos de la reparación ósea. En 1981, Eugene Bell, en el Instituto Tecnológico de Massachusetts, comprobó que queratinocitos —las células de la capa epidérmica de la piel— podían crecer sobre un sustrato de fibroblastos formando el equivalente a una piel primitiva. En la actualidad, piel cultivada en el laboratorio se utiliza para cubrir quemaduras extensas o úlceras cutáneas crónicas; cartílago cultivado suple defectos auriculares, y tejido óseo neoformado sobre un entramado polimérico consolida una fractura o proporciona bloques de tejido óseo para cirugía reconstructora (por ejemplo, recomponer un hueso malar tras un traumatismo facial). También, células de la médula ósea, obtenidas de los pacientes cancerosos antes de someterlos a quimioterapia o a radioterapia intensivas, se cultivan en el laboratorio para reintroducirlas y acelerar la recuperación del paciente tras la terapia agresiva. Los mismos principios están siendo utilizados en el trasplante de células productoras de dopamina en el cerebro para tratar la enfermedad de Parkinson; en esta situación, el incremento del neurotransmisor en determinadas zonas del sistema nervioso central mitiga los síntomas de la enfermedad.

Un hecho capital en ingeniería de neoórganos es la alimentación de cada una de las células que lo forman. En 1972, Judah Folkman, un cancerólogo en el Hospital Infantil de la Facultad de Medicina de Harvard, señaló que el tumor primitivo y sus metástasis necesitaban, para crecer, la formación de nuevos vasos que aseguraran su nutrición. Propuso la utilización de moléculas específicas que bloquearan el crecimiento vascular (angiogénesis) como una nueva estrategia oncoterápica; también señaló que los tumores deberían producir factores angiogénicos responsables de la neovascularización necesaria para su crecimiento. En ingeniería tisular los factores angiogénicos son ingredientes fundamentales en el entramado neoorgánico.

Los tejidos estructurales precitados —piel, cartílago y hueso— representan la primera ola de éxito en la ingeniería tisular; pero el santo grial de este empeño lo representan los órganos internos. El abordaje de la repoblación celular específica de cada tejido contempla dos estrategias. La más simple, pero limitada, utiliza células ya especializadas en las que induce su proliferación mediante factores de crecimiento específicos. La estrategia más novedosa aprovecha la potencialidad sin límites de células totipotentes embrionarias.

La totalidad de los diferentes tipos celulares que van apareciendo a lo largo de la morfogénesis de un organismo derivan de las pocas células que forman la masa embrionaria inicial (blastómero) y que resultan de las primeras divisiones del cigoto. Esas cuatro u ocho células son totipotentes: cualquiera de ellas es capaz de formar células de las tres capas germinales embrionarias (endodermo, mesodermo y ectodermo, de los que derivan todas las estrucutras del individuo adulto). Las células de cada una de esas capas germinales tienen un potencial morfogénico más limitado; son células pluripotentes cuyo potencial morfogénico se limita a los derivados de la respectiva lámina germinal (endodermo o mesodermo o ectodermo). En un estadio posterior las células restringen su potencial morfogénico y se comprometen en un linaje celular determinado (hematopoyético, por ejemplo). Por último, las células se diferencian en tipos específicos (leucocito, por ejemplo). Las células menos diferenciadas y con mayor potencial morfogénico se denominan troncales: troncales totipotentes embrionarias, y troncales pluripotentes que mantienen su presencia, aunque restringida, en el adulto. La secuencia por la que las células troncales totipotentes embrionarias pierden potencial morfogénico e incrementan su diferenciación específica está controlada por diferentes factores de crecimiento y diferenciación (FCDs). La ingeniería de tejidos se basa en la posibilidad de manipular las células totipotentes y pluripotentes mediante el empleo controlado de los diferentes FCDs.

En noviembre de 1998 apareció en la revista *Science* un trabajo firmado por James A. Thomson y cols., del Centro Regional de Investigación en Primates de la Universidad de Wisconsin (Estados Unidos); el resumen del trabajo dice: «Se describen líneas de células pluripotentes, derivadas de blastocistos humanos, que tienen cariotipos normales, que expresan niveles elevados de actividad telomerásica, y que expresan marcadores en la superficie celular característicos de las células troncales embrionarias de primates

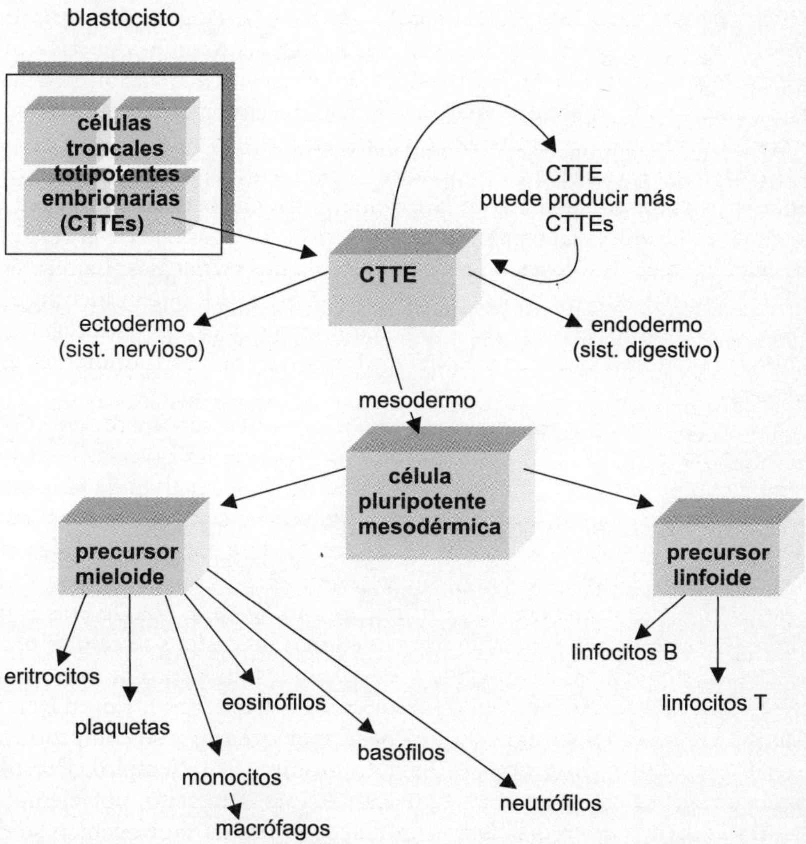

Fig. 16.4.—Posibilidades terapéuticas de las células troncales totipotentes embrionarias. (Modificada de *New Scientist,* 24-IV-1999)

pero que no caracterizan ningún otro linaje celular. Tras su proliferación indiferenciada *in vitro* durante cuatro o cinco meses, esas células mantienen su potencial de desarrollo para formar trofoblastos y derivados de las tres capas germinales embrionarias, incluyendo epitelio digestivo (endodermo); cartílago, hueso, músculo liso y músculo estriado (mesodermo), y epitelio neural, ganglios embrionarios y epitelio escamoso estratificado (ectodermo). Esas líneas celulares podrían ser útiles en el estudio de la biología del desarrollo humano, en el descubrimiento de fármacos y en el trasplante clínico». Este descubrimiento fue considerado el más importante de los llevados a cabo aquel año *(Breakthrough 1999):* «... Las nuevas expectativas derivan de una tecnología por la que factores específicos de crecimiento pueden dirigir las células [troncales embrionarias] para formar tejidos organoespecíficos [...] Las células troncales pluripotentes humanas ofrecen posibilidades increíbles...». Como toda tecnología de vanguardia desencadena una tormenta de consideraciones éticas, ¿qué reglas deben gobernar la donación de embriones, pertenecientes al excedente de programas de fertilización *in vitro,* para utilizarlos como fuente de células troncales totipotentes embrionarias?

Una alternativa ante esa pregunta es la movilización y utilización de células pluripotentes, aunque con una potencialidad morfogénica algo más reducida, que se encuentran en el adulto. En este sentido, Peter S. Eriksson, del Hospital de la Universidad Sahlgrenska en Suecia, y Fred H. Gage, del Instituto Slak en California, publicaron, en noviembre de 1998, que al menos una zona (hipocampo) del cerebro adulto engendra rutinariamente cierta clase de neuronas a partir de precursores indiferenciados aunque comprometidos en el linaje neuronal. Si los investigadores aprendieran cómo inducir tales precursores hacia su diferenciación en neuronas competentes y en partes elegidas del cerebro se estaría a las puertas de dominar las enfermedades neurodegenerativas como el Parkinson o el Alzheimer.

ÓRGANOS ARTIFICIALES E INGENIERÍA SENSORIAL

«Hemos agotado la exéresis quirúrgica. El futuro de la cirugía se encaminará por el trasplante o por los órganos artificiales.» Son palabras pronunciadas en el año 1957. Hoy, los pacientes con diferentes fracasos orgánicos terminales pueden beneficiarse de las tecnologías de trasplante y de órganos artificiales y reincorporarse a sus actividades normales. Es posible extirpar, reemplazar o sustituir el corazón, los pulmones, el hígado... La colocación de prótesis valvulares cardiacas, los injertos vasculares y la implantación de marcapasos cardiacos son procedimientos de rutina. Por otro lado, el riñón y el corazón artificiales son dispositivos bien conocidos.

Desde el lado de las indicaciones, la tecnología de los órganos artificiales mantiene abiertos tres frentes. Uno aborda su aplicación en estadios precoces y procura la asistencia temporal de un órgano dañado a efectos de conseguir su recuperación espontánea; ello reemplazando su función y manteniendo el órgano en reposo funcional. Tal son los casos de la asistencia mecánica circulatoria temporal mediante diversos dispositivos hasta la recuperación del corazón tras un infarto de miocardio, de la respiración extracorpórea para tratar un neonato prematuro con inmadurez pulmonar o de la asistencia hepática extracorpórea en el fracaso hepático. El hígado tiene un potencial regenerativo extraordinario. El fracaso hepático agudo (ingesta de hongos venenosos, por ejemplo) es una emergencia médica, a menudo fatal; pero si se logra superar, el remanente hepático sano será capaz de regenerar un órgano competente. En otros casos, los órganos artificiales se utilizan periódica e indefinidamente, como el riñón artificial en casos de fracaso renal crónico. Por último, se diseñan dispositivos para implantación definitiva como un corazón implantable con carácter permanente; propósito que no será alcanzable antes de una década.

Desde el lado del diseño, estos dispositivos se clasifican en órganos artificiales y bioartificiales. Los primeros asisten o reemplazan funciones eminentemente mecánicas como, en principio, la cardiaca (bombeo de la sangre) o la renal (hemofiltración de sustancias indeseables); su evolución depende, fundamentalmente, de condicionantes mecánicos, físicos y del desarrollo de materiales biocompatibles. En cambio, la función hepática es esencialmente metabólica; en este caso, los dispositivos de asistencia extracorpórea desarrollados incorporan hepatocitos humanos en sistemas de hemodiálisis similares a los utilizados en los riñones artificiales. Este hígado bioartificial —porque incorpora material biológico (hepatocitos, en este caso) que remeda la función metabólica del órgano fracasado— está en su infancia, pero los resultados preliminares son esperanzadores. El criterio de bioartificialidad va ganando terreno; no cabe duda de que todos los órganos tienen un componente funcional metabólico. El corazón participa activamente en el control de la circulación a través de la producción de péptidos natriuréticos y el riñón tiene una función endocrinometabólica importante; de ahí que un prototipo de riñón bioartificial incorpore células epiteliales renales en su diseño.

Una vez dañado, el sistema nervioso adulto tiene muy poca capacidad de regeneración. Por ello, diferentes minusvalías como sordera, ceguera o parálisis han sido tratadas, en principio, por sustitución en vez de corrección (teletipo *versus* teléfono, braille *versus* tipografía o silla de ruedas *versus* caminar). Sin embargo, los avances en la tecnología de miniaturización de implantes electrónicos y en la comprensión de los mecanismos básicos de las funciones motoras y sensitivas han hecho posible abordar la construcción de prótesis neurales que operan mediante el intercambio directo de información entre un dispositivo computarizado y las neuronas involucradas en una determinada minusvalía. Sistemas de este tipo permiten oír a miles de sordos, y abordan diversas funciones sensoriales, motoras y autonómicas.

La idea de reemplazar la función nerviosa mediante implantes se localiza en el trabajo de S. J. Sarnoff, en 1950, que provocó movimientos respiratorios mediante la estimulación eléctrica del nervio frénico que controla el músculo diafragma. Sin embargo, pasaron dos décadas hasta que el desarrollo de biomateriales, electrodos y electrónica permitió la fabricación de dispositivos de estimulación eléctrica funcional completamente implantables. Desde entonces, los marcapasos respiratorios y cardiacos forman parte del arsenal tecnoterapéutico de rutina. De igual modo, la estimulación nerviosa periférica se utiliza para reducir el dolor crónico, activar nervios motores, controlar la evacuación de la vejiga o corregir la impotencia.

«Laforgue, el ingeniero de la ficción *Star Trek: The Next Generation,* es ciego de nacimiento; tal vez, por un fallo en el examen preembrionario de su ADN. Sin embargo, con la ayuda de un visor fotosensible conectado directamente con su cerebro, su capacidad visual es muy superior a la del resto de la tripulación del *Enterprise*». Ello es, hoy, ficción. Sin embargo, los pioneros actuales de la tecnología ocular biónica creen que pueden aproximar un poco esa fantasía a la realidad de nuestro siglo; de hecho, el 18 de enero de 2000 la noticia de un invidente al que se aplicó una neuroprótesis cortical visual saltó a los medios de comunicación de todo el mundo. La implantación de la prótesis, diseñada en el Instituto Dovelle, fue realizada en el Centro Médico Presbiteriano de Columbia, en Nueva York. El paciente es capaz de reconocer fósfenos que le permiten posicionarse y detectar determinados volúmenes. Este tipo de prótesis estimula directamente la corteza occipital visual cerebral. Otra estrategia la representan las prótesis retinianas que reemplazan a las células fotorreceptoras perdidas (retinitis pigmentosa, degeneración macular del viejo), aunque se mantiene la integridad de la vía nerviosa hasta el cerebro.

Por su parte, la *tecnología capacitante* puede transformar la vida de un gran número de individuos con minusvalías. Sistemas computarizados controlados mediante sensores de respuesta acoplada a los recursos de cada paciente (soplidos, movimientos de los músculos faciales, actividad bioeléctrica cerebral) permiten cierta autonomía a los discapacitados, y tecnologías especializadas como la tiflotécnica permiten acceder, en este caso a los ciegos, al mundo sociolaboral, incluida la informática.

Pero esta alianza microtecnológica tiene, también, una vertiente diagnóstica. Un biosensor es un dispositivo analítico que incorpora un sensor orgánico que traduce los parámetros químicos de un sistema en una señal óptica o eléctrica. Los biosensores tienen aplicaciones en estudios ambientales, alimentarios, agrícolas, militares y médicos. Aunque aún en desarrollo, prometen el estudio preciso y fiable de metabolitos específicos, fármacos y drogas y otras moléculas de importancia en los campos referidos. Los biosensores han mostrado su primera aplicación real en medicina. En unos sistemas sanitarios en revisión, la monitorización del paciente en su propio domicilio y por él mismo tendrá, cada vez, mayor auge; ello permitirá la detección precoz de cambios bioquímicos que determinarán la actuación inmediata del médico (diabetes, embarazo, administración de anticoagulantes, etc.). En el mismo sentido, la utilización de biosensores en la consulta médica extrahospitalaria acabará imponiéndose a los laboratorios hospitalarios de referencia; así, un minisistema compacto, construido por la NASA para su utilización en las estaciones espaciales, realiza diez determinaciones analíticas en unos pocos segundos, a partir de una gota de sangre. Existen técnicas que realizan determinaciones complejas a partir de 0,01 ml y de 10 mg de muestra. También, el desarrollo de mini- y microsistemas de administración continua de fármacos exige el desarrollo paralelo de sensores de larga duración conectados a un sistema de retroalimentación que regule la administración del fármaco. En la actualidad se dispone de la tecnología necesaria para detectar más de cien compuestos de interés biológico; capacidad analítica que se ofrece en diferentes combinaciones orientadas a otras tantas patologías (perfiles diabetológicos, hepatológicos, nefrológicos, etc.).

Conclusión

Los avances científicos y tecnológicos acaecidos durante los años transcurridos desde el final de la Segunda Guerra Mundial han provocado una metamorfosis de la teoría y de la práctica médicas que ha mejorado el conocimiento, el diagnóstico y el tratamiento de la enfermedad. Todo ello ha sido el resultado de los esfuerzos de diferentes disciplinas —física, química, biología, matemáticas, ingeniería— y de su interacción con la medicina; disciplina médica que adquiere conocimiento con un propósito definido: utilizarlo para prevenir y curar la enfermedad. Los médicos integran los avances científicos y tecnológicos para aplicarlos en la atención al paciente.

El modelo dominante actual de la enfermedad es biomédico en la teoría y tecnológico en la práctica, siendo la biología y la genética moleculares —medicina molecular— su base científica, y la tecnología de la imagen —iconomedicina—, su herramienta. En conjunto, la práctica de la medicina es una tecnociencia en la que la tecnología, dominante, tiende a autoperpetuarse. Todo ello obliga, entre otras y fundamentalmente, a replantearse la formación de los futuros profesionales y la educación ciudadana. Un artículo en *The New York Times* (7 de abril de 1993) describe la situación: «... el conocimiento médico actual es veinte veces superior al de hace veinte años, pero los métodos docentes no han variado...». Las especialidades médicas y la estructura del sistema asistencial han quedado obsoletas.

El problema es, como señala García Bacca en su *Elogio de la técnica*, que «La técnica no reconoce límites naturales y menos aún fronteras políticas, sociales, económicas, religiosas, etc. No las reconoce ni respeta, ni de palabra ni de obra. La técnica es, por intención y por programa, superación de tales límites». ¿Cuántos podrá trascender?; los límites de la medicina no son científicos ni tecnológicos: son conceptuales. Un concepto que a todos atañe y que debería construirse a partir de una idea de progreso. Una medicina que aspire —en palabras de Ortega— «a ser más y no a tener más».

17
Modificación genética en animales

José L. Jorcano

Introducción

Durante los últimos veinticinco años se han venido desarrollando espectaculares avances en el campo de la Biología Molecular y Celular que han permitido a los investigadores que trabajan en esta área: 1) ser capaces de identificar, aislar, amplificar y modificar genes responsables de múltiples funciones y características animales; 2) poder introducir estos genes en células y organismos vivos para estudiar sus funciones y efectos; y 3) estar acumulando aceleradamente un cada vez mejor conocimiento de las bases genéticas y moleculares de las más diversas características, funciones y enfermedades animales y humanas (es decir, qué genes y cadenas de genes toman parte en procesos tales como el desarrollo embrionario, el crecimiento, el envejecimiento, el funcionamiento de los diversos órganos o en enfermedades de alta incidencia como las cardiovasculares, la diabetes o el cáncer). El presente es, por otra parte, un momento crucial para este campo, ya que la próxima finalización de la secuenciación del genoma humano y la irrupción de nuevos y poderosos métodos experimentales de alto rendimiento incrementarán de una manera acelerada en los próximos años nuestro conocimiento en los aspectos reseñados, lo que potenciará la capacidad de alterar genéticamente células y organismos de una manera beneficiosa para el hombre.

En este capítulo describiremos tres campos que, con gran probabilidad, tendrán gran impacto en nuestra sociedad en un futuro no muy lejano: las nuevas posibilidades terapéuticas que abre la *terapia génica,* la producción de *animales transgénicos* de relevancia económica y la *clonación de animales.*

De todos los recientes avances farmacológicos y terapéuticos, ha sido la aparición de la terapia génica la que ha despertado un mayor interés tanto en la comunidad científica como en el público y los medios de comunicación. El primer tratamiento de este tipo se aplicó, de modo experimental, en el año 1989 y, aunque se ha visto que el llegar a resultados reproducibles y de utilidad hospitalaria va a requerir un esfuerzo y un plazo temporal mayores que los originalmente estimados, existen pocas dudas acerca del potencial de la terapia génica para tratar de encontrar soluciones a enfermedades inabordables por los métodos anteriormente existentes.

Las técnicas para introducir alteraciones genéticas en animales se desarrollaron en ratones que, por sus características reproductoras y de fácil estabulación, se han convertido desde hace tiempo en los animales experimentales de laboratorio por excelencia. Posteriormente, y con mucha menor eficacia, por razones que discutiremos, estas técnicas pasaron a aplicarse a animales de interés ganadero (conejos, cerdos, vacas, cabras, ovejas, aves y peces), a los que se intenta mejorar en aspectos como los que se indican en la figura 17.1.

Todos los métodos para manipular genéticamente animales descansan, de uno u otro modo, sobre la capacidad de mantener en cultivo y transferir embriones a hembras recipientes. Aunque existen otros, los más importantes en el momento presente serán descritos a lo largo de este capítulo. Desde el punto de vista histórico, durante la primera mitad del presente siglo diversos laboratorios realizaron estudios *in vitro* acerca del cultivo y la transferencia de embriones; sin embargo, la capacidad de obtener y trasplantar embriones alcanzó una mucho mayor perfección que la capacidad de cultivarlos: mientras que se logró transferir embriones de diferentes especies, no se logró una téc-

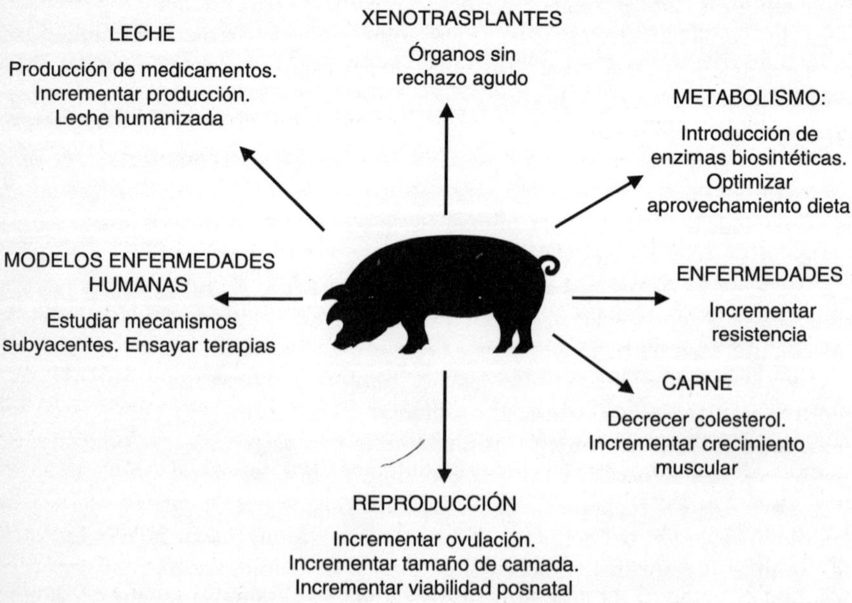

Fig. 17.1.—Áreas de investigación en animales transgénicos

nica eficaz y reproducible de cultivarlos *in vitro.* A lo largo de los años sesenta, el doctor Ralph Brinster desarrolló un método simple y fiable de cultivo que revolucionó el área y desató una época de intensa investigación en la que se pusieron a punto procedimientos para llevar a cabo sofisticadas manipulaciones en embriones tempranos.

A lo largo de los años setenta, con el advenimiento de la tecnología de ADN recombinante y la capacidad de aislar y manipular genes e introducirlos en embriones tempranos o células de ellos derivados, surgió la posibilidad de generar ratones transgénicos. Los primeros trabajos sobre ratones transgénicos fueron publicados a principios de los años ochenta y, en ellos, el doctor Brinster también jugó un papel determinante. Fue precisamente la publicación de un artículo por los laboratorios de los doctores Brinster y Palmiter en la prestigiosa revista *Nature* (1982), mostrando la generación de «ratones gigantes» a los que se les había introducido mediante inyección pronuclear el gen de la hormona del crecimiento, lo que demostró la posibilidad de alterar características animales de una manera permanente y selectiva, abriendo una nueva era en Biología experimental y en Medicina. La subsiguiente demostración, también por una colaboración de los citados laboratorios, de que esta técnica era aplicable a especies domésticas animales abrió la posibilidad de introducir mejoras de interés económico en estas especies.

Desde entonces, se estima que han sido producidas varios miles de líneas de animales portadores de diversas modificaciones genéticas, en una de las áreas más florecientes y competitivas de la Biología actual. La mayor parte de estos animales son ratones que, fundamentalmente, han servido para desarrollar estas técnicas y para generar modelos de animales en los que entender el desarrollo de enfermedades humanas y diseñar y ensayar nuevas terapias. Respecto a la modificación de especies de interés económico, esta ha resultado ser más lenta y compleja de lo en un primer momento estimado. Sin embargo, los resultados hasta ahora obtenidos y la muy reciente posibilidad de modificar estos animales a través de la transferencia de núcleos procedentes de células en cultivo (clonación) dejan pocas dudas acerca del potencial futuro de estas técnicas y de la apremiante necesidad de abordar una amplia discusión sobre los aspectos ético-socioeconómicos que su uso plantea.

Todos estos avances son indicación y consecuencia del hecho de que la Biología está pasando de una etapa de mera acumulación de conocimiento a otra en la que se empieza a plantear aplicaciones, cambio que otras ciencias más «viejas», como la Física y la Química, ya llevaron a cabo mucho antes. Sin embargo, los seres vivos son extremadamente complejos, y el conocimiento que de ellos tenemos es todavía limitado. Este es el motivo de las «frustraciones» que aparecerán en este capítulo: potenciales avances espectaculares que luego, en la práctica, van más despacio de lo esperado. Con nuestro presente grado de conocimiento y tecnología, somos capaces de imaginar estos objetivos finales; cuando intentamos llevarlos a cabo nos damos cuenta de que el sistema es demasiado complejo y nuestras técnicas todavía imperfectas. Sin embargo, a la velocidad con que la Biología está avanzando, existen pocas dudas de que muchos de los objetivos se alcanzarán en un futuro no muy lejano.

TERAPIA GÉNICA

La terapia génica es una modalidad terapéutica, aún experimental, basada en la transferencia de material genético al interior celular. Su objetivo es corregir geno- y fenotípicamente patologías causadas por la deficiencia de uno o varios genes mediante la administración al paciente del ADN que codifica proteínas terapéuticas. La terapia génica posee el potencial de corrección a largo término y puede ser aplicada a diferentes enfermedades para las cuales no existen actualmente terapias efectivas.

En los últimos años, los avances en las técnicas de ADN recombinante han hecho posible la identificación de las alteraciones genéticas implicadas en la etiología de muchas enfermedades. La transferencia de genes con fines terapéuticos es, por lo tanto, una consecuencia lógica de estos descubrimientos. Un número cada vez mayor de enfermedades son candidatas a recibir un «tratamiento genético». Dadas sus diversas características, puede afirmarse que cada tipo de enfermedad requiere una estrategia diseñada a medida. Por ejemplo, la base genética de la enfermedad (monogénica o poligénica/multifactorial) condiciona el tipo de estrategia a seguir.

Las enfermedades monogénicas son generalmente hereditarias, que resultan de la mutación de un solo gen y, en consecuencia, de la pérdida de función de una proteína, como la hemofilia, fibrosis quística, hipercolesterolemia familiar, deficiencia de alfa-1 antitripsina, genodermatosis, etc. En estos casos, la estrategia es muy clara: reintroducir el gen normal en las células afectadas. En algunos casos como la hemofilia, el gen puede ser introducido en tipos celulares o tejidos (por ejemplo, la piel o el músculo) diferentes del usual (el hígado) siempre que su producto, el factor de coagulación, tenga acceso a la circulación sanguínea, que es donde ejerce su acción. En otros, como la fibrosis quística, la introducción del gen debe realizarse específicamente en los tejidos afectados (epitelio pulmonar, gastrointestinal, etc.).

Las enfermedades poligénicas agrupan una gran variedad de trastornos, entre ellos los más comunes (enfermedad coronaria, diabetes, cáncer, sida, etcétera) en cuya etiología se hallan implicados varios genes. En estos casos, la complejidad genética complica enormemente el problema ya que, en general, no conocemos todos los genes implicados ni sus interrelaciones, por lo que no nos podemos plantear corregir la enfermedad, sino tan solo paliarla, retrasarla o, en el mejor de los casos, cuando es posible, como en el cáncer, destruir las células afectadas.

Vectores

En estos momentos, quizá el punto crítico de la terapia génica resida en nuestra capacidad de mejorar los sistemas existentes de transferencia de genes a células: han de ser seguros, eficaces, capaces de funcionar en cualquier tipo de células, tanto si estas se dividen como si no lo hacen, garantizar la estabilidad de la expresión del gen terapéutico e, idealmente, de actividad controlable en función de las características del problema a tratar. La práctica demostró que estos objetivos son más difíciles de alcanzar de lo que los datos iniciales hacían prever.

Denominamos vector al vehículo utilizado para transferir material genético a las células diana. El término «transducción» indica la transferencia del gen terapéutico, mediada por el vector, a las células blanco. Los vectores se clasifican en virales o no virales, según deriven de virus o no. Puesto que los virus de eucariotas, y en particular los que afectan a humanos, han evolucionado para transferir material genético con mayor eficacia a células humanas, los vectores derivados de ellos transducen en general mucho más eficientemente que los vectores no virales. Sin embargo, los vectores no virales presentan menor riesgo patogénico y se pueden producir a gran escala por métodos químicos a modo de fármacos clásicos. En la tabla 17.1 se muestran los principales tipos de vectores utilizados en terapia génica, sus propiedades, y las limitaciones distintivas de cada vector, que en conjunto determinan sus posibles aplicaciones.

Los retrovirus fueron los primeros virus empleados como vectores de transferencia y siguen siendo los más usados. Tienen la enorme ventaja de que integran su material genético y, por lo tanto, el gen terapéutico que se les ha introducido, en el genoma de las células que infectan, lo que permite su empleo en enfermedades que requieran su expresión a largo plazo. En la actualidad, aproximadamente el 60 por 100 de los protocolos clínicos existentes emplean estos vectores. Todos los virus usados como vectores son patógenos potenciales o reales de los humanos, por lo que hay que modificarlos para convertirlos en «seguros». Para ello, se les quitan los genes responsables de su patogenicidad, que son sustituidos por el gen terapéutico. Dado que el tamaño del genoma de un virus no se puede incrementar, el tamaño del gen o genes que en él se introducen no puede superar al de los genes que se extraen. Este parámetro es una característica importante de cada tipo de vector, ya que limita el tamaño del gen terapéutico (véase tabla 17.1); en el caso de los retrovirus, este tamaño es de 8 kilobases (kb), adecuado para la mayoría de propósitos.

La figura 17.2 describe el proceso de generar un retrovirus portador de un gen terapéutico. Los primeros vectores usados se derivaron del virus de la leucemia murina de Moloney. A este se le extraen los genes *Gag, Pol* y *Env,* que codifican por proteínas reguladoras y de la envuelta del virus, y se sustituyen por el gen terapéutico. El vector resultante, si se introduce en células, no

Tabla 17.1

Propiedades de los sistemas de transferencia génica más comunes *

Tipo	Vector	Duración de expresión	Características distintivas
No viral	Liposomas	Transitoria	Es posible su administración repetida y segura; poco eficiente, expresión transitoria.
	ADN desnudo (inyección, pistola de genes, electroporación)	Transitoria	Fácil de producir, poco eficiente, expresión transitoria, sin límite de tamaño.
	Conjugados moleculares	Transitoria	Diseño flexible, poco eficiente, expresión transitoria, poco estable *in vivo*.
Viral	Retrovirus	Prolongada	Se integra en el cromosoma de células en división, poco estable *in vivo,* admite 8 kb de ADN exógeno.
	Adenovirus	Transitoria	Muy eficiente *in vivo,* se produce en altas concentraciones, se puede modificar su tropismo celular, induce una potente respuesta inflamatoria e inmune, admite 35 kb de ADN exógeno.
	Virus adenoasociado (AAV)	Prolongada	No patogénico, escasa capacidad, producción a gran escala difícil, admite 5 kb de ADN exógeno.
	Lentivirus.	Prolongada.	Se integra en el cromosoma de células en división y fuera de ciclo, sistema de producción aún no bien establecido, riesgo controvertido.

* *The Journal of Gene Medicine*, 1999.

puede dar lugar a virus al haber perdido la capacidad de producir las envueltas. En paralelo, se modifica de nuevo el genoma del retrovirus original, al que se le inactiva esta vez el gen Ψ (pasa de ser Ψ^+ a ser Ψ^-), que es el responsable de empaquetar el genoma del virus dentro de la envuelta vírica; este virus mutante recibe el nombre inglés de *helper* (auxiliador). Al introducirlo en células en cultivo, estas producirán todos los componentes del virus: envueltas y genomas; pero los genomas Ψ^- no se pueden empaquetar en las cápsi-

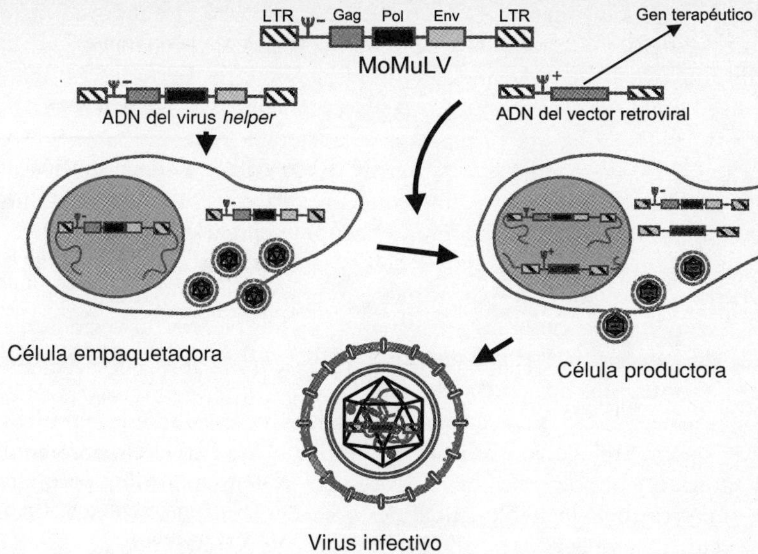

Fig. 17.2.—Esquema de la producción de un vector retroviral portador de un gen terapéutico

das, que quedan vacías. En estas células, llamadas empaquetadoras, se introduce el ADN del vector con el gen terapéutico. Gracias a la presencia del virus *helper,* este ADN será copiado repetidamente («replicado») y las copias (que son Ψ^+) serán empaquetadas en las envueltas víricas existentes, dando lugar a virus infectivos, es decir, que pueden ser usados para infectar células e integrar en sus genomas el gen terapéutico. Además de potencialmente terapéuticos, estos virus, en principio, son seguros, ya que, por carecer de los genes *Gag, Pol* y *Env,* no pueden dar lugar a retrovirus en una célula normal.

Los retrovirus presentan dos problemas. Por una parte, solo son capaces de transducir células que se dividen activamente. Es el caso de las células humanas cuando se cultivan *in vitro,* o el de células tumorales. Pero algunos tipos celulares importantes no se dividen, como, por ejemplo, las neuronas. Por otra parte, puesto que el genoma retroviral se integra al azar en el de la célula blanco, puede hacerlo dentro de un gen importante de esta, dando lugar a un fenómeno llamado mutagénesis insercional. Afortunadamente, la probabilidad de que esto ocurra es pequeña y no ha sido observada nunca en pacientes. Debido a sus características, los protocolos basados en retrovirus son usados en terapias *ex vivo,* que consiste en tomar células del paciente, cultivarlas, modificarlas con el vector y reintroducirlas. Cuando se usan *in vivo* introducidos, por ejemplo, a través de la sangre, estos vectores son rápidamente inactivados y, además, son difíciles de dirigir hacia el tejido de interés. Estos «defectos» han motivado la continua modificación de los vectores, tratando de mejorar sus características, así como el uso de otros tipos de vectores virales.

Los adenovirus humanos del tipo 5, que causan resfriados leves, son una de las alternativas más usadas: debido a su gran tamaño, permiten transferir regiones de ADN de hasta 35 kb; son muy eficientes infectando muchos tipos celulares, incluyendo células que no se dividen, tanto *in vitro* como *in vivo;* y pueden ser producidos a muy altas concentraciones. Sin embargo, también adolecen de defectos. Por no integrar su genoma en el de la célula blanco, en células que se dividen acaban diluyéndose y perdiéndose sus efectos. Por otra parte, generan reacciones inflamatorias e inmunitarias muy fuertes en el paciente. Aunque, para evitar este problema, se han generado recientemente vectores sin genes virales (los llamados *gutless* o «sin tripas»), los resultados hasta ahora obtenidos no son concluyentes.

A pesar de que también se están generando vectores basados en otros virus, y de que se trabaja activamente en la mejora de los vectores no virales, por lo anteriormente descrito, es evidente que en el momento presente no tenemos vectores todo lo fiables, flexibles y seguros que desearíamos. Siendo esto crucial y una de las razones de las limitaciones actuales de este tipo de terapia, al desarrollo de la vectorología se dirigen una buena parte de las investigaciones del campo.

Resultados clínicos

La terapia génica es, hoy por hoy, un tratamiento experimental. Su aplicación está restringida a protocolos de ensayo clínicos realizados en centros médicos cualificados. Diversas agencias gubernamentales y comités institucionales aprueban y revisan la realización de estos ensayos. Se ha difundido la opinión de que, a pesar de las altas expectativas iniciales, la terapia génica cuenta con pocos éxitos en su haber. Como siempre ocurre con nuevos fármacos, la mayoría de ensayos clínicos llevados a cabo hasta la fecha son de fase I/II, diseñados para determinar la factibilidad/toxicidad. Los pacientes involucrados son pocos y, casi siempre, se hallan en fase avanzada o terminal de su enfermedad. La falta de experiencia hace que las dosis de vectores y los métodos de administración sean necesariamente empíricos.

Todo esto hace difícil extraer conclusiones acerca de las potencialidades terapéuticas reales de los métodos empleados. Sin embargo, los ensayos clínicos están permitiendo llegar a conclusiones globales importantes. Por ejemplo, se está acumulando información respecto a múltiples aspectos relacionados con la biología y la farmacología de la transferencia de genes en el contexto de diversas enfermedades. A pesar de que recientemente se ha informado de algunas muertes de pacientes, las estrategias utilizadas parecen poco tóxicas, sobre todo en el caso de los vectores retrovirales, cuya capacidad real de producir mutagénesis insercional era importante evaluar. Finalmente, los ensayos clínicos han puesto de manifiesto que, si bien la transferencia de genes es posible, su eficacia presente tiene que ser mejorada. Estas observaciones, a su vez, están sirviendo para dirigir las nuevas investigaciones de laboratorio, encaminadas a superar los problemas detectados.

Además, teniendo en cuenta las desfavorables condiciones de estos ensayos clínicos, algunos resultados fueron alentadores. El primer ensayo clínico de transferencia génica aprobado en Estados Unidos se realizó en 1989, y no tenía una finalidad terapéutica. El siguiente ensayo, esta vez terapéutico, comenzó en 1990 en una paciente con síndrome de inmunodeficiencia combinada, y consistió en la infusión de linfocitos T modificados con la enzima deaminasa de adenosina. Desde entonces, más de tres mil pacientes han recibido terapia génica en todo el mundo (tabla 17.2), el 70 por 100 de ellos en Norteamérica y el resto en Europa. Algunos de estos ensayos han dado resultados positivos, aunque parciales. Así, en el campo del cáncer se han observado las siguientes respuestas (véase la tabla 17.3): 15/237 pacientes en ensayos de potenciación del sistema inmune, 8/26 en quimioterapia molecular y 6/26 en compensación de mutaciones.

Tabla 17.2

Ensayos clínicos, hasta 1999 *

Enfermedad	Ensayos clínicos		Pacientes	
	Número	%	Número	%
Cáncer	240	63	2.166	68
Sida	31	8	412	13
Enf. monogénicas	53	14	296	9
Marcado genético	41	11	227	7
Otras	13	3	66	2
Voluntarios sanos	2	1	6	0
TOTAL	380	100	3.173	100

* *The Journal of Gene Medicine.*

Como se documenta en la tabla 17.2, más de la mitad de los ensayos clínicos han tenido lugar con pacientes de cáncer. Dada la complejidad de esta enfermedad poligénica y la mutiplicidad de tipos de cáncer, con muy poca relación entre sí tanto en lo que se refiere a las causas como a la evolucion de la enfermedad, se están desarrollando diversas estrategias anticáncer (tabla 17.3). Estos enfoques incluyen la compensación de mutaciones, la quimio-

Tabla 17.3

Estrategias de terapia génica del cáncer *

Estrategia	Ensayos clínicos	Mecanismo molecular del efecto anticanceroso
Compensación de mutaciones	6	Inhibición de la expresión de oncogenes dominantes.
	23	Reemplazo de genes supresores de tumores.
	2	Inhibición de circuitos autocrinos (anticuerpos de cadena única).
Quimioterapia molecular	34	Entrega o expresión selectiva de genes tóxicos.
	9	Protección de tejidos normales durante tratamientos con altas dosis de quimioterapia.
Potenciación genética del sistema inmune	61	Transducción *in vitro* de linfocitos infiltrantes de tumores; modificación genética de células tumorales irradiadas.
	56	Administración de moléculas coestimuladoras o citoquinas; inmunización con virus que codifican antígenos asociados a tumores.
Oncolisis por virus replicativos	2	Destrucción de células tumorales por replicación selectiva de vectores virales.

* NIH Office of Recombinant DNA Activities.

terapia molecular y la potenciación genética del sistema inmune. Para *compensar mutaciones* se diseñan técnicas que tratan de corregir las alteraciones genéticas encontradas en los diferentes tipos de tumores, las cuales están implicadas en la aparición, progresión y metástasis tumoral; el gen *p53* ha sido utilizado en la mayoría de este tipo de ensayos (tabla 17.4). También tratan de evitar la contribución al crecimiento tumoral del estroma no tumoral que lo envuelve y apoya, como, por ejemplo, de los vasos sanguíneos que lo alimentan, sin los que el tumor no puede crecer ni hacer metástasis.

La *quimioterapia molecular* busca inducir un efecto citotóxico selectivo en la célula tumoral o en las células del estroma. El paradigma es la administración selectiva del gen de la enzima timidina quinasa *(TK)* seguido de la administración sistémica de la prodroga ganciclovir. En las células que expresan *TK* el ganciclovir es transformado en un metabolito tóxico. Para asegurar la selectividad necesaria de dicho efecto es necesario controlar la entrega del gen tóxico, o su expresión, limitándola al tejido tumoral. Alternativamente, la quimioterapia molecular intenta aumentar la sensibilidad del tumor a quimioterapia o radioterapia convencionales. Para ello se transfieren genes cuyos productos actúan sobre los mecanismos de acción de las drogas citotóxicas o de la radiación, sensibilizando así a la célula receptora. Otra estrategia consiste

Tabla 17.4

Genes en ensayo en terapias anticáncer de compensación de mutaciones *

Gen	Vector	Tumor
p53	Adenovirus	Cáncer de pulmón no microcítico, cáncer de cabeza y cuello, metástasis hepáticas de cáncer de colon, carcinoma hepatocelular, cáncer de próstata, cáncer de mama.
RB (Retinoblastoma)	Adenovirus	Cáncer de vejiga.
	Retrovirus	Cáncer de ovario.
BRCA-1	Liposomas catiónicos	Cánceres de mama y ovario que hiperexpresan erbB-2.
erBb-2		
	Liposomas catiónicos	Glioblastomas.
Insulin-like growth factor 1	Retrovirus	Cáncer de pulmón no microcítico.
k-ras	Retrovirus	Cáncer de mama y de próstata.
c-myc, c-fos	ADN desnudo y electroporación	Glioblastoma.
TGFβ		
	Liposomas catiónicos	Cáncer de cabeza y cuello.
EFG-R	Adenovirus	Cáncer de ovario.

* NIH Office of Recombinant DNA Activities.

en transferir genes que protegen la médula ósea y otros tejidos normales de los efectos tóxicos de drogas citotóxicas convencionales, como el gen de la resistencia a múltiples drogas, MDR-1. Esto permite la administración de mayores dosis sin alcanzar niveles intolerables de mielosupresión.

Finalmente, con la *potenciación genética del sistema inmune* se propone inmunizar al paciente contra antígenos asociados al tumor mediante transferencia de una variedad de genes, incluyendo los propios antígenos y genes que activan el sistema inmune. Con este propósito se han modificado genéticamente tanto células tumorales como células del sistema inmune con moléculas estimuladoras, tales como interleuquinas.

De estos ensayos se han extraído conclusiones de interés que se pueden resumir en lo siguiente: 1) incluso con los «primitivos» vectores actuales, puede lograrse la transferencia de genes a tejidos humanos, aunque en cantidad generalmente insuficiente; 2) estos genes pueden expresarse en los pacientes durante un tiempo ocasionalmente prolongado, aunque a bajos niveles, y 3) dichos genes pueden modular la enfermedad, a un nivel si no terapéutico al menos apreciable. Como es obvio, se precisan avances importantes en la tecnología de vectores para superar estos obstáculos satisfactoriamente.

Futuro

Las bases conceptuales de la terapia génica pueden considerarse como consolidadas. Durante la pasada década, la seguridad de la transferencia de genes al ser humano, aunque no absoluta, se ha confirmado repetidamente como adecuada y mejorable en cuanto se amplíe la experiencia. Quedan ahora, no obstante, problemas serios que resolver para lograr que la terapia génica sea eficaz, práctica, ampliamente disponible y económicamente asequible. El mayor de todos ellos es desarrollar la tecnología que permita una transferencia de genes eficiente y dirigida *in vivo* al tejido diana. Con los avances en la tecnología de vectores es posible anticipar que los resultados prometedores observados tantas veces en los estudios preclínicos se obtendrán también en la clínica, y permitirán mejorar el tratamiento de multitud de enfermedades que se acompañan actualmente de alta morbimortalidad. Ello requerirá unos años de intensa investigación conjunta entre laboratorios y hospitales.

GENERACIÓN DE ANIMALES TRANSGÉNICOS POR MICROINYECCIÓN PRONUCLEAR

La técnica y sus problemas

Este fue el primer método desarrollado y es el más ampliamente usado. Permite conseguir que un gen exógeno predeterminado esté en todas las células de un animal y que ese gen se active en determinados tejidos para estudiar las consecuencias de esta actividad. Como todos los demás, se desarrolló originalmente en ratones.

En un experimento típico (fig. 17.3), alrededor de diez hembras previamente tratadas con hormonas para hacerlas superovular se aparean con machos. A la mañana siguiente se extraen de ellas los embriones fecundados o zigotos. Estos deben estar en la fase de una célula con dos núcleos, llamados pronúcleos, procedentes uno de cada progenitor. Aproximadamente 200-300 de estos embriones son seleccionados para ser microinyectados. La microinyección se realiza en un microscopio óptico, especialmente equipado para este propósito. Se utilizan dos micropipetas de vidrio muy finas, que con frecuencia fabrican los propios investigadores en un sofisticado aparato llamado «estirador», controlado por un miniordenador. Ambas micropipetas son gobernadas por micromanipuladores. Una de ellas, cuya boca se pule para no dañar al embrión (micropipeta de sujeción), sirve para fijar a este mientras la otra micropipeta (micropipeta de microinyección de menos de 1 micrómetro de diámetro), que porta una solución acuosa con el transgén elegido, penetra en uno de los pronúcleos (preferiblemente el paterno) y libera 1-2 picolitros de esta solución conteniendo 20-200 copias del transgén. Los embriones que

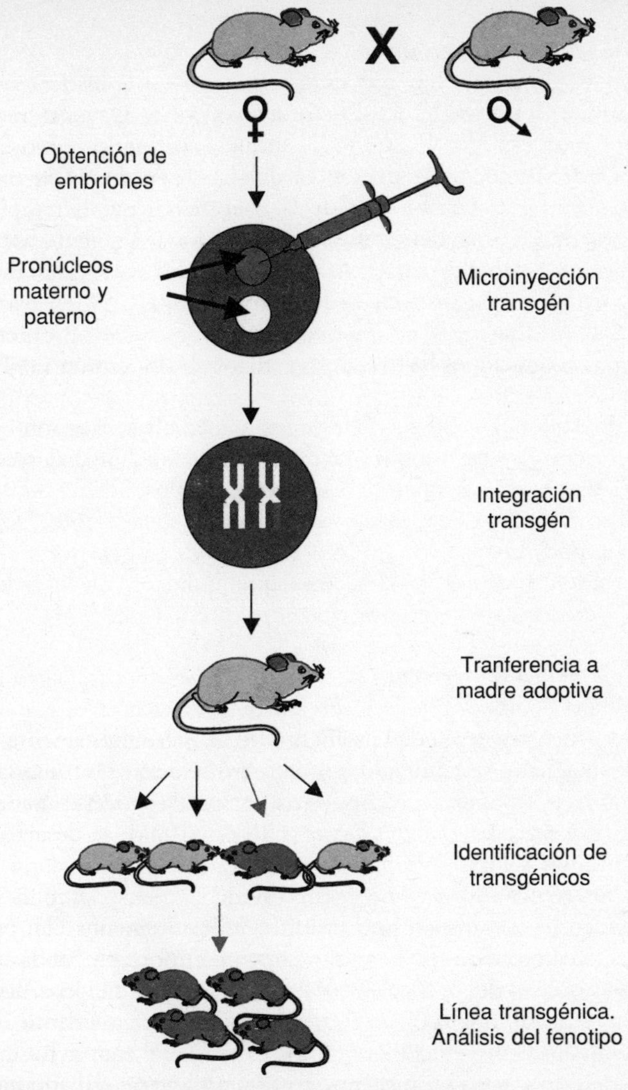

Fig. 17.3.—Esquema de la generación de una línea de ratones transgénicos por microinyección pronuclear

sobreviven a la microinyección se transfieren en grupos de 15-20 al oviducto de madres adoptivas que llevarán a término el desarrollo del embrión y criarán a los animales nacidos.

A través de mecanismos poco conocidos, y que, por lo tanto, no sabemos controlar, una fracción de los embriones inyectados integra un número variable de copias del transgén (típicamente, 1-50 copias), por lo general una a continuación de otra, unidas en un tándem «cabeza-cola», en un único sitio de su genoma. Debido a esto, hay que determinar cuáles de los ratones nacidos de los embriones son transgénicos. Esto se consigue analizando por métodos sofisticados (*Southern blot,* PCR, etc.), aunque ya rutinarios en los laboratorios, que permiten detectar la presencia del transgén en ADN extraído generalmente de una pequeña biopsia de la cola de los neonatos. Una vez identificados los transgénicos, denominados «fundadores», se genera mediante cruces apropiados a partir de cada uno de ellos una estirpe o línea de transgénicos idénticos (en lo que respecta al número de copias incorporadas y al lugar de inserción del transgén), en los que se procede a analizar el fenotipo, es decir, a estudiar alteraciones histológicas, funcionales o patológicas debidas a la presencia del transgén.

Típicamente, solo un 15-20 por 100 de los animales nacidos son transgénicos. Si consideramos los embriones que no sobreviven a la microinyección y aquellos que no dan lugar a neonatos tras ser transferidos, la eficacia del proceso baja al 1-5 por 100; es decir, el método es bastante ineficiente. Debido al nulo control que podemos ejercer sobre el proceso de integración del transgén, el método adolece de otros «defectos» que aumentan su ineficiencia y que no se han podido mejorar significativamente en estos años:

1) Algunos de los transgénicos nacidos solo portan el transgén en una parte de sus células debido a que la inserción del transgén en el genoma del pronúcleo inyectado no ocurre en el momento de la microinyección, sino más tarde, cuando el zigoto ya se ha dividido y consta de dos o más células, y son, por lo tanto, animales «mosaico», compuestos por células genéticamente diferentes. Este mosaicismo, que puede afectar al 30 por 100 de los transgénicos, también afectará a las células germinales, por lo que solamente una parte de sus hijos será transgénica (estos ya no serán mosaicos; todas sus células serán transgénicas), es decir, el transgén se transmite ineficientemente a la siguiente generación. Este efecto puede ser cuantitativamente importante, no siendo infrecuentes transmisiones del 5-10 por 100, cuando en condiciones normales esta transmisión es del 50 por 100.

2) No todos los transgénicos obtenidos expresan el transgén de la manera esperada; debido a que el transgén se inserta en lugares del genoma que, por diversos motivos, afectan a su función, una proporción no desdeñable de transgénicos no son de utilidad, ya que el transgén no se expresa, lo hace a bajos niveles (en la jerga biológica, el nivel de «expresión» de un transgén equivale a su nivel de actividad) o incluso lo hace en tipos celulares inesperados. Este fenómeno se conoce con el nombre de «efecto de posición».

3) Otro problema no desdeñable es el denominado «mutagénesis insercional», que se produce cuando, al integrarse, el transgén cae cerca de un gen del embrión receptor cuya actividad se ve afectada, de modo negativo casi siempre. Aunque este efecto, en general, solo se pone de manifiesto cuando,

al cruzar animales transgénicos entre sí, se producen transgénicos homozigotas (es decir, portadores del transgén en las dos copias de su genoma), puede llegar a afectar al 10-20 por 100 de los transgénicos. Para que no todo sea negativo, esta mutagénesis ha servido para detectar y aislar genes importantes y desconocidos, frecuentemente relacionados con el desarrollo embrionario.

El concepto de transgén

Para entender mejor la complejidad del problema, hay que tener en cuenta que cuando se introduce un transgén en un animal para estudiar sus efectos no solamente hay que introducir el gen, sino que hay que conseguir que este se exprese exclusivamente en los tejidos del animal que se pretende estudiar, ya que su expresión generalizada podría ser perjudicial. Debido a esto, los transgenes que se microinyectan constan de dos partes: 1) el gen estructural, que contiene la información genética que se quiere conferir al animal (por ejemplo, el gen de la hormona del crecimiento, si queremos hacer animales «gigantes»); 2) el elemento regulador, también llamado promotor, que contiene secuencias de ADN que controlan en qué tejidos va a ser activo el gen estructural (por ejemplo, la piel, el músculo o la glándula mamaria).

Respecto a los genes estructurales, como se comentó en la introducción, los laboratorios de Biología Molecular y Celular han adquirido a lo largo de los últimos veinticinco años un gran grado de experiencia en la identificación y manejo de los más variados genes, codificando para diversas proteínas estructurales o con actividad enzimática, implicados en múltiples funciones y enfermedades en mamíferos. Además, con la próxima secuenciación del genoma humano (y de otras especies) se espera tener en pocos años identificados los aproximadamente cien mil genes que forman el genoma de los mamíferos.

Respecto a los elementos reguladores, aunque de manera más lenta, también se ha ido acumulando en los últimos veinte años un buen grado de información que, de nuevo, será rápidamente ampliada cuando se finalice la secuencia del genoma humano. Estos elementos, con frecuencia, aunque no siempre, preceden a los genes estructurales y son los responsables de llevar a cabo el proceso de la «regulación diferencial» de los genes. Mediante este fundamental proceso se consigue que, aunque hablando en general, todas las células del organismo contienen el complemento completo de cien mil genes, solo una parte de estos sea activa en cada tejido. Es precisamente esta actividad genética diferencial la que confiere su identidad morfológica y funcional a cada tejido y órgano. Una vez identificado un elemento regulador que dirija actividad genética a un tejido determinado (por ejemplo, a la piel), cualquier gen estructural que se le acople verá su actividad restringida a este tejido. En estos momentos se está trabajando activamente en la generación de promotores que respondan a productos (antibióticos, hormonas) que se pueden suministrar a los animales transgénicos en el momento que se desee, de tal manera que el transgén se active (desactive) exclusivamente en los tejidos y momentos deseados. Es decir, se conseguiría una regulación espacial y temporal de la actividad del transgén.

Ratones transgénicos como modelo de enfermedades humanas

El ratón se ha convertido en el más poderoso sistema experimental para la investigación sobre mamíferos. Esto es tan notable que los años noventa han sido denominados como «la década del ratón». Ciñéndonos al tema de este capítulo, a pesar de no ser animal de interés industrial, el ratón ha contribuido de forma definitiva a, al menos, dos aspectos extraordinariamente importantes. Por una parte, en este animal se han desarrollado la mayor parte de las técnicas de manipulación genética que más tarde se aplicaron a los de interés ganadero. Por otra, aunque algunos aspectos de su fisiología difieren de los humanos, nuestros sistemas circulatorio, nervioso, digestivo, inmunológico, endocrino y metabólico tienen muchos puntos en común. Debido a ello, muchos de los conocimientos acerca del funcionamiento de estos sistemas y de sus enfermedades que se obtienen de ratones son con frecuencia extrapolables en buena medida a los humanos.

Con el advenimiento de la posibilidad de generar ratones transgénicos mediante la introducción de ADN exógeno por microinyección pronuclear se pudieron empezar a hacer preguntas como ¿por qué es este gen importante?, ¿qué ocurre si está presente en forma alterada (como ocurre en muchas enfermedades) o se activa en momentos o lugares incorrectos? Así, se generaron ratones transgénicos portadores de formas mutadas de genes asociados con enfermedades humanas, tales como el cáncer, defectos de la visión y la audición, enfermedades de piel y huesos, desórdenes neurológicos, neuromusculares, inmunológicos y del metabolismo, etc. Estos animales proveyeron evidencia concluyente de que los genes en cuestión causaban realmente la enfermedad asociada. Además, estos animales también sirven como valiosos modelos experimentales en los que estudiar la patogénesis de la enfermedad y en los que ensayar nuevos tipos de tratamiento como paso previo a su uso en pacientes humanos. Por último, la recientemente desarrollada capacidad de microinyectar grandes regiones de ADN, conteniendo múltiples genes, o de generar animales portadores de varios transgenes a través, por ejemplo, de cruces de animales portadores de un único transgén, está permitiendo empezar a crear modelos de enfermedades humanas poligénicas (es decir, que resultan de la presencia simultánea en un individuo de varios genes «defectuosos»). Algunos de los más comunes y clínicamente importantes desórdenes humanos, tales como el síndrome de Down, el asma, el cáncer, la epilepsia, la obesidad y ciertos tipos de diabetes pertenecen a esta categoría. Debido a su complejidad y al hecho de que, con frecuencia, estas enfermedades presentan un componente medioambiental, la existencia de estos modelos animales, cada vez más perfectos, es de gran importancia experimental.

Generación de animales transgénicos de interés industrial por microinyección

La posibilidad de aplicar las técnicas utilizadas para la generación de ratones transgénicos a otros animales de mayor interés económico fue pronto reconocida. El propio laboratorio del doctor Brinster publicó en 1985 la producción de conejos, ovejas y cerdos, siguiendo el método de la microinyección pronuclear utilizado con éxito en ratones. Estos resultados desataron un gran interés, en particular en aquellos laboratorios capaces de dominar tanto las técnicas moleculares requeridas para la construcción del transgén como los conocimientos de fisiología y embriología animal necesarios. Sin embargo, pronto fue evidente que todavía quedaban aspectos que mejorar para que la técnica fuera eficiente. Por una parte, los procesos fisiológicos animales son complejos y todavía no se conocen suficientemente bien. En consecuencia, la introducción del transgén con frecuencia no producía ningún efecto visible o incluso podía resultar perjudicial para el animal. Por otra parte, nuestro conocimiento de los promotores que dirigen la actividad de los transgenes dista de ser perfecta, y no siempre es posible disponer de uno que genere de manera estable los niveles requeridos del producto transgénico en los tejidos de interés concreto. Pero, sin duda, el mayor problema es la baja eficiencia del método, que en el caso de los animales domésticos es todavía menor que la mencionada para ratones. En promedio, solo un 1-2 por 100 de los embriones de cerdo, oveja o vaca inyectados dan lugar a animales transgénicos, y, al igual que se explicó para los ratones, no todos ellos expresan eficientemente el transgén ni lo transmiten a su descendencia. Esto exige disponer de un gran número de embriones, lo que es posible, pero caro, en animales domésticos. Pero el mayor inconveniente reside en que solo tras el nacimiento puede determinarse a ciencia cierta qué animales son transgénicos y, entre ellos, cuáles expresan el transgén eficientemente (es decir, tienen las características deseadas y son «de utilidad»), lo que obliga a llevar a término un altísimo número de gestaciones «no útiles», que no van a dar lugar a transgénicos de interés. Estos problemas elevan tanto los costes que se estima que la producción de una vaca transgénica por este método cuesta entre 100.000 y 150.000 dólares. Además de estos, existen otros problemas de índole técnico tales como la dificultad inicial de microinyectar embriones de algunas especies domésticas, porque estos, a diferencia de los de ratón, no son transparentes. Este problema se solucionó centrifugando cuidadosamente los embriones, en condiciones que hacen sedimentar las sustancias que los volvía opacos sin comprometer su viabilidad. A pesar de todo, hasta el muy reciente advenimiento de la clonación, que comentaremos más tarde, este fue el único método existente para producir animales transgénicos de interés industrial, y ya hay algunos rebaños de ovejas, cabras y vacas transgénicas. Por desgracia, no se ha conseguido aplicar este método con éxito a las aves, especie de extremo interés económico.

Algunos ejemplos interesantes. Generación de vacas, ovejas y cabras transgénicas. La modificación de la leche y la lana

La modificación de la leche ha sido uno de los primeros aspectos que se ha abordado en animales transgénicos, y con toda probabilidad, el que está más cerca de ser explotado comercialmente. Ello es debido a varios factores: por una parte, la glándula mamaria ha sido investigada profusamente desde el punto de vista biológico y, en consecuencia, se han generado los conocimientos y técnicas necesarios para abordar este problema; por otra, la leche es un producto con un alto valor económico y barato, la industria láctea está muy desarrollada y existen técnicas rentables y bien conocidas de purificación de productos a partir de ella.

La composición de la leche de vacas, ovejas y cabras ha sido alterada en dos direcciones fundamentales: 1) para producir en ella productos farmacéuticos humanos; 2) para modificar su composición y hacerla más similar a la de la leche humana.

1) *Producción de fármacos en la leche.* El uso de animales domésticos transgénicos como biofermentadores es una realidad. La producción en la leche de productos farmacéuticos para el uso en humanos tiene varias ventajas sobre otros posibles métodos de producción. Por ejemplo, las proteínas con carácter terapéutico producidas en la leche son más activas —debido a que llevan modificaciones en sus aminoácidos similares a las que se encuentran en humanos— y más baratas de purificar que si se produjeran a partir de bacterias (biofermentadores microbianos). Se han conseguido concentraciones de 1-10 g/l de diversas de estas proteínas de manera reproducible en varias especies animales. En el momento presente, por diferentes razones, la cabra ha sido especialmente usada para estos propósitos y se están generando manadas de tamaño manejable (100-300 animales) a partir de las cuales se espera producir 1-300 kg de producto transgénico por año. La proteína predominante en la leche de estos animales es la β-caseína, presente a concentraciones de 10-20 g/l. El promotor de este gen ha sido identificado y caracterizado en la cabra, siendo como es lógico el más utilizado en la generación de estos animales, ya que (véase la fig. 17.3) potencialmente dará lugar a ejemplares con la más alta concentración del producto transgénico en su leche. Por ejemplo, acoplando a este promotor al gen humano del activador del plasminógeno, una proteína que juega un papel importante en la coagulación de la sangre, se han generado cabras produciendo entre 1 y 7 g/l de este producto. Desafortunada e inesperadamente, estos animales tenían unos períodos de lactación anormalmente cortos y presentaban signos similares a la mastitis, debidos a problemas de solubilidad del activador del plasminógeno producido a estas altas concentraciones. Esto da una idea de las dificultades que plantea la utilización práctica de estos animales. Sin embargo, cabras produciendo altas concentraciones de otras proteínas humanas con la α-1-antitripsina, la anti-

trombina III o factores de coagulación sanguínea han sido producidas y no presentan estos problemas.

2) *Leche «humanizada».* La leche y sus derivados proveen hasta un 30 por 100 de las proteínas ingeridas en los países desarrollados. Además de ser nutrientes de alta calidad por su composición y fácil digestión, algunas proteínas de la leche cumplen otras funciones fisiológicas importantes. Por ejemplo, la lisozima provee resistencia frente a infecciones y la lactoferrina favorece el transporte de hierro en el tracto digestivo.

Una vaca puede producir hasta 1 kg de proteína por día de lactancia. Pero la composición de la leche varía entre las diferentes especies. Por ejemplo, en la vaca las caseínas constituyen el 80 por 100 de la proteína de la leche, mientras el suero es relativamente pobre en proteínas, siendo la α-lactalbúmina y la β-lactoglobulina las más abundantes. Por el contrario, la leche humana es más pobre en proteínas (10 g/l en comparación con 33 g/l en la de vaca), el 70 por 100 de estas provienen del suero, el cual carece de β-lactoglobulina (y es rico en lisozima y lactoferrina, poco presentes en la vaca). Es bien sabido que esta proteína y las caseínas producen intolerancia, en particular en niños. Además, dado el alto número de personas intolerantes a la lactosa (hasta un 20 por 100 de las mujeres de ciertas áreas mediterráneas), otra posibilidad interesante sería la introducción de la enzima lactosa en la leche para convertir de forma fisiológica la lactosa en glucosa y betagalactosa. Por otra parte, a través de la modificación de la composición de la leche, no solo se conseguiría mejorar sus propiedades de cara al consumo, sino que se incrementarían sus propiedades tecnológicas. Por ejemplo, la leche enriquecida en β-caseína favorecería la producción del queso.

Aunque la mayor parte de las modificaciones en la composición de la leche han sido llevadas a cabo en ratones, se han obtenido vacas produciendo lactoferrina y, muy recientemente, lactasa, y varios laboratorios están trabajando activamente en conseguir cabras con leches enriquecidas en caseínas. A la vista de estos resultados y de las mejoras previsibles en la generación de animales transgénicos, es de esperar que en el futuro existirán rebaños produciendo muchos tipos diferentes de leche que permitirán al consumidor y a los industriales escoger «a la carta» la leche mejor adaptada a sus necesidades.

Otro producto de gran interés económico, en particular para algunos países como Australia y Nueva Zelanda, es la lana. Una oveja merina produce 4-5 kg por año. Las queratinas son las proteínas mayoritarias de la lana. Los genes de estas proteínas están bien estudiados y los promotores de varios de ellos han sido identificados y aislados, lo que abre la posibilidad de alterar específicamente la composición y características de este producto a través de ovejas transgénicas. La lana es, además, un buen candidato a este tipo de manipulación, ya que no es probable que su alteración sea perjudicial para el animal. Por el contrario, nuestro conocimiento acerca del complejo proceso de la formación y crecimiento del pelo es todavía muy incompleto y no resulta fácil predecir cómo modificar sus propiedades y eficiencia de producción. A pesar de ello, los resultados hasta ahora obtenidos son esperanzadores.

Basados en las propiedades estimuladoras del crecimiento celular en general y del crecimiento del pelo humano en cultivos *in vitro* atribuidas al IGF-1, un factor de características similares a la insulina, investigadores neozelandeses acoplaron el gen de este factor al promotor de una queratina de la lana y produjeron cinco ovejas transgénicas. Estos animales y sus descendientes mostraron un significante incremento en el peso de lana producida, sin que se observara ningún efecto apreciable sobre su salud. Por su parte, estimulados por sus resultados previos con ratones, investigadores australianos alteraron la composición de la fibra de la lana en ovejas. A la vista de estos resultados, no es exagerado pensar que en el futuro podrían existir rebaños de ovejas produciendo tipos de lana diseñados para diferentes propósitos. Para ello, aparte de mejorar las técnicas de generación de animales transgénicos, tendremos que incrementar nuestros conocimientos acerca de la estructura de la fibra de la lana y de la contribución de sus múltiples componentes a sus propiedades.

Generación de cerdos transgénicos. Producción de órganos para xenotrasplantes

Dada la bien reconocida importancia económica del cerdo, no es de extrañar que desde el principio se haya puesto un énfasis especial en su mejora a través de la transgénesis. Por su parte, esta especie posee características reproductoras que la hacen, en principio, más adecuada para estos métodos que otras especies de granja: produce camadas grandes, su tiempo de gestación es de solo ciento catorce días, y alcanzan la madurez sexual muy rápidamente.

Se han producido cerdos transgénicos en los que se ha intentado mejorar su productividad y resistencia a enfermedades y otros que producen fármacos para uso en humanos (por ejemplo, hemoglobina y factores de coagulación sanguínea). Sin embargo, la posibilidad más atractiva en el momento presente, la producción de cerdos transgénicos como donantes de órganos para humanos, nace de la observación de que, en muchos aspectos fisiológicos, estos animales son muy parecidos a los humanos. El avance en las técnicas quirúrgicas y de control del rechazo ha convertido el trasplante en un tratamiento habitual en los casos de fallo crónico de una cada vez mayor variedad de órganos. Sin embargo, la mayor limitación presente en las aplicaciones clínicas de los trasplantes reside en la escasez de donantes, de tal manera que se estima que solo se efectúan el 50 por 100 de los trasplantes necesarios. Debido a esta gran escasez, se está estudiando seriamente la posibilidad de usar órganos animales, es decir, realizar xenotrasplantes. Aunque los primeros experimentos se llevaron a cabo, con muy limitado éxito, con órganos procedentes de primates, el muy alto número de órganos requerido ha llevado a considerar otras especies como posibles donantes, y el cerdo, por sus mencionadas características fisiológicas, se destaca como particularmente adecuado.

El mayor obstáculo que aparece cuando se efectúan xenotrasplantes es el rechazo. Un órgano porcino trasplantado a un primate o un humano sin ningún tipo de tratamiento es rechazado en muy corto tiempo (minutos a pocas horas) por un proceso conocido como rechazo hiperagudo. Este proceso agudo se produce porque anticuerpos del paciente receptor, llamados xenorreactivos porque reaccionan contra moléculas que él no posee, se unen al órgano injertado y dan lugar al fenómeno conocido como activación del complemento en los vasos sanguíneos del órgano trasplantado, que sufren hemorragia, edema y trombosis, provocando su destrucción. Este proceso no es específico de la reacción contra xenotrasplantes, sino que constituye un potente mecanismo de defensa contra la invasión de microorganismos en general, por lo que no es conveniente el tratar de suprimirlo en el paciente.

Por lo tanto, el evitar la reacción de los anticuerpos xenorreactivos y del sistema del complemento sería un método más conveniente de cara a hacer viables los xenotrasplantes. Los anticuerpos xenorreactivos están mayoritariamente dirigidos contra un azúcar, el Galα1,3 Gal, presente en la superficie de las células de los animales inferiores, como el cerdo, pero ausente en simios y humanos. En los años 1995-1996, dos laboratorios han conseguido producir ratones y cerdos transgénicos con muy bajos niveles de este azúcar. Por otra parte, para evitar la activación del complemento del receptor del trasplante, en los años 1994-1995 se produjeron cerdos que expresaban proteínas humanas reguladoras del complemento. Corazones de estos animales fueron trasplantados a monos y funcionaron durante varios días. Además, una vez extraídos, se observó que estos órganos habían mostrado un alto grado de protección frente al daño producido por la activación del complemento. Posteriormente se observó que, si los monos trasplantados eran tratados con drogas supresoras de la síntesis de anticuerpos, similares a las usadas en trasplantes humanos, el resultado de los xenotrasplantes experimentaba una notable mejoría. Estos resultados llamaron poderosamente la atención de la comunidad científica y del público en general, fueron recogidos por las mejores revistas científicas y dieron lugar a varias empresas, dedicadas a mejorar las características de estos cerdos para su uso efectivo en trasplantes a humanos. Sin embargo, la evidencia de que ciertas y muy graves enfermedades han pasado de animales a humanos ha puesto en cuarentena la posibilidad de realizar xenotrasplantes. A pesar de que a lo largo de nuestra prolongada historia en común con los cerdos no exista ninguna evidencia documentada de que esta transmisión de enfermedades pueda ocurrir, en el momento presente existe una activa experimentación y una acalorada discusión en la comunidad científica para tratar de aclarar este tema, de muy clara relevancia clínica y económica.

Generación de peces transgénicos. La manipulación del tamaño

A mediados de los años ochenta se consiguió la generación de peces transgénicos de diversos tipos (carpas, truchas arcoiris, barbos, salmones, etc.). Dada la importancia económica de la piscicultura de salmones, no es de extrañar que una buena parte del esfuerzo haya sido dirigido hacia estas especies. Uno de los más importantes factores que afectan a la productividad de estos peces es el control de su crecimiento. Es bien sabido que los salmónidos responden bien a la administración exógena de la hormona del crecimiento, lo que explica que más de la mitad de la investigación sobre la generación de salmónidos transgénicos se haya realizado con genes encaminados a influenciar el crecimiento, aunque otros aspectos tales como el control del sexo y de la maduración sexual, el incremento de su resistencia a enfermedades o la modificación de las características de su carne también hayan sido abordados.

A la vista de los anteriormente mencionados impactantes resultados del doctor Brinster acerca de la alteración del tamaño de ratones transgénicos portadores del gen de la hormona del crecimiento, este fue el tratamiento más común con salmónidos. De una manera simultánea, y también a través de la introducción del gen de la hormona del crecimiento, se intentó controlar el tamaño de cerdos, ovejas y vacas transgénicas. En estos animales, los resultados fueron negativos y demostraron de nuevo los límites que nuestros conocimientos actuales imponen a la manipulación fisiológica de nuestros animales productivos: no solo no se obtuvieron incrementos apreciables en el tamaño, sino que estos animales sufrieron anomalías físicas tales como aberraciones en el crecimiento óseo, deterioro del sistema inmune y acusada disfunción renal. Parte de estos síntomas son los clásicos de la acromegalia humana, enfermedad producida por un exceso de hormona del crecimiento. En el caso de los salmónidos, no se encontró ningún efecto ni se detectaron niveles elevados de la hormona hasta que no se produjeron transgenes que llevaran tanto el promotor como el gen de la hormona del crecimiento procedentes de la propia especie. Una vez superada esta dificultad técnica, se obtuvieron peces de un tamaño 3-11 veces superior al normal, en función de la especie de salmónido y del promotor elegido para dirigir la actividad del gen de la hormona. El hecho de que la producción de niveles elevados de esta hormona afecta tan profundamente al crecimiento de los salmónidos y no al de los mamíferos es probablemente debido a que aquellos, a diferencia de estos, crecen durante la mayor parte de su vida. También en este caso se observó que los salmónidos que alcanzaban los tamaños más grandes, que se corresponden con los que poseen niveles más altos de hormona, mostraban los síntomas de acromegalia encontrados en los mamíferos. Por el contrario, también mostraban una positiva propiedad: sufrían la adaptación a vivir en agua de mar hasta dos años antes que sus hermanos no transgénicos. Este efecto puede ser de importancia comercial, ya que esta adaptación es un factor limitante en la producción de estos peces.

Generación de animales con alteraciones genéticas predeterminadas: noqueo de genes

Como se ha descrito, la técnica de la microinyección presenta varios problemas que se traducen en una baja proporción de transgénicos que expresan el transgén de una manera eficiente, es decir, es una técnica con bajo rendimiento, lo cual resulta ser particularmente negativo en el caso de animales de interés industrial. Además, los animales producidos por este método son exclusivamente del tipo «ganancia de función», es decir, se les introduce un nuevo gen y se estudian las consecuencias funcionales que ello comporta. Sin embargo, para muchos propósitos, tanto de investigación básica como de aplicaciones de interés práctico, resulta altamente deseable el poder inactivar genes del propio animal, es decir, producir animales mutantes del tipo «pérdida de función». Esto permitiría estudiar desde otro punto de vista para qué aspectos de la fisiología del animal son estos genes importantes (es decir, su función).

A lo largo de los años ochenta, en paralelo con la técnica de microinyección, se llevaron a cabo en diferentes laboratorios una serie de experimentos que culminaron en la aparición de una nueva y refinada técnica que supera en buena parte los problemas de la microinyección y además permite producir mutaciones del tipo pérdida de función. Esta técnica es conocida en inglés como *gene targeting* o *gene knock-out,* términos que podríamos traducir por «mutagénesis dirigida» o «noqueo» de genes predeterminados en animales. La técnica ha sido desarrollada y ampliamente usada en ratones y se basa en dos avances técnicos fundamentales:

a) La capacidad de introducir una alteración (mutación) predeterminada en un gen predeterminado en células a través del proceso denominado «recombinación homóloga».

b) El desarrollo de cultivos *in vitro* de células embrionarias pluripotentes derivadas de embriones tempranos, conocidas como células ES (de *embrional stem* o células madre).

a) *Recombinación homóloga.*

Cuando en una célula se introduce un fragmento de ADN que contenga zonas con secuencias idénticas (es decir, «homólogas») a las de alguna región de su genoma, por ejemplo, una región que contenga un gen de interés, aunque con una frecuencia muy baja, la célula lo integra en su genoma. Esta integración puede ocurrir de dos formas diferentes:

1) Al azar, como se describió, por ejemplo, en el caso de la microinyección de embriones (fig. 17.3).

2) En la región cromosómica donde se encuentra el gen homólogo de la célula, al que sustituye (fig. 17.4). Este proceso se conoce como recombina-

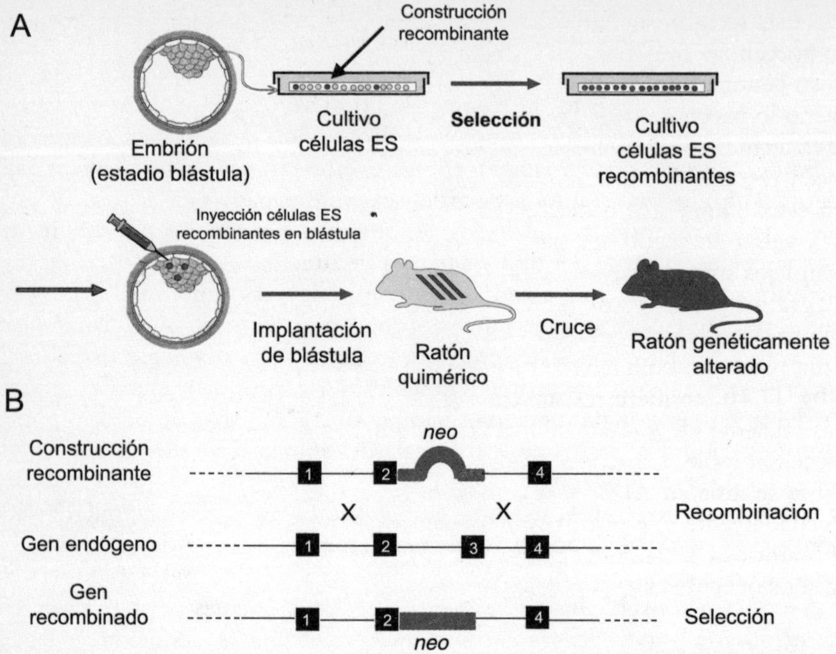

Fig. 17.4.—Esquema de la generación de ratones transgénicos por recombinación homóloga: A) Etapas del procedimiento. B) Proceso de la recombinación homóloga: un gen diana endógeno del ratón compuesto de cuatro regiones codificantes o exones (cajas negras) es modificado a través de un transgén de tal modo que pierde uno de sus exones e incorpora el gen de la resistencia a la neomicina (caja gris)

ción homóloga y fue puesto de manifiesto por varios laboratorios a principios de los años ochenta.

Si el gen que se introduce en la célula, tal como se muestra en la figura 17.4B, posee alguna región no homóloga (es decir, no idéntica) al gen endógeno, tras el proceso de recombinación la célula perderá su gen original e incorporará el modificado. Esta es la base que permite sustituir en células y, como veremos, en animales genes «normales» por formas modificadas de manera predeterminada. Dada la gran cantidad de genes identificados y disponibles en los laboratorios —cantidad que se incrementa de manera acelerada— y la gran facilidad que tenemos de alterarlos *in vitro,* es previsible que a medio plazo vamos a ser capaces de alterar cualquier gen animal de la manera que deseemos. Además estas modificaciones son limpias, en el sentido de que ocurren entre regiones precisamente predeterminadas, sin afectar a otras regiones del genoma. Es decir, estamos hablando de una auténtica «cirugía genética».

Esta técnica, sin embargo, presentó una seria dificultad al principio: solo un porcentaje muy bajo de las células del cultivo integran el ADN exógeno en su genoma (típicamente, 1 en 100.000), y de estas solo un porcentaje pequeño lo hacen a través de recombinación homóloga. Aunque con la mejora de la técnica se logró incrementar notablemente el porcentaje de células que hacen recombinación homóloga respecto a las que integran el ADN al azar (en estos momentos este porcentaje está típicamente en el rango 5-20 por 100, variando según los casos concretos), fue necesario idear ingeniosos y complejos sistemas de selección para aislar y amplificar las pocas células que integraron el ADN por recombinación homóloga. Básicamente, esta selección se consigue introduciendo un gen que provea a la célula de resistencia a algún producto químico, que con frecuencia es un antibiótico (el gen *neo,* en la fig. 17.4B, confiere resistencia a la neomicina). Muchas veces, para hacer más eficiente el proceso, se incluyen dos genes de resistencia y se hace una selección doble. Las pocas células resistentes se expanden en cultivo y finalmente se aísla su ADN y se estudia si la recombinación homóloga ocurrió adecuadamente y, por lo tanto, portan la alteración genética deseada. Varios laboratorios consiguieron poner a punto esta técnica en la primera mitad de los años ochenta.

b) *Células ES.*

Como se indica en la figura 17.4A, las células ES se derivan de una región del embrión temprano (blástula del día 3,5 poscoito en el caso del ratón) llamada MCI (masa celular interna), de la cual se derivan todos los tejidos del embrión tardío y, por lo tanto, del adulto. Otras regiones del embrión temprano dan lugar a estructuras extraembrionarias, como la placenta. Desde los años setenta se sabía que estas células son totipotentes, es decir, que si se vuelven a introducir en un embrión temprano se comportan como una célula más de la MCI y contribuyen a la formación de todos los tejidos del embrión, incluidas sus células germinales. A lo largo de los años ochenta se consiguieron dos avances con estas células sin que perdieran su totipotencia: por una parte se encontraron condiciones en las cuales estas células se podían mantener en cultivo y multiplicarse prácticamente de manera indefinida. Conseguido esto, se logró introducir material genético en ellas y seleccionar las que lo integraban por recombinación homóloga.

Todos estos avances juntos permitieron generar ratones transgénicos por recombinación homóloga. El proceso, tal como se describe en la figura 17.4, consta de las siguientes etapas:

a) A partir de embriones tempranos se establecen líneas estables de células ES.

b) Mientras están en cultivo, se les introduce el ADN de interés.

c) Se seleccionan y expanden las células que han incorporado el ADN por recombinación homóloga.

d) Unas pocas de estas células se introducen en un embrión temprano que se transfiere a una madre adoptiva.
e) De este embrión nace un ratón. Dado que las células genéticamente alteradas son solo una parte del embrión, de ellas se derivarán solo una parte de las células que forman cada tejido del ratón nacido, es decir, este es una quimera o mosaico. Pero como una parte de sus células germinales llevan la modificación genética, una proporción de sus hijos ya serán transgénicos en todas sus células, y a partir de ellos se pueden generar las correspondientes líneas.

Los primeros ratones modificados genéticamente por este método aparecieron en los años 1987-1988 en los laboratorios de los doctores Capecchi y Smithies. Aunque muy compleja, con el paso del tiempo la técnica se ha ido estandarizando y refinando en varios aspectos. En el momento presente, un buen número de laboratorios dominan las diferentes variantes existentes y una gran cantidad de ratones transgénicos, a una velocidad de varios cientos por año, han sido producidos a través de ella. Como en el caso de los transgénicos producidos por microinyección, la práctica totalidad de estos animales está dirigida a entender la importancia de genes implicados en el desarrollo, la fisiología y la patología del ratón, para entender mejor estos procesos en humanos. Es decir, son «modelos animales de enfermedades humanas», hablando de una manera genérica, y gracias a ellos se está obteniendo una gran cantidad de información acerca de los mecanismos moleculares implicados en estos procesos, de enorme importancia para la medicina y la industria farmacéutica. Aunque mediante esta técnica se han producido fundamentalmente inactivaciones (noqueos) de genes, también ha permitido realizar alteraciones de otros tipos, tales como sustituir un gen normal por una forma mutada o, viceversa, sustituir un gen mutado por su forma normal.

Como se puede ver, esta técnica tiene un gran potencial para ser aplicada a animales de interés ganadero. Por una parte, las células ES modificadas pueden ser exhaustivamente estudiadas *in vitro* para estar seguros de que llevan la modificación deseada; por otra, un alto porcentaje de los embriones portadores de células ES van a dar lugar a animales transgénicos útiles. Sin embargo, a pesar de este potencial, no ha sido posible aplicar este método a animales de interés ganadero. Ello es debido a que las líneas de células ES que se han conseguido establecer hasta la fecha, tras ser introducidas en los embriones, aunque cooperan a la formación de la mayor parte de los tejidos del animal, no lo hacen a la formación de células sexuales. En consecuencia, los animales mosaico que nacen, que no son útiles económicamente hablando, no dan lugar a hijos por completo transgénicos como en el caso del ratón, sino a hijos totalmente normales. Por fortuna, otros métodos más recientes permitirán, con toda probabilidad, generar este tipo de animales. Del más prometedor de ellos, la clonación, hablaremos más tarde.

GENERACIÓN DE ANIMALES POR MUTAGÉNESIS CONDICIONAL: EL SISTEMA CRE/«LOX P»

A pesar de sus mejoras respecto al método de la microinyección, el sistema de la recombinación homóloga todavía presenta algunos problemas. Por ejemplo, si el gen que se altera realiza funciones importantes durante el desarrollo embrionario o en varios tejidos del animal adulto, dado que está presente en todas las células del animal, su alteración puede traducirse en la muerte del embrión o en animales con severas anomalías en múltiples tejidos, de los que es muy difícil extraer conclusiones válidas. Por otra parte, la alteración introducida no es totalmente limpia, ya que en el lugar mutado deja el gen de resistencia que se usa para seleccionar las células ES que han hecho recombinación homóloga (gen *neo,* en fig. 17.4B), y la presencia y actividad de este gen puede producir perturbaciones no deseadas.

Un perfeccionamiento de la técnica de la recombinación homóloga, desarrollado durante los primeros años noventa en varios laboratorios, permitió en una buena parte solventar estos inconvenientes. El bacteriófago P1, un virus que infecta bacterias, posee una enzima, llamada recombinasa Cre, que reconoce específicamente una pequeña secuencia de ADN de 34 pares de bases llamada *lox P*. Si un fragmento de ADN, por ejemplo, un gen que se desea eliminar o inactivar (véase fig. 17.5), está flanqueado por dos secuencias *lox P* colocadas con la misma orientación, Cre elimina ese fragmento, dejando presente una única secuencia *lox P* en el lugar. Este sistema, desarrollado por el doctor Brian Sauer, es tan flexible que, manejando adecuadamente las secuencias *lox P,* permite efectuar pequeñas mutaciones, eliminar genes o partes de genes, introducir genes (aunque este proceso no se ha logrado todavía que sea muy eficiente) o, incluso, producir recombinaciones entre diferentes cromosomas o eliminar grandes fragmentos de estos. Como los sitios en que las secuencias *lox P* se introducen en las células pueden ser precisamente caracterizados, estas modificaciones genéticas pueden predeterminarse con precisión.

Para conseguir animales mutantes mediante esta técnica hay que producir dos animales transgénicos diferentes que, luego, se cruzan entre sí (fig. 17.5).

1) Mediante la técnica de la recombinación homóloga anteriormente descrita se producen células ES en las cuales se introducen en la misma orientación sendas secuencias *lox P* flanqueando un gen predeterminado; a partir de estas células ES se genera un ejemplar que lleva esta modificación. Este animal es perfectamente normal, pero susceptible de sufrir la inactivación del gen predeterminado, como veremos a continuación.

2) Mediante la técnica de microinyección, y escogiendo adecuadamente el promotor, se produce un transgénico que expresa la recombinasa Cre en los tejidos que se desee. Incluso, haciendo uso de promotores inducibles, uno puede controlar no solo el lugar, sino también el momento en que se va a producir la recombinasa.

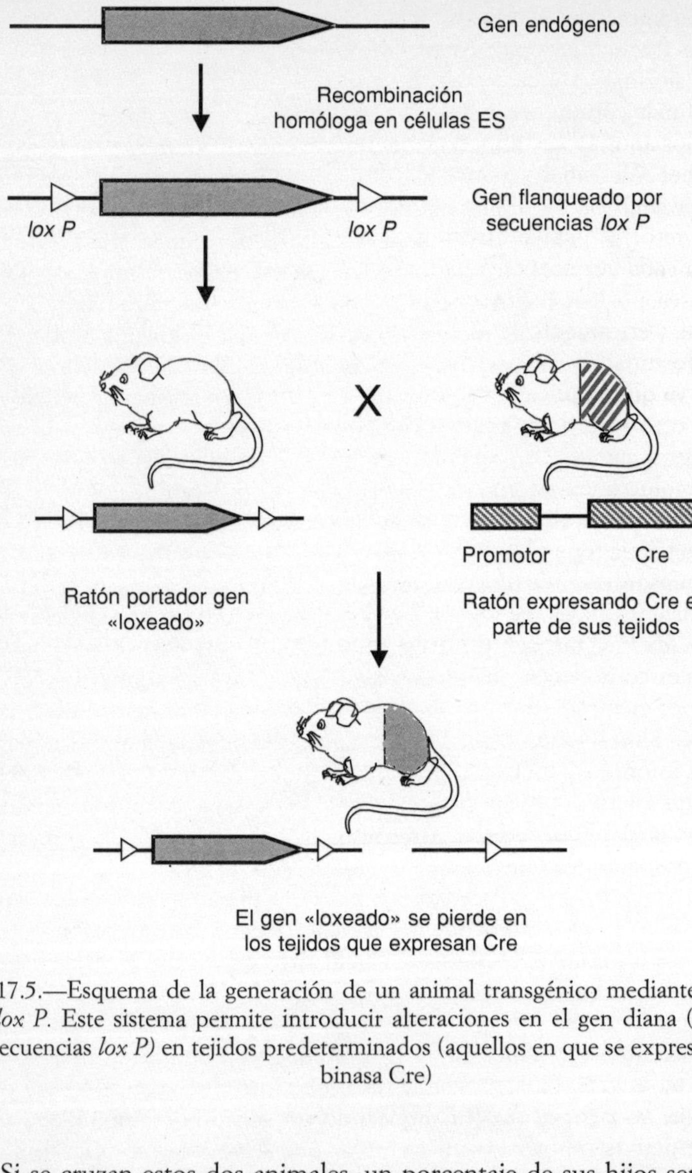

Fig. 17.5.—Esquema de la generación de un animal transgénico mediante el sistema Cre/*lox P*. Este sistema permite introducir alteraciones en el gen diana (flanqueado por secuencias *lox P)* en tejidos predeterminados (aquellos en que se expresa la recombinasa Cre)

Si se cruzan estos dos animales, un porcentaje de sus hijos serán dobles transgénicos, es decir, heredarán ambas alteraciones. En ellos, el gen «loxeado» (es decir, flanqueado por secuencias *lox P)* será eliminado en aquellos tejidos y momentos donde se produzca la recombinasa Cre. Como huella del evento tan solo quedará una secuencia *lox P*. Como vemos, este método es más limpio que el de la recombinación homóloga y, al ocurrir la modificación genética deseada solamente en los tejidos o momentos de interés, reduce la mortalidad embrionaría o la presencia de alteraciones patológicas en múltiples tejidos frecuentemente observadas al usar la técnica de la recombinación homóloga normal. Aunque existen varios sistemas similares, es el Cre/*lox P* descrito el más comúnmente usado. Los primeros ratones de este tipo aparecieron en los años 1992-1993, en laboratorios estadounidenses (los de los doctores Heiner Westphal y Jamey D. Marth) y en uno europeo (el del doctor Klaus Rajewsky). En los últimos años se ha dedicado un gran esfuerzo en múltiples laboratorios para producir animales que expresen la recombinasa Cre de manera cada vez más eficiente, precisa y controlada, de tal manera que en el futuro sea posible plantearse llevar a cabo cualquier alteración genética imaginable, y éticamente admisible, en animales.

Desafortunadamente, en el momento presente la técnica solo es aplicable a ratones, ya que implica el uso de células ES, y estas, como se comentó, presentan en otro tipo de animales problemas todavía no superados. Dados los altos intereses científicos y económicos en juego, es de esperar que estos problemas se solucionen en un futuro no lejano. También, de cara a ese futuro, es de esperar que se desarrolle y haga más accesible la posibilidad más extrema de esta técnica, que ha dado lugar a un nuevo campo denominado «ingeniería cromosómica». Debido a que la recombinasa Cre es capaz de actuar a grandes distancias con relativa alta eficiencia, colocando adecuadamente las secuencias *lox P* se pueden producir todo tipo de alteraciones a nivel cromosómico, tales como largas deleciones e inversiones, duplicaciones y reordenamientos (por ejemplo, unir brazos de cromosomas diferentes). Algunas de estas grandes alteraciones están presentes en enfermedades humanas, de ahí uno de los intereses para producir este tipo de animales. Sin embargo, aunque los primeros fueron conseguidos en el año 1995 en el laboratorio del doctor A. Bradley, en Estados Unidos, solo unos pocos casos más han sido hechos públicos, probablemente debido a las dificultades técnicas aún existentes.

LA CLONACIÓN DE ANIMALES

El nacimiento, en 1996, de la oveja *Dolly,* producida por la técnica de la transferencia nuclear, demostró que era posible clonar animales adultos y desató un gran interés, tanto en la comunidad científica como en el público en general, ante las perspectivas científicas, económicas y éticas que se abrían.

Entendemos por clonación el hecho de producir seres vivos genéticamente idénticos entre sí. La posibilidad de utilizar la técnica de la transferencia de núcleos para este fin fue propuesta por Hans Spemann, uno de los padres de la embriología, en 1938. La idea consistía en transferir núcleos extraídos de células de embriones en estadios progresivamente más avanzados de su desarrollo a óvulos recién fertilizados (que, por lo tanto, constaban de una sola célula), previamente enucleados. El problema al que se intentaba dar respuesta es el siguiente: En un embrión temprano, como se comentó anteriormente (véase fig. 17.4), las células de la MCI son iguales y pluripotentes y todavía conservan la capacidad de contribuir a la formación de todos los tejidos del animal. Sin embargo, según el embrión progresa en su desarrollo, las células que lo componen se diferencian unas de otras, ya que empiezan a aparecer progresivamente los primordios de lo que acabarán siendo los tejidos y órganos del adulto. Para llevar a cabo esta diferenciación, los distintos tipos de células que van apareciendo sufren cambios en su actividad genética, es decir, en los genes que activan y reprimen. La pregunta fue, durante mucho tiempo, si los núcleos —donde reside el material genético— de células que ya habían hecho este camino podían «reprogramarse» o «rebobinarse» de tal manera que, reintroducidos en un embrión temprano, recobrasen la pluripotencia, o si, por el contrario, el camino seguido durante el proceso de diferenciación era irreversible. Si la reprogramación fuera posible, en su formulación más extrema, esto significaría que a partir de células de un animal adulto podrían generarse animales genéticamente idénticos a él (clónicos). Hasta que llegó *Dolly* se creyó que esto era imposible.

Los experimentos iniciales de transferencia nuclear se llevaron a cabo durante las décadas de los años cincuenta, sesenta y setenta en ranas y sapos, cuyos oocitos y embriones tempranos, al ser mucho mayores que los de mamíferos, pueden manipularse fácilmente. Cuando se transferían núcleos de embriones tempranos (estadios de mórula y blástula) dentro del citoplasma de oocitos enucleados, estos embriones reconstruidos daban lugar a individuos adultos y fértiles. Incluso se consiguió producir animales adultos a partir de células intestinales de renacuajo. Pero cuando se utilizaron núcleos de células adultas, nunca se logró que los embriones reconstruidos se desarrollaran más allá del estadio de renacuajo. Y en ratones, que, como hemos visto, son los animales en los que la mayor parte de las técnicas de alteración genética fueron puestas a punto, la situación parecía todavía peor. Solo núcleos extraídos de embriones muy tempranos —conteniendo no más de dos o cuatro células— parecían ser capaces de dar lugar a adultos viables. Debido a todos estos resultados, muchos investigadores del campo concluyeron que la diferenciación es un proceso irreversible, que la reprogramación de los núcleos no es posible y que solo las células de embriones tempranos tienen la capacidad de generar organismos viables, es decir, son pluripotentes.

Pero otros investigadores, entre los que se encontraba el grupo de los doctores Keith Campbell y Ian Wilmut, del Instituto Roslind (Escocia), los futuros «padres» de *Dolly,* pensaban que la falta de éxito se debía a aspectos técnicos que podrían ser mejorados. Posiblemente la aportación fundamental de este grupo fue el darse cuenta de que la reprogramación de los núcleos a transferir parecía ser más eficaz cuando estos procedían de células que no estaban en la llamada fase S del ciclo celular, durante la cual el ADN se está replicando. El usar núcleos de células en fases parecía conducir a una alta mortalidad de los embriones reconstruidos debido a que la transferencia causaba alteraciones en la replicación del ADN. La manera más fácil de obtener células que no están replicando su ADN es hacerlas quiescentes manteniendo su cultivo sin nutrientes durante 3-4 días.

Utilizando este método, el grupo del Instituto Roslind consiguió en 1996 dos ovejas adultas a partir de células fetales ovinas mantenidas en cultivo, y en el año 1997 obtuvieron el resultado definitivo: consiguieron a *Dolly* a partir de células de la glándula mamaria de una oveja adulta, mantenidas en cultivo (fig. 17.6).

Aunque la eficiencia del experimento fue baja (una oveja nacida de 277 embriones reconstruidos), y de que existen todavía muchas preguntas por responder, estos resultados han catalizado los esfuerzos para producir animales transgénicos de otras especies de interés ganadero: cabras, cerdos y vacas. Así, por ejemplo, en el año 1998 se publicó la clonación de ocho terneros a partir de cultivos de diferentes tipos de células derivadas de un único adulto (cinco a partir de células del cúmulo y tres a partir de células del oviducto). Este experimento tuvo un rendimiento mucho más alto (20-40 por 100 de las transferencias nucleares dieron lugar a nacimientos) y demostró que se pueden clonar animales a partir de células de diferentes tejidos, que se pueden extraer con facilidad sin dañar seriamente al animal donante. En este contexto se ha

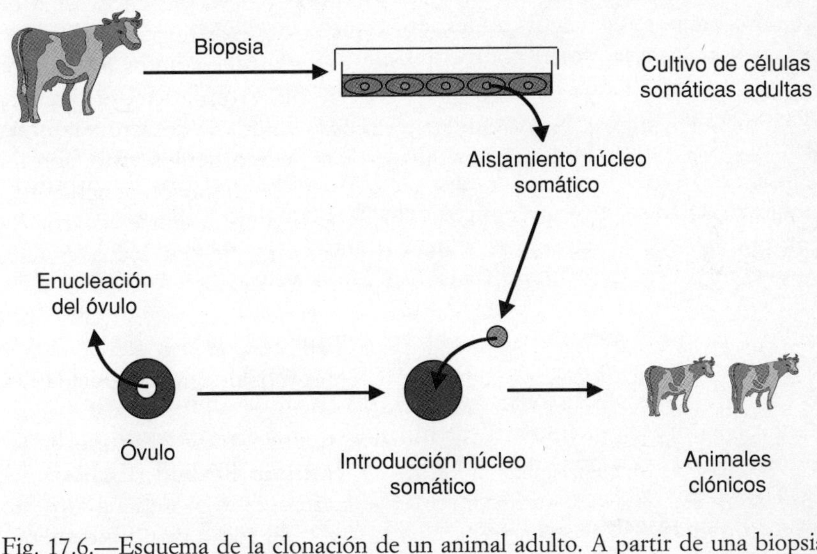

Fig. 17.6.—Esquema de la clonación de un animal adulto. A partir de una biopsia de un tejido adecuado se establece un cultivo de células, y de ellas se extraen los núcleos, portadores de la información genética de este animal. A un óvulo de otro animal, en general, pero no necesariamente, de la misma especie, se le extrae su núcleo y se le introduce otro procedente del animal a clonar. Este óvulo «reconstruido» se activa, se implanta en una madre adoptiva y dará lugar a un animal genéticamente idéntico (clónico) al donante del núcleo

hecho pública hace poco tiempo la clonación de un ternero a partir de otro que, a su vez, procedía por clonación de un tercero. También se ha publicado entre los años 1998-1999 la clonación de vacas y cabras con alta eficiencia, aunque a partir de cultivos de células somáticas derivadas de fetos. Finalmente, como no podía ser de otro modo, también se publicó en 1998 la clonación de ratones a partir de núcleos de células de tejidos adultos (también células del cúmulo), que en este caso se usaron directamente tras ser extraídas del animal donante, sin pasar por una etapa en cultivo.

Estos resultados han reabierto la posibilidad de producir animales modificados genéticamente de interés industrial, y, de hecho, varias empresas han invertido importantes sumas de dinero para explorar esta posibilidad. La razón de ello es que, en los cultivos de células somáticas, pueden potencialmente llevarse a cabo las complejas y precisas modificaciones genéticas ya descritas en células ES de ratón, que, como se discutió anteriormente, no podían aplicarse a animales de interés ganadero por no haberse conseguido generar líneas de células ES adecuadas a partir de estos. Como en el caso de las ES, estas células somáticas modificadas pueden ser seleccionadas y analizadas detalladamente en cultivo y, una vez convencido el experimentador de que la modificación genética es la adecuada, a través de la transferencia de sus núcleos podría producir animales clónicos con alta eficiencia. Por ejemplo, usando la técnica tradicional de la microinyección pronuclear previamente descrita, para conseguir un ternero transgénico tienen que ser inyectados y transferidos a las correspondientes madres adoptivas del orden de 500 embriones bovinos. Con la técnica de la transferencia nuclear y con los rendimientos actuales, solo se necesitaría transferir nueve embriones a cuatro hembras para obtener el mismo resultado, lo que supone un importante ahorro económico y de tiempo. Además, con este método es posible producir una manada de animales transgénicos del sexo adecuado (por ejemplo, hembras, si estamos interesados en modificar su leche) en una generación, mientras que el método de la microinyección requeriría tiempos mucho más dilatados.

El potencial del nuevo método parece confirmarse a la vista de los, aproximadamente, trescientos animales de diferentes especies clonados en muy corto tiempo, una parte de los cuales procedía de células modificadas genéticamente. Así, por ejemplo, a partir de fibroblastos fetales en los que se les había introducido el gen humano del factor IX de coagulación de la sangre, se han generado dos ovejas que producen el factor en su leche a concentraciones (125 μg/ml) superiores a las obtenidas en ovejas similares obtenidas por el método anterior de microinyección pronuclear. Se piensa que esta leche será una fuente de factor más barata y libre de los riesgos actualmente asociados a productos derivados de sangre humana. Otro campo donde esta técnica podría tener aplicación es en la preservación de especies animales en peligro de extinción, y existen programas en varios países que están analizando seriamente esta posibilidad.

Sin embargo, aún quedan muchas preguntas por responder (por ejemplo, qué tipos de células son las más adecuadas para producir animales clónicos) y problemas que solucionar. Así, se ha observado que un alto número de estos animales mueren alrededor del momento del parto por causas no bien conocidas: algunos investigadores las achacan a un mal funcionamiento de la placenta, mientras que otros se inclinan por «factores medioambientales» no bien definidos. Por otra parte, aunque *Dolly* parece ser normal y sana, y ha tenido dos partos con hijos sanos, se ha detectado que los telómeros de sus cromosomas son demasiados cortos para la edad que tiene. Los telómeros son secuencias de ADN localizadas en las regiones terminales de los cromosomas, cuya longitud disminuye con el número de divisiones celulares y, por lo tanto, con la edad del animal. Las únicas células que no sufren acortamiento de los telómeros son las germinales, por lo que todos los animales nacidos por cruces sexuales normales nacen con telómeros de longitud máxima. Pero *Dolly* fue clonada a partir de una célula adulta y, según parece, la reprogramación que sufrió el núcleo utilizado no incluía el alargamiento de los telómeros. Es decir, desde el punto de vista molecular, *Dolly* es más vieja de lo que indica su fecha de nacimiento, y experimentos con ratones demuestran que, cuando los telómeros llegan a una longitud crítica, aumenta notablemente la incidencia de enfermedades como el cáncer.

Por último, es evidente que los humanos no nos escapamos de las consecuencias de estos experimentos, ya que abren claramente la posibilidad de clonar hombres a partir de células de un adulto. Podríamos tener la tentación de clonarnos a nosotros mismos o a nuestros familiares más allegados, en un intento de hacernos inmortales. O, peor todavía, producir seres manipulados genéticamente para crear razas superiores o inferiores.

Los experimentos de clonación de seres humanos están rigurosamente prohibidos. Por otra parte, es evidente que la identidad de un hombre no viene dada solo por su complemento genético, sino, en gran medida, por la experiencia acumulada a lo largo de su vida. Debido a esto, los hermanos gemelos monovitelinos, que por provenir de un único embrión que se parte en dos en sus fases muy tempranas tienen la misma información genética (son clónicos), no son personas idénticas. Sin embargo, hay un campo donde la técnica de la clonación podría ser de utilidad para los humanos: la producción de células y órganos para trasplantes que no produzcan rechazo. A partir de la transferencia de núcleos de células de un individuo a un óvulo enucleado podrían producirse embriones muy tempranos y, a partir de las células de la MCI de estos, podrían establecerse cultivos estables de células ES humanas de manera similar a como se ha descrito anteriormente en ratones (véase figura 17.4). Por ser estas células pluripotentes, podrían ser dirigidas *in vitro* a diferenciarse en varias direcciones para dar lugar a, por ejemplo, células musculares, neuronales, pancreáticas, sanguíneas, etc., que podrían ser usadas en trasplantes al individuo del que los núcleos proceden, el cual no las rechazaría por llevar su misma información genética. En este contexto se ha publicado recientemente que es posible obtener líneas de células ES humanas. Aunque de manera todavía imperfecta y limitada, es posible controlar *in vitro* la diferenciación de células ES de ratón hacia diversos tipos celulares, por lo que es previsible que también se logrará hacer lo mismo con células ES humanas. Finalmente, en ingeniería tisular se trabaja con claridad, aunque con logros aún muy preliminares, en la producción de órganos humanos. Es decir, no parece demasiado aventurado el suponer que la técnica de la transferencia nuclear podría llegar a hacer posible la idea propuesta, y, de hecho, varias empresas han invertido fuertes sumas para tratar de conseguirlo. Por otra parte, también se trabaja en la generación de cerdos, modificados genéticamente a través de esta técnica, para obtener órganos para xenotrasplantes, de manera similar a como se ha descrito con anterioridad al referirnos a la técnica de la microinyección, pero de manera más eficiente.

Como vemos, estos descubrimientos abren nuevas aplicaciones de gran interés económico y médico. Sin embargo, por afectar a especies animales superiores, incluyendo la humana, han despertado un intenso debate en la sociedad acerca de dónde se ponen las fronteras de lo que se considera ético, y, por lo tanto, permitido, hacer. Por suerte o por desgracia, no será la última vez que nuevos avances en Biología nos pongan en esta tesitura. A diferencia de otros logros tecnológicos, no solo generan dividendos, sino que nos afectan como personas.

18
Mejora genética vegetal

Francisco García Olmedo

Introducción

Todos los alimentos de origen vegetal que consumimos proceden de especies genéticamente modificadas. La domesticación y mejora de las plantas cultivadas ha consistido en un intenso proceso de alteración genética que se ha venido desarrollando desde el neolítico hasta nuestros días y cuyos métodos han evolucionado desde una artesanía inicial con base empírica a una tecnología cada vez más compleja con un sólido fundamento científico.

Los últimos avances científicos y técnicos que se han incorporado a este largo proceso son el resultado de los nuevos conocimientos botánicos que ha propiciado la biología molecular y de las posibilidades experimentales que ofrece la ingeniería genética vegetal. Los métodos moleculares no han de sustituir a la ya madura tecnología establecida, sino que la complementan y le confieren nuevas posibilidades de aplicación. Antes como ahora, lo relevante es la naturaleza de la alteración genética introducida —la característica modificada— y no el método empleado para conseguirlo. Por estas razones, resulta inapropiado tratar de los desarrollos actuales y futuros de la mejora genética vegetal —objetivo primordial de este capítulo— sin antes referirnos, aunque sea de forma sucinta, a las etapas precedentes del proceso.

Una invención neolítica

La invención de la agricultura supuso el ensamblaje de aportaciones técnicas muy diversas y su elemento final fue la domesticación de las especies vegetales que hoy cultivamos. Para poner ciertas especies silvestres bajo su dominio, el ser humano debió aplicar su inteligencia y su mano a la introducción de cambios sustanciales en los genomas de estas. Dichos cambios fueron *contra natura* desde el principio, hasta el punto de que las especies domesticadas perdieron su capacidad de vivir por sí solas en la naturaleza y, en este sentido, dejaron de ser «naturales».

Las alteraciones genéticas introducidas afectaron a caracteres de interés agronómico fundamental, cada uno de ellos dependiente de uno o pocos genes: semillas que no se dispersan en la madurez y que germinan de modo uniforme; frutos y semillas de mayor tamaño y maduración uniforme; o plantas de porte erecto. Algunos de estos caracteres afectaron de forma severa a la posibilidad de supervivencia en vida libre de la especie domesticada.

Así, un cereal cuya espiga no disperse la semilla en la madurez (raquis tenaz) o una leguminosa que tenga dañado el mecanismo automático de apertura de la vaina al madurar son susceptibles de ser recolectados, pero al mismo tiempo tienen severamente impedida su posible supervivencia en el medio natural porque esta depende de una eficaz diseminación de la descendencia. Algo similar ocurre si las semillas tienen dañado el mecanismo de dormancia que determina su germinación escalonada: germinan sincrónicamente, a gusto del agricultor, pero son en extremo vulnerables en vida libre, ya que una primera humedad a destiempo puede acabar con su estirpe.

La domesticación alteró también las propiedades moleculares de los alimentos recolectados. En efecto, los frutos, semillas, raíces y tubérculos de las especies silvestres no parece que fueran creados para el sustento de la especie humana, a juzgar por las altas concentraciones de sustancias tóxicas e inhibitorias que poseen. Los humanos primitivos ya sabían que «natural» no es sinónimo de bueno o inocuo. Así, por ejemplo, la patata domesticada tiene bloqueada la ruta de síntesis de un alcaloide tóxico que en la silvestre se acumula a razón de un gramo por kilogramo de peso fresco.

Los métodos moleculares actuales han permitido constatar que los cambios genéticos introducidos en la domesticación fueron radicales. A pesar de que esta ocurrió independientemente en áreas geográficas muy distantes y aisladas entre sí —el arroz, en Asia; el trigo y la cebada, en Mesopotamia, o el maíz, en América—, hoy podemos comprobar que el proceso fue esencialmente similar, ya que se afectaron genes equivalentes de los genomas de las distintas especies domesticadas.

En todos los casos, la mano humana operó sobre alteraciones accidentales de los genes, llamadas mutaciones, que, al ser deletéreas, no hubieran perdurado en la descendencia sin su concurso. Mucho más tarde se aprendería a favorecer la aparición de dichas mutaciones mediante agentes físicos o químicos (radiaciones, mutágenos) y, recientemente, gracias a la ingeniería genética, se ha logrado dirigirlas con gran precisión. Con independencia de la forma de obtenerla, el resultado de una mutación es la alteración de un gen y, por lo tanto, del carácter que este determine. En consecuencia, lo importante es la naturaleza de la alteración y no el método seguido para lograrla.

El gran intercambio

En las regiones donde se produjeron las domesticaciones iniciales se sometió al mismo proceso a especies adicionales, por mero mimetismo, y este conocimiento técnico se fue diseminando hacia lugares cada vez más alejados del de origen. Según ha mostrado Cavalli-Sforza para algunos casos —notablemente, para la difusión europea de los inventos mesopotámicos—, la difusión de la agricultura supuso con frecuencia la migración de los propios agricultores. El proceso de difusión fue lento y no se completó hasta que las grandes navegaciones de exploración y descubrimiento le dieron el impulso definitivo e hicieron posible el intercambio generalizado de los hallazgos logrados en las distintas partes del mundo.

Los mismos procedimientos genéticos que posibilitaron la domesticación sirvieron para introducir cambios adicionales en el genoma que mejoraron la aptitud para el cultivo y la adaptación de la especie doméstica a nuevos hábitat. Así, por ejemplo, la patata se importó por los españoles a Europa hacia 1570, pero tardó casi tres siglos en convertirse en una de las cosechas fundamentales del continente. Para implantarse en Europa, esta cosecha no solo debió vencer los temores irracionales de sus habitantes, que preferían morir de hambre antes que consumirla, sino que debió someterse a alteraciones genéticas significativas: hubo de ser adaptada al régimen de día largo y a las condiciones de cultivo de los distintos sistemas agrícolas europeos.

A finales del siglo XVIII existían unas cuarenta variedades de patata en Europa que diferían entre sí en caracteres tales como el tamaño y la forma del tubérculo, la pigmentación de la flor y de la piel del tubérculo, la maduración temprana o tardía, buenas o malas propiedades de almacenamiento e incluso la susceptibilidad a ciertas enfermedades. Toda esta variabilidad tenía como punto de partida un repertorio genético muy reducido, ya que fueron muy pocas las plantas (genotipos) importadas de América.

Escarceos precientíficos

En el curso del siglo XVIII se generaliza el intercambio de material vegetal y el aprecio de las mejores variedades, sean de especies leñosas o herbáceas. Siguiendo con el ejemplo de la patata, los mismos cultivadores descubren el inconveniente de producir la patata de siembra en su propia explotación y las ventajas de importar material sano desde zonas apropiadas. Estas circunstancias estimulan dos actividades fundamentales para la mejora vegetal: la aplicación a esta del método científico y el comienzo de una actividad comercial importante basada en ella.

En 1727 se creó la empresa de semillas Vilmorin en Francia, que ha perdurado hasta nuestros días. Louis de Vilmorin, miembro de la familia fundadora, ideó la prueba del pedigrí, método de evaluación de genotipos o de variedades, basado en los rendimientos de sus descendencias, que habría de dar excelentes resultados. Entre los logros importantes basados en este método destaca la mejora de la remolacha azucarera durante el período napoleónico.

El alemán Margraff observó en 1747 la presencia de azúcar (sacarosa) en las raíces de la remolacha, y su discípulo Achard desarrolló el procedimiento para su extracción industrial. Además, este último sometió a selección la variedad forrajera Blanca de Silesia, elevando su contenido en azúcar del 6 al 11 por 100. Introducida esta variedad en Francia a principios del siglo XIX, los Vilmorin lograron elevar dicho contenido hasta el 16 por 100 mediante la aplicación del método del pedigrí.

También es en el siglo XVIII cuando se inicia la línea de trabajo que habría de conducir al nacimiento de la Genética como ciencia. Se trata del estudio de la hibridación, como indagación teórica relacionada con la fijeza del orden natural de las especies, en los casos de Kölreuter y de Gärtner, en Alemania, y como instrumento de la mejora vegetal, en el caso de Knight, en Inglaterra. Este último fue la primera persona que publicó información sobre la polinización artificial en relación con la obtención de nuevas variedades.

La introducción de la hibridación en la mejora tuvo una enorme trascendencia porque supuso una forma de aumentar grandemente la variabilidad a partir de la cual se selecciona. En efecto, a partir de dos variedades —que han ido acumulando alteraciones genéticas por las infrecuentes mutaciones espontáneas— pueden generarse por hibridación una enorme gama de nuevas combinaciones de dichas mutaciones (no es este el lugar de explicar cómo ocurre lo que se denomina recombinación). Entre las nuevas combinaciones pueden seleccionarse aquellas que posean mejores propiedades agronómicas. Esta forma de generar variabilidad genética sigue siendo el motor de la mejora vegetal al cabo de más de dos siglos.

El paradigma mendeliano-darwiniano

En la segunda mitad del siglo XIX afloran veneros científicos que dan fundamento a las técnicas empíricas de mejora vegetal, cuya eficacia inicial no había necesitado de dicho fundamento. Se trata del descubrimiento de las leyes que rigen la segregación de caracteres en la descendencia de los híbridos, de la formulación de las hipótesis evolucionistas y, en menor grado, de la identificación de los cromosomas como sedes de la información genética. Estos veneros confluyen, bien entrado el siglo XX, en la gran síntesis mendeliano-darwiniana que vertebra la biología moderna.

Estos avances científicos tardaron mucho en influenciar la práctica de la mejora vegetal, tecnología cuyo indudable éxito hace al que la practica un técnico conservador y poco abierto a la novedad. Cuando por fin la biología moderna acabó influenciando la mejora vegetal a mediados del siglo XX, se produjo una época áurea en la que se explota hasta lo que da de sí la idea mendeliana de gen para hacer madurar un *corpus* técnico que ha de seguir siendo válido durante las futuras décadas y sobre el cual han de insertarse las innovaciones que se deriven de la nueva concepción del gen como mera molécula. Examinemos algunos exponentes de lo que se podría llamar la mejora mendeliana actual.

El proceso evolutivo natural consiste en la creación espontánea de variabilidad —mediante los mecanismos de mutación y recombinación— y en la canalización de la variabilidad generada, sobre todo por medio de la selección natural. La mejora artificial de las plantas ha consistido desde su mismo origen en la imitación de este proceso natural por el mejorador.

En un principio, la mejora había operado sobre todo canalizando la variabilidad natural, mediante la selección artificial, y solo en el período premendeliano había incidido con timidez en el proceso de creación de diversidad. La mejora vegetal moderna, en palabras de Norman Borlaug, consiste en la introducción consciente de diversidad genética en las poblaciones —por cruzamiento de progenitores con características sobresalientes y complementarias— y en la selección de plantas con genes que confieren los caracteres agronómicos deseados, hasta alcanzar niveles altos de adaptación, uniformidad genética y estabilidad agronómica.

Los objetivos de la mejora vegetal han sido siempre los mismos: aumentar el rendimiento y mejorar la calidad nutritiva y tecnológica de los productos agrícolas. El rendimiento récord de una especie cultivada es el de la mejor variedad, en el suelo más adecuado, el año más favorable, y está muy por encima del rendimiento medio que se alcanza en la práctica. De hecho, según se muestra en la tabla 18.1, los rendimientos medios de las principales cosechas representan menos del 22 por 100 de su productividad récord. La diferencia se debe sobre todo a los factores ambientales adversos, tales como la competencia de las malas hierbas, los suelos no óptimos y las condiciones meteorológicas desfavorables, así como a los efectos de plagas y enfermedades, causadas por insectos y microorganismos, respectivamente.

Tabla 18.1

Rendimientos y pérdidas.
Cifras medias para las ocho cosechas principales en Estados Unidos

Concepto	Cantidad (%)
Rendimiento récord	100
Rendimiento medio	21,6
Pérdidas por malezas	2,6
Pérdidas por plagas	2,6
Pérdidas por enfermedades	4,1
Pérdidas por otras causas	69,1

Fuente: J. S. Boyer, *Proc. Natl. Acad. Sci. USA* 218: 443-448 (1982).

Los récords de rendimiento actuales están muy próximos a los máximos teóricos que se han estimado para las plantas como convertidoras de energía y productoras de biomasa. Por otra parte, interesa aumentar la fracción de esta biomasa que constituye el producto aprovechable, el llamado índice de cosecha (p. ej., para un cereal, es la fracción que representa el peso de grano respecto al peso total de la planta). La mejora se orienta con prioridad a obtener plantas menos vulnerables a factores adversos del suelo y del clima (plantas con mayor adaptabilidad), así como más resistentes a plagas y enfermedades, que al incremento del rendimiento potencial (rendimiento en condiciones óptimas).

Los métodos concretos aplicados a la mejora de una especie dada dependen de su forma de reproducción y propagación. Muchas de las plantas cultivadas se reproducen sexualmente y se propagan por semillas, mientras que algunas lo hacen mediante la plantación de partes vegetativas o por injerto.

Maíz, trigo y arroz

La mejora genética de los cereales —maíz, trigo y arroz, que se reproducen sexualmente— ha permitido mantener el incremento de la producción de alimentos por delante del crecimiento demográfico en la segunda mitad del siglo XX, y nos referiremos a ella en las páginas que siguen. El maíz es una planta de polinización cruzada o alógama, mientras que el trigo y el arroz son plantas autógamas, que se autofecundan. Estas circunstancias condicionan las estrategias para su mejora.

A mediados de los años veinte, un conocido político norteamericano, Henry A. Wallace, creó la primera empresa de semillas híbridas de maíz, Pioneer Inc., con objeto de explotar el vigor híbrido. El vigor híbrido o heterosis es el aumento del vigor y del rendimiento que se produce en un híbrido con respecto a sus progenitores. Este fenómeno, descrito por Darwin en su libro *El reino vegetal* (1876), había sido demostrado de un modo práctico para el maíz por investigadores norteamericanos en los primeros años del siglo.

Las variedades tradicionales, que permitían al agricultor usar como semilla el grano cosechado por él, acabaron desapareciendo ante los rendimientos superiores de las variedades híbridas, cuya semilla debía comprarse cada año. La obtención de híbridos de maíz era costosa pero fácil, ya que bastaba con cortar la flor masculina terminal para que la planta solo pudiera ser fertilizada por polen ajeno. Los costes de producción de semilla híbrida disminuyeron de forma notable como resultado de dos innovaciones técnicas: los híbridos dobles, obtenidos a partir de dos híbridos sencillos (a partir de cuatro líneas puras), y la manipulación genética de la esterilidad masculina (androesterilidad), que ahorraba la mano de obra necesaria para la eliminación manual de la flor masculina.

Las nuevas variedades de maíz daban mayores rendimientos, eran más resistentes a plagas y enfermedades, y tenían un tallo corto y robusto que permitía cosechar de forma mecánica. En algunas zonas productivas de Estados Unidos, los rendimientos medios obtenidos por los agricultores se fueron aproximando a los conseguidos en las estaciones experimentales (fig. 18.1). Los agricultores debían comprar cada año la semilla híbrida, ya que la producida por el híbrido no es homogénea, pero se veían compensados de forma clara por el incremento del rendimiento.

Los trigos son autógamos y de naturaleza aloploide, lo que significa que tienen una constitución genómica compleja, suma de las de las especies a partir de las cuales se formaron evolutivamente. De aquí que su mejora genética progrese según pautas muy distintas a las del maíz. No se han desarrollado variedades híbridas por dos circunstancias: la emasculación manual es costosa en extremo (comercialmente imposible), ya que se han de eliminar con unas pin-

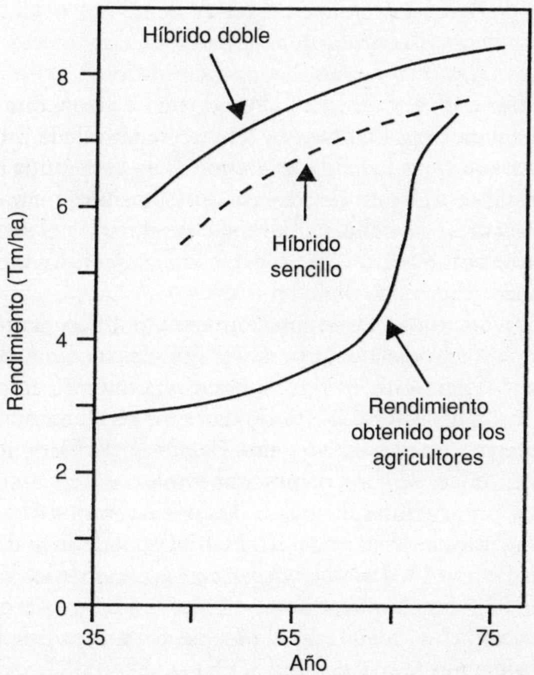

Fig. 18.1.—Evolución de los rendimientos del maíz (híbridos dobles y sencillos) en una estación experimental del Medio Oeste americano (Champaign County, Illinois, EE.UU.) y en su entorno agrícola. El aumento de los rendimientos en la estación experimental es una medida del progreso de la mejora genética para esa región (suelo y clima). De todas formas, el rendimiento récord absoluto es más del doble del de esa estación experimental. La mejora del rendimiento obtenido por los agricultores no solo se debe a la adopción de las variedades óptimas, sino también a la modernización de sus técnicas de cultivo. [Figura adaptada de J. S. Boyer, *Science* 218: 443-448 (1982)]

zas tres anteras por cada flor de las numerosas que forman cada espiga, y un aloploide, al incorporar más de un tipo de genoma, es como si fuera un híbrido permanente, por lo que no cabe esperar tanta heterosis como en el maíz. La hibridación manual se ha empleado en el trigo solo para crear diversidad.

Un investigador de la Universidad de Minnesota, Elvin Charles Stakman, con sus estudios sobre la herencia de la virulencia del hongo que causa la roya del tallo y sobre la resistencia a esta enfermedad en el trigo (1913-1930), fue uno de los iniciadores de la mejora genética moderna del trigo y, de modo más general, el introductor de la mejora para la resistencia a enfermedades en plantas. Otro graduado de la misma universidad, Norman E. Borlaug, en el Centro Internacional de Mejora de Maíz y Trigo (Cimmyt) en México, habría de llevar la mejora de esta especie a sus más altas cimas, labor que fue reconocida con la concesión del premio Nobel de la Paz en 1970.

La aportación de Borlaug incidió en el rendimiento potencial, al conseguir unas variedades semienanas con alto índice de cosecha, y afectó a la capacidad de adaptación de las nuevas variedades a condiciones agronómicas muy diversas. Con anterioridad, se consideraba un dogma de la mejora vegetal que para obtener variedades bien adaptadas y de alto rendimiento había que hacer la selección en las mismas localidades donde iban a ser cultivadas. Imprevisiblemente, Borlaug refutó este dogma con sus resultados experimentales.

Con objeto de acortar de ocho a cuatro años el tiempo necesario para obtener una nueva variedad, este investigador decidió realizar dos ciclos completos de mejora por año. Para ello, eligió en México dos campos experimentales de características muy distintas, separados entre sí por 10° de latitud (diferentes en la duración del ciclo día/noche) y por 2.600 metros de altitud. Las variedades obtenidas —seleccionadas por su buen rendimiento en dos ambientes tan dispares— resultaron ser capaces de dar altos rendimientos no solo en México, sino también en una variada gama de suelos y climas de todo el mundo, algo que hasta entonces se consideraba imposible.

La característica más sobresaliente de las nuevas variedades era su alto potencial de rendimiento, además de su adaptabilidad y de su resistencia a enfermedades. Entre 1961 y 1964 se introdujeron una serie de variedades, tales como Gaines, Pitic 62, Pénjamo 62, Sonora 64, Lerma Rojo 64 y Siete Cerros, que supusieron una ruptura radical con el pasado. En todas ellas se habían incorporado por hibridación uno o dos genes de enanismo de la variedad japonesa Norin 10. El rendimiento potencial de estas variedades suponía más del doble del de las precedentes. Tenían mayor capacidad de ahijamiento, mayor número de espigas llenas de grano, y, sobre todo, tallos más cortos que las hacían más resistentes al encamado (volcado) en condiciones de riego intensivo y de fertilización nitrogenada a altas dosis.

La mejora del arroz se realizó a partir de 1958 de modo similar al trigo en el International Rice Research Institute (IRRI; Los Baños, Filipinas). Previamente en Indonesia se había obtenido la variedad Peta, tolerante a la sequía, y en Taiwan se había producido la llamada TN-1, que era semienana y respondía bien a la fertilización. Las variedades de alto rendimiento debían poseer caracteres bien concretos: ciclo corto (posibilidad de dos cosechas por año), floración independiente de la duración del día, talla semienana, resistencia a las plagas y enfermedades predominantes, y buenas propiedades culinarias. Veamos sucintamente el difícil progreso de la mejora del arroz para retratar al mejorador como un Sísifo moderno.

La primera variedad producida en busca de esas características ideales, IR-8, fue un derivado del arroz Peta, que maduraba en ciento veinticinco días, en lugar de los doscientas diez de las variedades tradicionales, era resistente al hongo del quemado del arroz y su rendimiento era el doble del de las variedades progenitoras. Sin embargo, tendía a romperse al pulirlo (quitarle las cubiertas) y sus propiedades gustativas no eran óptimas. Se obtuvo entonces la variedad IR-24, que carecía de estos defectos, pero era susceptible a plagas de insectos. Por fin se desarrolló la variedad IR-26, que era resistente. Sin embargo, al cabo de unos años apareció una nueva variante genética de la cicádula del arroz, insecto que transmite el virus del tungro, y la variedad IR-26 resultó ser sensible a ella. Por cruzamientos sucesivos —que introdujeron la resistencia deseada, así como tolerancia a la sequía y a la salinidad del suelo— se seleccionó la variedad IR-36. Esta cuenta entre sus antecesores más inmediatos con no menos de trece variedades procedentes de seis países y a partir de ella se han seguido obteniendo nuevas variedades.

Logros y retos

Es oportuno ahora examinar brevemente los logros de la mejora vegetal en las últimas décadas —en términos de la producción de alimentos ante una presión demográfica creciente— y tratar de establecer cuáles son los retos a que se enfrenta. Por supuesto, la mejora no se ha restringido a las tres especies que hemos tomado como ejemplo, aunque estas son las más importantes, sino que ha incidido con gran eficacia sobre el conjunto de las especies de interés agronómico.

Así, en Estados Unidos, la producción media de las diecisiete cosechas principales se multiplicó por un factor de 2,4 entre 1940 y 1980, sin apenas incrementar la superficie en cultivo, y en la mayoría de los países en vías de desarrollo el incremento fue también enorme, especialmente el de las producciones de trigo y arroz. Entre 1950 y 1992, el grano disponible por habitante y año pasó de 250 kg a más de 350 kg a escala global, y de 170 kg a 250 kg en los países en desarrollo. De hecho, según datos del Banco Mundial (tabla 18.2), en los últimos años se han producido aumentos en la producción de alimentos por habitante en todas las áreas geográficas, con excepción del Sahel.

Tabla 18.2

Variaciones de la disponibilidad de alimento per cápita en la década 1980-1990

Países	Renta per cápita (dólares)	Variación (%)
Todo el mundo	4.200	+12
Países pobres	350	+20
Países intermedios	840	+16
China e India	360	+29
Sahel (sur del Sahara)	340	−10
Oriente Próximo y norte de África	1.790	+ 3
América latina y Caribe	2.180	+ 6
Países de la OCDE	20.170	+ 2

La humanidad está mejor alimentada que nunca y la proporción de hambrientos ha disminuido. Según datos de la FAO, el número de personas con hambre estricta en África, Asia y América del Sur pasó de 935 millones en 1970 a 730 millones en 1990, a pesar de que en esas regiones casi se duplicó la población. Aun así, la desnutrición afecta todavía a unos 2.000 millones de personas a escala mundial, de los que algo menos de 800 millones sufren hambre extrema. Esto supone una de las mayores lacras actuales de la humanidad.

El aumento anual en la producción de alimentos por habitante —a escala global y en los países en desarrollo— muestra cierta tendencia al estancamiento, y parece que la revolución verde va perdiendo vigor. Además, algunos factores esenciales de la producción agrícola, tales como la energía, el agua dulce y el suelo laborable, se aproximan cada vez más al límite de su disponibilidad.

El crecimiento de la población mundial ha superado las expectativas de Malthus, aunque se está produciendo un retardo del crecimiento, desde tasas anuales superiores al 2 por 100, propias del período 1965-1970, a las tasas en torno al 1 por 100, que se esperan para el año 2025. Acabamos de superar los 6.000 millones de habitantes y la proyección más optimista para esta última fecha se cifra alrededor de los 7.800 millones.

El agua dulce es el principal factor limitante de la producción agrícola. Al contrario que otros recursos, el agua no es ni sustituible ni fácilmente transportable. Del agua dulce accesible ya se está destinando más del 54 por 100 a usos humanos: agrícolas, industriales y urbanos. En la actualidad, 550 millones de personas padecen escasez de agua para sus necesidades más esenciales, y para el año 2025 pueden ser 3.000 millones los que se encuentren en esa situación. Todas estas consideraciones excluyen que el futuro incremento de la producción agrícola pueda venir sustancialmente de nuevas puestas en regadío.

Para aportar una dieta adecuada y diversificada se calcula que sería necesario media hectárea de suelo agrícola por persona. En la actualidad solo se dispone de poco más de la mitad de esa cifra, y dentro de cuarenta años es probable que la reducción alcance hasta un décimo de hectárea por persona como resultado del aumento demográfico y de la dificultad de conseguir un incremento neto del suelo laborable.

Dadas las limitaciones señaladas, no queda más opción que aumentar la productividad —producción por unidad de superficie cultivada— si queremos salvar nuestro futuro alimentario. Sin embargo, una agricultura intensiva como la que se va a requerir no puede basarse en la tecnología actual. El uso intensivo de fertilizantes y de productos agroquímicos tiene un indudable impacto ambiental negativo.

Se hace necesaria la obtención de nuevas variedades de mayor rendimiento, menos sensibles a factores adversos y que requieran menos tratamientos agroquímicos. Además, para estos tratamientos se deberán utilizar productos de nueva generación: más activos (eficaces a dosis menores que los actuales), más específicos (que no afecten a otros organismos distintos del nocivo) y biodegradables (que no se acumulen en el medio ambiente).

En resumen, los dos retos principales de la agricultura han sido, son y seguirán siendo la obtención de un mayor rendimiento por hectárea y el logro de una mayor compatibilidad con el medio ambiente: una agricultura más productiva y más limpia. Antes de analizar cuáles puedan ser las contribuciones de la biología molecular y de la ingeniería genética al cumplimiento de ambos ideales, así como a la satisfacción de otras demandas sociales, haremos una breve digresión para introducir algunos conceptos básicos.

EL PARADIGMA MOLECULAR

La biología molecular ha revolucionado nuestro conocimiento botánico. En muy pocos años nos ha desvelado aspectos básicos desconocidos de la biología vegetal, tales como los procesos de desarrollo de la planta, la existencia de nuevas hormonas o la de complejos sistemas de defensa frente a plagas y enfermedades, y por otra parte, en unos meses comenzaremos a conocer genomas vegetales completos, empezando por el de la maleza *Arabidopsis thaliana,* que se ha convertido en la especie modelo en este tipo de estudios.

A principios de los años cincuenta, Watson y Crick confirmaron la naturaleza molecular del material genético, iniciando así el desarrollo de la biología molecular que dos décadas más tarde alumbraría métodos para aislar genes, para determinar su secuencia de bases, para recomponerlos en el tubo de ensayo y para devolverlos a una célula viva del mismo o de distinto organismo del inicial.

El problema de introducir genes foráneos en plantas (transformación) no se resolvió hasta 1982, en el Laboratorio de Genética de la Universidad de Gante, gracias a Mark Van Montagu y Jeff St. Schell, en competencia con la norteamericana Mary Dell Chilton y con la empresa Monsanto. Este avance habría de añadir más tarde un nuevo paradigma a la mejora genética vegetal: la mejora molecular.

Se sabía desde antiguo que la bacteria *Agrobacterium tumefaciens* inducía tumores en el tallo de muchas plantas y se suponía que lo conseguía por influencia externa de alguna sustancia que ella misma fabricaba. Van Montagu y Schell eran contrarios a esa creencia general y sospechaban que la bacteria producía cambios genéticos en las células vegetales a partir de las cuales se formaba el tumor. Lograron demostrar que la bacteria introducía un trozo de su propio ADN en la célula vegetal, que este ADN se integraba en un cromosoma de dicha célula y, finalmente, que los genes incluidos en el ADN transferido se expresaban. Una vez resuelto este problema, inventaron cómo alterar la bacteria para que introdujera en la célula vegetal cualquier gen que a ellos les interesara.

Para crear una planta transgénica es preciso integrar una pieza apropiada de ADN en el genoma de una célula y después regenerar una planta completa a partir de dicha célula (fig. 18.2). Al contrario de otros tipos de organismos, las plantas tienen la singularidad de que sus células son totipotentes (capaces de regenerar el organismo completo) si se las cultiva en medios adecuados. La

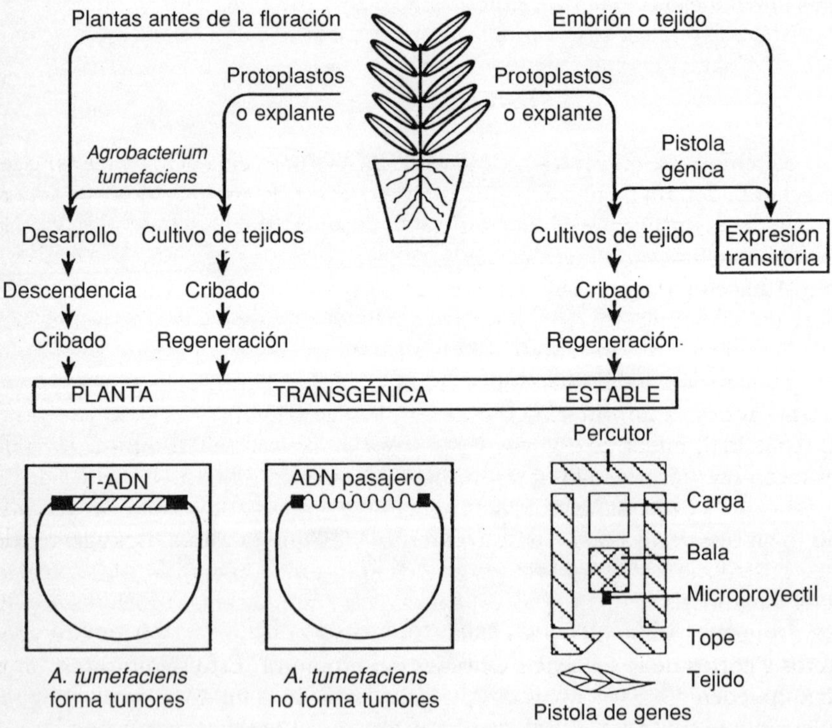

Fig. 18.2.—Obtención de plantas transgénicas mediante la bacteria *Agrobacterium tumefaciens* o mediante la pistola de genes

introducción de ADN foráneo (transformación) y posterior regeneración es fácil en algunas especies, tales como tomate, patata, tabaco, colza o la antes mencionada *Arabidopsis thaliana,* mientras que algunas plantas de gran cultivo, tales como trigo, cebada, maíz y arroz, son más difíciles de transformar y requieren considerable experiencia en el cultivo de tejidos. Una vez integrados, los genes se transmitirán a la descendencia del mismo modo que lo hacen los que componen el genoma original.

Para transformar aquellas especies más refractarias al método del *Agrobacterium* se han desarrollado métodos que permiten introducir ADN de forma directa en cualquier célula. Entre estos, merece mención especial el llamado método biolístico o de microbombardeo. Partículas microscópicas de oro o volframio se revisten con el ADN que se quiere introducir y luego se depositan en la punta de una bala macroscópica. El conjunto se acelera por pólvora, por descarga eléctrica o por helio a presión en un dispositivo, que vulgarmente llamamos la pistola génica, y la bala macroscópica es parada por un tope a la salida del cañón, el cual interrumpe su camino pero no impide que los microproyectiles sigan el suyo hasta penetrar en el tejido vegetal expuesto. Estas partículas recubiertas de ADN atraviesan la pared y la membrana celulares, introduciéndose en la célula sin afectar su viabilidad.

Estrategias básicas

Sabemos que un gen es un tramo de ADN (una secuencia de bases) que, en general, determina una proteína (una secuencia de aminoácidos), de acuerdo con las equivalencias plasmadas en la clave genética. No todo el tramo de ADN al que llamamos gen en términos moleculares se transcribe y se traduce; solo lo hace una región que denominamos codificante (fig. 18.3). Esta región está precedida por otra no transcrita, que se designa promotor, y seguida por un tramo donde residen las señales de terminación.

En la región codificante —que en organismos superiores puede ser discontinua— reside la información que determina la estructura del producto génico (proteína), mientras que en el promotor se concentran la mayor parte de los receptores informáticos del gen, los cuales determinan en qué células se ha de fabricar la proteína que codifica, en qué período del desarrollo del organismo (o en respuesta a qué estímulo externo) y en qué cantidad. Los agentes de estas instrucciones (llamados factores de transcripción) regulan la actividad de la maquinaria de expresión del gen. Los factores de transcripción son a su vez proteínas codificadas por otros genes, capaces de reconocer tramos concretos y cortos de la secuencia de bases del promotor. Esto significa que unos genes pueden regular a otros, lo que da lugar a los complejos circuitos de regulación que controlan el desarrollo y el funcionamiento de un ser vivo.

Los genomas de los organismos superiores se componen de decenas de miles de genes y de una proporción variable de ADN repetitivo para el que

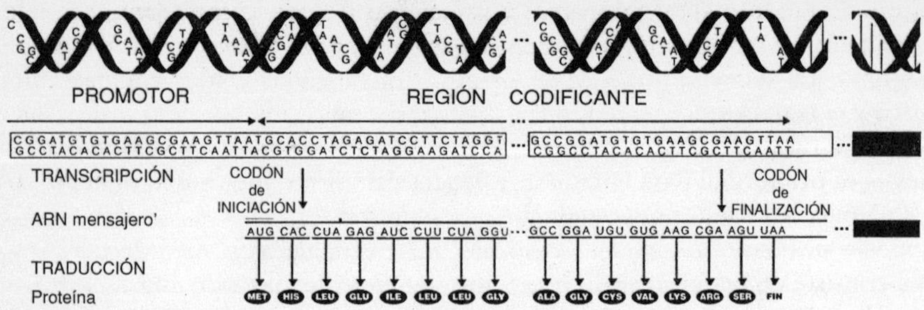

Fig. 18.3.—*Expresión génica.* Un gen se compone de una región codificante, un promotor y unas señales de terminación. Su expresión supone la transcripción de la región codificante —del lenguaje en cuatro signos (A,T,G,C) del ADN al lenguaje de veinte signos (los aminoácidos Met, His, Leu, etc.) de las proteínas—. Cada gen determina la estructura de una proteína; su promotor determina cuánta se hace, en qué células y durante qué período de tiempo

no se ha encontrado una función. El conocimiento completo de un genoma implica la determinación de la secuencia de bases de todo el ADN que lo compone. Un genoma vegetal puede tener un tamaño entre 150 y 16.000 millones de bases y contener entre 20.000 y 30.000 genes (tabla 18.3). La gran variación en tamaño de los genomas vegetales no se debe a diferencias en el número y tamaño de los genes, sino a la considerable variación de la proporción de ADN repetitivo.

La determinación del orden o secuencia de las cuatro letras (las cuatro bases A,T,G,C) del alfabeto del ADN (secuenciación) del genoma de la levadura ya se ha completado y la del genoma humano está muy avanzada. El primer genoma vegetal cuya secuenciación está a punto de completarse es el de

Tabla 18.3

Tamaño y número de genes de algunos genomas vegetales

Especie	Genoma (millones de bases)	Número de genes
Bacterias	0,6-4,7	482-4.300
Levadura	12,5	6.000
Plantas		
Arabidopsis thaliana	150	20.000
Arroz	430	30.000
Sorgo	760	30.000
Maíz	2.000	30.000
Trigo	16.000	30.000
Homo sapiens	3.000	100.000

la crucífera *Arabidopsis thaliana,* que ha sido elegida como planta modelo para estudios moleculares, entre otras razones, por el pequeño tamaño de su genoma. La secuenciación de otros genomas vegetales, tales como los del arroz y el maíz, ha sido también abordada con vigor.

El estudio de los promotores —los componentes informáticos de los genes— es primordial para entender la expresión génica y el funcionamiento de las plantas, así como para poder diseñar los distintos genes que se usan en las aplicaciones biotecnológicas. El método por excelencia para este tipo de estudio consiste en cortar la región codificante del gen estudiado, unir su promotor a la parte codificante de un gen chivato e insertar el gen en el genoma de la planta. Un gen delator o chivato debe codificar una proteína que no sea propia de las plantas y cuya presencia en una célula sea fácil de detectar.

Un buen ejemplo de gen delator empleado en los estudios botánicos es el llamado de la luciferasa, un gen de la luciérnaga que es responsable de que este insecto emita luz en la noche. La luciérnaga transforma energía química en energía luminosa gracias a la oxidación de la luciferina, reacción que es catalizada por la enzima luciferasa. Si unimos el promotor que queremos estudiar al ADN que codifica la luciferasa, insertamos ese gen quimérico en el genoma de la planta y suministramos luciferina con el flujo hídrico, podremos averiguar en qué células y en qué momento y circunstancias se da la expresión génica bajo las órdenes del promotor estudiado, sin más que registrar mediante fotografía o vídeo la emisión de luz por la planta.

Aparte de la investigación de la informática génica (promotores de los genes) interesa estudiar los papeles desempeñados por esas piezas de la maquinaria celular que son las proteínas, cuyas estructuras están determinadas por las partes codificantes de los genes. Para ello se siguen dos estrategias principales: bloqueo del gen para examinar las consecuencias de la ausencia de la proteína correspondiente y, alternativamente, hacer que aparezca la proteína de interés en una célula o tejido donde antes no estuviera presente —alterando convenientemente el promotor— para averiguar los efectos de dicha presencia. Estas estrategias no solo son básicas para los avances del conocimiento botánico, sino también para la mejora genética molecular: para añadir caracteres de interés o para eliminar caracteres perjudiciales en una variedad cultivada. Veamos cuáles son los tipos de objetivos de la mejora molecular.

VIEJOS Y NUEVOS OBJETIVOS

Antes del desarrollo de la ingeniería genética, el mejorador forzaba la generación de variabilidad y luego descartaba la mayor parte de las variantes producidas, seleccionando solo una mínima fracción de ellas. Ahora se trata de aumentar la variabilidad de la planta de interés mediante la adición o alteración de unos pocos genes elegidos a priori, por lo que se hace innecesaria, o se reduce en extremo, la selección posterior.

Los métodos moleculares de mejora no sustituyen a los mendelianos, sino que los complementan. En general se parte de una variedad productiva obtenida por los métodos tradicionales para abordar la mejora molecular. Las técnicas de la mejora clásica siguen siendo óptimas para el manejo de caracteres que dependen de muchos genes, como, por ejemplo, el rendimiento potencial, mientras que las de ingeniería genética ofrecen indudables ventajas para la mejora de caracteres que dependen de uno o pocos genes, como ocurre con la resistencia genética a plagas y enfermedades.

Respecto a los objetivos de la mejora, en la nueva etapa se siguen asumiendo los de las fases anteriores, pero se abre la posibilidad de plantear otros nuevos que no se podían abordar con las técnicas clásicas (tabla 18.4). Entre los objetivos heredados hay que distinguir los que responden a los retos fundamentales de la agricultura —que debe ser más productiva y más limpia— de los que lo hacen a otras demandas sociales, sean de la industria o de los consumidores.

Entre los objetivos nuevos se incluyen todos aquellos que implican la introducción de genes que proceden de fuera del reino vegetal para obtener aplicaciones o productos distintos de los tradicionales: nuevos productos industriales no alimentarios —como, por ejemplo, plásticos biodegradables— que pueden suponer una significativa demanda potencial de suelo laborable; productos farmacológicos, de alto valor añadido y baja demanda de suelo; plantas útiles para la descontaminación ambiental (fitorremediación) y para otras aplicaciones medioambientales, entre otros. Se ha progresado en distinto grado para los distintos objetivos puestos como ejemplos en la tabla 18.4. Así, se ha aprobado el uso comercial de variedades transgénicas que responden a algunos de estos objetivos, se está en fase de laboratorio o de ensayo de campo respecto a otras y, por supuesto, no se ha pasado del terreno de la hipótesis para la mayoría de los ejemplos.

La primera aplicación importante de índole molecular que ha encontrado gran aceptación entre los mejoradores comerciales no ha implicado la obtención de plantas transgénicas. Se trata de la elaboración de mapas de marcadores moleculares de los genomas de las principales especies cultivadas. En uno de estos mapas es posible situar los genes responsables del control genético de cualquier carácter agronómico de interés (resistencia a una enfermedad, talla baja, maduración temprana, etc.), lo que simplifica sobremanera algunas de las manipulaciones de la mejora clásica, tanto de los caracteres mono- u oligogénicos como de los poligénicos.

Otra aportación de gran trascendencia consiste en la obtención de híbridos por ingeniería genética de especies en las que no era factible. Esto permite extender o facilitar la explotación de la heterosis o vigor híbrido a numerosas especies, tales como la colza o la endivia. En general, tienen alta prioridad todas las modificaciones que afectan a los mecanismos de reproducción de las plantas. Así, por ejemplo, la obtención de frutos sin semillas (partenocárpicos), o el adelanto en años del momento de floración en especies leñosas, mediante

Tabla 18.4

Objetivos de la mejora molecular

Tipo de objetivo	Ejemplos
Alteración de la reproducción	Androesterilidad y restauración de esta (para obtención de híbridos) Adelanto de la floración en plantas leñosas Frutos partenocárpicos (sin semillas)
Resistencia a plagas y enfermedades	Resistencia a insectos (proteína Bt)
Resistencia a herbicidas	Resistencia a glifosato *(round up)* Resistencia a fosfinotrician (basta)
Resistencia a factores del suelo	Resistencia a la salinidad Resistencia a la acidez del suelo
Resistencia a factores climáticos	Resistencia al choque térmico Resistencia a la helada Resistencia al estrés oxidativo
Alteraciones morfológicas y ornamentales	Talla de la planta (enanismo) Color y forma floral Arquitectura vegetal
Calidad nutritiva	Aminoácidos esenciales Enriquecimiento en vitamina A Eliminación de alergenos y toxinas
Calidad organoléptica	Prevención de la decoloración Proteínas edulcorantes Modificación de aromas
Calidad tecnológica	Maduración controlada Consistencia del fruto para el transporte Alteración de la lignina
Las plantas como biorreactores	Producción de plásticos biodegradables Producción de aceites industriales Producción de hormonas y fármacos Producción de vacunas y anticuerpos
Fitorremediación	Plantas para recuperar suelos con arsénico, metales pesados, etc.

ingeniería genética, son ya realidades, aunque no hayan alcanzado todavía el mercado.

El conocimiento básico sobre los modos de respuesta de las plantas a los retos de la sequía, de los factores adversos del suelo (la salinidad o la acidez) y de los del clima (fríos o calores extremos) ha experimentado avances muy notables. Sin embargo, la complejidad de los mecanismos involucrados ha dificultado hasta ahora la traducción de estos avances en aplicaciones prácticas.

Las innovaciones de la ingeniería genética relacionadas con la obtención de plantas transgénicas resistentes a herbicidas, microorganismos patógenos y plagas de insectos inciden sobre el rendimiento, al evitar pérdidas importantes; sobre los costes de producción, al ahorrar mano de obra y productos químicos, y sobre el impacto ambiental, al disminuir el uso de estos últimos y paliar la erosión. En efecto, el uso de productos fitosanitarios (herbicidas, plaguicidas, fungicidas, etcétera) representa no solo un capítulo de gastos importante en la producción agrícola, sino que plantea serios problemas de contaminación del medio ambiente.

Los estudios moleculares han permitido caracterizar los genes de defensa que los mejoradores venían manipulando empíricamente y diseñar nuevas estrategias de lucha que implican una reducción considerable en el uso de los mencionados productos. Hay que citar también las plantas resistentes a distintos tipos de virus, ya que para estos se conocían hasta ahora pocas fuentes de resistencia genética y se carecía de métodos curativos

La primera generación de plantas transgénicas resistentes a insectos es ya comercial. La resistencia se basa en la expresión de distintas variantes de una proteína bacteriana, la proteína Bt, que tiene propiedades insecticidas y que procede de la bacteria *Bacillus thuringiensis*. Se conocen variantes de esta proteína Bt capaces de dañar de manera específica a distintos tipos de insectos. Esta propiedad, su especificidad, ha hecho que la bacteria liofilizada (desecada) se haya usado como insecticida desde hace casi medio siglo, ya que permite combatir una plaga determinada sin dañar a otros insectos o a otros animales. Además, por ser fácilmente biodegradable, no perjudica al medio ambiente. La posibilidad de expresar el gen que codifica la proteína Bt en la planta facilita una aplicación agrícola más limpia y eficaz.

La mejora de la calidad nutritiva de los productos agrícolas y de sus propiedades tecnológicas relacionadas con la recolección mecánica, la distribución y el procesamiento industrial ha sido desde antiguo uno de los objetivos de la mejora genética. La ingeniería genética ofrece múltiples oportunidades de incidir sobre estos aspectos. El retraso de la maduración de los frutos o de la senescencia de las flores, la alteración de la composición nutritiva de los alimentos o la alteración de sus propiedades organolépticas son otras de las modificaciones posibles.

Gran parte de la actividad agrícola está encaminada a la recolección de órganos y tejidos de reserva (granos de cereales o leguminosas, tubérculos de patata, raíces de remolacha, etc.) o, si se quiere, de las proteínas, hidratos de carbono y lípidos (grasas) contenidos en ellos. Las plantas producen diversos tipos de biopolímeros, entre los que cabe destacar por su abundancia la celulosa, que es biodegradable pero no digerible por el hombre, y el almidón, que es la principal fuente de las calorías de nuestra dieta. Ahora se puede hacer que las plantas produzcan biopolímeros no vegetales de interés industrial.

Las materias primas para fabricar estos productos finales son sintetizadas en el tejido foliar y transportadas al tejido de reserva. La nueva tecnología permite cambiar el producto acumulado en dicho tejido: basta con bloquear la ruta de síntesis del producto habitual, e introducir los genes que codifican las enzimas necesarias para la síntesis de un producto alternativo.

Por ejemplo, una especie bacteriana *(Alcaligenes eutrophus)* fabrica un tipo de polímero de reserva (polihidroxibutirato y otros polihidroxiácidos; PHAs) cuyo interés radica en que sirve como materia prima para la fabricación de envases y utensilios de un plástico biodegradable. Se ha visto que la expresión transgénica en plantas de los genes bacterianos que determinan la síntesis de PHAs confiere a estas la capacidad de acumular dicho plástico. Además, se ha podido restringir la acumulación a los compartimentos donde se almacena el almidón en los tejidos de reserva, donde no tiene efectos deletéreos para la planta y donde la recolección es fácil. También, en la planta de algodón, se ha logrado incorporar los PHAs a las propias fibras celulósicas, dando lugar a una fibra textil con nuevas propiedades.

Lo mismo que se han empleado bacterias, levaduras o animales para producir por ingeniería genética numerosos productos de interés farmacológico —tales como hormona del crecimiento, insulina, antígenos para vacunas, anticuerpos, hormonas peptídicas, etc.— pueden utilizarse las plantas con el mismo fin. El que sean más apropiadas que los otros tipos de organismos depende en cada caso de los costes de producción y purificación. De cualquier manera, estas aplicaciones de las plantas carecen de relevancia agronómica porque requieren muy poca extensión de suelo laborable.

En los últimos años se ha puesto de manifiesto que ciertas plantas pueden ser utilizadas para regenerar suelos contaminados, aplicación a la que se suele denominar «fitorremediación». El uso de plantas transgénicas para este fin es todavía incipiente, pero ya se tienen algunos resultados esperanzadores. Dentro de este tipo de aplicación pueden citarse unas plantas transgénicas de *Arabidopsis* que contienen el gen de una enzima que transforma el ion mercúrico y que parecen ser eficaces en la recuperación de suelos contaminados por mercurio. También se han obtenido plantas que expresan genes que codifican enzimas capaces de degradar compuestos orgánicos, tales como nitroglicerina o cloroformo.

Riesgos imaginados

No existe el riesgo nulo. Toda actividad humana conlleva un cierto riesgo que ha de ser siempre evaluado en función de los beneficios que dicha actividad reporta: la vacuna de la viruela causó problemas serios a algunos individuos, pero salvó millones de vidas. Las aplicaciones de los nuevos avances biológicos pueden comportar algunos riesgos, pero estos son evitables mediante la restricción o la prohibición de aquellas aplicaciones que sean peligrosas.

Además, la manipulación genética de las plantas cultivadas ha tenido como uno de sus objetivos, desde el neolítico hasta la actualidad, la eliminación de algunos riesgos de los productos naturales, tales como la presencia de sustancias tóxicas: la cereza silvestre posee sustancias nocivas que fueron eliminadas por selección gracias a que el mal sabor asociado a ellas o su toxicidad manifiesta permitían detectar su presencia sin recurrir al análisis bioquímico. Por otra parte, en algunos casos se ha seleccionado a favor de la presencia de sustancias nocivas: en ciertas variedades de pimiento —algunas muy apreciadas— se encuentran concentraciones altas de capsaicina, una sustancia citotóxica que destruye las membranas celulares, empezando por las de las propias papilas gustativas.

Hablar de los riesgos de las plantas transgénicas y de los alimentos derivados de ellas —como de los de cualquier otra tecnología, sea la eléctrica o la del acero— no cabe hacerlo más que aplicación por aplicación. De hecho, la aprobación del cultivo y consumo de plantas transgénicas se hace caso por caso, según un riguroso proceso en el que se tienen en cuenta todos los riesgos imaginados, por desdeñables que parezcan. Nunca en la historia de la innovación se han tomado precauciones tan extremas. En todo caso, el cultivo aprobado es sometido a seguimiento y la autorización puede ser revocada en cualquier momento en que surja una alarma fundada.

Entre los posibles riesgos que puedan derivarse de la producción y consumo de productos vegetales transgénicos hay que distinguir los que incidirían de un modo directo en el hombre y los que afectarían de distintas formas al medio ambiente.

Es evidente que las proteínas codificadas por los genes ajenos que se introducen en una planta transgénica —o las sustancias cuya síntesis pueda depender de dichas proteínas— deben carecer de toxicidad para el hombre. Si expresamos en el tomate el gen de la toxina botulínica, incurrimos en un riesgo cierto y de graves consecuencias. De aquí que la aprobación de productos transgénicos deba hacerse caso por caso y que la carencia de toxicidad se deba averiguar en los antecedentes bibliográficos e investigar según ensayos bien establecidos.

Otro aspecto a considerar es la posible alergenicidad de las plantas transgénicas. El polen del ciprés o del chopo, la harina de trigo o de soja, las almendras y otros frutos secos, las frutas, los mariscos y tantos otros alimentos habituales con los que estamos en contacto pueden causar reacciones alérgicas en individuos susceptibles. La introducción de genes ajenos implica añadir nuevos componentes que se irán a sumar a las decenas de miles que ya forman parte de cualquier alimento. Algunos de estos componentes ajenos pueden poseer propiedades alergénicas notables, y en ese caso debe evitarse su incorporación por expresión transgénica.

Carece de fundamento en términos reales el miedo a que los genes incorporados al alimento transgénico puedan incorporarse a nuestro propio organismo. Después de todo, llevamos consumiendo durante cientos de milenios células animales que poseen los genes necesarios para fabricar cuernos y no se ha observado ningún ser humano con tal desarrollo óseo. Tampoco debemos temer la transferencia de genes desde el genoma vegetal —transgénico o no— a los microorganismos del tracto digestivo.

El riesgo que las plantas transgénicas podrían suponer para el medio ambiente tiene las siguientes vertientes principales: *a)* la dispersión incontrolada de la descendencia de la planta transgénica; *b)* la transferencia de los genes introducidos en una especie a plantas de la misma especie o de otras afines; *c)* la inducción de resistencia a los productos transgénicos por parte de los patógenos y de las plagas que se quieren controlar con dichos productos; y *d)* daños de la planta transgénica a otros organismos que entren en contacto con ella.

Es muy improbable que la adición de uno o pocos genes a una planta cultivada la asilvestren. Como se ha discutido ya, el proceso de domesticación es complejo y supone cambios radicales en el genoma, por lo que en esencia no es reversible por la introducción de características agronómicas adicionales.

Una vez que un gen foráneo es introducido en el genoma de una planta, su destino queda ligado al de los genes que componen dicho genoma. La probabilidad de que sea transferido a especies afines es la misma que la de los otros genes, y esta probabilidad es distinta para las diferentes especies cultivadas, según las especies afines con las que compartan el hábitat y la fertilidad o esterilidad de los híbridos espontáneos que se formen con esas especies. Así, este riesgo debe ser investigado con más detalle en la colza, que tiene especies silvestres próximas en el mismo hábitat, que en el maíz o la soja, que no las tienen. Esto es precisamente lo que se está haciendo con el cultivo de colza que se ha autorizado en Canadá. La evaluación del riesgo puede realizarse en experimentos de campo, usando marcadores genéticos de la especie cultivada para seguirles la pista en las especies silvestres próximas.

La posible inducción en un organismo de resistencia al principio activo que se usa para combatirlo es un problema común a los antibióticos, a los productos fitosanitarios convencionales y, por supuesto, a las plantas transgénicas. El uso de estrategias de aplicación que retrasen al máximo la aparición de dicha resistencia es de interés tanto para la empresa de semillas como para el agricultor. En cualquier caso, la posibilidad de aparición de resistencia no justifica dejar de usar un sistema de protección mientras funcione, del mismo modo que el que un antibiótico vaya a dejar de ser eficaz no implica que no lo usemos mientras pueda salvar millones de vidas. Deberemos usarlo con buen juicio para alargar su vida útil.

Los posibles daños que las plantas transgénicas resistentes a un determinado organismo puedan causar a otros organismos que entren en contacto con ellas han sido objeto de debate. En particular, ha dado mucho que hablar el caso concreto del maíz transgénico resistente al taladro europeo y los daños potenciales a la mariposa monarca. Si se fuerza a dicha mariposa a consumir dosis altas de polen de maíz transgénico su viabilidad es menor que si consume polen no transgénico. Sin embargo, la mariposa no consume maíz ni polen en condiciones de campo, ya que vive de una planta euforbiácea, y los daños cuando está próxima a los campos de maíz son mínimos. En contraste, el tratamiento con productos químicos desde una avioneta le afecta significativamente y, si se renuncia a tomar medidas protectoras, los taladros pueden destruir por completo la cosecha de maíz.

En síntesis, a las plantas transgénicas se les están aplicando criterios de precaución que no cumplirían muchas plantas no transgénicas, ni los productos de la mal llamada agricultura biológica, ni muchos productos alimentarios habituales —como el azúcar, el té, el café, la pimienta, el perejil, o las setas llamadas comestibles— y, por supuesto, tampoco numerosos elementos de nuestra vida cotidiana, como el tabaco, el automóvil o el avión.

El incierto futuro

Producir una tonelada de alimento con una variedad moderna de maíz o de trigo requiere menos energía, menos suelo laborable y menos productos fitosanitarios y fertilizantes que con una de las que se cultivaban hace treinta años. Sin embargo, en ese período el número de toneladas de alimento que deben producirse se ha más que duplicado para alimentar a una población que ha pasado de 3.000 millones a 6.000 millones de personas. Esto ha hecho que, a pesar de los perfeccionamientos conseguidos, el impacto de la actividad agrícola sobre el medio ambiente se haya agravado.

Si extrapolamos los rendimientos agrícolas al año 2025, basándonos en las tasas de mejora obtenidas en los últimos años, y los confrontamos con la demanda prevista para dicha fecha, según el crecimiento de la población y el de la demanda per cápita, nos encontramos con grandes déficit en casi todas las regiones del mundo (tabla 18.5). Esto significa que necesitamos un mayor ritmo de innovación para resolver este conflicto potencial.

Muchos agrónomos y biólogos opinamos que no es seguro que en el futuro se vaya a poder estar a la altura de los retos planteados por las necesidades de alimentos. No creen lo mismo la mayoría de los ecologistas y muchos economistas liberales. Según los primeros, no solo se produce ya suficiente para alimentar a la población del año 2025, sino que además se debe volver a un sistema de producción —el de la agricultura llamada biológica— cuyos rendimientos son la mitad de los de la agricultura intensiva moderna. Para algunos economistas, la necesidad es la madre del ingenio y basta su aparición para que inexorablemente surja la respuesta productiva adecuada.

Tabla 18.5

Déficit proyectado de la disponibilidad de cereales en el año 2025

Concepto	Magnitud
Área cosechada en 1989-1991	703 millones de ha
Rendimiento medio en 1989-1991	2.711 kg/ha
Incremento anual de rendimiento en 1981-1997	39 kg/ha
Proyección del rendimiento al año 2025	4.076 kg/ha
Producción proyectada para el año 2025 (misma superficie)	2.977 mill. de toneladas
Déficit en el África subsahariana en 2025	89 mill. de toneladas
Déficit en Asia en el año 2025 (excluido Oriente Próximo)	152 mill. de toneladas
Déficit en el Oriente Próximo en 2025	133 mill. de toneladas
Déficit en América latina en 2025	47 mill. de toneladas
Superávit en países desarrollados en 2025	351 mill. de toneladas
Déficit mundial en el año 2025	68 mill. de toneladas

Fuente: T. Dyson, *Proc. Natl. Acad. Sci. USA* 96: 5929-5936 (1999).

Se dice con mucha frivolidad que la solución del problema del hambre en el mundo carece de una componente tecnológica, ya que se trata de un mero problema de reparto. Los que eso afirman ignoran que, aunque en efecto el hambre no es *solo* un problema técnico, sí que tiene una componente técnica esencial. Así, en muchas regiones del mundo coexiste el hambre con los excedentes alimentarios. Es su precio la barrera que separa al alimento del hambriento. Los avances tecnológicos y los incrementos de producción de estas últimas décadas han abaratado los alimentos a un cuarto del precio que tenían (en divisas constantes) al principio del período. Si esto no hubiera ocurrido, no cabe duda de que el número de los que sufren hambre extrema sería varias veces superior al actual.

Como hemos indicado, la obtención de plantas transgénicas es una tecnología que ha madurado a lo largo de los últimos veinte años. La superficie sembrada con semillas transgénicas ha pasado de poco más de un millón de hectáreas en 1996 a 40 millones de hectáreas en 1999 (tabla 18.6). A corto plazo, el futuro aumento va a depender de la opinión pública en Europa, volátil y erróneamente informada. A medio y largo plazo, no debe dudarse de que la nueva tecnología acabará consolidándose. La mejora genética vegetal —la mendeliana junto a la molecular— es una de las herramientas más poderosas que pueden ayudarnos a aumentar los rendimientos de la actividad agrícola y a hacer esta más compatible con el medio ambiente.

Desde el punto de vista de los países menos favorecidos, el peligro no es que se aplique la nueva tecnología, sino que no se aplique. En efecto, la revolución verde liderada por Norman Borlaug estuvo dirigida a dichos países, y el 80-90 por 100 de los trigos producidos actualmente en ellos se debe a esta

Tabla 18.6

Superficie mundial con cultivos transgénicos

	Millones de hectáreas	
	1998	1999
Cosecha		
Soja	14,5	21,6
Maíz	8,3	11,1
Algodón	2,5	3,7
Colza	2,4	3,4
Patata	<0,1	<0,1
Calabaza	—	<0,1
Papaya	—	<0,1
Carácter		
Tolerancia a herbicidas	19,8	28,1
Resistencia a insectos (Bt)	7,7	8,9
Combinación de las anteriores	0,3	2,9
Resistencia a virus/Otras aplicaciones	<0,1	<0,1

iniciativa. Sin embargo, la nueva revolución está enfocada principalmente al mundo desarrollado, aunque países tales como China, India o Brasil hayan entrado de lleno en la nueva tecnología. Los peligros que merecen discutirse son el posible monopolio de la tecnología por muy pocas manos y la falta de mecanismos para abordar problemas que puedan ser específicos de los países más necesitados.

19
La sociedad de la información

Daniel Martín Mayorga

Introducción

Es de temer que el capítulo que a continuación desarrollaremos, dedicado a la *sociedad de la información,* defraude un tanto a quienes se tomen al pie de la letra que este es un libro de divulgación científica. En el complejo fenómeno que conocemos por *sociedad de la información* hay poca ciencia, como no sea *ciencia lúgubre* (así llamaba Carlyle a la economía); si acaso, algo de tecnología, pero bastante mezclada con política, finanzas, marketing, estadística y, por qué no, realidad virtual.

Intentaremos, no obstante, dejar hasta cierto punto aparcadas las anteriores consideraciones, y centrarnos en lo que sin duda fue el germen y todavía es el motor de la *sociedad de la información:* las telecomunicaciones y la informática. Se puede decir que la *sociedad de la información* existe desde que están disponibles, conjuntamente, redes de comunicación de alcance planetario y sistemas potentes de procesamiento de información.

Hablamos de infraestructuras globales, y si bien sabemos que desde hace muchos años existen redes de telecomunicaciones interconectadas por todo el mundo, la posibilidad de transmitir información compleja en tiempo real [1] no se ha concretado hasta que no se ha dispuesto de capacidad suficiente, medida en ancho de banda de la red. También es reciente que la velocidad de los procesos, siempre en aumento desde los años cincuenta, haya llegado a los ni-

[1] El término *en tiempo real,* poética mezcla de dos conceptos con evocaciones relativistas, debe traducirse por *instantáneamente.* Aunque la experiencia nos enseña que lo instantáneo bien se puede tomar su tiempo cuando se trata de *bajar* información de Internet o recibir un correo electrónico en una red local, ha de entenderse que la información está disponible al otro extremo de la línea *(on line),* sin otro requisito temporal que el retardo que introduce todo el procesamiento que ocurre a lo largo del proceso de la transmisión.

veles necesarios como para manejar con fluidez ingentes volúmenes de información. Entre unas cosas y otras, podemos adjudicarle a la *sociedad de la información* no más de veinticinco años de vida; o menos, incluso, si hacemos caso de otras opiniones que sitúan su nacimiento en el inicio de la década de 1990[2]. Nuestra criatura, pues, está todavía en edad de merecer, pero podemos asegurar que le espera un porvenir brillante por lo mucho que se habla de ella, por los poderosos valedores que tiene y por la manera como, apenas sacados los dientes, se está comiendo el mundo.

Lo que nos falta de pasado lo rellenaremos con futuro. Describir las tecnologías y servicios de la sociedad de la información quedándonos en el presente es un empeño poco útil. No hay duda posible respecto a que vivimos un momento de transición, lo cual no sería mucho decir —siempre estamos transitando hacia alguna parte— si no fuera porque entre lo que nos espera a la vuelta de la esquina está el Internet de alta velocidad, la banda ancha en el hogar, los terminales móviles multimedia... Es por ello que no podremos ni querremos evitar cierta mezcla entre la realidad y la anticipación. La sociedad de la información es un puzzle en el que, aun incompleto, no es difícil adivinar el contenido de muchas de las piezas faltantes.

Las tecnologías de la sociedad de la información

Al referirnos a las tecnologías de tratamiento de la información no haremos referencia, por motivos obvios, a los sistemas mecánicos, electromecánicos e incluso a los primeros electrónicos, y arrancaremos nuestra historia con el desarrollo del primer microprocesador. Atrás quedan hitos tan relevantes como el gigantesco Mark I, construido en Harvard en los años cuarenta y que funcionaba con papel perforado[3]; el ENIAC de la Universidad de Pennsylvania, primer ordenador multipropósito, totalmente electrónico y pionero en incorporar programas almacenados en memoria, y el Univac I, que inició en 1951 la comercialización de estos equipos.

En la invención del transistor y su aplicación como alternativa a las válvulas de vacío está la base sobre la que se ha construido toda la evolución tecnológica y, por extensión, la *sociedad de la información* misma. Dicho de manera sintética, este dispositivo permite que una corriente eléctrica muy pequeña controle otra corriente muchísimo mayor; es decir, produzca un efecto de amplificación. Y como en el transistor el consumo de energía es mínimo, el

[2] Hasta 1990 no se desarrolló la *World Wide Web (telaraña mundial,* según los esforzados que se empeñan en traducir el término). Es el servicio de referencia de Internet.

[3] Cualquier estudiante de ingeniería de la Universidad Politécnica de Madrid a mediados de los setenta pudo perfectamente experimentar por sí mismo la programación con tarjetas perforadas. A la vista de la evolución tecnológica, y aunque apenas hayan pasado veinticinco años, recordarlo da vértigo.

tamaño minúsculo, y puede ser envasado de forma compacta y resistente, su uso se universalizó[4]. A partir de ese momento se desarrollaron una gran variedad de elementos y circuitos.

Entonces empezó una carrera hacia lo pequeño y lo compacto. La creación de diferentes elementos en una misma pieza de material dio lugar a los chips o circuitos integrados, y la complejidad creciente de estos circuitos permitió la invención del microprocesador; el primero de los cuales, el Intel 4004, apareció en 1971.

El microprocesador, dispositivo que contiene la circuitería necesaria para realizar todas las funciones de una unidad de procesamiento de un ordenador, está compuesto por una multitud de transistores, diodos y resistencias integrados en una única pieza de material semiconductor. Ahora bien, mientras en el mentado Intel 4004 había menos de trescientos transistores, en los actuales se puede hablar de varios millones, gracias al impresionante desarrollo de las tecnologías de integración. Gordon Moore, cofundador y presidente de Intel Corporation, lo reflejó perfectamente en la ley que desde entonces lleva su nombre y que ya es todo un clásico, quizá el teorema por antonomasia de este fin de milenio: el número de transistores que los fabricantes pueden alojar en un chip se duplica cada dieciocho meses[5]. Se ha cumplido desde los años sesenta y se espera siga cumpliéndose hasta el 2010[6].

Por la disminución de su tamaño y, consecuentemente, del precio, estos elementos, que son ordenadores en sí mismos, se han podido introducir en todo tipo de máquinas y dispositivos; con lo que, a la postre, se les ha dotado de inteligencia (pues no es otra cosa que inteligencia lógica lo que los microprocesadores aportan). Con ello, y es algo que podemos comprobar con solo mirar a nuestro alrededor en el hogar o en el trabajo, cualquier tipo de equipamiento o terminal ha ganado en potencia, flexibilidad o fiabilidad, y a un coste cada vez menor.

Y aquellas computadoras ciclópeas, cuyo peso combaba el suelo de las enormes salas donde se les albergaba, que, según dice la leyenda, dejaban sin luz a barrios enteros en su pantagruélico festín de energía —y todo para poco

---

[4] Físicamente, un transistor es una única lámina de material semiconductor (ni conductor ni aislante; tal el silicio) con tres contactos que van a cada una de las tres partes en las que está dividida la pieza, las cuales se distinguen entre sí por la diferente concentración de impurezas con que se ha contaminado a cada una, y que determinan sus propiedades.

[5] Además de la Ley de Moore, son muy conocidas la Ley de Gilder (el ancho de banda disponible se triplicará cada año durante los próximos veinticinco) y la Ley de Metcalf (la potencia de Internet es igual al cuadrado del número de nodos). Este último teorema tiene como corolario el denominado *efecto red:* la incorporación de nuevos usuarios y servidores hace más interesante la red, lo cual provoca a su vez que se conecten otros, y así sucesivamente.

[6] Tanta mengua, cabe pensar, tendrá que tener alguna vez fin, y ese lejano 2010 parece marcar el límite al que la actual tecnología basada en semiconductores podría llegar. Pero a mediados de 1999 hemos conocido las investigaciones orientadas a reproducir el efecto transistor en estructuras moleculares; lo que, según se afirma, permitirá disponer de microprocesadores decenas de millones de veces más rápidos que el más rápido hoy existente.

más que echar unas cuentas u ordenar unos cuantos listados—, han devenido en los actuales *personal computer* o PC, que pesan un par de kilos, caben en la cartera de mano y pueden procesar ingentes cantidades de información. Hoy el ordenador es parte del paisaje habitual, se vende por decenas de millones de unidades al año y está presente en la totalidad de las empresas y en un porcentaje de hogares que oscila entre el 50 por 100 de Estados Unidos y el 25 por 100 de Europa.

Las telecomunicaciones, por su propia naturaleza, es quizá el sector que más se ha beneficiado de los avances de la microelectrónica y la informática. El primer gran encuentro ocurrió a finales de los años sesenta, cuando sobre las incipientes redes de datos, en los albores de su etapa comercial, se comenzó a desarrollar toda una nueva generación de dispositivos (multiplexores, concentradores, elementos de control) imposibles de imaginar sin la presencia de los cada vez más asequibles microprocesadores en su diseño y conformación. En 1972 surge la primera red española de datos[7]; en 1978 comienza a especificarse el TESYS, sistema de conmutación de paquetes y de gestión, y en 1982 se rebautiza la primitiva red, ampliamente mejorada con los nuevos equipos, con el nombre de IBERPAC.

En este punto de la historia, la regla era, sin apenas excepciones, una red para cada servicio y un único servicio por red. Pero el sentido común y la economía natural indicaban que el inmediato futuro exigiría la compartición de infraestructuras (los cables, en primer lugar; después, los equipos intermedios); y que la separación de los servicios debería estar lo más próxima posible al usuario final de cada uno de ellos. Así nace el concepto de la red digital de servicios integrados o RDSI, que, en su más amplio propósito, pretende unificar en un único sistema físico y lógico *(hardware* y *software)* todo lo que hay entre los dos extremos de la conexión.

Y, si hacemos abstracción momentánea de Internet, estamos actualmente en este punto. Disponemos de una serie de servicios (que analizaremos en el apartado siguiente) soportados sobre una multiplicidad de redes con vocación de integrarse entre ellas; o, al menos, de ampliar sus capacidades para poder dar cada una prestaciones para las que en principio no estaban diseñadas, en pie de igualdad con las originales. Es decir, se trata de buscar la convergencia, concepto de excepcional importancia en la *sociedad de la información*.

Las redes convergen, en un proceso darwiniano de selección natural, hacia lo más económico, potente o flexible. Y es mediante un amplísimo abanico de nuevas tecnologías como esto se consigue. Por ejemplo, la red telefónica, cuyo sistema nervioso ha estado siempre organizado en torno a la

[7] Si en este caso nos referimos específicamente a España es porque nuestro país, y en concreto Telefónica, fue pionero en el mundo en inaugurar una red pública de datos por conmutación de paquetes. Los datos se transmiten como *paquetes,* es decir, pequeños grupos de un número variable de octetos con información codificada que les permite viajar a través de los múltiples caminos de la red y reagruparse para formar en la recepción el mensaje original.

conmutación de circuitos, está adoptando la conmutación de paquetes, tecnología típica de datos, para ganar en eficiencia. Y en lo que se conoce como red de acceso, esto es, lo que se encuentra entre la central local y el terminal de usuario, hay todo un esfuerzo de desarrollo tecnológico para mejorar las prestaciones de unos sencillos cables de cobre, originalmente pensados para transportar el mínimo ancho de banda que precisa la voz.

La aparición de Internet trastoca aún más este proceso e introduce un salto, un escalón que difícilmente podrá ser cubierto por la evolución natural. Que las redes futuras estarán basadas en el protocolo Internet (IP), nadie lo duda; el asunto es cómo y cuándo llegar, y de qué manera aprovechar (y amortizar) los equipos y tecnologías actualmente existentes. Es un dilema de hierro para los responsables de los operadores tradicionales, pues los nuevos entrantes tienen a su disposición una tecnología más barata, más eficiente y, si se nos permite el símil poético, cargada de futuro.

La fuerza de Internet, su gran potencial transformador de los esquemas de red vigentes, está en su carácter totalmente abierto. Una red IP está a disposición de cualquiera que quiera colocar en ella servicios que compitan o complementen los desarrollados por su operador, sin que este pueda impedirlo. Y cualquier servicio podrá ser acercado al usuario final por multitud de canales de venta, no solo el propio de su mantenedor.

Internet está ya ahí y es omnipresente, pero todavía falta para su implantación como estándar único. Conviene, pues, repasar las principales tecnologías que están impulsando la sociedad de la información; con las que, sin

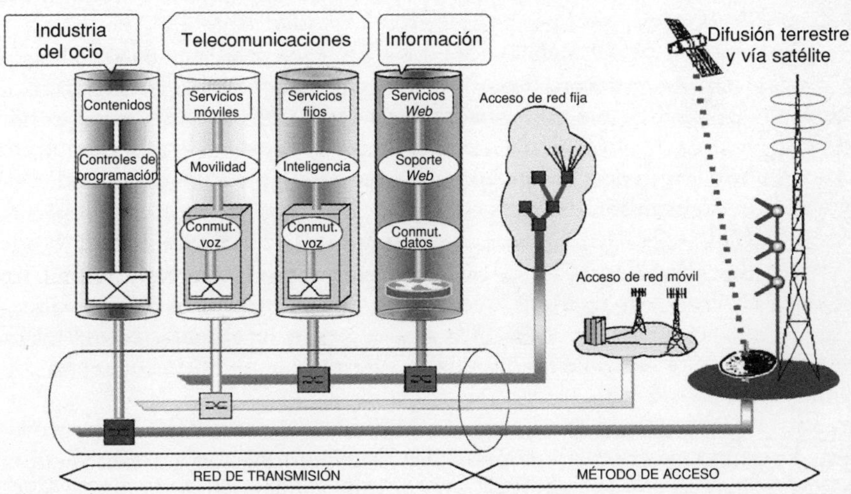

Fig. 19.1.—Visión global de las redes y el acceso

duda, conviviremos años. Algunas se quedarán en el tintero virtual, porque su enorme variedad las hace inabarcables para los propósitos de este trabajo. Y las citaremos por su nombre inglés, pues es imposible evitar esa servidumbre.

• ATM *(Asynchronous Transfer Mode)* es una tecnología de conmutación de paquetes desarrollada en Europa a mediados de los años ochenta como base de una futura Red Digital de Servicios Integrados de Banda Ancha. La tecnología ATM permite la integración, transporte y priorización de todos los tipos posibles de tráfico (voz, datos y vídeo) en una única red de transporte. Se basa en el almacenamiento y procesado de la información en pequeñas celdas (paquetes de datos de tamaño fijo de 53 octetos) que son conmutadas a muy alta velocidad. Las redes troncales de los principales operadores mundiales son ATM.

• Fixed WLL *(Wireless Local Loop),* tecnología inalámbrica pensada para la red de acceso fija, donde la central local y los terminales utilizan la comunicación por radio y, de este modo, evitan la necesidad del cableado convencional (por pares de cobre) en el hogar o el centro de trabajo. España, a través de Telefónica, fue pionera en su uso para la extensión del servicio telefónico a zonas rurales. En estos momentos se está promocionando en países desarrollados para facilitar el incremento de la competencia en la red de acceso. Su uso es también significativo en las regiones que en los últimos años han hecho grandes esfuerzos para aumentar la penetración telefónica, como es el caso de Europa del Este o Asia. Esta tecnología permite la provisión de servicios de banda ancha hasta decenas de megabits por segundo.

• xDSL *(Digital Subscriber Line)* consigue obviar la tradicional pobreza en ancho de banda que ofrece el cable de cobre del que está hecha la línea telefónica de abonado, pues permite alcanzar velocidades hasta mil veces mayores que las de los *modems* analógicos. Este aumento de la velocidad (o ancho de banda, que en tecnología digital son conceptos intercambiables) estaba originalmente pensado para poder hacer llegar señal de vídeo a los hogares por el cable telefónico convencional, pero su verdadero sentido lo está encontrando en cubrir la carencia de ancho de banda para las nuevas necesidades en servicios de transmisión de datos e Internet. De entre las distintas posibilidades de digitalización de la línea, como son la simétrica (SDSL, 2 Mbit/s) o la de muy alta velocidad (VDSL, 52 Mbit/s), la más común es la asimétrica (ADSL, 8 Mbit/s), que permite que el flujo de información en el sentido red-usuario sea mucho mayor (y de ahí la asimetría) que en el sentido opuesto. Es decir, favorece el movimiento habitual de un internauta, que es descargar información desde la red a su PC, y no al contrario.

• DWDM *(Dense Wave Division Multiplexing),* tecnología que aprovecha al máximo la capacidad de transferencia de información que tiene la fibra óptica. Se basa en un principio sustancialmente similar a la multiplexación de frecuencias: a través de una única fibra óptica se transmiten muchos flujos de información digital en paralelo (hasta 128 en este momento), cada uno de los cuales viaja como un «color» distinto en la fibra óptica. Esta tecnología, que soporta hasta 10.000 Mbit/s de información por color, es, en este momento, junto con el protocolo Internet, lo más relevante para el progreso de las comunicaciones, y está suponiendo un abaratamiento drástico de los costes de transporte a larga distancia de la información digital. Actualmente, las aplicaciones de DWDM se están extendiendo también a la red de acceso.

• LMDS *(Local Multipoint Distribution Service)* es una tecnología inalámbrica de banda ancha (26 GHz) empleada en la red de acceso y pensada para distribuir voz, datos y vídeo, bidireccional, multicanal y con posibilidades para ser utilizada también en servicios interactivos. En el caso de un operador establecido, permite extender la capilaridad de su red de acceso sin inversiones copiosas en infraestructura tradicional (cobre, fibra óptica). Y para un operador que actúe como un nuevo entrante, y por las mismas razones, puede constituir una excelente alternativa de red de acceso de gran capacidad. La tecnología LMDS está en el momento inicial de su desarrollo, y su viabilidad técnica y económica ha de ser todavía probada, aunque parece existir un cierto consenso en que tendrá un papel de relevancia en el futuro.

• GSM, tecnología que constituye la base fundamental de las redes de telefonía móvil en Europa y en gran parte del mundo. Funciona en las bandas de frecuencia de 900 MHz y 1.800 MHz y proporciona servicios completos de telefonía vocal, incluyendo la facilidad de *roaming* (posibilidad de utilizar el terminal propio en cualquier país que disponga de otra red GSM). También soporta servicios de datos, siendo este un aspecto especialmente relevante, sobre todo en relación con Internet y la posibilidad de acceder al comercio electrónico desde el teléfono móvil. El crecimiento de GSM en Europa es exponencial, estando previsto que las líneas móviles superen a las telefónicas convencionales fijas a lo largo de este mismo año en la mayor parte de los países europeos.

• UMTS, tecnología que constituye la base de la llamada tercera generación de redes móviles. Su principal objetivo es la extensión de la movilidad a servicios de banda ancha, y no solo de banda estrecha, como es el caso de GSM. Según las actuales previsiones, probablemente optimistas, deberían existir redes UMTS funcionando en todos los países europeos a partir de enero del año 2001. Los terminales UMTS tendrán auténtica capacidad multimedia y podrán recibir y enviar información a una velocidad máxima de 2 Mbit/s.

• IP *(Internet Protocol),* conjunto de protocolos de conmutación de paquetes que constituye la base de Internet. IP comenzó a desarrollarse en los años sesenta en Estados Unidos financiado por el Ministerio de Defensa, con el objetivo original de conseguir un protocolo capaz de interconectar redes de datos muy diversas, y que mejorara la calidad de los poco confiables enlaces entonces existentes. Los protocolos IP tienen la ventaja fundamental de ser simples. Permiten un fácil desarrollo de toda clase de nuevas aplicaciones mediante el procedimiento, conceptualmente muy importante, de situar la inteligencia en los extremos de la red (terminales) y no en la red de conmutación de paquetes en sí. Hoy es generalmente aceptado que IP se impondrá en un futuro próximo como protagonista casi único de la tecnología de comunicación. Mientras tanto, su actual debilidad es que no soporta bien los servicios que requieran un nivel de calidad alto; es decir, que no puedan absorber períodos breves de fuerte congestión y pérdida de paquetes.

- HTML *(Hyper Text Mark-up Language):* estándar de presentación en pantalla de Internet. Es el lenguaje de programación que se utiliza para «escribir» páginas *web,* y permite visualizarlas en ordenador con cualquier sistema operativo.
- XML *(Extensible Mark-up Language):* el heredero del HTML es también un lenguaje de programación para montar páginas *web,* aunque con funciones ampliadas que facilitan, entre otras cosas, la eficacia de los buscadores de Internet.
- WAP *(Wireless Application Protocol):* versión limitada y simplificada del HTML, especialmente diseñado para facilitar los servicios de acceso a Internet a los terminales móviles de cualquier tipo.
- GPRS *(General Packet Radio Services):* tecnología diseñada para mejorar de forma drástica la eficiencia de la provisión de servicios de datos (por ejemplo, acceso a Internet) por medio de un teléfono móvil GSM. Lo que GPRS hace es añadir capacidades de conmutación de paquetes a las habituales de conmutación de circuitos que las redes GSM poseen. GPRS va a desplegarse de forma masiva en Europa dentro de este mismo año 2000.
- JDS *(Jerarquía Digital Sincronía):* conjunto de protocolos y estándares desarrollados en los años ochenta y noventa para mejorar la capacidad y flexibilidad de las redes de transmisión. JDS se diseñó en su origen pensando en usar exclusivamente fibra óptica como portador físico, y en este momento alcanza los 10.000 Mbit/s sobre una única fibra. Aunque la práctica totalidad de las redes de transmisión de los actuales operadores de telecomunicaciones usan JDS, el porvenir de esta tecnología está en cuestión, toda vez que aumenta continuamente el número de los convencidos de que la red de comunicaciones del futuro estará basada en dos únicas tecnologías: IP y DWDM.
- *Modem Cable:* permite la provisión de servicios de datos de alta velocidad (por ejemplo, Internet) sobre redes de acceso construidas con cable coaxial, a velocidades máximas de recepción y transmisión de 40 y 10 Mbit/s, respectivamente. El punto débil de los *modem cable* es que la citada capacidad debe ser compartida entre todos los usuarios conectados al mismo tramo de cable coaxial (típicamente, hasta dos mil usuarios), lo que puede provocar problemas de congestión. En la actualidad, esta tecnología está en fase de introducción masiva en muchos países, especialmente en los Estados Unidos.
- Televisión digital: nueva generación de la televisión en la que vídeo y audio se procesan y transmiten en forma totalmente digital. Los anchos de

banda típicos para conseguir una alta calidad, muy superior a la televisión analógica, están entre 4 y 8 Mbit/s por canal. La televisión digital puede difundirse (además de mediante los discos DVD) por satélite, cable coaxial, enlaces terrestres de radiofrecuencia, xDSL y fibra óptica. La televisión digital permite también el envío de datos, los servicios interactivos (por ejemplo, telebanca) y la difusión de páginas *web* procedentes de Internet.

LOS SERVICIOS DE LA SOCIEDAD DE LA INFORMACIÓN

Las tres grandes palabras que, a modo de robustas columnas, sustentan la *sociedad de la información* son Internet, movilidad y convergencia. Las dos primeras no necesitan explicación inmediata, aunque a continuación nos esforzaremos en glosarlas. Respecto a la convergencia, concepto más abstracto del que ya algo hemos hablado, a los efectos de este capítulo la definiremos como la tendencia a la integración de servicios, redes y tecnologías de manera que al usuario le resulte difícil e inútil diferenciarlos.

Internet es una red de alcance planetario formada por redes públicas, privadas, de universidades, militares, de empresas, a la que están conectados ordenadores independientes entre sí y de la propia red. En el inicio de Internet está la lógica aspiración de que los equipos se conecten entre sí e intercambien libremente información. El primer intento, en los años sesenta, tuvo origen militar y era conocido como ARPANET. Luego, con la incorporación de algunas universidades, se perfeccionó el protocolo de comunicación, llegándose en 1990 al TCP/IP *(Transmission Control Protocol/Internet Protocol),* que aún hoy día es el método más utilizado para conectar servidores o PCs, y la red antigua pasó a llamarse Internet. A partir de ese momento y hasta hoy, las tecnologías y productos asociados a Internet han tenido un rapidí-

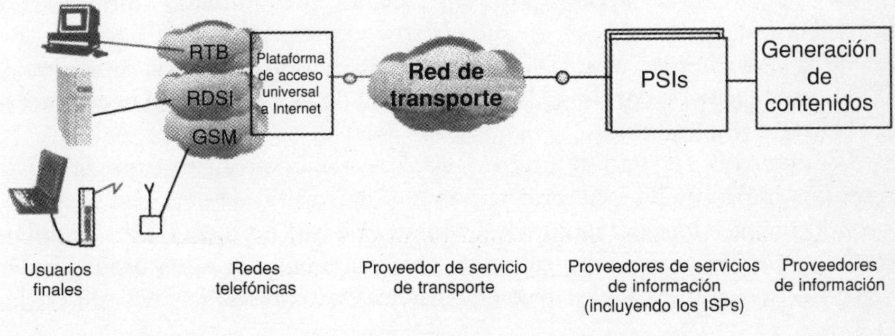

Fig. 19.2.—Diagrama de redes involucradas en el acceso de los terminales a contenidos e información

simo ciclo de implantación, madurez y, en algunos casos, obsolescencia; pero, sobre todo, la Red ha despegado, transformándose en una malla mundial con cientos de millones de usuarios que la han convertido en un fenómeno económico, social y tecnológico.

La arquitectura de Internet es similar a la de cualquier red de datos. Su columna vertebral son las redes de los grandes operadores mundiales, interconectadas entre sí, con puntos de acceso jerarquizados: primarios o NAPs *(Network Access Points),* secundarios y locales o PoPs *(Point of Presence).* Los usuarios se conectan a Internet a través de lo que se conoce como ISPs *(Internet Service Provider:* proveedores de servicio), que pueden ser los mismos operadores o bien compañías independientes. Estos ISPs, que en su origen se limitaban estrictamente a dar acceso, se han especializado y, en la mayoría de los casos, completan su oferta proporcionando una variedad de servicios que facilitan el uso de la Red. Las velocidades de acceso dependen del tipo de conexión; esto es, del *modem,* y varían entre algunos Mbit/s de las líneas dedicadas a empresas, a los pocos y desesperantes Kbit/s habituales de los hogares. Finalmente, y para completar este panorama, hay que referirse a los servidores de Internet *(Web Servers),* equipos que se encargan de almacenar y distribuir la información existente en la Red, en el formato HTTP ya mencionado. Cuando un usuario, normalmente a través de un buscador, solicita una página especificando su dirección, es este servidor quien se la envía.

Los servicios de Internet son múltiples, pero hay dos muchísimo más populares que el resto: el *World Wide Web* (WWW), o acceso a páginas de información, y el correo electrónico o *e-mail.*

El WWW, creado en 1990 en los laboratorios europeos del CERN, es el paradigma, el servicio que todos identificamos propiamente como Internet. Describirlo, a estas alturas, está de más, pero quizá convenga detenerse y hurgar un poco en el proceso, ya automatizado en nuestra mente, de escribir una dirección *www* y esperar su descarga en nuestra pantalla. Todos los servidores que hay en el mundo colgando de la Red están identificados mediante su dirección o dominio. Cuando mediante el protocolo de comunicaciones HTTP[8] se solicita un acceso, entra en escena el denominado *Universal Resource Locator* (URL), que es quien gobierna el proceso de localización a través de la red. Una vez emplazado el servidor de destino, y con la conexión HTTP establecida, se produce la transferencia de la información en el formato HTML antes descrito.

El otro gran servicio de Internet es el correo electrónico. Aunque existe antes que la propia Red, ha sido con la popularización de esta cuando ha alcanzado dimensiones descomunales, contándose hoy por centenares de millones los mensajes que se intercambian cada día en los ámbitos profesional y personal. En sus inicios, el correo electrónico estaba pensado para comunica-

[8] *Hyper Text Transfer Protocol.*

ciones uno a uno, pero hoy día las posibilidades de manejo de los mensajes son mayores: se pueden redireccionar, distribuir en lista, adjuntarles cualquier tipo de información, conocer si ha llegado al receptor, etc.

La arquitectura del correo electrónico se basa en un servidor donde residen las distintas funcionalidades, como el almacén de mensajes, que permite recibir, leer, guardar y copiar los textos; el transportador de mensajes, cuya misión es direccionarlos adecuadamente por la Red, mediante un protocolo SMTP[9]; el directorio de servicios, que permite a los usuarios disponer de información sobre direcciones y «enrutamientos», y, finalmente, los denominados *gateways,* que hacen posible la compatibilidad entre distintos sistemas de correo electrónico mediante un proceso de traducción de formatos, tanto en las direcciones como en el propio texto.

Hay más servicios (en realidad, ¿qué servicio no se da por Internet?), aunque ya están comentados los fundamentales, los que han atraído como un imán a más de 200 millones de personas en el planeta, a 50 millones de europeos y a tres millones largos de españoles. Pero antes de abandonar este tema, tan sucintamente tratado, unas palabras sobre Internet 2, la Internet del futuro.

Este proyecto, que se está experimentando en los campus de hasta 150 universidades norteamericanas[10], promete tomar muy rápidamente el relevo de nuestra joven pero baqueteada Red. Se trata, naturalmente, de mejorar las prestaciones de la actual Internet, que, para los investigadores, se ha convertido en una pista demasiado lenta, muy transitada e inútil para servicios que requieren calidad. En el nuevo desarrollo, el protocolo IP versión 6[11] que se utiliza permite manejar altos volúmenes de información, hasta 2,4 gigabits por segundo, lo que significa una velocidad decenas de miles de veces mayor que la que los *modems* corrientes pueden cursar. De esta manera, la transmisión de audio o vídeo será de calidad máxima, y la posibilidad de que aparezcan programas o cadenas de radio y televisión exclusivamente por y para Internet será una realidad.

La movilidad es la otra gran referencia que al principio señalábamos. Gracias al éxito de la telefonía celular, el servicio móvil de voz es ya tan familiar como el tradicional, y con una proyección cuyo horizonte, por ahora, no se divisa. Hace apenas media docena de años, la posibilidad de que las líneas móviles alcanzaran a las fijas se veía como algo a acontecer, si acaso, bien entrada la primera década del nuevo milenio. Sin embargo, esto ya ha ocurrido en la mayoría de los países desarrollados, entre ellos España.

No hay límite a la potencialidad de este sector. Las personas, desde luego, no lo son: en los países desarrollados, la penetración, medida en porcenta-

---

[9] *Simple Mail Transfer Protocol.*

[10] Aunque el proyecto es universitario y se intenta mantener dentro de un cierto espíritu científico, tras los centros docentes están todas las grandes empresas norteamericanas del sector, que no solo lo siguen con atención, sino que lo financian.

[11] El protocolo IP en uso actualmente es versión 4.

je de líneas por habitante, superará el cien por cien; es decir, habrá más terminales móviles que seres humanos, porque vehículos, máquinas, dispositivos de seguridad o comerciales los llevarán incorporados para comunicarse con sus centros de gestión.

La comunicación de voz vía radio ha sido posible desde la prehistoria de las telecomunicaciones. Pero para que se pudiera extender a un uso masivo, tal la telefonía, hubo de desarrollarse un sistema por el cual las frecuencias disponibles para ello, limitadas en número, se pudieran reutilizar. Así, se organizó la red de acceso en celdas (células), de manera que el juego de canales (frecuencias) con las que los usuarios se comunicaban con las estaciones base se pudiera replicar a una cierta distancia, tres o cuatro celdas por medio, donde ya no fueran posibles las interferencias entre frecuencias gemelas. Las estaciones base, por su parte, se conectaban entre sí y con las centrales de conmutación por medio de sistemas de gran capacidad, aéreos o terrestres. Como se puede ver, el manejo de este tipo de comunicaciones es bastante más complejo que la telefonía tradicional; y si a ello añadimos la enrevesada casuística de tarificación de la que hacen gala los móviles (diversidad horaria y geográfica, tipo de plan contratado, prepago, *roaming*[12]...) es fácil de comprender que los sistemas de procesamiento de información de los operadores móviles hayan llegado a superar en capacidad de manejo de transacciones en tiempo real a los de, por ejemplo, la banca.

En sus inicios (analógicos, por supuesto), la telefonía celular fue una babel de estándares, especialmente en Europa[13]. Por ello, a la vista de la creciente importancia del servicio, y auspiciado por las instituciones comunitarias, los países del Viejo Continente se aplicaron para hacer conjuntamente el salto tecnológico a digital. Así nació el GSM, sistema que hoy día es ampliamente usado en todo el mundo, y cuyas principales características ya fueron comentadas en el apartado anterior.

En el mundo había alrededor de 600 millones de móviles en septiembre de 2000, de los cuales más de 200 corresponden a Europa y 22 a España. Es uno de los sectores más consolidados, sobre todo en nuestro continente y en la región asiática, con amplísimas expectativas de crecimiento en todo el planeta y, singularmente, en las regiones históricamente retrasadas en infraestructuras básicas, como Iberoamérica.

Para casi todos los analistas del sector, la manera como se accederá a Internet en el futuro es a través de equipos móviles. Si bien, hoy por hoy, el negocio de Internet está indudablemente organizado alrededor del PC, ya hay en el mundo más teléfonos celulares que ordenadores. Y mientras los móviles están en plena expansión, los ordenadores prevén crecimiento plano o nulo.

---

[12] *Roaming,* que se suele traducir, cuando no queda más remedio, como *itinerancia,* es la posibilidad de usar el terminal propio en otra red; por ejemplo, cuando se viaja a otro país donde el operador local tiene la misma tecnología.

[13] En América, por el peso de Estados Unidos, no ocurrió igual; y desde Alaska a la Tierra de Fuego existe uniformidad en el uso del estándar analógico.

A tres o cuatro años vista, el terminal dominante para Internet será un teléfono móvil.

Aunque las condiciones están dadas, a la industria móvil todavía le queda un largo camino a recorrer y muchos problemas que solucionar para que el usuario encuentre útil y atractivo [14] conectarse a Internet con un equipo sin teclado y con pantalla pequeña.

El primer ensayo de navegador vía móvil lo llevó adelante AT&T en 1996 con el servicio PocketNet, que fracasó por el tamaño de los terminales y la escasa duración de las baterías. Pero enseguida los fabricantes se dieron cuenta de lo poco práctico de desarrollar estándares propietarios en negocios tan abiertos, y algunos, los principales, crearon el primer foro WAP en junio de 1997. Hoy, el estándar WAP es aceptado por casi la totalidad de los suministradores de terminales móviles. E igualmente el sistema operativo que van a usar para los futuros teléfonos móviles y asistentes personales no es el omnipresente Windows CE, sino el EPOC-32, propiedad de una compañía creada *ad hoc* para desarrollarlo por el mismo club de grandes fabricantes.

Internet móvil, el futuro por antonomasia, está detrás de estas decisiones. Y, entre tanto, hay muchas incógnitas, que habrán de resolverse pronto, pero que todavía están. Por ejemplo, ¿cómo ver páginas *web,* diseñadas para PC con pantalla a todo color, en una pantalla pequeña de móvil? Hay quien piensa que podrán «traducirse»; otros, que convendrá rediseñarlas totalmente, y que WAP tendrá que vivir independiente del WWW.

Otra interrogante viene por el lado de la capacidad. Hasta que el terminal móvil no pueda manejar un ancho de banda suficiente, no será útil para Internet. Y actualmente tiene un límite máximo en los 9,6 Kb/s, muy lejano de los 56 Kb/s del PC, o del cable *modem,* RDSI y otros que son todavía mucho más veloces.

La solución a esta y otras necesidades vendrá de la mano del UMTS *(Universal Mobile Telecommunications System),* cuyo nombre es en sí mismo toda una declaración de intenciones. Es el estándar que se pretende único y global, al que convergerán los hoy existentes y cuya velocidad, 1,544 Mb/s, permitirá una amplia variedad de servicios de banda ancha y, por supuesto, Internet.

LA ECONOMÍA DE LA SOCIEDAD DE LA INFORMACIÓN

Cualquier viejo libro de adagios, aforismos, apotegmas o proverbios palidecería ante la cantidad de citas que se han podido recopilar en este último

[14] Hay que suponer que, al menos en Internet, lo atractivo predomina sobre lo útil: según se sabe, las páginas más visitadas de la *web* son las de sexo, seguidas por las musicales. Sin querer decir, ni mucho menos, que el sexo o la música sean inútiles, parece claro que el común de los usuarios antepone el ocio al negocio.

lustro referidas a Internet. Y, además, no de cualquiera. A falta de Cicerón, Montaigne o Sancho Panza, disponemos de un surtido ramillete de empresarios, políticos o comunicadores que se han esmerado en elaborar sentencias laudatorias sobre la Red de Redes. Me quedo con una especialmente lapidaria, cuyo autor, al igual que ocurría con los acuñadores de refranes, se ha sumergido en el anonimato superado por su propia obra: *en cinco años, todas las empresas serán empresas de Internet, o no serán.*

Naturalmente, no se trata de que vayan a desaparecer las fábricas de automóviles ni los secaderos de jamones. A donde apunta la frase es a resaltar las inmensas posibilidades de Internet en cuanto al marketing y la distribución, que presumiblemente van a dejar fuera del juego del mercado, por falta de competitividad, a las compañías que no utilicen esa herramienta. En efecto, el escaparate que para una empresa supone poner en su *web* los productos que manufactura es enorme; potencialmente tan grande como los millones de PCs que están conectados a la Red. Además, la posibilidad de comprar directamente, de fabricante a cliente —y también en el otro lado de la cadena, de suministrador a fabricante—, elimina intermediarios y, consecuentemente, gastos que no es necesario repercutir en los precios de venta. Y aquí es donde los teóricos del mercado se extasían fabulando sobre el paraíso de consumo que se nos viene encima.

Además, prosiguiendo con este razonamiento, trabajar con Internet hacia fuera obliga a que la compañía rediseñe sus procesos hacia dentro; lo cual, por sí mismo, redunda en mayor productividad y a su vez extiende las mismas bondades hacia los suministradores, compañías asociadas y clientes. Se crea así un círculo virtuoso, un ecosistema donde los beneficios de una interrelación más eficiente y flexible se derraman entre todas las empresas. Y las que se resistan o mantengan aisladas, como nos decía el anónimo profeta antes citado, se verán abocadas a desaparecer.

Algo de verdad, sin duda, debe de haber tras palabras tan contundentes. Internet es una revolución económica[15], se dice y repite por todas partes. Y hay muchas referencias respecto a la relación entre el crecimiento récord de la economía norteamericana en los últimos años y el liderazgo que ese país ostenta en el desarrollo de las tecnologías de la información.

Pero si bien todos (gobiernos, consultores y analistas) están de acuerdo en la importancia del comercio electrónico, las cifras y datos que se nos proporcionan varían mucho dependiendo de la fuente. Hay que tener en cuenta que estamos en los albores de la ciencia, ¿o arte?, de contar los dineros de la *sociedad de la información;* en 1999 el Departamento de Comercio de Estados Unidos ha tipificado con una categoría separada las transacciones a través de Internet.

La dinámica de esta tecnología le ha permitido ir quemando etapas a velocidad de vértigo, y contar, apenas en una decena de años, con toda una his-

[15] Comparable con la Revolución Industrial, pero tres veces más rápida, según un estudio del Henley Centre of Forecasting.

toria propia. Desde su despegue a principios de la década de 1990, el negocio de Internet ha pasado, sucesivamente, por tres fases. La primera, hasta 1995, estuvo centrada en la venta de equipamiento, y aparecieron compañías como Cisco, que todavía están en primera línea tecnológica. De 1995 a 1997 el interés se volcó hacia los contenidos, y entraron los grandes buscadores y portales como Yahoo! Y es a partir de 1997 cuando arranca con fuerza el comercio electrónico con una empresa de referencia, Amazon.

Y el comercio electrónico se convierte en la revolución dentro de la revolución. Las estimaciones más fiables hablan de entre trescientos y cuatrocientos mil millones de dólares de ventas *on line* en el mundo en el año 2000, de los cuales corresponde a Estados Unidos un porcentaje superior al 80 por 100. Y para 2003, cuando se espera que el resto de países recuperen el retraso y alcancen a los norteamericanos, los números trepan hasta dimensiones impresionantes: entre dos y tres billones de dólares se negociarán *on line.* España aporta cifras insignificantes en estos primeros años (50 millones de dólares en 1999), y corrige al alza la pendiente en los sucesivos, llegando a superar el billón de pesetas (6.000 millones de dólares) en 2003.

Estas previsiones son anteriores a la crisis de las empresas *punto.com* que comenzó en la primavera de 2000 y todavía arrastra. Las seguimos considerando porque creemos que, si bien el modelo ha entrado en un proceso de severa contención, la nueva economía ha llegado para quedarse. Nada más cierto que se pinchó la burbuja tecnológica: si en cuatro años la capitalización de las acciones de Internet en EE.UU. se multiplicó por más de 100, en los apenas doce meses que median entre marzo de 2000 y el primer trimestre de 2001 este valor se ha volatilizado por encima del 95%.

Todo un cataclismo, inversamente proporcional a las tremendas expectativas que el fenómeno supo convocar. Empresas sin apenas personal o activos, que jamás dieron beneficios, se codearon en los índices de valuación con petroleras y bancos, y eso fue considerado normal durante bastante tiempo. Se solía repetir que, en la economía de la *sociedad de la información,* el pez grande no se come al pequeño, sino el rápido al lento, y el paradigma fue *American On Line,* una empresa de corta vida que, apoyada en su entonces gigantesca capitalización bursátil, se engulló una compañía que la superaba en tamaño y pedigrí *como Time Warner,* con cinco veces más facturación y siete veces más empleados.

Estamos todavía un tanto mareados por la virulencia del sube y baja que nos ha tocado vivir en tan pocos meses. Pero cuando todo se remanse veremos que, en el fondo, nada inusual ha pasado: la tecnología, una vez más, ha tirado de la economía y esto es ya un clásico por lo menos desde la Revolución Industrial. Si lo ha hecho más fuerte que otras veces, atribuyámoslo al signo de los tiempos. Quizá se exagere cuando se dice que un año de Internet dura tres meses, pero, desde luego, tampoco hay que esperar los siete años bíblicos para ver engordar o adelgazar a las vacas virtuales.

La sociedad de la información y la sociedad

En una de las páginas más hermosas de nuestra tradición cultural, Platón cuenta cómo Prometeo, creador y protector de la humanidad, repartió entre los hombres la habilidad técnica. Pero al darse cuenta los dioses de que estas capacidades habían sido distribuidas de manera desigual, enviaron a Hermes para que inculcara, esta vez de manera general y uniforme, el sentido de la justicia. De ese modo, los dones que la técnica habría de proveer beneficiarían por igual a todos los seres humanos.

No parece que hayan cristalizado en éxito los buenos deseos del Olimpo. Las inmensas bondades de las tecnologías emergentes y su economía asociada, que glosamos en los apartados anteriores, van a beneficiar a muy pocos. Si a las puertas del tercer milenio más de la mitad de los pobladores del planeta no solo no disponen de teléfono en sus casas, sino que ni han tenido la ocasión de usarlo una vez en su vida[16], ¿qué se puede esperar de Internet, o de cualesquiera de los otros productos y servicios de la *sociedad de la información?*

Hay voces que, precisamente porque las nuevas tecnologías traerán ubicuidad de la información y bajos precios en los equipos, sostienen que es una oportunidad única en la historia para que las naciones desfavorecidas puedan despegar. No es de la misma opinión, por ejemplo, la ONU, que en las conclusiones del Informe sobre Desarrollo Humano del Proyecto de las Naciones Unidas para el Desarrollo (PNUD), presentadas en julio de 1999, afirma que Internet y las nuevas tecnologías de la información no están sirviendo para reducir la desigualdad ni para disminuir la distancia que separa a los pobres de los ricos, sino para todo lo contrario, y con una gravedad sin precedentes: la aparición de las tecnologías de la información está aumentando la diferencia entre países pobres y países ricos; y, dentro de cada país, entre las clases sociales favorecidas y marginadas (nivel económico, de estudios), entre minorías dominantes y dominadas, entre grupos étnicos mayoritarios y minoritarios e incluso entre hombres y mujeres. El 20 por 100 más rico de la población acapara el 93 por 100 de los accesos a Internet, frente al 20 por 100 más pobre, que solo dispone del 0,2 por 100. En el Reino Unido, el 90 por 100 de los usuarios gana más de nueve millones de pesetas al año; en Irlanda, el 70 por 100 tiene título universitario. El 72 por 100 de los usuarios de Estados Unidos son hombres, así como el 93 por 100 de los chinos. Y mientras que solo un 10 por 100 de la población mundial habla inglés, el 80 por 100 de Internet está en ese idioma.

[16] Según la Unión Internacional de Telecomunicaciones, solo el 34 por 100 de los hogares del mundo disponían de teléfono en 1997. O, presentado de otro modo, mientras que la teledensidad media del Primer Mundo es de 54 líneas telefónicas cada 100 habitantes, la del Tercer Mundo es 5, y hay más de 40 países con menos de un teléfono cada 100 habitantes. En Mónaco hay 99 líneas cada 100 habitantes; en Estados Unidos, más de 60; en Camboya, 0,07.

Ya hemos subrayado hasta la saciedad el papel protagonista que Estados Unidos juega en esta película de anticipación, y cómo fía a Internet el crecimiento y liderazgo mundial de su economía. Pues bien: la Administración Nacional de Información y Telecomunicaciones norteamericana presentó a mediados de 1999 un informe que recoge los avances del país en Internet, pero también las grandes desigualdades entre la población en esta materia. En los hogares que superan los 75.000 dólares anuales de ingresos, la probabilidad de que haya Internet es veinte veces superior al resto. En la franja de 15.000 a 33.000 dólares/año, un 33 por 100 de las familias blancas tienen Internet, por solo un 19 por 100 de los hogares negros o hispanos, y la tendencia es a aumentar esta diferencia. Los porcentajes de los blancos son los siguientes: 26,7 por 100 acceden desde el hogar, 37,7 por 100 desde el centro de trabajo, el 47 por 100 tiene ordenador en casa. Negros: 9,2, 8,7 y 23 por 100, respectivamente. En referencia a esto, el presidente Clinton declaró: «Hay una creciente división entre los que tienen acceso a la economía digital e Internet y los que no, y esta división se reproduce en la educación, los ingresos, la región en la que se vive y la raza a la que se pertenece». Y Larry Irving, asesor de telecomunicaciones del presidente y subsecretario de Comercio, apuntilló: «La Red está transformándose cada vez más en parte de nuestra cultura nacional, pero solo para algunas personas».

A pesar de todo lo anterior, Estados Unidos lleva cuando menos dos años de ventaja a los países europeos más avanzados [17] y quizá media docena al resto, porque sus costes son muy inferiores. La Administración Clinton ha creado un régimen especial regulatorio y de impuestos para favorecer la *sociedad de la información,* de manera que el acceso a Internet en Estados Unidos es el más barato del mundo (aproximadamente, 20 dólares al mes, tarifa plana, sin cargos por uso de línea telefónica). En Europa no hay tarifa plana, el precio de llamada local es caro y la banda ancha en el acceso está menos extendida [18].

La preocupación por esta diferencia es notoria en las instituciones y Estados del Viejo Continente. En junio de 1997, la Asamblea Extraordinaria del Consejo de Europa aprobó un informe en el que exhorta a los países de la UE a impulsar el desarrollo de las tecnologías de la información. El ponente, el parlamentario Claude Frey, advirtió que mientras en Estados Unidos un 60 por 100 de los colegios están conectados a Internet, en Europa el porcentaje es del 10 por 100. Ya Jacques Delors, ex presidente de la Comisión Europea,

[17] «Estados Unidos es el país donde el futuro llega primero», dejó dicho Tocqueville hace más de siglo y medio, y eso que no sabía todo lo que se nos venía encima.

[18] Steve Ballmer, presidente de Microsoft Corporation, declaró en un coloquio en la Asociación para el Progreso de la Dirección (APD) celebrado en Madrid en diciembre de 1998: «Los gastos para un usuario de Internet son dos o tres veces más caros en Europa que en Estados Unidos». «Lo más importante para garantizar el acceso a la sociedad de la información es abaratar Internet.»

lo había subrayado: «La revolución digital será tan importante como la invención de la imprenta por Gutenberg. No debemos perder esa batalla de la misma forma que perdimos la de la electrónica y la informática personal» (frente a Estados Unidos). De entonces acá, muchos otros foros y encuentros han abundado sobre lo mismo [19]. En el último, organizado en Madrid en enero de 2000, el comisario europeo para las Empresas y la Sociedad de la Información, Erkki Liikanen, volvió a resumir los males europeos en el retraso respecto a Estados Unidos en liberalización de precios y servicios.

Así que, como el cuento del filósofo que recogía las migajas caídas de las manos de otro un poco más afortunado, los europeos van detrás de los norteamericanos juntando las ideas que a estos se les van cayendo. Podríamos volver la vista atrás y encontrar, sin duda, en América del Sur o Asia —África, lamentablemente, no existe para esto como para tantas otras cosas— países que estarían muy gustosos de seguir la pista europea, pero las distancias ya son enormes.

El asunto está en saber si el seguidismo del modelo norteamericano conduce a algo. En Europa hay muchas iniciativas en marcha, algunas locales y otras supranacionales. Entre las patrocinadas por la UE, la más publicitada es e-Europe; en España, Info XXI [20]; en el Reino Unido, un proyecto denominado «revolución del conocimiento», o algo similar. Todas tienen en común propuestas para dotar de conexiones a Internet a los centros educativos, cambios legislativos para favorecer el uso de estas tecnologías, algunos beneficios fiscales y muchas promesas de introducción de las nuevas prácticas en la Administración pública y en todo el entramado social.

Son, sin duda, acciones bien intencionadas que nada malo podrán traer aun cuando finalmente se queden en poco en la mayoría de los casos. Pero quizá convendría insistir en la conveniencia de replicar modelos originalmente europeos que ya han probado su eficacia. Y aquí cabe recordar la gestación del estándar móvil GSM, que consiguió, mediante la reunión de iniciativas tecnológicas dispersas y una dirección de proyecto fuertemente centralizada por los organismos técnicos comunitarios, un éxito comercial y tecnológico que aún hoy día sustenta el liderazgo mundial de Europa en el sector de la telefonía móvil.

Un último apunte para cerrar un tema tan global con una referencia a las cosas de casa, a nuestro idioma. Bien es sabido que el inglés es la lengua dominante en Internet, pero ¿cuánto?

---

[19] Françoise Heisbourg, ex director del Instituto de Estudios Estratégicos de Londres, en el Primer Foro Internacional sobre las Nuevas Dimensiones de la Seguridad, organizado por los diarios *Le Monde* y *El País* en Madrid en noviembre de 1998: «Los europeos sabemos construir buenos productos industriales, pero no somos capaces de estimular la creatividad en red como los Estados Unidos. En Silicon Valley hay 20.000 franceses trabajando y otros muchos europeos que el Viejo Continente ha sido incapaz de retener». «La riqueza se generaba antes explotando los recursos naturales y ahora se obtiene con recursos inmateriales e inmóviles. Ahora ya no se lucha por el control de un territorio, sino de una red.»

[20] Aprobada en Consejo de Ministros del 9 de abril de 1999.

Hay dos maneras de medir la presencia del español, o cualquier otra lengua, en la Red. En primer lugar está el porcentaje de páginas escritas en el idioma. Y, además, el número de usuarios de los países en que tal lengua se hable. El peso real, la importancia del idioma en Internet lo da, sin duda, la primera medida, pues puede darse el caso —y, de hecho, así ocurre— de que internautas de países no anglófonos utilicen exclusiva o mayoritariamente los recursos de la Red que están en lengua inglesa.

Las mediciones más fiables señalan que Internet es inglés en sus tres cuartas partes, mientras que en español apenas están escritas el 1,5 por 100 del total de las páginas *web*. Con dos agravantes:

a) vamos a peor, pues tres años atrás el porcentaje correspondiente a nuestro idioma era el doble; y

b) los internautas de países hispanohablantes constituyen uno de los grupos de mayor crecimiento de la Red.

Naturalmente, hoy hay más páginas en español que hace tres años en términos absolutos, pero este aumento es menor que el incremento de la Red misma. Todo lo contrario que el inglés, que disfruta de una situación especialmente ventajosa, pues se beneficia no solo de su propio crecimiento, sino también de recoger una significativa porción de la utilización de Internet por parte de usuarios que no son de países anglohablantes.

Con lo cual estamos frente a un problema de una importancia imposible de exagerar. Dado que coinciden casi exactamente las capas sociales que disfrutan de mejor educación —incluyendo conocimiento fluido del idioma inglés— y las que tienen acceso a las modernas tecnologías, no se echa de menos ni se demanda un Internet en español. Asumimos como natural que sea el inglés nuestro vehículo de relación con las nuevas tecnologías, y que el español está para otras cosas más de andar por casa, sin caer en la cuenta de que Internet es el caballo de Troya de todo un mundo nuevo de relaciones económicas, sociales y culturales.

Si a esto no se le pone remedio, a la colonización tecnológica que ya damos por imposible de levantar se va a unir otra mucho más permeable y sutil, quizá definitiva. Y el español, que según Carlos V es la lengua más adecuada para hablar con Dios, se va a quedar para vestir santos.

20
La Inteligencia Artificial y su entorno conceptual

Enric Trillas

Introducción

La humanidad y las máquinas

Qué sucedería si, de repente, un genio, sin duda maléfico, parase indefinidamente todas las máquinas que hay en el mundo? Se paralizaría prácticamente todo: las comunicaciones, la producción, el comercio y hasta una parte notable del trabajo intelectual. Se pararía la fabricación de vestidos, de muebles, de medicamentos, de papel, y dejaría de salir agua por el grifo. Se dejarían de publicar libros y periódicos, no se oirían las radios ni se verían las televisiones. Dejarían de funcionar los metros, los trenes, los aviones, los camiones, autobuses y coches, así como los teléfonos, los faxes y las redes informáticas. Las fábricas y la construcción quedarían paradas y también una parte importantísima del trabajo agrícola. La obtención y distribución de energía quedaría suspendida.

El panorama de una tal suposición es, literalmente, terrorífico, y, aunque se trate de una hipótesis poco creíble, muestra la dependencia que las sociedades desarrolladas tienen de las máquinas. Las hay por todas partes; muchísimo de nuestra vida depende directa o indirectamente de ellas y puede decirse que la economía de los países desarrollados, y el futuro de los que están en vías de desarrollo, es dependiente de las máquinas, entendidas como instrumentos operados mecánica, eléctrica o electrónicamente para efectuar tareas determinadas. Una muestra de ello se tuvo en 1999 con la angustia ante el llamado «efecto 2000».

Sin embargo, aquel genio podría hacer algo aún peor para el futuro de la humanidad, si tuviese poder para ello: quitar a los humanos la capacidad para idear, diseñar y fabricar máquinas, así como para integrarlas en sistemas, diseñar su funcionamiento integrado y dirigir, efectuar y controlar la operación de tales sistemas. En una palabra, suprimir la ingeniería, el arte de aprovechar las propiedades de la materia y de la energía para que sean útiles a la humanidad, sea por medio de estructuras, máquinas, productos o procesos.

Si la primera hipótesis es terrorífica, por cuanto la humanidad sufriría un gran retroceso en poco tiempo, la segunda lo es más, porque se perdería la posibilidad del progreso. No en balde Charles Babbage (1792-1871, inventor del primer prototipo de computadora con capacidad de ser programada) definió al ser humano como «un animal creador de instrumentos»; con tal descripción, en la segunda hipótesis el ser humano perdería una parte esencial de su singularidad.

El pensamiento humano permite lo que es una de las propiedades más conspicuas de la tecnología: reconocer una necesidad o un deseo humano, sean reales o potenciales, e idear los medios para satisfacerlos económicamente por medio de un invento. Se ha dicho que la civilización es la economía de la fuerza.

Durante muchísimo tiempo las máquinas sustituían básicamente al esfuerzo muscular, tanto de los humanos como de los animales. Sin embargo, en un momento de la historia apareció un nuevo tipo de máquina que también ayudó al «músculo del pensamiento», al cerebro, y no solo a los músculos de la fuerza. Fue el reloj, máquina que permitió transmitir la información de la hora del día, y luego también de la noche, a los colectivos humanos, independizándolos a tal efecto del sol. Posiblemente, fue la primera máquina que permitió representar de manera simbólica un tipo de información y, a la vez, darla a conocer a bastante gente al mismo tiempo. Fue esencial para la organización del trabajo industrial y, en la actual sociedad de la información, es una máquina insustituible.

De hecho, las máquinas evolucionan por generaciones, perfeccionándose hasta un estadio en el que no dan más de sí, sea porque no pueden hacer más, sea porque no lo pueden hacer mejor o no lo pueden hacer en la forma requerida por la evolución de su entorno, por ejemplo, por los requerimientos económicos, energéticos o medioambientales. Ejemplos típicos de ello son los motores de aviación, para los que llegó un tiempo en que solo cabía el cambio masivo a los motores de reacción, y las locomotoras de vapor, que debieron ceder el puesto a las eléctricas o de motor Diesel. Y también las máquinas de escribir mecánicas o eléctricas, que prácticamente han sido sustituidas por ordenadores.

El perfeccionamiento de las máquinas y de los procesos de manejarlas y controlarlas forma parte de la historia de la tecnología y, por lo tanto, de la historia de la humanidad. En este punto, tal vez convenga observar que la mayoría de nuestros universitarios salen de las aulas sin haber estudiado las historias de la tecnología y de la ciencia, ambas fundamentales para comprender tanto la de la humanidad como las de las profesiones que pretenden ejercer. Además, con frecuencia, sobre todo los estudiantes de las ramas científicas, pueden estar convencidos de que la de la tecnología es una historia subordinada a la de la ciencia, cuando, en realidad, ambas están entrelazadas de forma más complicada: Marconi logró mandar señales de radio desde Inglaterra hasta Terranova contra la opinión mayoritaria de los científicos, que desconocían la existencia de la ionosfera. Como dice Donald Cardwell en su *Historia de la tecnología* (Alianza, Madrid, 1994), sería ridículo suponer que la tecnología «ha de aguardar humildemente, con la gorra en la mano, a que la ciencia le abra la puerta para poder entrar» en la vida de los seres humanos.

Ambas anécdotas son parte importante de la historia de la humanidad, pero sin duda la de las máquinas y los instrumentos es anterior a la del conocimiento científico moderno y, posiblemente, no tendríamos la ciencia actual si los seres humanos hubiesen carecido de la capacidad de idear, diseñar, fabricar y manejar máquinas que realizan mejor que los humanos labores concretas y muchas veces tareas que estos, por sí mismos, no podrían desempeñar. No hay cultura evolucionada que no haya manufacturado utensilios, por simples que ahora puedan parecernos, que luego se han mecanizado. Tanto como el andar erguidos y el lenguaje, la fabricación de útiles y luego de máquinas, así como la elaboración de conocimiento a partir de información, son características definitorias de la especie humana.

Arno Penzias, en su libro *Ideas and Information* (Simon & Schuster, Nueva York, 1990), cita la hermosa frase que la madre de otro premio Nobel de Física, Isaac Rabi, le lanzaba a su hijo cuando niño al regresar cada día de la escuela: «¿Hiciste hoy alguna buena pregunta, Isaac?». Es que con la habilidad imaginativa del ser humano hacerse preguntas adecuadas y buscar respuestas operativas está en la base de su creatividad y, por lo tanto, de su evolución. El sacerdote inglés que, observando cómo su mujer hacía calceta, logró el primer prototipo de una máquina que imitase aquel trabajo manual tuvo que hacerse buenas preguntas para llegar a idear y ensamblar unos mecanismos que reprodujeran la actividad de manos y brazos de su esposa y obtener así un tejido como el que ella producía.

En todo proceso de invención de una máquina hay un importantísimo esfuerzo de representación mental, y luego de realización material, que de ordinario tiene el único objetivo inicial de que la máquina funcione para, posteriormente, perfeccionarla hasta que lo haga en forma continua, eficiente y económica. De la idea a la máquina en funcionamiento, a través de su diseño, media un proceso que en muchísimos casos requiere una capacidad imaginativa análoga a la de los procesos de descubrimiento científico.

Las primeras máquinas para gestionar conocimientos

A) Es mucho lo que le debemos al pensamiento griego que, en buena parte, se nos transmitió por medio de textos llegados a través de vericuetos históricos algunas veces francamente complicados. Por lo que se refiere a la técnica, debieron de escribirse pocos libros sobre ella y, en todo caso, no se han conocido más allá de unos pocos. Desde luego, se sabe bastante de los trabajos del genio físico y mecánico de Arquímedes (287-212 a. C.), así como de los textos técnicos de Herón de Alejandría (h. 100 a. C.), quien, por ejemplo, describe algunos artefactos sorprendentes, como es el caso del que abría automáticamente las puertas de un templo gracias a la luz de un fuego ceremonial, o las máquinas que servían agua o vino al introducir una moneda por una ranura. También se sabe de grandes e inexactos relojes de agua, astrolabios (de los que ninguno ha resistido el paso del tiempo) y ábacos de mármol, e incluso se han encontrado pequeños fragmentos de los llamados protorrelojes, aparatos de exhibición astronómica que pueden considerarse como los primeros instrumentos científicos sofisticados. Algunos textos describen el uso de engranajes que parecen haber sido usados para fabricar hodómetros (para contar las vueltas de una rueda deslizada a mano por el suelo) y taxímetros (para contar las revoluciones de las ruedas de un carro).

Parece seguro, además, que Hiparco dispuso, en el siglo II a. C., de instrumentos mecánicos para efectuar proyecciones estereográficas. En todo caso, había edificios de tamaño notable, como la Torre de los Vientos de Atenas, que alojaban instrumentos mecánicos movidos hidráulicamente y mostraban al público lo que era la ciencia astronómica de la época. Y, sin duda, eran importantes las técnicas de construcción de edificios y naves, tanto de transporte como de guerra. Con todo, lo que se conocía hasta hace poco de la técnica griega era poco comparado con lo que se sabía del pensamiento filosófico, científico y de la mitología, así como de su historia, arte, literatura y teatro. Pero las personas son, desde el principio, no solo *Homo sapiens,* sino *Homo faber.* Para distinguir a la especie humana, «pensador» y «artesano» son dos predicados necesarios y, en cierta medida, inseparables.

Algunos instrumentos astronómicos griegos (como el astrolabio y el reloj anafórico) pueden considerarse como los primeros ordenadores; eso sí, analógicos y de propósito específico. Sin embargo, poco antes del otoño de 1900 unos pescadores griegos extrajeron del mar una serie de fragmentos de un instrumento inesperado que se halló en el interior de una nave del siglo I a. C., entre una carga de piezas de bronce y estatuas de mármol. Era una pesada masa de bronce, corroída por dos mil años de estar a bastantes metros de profundidad y que mostraba unas curiosas ruedas.

Derek de Solla Price (1922-1983) fue un importante historiador de la ciencia y de la técnica. En 1950, Price se apasionó por el estudio de aquellas piezas corroídas; piezas que han venido en llamarse «la máquina de Antikíthira», ya que se hallaron cerca de la pequeñísima isla de ese nombre que está entre la de Creta y el Peloponeso, en el continente. Los fragmentos, datados en el año 80 a. C., ya habían sido limpiados antes de que Price comenzase a estudiarlos, y en 1959 publicó un artículo en el que hacía una descripción de la máquina que no parecía autorizar más conocimiento de esta, ya que la calcificación y corrosión de las piezas era muy grande. La máquina, que se conserva en el Museo Arqueológico Nacional de Atenas, estaba alojada en una caja de $16 \times 32 \times 9$ cm^3. Según la descripción de Price, en su exterior tenía unos discos o diales, en tanto que su interior consistía en un complejo de ruedas con algunas inscripciones que describían las operaciones a realizar con el aparato.

Sin embargo, en 1971, Price pudo dar un gran salto en el conocimiento de la máquina de Antikíthira gracias a la radiografía con rayos X. Con radiografías del fragmento mayor, primero, y luego de otros, pudo llegar en 1974 a una mejor reconstrucción del artefacto a partir de aquel fragmento y a concluir que se trataba de un *ordenador portátil analógico* de propósito específico como calendario astronómico, para lo que tenía un programa fijado.

La máquina mostraba los movimientos en el Zodíaco, tal como se ven desde la Tierra, del Sol y la Luna, de acuerdo con las fases de esta última; de los planetas entonces conocidos; de determinadas estrellas brillantes y de constelaciones, y daba horarios de salida y puesta de algunos de esos cuerpos celestes. Por ejemplo, el único dial que estaba en el frontal de la caja tenía un anillo interior fijo con divisiones para cada una de las constelaciones, otro interior móvil con divisiones para cada mes del año y un marcador que permitía señalar el momento del año; con ello podía mostrar el movimiento anual del Sol en el Zodíaco e, indirectamente, la salida y puesta de estrellas y constelaciones. La plataforma giratoria sobre la que estaban montadas las ruedas dentadas era un sistema diferencial.

La finalidad de la máquina de Antikíthira, que Price supone accionada a mano, no es conocida; podía ser didáctica, de entretenimiento o para orientar la navegación lejana. Pero el ingenio revela no solo la capacidad de representar conocimientos de la dinámica aparente del cielo, sino una gran pericia técnica y artesanal, así como una gran comprensión de la cinemática de los engranajes.

Lamentablemente, las discontinuidades históricas posteriores hicieron que pasaran muchos siglos hasta que se pudiesen recuperar plenamente conocimientos como los que sirvieron para hacer la máquina de Antikíthira. No fue hasta el año 1000 en que el astrónomo árabe al-Biruni construyó un calendario con ruedas dentadas parecido, aunque más elemental, al griego; ni fue hasta el siglo XVI que un sistema diferencial de engranajes se instaló en un reloj en Europa.

B) Por lo que respecta a una máquina que efectuase razonamientos (es decir, a seguir conclusiones de premisas), la primera conocida es del siglo XIII d. C. Surgió del ingenio del franciscano Ramon Llull, quien vivió entre 1232 y 1316 y pudo haber tomado la idea de unos artefactos que se vendían en el norte de África hacia 1270 llamados *zairjas.* Eran discos giratorios concéntricos que se usaban para la adivinación y que a una pregunta hacían corresponder una respuesta. Llull pudo haber conocido esos artefactos antes de formular sus métodos para «hallar la verdad» y para «probarla».

La idea de Llull era convertir a los infieles a la fe cristiana mediante *razonamientos mecánicos,* a partir de unas pocas verdades aceptadas en común y por medio de discos concéntricos, con rotaciones que traducían un número de reglas también aceptadas. Posiblemente, la idea del método provenía de los *Elementos* de Euclides presentados en una forma nueva en el *Álgebra* de al-Khwarizmi del siglo IX, que Llull cita como una de sus fuentes.

Su método le permitía a Llull «certificar» verdades; era una metodología de prueba realizada mecánicamente de manera que su objetividad forzase a cualquiera a aceptar las conclusiones. Llull escribió docenas de libros en los que usaba su método en campos muy diversos del saber de la época, y es el primer autor que escribe de lógica sin usar el latín, ya que su más famoso libro, el *Ars Magna,* lo escribió en catalán.

Llull inició el cálculo lógico simbólico de tipo relacional; no fue un simple comentarista de la lógica aristotélica. Si es difícil leerlo es, en gran parte, por cuanto en su época la mezcla de fe religiosa, motivos éticos, apologética y explicaciones naturales fue más la regla que la excepción. Pero, para lo que aquí interesa, Llull partió del supuesto de que es posible mecanizar actos del pensar y que, por lo tanto, el pensamiento también puede desarrollarse fuera de la mente humana.

Aunque la idea de que el razonamiento lógico es traducible en algún tipo de cálculo paso-a-paso es hoy aceptada, fue adelantada por el inglés Thomas Hobbes (1588-1679) en 1665 al decir que «razonar no es sino calcular», y por el alemán Gottfried Wilhelm Leibniz (1646-1716) en 1666 al afirmar que, en el futuro, los filósofos solventarían sus disputas como lo hacían los contables, con pluma y ábaco, y diciendo «¡Calculemos!». Leibniz había estudiado los libros de Llull y los adaptó al proponer un método para fundamentar las indagaciones; de hecho, su libro *Dissertatio de Arte Combinatoria* de 1666 es la mejor crítica y homenaje que Llull haya recibido. A lo largo de cuatro siglos, Llull influyó a importantes pensadores y científicos; sus obras estaban, por ejemplo, en la biblioteca de Newton. Con él empezó cuanto sigue.

La inteligencia artificial

La palabra inteligencia no ha permitido a quienes trabajan en el campo de la *Inteligencia Artificial* (IA) y a quienes lo hacen en otros (especialmente en el de la Filosofía, pero también en el de la Física) hablar entre sí con mucha propiedad; juntar inteligencia y artificial ha resultado inquietante. Tal vez se necesitaba otra expresión que tocase menos un concepto aún mal delimitado, como es el de inteligencia, y más las formas en que ese concepto se hace aparente.

Concretemos con un razonamiento por analogía relativo a pájaros y aviones. ¿Qué tienen en común? Que vuelan; con mayor precisión, la mayoría de los pájaros (no se olviden los avestruces y los pingüinos) vuelan, y algunas máquinas con alas vuelan. Volar es una característica notable de los pájaros; es una función que algunos realizan. También los aviones la efectúan y, sin embargo, ni vuelan igual ni para ciertos propósitos lo hacen mejor; no baten las alas. Además, se sabe más del vuelo de los pájaros desde que se desarrolló la Aerodinámica; mientras se intentó volar como ellos se voló poco y mal. Solo mucho después se ha visto que se quería empezar por el final, por las fronteras de la Aerodinámica.

Para sus funciones los aviones vuelan mejor que los pájaros; por ejemplo, son más eficientes para el transporte. Pero para otros tipos de vuelo los pájaros son mucho mejores que los aviones; ambos vuelan, pero con formas, finalidades y materiales diferentes. Ahora bien, a nadie se le ha ocurrido que los pájaros exhiban *volancia* y los aviones *volancia artificial.*

En tal sentido, lo de Inteligencia Artificial no ha sido afortunado, salvo para dar notoriedad a una rama naciente de la Informática. No obstante, la expresión está ya anclada en el lenguaje y plantea tal desafío que es difícil abandonarla, aunque algunos prefiriéramos cambiarla por algo como *sistemas informáticos para inteligir* o el ya frecuente de *sistemas inteligentes,* que se ocupan de la inteligencia computacional, de la que se puede dar a las máquinas. Es decir, del estudio de cómo conseguir que las máquinas muestren manifestaciones intelectivas relevantes con lo que la tecnología de los ordenadores vaya permitiendo y de manera que los programas de estos no contengan todo cuanto realmente se logre; que se pueda decir de las máquinas que hacen cosas que no se les ha dicho que hagan.

Parodiando lo anterior, cabe decir que la mayoría de los humanos, en bastantes ocasiones, «inteligen», y que para algunas funciones unos lo hacen mejor que otros. Y que hay máquinas que en algunas ocasiones y para cumplir ciertas funciones «inteligen», y unas lo hacen mejor que otras. A su vez, para determinados propósitos, algunas máquinas «inteligen» mejor que algunos seres humanos y, por descontado, en muchos casos los humanos son mejores que las máquinas, sin que estas y aquellos «intelijan» de la misma manera; cada uno lo hace como puede, como su constitución se lo permite, y no está claro que la evolución del «inteligir» de las máquinas deba ser como la humana: para resolver un mismo problema, diseños y materiales no deben ser necesariamente los mismos.

Cuando con máquinas se intentaba copiar a los pájaros, estos eran mejores, hacían recorridos más largos. Si se acepta que en el juego del ajedrez los humanos «inteligen», entonces los ordenadores, con los programas que les permiten jugar, también «inteligen», aunque sea de forma distinta y, por cierto, ganan a los humanos en el 99,99 por 100 de los casos. En el *backgammon,* desde 1979 las máquinas, con el *software* adecuado, ganan en la totalidad de los enfrentamientos: ahí las máquinas son superiores.

No solo en muchísimos casos los humanos «inteligen» mejor, sino que en otros las máquinas ni han entrado en competencia ni está claro que se las necesite, y en algunos en que su ayuda sería conveniente, como en resumir textos, aún están lejos de los humanos. Pero la investigación suele encontrar salidas a sus problemas y se trata menos de que, globalmente, las máquinas superen a los humanos «inteligiendo» cuanto de disponer de máquinas que en determinadas tareas lo hagan. Por ello, si la IA se había concebido como «El estudio de construir máquinas y/o programas que hagan lo que la mente humana puede hacer», que podía presuponer que los ordenadores pueden hacer lo que la mente, hoy parece preferible concebirla más modestamente como *un intento de desarrollar máquinas o programas cuyas realizaciones observables presenten rasgos que, en los humanos, se atribuyan a procesos mentales.*

Sea como sea, la IA pretende ayudar a los humanos tanto en sus tareas productivas y de la vida diaria como en *saber más* de sus procesos intelectivos. Y lo intenta como lo que es: una rama de la investigación científico-técnica que busca tecnología útil, a través de un camino en el que cada buen proyecto de investigación es, en realidad, un experimento tendente a mejorar el cociente intelectivo de las máquinas. Al igual que a través de la experimentación y la teoría se fue desarrollando la Aerodinámica como el estudio y la aplicación del volar de los sólidos en el aire, la IA se va desarrollando como el estudio y la aplicación de las capacidades intelectivas que pueden llegar a tener las máquinas, a través de experimentar y teorizar.

En el proceso evolutivo de la IA no es arriesgado decir, como se verá, que se están logrando moderados grados globales de inteligencia racional; grados que, considerando a las personas una a una, colocan a la IA en un puesto no inferior a muchas de ellas. No debe olvidarse que la evolución hasta el *Homo sapiens* ha llevado muchos miles de años.

En la misma línea, tampoco se debe olvidar que en lo que respecta a aspectos laterales, como es el de las prótesis artificiales, se ha evolucionado mucho, aunque no todas ellas pueden calificarse de inteligentes; pero por lo menos su grado de indistinguibilidad funcional es en muchos casos notable, como, por ejemplo, en lo que va de los garfios a las manos artificiales e incluso a órganos internos artificiales. Es decir, que aparte de las características inteligentes de las máquinas, ya las hay que han hecho disminuir el grado de indistinguibilidad con los miembros y órganos naturales correspondientes; sin contar con algunos robots que para ciertas tareas sustituyen con ventaja a las personas. Y, para calcular, prácticamente cualquier ordenador es más eficiente.

El proceso de zurcir la discontinuidad entre personas y máquinas, en cuanto a racionalidad, debe verse como un proceso evolutivo en el que, si estamos lejos de poder construir una máquina globalmente indistinguible de una persona, no es menos cierto que en el corto plazo de los últimos cien años los grados de indistinguibilidad parcial no solo han ido disminuyendo de forma paulatina, sino que existen máquinas que ejecutan determinadas tareas inteligentes mejor que las personas más expertas en ellas. Ello no significa que el proceso pueda llegar a un límite suficientemente aproximado a las personas y mucho menos que si ese límite existiese fuese único y que, además, tuviese las mismas características de las máquinas anteriores.

Si ese proceso de obtener máquinas cuyo funcionamiento muestre grados de indistinguibilidad (mecánica e inteligente) con las personas cada vez más pequeños se llega a mostrar con las características de un proceso adaptativo, entonces, como es típico de ellos, cabe esperar que encuentre una salida. Pero esa salida, si se da, puede tener características muy distintas de las que ahora mismo podamos pensar. ¿Quién sino un visionario podía pensar hace cien años que las personas volarían sin escalas, a diez mil metros y por más de doce horas, sobre la superficie terrestre? ¿O que un hombre pisaría la Luna y que una máquina llegaría a Marte? Afirmar con rotundidad que nunca el ser humano construirá una máquina indistinguible de algunos seres humanos parece históricamente temerario; tan temerario como afirmar de manera tajante que lo logrará. En el estado actual de las cosas y sin poner límites temporales, se trata de un problema que no se puede decidir; tanto puede ser que solo se llegue a máquinas que simplemente hagan mucho de lo que hacen las personas como a máquinas que lo hagan todo mucho mejor.

Bien, ¿y mientras tanto, qué? Mientras tanto, y aceptando que el proceso está empezando pero que no es teleológico, investigar, esperar y ver. La IA tiene un componente de ciencia empírica cuyos experimentos se hacen gracias a la informática y la microelectrónica, y otro componente de ingeniería al construir sistemas computacionales que manifiestan grados crecientes de inteligencia para ser útiles a las personas. Como ciencia empírica, experimenta computacionalmente con distintos tipos de aproximación al razonamiento en base a conocimientos y va tanteando teorías sobre ello; tales razonamientos son tanto formales y exactos, cuando el conocimiento está estructurado fuertemente, como informales e inexactos a tenor de un conocimiento poco estructurado, incierto, no del todo fiable o incorporando buenas dosis de vaguedad. Como ingeniería, usa lo anterior para ejecutar acciones útiles a las personas o a las organizaciones mediante automatización a la mayor velocidad posible. Por lo general, una vez logrado un objetivo relevante con la correspondiente informatización o automatización, el área deja de pertenecer a la IA y pasa a engrosar el *corpus* general de la informática o la automática, industrial, de gestión o de lo que sea; por eso se ha llegado a decir que la IA se ocupa de lo que la informática o la automática aún no saben hacer, lo que da idea, además, de que la IA es un campo fronterizo en el que se dan intereses multidisciplinarios entre diversas ramas de la investigación. De hecho, la IA tiene intereses y potenciales aplicaciones en y a todos los sectores de la actividad humana y, con mejor o peor fortuna, ya está presente en muchos de ellos; es que calcular, aprender, conocer y razonar, jugar, decidir, planificar actuaciones complejas o ejecutar tareas rutinarias, diseñar, efectuar actividades artísticas y hacer pruebas formales cubre un alto porcentaje de la actividad de las personas.

La actividad humana en la que la IA tiene menos presencia es la de la creación, sea artística o científica, aunque determinados sistemas y técnicas de la IA están ayudando a los creadores en su trabajo y existen, por ejemplo, sistemas de ayuda al diseño y otros que generan música en cuya interpretación muestran expresividad; además de los que intentan crear nuevas ideas o ayudar a ello en campos científicos. Pero se trata de intentos primerizos, con los que se obtienen resultados globalmente muy alejados de lo que los buenos creadores son capaces de hacer. Si en las técnicas de jugar al ajedrez los ordenadores ya están en el nivel de gran maestro, por lo que respecta a actividades creativas, a la generación de ideas nuevas plasmadas en el soporte que sea, los ordenadores están en grado de principiante. No obstante, hay que añadir de nuevo que las llamadas redes neuronales ya hace tiempo que aprenden por ejemplos y generalización subsiguiente y que están dejando de ser cajas negras —es decir, mecanismos de funcionamiento interno poco conocido— para empezar a ser cajas grises, sabiéndose, en algunos casos, con qué tipo de lógica se puede entender cómo razonan por inducción y generalización.

Pese a todos esos avances, para penetrar decididamente en el campo creativo hace falta comprender mejor los mecanismos del llamado razonamiento de sentido común; comprender mejor los modos de razonar ni estrictamente formales ni paso a paso de las personas, en lo que se refiere a los asuntos ordinarios, en los que de forma contraria al razonamiento deductivo formal se «salta» de las premisas a las conclusiones. De ello nos ocuparemos un poco en lo que sigue, puesto que dotar a las máquinas de tipos de razonamiento común, sobre todo cuando la información es vaga o parcial, es uno de los desafíos que, por lo dicho, tiene la IA; y aquí viene a cuento la frase de Theodore von Kármán, el padre de la Aerodinámica: «El científico describe lo que es; el ingeniero crea lo que nunca fue».

Además de todo lo dicho, quedan aspectos, en absoluto menores, que no se abordarán; solo se verá la inteligencia a través de sus manifestaciones racionales y se dejarán de lado por completo las emociones, pese a la extraordinaria capacidad directiva que tienen por lo que se refiere a las actitudes, las decisiones y las acciones de las personas. En ellos, seguramente muy relacionados con la creatividad, la IA anda retrasada. Pero existen sistemas capaces de reconocer emociones a través de expresiones faciales y también de simular estas expresiones; otros sistemas que permiten acceder a los discapacitados físicos al ordenador a través de sus terminaciones nerviosas o del movimiento de los ojos, y se han hecho curiosas simulaciones de algunas enfermedades de origen emocional. Sin embargo, se está aún lejos de lograr muchos aspectos de tipo no claramente racional, como es el caso importante de la comunicación no verbal entre las personas, aunque también hay intentos de comunicación directa cerebro-ordenador.

Realmente, si desde Newton se ha podido aceptar como una continuidad que la materia está regida, en todo el Universo, por las mismas leyes; si desde Freud se han podido aceptar continuidades en las tendencias humanas; si desde Darwin se han podido aceptar continuidades biológicas en los seres vivos, ¿por qué negar rotundamente que en el futuro se pueda llegar a una continuidad entre los seres vivos y las máquinas? Tal negación, ¿no limita los horizontes científico y técnico, sino también el cultural y el de la imaginación? Otra cosa es que aún deba lograrse, y ya se verá si se remienda la discontinuidad. Pero cada vez que se ha zurcido una de aquellas discontinuidades aparentes los seres humanos han visto, de nuevo, que su lugar en el mundo no era tan central como orgullosamente habían supuesto.

En el «debate de la IA» no hay que olvidar que queda mucho por contestar sobre cómo funciona nuestra mente. En palabras del conocido autor Douglas Hofstadter: «La pregunta prioritaria de la IA es: ¿Qué habrá en el mundo que permita convertir 100.000 puntos retinales en una sola palabra, *madre,* en una décima de segundo?».

El razonamiento y las máquinas

Noticia sobre los tipos de razonamiento

Empecemos con una definición de diccionario: «La Lógica es la ciencia de los principios formales y normativos del razonamiento». Así pues, la Lógica se ocupa del razonamiento, que, otra vez en manos del diccionario, es a la vez «la acción y efecto de razonar», en general, y una «serie de conceptos encaminados a demostrar una cosa o a persuadir o mover a oyentes o lectores», en particular. Por su parte, razonar es «discurrir, ordenando ideas en la mente para llegar a una conclusión», y razón tiene, entre otras acepciones, la de «palabras o frases con que se expresa el discurso, argumento o demostración que se aduce en apoyo de alguna cosa». Por lo tanto, podríamos resumir lo anterior diciendo que razonar consiste en encadenar razones en un discurso destinado a probar o apoyar algo, o a persuadir a alguien de ello. Es una definición tan general que, según ella, los humanos pasan una gran parte de su vida haciendo razonamientos. Por algo se dice que los humanos son animales racionales; pero su vida comprende muchos modos de actuar, tanto en base a deseos e ilusiones o esperanzas como a realidades insoslayables. Nada más normal, pues, que la IA deba encararse con distintos procesos que tienen por objeto razonar. De entrada cabe clasificar tales procesos o modos de razonamiento en dos grandes clases: los *exactos* y los *aproximados.*

Simplificando, cabe decir que todo tipo de razonamiento obedece al esquema «INFORMACIÓN lleva a CONCLUSIONES»; es decir, que de un conocimiento inicial se llega a otro que por el momento se considera final. Muchas veces la información, que suele resumirse lingüísticamente en una serie de afirmaciones o «premisas», es precisa y otras es imprecisa. Esto es, en el segundo caso solo es posible asignarles un cierto grado de verdad, sea porque el estado de conocimiento no da de momento para más, sea porque son intrínsecamente imprecisas. He aquí dos ejemplos:

1. INFORMACIÓN: 1) Este triángulo tiene sus tres lados de longitudes respectivas 3, 4 y 5 cm. 2) Un triángulo es rectángulo si verifica el teorema de Pitágoras.

   CONCLUSIÓN: Este triángulo es rectángulo.

2. INFORMACIÓN: 1) El número 69.984 tiene la descomposición $2^5 \cdot 3^7$ en producto de factores primos. 2) Un número es «redondo» cuando su descomposición en factores primos consta de un número grande de números primos relativamente pequeños.

   CONCLUSIÓN: 69.984 es un número redondo.

En el primer ejemplo la conclusión sigue de $3^2+4^2=25=5^2$, es decir, de la verificación del teorema de Pitágoras; tanto las dos premisas como la conclusión son precisas. En el segundo ejemplo la primera premisa es precisa, pero no lo es la segunda al contener los adjetivos graduados grande y pequeño, que no permiten clasificar a todos los números como grandes y no grandes, o pequeños y no pequeños. Por lo tanto, la conclusión de que el número 69.984 es redondo no es totalmente verdadera ni totalmente falsa, ya que los números no pueden clasificarse por completo en redondos y no redondos; el concepto «número redondo» es intrínsecamente impreciso. El primer ejemplo es de razonamiento exacto, en tanto que el segundo es de razonamiento aproximado.

Hay otra clasificación de los tipos de razonamiento, también en dos clases, que se sobrepone a la anterior. Se trata de los razonamientos *definitivos* o *monótonos,* y de los *defectivos* o no-*monótonos.*

Se usa la expresión no-monótono para indicar que al aumentar la información contenida en las premisas pueden variar las conclusiones, en tanto que monótono se usa para indicar que tal cosa no sucede; en el razonamiento defectivo más información puede hacer que nos veamos obligados a retractarnos de las conclusiones. El tipo de razonamiento monótono es propio del razonamiento formal, del que es típico el de la demostración matemática; sin embargo, la mayoría de los razonamientos que hacemos son típicamente no-monótonos.

Por ejemplo, si la información disponible para viajar en avión desde la ciudad A a la B, que no tienen conexión directa, es que puede efectuarse el enlace en las ciudades C o D, y que por C es más rápido y más barato, la conclusión es obvia: encargaremos el billete por C. Pero si al llegar al aeropuerto de A recibimos la información de que en el de C se ha declarado una huelga, seguramente nos retractaremos de nuestra decisión e intentaremos llegar a través de la ciudad D.

Un desafío que tiene planteado la Inteligencia Artificial es la imitación, mediante la informática, del razonamiento de sentido común; de los modos con que de ordinario razona la gente. No es, pues, de extrañar que la Lógica se haya visto enriquecida, en los últimos años, con estudios sobre el razonamiento aproximado y el defectivo, de los que hace algunos años ni se hablaba en sus textos.

Razonamiento revisable

El razonamiento humano basado en conocimientos, generalmente no especializados, es un fenómeno complejo que gestiona informaciones de muy distinto carácter. Así sucede, por ejemplo, con una conclusión como «Drácula es un vampiro y los vampiros no existen», para llegar a la cual se han debido mezclar contextos de ficción y de realidad.

Mucho del razonamiento ordinario no es formal, es decir, sus conclusiones no se siguen necesariamente de la misma «forma» que las premisas; tiene como una característica importante a la revisabilidad. Se llega a conclusiones dependientes de informaciones que muchas veces ni son completas ni totalmente fiables. Es el caso de usar la regla «Si *x* tiene un coche nuevo, entonces *x* está contento», con la que sabiendo que «Juan tiene un coche nuevo» concluimos que «Juan está contento»; una conclusión que no obstante dejaremos en suspenso si nos llega la información de que, poco después de estrenar el coche, Juan supo que padecía una enfermedad incurable. Y con frecuencia los razonamientos ordinarios se basan en reglas de consenso.

El razonamiento ordinario no suele inferir sino «conclusiones» que se adoptan como válidas en tanto no sean desmentidas por nueva información; en él, el conocimiento fluye y obliga a revisar conclusiones anteriores. Si en el razonamiento formal de las matemáticas el concepto básico es el de afirmación formalmente verdadera-por-siempre, en el razonamiento ordinario lo es el de afirmación admisible-hasta-nueva orden.

En general, las reglas del razonamiento revisable son del tipo «Conocido *a,* en ausencia de evidencia contradictoria, conclúyase *b»;* por ejemplo, si debo ir al aeropuerto para tomar un avión y hay una niebla tan espesa que me hace temer que esté cerrado al tráfico, escucho la radio, y si no oigo nada al respecto, supongo que podré salir.

Los razonamientos revisables no son siempre de tipos que se excluyen unos a otros, sino que suelen asociarse a varias modalidades, en función de la información disponible y de las justificaciones que, eventualmente, puedan darse de las conclusiones. Sin embargo, de esos tipos no excluyentes hay seis que son frecuentes:

1. *Razonamiento prototípico,* como el basado en la regla «Típicamente, los pájaros vuelan», entre dos personas que mantienen el siguiente diálogo acerca de un pingüino llamado *Titi:*
   1: *Titi* es un pingüino.
   2: Sí.
   1: Luego *Titi* es un pájaro.

2: Sí.
1: Luego *Titi* vuela.
2: No.

2. *Razonamiento sin-riesgo,* como todos los razonamientos judiciales basados en la regla «En ausencia de evidencia de lo contrario, debe suponerse que el acusado es inocente».
3. *Razonamiento por la mejor conjetura:* por ejemplo, en la zona rural donde vivo hay dos farmacias de las que solo una está abierta los domingos; es domingo, no sé cuál está abierta y debo comprar urgentemente una medicina; la mejor conjetura es suponer abierta la más cercana. Si no fuese así, luego iría a la otra.
4. *Razonamiento graduado:* por ejemplo, si un avión cae en una selva densa, los rescatadores sobreponen una malla al mapa de la misma, establecen para cada celda un grado de credibilidad en que el avión esté en ella, y buscan primero en las celdas de mayor grado.
5. *Razonamiento explícito,* como es el caso si Juan, que se ha examinado de historia, cuyo profesor solo pone en el tablón la lista de aprobados, no se encuentra en la lista y concluye que ha suspendido.
6. *Razonamiento subjetivo:* por ejemplo, cuando afirmo que X no es un gran poeta, por cuanto creo conocer a todos los poetas relevantes en mi lengua.

En los cuatro primeros tipos la información es incompleta y en los dos últimos la información se supone completa, pero sin la seguridad de que esté totalmente explicitada o representada.

El razonamiento revisable, típico de las personas, lleva con rapidez a inconsistencias, ya que las excepciones están en el núcleo mismo del conocimiento ordinario. De ahí la necesidad de la Inteligencia Artificial, que debe simular informáticamente tanto acciones como razonamientos habituales, de disponer de sistemas computarizables de inferencia con conocimientos en flujo, que permitan revisar las conclusiones y gestionar adecuadamente las inconsistencias. Tales sistemas informáticos no pueden basarse en todas y las mismas leyes de la lógica formal, para la que las inconsistencias son un desastre; por ello, en la Inteligencia Artificial se estudian los sistemas lógicos no-monótonos, como modelos teóricos computacionales de diversos aspectos del razonar con conocimientos poco sistematizados, variables y dependientes del contexto o de la situación.

Siendo el conocimiento común enormemente desestructurado, sobre todo en comparación con el de las ciencias u otros campos sistematizados, el estudio de los razonamientos basados en él difícilmente podrá seguir las mismas pautas que en el caso de los conocimientos estructurados. Falta aún mucha experimentación, y a ese respecto son importantes los programas de ordenador que efectúan descubrimientos o redescubrimientos; mucho del razonamiento inquisitivo de la búsqueda científica, antes de las pruebas de las hipótesis, es razonamiento revisable. Como se ha llegado a decir, «la vida es el arte de extraer conclusiones suficientes de premisas insuficientes».

Conjeturas

¿Cabe imaginar a la especie humana sin la capacidad que poseen las personas de conjeturar? Es decir, sin saber imaginar lo que podrá ser a partir de lo que es o de lo que ha sido: en cierta forma, sin poder gestionar la fantasía. En buena parte, tal tipo de fantasías han permitido que los humanos sean lo que son: difícilmente, sin la capacidad de conjeturar, habrían ocupado toda la tierra y, por el contrario, se habrían debido concentrar únicamente en zonas donde, por el momento, ni les faltase el alimento, ni los enemigos pudiesen aniquilarlos, ni el clima les fuese demasiado hostil. El significado del verbo transitivo conjeturar ha sido fundamental tanto para el progreso científico y técnico de la humanidad como para establecer y mantener las sociedades humanas. Explicar algo y prever algo es conjeturar; es decir, hacer hipótesis y buscar conclusiones lo más seguras posible, es conjeturar.

Un proceso por el que se llega a una conjetura es una inferencia, y si la conjetura es una hipótesis, es una abducción o retrodicción, en tanto que si se busca una conclusión lo más segura posible es una deducción. Sin embargo, se suele guardar el verbo deducir para aquellos casos en los que (como en las pruebas matemáticas) puede llegarse a la consecuencia por una serie finita de pasos y de acuerdo con una colección bien definida de reglas; por medio de un algoritmo o programa, en suma. Está claro que todo ello abarca el mundo entero de las investigaciones lógicas, y en este caso hay un personaje al que señalar como el iniciador moderno de las presentes reflexiones; se trata del norteamericano Charles Sanders Peirce.

Peirce nació en Cambridge (Massachusetts) en 1839, se graduó en Química y entre 1867 y 1891 trabajó en el Servicio Geodésico y Costero de los Estados Unidos. De forma esporádica enseñó en las Universidades de Harvard y John Hopkins. En vida, Peirce publicó relativamente pocos trabajos, pero dejó una notable cantidad de manuscritos que, vendidos por su viuda a la Universidad de Harvard, siguen siendo motivo de estudios e investigaciones para ser luego publicados; desentrañar el pensamiento de Peirce no es una tarea fácil. Murió en Milford (Pennsylvania) en 1914 a consecuencia de un cáncer. Fue un científico experimental apasionado tanto por entender la historia del pensamiento como por cómo razonan las personas, y, aunque no hizo escuela, sin él es difícil entender una parte importante del pensamiento filosófico del siglo XX.

Las conjeturas se efectúan desde algún conocimiento poseído; de un conocimiento que debe ser tal y que, para ello, no debe contener ninguna contradicción. Si, como es usual, el conocimiento se resume por medio de un número finito de enunciados (las premisas), ninguno de ellos puede ser contradictorio con alguno de los demás. Así las cosas, una conjetura de unas premisas es otro enunciado que no sea contradictorio con ninguna de ellas; cada premisa es, a su vez, una conjetura de todas ellas y, por lo tanto, siempre hay conjeturas a partir de un cuerpo de conocimiento consistente (representado por la serie de premisas). Naturalmente, las conjeturas interesantes serán distintas de las premisas; llegar, como sea, de las premisas a una conjetura es una inferencia: las conjeturas se infieren desde las premisas.

Para un cuerpo de conocimiento consistente expresado por una serie de premisas hay básicamente tres tipos de conjeturas. En primer lugar, aquellos enunciados que son verdaderos con solo que lo sean las premisas y que, por consiguiente, al no poder ser contradictorios con ellas, son un tipo especial de conjeturas; cabe llamarlas *consecuencias* del estado de conocimiento dado por las premisas. En segundo lugar, aquellos enunciados que, de ser verdaderos, también lo serán todas las premisas; también son conjeturas y cabe llamarlas conjeturas explicativas o *hipótesis.* En ninguno de estos dos casos es posible que la negación del enunciado sea, respectivamente, una consecuencia o una hipótesis y, por lo tanto y finalmente, el tercer tipo de conjeturas son aquellas de las que, de antemano, no puede saberse si su negación también será una conjetura; a ellas cabe llamarlas *conjeturas propias.* Así, dada una serie de premisas, el conjunto de todas sus conjeturas se descompone en tres subconjuntos disjuntos: el de las consecuencias, el de las hipótesis y el de las conjeturas propias.

Las únicas conjeturas que se mantienen como tales al aumentar el cuerpo de conocimientos, esto es, al agregar nuevas premisas (nuevos enunciados no contradictorios con los anteriores), son las consecuencias. Tanto las hipótesis como las conjeturas propias pueden dejar de ser tales al añadir solo una nueva premisa no contradictoria con las anteriores; se trata, por lo tanto, de conjeturas que son candidatas a ser revisadas al adquirir nuevo conocimiento; no presentan monotonía.

Entre todas las consecuencias que pueden seguirse de una serie de premisas nunca habrá una que sea contradictoria con las otras, pero ello no es así ni con las hipótesis ni con las conjeturas propias. Aun sin incremento de conocimiento, tanto las hipótesis como las conjeturas propias encierran en sí mismas inseguridad; no se infieren de las premisas de forma necesaria y, tarde o temprano, con nuevas premisas o sin ellas, deberán ser sustituidas por otras.

Finalmente, atendamos brevemente a cómo son las hipótesis, que, sin duda, están entre las conjeturas más fructíferas para el progreso del conocimiento. No en balde son, en sí mismas, explicaciones provisionales de fenómenos, conocidos a través de algunas de sus manifestaciones.

Aun cuando la estructura del conjunto de todos los enunciados en consideración, entre los que deben estar todas las premisas posibles, sea tan general como para abarcar los enunciados de la Mecánica Cuántica, las hipótesis siempre tienen la misma «forma»: la conjunción lógica de todas las premisas y un enunciado que no sea ni siempre verdadero, ni siempre falso, ni una hipótesis de las premisas, ni una conclusión de ellas, ni contradictorio con premisa alguna. Tales enunciados son, en la práctica de la investigación, *enunciados auxiliares;* por lo tanto, dadas *n* premisas P_1, P_2, ..., P_n, con cada enunciado auxiliar A que pueda encontrarse se dispondrá del H = «A y P_1 y P_2 y ... y P_n», que será una hipótesis de la serie de premisas P_1, P_2, ..., P_n. Por consiguiente, el proceso de inferir una buena explicación (de abducir una hipótesis adecuada) para algún fenómeno, conocido a través de algunas manifestaciones relevantes traducidas en enunciados P_1, P_2, ..., P_n, se logra hallando un enunciado auxiliar A que sea significativo.

Los términos imprecisos acabados de usar, «buena», «relevante», «significativo» y «adecuada», indican cuánto queda por estudiar sobre las maneras de inferir conjeturas explicativas; es decir, sobre los procedimientos, computables o no, de abducir y, en general, de conjeturar en forma contingente. De ello no hay, y no se sabe si puede haber, una teoría general; pero en ningún caso debe olvidarse que, como Peirce dejó dicho en 1901 sobre la abducción, «nunca es justificable aceptar una hipótesis más que como una interrogación».

Redescubrir, y descubrir, con ordenadores y programas

Varios siglos de experiencia enseñan que el mundo sigue leyes que las personas pueden conjeturar; que el mundo es inteligible. Actualmente y en mucho de lo que concierne a las investigaciones de la Inteligencia Artificial se trabaja en dominios que, si tienen estructura, la tienen muy escondida, y que, en todo caso, no son completamente regulares; en ellos no cabe garantizar la decibilidad de ningún procedimiento absolutamente seguro de búsqueda. En muchas de tales investigaciones una teoría exacta no resulta un objetivo realista, siéndolo más el establecimiento de teorías suficientemente buenas para explicar lo que se sabe, y que no cierren las expectativas de mejores explicaciones en el futuro. Incluso el propio concepto clásico de lo que sea una teoría es algo que, a la luz de los nuevos resultados que se van obteniendo, puede cambiar. Así está sucediendo, por ejemplo, en los intentos para redescubrir mediante ordenadores y programas adecuados lo que los sabios han descubierto en otros tiempos anteriores para, luego, poder descubrir cosas que las personas aún no han descubierto. A tal respecto hay cuatro programas de ordenador del campo de la Inteligencia Artificial que merecen ser comentados, y que se inscriben en la aproximación al razonamiento llamado «logicista» por contraposición a la «biologista» (redes neuronales y algoritmos genéticos), de la que no nos ocuparemos.

El programa LT (por *Logical Theorist)* fue producido, entre los años 1955-1956, por Herbert A. Simon (luego premio Nobel de Economía), Allen Newell y Cliff Shaw, quienes observaron que la prueba de muchos teoremas lógicos era reducible a una búsqueda selectiva en el llamado «árbol de búsqueda», a partir de un nodo del mismo (la hipótesis de partida) para ir llegando a otros nodos (nueva hipótesis modificada de la inicial por medio de operaciones lógicas), y así, en un número indeterminado de pasos, llegar a un resultado final. El LT aplicó heurísticas, reglas como las que usan las personas en el razonamiento común, para llegar a los nuevos nodos del árbol de búsqueda sin instrucciones concretas de cómo dar con las demostraciones de los teoremas lógicos.

LT probó correctamente 38 teoremas del capítulo segundo del famoso libro *Principia mathematica* de Bertrand Russell y Alfred N. Whitehead y, en especial, probó uno de ellos de manera distinta y más elegante a como aparece en el texto. Simon, Newell, Shaw y LT mandaron un artículo con tal resultado a la prestigiosa revista *Journal of Symbolic Logic,* que fue rechazado por su editor por no aportar ningún resultado desconocido. Sin embargo, LT había probado que un programa de ordenador puede hacer más de lo que sus autores le han enseñado.

En 1957, los mismos Newell y Simon produjeron un nuevo programa, el GPS (por *General Problem Solver),* diseñado de acuerdo con los conocimientos de la época sobre cómo las personas abordan problemas o arman puzzles. Fue el primer programa que incorporó modos de razonar similares a las personas. Ambos programas probaron teoremas a partir de axiomas y ninguno de los dos fue capaz de llegar a nuevos resultados matemáticos que se considerasen relevantes por los especialistas.

Es cierto, sin embargo, que no puede haber teoremas lógicos que aseguren que la búsqueda heurística lleva, necesariamente, al descubrimiento de una ley en el campo que sea; ello equivaldría a la quimera de que siempre pueden inducirse leyes cuantitativas a partir de un número finito de observaciones. Pero también es cierto que en la psicología se han encontrado evidencias de que algo parecido a la búsqueda heurística es una de las claves de cómo las personas afrontan y resuelven los problemas más complejos.

Fue Sir Francis Bacon (1561-1626) el primero que desarrolló una teoría inductivista del método científico; una teoría que ha sido contestada por la mayoría de los filósofos de la ciencia. En 1987, los norteamericanos P. Langley, H. A. Simon, G. L. Bradshaw y J. M. Zytkow produjeron el programa BACON, que ha hecho redescubrimientos científicos a partir de datos numéricos, mediante la búsqueda heurística de ecuaciones cada vez más complicadas. BACON ha redescubierto algunas de las más importantes leyes de la Física y la Química de los siglos XVIII y XIX: la ley de Ohm, las leyes de Kepler, los conceptos de masa inercial, calor específico, índice de refracción, peso molecular y peso atómico.

BACON rechaza las sucesivas ecuaciones que no se adaptan a los datos sin olvidarlas sino corrigiéndolas para que, cada vez, se adapten a más datos. Va generando ecuaciones más y más complejas que se van adaptando a más pares de datos hasta llegar a un resultado satisfactorio, y entonces intenta simplificar la ecuación obtenida al máximo. BACON usa los mismos datos empíricos de que disponían los descubridores originales.

En el caso de la llamada tercera ley de Kepler (el cuadrado del período de revolución de un planeta alrededor del Sol varía con el cubo de su distancia *media* al mismo), BACON hizo lo mismo que, según se sabe, hizo Kepler: se equivocó «creyendo» que la variación lo era con el cubo de la *distancia,* pero al tercer intento halló la ley correcta, lo que a Kepler le llevó diez años. Es cierto, sin embargo, que BACON partió directamente de que las trayectorias son elípticas y no circulares. También es cierto que el éxito de BACON no pudo ir más lejos, ya que el programa no aporta técnica alguna de generalización de las leyes numéricas que obtiene; no podía llegar a las leyes de Newton. BACON no estaba preparado para comprender el entorno científico de la época de Newton.

Después de BACON han aparecido otros programas que hacen verosímil pensar que, no muy tarde, algunos procesos de descubrimiento podrán ser realizados mediante ordenadores. Sin duda, ello sería un buen reto para la creatividad humana, tanto por lo que respecta a producir esos programas como en lo relativo a seguir siendo mejores que ellos; a tener que contrastarse con «otras» inteligencias.

En 1992, el programa GOLEM producido en Gran Bretaña por S. Muggleton y C. Feng descubrió una nueva Ley Causal de la Naturaleza relativa a la estructura tridimensional, llamada secundaria, de las proteínas. Tal regla o ley resultó nueva para los bioquímicos y pertenece a un dominío importante, ya que las propiedades biológicas de las proteínas dependen de su estructura secundaria. Es un programa que trabaja en base a técnicas muy distintas de los anteriores, pero que también induce a partir de observaciones.

Los programas anteriores redescubren o descubren a partir de datos, pero no a partir de conceptos abstractos. Pero, en 1997, los investigadores Luis de Ledesma, Antonio Pérez, Daniel Borrajo y Luis M. Laita, de la Universidad Politécnica de Madrid, publicaron en la prestigiosa revista *Artificial Intelligence* un artículo en el que presentan el programa BOOLE-2, que redescubre (pero no solo eso) en base a conceptos abstractos.

BOOLE-2 ha redescubierto el álgebra de la lógica que descubrió el matemático inglés George Boole (1815-1864) a mediados del siglo XIX. Y lo ha hecho usando no solo los conceptos teóricos de los que Boole partió directamente, sino también (en especial por las magníficas investigaciones históricas que Luis M. Laita ha publicado sobre Boole) del entorno de ideas matemáticas en las que Boole estaba indirectamente inmerso.

A BOOLE-2 no le entran datos experimentales, sino representaciones abstractas de algún campo científico antes de que este sea formalizado, y de él sale una formalización de ese campo si ello es posible; es un primer intento para lograr la mecanización de procesos conducentes a determinar, computacionalmente, si en el estado de conocimientos disponibles un campo científico es formalizable o no lo es. BOOLE-2 es, en sí mismo, una explicación plausible de que el conocimiento que poseía Boole (directo e indirecto) era suficiente para efectuar sus descubrimientos como realmente lo hizo;

por eso, BOOLE-2 aporta realmente una *teoría* para ese descubrimiento científico.

Los mismos autores han aplicado la metodología inteligente de BOOLE-2 a la Geometría y a una parte del Cálculo Diferencial que el matemático inglés D. F. Gregory publicó en 1839 y 1838, respectivamente. Ha resultado que la Geometría de Gregory es formalizable, pero que su Cálculo no lo es.

Por lo tanto, existen sistemas inteligentes que hacen redescubrimientos y otros que empiezan a hacer descubrimientos. Sistemas, en suma, que muestran inteligencia superior tal como es considerada por las personas; por lo menos, son sistemas que exhiben altas manifestaciones de la inteligencia humana y que, al igual que ha venido aconteciendo con los sucesivos desafíos propuestos a la Inteligencia Artificial (recuérdese, por ejemplo, el caso del ajedrez hasta que *Deep Blue* derrotó al campeón mundial Gari Kasparov), van demostrando que la frase «nunca se podrá» es, en materias científicas y tecnológicas, por lo menos históricamente temeraria.

Personas y robots

La palabra robot es de origen checo y según parece proviene de *robota* (trabajo forzado) y *robotnik* (siervo). Con el significado actual fue usada por primera vez por Josef Capek en 1917, en una historia breve titulada *Opilec,* y retomada por su hermano Karel Capek en la novela *R.U.R. (Los robots universales de Rossum)* de 1921.

Hoy por hoy, personas y robots se distinguen de inmediato. Ser un robot y ser un humano son, ahora mismo, dos formas de «ser» diferenciadas; y no solo a primera vista, sino muy especialmente por lo que hacen, con independencia de su apariencia. Sin embargo, la historia de las máquinas muestra que son mejorables, que nuevas generaciones de ellas van perfeccionando a las anteriores y que, con frecuencia, un cambio tecnológico permite saltar a nuevas máquinas que, de manera distinta, hacen más que las antiguas. Así podríamos ver la evolución entre una carreta de bueyes y un camión para transportar grandes bloques de piedra, o la del ábaco a las computadoras para efectuar cálculos.

Algunos especialistas consideran que por ahora cabe distinguir cuatro tipos de robots: 1) los míticos; 2) los que funcionan mecánicamente; 3) los controlados por mecanismos electromecánicos o electrónicos de propósito específico; y 4) los controlados por ordenadores de propósito general. Entre los del tipo 1 está *Talos,* supuestamente fabricado por el dios griego de la metalurgia; entre los de tipo 2, el pato mecánico construido en 1738 por Jacques Vaucanson; del tipo 3 merece ser recordado el «Jugador de ajedrez» de Leonardo Torres Quevedo, construido en 1890, especializado en un tipo de estrategia «final de partida» y que puede forzar un jaque mate a partir de cualquier posición inicial si la máquina hace el primer movimiento. Al mismo tipo pertenecían los vehículos teleguiados por radio que, también en 1890, construyó el investigador croata-norteamericano Nikola Tesla. La mayoría de los robots que trabajan en la industria del automóvil son de este tipo y realizan tareas concretas con gran perfección.

Finalmente, del tipo 4 hay que distinguir a los robots móviles de los manipuladores estáticos; entre los primeros figuran los que limpian salas u oficinas y los que pueden penetrar en centrales nucleares en emergencias; entre los segundos, algunos que incorporan visión artificial y realizan tareas de precisión.

Todo esto, muy resumidamente, se refiere a lo actual. Pero siempre surge la pregunta: ¿Llegarán a construirse robots indistinguibles de las personas? ¿Podremos llegar a confundir el «ser» humano con el «ser» robot? Es una pregunta que se contesta desde posiciones que varían de las estrictamente técnicas, que solo consideran las actuales posibilidades tecnológicas, hasta las estrictamente filosóficas o teológicas sin referencia tecnológica, pasando por las que podríamos llamar de ciencia ficción. Las primeras respuestas conllevan toda clase de cautelas; ello es correcto si no lleva a olvidar la evolución de las máquinas, también en forma cautelosa por descontado, como la que va de las patas de palo a las piernas semirrobotizadas. Las segundas suelen estar imbuidas sea de antropocentrismo, sea del convencimiento de que un Creador que hizo todo el Universo con algunos materiales básicos, y al hombre a su imagen y semejanza, no admitirá que este crezca y se multiplique sino como un mamífero. En cuanto a los terceros, merecen ser tenidos en cuenta como impulsores de la imaginación. ¿Cómo ayudar no a dar las respuestas «sí o no», sino a plantear mejor la pregunta?

Al igual que la palabra «distinguir» se usa como «distinguir ahora mismo» o como designando a un proceso (el niño distingue las cosas paso a paso; los astrónomos distinguen hoy dos estrellas donde antaño solo veían una), también la palabra «indistinguible» se usa en el sentido de un proceso creciente (cada día las economías son más indistinguibles; de manera creciente él y su hijo son más indistinguibles al andar). Se trata de un concepto esencialmente vago y, como tal, comporta relaciones entre pares de objetos que, a su vez, son graduadas: el grado de indistinguibilidad entre dos objetos de una clase determinada es un valor que depende del tiempo y que, de determinarse, ha de serlo en función de qué criterios, para los aspectos en consideración, se consensuen como importantes.

Así, por lo que respecta a la indistinguibilidad entre una pierna humana y una pata de palo, cabe decir, atendiendo a criterios de comodidad, facilidad de movimientos y fatiga, estéticos y psicológicos, por ejemplo, que tal grado es muy pequeño, que son poco indistinguibles o muy distinguibles. En cambio, entre una pierna humana y una semirrobotizada cabe decir, con los mismos criterios, que el grado de indistinguibilidad entre ambas es mediano. Con ello, si el grado de indistinguibilidad entre piernas naturales y artificiales era muy bajo en 1920, es posible que sea moderadamente alto en el año 2020.

Por otra parte, que los grados sucesivos de indistinguibilidad formen una sucesión creciente querrá decir, a lo más, que esa sucesión tenga un límite, pero no, de forma necesaria, que si existe se alcance por más que se diesen grados próximos al mismo. Sin embargo, por ejemplo, no parece aventurado esperar altos grados de indistinguibilidad entre órganos naturales y artificiales (como es el caso del corazón), lo que, cuando se dé, permitirá calificarlos como muy indistinguibles respecto de los criterios funcionales que sean.

Vistas así las cosas, ¿qué decir de un posible proceso de indistinguibilidad creciente entre humanos y máquinas, robots? En primer lugar, que el proceso ha comenzado, aunque no se espere llegar en breve a un alto grado de indistinguibilidad global; aún más, que el proceso está en marcha por partes (prótesis, accesos a los ordenadores para discapacitados físicos y psíquicos, etc.) y sin fijar un objetivo final de total indistinguibilidad. Que es, en todo caso, un proceso complejo y evolutivo y, como tal, de «final» a largo plazo y cuya «salida» puede ser inesperada.

En segundo lugar, que hay dificultades inmensas (y no solo tecnológicas), por el desconocimiento que aún se tiene del modelo a copiar, si es que finalmente se copia; por ejemplo, todavía se sabe poco de cómo funciona en los humanos el control de los procesos de razonar, emocionarse, tomar decisiones y actuar. Cada día es más evidente que el concepto de inteligencia humana no es solo el de inteligencia racional, sino que esta no va desligada de lo que se llama *inteligencia emocional*.

El test que en 1950 propuso el matemático inglés Alan Turing (1912-1954), uno de los padres de la Inteligencia Artificial, de indistinguibilidad entre un ordenador y un ser humano en lo que concierne a la inteligencia «racional», no será, por lo tanto, suficiente para determinar grados de indistinguibilidad entre humanos y robots. Después de los estudios sobre comunicación no-verbal de los últimos cincuenta años, por ejemplo, parece claro que los robots no solo deberán dotarse de capacidades intelectivas y de autoconciencia, sino de personalidad propia manifestada entre otras cosas por sus gestos, gustos y hasta depresiones. Pero ya se ha simulado alguna enfermedad psicológica, hay sistemas de reconocimiento de expresiones faciales y se están diseñando programas para que las máquinas conversen con los usuarios y les contesten de acuerdo con su estado emocional. De la actual tendencia a construir máquinas «amigables» deberá pasarse a que lleguen a ser «amigas y/o compañeras».

Si con sensores adecuados cabe simular los sentidos humanos del gusto, el olfato, la vista, el tacto y el oído, no bastará con una buena simulación de cada uno de ellos, sino que hará falta la interacción entre estos y los mecanismos de control de todos los subsistemas, y no solo con los que permitan razonar. Pero ya se está intentando, con moderado éxito, construir robots que se comporten física y mentalmente como un niño de dos años.

El problema es de una complejidad enorme, pero el desafío que crea a la inventiva humana (ayudada por máquinas) también lo es y, en todo el mundo, hay muchos investigadores de diversos campos científicos, médico-biológicos y tecnológicos, que están trabajando en líneas que, poco a poco, van confluyendo.

Cabe dudar de que en los próximos años se alcancen sino grados de indistinguibilidad moderados en aspectos parciales, pero tal vez en los siguientes treinta años podrá llegarse a grados de indistinguibilidad total que, aun pequeños, sean significativos de cara a proseguir el proceso. Especialmente si los robots obtenidos son útiles a los seres humanos, que es lo que, en definitiva, significa aquí la adaptación al medio. De hecho, la confluencia entre sensores y ordenadores debidamente programados aún debe dar lugar a más cosas. En particular, por lo que se refiere a las personas, sin exagerar demasiado, es predecible que a lo largo del siglo XXI, y en forma bastante aproximada a como lo hacen quienes no sufren discapacidades, los cojos anden, los mancos usen las manos, los ciegos vean, los sordos oigan y los mudos hablen.

¿Cómo empezó todo eso?

Marvin Minsky, John McCarthy, Herbert Simon y Allen Newell son los responsables del inicio de la IA como un nuevo campo de investigación. Lo formalizaron en Dartmouth (Nueva Hampshire, Estados Unidos) en el verano de 1956.

Minsky comenzó los estudios de física en la Universidad de Harvard, pero, habiendo aprobado suficientes cursos de matemáticas, pasó la tesina en ese departamento. En 1954 obtuvo su doctorado con una tesis sobre una máquina que intentaba razonar como, según se creía entonces, lo hace el cerebro; una tesis que para ser aceptada en matemáticas tuvo que ser apoyada por John von Neumann.

McCarthy se graduó en matemáticas en Caltech en 1948. Entró en la Universidad de Princeton para hacer un doctorado acerca de las posibilidades de los autómatas como agentes inteligentes y, durante ese tiempo, se convenció de que faltaba un nombre que designase lo que realmente quería hacer, reproducir la inteligencia por medio de máquinas. En el verano de 1955, trabajando en IBM, se dio cuenta de que los ordenadores (computadoras digitales electrónicas) podían facilitar un instrumento para lograr su objetivo. En el curso 1955-1956 enseñó en el Dartmouth College, cercano a Harvard, donde estaba Minsky, y ambos, fascinados con la idea de construir máquinas inteligentes, empezaron a conocer el trabajo de otros investigadores; en particular, el de Nathaniel Rochester en IBM, quien usaba el nuevo ordenador IBM-704 para simular redes de neuronas. Además, en el verano de 1953, Minsky y McCarthy habían trabajado junto a Claude Shannon (introductor de la teoría de la transmisión de la información) en los Bell Labs.

McCarthy convenció a Minsky, Rochester y Shannon de pedir a la Fundación Rockefeller que financiase un Seminario de dos meses sobre *máquinas pensantes.* El Seminario tuvo lugar durante el verano de 1956 en el campus del Dartmouth College, y a él se añadieron los siguientes investigadores:

- Ray Salomonoff, del MIT, que había empezado a programar ordenadores para el reconocimiento de letras.
- Oliver Selfridge, del MIT, que había colaborado con Norbert Wiener y trabajaba en reconocimiento de formas.
- Trenchant More, que en Princeton preparaba una tesis doctoral sobre pruebas lógicas por deducción natural.
- Arthur Samuel, de IBM, quien desde 1952 estudiaba cómo hacer que los ordenadores aprendiesen a jugar a las damas y uno de cuyos programas aprendió a jugar mejor que él.
- Herbert Simon, luego premio Nobel de Economía, profesor de Administración Industrial en el entonces Carnegie Tech, y que había quedado fascinado por el trabajo de Newell con un ordenador IBM-701, programado con fichas perforadas, al ver que los ordenadores podían procesar símbolos de cualquier tipo; y
- Allen Newell, que colaboraba con Simon desde 1955 y era licenciado en física por Stanford, donde enseñaba George Pólya, a quien se debe la palabra «heurística» para expresar las reglas con las que la gente gestiona el razonamiento común. Newell había trabajado en la Corporación RAND, donde produciendo mapas aéreos por ordenador cayó en la cuenta de que las marcas y letras de los mapas podían interpretarse como símbolos manipulados por el ordenador y no como números.

El Seminario de Dartmouth no originó, por sí solo, nada nuevo desde el punto de vista científico, pero en él se discutieron asuntos de gran importancia para el desarrollo de la IA como, por ejemplo, si era mejor empezar por tareas intelectualmente difíciles o si con problemas más fáciles se haría más simple el análisis de los procesos mentales involucrados. Además, el Seminario relacionó entre ellos a los que luego fueron los líderes de las escuelas que, por veinte años, dominaron el nuevo campo de la IA en los Estados Unidos.

McCarthy acuñó el desafiante nombre de «Inteligencia Artificial» y Simon afirmó, pomposa y atrevidamente, «Hemos inventado un programa de ordenador capaz de pensar en forma no-numérica y, por lo tanto, hemos resuelto el venerable problema mente-cerebro». Se refería a LT, el único programa realmente de IA que se aportó al Seminario y lo que no le llevó, ni entonces ni después, a presentar sus resultados con algo de modestia. Precisamente, la inmodestia perjudicó con posterioridad a la IA, que, como era de esperar, debía pasar por fallos, aunque solo fuese por su carácter de nueva ciencia experimental.

EL RAZONAMIENTO APROXIMADO Y LAS MÁQUINAS

Creatividad y razonamiento plausible

Anteriormente se han considerado dos clasificaciones cruzadas de los modos de razonar: exactos y aproximados, definitivos y defectivos. Comentamos cuánto le interesa a la Inteligencia Artificial la simulación de los modos de razonamiento usual o de sentido común, para intentar dotar a las máquinas informáticas de «creatividad», cercana a la de los seres humanos; por ello, saber si puede describirse y/o modelizarse matemáticamente el comportamiento de la correspondiente capacidad humana es algo relevante. En el campo de la creación científica hubo, durante la primera mitad del siglo XX, una notable preocupación por comprender de qué manera los científicos llegan a sus ideas más fecundas; por saber si tales procesos se producen según algún tipo de patrones de razonamiento.

Dos de los científicos que se han ocupado de estos temas merecen ser destacados. El primero es Jacques Hadamard (Versalles, 1865-París, 1963) y el segundo es George Pólya (Budapest, 1887-Palo Alto, California, 1985); ambos murieron casi centenarios y a la misma edad. El primero escribió un famoso libro titulado *Essai sur la phychologie de l'invention dans le domaine mathématique* (1969), publicado por vez primera en inglés en 1945, ya que Hadamard vivió los años de la Segunda Guerra Mundial exiliado en los Estados Unidos; en él se analizan, con multitud de ejemplos, diversos aspectos de la creatividad en la Matemática. George Pólya era húngaro y en 1918 se nacionalizó en Suiza, donde ya residía, para no luchar en la Primera Guerra Mundial, siguiendo las ideas pacifistas de Bertrand Russell; en 1940 se trasladó a los Estados Unidos y se nacionalizó norteamericano. Pólya escribió tres libros fundamentales para nuestro tema: *How to solve it* (1945), *Mathematics and plausible reasoning* (1954) y *Mathematical Discovery* (1962). Del primero de ellos se han vendido más de un millón de ejemplares y ha sido traducido a diecisiete idiomas. Ambos autores eran matemáticos bien conocidos por sus importantes contribuciones al conocimiento matemático, por nuevas ideas en varios campos de la Matemática.

Los tres libros de Pólya son ya clásicos; han sido traducidos a casi todos los idiomas cultos y, en muchos casos, repetidamente reeditados. Son realmente recomendables a quienes se interesen por conocer más de cómo los seres humanos razonamos; su lectura es extraordinariamente amena, supuesto un cierto conocimiento o afición por la Matemática. George Pólya fue un científico extraordinariamente creativo en multitud de campos, además del de la Matemática Pura, y estuvo preocupado por mejorar la enseñanza de la Matemática desde su juventud. Ello le llevó a interesarse por los procesos de razonamiento inventivo.

Nuestro autor tenía una inmensa cultura matemática, científica y técnica. El segundo de sus libros antes citado apareció inicialmente en dos volúmenes;

el primero titulado *Induction and Analogy in Mathematics,* y el segundo, *Patterns of plausible inference.* La traducción española de 1966 lo fue en un solo volumen con dos partes, bajo el título *Matemáticas y razonamiento plausible,* y lamentablemente está agotado. El *How to solve it* fue publicado en español en México, con el título *Cómo plantear y resolver problemas,* en 1965.

En *Matemáticas y razonamiento plausible,* y tras analizar detenidamente diversas formas de llegar a nuevos resultados por inducción, especialización, generalización y analogía, mediante una gran cantidad de ejemplos y de su evolución conceptual, Pólya se centra en sus conclusiones de que «todas nuestras discusiones anteriores tratan sobre el papel de las conjeturas en la investigación», y de que hay «dos clases de argumentos plausibles a favor o en contra de una consecuencia propuesta: discutimos argumentos inductivos, a partir de la verificación de una consecuencia o a partir de la analogía». Lo que Pólya estudia no son tanto los procesos de justificación, comprobación o demostración de una conjetura científica, cuanto los patrones con los que se llega a conjeturar algo; y emplea el cálculo de probabilidades para obtener un modelo matemático en el que, a su vez, tales patrones aparezcan como «teoremas». Pólya modeliza matemáticamente los procesos plausibles de razonamiento inventivo, de búsqueda creativa.

Para ello, asigna a las conjeturas un grado subjetivo de crédito; un crédito numérico basado en conocimientos previos que iguala a una probabilidad de la que, para deducir los patrones, ni siquiera requiere conocer sus valores concretos: le basta con saber que son los de una probabilidad. Así, por ejemplo, si un patrón básico del razonamiento probatorio es el *Modus Ponens:* «Si *p*, entonces *q*», «*p*»: «*q*», siendo la primera premisa una regla general, la segunda una afirmación verdadera y la conclusión también verdadera, un patrón típico del razonamiento plausible es: «Si *p*, entonces *q*», «*q*»: «*p* es más digna de crédito que antes», sin que quepa afirmar que *p* sea verdadera. Pólya obtiene toda una serie de patrones de razonamiento que cualquier investigador reconoce en sus búsquedas científicas. Por ejemplo, demuestra como un teorema que «el crédito de una conjetura disminuye cuando un posible fundamento de la misma es refutado y que, cuanto mayor crédito se le haya otorgado al fundamento, mayor será la pérdida de crédito de la conjetura al refutarlo».

Pólya sentó las bases del análisis matemático de una de las componentes del razonamiento conjetural. Con Pólya nace una nueva etapa para los procesos normativos del razonamiento creativo, y viene a cuento la frase de Borges: «Cuando los escritores mueren se convierten en libros, lo que después de todo no es una encarnación demasiado mala».

Medir lo posible

Con la frase «Es posible, pero no es probable», que suele ser sinónima de «puede ser, pero sería rarísimo», se contrapone lo probable a lo posible como concepto más general. El positivismo metodológico de la ciencia moderna conlleva tanto la idea de que lo que «es» ha de poderse medir, como la de que lo que no se sabe medir es difícil decir que sea. Si lo probable se mide por medio de las probabilidades, ¿qué decir de lo posible, de lo que *no es necesario que no sea?* Para llegar a medir lo posible se ha debido ir a la raíz del concepto de medida; a lo que comparten las medidas de varillas, terrenos, toneles, afirmaciones como «tiro un dado perfecto y saldrá una puntuación impar», o «voy por una calle de Santiago y me encontraré con Luisa que vive en Madrid». Es decir, a una definición de medida a partir de las propiedades mínimas que debe satisfacer lo que se pretenda medir, aun cuando se trate de objetos o afirmaciones tan diversas como las anteriores.

En primer lugar, lo que se mide, sea físico o conceptual, forma una clase; es decir, los objetos a medir tienen algunas características comunes, y su medida es un número positivo asignado a cada uno de ellos. Así, en la clase de las figuras geométricas planas, la medida del área de un cuadrado de lado un metro es un metro cuadrado. En segundo lugar, entre los objetos a medir debe existir una determinada ordenación, y si en ella un objeto es «mayor» que otro, entonces la medida del segundo debe ser más grande que la del primero; así, si el cuadrado citado está incluido en otro cuyo lado mide dos metros, la medida de este último (cuatro metros cuadrados) es más grande que la del anterior (un metro cuadrado). Otro ejemplo, algo más sofisticado, es el siguiente. La afirmación «tiro un dado perfecto y saldrá una puntuación impar» es más general que la «tiro un dado perfecto y saldrá un tres» (la incluye), y, en efecto, la probabilidad de la primera es 3/6, ya que las puntuaciones impares son 1, 3 y 5, en tanto que la probabilidad de la segunda es 1/6: la afirmación más general tiene una medida de ser probable mayor que la de un caso particular de ella.

En tercer lugar, es conveniente distinguir un objeto cuya medida sirva de referencia para la de los demás; un patrón unidad que, en el caso de las longitudes, es el «metro patrón», con el que se construye, para las áreas, el cuadrado unidad (cuatro lados de longitud el metro patrón), y para los volúmenes el cubo unidad (nueve lados de longitud igual al metro patrón). Tal patrón, en el caso de las afirmaciones de una clase dada, suele ser la más general de todas ellas; por ejemplo, en las relativas a «tirar un dado» la más general, de la que todas las demás son casos particulares, es «tiro un dado y saldrá uno, dos, tres, cuatro, cinco o seis». Si a esa afirmación se le asigna, por definición, la probabilidad uno, entonces si el dado es perfecto (todas sus caras tienen la misma probabilidad p de salir) al ser $6 \cdot p$ la probabilidad de la afirmación máxima, de $6 \cdot p = 1$ sigue que p es un sexto.

En resumen, una medida es una asignación de números a los elementos de una clase ordenada de manera que un elemento distinguido de la misma mida la unidad y que si, en tal ordenación, los elementos de la clase «crecen», también crecen los números que sean sus respectivas medidas. Esta definición no individualiza una única medida, sino que muchas asignaciones de números podrán ser *medidas;* para cada clase de objetos a medir se adoptará la medida que pueda ser más adecuada a las características comunes a todos ellos.

¿Cuántos tipos habrá de medidas? En principio, tantos como maneras de crecer las medidas con el «crecimiento» de los objetos a medir. Así, las medidas de longitudes, áreas, volúmenes y también de lo que es probable crecen en la forma llamada aditiva; es decir, que la medida de dos objetos que no tengan nada en común es igual a la suma de sus medidas respectivas. Por ejemplo, en el caso de tirar un dado perfecto, la probabilidad de la afirmación «saldrá uno o saldrá par», que consta de las dos afirmaciones «saldrá uno» y «saldrá par», es 4/6, que es igual a la suma de las probabilidades 1/6 y 3/6 de las dos afirmaciones constituyentes, las cuales no pueden darse simultáneamente. Otras medidas crecen en forma subaditiva; por ejemplo, si hay rebajas el precio a pagar por dos camisas puede ser el de la más cara, en tanto que si no las hay el precio a pagar por ambas es la suma de los precios de cada una de ellas. Sin rebajas, el precio es aditivo; con rebajas, el precio es subaditivo.

Pasemos ya a las afirmaciones que son posibles, es decir, que no es necesario que no sean verdaderas; son afirmaciones que, como aquellas sobre el resultado de tirar un dado, se enuncian antes de que se produzca el resultado y que, a diferencia de estas, no cabe experimentarlas sistemáticamente de forma previa. Dada una clase de tales afirmaciones y designada una que sea la más general, ¿cómo crecen las medidas de lo posible, sus *posibilidades?*

Como en el caso de las probabilidades, hay que partir de una asignación de números a las afirmaciones «elementales» que puedan ser finalmente verdaderas; pero, a diferencia de la probabilidad, la *posibilidad* de una afirmación compuesta se define como la mayor de las posibilidades de sus afirmaciones componentes. Así, la posibilidad q de la afirmación «Voy por una calle de Santiago y me encontraré con Luisa que vive en Madrid o con Pedro que vive en Barcelona» es igual al mayor de los dos números r = posibilidad de «Voy por una calle de Santiago y me encontraré con Luisa que vive en Madrid», y s = posibilidad de «Voy por una calle de Santiago y me encontraré con Pedro que vive en Barcelona»; si estos números fuesen $r = 0{,}01$ y $s = 0{,}05$, sería $q = 0{,}05$, que es el mayor de ambos. Por lo tanto, como el mayor de dos números positivos es más pequeño o igual que su suma, para una misma asignación inicial de números la posibilidad de una afirmación compuesta es subaditiva y menor o igual que su correspondiente probabilidad. Es decir, que fijada una asignación de números inicial para las afirmaciones elementales cualquier afirmación compuesta de ellas siempre tendrá mayor probabilidad que posibilidad; por ello, en tal caso, la frase «Es posible, pero no es probable» no tiene sentido.

Sin embargo, si de una variable numérica x se mide la posibilidad de que valga cualquier número r, entonces, para cualquier medida de posibilidad, «la posibilidad de que sea $x = r$» no es generalmente cero, en tanto que necesariamente es nula la probabilidad de que sea $x = r$. Es decir, para variables numéricas no discretas y en lo que concierne a que tomen un valor particular, la teoría de la posibilidad otorga sentido a «Es posible, pero no es probable». Aunque no crea probable encontrarme con Luisa en la plaza del Obradoiro, es posible que la encuentre aun con una medida muy pequeña de ello.

Avancemos, para acabar, que si al aplicar un predicado P a los elementos de un universo del discurso existen grados numéricos reflejando que «*x* es P», entonces, bajo determinadas condiciones, tales grados son una medida de la posibilidad de que cada *x* del universo en cuestión verifique la propiedad nombrada por P. Naturalmente, si P es tal que las afirmaciones «*x* es P» solo son verdaderas o falsas, entonces la medida solo vale cero o uno.

De la cibernética al control borroso

Se comentó que el discurso ordinario está plagado de expresiones vagas, afirmaciones del tipo «*x* es P» en las que el adjetivo P es graduado (un predicado vago); es decir, que P se aplica a los objetos *x* de forma elástica. Una mirada al diccionario hace ver la gran cantidad de adjetivos graduados que contiene.

Si, como parece, el lenguaje de la mente es más rico que el lenguaje ordinario, este debe acercarse a aquel de alguna manera y, como en todo proceso de aproximación, deben aparecer imprecisiones en la expresión de muchos conceptos. Por otra parte, las expresiones vagas resultan extraordinariamente informativas y, en las discusiones, útiles por su flexibilidad al excitar la interrelación de los diversos participantes. El dicho «de la discusión nace la luz» indica que la nitidez está, con frecuencia, dentro de una nube de vaguedades, y que si esa nube es lo que existe, a la nitidez hay que traerla al mundo. De hecho el ser humano tiene una gran habilidad para tratar con conceptos imprecisos y llegar a conclusiones más o menos definitivas partiendo de información parcial, con conceptos ni siempre nítidos ni siempre ligados entre sí por relaciones completamente definidas. Si se piensa en el cúmulo de decisiones que los seres humanos toman en tal forma, cabe suponer que esa capacidad de gestionar la vaguedad les es útil.

Como también se comentó, la Inteligencia Artificial estudia la realización por medio de máquinas de actividades que si las hacen los humanos se dice que lo logran por su inteligencia; por ello, ha debido habérselas con esa capacidad humana de razonar en entornos de vaguedad. Uno de los instrumentos que han resultado útiles ha sido la Lógica Borrosa, introducida por el norteamericano de adopción Lotfi A. Zadeh.

Un aspecto clave del funcionamiento de cualquier máquina es su control; una máquina de funcionamiento mal controlado no cumple eficientemente lo que se espera de ella e incluso puede devenir peligrosa. A medida que las máquinas fueron más automáticas, el estudio de su control fue una necesidad técnica de la que, como siempre, surgieron modelos matemáticos particulares y luego una teoría matemática, la del control. Tal teoría evolucionó bastante desde las máquinas a vapor hasta las eléctricas, pero fue la aparición de las electrónicas y el surgimiento de la teoría matemática de la información lo que forzó el nacimiento de la Cibernética (palabra derivada de la griega que significa piloto), una nueva ciencia que, según su fundador, el norteamericano Norbert Wiener (1894-1964), es «la teoría de la comunicación y el control en las máquinas y en los organismos vivos». Según Wiener, el control es «el envío de mensajes que cambian efectivamente el comportamiento del sistema receptor».

Wiener publicó en 1948 el libro *Cybernetics, or Control and Communication in the Animal and in the Machine,* que marcó el comienzo de una época de grandes avances en el autocontrol de las máquinas con el convencimiento de que los entonces llamados «cerebros electrónicos» y hoy computadoras u ordenadores pronto emularían en su totalidad las funciones cerebrales de los seres humanos. En palabras de Zadeh, «fueron unos años fantásticos pero enormemente ingenuos en los que cualquier cosa parecía posible». No ha resultado ni tan fácil ni tan rápido, pero los progresos fueron y están siendo notables.

Lotfi A. Zadeh nació en 1921 en Bakú (Azerbayán, antigua URSS), hijo de un corresponsal de prensa iraní. En 1942 se graduó en la Universidad de Teherán y en 1944 entró en el famoso Massachusetts Institute of Technology, donde en 1946 se graduó en la rama de Ingeniería Electrónica; ese mismo año se trasladó a la Universidad de Columbia, en Nueva York, donde alcanzó en 1948 el grado de doctor, con un estudio sobre redes variables con el tiempo.

En 1950 publicó dos artículos que pueden considerarse, respectivamente, como antecedentes de la Inteligencia Artificial y la Teoría de Sistemas. En 1959 se trasladó como catedrático a la Universidad de Berkeley, en California, y durante años su campo de investigación fue la teoría de los sistemas lineales, en el que realizó importantes contribuciones. Durante esa época Zadeh llegó a la conclusión de que «la precisión formal tiene límites y la formalización de los sistemas lineales no puede ir más allá de cierto nivel que, una vez sobrepasado, lleva a conclusiones de poca relevancia».

En un artículo de 1961 expresó la necesidad de un instrumento para tratar situaciones que llamó borrosas, y en el verano de 1964 la idea de conjunto borroso le surgió a la vez como simple y atractiva. Durante años había estado preocupado con el problema de clasificar objetos según criterios poco nítidos que llevan a clases de fronteras imprecisas. En 1965 publicó el artículo «Fuzzy Sets» (conjuntos borrosos), hoy un clásico, que abrió una época de importantes desarrollos tanto teóricos como tecnológicos: nació la lógica borrosa y de ella la tecnología del control *fuzzy.*

Gran parte del éxito del control borroso ha resultado de la capacidad de la lógica borrosa para representar el conocimiento vago y hacer inferencias con sistemas de reglas del tipo «Si x es P, entonces y es Q», con x e y, variables del sistema a controlar, y P, Q, adjetivos graduados que se predican de esas variables. Así, en el caso del control de un sistema de refrigeración, una regla típica de las que describen su comportamiento es «Si la temperatura es alta, entonces la velocidad de giro del ventilador es muy rápida». Los controladores borrosos son ordenadores de propósito específico «algo inteligentes» que usan sistemas de reglas del tipo anterior y que, con observaciones como «la temperatura es de 23 °C», infieren la velocidad numérica del ventilador para, por ejemplo, mantener la temperatura a 21 °C. La teoría del control borroso no solo se ha aplicado con éxito a electrodomésticos, sino que está siendo útil para grandes sistemas como plantas de cemento, puentes grúa o para el control de helicópteros sin piloto. Se controlan sistemas físicos cuyo comportamiento viene descrito por reglas lingüísticas.

Zadeh ha contribuido al progreso de la lógica de la vaguedad que, contrariamente a la de las afirmaciones solo verdaderas o falsas, está caracterizada por su elasticidad y trata con afirmaciones que tienen un grado de posibilidad. Ha sentado las bases de un cálculo flexible de predicados y ha influido en el desarrollo de una nueva tecnología.

Lenguaje y tecnología: la lógica borrosa

Ludwig Wittgenstein, uno de los más relevantes filósofos del siglo XX, afirmó en su obra *Investigaciones filosóficas* que «el significado de una palabra es su uso en el lenguaje». Tal frase es relevante para la Inteligencia Artificial, la cual debe ocuparse de los lenguajes naturales con cuyas palabras la gente expresa juicios, sentimientos, percepciones y conjeturas. De ahí la importancia de poder representar el significado de las palabras para la Inteligencia Artificial.

Los lenguajes naturales son sistemas de signos de gran complejidad, que varían con el uso creativo que sus hablantes hacen de ellos y que, en el proceso evolutivo desde la formación de la Tierra, la aparición de vida orgánica y el *Homo sapiens,* son un fenómeno tardío. Un idioma no es solo lo que figura en sus diccionarios y en sus gramáticas; es, en buena medida, lo que hacen de él quienes lo usan. Además, presenta un aspecto que en parte lo distingue de los lenguajes formales que se emplean para programar ordenadores: la imprecisión intrínseca de multitud de sus palabras. Por ejemplo, la palabra «pequeño», bien anclada en el lenguaje, varía de significado en contextos distintos (pisos, coches, elefantes, barcos, puentes, etc.) y, generalmente, no clasifica perfectamente a los objetos a los que se aplica; al contrario de una palabra como «impar» que, en el contexto de los números, los clasifica perfectamente en los que son impares y los que no lo son. El uso de «impar» queda establecido por la regla precisa «Un número es impar si y solo si al dividirlo por dos da resto uno»; sin embargo, ninguna regla precisa permite capturar totalmente el significado de «pequeño», cuando se aplica a un gran número de objetos. Es más, el intento de usar «pequeño» como si fuese una palabra precisa origina una conocida paradoja que hace difícil creer que la lógica clásica, siendo adecuada para los sistemas formales precisos, pueda ser aplicada con éxito al lenguaje natural. Si un «cálculo» con palabras precisas parece bien resuelto por la lógica clásica y la teoría de conjuntos, un «cálculo» que incluya palabras imprecisas en contextos amplios parece requerir una lógica y una teoría de conjuntos más generales.

Imprecisión no es lo mismo que incerteza. Por ejemplo, el resultado de lanzar un dado no es impreciso, ya que, con precisión, será uno y solo uno de los números del uno al seis; es incierto. El estudio de la incerteza, a veces ligado pero no idéntico al de la imprecisión, se efectúa mediante teorías matemáticas como la de las probabilidades; pero no hay que confundir la probabilidad de un «suceso» con el grado de compatibilidad de un objeto con una propiedad expresada por una palabra. Para poder asignar a un suceso una probabilidad es necesario que el suceso esté en un conjunto muy estructurado de ellos, en tanto que el grado de compatibilidad no requiere que el conjunto de los objetos tenga estructura alguna. Las palabras se aplican a objetos muy diversos y en contextos muy distintos.

Sin embargo, tanto la probabilidad como el grado de compatibilidad con una palabra comparten, desde un punto de vista matemático, el carácter de «medidas»; pero son medidas de tipos distintos. Las probabilidades, como las medidas de longitud, área y volumen, crecen en forma aditiva (sin rebajas ni aumentos), en tanto que el grado de compatibilidad no crece, necesariamen te, en esa forma. El grado de compatibilidad no es sino una medida de posibilidad.

Cada palabra P nombrando una propiedad determina el conjunto de afirmaciones «*x* es P», para los objetos *x* en cuestión, el cual, una vez ordenado por el uso comparativo de P («*x* es más P que *y*»), traduce el uso primario de la palabra P. Después, una medida aplicada a las afirmaciones «*x* es P» ya ordenadas da el uso extensional de P. Tal uso, por lo tanto, no es otra cosa que una función numérica que crece con aquella ordenación, la cual, siguiendo la idea de Wittgenstein, es el significado de la palabra P cuando esta se aplica a los objetos dados. De esa función, introducida en 1937 en forma experimental por el lógico Max Black, se dice que es el *perfil* de P con los objetos que sean. La función de perfil es una teoría contextual de la palabra P. A ello se aplica la antes citada teoría de los conjuntos borrosos.

El elemento central de la teoría de Zadeh es el concepto de *conjunto borroso,* un objeto matemático en el cual los elementos no solo están o no están, sino que están en él con un grado que coincide con el de compatibilidad con la palabra que lo designa. Es decir, *un conjunto borroso de nombre* P, formado con unos objetos determinados, viene definido, simplemente, por la función de perfil de P con esos objetos. Es una distribución de posibilidades.

Veamos el ejemplo ofrecido por la palabra J = joven, aplicada a una población X con habitantes *z*. La característica que permite decir de un habitante *z* que es joven es su edad, que representaremos por Edad (*z*) y que es un número entre 0 y, digamos, 110 años. Unos habitantes son totalmente jóvenes, otros son totalmente no jóvenes y otros tienen un cierto grado como jóvenes. Si expresamos por G(*z*) el grado en que «*z* es joven», G(*z*) es una función de la variable Edad(*z*). Así, si Edad(*z*) = 15, es G(*z*) = 1; si Edad(*z*) = 85, es G(*z*) = 0, y si Edad(*z*) = 48, G(*z*) es un número entre 0 y 1 distinto de ambos. Una vez que la función G sea calculada para todas las edades de los habitantes de X, mediante un procedimiento experimental bien establecido, se dispone del perfil de J en X y entonces, y solo entonces, cabe hablar del conjunto borroso de nombre J: el conjunto de los jóvenes de X. Algo que se corresponde con lo que se dice al hablar de los *jóvenes de la ciudad;* la palabra «joven», a través de su modelo G, *colectiviza* a los jóvenes de X.

Lo mismo puede hacerse con otras muchas palabras de significado impreciso. Por ejemplo, con B = bajo con temperaturas (temperatura baja) y con A = alto con presiones (presión alta); con M = medio con tiempos de lavado en los lavavajillas o de limpieza con aspiradora. Con G = grande con inclinaciones respecto a la vertical; con pesos de cuerpos; con tiempo de decantación de sustancias en líquidos; con tiempos de exposición fotográfica; con tamaños de apartamentos; con la suciedad en el tambor de una lavadora, o con el tiempo de espera a los ascensores en un piso.

Las funciones de perfil de las palabras que representan propiedades permiten representar matemáticamente muchas reglas imprecisas como «Si *x* es grande y *z* es media, entonces *y* es pequeña», con referencia a tres variables *x*, *z*, *y* que caracterizan el comportamiento de un sistema físico. Esa representación es de gran utilidad en las aplicaciones, ya que mucho del conocimiento de los expertos se traduce por reglas lingüísticas de este tipo y la lógica borrosa permite, además, simular razonamientos aproximados mediante un cálculo con ellas.

A finales de los años setenta se produjeron aplicaciones de las ideas de Zadeh al control de motores de vapor, molinos de papel, hornos de cemento y plantas de sinterización. Mediados los ochenta se llegó a productos de mercado amplio como es el caso de cámaras fotográficas autofoco; control de plantas potabilizadoras de agua y de unidades suministradoras de agua caliente; lavadoras, lavavajillas y aspiradoras; sistemas expertos de ayuda al diagnóstico, tanto médico como de fallos o de inversión económica, así como al control de coches guiados a distancia por instrucciones orales y al de «repesca» de satélites por la nave nodriza.

Muchos problemas siguen abiertos: resumir automáticamente textos complicados, aparcar un coche en un garaje sin plaza fija... Es difícil que, sin gestionar la gran flexibilidad del lenguaje natural y sin un nuevo concepto de la computación (el actual es rígido), la gran complejidad de esos problemas permita soluciones óptimas y tecnológicamente viables.

La ingeniería borrosa

Es cierto que quien puede subirse a los hombros de un gigante alcanza a ver más lejos, y Michio Sugeno (Yokohama, 1940) es un gigante que, después de leer su tesis doctoral en el Instituto de Tecnología de Tokio en 1974, pudo subirse a los hombros de otro gigante, Ebrahim Mamdani (Tanga, Tanzania, 1941), del Queen Mary College de Londres, pionero en aplicar la teoría de los conjuntos borrosos al control industrial. Posiblemente sin estas dos personas, y luego otras muchas, esa teoría no habría sido tan conocida (por estudiada en sí misma y utilizada) como lo es hoy, treinta y cinco años después de haber sido introducida.

Un conjunto borroso es un ente matemático que da extensionalidad a un predicado graduado cuando se predica de una colección de objetos que, por lo menos en teoría, sea nítidamente conocida. Los conjuntos borrosos permiten cambiar el verbo *ser* por el verbo *estar*. Así, cuando de una población consideramos a quienes son jóvenes, puede que entendamos por tales a quienes tienen a lo más treinta años (o cualquier otra edad convenida, y entonces todos los demás no son jóvenes), o bien, como es usual, que entendamos a «joven» como un predicado graduado y entonces todos los habitantes son jóvenes en cierto grado que, naturalmente, varía entre el cero y el cien por cien. En el segundo supuesto, una afirmación como «Juan es joven» se entenderá, por ejemplo, como «Juan es joven al 70 por 100» y ello querrá decir que «Juan está en el conjunto borroso jóvenes con grado de pertenencia 0,70». Como es obvio, si Marisa es rotundamente joven, entonces pertenece a ese conjunto borroso con grado uno, y si no es rotundamente joven, entonces pertenece al mismo con grado cero (no pertenece en absoluto). La pertenencia a un conjunto clásico es una propiedad abrupta, pero la pertenencia a un conjunto borroso es una propiedad suave.

Esa idea ha permitido un avance conceptual de una importancia relativa, tanto práctica como teóricamente. La suavización de la pertenencia, aplicada a afirmaciones condicionales del tipo «reglas», como «Si el servicio es bueno y la comida exquisita, entonces la propina es generosa», adecuadamente modelizadas mediante conjuntos borrosos, ha permitido controlar ciertos sistemas no-lineales, descritos lingüísticamente, de forma técnica y económicamente satisfactoria. Además, si al comienzo del siglo XX los lógicos solo consideraban reglas de obligado cumplimiento (como «Si *n* es primo, entonces *n* no es divisible por 4»), y en los años treinta, mayormente a causa de los seguros y de la mecánica cuántica, se abrieron paso en la Lógica las reglas plausibles de carácter estadístico (como «Si *x* es hombre y tiene cincuenta años, entonces vivirá por lo menos veinte años más, con probabilidad 0,75»), después de la segunda mitad del siglo se empezaron a considerar, en gran medida debido a los Sistemas Expertos, las reglas plausibles de carácter posibilístico (como es el caso de «Si A es un vertedero, entonces debajo de A hay molibdeno, con un factor de certeza alto»). Tales factores de certeza no son siempre probabilidades; muchas veces hay insuficientes datos estadísticos y reflejan, simplemente, la opinión de un buen experto: son posibilidades. La frase de Charles S. Peirce: «la vaguedad no puede despreciarse en el mundo de la lógica, al igual que no puede despreciarse la fricción en el mundo de la mecánica», se fue abriendo paso muy lentamente a lo largo de casi un siglo.

Michio Sugeno es un personaje doblemente interesante. Por una parte tiene una obra teórica notable; introdujo los conceptos de medida y de integral borrosos (la llamada *integral de Sugeno),* que han sido extraordinariamente fecundas y que Sugeno no paró de estudiar a lo largo de más de veinte años, hasta lograr una teoría suficientemente general que englobase las teorías clásicas de la medida y de la integral. Michio Sugeno es el fundador de la teoría de la medida borrosa.

Por otra parte, Sugeno tiene una obra aplicada de tal envergadura que se le considera el fundador de la ingeniería *fuzzy* (borrosa). Además de múltiples aplicaciones prácticas de su teoría de la medida (por ejemplo, al estudio de la opinión pública ante el establecimiento de centrales nucleares o a la evaluación subjetiva de caras), Sugeno desarrolló tres proyectos tecnológicos que han sido cruciales para que se hablase de aquel tipo de ingeniería. Así, entre 1980 y 1983, realizó el que acabó en el primer producto japonés incorporando lógica borrosa: el control de una planta purificadora de agua.

Entre 1983 y 1987 realizó el segundo: un pequeño automóvil equipado con un aparato de reconocimiento del habla que permite interpretar, por ejemplo, el significado de «Gira a la derecha». Obedecer este tipo de instrucciones orales no era ninguna trivialidad, ya que no se trataba, obviamente, de que el coche girase repentinamente 90 grados a la derecha, sino que debía seguir avanzando hasta el primer cruce y, cuando fuese posible, girar lentamente hacia la derecha enderezándose a continuación. Había que incorporar cierta dosis de sentido común a la máquina, y al finalizar el proyecto, el pequeño coche sin conductor ni preprogramación alguna circulaba, aparcaba en línea, en batería y en garaje. El tercero de esos proyectos, entre 1987 y 1989, fue el primer producto mundial de consumo con etiqueta *«Fuzzy Logic»* (al igual que las posteriores cámaras fotográficas autofoco); fue la llamada «unidad suministradora de agua caliente».

Entre 1989 y 1998 Sugeno desarrolló otro proyecto que puede calificarse de espectacular: el control de un helicóptero no tripulado mediante instrucciones orales a distancia, tratadas por técnicas de inferencia y control borroso. Es uno de los logros más importantes de la ingeniería *fuzzy,* ya que el helicóptero no es solo un sistema complejo, sino que es altamente inestable. El prototipo final, un pequeño helicóptero de unos cuatro metros de largo, hace a la perfección todas las maniobras de un piloto (despegar, aterrizar, volar de lado, subir, bajar, mantenerse en altura, seguir un objetivo, etc.). Con su helicóptero, Sugeno ha probado que las técnicas borrosas se aplican, de forma robusta, no solo a sistemas pequeños y simples, sino a sistemas mayores y complejos.

Agregar información

De algo que no es capaz de recibir información, procesarla y reaccionar ante el resultado de tal proceso, es difícil decir que está vivo. Tal vez los procesos de reacción a la información son básicos para caracterizar al verbo «vivir», que, en grados diversos, requiere de la inteligencia puesta de manifiesto tanto por la recepción de información como, mayormente, por la capacidad de procesarla y de actuar en consecuencia. Como es natural, cabe decir que los mayores grados de inteligencia se dan en aquellos seres vivos que pueden razonar con la información procesada, comunicar sus razonamientos a otros y discutirlos con ellos; sin embargo, con ello se coloca automáticamente a las personas en el lugar más alto de cualquier escala de inteligencia, en parte por falta de otros elementos de comparación.

En sus actividades usuales las personas reaccionan a informaciones de naturaleza no homogénea y provenientes de fuentes distintas, realizando, tras su procesamiento, acciones que aun pueden ser de otra naturaleza. Es el caso, por ejemplo, de la prevención del riesgo de incendios en grandes zonas arboladas, en que una multitud de sensores distribuidos en un área extensa facilita informaciones sobre una serie de variables consideradas importantes para tal riesgo. Antes de tomar cualquier decisión de cara a prevenir un incendio, hay que «agregar» toda la información proveniente de los sensores para disponer del conocimiento suficiente relativo al problema y que permita abordarlo. También es el caso de la determinación de algunos índices económicos, en que hay que agregar informaciones provenientes de sectores comerciales considerablemente distintos entre sí.

Las operaciones clásicas que sirven para agregar son la conjunción «*y*», la disjunción «*o*» y la disjunción exclusiva «*o* pero no-*y*». Así, las informaciones «Juan es alto», «Juan es rico» pueden agregarse en las formas «Juan es alto y rico», «Juan es alto o rico» y «Juan es alto o rico pero no las dos cosas a la vez», según conste que las dos son verdaderas, que por lo menos lo es una o que a lo más lo es una sola de ellas, respectivamente. Sin embargo, hay otras muchas formas de agregar información. Así, de ordinario, los profesores agregan las informaciones de que disponen sobre el rendimiento de sus alumnos por medio de algún tipo de promedio (casi siempre, una media ponderada o, simplemente, la media aritmética) de las notas de los exámenes; notas que resumen tales informaciones y que lo hacen tanto mejor cuanto mejor hayan sido planteadas las preguntas propuestas en los exámenes.

La lógica clásica no agota todas las posibilidades de efectuar agregaciones; y no lo hace por cuanto solo considera informaciones que son verdaderas o falsas; no considera informaciones de las que solo quepa decir que tienen un cierto grado de verdad, que su carácter de verdad es graduado, como es típico de muchas situaciones, por no decir todas, en las que la información que se obtiene en modo alguno puede considerarse exacta. No es únicamente el caso de que la realidad no es siempre blanca o negra, sino que muchas veces se nos hace accesible en forma de afirmaciones graduadas, con grado de posibilidad, al no ser la información disponible ni completa ni totalmente fiable.

Por otra parte, por ejemplo, si las informaciones «Juan es rico», «Juan es alto» se agregan al modo de la lógica clásica en la «Juan es alto y rico», se está haciendo un uso muy particular de la partícula conjuntiva «*y*». Un uso que presupone un conocimiento total de ambas afirmaciones; un conocimiento también total de todas las que son «menores» que ambas, esto es, que las implican con verdad absoluta, y la seguridad de que «Juan es alto y rico» es la mayor de todas ellas. Esta es una situación que no es realista en muchos entornos de conocimiento que constan de informaciones que solo son posibles y que no forman un cuerpo de conocimiento más que parcial; en tales situaciones no se dispone de tanta información como para conocer perfectamente cuanto requiere la lógica clásica.

Se trata de un tipo de problemas con los que ya se había encarado la Estadística, pero que no siempre pueden abordarse suponiendo un marco probabilístico, que exige, por lo menos en teoría, que las experiencias puedan repetirse de forma indefinida para obtener un resultado de entre un conjunto de ellos perfectamente determinado. En muchas situaciones reales, bien no cabe experimentar como en un laboratorio o la experimentación interactúa con la realidad, bien el conjunto de resultados no es del todo conocido, al no ser los resultados nítidamente distinguibles entre sí.

En el campo de la lógica borrosa se están produciendo interesantes trabajos en la dirección de agregar información multidimensional. En particular es interesante cómo, según las condiciones de los entornos informacionales involucrados, cabe determinar unas u otras funciones matemáticas que permiten agregar información. También es importante el concepto de «comportamiento» conjuntivo o disjuntivo de las funciones de agregación que se consideren. Por ejemplo, con una función de agregación tan bien conocida como es la media aritmética se puede ver que el cuadrado unidad (para valores de las variables que estén entre cero y uno) se descompone en tres regiones, en una de las cuales la media aritmética se comporta como una conjunción, en otra como una disjunción y en otra en la que ambos comportamientos están mezclados.

Se está avanzando en la línea de discriminar las diversas acepciones que, en la práctica del lenguaje, tiene el concepto de agregar. No es nada nuevo que conjuntar, agregar o fundir son conceptos que no se emplean de forma sinónima; así, las piezas de un puzzle se conjuntan para completarlo, con ciertos productos se hacen agregaciones para obtener un nuevo producto de características distintas a las de los que se agregan (como una mayor flexibilidad), y algunos metales se funden para lograr uno nuevo con propiedades físico-químicas distintas. Aunque conjuntar, agregar y fundir no sean lo mismo, parece que tales operaciones lingüísticas podrán encuadrarse en algún tipo de operación general que las contenga como casos particulares, por medio de un modelo matemático.

La gran flexibilidad del razonamiento ordinario, y en él de todos los de búsqueda, está obligando a la Inteligencia Artificial a considerar modelos con los que comienza a atisbarse que, en un futuro, grandes trozos de discurso podrán tener asociada una lógica muy general que, para cada subtrozo completo, se concrete en una lógica particular que, a su vez, pueda aproximarse suficientemente bien por un determinado modelo. Otra cosa es, no obstante, en qué casos y bajo qué condiciones limitativas tales modelos sean computables en el sentido de ser efectivamente realizables por algún tipo de máquina. Lo único que por ahora cabe afirmar con seguridad es que el camino está empezando, por lo menos dentro de la lógica borrosa teórica, y que, con la cooperación de las redes neuronales, las de creencias, los algoritmos genéticos y los crecientes medios de computación, se están obteniendo esperanzadores resultados.

Conclusiones

Problemas que requieren nuevos enfoques

Muchos han sido los éxitos que ha tenido la Inteligencia Artificial, venciendo a problemas de los que se había asegurado que «eso nunca podrá hacerlo un ordenador; está más allá del cálculo». Con frecuencia esos desafíos han sido un acicate para los investigadores, quienes, naturalmente, han tenido notables fracasos antes de enfocar el problema desde un punto de vista adecuado a su solución; muchas veces los éxitos han arrancado de un nuevo planteamiento conveniente-para-obtener-alguna-solución, por limitada que pareciese al comienzo del proceso. Otras veces, no ha habido más remedio que cambiar las metodologías con las que, hasta entonces, se abordaban y que bloqueaban el avance.

No todo permite hacerlo todo, sino que cada instrumento sirve para lo que sirve; a nadie se le ocurre observar una estrella con un microscopio, pero, ciertamente, el mundo de la investigación depende mucho de los instrumentos técnicos o conceptuales de los que se dispone en cada momento. Por ejemplo, en la física cuántica y hasta hace unos treinta años, había investigadores notables que no eran conscientes de que la *probabilidad* que usaban no era formalmente equivalente a la de otros ámbitos de la ciencia, en los cuales los conceptos de incompatibilidad y contradicción son indistinguibles. Más significativo es, seguramente, el caso de los primeros *Sistemas Expertos* que hace unos veinte años se las tenían que haber con incertidumbres; en ellos se trataban como probabilidades a evaluaciones numéricas que, solo en casos particulares raros, verificaban las leyes de una probabilidad. Sin embargo, el espíritu crítico que anima a todo proceso serio de investigación acaba facilitando los anticuerpos convenientes para salir de tales situaciones; así sucedió, por ejemplo y entre otros muchos, en los dos casos citados y, como siempre, entonces se vio más claro cómo abordar la solución de los problemas que se trataban. Algunas veces se empiezan las investigaciones de forma balbuceante y, poco a poco, las cosas se van diciendo mejor.

Son bastantes los problemas que le quedan por resolver a la IA para que, final y eventualmente, pudiese afirmarse que no solo en la materia orgánica muy evolucionada hay altas manifestaciones de «inteligencia». Pero, en este momento, tras cuarenta y cuatro años de existencia oficial de la IA, por lo menos hay tres problemas cruciales cuya solución no parece poder esperarse de las metodologías predominantes. Se trata de automatizar, con máquinas informáticas, tres tareas que las personas efectúan de manera rutinaria y sin que, por lo menos aparentemente, lo hagan tras mediciones ni cálculos.

El primer problema que no está resuelto es el de automatizar el aparcamiento y desaparcamiento, en cualquier situación admisible, de un automóvil. Aunque existen algunos avances si, por ejemplo, se trata de sacar el coche de un puesto de aparcamiento y para ello hay que mover previamente a otros vehículos, el problema deviene tan difícil que, hoy por hoy, está lejos de cualquier sistema informático. Pero es una tarea que los encargados de los aparcamientos sin sitio fijo efectúan muchas veces al día de manera rutinaria y bastante eficiente.

El segundo problema, automatizar la conducción de un autómovil en cualesquiera circunstancias de tráfico, es más difícil de abordar con las técnicas de IA usuales. Si la conducción automatizada debe serlo por una ruta sin tráfico, el problema tiene solución, aunque de poco sirve; solo con que el tráfico sea ligero, ya resulta muy difícil, si bien es probable que admita solución. Ahora bien, con tráfico moderado resulta ya intratable con las actuales técnicas de computación, y no digamos si se quiere automatizar la conducción en el casco antiguo de una ciudad en las horas punta. Esta es otra tarea que los conductores realizan de forma rutinaria y bastante eficiente.

El tercer problema es aún más complicado: se trata de la tarea de resumir textos, para la cual personas con algún entrenamiento desarrollan una excelente habilidad, un caso límite de la cual es, sin duda, la de los buenos periodistas para titular de forma informativa y con muy pocas palabras una noticia de desarrollo complicado. Es un problema del cual, para ver su dificultad, basta intentar dar una definición, aplicable a todos los casos de forma útil, del mismo concepto de «resumen», contemplando que es para usarlo de inmediato, que tal uso depende de su longitud y que para resumir se precisa un entendimiento tanto local como global del texto. El concepto de «resumen» no es definible como lo es, por ejemplo, el de «número menor que 100»; es un concepto impreciso.

Existen, desde luego, algunos programas de ordenador que hacen resúmenes de tipos especiales de textos y, con seguridad, tales programas serán cada vez mejores; sin embargo, los programas que han pretendido ser capaces de resumir *cualquier* texto todavía no resisten la prueba de hacerlo como un experto humano. Lograr un programa de propósito general para resumir es un problema de la IA, cuyo gran desafío, tras lograr automatizar cosas que intelectualmente parecían más difíciles, es que las máquinas hagan tareas que las personas pueden hacer empleando eso tan escurridizo que se llama el *sentido común.* Para ello habrá que llegar, muy posiblemente, a técnicas de computación distintas de las que hasta ahora se han venido empleando, lo que, en sí mismo, es un desafío aún mayor y que, históricamente, ha provocado saltos conceptuales que han impulsado la evolución de las disciplinas. Y que, de no darse, puede significar su desaparición.

Pese a todo, ¿cuán semejantes son ya las máquinas y las personas?

Como se comentó, el proceso de indistinguibilidad entre máquinas y personas está empezando y el grado en que se va dando es cada vez más alto, sin que pueda decirse si tal proceso complejo tendrá un límite del que no se podrá pasar o si, por el contrario y en el tiempo que sea, seguirán superándose todos los topes y se llegará a una total indistinguibilidad entre personas y máquinas. En general, el problema se aborda únicamente desde el punto de vista de la inteligencia racional, y lo que pueda valer tal grado de indistinguibilidad es algo que se deja en suspenso o a lo más, como se acaba de hacer, se deja cualitativamente en un «es cada vez más alto».

Desde el punto de vista emocional solo es posible, hoy por hoy, afirmar que el retraso de las máquinas es considerable y que, por la importancia de esos aspectos de la inteligencia humana, el grado total de indistinguibilidad entre personas y máquinas es pequeño. Piénsese, por ejemplo, en la capacidad directiva que los sentimientos tienen sobre las decisiones y las acciones que con frecuencia tomamos o efectuamos, y también, sin duda, en lo fácilmente dirigibles que son las personas en base a manipular sus sentimientos. Por otra parte, y por lo que respecta a la capacidad (tal vez ancestral) de comunicación no-verbal entre las personas, las máquinas también están muy atrasadas. No obstante, algunos avances se están realizando en esos últimos frentes.

Pero todo ello está en estados muy incipientes si se compara con lo ya logrado en lo que concierne a la inteligencia racional; de ello es buena muestra el citado programa GOLEM, que encontró por inducción una nueva ley de la naturaleza. Tal programa fue el primero en mostrar una capacidad creativa relevante por medios ciertamente algorítmicos y, en realidad, se ha conseguido efectuar antes (con ordenadores y programas, que son los instrumentos básicos con los que experimenta la Inteligencia Artificial) tareas que al comienzo se creían muy difíciles que otras entonces en apariencia fáciles; es el caso de encontrar teoremas matemáticos y abrocharse los cordones de los zapatos, respectivamente.

De momento vamos a ocuparnos solo de la inteligencia racional. Como lo que sea la inteligencia es algo todavía científicamente poco conocido, y que solo lo irá siendo a medida que la neurofisiología y otras ramas médico-biológicas vayan aportando más conocimiento contrastable sobre el funcionamiento eléctrico y bioquímico del cerebro, así como de sus relaciones con el resto del cuerpo y con su exterior, por ahora hay que referirse más bien a «manifestaciones o síntomas» de inteligencia, que a ella misma. Hay que ir más a un diagnóstico por síntomas que por causas; pero esa es la fase en la que estamos y, claro está, para hablar de ello hay que recurrir a razonamientos por analogía.

Por lo tanto, conviene acordar algunas manifestaciones de la inteligencia humana que ahora mismo podamos considerar como síntomas suficientemente relevantes de esta. Para ello, una vía es la de ver cuáles se estudian en los libros de texto de Inteligencia Artificial acreditados, casi todos los cuales abarcan los siguientes apartados: resolución de problemas (RP); actuación por planes (AP); aprendizaje (A); adquisición de conocimientos y razonamiento en base a ellos (CR); percepción, comunicación y actuación en consecuencia (CPA); computación (C), y creación (Cr). Se trata de manifestaciones de capacidades intelectivas que, globalmente, recogen una parte significativa de la actividad racional de las personas. Con relación a tales síntomas, ¿cabe hacer algunos números?

Como término de comparación tomemos una persona bastante inteligente desde el punto de vista racional, a la que podamos asignar las puntuaciones entre 0 y 10 (como en un examen) que siguen: RP, 8; AP, 8; A, 8; CR, 8; CPA, 8; C, 6; Cr, 7. Por lo que respecta a las máquinas, deberemos hacer la hipótesis de que los logros hasta hoy obtenidos pueden integrarse en una sola máquina o en un sistema de ellas, lo que, en principio, es un problema de querer hacerlo, y en el estado actual del arte cabría otorgarle las puntuaciones: RP, 5; AP, 7; A, 6; CR, 6; CPA, 3; C, 9, y Cr, 3.

Con ello, adoptando como índice de semejanza uno que, con éxito, se usa para calcular el grado de parecido entre dos conceptos en los estudios del razonamiento por analogía (el cociente entre la suma de los mínimos de los pares de puntuaciones y el máximo de sus respectivas sumas), se obtiene:

$$\text{Índice de semejanza} = 5 + 7 + 6 + 6 + 3 + 6 + 3/\text{Max}\,(53{,}39) = 36/53 = 0{,}68$$

En la práctica, dos conceptos se toman como semejantes cuando el valor del índice supera a 0,7; por lo tanto, cabe decir que respecto de aquella serie de síntomas relevantes de inteligencia racional, a las máquinas les falta poco para que, con el mismo criterio que se usa en los estudios del razonamiento por analogía, las podamos considerar semejantes a las personas. Por lo que se refiere a la inteligencia racional, se está cerca de disponer de máquinas hechas, si no a imagen, sí a semejanza de las personas.

Si los anteriores síntomas los puntuásemos de un chimpancé, seguramente se acordaría que, como mucho, valdrían: RP, 4; AP, 4; A, 3; CR, 4; CPA, 7; C, 2, y Cr, 1. Con ello, los índices de semejanza respectivos entre persona/chimpancé y máquina/chimpancé serían 25/53 = 0,47 y 21/39 = 0,54. Nada sorprendente; pero hay que recordar el tiempo que ha llevado la evolución desde los simios y el tiempo que hace que las máquinas han empezado a evolucionar.

Con la cautela que merecen los razonamientos por analogía, puede decirse que de considerar como término de comparación a una persona tal que el «grado en que manifiesta inteligencia racional» sea igual a $53/7 \cdot 10 = 0{,}76$, ya cabe pensar en máquinas para las que ese grado sea igual a $39/7 \cdot 10 = 0{,}56$, en tanto que para los chimpancés hay que quedarse en un grado igual a $25/7 \cdot 10 = 0{,}36$. Es decir, en una escala de 0 a 100, aparecerían personas por encima del 75, chimpancés no más arriba del 40 y máquinas entre el 50 y el 60; en un proceso que no ha hecho sino empezar.

Naturalmente, al comparar con las personas seguimos aún el patrón de Protágoras de que «el hombre es la medida de todas las cosas», aunque ni las personas ni las máquinas son uniformes y, para tareas determinadas, unas son mejores que las otras y, como se ha dicho, lo anterior excluye aspectos de distinción tan importantes como los sentimientos, las posturas o los gestos, por no decir nada de la astucia y el engaño.

La «circuitería» del cerebro humano está sujeta a disfunciones, y en las máquinas se dan fenómenos análogos: también existen enfermedades «mentales» de las máquinas electrónicas que se producen, como en las personas, cuando menos se espera. Por su parte, los programas informáticos complejos están sometidos a comportamientos imprevisibles y potencialmente salvajes; en los grandes sistemas artificiales no son excepcionales los problemas de estabilidad, ya que el tamaño y la complejidad tienden a amplificar las pequeñas vibraciones que se dan usualmente, sean estas electrónicas, mecánicas o de simples errores en la escritura del *software*. En la ingeniería la inestabilidad de lo nuevo y de lo no tan nuevo es casi segura. ¿Con qué problemas de inestabilidad se encontrarán en el futuro los ingenieros al construir máquinas complejas más «inteligentes» que las actuales? ¿Como en otras ocasiones les pillarán por sorpresa? ¿Debemos esperar que los sistemas inteligentes de gran complejidad y gran potencia computacional sean propensos a comportamientos «enfermizos»? ¿A que tengan tendencias de tipo paranoico o psicótico análogas a las de las personas?

Construir esos sistemas inteligentes, o programarlos, con «buenas intenciones» puede no ser, por lo tanto, suficiente para que sirvan a los mejores intereses de las personas, y algunos investigadores piensan que a tal respecto cabe una analogía más. Las grandes burocracias son sistemas complejos construidos por las personas para que les sirvan a todas ellas, pero van desarrollando modos de autoorganización, crecen de tal manera y aumentan tanto la complejidad de sus procesos, que llegan a ser paralizantes de las actividades creativas o productivas. Acaban autoprogramándose para aumentar su poder con razones que son aceptadas por quienes tienen la capacidad de limitarlo. Así, la creciente importancia de los sistemas inteligentes en los asuntos de las personas (en la guerra, en los negocios, en la educación, en la información, etc.) lleva a pensar que su influencia en las sociedades pueda llegar a ser enorme.

Hay muchas preguntas de difícil respuesta; pero preguntas que razonablemente debemos hacernos a la vista de la velocidad a que trabajan las máquinas, de su capacidad para procesar información, de su creciente inteligencia y de lo mucho en que ya «asisten» y «aconsejan» a las personas y a las organizaciones.

21
NUEVAS FORMAS DE ENERGÍA

Félix Ynduráin

INTRODUCCIÓN

Antes de adentrarnos en las tecnologías energéticas del siglo XXI convendría analizar, aunque someramente, la situación actual y pasada de las fuentes de energía y su utilización.

En la tabla 21.1 se indica cómo han variado algunos parámetros de las fuentes de energía desde el siglo XVII hasta finales del XX. Además de otras consideraciones, se observa claramente el efecto de la revolución industrial, así como el uso masivo del petróleo y sus derivados a partir de los años sesenta. El consumo total de energía ha aumentado continuamente y, como veremos más adelante, las previsiones indican un crecimiento también en el futuro, a pesar de que el consumo por habitante parece haber disminuido, lo que indicaría una mayor preocupación por el ahorro y eficiencia energéticos.

Para analizar con un poco más de detalle los últimos veinticinco años podemos dividirlos en tres períodos claramente diferenciados:

- Los años setenta y principios de los ochenta, marcados por la crisis del petróleo.
- Los años ochenta, marcados por la carrera armamentista.
- Los años noventa, marcados por el fin de la guerra fría y la apertura de los países del Este.

Los datos referentes a las solicitudes de presupuesto, así como los gastos en I+D, del Departamento de Energía de los Estados Unidos pueden ayudar a un análisis. *(Yergin Report: Energy R&D: Shaping our Nation's Future in a Competitive World,* DOE, junio 1995.)

Las diferentes preocupaciones en los tres períodos analizados están bien diferenciadas. En los años de la crisis del petróleo no había preocupación por

Tabla 21.1

Variación del uso de la energía en los últimos siglos

	Siglo XVII	1890	1930	1950	1970	1984
Población mundial (millones)	400	1.500	2.000	2.500	3.620	4.718
Crecimiento anual de la población	<0,1%	0,6%	2%	2%	2%	1,7%
Consumo anual por habitante (Kwh)	3.500	5.870	10.000	11.400	20.200	18.483
Energía tradicional (%)/ Energía industrial (%)	100/0	48/52	25/75	21/79	12/88	12/88
Consumo total (Tw/año)	—	1,00	2,28	3,25	8,35	9,95
Fuente de energía	Madera, tracción animal	Carbón e hidroeléctrica	Carbón e hidroeléctrica	Aparición del petróleo	Petróleo barato	Aparic. energía nuclear

el «carbón limpio» y, por otro lado, se hicieron fuertes inversiones en energía nuclear y en energías renovables como alternativas a la escasez y carestía del petróleo. El fin de la carrera armamentística da lugar a grandes inversiones para gestionar, desmantelar y almacenar parte del combustible nuclear generado para usos militares, algo similar a lo que ocurrirá en el próximo futuro con los residuos de uso civil de la energía nuclear una vez se vayan cerrando las actuales centrales nucleares en operación, cuya vida útil es del orden de los 40 años. En el período 1991-1995 (y esto persiste en la actualidad) las mayores inversiones son en «carbón limpio» y en aumento de la eficiencia. Esto, sin duda, está íntimamente relacionado con los parámetros que marcan actualmente el mundo de la energía, como son la liberalización de los mercados energéticos y el respeto al medio ambiente. El gasto en I+D disminuye de forma significativa como consecuencia de la disminución del precio de los productos energéticos, especialmente del crudo. Es importante notar que el esfuerzo en investigación en energía está marcado por condiciones externas como el precio del petróleo (a su vez condicionado por agentes políticos) y la carrera armamentística.

En relación con las distintas fuentes de energía, hay que indicar que estas no han cambiado esencialmente en los últimos treinta años, aunque sí ha cambiado su distribución porcentual al consumo total, así como las tecnologías utilizadas. El carbón, el petróleo, el gas, la energía hidráulica, etc., son conocidos y utilizados desde hace muchos años. Si añadimos la energía nuclear implantada en los años setenta, tenemos *grosso modo* el 80 por 100 de las fuentes de energía actuales, de los últimos treinta años y, probablemente, de los próximos veinte años. Por lo tanto, no deben esperarse, ni a corto ni a medio plazo, descubrimientos de «piedras filosofales» que cambien el panorama energético. La utilización de las diversas fuentes de energía en el futuro dependerá de muchos factores, pero esencialmente de la competitividad de las tecnologías utilizadas en un mercado liberalizado. Las investigaciones se centran en mejoras de procesos, abaratamiento y optimización de sistemas, mejora de componentes, etc., más que en nuevas ideas o nuevas fuentes de energía (una excepción es la investigación en fusión). Así, la búsqueda de materiales más resistentes a corrosión o temperaturas altas, materiales más ligeros, catalizadores más eficientes, sistemas de almacenamiento de energía, reformado de gases, limpieza de gases en caliente, etc., son temas de investigación en el campo de la energía.

La situación de las fuentes de energía tanto a nivel nacional como internacional está marcada por dos parámetros fundamentales: la liberalización de los sistemas energéticos y la protección al medio ambiente. Estos dos aspectos, sumados a la corriente globalizadora en todos los sectores de la economía, así como en los problemas del medio ambiente, hacen que la situación en los diversos países esté fuertemente enmarcada e influenciada por el contexto internacional. A pesar de lo arriesgado de hacer predicciones sobre el futuro de la energía, parece claro que el respeto al medio ambiente es, y lo será más en el futuro, determinante en la producción y uso de la energía; la disminución del volumen y toxicidad de los residuos y emisiones va a marcar las líneas del sector energético a nivel mundial.

En este sentido es importante hacer notar que el respeto al medio ambiente debe ser global, ya que las emisiones producidas en un lugar determinado pueden afectar a zonas localizadas a miles de kilómetros, como ocurrió en el accidente de Chernóbil.

Parámetros del futuro de las fuentes de energía:

- Liberalización del sector:
  - Mayor competencia entre los suministradores de energía.
  - Reducción de costes y aumento de la eficiencia.
  - Extracción máxima del poder energético de los combustibles combinando diversas tecnologías y, por lo tanto, minimizando los residuos. Desarrollo de nuevas tecnologías.
- Respeto al medio ambiente:
  - Reducción de emisiones.
  - Disminución de residuos.
  - Incineración controlada de residuos.
- Diversificación de las fuentes de energía:
  - Mejora de la competitividad.
  - Disminución de la dependencia de terceros.

Algunos datos sobre el consumo de energía

El consumo mundial de energía y la proyección para los próximos 20 años, según la Agencia Internacional de la Energía, se indican en la figura 21.1. Lo primero que salta a la vista es el continuo aumento de consumo energético a nivel mundial, que no se espera disminuya, sino más bien que aumente en los próximos veinte años, debido, esencialmente, a la contribución de los países en desarrollo (véase figura 21.1).

Como puntos destacables en relación con la evolución del consumo de energía podemos indicar: estancamiento (si no disminución) de la energía nuclear, aumento considerable del gas natural, sobre todo en sustitución del carbón, e incremento importante de las energías renovables.

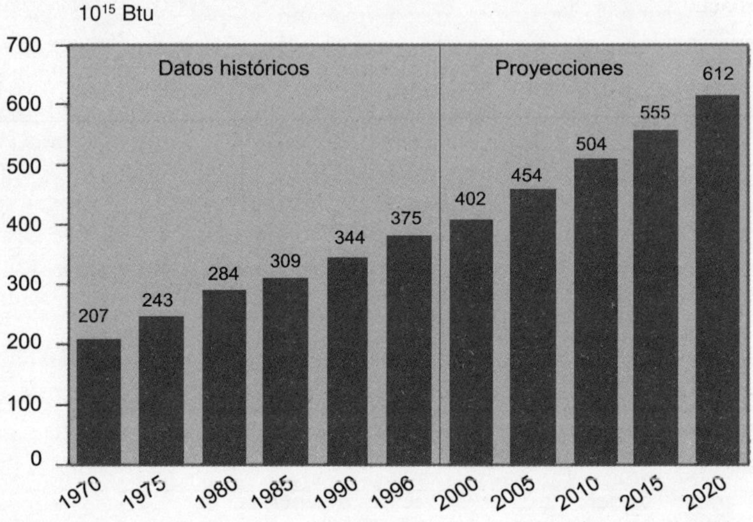

Fig. 21.1.—Consumo mundial de energía. *(Fuente:* International Energy Outlook de 1999.)

Tabla 21.2

Consumo de energía primaria en España (Ktep)

	1973	1995	1998
Carbón	9.875 (18%)	18.519 (19%)	17.659 (15%)
Petróleo	39.455 (73%)	54.610 (56%)	61.670 (54%)
Gas natural	794 (1%)	7.504 (8%)	11.816 (10%)
Nuclear	1.705 (3%)	14.449 (15%)	15.376 (14%)
Hidráulica	2.489 (5%)	1.980 (2%)	3.103 (3%)
Otras renovables	—	222	4.035 (4%)
Total	54.145	97.669	113.952

Fuente: Miner.

COMBUSTIBLES FÓSILES

Los combustibles fósiles por excelencia son el petróleo y el carbón, a los que se está incorporando con gran fuerza en los últimos años el gas natural. Estos tres combustibles representan entre el 70 y el 80 por 100 del consumo

Tabla 21.3

Generación de electricidad (en GWh) en España en 1998

Carbón	60.395 (32%)
Petróleo	11.155 (6%)
Gas natural	14.960 (8%)
Nuclear	59.003 (32%)
Hidráulica	37.692 (20%)
Resto	2.928 (2%)
Total	186.133 (100%)

Fuente: P. Craig.

Tabla 21.4

Distribución del consumo de energía por sectores (1992)

	Países de la OCDE	Europa del Este y la antigua Unión Soviética	Países en desarrollo	Total
Industria	36%	51%	52%	43%
Vivienda	40%	35%	31%	37%
Transporte	24%	14%	17%	20%

Fuente: Miner.

Tabla 21.5

Generación de electricidad (en TWh) en el mundo (1971-2020)

	1971	1995	2010	2020
Combustibles sólidos	2.131 (41%)	5.077 (38%)	7.960 (38%)	10.490 (38%)
Petróleo	1.100 (21%)	1.315 (10%)	1.663 (8%)	1.941 (7%)
Gas natural	691 (13%)	1.932 (15%)	5.063 (24%)	8.243 (30%)
Nuclear	111 (2%)	2.332 (18%)	2.568 (12%)	2.317 (9%)
Hidráulica	1.209 (23%)	2.498 (19%)	3.445 (17%)	4.096 (15%)
Otros	5	49	154 (1%)	239 (1%)
Total	5.248	13.204	20.852	27.326

Fuente: World Energy Outlook 1999.

total de energía a nivel mundial. Estas fuentes de energía están localizadas en regiones concretas del mundo distintas de donde se produce la mayor parte del consumo. Las reservas de petróleo del Oriente Medio representan el 64 por 100 del total mundial. Mientras que Estados Unidos y Europa consumen el 25 por 100 y el 23 por 100, respectivamente, Oriente Medio consume solo el 6 por 100 de la producción mundial. Europa importa el 60 por 100 del petróleo que consume y Estados Unidos el 50 por 100.

La energía proporcionada por los combustibles fósiles proviene de la rotura de los enlaces químicos de las moléculas de unos compuestos que se convierten en otros más estables. Como las energías de enlace típicas son de unos pocos eV, este es el orden de magnitud de ganancia de energía esperada (comparar con la energía nuclear). Evidentemente esta rotura no se produce espontáneamente y el proceso debe ser activado convenientemente por diversos métodos como aumento de presión, ignición, etc.

Entre los procesos más simples de combustión con ganancia de energía podemos indicar:

- $C + O_2 \rightarrow CO_2 + 4.1$ eV
- $CH_4 + 2\,O_2 \rightarrow CO_2 + 2H_2O + 8.3$ eV
- $2\,H_2 + O_2 \rightarrow 2H_2O + 5.0$ eV.

El petróleo

La primera pregunta que surge en relación con los combustibles fósiles es hasta cuándo durarán las reservas. En relación con el petróleo, el primer estudio se debe a King Hubbert en los cincuenta. Él fue el primero que se dio cuenta de que la explotación de un pozo de petróleo sigue la forma de una campana. La producción aumenta a lo largo de los años, alcanzando un máximo aproximadamente cuando la mitad de la capacidad del pozo se ha extraído; a partir de ese momento la producción decae continuamente. De la misma manera, *grosso modo,* la producción mundial debe seguir una curva del mismo tipo. En 1956 Hubbert predijo correctamente que la producción de petróleo en Estados Unidos alcanzaría el máximo a principios de los setenta. Su predicción fue correcta, aunque el descubrimiento del petróleo de Alaska hizo que el declive posterior al máximo fuera más suave de lo previsto (véase fig. 21.2). En 1974 (año de la primera gran crisis del petróleo) Hubbert predijo que la producción de crudo alcanzaría su máximo en 1995, basándose en que la cantidad total de petróleo recuperable en el mundo era de 2.000×10^9 billones de barriles. Es interesante

Tabla 21.6

Reservas mundiales probadas de petróleo (en unidades de 10^9 barriles)

Año de la estimación	Reservas probadas (10^9 barriles)
1978	648
1988	918
1998	1.053
1999	1.034

Fuente: BP Amoco Statistical Review of World Energy, 1999.

Tabla 21.7

Consumo mundial de petróleo (en unidades de 10^3 barriles por día)

Año	Consumo mundial
1988	63.215
1998	71.530
1999	73.215

Fuente: BP Amoco Statistical Review of World Energy, 1999.

notar que, como se muestra en la tabla 21.6, las reservas mundiales probadas en 1999 han disminuido en relación con el año anterior mientras que el consumo mundial ha seguido aumentando (tabla 21.7).

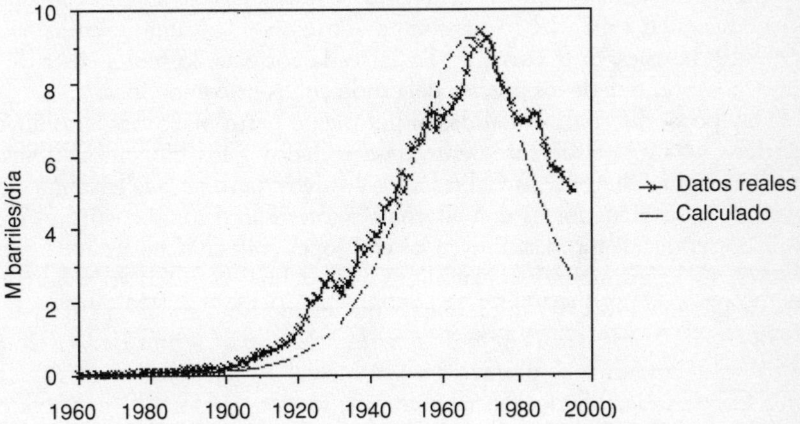

Fig. 21.2.—Producción de petróleo en Estados Unidos (excluida Alaska) y predicción de Hubbert

Un simple cálculo nos indica que, de mantenerse el consumo actual de petróleo, del orden de 26×10^9 barriles por año, hay reservas para aproximadamente cuarenta años, considerando solo las reservas probadas.

La cantidad total de petróleo recuperable en el mundo es muy difícil de calcular. Diversas estimaciones van desde los 1.800×10^9 barriles estimados por Petroconsultants en 1996 hasta los casi 3.000×10^9 barriles que se estiman en el International Energy Outlook de 1999.

El consumo total mundial hasta 1999 ha sido de aproximadamente 888×10^9 barriles, esto es, del orden de la mitad de las reservas totales estimadas. Esto parece indicar que, de acuerdo con las previsiones de Hubbert y el estudio «World Oil Supply 1930-2050», aparecido en 1995 (Petroconsultants, C. J. Campbell y J. H. Laherre, Ginebra, 1995), estamos muy cerca del máximo de producción, y por lo tanto cerca del principio del declive que, de acuerdo con la curva de Hubbert, llevaría al agotamiento de las reservas en el año 2050. Sin embargo, recientemente, P. J. Taylor ha cuestionado la curva de Hubbert, que considera solo los aspectos físicos de las reservas de petróleo. Teniendo en cuenta otros aspectos, como los económicos, ahorro energético, aspectos políticos y futuros desarrollos tecnológicos, Taylor llega a una corrección a la curva de Hubbert. Lo que, de ser cierto, daría lugar a un suministro más duradero. Para calibrar algo más el tema hay que recordar algunos hechos: los pozos del mar del Norte empezaron a producir cuando los costes de explotación se compensaban por el aumento del precio del crudo después de la crisis del petróleo de los setenta. Sin embargo, esos yacimientos ya estaban descubiertos con anterioridad a la crisis. El 80 por 100 del petróleo extraído hoy proviene de pozos que son conocidos desde hace treinta años o más. «Grandes» descubrimientos, como el yacimiento de unos 730×10^6 barriles encontrado en Angola en 1997, deben ser comparados con el consumo mundial anual de 26×10^9 barriles. Si la curva de Taylor es la correcta, lo será a costa de un aumento importante de los precios del crudo en los próximos años.

Hay pocas alternativas válidas al petróleo a corto plazo: los automóviles eléctricos no están suficientemente desarrollados y los biocombustibles se presentan como alternativas viables a los aditivos, pero no a la gasolina en sí. El uso de gases licuados es una alternativa interesante como sustitutos de la gasolina, ya que además disminuyen las emisiones contaminantes; sin embargo, las reservas de gas natural son similares a las del petróleo: las reservas conocidas de gas son 146×10^{12} m^3, mientras que el consumo anual en 1999 fue de 2.293×10^9 m^3 (datos de *BP Amoco Statistical Review of World Energy,* 2000). Las tecnologías para la exploración y producción de yacimientos de gas y petróleo se han desarrollado enormemente en los últimos años y se espera que en el futuro sigan haciéndolo, permitiendo la explotación de yacimientos que con tecnologías convencionales no podrían ser explotados.

Carbón y gas natural: combustibles fósiles para la producción de electricidad y energía térmica

La mayoría de las máquinas para producir trabajo a partir del calor producido por un combustible tienen por referencia el ciclo de Carnot, que es un ciclo ideal reversible compuesto de dos isotermas y dos adiabáticas. Es el de mayor rendimiento entre dos focos de calor a diferentes temperaturas. Su rendimiento es $R=(T_C-T_F)/T_C$, donde T_C y T_F son la temperatura (en grados absolutos) del foco caliente y frío, respectivamente. Las máquinas térmicas alcanzan típicamente rendimientos inferiores al 30 por 100.

La necesidad de aumentar la eficiencia de las centrales eléctricas operando con combustibles fósiles, así como poder utilizar carbones de mala calidad, como son los nacionales, y residuos de diversa índole, ha propiciado el desarrollo de diversas tecnologías. Estas tecnologías, como la combustión en lecho fluidizado y el ciclo combinado, han permitido pasar de los rendimientos del 30 por 100 en los años sesenta a los actuales cercanos al 60 por 100 utilizando ciclos combinados de vapor (Rankine) y gas (Brayton). Estos avances han permitido reducir las emisiones de SO_2 y NO_X en porcentajes cercanos al cien por cien y, por otra parte, la posibilidad de incinerar materiales que, con otras tecnologías, serían considerados como residuos. Así mismo, la combinación con fuentes renovables como biomasa y solar permiten la disminución tanto de emisiones como de residuos. La combustión en lecho fluidizado atmosférico se basa en la inyección de una corriente continua de aire para crear turbulencias en un lecho mixto de material inerte (caliza, en general) y partículas de combustible. De esta manera el combustible está suspendido en el lecho y la combustión es más fácil. Al ser la temperatura más baja que en una combustión normal las emisiones de NO_X son mucho menores y la caliza del material inerte puede ayudar a eliminar el SO_2 según las reacciones de desulfuración que se indican más adelante.

- Reacciones de desulfuración en lecho fluidizado atmosférico:

  Calcinación: $CaCO_3 \rightleftarrows CaO + CO_2$

  Sulfatación: $CaO + SO_2 + 1/2\ O_2 \rightleftarrows CaSO_4$

- Reacciones de desulfuración en lecho fluidizado a presión:

  Sulfatación directa: $CaCO_3 + SO_2 + 1/2\ O_2 \rightleftarrows CaSO_4 + CO_2$

La gasificación del carbón, ya sea de origen fósil como de biomasa, es una tecnología que permite la obtención de gas para ser utilizado en turbinas de gas o en celdas de combustible, esto es, en tecnologías más limpias que la combustión directa del carbón. Hay diversas reacciones del carbón que dan lugar a gas.

- Reacciones de gasificación de carbón:

  Combustión en exceso de oxígeno: $C + O_2 \rightarrow CO_2$

  Combustión en defecto de oxígeno: $C + 1/2\ O_2 \rightarrow CO$

  Gasificación de vapor: $C + H_2O \rightarrow CO + H_2$

  Gasificación de vapor: $CO + H_2O \rightarrow CO_2 + H_2$

  Gasificación de hidrógeno: $C + 2H_2 \rightarrow CH_4$

  Gasificación de hidrógeno: $CO + 3H_2 \rightarrow CH_4 + H_2O$

  Reducción de dióxido de carbono: $C + CO_2 \rightarrow 2CO$

- Centrales españolas de «carbón limpio».

España, dada la importancia del carbón en la producción nacional de electricidad (del orden del 40 por 100) y la mala calidad de los carbones autóctonos, ha hecho un esfuerzo notable en el desarrollo de tecnologías de uso de «carbón limpio». A continuación se describen muy someramente algunas centrales eléctricas de esta índole que operan en España. Hay que indicar que el desarrollo de estos proyectos ha tenido un importante apoyo económico de la UE y son todos ellos de carácter internacional.

— Central térmica de La Pereda (Hunosa).
Residuo primario: Residuo de la minería del carbón.
Combustor de lecho fluidizado circulante atmosférico.
Potencia: 50 MWe.
Combustible:
59,8% Estériles de escombrera.
35,3% Carbón bruto.
4,9% Residuos de madera.
Absorbente: Caliza (95,5% $CaCO_3$).
Emisiones (1995):

	Directiva CEE (88/609)	La Pereda
SO_2	< 1.800 mg/m^3	<539 mg/m^3
NO_X	<600 mg/m^3	<491 mg/m^3
Partículas	< 100 mg/m^3	<50 mg/m^3

Rendimiento neto del grupo: 33,6%.

— Central térmica de Escatrón (ENDESA).
Combustor de lecho fluidizado a presión.
Combustible: Carbón del área Teruel. Mequinenza con un 5% de azufre.
Potencia: 80 MWe.
Emisiones:

	Directiva CEE (88/609)	Escatrón
SO_2	< 1.800 mg/m^3	absorción del 95%
NO_X	<600 mg/m^3	300 mg/m^3
Partículas	< 100 mg/m^3	20 mg/m^3

Eficiencia: 34,6%.

— Proyecto ELCOGÁS: gasificación integrada en ciclo combinado (GICC) de Puertollano.

Esta central representa el desarrollo mundial más ambicioso de gasificación integrada en ciclo combinado. Las principales compañías eléctricas de España, Reino Unido, Francia, Italia y Portugal están involucradas en la construcción y operación de esta «planta de demostración» cuyo coste (financiado parcialmente por el Programa THERMIE de la UE) es del orden de los 100.000 millones de pesetas. El proyecto, en síntesis, se fundamenta en la gasificación del carbón para alimentar una turbina de gas, cuyos gases de escape se aprovechan en una caldera de recuperación para alimentar una turbina de vapor en forma de ciclo combinado. El combustible básico es el carbón de las minas de la zona de Puertollano y el coque de petróleo procedente de una refinería instalada en esta localidad. A esta mezcla se le agrega agua y oxígeno para que sufra una oxidación parcial (proceso de gasificación) y así se consigue un gas sintético compuesto principalmente de hidrógeno y monóxido de carbono a una temperatura de 1.400 °C, calor que se utiliza parcialmente para producir el vapor. El comportamiento de los materiales a altas temperaturas y la limpieza de gases para un correcto funcionamiento de la turbina de gas son dos limitaciones importantes de la planta. La limpieza de gases en caliente y la eliminación de álcalis y metales pesados son retos para el funcionamiento eficiente y versátil de estas plantas.

Combustible: Carbón (40% de cenizas), 50%
Coque de petróleo (5% de azufre), 50%
Potencia: 320 MWe
Ahorro de 20% en el consumo de agua
Emisiones:

	Directiva CEE (88/609)	ELCOGÁS
SO_2	< 1.800 mg/m^3	25 mg/m^3
NO_X	< 600 mg/m^3	150 mg/m^3
Partículas	< 100 mg/m^3	7,5 mg/m^3

Eficiencia: 46%.

Pilas de combustible

Las pilas de combustible son dispositivos electroquímicos que convierten la energía de una reacción química directamente en electricidad y calor. El carácter modular y escalable las hace muy atractivas en diversas aplicaciones tanto de producción eléctrica centralizada como no centralizada, siendo excelentes candidatas para aplicaciones en cogeneración de electricidad y calor, así como en el transporte. Las pilas se clasifican según el tipo de electrolito, y dependiendo de sus características pueden ser utilizadas para producción estática de electricidad o para automoción.

Una pila típica consiste en un electrolito empaquetado entre dos electrodos. El combustible (esencialmente, hidrógeno, gas natural o sintético) se oxida en el ánodo, liberando electrones que fluyen vía un circuito exterior al cátodo. El circuito se completa con el flujo de iones a través del electrolito que separa el combustible de la corriente oxidante. Las reacciones típicas en una pila de combustible se indican en la tabla 21.8, en donde se observa que el portador de carga en el electrolito es H^+, OH^-, $CO_3^=$, etc., dependiendo del tipo de pila.

Una celda de combustible genera típicamente un voltaje de 0,7-0,8 voltios y una potencia de salida de entre decenas y centenares de vatios. Por ello, las celdas se ensamblan en módulos y se conectan eléctricamente para proporcionar unas mayores prestaciones. Las pilas de combustible tienen unos nive-

Tabla 21.8

Reacciones típicas en las celdas de combustibles

Tipo	Reacción anódica	Reacción catódica
Intercambio protónico.	$H_2 \rightarrow 2H^+ + 2e^-$	$O_2 + 4H^+ + 4e^- \rightarrow 2H_2O$
Alcalina........................	$H_2 + 2OH^- \rightarrow 2H_2O + 2e^-$	$O_2 + 2H_2O + 4e^- \rightarrow 4OH^-$
Ácido fosfórico............	$H_2 \rightarrow 2H^+ + 2e^-$	$O_2 + 4H^+ + 4e^- \rightarrow 2H_2O$
Carbonatos fundidos ...	$H_2 + CO_3^= \rightarrow H_2O + CO_2 + 2e^-$ $CO + CO_3^= \rightarrow 2CO_2 + 2e^-$	$O_2 + 2CO_2 + 4e^- \rightarrow 2CO_3^=$
Óxidos sólidos.............	$H_2 + O^= \rightarrow H_2O + 2e^-$ $CO + O^= \rightarrow CO2 + 2e^-$ $CH_4 + 4O^= \rightarrow 2H_2O + CO_2 + 8e^-$	$O_2 + 4e^- \rightarrow 2\ O^=$

les de emisiones muy bajos. Las emisiones de NO_X son entre diez y cien veces más bajas que en las turbinas de gas. Así mismo, las emisiones de CO_2 y partículas volátiles son mínimas.

Salvando el caso de las pilas alcalinas, las demás se enfrentan todavía a retos tecnológicos importantes antes de su introducción en el mercado. Entre estos desarrollos necesarios podemos indicar: mejora de las prestaciones, desarrollo de nuevos materiales y catalizadores para la reducción de costes y mejora de durabilidad de componentes, abaratamiento de costes de construcción y funcionamiento (en la actualidad, entre 3.000 y 1.000 dólares/kW), durabilidad y fiabilidad en la operación, trabajo continuo hasta cuarenta mil horas, etc.

ENERGÍA NUCLEAR

La energía nuclear se produce por la fisión de núcleos pesados en dos o más núcleos más ligeros, de manera que la suma de la masa de estos es menor que la masa del núcleo progenitor, la diferencia de masas es la energía liberada de acuerdo con la fórmula de Einstein $E = mc^2$. A diferencia de la energía química, en la que se libera energía por rotura de enlaces químicos, cuya energía es del orden del electrón-voltio (eV), en el caso nuclear la energía de ligadura de los nucleones (protones y neutrones del núcleo) es mucho mayor, por lo que la energía liberada es del orden de los MeV. Por ejemplo, incidiendo un neutrón en un átomo de ^{235}U, y si este es absorbido, el ^{235}U se hace inestable y se fisiona, dando lugar a cesio y rubidio, además de tres neutrones y 200 MeV, según la reacción:

$$^{235}U + {}^{1}n \rightarrow {}^{140}Cs + {}^{93}Rb + 3\ {}^{1}n + 200\ \text{MeV}$$

El 90 por 100 de la energía liberada lo es en forma de la energía cinética de los productos de fisión (cesio y rubidio, en este caso); el 10 por 100 restante se reparte típicamente entre los neutrones y radiación γ y β. Productos típicos de fisión de uranio son: Ba, Xe, La, Sr, Mo, Y, Br, Tc, etc.

Los neutrones producidos en la fisión, a su vez, pueden incidir en otros átomos de uranio, produciendo una reacción en cadena. Para que los neutrones emitidos puedan ser capturados de una manera más efectiva por los otros núcleos del elemento combustible es necesario moderar su velocidad hasta llegar a estar en equilibrio térmico con el medio ambiente que le rodea (del orden de 300 K). La moderación de los neutrones se consigue con agua normal, agua ligera o grafito. Para que una reacción nuclear sea autosostenida los neutrones producidos (en media del orden de 2,5 por núcleo de ^{235}U fisionado) deben ser suficientes para mantener la reacción en cadena; en caso contrario el reactor es subcrítico y se acabaría el proceso. Si el número de neutrones capturados es mayor, el sistema se hace inestable y se produce una reacción en cadena incontrolada.

Energía producida por fisión de un gramo de material fisionable:

- Se producen alrededor de 200 MeV por fisión ($1 \text{ eV} = 1{,}602 \times 10^{-19}$ J).
- Considerando que los actínidos tienen un peso atómico medio de $P_A = 240$.
- En un gramo de actínidos habrá: (Número de Avogadro/P_A) núcleos de actínidos.
- La energía producida por fisión será de:

$$1 \text{ gr} \Rightarrow (6{,}02 \times 10^{23}/240) \times 200 \text{ MeV} \times 1{,}602 \times 10^{-13} = 8{,}038 \times 10^{10} \text{ J} = 1 \text{ MW} \times \text{día}$$

En una central nuclear convencional se consume muy poco del potencial energético contenido en los elementos combustibles. La eficiencia energética es muy baja, al fisionarse esencialmente solo el ^{235}U (menos del 5 por 100 del uranio del combustible previamente enriquecido), a pesar de que en los elementos combustibles hay y se producen otros materiales fisionables. Desde hace años, la idea de mezclar materiales fisionables (como el ^{235}U y el ^{239}Pu) con materiales fértiles, esto es, elementos como el ^{238}U, que constituye el 99 por 100 del uranio natural, o el ^{232}Th, muy abundante en la naturaleza, que pueden transformarse en fisionables por activación neutrónica, ha sido ampliamente explorada, e incluso llevada a desarrollos prácticos, como son el reactor Super-Fénix en Francia, la experiencia nuclear en la antigua Unión Soviética, o el prototipo británico de 250 MW en Escocia. El combustible en estos casos es mixto, ya que contiene tanto material fisionable como material fértil. Estos reactores *breeder* (reproductores) producen, en principio, más material energético que el que consumen. Para su funcionamiento necesitan neutrones rápidos, ya que, excepto para el uranio, la sección eficaz de captura neutrónica solo es relevante para neutrones de alta energía. Por lo tanto, la refrigeración no puede ser por agua, sino por metales líquidos (sodio, plomo, etcétera), que son «transparentes» a los neutrones.

Residuos nucleares

La generación de energía eléctrica en centrales nucleares produce residuos de alta, media y baja radiactividad, que es necesario manejar adecuadamente para garantizar que no producen daño a los seres humanos y al medio ambiente. Hay tres tipos de residuos generados en las centrales nucleares:

Actínidos: se generan durante el quemado del combustible nuclear por el proceso de captura neutrónica. Los más relevantes son: U, Th, Np, Pu, Cm y Am.

Productos de fisión: se producen al fisionarse los átomos pesados.

Productos de activación: se generan por efecto de la irradiación de las impurezas y materiales estructurales de los elementos combustibles. Entre los más importantes: ^{10}Be, ^{14}C, ^{36}Cl, ^{59}Ni, ^{90}Sr, ^{94}Nb, etc.

La radiotoxicidad de un elemento combustible irradiado está indicada en la figura 21.3.

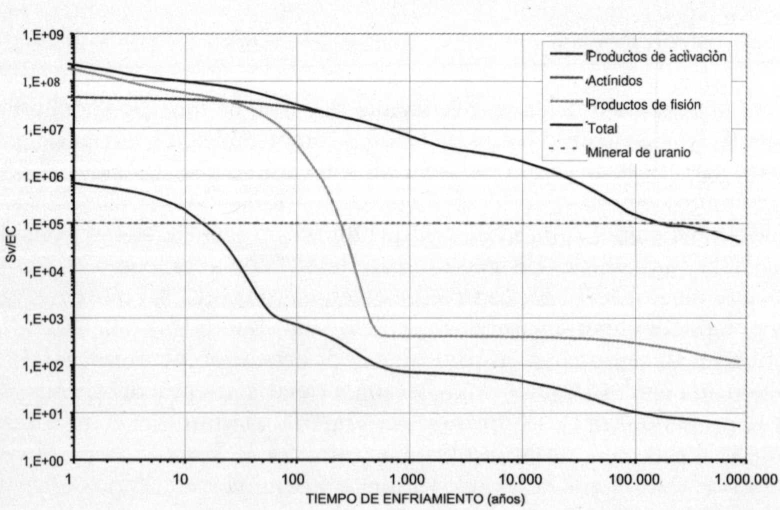

Fig. 21.3.—Inventario radiotóxico de un elemento combustible irradiado tipo PWR *(Pressurized Water Reactor)*

Los residuos de baja y media radiactividad tienen su solución mediante almacenamientos superficiales o poco profundos (El Cabril, de Enresa, es el ejemplo español), estando operativa en muchos de los países involucrados en la energía nuclear. Son los residuos de alta radiactividad los que, por su radiotoxicidad y producción de calor, presentan mayores dificultades para la gestión definitiva. Para ellos se están aplicando, de momento, soluciones temporales de almacenamiento en las propias centrales nucleares (como en el caso de España), o en instalaciones centralizadas.

La naturaleza y forma de los materiales radiactivos de alta radiactividad a gestionar como residuos dependen del ciclo del combustible adoptado, existiendo en este momento dos opciones:

- El ciclo abierto, en el que se considera el elemento combustible quemado para su almacenamiento definitivo, sin ningún reproceso adicional (caso, entre otros países, de España, Estados Unidos, Suecia).
- El ciclo cerrado, con reproceso en el que se reciclan el uranio y plutonio contenidos en el elemento combustible quemado para fabricar óxidos mixtos (MOX) que pueden ser utilizados en las centrales nucleares actuales. Esta operación se realiza en unas instalaciones especializadas, en Europa existentes únicamente en Francia y Reino Unido. En ellas se producen residuos radiactivos de alta actividad acondicionados en matriz de vidrio y líquidos de media y baja actividad que deben ser gestionados adecuadamente. Reprocesos avanzados como el piroproceso o el reproceso acuoso están en fase de investigación y podrían reducir considerablemente el inventario radiactivo de los elementos combustibles.

Además de las soluciones de almacenamiento temporal para los residuos de alta radiactividad, hoy día se contempla su almacenamiento geológico profundo en litologías adecuadamente elegidas para garantizar el aislamiento y estabilidad, añadiendo barreras artificiales que redunden en la seguridad del concepto. Complementariamente, se están estudiando nuevas tecnologías que podrían incidir en la gestión definitiva de los residuos de alta radiactividad, como es la transmutación de estos en el interior de un reactor nuclear mediante reacciones neutrónicas de fisión o de activación. Dentro de estas tecnologías, una de las posibilidades es la transmutación en núcleos subcríticos, alimentados con neutrones exteriores, procedentes de la espalación de materiales de alto número atómico mediante protones de alta energía. A este concepto pertenecen la propuesta de C. Rubbia, el programa de colaboración GEDEON de Francia, el programa OMEGA del Japan Atomic Energy Research Institute (JAERI) en Japón y el ATW (Accelerator Transmutation of Waste) del Los Alamos National Laboratory en Estados Unidos.

En dichos programas se aborda preferentemente la transmutación de actínidos (tanto el plutonio y el uranio como el resto de los llamados actínidos minoritarios), por ser estos los que aportan la mayoría de la radiotoxicidad de los residuos de alta actividad, así como la transmutación de los productos de fisión más críticos. Reacciones de captura neutrónica son:

$$^{99}\mathrm{Tc} + n \rightarrow {}^{100}\mathrm{Tc}\ \beta\ (1{,}6\ \text{segundos}) \rightarrow {}^{100}\mathrm{Ru}\ (\text{Estable})$$
$$^{129}\mathrm{I} + n \rightarrow {}^{130}\mathrm{I}\ \beta\ (12{,}4\ \text{horas}) \rightarrow {}^{130}\mathrm{Xe}\ (\text{Estable})$$

De esta manera, el ^{99}Tc y el ^{129}I se convertirían en elementos estables no radiactivos.

Componentes de un ADS *(Accelerator Driver System):*

— Acelerador de protones de 30 mA y 1 GeV.
— Producción neutrónica por espalación de los protones en un blanco de plomo.
— Refrigeración por plomo (plomo, bismuto) fundido circulando por convección.
— Utilización del ^{232}Th como combustible. Captura neutrónica de ^{232}Th (material fértil) para generar ^{233}U (material fisible).
— Generación de energía por fisión de ^{233}U e incineración de transuránidos procedentes de los reactores de agua ligera, con el consiguiente reproceso de estos.
— Regeneración del material fisible después del reproceso de elementos combustibles.
— Transmutación de productos de fisión.

La propuesta permitiría, pues, considerar un ADS tanto como productor de energía como «incinerador»; los actínidos se fisionarían produciendo energía y los productos de fisión de vida larga se convertirían en elementos estables o de vida más corta, por captura de neutrones. En la actualidad solo la parte de transmutación se considera a medio/largo plazo, ya que la eficiencia energética de un ADS es, de momento, dudosa.

Los dos resultados experimentales más relevantes en relación con el ADS (C. Rubbia y otros) son:

- Por una parte, se ha demostrado la ganancia de energía (del orden de un 12,8 por 100) en un sistema subcrítico de potencia cero (1 vatio) y una fuente de neutrones proveniente de un blanco de espalación sobre el que incide un haz de protones. Esto ha permitido validar los cálculos basados en el método Montecarlo sobre la neutrónica del sistema.
- Por otra parte, se ha demostrado la posibilidad y eficiencia de captura de neutrones por núcleos de productos de fisión por medio del denominado «cruce adiabático de resonancias», de manera que impurezas de estos elementos en la matriz de plomo (esencialmente transparente a los neutrones) son colisionadas por los neutrones, que son capturados y las convierten en elementos estables o de vida más corta.

Los distintos países, y entre ellos España, no abandonan las líneas de investigación relacionadas con la gestión de residuos radiactivos y su almacenamiento geológico profundo (AGP). El Gobierno español ha decidido recientemente posponer hasta el año 2010 la decisión sobre la solución a adoptar para los residuos de alta actividad.

La radiotoxicidad potencial a largo plazo del combustible gastado está asociada con los actínidos y particularmente con los elementos transuránidos (plutonio, americio, curio, neptunio, etc.) que constituyen durante cientos de miles de años la principal fuente radiológica en el repositorio. Sin embargo, su baja solubilidad y movilidad en las formaciones geológicas reduce de manera sustancial su contribución efectiva, en las condiciones del repositorio, a la posible dosis al hombre. Los productos de fisión decaen en su mayoría a partir de trescientos a quinientos años, a excepción de los isótopos de larga vida, tales como ^{129}I, ^{135}Cs, ^{99}Tc, ^{79}Se, ^{107}Pd, ^{93}Zr, etc., que presentan vidas medias de cientos de miles a millones de años.

Los parámetros térmicos de diseño del AGP no se verían afectados sustancialmente si la transmutación fuera operativa, dado que el calor residual del combustible gastado está determinado sobre todo por los productos de fisión de vida corta.

La cantidad de residuos radiactivos se reduciría, por la eliminación del plutonio y actínidos minoritarios, pero se generarían cantidades importantes de residuos secundarios de media actividad y larga vida que necesitarían su almacenamiento en el AGP. Estos residuos procederían del reproceso del combustible, así como de los procesos de separación y transmutación del plutonio y actínidos minoritarios y de otras instalaciones y procesos necesarios para cerrar el ciclo.

En el mundo existen en la actualidad del orden de 443 reactores comerciales operando y aproximadamente 45 en construcción, principalmente en Asia. La vida media de los reactores comerciales es del orden de los cuarenta años. Actualmente se están llevando a cabo importantes programas de investigación para prolongar la vida útil de las centrales y para la fabricación de combustibles con mayor grado de quemado.

Las centrales nucleares comerciales han sufrido dos accidentes importantes:

Three Mile Island (marzo 1979). Por diversos motivos y errores humanos se produjo pérdida del líquido de refrigeración del núcleo del reactor. El núcleo quedó parcialmente expuesto y la reacción con el vapor sobrecalentado produjo una gran acumulación de hidrógeno que, junto con los gases radiactivos, quedaron confinados dentro del edificio de contención del reactor con escasa emisión a la atmósfera.

Chernóbil (abril 1986). Aparentemente por diversos errores humanos, entre otros el cierre del sistema de emergencia de refrigeración por agua y la retirada de las barras de control mientras el reactor continuaba funcionando al 7 por 100 de su potencia, la reacción nuclear quedó fuera de control, dando

Tabla 21.9

Indicadores de eficiencia de centrales nucleares en Estados Unidos

Factor de capacidad:									
Año.............	1980	1982	1984	1986	1988	1990	1992	1994	1996
%................	62,7	62,8	68,7	68,1	69,4	71,7	76,5	81,9	82,5
Paradas automáticas no previstas:									
Año.............	1980	1982	1984	1986	1988	1990	1992	1994	1996
Paradas/año.	7,3	6	4,4	3,8	1,9	1,2	1,1	0,8	0,8

lugar a varias explosiones y a emisiones a la atmósfera de importantes cantidades de material radiactivo.

FUSIÓN

De la misma manera que la rotura de átomos pesados en dos ligeros produce energía, la curva de energía de enlace por núcleo nos indica que la fusión de dos núcleos ligeros en otro más pesado también produce energía. La manera más simple de entender esto es considerando que la masa del He^3 es 3,01603 uam (unidad atómica de masa), mientras que la de un átomo de hidrógeno es 1,007825 uam, y la del isótopo de hidrógeno con dos neutrones, 2,014102 uam. Esta diferencia de masa (0,005897 uam) nos dice que, de acuerdo con la fórmula $E = mc^2$, los átomos de hidrógeno serían inestables por 5,49 MeV (1 uam = 931,48 MeV) frente a la formación de helio. Fue el físico Hans A. Bethe quien en 1930 se dio cuenta por primera vez de la posibilidad de fusionar átomos ligeros liberando energía. De entre las posibles reacciones de fusión de dos átomos ligeros para formar otro más pesado con ganancia de energía podemos indicar:

$$D^2 + D^2 \rightarrow T^3 + H^1 + 4{,}03\ \text{MeV}$$
$$D^2 + D^2 \rightarrow He^3 + n^1 + 3{,}27\ \text{MeV}$$
$$D^2 + T^3 \rightarrow He^4 + n^1 + 17{,}6\ \text{MeV}$$
$$D^2 + He^3 \rightarrow He^4 + H^1 + 18{,}3\ \text{MeV}$$
$$Li^6 + n^1 \rightarrow He^4 + T^3 + 4{,}8\ \text{MeV}$$

donde D^2 y T^3 son los isótopos deuterio y tritio del hidrógeno con uno y dos neutrones en el núcleo, respectivamente. En la reacción $D^2 + T^3$ los 17,6 MeV se reparten entre 3,5 MeV para el He^4 y 14,1 MeV para el neutrón.

El deuterio es muy abundante en la naturaleza; por cada 30.000 litros de agua de mar uno es de deuterio, por lo que se puede decir que es una fuente inagotable de energía. Unos 50 litros de deuterio podrían, caso de fusionarse, proveer de electricidad a todo Estados Unidos durante una hora. Sin embargo, el tritio es muy escaso; su vida media es de 12,36 años; para su producción se utiliza litio según la reacción $Li^6 + n^1 \rightarrow He^4 + T^3$, indicada más arriba. La reacción deuterio-tritio es la de temperatura de ignición más baja, por lo que se considera para las plantas de fusión de primera generación.

A diferencia del caso de la fisión, en la fusión no se producen residuos radiactivos, por lo que se puede considerar un proceso limpio. Sin embargo, los neutrones producidos en la reacción podrían interaccionar con los materiales del reactor, activándolos y haciéndolos radiactivos. En este sentido es interesante considerar la reacción de fusión:

$$D^2 + He^3 \rightarrow He^4 + H^1 + 18{,}3 \text{ MeV}$$

en la que no se producen neutrones que puedan activar los materiales.

Para conseguir la fusión de dos átomos hay que vencer la repulsión culombiana entre los núcleos positivos, que es inversamente proporcional a la distancia entre ellos, hasta que las fuerzas nucleares, de muy corto alcance, entran en acción, dando lugar al átomo de mayor peso atómico. Para vencer la repulsión culombiana hay varios caminos: acelerando las partículas con suficiente energía; esto, que no es difícil en el laboratorio, es tremendamente ineficiente desde el punto de vista energético. Otra manera es proporcionar energía térmica a los átomos, de manera que, si están confinados espacialmente, su probabilidad de cercanía puede ser suficiente para producir la fusión. Esto es lo que ocurre en las estrellas, en las que se alcanzan temperaturas de millones de grados. A estas temperaturas los electrones y los núcleos de los átomos se separan, produciéndose un estado distinto de la materia llamado plasma.

Para producir fusión de una manera autosostenida es necesario que la energía ganada en las fusiones sea superior a las pérdidas. Estas pérdidas se producen sobre todo por radiación electromagnética de las partículas del plasma (esencialmente, los electrones). Los electrones chocan entre ellos y con los iones y pierden energía, produciendo radiación por *bremsstrahlung*, esto es, por desaceleración de los electrones en el plasma en presencia de iones. La pérdida de energía en este proceso es proporcional al cuadrado de la densidad del plasma y a la raíz cuadrada de su temperatura. Para que se produzca la ignición en un plasma se deben cumplir tres criterios: la temperatura del plasma debe ser suficientemente alta como para que los iones salven la barrera culombiana y se fusionen; para que la probabilidad de colisión sea grande, la densidad del plasma debe ser lo bastante alta; por último, estas dos condiciones deben darse durante un tiempo suficiente para que la fusión sea autosostenida. El criterio (Lawson) más sencillo se puede obtener considerando que la energía de calentamiento es debida únicamente a las partículas α (átomos de He); ya que los neutrones escapan del plasma, es mayor que la pérdida por *bremsstrahlung*. Este balance energético conduce a que para la reacción deuterio-tritio $n_i \times T_i \times \tau_E > 3_i \times 10^{21}/m^{-3}/\text{KeV} \times s$ (T_i del orden de 100 millones de grados), donde n_i, T_i, τ_E son la densidad del plasma, su temperatura y tiempo de confinamiento, respectivamente. Para la reacción deuterio-deuterio el criterio es $n_i \times T_i \times \tau_E > 4 \times 10^{22} \times m^{-3} \times \text{KeV} \times s$ (T_i del orden de 400 millones de grados). En la realidad otros factores, como la presencia de impurezas y las inestabilidades, juegan papeles muy importantes a la hora de obtener un sistema autosostenido. La presencia de impurezas de alto número atómico en el plasma aumenta considerablemente la pérdida de energía por *bremsstrahlung;* estas impurezas pueden provenir de desprendimientos de las paredes de la vasija de contención del plasma. Por otra parte, las inestabilidades intrínsecas al plasma dificultan su confinamiento, por lo que son un campo importante de investigación dado el carácter turbulento del comportamiento de los plasmas a muy altas temperaturas. Para conseguir estos parámetros es necesario confinar el plasma, y para ello hay tres vías: confinamiento gravitatorio (en las estrellas), confinamiento magnético y confinamiento inercial.

Fusión por confinamiento magnético

En este caso las partículas del plasma se confinan usando campos magnéticos. Una partícula cargada en movimiento bajo la acción de un campo magnético sufre la acción de la fuerza de Lorentz perpendicular a su velocidad y al campo magnético. De esta manera, en el plasma los iones y los electrones se mueven libremente a lo largo de las líneas de campo describiendo trayectorias espirales. Variando las intensidades y configuraciones de los campos magnéticos se puede confinar el plasma en una «botella magnética», de manera que su densidad aumente enormemente y minimice la interacción del plasma con las paredes de la cámara de vacío que lo contiene. Hay, esencialmente, dos configuraciones geométricas: el *tokamak* y el *stellarator* (fig. 21.4).

En el primer caso, la cámara tiene forma de toro, de manera que el campo magnético producido por el movimiento de las partículas cargadas se suma

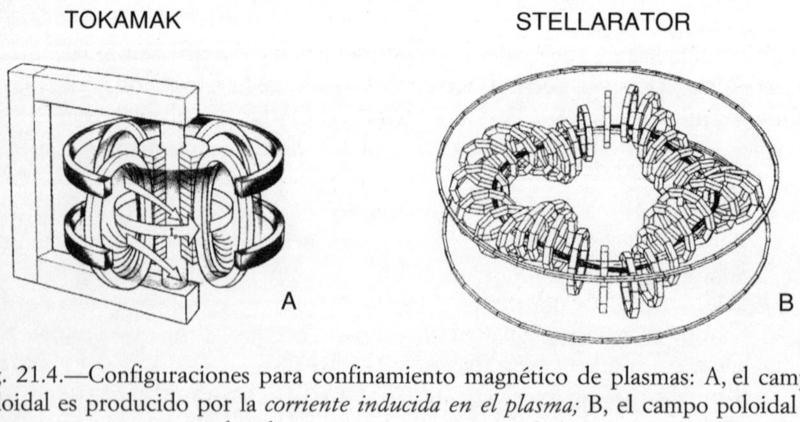

Fig. 21.4.—Configuraciones para confinamiento magnético de plasmas: A, el campo poloidal es producido por la *corriente inducida en el plasma;* B, el campo poloidal es producido por *corrientes externas al plasma*

al campo exterior. En el caso de los *stellarators,* al toro se le suma una estructura helicoidal, de manera que el único campo magnético que actúa sobre el plasma es debido a los campos externos. Esta última configuración es ideal para laboratorios de experimentación dada la flexibilidad del dispositivo. El concepto de *tokamak* surge en 1950 en la Unión Soviética de la mano de Andrei D. Sajarov e Igor Y. Tamm, obteniéndose en *tokamaks* en los años sesenta temperaturas de plasma de hasta tres millones de grados.

El calentamiento del plasma se puede conseguir por medio de acoplamiento de ondas de radiofrecuencia. Otra manera de calentar el plasma y conseguir más altas temperaturas consiste en inyectar en la vasija que contiene el plasma partículas neutras aceleradas a grandes velocidades para transferir su energía cinética al plasma.

Hasta la fecha se han producido un total de 16 MW de potencia controlada durante segundos en el JET *(Joint European Torus)* de la UE en el Reino Unido. En 1992 se llega a un acuerdo internacional entre Europa, Japón, Estados Unidos (que se ha retirado recientemente) y Rusia para la creación del ITER *(International Thermonuclear Experimental Reactor),* cuyo objetivo es demostrar la viabilidad técnica y económica de la fusión por confinamiento magnético, antes de construir una instalación de demostración comercial.

El paso de experimentos de laboratorio a la construcción de un reactor de demostración es un avance enorme tanto desde el punto de vista tecnológico como económico; las primeras estimaciones cifran su construcción en 4.000 millones de euros. El que la fusión pueda ser una alternativa energética de futuro dependerá de la situación energética con las fuentes ya conocidas dentro de veinte-treinta años, cuando el petróleo escasee o su precio aumente sensiblemente. Hay una correlación notable durante los últimos treinta años entre el dinero que dedica el Departamento de Energía de Estados Unidos a la investigación en fusión y el precio del crudo en el mercado internacional.

España contribuye a la investigación en fusión por confinamiento magnético principalmente a través del Laboratorio Nacional de Fusión por Confinamiento Magnético del Ciemat, dentro de la asociación EURATOM-Ciemat, donde se ha construido un *stellarator* llamado TJ-II.

Características del TJ-II:

- Número de bobinas para el campo toroidal: $n = 32$.
- Número de períodos: $m = 4$.
- Radio mayor: $R_0 = 1,5$ m.
- Radio medio del plasma: $a = 0,1$-$0,2$ m.
- Campo magnético toroidal: $B_T = 1$ T.
- Diámetro de la cámara de vacío: D = 5,2 m.
- Temperatura de los electrones: T_e 10 a 20 millones de grados.
- Densidad de electrones: n_e del orden de 2×10^{14} electrones por cm^3.

Tabla 21.10

Parámetros de diversos dispositivos de fusión por confinamiento magnético

	Antes de JET (1973)	JET	ITER (previsto)	Reactor (estimado)
Radio mayor (m)	1	3	8,1	6,5
Radio menor (m)	0,25	1,3	2,8	1,8
Volumen de plasma (m^3)	1	140	1.000	800
Corriente de plasma (MA)	0,4	4-7	21	22
Campo toroidal (T)	1-10	3,45	5,7	7,0
Tiempo de confinamiento (s)	0,02	2	6,1	10,0
$n_i \times T_i \times \tau_E$ ($10^{20} \times m^{-3} \times KeV \times s$)	0,03	8	50	50
Potencia térmica de fusión (MW).	—	16	1.500	3.500

Fusión por confinamiento inercial

Otra manera de vencer la barrera de repulsión culombiana es comprimir hasta llegar a grandes densidades (del orden de 10^{31} a 10^{32} partículas cm^3) y por medio de iluminación intensa pequeñas bolas que contienen deuterio y tritio en forma gaseosa. La compresión, casi instantánea (el tiempo de confinamiento es del orden de 10^{-12} segundos), produce un calentamiento del gas hasta millones de grados y, consecuentemente, la reacción de fusión (véase fig. 21.5). En el caso de las bombas de hidrógeno, este inmenso aporte de energía lo produce una explosión atómica de fisión, dando lugar a liberación incontrola-

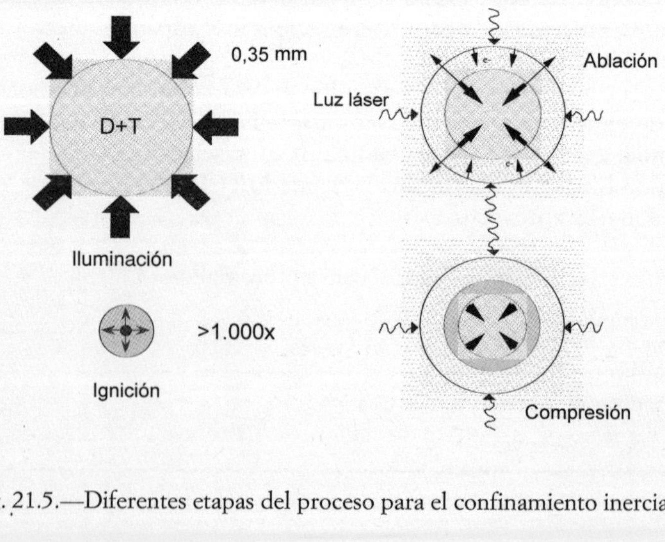

Fig. 21.5.—Diferentes etapas del proceso para el confinamiento inercial

da de energía tanto por fisión como por fusión. Las posibles aplicaciones militares de la fusión por confinamiento inercial han limitado enormemente sus desarrollos para aplicaciones con fines pacíficos.

ENERGÍAS RENOVABLES

Bajo este epígrafe se enmarcan una serie de tecnologías que aprovechan recursos naturales e inagotables como el sol, el viento y el agua. La situación y perspectivas de las energías renovables es diversa; sin embargo, casi todas ellas tienen unas características comunes:

- A diferencia de los combustibles fósiles, los recursos energéticos de las energías renovables se encuentran muy distribuidos en el mundo.
- Las tecnologías asociadas son relativamente asequibles a países con un desarrollo tecnológico medio.
- Su mínimo impacto medioambiental ayuda a la reducción global de contaminantes como el CO_2.
- Su carácter modular las hace susceptibles de utilización descentralizada y, por lo tanto, sintonizan con un modelo energético orientado por la demanda.
- El carácter inagotable del recurso permite el ahorro de combustibles que, en cualquier caso, son finitos.
- A pesar de su desarrollo en los últimos años y consiguiente reducción en los costes, algunas de ellas todavía necesitan apoyos institucionales para competir con fuentes tradicionales de energía.

La situación de las energías renovables es especialmente llamativa en algunos países; en Austria la contribución de las energías renovables al consumo de energía primaria fue, en el año 1997, el 24,5 por 100 del total; esta aportación se divide casi exclusivamente entre hidráulica y biomasa. La producción de electricidad con renovables supone más de dos tercios del total. En Finlandia en 1998 el 23 por 100 del consumo de energía primaria fue de origen renovable (19 por 100 biomasa, 4 por 100 hidráulica). En Francia la biomasa es el mayor aprovechamiento, con 11 millones de tep, seguido de la hi-

Tabla 21.11

Producción total de energías renovables en algunos países de la UE en 1997 (Ktep/año)

Francia	Suecia	Italia	España	Austria	Finlandia	Alemania	Portugal	Reino Unido	Dinamarca
16.911	13.406	12.928	6.965	6.946	6.658	6430	3.602	1.991	1.714

Fuente: Eurostat.

dráulica, con 5,5 tep. El aprovechamiento de los residuos sólidos urbanos aporta 1,5 millones de tep al año. Alemania y Dinamarca se destacan por su utilización de la energía eólica, con 1.200 MW instalados en Dinamarca y 2.570 en Alemania en 1998.

En España, en el año 1998, con una producción total de 7.173 Ktep, la distribución aproximada es:

Minihidráulica (< 10 MW):	482 Ktep
Residuos sólidos urbanos:	247 Ktep
Solar fotovoltaica:	1,3 Ktep
Biomasa:	3.644 Ktep
Solar térmica:	26,3 Ktep
Eólica:	124 Ktep
Hidráulica (> 10 MW):	2.645 Ktep
Geotermia:	3,4 Ktep

Tabla 21.12

Producción anual de electricidad (GWh) de origen eólico en España

1992	1993	1994	1995	1996	1997	1998	1999
103	117	176	192	319	622	1.700	3.750

Fuente: IDAE.

Eólica

De todas las energías renovables la eólica es la que más se ha desarrollado en los últimos años. La tecnología es sencilla y robusta, de manera que se han reducido enormemente los costes de instalación y operación de los parques eólicos, haciéndola competitiva con fuentes convencionales de producción eléctrica. Desde finales de los años ochenta Europa lidera la implantación de esta tecnología, y España es el país con mayor implantación, con una potencia instalada a finales de 1999 del orden de los 1.000 MW. El tamaño de los aerogeneradores ha aumentado a lo largo de los años, llegándose al desarrollo de turbinas de hasta 1,5 MW.

Solar

Solar térmica para la producción de electricidad

Los sistemas que usan esta tecnología concentran directamente la energía solar mediante espejos, convirtiéndola en energía térmica que, a su vez, se puede usar para producir electricidad. Distintas configuraciones para focalizar la energía solar son: torre central, espejos cilindroparabólicos, discos, etc. En el caso de torre central, un campo de espejos alrededor de esta concentra la energía solar en un receptor que transfiere el calor por medio de sodio, agua, sales fundidas o aire, alcanzando temperaturas entre 500 °C y 1000 °C. Otra configuración consiste en filas de espejos cilindro-parabólicos que concentran la energía solar en tubos situados a lo largo del eje de los espejos. En los tubos se encuentra el líquido o vapor transmisor del calor. Las instalaciones comerciales más grandes del mundo se encuentran en California con una potencia de 350 MW. Otro uso importante de la energía solar es en la llamada química solar, que usa esencialmente la radiación ultravioleta como catalizador de diversos procesos químicos. En España es destacable la Plataforma Solar de Almería (del CIEMAT), considerada «gran instalación científica» por la Unión Europea.

Solar térmica para calefacción

Utiliza directamente la energía solar tanto para la conversión directa de la radiación solar en calor o para calentar un líquido térmico y posteriormente calentar agua o aire. La integración de estos sistemas en la edificación es cada vez más importante y puede jugar un papel relevante en el diseño de arquitectura bioclimática. No hay que olvidar que, en los países de la OCDE, la vivienda representa el 40 por 100 del consumo total de energía.

Fotovoltaica

De las energías renovables, la fotovoltaica es quizá la que necesita un mayor esfuerzo en investigación. No obstante, su utilización en sistemas aislados es creciente.

En un semiconductor el espectro de energías de los electrones es tal que los estados ocupados (banda de valencia) están separados de los estados vacíos (banda de conducción) por un gap de energía. Este gap de energía en los semiconductores como silicio, germanio o arseniuro de galio es del orden del eV, que está en el rango de energía de la luz visible. Al hacer incidir luz sobre estos semiconductores se produce la promoción de un electrón de la banda de valencia a la de conducción, dejando una carga positiva en aquella y formándose un par electrón-hueco. En condiciones normales, estos pares se recombinan, volviendo el sistema a la situación original. Sin embargo, en el caso de una unión *p-n* se crea un campo eléctrico intrínseco en la interfase tal que si se iluminara tal unión se limitaría la anteriormente descrita recombinación entre electrones y huecos de manera que los electrones se localizan en la parte *n* y los huecos (cargas positivas) en la parte *p*. Esto hace posible el mantenimiento de una corriente eléctrica por un circuito exterior y el funcionamiento de la unión *p-n* iluminada como generador fotovoltaico. Evidentemente no todos los fotones que llegan a la celda contribuyen a la generación de electricidad. Hay diversas pérdidas:

- Los fotones con energía menor del gap no pueden crear pares electrón-hueco.
- Los fotones que no son absorbidos por la célula y se pierden por transmisión.
- Los fotones que se reflejan en la célula.
- Los pares electrón-hueco que se recombinan antes de contribuir a la corriente.

La eficiencia ha aumentado desde la aparición en 1954 (Chapin) con una eficiencia del 6 por 100 a la eficiencia más grande conseguida hasta la fecha de 23 por 100. Una manera de aumentar la corriente es utilizar espejos para concentrar la radiación solar en la célula. Con este método se han conseguido rendimientos del orden del 27 por 100 concentrando 140 soles.

Biomasa

De entre los diversos usos energéticos de la biomasa se pueden indicar los siguientes:

Digestión anaeróbica, que implica la rotura de residuos orgánicos por medio de bacterias en un entorno libre de oxígeno. Se usa normalmente en el tratamiento de residuos; también se puede utilizar para producir biogás rico en metano para generar calor o electricidad. La capacidad instalada en el mundo en 1995 era del orden de 6.000 MW. Otra posibilidad es la de producir directamente metano en vertederos.

Uso de la biomasa y residuos de la biomasa para producir electricidad y calor. Este es el uso tradicional y convencional de la biomasa. La capacidad mundial de biomasa para producir calor es del orden de 4.200 GW, mientras que la producción de electricidad por medio de biomasa es del orden de 17 GW eléctricos.

Biofueles líquidos. Esencialmente utilizados para la producción de etanol y como aditivos a la gasolina para la sustitución de elementos con metales pesados. La producción mundial es del orden de 15.000 toneladas por año.

Hidráulica

El uso de la energía hidráulica para la producción de electricidad está bien establecido y hoy día es la fuente renovable que más contribuye. No obstante, a nivel mundial, no están explotadas las posibilidades de las centrales minihidráulicas.

Conclusión

Las necesidades energéticas de la población mundial han estado razonablemente bien cubiertas durante los últimos años y parece que también lo estarán en el futuro a corto y medio plazo. La liberalización del sector energético y el respeto al medio ambiente están empezando a marcar las tendencias del suministro energético en el que las investigaciones y los desarrollos tecnológicos están encaminados a un uso más eficiente de las fuentes energéticas conocidas. Las energías renovables están llamadas a jugar un papel cada vez más relevante, como lo indican los diversos planes nacionales y supranacionales para su fomento. La energía nuclear verá en los próximos años el cierre progresivo de las centrales al ir cumpliendo estas su vida útil. El futuro de la energía nuclear depende esencialmente del tratamiento que se pueda dar a los residuos radiactivos; diversas alternativas se están contemplando y en los próximos años los gobiernos deberán tomar decisiones al respecto. El petróleo y, en menor medida, el gas natural se enfrentan a la posible disminución de sus reservas, que solo será paliada por importantes desarrollos tecnológicos en la explotación de yacimientos acompañado de un aumento de los precios. El ahorro y la eficiencia energéticos serán armas imprescindibles para hacer frente a las necesidades energéticas futuras. Fuentes nuevas como la fusión solo serán operativas si las fuentes actuales se hacen verdaderamente escasas y/o sus costes justifican las importantes inversiones necesarias para llevar la fusión a nivel comercial. Nuevos vectores como el hidrógeno están tomando cada vez papeles más relevantes. La liberalización del mercado eléctrico con la presencia de nuevos operadores, aumentando la descentralización y generación distribuida, lleva a la necesidad del desarrollo de herramientas que ayuden a la gestión de la oferta y la demanda que las redes eléctricas necesitan. De la misma manera, los propios sistemas de control en la producción energética, optimizando los recursos y disminuyendo las emisiones, van a jugar un papel cada vez más importante.

22
LOS TRANSPORTES

Ramón Fernández Durán

«Lo extraño era que, a pesar de todo el tiempo que ahorraba, nunca le quedaba nada para gastar; de alguna forma misteriosa simplemente se desvanecía.»

Michael ENDE, *Momo*

«El varón norteamericano típico consagra más de mil quinientas horas por año a su automóvil: sentado dentro de él, en marcha o parado, trabajando para pagarlo, para pagar la gasolina, los neumáticos, los peajes, los seguros, las infracciones y los impuestos para la construcción de carreteras y aparcamientos. Le consagra cuatro horas al día en las que se sirve de él o trabaja para él. Sin contar con el tiempo que pasa en el hospital, en el tribunal, en el taller o viendo publicidad automovilística ante el televisor. Estas mil quinientas horas le sirven para recorrer 10.000 km, es decir, 6 km por hora. Exactamente la misma velocidad que alcanzan los seres humanos en los países que no tienen industria del transporte. Con la salvedad de que el americano medio destina a la circulación la cuarta parte del tiempo social disponible, mientras que en las sociedades no motorizadas se destina a este fin solo entre el 3 y el 8 por 100.»

Ivan ILLICH, *Energía y equidad*

«Cuanto más carreteras [...] construimos, menos tiempo parece que tiene la gente [...] Cuanto más énfasis se pone en el ahorro de tiempo, más se orienta el conjunto del sistema de transporte a servir las necesidades de los sectores más ricos de la sociedad.»

John WHITELEGG, *La contaminación del tiempo*

TRANSPORTE «VERSUS» SOSTENIBILIDAD: MOVILIDAD MOTORIZADA, GLOBALIZACIÓN ECONÓMICA Y «PROYECTO EUROPEO»

La mundialización económica y la ampliación de los mercados promueven la expansión imparable del transporte motorizado

Con posterioridad a la Segunda Guerra Mundial se entra en una nueva fase de la evolución del capitalismo. Una nueva etapa que iba a estar presidida por la creciente preponderancia del comercio mundial multilateral y la orientación paulatina de la producción hacia mercados más amplios que los que definían las fronteras de los Estados-nación (lo cual es especialmente cierto en Europa occidental, donde se procede desde los años cincuenta a la creación de un espacio económico supraestatal: la CEE). Es un período de crecimiento y consolidación de grandes empresas en los llamados países del Norte, que proyectan cada vez más su actuación a nivel planetario.

Las instituciones que van a regular el funcionamiento, a escala internacional, de este modelo productivo, crecientemente mundializado, serán: el Fondo Monetario Internacional (FMI: la pata monetaria), el Banco Mundial (BM: la pata financiera) y el GATT (Acuerdo General sobre Aranceles y Comercio: la pata comercial). La creación de estas instituciones se decide en Bretton Woods en 1944, y su actuación va a permitir ir sentando las bases para una progresiva globalización de la economía, que se acelera especialmente en el último período.

Se podrían distinguir, pues, dos grandes etapas en este proceso. Una, que iría desde 1945 hasta mediados de los años setenta, y que estaría marcada por un intenso crecimiento económico en el Norte, con un importante componente industrial, de carácter urbano-metropolitano. Este crecimiento es un potente generador de empleo asalariado, especialmente en el ámbito de la gran industria. De forma paralela, en el mundo rural, se asiste a la progresiva desaparición de la pequeña actividad productiva agraria tradicional (pequeño campesinado), debido a la expansión de la actividad agropecuaria industrializada *(agribusiness),* basada en las técnicas de la «revolución verde» (grandes explotaciones, altamente mecanizadas, con gran consumo de energía, con elevados *inputs* de fertilizantes químicos y sintéticos, así como pesticidas y herbicidas, y por consiguiente de alto impacto ambiental).

Todo ello genera unas fuertes corrientes migratorias campo-ciudad, provocando un acusado crecimiento poblacional de las principales metrópolis. Es una época de pleno empleo (con carácter fijo), de mejora generalizada de los niveles salariales y de las condiciones de trabajo. Ello coexiste con un fuerte desarrollo de la motorización y del transporte por carretera en general. De hecho, las principales industrias se relacionan, en una muy importante medida, con el sector del automóvil y del petróleo. En la consolidación de este nuevo modelo productivo y territorial, en los países del Norte, cumplen un papel trascendental los Estados. Son años de fuerte intervencionismo estatal, de políticas keynesianas, en que se desarrolla el llamado Estado del Bienestar, especialmente en el espacio europeo occidental. Los Estados no solo actúan en el ámbito de la promoción de la vivienda pública (en concreto, en la Europa comunitaria), para acoger a los grandes volúmenes de población que acuden a las ciudades, sino que impulsan, así mismo, la construcción de grandes infraestructuras de transporte, especialmente viarias, de alta capacidad. Infraestructuras que conectan los principales núcleos urbanos, y que, en menor medida, se localizan en el interior de las metrópolis y en sus periferias.

La construcción de dichas infraestructuras absorben importantes recursos económicos. Ello hace que se adopten diferentes fórmulas para su ejecución. En algunos casos son los propios Estados los que las acometen directamente, a través de sus presupuestos generales (p. ej., Alemania occidental), o mediante tasas (sobre el combustible) de carácter finalista (p. ej., el *Interstate Highway System,* en Estados Unidos). O bien se acude al concurso del capital privado a través de la concesión de autopistas de peaje. Esta última modalidad se da principalmente en países de poca capacidad inversora estatal (p. ej., el Estado español, en esa época). De cualquier forma, no existe una única fórmula para la realización de este tipo de infraestructuras, sino que se dan distintas combinaciones, según los casos.

Mientras tanto, en los países del Sur, o de la Periferia, es principalmente el BM, en colaboración con el capital financiero privado, el encargado de impulsar la construcción de las infraestructuras de transporte (e hidráulicas) que van a permitir conectar importantes territorios, hasta entonces al margen de la economía monetaria, a la lógica del mercado mundial. Actuaciones especialmente relacionadas con grandes proyectos del capital transnacional de extracción de materias primas (recursos minerales y energéticos) o de importantes explotaciones de agricultura de exportación destinada así mismo a los mercados del Norte. La ejecución de estos proyectos de «desarrollo» sería una de las causas del despegue de la deuda externa de los países del Sur.

Tras las crisis energéticas de los setenta, la quiebra del patrón dólar-oro, y el agotamiento del modelo industrial fordista de la posguerra en el Centro, se produce una quiebra del crecimiento en los países del Norte, que se intenta remediar con el inicio de un profundo cambio de rumbo en las políticas económicas y con un importante salto hacia delante en los procesos de globalización o mundialización de las relaciones económicas (segunda etapa). Por un lado, se promueve una paulatina aplicación de las llamadas políticas neoliberales: desregulación progresiva de los mercados de trabajo y de capital, privatización creciente de las empresas y servicios públicos, recortes del Estado del Bienestar... Y, por otro, en paralelo, se incentiva una creciente deslocalización industrial hacia ciertos países de la Periferia (especialmente el Sudeste asiático y, en menor medida, ciertos países latinoamericanos), con el fin de abaratar los costes de producción. Lo que se conoce como la Nueva División Internacional del Trabajo. Al tiempo que se acomete una importante reestructuración productiva (posfordista) de la industria que permanece en el Norte. Reestructuración que implica una fuerte inversión y concentración del capital, que incrementa enormemente la productividad, a costa de amortizar y flexibilizar el factor trabajo.

En este cambio de orientación cumplen un papel trascendental el FMI, el BM y el GATT. El FMI, a través de la aplicación de los Planes de Ajuste Estructural que obligan a los países de la Periferia a devaluar sus monedas, lo que abarata aún más el coste de su fuerza de trabajo; a desregular y privatizar sus economías, abriéndolas a la lógica del mercado mundial, así como a orientar su producción de una manera mucho más intensa hacia la exportación. El BM, que incrementa su capacidad de actuación para llevar a cabo, en un tiempo récord, la creación de las infraestructuras correspondientes (de transporte, hidráulicas y energéticas) para que determinadas áreas de la Periferia cumplan su nuevo papel (de producción industrial para el mercado mundial). Y el GATT (especialmente a partir de la firma de la Ronda Uruguay [1994], cuando se constituye como Organización Mundial del Comercio [OMC]), que obliga a eliminar progresivamente las restricciones estatales a la expansión del libre mercado mundial en todos los ámbitos.

En paralelo a estos procesos a nivel global, se intensifica la ampliación de los llamados mercados regionales planetarios (UE, TLC, APEC, Mercosur...). Estas tendencias acentúan la extensión y consolidación de la producción y distribución a gran escala (las llamadas empresas transnacionales), que domina los mercados mundiales y provoca la consiguiente destrucción de la pequeña actividad productiva tradicional (intensiva en factor trabajo), que opera en los mercados locales. Lo cual tiene efectos devastadores para el empleo y las condiciones laborales, tanto en el Norte como en el Sur del planeta. Las quinientas mayores empresas transnacionales son responsables del 25 por 100 del Producto Mundial Bruto (y del 70 por 100 del comercio mundial), pero tan solo emplean al 1,25 por 100 de la población activa global (*Fortune,* 1993). El crecimiento de estos últimos años es, por consiguiente, un «crecimiento sin empleo», según las Naciones Unidas (PNUD, 1993). Se incrementan, pues, el paro y la precariedad en el Norte, y se extiende la exclusión generalizada y la hiperexplotación en el Sur, y en la década de los noventa también en el Este.

Todo lo cual genera un salto sin precedentes en los procesos de urbanización mundial. Hoy día el 50 por 100 de la población del planeta habita en ciudades [1] (Naciones Unidas, 1996). Este crecimiento es especialmente importante, en términos cuantitativos, en los países de la Periferia Sur, mientras que en los países del Norte el crecimiento urbano adopta fundamentalmente, en este período, un componente espacial (expansión en forma de «mancha de aceite»

[1] Este porcentaje era del 3 por 100 a principios del siglo XIX, del 15 por 100 a comienzos del XX y del 33 por 100 en 1950 (Beauchard, 1993).

de las llamadas regiones metropolitanas) más que poblacional[2]. Todos estos hechos comportan un desarrollo sin parangón de las necesidades de transporte motorizado, y en especial de las distancias que recorren las personas y sobre todo las mercancías. La globalización económica y el crecimiento imparable de la movilidad motorizada son, por lo tanto, dos caras de una misma moneda. Esta explosión generalizada de nueva demanda de transporte es preciso satisfacerla con grandes infraestructuras (viarias, portuarias, aeroportuarias...), que permitan un funcionamiento fluido de un modelo productivo que tiene una dimensión mundial. Y al mismo tiempo esta creación de infraestructuras incentiva a su vez los procesos de globalización, urbanización y extensión de la movilidad motorizada.

Ello conlleva un elevado coste económico, que acentúa el endeudamiento de los Estados y de las economías en general, un importante impacto social[3], y un agravamiento sin precedentes de los impactos ecológicos planetarios. A nadie se le escapa que el crecimiento incontenible de la movilidad motorizada, y en especial del transporte por carretera y aéreo[4], los dos modos más impactantes sobre el entorno ecológico, profundiza los principales problemas ambientales globales (cambio climático, lluvias ácidas, ocupación de suelo fértil, pérdida de biodiversidad...); al tiempo que aceleran el previsible agotamiento de los recursos energéticos no renovables, en concreto del petróleo, sobre el que se basa de forma casi exclusiva la movilidad motorizada actual. El petróleo es el combustible fósil menos abundante, y con el presente ritmo de utilización su agotamiento se prevé en torno al 2050. Además, «la curva en ascenso de consumo de crudo se espera que cruce la [futura] curva en descenso de la producción en algún momento entre el año 2000 y 2010»; ello hará que muy probablemente el coste de este recurso energético se dispare al alza, hecho que tendrá un impacto muy importante sobre un modelo alimentario-productivo y territorial que se basa en la energía barata y en la movilidad motorizada masiva, hasta el punto de poder llegar a poner en cuestión la expansión continuada del mismo (Reese, 1998).

Para poder evaluar el verdadero impacto de la actividad del transporte sería preciso contemplar la repercusión de la totalidad del «ciclo productivo: fabricación de vehículos, construcción de infraestructuras, extracción y procesamiento de combustibles, circulación de vehículos, mantenimiento general del sistema y eliminación de vehículos obsoletos y otros residuos». Lo que por supuesto no se hace de ninguna forma en el enfoque institucional actual. De esta manera, quedaría meridianamente claro que la dimensión económica, so-

[2] La razón de este hecho es que ya no queda prácticamente población en el ámbito rural. En la actualidad, por ejemplo, Estados Unidos tan solo tiene un 3 por 100 de población activa agraria, la UE el 5 por 100 y Japón el 7 por 100 (Fernández Durán, 2000).

[3] Entre otras cuestiones, el transporte por carretera es el responsable actualmente de un millón de muertos, nueve millones de heridos y 800.000 minusválidos anuales (Whitelegg, 1996a).

[4] Activado adicionalmente por la explosión del turismo de masas de ciertos sectores de población de los países del Norte.

cial y ambiental de la expansión de la movilidad motorizada es mucho mayor de la que comúnmente se le supone. Ya que «la generalización del transporte motorizado exige la utilización de enormes cantidades de materiales y energía, cuya extracción, transformación y consumo produce grandes masas de residuos sólidos, líquidos y gaseosos» (Estevan y Sanz, 1996).

Así pues, las tendencias de intensificación de intercambios, aceleración de los procesos de urbanización[5] y paralelo incremento de la movilidad motorizada, que se vislumbran como resultado de la profundización de los procesos de ampliación de los mercados regionales planetarios y de globalización económica, incidirán en una creciente insostenibilidad global. En el caso que nos ocupa, el crecimiento ilimitado del transporte motorizado es incompatible con el necesario equilibrio ecológico de la actividad humana sobre el planeta.

Si ya el crecimiento económico continuo (es decir, exponencial) es imposible, a medio y largo plazo, en un ecosistema finito como es la biosfera, la evolución de la movilidad motorizada es doblemente incompatible, pues está incrementándose a un ritmo bastante superior al del crecimiento económico. El transporte, pues, se configura como el «núcleo duro» de la crisis ecológica. En los últimos cincuenta años el crecimiento económico se ha quintuplicado a escala planetaria, en dólares constantes (es decir, descontando la inflación), mientras que el comercio mundial se ha multiplicado por doce, habiendo crecido la movilidad motorizada a un ritmo considerablemente superior (Korten, 1997). Es ilustrativo señalar cómo, por ejemplo, el tráfico mundial de pasajeros y mercancías está previsto que se multiplique por más de tres en los próximos veinte años (un ritmo superior al 6 por 100 anual acumulativo) (Vidal Beneyto, 1999); si es que ello es posible.

Contra esta sinrazón de la evolución del «libre comercio mundial», y sus consecuencias económicas, sociales y ambientales, que ejemplificaba como nadie la llamada Ronda del Milenio de la OMC —un intento de nueva vuelta de tuerca en la aceleración de los intercambios planetarios—, es contra la que han confluido recientemente multitud de disidencias en Seattle, bajo el lema «el mundo no es una mercancía». Pues desde las instancias de poder parece que se quiere construir «un mundo cuya principal y prácticamente única actividad consista en la circulación acelerada de mercancías» (Amorós, 1999).

Además, es absolutamente impensable la posibilidad de generalizar el modelo de movilidad motorizada privada del Norte al conjunto del planeta. «Más del 40 por 100 de los coches [existentes en el mundo] están en Estados Unidos, casi una tercera parte en Europa occidental, un 7 por 100 en Japón y otro 7 por 100 en Canadá, Oceanía y Sudáfrica [...] Y tan solo el 7 por 100 de la población mundial posee automóviles [...] ¿Qué pasará en el siglo XXI cuando el resto del mundo aspire también a estos privilegios?» (Ward, 1996).

[5] Se prevé que más del 60 por 100 de la población mundial viva en ciudades para el 2025 (Norberg Hodge, 1996a; Naciones Unidas, 1996).

Las proyecciones del Banco Mundial en cuanto al parque mundial de vehículos y a su uso (fig. 22.1) indican un crecimiento exponencial del parque mundial y especialmente de su utilización (Banco Mundial, 1996). Sin embargo, todo parece indicar que la concentración de la movilidad motorizada privada se seguirá dando prioritariamente en el Norte, en los países de la OCDE, donde se concentra casi el 90 por 100 del parque mundial de automóviles, pues la creciente preponderancia de la economía financiero-especulativa a escala planetaria, y las crisis que lleva aparejadas, tienden a agravar las diferencias Centro-Periferias (Sur y Este), así como las desigualdades sociales en el interior de cada uno de los países, y a erosionar especialmente el volumen de clases medias en los países periféricos.

Las políticas de la UE incentivan la necesidad de transporte motorizado

Desde el inicio del «proyecto europeo», en los cincuenta, las necesidades de movilidad motorizada no han hecho sino acrecentarse continuamente. Sin embargo, el incremento de transporte motorizado se ha acentuado de manera sustancial desde mediados de los años ochenta, en paralelo con la creación del llamado Mercado Único, la ampliación del ámbito abarcado por el «proyecto europeo» y la intensificación de sus relaciones con su área de influencia más directa. El hecho de que en la actualidad la UE agrupe ya a quince Estados

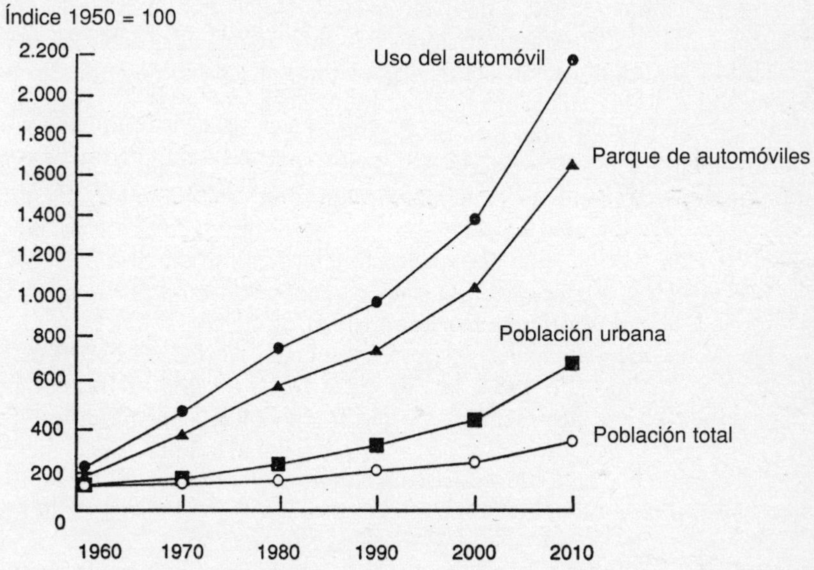

Fig. 22.1.—Crecimiento de motorización y del uso de automóviles a nivel mundial. *(Fuente:* Banco Mundial, *Sustainable Transport,* 1996.)

miembros, y de que funcionen integrados bajo las normas del Mercado Único (MU) la mayoría de los países de la EFTA *(European Free Trade Association),* dentro de lo que se denomina el Espacio Económico Europeo, así como la proliferación de tratados de cooperación o asociación con países limítrofes del Este y del Sur, ha contribuido decisivamente a esta explosión de la movilidad. La creación del euro, verdadera clave de bóveda del MU, no hará sino acentuar estas tendencias; por ahora, han ingresado en el euro solo los once países de la llamada Eurolandia, pero su creación tiene (y tendrá aún más) importantes efectos sobre toda la UE y sus sucesivos círculos concéntricos exteriores.

Hace ya una década, en 1990, en un informe encargado por la Comisión Europea se alertaba que: «desde hace algunos años, Europa parece haber sobrepasado el punto más allá del cual cualquier incremento del tráfico es contraproducente. La suma de efectos negativos parece cancelar los incrementos de riqueza, eficiencia, confort y facilidad de transportarse que deberían resultar del crecimiento del volumen de tráfico» (G.T. 2000 Plus, 1990). Es más, se llegaba a mencionar que el colapso circulatorio que ya estaba afectando de forma grave a la República Federal Alemana, y que había sido caracterizado como *Verkehrsinfarkt* (infarto circulatorio), podría extenderse a áreas aún más amplias de la UE. Además, se señalaba que, en la actualidad, el crecimiento de las necesidades de transporte motorizado duplica prácticamente la evolución del crecimiento del PIB. Y se pronosticaban unos crecimientos del tráfico de mercancías de más del 40 por 100 para el conjunto de la UE para el 2010, en relación con 1990, y de nada menos que del 300 por 100 para el sur de Europa. Más tarde, estas previsiones han sido modificadas aún más al alza, señalándose una duplicación del tráfico en todo el espacio comunitario para ese horizonte, y una cuadriplicación o quintuplicación del transporte en las relaciones con la Europa del Este (Sanz, 1996; CEO, 1999).

Sin embargo, ante este estado de cosas, la UE, lejos de empezar a acometer políticas para reconducir el incremento de la movilidad motorizada, no ha hecho sino echar aún más leña al fuego. Como por otro lado es lógico, pues la profundización y ampliación del «proyecto europeo», su incidencia en los espacios limítrofes y la paralela globalización económica conllevan la expansión incontenible del transporte motorizado a todos los niveles.

De hecho, los principales grupos económicos de presión europeos han forzado este camino. En 1984, la European Round Table of Industrialists (ERT) publicaba un informe, *Missing Links,* en donde se advertía que para que el Mercado Único alcanzase toda su potencialidad era preciso acometer la construcción de una serie de enlaces absolutamente «imprescindibles». Estos enlaces, de enorme coste económico, eran el túnel bajo el Canal de la Mancha, el Scanlink —esto es, la conexión entre Dinamarca y Suecia—, los nuevos túneles para atravesar los Alpes, y el túnel de Somport-Valle de Aspe, en los Pirineos. La geografía comunitaria es caprichosa y dificulta (con la existencia de islas, cordilleras u otro tipo de barreras y discontinuidades) el funcionamiento de un Mercado Único que se pretende hacer lo más homogéneo y fluido posible.

Más tarde, justo antes de la cumbre de Maastricht, la ERT (1991), también, iba aún más allá, y demandaba la urgente construcción de las llamadas *Missing Networks,* en donde, entre otras actuaciones, se contemplaba la ejecución de unos doce mil nuevos kilómetros de autopistas y autovías de dimensión comunitaria. Esto es, del orden de un tercio de la red viaria en funcionamiento de gran capacidad. El razonamiento que se aducía era que las redes de transporte existentes, en especial las viarias de gran capacidad, eran «escasas», tenían un alto grado de congestión, y poseían un diseño orientado, en gran medida, a satisfacer las necesidades de transporte intraestatales, descuidando la «necesaria» dimensión comunitaria.

«Curiosamente», el propio Tratado de Maastricht recoge esta exigencia contemplando la creación de las llamadas TEN's *(Trans European Networks)*[6]. Las TEN's son un conjunto de infraestructuras comunitarias, de transporte, energéticas y de telecomunicaciones, así mismo absolutamente «necesarias» para garantizar el funcionamiento de un mercado europeo progresivamente ampliado y unificado, en el futuro, aunque con distintas «velocidades», bajo la hegemonía del euro. Pasos todos ellos «insoslayables» para que el capital transnacional productivo y financiero europeo pueda prosperar, en mejores condiciones, en una economía mundial cada día más globalizada.

Las TEN's: una inversión gigantesca

El coste de las TEN's de transporte (autovías y autopistas —la parte del león—, trenes de alta velocidad, superpuertos, ampliación de aeropuertos, nuevas vías navegables, instalaciones de transporte combinado, áreas logísticas...) asciende a la friolera de más de 400.000 millones de euros (Hoedeman, 1996a). Es decir, más de 65 billones de pesetas. La financiación de dichas infraestructuras, que deberán completarse para el 2010, se contemplaba que fuera a través de distintas vías: financiación pública, comunitaria y estatal, a través de los fondos estructurales y de cohesión y los presupuestos estatales correspondientes; posible financiación privada adicional; créditos a bajo interés (subvencionados a través de la llamada *Edinburg Facilily)* del Banco Europeo de Inversiones; y posible emisión de *eurobonos,* mecanismo de financiación que, hasta ahora, parecía descartado.

Sin embargo, tanto los condicionantes del marco de financiación comunitario (establecidos en Edimburgo y posteriormente en la Agenda 2000), como la necesidad de cumplir con los criterios de convergencia por parte de

[6] Estas infraestructuras se concretan más tarde en un documento de la UE (CE, 1992), en donde intervienen, aparte de la ERT, el llamado *Motorway Working Group,* donde está especialmente representada la industria del automóvil y de la carretera.

los Estados para acceder al euro, y posteriormente cumplir el Pacto de Estabilidad (que exigió el lanzamiento de la nueva moneda), así como la dificultad adicional para encontrar financiación privada (mucho más tras el fiasco financiero del Eurotunnel), está haciendo difícil, por el momento, conseguir los recursos económicos necesarios para abordar, con la urgencia que propone la Comisión, la construcción de las TEN's. Y ello a pesar de que parte de los recortes en el gasto social (calificados como «improductivos» por el FMI) se están orientando por los diferentes Estados a la construcción de infraestructuras (gastos «productivos», de acuerdo con el FMI).

Es por eso por lo que desde la Comisión se propone: orientar parte de los recortes presupuestarios que habrá que abordar en la Política Agraria Comunitaria, como consecuencia de los acuerdos del GATT-OMC, hacia la construcción de estas infraestructuras; dedicar al mismo fin también parte de las reservas de divisas de los bancos centrales de los países de Eurolandia, que queden liberadas como consecuencia de la introducción del euro; ampliar las vías de crédito (a bajo interés) del BEI para estos proyectos, con el fin, se dice, de propiciar el crecimiento y reducir el desempleo; y hasta se vuelve a hablar, en las últimas cumbres comunitarias, de la posible emisión de *eurobonos,* lo que acentuaría (junto con el recurso al BEI) el endeudamiento público de cara al futuro. Así mismo, la batalla presupuestaria en torno a la Agenda 2000 ha puesto de manifiesto, entre otras cosas, el interés que tienen los Estados ricos de la UE en reducir su contribución a las arcas comunitarias, entre otros objetivos para poder dedicar más capacidad de inversión interna hacia la construcción de infraestructuras.

De cualquier forma, lo que sí está claro es que el coste de este ingente programa de creación de infraestructuras tendrá que ser asumido, de una u otra forma, por los ciudadanos de a pie, pues son estos los que, principalmente, al final, tienen que hacer frente, a través del pago de impuestos o tasas de diferente índole, al gasto o al endeudamiento público o estatal respectivo. Ya que el capital transnacional, principal beneficiario de la construcción de las TEN's, consigue eludir crecientemente sus obligaciones (por otro lado, cada vez más limitadas, como consecuencia de las reformas fiscales en marcha) con las haciendas públicas respectivas. Lo que redundará en un mayor recorte del gasto social, al tener que dedicar cantidades crecientes al pago de los intereses de la deuda pública. Es desde esta perspectiva donde cobran significado las nuevas medidas que se están arbitrando también para ayudar a la financiación de nuevas infraestructuras, y a su mantenimiento futuro.

Desde la extensión de la modalidad del peaje en las nuevas vías, para animar al capital privado a financiar las futuras inversiones en infraestructura, a vías de financiación tipo el llamado «modelo alemán» (que permite abonar las obras una vez finalizadas, retrasando la ejecución de los pagos, con el fin de poder cumplir la reducción a corto plazo del gasto fiscal), pasando por el pago por el uso de la infraestructura a nivel comunitario y, en algunos casos, la subida del precio de los carburantes. Todo ello permitirá conseguir nuevos recursos para seguir cubriendo el territorio europeo de asfalto y hormigón, así como obtener también medios para hacer frente a unos gastos de mantenimiento en ascenso del conjunto de la red (CE, 1998). La paradoja es que las tasas o impuestos que se barajan se pretenden vender a la opinión pública con el calificativo de «ecológicos» (CEO, 1999).

Igualmente, la creación del abultado programa viario de las TEN's, más la dedicación de muy importantes recursos económicos para las nuevas conexiones en alta velocidad ferroviaria (se prevé la construcción de una red de más de 10.000 km), junto con la privatización y desregulación de las empresas estatales ferroviarias correspondientes, puede suponer la progresiva desaparición del ferrocarril convencional, y en especial su concepción como un servicio público de amplia cobertura. La aplicación de criterios de competitividad, y no de interés social o ecológico, en cuanto a su gestión, puede significar el progresivo cierre de vías e instalaciones, recorte y deterioro de servicios, reducción de puestos de trabajo y empeoramiento de las condiciones laborales de sus empleados. Ello coexistiría con la privatización de las líneas rentables de pasajeros (y algunas de cercanías metropolitanas) y la introducción, así mismo, de grandes operadores privados de mercancías para los principales corredores ferroviarios. Algo similar aconteció ya en Estados Unidos hace algunas décadas, si bien se pensaba que existía una situación diferencial en el Viejo Continente.

La privatización derivará también, muy probablemente, en un deterioro de las condiciones de seguridad del servicio ferroviario, al estar supeditada su gestión a la obtención del máximo beneficio en el corto plazo. Este debate se ha disparado en el Reino Unido, el alumno aventajado de la UE en cuanto a la privatización ferroviaria, tras el espectacular accidente del año pasado en la estación de Paddington, que se produjo sobre un trasfondo de diversidad de accidentes previos. Por otro lado, la seguridad en el transporte por carretera se ve amenazada por la creciente presencia de camiones de gran tonelaje, y por las jornadas agotadoras que tienen que realizar sus conductores (en algunos casos, de hasta cincuenta horas semanales), con el fin de ser competitivos.

Agravando el impacto económico, social y ambiental del sistema de transporte europeo

Las TEN's promocionan los modos de transporte (carretera, alta velocidad ferroviaria y avión) de mayor impacto ambiental, mayor consumo energético, y más alto coste económico y social para la sociedad. Lo que ha hecho que hasta la propia Comisión, en un arrebato inusual de sinceridad, haya llegado a manifestar que «se comprueba crecientemente que con las políticas de transporte vigentes las tendencias del transporte son insostenibles»

(CE, 1995a). Además, se podría afirmar que «no hay una competencia real entre la carretera, el ferrocarril (alta velocidad) y el avión, sino un desarrollo simultáneo y coordinado [de aquellos]» (ALCTV, 1999).

De cualquier forma, la Comisión presenta constantemente las TEN's bajo múltiples ropajes «benefactores», con el fin de intentar conseguir el apoyo social a estos proyectos. Se señala que las TEN's «contribuirán a la consecución de los objetivos medioambientales comunitarios» (Bowers, 1995), ayudando a alcanzar el tan deseado «desarrollo sostenible». Es más, se dice que las TEN's «reducirán la congestión y la contaminación y ayudarán a lograr un entorno ambiental más limpio y mejor» (CE, 1995b). Se menciona que las TEN's promoverán una mayor cohesión interregional. Y se insiste, además, en que las TEN's «mejorarán la calidad de vida de la gente» y «jugarán un papel importante en la solución del desempleo estructural» (Rehben y Ballard, 1996). Este mensaje, de que las TEN's estimularán la creación de empleo, es el que se ha ido destilando, fundamentalmente por parte de la Comisión, en los últimos tiempos (desde el «Informe Delors») (CE, 1993), con el fin de vender mejor el producto, en un momento en que la principal preocupación de la población de la UE es el paro. En las últimas cumbres europeas, la urgencia de la creación de las TEN's se ha llegado a presentar, pomposamente, como la necesidad de suscribir un «Pacto de Confianza para el Empleo»; al que curiosamente no quieren responder los gobiernos de los Estados miembros, aquejados por los problemas presupuestarios más arriba mencionados.

La Comisión intenta presentarse, de esta forma, ante los ojos de la opinión pública europea, como la principal abanderada de la lucha contra el desempleo, mientras que los Estados nacionales quedan, en ocasiones, como los malos de la película en la persecución de tan loable fin. Recientemente, la Comisión ha vuelto otra vez a la carga en la cumbre extraordinaria sobre el Empleo de Luxemburgo (noviembre de 1997), planteando (entre otras medidas de carácter neoliberal) la urgencia de impulsar las TEN's para luchar contra el paro, y consiguiendo, como se ha señalado anteriormente, nuevas líneas de crédito del BEI para la creación de estas infraestructuras, que luego endeudarán a los Estados.

Pero la cruda y terca realidad es muy otra. Las TEN's implicarán que más de 1.300 nuevos km^2 de superficie quedarán cubiertos directamente por cemento y alquitrán (Peter, 1996). Ello sin contar el crecimiento y dispersión urbana inducidos (muy superior, por supuesto) que generarán. Lo cual disminuirá el suelo fértil disponible y troceará aún más el territorio, sobre todo los ecosistemas frágiles, acentuando la ya de por sí muy grave pérdida de biodiversidad. Eso por no hablar de que afectarán (están afectando ya) a más de sesenta áreas de gran valor natural directamente protegidas por las Directivas comunitarias (de protección de aves, de hábitat...), mientras la UE mira conscientemente hacia otro lado (Bowers, 1995; Hoedeman, 1997). Es más, se propone aligerar los procedimientos de Evaluación de Impacto Ambiental, para agilizar su urgente construcción[7]. Además, las TEN's incrementarán sustancialmente las emisiones de CO_2 a la atmósfera, debido al aumento del tráfico que propiciarán, haciendo imposible la consecución de los objetivos de estabilización y posterior reducción de estas emisiones (Rehben y Ballard, 1996); a los que, al menos formalmente, y de cara a la galería, se ha comprometido, a nivel internacional, la UE. La ejecución de las TEN's acentuará otra serie de desastres medioambientales a medio y largo plazo, con importantes efectos negativos sobre la salud y la vida de las personas[8]. Por último, las TEN's agravarán aún más las consecuencias de esa «guerra de baja intensidad» (Estevan y Sanz, 1996) que es la elevada siniestralidad del tráfico viario, que, aparte del drama humano que significa, supone un elevadísimo coste económico para el sistema sanitario público.

Por otro lado, las TEN's, lejos de propiciar la creación de empleo, fomentarán una aún mayor destrucción y precarización de este. Su realización (única fase en que se crea un pequeño volumen de empleo de carácter precario) posibilita la expansión, aún mayor, de la gran producción y distribución, que opera en el mercado comunitario y mundial, de elevada productividad y alto componente tecnológico, y por consiguiente parca en empleo. En detrimento de la pequeña y mediana actividad productiva tradicional, más intensiva en factor trabajo, vinculada a los mercados locales o regionales. Además, «las nuevas carreteras de alta capacidad y otras infraestructuras de transporte de alta velocidad inducen a las grandes compañías a centralizar la producción (cerrando otras plantas), lo que afecta a las economías locales y los empleos» (Hoedeman, 1996b). Entre 1991 y 1996 el tráfico de mercancías creció un 30 por 100 en la UE, al tiempo que el paro sufría un incremento en un porcentaje similar (Hoedeman, 1997).

El bajo coste del transporte por carretera ha permitido a la industria racionalizar la producción en un menor número de centros (destruyendo empleos locales), con redes de distribución comercial que cubren áreas muy amplias. Todo lo cual tiene efectos muy negativos sobre el volumen general de empleo, y sobre su distribución espacial (lo que acentúa las diferencias regionales), al tiempo que provoca un incremento de la distancia a la que tienen que desplazarse las mercancías. La reubicación de las empresas tenderá a pro-

[7] Eso a pesar de que se llegó a un acuerdo, entre la Comisión y el Parlamento Europeos, en 1996, en relación con la necesidad de elaboración de una etérea Evaluación de Impacto Ambiental Estratégica sobre el conjunto de las TEN's, como vía para desbloquear las débiles reticencias del Europarlamento. A pesar de esta «exigencia», los proyectos prioritarios de las TEN's (los catorce decididos en Corfú) continúan adelante sin verse afectados por dicha evaluación estratégica, cuya metodología y materialización se pospone *sine die*.

[8] Incremento de la contaminación atmosférica, del ozono troposférico, de los componentes orgánicos volátiles, de las lluvias ácidas, de las partículas en suspensión, del plomo, y por consiguiente de la contaminación del agua y de la tierra. Todo ello redundará en una mayor proliferación del cáncer, de las enfermedades respiratorias y cardiovasculares, de alergias, y del deterioro de la salud por el ruido del tráfico en las áreas urbanas (Peter, 1996; Whitelegg, 1996a).

ducirse en las regiones mejor conectadas y más accesibles (en general, en el llamado «Plátano Dorado»[9]), o con ventajas competitivas. Aparte de aquellas que decidan deslocalizar su producción fuera de la UE, en especial hacia los espacios periféricos más cercanos.

Este crecimiento de los kilómetros a recorrer por las mercancías es especialmente cierto en el caso de los productos alimenticios. La Política Agraria Comunitaria exacerba la distancia a la que hay que transportar los alimentos que finalmente consumimos, como consecuencia de la producción en gran escala y la especialización productiva espacial que se impulsa (Paxton, 1994). «Un estudio del Wuppertal Institute de Alemania ha calculado las millas de transporte de los ingredientes de un yogurt —desde las fresas a la leche, pasando por el recipiente—. Aunque todos estos componentes podrían haberse producido en un entorno de 50 millas, de hecho fueron transportados más de 7.000 millas» (Norberg-Hodge, 1996b).

La distancia a recorrer por las mercancías se incrementará aún más en el futuro, como resultado de la ampliación de la UE a los países del Este, la creación del área de libre comercio para el conjunto de los países del Mediterráneo para el 2010, y la profundización del libre comercio mundial que propugna la OMC, y la Ronda del Milenio que intenta promover dicha organización. Cuyo inicio quedó bloqueado en Seattle por las protestas callejeras, la rebelión de los países de la Periferia, y las diferencias de criterio entre Estados Unidos y la UE. De esta forma, naranjas que antes llegaban a los mercados europeos desde Valencia, procederán cada vez más de Marruecos o Israel. Los plátanos de Canarias serán progresivamente sustituidos por los de Colombia y Centroamérica. Muchos productos manufacturados o agrícolas provendrán de los espacios del este o del sur del Mediterráneo, donde su producción será más barata. O incluso de mucho más allá, como consecuencia de los procesos de la globalización económica y la desregulación del comercio mundial.

Y es por eso por lo que la proliferación de propuestas de creación de grandes infraestructuras de transporte se plasma por doquier: el faraónico enlace entre África y el subcontinente europeo en el estrecho de Gibraltar; importantes redes viarias para conectar los países del Magreb con dicho enlace; la variedad de costosas nuevas conexiones, principalmente viarias, que se están propugnando con (y dentro de) los países del Este, al tiempo que se procede al desmantelamiento y privatización de gran parte de las instalaciones y servicios ferroviarios en dicho ámbito. El BERD (Banco Europeo para la Reconstrucción y Desarrollo) y el BM, que impulsan estas políticas (secundados crecientemente por el BEI), están concediendo ingentes créditos a los países del Este y del norte de África, que incrementarán aún más su ya abultada deuda externa, para que conecten sus territorios con el mercado comunitario, con el fin de que las grandes empresas occidentales (entre ellas especialmente las

[9] Espacio altamente urbanizado que va desde el sudeste de Gran Bretaña al norte de Italia, pasando por el norte de Francia, Países Bajos y gran parte de Alemania occidental.

europeas) se puedan beneficiar de la ubicación de su producción en unos espacios económicos con una abundante fuerza de trabajo, que tiene un precio irrisorio sin prácticamente ningún tipo de regulación laboral.

A pesar de todo, los efectos negativos del transporte motorizado, y en concreto del transporte viario, quedan en general ocultos para la opinión pública. Ello es resultado de los patrones culturales dominantes, de la fuerte presión mediática que se ejerce por parte de la industria del automóvil, y de la carretera en general, y de la propia política de las instituciones públicas. En la sociedad actual se valoran el transporte (en especial el privado) y la velocidad como bienes en sí mismos que conviene acrecentar. El más lejos y el más deprisa se imponen como valores indiscutibles. Parece como si solo importara vivir para moverse. Al tiempo que la publicidad nos bombardea diariamente con anuncios de vehículos de gran potencia y gran número de prestaciones, símbolos de *status* y poder social. En este contexto cultural, artificialmente construido por las instituciones y los *mass media,* los efectos negativos se presentan, en todo caso, como sacrificios «marginales», necesarios para alcanzar una movilidad motorizada privada «generalizada» que se considera positiva en sí misma.

Pero esta movilidad motorizada privada, aun en la propia UE, ni es universal, pues gran parte de la población no tiene coche ni carné de conducir, en especial las mujeres, o no puede accederse a ella por cuestiones de edad, discapacidad o disponibilidad. Ni es equitativa, pues los sectores de rentas más altas disfrutan de una movilidad motorizada sustancialmente superior. Ni mucho menos es sostenible. Y, además, el desarrollo de esta movilidad, que ejercen fundamentalmente determinados sectores sociales, étnicos, de género y de edad, repercute en un paralelo deterioro de la accesibilidad y movilidad de extensos ámbitos de población (niños, ancianos, mujeres y colectivos étnicos sin ciudadanía europea —Convenio Schengen) en su vida diaria (Estevan y Sanz, 1996; Whitelegg, 1996b).

Como parte de la política de Relaciones Públicas de la CE, se intentan presentar determinados programas como el Auto-Oil, de establecimiento de estándares más estrictos para automóviles y combustibles, que se ha estado negociando durante años, como la vía más adecuada para reducir la contaminación. Pero este programa, como ya ha sido denunciado desde diversos sectores, y en especial por la Federación Europea de Transporte y Medio Ambiente (boletín de agosto/septiembre 1998), está claramente sesgado por los intereses de la industria del automóvil y del petróleo; la federación llegó a decir que «se respetan más las necesidades de la industria que la salud pública». De hecho, los estándares fueron negociados entre la Comisión y la industria, exagerando esta los costes de introducir una tecnología más limpia. Y hasta el Parlamento Europeo y el Consejo de Ministros rechazaron, en primera instancia, la propuesta de la Comisión por considerarla muy débil. De cualquier forma, el incremento previsto de la movilidad motorizada arrasará los tímidos avances que se puedan conseguir con este programa (CEO, 1999).

En el programa Auto-Oil no se contemplaba la reducción de emisiones por vehículo de CO_2, cuya disminución se dejaba a acuerdos voluntarios con la Industria. En 1998, la Comisión alcanzó un acuerdo voluntario con el *lobby* de presión del sector del automóvil, la European Automobile Manufacturers Association, que fue calificado por la Federación Europea de Transporte y Medio Ambiente como «un fuerte retroceso en los esfuerzos para combatir el cambio climático» (boletín de agosto/septiembre 1998). De cualquier forma, debido a la necesidad imperiosa de expansión de movilidad motorizada, las emisiones de CO_2 del sector transporte crecerán de algo más del 30 por 100 actual en el conjunto de las emisiones de la UE, al 45 por 100 para el 2010, dentro de un consumo energético total en constante expansión. Las emisiones de CO_2 del sector transporte crecerán en este período un 40 por 100, a pesar de las reducciones de las emisiones por vehículo que se contemplan (CE, 1995; CEO, 1999). Estas previsiones harán de todo punto imposible cumplir con los tímidos acuerdos de Kioto para intentar domesticar el cambio climático en marcha; la UE se comprometió en la ciudad japonesa a reducir sus emisiones en un 8 por 100 para el 2008-2012, respecto de las de 1990.

Las TEN's acelerarán la ocupación del territorio y las diferencias regionales

«Se han comparado las consecuencias del automóvil en la ciudad a los de una "bomba" lenta, una "bomba" cuya onda expansiva tuviera la virtud de trasladar edificios y actividades a varios kilómetros a la redonda, y cuyo principal efecto en el interior fuera el de destruir la propia esencia de las urbes: la convivencia y la comunicación de los seres humanos» (Estevan y Sanz, 1996). La vida en la calle, característica de la ciudad tradicional, se esfuma como por ensalmo, arrollada y expulsada de esta por la invasión del tráfico viario. El espacio urbano (o mejor dicho, metropolitano) se dedica cada vez más ampliamente a la función de transportarse, orientándose paulatinamente las grandes concentraciones urbanas europeas (en especial sus espacios periféricos) hacia esa meta demencial alcanzada por Los Ángeles, donde el 60 por 100 del espacio construido está dedicado al transporte (viario).

Se están consolidando unas regiones metropolitanas cada vez más dependientes del uso del automóvil. Esto puede ser un importante obstáculo, no ya solo para reducir el impacto ambiental de estas conurbaciones, sino para hacer frente a futuros escenarios de creciente precariedad, paro y exclusión, en el que sectores cada día más importantes de la población ven dificultada su posibilidad de acceso y utilización al vehículo privado, por el progresivo coste económico que ello supone. Máxime en un contexto en que la capacidad adquisitiva de estos sectores tiende a disminuir. Lo cual puede verse agravado, aún más, si se produce un incremento de los precios del petróleo en los mercados mundiales, como es probable que ocurra, y como de hecho ha ocurrido ya recientemente, conforme nos vayamos acercando a escenarios de creciente escasez y progresivo coste de extracción del crudo.

Por otro lado, las tendencias de dispersión del crecimiento urbano están derivando en una creciente crisis de los sistemas de transporte colectivo metropolitanos. Estos ven cómo se disparan sus déficit de explotación, lo que demanda crecientes ayudas estatales. Dicha tendencia se está produciendo en el último cuarto de siglo, en paralelo con los procesos de globalización, suburbanización y expansión de la movilidad motorizada privada. En un estudio encargado por la propia CE se comenta que «si se echan las cuentas completas, es decir, si se suman los gastos públicos y privados que absorbe el sistema de transporte urbano, la ciudad del automóvil puede llegar a ser cinco veces más costosa que la ciudad sin coches, incluso sin llegar a contabilizar, ni intentar monetarizar (si es que ello es factible, que no lo es), los efectos ambientales de la ciudad automovilizada» (Ciuffini, 1991).

Las tendencias de crecimiento poblacional y en concreto de expansión territorial de las grandes regiones metropolitanas europeas, y su interconexión en muchos casos formando extensas megalópolis (especialmente en los espacios centrales de la UE, y muy concretamente en el llamado «Plátano Dorado»), se verán seguramente acentuadas por las TEN's. Pues estas agravarán y acelerarán la creciente desertización de lo poco que aún queda de vida rural en Europa (Doherty, 1996), profundizando, según reconoce la propia Comisión Europea (CE, 1994), las desigualdades territoriales. Todo lo cual hará que se incremente el espacio tocado por el proceso urbanizador y las necesidades de transporte motorizado. Las proyecciones existentes auguran pasar del 79 por 100 de la población total viviendo en zonas urbanas de mediados de los noventa al 83 por 100 para el 2005 a nivel comunitario (CE, 1994). Y eso a pesar de que la UE es ya hoy día el espacio más urbanizado del planeta. La población activa agraria comunitaria (el 5 por 100 del total) tenderá a alinearse con la existente en Estados Unidos (menos del 3 por 100) (Fernández Durán, 2000).

Las dinámicas de especialización espacial económica y productiva se acentuarán con la introducción del euro, produciéndose una dualización progresiva del territorio, con regiones que evolucionan hacia una alta densidad y otras hacia unas densidades bajas o muy bajas, debido a la marginación que experimentarán algunas áreas o regiones (CE, 1994). Aparte de las posibles crisis asimétricas que puedan generarse, sobre las que ya ha alertado el Parlamento Europeo. Se reforzarán, pues, en el futuro los modelos de urbanización ya dominantes, pero «no todos los pueblos y las ciudades encontrarán su nueva situación tan ventajosa como la anterior» (RMOTUE, 1997). Así, «es probable que las áreas metropolitanas ubicadas en nudos estratégicos, bien equipados y conectados, adquieran una influencia considerable a expensas de los centros urbanos más periféricos, peor equipados y conectados». Igualmente, «las ciudades de tamaño medio sitas en el centro del territorio de la Unión sacarán mayor provecho de la integración europea que las ciudades de la periferia» (CE, 1997a). «Y esta competición puede generar una polarización entre "ciudades perdedoras" y "ciudades ganadoras"» (RMOTUE, 1997).

Balance de las políticas de transporte en el Estado español

La situación aquí, en el Estado español, es, a pesar de las peculiaridades propias, similar a la existente en el espacio europeo. Existe un fuerte consenso, institucional y social (por supuesto, inducido), en torno a la pretendida bondad de incrementar continuamente las magnitudes de transporte. Hecho que se considera un bien en sí mismo. Un símbolo de modernización. Y se da aún una debilísima conciencia de la compleja diversidad de problemas que lleva aparejado este incremento constante de movilidad motorizada. Al mismo tiempo, se plantea como una necesidad ineludible la construcción de más, mejores y más costosas infraestructuras de transporte, con el fin de intentar superar el «ancestral déficit» que «todavía» nos separa, en este terreno, de los «países de nuestro entorno». Pero el esfuerzo público dedicado a la creación de infraestructuras de transporte ha sido ingente a lo largo de los últimos años, especialmente desde el ingreso en la CE, y la evolución de la movilidad motorizada está suponiendo ya múltiples y graves hipotecas de cara al futuro.

«Lo más preocupante del transporte [...] no es la dimensión que ha alcanzado esta actividad, sino la velocidad a la que ha venido creciendo, y a la que tiende a crecer en el futuro.» A lo largo de las dos últimas décadas se denota también la existencia de una «Triple A» del transporte —Automóvil, Avión y AVE— «que concentra los más altos costes económicos y los más elevados efectos ambientales. Los medios de locomoción que forman parte de esa Triple A son, precisamente, los más favorecidos por las políticas llevadas a cabo en los últimos años y los que han absorbido el mayor incremento de la movilidad en las dos últimas décadas» (Estevan y Sanz, 1996). Mientras que se ha ido marginando conscientemente el papel que juega el ferrocarril convencional, el menos impactante desde el punto de vista ambiental.

Entre 1970 y 1998, el tráfico de viajeros por carretera y el tráfico aéreo de viajeros se multiplicaron entre cinco y cinco veces y media. El transporte de mercancías por carretera se multiplicó en el mismo período por unas cuatro veces y media. Como contraste, el tráfico ferroviario se ha mantenido prácticamente estancado desde los años setenta, con tendencia a la baja en los últimos años; salvo el segmento del tráfico ferroviario de cercanías de las grandes ciudades, que ha experimentado un importante incremento los últimos años, y, por supuesto, el AVE Madrid-Sevilla, que empezó a funcionar en 1992. La intensificación de la movilidad motorizada y el predominio de la carretera sobre el ferrocarril se inicia desde mediados de los cincuenta y se afianza de manera meridiana desde entonces (fig. 22.2). Ello coincide, no por casualidad, con la creciente apertura de la economía española a la economía mundial (Plan de Estabilización), que se va intensificando desde entonces, y

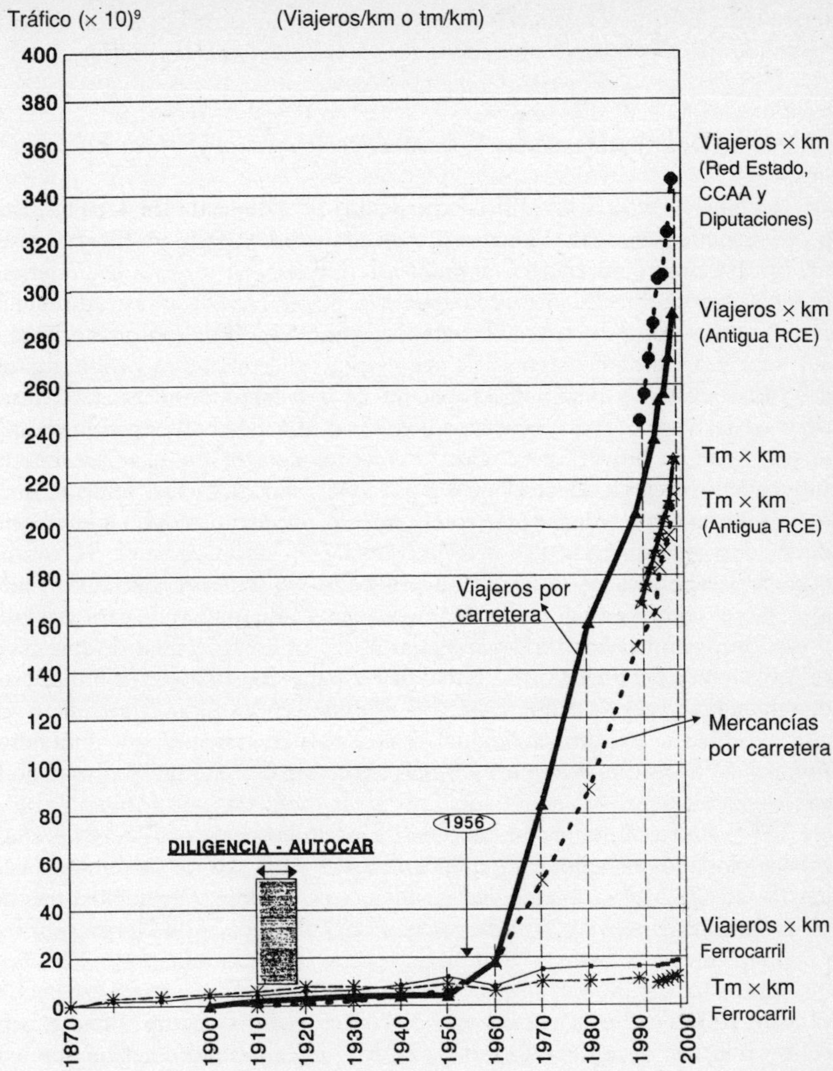

(1) De 1870 a 1998 figura la antigua Red de Carreteras del Estado y desde 1991 se ha considerado además la Red formada por el Estado, CCAA y Diputaciones (163.273 km), y sobre ella se afectúa la comparación con el FFCC. Además existe un 4 por 100 más de tráfico en la Red Interurbana de los Ayuntamientos (361.000 km).

Fuente: Pedro Galán, Dirección General de Carreteras, Ministerio de Fomento.

Fig. 22.2.—Tráfico de viajeros y mercancías 1870-1998. En la red de carreteras (163.273 km) y FFCC

con la paralela aceleración de los procesos de urbanización que se produce en gran medida a consecuencia de ello[10]. Por el contrario, en el mismo período (1970-1998), la población española creció menos de un 15 por 100, mientras que la economía, medida a través del PIB, en términos reales, se incrementó en torno a dos veces y media. Y el volumen general de empleo, en términos absolutos, se mantuvo prácticamente constante. Dicho crecimiento de la movilidad ha sido muy intenso desde mediados de los ochenta, y especialmente en la segunda mitad de los noventa (Estevan y Sanz, 1996; Ministerio de Fomento, 1998a, b; Fernández Durán, 2000).

Por otro lado, durante esos años (1970-1998), el parque de automóviles se multiplicó por más de seis. En la actualidad el nivel de motorización español supera al de Dinamarca e Irlanda, es similar al del Reino Unido, Japón o Noruega, y está cercano a la media comunitaria, aunque todavía es menor al de Francia y, sobre todo, Alemania (Galán, 2000). En el año 1999 la venta de automóviles ha pulverizado todos los récords previos (más de 1,4 millones de vehículos), creciendo casi un 20 por 100 sobre el año anterior; el incremento en las ventas de vehículos todoterreno fue de más del 31 por 100, es decir, aún más espectacular *(El País,* 8-I-2000). Esta tendencia se ha visto aupada por la boyante situación económica de las rentas medias altas y altas, que juegan en bolsa (ocho millones de partícipes, de fondos de pensiones y de inversión), y por las medidas de apoyo al sector como el Plan Prever, entre otras. Aun así, del orden de un tercio de los hogares españoles no tenía acceso al vehículo privado a primeros de los noventa (MAS, 1993), porcentaje que se mantiene sin grandes variaciones desde entonces. Cuando aumenta la motorización lo que se incrementa es el porcentaje de hogares con más de un vehículo.

Al mismo tiempo, el resultado del gran esfuerzo inversor realizado desde mediados de los ochenta es que «la extensión de la red de carreteras de alta capacidad (autopistas y autovías) ha alcanzado la de países como Francia o Italia, está próxima a la de Alemania y supera de lejos la de Japón y el Reino Unido» (Estevan y Sanz, 1996). Se ha pasado de 71 km en 1960, 203 km en 1970, unos 2.000 km en 1980 y 5.100 km en 1990, a más de 9.000 km en 1998 (Galán, 2000). Es decir, el presunto desfase en cuanto a la movilidad y, sobre todo, en lo que se refiere a la red viaria de gran capacidad no es tal ni mucho menos. Y los problemas de sobremovilidad que atenazan a otros países del Centro, en concreto al territorio centroeuropeo, están afectando ya a numerosas zonas del país, a ciertos corredores de gran intensidad de tráfico, y especialmente a los espacios altamente urbanizados.

En gran medida, allí donde más inversiones en infraestructuras de transporte, en concreto viarias de alta capacidad, se han realizado a lo largo de los

[10] En 1950, todavía casi un 50 por 100 de la población activa española era agraria, y el grado de urbanización se situaba en torno al 45 por 100 de la población; el restante 55 por 100 tenía un carácter rural o semirrural (Fernández Durán, 2000).

últimos tiempos. Estas inversiones se han orientado a completar la red viaria radial de alta capacidad, y a mejorar las conexiones con el arco mediterráneo, y a todo lo largo del mismo, del Valle del Ebro y de la Cornisa Cantábrica, así como transversalmente (Este-Oeste) en Andalucía occidental. Y una parte muy considerable se ha dedicado desde finales de los ochenta a las cinco mayores concentraciones urbanas, destacando las inversiones que absorben Madrid y Barcelona, que han supuesto las dos terceras partes. Dentro de este marco, y aunque el grueso de la inversión se destina al sistema viario de gran capacidad (y en especial a los cinturones de circunvalación y nuevos accesos), se incluye también una inversión muy considerable en ferrocarril de cercanías y, especialmente, Metro; la inversión en Metro no solo se realiza en Madrid y Barcelona, sino igualmente, por primera vez, en Bilbao y Valencia. Inversiones que se relacionan con las tendencias de dispersión poblacional periférica y reestructuración terciaria de las áreas centrales, con el fin de garantizar los fuertes flujos domicilio/trabajo que ello genera (Fernández Durán, 1993 y 2000).

Destaca también la inversión realizada por los principales ayuntamientos en facilitar el acceso del automóvil a los centros urbanos, a través de la construcción de pasos elevados y subterráneos, resaltando por encima de todos ellos el caso de Madrid. Así como la política que impulsan de creación generalizada de aparcamientos en los centros de las ciudades, que, aparte de suponer un muy sustancioso negocio privado y público, incentiva adicionalmente la movilidad en vehículo privado hacia las áreas centrales [11]. En paralelo, se socavan las tímidas políticas a favor del transporte colectivo, y de domesticación del uso del automóvil, que se habían aplicado a finales de los setenta y primeros ochenta como resultado de la crisis energética y la situación existente durante la transición política. La euforia económica que se desata tras el ingreso en la CE, el fuerte crecimiento del parque automovilístico en dicho período (las matriculaciones anuales se duplican entre el 85 y el 89), y la bajada del precio de los combustibles en esos años (que se reduce en un 40 por 100, en pesetas constantes, respecto del principio de la década), están en la base de este fuerte cambio de orientación de la política de transporte, que redunda en un acusado deterioro de la calidad de vida urbana (Fernández Durán, 1993 y 2000).

Es decir, las costosas inversiones en infraestructura de transporte se han destinado a impulsar el crecimiento (y reestructuración) de las principales re-

[11] En Madrid, por ejemplo, se construyen más de 60.000 plazas de aparcamiento en el interior a la M-30. Ello supone importantes ingresos para el Ayuntamiento, un bocado muy apetitoso para el sector de la construcción, y un gran negocio para las empresas promotoras, pues el coste medio de una plaza de aparcamiento se sitúa en más de dos millones de pesetas. Estas plazas, en teoría para residentes, han acabado en manos de las oficinas de la zona; y en la actualidad se está procediendo a su total liberalización y privatización. Este es un indicador más del fuerte volumen de capital privado que se ha movido en torno a las principales aglomeraciones urbanas en la última década.

giones metropolitanas y a garantizar primordialmente las conexiones entre las grandes concentraciones urbanas, así como a aquellas regiones donde se concentra el crecimiento económico, al tiempo que se reforzaba la capacidad de los grandes ejes de relación internos y externos (es decir, de conexión con la UE; algunos como parte de las TEN's). La capacidad inversora se multiplica por seis, en pesetas constantes, desde principios de los ochenta a finales de la década (Bello Carro, 1991), y desde entonces ha continuado a un elevado ritmo, sobre todo en la segunda mitad de los noventa. Dicha inversión procede fundamentalmente del Estado, pero también de las diferentes comunidades autónomas. Y sobre esta capacidad inversora inciden, de forma adicional, las importantes ayudas para la creación de infraestructuras provenientes de la UE, a través de los fondos estructurales y de cohesión [12]. El dinero que llegaba de Bruselas se ha utilizado, entre otras actuaciones, tanto para cerrar el tramo más impactante de la M-40 a través del Monte de El Pardo, como para ampliar el aeropuerto de Barcelona sobre las huertas del Llobregat, pasando por la financiación de la polémica autovía de Leizarán o del controvertido enlace Madrid-Sevilla en alta velocidad, a su paso por áreas de gran valor natural. Eso sí, contando todos ellos con el preceptivo informe de impacto ambiental.

Mientras que se dedicaba (y se dedica) una importantísima inversión al AVE, hecho que detraía cuantiosos recursos para la mejora del ferrocarril convencional, y lo endeudaba [13], se producía, en paralelo, un sustancial recorte en el personal laboral de Renfe (de 80.000 trabajadores a primeros de los ochenta, a menos de 35.000 en la actualidad), se cerraban líneas (más de 2.000 km), se reducían y abandonaban servicios, y se degradaba la infraestructura (por falta de inversiones de mantenimiento) en gran parte de lo que no es la llamada Red Básica (es decir, aproximadamente la mitad de los más de 12.000 km de la Red Renfe), con el riesgo que ello supone de que desaparezca el servicio ferroviario a medio plazo fuera de la misma (CGT, 1999). Al mismo tiempo, la mejora en los tiempos de recorrido por autobús entre los principales núcleos urbanos, como resultado de la fuerte inversión en autopistas y autovías, las tarifas en general bastante más baratas del transporte por carretera, y la falta de voluntad política para invertir estas tendencias, han ido erosionando, paralela y gravemente, la cuota de mercado del ferrocarril en lo que al servicio de pasajeros se refiere. De forma especial en largo recorrido y servicios regionales.

---

[12] Cerca de las tres cuartas partes de los fondos FEDER, los cuales representan dos terceras partes de los fondos estructurales, se han destinado, desde 1986, a la construcción de infraestructuras de transporte; esencialmente, autovías y ferrocarril de alta velocidad. Así mismo, dentro del Tratado de Maastricht se contemplaba la posibilidad (que luego se concretó en Edimburgo en 1992) de dedicar fondos adicionales —los llamados fondos de cohesión— para ciertos países de la UE —España, Grecia, Irlanda y Portugal—, los de menor renta, gran parte de los cuales se dedican a financiar también la construcción de infraestructuras, en general de proyección comunitaria (Aedenat, 1994).

[13] La deuda de Renfe ha llegado a alcanzar el billón de pesetas.

Por otro lado, la considerable inversión en transporte público, en Cercanías y Metro, en las principales aglomeraciones urbanas no ha logrado detener la tendencia a la progresiva pérdida de peso de este dentro del conjunto de la movilidad motorizada metropolitana. Donde crecen claramente los viajes en vehículo privado, en especial en las crecientes relaciones que existen entre las periferias metropolitanas. Si bien se logra cambiar la tendencia a la pérdida de viajeros, como consecuencia de la creación de los consorcios metropolitanos de transporte, los abonos de transporte, el billete joven y de tercera edad, etc. En gran parte, porque los poseedores de este tipo de tarjeta utilizan el transporte colectivo para viajes de muy corto recorrido que antes realizaban andando. Sin embargo, el Metro de Madrid, por ejemplo, a pesar de su extensa longitud actual, 136 km en 1998 (56 de los cuales se han construido en los últimos cuatro años), transportaba menos viajeros en dicho año que en 1970 (440 millones pasajeros/año frente a unos 500 millones), cuando la red tan solo alcanzaba 54 km; es decir, una red dos veces y media menor (Ministerio de Fomento, 1998a, b). Esta mayor longitud de las redes, junto con la ampliación de los trayectos a realizar (en especial en Cercanías ferroviarias, que experimentan un fuerte crecimiento), la concentración de los viajes en puntas más acusadas, y el creciente nivel de congestión que tiene que soportar el transporte colectivo de superficie, disparan los costes de explotación y agravan los déficit de explotación de los sistemas de transporte colectivo urbanos y en concreto metropolitanos. Déficit que tienen que ser cubiertos con cargo al erario público.

En paralelo, la movilidad peatonal se va reduciendo paulatinamente, por los cambios que se producen en la configuración de las regiones metropolitanas, que incrementan la longitud de los viajes a llevar a cabo, y por las políticas de transporte que se aplican, en las que ni los viandantes, ni mucho menos los ciclistas, gozan en general de ninguna prioridad. En el caso del área metropolitana de Madrid, el porcentaje de viajes andando ha caído del 54 por 100 del total, en 1974, al 33 por 100, en 1996 (CTM, 1997). Ello es un reflejo, entre otras tendencias similares, de que la distancia para ir al trabajo en esta conurbación se ha duplicado entre 1970 y 1996 (Díaz, 1999). Poco a poco, los peatones y (mucho más los) ciclistas se van considerando como un peligro para la circulación. Por el contrario, en otros países europeos, y a pesar de la explosión de movilidad motorizada, se asiste, desde hace años, en general, a una mayor consideración hacia los medios de transporte no motorizados, al menos en el interior de las ciudades. También como consecuencia de la mayor sensibilidad y presión social que se da respecto a estos medios de transporte.

Indudablemente, todo esto se traduce en un creciente consumo energético. En los países de la UE el sector transporte es, como se ha apuntado, el responsable de aproximadamente el 30 por 100 del total de energía consumida. Una cifra de por sí ya muy abultada. Sin embargo, en el Estado español el peso sobre el consumo total de la energía final directa empleada por el transporte es aún mayor: se aproxima al 40 por 100. Ello es así por la menor base industrial, por las necesidades más reducidas de calefacción, debido al clima, pero también por la promoción que han experimentado los modos más consumidores de energía y el menor papel del ferrocarril, sobre todo en lo que al transporte de mercancías se refiere, en comparación con la media europea: del orden de cuatro veces menor (Ministerio de Fomento, 1998). Sin embargo, si se considera el ciclo del transporte en su totalidad, y no solo la energía utilizada para impulsar los vehículos, resulta que en torno a la mitad de la energía final consumida en todo el territorio español se destina, directa o indirectamente, a la «producción» del transporte (Estevan y Sanz, 1996). Algo asombroso, en cuanto a su magnitud, que parece desconocerse.

Si bien no es de extrañar que así sea, pues se ha estado impulsando una expansión constante de la movilidad motorizada, sustentada además en los medios más energívoros. En las condiciones que se dan dentro de la geografía española, «el transporte por carretera, considerado globalmente, se mueve en un entorno de consumo [14] doble [de energía] que el ferrocarril [convencional], mientras que el modo aéreo se mueve en un entorno de consumo más de tres veces superior». El consumo unitario del AVE se sitúa en un nivel tan solo ligeramente inferior al del avión. Confirmándose, en cualquier supuesto, el automóvil como el menos eficiente de todos los medios de transporte desde el punto de vista energético (fig. 22.3) [15]. «Esta ineficiencia alcanza extremos insospechados en el caso de los vehículos de gran cilindrada —y los llamados 4×4— (cuyo parque ha experimentado un crecimiento espectacular tras el ingreso en la CE) [...], [que manifiestan un] nivel de consumo [...] casi dos veces superior al del avión» (Estevan y Sanz, 1996).

Las consecuencias medioambientales de la expansión del actual sistema de transporte y del consumo energético que ello supone son patentes. Es conveniente resaltar, una vez más, que el transporte es uno de los sectores que más contribuye a las emisiones de CO_2, y por lo tanto que más refuerza el «efecto invernadero», contribuyendo al tan temido cambio climático. Por otro lado, las infraestructuras de transporte implican el consumo de una gran cantidad de espacio, e impulsan un crecimiento urbano-metropolitano en «mancha de aceite», que devora gran cantidad de suelo. Todo lo cual disminuye el suelo agrario de calidad disponible, pues normalmente las infraestructuras de transporte se localizan en los fondos de valle, afectan a cursos de agua y escorrentías, y subdividen aún más el territorio, sobre todo los ecosistemas frágiles, acentuando la de por sí grave pérdida de biodiversidad. Estas tendencias acentúan la alteración del paisaje, no solo porque lo vuelven cada vez más artificial, degradándolo, sino porque así mismo aceleran las tasas de erosión, muy pronunciadas ya en el espacio español.

---

[14] Por pas×km o tm×km.

[15] En el análisis por medios, en lo que se refiere a energía final directa consumida, se aprecia que en el segmento de viajeros el medio más eficiente es el autobús, seguido por el ferrocarril (Estevan y Sanz, 1996).

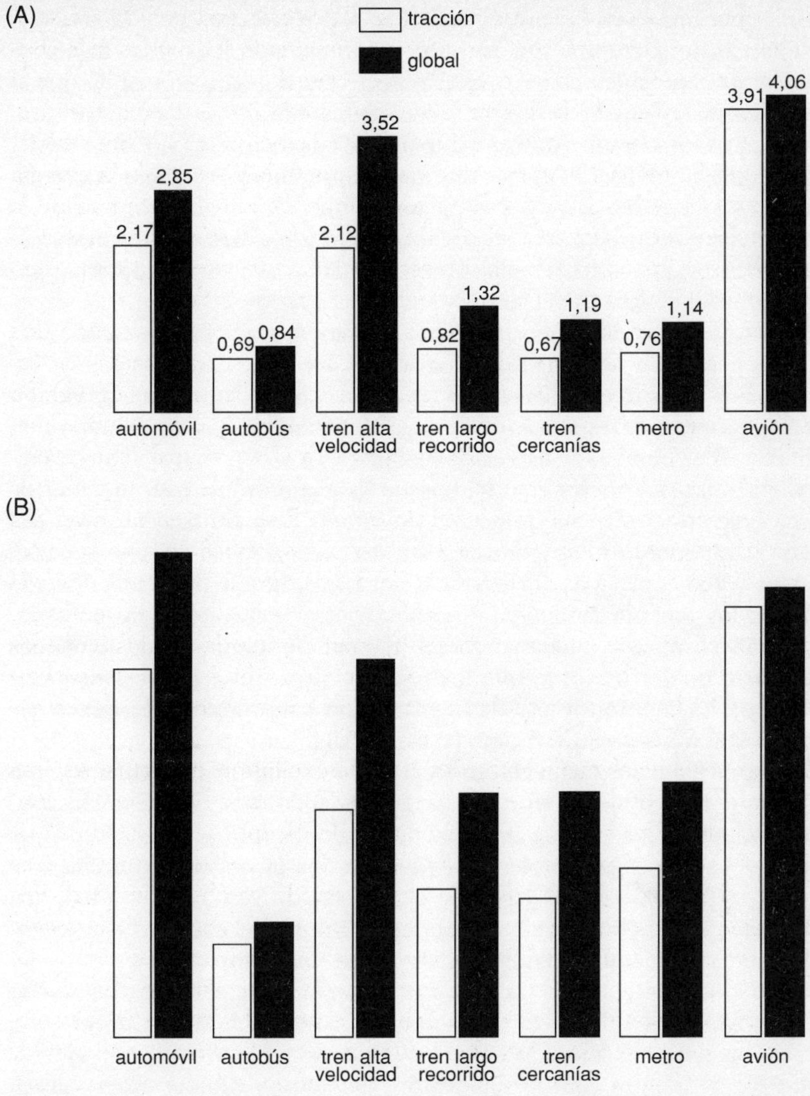

Fuente: A. Estevan y C. Sanz, *Hacia la reconversión ecológica del transporte en España.*

Figura 22.3.—Consumo energético por modo de transporte de viajeros. (A) Consumo energético por cada 100 plazas/km (en KEP). (B) Consumo energético por cada 100 viajeros/km (en KEP)

En el caso del AVE, las exigencias de trazado para conseguir altas velocidades (radios de curvatura muy amplios, pendientes muy suaves...) le hacen, aparte de otras consideraciones, especialmente inapropiado en amplias zonas del Estado español donde la orografía es muy movida, y por lo tanto su trazado ocasionaría importantes impactos, aparte de encarecer su coste al no poder adaptarse al terreno (necesidad de ejecutar gran número de túneles, desmontes, viaductos...). Además de los impactos ambientales, existen otros efectos «externos» que normalmente se silencian, se enmascaran, o se presentan como sacrificios necesarios a realizar para acceder al altar del «progreso», a la hora de abordar el análisis del sector transporte.

En lo que se refiere a los accidentes de tráfico, «la situación española es una de las peores del continente y además está —en este caso sí— verdaderamente alejada de la que presentan los principales países europeos». Desde finales de los cincuenta, esta «guerra de baja intensidad [...] se ha cobrado más de 200.000 vidas humanas y ha dejado malheridas a más de tres millones y medio de personas. La guerra civil ha pasado al segundo lugar como causa de muertes violentas en España durante el siglo XX [...] La cultura del automóvil ha logrado imponer [...] la legitimación y la aceptación social de la inseguridad en su más cruda expresión» (Estevan y Sanz, 1996). En este terreno, el Estado español en los ochenta caminó en dirección contraria al resto de los países de la UE —salvo Grecia—, pues incrementó claramente su número de accidentes (al contrario que la mayoría, que los redujo), situándose entre el pequeño grupo de países con mayor tasa de siniestralidad y mortalidad. El número de automovilistas muertos en el último cuarto de siglo casi se ha triplicado.

En los noventa parece que la tendencia se ha estabilizado (en cuanto al número de muertos), si bien la situación de la accidentabilidad y siniestralidad en carretera adquiere una enorme gravedad. De cualquier forma, «el coste en vidas humanas del automóvil es intolerable (equivalente a un accidente ferroviario a la semana, con 2.800 heridos y más de cien muertos), y no sería aceptado tan pasivamente por la población sin una poderosa cultura del coche» (Díaz, 1999).

El director general de Tráfico señalaba, en una comparecencia en el Senado, que «los accidentes de tráfico constituyen la principal causa de muerte natural en España; [...] y la primera causa de muerte, incluida la natural, en el tramo de edades comprendido entre los dieciocho y los veinticinco años; y [...] que los accidentes constituyen la principal causa de minusvalías y discapacidades de la población de nuestro país [pudiendo ser responsables de hasta el 80 por 100 de ellas]». Una parte considerable de las víctimas de esta «guerra de baja intensidad» son inocentes, los peatones y ciclistas [16]. De esta for-

[16] Los accidentes de tráfico generan del orden de 5.500 muertos y más de 50.000 heridos graves anuales. De entre ellos, unos 1.400 muertos y casi 16.000 heridos graves corresponden a peatones y ciclistas. La mortalidad por carretera es más de ocho veces mayor por km recorrido que en el ferrocarril, y la accidentalidad o siniestralidad, sustancialmente superior (Estevan y Sanz, 1996; Ministerio de Fomento, 1998).

ma, y rizando el rizo, los medios de transporte no motorizados son acusados de ser especialmente «peligrosos». Esta escalofriante realidad, aparte de suponer un tremendo drama humano, personal, familiar y colectivo, implica un coste económico impresionante para el sistema de salud pública, que algunas fuentes habían evaluado en más de un billón de pesetas anual, a principios de los noventa (Estevan y Sanz, 1996). Si bien ello colabora, paradójicamente, a incrementar las cifras del PIB.

Igualmente, el transporte contribuye de forma decisiva al deterioro de la salud. Muchos elementos y compuestos contaminantes emitidos a la atmósfera por la circulación de vehículos tienen importantes efectos sobre la salud humana [17]. Todos ellos tienen consecuencias más o menos graves, según las concentraciones, pudiendo en ocasiones llegar a ser mortales, e inciden sobre los desórdenes cardiacos, el sistema nervioso, el aparato respiratorio, las irritaciones, náuseas y dificultades de respiración, y la aceleración de los procesos cancerígenos. Además, en las grandes ciudades, en torno al 50 por 100 de su población está sometida a niveles de ruido superiores a 65 decibelios, debido al tráfico. Hecho que tiene graves repercusiones fisiológicas, psicológicas y sociológicas (Whitelegg, 1996a).

Tendencias futuras para el territorio español

En lo que se refiere al transporte por carretera, la apuesta es ampliar en dos tercios el viario de alta capacidad existente, pasando de los más de 9.000 km existentes en 1998 a unos 15.000 para el 2010 (MOPTMA, 1994; Galán, 2000). Lo que crearía una malla que permitiría acceder prácticamente a cualquier región de la geografía española, al tiempo que se refuerzan los principales corredores y se facilitan las conexiones con Portugal y el resto de la UE, como parte de las TEN's. Gran parte de estas nuevas vías de gran capacidad serán en régimen de peaje. Este hecho, junto con la ampliación del plazo de concesión de las autopistas de peaje existentes (con la paralela rebaja de tarifas), y la privatización de las autopistas de peaje públicas (aquellas que fueron rescatadas por el Estado durante la crisis de finales de los setenta, debido a su ausencia de tráfico y rentabilidad por aquel entonces), hará que una parte muy considerable de la red sea en el futuro de pago. Del orden de un tercio de ella. A esto habría que añadir las tasas a pagar que se barajan, desde Bruselas, por el uso de la infraestructura.

Estas medidas se complementarían con significativas, y costosas, mejoras y ampliaciones de los principales puertos y aeropuertos, construcción de nuevos aeropuertos (León, Logroño...), así como la creación de grandes áreas lo-

[17] Los más conocidos, pero no los únicos con efectos claramente nocivos, son: monóxido de carbono (CO), óxidos de nitrógeno (NO_x), dióxido de azufre (SO_2), aldehídos, metales pesados, compuestos orgánicos volátiles (COV), y el ozono (O_3) troposférico.

gísticas en los entornos de dichos nodos y en las grandes concentraciones urbanas. Algunas de estas propuestas están incluidas en el programa de las TEN's. Ello mejoraría las posibilidades de acceso de los productos comunitarios (y globales) a todo el sistema de ciudades español, donde está la capacidad de compra principal, al tiempo que garantizaría la salida hacia los mercados europeos y mundiales de aquella producción más competitiva. Está previsto crear una importante red de alta velocidad ferroviaria de más de 3.000 km (en gran medida dentro de las TEN's), para esa fecha también, que enlazaría entre sí las mayores conurbaciones, principalmente de la mitad este peninsular [18]. La inversión interurbana prevista para todo ello se sitúa en más de diez billones de pesetas, aparte de la que se contempla en los diferentes espacios metropolitanos (unos cuatro billones). Esto es, una cifra verdaderamente espectacular. Si bien estas cifras se revisan continuamente al alza.

En lo que se refiere al ferrocarril convencional, la concentración de las inversiones en la alta velocidad ferroviaria (y ancho europeo, a 25.000 voltios) supondría, aparte de la subida de tarifas, muy probablemente el fin, al menos, de más de la mitad de la red actual (de ancho ibérico, a 3.000 voltios). Esto es, de la llamada red secundaria, que alcanza casi 6.000 km; es decir, la de menos tráfico. Pues la dedicación de las inversiones a dichos corredores está hipotecando la inversión necesaria para el mantenimiento del conjunto de la red convencional, sumándose a ello los problemas de interoperatividad entre ambas redes (Estevan y Sanz, 1996). Ello redundaría en dejar posiblemente sin servicio ferroviario, a medio plazo, a gran número de ciudades medias, principalmente de la «España interior» (las dos Castillas y Extremadura), del noroeste peninsular (Galicia, Asturias y Cantabria) [19] y de Andalucía oriental. Lo que agravaría la decadencia de los núcleos urbanos que se localizan en esas zonas. Además, la alta deuda acumulada por Renfe, del orden de un billón de pesetas, y el que deban cesar en unos años las subvenciones al ferrocarril, tal y como demanda Bruselas, acelerarían este abandono (planificado) de la red convencional. Ello coexistiría con la privatización de las líneas rentables de larga distancia de pasajeros (y algunas de cercanías metropolitanas), la enajenación del patrimonio de suelo de Renfe (para ayudar a enjugar la deuda), y la introducción, así mismo, de grandes operadores privados de mercancías para las principales conexiones ferroviarias. Exigencias que, por otro lado, se derivan de la creación de un mercado único del transporte ferroviario a escala comunitaria. Si bien los procesos de privatización de Renfe se están dilatando en el tiempo, por la elevada conflictividad laboral existente contra dichos planes.

[18] Madrid-Zaragoza-Barcelona; Madrid-Albacete-Valencia-Alicante; Barcelona-Valencia-Alicante; Madrid-Córdoba-Sevilla-Bahía de Cadiz; Córdoba-Málaga; Madrid-Valladolid, y conexión con la Y vasca, que enlazaría entre sí las tres capitales vascas; y posible enlace Zaragoza-Y vasca.

[19] Y eso a pesar de que se diga que la conexión en AVE con Valladolid permitiría enlazar con todo el noroeste peninsular, pues el hecho de que sea en ancho europeo, con distinto voltaje, entre otras diferencias, dificultaría y encarecería las relaciones con toda esa área de la Península, haciendo probablemente inviable dicha opción.

En definitiva, la política de transporte reforzará las tendencias territoriales de concentración urbana y metropolitana, y paralelo vaciamiento rural. Pues la creación de una amplia red viaria de alta capacidad a escala estatal no incidirá en un crecimiento espacial más homogéneo, sino que, como la propia Comisión Europea reconoce (RMOTUE, 1997), reforzará el «efecto succión» y agravará aún más las diferencias regionales, al concentrar adicionalmente el crecimiento en las regiones más «desarrolladas». Y a ello se suma el que las actividades que se localizan a lo largo del viario de alta capacidad, en las llamadas «áreas de descanso», controladas en general por grandes empresas petrolíferas (BP, Elf, Repsol...), tienden a desarticular la pequeña actividad de servicios (comercios, restaurantes...), de carácter local, que anteriormente se localizaban en los pequeños núcleos que atravesaba la red viaria tradicional. Y los beneficios que se derivan de su funcionamiento no revierten localmente, sino que se proyectan así mismo hacia las regiones más desarrolladas. Del mismo modo, la red ferroviaria de alta velocidad acentuará el crecimiento de las principales metrópolis y ciudades, al tiempo que inducirá el decaimiento de los núcleos pequeños y medianos, por los que pasará de largo sin dar servicio.

El resultado de las políticas de transporte, y de las dinámicas económicas, será algo así como una intensificación del crecimiento en poco más del 20 por 100 del territorio estatal (casi el 80 por 100 restante pierde ahora población)[20], allí donde se concentra la actividad económica más competitiva (Fernández Durán, 2000). Madrid y su área de influencia, la costa de Cataluña, el resto del arco mediterráneo (hasta Tarifa), el valle del Guadalquivir, Asturias central y costa, la costa cántabra, el triángulo vasco, la costa occidental gallega, el eje del Ebro, y poco más; y por supuesto, en los archipiélagos balear y canario, donde crece la actividad económica y la población debido al tirón del turismo. Y aun así, parte de estas conurbaciones, o corredores, no tiene garantizada la permanencia, a medio plazo, de las actividades que les dotan de impulso «vitalizador», por las razones ya apuntadas de su posible transformación en «áreas o ciudades perdedoras» (RMOTUE, 1997); aparte de las crisis internas que afectan, y que les pueden afectar aún más en el futuro, a muchas de sus piezas internas. La razón de ello es su carácter excéntrico (y quizá no competitivo, en el futuro próximo) respecto de las dinámicas centrales (económicas y espaciales) que impone la fase actual de la «construcción europea» y la globalización económica.

El grado de urbanización de la población española, por lo tanto, se seguirá incrementando, cuando ya hoy día supone más del 75 por 100 de la población total. Ello incidirá en una aún mayor expansión de los espacios metropolitanos, que no crecerán tanto en población como en extensión, esto es, en espacio tocado. Siendo la creación de infraestructuras de transporte, en espe-

[20] En este sentido, las proyecciones de la población activa agraria son ilustrativas. Se prevé que caiga del 8 por 100 actual (aproximadamente un millón de activos) a un 4 por 100 para el 2005 (MIMAN, 1998).

cial las viarias, un acicate claro de este proceso. En el caso de Madrid, por ejemplo, se prevé que la futura región metropolitana crezca tan solo un 10 por 100 de población, pero que ocupe un 50 por 100 más de suelo (Prats, 1996). De hecho, estudiosos de estos procesos auguran que «pueden consumir en los próximos treinta años tanto suelo como el que actualmente ocupan si se mantiene el modelo urbanizador actual». Y es conveniente recordar que en los últimos treinta años ya se ha duplicado el espacio tocado por el proceso urbanizador (nuevas tipologías residenciales —viviendas unifamiliares, chalés adosados, segundas residencias—, nuevas formas de distribución comercial —grandes superficies, multicentros...—, nuevos equipamientos de ocio —campos de golf, clubs de tenis, *aquaparks*...—, nuevos campus universitarios periféricos, industria difusa y parques tecnológicos, nueva actividad hotelera y de restauración —moteles, novoteles, restaurantes de carretera...); eso sí, con un crecimiento poblacional de las principales concentraciones bastante mayor que el que previsiblemente se dé en el futuro (Arias, 1996). La lengua de lava del crecimiento urbano-metropolitano continuará, pues, desbordándose, incidiendo de forma muy importante en la expansión de la movilidad motorizada, y la paralela regresión de los medios no motorizados, en concreto de los viajes a pie.

Estas tendencias son en especial relevantes, pues es preciso volver a señalar que nos adentramos muy posiblemente en escenarios de creciente encarecimiento de la movilidad motorizada, con las consecuencias sociales que ello generará. Por un lado, como ya se ha apuntado, la expansión del peaje en la red viaria de alta capacidad, y la imposición de tasas por el uso de infraestructura, junto con la subida de los combustibles que se viene manifestando en el último período, y que es previsible que se mantenga por la probable alza del precio del crudo a medio plazo, hará que se encarezca sustancialmente la movilidad motorizada privada. En paralelo, la creciente precariedad que se vislumbra en el mercado de trabajo (más de un tercio de la población trabajadora actual es eventual) (Fernández Durán, 2000), y la bajada de salarios que ello supondrá, significará que un sector importante de las llamadas «clases medias bajas» pierda poder adquisitivo, y le resulte progresivamente difícil hacer frente a los costes que le supone la movilidad motorizada privada. Esta movilidad es en muchos casos de carácter forzado, debido a la dependencia del coche para desplazarse si se habita en las periferias metropolitanas.

Y, por otra parte, en lo que al transporte público se refiere, en especial en las metrópolis, desde hace algunos años se viene produciendo un incremento de las tarifas por encima de la inflación. El hecho de que los salarios en el último período caminen por debajo de aquellaa, los escenarios de precariedad en ascenso que se barajan, y la posible privatización a medio y largo plazo de los sistemas de transporte público urbano-metropolitanos, con el consiguiente incremento de las tarifas que ello acarreará, o la previsible reducción de las transferencias estatales hacia las empresas de transporte público, que tendrá un impacto parecido, supondrán un encarecimiento absoluto y relativo de la movilidad en el transporte público[21]. En cualquier caso, todo parece indicar que un porcentaje cada vez mayor del gasto familiar de importantes sectores de la población se destinará a hacer frente a los costes de la movilidad motorizada, pública o privada, que es muchas veces obligada, debido a la configuración de las metrópolis y del modelo productivo y territorial. La época de la movilidad barata parece que toca a su fin.

Mientras tanto, la fuerte capacidad inversora pública en infraestructuras de transporte de los últimos años se mantiene a costa de una progresiva reducción del gasto estatal en materia social, así como por las importantes transferencias comunitarias en fondos estructurales y de cohesión. Sin embargo, la orientación a la baja de las aportaciones de la UE que quedan plasmadas en la llamada Agenda 2000, que define el marco de financiación comunitario para el período 2000-2006, y la restricción sustancial que experimentarán estos con posterioridad a esa fecha, como consecuencia de la ampliación al Este, diseñan escenarios futuros de creciente dificultad en la obtención de financiación proveniente de Bruselas. Los fondos de cohesión desaparecerán a partir de esa fecha, y los estructurales se verán mermados de forma sustancial. Igualmente, la reducción de la imposición fiscal directa hacia la que se camina augura mayores dificultades para mantener la capacidad inversora estatal. Es por eso por lo que se intenta recurrir cada día más a la financiación privada para la ejecución de infraestructuras de transportes (autopistas de peaje, «peaje en la sombra», financiación «modelo alemán»)[22], o se van a imponer tasas o impuestos indirectos para aumentar la capacidad de gasto público en materia de infraestructuras, o para encarar los gastos de mantenimiento en ascenso que comporta una red cada día más extensa, y en el futuro cada vez más vieja. Se ha llegado a plantear que en pocos años se puede pasar de un gasto de mantenimiento de la red viaria de gran capacidad de 100.000 millones de pesetas a 300.000 millones, como resultado de ello (Estevan y Sanz, 1996).

Las políticas de transporte en marcha, las dinámicas económicas, y los procesos territoriales, todos ellos íntimamente relacionados, harán, a nuestro entender, imposible para el Estado español cumplir con los compromisos de Kioto. Es más, se desbordarán con mucho unos compromisos de por sí enormemente favorables para el gobierno español. El Estado español, a pesar de tener unas emisiones per cápita sustancialmente más altas que la media mundial, al pertenecer al espacio de la UE, donde las emisiones per cápita son

[21] El caso de Londres es paradigmático. La aplicación de las políticas neoliberales por parte de los gobiernos de Thatcher significaron una muy fuerte subida de las tarifas del transporte público. Y hoy día el gobierno Blair habla de privatizar el Metro de dicha ciudad, y se pronostican nuevas e importantes alzas en las tarifas.

[22] Algunos de estos modelos, como el llamado «peaje en la sombra» —la Administración paga si no se llega a una intensidad de tráfico determinada—, que se ha adoptado, por ejemplo, en la M-45 en Madrid, o el llamado «modelo alemán», donde la iniciativa privada adelanta la inversión, van a repercutir en un fuerte endeudamiento del Estado y comunidades autónomas.

bastante superiores a las españolas, consiguió, en las negociaciones internas comunitarias, el poder aumentar sus emisiones para el 2008-2012 en un 15 por 100 respecto de 1990. Pues bien, ya en 1998, las emisiones españolas eran un 23 por 100 superiores a las de 1990 (Murillo, 1999). Desde entonces, tanto el consumo energético global, como la evolución de la movilidad motorizada marchan a toda máquina. En 1999, en un solo año, la movilidad motorizada por carretera creció nada menos que casi un 6 por 100 (Galán, 2000). Y las tendencias que se han apuntado en este apartado pronostican, parafraseando a Groucho Marx, «más madera». Pero es preciso recordar que el territorio español, y en general el ámbito mediterráneo, será uno de los espacios del globo más afectados por el cambio climático.

Por último, la creciente dependencia energética, en concreto del petróleo (y también de otras energías fósiles), junto con los precios en ascenso del crudo, repercutirán muy negativamente en la balanza comercial española, ya de por sí muy deficitaria, en abierto contraste con los países centrales comunitarios. En el último período, las entradas por turismo, a pesar del incremento espectacular de este, no han logrado equilibrar el balance exterior, produciéndose un preocupante deterioro de la balanza por cuenta corriente. El alza de los combustibles está afectando así mismo de forma negativa a la inflación, la cual es bastante superior a la media comunitaria. Hecho que pone en peligro la tan cacareada necesidad de competitividad de la economía española respecto del conjunto de la UE. Y que se traducirá en pérdidas de empleo, deterioro de los desequilibrios macroeconómicos (y muy en concreto del endeudamiento público), etc. Los costes (económicos, sociales y ambientales) de un modelo basado en la movilidad motorizada masiva empiezan a aflorar con fuerza, y lo harán probablemente más en el futuro.

Crece la contestación social a la expansión de la movilidad motorizada

En los últimos años se asiste a un cierto despertar de actividades de oposición social a la construcción de grandes infraestructuras de transporte, y a una paulatina extensión, todavía muy incipiente, del cuestionamiento de las pretendidas «bondades» de vivir en una sociedad hipermovilizada. En el escenario europeo, destacan las movilizaciones en el Reino Unido contra la creación de nuevas autopistas *(Earth First, Alarm UK),* y la proliferación también en ese país de los movimientos sociales urbanos contra el automóvil *(Reclaim the Streets).* Las actividades de contestación desarrolladas contra la ejecución del Scanlink entre Dinamarca y Suecia. La oposición a la construcción de líneas de alta velocidad en el sudeste de Francia, Holanda y en muchas zonas de Alemania, territorios ya de por sí altamente alterados por la actividad humana. El referéndum suizo donde se aprobó la restricción y el trasvase hacia el ferrocarril del tráfico de paso de mercancías internacionales para el 2004, y el rechazo de importantes sectores de la población austriaca a nuevas conexiones viarias de gran capacidad Este-Oeste que atraviesan su territorio. Así como el desarrollo de los movimientos en defensa del peatón y la bicicleta en muchas ciudades europeas.

Es de resaltar cómo responden las instancias de poder cuando se cuestiona, desde abajo, la expansión de la movilidad motorizada. En algunos casos, dichas instancias reaccionan poniendo en cuestión la voluntad de la población libremente expresada de forma democrática. Esta sería claramente la situación en el caso suizo. La UE ha ejercido una tremenda presión sobre el gobierno helvético para que hiciera oídos sordos a los resultados de la consulta popular, utilizando todo tipo de medidas de extorsión y chantaje. Desde la amenaza de bloquear acuerdos comerciales por parte de la CE, a la bravata del ministro de Transportes holandés de eliminar los derechos de utilización del aeropuerto de Schiphol para Swissair, si el gobierno suizo no cambiaba su posición. Ello ha derivado en un cambio de actitud del ejecutivo helvético, que se ha plegado prácticamente a las exigencias comunitarias, pasando por encima de la voluntad popular. Reflexiones similares se podrían señalar en relación con el caso austriaco. No en vano la CE preveía que se duplique el tráfico de mercancías a través de la barrera alpina entre mediados de los noventa y el 2010 (CEO, 1999).

Aquí, en el Estado español, después de una amplia contestación social a la construcción de autopistas y autovías a finales de los setenta y primeros años de los ochenta, cuando se llegó a constituir una coordinadora estatal de lucha contra autopistas (CLCA, 1979), se produce un decaimiento de la oposición ciudadana durante los ochenta, como resultado del cambio de valores que experimenta la sociedad española en esa época, y la paralela expansión de la motorización y la movilidad que se da en esa etapa. Se instala entonces en el cuerpo social una fuerte cultura del coche, y en general de la velocidad y de la movilidad motorizada, moldeada sabiamente desde los *mass media*.

En los noventa se empiezan a detectar ciertos cambios, tenues por supuesto, conforme van haciéndose patentes los costes de la movilidad motorizada. La oposición al trazado de la A-3 por las Hoces del río Cabriel, y el rechazo al paso de la M-40 por el Monte de El Pardo en Madrid, marcan un cierto cambio de tendencia. La alarma social en torno a la alta siniestralidad en la carretera, que se hace patente en esos años, contribuye también a ello. Y últimamente han aparecido movimientos de denuncia a la construcción de nuevos cinturones de circunvalación en las grandes áreas metropolitanas (Madrid, Valencia, Barcelona...). Todo ello indica que, poco a poco, algo parece estar cambiando.

En relación a los proyectos de tren de alta velocidad, también se ha desarrollado cierta contestación social, a pesar de la fuerte presión y propaganda a favor de su construcción por parte de las distintas instancias políticas y, en particular, de las cámaras de comercio locales. En un primer momento, respecto del trazado Madrid-Córdoba-Sevilla a su paso por los Montes de Toledo y áreas de gran valor natural en Sierra Morena. Y en la actualidad contra el proyecto de la Y vasca en Euskadi, un proyecto ampliamente contestado por el impacto que tendría en un territorio frágil, de orografía muy movida, y con alta densidad de población. Así mismo, la conexión en alta velocidad Madrid-Valladolid a su paso por la sierra del Guadarrama, atravesando también áreas de gran valor, está produciendo fuertes resistencias a uno y otro lado de la cordillera. Hasta muchos alcaldes del PP de la zona se han sumado a la oposición a un trazado que no les reportaba el menor beneficio (el tren no pararía en sus pueblos), y sí muchos trastornos. Lo mismo se podría decir de la travesía del AVE Madrid-Barcelona-Frontera por diversas y ricas comarcas agrarias catalanas, en Lérida, Barcelona y Gerona, en las que el AVE tendría un importante impacto, y en donde se ha desarrollado un rechazo social considerable *(Cop al Tav).* Y últimamente se está articulando una oposición al tren de alta velocidad en Castilla-La Mancha (Madrid-Albacete-Valencia-Alicante), pues muchos núcleos de mediano tamaño quedarían descolgados de una infraestructura de muy elevado coste que no les reportaría ventajas. Es más, el actual servicio ferroviario, que les dota de conexión, podría verse amenazado a medio plazo, cuando entrase en funcionamiento el nuevo enlace en alta velocidad.

Como pincelada final, el cuestionamiento que está experimentando el macroproyecto de ampliación de Barajas en los municipios limítrofes, y la movilización social contra el incremento del ruido, resultado de la creación de la nueva pista, es otro síntoma más de un cambio de actitud de la población ante las pretendidas ventajas de la sociedad hipermovilizada. El Ministerio de Fomento se está viendo obligado a cerrar el aeropuerto durante la noche, para frenar las protestas de los vecinos. Lo mismo ha ocurrido ya en distintos aeropuertos europeos. Si bien la privatización de la gestión de los aeropuertos que se baraja haría más difícil que se acometiese el cierre nocturno, ante los importantes intereses económicos en juego.

Cambiando de rumbo hacia la sostenibilidad

«El actual proceso de globalización de las economías es un proceso que crea lejanía de modo continuo, reclamando crecientes desplazamientos motorizados de personas y mercancías [cada vez a más] larga distancia y a velocidades también en aumento.» A su vez, las políticas de transporte en marcha incentivan estos procesos. Como se ha intentado dejar claro a lo largo de este texto, estas tendencias son intrínsecamente insostenibles en el medio y, sobre todo, largo plazo. Tanto por el creciente uso de recursos no renovables (principalmente, energía fósil) que suponen, como por los impactos ecológicos en aumento que conllevan. El crecimiento ilimitado del transporte no es compatible con el equilibrio ecológico. Amén de las consecuencias económicas y sociales que arrastran, que tampoco son ni justas ni «sostenibles» en el medio y largo plazo. Y «ningún proceso insostenible a largo plazo ha sido ni puede ser inexorable en la historia» (Estevan y Sanz, 1996).

Esto contrasta con el funcionamiento de los ecosistemas terrestres, donde el desplazamiento horizontal (masivo) de seres vivos o materiales asociados es un fenómeno relativamente singular. En la vida terrestre, formada fundamentalmente por la biomasa vegetal, predomina en general el transporte vertical (de carácter cíclico)[23]. Y la pequeña fracción de vida que se condensa en forma de biomasa animal «economiza de modo bastante estricto su gasto energético en trabajo muscular». En general, salvo excepciones, sus desplazamientos son más o menos limitados, y están ligados a hábitat o territorios concretos. «La naturaleza está, en esencia, fija (desde el punto de vista espacial, aunque internamente sea extremadamente móvil y fluida). Sin embargo, en relación con el movimiento, como en tantos otros aspectos, las modernas sociedades industriales se han organizado completamente de espaldas a los principios básicos de la Naturaleza [...].» Además la generalización del transporte motorizado exige la extracción, transformación, desplazamiento y utilización de enormes cantidades de materiales y energía[24], «tan extraños a la Naturaleza como lo es el propio concepto de movimiento horizontal masivo» (Estevan y Sanz, 1996).

Desde el enfoque institucional vigente se nos señala que las tendencias de expansión de movilidad motorizada pueden llegar a ser domesticadas con nuevos desarrollos tecnológicos que no ponen en cuestión las dinámicas de fondo. Desde nuevos coches y carreteras inteligentes, a vehículos con mejores prestaciones y menores consumos unitarios, o que incorporan nuevas tecnologías (coches eléctricos). Pasando por nuevos combustibles fósiles gaseosos, biocombustibles, o la posible utilización del hidrógeno como energía motora. Todo ello complementado por estudios «científicos» que aborden de manera más pormenorizada el impacto ambiental. Por no señalar la promesa de que las nuevas tecnologías de la información y comunicación reducirán las necesidades de transporte.

Sin embargo, los reducidos logros en eficiencia de las mejoras tecnológicas quedan barridos por el incremento imparable de la movilidad motorizada, el aumento del cubicaje y la potencia, así como del peso medio de los vehículos. Y las reducciones locales de impactos que propician ciertas tecnologías (p. ej., los coches eléctricos), aparte de ser limitadas y no generalizables al conjunto de los vehículos, generan impactos en otros ámbitos espaciales (p. ej., allí donde hay que generar la energía eléctrica), o donde hay que depositar o reciclar las baterías y su contenido. Además, los nuevos combustibles, aparte de

[23] La actividad del reino vegetal hace circular los materiales en sentido fundamentalmente vertical: transporta nutrientes desde el suelo hasta los tejidos vegetales y los deja caer de nuevo al suelo cuando las hojas o las plantas mueren (Estevan y Sanz, 1996).

[24] Para la construcción de infraestructuras, fábricas de vehículos, aparcamientos, talleres de reparación, gasolineras..., así como para la propia construcción de vehículos y materiales accesorios. E igualmente para la ejecución de todas aquellas instalaciones y equipamientos necesarios para la extracción, transporte, almacenamiento, procesado de la energía —refinerías— y su distribución, antes de su utilización final por los vehículos de transporte.

sus problemas operacionales y de seguridad, son en general menos impactantes (biomasa), menos limpios, menos eficientes y menos infinitos de lo que se supone. Y las evaluaciones de impacto ambiental sirven, en general, para legitimar opciones o proyectos decididos ya previamente, a los que se incorporan pequeñas variaciones que no afectan a su sustancia.

Por otro lado, «las telecomunicaciones sirven efectivamente, dentro de un determinado contexto social, económico y tecnológico, para sustituir algunas modalidades de desplazamiento. Pero al mismo tiempo posibilitan nuevas formas de reorganización de las actividades y de la propia movilidad que, de hecho, refuerzan la demanda de transporte [...] [El desarrollo de las telecomunicaciones va a permitir] otro paso de expansión de lo urbano hacia el territorio circundante [...] Las telecomunicaciones constituyen así una mezcla explosiva ideal para una nueva onda expansiva de las metrópolis» (Sanz, 1997). Así, a pesar del impresionante desarrollo de las telecomunicaciones de los últimos años, la demanda de transporte no ha parado de crecer.

Es preciso, pues, empezar a abordar la necesidad de la reducción de la movilidad motorizada a todos los niveles en el camino hacia la sostenibilidad, pues cada vez parece que hay más «dudas de que el crecimiento continuo de la movilidad y la velocidad conduzca a la equidad y a la preservación del planeta». Además, «pasado cierto límite [...] la industria del transporte cuesta más tiempo a la sociedad del que ahorra [...]. [Y genera] la pérdida paradójica de autonomía conforme aumenta la aparente libertad de movimiento» (Sanz, 1994). «Las sociedades modernas le dedican [al transporte] más de un tercio del tiempo de trabajo global, mucho más que cualquier sociedad preindustrial [...]. Por encima de una cierta velocidad, los transportes rápidos son contraproducentes» (ALCTN, 1999). Contra la expansión, pues, de la lejanía, la velocidad y la movilidad motorizada, se debería contraponer la creación de cercanía o proximidad, la mesura en el ritmo de desplazamiento, y la reducción de los viajes motorizados, especialmente de la movilidad forzada, junto con la recuperación y potenciación de los transportes no motorizados (peatonal y bicicleta), y la vivencia de la calle como espacio público por excelencia para la comunicación y relación, y no exclusivamente para transportarse.

Se debería promover la accesibilidad más que la movilidad, siendo curiosa la confusión que se ha promovido en la sociedad actual respecto a estos dos conceptos. Accesibilidad es, ante todo, proximidad. Contra el vicio del transporte, deberíamos contraponer la virtud de la cercanía, pues, aparte de otras ventajas inherentes (ahorro de tiempo, posibilidad de desarrollo de la vida comunitaria y cívica, etc.), «una sociedad y una economía ecológicas son aquellas que emulan los principios de la Naturaleza y se adaptan a ellos, en lugar de violentarlos» (Estevan, 1994). En este sentido, se deberían promover sistemas económicos más autocentrados, reconstruyendo las economías locales y regionales, bien adaptados a los condicionantes ecológicos, que redujeran la necesidad de transporte a larga distancia. Así como estructuras territoriales y urbanas que posibilitaran la disminución de la movilidad forzada no deseada, creando proximidad y cercanía en los planos económico, social y personal. Y, por supuesto, impulsar políticas de transporte que en lugar de echar más leña al fuego estuvieran orientadas a la estabilización y posterior reducción de la movilidad motorizada, promoviendo en este tránsito los medios de transporte de menor consumo energético e impacto ambiental.

Este cambio de rumbo hacia la sostenibilidad, el equilibrio y la equidad no se podrá iniciar sin transformaciones profundas en los ámbitos de las relaciones económicas, político-institucionales, culturales, sociales y personales. Y en la reconversión ecológica del transporte se deberían replantear las ventajas de la movilidad motorizada, abordar la desmitificación social del automóvil, poner en tela de juicio la pretendida bondad del siempre más lejos y más deprisa, superar la obsesión por la construcción incesante de infraestructuras, fomentar alternativas que tengan en cuenta la escasez de los recursos no renovables, atacar las causas de la alta siniestralidad del transporte motorizado, y en concreto del transporte por carretera, para en definitiva calmar el tráfico y domesticar el transporte. Es preciso, pues, crear un amplio debate en la sociedad en torno al transporte, que tan solo está en sus inicios, si es que queremos abordar la necesidad de conseguir la sostenibilidad y equidad a medio y largo plazo. Y es urgente empezar ya.

23
Los materiales

Miguel Á. Alario

Introducción

Si pretendiéramos hacer una descripción histórica del mundo de los *materiales,* esos *sólidos* que han sido, son y serán *útiles* al hombre a lo largo de su existencia, podríamos, casi quizá deberíamos, empezar por agruparlos de alguna manera. Desde luego, no sería práctico, no sería sobre todo lógico, ir desgranando en una larga, en realidad larguísima, retahíla todos y cada uno de los materiales que la humanidad ha venido empleando a lo largo de los varios milenios que constituyen su historia. Y es que, efectivamente, desde el hierro o el cáñamo al nitruro de galio o al cemento, pasando por la lana, el caucho o el polietileno, la historia del hombre se confunde con la de los materiales que ha ido utilizando. Tan es así que, como se ha señalado en diferentes ocasiones, hasta las diferentes épocas prehistóricas se denominan con los de los materiales más característicos de cada una de ellas. Edad de hierro, de piedra, etc. Sin embargo, no se habla generalmente de la edad de la cerámica, lo que en realidad se puede atribuir a que, tras el descubrimiento —ciertamente accidental— del fuego, y de las modificaciones que produce en la arcilla húmeda y moldeada, las cerámicas han ido acompañando al hombre en su caminar. Podría decirse, pues, que la historia de la humanidad es en gran medida, pero, claro, no solo, la historia de la cerámica. Pero, obviamente, hay muchos más materiales que esta.

El primer material utilizado por el hombre es, desde luego, el sílex, y se ha llegado a decir que el origen de las ciudades está en la creación de núcleos de intercambio en los que esa piedra era el objeto del mayor volumen de trueque. Sea como sea, la piedra es solo uno de entre los materiales naturales que el hombre utilizó desde el principio y que, oh maravilla, sigue utilizando abundantemente hoy, como la lana, la madera, el hueso, el cuero... y un largo etcétera. Pero, a su vez, el hombre utiliza hoy gran cantidad de materiales artificiales, sintéticos, como más adelante se verá.

Para evitar, pues, que la presente introducción se convierta en un lexicón, conviene ya desde el principio agrupar los materiales de algún modo, y el primero que surge es, quizá influidos por la propia evolución histórica del tema que apuntábamos arriba, su clasificación en *materiales naturales* y *artificiales.*

Pero inmediatamente después resulta obvio que materiales naturales hay muchos y de muy variada índole, por lo que es conveniente agruparlos, para lo cual podríamos quizá seguir la clasificación de la Naturaleza en sus reinos. Tendríamos así:

MATERIALES NATURALES

Minerales, como la piedra, en muchas de sus variadísimas formas: mármol, granito, obsidiana, carbón, cada uno con composición, estructura y propiedades diferentes..., algunos metales nativos, etc.

Materiales de origen vegetal, como la madera, el corcho, o la paja, son derivados de la celulosa $C_nH_{2n}O_n$, que forma una especie de láminas localmente cristalinas unidas entre sí por medio de un material resinoso, la lignina. La madera es uno más entre los *materiales jerarquizados,* que presentan diferentes estructuras a distintos niveles, en contraste con los materiales habituales, que poseen una única estructura, bien simple, como el diamante; bien compleja, como el acero. La estructura de la madera, como la de la mayoría de los materiales naturales no minerales, es muy complicada y refleja el hecho, por lo demás obvio, de que proceden de organismos vivos. Entre los materiales vegetales también se cuentan las fibras, y entre estas: lino, cáñamo, algodón....

Materiales de origen animal, como las pieles, o como la lana, en sus diferentes variedades: de la oveja común, *Ovis aries,* pero también de otras especies en función de las existencias locales: la de Mohair, la de Cachemira, el pelo de camello, el de llama, el de alpaca...; pero la más apreciada, incluso en nuestros días, es la seda natural, del gusano *Bombix mori,* que se alimenta de la morera —se dice que huevos de dicha especie junto con semillas de morera fueron robados por dos monjes en China y pasados a Persia, de donde se extendió al resto del mundo—. Es interesante que la llamada seda artificial, viscosa o rayón, se obtiene por tratamiento químico de la celulosa, un material vegetal. Y es que por medio de dichos procesos se puede, si se nos permite la expresión, «pasar de un reino a otro», esto es, el que los productos de partida de la reacción sean vegetales, animales o minerales no tiene ninguna importancia, como ya demostró Friedrich Wöhler en 1828, al sintetizar urea, un producto «animal-orgánico», a partir de cianato amónico, un producto «mineral-inorgánico»

$$(NH_4)CNO \rightarrow CO(NH_2)_2$$

con lo que la química ha dedicado gran parte de sus esfuerzos a sintetizar materiales, a veces intentando reproducirlos «copiando» a la Naturaleza, a veces haciéndolos *ex novo,* como muestran los casos del rayón, ya citado, y del arseniuro de galio, respectivamente, y sobre el que luego volveremos.

Sin embargo, la Naturaleza no es hoy únicamente fuente de materiales; es también, y en gran medida, caudal de inspiración para copiar los materiales que tras millones de años ella ha producido y que casi siempre son los mejores posibles para la función que desempeñan. Pero también, en una línea de investigación candente y en la que Química y Física bordean y se entrecruzan con la Biología, se trata de hacer que «la Naturaleza» haga los materiales que queremos. Un ejemplo bastante espectacular de este tipo, y que, aunque lo aparente, no pertenece al popular género de la ciencia ficción, consiste en la modificación genética del gusano de seda para cambiar la seda que produce. Pero no son solo los gusanos productores de materiales espectaculares. Los arácnidos poseen esa misma cualidad en grado sumo y, en vez de utilizarla para *simplemente* proteger su metamorfosis, la usan para cazar. El mundo de las telas de araña es extraordinario, y tras el auténtico milagro de su producción está el de sus increíbles propiedades mecánicas. A igualdad de peso hace falta más energía para romper una tela de araña que una de acero o del último grito en fibras poliméricas, el kevlar. Pero aún sorprende más el que la función de la tela no es meramente elástica; en otro caso el incauto insecto que no la ve en su vuelo atolondrado sería simplemente rebotado; de hecho, una gran parte de la energía del choque es absorbida por la propia tela, con lo que, con el *pequeño* añadido de un adhesivo, la mosca queda atrapada para siempre y la Naturaleza mantiene su asombroso equilibrio. Un aspecto muy importante en este grupo es el de la especificidad de la función. Cada material natural está adaptado a la perfección al trabajo que ha de desempeñar, y por ello los matices entre materiales de un mismo tipo son prácticamente infinitos. Por ese motivo, por ejemplo, el asta de ciervo tiene una elevada resistencia a la fractura, ya que ha de soportar violentos golpes en los combates previos a la conquista amorosa de la hembra. En cambio, el fémur del rinoceronte es a la vez rígido y tenaz para soportar el enorme peso de este gigante. Aunque esto no nos sorprenda, ya que es un producto de millones de años de adaptación al medio entre el órgano y la función, sí es más llamativo que los huesos, organismos vivos, se adapten a toda velocidad a las circunstancias particulares; y así, los huesos de los astronautas se desmineralizan, pierden apatito, en las condiciones de ingravidez que soportan, ya que necesitan menos rigidez.

Los materiales naturales son, pues, legión, y la palabra hueso va más allá de una simple pieza mecánica de apoyo dentro del esqueleto. Y en cuanto a lo que se refiere a este, casi hay tantos tipos y formas como especies de animales... Por citar un ejemplo de animales pequeños, las diatomeas, microorganismos que se caracterizan por un espectacular exoesqueleto y que forman parte del amplio grupo de biominerales que en ese tamaño incluye también las radiolarias y los cocolitos, se forma por un elaborado proceso de deposición del mineral, carbonato cálcico o sílice. La deposición no es desde luego aleatoria, sino que se apoya en las células del organismo que actúan como molde; cuando el crecimiento ha dado lugar al tamaño adecuado, se adsorbe una capa de alúmina que recubre al microorganismo e impide que la sílice se solubilice en el agua del mar.

De manera que los materiales naturales «dan para mucho» en términos clasificatorios, ya que son tan diversos como importantes, y ciertamente lo seguirán siendo por muchos años, pues su propia realidad hace que se puedan obtener por medios naturales, o sea, que es la Naturaleza la que *nos* los fabrica, y únicamente ocupándonos de conservarla —lo que, por cierto, no es problema baladí— podremos tener acceso a ellos. Esto no quiere decir que no haya que preocuparse de no agotar esos recursos...

Materiales artificiales

Cuando en esta alineación se llega, cronológicamente, a los *materiales artificiales,* podemos arrancar con la cerámica, e inmediatamente después con el bronce y el hierro, y todos ellos, y todos los que vendrán después, tienen en común, además de ser objeto de manufactura humana, el de la utilización de la temperatura, de más o menos altas temperaturas, para su preparación. E incluso en el momento actual, con pequeñas, aunque significativas, excepciones, la temperatura es parte fundamental de la fabricación de materiales. A veces acompañada de la presión, a veces en vacío profundo, a veces con temperaturas suaves, y esas serían algunas de las principales excepciones.

Clasificar, pues, los materiales artificiales es algo más complejo, no solo porque su número sea grande, que lo es, sino más bien por la gran variedad de características generales que presentan, lo que solemos llamar las características físico-químicas y, por ende, sus aplicaciones. De manera que, a la hora de agruparlos, surgen diferentes maneras de hacerlo. La más obvia, pero quizá menos informativa como clasificación, sería una ordenación individual. Pero para hacerla más interesante se puede seguir el criterio *linneano* de más a menos importante, por ejemplo: metales ferromagnéticos, conductores eléctricos, polímeros y, dentro de ellos, hierro, dióxido de cromo $(SN)_x$, teflón..., para enseguida darnos cuenta de que algunas de sus propiedades se solapan; en el caso citado, tanto el hierro como el CrO_2 y el polinitruro de azufre, también llamado politiazeno, son buenos conductores de la corriente eléctrica, con conductividades del orden de $\sigma \sim 10^4$ Siemens/cm, y que además presentan el mismo tipo de variación de σ con la temperatura, por lo que se denominan genéricamente como metales, a pesar de ser, respectivamente, un metal «clásico», un óxido metálico y un polímero «inorgánico» *(vide supra);* por su parte, el teflón, que tiene en común con el politiazeno el ser ambos materiales poliméricos, es un importante material aislante, con valores de la conductividad del orden de $\sigma \sim 10^{-16}$ Siemens/cm. Por cierto que la elevada conductividad indicada para el $(SN)_x$, un polímero formado por cadenas de, alternativamente, azufre y nitrógeno, unidas entre sí por fuerzas relativamente débiles, lo es a lo largo del eje de la cadena polimérica, pero no en dirección perpendicular a ella. El politiazeno presenta, así, una característica de gran interés en el estudio del estado sólido en general y de los materiales en particular, la anisotropía en las propiedades, esto es, la influencia de la dirección en las mismas. Otro tanto puede decirse de otra propiedad tan importante como la dureza, que en el diamante, formado por átomos de carbono con cada uno unido fuertemente a otros cuatro, y que es el *aristotipo* de material duro, es menor en ciertas direcciones —perpendiculares a las direcciones de los enlaces carbono-carbono—, y ello le hace frágil y que pueda ser tallado. El grafito, también formado, como el diamante, por átomos de carbono, ahora con cada uno unido a otros tres, pero en vez de en un enrejado tridimensional, formando láminas, a veces denominadas de «grafeno», por el contrario, es blando; sobre todo paralelamente a las láminas y, al contrario que el diamante, aislante eléctrico notable con $\sigma \sim 10^{-14}$ Siemens/cm, el grafito es un relativamente buen conductor, un *semimetal* con $\sigma \sim 1$ Siemens/cm en la dirección de las láminas y mucho peor en las perpendiculares a ellas. Tal diferencia de propiedades para especies con los mismos átomos hace de las relaciones grafito-diamante uno de los capítulos más apasionantes de la Química de los Sólidos en general y de la Ciencia de Materiales en particular, como veremos más adelante.

Las líneas que anteceden muestran, pues, la gran variedad que encierran los materiales en cuanto a sus propiedades y lo complejas que aparecen las interrelaciones entre estructura, composición y propiedades. A pesar de ello, la Ciencia de Materiales, soportada en la Química y la Física del estado sólido, ha conseguido interpretar este aparente maremágnum, y aunque aún no es posible diseñar un material a partir únicamente de una idea de las *prestaciones* que queremos posea, se ha progresado bastante en esa dirección en los últimos años. El término de prestación es de tal importancia en el contexto de la Ciencia de Materiales que requiere le dediquemos algún espacio. Prestación es el comportamiento que presenta el material funcionando, a diferencia de la propiedad físico-química que le caracteriza en relación con esa prestación. Un ejemplo puede quizá aclarar el término que constituye el cuarto vértice de los que habitualmente constituyen el denominado «tetraedro de la Ciencia de Materiales» y en el que los otros tres vértices son: estructura-composición, propiedades físico-químicas y síntesis-caracterización-procesado.

Vayamos, pues, al ejemplo: aunque entre los superconductores denominados «clásicos» la máxima temperatura crítica (23 K) se alcanza en la aleación Nb_3Ge, a la hora de fabricar solenoides superconductores se prefiere la aleación Nb_3Sn, que aun con temperatura crítica algo inferior, pero que en todo caso requiere refrigeración a 4,2 K, presenta mejores propiedades mecánicas y, por ello, mejores prestaciones, mejores propiedades durante su fabricación/operación. No obstante, una clasificación quizá más útil recoge los diferentes tipos de materiales, destacando por qué son útiles y algún ejemplo (tabla 23.1).

Tabla 23.1
Clasificación de los materiales por sus características generales y principales usos

Metales y aleaciones	Aceros, superaleaciones	Tenacidad, fortaleza	Herramientas, automoción, aviación, construcción
Cerámicas avanzadas	Carburo de silicio Alúmina Diamante	Resistencia a la corrosión, dureza	Refractarios, componentes de motores, herramientas, recubrimientos
Semiconductores	Silicio puro y dopado, GaAs, HgTe, III-V	Electrónica	Transistores, fotovoltaicos, comunicaciones, informática
Superconductores	Nb_3Ge, V_3Si, HTSC	Electricidad, magnetismo	Electrónica, imanes, sensores
Ionoconductores	β-alúmina, zircona estabilizada, «lalitio»	Conductividad iónica	Baterías, pilas, sensores, relojería, radio, telefonía
Materiales magnéticos/ Imanes	Fe Fe_3O_4 $Fe_{79}Nd_7B_{14}$	Magnetismo	Transformadores, motores, registro magnético
Fotónicos	$LiNbO_3$	Láseres, dobladores de frecuencia	Comunicaciones, dispositivos
Vidrios/Amorfos	SiO_2-B_2O_3 Silicio Metales	Transparencia, color, pro. eléctricas y magnéticas	Construcción, utillaje, sensores
Plásticos	Polímeros, caucho sintético	Densidad baja, resistencia a la corrosión y otros ataques	Tubos, paneles, recubrimientos, construcción, utensilios, embalajes
Catalizadores	Metales depositados Zeolitas	Catálisis Fotocatálisis	Síntesis, craqueo, reformado

Pero a la hora de profundizar en el aspecto organizativo de este mundo de los materiales cabe señalar, además, que, por encima de la gran variedad de propiedades, prestaciones y materiales que existen, hay una serie de técnicas y aspectos comunes a todos ellos o, al menos, a muchos de ellos, que conviene tener en consideración; por ello cabe también hacer una clasificación en función de los campos de utilidad que abarcan: producción de energía, construcción mecánica, industria eléctrica, electrónica e informática, salud, deportes y ocio, industria aeronáutica y espacial, transportes por carretera y ferrocarril, armamento, construcción e ingeniería civil, almacenamiento y embalaje, etc.

Cerámicas

Las cerámicas son, como decíamos, las compañeras de viaje del hombre a lo largo de todo el proceso vital de la humanidad. Procedente del griego *κεραμικοζ* 'arcilla', y también materia quemada, en el saber popular se denomina así al arte de fabricar vasijas y otros objetos de loza y porcelana de todas clases y calidades. En ellos se cuentan, pues, platos, vasos, fuentes y demás objetos útiles y decorativos, junto con otros muchos relacionados con la construcción: ladrillos, bañeras, azulejos, mosaicos, baldosas... Estos objetos se obtienen calentando una mezcla de arcilla y agua moldeada a la forma de los originales. Parece probable que los primeros recipientes cerámicos se obtuvieran por recubrimiento con barro de cestas de mimbre con el fin de hacerlos estancos. Tras el descubrimiento de la rueda y el desarrollo del torno de alfarero de ella derivado, desapareció la necesidad de un alma de mimbre y se comenzó a trabajar directamente en frío el barro, que luego era secado, primero en un hoyo del suelo sobre el que se encendía una hoguera y posteriormente en hornos algo más elaborados, ¡hasta llegar hoy al de microondas! Las cerámicas tradicionales, y por supuesto las avanzadas, de las que ahora nos ocuparemos, tienen, frente al único inconveniente de su fragilidad, una serie de características favorables de las que no es la menor su facilidad de fabricación con bajo costo y con materiales básicos abundantes en toda la Tierra. Al mismo tiempo, por estar generalmente constituidas por elementos ligeros, esto es, de peso atómico bajo, son livianas. Pero, además, son resistentes al calor: soportan, claro está, cualquier temperatura por debajo de la de su preparación y recocido, generalmente en torno a los ~1.300 K. También resisten al ataque químico por ácidos o bases, con lo que su capacidad como recipientes prácticamente no tiene parangón. Los vidrios, que son, como veremos, una especie de cerámicas desordenadas, poseen así mismo estas ventajas, junto con la añadida, y muy valiosa, de la transparencia. Mención especial debe recibir su moderada dureza, si bien, debido a la naturaleza direccional del enlace silicio-oxígeno, las cerámicas son relativamente frágiles, y todos hemos experimentado algún que otro momento de impotencia al observar cuán cierto es esto y cómo se destruyen en mil pedazos al caer al suelo. Por supuesto que las cerámicas poseen muchas veces, *además,* otras propiedades interesantes, sean estas eléctricas, como el «titanato» de bario, $BaTiO_3$, que es ferroeléctrico; o magnéticas, como el boruro de zirconio y hierro, $Fe_{79}Zr_7B_{14}$, el material magnético más blando conocido, con un campo coercitivo de solo 10^{-8} Teslas; ópticas, como el granate de ytrio y aluminio, dopado con neodimio, conocido por el acrónimo Nd^{3+}:YAG, de su fórmula $Y_3Al_5O_{12}$, generador de láser; o el niobato de litio, $LiNbO_3$, que permite duplicar la frecuencia de un haz de luz, y así, por ejemplo, cambiar el color de un láser. De ahí que a veces se haga la distinción entre *cerámicas tradicionales,* que incluirían las porcelanas y lozas domésticas, y las *cerámicas avanzadas;* y, a su vez, esas se clasifican en función de sus propiedades concretas. Cabe señalar entre estas, junto a las arriba mencionadas, las denominadas *cerámicas técnicas o termomecánicas,* que presentan la importante ventaja de mantener sus buenas propiedades y prestaciones a altas temperaturas. Se trata de materiales de los denominados *carburos,* como el de silicio, SiC, material de elección para elementos resistivos hasta los 1.400 °C, o el de boro, B_4C; *nitruros,* como el de silicio, Si_3N_4, en sus diferentes variedades, o el de titanio, TiN, que por su color dorado y facilidad de preparación como recubrimiento a partir de compuestos volátiles de sus elementos, lo que se denomina «deposición en fase de vapor», que frecuentemente se nombra por el acrónimo de su denominación en inglés, *Chemical Vapour Deposition* (CVD), ha sustituido al oro en la decoración de las cúpulas bizantinas de muchos templos ortodoxos (fig. 23.1).

Fig. 23.1.—Bóveda bizantina «dorada» con nitruro de titanio

Pero también óxidos como la zircona, ZrO_2, o la alúmina, Al_2O_3, importantes aislantes térmicos, o mezclas de ellos, como los materiales denominados LAS y MAS, respectivamente, Li_2O-Al_2O_3-SiO_2 y MgO-Al_2O_3-SiO_2, o los «minerales sintéticos» *mullita,* $3Al_2O_3$-SiO_2, y *cordierita,* $2MgO$-$2Al_2O_3$-$5SiO_2$. Al referirnos a minerales sintéticos, lo que queremos significar es simplemente que hay alguno de estos materiales cuya formulación coincide con algún mineral; sin embargo, para su utilización a escala industrial en condiciones de reproducibilidad a gran escala, la Ciencia de Materiales recurre más que a la purificación del mineral, que a veces es desde luego interesante, a su preparación a partir de los componentes puros y refinados y con tamaño de partícula uniforme; podríamos casi decir que de este modo se consiguen *mejores materias primas.*

Mencionábamos hace un momento al nitruro de silicio, un material relativamente sencillo y con propiedades muy interesantes, ya que soporta bien la oxidación incluso a altas temperaturas y además es muy resistente al choque térmico, o sea, que tolera con facilidad las variaciones bruscas de su temperatura. Se trata así de un material muy interesante para componentes de motores de explosión y turbinas de reacción, en los que a esas interesantes propiedades se une el valor añadido de su ligereza. Bien, pues por los métodos tradicionales de preparación, el denominado *método cerámico* o *síntesis reactiva,* presenta una elevada porosidad, lo que obviamente es negativo en las aplicaciones mecánicas. La estructura de este nitruro está formada por tetraedros [Si-N_4], y tolera la sustitución *simultánea* de silicio(IV) por aluminio(III), y nitrógeno(-III) por oxígeno(-II); se consigue así una *solución sólida* que recibe el nombre de *sialón:*

$$Si_{6-z}Al_zO_zN_{8-z} \text{ con } z \sim 4{,}5$$

La sustitución realizada da lugar a materiales con menor porosidad debido a la formación de líquido en su *sinterización* a relativamente bajas temperaturas, con lo que se optimizan sus propiedades; aun así, para conseguir sialones mecánicamente estables a alta temperatura (> ~ 1.500 °C) es necesaria la adición de óxido de ytrio, Y_2O_3, al granate de ytrio y aluminio, $Y_3Al_5O_{12}$, que hace un momento destacábamos como soporte del láser de neodimio, y que en este otro caso juega un papel totalmente diferente, situándose en las fronteras de grano del sialón *policristalino.* Y lo de policristalino merece una cierta explicación. Efectivamente, cuando pensamos en el material ideal, o, en un estadio aún más puro en la escala de los materiales, en el sólido ideal, nos referimos a un cristal en el que cada átomo está en su sitio y hay un sitio para cada átomo. Ese cristal tan ideal como irreal, esto es, ese cristal inexistente en la Naturaleza o como objeto de síntesis, solo aparece en las figuras *idealizadas* de los libros, como la estructura de la perovskita.

En la realidad, sin embargo, los cristales están plagados de defectos de muy diferentes tipos: defectos puntuales, dislocaciones, maclas; defectos extensos, que no cabe discutir aquí con ningún detalle. Más aún, la presencia de esos defectos, a menudo termodinámicamente inevitables, confiere al material propiedades interesantes, desde varios modos de presentar color hasta propiedades mecánicas, a veces deficientes, a veces mejoradas..., propiedades que se añaden a las que tiene el material en cuanto a su estructura y composición, como indicábamos más arriba. Por otro lado, los cristales habituales —sean naturales o sintéticos— tienen tamaños muy variados pero que pocas veces coinciden con los del dispositivo o pieza en que se utilizan. Esto es, un clavo de acero, una resistencia de carburo de silicio o un vidrio de gafa nunca son monocristalinos, formados por un solo cristal perfectamente ordenado en tres dimensiones hasta el tamaño de dichos objetos. En la inmensa mayoría de los casos, esos objetos, el clavo, la resistencia, están formados por granos monocristalinos de tamaño reducido, variable entre amplios límites y en torno a la micra —μ, millonésima de milímetro, 10^{-6} m—, unidos unos a otros a través de las denominadas *fronteras de grano.* Por lo que sus propiedades no solo dependen de estructura y composición, sino también de esos defectos y, en conjunto, de lo que se denomina su *microestructura* o estructura microscópica del material. En cuanto al vidrio de gafa, o a cualquier otro tipo de vidrio, hay que decir que, en este caso, la diferencia en cuanto al estado cristalino/ordenado en las tres dimensiones es todavía mayor y, más aún, de naturaleza diferente. La estructura de un vidrio es en realidad desordenada, por antitéticos que aparentemente sean ambos términos, o mejor, se caracterizan por el denominado *orden de corto alcance,* que está muy por debajo de la micra: de hecho solo alcanza a los primeros vecinos de cada átomo. En los cristales, monocristales, se habla en cambio de *orden de largo alcance,* y el entorno de un átomo es idéntico, reiterativo —a excepción de los eventuales defectos—, a lo largo de mucha distancia en cualquier dirección del espacio.

NANOMATERIALES, «CLUSTERS» Y FULLERENOS

Hace relativamente poco tiempo se han descubierto los denominados *nanomateriales,* a veces denominados materiales nanoestructurados, en los que el tamaño de cristal se sitúa en la región de los nanometros, *nm*, las millardésimas de metro, 10^{-9} m, en por lo menos una dimensión, y aunque los límites no pueden ser precisos se sitúan entre $\sim$10 y $\sim$40 nm. Cabe recordar que las cerámicas de las que veníamos hablando tienen tamaños de partículas en torno a la micra y comienzan a recibir el nombre de mesomateriales, por oposición a estos últimos llegados, los nanomateriales. En este contexto, R. Roy ha recordado recientemente que, con la llegada de los nanomateriales, se ha alcanzado un límite en Ciencia de Materiales, el del tamaño de partícula operativo, y no tiene sentido hablar de *picomateriales,* cuyos tamaños de partícula estarían en los picometros, 10^{-12} m, dimensiones, pues, subatómicas.

Los nanomateriales poseen por su propio tamaño propiedades extremadamente interesantes, y así, por ejemplo, el *nano*-TiO_2 tiene una mayor proporción de átomos superficiales que el *meso*-TiO_2, y es mejor *catalizador.*

Pero no solo cambia la reactividad como en ese caso, algo tan básico del propio sólido como es su temperatura de fusión, que dicho sea de paso no puede predecirse teóricamente a partir de primeros principios; también cambia con el tamaño de partícula. Aunque ya Lord Kelvin se había planteado esta cuestión, hubieron de pasar cien años para que Buffat y Borel demostraran experimentalmente que, en efecto, el punto de fusión del oro decrece con el tamaño de partícula nada menos que mil grados, desde 1.065 °C a la temperatura ambiente, con lo que casi se puede decir que para nanocristales suficientemente pequeños ¡el oro sería un metal líquido! Recordemos aquí que los únicos metales líquidos a temperatura ambiente en, digamos, el verano español medio son mercurio, rubidio, galio, cesio y, probablemente, francio, cuyos puntos de fusión son, respectivamente, de 39, 39, 30, 28 y 27 °C aproximadamente. Cuando se preparan los elementos metálicos con tamaños de partículas realmente pequeños, lo que se puede conseguir condensando bruscamente el vapor de los mismos, se obtienen agregados poliatómicos que, en inglés, reciben el nombre de *clusters* —literalmente, *racimos*—, y que poseen propiedades sorprendentes debido en gran medida a la importante proporción de átomos superficiales que poseen. Pero quizá la propiedad más sorprendente es el propio número de átomos que componen el agregado: en efecto, tras realizar experimentos de espectrometría de masas, Knight y cols. observaron que dichos números no eran ni mucho menos cualesquiera, sino que algunos, en particular 2, 8, 20, 40, 58, etc., recurrían frecuentemente. Con ser esto ya un detalle interesante, más aún lo es el que sean los mismos *números mágicos* que se encuentran entre los agregados de partículas subatómicas en el núcleo del átomo, lo que por cierto ha permitido ensamblar un interesante modelo de enlace para *clusters* que sigue las líneas maestras del enlace entre nucleones. Posteriormente, se han encontrado números mucho más grandes de átomos por *cluster* y que estos adoptan geometrías particulares correspondientes a los poliedros de Arquímedes con diferentes grados de truncamiento. Así, los *clusters* de aluminio presentan la forma de octaedros truncados, que recuerdan a la estructura habitual del aluminio masivo, cúbica centrada en las caras, mientras que cuando el calcio está en forma de agregados/*clusters* se encuentra en icosaedros truncados. En estas condiciones, el enlace en los *clusters* depende tanto de factores electrónicos como geométricos...

La existencia de *clusters* no se reduce a la de átomos metálicos solos: se conocen desde hace tiempo *clusters* moleculares, particularmente de los denominados *elementos de transición* como el $[Os_{20}(CO)_{40}]_2$, o el quizá más sencillo dodecacarbonilo de *tris*-hierro $[Fe_3(CO)_{12}]$, en los que la unión entre los átomos metálicos es a través de las moléculas de monóxido de carbono, CO —llamado *carbonilo* en este contexto.

Pero en el momento actual, en el que los *clusters* están a la orden del día, los más espectaculares son quizá los formados por átomos de carbono y que derivan, formalmente, del afamado *fullereno,* al que dedicaremos los próximos párrafos. La existencia de una molécula de composición C_{60}, una «esfera» formada en exclusiva por átomos de carbono, fue prevista de manera humorística por David Jones, el conocido *Dedalus,* columnista del semanario científico *Nature.* Algo después, Eiji Osawa mostró que una esfera de esa composición formada por hexágonos y pentágonos debería ser estable, y predijo algunas propiedades de la misma. Nada menos que quince años después, un equipo encabezado por Kroto, Smalley y Curl llegó a identificar un espectro de masas como proveniente de dicha especie, que sin embargo no pudo ser sintetizada hasta 1988, publicándolo en 1990, por otro equipo, también transatlántico, el de Huffman y Krätschmer, quienes consiguieron la hazaña evaporando grafito en un arco voltaico en una atmósfera de helio. Huffman y Krätschmer confirmaron, tanto por espectroscopía, en el infrarrojo, como por difracción de rayos X, que la molécula de C_{60} poseía la estructura que Kroto había sugerido en 1985 (fig. 23.2).

Dada su evidente semejanza con las bóvedas geodésicas constituidas, lo mismo que esta molécula, por hexágonos y pentágonos, que acostumbraba a diseñar el arquitecto canadiense Buckminsterfuller, Kroto la denominó con el nombre de *fullereno,* en lugar del más riguroso *truncadoicosaedreno.* Es interesante señalar que, desde el punto de vista geométrico, Euler había previsto la existencia de poliedros cerrados, formados por hexágonos en cualquier número y cerrados con doce pentágonos de los que el fullereno es un ejemplo, precisamente el de veinte hexágonos.

De manera que no es sorprendente que la molécula de C_{60} no sea sino una más —eso sí, la más estable— de la familia de los fullerenos: una multitud de especies moleculares del carbono —lo que en el lenguaje químico llamamos formas alotrópicas—, algunas de las cuales aparecen en la figura 23.2.

La química del carbono, que, tanto en el estado elemental, en la que forma además los otros dos alótropos diamante y grafito a los que ya nos hemos referido y aún les dedicaremos atención más adelante, como en sus combinaciones con la inmensa mayoría de los demás elementos y en particular con hidrógeno, nitrógeno y oxígeno, se ha visto así engrosada con una nueva parcela que en los últimos diez años no ha hecho sino enriquecerse en variedad y complejidad. Así, inmediatamente después de conocerse el método de síntesis de fullerenos, científicos de los laboratorios ATT demostraron que al intercalar metales alcalinos entre las moléculas de fullerenos se formaban materiales superconductores, y estos constituyen los superconductores moleculares con las temperaturas críticas más altas, del orden de Tc = 18 K en el caso de insertar tres átomos de sodio por cada molécula de C_{60}, esto es, K_3C_{60}. Por cierto que estos, realmente *nuevos, materiales* reciben el nombre de *fulleruros.* Afortunadamente, el límite en las temperaturas críticas no está en los 18 K, y con adecuadas sustituciones se obtienen valores francamente más elevados, como los 30 K en los materiales encontrados en los laboratorios NEC en Japón, Cs_3C_{60} o Rb_2CsC_{60}. El máximo, hasta ahora..., se ha alcanzado en el material $Rb_{2.7}Tl_{2.2}C_{60}$, con Tc = 45 °K, nada menos que el doble de lo hasta ahora observado en los denominados superconductores clásicos, como el Nb_3Ge.

Pero la química de los fullerenos no se limita a los superconductores; el estudio que Sumio Ijima hizo por microscopía electrónica de los electrodos de grafito que sirven para preparar los fullerenos le permitió descubrir una nueva variedad de materiales que están formados por láminas de grafeno plegadas sobre sí mismas, dando lugar a especies químicas cilíndricas que reciben el nombre de *nanotubos* (fig. 23.2) y que están cerrados en ambos extremos por porciones hemisféricas de fullereno. Ijima descubrió así los más espectaculares y prometedores de los nanomateriales, ya que presentan características y propiedades excepcionales. Existen nanotubos de pared monocapa y otros formados por capas concéntricas, al modo de las conocidas *matruschkas,* y presentan propiedades mecánicas entre cincuenta y cien veces

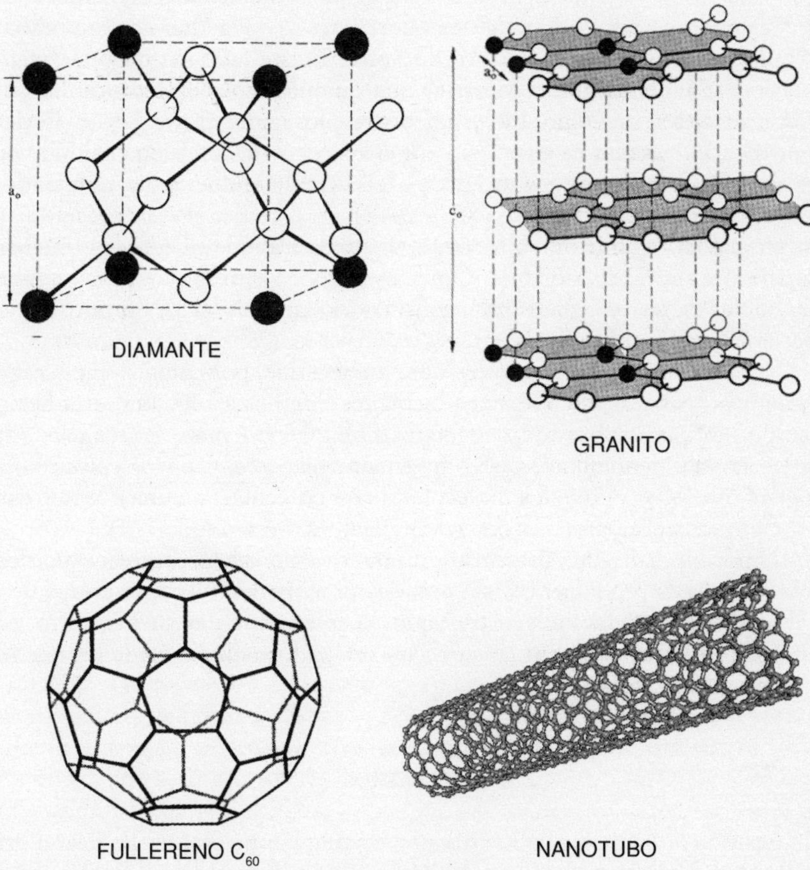

Fig. 23.2.—Fases cristalinas del carbono

mejores que el acero; claro que, por ahora, en la escala dimensional del nanometro. Se ha descubierto también que calentando los nanotubos en plomo fundido los extremos se abren y el plomo fluye al interior por fuerzas capilares, con lo que se consigue un auténtico hilo atómico unidimensional con propiedades metálicas. Es interesante constatar que el nanotubo se abre por los extremos, donde está el hemisferio tipo fullereno, formado por hexágonos y pentágonos, y no por la superficie lateral, donde solo hay hexágonos. Pero también se ha conseguido, en esta denominada *endoquímica,* introducir en el interior de los nanotubos varios otros tipos de especies químicas como óxidos, sulfuros y carburos metálicos, gases variados y hasta proteínas, lo que efectivamente abre posibilidades inmensas en cuanto a aplicaciones que también parecen de ciencia ficción. Catálisis, biomedicina, contraste para imágenes... todo ello incluido en fullerenos y nanotubos que, con la coinserción de átomos magnéticos, pueden ser trasladados por el sistema circulatorio a la zona requerida y en ella abiertos para depositar la medicación específica local.

Cuando decíamos que toda una nueva parcela de la Química se abría con los fullerenos no exagerábamos ni un ápice. Existe también una *exoquímica* en la que se ha conseguido construir una química molecular asociando diferentes especies al fullereno. Incluso dentro de los materiales siguen apareciendo novedades basadas en ellos. Así, por ejemplo, el C_{60} reacciona con un reactivo molecular bastante elaborado, el tetrakis diaminoetileno, abreviado a TDAE, en proporción 1:1, esto es, $(TDAE)C_{60}$, para dar el *material ferromagnético molecular* con la más alta temperatura crítica, que en este caso se llama temperatura de Curie, de 16 K. Quizá es un poco «pronto» en este capítulo para hablar de ferromagnetismo..., pero continuando la lectura pronto se despejarán las dudas sobre los materiales magnéticos.

El enfatizar el adjetivo molecular se debe a que, por razones que escapan al alcance de este artículo, existen bastantes diferencias de comportamiento, cuantitativas pero sobre todo cualitativas, entre los *sólidos moleculares* y los que no lo son, denominados, algo ingenuamente, *sólidos no-moleculares.* Entre ellas cabe citar el que los moleculares son en general solubles, y por ende fácilmente cristalizables, a veces polimerizables y a menudo volátiles, por lo que las posibilidades de purificarlos, transformarlos o hacerlos reaccionar con otros es muchas veces factible sin grandes dificultades. No obstante, el desarrollo de los materiales moleculares, que posee un claro y brillante futuro, está aún en su infancia, si exceptuamos, claro está, a los polímeros, de los que nos ocuparemos acto seguido.

Polímeros

Aunque la baquelita, obtenida por el químico belga Leo Bakeland, formada a partir de la copolimerización de fenol y formaldehído, es el primer polímero sintético, en la Naturaleza los polímeros abundan, y de entre ellos el caucho —*cis*-poli-isopreno en su denominación técnica— es probablemente el más conocido; se trata de un producto de polimerización de la savia del árbol del caucho —*Haveas brasilensis*— característico de la Amazonia, o de la del *Ficus elastica,* más común en Asia, particularmente en Indochina. Su utilización es general como elastómero, en particular en la industria del neumático para automoción, pero en multitud de otras aplicaciones dadas sus interesantes características: ligereza, resistencia al desgaste y, desde luego, elasticidad. Pero también son polímeros la celulosa, el ADN y la gutapercha o caucho indio —*trans*-poli-isopreno—. Los materiales poliméricos, comúnmente llamados *plásticos,* constituyen uno de los materiales más importantes de nuestro tiempo, de la segunda mitad del siglo XX, aunque las bases para su conocimiento son en realidad anteriores. La característica más singular de los polímeros, implícita en su nombre, procedente del griego πολνμερηζ 'compuesto de varias partes', es la de estar constituidos por la repetición de una o más moléculas iguales que se extienden a lo largo de, por lo menos, una dimensión. El proceso de polimerización consiste, precisamente, en la combinación de varias —en general, muchas— moléculas iguales que se unen por medio de uno de dos tipos de mecanismos denominados de *adición* y de *condensación*. En el primer caso, uno o más tipos de *monómeros* se unen por sus extremos para dar cadenas; el ejemplo más sencillo es la formación de polietileno, que da lugar a moléculas con ¡más de 50.000 átomos de carbono e hidrógeno en cada una!, por lo que a veces se denominan moléculas gigantes. Por cierto que la aceptación de que los plásticos estaban formados de esta manera, debida esencialmente al químico alemán Staudinger, no fue inmediata.

En el segundo caso, la policondensación, en la unión entre monómeros se forma, además del polímero, otra molécula que se elimina.

En ambos casos, las cadenas resultantes se unen por un tipo de enlace químico, denominado enlace de Van der Waals, relativamente débil en comparación con el enlace dentro de la cadena, pero que es muy sensible a la masa de la molécula, con lo que al aumentar el peso molecular el enlace crece y las cadenas, que en principio forman un líquido crecientemente viscoso, acaban por formar un sólido, en general poco cristalino. En este sentido, polímeros y vidrios tienen en común la ausencia de orden a larga distancia en las tres dimensiones; sin embargo, dadas las diferencias entre los átomos que forman plásticos, basados en enlaces carbono-carbono, y vidrios, basados en enlaces silicio-oxígeno, las propiedades resultantes son, como es notorio, marcadamente diferentes. Ello no obstante, los plásticos han sustituido a los vidrios en muchos casos. Las aplicaciones de los plásticos derivan de sus interesantes propiedades físico-químicas, como la transparencia, la ligereza, su carácter aislante eléctrico, su relativamente baja conductividad térmica, su falta de reactividad química a temperaturas moderadas, de la que deriva su impermeabilidad al agua y a muchos otros líquidos y áridos, su capacidad para ser coloreados, metalizados y un sinfín de otros casos interesantes. Al decir que soportan temperaturas moderadas no hay que ocultar otra buena característica de muchos polímeros, como el propio polietileno, que se pueden fundir y resolidificar, con lo que se les puede dar forma en caliente. A este tipo de polímeros se les denomina termoplásticos. Por supuesto que «poco cristalino» no quiere necesariamente decir nada cristalino, y el estudio estructural detallado de los plásticos en función de las condiciones termodinámicas, presión y temperatura principalmente, a que hayan sido sometidos muestra una gran variedad de situaciones entre regiones poco cristalinas dispersas entre otras ordenadas, y viceversa, casos en los que predomina la fase amorfa y en ella aparecen dispersas regiones cristalinas de mayor o menor tamaño, lo que naturalmente da lugar a un inmenso abanico de propiedades mecánicas. Como en tantas otras ramas de la Química, y también en la Bioquímica, la catálisis ha prestado un apoyo importante a los procesos de polimerización. En este sentido, es bien conocida la función catalítica de los enzimas, de los que hay miles diferentes en los seres vivos, y cada uno desarrolla una función concreta; en particular, los enzimas denominados polimerasas catalizan la polimerización de muy diferentes tipos en los organismos. Pero los enzimas son a su vez proteínas, esto es, biopolímeros formados, entre otras cosas, por diferentes secuencias de aminoácidos. Se trata aquí, pues, de procesos catalíticos extremadamente elaborados, y de ahí su elevada especificidad. En la química de los polímeros «normales», esto es, fuera de la complejidad bioquímica, los catalizadores de polimerización son bastante más sencilllos, aunque su función no siempre lo es. Entre ellos cabe destacar los denominados catalizadores de Ziegler-Natta, una mezcla de cloruros de aluminio y titanio que permitió mejorar la polimerización del polietileno, suprimiendo la necesidad de presión y temperatura, y obteniendo, de manera mucho más económica, el denominado polietileno de alta densidad. Al aumentar la complejidad de los monómeros, incrementando el número de átomos o el tipo de ellos, siguiendo la gran variedad de especies moleculares monómeras, la reacción de polimerización da lugar a materiales con propiedades diferentes y a menudo interesantes. Así, cuando se usan amidas secundarias, se obtiene(n) el(los) nailon(es), los poliuretanos, los poliésteres y así un sinfín de nuevos materiales, entre los que además se pueden incluir otros átomos, lo que obviamente da lugar a cambios en las propiedades. Así, por ejemplo, si en el polietileno $(H_2C{=}CH_2)_n$ sustituimos el hidrógeno por flúor se obtiene el politetrafluoroetileno $(F_2C{=}CF_2)_n$, más conocido por su nombre comercial de teflón, quizá el más interesante de los materiales poliméricos artificiales. Sus características fundamentales son su inercia química, esto es, su resistencia al ataque químico, excepto frente a los álcalis fundidos —como la sosa, NaOH, o la potasa, KOH—, así como su gran insolubilidad junto con su elevado punto de fusión ($> \sim 600$ K) y su ininflamabilidad —recordemos que este es un problema en la práctica totalidad de los polímeros «orgánicos», a diferencia de los polímeros «inorgánicos», como las siliconas, que suelen resistir al fuego—. El teflón es además un buen aislante eléctrico que ha venido a complementar, y a menudo a sustituir, a la conocida «cinta de empalme». Pero quizá es su bajísimo coeficiente de fricción el que le ha convertido en material popular como recubrimiento antiadherente en sartenes y otros utensilios culinarios y quirúrgicos. Por citar un ejemplo, el coeficiente de fricción del teflón frente al acero pulido, $\tau = 0{,}04$, es mucho menor que el de materiales poliméricos habituales no fluorados, tales como el nailon o el polietileno, para los que $\tau = 0{,}3$ -0,4, nada menos que ¡un orden de magnitud mayor! De ahí que haya influido hasta en la dietética al poder cocinar alimentos prácticamente sin grasa sin que por ello se adhieran a los utensilios y, además, su duración es sensiblemente superior a la de otros recubrimientos, como la porcelana.

En los últimos años se está trabajando intensamente en la búsqueda de polímeros conductores eléctricos y de materiales magnéticos poliméricos; en el primer caso, la preparación de poliacetileno oxidado ha dado lugar a materiales con conductividad comparable a la de los metales y, más aún, que podía hacerse variar con el grado de oxidación nada menos que ¡dieciocho órdenes de magnitud!, quizá el mayor cambio de una propiedad físico-química, en el mismo material, de todos los conocidos. No obstante, el poliacetileno es un material bastante reactivo y de no fácil manejo, y la búsqueda de polímeros conductores continúa. También se conocen polímeros *electroluminiscentes,* esto es, que emiten luz en presencia de un campo eléctrico de bajo voltaje, lo que permite prever su utilización como diodos emisores de luz *(light emitting diodes* o LED) en pantallas planas de televisión.

Pero no solo se buscan plásticos con importantes propiedades eléctricas. Uno de los últimos ejemplos de material polimérico es el *Safe Emulsion Agar Gel,* generalmente denominado con el acrónimo Seagel —lo que literalmente se traduciría por «gel marino»—, que es casi tan ligero como el aire, a pesar de tratarse de un material sólido: posee una densidad de solo 4 gramos por litro; recordemos que la densidad del aire es 1,2 g/l, mientras que la del agua es casi mil veces mayor, 1.000 g/l. Por ello, si el Seagel no se escapa hacia arriba es debido al peso del aire que atrapa en sus poros. Este material se produce a partir del agar de las algas; además de su liviandad, lo que le confiere por su elevada superficie específica magníficas propiedades como absorbente de gases, pero también de sonidos e impactos, en general de vibraciones y, por ende, mejor absorbente del calor que los plásticos comunes, como el poliestireno. Es así mismo soluble, biodegradable y no-tóxico, por lo que no presenta riesgos por ingestión. Más aún, los materiales resultantes de la compactación del Seagel pueden utilizarse como sustitutivo, aún más ligero, de las maderas livianas, como la de balsa. No todo son ventajas, claro; y así, la mayoría de los plásticos resisten mal el calor y pueden ser atacados por algunos productos químicos con propiedades concretas como los ácidos orgánicos o las bases muy fuertes. Pero además, contrariamente a los metales, no se pueden soldar. Esto, sin embargo, se está superando gracias a los nuevos adhesivos, capaces de mantener unidos los motores a las alas de un avión o estas al fuselaje, o reparar un hueso o la córnea...

Aunque dada la ubicuidad de los plásticos en la sociedad contemporánea, en la que realmente se han introducido de forma paulatina e imparable, no es muy necesario citar demasiados ejemplos de sus aplicaciones, sí cabe señalar, al menos, que se utilizan plásticos en todas partes: construcción, confección, zapatería, automoción, náutica, astronáutica y aeronáutica, embalaje, material deportivo, utensilios domésticos desde el teléfono al aspirador e incluyendo el menaje, pinturas..., pero también en prótesis dentales, microlentillas, implantes en traumatología, válvulas cardiacas... Quizá sería más simple relacionar las manufacturas que no utilizan los plásticos. Digamos, para terminar, que ya en 1979 el volumen de material plástico fabricado en Estados Unidos superó al del acero, aunque, desde luego, ¡no el peso!, pues, como ya se ha indicado, la liviandad es una de las más destacadas características de estos materiales. Con tantas ventajas, podría pensarse que los polímeros son la panacea de los problemas de la industria contemporánea... Sin embargo, precisamente debido a todas esas buenas cualidades y, en particular, a su falta de reactividad química, los plásticos son cuasiinalterables, permanecen y permanecen, y por ello se han convértido también en uno de los primeros materiales contaminantes. Se impone, pues, reciclarlos y, de acuerdo con las nuevas tendencias en por ejemplo la industria del automóvil, se trata de prever el reciclado en el proceso de fabricación. De hecho, ya hay fabricantes de automóviles que anuncian que sus productos son reciclables hasta un 35 por 100. Lo que no está mal de momento, pero, a la larga, resulta insuficiente... Claro que no todo es material polimérico en el automóvil o el avión... aunque en muchos veleros sí.

MATERIALES ELÉCTRICOS Y ELECTRÓNICOS

Quizá si hiciéramos una encuesta en torno al material más «conocido», algunos dirían el más «famoso», el silicio aparecería en primer lugar, seguido de cerca por el acero. De hecho, un análisis de las publicaciones científicas de los últimos años muestra que, comparando tres materiales típicos: silicio, hierro y acero, y los celebrados superconductores de alta temperatura (sobre los que luego volveremos), el silicio es aquel que ha dado —y da— lugar a mayor número de publicaciones científicas, y el tipo de material en el que la cantidad de artículos publicados mantiene una tendencia creciente, y en el momento actual se cuentan más de 5.500 por año. Los materiales férreos presentan una tendencia más o menos constante; el número de artículos publicados se mantiene —en torno a unos 900 por año—, y, por lo que se refiere a los superconductores de alta temperatura, tras un marcadísimo incremento en el número de artículos, congresos, libros, etc., entre los años 1988 y 1992, donde el crecimiento de la información —por cierto, que no toda extremadamente útil— fue casi vertical, ha ido decreciendo y en la actualidad no ocupa mucho más espacio bibliográfico que otros capítulos de la Química o la Física del Estado Sólido.

De manera que el silicio, arquetipo de *nuevo* material, aunque el elemento silicio fue descubierto por el químico sueco Berzelius nada menos que en 1823, merece el puesto inicial en cualquier estudio sobre materiales. La importancia del silicio procede de constituir, hasta ahora, y probablemente en bastantes años por venir, el soporte básico de la industria electrónica, a través principalmente del descubrimiento del transistor, por Bardeen, Shockley y Brattain, en 1947, trabajando en los laboratorios Bell. Precisamente en 1946 se había conseguido echar a andar la primera computadora analógica electrónica (ENIAC), que poseía mas de 18.000 válvulas de vacío y consumía nada menos que 150 kW, y que, además, requería un importante equipo de mantenimiento para sustituir las válvulas que se fundían continuamente. BSyB desarrollaron el transistor, inicialmente con un cristal de germanio, impurificado de manera controlada y en el que por medio de dos uniones *p-n* contiguas, y con la parte *p* (o *n*) común, lo que se denomina una unión *n-p-n* (o *p-n-p*), conseguían amplificar una corriente. Pero para entender un poco más lo que significan esas siglas conviene detenerse un momento a describir las propiedades eléctricas de los materiales.

Aunque es obvio que, desde este punto de vista, todo el mundo sabe que hay dos tipos de materiales, los que conducen la corriente eléctrica y los que no, que reciben los nombres de, respectivamente, *conductores* y *aislantes,* la verdad es que existen muchos aspectos sutiles y complejos en este contexto. Una manera elemental de diferenciar a esos dos grandes grupos de materiales es considerar, precisamente, la «libertad» que tienen los electrones para moverse en ellos, y así, en los metales, los conductores, hay una importante fracción de los electrones que pertenecen al conjunto del material —y que son los que se mueven bajo la influencia de un campo eléctrico— y otros que están localizados en los átomos de los que proceden. En los materiales que no conducen la corriente, los aislantes, todos los electrones están localizados en sus átomos de partida, aunque compartidos dos a dos con sus átomos vecinos inmediatos. Existe, no obstante, una subclase, dentro de los materiales aislantes, en los que los electrones, aunque localizados, no están demasiado fuertemente unidos a sus átomos de origen, con lo que en ciertas condiciones, por ejemplo al aumentar la temperatura, o bajo la incidencia de la luz —esto es, radiación electromagnética de frecuencia/energía— adecuada, pueden efectivamente desplazarse bajo la influencia de un campo eléctrico, esto es, conducir una corriente eléctrica. En el silicio puro, por ejemplo, el número de *portadores* de corriente a temperatura ambiente es del orden de un electrón por cada diez billones de electrones en el cristal y se acrecienta mucho con la temperatura, siguiendo una ley denominada de Boltzman, y que posee carácter exponencial. Estos materiales, que son la base de toda la electrónica, reciben el nombre de *semiconductores,* y entre los mejores ejemplos de ellos se encuentran silicio y germanio, dos elementos químicos que están situados en el antiguamente denominado Grupo IV de la Tabla periódica de Mendeleiev, y que cristalizan habitualmente en la estructura del diamante (fig. 23.2).

En dicha estructura, cada átomo está unido a otros cuatro por medio de cuatro *enlaces covalentes,* cada uno con dos electrones compartidos entre dos átomos y dirigidos hacia los vértices de un tetraedro.

Bien, pues resulta que la mayoría de los elementos de los Grupos III y V de la Tabla periódica se pueden disolver, hasta un cierto límite, en la estructura cristalina del silicio, o del germanio, etc., y ello a pesar de que, en estado puro, aquellos adoptan una estructura cristalina bastante diferente. Y debido sobre todo a que tienen una *configuración electrónica* diferente, pero muy próxima a la del silicio, del que son vecinos en la Tabla periódica y del que difieren, por exceso o por defecto, en un electrón. Dicha *disolución sólida* —que cuando tiene lugar en pequeña extensión recibe el nombre de *dopado* del semiconductor— modifica notablemente las propiedades eléctricas del silicio (o del germanio, estaño, etc.), ya que a cada uno de los átomos sustituyentes le *sobra* (p. ej., en el caso del fósforo) o le *falta* (p. ej., en el caso del boro) un electrón para formar cuatro enlaces con los cuatro vecinos tetraédricos característicos de la estructura diamante. De este modo, la conductividad eléctrica del silicio se ve muy mejorada, bien por un exceso de electrones (lo que se denomina un semiconductor *n*-), bien por defecto de aquellos (lo que se denomina un semiconductor *p*-). En este último caso se habla de conducción por *huecos electrónicos,* si bien el hueco no tiene existencia real, sino únicamente virtual: en realidad, se trata del desplazamiento, bajo la influencia del campo eléctrico, de un electrón desde un nivel de energía ocupado a otro vacío, con lo cual es como si el hueco se desplazara. El conjunto de los electrones que forman los enlaces en el sólido, que se suelen denominar *electrones de valencia,* poseen energías extremadamente próximas entre sí —difiriendo en torno a los 10^{-23} eV— y, debido a sus propiedades espectroscópicas, se dice de ellos que forman *bandas de energía.* En un aislante, como el cuarzo, en un diagrama de niveles de energía electrónica, todos los niveles electrónicos que componen la última banda están ocupados y los niveles posibles siguientes están todos vacíos. De aquellos se dice que están en la banda de valencia, mientras que estos constituyen formalmente la banda de conducción, que está muy separada de la anterior en términos energéticos, y tanto más cuanto más aislante es el material. Dado que, como hemos dicho, esta está vacía, y que la conducción se produce por paso de un electrón de un nivel ocupado a otro vacío, es comprensible que el material sea efectivamente aislante. En un metal, como el aluminio, los niveles de la banda de valencia y de la de conducción son tan próximos que efectivamente se solapan, con lo que el paso de un electrón de un nivel ocupado a otro vacío es factible, y el aluminio es conductor. Así pues, otra manera de considerar las diferencias entre conductores y aislantes es la de ver la diferencia de energía entre las bandas ocupadas y vacías. En un semiconductor esa diferencia es pequeña, digamos, arbitrariamente, que del orden de 1 eV; en un aislante es, pues, mayor, y en un metal es cero, lo cual hace, por otra parte, que sus propiedades sean no solo cuantitativamente distintas, sino también que sea distinta su variación con la temperatura, como apuntábamos arriba.

El dopado de semiconductores y la consiguiente modificación controlada de sus propiedades eléctricas ha supuesto uno de los más notables desarrollos de la Química del Estado Sólido y de la Ciencia de Materiales, que por las necesidades de la Electrónica han conseguido purificar el silicio a unos límites hasta hace poco insospechados, del orden de 10^{-10} impurezas por centímetro cúbico, convirtiéndolo así en el material no molecular más puro que se conoce, y a obtenerlo en lingotes monocristalinos de más de diez pulgadas de diámetro y un metro de longitud. Algo realmente único.

Más aún, este material tan extraordinario es posteriormente mecanizado y a continuación dopado de manera controlada con otros elementos en cantidades del orden de 10^{-6} a 10^{-7} cm^3. De este modo se tienen obleas de silicio *p-* o *n-* con las que se pueden fabricar multitud de dispositivos como células solares fotovoltaicas, transistores bipolares, etc., y con ellos circuitos integrados, microprocesadores, ordenadores...

Pero la química de los semiconductores no se limita a silicio y germanio puros o dopados. Los *nuevos* materiales electrónicos abarcan un sinfín de especies químicas en torno al silicio y que adoptan la estructura diamante, pero con dos —o más— tipos de átomos en la red cristalina. En efecto, una característica importante de los sólidos cristalinos es la de que, muy frecuentemente, se pueden sustituir sus átomos por otros, siempre que se mantenga fijo el número de electrones requeridos por el enlace. Así, si consideramos los elementos que aparecen en la tabla 23.1, es posible preparar una especie con la composición InP —fosfuro de indio, descubierto por Thiele en 1910— y la estructura diamante, que al comportar dos elementos distintos se denomina estructura de la blenda, por el mineral ZnS que fue el primero descubierto con ella.

Desde el punto de vista electrónico, vemos que el indio aporta tres electrones de valencia, mientras que el fósforo aporta cinco, con lo que este y otros muchos compuestos de este tipo constituyen la denominada *familia de compuestos III-V,* de la que forman parte también GaAs, InSb, AlAs, etc.

Otro tanto se puede decir de los denominados *semiconductores II-VI,* como los telururos de cadmio o de mercurio, CdTe y HgTe, respectivamente, o incluso IV-VI, como PbS o PbTe. Todos estos compuestos son, pues, isoestructurales —presentan la misma estructura cristalina— e isoelectrónicos —poseen el mismo número de electrones de valencia, ocho por cada dos átomos—, y presentan la interesantísima característica de que sus propiedades van cambiando de manera gradual al ir pasando de unos a otros a lo largo y lo ancho de la Tabla periódica. La figura 23.3 muestra precisamente la evolución de una de las propiedades más importantes de los semiconductores, la *separación entre bandas,* a veces recogida por su denominación en inglés, lenguaje de marca en electrónica, *band gap* b_g, frente al *parámetro reticular,* esto es, la dimensión de la celda unidad de la estructura cristalina. El semiconductor absorbe radiación electromagnética precisamente de la energía correspondiente a esa separación. Puede observarse que existe un amplio margen de selección de materiales en función de b_g, pero lo más importante es que se pueden combinar estos materiales entre sí, a través de su *solución sólida,* que es lo que representan las líneas que unen los puntos de la gráfica. Así, es posible formar la especie $Ga_{1-x}Al_xAs$, arseniuro de galio y aluminio, cuyo b_g varía de manera lineal con el valor de x, esto es, con las proporciones relativas de aluminio y galio. De este modo, es posible preparar materiales con propiedades determinadas, lo que se suele denominar *ingeniería cristalina.*

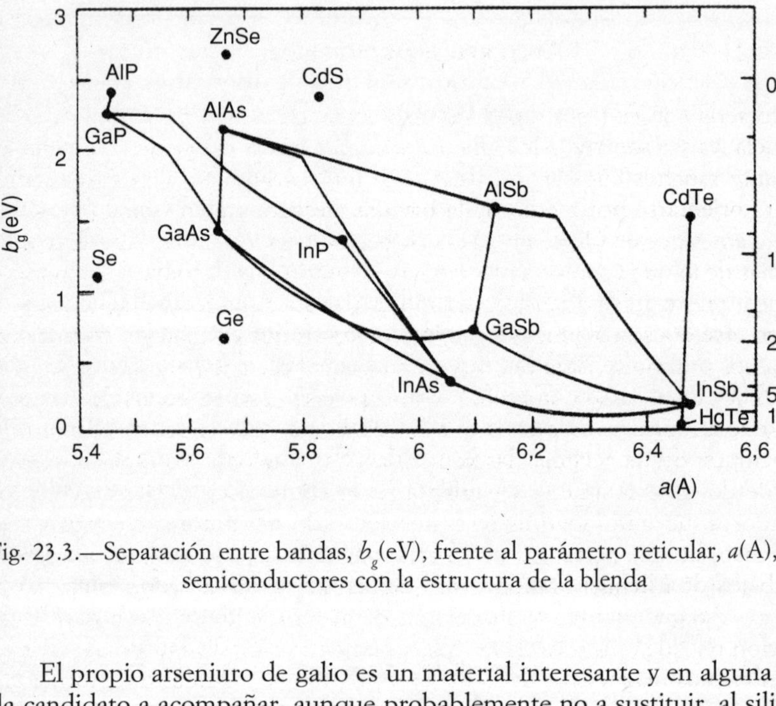

Fig. 23.3.—Separación entre bandas, b_g(eV), frente al parámetro reticular, a(A), en los semiconductores con la estructura de la blenda

El propio arseniuro de galio es un material interesante y en alguna medida candidato a acompañar, aunque probablemente no a sustituir, al silicio en los dispositivos electrónicos del futuro por la elevada movilidad que en él presentan los portadores de corriente, entre otras virtudes. Sin embargo, al ser más costoso y de preparación y manejo más complejo, al ser tóxico, no es previsible que ocupe solo toda la escena.

Otra de las aplicaciones de los semiconductores es la preparación de dispositivos fotovoltaicos, en los que la absorción de fotones produce una corriente eléctrica. Ahí radica la fabricación de energía eléctrica a partir de la luz solar, que podría llegar a suministrar hasta un 15 por 100 de las necesidades energéticas de la humanidad. En un dispositivo típico se utiliza un cristal de silicio dopado simultáneamente con un aceptor y un donor de electrones, tales como, respectivamente, boro y fósforo, que, en ausencia de luz, forman una doble capa eléctrica de pares electrón-hueco. Bajo iluminación adecuada, en este caso con radiación en el visible, se produce la ruptura de los pares y se genera una corriente eléctrica que pasa a un circuito exterior. En España existe una importante estación de estudio de energía solar en Almería y algunas centrales solares fotovoltaicas conectadas a la red eléctrica general. Este procedimiento de generación de energía está actualmente en aumento, si bien tiene más relevancia para suministrar energía a zonas aisladas y a las que es costoso enviar electricidad por los caminos habituales: zonas rurales, repetidores de señales o, por supuesto, en satélites artificiales y otros ingenios espaciales.

MATERIALES MAGNÉTICOS

No sería convincente un artículo sobre materiales si no se hiciera en él referencia, ya sea somera, a los imanes, a los materiales magnéticos. En efecto, si durante muchos años la prácticamente única utilización del magnetismo fue para orientarse por medio de la brújula, descubierta en China (fig. 23.4) bastante antes que en Occidente, la civilización actual debe al magnetismo bastante más de lo que aparece a primera vista: motores, transformadores, radios, teléfonos, televisores, vídeos, ordenadores, sensores, tarjetas magnéticas... y un largo etcétera son algunos de los instrumentos que en mayor o menor grado estamos utilizando cada día. En un automóvil reciente, además del de explosión, hay un elevado número de motores eléctricos que, en los de más precio, puede alcanzar nada menos que los cincuenta, que sirven para multitud de funciones: desde accionar las ventanillas hasta colocar los espejos retrovisores, desde subir la antena a readaptar el asiento, desde el alternador a los ventiladores, un automóvil es un auténtico nido de motores eléctricos que aprovechan, de una parte, los materiales magnéticos y, de otra, los interesantes trabajos de Michael Faraday, uno de los más destacados químicos de la historia (y eso que no tuvo formación académica superior, lo que hoy se llama formación reglada...) acerca de las relaciones entre electricidad y magnetismo. Los fenómenos magnéticos de la materia puestos de manifiesto de forma tan evidente por la magnetita o piedra imán, Fe_3O_4, y el relativamente pequeño grupo de materiales magnéticos permanentes naturales, que también incluye a los elementos hierro, cobalto y níquel, se deben a las propiedades magnéticas de los átomos que las forman. A su vez, estas proceden de las características magnéticas de los electrones, los cuales poseen dos tipos de propiedades que les confieren un momento magnético: el llamado momento magnético orbital y el denominado momento magnético de espín. Ambos se asociaban, hasta el advenimiento de la mecánica cuántica, a los movimientos del electrón en una hipotética órbita y en torno a sí mismo, respectivamente. Aunque el modelo de órbitas solo tiene en la actualidad valor anecdótico, no es este el lugar de rebatirlo ni, menos aún, es este autor llamado a describir el modelo mecanocuántico del magnetismo. Cabe, sin embargo, señalar que, por la mera presencia de los electrones y de esos momentos magnéticos, que ciertamente existen, independientemente de la explicación de su origen, todas las sustancias, o como decimos los químicos, todas las *especies químicas,* presentan propiedades magnéticas. En el caso más sencillo y general, la suma de las contribuciones de los diferentes electrones de un átomo es pequeña y, más aún, se opone a todo campo magnético externo al que esté sometida. Se habla entonces de *diamagnetismo,* una propiedad efectivamente común a todas las sustancias naturales o artificiales, moleculares o no, moleculares, metálicas o no-metálicas. En el caso de que algunos de los átomos que forman la sustancia tengan electrones desapareados, la intensidad del momento magnético es mayor y, además, está a favor del campo magnético externo al que sea sometida, esto es, es atraída por él. A este comportamiento se le denomina *paramagnetismo.* La respuesta de una sustancia a un campo magnético se mide por su susceptibilidad, χ. En el caso de un diamagnético típico como el germanio, $\chi = \sim(-7 \times 10^{-6})$, mientras que en el de un paramagnético como el aluminio, $\chi = \sim 21 \times 10^{-6}$, valor en el que está descontada la susceptibilidad diamagnética de los electrones apareados internos.

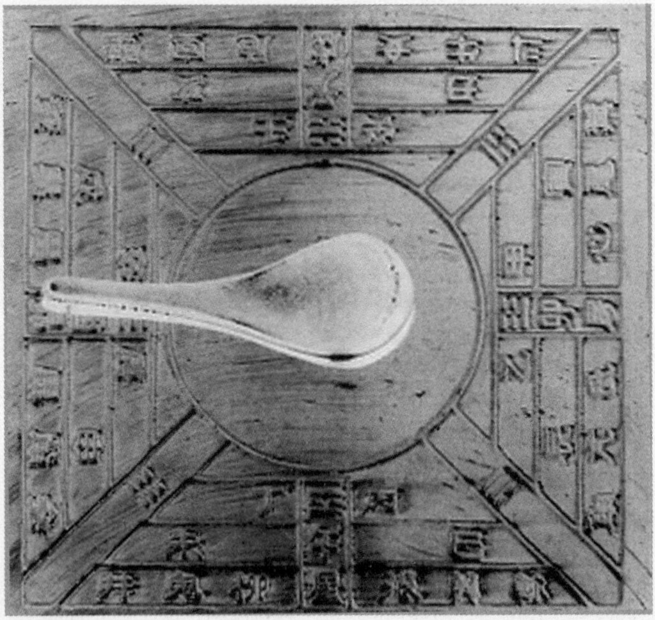

Fig. 23.4.—Brújula china, «Si Nan», Dinastía Han ~300 a. C.

Los restantes fenómenos magnéticos observados en la materia son colectivos, esto es, dependen de las interacciones entre los momentos de los átomos individuales y pueden ser de tres tipos:

En los *materiales ferromagnéticos,* todos los momentos magnéticos individuales están orientados en la misma dirección, con lo que hay un importante momento magnético resultante. El material posee, pues, una imanación permanente; es lo que habitualmente se denomina un imán. En estos materiales se utiliza una magnitud denominada permeabilidad magnética que, por ejemplo, en el caso del hierro, es del orden de 40.000. Cuando la mitad de los momentos atómicos está alineada en la misma dirección, pero en sentido contrario a la otra mitad, se habla de un *antiferromagnético* cuyo momento magnético total es nulo. Si las proporciones de espines alineados en sentido opuesto no son iguales, el momento magnético resultante tampoco es nulo. Se trata también de un imán permanente y se habla de *ferrimagnetismo;* es el caso de la magnetita.

Estos comportamientos colectivos implican, como hemos visto, un cierto estado de orden de los espines de los electrones, por lo que son muy sensibles a la temperatura. En efecto, a temperaturas suficientemente elevadas, por ejemplo, 770 °C, en el caso del hierro, o 121 °C, en el caso del dióxido de cromo, otro importante material ferromagnético, los espines se desordenan y el material se hace simplemente paramagnético. A este fenómeno, de gran importancia en Ciencia del Estado Sólido, se le denomina transición orden/desorden y, desde el punto de vista termodinámico, tiene mucho en común con otras transiciones de fase o cambios de estado, como la fusión del hielo o la sublimación del yodo, por citar un par de ejemplos.

A la hora de contemplar las aplicaciones de los imanes, esto es, las especies químicas que poseen una imanación permanente, conviene considerar otro aspecto de estos que tiene que ver con la respuesta que ofrecen a un campo magnético. En efecto, si se considera un solenoide de un material ferromagnético, por ejemplo, una arandela de hierro, en torno a la cual está arrollado un conductor eléctrico, por ejemplo, un hilo de cobre, y por este se hace pasar una corriente, se observa que cuando dicha corriente varía, por ejemplo aumentando, lo que significa que el campo magnético que dicha corriente genera, H, también va aumentando, la respuesta del imán, lo que se denomina su magnetización, M, aumenta hasta un cierto valor máximo, la *magnetización a saturación,* Ms. Si ahora se disminuye H, M disminuye, pero en lugar de volver a cero cuando el campo generado por el hilo de cobre es cero, queda un cierto valor de la magnetización, denominado *magnetización remanente* o *remanencia,* Mr, que es la propiedad que muestran los imanes llamados permanentes, puesto que lo son a campo cero, esto es, en ausencia de campo exterior. De modo que para eliminar esa remanencia hay que invertir el sentido del campo magnético externo, por ejemplo, invirtiendo el sentido de la corriente que pasa por el hilo; se alcanza así un valor de *campo* magnético *coercitivo,* Hc, que es el que, como decíamos, anula la imanación remanente. Si a partir de aquí se continúa aumentando el campo todavía en ese sentido se llega a un valor límite, que es el valor negativo de Ms. Si ahora se reinvierte el campo externo, se retraza la curva pero en sentido contrario y se cierra un ciclo que se denomina de *histéresis*. Bien; pues los imanes se clasifican en dos grandes grupos en función de la forma de ese ciclo y del producto entre H y M. Se habla de *materiales magnéticos duros* cuando Hr y Mc son grandes, en cuyo caso el área del ciclo de histéresis es grande. Por el contrario, se denominan *materiales magnéticos blandos* aquellos en los que esa área es pequeña. Es interesante señalar que los ejemplos extremos de este comportamiento se encuentran en una misma familia de *nuevos materiales magnéticos* del tipo hierro-neodimio-boro, de fórmulas respectivas $Fe_{79}Nd_7B_{14}$, con un campo coercitivo de cuatro Teslas, mientras que el más blando presenta los átomos de neodimio sustituidos por zirconio, $Fe_{79}Zr_7B_{14}$, y posee un Hc de solo 10^{-8} Teslas.

MATERIALES SUPERCONDUCTORES

Pero, en relación con las propiedades eléctricas de la materia, los semiconductores no son los únicos *nuevos* materiales. A todo lo largo del siglo XX la búsqueda de materiales se ha prodigado desde muchos ángulos en torno a los *superconductores* con la aspiración suprema de alcanzar la temperatura ambiente —¡o temperaturas aún superiores!—, o sea, encontrar materiales que conduzcan la corriente eléctrica sin resistencia. El primer material superconductor, el mercurio, fue descubierto por Holst y Kammerling Onnes en 1911, cuando midieron su resistencia a muy bajas temperaturas, del orden de algunos Kelvin, observando que esta era prácticamente cero. Cabe señalar que la resistividad de los superconductores se estima es menor de 10^{-22} Ohmios/cm, y dado que la resistencia de los mejores aislantes, como el cuarzo o el diamante, están en torno a 10^{14}, puede decirse que la resistividad eléctrica es la magnitud físico-química que varía en un más amplio margen, unos treinta y cinco órdenes de magnitud.

Aparte del interés teórico que supuso y supone el fenómeno de la superconductividad, la posibilidad de eliminar las pérdidas resistivas —el denominado *efecto Joule*—, con lo que se podría conseguir un ahorro de hasta un 12 por 100 de las pérdidas en el transporte de electricidad, las propiedades magnéticas que la corriente eléctrica induce, unido a las propias y específicas de los superconductores, en particular el que en el estado superconductor el material es un diamagnético perfecto y, como consecuencia, expulsa los campos magnéticos, lo que se conoce como *efecto Meissner,* han hecho de la búsqueda de superconductores uno de los capítulos mas fértiles, aunque en gran medida también más frustrantes, de la Ciencia de Materiales.

Pero antes de continuar con la descripción, somera, de dicha búsqueda conviene mencionar un par de cosas más acerca de este tipo de materiales y del propio fenómeno de la superconductividad. La primera es que las posibilidades de hacer circular una corriente sin resistencia por un superconductor están limitadas por la intensidad de corriente que para un determinado valor, denominado corriente crítica, j_c, vuelve al material al estado normal, esto es, no superconductor; y efecto parecido tienen los campos magnéticos para determinado valor crítico, H_c, con lo que el estado superconductor está limitado a un espacio tridimensional en esas tres magnitudes.

Más aún, ese espacio tiene una «estructura fina», debido a que la influencia del campo magnético en el estado superconductor no es de todo o nada para el valor crítico y ello da lugar a la existencia de dos tipos principales de superconductores en este contexto y en cuyo detalle no cabe entrar aquí.

Bien; pues tras el descubrimiento del fenómeno en el mercurio, el propio grupo de Leiden lo reconoció en otros, pocos, elementos químicos, como el niobio, que es, de entre ellos, el que presenta la temperatura crítica más alta, apenas 9 K. Debido a ello, aunque se hicieron bobinas superconductoras de niobio, con las que se pueden generar campos magnéticos intensos, es necesario mantenerlas a la temperatura del helio líquido, lo que resulta caro, complejo y poco práctico para aplicaciones a gran escala. Las aleaciones metálicas en que se continuó —lógicamente— la búsqueda permitieron en el compuesto Nb_3Ge alcanzar los 23,2 K, como decíamos más arriba. Y aunque esta temperatura está por encima del punto de ebullición del hidrógeno —que es de 20,2 K— ello no mejoraba mucho las posibilidades de utilización práctica de estos materiales, que sigue habiendo que enfriar hasta la temperatura de ebullición del costoso helio para poder utilizarlos, ya que el hidrógeno líquido, que no es mucho más barato de obtener, aunque el elemento hidrógeno es mucho más abundante en la Tierra que el helio, es casi más complicado de utilizar debido a su peligrosidad en su eventual combustión con el oxígeno.

Durante muchos años, físicos y químicos buscaron, pues, *entender* la superconductividad y tratar de encontrar *más y mejores* superconductores. Así, cuarenta y cinco años después del descubrimiento de Onnes, apareció la teoría *BCS* —de *B*ardeen (anterior premio Nobel por su contribución al transistor), *C*opper y *S*chrieffer—, que con la algo paradójica idea de que en el estado superconductor los electrones se acoplan en parejas, denominadas pares de Copper, a través de las vibraciones de la estructura cristalina —que incluso a esas bajas temperaturas vibran bastante—, que pueden desplazarse por el cristal sin resistencia. Pero, a pesar de la teoría *BCS,* una de las más importantes de la Física del Estado Sólido, en la que desde luego no escasean las teorías, la búsqueda de nuevos materiales superconductores continuó siendo una actividad poco rentable, hasta el punto de que se dice, y es probablemente falso, que uno de los más ilustres cultivadores del tema, premio Nobel de Física por ello, y por bastantes más cosas, y autor de un célebre texto al respecto, dijo que «la superconductividad es un tema extinguido» y cambió de línea de trabajo. Así que cuando en abril de 1987 apareció un artículo de Bednorz y Muller, ejemplarmente titulado «Possible High Temperature Superconductivity in the Ba-La-Cu-O System», en el que se presentaban datos de resistividad que parecía desaparecer a temperaturas del orden de 30 K, se produjo una conmoción en Física, Química y Ciencia de Materiales, que algunos hemos comparado a la célebre parodia «charlotiana» de *La quimera del oro,* dicho sea con el máximo respeto para ese importantísimo artículo y para muchos —no todos, desde luego— de los miles y miles que sobre el mismo tema le sucedieron. Así las cosas, un jalón importante en esa búsqueda lo constituyó el óxido $YBa_2Cu_3O_{7-d}$, sobre el cual se acaba de conceder la patente de invención a los laboratorios de investigación de una importante empresa telefónica norteamericana. Y fue importante dado que la temperatura crítica de dicho material cuando δ es próximo a cero se sitúa a $\sim$92 K, bastante por encima del punto de ebullición del nitrógeno a la presión atmosférica, con lo que por primera vez se podía prescindir del helio líquido para observar y, eventualmente, utilizar la superconductividad; nacieron de este modo los denominados superconductores de alta temperatura, que con el vicio del acrónimo se convierten en SCAT o, más frecuentemente, con el acrónimo en inglés, HTSC *(High Temperature Super-Conductors).* Tras un período febril en el que según C. P. Poole el número de artículos sobre superconductividad pasó de representar un 0,5 a ser un 3,5 por 100 de todas las publicaciones en revistas de Física, se han preparado un centenar de nuevos materiales superconductores, y las temperaturas críticas han aumentado de manera incesante.

Ello ha permitido establecer una serie de principios básicos acerca de las características de estos. Así, la mera consideración estructural de alguna de estas fases, que se suelen agrupar en familias, como la descubierta por Putilin, Antipov y cols., y representada por la fórmula $HgBa_2Ca_{n-1}Cu_nO_{3n+2+\delta}$ (con valores de *n* de 1 a 6 o 7) (fig. 23.5), muestra que estos cupratos poseen un marcado carácter bidimensional con planos de átomos de cobre y oxígeno en los que se produce esencialmente el desplazamiento de los pares de Copper, que en estos materiales son, en realidad, pares de huecos positivos. La presencia

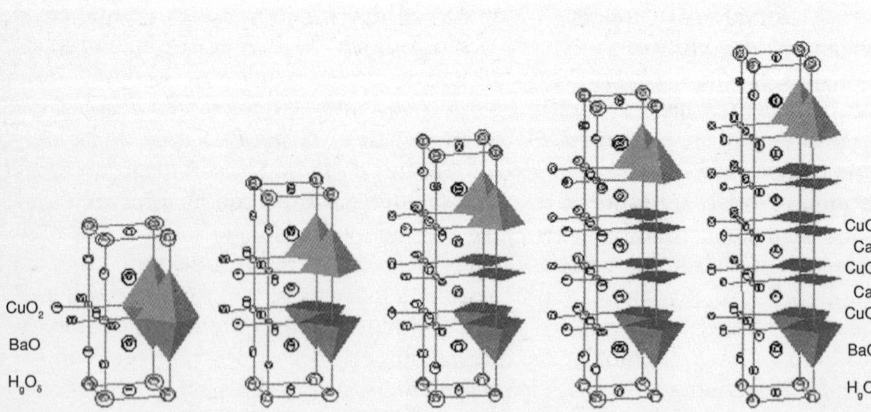

Fig. 23.5.—Estructura cristalina de los diferentes miembros de la familia de «cupratos de mercurio» superconductores

de dichos huecos procede de la de átomos de cobre que han cedido dos o tres electrones, a través de un complicado mecanismo en el que interviene también el plano basal de la estructura, que por ello recibe el nombre de «plano reserva de carga». Y es precisamente en uno de estos materiales, cuya composición es $HgBa_2Ca_2Cu_3O_{8+\delta}$, en el que se ha alcanzado la hasta ahora temperatura crítica máxima (es decir, 135 K a la presión atmosférica y 160 K bajo una presión de 23,5 Gpa, unas 230 tm/cm^2).

Así pues, ese esfuerzo tan intenso durante unos doce años ha dado lugar nada menos que a un superconductor con una temperatura crítica que corresponde aproximadamente a algo más de la mitad de la temperatura ambiente expresada en grados Kelvin. Sin embargo, desde 1993, la Tc máxima permanece fija, y los pesimistas se inclinan a pensar que los denominados cupratos superconductores han tocado techo en lo referente a Tc. Pero la utilización de superconductores no requiere solo una Tc elevada; hay muchos otros factores importantes: para empezar, las corrientes críticas, y los campos críticos si se trata de hacer imanes potentes..., pero también, dado que estos materiales son óxidos metálicos, presentan una serie de inconvenientes característicos de las cerámicas, y que tienen que ver sobre todo con sus propiedades mecánicas. En efecto, es evidente que la ductilidad de los metales permite que se puedan preparar fácilmente en forma de hilos; sin embargo, como hemos indicado anteriormente, en el caso de las cerámicas eso es sensiblemente más complejo. De ahí que otra de las líneas de investigación más destacadas en el campo de los materiales es el estudio de su *microestructura,* estructura microscópica, que a su vez depende del *procesado,* esto es, del modo en que se realiza la preparación para la aplicación. Por este motivo, y a pesar del extraordinario avance que ha tenido lugar en este terreno, las posibles aplicaciones de los superconductores de alta temperatura, que algunos medios de comunicación no científicos veían inminentes, tales como trenes de levitación magnética que literalmente volarían sobre los raíles, los barcos basados en efectos magnetohidrodinámicos o el «simple» transporte de corriente eléctrica sin resistencia, tendrán que esperar, y esperar sobre todo a que aparezca un buen modelo teórico que explique cómo es que se alcanzan en los cupratos temperaturas críticas «tan altas». En la actualidad, se ha llegado a decir que «existen tantos modelos como teóricos trabajando en superconductividad». No obstante, ya existen aplicaciones, aunque modestas, de los SCAT; entre ellas cabe mencionar desde un generador hidroeléctrico hasta un magnetocardiógrafo.

Diamantes

La primera referencia escrita en Occidente acerca de los diamantes parece ser de Plinio el Viejo, hombre excepcional, autor de una Historia Natural en treinta y siete capítulos, auténtica Enciclopedia de la Ciencia en la antigüedad. Plinio el Viejo era, además, marino y comandaba la flota de Micena, que fue a socorrer a los habitantes de Pompeya y Herculano, amenazados por la célebre erupción del Vesubio en el año 79. Desgraciadamente, su curiosidad científica le costó la vida, ya que murió, asfixiado, a los cincuenta y seis años, mientras estudiaba las características del impresionante fenómeno. Bueno; pues Plinio se refiere por primera vez al diamante y le da el nombre *Adamas* —invencible—, debido a sus tremendas propiedades y en particular a su dureza, la mayor, hasta ahora, en la Naturaleza. A su vez, *día* quiere decir transparente, y esa es otra característica importante de los diamantes, que son transparentes. No siempre son incoloros, sin embargo, y el color procede de las impurezas y defectos que se encuentran en su estructura, como veremos después.

Los primeros diamantes vinieron, al parecer, de la India hace ahora dos mil años, y hace algo más de trescientos, en 1684 para ser exactos, que un viajero francés, Tavernier, vio allí cómo hombres, mujeres y niños los buscaban, en depósitos aluviales, en las orillas del río Krishna. A principios del siglo XIX aparecen los diamantes, por primera vez, fuera de la India, en Brasil, también procedentes de aluvión.

Y, por fin, en 1867, en un torrente seco de África del Sur se encontraron diamantes primarios, esto es, formados en la misma roca en que aparecen. Así «nació» el *Eureka:* un precioso objeto cristalino del tamaño de un huevo de petirrojo, de color blanco azulado —el diamante, no el petirrojo— y más de veinte *quilates* —del árabe *quirat,* y este del griego κεατιου 'el peso de cuatro granos'.

Para los joyeros diamantíferos, sin embargo, el quilate es una medida del peso de estas gemas, y uno de ellos representa el ciento cuarentavo de la onza —y esta el dieciseisavo de la libra—, o sea, 0,204 gramos, por lo que el *Eureka* pesó nada menos que ¡cuatro gramos! Ciertamente que, tan solo dos años después, en 1907, el *Eureka* fue ampliamente superado por el *Estrella de Sudáfrica,* cuatro veces más pesado, nada menos que 16 gramos, que dio lugar a una auténtica estampida de más de veinte mil mineros hacia las zonas hoy casi míticas del continente africano en las proximidades de los ríos Vaal y Orange, y que llevan resonantes nombres bóer: Bultfontein, Jagersfontein... No es casualidad que uno de los puntos clave del mercado diamantífero sea Amsterdam...

Una vez que se ha extraído el mineral diamantífero, hay que separar los diamantes de la ganga, lo que es una empresa considerable si se tiene en cuenta que la concentración en las mejores minas es del orden de una parte en diez millones, o sea, un quilate por tonelada... pero vale, desde luego, la pena, dados los increíbles precios que alcanzan los diamantes, y sus productos de talla, los brillantes, en el mercado... Por dar un par de ejemplos, el denominado *Estrella de las Estaciones,* un diamante tallado en forma de pera, de 100,10 quilates, alcanzó en subasta el valor de 165.322 dólares en mayo de 1995, mientras que un brillante rosa de *solo* 7,37 quilates, engastado en una sortija de platino, se vendió por 815.725 dólares en el mismo año.

El diamante es también un magnífico aislante eléctrico y además un estupendo conductor térmico, de ahí que los joyeros de las novelas de misterio lo identifiquen llevándolo a los labios, porque al «besarlo» está frío, cosa que no ocurre con el vidrio... Y aunque sea adelantarnos en el orden cronológico de la descripción de la síntesis, diremos ahora que experimentos recientes en los que se han fabricado diamantes (casi) isotópicamente puros, esto es, eliminando con antelación el aproximadamente 1,5 por 100 del isótopo de carbono 13 que como es natural acompaña al más abundante carbono 12, Strong y Wendorf, científicos de la General Electric, han conseguido fabricar diamantes con una mayor conductividad térmica, lo que significa que por una vez el hombre con su arte ha conseguido superar a la Naturaleza en un importante aspecto...

Y quizá se pregunte alguien: ¿para qué haría falta mejorar la conductividad térmica del diamante? Bueno; pues el diamante podría quizá servir como sustrato de semiconductores en dispositivos electrónicos, y dado que es un aislante eléctrico estupendo y un magnífico conductor térmico, podría servir para eliminar el exceso de calor que se produce en el funcionamiento del dispositivo... Esto en realidad se hará más bien en películas delgadas que en monocristales grandes...

Bragg determinó la estructura cristalina del diamante, o sea, que descubrió cómo se sitúan los átomos de carbono en el espacio. También se conoce la estructura del grafito, otro tipo —o, como decimos los químicos, otro alótropo— del carbono, y aunque estos dos materiales están formados por los mismos átomos, átomos de carbono, es chocante que tengan propiedades tan diferentes.

Sin embargo, cuando se considera que la estructura del grafito es esencialmente bidimensional, con lo que el enlace entre capas es mucho más débil (de Van der Waals) que intracapas, mientras que el diamante presenta una estructura tridimensional, y los fullerenos una estructura molecular (fig. 23.2), esas, tan diferentes, propiedades resultan comprensibles.

Vayamos, pues, a la fabricación de los diamantes. Es este un empeño que ha ocupado, y hecho fracasar, a algunos grandes científicos que, en el camino, descubrieron otras cosas importantes, contribuyendo, sobre todo, al desarrollo de las técnicas de alta presión. Efectivamente, la Química ha utilizado comúnmente la temperatura como única variable y motor de los procesos químicos. Pero ello solo ha ocurrido hasta el desarrollo de esta otra variable adicional, la presión, que da lugar a interesantísimas posibilidades, especialmente en el campo de los materiales.

La producción de diamantes no es ni mucho menos trivial y para conseguirla también han tenido que acaecer otros desarrollos científicos y técnicos como la obtención de aleaciones superduras, tal el carburo de wolframio, WC, que tras esa algo impúdica fórmula esconde una elevada dureza, capaz de ser utilizada en la preparación de la sustancia más dura conocida hasta ahora. Gracias a todos esos esfuerzos, hoy sabemos con gran detalle las *rela-*

ciones íntimas entre grafito y diamante —lo que los científicos llamamos el diagrama de fases del carbono, que hace poco acaba de complicarse, ¡quién lo hubiera dicho hace unos años!, con la llegada de los fullerenos, materiales interesantísimos donde los haya y que, ¡cómo no!, tratados adecuadamente, también pueden dar lugar a diamantes.

El primer científico que se dedicó a este trabajo fue el escocés Hannay, brillante autodidacto que llegó a miembro de la Real Sociedad de Edimburgo a los veintiún años y que fue jefe del laboratorio de una importante industria química en Glasgow. Hannay introdujo en la búsqueda artificial del diamante dos parámetros fundamentales, la disolución/cristalización y la presión. Porque, sin estas, no se puede, para ser exactos, no se podía, fabricar diamantes. Si bien la utilización de la presión le vino sugerida por el descubrimiento geológico en África del Sur a que antes hacíamos referencia, la disolución de metales alcalinos, como litio y sodio, en parafina, a la que por un tiempo se estuvo dedicando, dio lugar, de modo bastante inesperado, a un depósito negro, carbonoso, que Hannay creyó formado por diamantes. De ahí su idea de disolver calentando, y a presión, todo tipo de sustancias en multitud de disolventes, y ello, en 1870, con métodos primitivos consistentes en lo esencial en rellenar tubos de hierro con aceite y litio y, tras cerrarlos por ambos extremos, calentarlos largamente a temperaturas muy altas. Ello, como es natural, daba lugar a tremendas explosiones; más aún, cuando no explotaban, quedaba el no menor problema de abrirlos. Aunque, de acuerdo con su cuaderno de laboratorio, solo en tres ocasiones, de un total de ochenta, se mantuvo el tubo intacto, en uno de ellos aparecieron cristales de diamante. Sin embargo, análisis recientes de los que se conservan en el Museo Británico como *primeros diamantes sintéticos* demuestran que, por razones que tienen que ver con inclusiones y otros defectos, se trata de diamantes naturales y no artificiales. Que ¿cómo pudieron aparecer diamantes naturales en los experimentos de Hannay? Bueno, pues hay tres hipótesis:

- Fraude del propio Hannay.
- Fraude de alguno de sus colaboradores.
- Que utilizase diamantes naturales como semillas de crecimiento.

Después de Hannay, llega el turno a Moissan, quien, tras diseñar un ingenioso horno eléctrico, también tras desarrollar la química del peligroso flúor, lo que le valió el premio Nobel de Química en 1906, intentó, también sin éxito, la preparación de diamantes.

Y llegamos así a Bridgman, el auténtico innovador en la utilización de las altas presiones y también premio Nobel, de Física, en 1946. Percy Bridgman, catedrático en Harvard, donde también se había graduado, en 1904, y doctorado, algo infrecuente, y más aún para un nativo de Cambridge (Massachusetts). Hombre solitario, tuvo entre sus discípulos a Robert J. Oppenheimer —*Oppy,* para los amigos; el director del Proyecto Manhattan— y a Slater —el creador de la teoría de Orbitales Moleculares junto con Mulliken—, pero siempre prefirió dedicarse a su propio trabajo, experimental, con su asistente técnico. Bridgman dedicó su vida a someter diferentes materiales a elevadas presiones y temperaturas, en particular el agua, encontrando muchas fases diferentes del hielo en un trabajo notable y clásico. Bridgman sometió al grafito, al que consideraba, tras sus vanos esfuerzos para fabricar diamantes, «el mejor muelle que existe en la Naturaleza», a presiones de hasta 425.000 atmósferas, utilizando una prensa de 3.000 toneladas, aplicadas a una pulgada cuadrada.

Pero faltaban dos puntos cruciales, la temperatura y el catalizador. Se cuenta que, cada vez que Bridgman conseguía una mejora en su aparato, y cuando no le veía nadie, hacía un experimento con grafito para ver si conseguía los ansiados cristales... Hombre de personalidad compleja, que se suicidó en 1961 al saber que tenía cáncer óseo, consiguió, poco antes, fabricar diamantes en un experimento que realizó cuando los científicos de GEC le invitaron a visitar el laboratorio donde se consiguió la primera síntesis...

Llegamos así al proyecto definitivo, *Project Superpresure,* el proyecto de otra gran corporación, esta vez norteamericana, la GEC, la compañía de Edison, que necesitaba diamantes para cortar las herramientas superduras que le permitían trabajar y estirar en hilos el wolframio de los filamentos de las bombillas. Bajo la dirección de un gestor de acusada personalidad, A. J. Nerad —cuya divisa «no se queje, es signo de incompetencia» figuraba en las paredes del taller, más que laboratorio, en el que se desarrolló el proyecto—, un equipo de cinco variopintos científicos consiguió de manera reproducible y sistemática hacer realidad el viejo sueño y, tras ello, iniciar otra línea de fabricación de productos que dejaban ¡y dejan! grandes beneficios a GEC.

Los componentes del equipo merecen que les recordemos: Francis Bundy, Herbert Strong, James Cheney, Harold Bovenkerk y, quizá sobre todo, Tracy Hall. Pero para fabricar el diamante este grupo tuvo que trabajar durante años innovando, de paso, en muchos aspectos de la Ciencia de Materiales, del diseño de prensas hidráulicas y sobre todo del recinto de reacción: un conjunto que, sin entrar en demasiados detalles técnicos (piénsese que hay que calentar a más de mil cuatrocientos grados centígrados y a más de cien toneladas por centímetro cuadrado *simultáneamente),* está formado en esencia por dos pistones cilíndrico-cónicos de carburo de tungsteno actuando en vertical sobre una muestra encerrada en una cápsula de platino que está a su vez embutida en una cámara también de WC.

Tras multitud de experimentos fallidos, y tras diseñar y hacer construir una prensa hidráulica de mil toneladas, que medía más de seis metros de altura y pesaba 55 toneladas, Bundy y Strong consiguieron, tratando durante dieciséis horas una mezcla de carbón y lámina de hierro a la que añadieron dos pequeñas semillas diamantinas, a 50.000 atmósferas y 1.250 °C, producir, el 8 de diciembre de 1954, nada menos que *¡un!* cristalito octaédrico adherido a la lámina de hierro, además de las dos semillas intactas. El cristalito era, por lo demás, difícil de analizar, dado su pequeño tamaño y las técnicas de la época.

Muy poco después, el 16 de diciembre de ese mismo año, en la cámara diseñada por Hall —el celebrado *Belt* (literalmente, cinturón) de Hall— y que por los desacuerdos dentro del equipo trabajaba en una prensa distinta, y más pequeña, se obtuvieron decenas de cristales, tras tratar, durante treinta y ocho minutos, a 100.000 atmósferas y 1.600 °C, una mezcla de grafito y sulfuro de hierro en un cilindro de tántalo.

En los días subsiguientes, el experimento de Hall pudo ser repetido decenas de veces con éxito, no así el de Strong y Bundi, por lo que, en principio, puede considerarse que Hall fue el primer hombre que consiguió preparar diamantes...

Más tarde, el consorcio minero de Sudáfrica —De Beers— que llegó a fabricar diamantes casi cuatro años después, y a punto estuvo de conseguir las patentes antes, debido al secreto oficial que impuso el gobierno norteamericano, se asociaba con GEC y entre los dos controlaban el mercado de diamantes tanto naturales como artificiales.

En la actualidad se fabrica industrialmente en, por lo menos, Belfast (África del Sur) y en la isla de Man, donde se ha conseguido un diamante sintético de catorce quilates, 2,9 gramos y 0,8 cm^3, el mayor hasta ahora, pero que no soporta la comparación con los mejores de los naturales. De entre estos destaca el *Cullinam,* de 3.166 quilates, nada menos que ¡621,2 gramos!

Decíamos hace un momento que el diamante es un magnífico aislante eléctrico, con una separación entre bandas de más de 5 eV, por lo que resulta chocante que muchos diamantes tengan colores tan bellos como los de la colección Aurora. Y la razón del color está no tanto en el propio diamante como en las impurezas que frecuentemente presenta. Un diamante absolutamente puro debe ser, y es, transparente e incoloro, ya que ese valor de la separación entre bandas supera con creces la energía de la radiación electromagnética que corresponde a la zona visible del espectro. Sin embargo, las impurezas, átomos diferentes de los de carbono, por ejemplo, de boro, nitrógeno, hierro, presentes por accidente en la red cristalina e introducidos en ella en el ya lejano momento de la cristalización de los diamantes naturales, dan lugar a estados electrónicos situados entre el límite superior de la última banda ocupada y el inferior de la primera banda vacía. La ocupación de estos a partir de los niveles de valencia, o su evacuación hacia la de conducción, tiene lugar generalmente a energías en torno a un electrón-voltio, que caen precisamente en la zona del visible. Así, el celebrado diamante *Hope,* de un azul purísimo, presenta impurezas de boro, mientras que la presencia de nitrógeno hace que el denominado *Tiffany* sea de color amarillo.

En tiempos relativamente recientes, a mediados de los años ochenta, se ha encontrado una nueva manera de preparar diamantes, esta vez en forma de películas delgadas, lo que ha abierto un sinfín de posibilidades de utilización en todas aquellas aplicaciones en las que se requiere un material transparente y muy duro, como para recubrimientos, o un material aislante eléctrico pero muy buen conductor térmico, como en sustratos para dispositivos electrónicos. Dada la dureza, proverbial, del diamante, podía suponerse que, una vez, más o menos, controlada la fabricación de diamantes se podrían fabricar herramientas de corte o para otras aplicaciones mecánicas de carbono en su forma diamante; sin embargo, la fenomenal dureza del diamante va acompañada de una marcada fragilidad debida a lo que técnicamente se llama «direccionalidad del enlace», que hace que en direcciones perpendiculares a él un enlace covalente es frágil, mientras que es muy duro en la dirección del enlace. La anisotropía de esa propiedad tan apreciada del diamante hace, pues, más favorable que fabricar herramientas con él, lo que por lo demás tampoco es que sea sencillo, recubrir las herramientas hechas con otros materiales tenaces, pero no tan duros, con una película de diamante. La historia de la fabricación de filmes de diamante es ciertamente apasionante, como recogen Robert Hazen y Phillip Ball en sus conocidos libros de divulgación. En ellos se describe la evolución del proceso desde principios del siglo XX hasta el momento actual, atravesando tanto la guerra fría Occidente-Unión Soviética como la tendencia técnico-práctica de los industriales y científicos japoneses a la hora de aplicar las ideas básicas a problemas concretos. En el momento actual se fabrican películas de diamante calentando en una cámara a baja presión mezclas de etano e hidrógeno, en proporción muy favorable a este, sobre un filamento incandescente de wolframio o en un campo de microondas. En ambos casos, la descomposición del metano

$$CH_4 \rightarrow C + 2H_2$$

en presencia de hidrógeno atómico, producido por las microondas o el propio filamento caliente, según los casos

$$H_2 \rightarrow 2H$$

permite que se forme preferentemente diamante policristalino, cuya capa superficial, por cierto, se encuentra recubierta de hidrógeno, a través de enlaces C-H como los de los hidrocarburos, tal el propio metano, CH_4. Cabe señalar en este sentido que, hasta ahora, las velocidades de crecimiento de las películas son de unas pocas micras por hora, y que aunque este método, denominado de *crecimiento químico en fase de vapor,* o CVD, es ciertamente más sencillo que la síntesis a alta presión, no es probable que en un próximo futuro los rodamientos y otras partes móviles de los motores estén recubiertos de películas de un material tan espectacular como el diamante, películas que, por ahora, son bastante costosas y todavía de fabricación compleja. De todos modos, el progreso realizado en el conocimiento y preparación de diamantes, desde aquel día en que apareció el *Eureka* en las orillas del río Orange, en África del Sur, ha sido asombroso —y totalmente impredecible—, con lo que es más que probable que las mencionadas aplicaciones sean realidad al cabo de no mucho tiempo.

Conclusión

En el último congreso de la Unión Internacional de Sociedades de Materiales, celebrado, en octubre de 1998, en Bangalore (India), donde existe un muy importante y extenso grupo de investigación en este campo, se presentaron cerca de cien trabajos de investigación sobre materiales avanzados, y la sola enumeración de los apartados en que estaba dividido el congreso nos da una idea bastante clara de cuáles son las líneas de trabajo más activas en este campo. Aun a pesar de parecer prolijos, creemos interesante relacionar dicha temática.

Cerámicas y vidrios. Superconductores de alta temperatura. Materiales superduros y síntesis a alta presión. Materia blanda, incluyendo geles. Nanoestructuras. Semiconductores fotovoltaicos y materiales optoelectrónicos. Materiales fotónicos y óptica no-lineal. Cristales líquidos. Polímeros. Cuasicristales. Materiales magnéticos y fenómenos relacionados. Materiales inteligentes *(smart)* y estructuras organizadas. Heteroestructuras y puntos cuánticos. Intermetálicos. Sensores. Películas delgadas, recubrimientos superficiales, microestructuras. Sólidos micro- y mesoporosos. Biomateriales. Materiales compuestos. Modificación de los materiales con haces de iones. Caracterización de materiales. Diseño de materiales asistido por ordenador.

Parece claro que la investigación en materiales está en plena efervescencia y llena de vigor... Obviamente, en un artículo de la naturaleza del que aquí se propone, no era posible, ni tampoco conveniente, describir en detalle todos y cada uno de esos tipos de materiales. La selección, inevitable, ha dependido de los conocimientos y las propias líneas de trabajo del autor. La labor de este ha sido, pues, más selectiva que exhaustiva. Su deseo es que el lector haya tenido a la vez una visión amplia, y en algún caso detallada, de la importancia y el interés de los materiales y que, en el mejor de los casos, su curiosidad haya sido despertada hasta el punto de consultar la bibliografía recomendada.

24
La Arquitectura y su construcción

Luis Fernández-Galiano e Ignacio Paricio

A) LA ARQUITECTURA DE LA EDAD DEL ESPECTÁCULO: UN RECORRIDO EN DIEZ EPISODIOS

A diferencia de otras disciplinas, que tienen la estructura narrativa del relato, la Arquitectura posee la consistencia brumosa de lo onírico. Y no solo porque rivalice con el cine en su función de fábrica de sueños, sino porque su devenir disciplinar registra entradas y salidas abruptas, paisajes borrosos y situaciones paradójicas que la aproximan más a la continuidad surreal de las historias trabadas por la conciencia dormida que a la articulación lógica y el desarrollo acumulativo registrado por la progresión del conocimiento en la conciencia insomne.

Atenazada por un *status* epistemológico ambiguo, que ha oscilado entre la ciencia de lo artificial y el arte útil, la Arquitectura ha buscado su legitimación en diferentes campos ajenos a ella, y en diferentes momentos históricos se ha contemplado como ingeniería habitable, sociología construida o escultura funcional; tres territorios, por cierto, que vienen a coincidir con los tres objetivos tradicionales de la Arquitectura, ya formulados por el romano Vitruvio como *firmitas, utilitas* y *venustas,* y por el renacentista Alberti como *soliditas, commoditas* y *voluptas:* solidez, utilidad y belleza, tres términos que todavía hoy articulan el debate técnico, social y estético de esta disciplina arcaica, pero también tres campos que en este siglo han experimentado una profunda mutación.

Mutación *técnica,* con los nuevos materiales y sistemas de control ambiental que están transformando la construcción y las instalaciones, como en su día la estructura metálica y el ascensor gestaron los rascacielos, o como la luz eléctrica y el aire acondicionado permitieron los edificios profundos y herméticos.

Mutación *social,* con la colonización homogénea del territorio producida por el automóvil y el igualitarismo democrático con la extensión de los servicios colectivos de enseñanza y salud generados por el Estado del Bienestar, y con la masificación del ocio turístico suscitada por el transporte aéreo y la ampliación del tiempo libre en una sociedad articulada en torno al consumo de espectáculos.

Y mutación *estética,* con el conflicto entre la abstracción exigente del vanguardismo moderno y la figuración clasicista o temática del populismo posmoderno, con la utilización de fragmentos o fracturas para expresar la confusión caótica de lo contemporáneo, y con la proliferación de «formas informes» que solo los ordenadores permiten representar y construir, como manifestaciones simultáneas de la libertad extrema y del extremo sometimiento a una cultura mediática.

Tres mutaciones que han demolido las convicciones y principios de la modernidad, pero que no han llegado aún a cristalizar en un nuevo paradigma, y que al observador ofrecen solo la imagen caleidoscópica y poliédrica de un cúmulo de movimientos en competencia y un puñado de protagonistas que entran en el escenario y lo abandonan con la sucesión azarosa de los episodios de un sueño. Esta condición descoyuntada y onírica es la que aquí se ha querido reflejar a través de diez viñetas que reconstruyen taquigráficamente diez episodios de la arquitectura reciente, cuyos perfiles arbitrarios son otras tantas facetas de un prisma espejeante, fidedigno y equívoco a la vez.

Berlín después del Muro

Por una serie de azares históricos, la ciudad de Berlín ha sido, durante los últimos compases del siglo XX, un gran laboratorio de arquitecturas. Ya en los años ochenta acogió la Exposición Internacional de Arquitectura (IBA), que consistía en la construcción de numerosas viviendas y edificios experimentales distribuidos por toda la ciudad, y que sirvieron para poner a prueba las hipótesis historicistas y clasicistas de la posmodernidad (un movimiento que defendía la arquitectura tradicional frente a la moderna, juzgada demasiado fría y abstracta). Y tras la caída en 1989 del Muro que dividía en dos la ciudad, Berlín volvió a ser la capital de Alemania, e impulsó un formidable programa de reconstrucción caracterizado por dos rasgos contrapuestos: por un lado, en continuidad con las ideas de la IBA, extendía las calles y plazas de los trazados del siglo XIX a las nuevas zonas edificadas, y con una estricta normativa obligaba a los proyectos a usar revestimientos de piedra o materiales convencionales, en fachadas cuya composición debía evocar la de los inmuebles existentes; por otro, sometía los edificios públicos a un exhaustivo debate político sobre su contenido simbólico, esforzándose en evitar todo lo que pudiera recordar la monumentalidad grandilocuente de la arquitectura nazi.

El severo tradicionalismo engendró un estilo lacónico que recibió el nombre de «nueva simplicidad», pero sus recetas resultaron ser una camisa de fuerza para el dinamismo de la economía; por su parte, la aguda conciencia simbólica y el sentimiento de culpabilidad histórica condujo a que la mayoría de las construcciones emblemáticas fueran realizadas por arquitectos extranjeros, frecuentemente ajenos a la rigorista «nueva simplicidad»: británicos como Norman Foster, que coronó el viejo Reichstag con una cúpula transparente; polacos como Daniel Libeskind, que levantó el Museo Judío con volúmenes zigzagueantes y fracturados; o norteamericanos como Peter Eisenman, autor de un dramático Memorial del Holocausto.

París, los proyectos presidenciales

Mientras Berlín forcejeaba con sus fantasmas, París recordaba su *grandeur* con un puñado de edificios colosales, promovidos por el presidente de la República a fin de dejar testimonio duradero de las ambiciones y las inquietudes de nuestro tiempo. En la tradición iluminista francesa, los proyectos empleaban formas geométricas elementales, construidas a escala titánica sobre los ejes representativos de la ciudad o al borde del Sena. Así surgieron la pirámide del Louvre, el arco de la Défense o la Gran Biblioteca, entre otras realizaciones monumentales que dan fe de la salud vigorosa de las metrópolis europeas, del músculo centralista parisino y de la sensibilidad absolutista —entre monárquica y faraónica— de François Mitterrand.

Si Georges Pompidou asoció el populismo gaullista con la tecnología lúdica en el Centro que lleva su nombre, construido por el italiano Renzo Piano

Fig. 24.1.—Pirámide de vidrio de Ieoh Ming Pei. Museo del Louvre, París

y el británico Richard Rogers como una máquina amable para desacralizar el arte, y si Valéry Giscard d'Estaing reflejó sus gustos patricios en el clasicismo escenográfico de los conjuntos residenciales y los parques urbanos del catalán Ricardo Bofill, Mitterrand actuó de arquitecto de la capital a través del norteamericano de origen chino Ieoh Ming Pei, que con su pirámide de vidrio adaptó el Museo del Louvre a la era del espectáculo y las masas; del danés Johan Otto von Spreckelsen, que remató el eje emblemático de París con un gigantesco cubo en forma de arco triunfal; y del entonces jovencísimo Dominique Perrault, que levantó junto al Sena la que los franceses llamaron Très Grande Bibliotèque con cuatro enormes bloques semejantes a libros abiertos cerrando una plaza ceremonial.

Como grandes obras públicas de carácter cultural, y como hitos urbanos de naturaleza simbólica, los proyectos presidenciales de París iluminaron con su fulgor crepuscular el declive del protagonismo del Estado en la construcción del entorno físico y en la fabricación del imaginario colectivo, terrenos ambos donde el final de siglo rubricaría el ascenso oceánico de los operadores privados propiciados por el consenso neoliberal.

La nueva Barcelona

Si la recuperada capital alemana estaba atenazada por su memoria histórica, y París lastrada por un colosalismo solemne, Barcelona propuso en los años ochenta una forma distinta de modernidad urbana, quizá más amnésica, y desde luego más liviana, mediterránea y alegre. Basada en el diseño vanguardista de plazas y bares, esta modernidad hedonista y elegante ofrecía una alternativa frívola y refinada a la gravedad técnica germánica o a la racionalidad geométrica francesa, y la oportunidad de organizar unos Juegos Olímpicos dio a la ciudad los recursos financieros y la energía colectiva para complementar la acupuntura del diseño con la cirugía del urbanismo de gran escala.

La transformación de las infraestructuras viarias y de comunicación, con nuevos cinturones de ronda y una esbelta torre de comunicaciones diseñada por el británico Norman Foster que llegaría a convertirse en símbolo de la ciudad, se produjo simultáneamente a la construcción de nuevas áreas urbanas, como una villa olímpica trazada por Oriol Bohigas que extendió la malla regular del Ensanche hasta el mar o un anillo olímpico que concentró en la montaña de Montjuich las más significativas instalaciones deportivas, entre ellas el Palau Sant Jordi del japonés Arata Isozaki. Y la vigorosa modernización fue acompañada por la regeneración de su casco histórico, en el que se implantaron nuevas dotaciones universitarias y culturales, como el Museo de Arte Contemporáneo que proyectó el norteamericano Richard Meier, convirtiendo la ciudad en un caso modélico del diálogo entre vanguardia y tradición.

Esta experiencia feliz se daría a conocer al mundo con ocasión de los Juegos de 1992, y haría de Barcelona un ejemplo tan admirado e imitado en

Fig. 24.2.—Torre de Comunicaciones diseñada por Norman Foster. Barcelona

Europa que, poco después de que el barcelonés Enric Miralles fuese elegido para construir el nuevo Parlamento de Escocia en Edimburgo, los arquitectos británicos la distinguirían con su medalla de oro, siendo ésta la primera vez en su historia centenaria que el galardón no se otorgaba a una persona física, sino a una ciudad.

Grandes exposiciones europeas

En la pugna de las ciudades por mejorar su posición competitiva en los nuevos ámbitos supranacionales, es frecuente utilizar los grandes eventos mediáticos como catalizadores del esfuerzo colectivo y como campañas de imagen que permiten progresar en la contemporánea economía simbólica. Estos acontecimientos pueden ser políticos, económicos o culturales, pero por lo general son los de índole deportiva los que alcanzan audiencias más amplias; así ocurre en el caso de los Juegos Olímpicos, que lanzaron a Barcelona lo mismo que después desprestigiaron a Atlanta o que más tarde harían concebir expectativas sobre Sidney. Junto a las reuniones olímpicas, son las grandes exposiciones los eventos temporales con mayor impacto permanente en la estructura urbana, ya que a la propia zona donde se ubican los pabellones (que con mayor o menor fortuna se integra en la ciudad con nuevos usos al terminar el acontecimiento) debe añadirse la mejora de los transportes del conjunto de la ciudad para facilitar el acceso a las multitudes visitantes.

Fig. 24.3.—Puente del Alamillo', obra de Santiago Calatrava. Sevilla

Tal sucedió en Sevilla, que el mismo año 1992 de los Juegos Olímpicos barceloneses abrió una exposición internacional con frutos arquitectónicos desiguales, pero que dejó tras de sí nuevos puentes sobre el Guadalquivir —entre ellos el colosal y escultórico de Santiago Calatrava—, un nuevo aeropuerto realizado por Rafael Moneo y una nueva estación construida por los sevillanos Cruz y Ortiz para recibir los trenes de alta velocidad que desde entonces enlazan la ciudad con Madrid. Seis años después fue el turno de Lisboa, y de nuevo la exposición trajo consigo una profunda renovación de los transportes y los accesos, en este caso en torno a un ferial marítimo centrado en un lírico y solemne pabellón del arquitecto de Oporto Álvaro Siza. Y en el año 2000 es Hannover la ciudad europea que está poniendo a prueba la capacidad de transformación urbana y arquitectónica que las grandes exposiciones vienen manifestando desde hace más de un siglo.

HOLANDA EFERVESCENTE

El terreno virgen de una gran exposición es un papel en blanco que estimula la invención lo mismo que la *tabula rasa* de un pólder, y la condición de territorio artificial de Holanda, unida a su elevada densidad de población, han hecho de este país europeo un pionero de la modernidad arquitectónica desde la época de las vanguardias. En los años sesenta su fértil cultura construida volvió a adelantarse a los tiempos con la revisión existencialista y antropológica del credo funcionalista, y en los años noventa los arquitectos de Rotterdam, encabezados por Rem Koolhaas —quizás el personaje más subversivo y paradójico de la actual escena arquitectónica—, han regresado al primer plano de la renovación intelectual y plástica de la disciplina con un movimiento coral que exalta la congestión urbana, predica la gran escala edificatoria y defiende las virtudes del cambio acelerado.

Inspirada por el pragmatismo norteamericano y por la eficacia de la arquitectura comercial, pero influida también por los más visionarios de los constructivistas rusos y por el aliento épico del *land-art* y el nuevo paisajismo, esta escuela ha entrado en resonancia con las exigentes demandas sobre el territorio de una sociedad tan congestionada como receptiva ante la innovación. Los resultados construidos de este futurismo entre *naïf* y expeditivo no han sido muy brillantes, y en casos como el de Euralille —un gran conjunto comercial y de oficinas diseñado por Koolhaas sobre una estación del tren de alta velocidad y un enrevesado nudo de autopistas junto a la ciudad francesa de Lille— los dibujos iniciales, propios de un cómic de ciencia ficción, dieron finalmente lugar a un entorno caótico; pero la capacidad de sorpresa y riesgo de este método «paranoico-crítico», que en su empleo de las yuxtaposiciones azarosas de los «cadáveres exquisitos» prolonga la tradición del surrealismo, continúa siendo una fuente de estímulos y una saludable puesta en cuestión de las certezas convencionales. Expresada en gruesos libros-manifiesto como el famoso *SMLXL* (que alude a las *tallas* de la construcción), de tipografía aleatoria e imágenes fascinantes, la cultura arquitectónica de Rotterdam es hoy la rama más indisciplinada y polémica del árbol moderno.

EL GRADO CERO SUIZO

En contraste con las geometrías insólitas de los holandeses, la Suiza alemana ha desarrollado un lenguaje arquitectónico basado en la austeridad y el rigor que ha llegado a ser muy influyente entre los jóvenes. Fatigados por el experimentalismo provocador y por la exuberancia formal de las arquitecturas fracturadas o alabeadas, muchos han buscado en el laconismo minimalista de los suizos del norte un modelo de claridad conceptual, minuciosidad constructiva y refinamiento visual que permite a los edificios reconciliar la verosimilitud funcional con la voluntad artística.

Con su centro en la ciudad de Basilea, en la frontera de Suiza, Francia y Alemania, e inspirado por personalidades tan vigorosas como el arquitecto Jacques Herzog, este movimiento combina la externa simplicidad en los volúmenes y la consecuente racionalidad estructural y naturalidad en el uso con una extraordinaria elaboración material y plástica de las fachadas, entendidas como delicadas pieles de vidrio serigrafiado, madera o cobre que forran los edificios como un tejido táctil. Artesanal en la perfección constructiva y artística en la ambición expresiva, esta arquitectura se alimenta también de los hallazgos inesperados de lo cotidiano o lo convencional, como hicieron Herzog y De Meuron en sus bodegas en el californiano valle de Napa, donde los gaviones de malla metálica y piedra habituales en las obras públicas se trasladan de contexto para conseguir un efecto sorprendente, primitivo y exquisito a la vez.

Ese mismo arcaísmo elegante se encuentra en las construcciones de escamas de madera, lajas de pizarra o listones de hormigón del también suizo Peter Zumthor, procedente asimismo de Basilea pero asentado en el cantón alpino de Los Grisones, donde este esencialismo poético ha encontrado un escenario casi onírico para su exaltación grave y dulce de la materia elemental: un revulsivo y un purgante ante los excesos expresivos de las arquitecturas antigravitatorias y papirofléxicas que han dominado el panorama de los años noventa.

Bilbao, el efecto Guggenheim

El rigor exigente del minimalismo arquitectónico posee unos lazos estrechos con el mundo del arte, y no es extraño que tanto la ampliación del Museo de Arte Moderno de Nueva York como la nueva Tate Gallery de Londres se ejecuten por el japonés Yoshio Taniguchi y los suizos Herzog y De Meuron, respectivamente, en este idioma escueto. Pero la incorporación de los museos al contemporáneo mundo del espectáculo ha conducido en otras ocasiones a reemplazar los susurros por los gritos, y de éstos, ninguno más sonoro que el proferido por el Museo Guggenheim de Bilbao, realizado por el californiano Frank Gehry como una tempestad de titanio que ha agitado las aguas del debate popular sobre la arquitectura como ningún otro edificio desde la Ópera de Sidney.

Transformados en símbolos de las ciudades, los museos vacilaban entre la gravedad luminosa del japonés Tadao Ando o el español Rafael Moneo, la sobriedad tecnológica del italiano Renzo Piano o el francés Jean Nouvel, y los lenguajes fracturados de la iraquí Zaha Hadid o el norteamericano Peter Eisenman: entre la escenografía severa de arquitecturas tradicionales y abstractas de hormigón y ladrillo, la alta tecnología y la inmaterialidad mediática de arquitecturas tardomodernas de vidrio y metal, y los sorprendentes pliegues y grietas de las nuevas arquitecturas a las que se bautizó como «deconstructivas» para subrayar su violación deliberada y expresiva de la racionalidad estructu-

Fig. 24.4.—Museo Guggenheim, de Frank Gehry. Bilbao

ral de la edificación. Tras el formidable éxito crítico y ciudadano del Guggenheim, la balanza se ha inclinado violentamente hacia las construcciones inestables, produciendo un efecto de imitación que ha conducido a un sinnúmero de ciudades pugnando por levantar edificios emblemáticos tan improbables y extravagantes como el museo bilbaíno, y tan capaces como éste de atraer la atención de los medios, de inducir un flujo continuado de visitantes, y de convertirse en un elemento de dinamización de la economía urbana. Sin embargo, la flor metálica del edificio de Gehry es un acierto azaroso difícil de reproducir y trasplantar, y de hecho pocos de los epígonos han conocido una fortuna lejanamente pareja.

El Londres del Milenio

Mezcla de exposición universal y parque de atracciones, la Cúpula del Milenio londinense quiso ser para los británicos lo que el Guggenheim había sido para los vascos: adrenalina colectiva y una nueva imagen exterior del país. Diseñada por el equipo de Richard Rogers, la cúpula de Greenwich se acompañó también de infraestructuras del transporte: si en Bilbao se había construido un aeropuerto de Santiago Calatrava y un nuevo metro de Norman Foster, en Londres se extendió una línea de metro, y de nuevo fue Foster el autor de las estaciones más significativas. El formidable esfuerzo de la cúpula esperaba acuñar una imagen simbólica de la «tercera vía» laborista de Tony Blair, en su combinación de futurismo amable, diversión pedagógica y buenas intenciones. Pero esos propósitos borrosos y ecuménicos vinieron a disolverse en una disneylandia *new age,* trivial en su figuración y más colosal en sus dimensiones financieras que en sus logros técnicos.

Mientras tanto, en el corazón de la ciudad Norman Foster remodelaba el Museo Británico y el estadio de Wembley, peatonalizaba Trafalgar Square, cruzaba el Támesis con un puente y proponía dos edificios emblemáticos proyectados con el mismo lenguaje visionario: un rascacielos en la *City* en forma de obús y una sede para el Ayuntamiento en forma de burbuja lenticular; dos representaciones poderosas de la fusión de la técnica con las nuevas preocupaciones ecológicas, y un testimonio de la supervivencia testaruda del esencialismo matemático y biológico de los sesenta, de su contracultura naturista y de sus cápsulas geodésicas. Y todo ello en un país de un arraigado tradicionalismo enemigo de la modernidad, que tuvo en Carlos de Gales su más elocuente defensor durante los años ochenta, y con una desregulación neoliberal de la arquitectura que la ha situado en el ámbito exclusivamente económico, y que por la misma época encontró en Margaret Thatcher su instrumento más eficaz: dos razones que acaso abonan la benevolencia ante la vacuidad cultural de la «tercera vía» de Blair y su *cool Britannia,* el equivalente europeo de los «nuevos demócratas» norteamericanos de Bill Clinton.

Hong Kong y el Pacífico

Y al mismo tiempo que Europa dirime sus polémicas culturales y simbólicas, la costa pacífica de Asia experimenta una transformación de tal magnitud histórica que hace parecer triviales los conflictos cualitativos, sumida como se halla en una colosal mutación cuantitativa. Hong Kong, Singapur, Shanghai o Kuala Lumpur conocen un desarrollo urbano de vigor sin precedentes, que algunos europeos, como Rem Koolhaas en *Pearl River Delta,* documentan con una mezcla paradójica de fascinación, consternación y ánimo mimético; y otros, como Norman Foster o Renzo Piano, aprovechan para ejecutar sus obras más gigantescas. El aeropuerto de Kansai, construido por Piano sobre una isla artificial en la bahía de Osaka, y el de Chek Lap Kok, levantado por Foster en Hong Kong también sobre una isla ganada al mar, son dos de las más fantásticas de estas obras titánicas; y la floración de rascacielos que surgen sin pausa en estas nuevas metrópolis del Pacífico destaca como el rasgo más característico de un auge económico que, con sus sobresaltos y sus pánicos, está efectuando la que es quizá la revolución urbana más profunda y rápida del pasado reciente.

En este contexto no puede sorprender que sea Holanda, el país europeo de territorio más artificial y población más densamente asentada, el primero que procure sacar lecciones del uso intensivo del suelo en la costa de Asia, y

Fig. 24.5.—Edificio de la Hong Kong and Shanghai Corporation, de Norman Foster. Hong Kong

el primero donde se propone trasladar el principal aeropuerto, Schiphol, a una isla fabricada para poder reciclar con usos urbanos la extensión de terreno liberada por el traslado de sus terminales, hangares y pistas, seguramente el más ambicioso de los proyectos de Koolhaas. Prefiguraciones del futuro, estos ejemplos dinámicos del Pacífico contrastan con el estancamiento de otras regiones del planeta, y muy singularmente con la crisis dramática del continente africano, cuya actual arquitectura y urbanismo sirven como indicadores ominosos de que la historia no se mueve solo hacia delante.

De Las Vegas a Celebration

Entre la transformación cuantitativa de Asia y las mudanzas cualitativas de Europa, la musculatura científica, técnica y económica de los Estados Unidos de América construye y exporta su propio modelo arquitectónico y urbano. Relativamente displicente con las sutilezas doctrinales y estilísticas de los europeos, este modelo tiene una sólida base comercial que convierte al habitante en consumidor y al ciudadano en cliente, procurando la satisfacción del usuario y la eficacia de la producción. Limitando la arquitectura con vocación cultural a los campus universitarios o a las sedes de los museos (y desplazando hacia encargos europeos a los autores con mayor inquietud intelectual y artística, que paradójicamente acaban teniendo fuera de América sus obras mejores, como ocurre en los casos de Gehry y Eisenman), el auténtico laboratorio de proyectos son aquí los centros comerciales, las ciudades del ocio, los parques de atracciones o las corporaciones de la industria del espectáculo.

Los facsímiles colosales de Las Vegas o las ficciones azucaradas de Disney son el nuevo paradigma del entorno construido: recintos controlados y triviales que ofrecen emociones temáticas. Grandes hoteles y casinos que reproducen Venecia, la Roma imperial o las pirámides de Egipto, e interminables parques de atracciones que enhebran ambientes exóticos, decorados de películas o escenarios de cuentos infantiles se suman a una multiplicación imparable de remedos de iconos culturales. Nutrido a la vez de estas experiencias melosas y del tradicionalismo de la posmodernidad, lo que se llamó el «nuevo urbanismo» americano surgió en los años ochenta, simultáneamente a la revolución conservadora de Ronald Reagan; pero se extiende hasta hoy en su propósito de trasladar los modelos del ocio a la vida cotidiana, con ejemplos residenciales tan característicos como la Seaside escenario de *El show de Truman* o la Celebration de Disney, dos comunidades de Florida que con sus simulacros amables proponen un futuro dulce y narcótico.

B) LAS CONSTRUCCIONES DE LA ARQUITECTURA

La construcción ha evolucionado más en este siglo que en los veinte anteriores. Hasta el inicio de la última centuria los métodos y materiales de la construcción eran muy similares a los que utilizaron los clásicos. Poco habían cambiado en mas de dos mil años de construcción arquitectónica, si olvidamos la reducción de espesores de todos los elementos constructivos que impulsa el economicismo de la industrialización en el Siglo de las Luces.

Sin embargo, la imaginería del Movimiento Moderno abre paso a una gigantesca revolución constructiva. Algunos de los elementos de esa revolución habían aparecido treinta o cuarenta años antes, pero fue necesario el impulso del llamado Estilo Internacional para que se impusieran como el estilo del siglo. En efecto, los últimos años del siglo XIX contemplan la difusión de las estructuras porticadas y las telas asfálticas, materiales que introdujeron la diversidad en unos edificios todos ellos de cerámica con algo de madera, pero la difusión de ambas innovaciones, aunque indiscutible, habría sido mucho más lenta si el Movimiento Moderno no las hubiera utilizado como motor y coartada de sus propuestas formales.

La tela embreada hizo posible la quinta fachada de Le Corbusier y su paradigma de la terraza jardín. Pero, sobre todo, la cubierta plana permitió la eliminación de todas esas formas pintorescas que el tejado imponía a la volumetría de cualquier edificio. El tejado levanta en alzado los defectos de la planta mientras que la cubierta plana disimula irregularidades del solar o del perímetro proyectado y simplifica la geometría de los volúmenes edificados.

La estructura porticada, por su parte, abrió unas posibilidades absolutamente nuevas a la organización de las plantas y al tratamiento de las fachadas. En los alzados, las fachadas podían ya tratarse con toda libertad y sus paramentos admitían recortes y rasgaduras como la revolucionaria *fenêtre en longeur*. En las plantas, los elementos que configuran el espacio, los cerramientos verticales, se liberaron de las exigencias del orden estructural. En el Pabellón de Barcelona y la casa Tugendhat, Mies van der Rohe exploró las posibilidades abiertas por esa diferenciación de dos órdenes que podían ser independientes a partir de ese momento: el del espacio y el de la estructura. El famoso esquema canónico de Le Corbusier sintetizó esa independencia y evidenció las tensiones que inmediatamente se sugieren. Cada pilar es un elemento escultórico que pone en tensión un ámbito espacial libremente definido por los cerramientos. Ese tratamiento delicado y preciso de cada ángulo, de cada frágil relación entre espacio y estructura, quizás explica el poco éxito posterior de este planteamiento separativo.

Fig. 24.6.—Le Corbusier. La «nueva» independencia de la estructura y el cerramiento

Desgraciadamente, esas prometedoras sugerencias no se desarrollaron como merecían. Los epígonos del Estilo Internacional utilizaron sus aspectos más rentables desde el punto de vista inmobiliario. Los elementos tectónicos perdieron todas las batallas de la guerra entre el orden de la estructura y el de los espacios interiores y han terminado subordinándose a los cerramientos que definían locales y funciones. La jácena se disolvió en el techo y los pilares se localizaron siguiendo la huella de los tabiques u ocupando los rincones más marginales de la planta.

La asunción razonada de las consecuencias arquitectónicas de la estructura porticada se abandonó, y hoy, todavía, la imaginería y el tratamiento de muchos edificios pasa por una expresión continua y que en cierto modo nada tiene que ver con los recursos con los que han sido concebidos y construidos.

Sin embargo, la revolución racionalista impuso unas formas de geometría tan simple y poderosa que han dejado una huella, hasta hoy indeleble, en el imaginario del arquitecto. La concepción de la Arquitectura como «el bello juego de las formas geométricas bajo la luz» nada tiene que ver con la idiosincrasia de unas técnicas constructivas que exigen bastante complejidad formal y ciertas dosis de unas imágenes definitivamente asociadas al pintoresquismo.

La construcción hasta ese momento exigía cubiertas inclinadas, cornisas, bateaguas, impostas, zócalos, guardapolvos y tantos otros elementos que garantizaban la conducción de las aguas o protegían de alguna manera el edificio. Casi todos esos elementos se tiraron por la borda porque no podían admitirse dentro de una arquitectura geométrica, simple, tersa y continua.

Abierta la caja de Pandora, la construcción no ha cesado de diversificarse. Los edificios, que antes estaban construidos casi solo con un material, la cerámica, por ejemplo, están formados hoy por centenares de ellos. Cada nueva exigencia del confort o de la moda introduce una capa más, un material nuevo. Materiales especializados que solo sirven para cumplir una función, frente a los materiales tradicionales de «amplio espectro». Se reduce la importancia de la cerámica que servía tanto para soportar cargas como para cerrar espacios y protegerlos térmicamente y frente al agua. Se difunden materiales que satisfacen funciones cada vez más minuciosas: plásticos espumados para el aislamiento, paneles alveolares de aluminio para superficies de alta resistencia, poliamidas para las roturas de puente térmico y tantos otros.

La sensatez económica es un gran motor de la creatividad y a la vez forma el núcleo de una especie de moral constructiva. Pero en los años ochenta todo cambió. Desde hace dos décadas todo vale. De repente parece que somos ricos. El abanico de soluciones disponibles es amplísimo. La técnica y la economía apenas son una limitación en ciertos tipos de edificios, y todo parece posible.

Hasta los inicios de este siglo el conocimiento técnico en el campo de la Arquitectura formaba un cuerpo de evolución tan lenta que cada generación apenas percibía los cambios y ese tesoro de conocimientos se transmitía como

Fig. 24.7.—El oficio de embaldosar en la *Enciclopedia* de Diderot y D'Alembert

un conjunto cerrado de reglas de la buena construcción, como un código que guiaba al profesional y le resolvía cualquier problema técnico que pudiera planteársele. Los tratados formaban un conjunto de recetas, de soluciones a cualquier problema. Los ingenieros militares compilaron especificaciones muy estrictas que muchos podían aplicar con éxito, aunque quizá pocos adivinasen las razones y los objetivos que se escondían tras esas recetas descriptivas.

Nuestro siglo, éste que se acaba, ha impuesto una evolución radical y acelerada a la técnica constructiva. Las innovaciones han sido tan profundas que el conocimiento tradicional, tan laboriosamente construido por el penoso método de la prueba y el error, ya no tiene ningún sentido. Todo el viejo código de soluciones decantadas en un proceso multisecular parece inútil. Pero además, la nueva situación no admite la sustitución de ese código por otro más adecuado a la construcción del nuevo siglo. La diversidad de circunstancias y de posibilidades técnicas es tan grande que no cabe ni imaginar la elaboración de un nuevo recetario similar al que demostró su utilidad durante siglos. Un fárrago a veces excesivo, a veces erróneo y siempre confuso, de normativas ha intentado tapar ese hueco, pero es una agujero imposible de llenar. Solo podemos estar de acuerdo en el valor universal de algunos grandes principios ordenadores del conocimiento técnico que rigen sus formas de aplicación a la arquitectura de nuestros días. Junto a ellos, un universo de detalles de «oficio» completarán el parcelado conocimiento técnico y ayudarán a resolver innumerables problemas. Pero nunca esas soluciones aceptadas podrán servir para hacer frente de una manera universal a los planteamientos proyectuales que solo se podrán afrontar con ese decálogo de conocimientos generales.

El resultado es un complejo de sistemas constructivos que se diferencia solo en lo lejos que llevan ese uso intensivo de materiales especializados, en el grado de exhibición de esa evolución y en la manera de relacionar entre sí las diversas capas o envolventes de materiales tan diversos. Se trata siempre de formas constructivas multicapa, de cerramientos insertos dentro de estructuras portantes diferenciadas, pero es posible que todavía se usen materiales tradicionales como acabado exterior o que, por el contrario, se usen solo materiales ligeros, caros y modernos ensamblados o unidos con fijaciones cada vez más sofisticadas.

Por ello el arquitecto, que ha perdido su buena construcción, ha ganado la posibilidad de escoger entre diversas construcciones que le permitirán adecuarse mejor a las condiciones del entorno, a sus objetivos de imagen arquitectónica o a sus posibilidades económicas. Hoy ya no debemos hablar de la construcción sino de las construcciones, y dentro de cada una de ellas los contornos serán tan difusos que no podremos exigir un código de buen oficio, sino atenernos a un decálogo genérico de aspectos a tener en cuenta en el momento del diseño. Dedicaremos cada uno de los próximos puntos a cuatro «construcciones» diferentes.

LA CONSTRUCCIÓN CONVENCIONAL

Llamaremos construcción convencional a la comúnmente aceptada como heredera de la tradición, a la construcción que conocen las empresas constructoras, los profesionales y los trabajadores relacionados con el sector y que es, por tanto, la que normalmente utilizarán si no reciben advertencia en otro sentido. Veamos un poco más de cerca las dos características enunciadas como definitorias. La segunda está clara y encierra lo más ventajoso de esta solución: si todo el mundo la conoce su aplicación se hará sin violencia, no serán necesarios «inventos», diseños arriesgados ni recomendaciones demasiado complejas sobre los procesos de ejecución. En unos años en los que el nivel de la mano de obra desciende vertiginosamente, esa reducción de las exigencias que se le hacen a la construcción tiene muchísimo sentido.

Pero la primera característica definitoria encierra lo peor de esta solución: no es cierto que la construcción convencional sea heredera legítima de la tradición. Durante todo este siglo los cambios que hemos descrito en el apartado anterior han destruido la esencia misma del saber construir. Aquellos pocos materiales pesados y muy estables frente a los saltos térmicos podían conformar todo un edificio y unirse entre sí con formas de ensamblaje, enjarjes, llaves y aparejos sólidos y duraderos que daban lugar a unos cuerpos edificados cohesivos.

Eso era la construcción tradicional: una masa bien trabada de materiales, cerámicos por ejemplo, que resolvían con su espesor todas las exigencias de la edificación, fachadas de ladrillo que eran portantes, aislantes y estancas. Esa construcción es hoy imposible y no tiene nada que ver con las estructuras porticadas con cerramientos multicapa insertos que caracteriza la construcción convencional.

La difusión a principios de siglo de las estructuras porticadas, la apología de los cerramientos ligeros, la aparición de los cerramientos multicapa exigidos por las crisis del petróleo, son acontecimientos que han ido zarandeando, transformando, la tradición, destruyendo aquello que era esencial y dando lugar a una construcción nueva que evidentemente no está avalada por cuatro mil años de prueba y error. Cada uno de esos episodios transformadores es bien intencionado, pero parcial en sus objetivos y en la comprensión del fenómeno arquitectónico. Nadie se ha hecho responsable de la calidad global de la nueva construcción.

La estructura porticada constituye un avance radical para la libertad de las distribuciones y de la composición de la fachada, pero plantea el problema de la inserción de unos cerramientos rígidos dentro de un contexto deformable de manera que sus uniones sean estancas. El aislamiento interpuesto es una garantía de grandes economías de energía, mas no sabemos cómo resolver las relaciones entre la hoja interior y la exterior que ese aislamiento ha separado radicalmente.

Los problemas de esta construcción son, pues, los que generan una aproximación acrítica a los fenómenos constructivos. Se trata en general de la difi-

Fig. 24.8.—Viviendas en Barcelona con cerramientos insertos en la estructura metálica. (Arquitectos: Llimona y Ruiz Vallés)

cultad para establecer relaciones entre los diversos materiales y elementos constructivos que formen el edificio; en fin, se trata de diseñar un sistema constructivo que no está definido y ensayado en esa construcción convencional.

Sin embargo, utilizado de manera razonable y cuidadosa, el sistema tiene indudables ventajas. La mayor, la ya enunciada: es más fácil que los resultados en la obra se acerquen a los deseados si se reducen las dificultades de comprensión, si se pide a las constructoras aquello que saben hacer. Adoptando una construcción convencional se podrán prever mejor las consecuencias finales de cada proceso, podrán cuidarse más los aspectos dimensionales siempre difíciles de controlar y podrán dedicarse esfuerzos a unos acabados que por conocidos pueden ser mejor ejecutados.

Por todo ello parece razonable utilizar esa construcción siempre que se trate de obras de tamaño y concepción poco arriesgados y siempre que no se tenga la seguridad de que una propuesta alternativa puede ser desarrollada hasta el final. Es mejor esa construcción en la que el arquitecto puede centrarse en paliar los defectos conocidos que una que ponga toda la obra en grave riesgo de pérdida de control.

En estas condiciones la construcción convencional puede dar muy buenos resultados arquitectónicos. Casi todos los edificios de los años ochenta y principios de los noventa que han hecho famosa la arquitectura española en todo el mundo corresponden a esta manera de construir. La relación entre los costes, las habilidades de los trabajadores, los conocimientos de los jefes de obra y los recursos e intenciones de los arquitectos encontraron un punto de equilibrio en esa convención. Otros países nos envidiaron ese equilibrio y algunos todavía hoy nos lo envidian.

La construcción convencional está dibujando en los últimos años una salida elegante que resuelve la mayor parte de sus problemas y que lanza un puente hacia soluciones más correctas, las que estudiaremos en los próximos apartados. Si la mayor parte de los problemas derivan de las tensiones entre un cerramiento de imagen continua y su soporte estructural, ¿por qué no formar esa envolvente continua con unas piezas colgadas y libremente dilatables que envuelvan completamente el edificio? Poco a poco se ha impuesto la protección térmica del soporte interior y la estricta continuidad de la cámara ventilada, con lo que la piel formada por el revestimiento ha pasado a formar una envolvente colgada continua que oculta las formas de la estructura.

La tradición revisada

Las soluciones constructivas que reuniremos bajo este epígrafe forman un grupo muy heterogéneo. Aunque cuantitativamente este conjunto es mucho menos importante que el que estudiamos en el apartado anterior, no tiene la coherencia que agrupaba todos los edificios construidos de manera convencional. Vamos a exigir dos características fundamentales a todos los edificios y soluciones constructivas reunidas en este cajón de sastre: por una parte, la recuperación de conceptos técnicos o de imágenes arquitectónicas validadas por la tradición; por otra, que esos elementos de la tradición se inserten en el contexto técnico contemporáneo como un sistema constructivo razonado y razonable. No se trata de otra interpretación de las modas posmodernas, aunque en algún caso nos acercaremos mucho a su expresión formal, sino de la recuperación de algunos valores constructivos tradicionales o de la durabilidad y fácil adecuación al entorno de algunos materiales de acabado. Pero siempre que su puesta en obra tenga en cuenta las nuevas condiciones establecidas por la heterogeneidad de los materiales contemporáneos.

Si la construcción convencional se caracterizaba precisamente por ser asistemática, por amalgamar materiales diversos sin mayor criterio de comportamiento global ni voluntad de orden, los edificios y sistemas aquí agrupados habrán decantado soluciones constructivas sistemáticas, capaces de comprender y canalizar el comportamiento diferencial de todos esos materiales. Se sustituirá lo atado por lo libre, la adición por la fijación, lo aglomerado por lo yuxtapuesto; en fin, lo supuesto por lo razonado, lo inmediato por lo inteligente.

Pero por otra parte se utilizarán, siempre que sea posible, materiales de bajo coste y gran durabilidad, de comportamiento correcto frente a los saltos térmicos o las diferencias de carga. Materiales, hasta cierto punto, de amplio espectro, es decir, capaces de satisfacer diversas funciones a la vez. Materiales tradicionales herederos de oficios seculares y cargados de connotaciones positivas de buen envejecimiento y siempre capaces de sutiles matices en su expresión.

En el extremo que interpreta más literalmente este ideario encontramos edificios en los que se reconsideren los sistemas tradicionales utilizando masivamente un elemento constructivo, extrayendo de él todas sus posibilidades y simplemente poniéndolo en obra teniendo en cuenta las exigencias de la construcción de hoy.

La albañilería ha dejado de ser considerada como un elemento con capacidad mecánica. Sin embargo, esa capacidad todavía puede ser útil y sugerente en muchos tipos de edificios. La albañilería portante impone un orden al espacio edificado del que la arquitectura solo puede salir beneficiada.

Pero la técnica que más descaradamente mimetizó la construcción histórica fue la de los grandes paneles. El gran panel fue la bestia negra de la arquitectura de los años sesenta y primeros setenta. Monstruosos «polígonos» de viviendas surgían para amortizar las gigantescas inversiones que al parecer exigía una fábrica de hormigón premoldeado. La brutalidad de las empresas, en su prisa por recuperar la inversión, les llevó a seriar edificios completos y no piezas de construcción. Ciudades enteras como Can Badía, próxima a Barcelona, surgieron con un par de modelos: unos edificios se llamaban «estrella» por la forma de su planta, pero otros tenían el nombre de «Alcalá» porque ya se habían utilizado en la ciudad del Henares.

Luego se ha demostrado que todo era una trampa. Como era de suponer, el coste de la modificación de los bordes de molde no era tan grave, y ya hace décadas que hacemos paneles prefabricados a medida. La libertad del molde permitió al arquitecto recuperar todo el repertorio formal del lenguaje clásico consiguiendo una piedra moldeada en lugar de tallada. Para bien y para mal cualquier forma parece posible. La calidad del hormigón puede diseñarse a voluntad controlando el color del cemento y de los áridos, la calidad de éstos, el tipo de acabado con lavados o retardadores de fraguado, etc.

Todas las construcciones que hemos visto rentabilizan de alguna manera la tradición, aunque sea en aspectos exclusivamente epidérmicos. Pero también todas ellas se plantean con cierto rigor la relación entre envolvente y cerramiento y el libre comportamiento de cada uno de sus componentes; por ello vale la pena este revisitar las construcciones *neo, pos, tras, sobre...* tradicionales. En cierta manera, las propuestas de los edificios aquí agrupados sugieren una economía de medios, ya que no siempre de dinero, y un acercamiento a los materiales locales y abundantes. En España hay una larga tradición de buena arquitectura y magnífica construcción realizada con medios escasos. La escasez siempre es buena consejera para la arquitectura.

Recordemos que el aspecto definitorio de las construcciones de este grupo radica en la voluntad de reconsiderar el edificio como un sistema global y, a partir de ese nuevo entendimiento, redefinir el papel de cada componente y

Fig. 24.9.—Edificio de servicios del Ayuntamiento de Murcia. (Arquitecto: Rafael Moneo)

sus relaciones con los vecinos. Los caminos que abre la aplicación de los modernos conocimientos constructivos a una imaginería que se quiere conectar con la tradición son todavía muy sugerentes.

La alta construcción

Las construcciones que aquí se van a estudiar tienen un rasgo común: recurren a los materiales más eficaces, los más modernos, los más ligeros... y los más caros. Primero fue el acero, luego el vidrio, después otros metales y aleaciones, y hoy los vidrios más especializados. Pero todos esos materiales modernos tienen comportamientos radicalmente diferentes y responden a las acciones térmicas y mecánicas con cambios dimensionales que son mucho más importantes que en los materiales tradicionales. En un edificio formado por elementos tan heterogéneos esos movimientos serán muy importantes y variados. Por ello la relación entre las piezas se hace cada vez más difícil. Los elementos que los relacionan, las piezas que garantizan la capacidad mecánica de las uniones y la estanqueidad de las juntas tienen una misión progresivamente complicada.

Hace treinta años la respuesta universal a esos problemas era la silicona y, en general, los sellados elásticos. Se sellaban todas las uniones, incluso entre elementos estructurales. Se colocaban gruesos cordones de silicona a los que se les pedía que asumiesen movimientos diferenciales de varios centímetros. La inmensa confianza en esa panacea universal llevó a excesos de todo tipo: sellados exteriores sometidos a los rayos ultravioleta que aceleraban su envejecimiento, utilización del sellado como soporte mecánico de algunas piezas, excesivas tensiones mecánicas por los elevados movimientos a que se sometían cordones muy delgados... Tras esos años de inmensa confianza en un producto con el que se querían suplir deficiencias en la concepción del proyecto, la silicona sufrió importantes fracasos y se convirtió en un símbolo de la «chapuza» constructiva.

El gran protagonista de la alta construcción es, sin lugar a dudas, el vidrio. Resulta ya incómodo utilizar este sustantivo en singular. Como con el plástico, tendríamos que acostumbrarnos a usar siempre el plural: los vidrios,

Fig. 24.10.—*Hightech* en la Ciudad de las Artes y las Ciencias de Valencia. (Arquitecto: Santiago Calatrava)

los innumerables vidrios que están hoy a nuestro alcance. Con características tan específicas que casi se pueden diseñar a medida. Hace sólo unos años no podíamos soñar que el vidrio pudiese abandonar sus marcos portantes en nuestros edificios. Las lunas templadas de los grandes comercios eran la única excepción a un material frágil y siempre inserto en estructuras de otro material. Hoy cualquier arquitecto proyecta espectaculares fachadas de vidrio pegado con siliconas o sustentado por unas sutiles «arañas». Incluso es posible ya utilizar el vidrio como elemento estructural para formar con él jácenas o pilares que soportan otros elementos. Los metales aportan al lenguaje de la alta construcción una capacidad mecánica que permite utilizarlos en piezas cada vez más esbeltas o chapas cada ver más finas.

La alta construcción tiene mucho de circense, con cosmética de payaso y lentejuelas de trapecista. Todos hemos visto la falsedad de una arquitectura que se finge industrial para difundir sofisticados componentes artesanos, que vuelve la espalda a la economía, auténtico baluarte moral de la construcción, para imponer sus impagables espectáculos. No es cierto que la alta construcción sea el lenguaje que la industria sugiere al arquitecto. Muy por el contrario; es una cierta arquitectura del prestigio y el exhibicionismo la que está dictando a la industria de los vidrios y sus sistemas de montaje, de las chapas de zinc y titanio o de los tejidos de acero inoxidable, cuál es el camino del mercado en el campo de la arquitectura. Sin embargo, todos estamos aprendiendo mucho, y muy deprisa, de la alta construcción. El rigor de su análisis y la radical expresión de la deformabilidad de la construcción contemporánea, las brillantes soluciones de sus fijaciones, la apertura de posibilidades técnicas hasta hace muy poco insospechadas, hacen de esta construcción una especie de Fórmula 1 de la arquitectura de la que todos nos beneficiamos.

En efecto, las aportaciones de esta manera de entender la arquitectura son de dos tipos. Por una parte nos ofrecen nuevas soluciones y materiales que sin su esfuerzo nos habría costado mucho conquistar. Por otra nos enseñan a acercarnos a cualquier forma de construcción con un rigor técnico que nos ha ayudado más que cualquier otra cosa a entender las contradicciones de la técnica en este cambio de siglo. En las dosis adecuadas, dentro de las posibilidades económicas razonables y al servicio de una idea más ecléctica y respetuosa con las posibilidades técnicas locales y las exigencias del entorno, la alta construcción es una valiosa alternativa dentro de la panoplia de recursos de la arquitectura contemporánea.

En sus versiones más delirantes, esta pasarela de la alta costura arquitectónica tiene, sin embargo, veleidades muy criticables. No es la menor de ellas la voluntad de fagocitar a la ecología para dar soporte ético a su inmoralidad económica. La *eco hightech* es quizá el *oxímoron* más descarado de la historia. Esa alta construcción generadora de deseconomías increíbles, despectiva con los recursos locales, ignorante de los problemas de la protección solar y locamente confiada en las posibilidades del aire acondicionado, se viste de ecología para ganar adeptos.

LAS ANTICONSTRUCCIONES

Las construcciones que en estas líneas vamos a tratar no se clasifican de acuerdo con los criterios ordenadores hasta ahora utilizados, los materiales y sus relaciones, sino que surgen de un atentado directo contra la propia existencia de un sistema constructivo, de una manera común y aceptada de entender las exigencias de la materialidad física de la arquitectura. No es extraño que la primera de esas construcciones quiera llamarse «deconstrucción» y se acoja así al incierto padrinazgo de Derrida.

La deconstrucción parece tergiversar cualquier aserto de la construcción: los pies derechos se inclinan, las envolventes se desgarran en jirones, las estructuras se desestructuran, los huecos dejan de ser huecos porque no hay macizos que ahuecar y las cubiertas sufren para ser cubiertas porque son fachadas que miran al cielo.

Las arquitecturas que se han acogido a la coartada intelectual de la deconstrucción no han diseñado ningún elemento nuevo adecuado a la técnica o la vida contemporánea. Sólo han manipulado concienzudamente los elementos constructivos que han heredado de la tradición. Una manipulación epidérmica, formal y espectacular que no siempre se ha preocupado de entender la función de esos elementos manipulados, pero que, evidentemente, ha conseguido «epatar» al espectador con la perversión de sus formas.

La deconstrucción extrae su mayor fuerza de la energía potencial acumulada por la tradición. Si el pilar inclinado llama la atención es porque llevamos siglos entendiendo que, en general, funcionan mejor los pilares verticales. Cualquier planta o alzado puede fragmentarse como un espejo roto y combinar de otra manera sus agudos carámbanos para dibujar una nueva y espectacular imagen. Pero la potencia de la imagen radica en la transgresión de lo aceptado tanto o más que en la significación poética de las líneas de rotura.

Como siempre, se pueden, y deben, aprender muchas cosas de la transgresión. La ruptura de las normas pone en evidencia lo más casposo de la convención. Y por eso la labor de los transgresores es más valiosa cuando se acerca a los temas más profundos. Llamar la atención transgrediendo la tradición es tan viejo como la tradición misma. Pero de esas transgresiones la creación ha tomado lo mejor para ir conformando la nueva tradición en cada época. Nuestra responsabilidad es averiguar con precisión y rapidez qué es eso mejor que nos quiere explicar.

La voluntad de explorar las posibilidades, y los límites, de esas transgresiones lleva a muchos arquitectos a razonar con el ¿qué pasaría si...?, ¿qué pasaría si negáramos la sensata verticalidad de los elementos que se oponen a la gravedad?, ¿qué pasaría si el suelo se curvase, se levantase y convirtiese en techo? ¿Qué pasaría si negáramos la necesidad de diferenciar cubiertas y fachadas?

Dos grandes objetivos de la construcción histórica, el soporte de un techo y la protección frente a las aguas, explican la radical diferencia de tratamientos arquitectónicos que siempre han recibido ambas. Los muros trabajan a compresión contra la gravedad; por eso son verticales y por eso no suelen tener graves problemas de estanqueidad. Los techos trabajan a flexión y su inevitable componente geométrica horizontal presenta problemas de estanqueidad que han complicado la construcción desde el principio de los siglos hasta hoy. Esos dos problemas tan diferentes se abordan con materiales diferentes, soluciones constructivas diferentes y expresiones arquitectónicas diferentes. Su encuentro, llámese cornisa, acroterio o alero, es uno de los puntos singulares de la construcción y de la composición arquitectónica.

Bueno, pues ¿qué pasaría si borrásemos esas diferencias y resolviésemos fachadas y cubiertas con un único material, fingiendo un elemento arquitectónico continuo? De momento, lo único que sucedería es que nos veríamos obligados a otros múltiples fingimientos. Todavía no disponemos de un material que nos permita resolver ambos problemas de manera absolutamente homogénea. Esta voluntad de continuidad de textura e imagen en todo el edificio, esta disolución en un solo material de la cubierta y la fachada, está en la base de otra de las grandes agresiones a la tradición constructiva: la defensa a ultranza de lo informe.

¿Cómo construir razonablemente ese edificio informe? Como hemos visto unas líneas más arriba, tendremos que resolver previamente dos problemas fundamentales: el soporte de las cargas y la conducción de las aguas. En cuanto al primero debemos reconocer que el panorama de recursos técnicos está cambiando a gran velocidad. El orden de la estructura, ordenadora a su vez del edificio en la mejor arquitectura, está en crisis. Formas de estructura difusa tipo *balloon frame,* en la que casi todos los elementos son portantes, toman cierta importancia, y adquieren cierta racionalidad, en la arquitectura contemporánea.

Desde el momento en que un *software* aeroespacial ha permitido «leer» las formas de una maqueta, diseñar una estructura envolvente y mecánica-

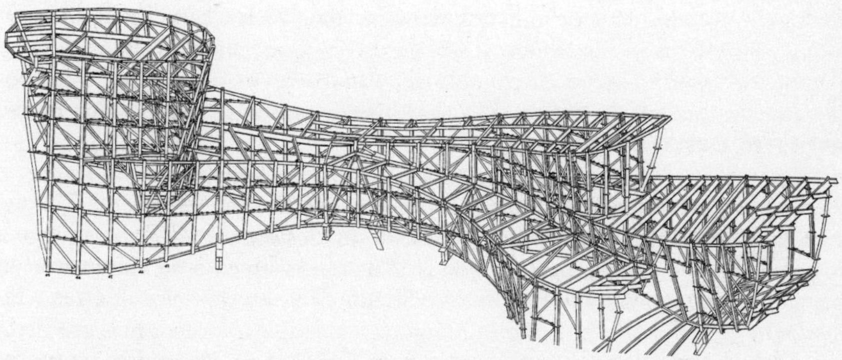

Fig. 24.11.—Montaje de la estructura del Museo Guggenheim. (Arquitecto: Frank Gehry)

mente capaz, calcularla y dirigir el corte de los perfiles que la componen, tendremos que aceptar que la industria se las está apañando para responder a algunas de esas exigencias de la informalidad. El Museo Guggenheim en Bilbao es un ejemplo de una envolvente informe con cierta racionalidad moderna en la definición y producción de la estructura portante.

Sin embargo, la continuidad de la envolvente estanca sobre un soporte discontinuo exige un material que todavía no conocemos o, por lo menos, que no está disponible en el sector. Tendría que ser un material duradero, capaz de soportar la radiación solar y que tuviera una elasticidad tal que le permitiese adecuarse a los movimientos de su soporte. Tendría que sufrir sin romperse deformaciones muy elevadas para que las discontinuidades de los materiales a los que se adheriría pudieran abrirse y cerrarse con las alteraciones de las cargas y los cambios de temperatura sin que se interrumpa su continuidad estanca. Mientras no tengamos ese material, lo informe, además de otras cosas, será mentira.

Perspectivas

El desafío más importante de nuestro tiempo lo constituye la asimilación de la vertiginosa aceleración de la velocidad con la que se suceden los cambios. La capacidad para hacer frente a esa aceleración mide la vitalidad de un individuo o de una sociedad. Los cambios se suceden en diversas áreas que afectan a la edificación: cambios en el programa funcional, cambios técnicos y cambios culturales como los planteados por las nuevas exigencias de confort.

En el mundo de la construcción la asunción del cambio es especialmente difícil. El objetivo de la construcción es durar. Alberti ya nos dijo que construir es poner juntas muchas cosas de manera que duren juntas mucho tiempo. ¿Cómo resolver las contradicciones entre una tradición de construcción duradera y trascendente y una realidad cambiante y frágil?

El edificio ya no es sinónimo de durabilidad indefinida. Empezamos a distinguir entre los años de vida que debemos exigir a las estructuras, a los cerramientos y a las instalaciones. Lo peligroso es que definir los años de vida exigibles a un edificio, en el lenguaje de la industria de hoy, introduce automáticamente la idea de que todo lo que dure de más es un regalo, algo que el fabricante, constructor, ha dado más allá de lo exigido, es decir, un dispendio innecesario.

¿Quién piensa hoy cuando compra su vivienda que es posible que no dure más de veinte años? No hay duda de que este nuevo siglo exigirá una mayor definición de la expectativa de vida de cada elemento de nuestras construcciones. No tenemos tradición de edificios de corta duración. La sensatez económica en un país de recursos limitados ha alargado, a veces más allá de lo razonable, la vida de nuestras construcciones. La construcción debe someterse al cambio continuo, y la única respuesta posible es la adaptabilidad de sus estructuras, sus cerramientos y sus instalaciones. La gran dificultad estriba en la definición del lenguaje arquitectónico que corresponde a esa adaptabilidad.

La construcción es masivamente conservadora. Estas sugerencias de posibles vectores de evolución afectan a áreas significativas pero difícilmente a la gran masa de lo construido, por lo menos a corto plazo. Está demasiado enraizada en la educación popular, la tradición y los hábitos económicos e inmobiliarios, en el saber hacer de un sector enorme de la actividad económica de un país. Por todo ello es previsible un profundo desgarro entre las formas convencionales de la construcción y las revolucionarias innovaciones de los edificios de moda y de prestigio. O lo que es más probable: un soporte relativamente convencional que acepta, con dificultades, unas inserciones radicalmente innovadoras que lo acercan a esos modelos de información, manipulación del intercambio energético, etc. En cualquier caso, lo que es seguro es que la panoplia de formas posibles de construir no hará más que ampliarse, aunque la moda nos lleve a utilizar de manera masiva y sucesiva una u otra de esas alternativas.

25
Realidad Virtual

Luis Arroyo

Entornos virtuales

Construir un emporio de catedrales, mezquitas y pirámides; viajar a través de la corriente sanguínea del cuerpo humano; conducir los más rápidos coches; descender a lomos de una tabla por las pistas más pronunciadas de una estación de esquí; navegar contra el viento subido a una madera coronada por una vela; batallar junto a los héroes medievales en sus guerras seculares; compartir el ágora con los más afamados filósofos griegos; pilotar un avión de combate y participar en confrontaciones galácticas; acompañar a las águilas en su vuelo majestuoso a favor de las corrientes de aire; bajar a las profundidades submarinas; nadar rodeado de ballenas o delfines. Todo esto, y mucho más, ya se ha hecho posible en Entornos Virtuales (EV), merced a las técnicas puestas en práctica por la Realidad Virtual (RV).

La visualización de información a través de ordenadores ha revolucionado muchos campos, entre otros la forma en que los científicos exploran y evalúan sus datos, y promete transformar hasta nuestro modo de aprender. En las últimas décadas se han producido tales avances en las tecnologías de la información, que ahora ya es posible convertir miles de millones de bits en imágenes tridimensionales que se pueden ver y manipular en tiempo real.

En 1958, un par de años antes de que se instalara en España el primer ordenador (un equipo de la segunda generación que funcionaba a base de transistores), el técnico de radar naval Douglas Engelbart dio un vuelco a la forma en que hasta entonces nos relacionábamos con los ordenadores, al proponer que a estos se les conectara un tubo de rayos catódicos; según su experiencia, toda información digital era susceptible de ser representada en una pantalla.

Como sucede en tantas ocasiones, las grandes ideas suelen necesitar un tiempo para germinar; hubieron de pasar unos años y producirse otros avances para que la propuesta de Engelbart pudiera ser puesta en práctica, y la pantalla llegara a convertirse en el principal dispositivo de diálogo con el ordenador. Los avances en microelectrónica (transistores, circuitos integrados y microprocesadores) y la interacción entre informática y telecomunicaciones hicieron posible que la visualización por ordenador llegara a ser moneda de uso corriente.

Por sí solos, todos los logros hasta aquí mencionados no nos hubieran liberado de la tiranía del teclado; hicieron falta otros dispositivos (interfaces) para relacionarnos con las máquinas de forma mucho más flexible o, si se prefiere, más analógica y menos digital. En 1962, Ivan Sutherland inventó un lápiz de luz con el que dibujar sobre una pantalla de ordenador; ocho años después, el propio Sutherland desarrolló los primeros cascos con pantalla *(Head-Mounted Display),* y Engelbart diseñó y puso en funcionamiento el primer ratón.

Como es bien sabido, el ejército norteamericano, y más en concreto el Departamento de Defensa (DoD: *Department of Defense),* ha sido el principal impulsor del desarrollo tecnológico de aquel país, y la RV no podía ser una excepción. La simulación de vuelos se viene practicando desde hace tiempo, pero sería entre el final de la Segunda Guerra Mundial y los noventa cuando la industria militar inyectara ingentes cantidades de dólares en la simulación de vuelo, primero, y en la de tanques y barcos, un poco después.

A principios de los ochenta, un *hardware* potente dotado del *software* adecuado, junto con plataformas de movimiento controlado, permitieron a los pilotos realizar vuelos en espacios virtuales adornados con gran lujo de detalles. Subir a estas cabinas es toda una experiencia; la sensación es tan real que los que padecen el síndrome de volar sienten el mismo miedo en el vuelo simulado que en un desplazamiento real.

Otro importante consumidor de gráficos de ordenador ha venido siendo la industria del entretenimiento, que, junto con el sector militar, tanto impulso le han dado a la RV. A mediados de los setenta, películas como *La guerra de las galaxias* y después *Parque Jurásico* o *Terminator* hicieron un intenso empleo de imágenes producidas por ordenador. Un lustro después se iniciaría el *boom* de los videojuegos.

Con objeto de poder producir música con los movimientos de la mano se inventaron los *dataglove* (guantes de datos), y la NASA se convirtió enseguida en uno de sus principales usuarios. Pero el principal consumidor de estos *guantes* sería la empresa Mattel, que los adaptó en su *PowerGlove,* la ubicua manopla con la que los chavales no se cansaban de eliminar adversarios en el popular juego de Nintendo.

En 1990, el premio otorgado por la NCSA a una animación sobre la polución descendiendo sobre la ciudad de Los Ángeles tuvo tal impacto popular que provocó el que se aprobara una nueva legislación de la contaminación en el estado de California. Este tipo de animaciones, en las que el ordenador transforma interminables listas de datos en imágenes, permiten a los científicos descifrar la complejidad de las secuencias del ADN, de un mapa cerebral o incluso de una explosión cósmica. Para abordar estas simulaciones se necesita un modelo, y en el caso que nos ocupa se emplearon más de seis meses para generar las imágenes de la polución cayendo sobre la meca del cine. La animación sufría entonces dos graves problemas: era costosa y no tenía interactividad, es decir, una vez generada la secuencia animada, esta no podía ser modificada.

Los grandes ordenadores de los ochenta y las potentes *estaciones de trabajo* comercializadas al final de aquella década no solo resolvieron los dos problemas antes mencionados, sino que pusieron estas técnicas al alcance de un público hasta entonces compuesto únicamente por investigadores o privilegiados usuarios de muy grandes corporaciones.

Con la *interactividad* nace la RV y se da el gran salto. Todos los elementos necesarios para implantar estos sistemas existían desde hacía dos décadas, pero hizo falta la aparición de los ordenadores de gran potencia para transformar estas máquinas de devoradoras de números a creadoras de paraísos artificiales. A partir de aquel momento, el desarrollo de la RV solo tendría la limitación de nuestra imaginación... potenciada en espacios virtuales.

Cada entorno virtual ofrece su particular visión del mundo irreal en el que se ubica el usuario, intentando que la interactividad sea totalmente espontánea y haciendo de la experiencia un hecho tanto sensorial como cognoscitivo. Las HMD *(Head-Mounted Display:* casco con pantallas estereoscópicas) permiten vivir experiencias intensas porque el usuario queda aislado totalmente del mundo exterior; el símbolo por antonomasia de la RV sigue siendo una cabeza humana coronada por tan inteligente gorro. Las escapadas virtuales con este tipo de dispositivo no pueden ser de larga duración porque, entre otros males, la vista se cansa y aparece un cierto dolor de cuello, dado que el HMD pesa unos cuantos kilos. Los BOOM *(Binocular Omni Orientation Monitor)* tienen un principio de funcionamiento similar al HMD, pero no están insertados en ningún casco, sino en un simple soporte al que el usuario acerca el rostro; se trata de un dispositivo parecido a los prismáticos de monedas que solemos encontrar en ciertos puntos de atracción turística.

«En la CAVE *[Cave Automatic Virtual Environment],* tú ya no estás fuera mirando hacia dentro, sino que estás dentro mirando a todas partes.» Esta es la definición de uno de sus inventores, el profesor Thomas DeFanti, director del laboratorio de Visualización Electrónica de la Universidad de Illinois, en Chicago. En un cubo de tres metros de lado, y mediante la proyección estereoscópica de imágenes, si uno se dedica a nadar con peces, estos están arriba, al lado y debajo, es decir, la sensación de inmersión en el mundo virtual es total. *Gafas* y *guantes* son los únicos dispositivos para disfrutar en esta auténtica cueva de los mil sueños.

Las enormes posibilidades de la CAVE estarán al alcance de cualquiera, que pueda pagar su coste, con la aparición del *InmersaDesk,* versión reducida de aquella pero del tamaño de un tablero de mesa de despacho, y que mediante gafas estereoscópicas proporciona una sensación de inmersión muy similar.

Hasta fecha bien reciente, los dispositivos empleados para entrar en la virtualidad interactiva no permitían tener más sensación que la de alterar la perspectiva. Los nuevos equipos van a permitir oír, tocar, oler y, por supuesto, ver la virtual realidad en que estemos inmersos.

El entretenimiento, con ser muy importante, no es el único campo de aplicación de la RV. Desde la investigación hasta la enseñanza, pasando por la medicina o la industria, son muchos los usos y los logros que están en juego mediante el correcto empleo de la RV. Los científicos no solo tendrán la posibilidad de descifrar los secretos que se esconden detrás de ingentes pilas de datos, sino que podrán telecolaborar con sus colegas en tiempo real. El cáncer ya está siendo combatido con estas tecnologías, y mediante el empleo de un *guante* diseñado al efecto unos especialistas podrán *palpar* tumores malignos de pacientes ubicados a cientos de kilómetros, pudiendo apreciar su tamaño, textura y presión. En la industria se podrán diseñar todo tipo de productos en menos tiempo y a costes más bajos. Finalmente habrá que mencionar los importantes proyectos que se han puesto en marcha en algunos países avanzados para transformar radicalmente el mundo de la enseñanza, desde el marketing hasta la historia.

¿Qué es la Realidad Virtual?

De un tiempo a esta parte vivimos inmersos en un mundo lleno de virtualidades. La entrada en el nuevo siglo se produce cuando estamos aplicando este término a cualquier cosa: universidad, tienda, comercio, bolsa, comunidad, oficina, persona, viñedo, exposición, actor, estudio, museo, y una interminable lista de lugares, personas y actividades con las que podemos convivir virtualmente.

Esta generosidad en la aplicación del término virtual no cuadra bien con la dificultad en encontrarle una definición universalmente aceptada. Cada autor tiene su propia proposición, y es de sobra conocido el debate académico suscitado alrededor de los términos *realidad, virtual* y *realidad virtual*. La forma que tienen algunos de solventar esta cuestión no es otra que definir lo que es y no es la RV.

A título de ejemplo, vamos a transcribir dos de las múltiples definiciones existentes:

> «Realidad Virtual: Un sistema de ordenador empleado para crear un mundo artificial en el cual el usuario tiene la impresión de estar en ese mundo y con la capacidad de navegar a través de él y manipular los objetos existentes en dicho mundo.»
>
> C. Manetta y R. Blade,
> en «Glossary of Virtual Reality Terminology»,
> *International Journal of Virtual Reality,* vol. 1, núm. 2, 1995

«La Realidad Virtual te permite explorar un mundo generado por ordenador mediante el hecho de pertenecer a él.»

B. Sherman y P. Jadkins (1992),
en *Glimpses of Heaven, Visions of Hell: Virtual Reality and its implications,* Hodder and Stoughton, Londres

El confusionismo sobre este concepto se incrementa cuando uno se acerca a las publicaciones científicas sobre la materia; los epistemólogos y los ingenieros de *software* hacen de él un uso bastante variopinto. Desde que Jaron Lanier acuñara la expresión *virtual reality* en 1986, la tecnología se ha visto inundada por este concepto, y de aquí que algunos científicos prefieran un significado más estricto y referirse a proyectos específicos. A principios de los noventa, los investigadores del MIT (Massachusetts Institute of Technology) y de la UNC (University of North Caroline) eludieron el empleo del término VR y se inclinaron por el de *entornos virtuales.* Los científicos militares hablan de *entornos sintéticos;* los investigadores del Human Interface Technology Lab. en la Universidad de Washington (Seattle) se refieren a los *mundos virtuales,* y, por último, los japoneses prefieren hablar de *Tele-Existencia.* Toda esta ensalada de términos debe contemplarse desde la perspectiva de que la RV representa la convergencia de muchas disciplinas, entre las que cabría destacar: psicología, cibernética, gráficos por ordenador, diseño de bases de datos, sistemas distribuidos y en tiempo real, microelectrónica, robótica, multimedia, acústica, física y telepresencia.

Sin necesidad de adentrarnos en el campo de la filosofía, habrá que tener en cuenta que el objetivo de los sistemas de RV es el de crear mundos en apariencia iguales a los que nos rodean, pero nunca exactamente iguales.

Básicamente, la RV consiste en servirse de imágenes 3D, producidas por un ordenador, para navegar e interactuar con ellas. La *navegación* supone moverse con entera libertad por el espacio virtual creado, mientras que la *interactividad* implica interactuar con los objetos que vemos en ese entorno; por ejemplo, mover una silla, abrir una puerta o correr una cortina. Para poder realizar esas dos funciones necesitamos que el ordenador produzca imágenes en tiempo real, lo cual implica el empleo de máquinas de gran potencia. La visión estereoscópica que se ofrece en estos sistemas permite sacar el máximo partido a la navegación y a la interactividad.

En el año 1965, coincidiendo con el lanzamiento de los ordenadores de la tercera generación, Ivan Sutherland publicó su obra *The Ultimate Display,* en la que pronosticaba el día en que las computadoras fueran la ventana definitiva para asomarnos a los mundos virtuales. Tres años más tarde, y como ya se indicó en el apartado anterior, Sutherland desarrolló las primeras HMD con visión estereoscópica, conseguida porque se presentaban al usuario visiones del ojo izquierdo y derecho de un mismo mundo virtual, y de tal manera que los movimientos de cabeza no alteraban el espacio 3D creado por el ordenador. Aunque las imágenes estaban muy lejos de parecer reales, la sensación estereoscópica daba al usuario la impresión de estar contemplando un mundo en tres dimensiones. Había nacido la realidad virtual.

Las décadas de los años sesenta y setenta no se caracterizaron precisamente porque durante ellas se anunciaran ordenadores potentes y de bajo precio. Habría que esperar a los ochenta para que, a lomos del desarrollo tecnológico, la RV pudiera convertirse en una auténtica realidad comercial. Al principio, todos los sistemas se componían del mismo equipamiento, un HMD y unos guantes; además de dar al usuario una sensación de relieve se producía una percepción de inmersión total en la virtualidad creada por el ordenador. Para muchos, esta era la característica esencial de la RV que la hacía diferente de otras representaciones gráficas en tiempo real. Mirar la pantalla de una estación de trabajo no era RV, sino servirse de un potente mecanismo de grafismo.

Con el transcurso del tiempo, esta rigidez a la hora de identificar a los sistemas como pertenecientes a la RV fue dejando paso a unos criterios de clasificación mucho menos restrictivos. La aparición de potentes PC, en los noventa, capaces de crear imágenes 3D y de ofrecer al usuario tanto navegación como interactividad (con la posibilidad de añadir unas HMD a la configuración del equipo), hizo que su uso pudiera considerarse como perteneciente a la, otrora reducida, familia RV. Existen aplicaciones, como es el caso de las de diseño y fabricación industriales, en las que la inmersión no es necesaria para poder sacar el máximo partido a estos sistemas.

El empleo de imágenes se ha extendido rápidamente a la edición, sistemas de visualización, juegos, televisión y cine. Ninguna de estas áreas pertenece en puridad al mundo de la realidad virtual, pero el realismo que se está consiguiendo en las consolas y juegos de ordenador hace que algunos autores ya los hayan aceptado como pertenecientes al club de la RV. Los efectos especiales, por espectaculares que parezcan en la pantalla, pertenecen al campo de la animación por ordenador, que poco o nada tiene que ver con el tema tratado en este capítulo.

En poco más de un lustro Internet se ha convertido en acompañante obligado de todo lo que se presente como moderno e innovador. A base de operadoras de telefonía, portales y tiendas virtuales, la Bolsa sigue subiendo, y las primeras páginas de los periódicos están acaparadas por todo lo que sucede en la red de redes. Desde sus orígenes, Internet se convirtió en el mecanismo idóneo para intercambiar textos e imágenes 2D. Nada podía impedir que los gráficos en tres dimensiones no disfrutaran del mismo entorno multimediático, y así fue como el lenguaje VRML *(Virtual Reality Modeling Language)* se convirtió en un estándar. Se trata de un *software* que permite la modelización de gráficos y entornos mediante simples comandos que interpreta en modo local el *browser* adecuado, pudiéndose emplear instrucciones especiales que facilitan la navegación, animación e interacción. Aunque todavía quede mucho camino por recorrer, Internet se ha convertido ya en un terreno abonado para el desarrollo del VRML. Dentro de poco no solo disfrutaremos de enriquecedoras exploraciones de mundos fantásticos, sino que además podremos ir acompañados por colegas que residan a miles de kilómetros.

Llegados a este punto, podemos hacer ya una primera clasificación de los tipos de RV, atendiendo a la forma en que se realiza la visualización.

- *Sobremesa*
  Entornos virtuales 3D visualizados en la pantalla de un ordenador de sobremesa.
- *Proyectado*
  Entorno en tres dimensiones proyectado sobre una pantalla. La forma de visualización más avanzada es la CAVE, en la que se emplean varias pantallas para rodear al usuario de imágenes.
- *Semiinmersión*
  Los simuladores más avanzados de aviones, barcos o cualquier vehículo pertenecen a esta categoría. La cabina, puesto de mando o asiento del conductor es simulada, mientras que la visión del mundo exterior está generada por un ordenador y usualmente proyectada en una pantalla.
- *Inmersión*
  Entorno 3D visto a través de HMD. En un sistema de inmersión total el usuario siente que forma parte del entorno (experimenta una *sensación de presencia)*. El usuario no tiene contacto visual con el mundo exterior.
- *Entornos virtuales distribuidos*
  Aplicado a cualquiera de los entornos explicados, pero con la posibilidad de que varios usuarios compartan el mismo mundo; por esta razón también se les llama *mundos compartidos*.
- *Telepresencia*
  A través de dispositivos de control remoto se escenifica una realidad física sobre la que se actúa. De gran utilidad para situaciones en las que la proximidad a esa realidad sea causa cierta de peligro.
- *Realidad aumentada*
  Mediante una adecuada combinación del mundo físico y virtual se podrá aportar la información perdida, como sucede cuando se recrea la visión del aeropuerto que tendría un piloto cuando no hubiera niebla.

Los requerimientos tecnológicos para poner en marcha un sistema de RV se podrían resumir en los siguientes: *hardware* capaz de proporcionar gráficos 3D en tiempo real con sonido estéreo de alta calidad; *elementos de entrada* para detectar la interacción y movimientos del usuario; *elementos de salida* que transformen las señales generadas por el ordenador en sensaciones físicas para el usuario; *software* que maneje en tiempo real el proceso de entradas/salidas, la creación de imágenes, simulación y acceso a la base de datos que almacena la representación del mundo virtual.

Una vez que ya hemos podido hacernos una idea de lo que es la RV, vamos a recapitular los logros más importantes que se han alcanzado durante las últimas cuatro décadas.

- *Sensorama.*—Durante los años 1960-1962, Morton L. Heilig desarrolló un simulador multisensorial. Una película filmada en color y estéreo fue mejorada con sonido, viento y vibraciones. Este sería el primer intento de crear un entorno de realidad virtual y tenía todos sus atributos, pero carecía de interactividad.
- *La pantalla definitiva.*—En el año 1965, Ivan Sutherland propone la auténtica solución para conseguir la RV; un mundo artificialmente construido mediante gráficos interactivos, retroalimentación sensorial, sonido, gusto y tacto.
- *La espada de Damocles.*—Este fue el primer sistema de RV creado en el mundo físico y no como concepto. Ivan Sutherland inventa un dispositivo, considerado como el primer HMD, y dotado además de un equipo de localización. Incluía imágenes estereoscópicas que se actualizaban de acuerdo con la posición y orientación de la cabeza del usuario.
- *GROPE.*—Primer prototipo de retroalimentación sensorial desarrollado en la Universidad de Carolina del Norte en 1971.
- *VIDEOPLACE.*—Realidad Artificial creada por Myron Koneger en 1975 y definida como «entorno conceptual, sin existencia».
- *VCASS.*—Thomas Furness desarrolló en 1982, en el US Air Force's Armstrong Medical Research Laboratories, un simulador avanzado de vuelo al que bautizó con el nombre de *Visual Coupled Airborne Systems Simulator*. El piloto portaba HMD para aumentar la realidad vista a través de los cristales de la cabina.
- *VIVED (Virtual Visual Environment Display).*—Construido en la NASA Ames en 1984 con la tecnología más avanzada del momento en materia de HMD.
- *VPL.*—Esta empresa desarrolla y comercializa los dos primeros dispositivos de uso comercial de RV, los *Dataglove* (1985) y el *Eyephone* HMD (1988).
- *BOOM.*—Comercializado en 1989 por los Fake Space Lab.
- *UNC Walkthrough Project.*—En la segunda mitad de los ochenta, la Universidad de Carolina del Norte desarrolla una aplicación de paseo dentro de un edificio.
- *Virtual Wind Tunnel.*—Construido al principio de los noventa en el NASA Ames.
- *CAVE.*—Presentado en 1992.
- *Augmented Reality (AR).*—Una tecnología que presenta un mundo virtual para enriquecer, que no eliminar, el mundo real.

Los beneficios que puede aportar la RV

A pesar de que la fanfarria de sus virtudes siempre haya intentado acallar los lamentos causados por sus problemas, los ordenadores también han tenido épocas en las que pasar de ellos era una muestra de sabiduría empresarial. Hoy día a nadie se le ocurre pensar que pueda hacerse algo rentable e innovador sin el empleo de los cerebros electrónicos y el concurso de Internet.

La RV ha tenido una evolución salpicada de fracasos, algunos de ellos debidos a que sus orígenes fueron académicos y no industriales, y otros provocados por el entusiasmo de los pioneros que ponían demasiado énfasis en unas posibilidades más virtuales que reales. Hace ahora una década, cuando las primeras aplicaciones comenzaban a emerger, eran muchas las dudas planteadas sobre ellas por los hombres de empresa, y mal disipadas por unos interlocutores llenos de entusiasmo pero vacíos de argumentos convincentes. Afortunadamente, muchas empresas decidieron afrontar el reto de la RV, y a base de emplearla como tecnología complementaria, que no alternativa, contribuyeron al desarrollo de unos sistemas cuya aplicación práctica ya ha comenzado a dar sus frutos.

Cuando miramos a un objeto tridimensional en una pantalla plana, la impresión que recibimos es la de estar viendo algo en dos dimensiones. La inmersión en la RV cambia radicalmente las cosas y lo que antes era plano ahora aparece en todo su esplendor de formas, volúmenes y colores. Hay una sustancial diferencia entre, por ejemplo, contemplar la imagen de un coche y el poder acercarse a él a través de un sistema de RV; la proximidad y el desplazamiento hacen que sus características externas adquieran toda su relevancia. A través de la realidad virtual las imágenes 3D cobran vida, lo que ha hecho posible grandes avances en el CAD *(Computer Aided Design),* técnicas que, además de ayudar a poner un hombre en la Luna, han permitido el diseño y la construcción de estructuras imposibles de levantar sin su concurso.

La inmersión en un mundo virtual nos permite, entre otras cosas, caminar dentro de un edificio, una ciudad, una instalación fabril o un submarino. Cuando la navegación se realiza sin inmersión, es decir, a través de la pantalla de un PC, deberemos en primer lugar dotarnos de algún dispositivo que le comunique a la máquina nuestros movimientos; esto se puede conseguir con un ratón 3D, o con dos o tres iconos de control que actúan en conjunción con un ratón convencional. Poder familiarizarse con entornos desconocidos antes de habitar en ellos abre todo un mundo de posibilidades a escala personal, familiar y social.

La interacción con objetos virtuales es un concepto de difícil comprensión, y, sin embargo, al menos para los usuarios de PC, es más fácil de lo que parece. Cuando se escribe con cualquier procesador de textos, la función *cortar y pegar* es de uso corriente; basta con indicar el texto que se quiere copiar y el lugar donde queremos hacer la copia, presionar una tecla y la operación queda realizada. Trasplantando este mismo proceso a un espacio tridimensional, podemos imaginar fácilmente una operación similar en la que ahora un objeto sustituye al párrafo manipulado en el texto que estábamos elaborando. Los guantes para la inmersión y un *hardware/software* adecuado para la RV con PC nos posibilitarán igualmente la manipulación de objetos con la que hacer más fácil la reparación de aviones o la práctica de la cirugía virtual.

La componente numérica de la representación de los entornos virtuales en las bases de datos impide que los objetos que los habitan se comporten de idéntica manera al de sus homónimos del mundo físico. Si tiramos un vaso al aire, cae, choca con el suelo y se rompe en mil pedazos. Cuando intentamos hacer lo mismo en el entorno virtual, el vaso no se mueve al no existir fuerza de la gravedad; si la programamos, cosa nada fácil, el recipiente pasaría limpiamente a través del suelo; y si tuviéramos el *software* adecuado conseguiríamos algo parecido pero no en tiempo real. La simulación del mundo físico está aún muy lejos de asemejarse a la realidad, pero todo es cuestión del umbral de aceptación que uno esté dispuesto a admitir como bueno.

A pesar de todas las limitaciones que presentan los sistemas actuales, los entornos virtuales tienen muchas ventajas frente a los físicos. No necesitan espacio, pueden parecer muy precisos y realistas, están animados, pueden iluminarse, son copiables y compatibles, se navegan fácilmente y es posible interactuar con ellos. Aunque parezca que no se puede pedir más, no debemos olvidar que hay que construirlos, y para ello se requiere tiempo y un *software* adecuado.

GRÁFICOS DE ORDENADOR EN TRES DIMENSIONES

Como ya hemos indicado en otras ocasiones, el mundo de la realidad virtual se reduce a la recreación, presentación y manipulación de imágenes 3D. Según Morton L. Heilig, la aportación de los cinco sentidos a la percepción del mundo exterior sería: vista (70 por 100), oído (20 por 100), olfato (5 por 100), tacto (4 por 100) y gusto (1 por 100). Parece quedar clara la importancia del tema al que se dedica este apartado, aunque la materia es de tal amplitud que solo podrán darse unas pocas pinceladas, las estrictamente imprescindibles para comprender el resto del capítulo.

Los *plotters* fueron los primeros elementos periféricos de los ordenadores, y se emplearon para producir imágenes y hacer pequeñas animaciones; el problema principal de este periférico no era otro que el de su lentitud. Las pantallas tenían el inconveniente de que no se podían borrar o modificar por partes; la más mínima alteración exigía una imagen nueva, lo que dificultaba su movimiento. Las pantallas de vídeo, primero, y los almacenamientos de fotogramas, un poco después, facilitarían la animación de imágenes por ordenador; el contenido de la pantalla se recomponía previamente en una matriz de píxeles que se modificaba total o parcialmente. Los primeros algoritmos para sombreados (Gourand, Phony y Blinn) aparecen a principios de los setenta, y diez años más tarde se empiezan a emplear imágenes generadas en tiempo real.

Para que en la pantalla aparezca una imagen, lo primero que debemos hacer es crear un «modelo» que pueda ser almacenado en las bases de datos del ordenador; la *«construcción» (rendering)* de la imagen a partir de dicho modelo es una fase posterior que encierra múltiples dificultades. Teniendo en cuenta que nuestros entornos virtuales pueden contener cualquier tipo de figuras (personas, tazas, aviones, tanques, catedrales...), las técnicas de *modelización* serán muy variadas. Lo más simple será basarse en representaciones cartesianas en tres dimensiones, con lo que todos los objetos podrían ser reducidos a un conjunto de tablas de números. Pero no es lo mismo modelizar un triángulo que una mano; en el primer caso nos bastarán nueve coordenadas (tres para cada vértice), y en el segundo podríamos estar hablando de centenares de miles, lo que alargaría enormemente el tiempo de *renderización*. Este tipo de problemas se resuelve recurriendo a técnicas que van desde el aprovechamiento de la simetría de un objeto (extrusión de un círculo para producir un cilindro, o giro de la sección de un vaso para reproducir su imagen), hasta la descomposición de este en elementos rudimentarios *(geometric primitives* —conos, cilindros, toros, cubos, poliedros...). La representación de la realidad en entornos virtuales siempre implica un compromiso entre calidad, viabilidad y coste. Realizar un *render* en tiempo real exige, a veces, perder calidad de imagen, pues de otra forma el ordenador no podría producir las imágenes 3D a la velocidad debida. Existe una amplia gama de programas para *modelizar* entornos en tres dimensiones: 3DStudio, MultiGen, LightWave, Softimage y Alias/Warefront. También se puede recurrir a bases de datos donde encontrar desde todo tipo de *primitivos* hasta amplísimas colecciones de objetos (personas, edificios, iluminaciones, plantas, calles o juguetes).

El auténtico objetivo de la RV es que el usuario interaccione con el entorno. Para que esto pueda suceder, hay que tenerlo en cuenta durante la fase de *«modelización»,* pues de lo contrario no se producirá luego la respuesta deseada. Muchos son los problemas que esto plantea, entre ellos el de asegurarse que a ciertos objetos se les asignan geometrías independientes; de no ser esto así podría darse la situación de que arrastrásemos toda una mesa cuando lo que queríamos era coger solo el vaso que estaba encima de ella. Los *guantes de datos* permiten tocar un objeto *(colisión)* y mediante el movimiento de la mano hacer que, por ejemplo, una silla (su imagen, claro está) se mueva de un sitio a otro.

Cuando se modeliza un entorno virtual, habrá que tener en cuenta las *restricciones* que debemos imponer a los componentes de la escena. Una silla disfrutará de todo tipo de movimientos, pero no se podrá levantar del suelo; una puerta tiene que abrirse, pero solo en el ángulo máximo que fijan sus goznes; unos cajones deben deslizarse, pero en la dirección y con la profundidad adecuadas. Si el EV no estuviese modelizado con todas estas restricciones nos encontraríamos ante un caos total: sillas incrustadas en las paredes, puertas girando en rotación total y mesas empotradas en los rincones.

El tema de la *colisión de objetos* en entornos virtuales es de capital importancia, pues las dificultades de *construcción* que plantea podrían llegar a colapsar el sistema. Una forma simple de abordar este asunto sería añadiendo a la tabla de datos (coordenadas) de un objeto otra correspondiente a un volumen de colisión (un cubo que englobara al objeto en cuestión); si este volumen chocara con otro se podría hablar de colisión y obrar en consecuencia. La solución es ingeniosa, porque definir un *cubo de colisión* solo implica añadir unos pocos datos; el problema radica en que la colisión de volúmenes no coincide con la de objetos, y así una cuchara colisionaría con una taza aunque el usuario estuviera viendo que no había contacto físico entre ellas. No hay más remedio que volver a las coordenadas completas de todos los objetos, con lo que el manejo de la colisión a estos niveles es mucho más problemático, pues llegaría a provocar el colapso total del sistema en el momento del *rendering*.

El modelo obtenido en la fase de modelización no es más que una base de datos (coordenadas) mediante la cual se puede construir *(render)* la representación de la figura de que se trate. Para poder reproducir la visión del usuario hay que facilitar al ordenador la posición del observador, y de esta manera procesar y reproducir la imagen desde la *perspectiva* correspondiente.

Cuando se contempla cualquier entorno, los objetos dificultan la visión de tal forma que solo puede verse aquello que no sea obstaculizado por ningún cuerpo opaco. El *software,* o mejor dicho, el *hardware,* se ocupa de *ocultar (clipping)* la parte de los objetos que no están en el campo de visión directa. Cuando se recorre virtualmente una casa, la función *clipping* se ocupa de que las transiciones entre muros, techos y suelos sean las adecuadas.

La mayoría de las criaturas vivientes han desarrollado una visión con dos ojos, sistema que refuerza o amplifica el campo de visión a la vez que facilita la percepción de la profundidad. La *«visión estereoscópica»* se consigue por la integración en el cerebro de las dos distintas imágenes producidas por cada ojo. No es muy difícil conseguir esta misma visión en un sistema de RV, pero con ello estamos multiplicando por dos el trabajo de *rendering*.

Ya se ha comentado que el proceso de *construcción* de una imagen es un equilibrio entre nitidez y rapidez; cuanto más perfecto sea el entorno, más tiempo necesitará el ordenador para realizar el *rendering* correspondiente. Un sistema pasa a merecer el calificativo de inaceptable si el retraso en recrear una imagen excede los 0,25 segundos.

Los correspondientes estudios han demostrado que el ojo humano muestrea el espectro visible en tres frecuencias que se solapan, con la máxima sensibilidad en los colores rojo, verde y azul. Estos colores han sido adoptados como los tres aditivos primarios para mezclar fuentes de luz, mientras que el amarillo y magenta son los correspondientes sustractivos de la paleta. En la tecnología de los ordenadores se usa una mezcla de los tres colores básicos (rojo, verde, azul) para describir un color, asignando a cada uno de ellos un rango del 0 al 1; de esta forma la tripleta (0, 0, 0) representa el negro y (1, 1, 1) corresponde al blanco.

La *iluminación* de la escena se puede hacer de muchas formas. Seleccionando una fuente de luz uniforme que da una primera capa de realismo a la escena y que equivale a un 25 por 100 del total de iluminación, se puede escoger un foco virtual que responda a su homónimo en el mundo real o por el contrario pueden emplearse puntos de iluminación fijos, o incluso simular el comportamiento de una antorcha empuñada por el *guante de datos*. En la representación de la iluminación se emplean cantidades numéricas que pueden ser positivas en iluminación, o negativas para la oscuridad.

Todos los sistemas de *render* se enfrentan con el mismo problema a la hora de crear la imagen virtual, y este no es otro que los objetos se incrusten perfectamente unos con otros, quedando ocultas las partes que tengan que estarlo; en la teoría de gráficos por ordenador a este fenómeno se le denomina *«eliminación de las superficies ocultas»*. Muchos son los algoritmos (teóricos) empleados para resolver este problema, y entre ellos cabría citar: *Z-buffering*, *Scan-line* y *pintar*. Todos ellos tienen sus ventajas e inconvenientes, pero nunca debe olvidarse que la rapidez es el factor clave cuando se realiza el *rendering* en tiempo real.

Cuando se requiere un mayor realismo y se desean reproducir reflejos, sombras o puntos de luz, se necesitarán técnicas más avanzadas, lo que supondrá ordenadores más potentes. Una forma más simple de resolver este problema es el empleo de *«mapas de textura»* que se pueden obtener con el escáner de fotografías o crear con programas de pintura por ordenador. Se pueden encontrar en el mercado paquetes de *software,* como es el caso del SuperscapeDO 3D, que permiten recubrir de la textura necesaria a los objetos de un EV. Un problema planteado con el empleo de estos sistemas es que el detalle de la textura varía considerablemente con la distancia a la que se encuentran los objetos de la vista del usuario; si esta se incrementa en un factor de 10, la textura adquiere tal cantidad de detalle que se hace inutilizable. Este problema fue detectado por Lance Williams (1983), quien propuso el empleo de distintos mapas de textura para recubrir los objetos en función de la distancia al observador. Los nombres de *MIP mapping* y *MIP texture* se aplican a este tipo de soluciones.

En el año 1978, Jim Blinn desarrolló un nuevo sistema al que denominó *bump mapping* (mapa de protuberancias) y con el que se consigue un gran realismo. Básicamente, se trata de modular la intensidad con que se refleja la luz píxel por píxel. Los modelos se obtienen de fotografías realizadas con objetos de superficie rugosa (cemento, piel, cáscara de naranja...) iluminados oblicuamente. Con esta técnica suelen generarse superficies de mares y océanos.

Los *«mapas de entorno»* se utilizan para reflejar objetos en superficies lisas. Se emplean técnicas muy parecidas a las de texturas, pero la diferencia esencial es que en este caso los elementos reflejados a veces se mueven; este efecto es de suma importancia, sobre todo cuando, por ejemplo, se quieren reflejar objetos sobre la carrocería de un coche en movimiento.

La reproducción de *sombras* es otro aspecto a tener en cuenta; desafortunadamente, en el mundo real las sombras aparecen por sí solas, mientras que en RV hay que generarlas, lo que añadirá una carga de trabajo adicional al ordenador. En algunos casos se han desarrollado técnicas para la creación de sombras en tiempo real que, aunque no son perfectas, al menos dan cierta sensación de realismo. Tal es el caso de aviones o naves en vuelo, a las que se les integra una sombra poligonal en tierra que sigue sus mismos movimientos.

Para producir entornos virtuales con calidad fotográfica solo existen dos sistemas de *rendering,* y son los denominados *ray tracing* (rastreo de haces) y *radiosity* (radiosidad). El primero de ellos es ideal para reproducir reflejos, sombras, refracciones, etc., pero tiene el grave inconveniente de no poderse emplear en tiempo real porque es muy lento; quizá en un próximo futuro se pueda disponer de procesadores más potentes que nos permitan disfrutar de este tipo de construcción de entornos virtuales. El sistema *radiosity* es igualmente lento pero produce imágenes bellísimas de interiores iluminados; la técnica está basada en la resolución de complejas fórmulas matemáticas con las que realizar el cálculo de la iluminación y que pueden necesitar segundos, minutos e incluso horas para su resolución. El interesarnos por una técnica, aparentemente impracticable, estriba en el hecho de que se han desarrollado mecanismos en los que se *congela* la luminosidad en los polígonos en que se ha descompuesto el entorno, lo que simplifica enormemente el *rendering*.

Desde hace bastantes años los IG *(Image Generator)* empleados en simuladores de vuelo han generado entornos con niebla. La técnica era muy simple y consistía en empobrecer un poco los colores en la distancia para dar una sensación de neblina. Los modernos IG utilizan imágenes muy reales de niebla cubriendo valles o zonas amplias y dando una sensación de gran realismo.

La *transparencia* es otra característica que habrá de tenerse muy en cuenta a la hora de modelizar un entorno. El agua, el cristal y ciertos plásticos son transparentes, y así deben aparecer en RV. La refracción producida por la luz viajando más lentamente a través de estos medios transparentes es un fenómeno imposible de computar en tiempo real con los medios de que ahora se dispone.

Hasta aquí hemos tratado de explicar, en forma muy sintética, toda una variedad de técnicas para modelar objetos 3D en entornos virtuales, asignarles atributos físicos, obtener una perspectiva óptica y colorear la imagen.

Lo realmente novedoso es que a la hora de construir las imágenes nos encontramos con que en RV no hay otra alternativa que trabajar en tiempo real. No es difícil comprender las exigencias de un sistema que necesita proyectar 25 imágenes por segundo, es decir, que dispone únicamente de 40 ms para generar una imagen; es un tiempo muy corto, incluso para un potente ordenador, dada la cantidad de tareas que deben realizarse, y de lo cual el lector se habrá hecho una pequeña composición de lugar en base al material aquí expuesto.

El factor humano

Teniendo en cuenta que la RV, en cierto modo, se basa en simular el comportamiento de nuestros sentidos, parece lógico que antes de adentrarnos en la exposición de la tecnología empleada detengamos nuestra mirada en todo aquello que luego pondremos en funcionamiento. El factor humano no se limita al mundo de los sentidos, sino que debería cubrir aspectos tales como: aprendizaje, habilidades espaciales, diferenciación individual, modelos cognoscitivos, métodos de diseño multiusuario e interacciones sociales, todos ellos referidos a entornos virtuales. Como fácilmente puede comprender el lector, sería imposible abarcar toda esa problemática dentro del estrecho margen asignado a este capítulo; no obstante, en las lecturas recomendadas se podrá encontrar amplio tratamiento de dichas materias.

Nuestros cinco sentidos (vista, oído, gusto, tacto y olfato) van acompañados de otras sensaciones (posición, calor, frío y dolor) que los diseñadores de los sistemas de RV también deben tener en cuenta a la hora de cuidar la ergonomía de sus equipos. En este apartado vamos a comentar muy brevemente aspectos de nuestros sentidos que condicionan de alguna manera el diseño y funcionamiento de los cacharros y programas que dan vida a los sistemas de realidad virtual.

La vista es el órgano por antonomasia de la RV, y la comprensión de su funcionamiento es esencial para darles vida. Aunque aún no se conoce del todo su operativa ni se han aclarado a plena satisfacción sus interacciones con el cerebro, sabemos lo suficiente como para poder prestar un buen servicio a este órgano que, como ya se ha dicho, acapara el 70 por 100 de la percepción del mundo exterior. La información visual es el elemento clave para recrear la sensación de que estamos inmersos en un EV. Deberíamos ser capaces de fabricar sistemas que alimenten nuestra vista de igual o mejor forma que lo sucedido en el mundo real; como ahora veremos, estamos aún muy lejos de que esto se produzca, aunque todos sabemos la velocidad con que la industria es capaz de introducir mejoras en sus productos.

El ojo humano tiene un campo de visión de unos 180° tanto en horizontal como en vertical. Las mejillas y las cejas limitan esta magnitud hasta 150°, y en el caso del campo horizontal la reducción llega a ese mismo valor. Un monitor de 21 pulgadas visto a una distancia de 50 cm da una amplitud de campo de 48°, y unas buenas HMD no dan más allá de 40° a 60°, aunque algunas pantallas con óptica especial pueden llegar a darnos 140°. Con esta pequeña comparación vemos lo lejos que aún estamos de acercarnos a las prestaciones de nuestro organismo.

La fóvea está en el centro de la retina y es la responsable de capturar los más finos detalles del color, constituyendo así la zona de mayor agudeza visual al estar carente de bastones y con gran cantidad de conos. Este órgano permite realizar operaciones tales como la lectura, pues si intentamos leer fuera de esta área, la imagen aparece muy borrosa. Tiene un diámetro de 0,1 mm, lo que corresponde a 1° del campo visual. La agudeza, o perspicacia visual, da una idea de la capacidad de resolución del ojo humano, y su medida se realiza en la fóvea; un ojo normal puede distinguir dos puntos de luz separados por 1,5 mm y situados a 10 m de distancia, lo que equivale a un arco de 40 pulgadas y es equivalente a una distancia de 2 micras en la retina. El área de mayor agudeza visual cubre una región de aproximadamente dos grados; compárese estas cifras con ciertas HMD que tienen una resolución de cuatro a seis grados.

Las imágenes permanecen en la retina después de haber desaparecido de nuestra visión, y es esta resolución temporal la que nos da sensación de continuidad si proyectamos un mínimo de imágenes por segundo (quince para pequeña pantalla y baja iluminación y cincuenta para gran formato). Por debajo de estos valores se produce un fenómeno de parpadeo que, además de dificultar la visión, puede provocar efectos secundarios poco agradables. En este caso, la tecnología va por delante de la ergonomía mínima porque una pantalla normal (CRT: *Cathode Ray Tube)* da más de 76 imágenes por segundo, y las del tipo LCD (cristal líquido) son actualizadas (refrescadas) constantemente.

La diferencia entre las imágenes retinales de un mismo objeto *(disparidad binocular)* es el fundamento de la visión estereoscópica y la razón de que podamos tener la sensación de profundidad. Con unas gafas dotadas de una pantalla para cada ojo y en la que se proyecten imágenes tomadas con el ojo derecho y con el izquierdo, habremos conseguido la misma disparidad binocular y, por consiguiente, veremos la escena en tres dimensiones. Para generar la profundidad y las imágenes estereoscópicas, nuestro cerebro extrae información de lo que ven los ojos. Estos bits de información se llaman estímulos y se dividen en dos grupos: los fisiológicos (acomodación y convergencia) y los psicológicos (solapamiento, tamaño, movimiento, perspectiva, textura y campo visual). Aunque todos contribuyen a la creación de la sensación de profundidad, debe tenerse sumo cuidado para no proporcionar estímulos contradictorios.

Para que podamos tener una auténtica sensación de estar inmersos en un EV, la proyección de imágenes tiene que hacerse de forma rápida, fluida y sincronizada. Si las imágenes no se corresponden con las acciones por nosotros realizadas es porque hay un retardo provocado por un consumo excesivo de tiempo por parte del *rendering*. Retrasos por debajo de 10 ms no parecen tener consecuencias negativas en los simuladores de vuelo, y frecuencias de quince imágenes por segundo (15 Hz) parecen ser suficientes para dar sensación de inmersión; cuando se trata de movimientos rápidos o de *realidad aumentada* se requieren valores de unos 60 Hz. La frecuencia de generación de imágenes debe ser constante, pues las variaciones imprevistas producen en el usuario una sensación de gran desasosiego.

Se han realizado estudios sobre los efectos inducidos por el empleo de sistemas VR, bien sea por problemas de diseño o por una prolongada exposición a ellos. Estos trabajos de campo han permitido detectar multitud de efectos, oculares (cansancio de la vista, dificultad de enfoque, visión borrosa), mentales (cabeza saturada, incapacidad de concentración, vértigo) o psicológicos (malestar general, dolor de cabeza, sudor, salivación excesiva, náuseas, o incluso vómitos). Aunque esta lista puede parecer un tanto alarmante, deberá tenerse en cuenta que solo en el 5 por 100 de los entrevistados pudo hablarse de una experiencia moderada de esos males.

Incluso con este brevísimo repaso a los requerimientos básicos de nuestros sentidos nos damos cuenta de las dificultades que aún deben ser superadas si queremos que nuestra realidad virtual sea auténticamente una RRV (real realidad virtual). De todas formas también hemos de recordar que el objetivo de los EV no es hacer una réplica de nuestro entorno, sino facilitarnos un contacto con él en situaciones especiales. A nadie se le ocurre diseñar un sistema virtual para golpear una mesa con un martillo, ni simular la temperatura de un motor en funcionamiento. Si un sistema de RV va a ser empleado por un amplio colectivo, debe ser fácil de usar, no causar fatiga ni provocar náuseas, y no exigir largos períodos de adaptación.

Es muy fácil afectar al normal funcionamiento de nuestros sentidos, como lo demuestra el hecho de que unas simples gafas mal graduadas pueden provocar fuertes dolores de cabeza; piénsese entonces en el cuidado que debe tenerse a la hora de diseñar unas HMD. Por lo que se refiere al sonido, cualquier reproductor nos dará la calidad necesaria, y en cuanto a sentir en nuestros dedos el contacto con un objeto, con ser una experiencia interesante, no es del todo imprescindible para alcanzar los objetivos de un sistema de RV. Sí que habrá que tener mucho cuidado con el sistema vascular, pues es un mecanismo complejo y, por consiguiente, de imprevisible reacción ante estímulos no deseados.

Si los simuladores de todo tipo se han venido empleando sin tener grandes conflictos con nuestros sentidos, parece lógico pensar que la industria de la RV será capaz de poner en el mercado equipos igualmente compatibles con nosotros mismos.

HARDWARE

Cualquiera que sea la complejidad de un sistema de ordenadores, siempre podremos agrupar sus componentes en dos grupos a los que damos el nombre de *hardware* y *software,* respectivamente; el primero de ellos abarca toda la cacharrería (ordenador central, PC, periféricos) y el segundo se refiere a los programas que hacen funcionar al conjunto (sistema operativo, paquetes de aplicación y programas de usuario).

La potencia de los ordenadores ha evolucionado de tal manera que cualquier equipo, por humilde que sea, tendrá siempre alguna posibilidad de producir imágenes, lo que le hará candidato a ser empleado en RV. Como es lógico, las necesidades de simulación en el campo de la meteorología o la astrofísica no serán las mismas que las exigidas por un Nintendo, y por consiguiente deberemos seleccionar este *hardware* en concordancia con las especificaciones o requerimientos técnicos de nuestra aplicación. Cuatro son las categorías de equipos que podemos emplear: PC, superordenadores, estaciones de trabajo y generadores de imágenes.

Cuando se trabaja en 3D, al ordenador se le exige funcionar al límite de sus posibilidades, pues tiene que mantener una base de datos en 3D, producir imágenes en tiempo real, dar sombra y aspecto tridimensional al entorno, soportar el audio, simular secuencias animadas y procesar la interacción entre los usuarios. Tal cúmulo de tareas sobrepasa las capacidades de muchos equipos, pero si bajamos el listón de nuestras expectativas siempre podremos encontrar el sistema adecuado.

La velocidad de *rendering* suele medirse por el número de píxeles que pueden ser escritos por segundo y/o los millones de triángulos con textura que se generan; los equipos actuales suelen llegar a generar 100 M de píxeles por segundo y 1 M de triángulos. La potencia real habrá de calcularse dividiendo estas cifras por el número de triángulos visibles, digamos unos 20.000, lo que daría una velocidad de producción de imágenes de 50 Hz; cifra más que suficiente, pero deberemos dividirla aún por dos, pues ya sabemos que hay que generar el entorno visto por cada ojo. Los 25 Hz que restan siguen siendo superiores a los 20 Hz que se fijan como mínimo indispensable. Cuando se trata de trabajar en el campo de las imágenes tridimensionales se hace bastante difícil comparar la potencia de distintos modelos de PC para decidir una buena compra. En este sentido la empresa Superscape ha creado un sitio *web* llamado **www.3Dbenchmark.com** que ofrece la posibilidad de probar la potencia de generar sistemas gráficos entre varios equipos.

Las diferencias entre *PC* y *estación de trabajo* son cada vez más tenues, porque el desarrollo tecnológico ha hecho que la potencia de un equipo tenga muy poco que ver con su tamaño. Se mantienen algunas diferencias por el hecho de que la arquitectura de un PC es de inferior calidad, y así un mismo microprocesador genera mayor potencia en una *workstation*. Por esta y otras razones, las empresas que se dedican a la creación de *software* para 3D prefieren hacer sus desarrollos en estaciones de trabajo. Se están haciendo esfuerzos considerables para mejorar las placas 3D y conseguir que PC y *workstation,* en lo que a proceso de imágenes se refiere, tengan el mismo comportamiento.

Cierto tipo de *superordenadores* son empleados en entornos virtuales cuando se trata de representar situaciones complejas, crear grandes imágenes en tiempo real o recrear visiones panorámicas. Como la lógica de la tecnología permite deducir, toda esta potencia supone inversiones elevadas y habrá que materializar los adecuados estudios que las justifiquen.

Los *IG* están diseñados especialmente para esa función; por esta razón pueden dar prestaciones impensables en cualquier equipo de uso general.

Ya en el año 1968 la empresa formada por dos pioneros de la RV, Evans & Sutherland, introdujo en el mercado el primer generador de imágenes en tiempo real, llamado *Line Drawing System.*

La replicación en ordenador de nuestros movimientos se hace mediante técnicas que tienen su campo de aplicación no solo en la RV, sino en la animación y en la simulación. La proliferación de presentadores virtuales (figuras 3D con animación) da una buena idea de los logros conseguidos, aunque los costes necesarios para su materialización limiten su difusión en entornos menos opulentos.

La interactividad de los sistemas virtuales exige, por parte del ordenador a cargo del EV, el conocimiento preciso y permanente no solo de la ubicación del usuario, sino también de la posición de su cabeza, de sus ojos y de sus manos, si es que se están utilizando *DataGloves.* Son tres los sistemas de localización comúnmente empleados. Los *mecánicos* se basan en la transformación en señales eléctricas de complejos mecanismos de levas, ruedas dentadas y todo tipo de cacharrería mecánica; los *ópticos* se basan en el empleo y consiguiente detección de haces de rayos infrarrojos; los *ultrasónicos* son muy parecidos a una especie de radar para ultrasonidos; y finalmente los *electromagnéticos* emplean una *fuente* de ondas electromagnéticas y un *detector* que capta la señal y con el que se consigue la detección completa de movimientos (todo el cuerpo). La sensación de estar viendo a un *cyborg* cuando se contempla a un usuario de RV está producida por el casco que porta, los extraños guantes que calza y la cantidad de hilos que le salen por cualquier parte del cuerpo. Parece que tuviéramos que dejar de ser reales para poder sumergirnos en los procelosos mares de la realidad virtual.

Los elementos de entrada se reducen al *Ratón 3D* y a los *Guantes de Datos*. Por lo que se refiere a los de salida, la lista es bastante más amplia y tenemos que hablar de *Sensores de Fuerza*, Gafas *(Gafas con obturador),* Pantallas *(Pantallas 3D,* HMD, BOOM, *Pantallas Retinales, Pantallas Panorámicas,* CAVE, *Mesas Virtuales* y *Realidad Aumentada).*

- *Ratón 3D:* Se trata de un dispositivo manual que contiene un sensor de posicionamiento y se emplea para la navegación, selección y recogida de objetos. Existen multitud de modelos de este tipo, y algunos se apartan de esta filosofía y emplean una bola, movida a mano, para detectar los movimientos que el usuario desea realizar.
- *DataGloves:* Teniendo en cuenta que la interpretación de los movimientos de la mano es muy intuitiva, no tiene nada de extraño que estos equipos se emplearan desde los orígenes de la RV. Sin embargo, su complejidad y elevado precio hicieron que fueran desechados durante algún tiempo por poco prácticos. Están hechos de un material ligero en el que se insertan los dispositivos mecánicos que miden las posiciones de las diferentes partes de la mano; una muñequera automatizada facilita la información que el ordenador necesita para identificar y replicar los movimientos del usuario.

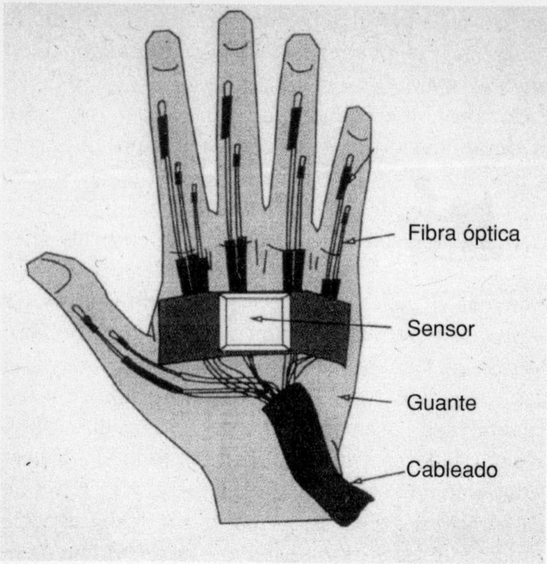

Fig. 25.1.—Guante activo *(Cyberglove)*

- *Sensores de Fuerza:* Algunos vehículos modernos son tan avanzados que el conductor no siente nada cuando sus manos están al volante; bien mirado esto no es bueno, porque se pierde la percepción del comportamiento del coche sobre el asfalto. En el caso de la aviación comercial, las fuerzas externas son tan importantes que en la simulación de vuelos, y mediante los motores adecuados, se transmiten esas fuerzas (despegue, aterrizaje, turbulencias...) al piloto. Dotando a los ejes de un *DataGlove* de un motor servoasistido se puede dificultar el movimiento de cualquier junta simulándose así una resistencia. Los dispositivos que funcionan de esta manera se llaman *haptic.*
- *Gafas con obturador:* Ya hemos comentado que la visión estereoscópica se debe a las dos visiones distintas, pero simultáneas, de cada uno de nuestros ojos. Si pudiéramos contemplar una pantalla en la que se sucedieran con suficiente rapidez imágenes de cada ojo, y pudiéramos cerrar el que no se corresponde con la pantalla (imagen del ojo derecho, ojo izquierdo cerrado, y viceversa), conseguiríamos una visión en 3D. Esto es lo que hacen estas gafas, sincronizarse con la frecuencia de reproducción del ordenador y hacer opaca cada lente de forma alternativa. *CristalEyes* es el modelo de gafas de este tipo más difundido en el mercado.
- *Pantalla 3D:* Se trata de una solución muy ingeniosa basada en el funcionamiento de las gafas con obturador. Se proyectan en la pantalla imágenes alternativas, ojo izquierdo/ojo derecho, pero en este caso se

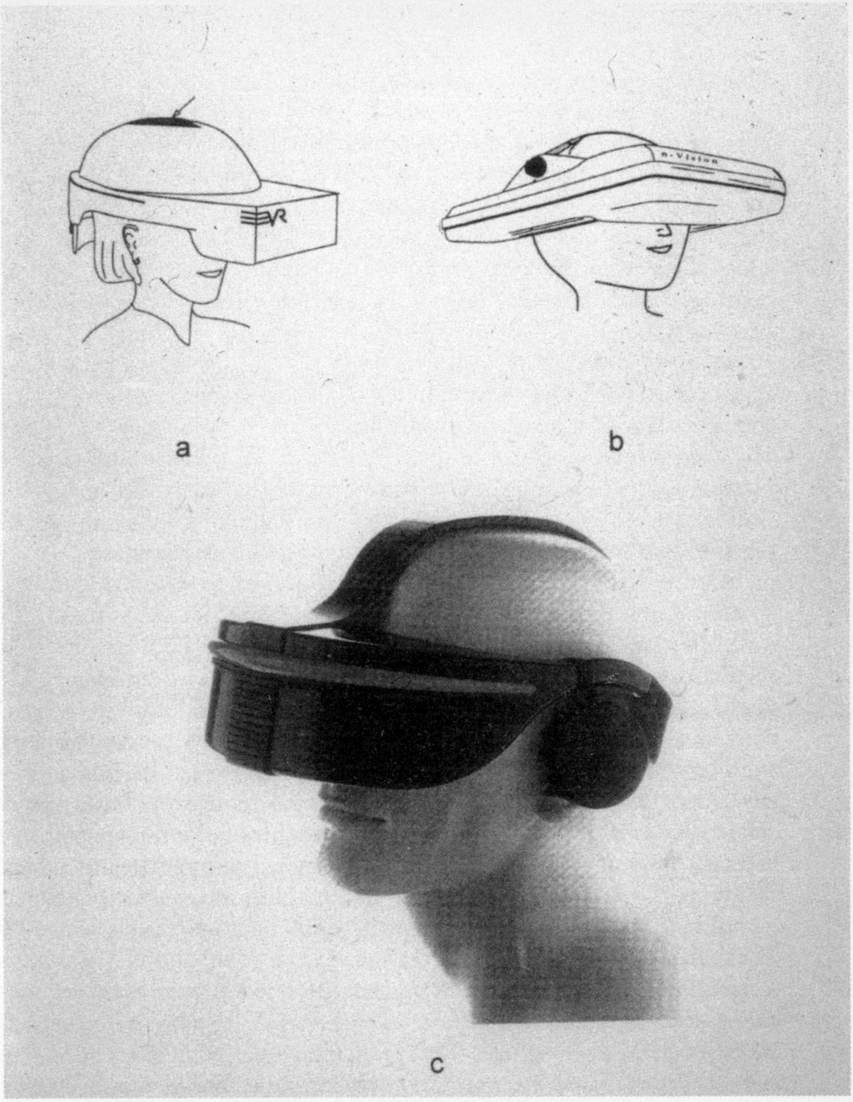

Fig. 25.2.—Diferentes tipos de HDM *(Head-Mounted Displays):* a) *Flight helmet;* b) *Datavision;* c) *Virtual sega*

polariza la imagen digamos que horizontal para el izquierdo y vertical para el derecho. Si nos ponemos unas gafas que tengan en cada ojo la misma polarización, habremos conseguido el efecto obturador, pero ahora con un dispositivo puramente pasivo.

- *HMD:* Dos pantallas, una para cada ojo, contenidas en un mismo casco y que ofrecen así una visión tridimensional. Las variantes son muchas y las pantallas pueden ser del tipo EPO, LCD o CRT.
- *BOOM:* La firma Fakespace Inc. es bien conocida por sus equipos BOOM de alta calidad. Se trata de unos equipos estéreo soportados por un brazo que se balancea y emplean la tecnología CRT de alta resolución. El usuario, que puede estar sentado o de pie, maneja el conjunto mediante el control de dos pequeñas asas y así busca la vista adecuada del EV. Los movimientos del conjunto son transmitidos al ordenador para que este detecte la posición y reproduzca la imagen adecuada.
- *Pantallas panorámicas:* Empleadas en la simulación de vuelos comerciales y militares que exigen el funcionamiento síncrono de varios proyectores, dado el tamaño de la pantalla.
- *Mesa virtual:* Una excelente idea consistente en ponerle una tapa de plástico o cristal a una mesa y proyectar desde dentro las imágenes. Con la ayuda de *Gafas con obturador* se consigue una sensación de inmersión bastante aceptable. Aunque solo puede manejarlo una persona, cabe la posibilidad de que otro usuario, muy próximo al primero, comparta con este la misma sensación. Este tipo de dispositivo tiene múltiples aplicaciones en el campo militar, la arquitectura y la medicina.
- *CAVE:* En el año 1992 la Universidad de Illinois, en Chicago, demostró su CAVE, y desde entonces se ha convertido en un sistema muy popular. Un CAVE se construye con pantallas de proyección posterior. Dentro de ella el usuario tiene monitorizada su cabeza y lleva puestas gafas con obturador, de tal manera que allí donde ponga la mirada tendrá una visión estereoscópica. El grado de inmersión es total y la navegación es para una sola persona; no obstante, y dado el reducido tamaño de la sala, alguien más puede compartir la experiencia. Puesto que suele utilizarse como sistema de seguimiento el magnético, la construcción se realiza con elementos de madera, dado que los metálicos introducirían interferencias que harían inviable su funcionamiento.
- *Realidad aumentada:* Se trata de proyectar en simultáneo una imagen física y otra virtual para que el usuario pueda ver enriquecida la realidad con otra realidad virtual. Imaginemos un dispositivo que tenga diferentes planos de instrumentos; el usuario puede estar viendo uno cualquiera de ellos y a la vez contemplar el total del sistema para así comprender mejor el impacto de las acciones que pudiera estar realizando.

PANTALLA RETINAL VIRTUAL (VRD: VIRTUAL RETINAL DISPLAY)

Hemos preferido tratar de forma específica este invento de la empresa Microvision Inc., pues en el caso de que se hagan realidad todos sus proyectos estaríamos ante un fenómeno de trascendentales consecuencias. Se trata, ni más ni menos, de eliminar la pantalla como intermediario para ver imágenes de cualquier tipo haciendo que estas se proyecten directamente en nuestra retina. El campo de aplicación es ilimitado, pudiendo llegarse a la curiosa situación de acudir a una sala de cine en la que la pantalla haya sido sustituida por unas gafas con VRD.

El sistema se compone de cuatro elementos básicos: la *electrónica,* que recibe y procesa las imágenes; una *fuente de luz* de mínima intensidad para no dañar al ojo; unos *escáneres* que rastrean la imagen como si de un televisor se tratara, y la *óptica,* que permite proyectar el rayo de luz en la pupila. El EV se descompone en píxeles cuya coloración se modula con los tres colores (rojo, verde y azul) y unos escáneres verticales y horizontales lo componen en el fondo de la retina; el ojo puede recrear de esta forma imágenes nítidas, coloreadas y en movimiento.

La técnica VRD supone una ruptura total con todas las tecnologías actualmente en uso para fabricar pantallas de reducido tamaño, desde las empleadas en nuestro PC hasta las que se utilizan en equipos de menor tamaño. Según los directivos de Microvision, su tecnología VRD es muy superior en áreas tales como: resolución, contraste, iluminación, gama de colores, consumo, capacidad de crecimiento, gama de aplicaciones y coste. El tiempo dirá si todas estas posibilidades se convierten en realidad.

Las pantallas personales (portátiles) siguen constituyendo un importante campo de aplicación allí donde el tamaño y peso de las convencionales dificulte o impida su uso. Parece que se extiende la idea de que una mayor interacción hombre/máquina va a redundar en incrementar productividad y calidad. Existen tres áreas de utilización en donde se multiplican las aplicaciones con el empleo de pantallas personales: el campo militar, la seguridad pública y la electrónica de consumo o entretenimiento.

- *Pantallas portátiles para realidad aumentada:* Incorporadas a unas gafas convencionales, prismáticos o casco, la tecnología VRD nos facilitará una imagen que no bloqueará nuestra visión normal, sino que se sobreimpresionará sobre aquella, ya sea en color o blanco y negro. Esta posibilidad incrementará la seguridad, precisión y productividad de los profesionales que deban ejecutar tareas complejas.
- *Pantallas interactivas portátiles y en tres dimensiones:* Se trata de reforzar, en este caso, la imagen producida por los sistemas tradicionales de RV.
- *Pantallas bidimensionales en dispositivos portátiles:* La tecnología VRD va a incorporarse a los teléfonos celulares para que a través de Internet podamos leer nuestro *e-mail,* fax y cualquier otra información, como si nos encontráramos ante una pantalla convencional de PC.

Las aplicaciones de la tecnología VRD son múltiples; mencionemos algunas de ellas agrupándolas por sectores: defensa, sanidad, industria, comunicaciones y electrónica de consumo.

Fig. 25.3.—Equipo básico de realidad virtual V-PC VR (Virtuality & IBM)

En el *campo militar* parece estar demostrado que las tropas con mejor información posicional son las que tienen mayores posibilidades de éxito. Las tecnologías convencionales no han permitido, por viabilidad o coste, una aplicación amplia de la visión por ordenador. La tecnología VRD lo hará posible no solo para las tripulaciones de todo tipo de vehículos militares, sino también para los soldados de a pie. ¿Qué no se hubiera podido conseguir en la Guerra del Golfo con el concurso de esta tecnología?... Pues, por ejemplo, hacer que los pilotos de aviones pudieran ver la realidad aumentada, es decir, que sus gafas VRD les proyectasen imágenes diurnas de los lugares en los que se bombardeaba de noche.

En el campo de la *cirugía ayudada por imágenes* las aplicaciones son claves, pues el cirujano no tiene que apartar la vista del área en que está operando para tener una mayor información visual.

Consulta de planos y manuales de reparación y localización de productos son algunas de las aplicaciones *industriales* de la tecnología VRD.

En el campo de las *comunicaciones* ya se ha mencionado el potencial del matrimonio teléfono móvil/VRD, y a nadie se le escapa lo que podrá conseguirse en el terreno de los juegos de ordenador con nuevos y novedosos elementos de representación gráfica.

Antes de finalizar este apartado, hay que insistir en el hecho de que estos productos todavía no están en el mercado, y habrá que esperar a que este sancione las potenciales prestaciones de la tecnología VRD.

SOFTWARE

Con lo hasta aquí tratado, el lector podrá hacerse una pequeña composición de lugar sobre la ardua tarea que supone manejar una cacharrería tan compleja y variada, ocuparse del entorno virtual y gestionar la interactividad practicada por el usuario, y todo ello en tiempo real. Como sucede en otros campos de aplicación de los ordenadores, en este también existen infinidad de productos de todo tipo que nos permitirán disfrutar de la RV, aunque para ello tengamos que renunciar a algunas prestaciones; no se trata de una cuestión de máximos, sino de resolver una simple ecuación en la que prestaciones y costes sean las dos variables.

La mejor forma de abordar este tema no es otra que la de describir primero las características esenciales, o si se prefiere la funcionalidad que debe tener el *software,* para mencionar después algunos de los productos más difundidos en el mercado.

La creación de modelos puede hacerse partiendo de ficheros procedentes de múltiples fuentes (bases de datos CAD, sistemas de modelización, otras aplicaciones...). Como los *formatos* dependen de la fuente, nuestro *software* deberá ser capaz de aceptar múltiples procedencias compatibilizadas mediante los adecuados filtros.

La navegación en entornos virtuales nos va a permitir ver los objetos con diferentes *niveles de detalle* (LOD: *Level of Detail)* en función de la distancia. No tiene mucho sentido emplear el mismo modelo de una casa vista a diez metros que contemplada a más de doscientos. Para conseguir que el *render* sea más eficaz, se almacenan en la base de datos distintos LOD de un mismo objeto, dejando que el *software* se ocupe de seleccionar el adecuado a cada circunstancia.

Cuando de modelar una casa se trate, lo normal es que las paredes, ventanas, tejado y chimenea sean diseñadas como un todo, mientras que los elementos interiores (puertas, escaleras, estanterías, luces, superficies, alfombras...) deberán definirse de forma individual. Se trata ahora de que todos los elementos tengan la misma *escala,* y que puedan rotarse y trasladarse; estas son otras tantas funciones básicas del *software* de RV.

Cuando giramos el volante de nuestro coche ni se nos ocurre pensar que las ruedas no acompañen a ese giro; si esta misma operación se realiza en un EV lo normal es que las ruedas se queden en su sitio. Para que esta *interacción* se produzca hay que establecer la consiguiente articulación entre elementos, y, como antes se explicó, en el momento de la interacción se producirá la simultaneidad de acciones.

El funcionamiento de cualquier sistema de realidad virtual suele implicar el conseguir un cierto equilibrio entre el tamaño de la base de datos y el tiempo de construcción de la imagen. Por eso hay veces que sacrificaremos un poco de espacio en discos con objeto de acelerar al máximo la creación de escenarios. Este es el caso de la animación de una escena; es más útil almacenar una serie de imágenes que, en el momento de la proyección, den la sensación de movimiento que generar este en el momento del *render*. Las *técnicas de animación* pueden emplearse para hacer que una puerta se abra, que el agua fluya, ruedas girando, efectos meteorológicos, explosiones, etc. Incluso se pueden emplear videoclips para recrear la animación.

Cuando nos movemos por el exterior de una casa, lo que sucede en su interior en nada nos afecta y podemos ignorarlo; lo contrario ocurre cuando estamos en su interior. En lugar de tener una gran base de datos que contenga ambos entornos, puede ser más rentable tener dos de menor tamaño y dejar que el *software* haga la conmutación de la una a la otra.

El *software* de RV también debe controlar la reproducción de los ficheros de *sonido* asociados con diferentes objetos y zonas de un entorno virtual. Tales sonidos incluyen el tic-tac de un reloj, motores, radios, teléfonos, máquinas, voz humana y toda suerte de ruidos ambientales. El volumen también debe ser gestionado por el *software* y modulado en función de la distancia al objeto. Una radio virtual debe funcionar si presionamos el botón correspondiente, y el ruido de un motor debe alterarse si a este le exigimos unas mayores prestaciones.

Cuando chocan dos pelotas de goma no parece difícil desarrollar un modelo matemático que permita simular este fenómeno, pero si se trata de dos objetos irregulares la solución matemática puede llegar a ser impracticable. Esto es lo que acontece con los entornos virtuales, que todo lo que vaya a suceder debe estar programado y para ello necesitamos elaborar los *algoritmos* necesarios. Las mejoras en el *hardware* están facilitando paulatinamente estas tareas.

Una vez descrita la funcionalidad del *software,* pasemos ahora a comentar algo sobre los lenguajes de programación.

Los usuarios de la red estuvieron durante años disfrutando de las posibilidades de intercambiar textos e imágenes 2D, y en este campo el HTML *(Hyper-Text Markup Language)* llegó a convertirse en el estándar mundial, haciendo familiar a todos los usuarios el hecho de poder relacionar unos documentos con otros a base de punteros *(link).* No se haría esperar mucho tiempo un sistema similar, pero en este caso para adentrarse en el mundo de la interactividad con imágenes 3D, naciendo así el VRML *(Virtual Reality Modeling Language),* aunque iniciara su andadura cibernética con el nombre de *Virtual Reality Markup Language.*

Con motivo de celebrarse la primera conferencia sobre la *www* en Ginebra, Tim Berners-Lee y Dave Ragett lideraron un grupo de trabajo para discutir los requerimientos de un lenguaje de gráficos 3D. Se concluyó que debería ser independiente de la plataforma, extensible, y ser capaz de trabajar con un ancho de banda reducido; para la primera versión se decidió que no se incorporarían funcionalidades de interacción. No fue necesario partir de cero, pues había una larga lista de productos para gráficos tridimensionales. Al final, el *Open Inventor* de Silicon Graphics se convertiría en la base del VRML porque soportaba objetos poligonales, iluminación, *rendering* y mapas de textura.

Un fichero VRML contiene la descripción de un entorno virtual en forma de primitivos gráficos, color y textura, y cómo estos se ven desde una cámara virtual; también es posible aplicar a los objetos transformaciones del tipo escalar, trasladar y rotar. Cuando estos ficheros se almacenan en la *web*, el usuario puede «bajarlos» y almacenarlos en su ordenador. Con la ayuda del navegador *(browser)* adecuado podrá convertir el fichero ASCII en imágenes 3D, y navegar en tiempo real. Según esto, no es la velocidad de la línea la que condiciona la rapidez del *rendering*, sino la potencia del ordenador del usuario.

En este apartado se ha presentado una visión panorámica del *software* empleado en RV, intentando hacer comprender al lector que este es el componente básico y el último responsable de la virtualidad. Se trata de un componente muy complejo, pues debe integrar multitud de áreas: bases de datos de geometría en 3D, *rendering*, interacción, navegación, seguimiento, periféricos gráficos, sonido, factores humanos e interfaz de diseño, y todo ello funcionando en tiempo real.

Hasta aquí lo que podríamos llamar la funcionalidad horizontal de los sistemas, pero además se presentan toda una serie de condicionantes dependiendo del entorno: industrial, comercial, militar, educacional, etc. Para cada uno de ellos habrá que desarrollar los componentes de *software* adecuados a los diferentes campos de aplicación y problemáticas.

Aplicaciones

Para el usuario, la realidad virtual ofrece la enorme ventaja de poder interaccionar con cualquier entorno de forma totalmente intuitiva. Teniendo en cuenta que el mundo de los ordenadores nos ha venido imponiendo toda suerte de interfaces, desde las más crípticas a las más sugerentes, parece lógica la reacción del usuario a favor de unos sistemas con los que puede relacionarse como si se tratara de la realidad misma. Sobre estas bases se han ido construyendo toda suerte de mundos virtuales, en el terreno de las universidades primero y de las plantas fabriles un poco después, sin olvidar los lugares de esparcimiento, las aplicaciones militares y las que se están impulsando en el campo de la docencia.

Desde hace años las empresas se han venido dedicando al acopio de grandes volúmenes de información. La gestión de millones o incluso miles de millones de datos no es una tarea fácil, habiéndose desarrollado para ello diferentes técnicas de visualización. Los ordenadores de sobremesa dotados de paquetes para gráficos no son la mejor solución para la representación y manipulación de datos, y en este campo la RV tiene mucho por ofrecer.

Los primeros desarrollos en el campo de la arquitectura datan del año 1986 y se sitúan en la Universidad de Carolina del Norte. Otros grupos crearon sistemas como el presentado en el Virtual Reality World'95 y que permitía realizar un fantástico recorrido por la basílica de San Pedro. ¿Qué es lo que hace tan atractiva a la RV? La sensación de presencia y espacio que no ofrecen las mejores representaciones en dos dimensiones; se puede caminar y percibir los ambientes en diferentes condiciones de iluminación; se pueden recorrer casas o edificios ya destruidos y también deambular por edificaciones aún no construidas.

En la visualización científica también se han encontrado aplicaciones interesantes, pues la navegación a través de ingentes cantidades de datos transformados en imágenes tridimensionales es casi tan fácil como andar. El *Túnel de Viento Virtual* desarrollado en el NASA Ames Research es una buena prueba de ello; mediante el empleo de *DataGloves* los investigadores actúan sobre el flujo de aire lanzado contra un avión comercial o una nave espacial; a través de la tecnología BOOM se comprueba el comportamiento dinámico del flujo de aire para detectar rápidamente áreas de posible inestabilidad. El éxito alcanzado por el NASA Ames animó a otras empresas, y así Volkswagen presentó en el Eurographics'95 (en colaboración con el German Frannhofer Institute) un prototipo de túnel virtual para evaluar el comportamiento de las corrientes de aire sobre la carrocería de un coche.

En el campo del entrenamiento, la RV ha venido prestando una gran ayuda; no en vano fueron los vuelos simulados la primera aplicación de esta tecnología allá por el final de los cincuenta. Los astronautas y los cirujanos también podrían contarnos cómo la RV les ayuda a familiarizarse con situaciones peligrosas, en el primer caso, o a practicar operaciones complejas sin tener que tocar el cuerpo de ningún paciente. Su aplicación al campo de la educación, a pesar del enorme potencial que ofrece, aún no se ha desarrollado, pero ya existen múltiples proyectos para potenciar esta prometedora área de actividad.

Las redes de ordenadores pueden incrementar la sensación de presencia, para pasar así de la interactividad con el entorno a la colaboración con terceros. Como en tantos otros casos, también en este fueron los desarrollos militares los primeros en la interacción virtual a través de redes. ¿Cómo se puede practicar con tanques intercambiando disparos en un terreno bacheado? Cualquier ensayo real es costoso y arriesgado en vidas, por lo que el DoD *(Department of Defense)* norteamericano desarrolló el SIMNET *(Simulator Networking),* que permitía la simulación de tanques rodando sobre un terreno virtual. Cada una de las tripulaciones, instalada en su puesto de mando simulado, veía a los otros tanques cuyos ocupantes podían estar a cientos de kilómetros. Los disparos del cañón causaban un cierto impacto tanto en la cabina como en sus ocupantes, por lo que estos solían salir de ella con el sudor pegado a la piel y la tensión reflejada en sus semblantes. Estos sistemas reciben el nombre de DIS *(Distributed Interactive Simulation)* porque el mismo terreno virtual puede ser extendido en tiempo real a sistemas instalados en cualquier parte del ancho mundo.

A pesar de que la imagen de la RV entre el gran público es aún confusa y escasa, no ocurre lo mismo con su introducción en cualquier área de actividad. A título de ejemplo vamos a recopilar las aplicaciones más conocidas de esta novedosa tecnología.

- *Arquitectura:* Una de las principales aplicaciones de las escenas virtuales 3D es en el mercado inmobiliario. Al comprador de una vivienda se le ofrece la posibilidad de experimentar las sensaciones que tendrá desde dentro del inmueble: cómo de altas son las puertas, o el techo; qué vistas hay a través de la ventana... Pero hay muchas otras aplicaciones: visitar un museo sin necesidad de salir de la propia casa, conocer la ubicación de una determinada oficina en un gran edificio, así como la ruta para llegar a él, o las vías de escape en caso de emergencia en un estadio deportivo, y simular el antes y después de una remodelación o restauración, a través de las distintas fases del proyecto.
- *Mapas y planos:* Es de interés la realización de planos urbanos y de carreteras, que al ser gráficos de carácter vectorial, en lugar de mapas de bits (con o sin compresión), reducen considerablemente el tamaño final de los ficheros. Por ejemplo, una ciudad del tamaño de Sevilla, con todas las manzanas, algunos edificios representativos con mayor nivel de detalle, puentes, parques, jardines e información turística y cultural, no sobrepasaría los 250 KB de tamaño de fichero.
- *Logotipos y «banners» animados:* Debido a la vectorización de geometrías, pueden realizarse animaciones con mucho menos tamaño que las hasta ahora usadas de secuencia de fotogramas.
- *Demostraciones de productos:* La venta por catálogo se basa en que el comprador conoce el producto visualmente por una foto en la mayoría de los casos. Es fácil imaginar lo diferente que sería poder mostrárselo desde cualquier ángulo, e incluso en su entorno de destino, como, por ejemplo, muebles, que pudieran ubicarse dentro del plano de la habitación, que podría introducir el propio cliente de forma interactiva.
- *Documentación y manuales de productos:* En algunas ocasiones, en que se necesita realizar complejos ensamblajes de piezas, pueden sustituirse los diagramas y planos por simulaciones en 3D interactivas, proporcionando una visión de los objetos mucho más clara y cercana a la realidad que en 2D.
- *Simulación de experimentos y modelos físicos:* A nivel didáctico, los modelos clásicos que se ven en los laboratorios de centros de enseñanza pueden sustituirse por modelos virtuales en 3D, que permiten una vi-

sión mucho más clara, pudiendo resaltar unas partes frente a otras, o hacer desaparecer las más externas, con idea de ver mejor lo que esté más inaccesible y oculto.

- *Diseño y prototipos:* Creación rápida de prototipos para acortar así el ciclo de lanzamiento de un producto; simulación de una cadena de montaje.
- *Educación:* Visualización de conceptos, visualización del pasado, videoconferencias y aulas virtuales.
- *Conferencia ayudada por ordenador:* Trabajo participativo, grupos de trabajo virtuales, conferencias y charlas virtuales.
- *Simuladores para formación militar o civil:* Conducción, vuelo, navegación y tanques.
- *Formación para operar en entornos peligrosos:* Mantenimiento de plantas nucleares, moverse con gravedad cero.
- *Cirugía:* Prácticas sin paciente, realizar una operación sobre un paciente remoto.

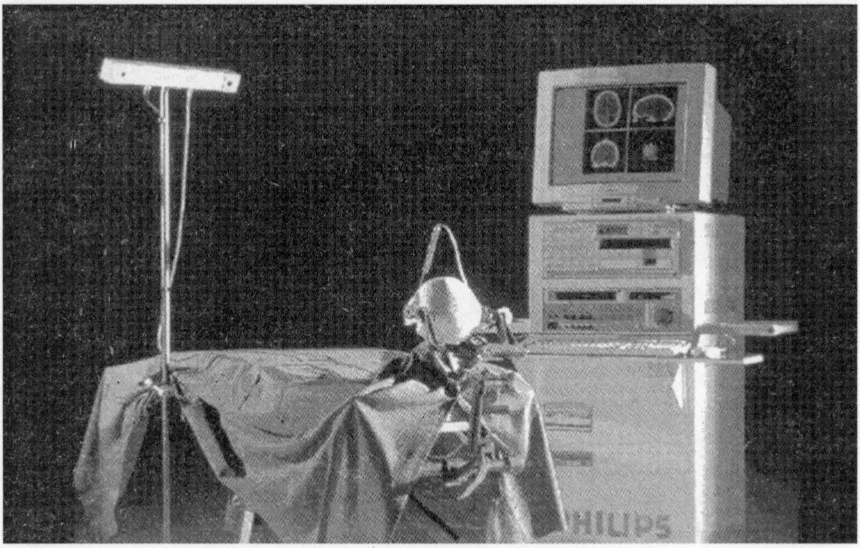

Fig. 25.4.—Visualización médica (cráneo) en 3D

- *Rehabilitación:* Terapia para curar fobias, emplear la RV para que los discapacitados puedan hacer cosas que no les serían posibles en el mundo real, facilitar a los discapacitados el acceso a lugares que no podrían visitar de ninguna otra forma, enseñar nuevas capacidades en un entorno seguro y controlado.

- *Arte:* Galerías y museos virtuales, teatros virtuales, nuevo medio para expresar desconocidas experiencias visuales y sensoriales.
- *Negocios:* Visualización en 3D de información financiera muy compleja.
- *Visualización científica*: Contemplar conjuntos de datos complejos para entender mejor su estructura y comportamiento, contemplar estructuras moleculares y ver formaciones geológicas.
- *Visualización del ciberespacio:* Navegación en 3D a través de la red.

Tratándose de una tecnología avanzada, nadie se extrañará de que los Estados Unidos lideren también el desarrollo de la RV y que los demás países, o regiones, estén muy lejos de amenazar su posición de privilegio. Parece que Europa perdió hace tiempo el tren de la tecnología de la información, y esto también se aplica tanto a la RV como al fenómeno Internet.

A mediados de 1998 la CE publicó un estudio titulado *VR for European Industrial Applications of VR,* elaborado por la empresa SYSECA y financiado por la DGIII. En este informe se hace un pormenorizado análisis de la aplicación de la RV en los sectores de la automoción, aeroespacial, medicina, nuclear y químico. En el capítulo dedicado al nivel de desarrollo alcanzado por los distintos países europeos se comenta que los que tienen fuertes empresas de *software* VR son los más avanzados; este es el caso del Reino Unido (Division), Suecia (ProSolera) y Alemania (Frannhofer Institute). Francia anda un tanto atrasada por no disponer de una gran empresa de *software* y porque carece de lugares de demostración ubicados en los centros de investigación. Nuestro país pertenece al grupo de naciones que aún no parece haber encontrado su camino en pos de la aplicación industrial de la RV.

El ocio virtual

> ¡Bien venido a la isla sumergida del Ciberespacio!
>
> Hemos construido este sitio para apagar su sed de realidad virtual y estimular su imaginación. Ya sea que quiere encontrar un lugar en alguna parte del mundo donde experimentar la RV, acercarse a la próxima generación de sistemas de entretenimiento, usted comprobará que estas páginas le serán a la vez útiles y divertidas.

Así reza la traducción de la portada del *Atlantis Virtual Reality Entertainment Resource Guide* (http://www.vr-atlantis.com), en el que el cibernauta puede encontrar la información más completa de la RV aplicada al entretenimiento. Se trata de un listado de clasificación múltiple con 153 lugares donde practicar la realidad virtual. Los centros se pueden listar por geografía, orden alfabético y categoría; los sistemas de RV que se utilizan en dichos centros se clasifican también por fabricante, nombre, interfaz y tipo de *software.*

Por lo que se refiere a los sitios donde se instalan estos sistemas cabe resaltar que los más frecuentes son lugares especiales (72) y a continuación se encuentran los centros de entretenimiento (40). El resto se ubica de la siguiente forma: cafetería (19), parques temáticos (9), galería comercial (9), museos (2), tienda (1) y cabaré (1).

El *software* empleado es el que define el tipo de experiencia que se puede disfrutar. En este sentido llama la atención (o quizá sea la cosa más natural del mundo) el que más del 30 por 100 de las instalaciones estén dedicadas a juegos en los que el disparo de un arma es el elemento clave. Los deportes y la simulación de vuelo (14) son los que ocupan las siguientes posiciones del *ranking*, seguidos de toda suerte de experiencias exóticas o incluso surrealistas.

Tampoco causa mucha sorpresa el que en el listado por países Estados Unidos figure muy destacado (84), seguido de lejos por Italia (13) y Japón (12). Países como Francia (2) y Alemania (4) parecen estar poco desarrollados, pero en este terreno hay que tener en cuenta que la última actualización de la página *web* de la que hemos extraído esta información se hizo en diciembre de 1997; en un mundo tan dinámico como lo es este, dos años es mucho tiempo.

Más para satisfacer la curiosidad del lector que con fines puramente didácticos, vamos a comentar las características más sobresalientes de un par de plataformas de RV, dejando bien claro que no se trata de cantar las excelencias de ningún producto, sino de completar la información contenida en este apartado sobre la aplicación práctica de la realidad virtual en el entorno del entretenimiento.

Mandala VR Module (1986)

- Se practica la RV sin impedimento alguno; el jugador no emplea ni gafas ni guantes. Una cámara proyecta la imagen del usuario sobre un espacio virtual y este tiene que moverse de acuerdo con lo que ve:

— Tres juegos:	Turbo Konnier:	manejo nave espacial.
	Net Minder:	parar balones.
	Fish Nish:	nadar como un pez y volar como un pájaro.

2000 SK (1994)

- Inmersión con HMD

— Juegos:	Zon Hunter:	policía urbano.
	Virtuality Boxing:	boxeo.
	Dactyl Nighware 2:	buscando y guardando huevos sin que se caigan.
	Shoot for Loot:	lucha encarnizada por un botín.

LAS COMUNIDADES VIRTUALES

Desde sus orígenes, Internet no ha sido otra cosa que un sistema de comunicación y de intercambio. Durante muchos años su ámbito de aplicación quedó reducido a cierto entorno universitario norteamericano, pero a partir de la década de los noventa su área de influencia cubrió prácticamente el mundo entero.

Una de las más recientes aplicaciones de la red, y según algunos expertos la más importante, no es otra que el comercio electrónico, que ya ha llenado de tiendas virtuales el ciberespacio. Pero como ya dijimos al principio de este capítulo, el término virtual lo estamos aplicando a todas las parcelas de nuestra existencia. Estudio, trabajo, entretenimiento, negocios, compras, asistencia médica y un sinfín de otras actividades pueden hacerse ya en modo virtual; sin apenas darnos cuenta estamos vaciando nuestras vidas de realidad para llenarlas de virtualidad electrónica.

Millones de personas de cualquier parte del planeta ya han creado multitud de *comunidades virtuales* (CV) en base a una comunicación, básicamente a través de la red, pues en algunos casos llegan a mantener reuniones y a desarrollar actividades de grupo.

Las características de estas CV se basan en lo siguiente: han nacido y se han desarrollado de forma totalmente autónoma, se cuentan por millones los que pertenecen a ellas, su pertenencia afecta a todos los planos de la persona (individual, social, familiar y político), cada CV tiene sus propios valores culturales, y, según algunos expertos, de su evolución podría depender una parte del futuro de Internet.

Para el que esto escribe, una de las mejores publicaciones sobre comunidades virtuales es la que lleva por título *The Virtual Community,* y su autor, Howard Rheingold, es una auténtica autoridad en la materia. En esta obra se hace un profundo análisis de las cinco CV más importantes a nivel mundial, y que son: WELL *(Whole Earth' Electronic Link;* 1985), BBS *(Bulletin Board System;* 1978), MUD *(Multi-User Dungeon;* 1979), TWICS y COARA, constituidas en Japón en el año 1985.

Como puede comprobar el lector, la creación de la CV data de una época anterior a la difusión a nivel mundial de Internet, pero nada hace pensar que este tipo de actividad social no vaya a seguir multiplicándose.

En cualquier caso, el lector habrá podido entender que junto al mundo de la RV, en el que nos sumergimos pertrechados con todo tipo de artilugios electrónicos, existe otra forma de practicar estas actividades sin más que hacer uso de un mondo y lirondo PC.

EL ESPEJO DE SILICIO

La realidad virtual no es más que un epifenómeno de ese amplísimo nuevo mundo al que llamamos *ciberespacio,* y al que tanta literatura se le está dedicando, por la convicción de todos sus autores de que, de una u otra forma, es un concepto de especial trascendencia para el futuro de la humanidad. Si incluimos en el mismo cesto la realidad virtual, ciberespacio, ingeniería genética e inteligencia artificial, habremos encendido la espoleta de un mecanismo que nos puede colocar de bruces en lo que algunos autores llaman el *poshumanismo.*

Pero sin ánimo de llegar tan lejos, y apoyándonos en el libro *Ciberspace — The Human Dimension,* del autor David B. Whittle, quedémonos en la epistemología de tan controvertido término.

Aunque el escritor de ciencia ficción William Gibson está acreditado como el padre de la palabra *cyberspace,* presentada en su famosa novela *Neuromancer* (1984), el propio Gibson acredita la paternidad a John Brummer, autor de *Shokwave Rider* (1975), y este a su vez se remite a Alvin Toffler en *Future Shock* (1970). En esta obra maestra, Toffler incluye un capítulo, titulado «The cybors among us», en el que hace una vívida descripción de la integración hombre/máquina e incluso llega a aventurar que el cerebro puede funcionar fuera del cuerpo en donde está alojado. La publicación del libro *True Names* (1984), del autor Verner Vengie, parece que tuvo gran influencia sobre todos aquellos que intentaban comprender el potencial de las redes de comunicaciones. No deja de ser curioso que en el año fatídico en el que Orwell sitúa su personal y opresor ciberespacio, *El gran hermano,* otro novelista pusiera en circulación un concepto totalmente liberador, basado en un estado virtual de la mente y al que Gibson define así en su novela:

> Ciberespacio, una alucinación consensuada diariamente por miles de millones de usuarios legítimos, en cada nación, por niños que están aprendiendo conceptos matemáticos [...] Una representación abstracta de datos extraídos de los bancos de datos de cada ordenador en el sistema humano ...

Ciberespacio e Internet son dos conceptos que parecen querer aglutinar toda la actividad humana. El segundo engloba un significado de enriquecimiento inmediato para unos, el recuerdo de la inversión perdida para otros, y para el común de los mortales la desazón más aguda por intuir que algo se está cociendo y no saber nada acerca de los condimentos, ni de la mesa, ni de los comensales que participan en tan suculento festín.

Pero volvamos a la realidad de la RV, para enfrentarnos ahora con el futuro que le/nos aguarda, empezando primero por algunas de las mejoras que se están introduciendo o van a introducirse en breve en estos sistemas.

En el terreno del *hardware* los esfuerzos están encaminados a conseguir unas reproducciones audiovisuales más realistas (aunque aquí el *software* también tiene mucho que mejorar), mayor potencia de proceso para que la reacción del sistema ante las actuaciones del usuario sea casi instantánea, dispositivos de entrada/salida menos obstruccionistas, y una mejor tecnología de visualización en pantalla.

La creación de los modelos necesita mucho tiempo y para esta tarea se requieren habilidades nada fáciles de adquirir. Hacen falta herramientas de *software* para crear objetos, añadir comportamientos y manejar la interactividad. Puesto que la creación de modelos del mundo físico se torna tarea bastante dificultosa, ¿no sería posible basarse en KBS *(Knowledge Base System)* para ayudarnos a capturar el entorno que nos rodea?

La interfaz del usuario para un EV debe ser diseñada con sumo cuidado, teniendo en cuenta la funcionalidad específica de la aplicación y las limitaciones de la tecnología. En este sentido es necesario dar la adecuada respuesta a cada una de las siguientes preguntas: ¿cómo debe interactuar el usuario con el EV?, ¿cómo debe proporcionar las respuestas el ordenador?, ¿qué símbolos y metáforas pueden emplearse para mejorar la interfaz con el usuario?, ¿cómo debe aparecer el ciberespacio (Internet)?, ¿cómo mejorar la navegación y la sensación espacial?

El factor humano deberá considerarse como factor clave, pues, al fin y a la postre, es el usuario quien padece las deficiencias de su diseño. En este sentido, toda una serie de aspectos deben ser tenidos muy en cuenta. La incomodidad generada por el retraso en responder a las acciones del usuario, los problemas de visión y los efectos psicológicos y físicos a largo plazo, son algunas de las cuestiones a tener en cuenta a la hora de diseñar un sistema de RV. Son muchos los efectos no deseados causados en la salud y bienestar de los usuarios, y queda aún mucho camino por recorrer para eliminarlos.

La realidad virtual se ha hecho posible mediante los avances de la microelectrónica, cuyo componente básico, el silicio, ha dado nacimiento al todopoderoso microprocesador. Mediante el concurso de ordenadores modelizamos el mundo que nos rodea, y luego, con la ayuda de esos mismos equipos, vemos en ellos reflejada *(el espejo de silicio)* la recreación de nuestro entorno.

Trabajar con el espejo tiene enormes ventajas, pues podemos ver reflejadas en él realidades inaprensibles de cualquier otra forma; la inmersión consiste en darle al reflejo una sensación de realidad para así poder interactuar con él.

Pero no es solamente en el campo de la RV en donde nos servimos de nuestro espejito mágico; también al mundo de los negocios y de la política ha llegado la fiebre del silicio. Con la irrupción arrolladora del comercio electrónico parece como si todo lo que no se compra o se vende a través de la red no tuviera valor alguno. La obsesión de los países europeos por no quedarse atrás en la carrera de Internet es como intentar medir el bienestar social en base al número de internautas. Entramos en el siglo XXI arrumbando el patrón oro e instaurando el *patrón silicio*.

Nuestro reto es que de tanto emplear el silicio hecho RV acabemos por perder nuestra propia realidad y la del mundo en que vivimos.

PARTE VI

EL MUNDO DE LAS MATEMÁTICAS

26
Los números: de la simbología a la aplicabilidad

Manuel Castellet y Pilar Bayer

Introducción

Que dos personas profesionales de la matemática escriban un artículo sobre números para ser publicado en un libro editado en ocasión del cambio de milenio puede sorprender a más de uno o incluso llegar a parecer incoherente con la disciplina propia de su profesión.

Ciertamente, el paso de un milenio a otro, o de un siglo a otro, no tiene ninguna significación matemática más allá del cambio de cifras habitual cada primero de enero. No está vinculado a ningún fenómeno de la Naturaleza ni es, de por sí, un hecho intrínseco que pueda estar en la base de una teoría razonablemente fundamentada. ¿Por qué, pues, tanto revuelo?

No nos referimos ya a la discusión que sin ningún fundamento se ha abierto sobre la fecha en que entraremos en el siglo XXI. ¿Entraremos o hemos entrado ya? Desde luego, los que nos guiamos por el calendario gregoriano entraremos a las cero horas del día 1 de enero del año 2001, aunque, sin lugar a dudas, por lo que acabamos de comentar del cambio de cifras, la entrada al año 2000 tuvo una significación emblemática tan especial, que nos ha cautivado plenamente. Nuestra era cristiana empieza el día 1 del primer mes del año 1; la víspera de ese día perteneció al año 1 antes de Cristo. No existe, pues, el año 0.

¿Tiene algún significado matemático que estemos precisamente en el año 2000 y no en el 2147, por ejemplo? Ninguno; es un puro convenio haber fijado el año 1 de nuestra era en una fecha que muchos creen, erróneamente, que coincide con el nacimiento de Jesús de Nazaret. No es, pues, un hecho científico, sino puramente convencional. Según el calendario judío estamos en el año 5760; según el musulmán, en el 1421, y según el chino hemos entrado en el año del Dragón. Incluso si la extinta Unión de Repúblicas Socialistas Soviéticas no hubiera adoptado el año 1917 el calendario de la Iglesia católica, ellos entrarían en el siglo XXI trece días más tarde que nosotros. Por esa razón, la revolución del 25 de octubre de 1917 se celebra cada año el 7 de noviembre.

Establecidas estas premisas, no existe objeción alguna para hablar de matemáticas, y de números más concretamente, a una audiencia no necesariamente motivada para la lectura de estas cuestiones, pero que sí que es sensible al cambio de los guarismos, con todos los condicionantes psicológicos favorecidos por una efeméride como la que estamos viviendo. Para la teoría de números este tercer milenio en el que entramos es ya el cuarto de su historia.

Ciencia, cultura, saber, belleza, matemáticas

La palabra ciencia *(scientia)* se ha usado en muchos contextos con la equivalencia de saber, o conocimiento, tal como indica su origen latino: *scire.* Por una parte, la ciencia es un conocimiento fruto del descubrimiento; por otra, es un conocimiento derivado del experimento o del cálculo. Ya Alfred North Whitehead puso de manifiesto que, a menudo, el científico no busca descubrir para saber, sino más bien busca saber para descubrir. En la mayoría de las ciencias el nuevo espacio que nos abre el conocimiento, a través de una nueva herramienta matemática, conceptual, es enorme, y los descubrimientos tienen lugar sucesivamente durante muchos años, tal como expresa Salvador Reguant en *Carta d'un científic a si mateix.*

Sin embargo, la ciencia moderna puede conformar el pensamiento de diversas maneras, que no siempre propician un saber más integrador. *Hypotheses non fingo,* decía Isaac Newton (1642-1727), uno de los creadores de la ciencia moderna; aunque algunos han llegado a creer que esta extraordinaria «jaula» que nos propuso no es una jaula, sino que contiene todas las realidades y una visión completa y exhaustiva de estas. Pero a decir verdad no es más que una jaula extraordinaria como lo demuestra que nunca en la historia ninguna línea de pensamiento, ningún método de trabajar los conceptos había conducido a una revolución tan importante como la ciencia moderna. Como dijo Konrad Knopp (1882-1957) en la sesión inaugural de curso en la Universidad de Tübingen, en 1927, «la matemática es la base de todo el conocimiento y el contenedor de toda la alta cultura». A criterio del escritor alemán Hans Magnus Enzensberger, «Nos encontramos frente a un misterio. ¿A qué se debe que en nuestra civilización las matemáticas han permanecido como un agujero negro de nuestra cultura, como un territorio de extraterrestres, en el cual solo la elite, los iniciados, pueden moverse?».

La ciencia impacta, pues, en nuestro paisaje mental. Los descubrimientos científicos no acostumbran a alterar nuestro entorno de forma inmediata, pero nos hacen comprender mejor el funcionamiento de este mundo y el de nosotros mismos. Cuando Galileo Galilei (1564-1642), Johannes Kepler (1571-1630) e Isaac Newton describieron la mecánica celeste no modificaron nuestro entorno: saber que la Tierra giraba de manera constante alrededor del Sol y que daba lugar a la existencia de estaciones era un conocimiento de gran importancia, pero los humanos hacía ya siglos que sabían este aspecto práctico aunque pensaran que era el Sol el que se movía. Sin embargo, cuando un ingeniero ha de diseñar un motor eléctrico estándar emplea de forma natural números complejos, idea que desde luego no imaginaron Leonhard Euler (1707-1783) ni Carl Friedrich Gauss (1777-1855) cuando los crearon en el siglo XVIII; sin la codificación binaria de los números desarrollada por Gottfried Wilhelm Leibniz (1646-1716), los ordenadores actuales serían inimaginables; Albert Einstein (1879-1955) no habría podido formular su teoría de la relatividad sin los trabajos previos de Bernhard Riemann (1826-1866); y sin la teoría de grupos, ¿qué sería de la mecánica cuántica, de la cristalografía o de la tecnología de las comunicaciones? El estudio de los números primos, una rama de la teoría de números de extraordinaria belleza, fue en muchas épocas considerada como una especialidad esotérica de la cual a lo largo de ya más de dos milenios, desde antes de Eratóstenes y Euclides, se han ocupado los cerebros más brillantes; no ha sido hasta este siglo cuando personal de los servicios secretos, programadores, militares y banqueros han descubierto su importancia para compartir secretos o realizar negocios.

Ciencia, cultura, y estética. La ciencia y los científicos tienen una relación particularmente significativa con la belleza. Por una parte, el descubrimiento de objetos próximos o lejanos, pequeños o grandes, ha inspirado a menudo a los artistas plásticos y estimulan nuestra curiosidad por conocerlos mejor, es decir, por progresar en la ciencia; por otra, la misma reflexión científica ha originado unas líneas de pensamiento de particulares valores estéticos, apreciados, a menudo, únicamente por aquellos que captan el significado, más o menos esotérico, de la elaboración y la comunicación científicas.

Sin embargo, este concepto de estética no está reñido con el lenguaje de la racionalidad. Los griegos y los escolásticos medievales lo utilizaron ya en su preocupación constante por una cosmovisión sistemática y globalizante: afirmación o tesis, explicación del significado de los términos empleados, argumentación y discusión. En matemáticas, profesionalmente, hay que utilizar un lenguaje, una notación, diferente del ordinario, que es indispensable para la buena intercomunicación (como ocurre en la música, por citar un ejemplo bien asimilado). Es fácilmente comprensible que este hecho lleva, a menudo, a dificultades de comunicación. En fecha reciente se ha iniciado el establecimiento de puentes de comunicación, como pueden ser los artículos de Martin Gardner o John Conway, o la revista *Spektrum der Wissenschaft,* o la película *Fermat's Last Theorem,* de Simon Singh; pero la dificultad de comunicación entre el matemático y la sociedad cultural persiste.

En lo que sigue pretendemos establecer sólidos puentes de conexión entre ciencia, cultura, estética y comunicación, a partir de una larga historia que se inicia con el concepto natural de número y acaba con los protocolos criptográficos para compartir secretos.

Fig. 26.1.—*La Aritmética.* [Grabado sobre madera que adorna la *Margarita Philosophica* de Gregorius Reisch (ed. Friburgo, 1503)]

LA MATEMÁTICA Y LOS NÚMEROS EN EL TERCER MILENIO

El saber matemático que acumula la humanidad se ha ido diversificando a lo largo de los siglos en distintas áreas: Aritmética, Geometría, Álgebra, Análisis, Probabilidades, Lógica, Topología, Estadística, Ciencias de la Computación, Teoría de la Información, etc. Las fronteras entre tales áreas no son nítidas y, además, se ven sometidas con regularidad a revisiones y cambios.

André Weil (1906-1998) advertía en 1961 que «un matemático que se especializa demasiado se condena a una vida incompleta de la matemática contemporánea». Pero ¿cuál es el grado de especialización deseable en un matemático de nuestros días?, ¿cuántas áreas deben estar al alcance de un matemático formado?, ¿qué áreas pueden entrar a formar parte del acervo de conocimientos de un público informado?

Es difícil dar respuesta a las preguntas anteriores. La clasificación temática de las publicaciones matemáticas se realiza de acuerdo con el listado *Mathematics Subject Classification* (MSC), elaborado y actualizado conjuntamente por los comités editoriales de las revistas de referencia *Mathematical Reviews* (americana) y *Zentralblatt für Mathematik* (europea). El MSC registra más de cincuenta áreas temáticas principales (con una media de unas diez áreas secundarias cada una, las cuales contienen sus correspondientes especialidades); las entradas están conectadas entre sí por numerosos vínculos. El volumen actual de publicaciones matemáticas y el nivel alcanzado hubieran sido inimaginables hace tan solo medio siglo. Puede decirse que la matemática goza hoy de mejor salud que nunca. Entre los factores motrices de este extraordinario desarrollo se cuentan el incremento del número de matemáticos profesionales dedicados a la investigación, el uso generalizado de métodos de cálculo, rápidos y fiables, que han hecho su irrupción de la mano de las computadoras modernas, y las interacciones, cada vez en mayor número, entre matemáticos y científicos de otras disciplinas. En las últimas décadas, los ordenadores y, con ellos, las llamadas ciencias de la computación han aportado cambios drásticos en la metodología de las matemáticas, ensanchando su campo de aplicabilidad. Sin embargo, y casi de milagro, la matemática sigue gozando globalmente de la misma belleza, coherencia y unidad que un día fascinaron a David Hilbert (1862-1943) o Henry Poincaré (1854-1912).

Hasta hace relativamente pocos años, el único laboratorio de experimentación con que contaba el matemático era su propia mente. Se decía que para hacer matemáticas «bastan un lápiz y un papel», pero se silenciaban la aridez de los cálculos, su duración, y la dificultad inherente a la obtención de resultados fiables cuando estos conllevaban complicados procesos algorítmicos. Puede decirse que los verdaderos avances matemáticos estaban al alcance de muy pocos. El placer del descubrimiento matemático era privativo de mentes privilegiadas —como las de Arquímedes, Newton, Gauss o Poincaré— que, dotadas de una visión profunda, eran capaces de intuir y adentrarse en estructuras arcanas reacias a revelar sus misterios. De ahí la bien ganada fama de elitista de esta rama del conocimiento humano.

A lo largo de la historia, la aceptación de cada concepto matemático nuevo —creado por necesidades específicas— ha ido acompañada de la convulsión consiguiente y ha requerido un período muy largo de adaptación. Ello es especialmente visible en la evolución sufrida por el concepto de *número*. El complicado uso de los números fraccionarios por los babilonios y los egipcios; el descubrimiento de los números irracionales, en la Grecia antigua; la invención de la numeración posicional en la India del siglo V, y su posterior propagación y extensión por los algebristas árabes a partir del siglo IX; los números negativos, no considerados en Occidente hasta el siglo XV; los números reales, cuya formalización no se logró hasta el siglo XIX; los números complejos, cuya consolidación requirió más de tres siglos; la aritmética modular, creada en el siglo XIX; el descubrimiento de los números trascendentes y de los cuaternios, en el siglo XIX; los números cardinales y ordinales, ligados al nacimiento de la teoría de conjuntos, en el siglo XIX; y la construcción de los números *p*-ádicos, ya en el siglo XX, son ejemplos que muestran bien a las claras la larga andadura experimentada —y no concluida todavía— por la idea abstracta de número y sus distintas acepciones.

La popularización de las computadoras y su utilización como herramientas de cálculo ha requerido así mismo un tiempo apreciable. Desde las primeras intuiciones y construcciones de John von Neumann (1903-1957), Norbert Wiener (1894-1964) y Alan Mathison Turing (1912-1954) hasta la construcción del *microchip* y, con él, el uso generalizado de los ordenadores personales, ha transcurrido más de medio siglo. Mediante los ordenadores, la mayoría de cálculos que se plantean en matemáticas se reducen a operaciones ejecutables únicamente con dos dígitos: el 0 y el 1. Para el ordenador, el 0 y el 1 son los *bits* o unidades de información básicas, y su empleo, a partir del desarrollo de un soporte lógico *(software)* adecuado, nos está permitiendo visualizar estructuras aritméticas, geométricas, analíticas, etc., de forma que hubiera sido impensable en el pasado. Paulatinamente, el grado de abstracción propio de las matemáticas tradicionales va cediendo paso a un grado de concreción que redunda en una matemática más visual, más aplicada, que puede ser en el futuro mucho más atractiva y asequible.

La palabra *digital* preside grandes decisiones de la vida moderna y, hoy por hoy, está moviendo grandes sumas de dinero —con lo cual ¡ya nadie pone en duda la utilidad del sistema de numeración binario!—. En matemáticas, las ideas más sencillas suelen ser con frecuencia las más potentes. Una de las lecciones que nos depara la era de la información y comunicación digitales es que, una vez logrado el soporte electromagnético *(hardware)* necesario, para computar, ¡con dos dedos, basta! El tiempo ha dado la razón a Leibniz.

El nacimiento de la teoría de los códigos correctores de errores

Criptografía y teoría de códigos son dos especialidades propias de la teoría de la información y de la comunicación, un área de la matemática desarrollada en la segunda mitad del siglo XX. El nacimiento de la teoría de códigos está íntimamente ligado a necesidades surgidas en el mundo digital. En cuanto a la criptografía, si bien sus orígenes se pierden en el tiempo, no ha sido hasta los últimos años cuando ha adquirido rango de especialidad científica.

Por regla general, cuando se transmite información interesa conseguir un alto grado de fidelidad. Ocasionalmente, puede ser necesario también mantener la confidencialidad; es decir, que la transmisión del mensaje se mantenga a salvo de lectura por parte de terceros. Los planteamientos de la teoría de códigos y de la criptografía son, en cierto modo, opuestos. En ambas ciencias la información se codifica, pero con fines distintos. En teoría de códigos, los llamados códigos correctores tienen por objetivo la mejora de la fidelidad de las transmisiones. El objetivo de la criptografía es proteger la confidencialidad. De entrada, podemos pensar que la misión de los códigos correctores es facilitar al máximo la lectura de un mensaje. Por el contrario, la misión de la criptografía es dificultarla.

Cuando en 1946 el matemático Richard Wesley Hamming (1915-1998) se incorporó al equipo de matemáticos de los Bell Telephone Laboratoires coincidió con el teórico de la comunicación Claude Shannon (1916) y el estadístico John Tukey (1915). En palabras del propio Hamming: «el grupo se veía abocado a hacer cosas no convencionales, de manera no convencional, y obtener, a pesar de todo, resultados de valor». En un principio, Hamming estuvo dedicado a estudios de elasticidad que requerían ingentes cálculos. Para llevarlos a cabo contaba con los voluminosos ordenadores del Computing Science Research Center. La larga duración de aquellos le obligaba a dejar los ordenadores conectados por la noche y durante los fines de semana. Dado que en los sistemas digitales los datos son tratados como bloques de bits, un único error en uno de los bits podía introducir un alto grado de confusión en los resultados, con la consiguiente pérdida de tiempo. Hamming se propuso lograr que fuera el propio ordenador quien detectara y corrigiera errores aislados. Para lograrlo, ideó un sistema basado en la introducción de numerosos bits de control en cada bloque de bits. De esta forma, cada vez que se producía un error, el proceso se detenía y autocorregía, antes de seguir adelante. Su método es una generalización muy lograda del llamado bit de paridad, presente hoy en ciertas versiones del código ASCII *(American Standard Code for Information Interchange).* Este código es el utilizado por muchas máquinas para conectar su interior con los periféricos.

Para captar el papel que desempeña un bit de control, bastará que pensemos en el algoritmo que nos proporciona nuestro número de identificación fiscal (NIF). Como bien sabemos, el NIF consta del número del documento nacional de identidad (DNI) seguido de una letra mayúscula. La letra pertenece a un alfabeto reducido de 23 caracteres, extraído del habitual. La elección de esta letra no es, en absoluto, aleatoria. Si N es el número del DNI, para saber la letra que le corresponde debe dividirse el número N por 23 y anotar el resto, r —que es un número mayor o igual que 0 y menor que 23—. Al valor r obtenido se le asigna una letra del alfabeto de acuerdo con la siguiente correspondencia:

0→T	4→G	8→P	12→N	16→Q	20→C
1→R	5→M	9→D	13→J	17→V	21→K
2→W	6→Y	10→X	14→Z	18→H	22→E
3→A	7→F	11→B	15→S	19→L	

La letra del NIF, al ser redundante, proporciona un símbolo de control. Un NIF igual a 35291253X es incorrecto, puesto que el resto de dividir $N=35291253$ por 23 es igual a 7, y, de acuerdo con el convenio expresado en la tabla, la letra F debería ocupar el lugar que ocupa la letra X. Esta discrepancia nos indica que uno de los símbolos como mínimo del NIF anterior ha sido alterado. El NIF es, pues, un código detector de un error. Notemos, sin embargo, que no es un código corrector de errores, ya que nada nos dice acerca de dónde nos hemos equivocado. Por ejemplo, los valores 35791253X, 35291233X, 35291253F son valores posibles del NIF que, con solo un error, nos hubieran proporcionado el NIF espurio.

Los códigos de Hamming trabajan dividiendo la información en bloques del mismo número de bits, denominados palabras, y son capaces de corregir un error en cada uno de estos bloques. Ello se consigue a expensas de colocar bits de control de acuerdo con reglas precisas. En el caso más sencillo, las palabras del mensaje sin codificar tienen una longitud de $k=2^n-n-1$ bits, en donde n es un número natural, y se transmiten junto con n bits de control, con lo cual cada palabra codificada se alarga y pasa a contener $m=2^n-1$ bits.

Ilustraremos con un ejemplo concreto cómo procede un código de Hamming para corregir un error. Tomemos como parámetro $n=3$. Se trata, por lo tanto, de transmitir palabras de cuatro bits de información ($k=4$) que completaremos con tres bits de control ($m=7$). Numeremos las posiciones de las palabras codificadas de izquierda a derecha. El primer bit de control se coloca en la posición 1 y es un bit de paridad sobre las posiciones 1, 3, 5, 7. El segundo bit de control se coloca en la posición 2 y es un bit de paridad sobre las posiciones 2, 3, 6, 7. El tercer bit de control se coloca en la posición 4 y es un bit de paridad sobre las posiciones 4, 5, 6, 7. Si ningún control de paridad falla, la palabra codificada se supone correcta. Si un bit, exactamente, de la palabra codificada es erróneo, el procedimiento indicado permite localizar el error y corregirlo: el error se localiza en la posición cuya representación binaria tiene por cifras las indicativas de los bits de control erróneos. La tabla siguiente nos muestra las 16 palabras de este código de Hamming; las posiciones de los bits de control están señalizadas en negrita.

Posiciones							**Valor**
1	**2**	3	**4**	5	6	7	**decimal**
0	0	0	0	0	0	0	0
1	1	0	1	0	0	1	1
0	1	0	1	0	1	0	2
1	0	0	0	0	1	1	3
1	0	0	1	1	0	0	4

Posiciones 1	2	3	4	5	6	7	Valor decimal
0	1	0	0	1	0	1	5
1	1	0	0	1	1	0	6
0	0	0	1	1	1	1	7
1	1	1	0	0	0	0	8
0	0	1	1	0	0	1	9
1	0	1	1	0	1	0	10
0	1	1	0	0	1	1	11
0	1	1	1	1	0	0	12
1	0	1	0	1	0	1	13
0	0	1	0	1	1	0	14
1	1	1	1	1	1	1	15

Así, si en un momento dado del cálculo se produjera la palabra 0110001, esta no pasaría el control de los bits de paridad segundo y tercero, por lo que el ordenador reconocería que el bit equivocado es el que ocupa la posición $22+2=6$ y la sustituiría por la palabra 0110011.

Hamming introdujo así mismo el concepto de distancia entre dos palabras, que es central en el desarrollo de la teoría. Dadas dos palabras de la misma longitud, su distancia de Hamming se define como el número de posiciones en las que estas difieren. Hamming observó que un código cuyas palabras estuvieran a una distancia mínima igual a $2t+1$, en donde t es un número natural arbitrario, es capaz de corregir t errores. La teoría de los códigos correctores de errores se encaminó hacia la determinación de conjuntos de palabras —formadas en principio con un total de m bits— suficientemente separadas y colocadas de forma estratégica, de modo que permitieran detectar de manera eficiente las palabras con errores; es decir, las palabras de m bits no pertenecientes al conjunto seleccionado.

Los códigos de Hamming se construyen por medio de recursos matemáticos sencillos, que son aportados por el cálculo matricial binario; pertenecen a una familia mucho más general, denominada de los códigos lineales. A los códigos inventados por Hamming siguió una larga lista de códigos creados por otros matemáticos con vistas a mejorar su eficacia (el número de bits que son capaces de corregir) y rendimiento (el factor k/m). El motor impulsor de este desarrollo fue un teorema demostrado por Shannon en 1948. El teorema de Shannon afirma que: «para todo canal de transmisión (expuesto a ruidos y sin memoria) existe una constante, llamada capacidad del canal, tal que, siempre que transmitamos información con tasa de rendimiento inferior a la que permite la capacidad del canal, existe un esquema de codificación cuya probabilidad de error es tan pequeña como queramos». Observamos que el teorema de Shannon no es constructivo; es decir, nada nos dice acerca de cómo construir tales códigos. El teorema de Shannon motivó la búsqueda de códigos correctores de errores con buenos parámetros.

M. Golay construyó en 1948 cuatro códigos: G_{11}, G_{12}, G_{23}, G_{24}. Entre los años 1979 y 1981, la sonda espacial *Voyager* utilizó el código de Golay G_{24} para la transmisión en color de fotografías de Júpiter y de Saturno. Códigos construidos por I. S. Reed y D. E. Muller en 1954 fueron usados en 1972 por el *Mariner 9* en la transmisión de fotografías en blanco y negro desde Marte. La NASA está usando códigos BCH, descubiertos por R. C. Bose, D. K. Ray-Chaudhuri y A. Hocquenghem, en 1960. Una de las aplicaciones más espectaculares de la teoría de códigos correctores de errores ha sido el *Compact Disc Digital Audio System,* inventado por Philips, que incorpora códigos *Reed Solomon* (RS), que son un tipo particular de códigos BCH. Los códigos BCH se basan en propiedades de los llamados cuerpos finitos. Sobre esta estructura algebraica hablaremos más adelante.

El código de los códigos

A partir de los años cincuenta, la teoría de la información ejerció una notable influencia en campos apartados del ámbito estrictamente matemático. Este efecto es especialmente apreciable en biología, en donde una parte importante de las ciencias de la vida incorpora en su acervo conceptos propios de la teoría de la información —como hiciera un día esta ciencia con respecto de la lingüística.

Toda la información necesaria para la génesis y desarrollo de la vida de un organismo se encuentra en la secuencia de bases de las largas cadenas del ADN. Sus instrucciones aparecen codificadas según un alfabeto de cuatro letras: A, T, C, G, las iniciales de los ácidos nucleicos: adenina, timina, citosina y guanina. Un texto formado por palabras escritas con estas cuatro letras constituye la información genética de cada organismo vivo. La existencia del código genético, que fue conjeturada en 1944 por el físico Erwing Schrödinger en su fascinante opúsculo titulado *What is Life? The Physical Aspect of the Living Cell,* fue puesta de manifiesto en 1953 por James Watson y Francis Crick. La naturaleza helicoidal del ADN y sus genes se vieron así como un código que había que interpretar.

En el complejo proceso de duplicación del ADN, la selección de ácidos nucleicos para formar los pares de bases (A-T, C-G) es llevada a cabo por la enzima ADN-polimerasa. La actividad de esta enzima es interpretada como un mecanismo de corrección de errores. Aun así, en promedio, se comete un error de apareamiento por cada diez millones de bases. A fin de aumentar la precisión de los apareamientos en la duplicación del ADN, una máquina enzimática entra en acción y corrige los errores cometidos por la ADN-polimerasa. Por medio de este mecanismo, la exactitud de la réplica llega a alcanzar la increíble cifra de un error por cada diez mil millones de bases. La tasa de rendimiento del código genético se sitúa alrededor de un 3 por 100, por lo que la mayoría de las bases ejercen una misión de control.

Como es sabido, los biólogos están trabajando en el que puede ser el proceso de recogida de información más ambicioso y complejo de la historia de la ciencia: el Proyecto Genoma, que prevé la secuenciación del código genético de miles de organismos vivientes, incluido el de los humanos. La descripción de la estructura 3-dimensional del ADN hace uso de herramientas geométricas y topológicas. Complejos mecanismos matemáticos están siendo empleados en el procesamiento de tan ingente cantidad de información y las nacientes terapias génicas son mecanismos de *corrección de errores* que están suscitando toda suerte de esperanzas y ciertos temores.

La bioinformática está en ciernes. Organizaciones científicas diversas, entre ellas la American Mathematical Society (AMS), ya se han hecho eco de la construcción de chips de ADN mediante fotolitografía, la misma técnica que se emplea en la construcción de microprocesadores. Para el físico Freeman Dyson, «la proteína es el *hardware;* el ácido nucleico, el *software»,* y Steven Levy comentaba en *Newsweek* que «un tarrito» de ADN podría computar más operaciones aritméticas que todos los ordenadores que están en uso hoy día. Quizá en un futuro no lejano dispondremos de ordenadores moleculares con mayor potencia de procesamiento que los actuales, que calcularán con ¡cuatro! dedos.

VIDAS PARALELAS

En una entrevista realizada al matemático ruso Igor R. Shafarevich no hace muchos años, este expresaba su opinión acerca de que una inteligencia global parece guiar el quehacer de los matemáticos. La manera de trabajar del investigador matemático es parecida a la del artista que actúa bajo el dictado de su inspiración. En cada momento, los investigadores de un equipo acostumbran a tener claro el problema que deben afrontar; unos pocos años de experiencia investigadora bastan para no equivocarse demasiado. (Ello no obsta para que, en ocasiones, tales intuiciones no acaben pagándose caras.) André Weil distinguía entre *organismo* y *organización.* Un organismo es un ser vivo, que se desarrolla según su propio código y no sujeto, en principio, a dictámenes del exterior. Una organización es un ente burocrático y mecanizado, sometido constantemente a controles. Weil interpretaba algunas de las escuelas matemáticas más relevantes que se han dado a lo largo de la historia como ejemplos de organismos. En ellos, nadie imponía qué tipo de investigación matemática debía ser realizada. Al mismo tiempo, ninguna organización internacional ha dictaminado nunca sobre la orientación de la investigación matemática. Inexplicablemente, a menos que creamos en la inteligencia global de la que nos habla Shafarevich, el resultado de tamaña anarquía en el proceder general de los matemáticos es que el edificio de la matemática se nos manifiesta hoy como uno de los logros más armónicos y bellos creados por la naturaleza humana.

Las teorías matemáticas evolucionan lentamente. Los resultados importantes no se producen todos los días. Sin embargo, observado con cierta perspectiva, cada período de la historia matemática parece haber sido llamado a la consecución de un logro importante. Esta ley, implícita, se cumple con una rigurosidad tal que no es infrecuente la aparición de resultados coincidentes que son alcanzados de manera independiente por matemáticos pertenecientes a comunidades distintas. Ello denota simplemente que determinadas teorías (o experimentos) han alcanzado el grado de madurez necesario para su concreción en forma de teoremas.

Podría hacerse un tratado de vidas matemáticas paralelas, de matemáticos de entornos distintos que han coincidido casi a la vez en la obtención del mismo resultado (¡con los consiguientes disgustos y/o reclamaciones de prioridad!). Uno de estos ejemplos lo ofrecen Jacques Hadamard (1865-1963) y Charles de la Vallée-Poussin (1866-1962). Ambos nacieron y murieron casi el mismo año, alcanzaron una edad muy avanzada y demostraron de forma independiente en 1896 el difícil *teorema de los números primos.* Otro caso destacable es el protagonizado por Richard Hamming y André Weil. Ambos matemáticos gestaron por separado en los años cuarenta dos teorías independientes: la teoría de los códigos correctores de errores, de la que ya hemos hablado, y la geometría algebraica sobre cuerpos finitos, de la que hablaremos más adelante. Ambas teorías se verían unidas muchos años después en forma de aplicaciones dirigidas al mundo digital.

Sobre el número de primos inferiores a una cantidad dada

Los números primos: 2, 3, 5, 7, 11, etc. (los que carecen de divisores salvo el propio número y la unidad), son los bloques constituyentes de todos los números naturales: todo número natural (≥ 2) factoriza de manera única en un producto de números primos. Una parte importante de la aritmética se asienta en el conocimiento de sus propiedades.

Desde los tiempos de Euclides se conoce que la sucesión de números primos es infinita. En el siglo XVIII, Euler, Legendre (Adrien-Marie, 1752-1833) y Gauss se interesaron por la distribución de los números primos. Una de sus aficiones comunes era la construcción de extensas tablas de números primos con las que intentaban descubrir las leyes que rigen su comportamiento. Legendre y Gauss formularon la importante conjetura que «el número de primos inferiores a una cierta cantidad x debía ser aproximadamente igual al valor $x/\log(x)$». Más precisamente, si consideramos la función $x/\log(x)$, esta es asintóticamente equivalente a la función $\pi(x)$ que calcula el número de primos menores que x. Esta afirmación se conoce con el nombre de «teorema de los números primos». Aunque su comprobación experimental no deja lugar a dudas, transcurrieron casi cien años antes de que pudiera ser probada.

Como ya hemos mencionado anteriormente, la demostración del teorema de los números primos fue conseguida simultáneamente por Hadamard y De la Vallée-Poussin en 1896. En la época de Legendre y Gauss, la obtención de una tal prueba hubiera sido muy difícil, puesto que Hadamard y De la Vallée-Poussin se valieron de técnicas de análisis complejo cuyo conocimiento teórico no se desarrolló hasta bien entrado el siglo XIX. En esta dirección, cabe destacar las aportaciones fundamentales de Augustin-Louis Cauchy (1789-1857) y Bernhard Riemann, entre otros.

Las investigaciones de Euler sobre los números primos inspiraron a Riemann la creación de su función zeta, $\zeta(s)$, que aparece por primera vez en una memoria publicada en 1859. La función zeta de Riemann es la herramienta analítica más importante para el estudio de los números primos. Una afirmación formulada en la memoria de Riemann de 1859 sobre la localización de sus ceros constituye la hipótesis de Riemann. Dicha hipótesis, que no ha podido ser probada todavía, afirma que *todos los ceros de la función zeta en la banda crítica* $[0 \leq \mathrm{Re}(s) \leq 1]$ *son números complejos cuya parte real vale* 1/2. La prueba de la hipótesis de Riemann, de lograrse un día, tendría consecuencias muy importantes, pues redundaría en la mejor estimación de muchos términos de error —incluido el de $\pi(x) - x/\log(x)$.

En los años treinta y durante su estancia en Princeton, el matemático inglés Alan Turing había empezado a gestar la idea de la construcción de una computadora. De regreso a Cambridge, en 1938, empezó a construir un artificio mecánico con la idea de investigar la veracidad o la falsedad de la hipótesis de Riemann. Sin embargo, tuvo que interrumpir su tarea al ser llamado por su gobierno para trabajar en la escuela gubernamental de Bletchley Park con el fin de descifrar los códigos alemanes producidos mediante la máquina *Enigma.*

De la criptografía a la criptología

Tal como hemos indicado, la criptografía es tan antigua como la escritura misma; sin embargo, el nacimiento de la criptología científica puede situarse perfectamente en los años de la Segunda Guerra Mundial. La criptología es en la actualidad una ciencia con dos aspectos claramente diferenciados: la *criptografía,* que se encarga del diseño de sistemas de escritura secretos, y el *criptoanálisis,* que estudia los procedimientos para descubrir los secretos de estos sistemas de escritura.

Pero demos inicialmente una pincelada al pasado más y no tan antiguo. En *criptografía* (como ciencia de las escrituras secretas), la palabra *cifra* se refiere al conjunto de los medios que permiten transformar un texto claro (plano) en otro ininteligible para un no iniciado, y al conjunto de los medios que permiten realizar el descifrado en cualquier momento. La definición se explica etimológicamente por la utilización antes frecuente de letras numerales o

Fig. 26.2.—Tablilla astrológica mesopotámica

signos de numeración para componer tales escrituras secretas. Rémy de Gourmont (1858-1915), en su libro *Culture des idées,* emplea el término exactamente en este sentido: «Se puede por tanto escribir, sobre todo cuando se trata de generalidades, sucesiones de frases que tienen a la vez un sentido abierto y otro secreto. Las palabras, que son signos, son casi siempre también cifras». Añadamos que, desde al menos el año 1515, el verbo *cifrar* recibió el significado de «marcar una correspondencia secreta», pero designa comúnmente desde esa misma época la acción de «numerar».

Aunque en la antigüedad también se utilizó para escribir nombres propios, la criptografía cifrada fue especialmente empleada en la *adivinación,* la ciencia secreta de adivinos y magos en la cultura mesopotámica del siglo VIII a. C. Estos empleaban frecuentemente en sus escritos combinaciones numéricas para confundir a los profanos mediante múltiples enigmas y asegurar de alguna manera la inviolabilidad de sus textos sagrados. Una idea no muy lejana en la que ha inspirado al cabo de veintiocho siglos la seguridad de las tarjetas de crédito. Entre los textos mesopotámicos que parecen testimoniar mejor tal uso, Georges Ifrah cita en su *Historia universal de las cifras* la tablilla llamada «del *Esagil»,* que incluye las medidas del gran templo de Marduk en Babilonia, así como las de la Torre de Babel: «Este texto se presenta con el aspecto anodino de una anotación de las dimensiones de los patios, de las terrazas; es una sucesión de cifras donde parece que no haya nada más que ver que lo que se lee; sin embargo, el escriba, en el curso de su exposición, se interrumpe e intercala la fórmula que se encuentra a continuación en los textos reservados a los iniciados: *¡Que el iniciado dé la explicación de este texto al iniciado, que aquel que no está iniciado no la vea!».*

No es este el lugar para recordar la importancia de los números en Mesopotamia, en el antiguo Egipto, en la América precolombina, en China o en el Japón; no se trata tampoco de desarrollar las teorías y doctrinas de los pitagóricos y neoplatónicos, quienes hicieron de los números uno de los elementos fundamentales de su metafísica, pensando que eran el principio, la fuente y la raíz de todos los seres y de todas las cosas. Sin embargo, antes de hablar propiamente de la criptología tal como se concibe hoy día y tal como afecta nuestro presente y afectará nuestro futuro inmediato, merecen la pena unas breves consideraciones relativas a las numeraciones secretas empleadas hasta una época muy reciente (comienzos del siglo XX) en los servicios oficiales del Imperio otomano.

Según M. J. A. Decourdemanche *(Notes sur quatre systèmes turcs de notation numérique secrète),* «en 1869, con el fin de realizar una comparación entre la expedición fallida de Carlos III de España contra Argel y la expedición francesa de 1830, el Ministerio de la Guerra francés hizo traer desde África a París el original, en turco, elaborado por la Regencia de Argel con destino a la Sublime Puerta sobre dicha expedición [...] Se adjuntaba un estudio detallado de las fuerzas españolas de tierra y mar, escrito en caracteres tadmoríes [...] A título de ejemplo, he aquí la reproducción de la primera línea del estado de las fuerzas que proporcionó el espía, tanto del ejército como de la marina:

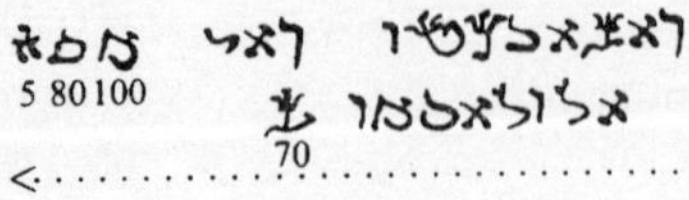

escritura en caracteres tadmoríes de las expresiones españolas que siguen:

Regimiento [del] Rey	*185 [hombres]*
El «Velasco»	*70 [cañones]*

Estos precedentes son ilustrativos para comprender el presente de la criptología y poder conjeturar sobre su desarrollo futuro más inmediato.

La matematización de la criptología es el hecho fundamental que marca el inicio de la misma como una disciplina científica. La publicación, hace poco más de medio siglo, en el *Bell Systems Technical Journal,* de dos trabajos de C. E. Shannon («A mathematical Theory of Communication» y «Communication Theory of Secrecy Systems») es, sin duda, el punto de inflexión que nos permite pasar de algo no muy alejado del esoterismo a una ciencia. El uso de la criptografía se reducía hasta épocas relativamente recientes al ámbito militar y al espionaje; de hecho, eran relativamente reducidos tanto el volumen de información que había que transmitir de modo secreto como el número de usuarios involucrados tanto en el cifrado como en el descifrado de la información. Además, los recursos computacionales eran muy limitados, tanto para los que mandaban y los que recibían los mensajes como para los espías que querían descubrir su contenido.

Según Paz Morillo *(Protocols criptogràfics distribuïts i esquemes per a compartir secrets),* dos son esencialmente las causas del gran avance que se ha producido en la criptología en las últimas décadas: «En primer lugar la existencia de ordenadores con una potencia de cálculo cada vez superior y, en segundo lugar pero quizá más determinante, la generalización de las comunicaciones y otras transacciones telemáticas que han hecho necesario el uso de la criptografía por parte de un número cada vez mayor de usuarios». De hecho es así; los importantes cambios a que han estado sometidas en los últimos años la informática y las comunicaciones, y aquellos a que estarán sometidas en el futuro inmediato, han conllevado un aumento extraordinariamente considerable del volumen de información que debe ser transmitida o almacenada en secreto: operaciones bancarias, información sanitaria, comercio electrónico, etc.

Un hecho común de la criptología con otras áreas de las ciencias de la computación y de las comunicaciones en general es la utilización de herramientas matemáticas provenientes muy especialmente de la matemática discreta. Este fenómeno es análogo al que ocurre en la teoría de códigos o en la teoría de la complejidad. Vemos, pues, cómo áreas de las matemáticas que se consideraban clásicamente como poco aplicables son utilizadas como una pieza clave en avances tecnológicos importantes: la teoría de grafos, la combinatoria, las geometrías finitas, etc., pero muy especialmente la teoría de números. De la influencia de esta última disciplina en el desarrollo de la criptología nos ocuparemos a continuación.

Cifrar y encriptar

El tratamiento de un mensaje por la mayoría de los sistemas criptográficos incorpora dos acciones: cifrar y encriptar. Supongamos que nos es dado transmitir un mensaje de forma secreta. El mensaje, que denominaremos plano, suele estar redactado en un determinado idioma y escrito en su correspondiente alfabeto. En primer lugar, el mensaje plano suele cifrarse en un mensaje numérico mediante una correspondencia (código) que transforma los símbolos del alfabeto (letras, acentos, espacios en blanco, signos de puntuación, etc.) en cifras. Este código debe ser acordado previamente por la parte emisora y por la parte receptora del mensaje. La tabla 26.1 proporciona un ejemplo de un código alfabético-numérico, análogo al código ASCII, pero más sencillo. Para nuestro uso particular, lo denominaremos código CC.

Tabla 26.1

	0	1	2	3	4	5	6	7	8	9	10	11	12	13	14
0	SP	J	T	d	n	x	3	:	˜	*	>	È	Ë	è	ë
1	A	K	U	e	o	y	4	;	’	/	%	Ì	Ï	ì	ï
2	B	L	V	f	p	z	5	¡	«	|	$	Ò	Ö	ò	ö
3	C	M	W	g	q	Ç	6	!	»	\	&	Ù	Ü	ù	ü
4	D	N	X	h	r	ç	7	¿	-	[	_	Á	Â	á	â
5	E	O	Y	i	s	ñ	8	?	—	]	@	É	Ê	é	ê
6	F	P	Z	j	t	Ñ	9	´	(	{	#	Í	Î	í	î
7	G	Q	a	k	u	0	,	`	)	}	CR	Ó	Ô	ó	ô
8	H	R	b	l	v	1	.	^	+	=	LF	Ú	Û	ú	û
9	I	S	c	m	w	2	·	¨	–	<	À	Ä	à	ä	

El siguiente ejemplo muestra parte de un poema del siglo XV y su cifrado (tabla 26.2) según el código CC:

```
Veles e vents han mos desigs complir,
faent camins dubtosos per la mar.
Mestre i Ponent contra d'ells veig armar;
Xaloc, Llevant, los deuen subvenir
```

ab llurs amics lo Grec e lo Migjorn,
fent humils precs al vent Tramuntanal
que en son bufar los sia parcial
e que tots cinc complesquen mon retorn.
[...]
Amor, de vós io en sent més que no en sé,
de què la part pijor me'n romandrà;
e de vós sap lo qui sens vós està.
A joc de daus vos acompararé.

AUSIÀS MARCH (~1420-1459)

Tabla 26.2

022	031	038	031	045	000	031	000	048	031	040	046	045	000	034	027	040	000	039
041	045	000	030	031	045	035	033	045	000	029	041	039	042	038	035	044	067	107
032	027	031	040	046	000	029	027	039	035	040	045	000	030	047	028	046	041	045
041	045	000	042	031	044	000	038	027	000	039	027	044	068	107	013	031	045	046
044	031	000	035	000	016	041	040	031	040	046	000	029	041	040	046	044	027	000
030	081	031	038	038	045	000	048	031	035	033	000	027	044	039	027	044	071	107
024	027	038	041	029	067	000	012	038	031	048	027	040	046	067	000	038	041	045
000	030	031	047	031	040	000	045	047	028	048	031	040	035	044	107	027	028	000
038	038	047	044	045	000	027	039	035	029	045	000	038	041	000	007	044	031	029
000	031	000	038	041	000	013	035	033	036	041	044	040	067	107	032	031	040	046
000	034	047	039	035	038	045	000	042	044	031	029	045	000	027	038	000	048	031
040	046	000	020	044	027	039	047	040	046	027	040	027	038	107	043	047	031	000
031	040	000	045	041	040	000	028	047	032	027	044	000	038	041	045	000	045	035
027	000	042	027	044	029	035	027	038	107	031	000	043	047	031	000	046	041	046
045	000	029	035	040	029	000	029	041	039	042	038	031	045	043	047	031	040	000
039	041	040	000	044	031	046	041	044	040	068	107	107	094	068	068	068	095	107
107	001	039	041	044	067	000	030	031	000	048	137	045	000	035	041	000	031	040
000	045	031	040	046	000	039	135	045	000	043	047	031	000	040	041	000	031	040
000	045	135	067	107	030	031	000	043	047	130	000	038	027	000	042	027	044	046
000	042	035	036	041	044	000	039	031	081	040	000	044	041	039	027	040	030	044
129	071	107	031	000	030	031	000	048	137	045	000	045	027	042	000	038	041	000
043	047	035	000	045	031	040	045	000	048	137	045	000	031	045	046	129	068	107
001	000	036	041	029	000	030	031	000	030	027	047	045	000	048	041	045	000	027
029	041	039	042	027	044	027	044	135	068	107	107	001	047	045	035	129	045	000
013	027	044	029	034	000	086	080	058	061	059	057	084	058	061	062	066	087	107

El código CC nos proporciona de esta forma una primera clave para la transmisión secreta de mensajes. Sin embargo, esta codificación no es en absoluto segura. Lo único que hemos hecho ha sido la transcripción del poema a otro alfabeto, por lo que cualquier persona que nos descubra la clave CC (o bien mediante un análisis de frecuencias y un poco de intuición) podrá recuperar el texto inicial.

La matemática interviene una vez ya se han cifrado los mensajes. Herramientas numéricas elegidas convenientemente son utilizadas para transformar el primer mensaje numérico en un segundo mensaje, también numérico, que denominaremos mensaje encriptado. Su conversión a mensaje alfabético constituye el criptograma. Aunque el aspecto de este segundo mensaje será similar al del primero, una persona desconocedora del proceso matemático seguido no obtendrá ninguna traducción comprensible del mismo, aunque conozca el código alfabético-numérico (en nuestro caso, el CC) y tenga acceso, por lo tanto, al criptograma. Las transformaciones empleadas constituyen la clave matemática de encriptación. El destinatario del mensaje deberá aplicar al segundo mensaje numérico las transformaciones inversas, que constituyen la clave de desencriptación. Una vez recuperado el primer mensaje numérico, este deberá ser descodificado mediante el código CC en el alfabeto de partida, con lo cual el receptor estará en condiciones de leer el texto plano original.

A continuación (tabla 26.3) mostramos una versión encriptada del mensaje numérico anterior.

Tabla 26.3

142	145	059	080	038	148	044	103	090	044	047	042	068	056	008	117	129	071	133
084	058	096	029															
104	093	014	141	016	126	118	089	095	015	142	060	082	046	143	047	094	014	021
009	147	083	027															
021	053	024	072	116	081	116	085	118	058	005	147	140	026	129	069	001	050	101
080	033	095	049															
014	136	012	116	072	137	134	039	048	029	117	008	003	038	096	024	124	040	108
066	047	046	037															
078	054	034	094	147	074	006	064	110	126	083	010	005	132	056	014	065	091	006
090	054	134	048															
079	083	050	107	106	101	084	108	133	064	001	119	017	061	077	092	056	139	063
091	054	003	004															
001	004	125	082	011	133	071	059	045	060	128	025	026	084	087	056	005	024	052
097	022	117	016															
012	070	033	089	022	075	069	063	041	094	139	098	015	035	125	068	019	096	036
055	072	012	050															
059	036	022	029	000	034	065	135	004	038	082	094	107	128	084	117	037	059	053
068	062	029	048															
019	092	070	069	121	100	068	125	073	117	132	134	056	048	041	112	004	043	014
067	139	122	008															
065	145	107	024	080	106	059	099	079	003	061	114	018	063	141	121	007	113	035
025	098	009	018															
129	031	128	055	063	087	039	131	093	129	083	026	053	120	109	061	127	055	027
081	080	121	062															
031	097	034	134	043	141	126	111	129	050	025	140	147	081	014	002	046	003	078
053	003	017	059															

Tabla 26.3 (continuación)

065	088	128	044	049	023	018	023	144	018	119	064	115	044	028	122	026	119	084
147	033	111	044															
019	059	107	056	119	139	118	103	016	117	100	091	024	089	048	105	143	135	143
046	082	139	035															
120	055	136	117	083	095	021	106	126	092	075	023	072	056	054	126	137	024	020
132	052	006	037															
099	023	148	015	137	049	075	097	112	087	072	102	107	086	012	025	017	067	055
070	104	147	006															
088	102	045	067	074	126	096	020	067	107	086	144	083	024	090	019	094	018	003
091	105	053	000															
124	147	075	076	138	127	115	028	117	082	068	146	131	082	116	131	109	106	012
141	131	018	060															
027	064	030	021	003	113	032	121	115	041	007	109	047	047	061	136	140	133	131
134	045	013	005															
063	070	084	102	028	018	024	114	121	043	092	028	016	140	037	064	039	098	120
055	063	146	042															
075	125	050	009	130	143	036	081	126	148	007	098	016	057	021	049	071	142	126
119	041	118	008															
006	104	037	120	147	036	140	063	034	077	031	098	121	049	054	117	070	123	097
104	071	029	055															
118	039	069	025	130	106	057	098	028	125	081	077	146	052	042	098	108	092	115
136	081	099	041															
102	058	103	088	098	073	011	111	018	062	001	082	029	077	045	044	037	074	008
048	058	053	029															

Veamos el criptograma que corresponde al mensaje numérico encriptado:

```
öê2~lûr&*rup.ÑHÓà;ù-1{c_\\NiPÎÚ-]Oö3«tüu[NUIô»aUÇX¡Í'Í-Ú1Eôë
Zà·Ax%~g]wNíLÍ¡óámvcÓHCl{XÂn\1089utk^çh[ô¿F7ÈÎ»JEòÑN8/F*çáv¨»x
#%-\108ù7AÄQ4`|Ñä6/çCDADÊ«Kù;2s3ÛYZ-)ÑEXz}VÓPL:g-V?·6o[ä=OiÊ
.S{jñ¡Lx2jVc h8éDl«[
Û-Ók2Ç.5cvS|:·Ï>.Ê!ÓòáÑvoÒDqN,äÖH8ê
X~#2<¨C4ÁR6iÏGÙiY=IRàeÛñ6)mì\\à»ZÇËÀ4Ôña'~Ï5e}háqiÎÌàxYëô'NB
tC^ÇCQ28+ÛrwWRWâRÄ7ÉrbÖZÄ-ôgÌrS2
ÑÄäÚ&PÓ>/X-v@üéüt«äiËñíÓ»]U#Î|?W¡ÑçÎóXTòzFk<WûOów?}Ò)¡$
(LYQ,ñ:_ôF+$s,¿Î{T,
(â»X*S[RC/@Ç Âô?´úÔÉbÓ«.îì«ÍìÀ#LiìR3a7dUCÙfÏÉoGÀuu4íëùìásME6 : —
$bRXÁÏq|bPëk7m=Ëñ6îp?ÊxIèüj'ÎûG=P0Uw;öÎÄoÚHF_kËôjë6h`e=Ïwç
Ó:Ü}_;cñÚm·Yè#0=bÊ'`îzp=\108|Éí'<o$1&+=!KÌR5A«c`srk¿Hv1Çc
```

Como es fácilmente apreciable, hemos protegido así el poema de la mirada de terceros.

Aritmética modular y cuerpos finitos

Un número importante de sistemas criptográficos realiza los cálculos inherentes al encriptado y desencriptado de los mensajes tomando por base la aritmética modular. En el entorno de la aritmética modular, las operaciones habituales de suma y multiplicación entre números enteros $0, \pm 1, \pm 2, \pm 3$, etc., se realizan módulo un entero N que se fija de antemano, y que se denomina el módulo. Cuando $N = 2$, ello significa, exactamente, que dado un entero n únicamente nos preocupa su carácter par o impar. Notemos que los números pares son aquellos que al dividirlos por 2 su resto es igual a 0, mientras que los números impares son aquellos que al dividirlos por 2 su resto es igual a 1. Si $N = 3$, podemos distribuir los números enteros en tres clases, según que el resto de su división por 3 sea: 0, 1, 2. Generalizando esta idea, una vez fijado el módulo N, podemos reemplazar cualquier entero n por el resto que resulta de dividirlo por N. Así, si $n = Nq + r$, $0 \leq r < N$, en todos los cálculos reemplazaremos el valor de n por el de r. Por ejemplo, en el cálculo previo del NIF hemos utilizado el módulo $N = 23$.

No hace muchos años era todavía frecuente realizar cálculos módulo $N = 9$ para comprobar el resultado de larguísimas multiplicaciones y divisiones a las que se sometían los escolares para el aprendizaje de las reglas de cálculo. Notemos, de pasada, que en la aritmética módulo $N = 3$ se satisface la igualdad $2 + 2 = 1$; y en la aritmética módulo $N = 4$ se satisface la igualdad $2 + 2 = 0$. A fin de evitar posibles confusiones, suele utilizarse la notación, introducida por Gauss:

$$2 + 2 \equiv 1 \pmod 3), \quad 2 + 2 \equiv 0 \pmod 4$$

[La fórmula $a \equiv b \pmod N$ se lee «a es congruente con b módulo N».] En el cifrado del poema de Ausiàs March, concretamente en el cálculo del mensaje encriptado, hemos utilizado el módulo

$$N = 50011272958045026937175748890610444247283430723481$$

La razón de haber elegido un número tan grande se comentará más adelante.

A finales del siglo XVIII y principios del XIX, Euler, Legendre y Gauss estaban familiarizados con el uso de la aritmética modular y conocían bien sus entresijos. Los números enteros, cuyo conjunto se representa por $\mathbf{Z}$, adquieren propiedades muy curiosas al ser clasificados según un módulo. Estas son esencialmente distintas según que el módulo sea un número primo o un número compuesto. Si N es primo, las clases de restos resultantes se pueden dividir entre sí. Tal cosa no ocurre si el módulo es compuesto. En el primer caso, se dice que las clases de restos módulo N constituyen un cuerpo y, en el segundo, un anillo. Usaremos la notación

$$\mathbf{Z}/N\mathbf{Z} = \{0,1,2,3,\ldots,N-1\}$$

para designar estas clases.

Las estructuras de anillo y de cuerpo son centrales en álgebra. En general, un anillo es un conjunto en el que son válidas las reglas de sumar/restar y multiplicar con las propiedades habituales. Un cuerpo es un conjunto en el que son válidas las reglas de sumar/restar y multiplicar/dividir con las propiedades habituales. Así, el conjunto **Z** de los números enteros es un anillo; el conjunto **Q** de los números racionales es un cuerpo; los conjuntos **Z**[X], **Q**[X] de los polinomios de coeficientes enteros o racionales, respectivamente, dotados de las operaciones de suma y producto habituales, son anillos, etc. Notemos que todo cuerpo es, en particular, un anillo.

Los anillos **Z**/*N***Z** que hemos obtenido trabajando con las clases de restos módulo *N* presentan la notable propiedad de ser finitos; poseen exactamente *N* elementos. Por ello son especialmente adecuados en el tratamiento de problemas relativos a la matemática discreta.

El primer tratado dedicado en su integridad al fundamento y estudio de la aritmética modular es *Disquisitiones Arithmeticae,* de Carl Friedrich Gauss. La obra, que fue escrita en latín cuando su autor contaba solamente diecinueve años, recoge sus primeros descubrimientos relativos a la teoría de números. Las *Disquisitiones* fueron publicadas en Leipzig en 1801 bajo los auspicios del príncipe Carl Wilhelm Ferdinand de Brunswick, protector de Gauss. Una traducción al catalán de dicha obra fue realizada por la matemática Griselda Pascual y publicada en Barcelona en 1996 bajo los auspicios de la Societat Catalana de Matemàtiques, filial del Institut d'Estudis Catalans. Las *Disquisitiones* se consideran el primer libro moderno de teoría de números. A lo largo de las casi setecientas páginas de esta verdadera joya matemática pueden aprenderse los principios de la aritmética modular, en general, y, muy en particular, las propiedades de los números que constituyen la base de la criptografía actual.

La influencia del texto de Gauss a lo largo de todo el siglo XIX y de la primera mitad del siglo XX fue enorme. La obra sirvió de punto de partida para el desarrollo de la teoría de Galois y para el del cálculo con números algebraicos, por citar tan solo dos ejemplos. La teoría de Galois se ocupa de la resolubilidad de las ecuaciones mediante radicales. En ella son frecuentes los cálculos con clases de restos de polinomios. Partiendo del anillo **Q**[X], sus clases de restos nos permiten acceder al estudio de los números algebraicos. Fijado un polinomio $N(x)$, que se toma como módulo, se reemplaza un polinomio cualquiera $n(x)$ por el resto $r(x)$ que resulta de su división por $N(x)$. Si $n(x) = N(x)q(x) + r(x)$, entonces $r(x)$ es o bien el polinomio nulo, o bien un polinomio de grado menor que el grado de $N(x)$. En esta situación, los denominados polinomios irreducibles reemplazan a los elementos primos del anillo de los enteros. Notemos las igualdades

$$\mathbf{Q}(\sqrt{2}) = \mathbf{Q}[X]/(X^2-2), \quad \mathbf{Q}(i) = \mathbf{Q}[X]/(X^2+1), \quad \text{etc.}$$

En nuestro contexto, son especialmente útiles los polinomios **Z**/*p***Z**[X], cuyos coeficientes son clases de enteros módulo un número primo. Sus clases de restos módulo polinomios irreducibles $N(x)$ de grado f proporcionan los cuerpos finitos $\mathbf{F}_q$, de $q=p^f$ elementos. Obsérvese que $\mathbf{F}_p=\mathbf{Z}/p\mathbf{Z}$. Los cuerpos finitos se conocen también bajo el nombre de cuerpos de Galois.

La geometría del siglo XX

En el siglo XVII, la invención del método de las coordenadas por parte de René Descartes (1596-1650) permitió la definición de curva y de superficie algebraicas y, posteriormente, de variedad algebraica (de dimensión arbitraria). El método de las coordenadas permite que los planteamientos del álgebra y de la geometría se complementen mutuamente, dando lugar así al nacimiento de la geometría algebraica. De este modo, y tal como lo expresa la matemática Sophie Germain (1771-1859): «El álgebra es solo una geometría que se escribe y la geometría es solo un álgebra que se dibuja».

La historia nos muestra que cada una de las diversas ampliaciones que ha experimentado el concepto de número ha tenido su repercusión en el contexto geométrico. En el siglo XVII, los puntos del plano de Descartes se presuponían de coordenadas «reales»; es decir, nada impedía pensar que, mediante instrumentos de medida adecuados, las coordenadas de un punto tuvieran tantos decimales como se quisiera. Lo propio hubiera ocurrido en la geometría de los *Elementos* de Euclides, en el siglo III a. C., de haberse usado tal terminología. En este sentido, el pensamiento de Euclides y de Descartes, a pesar de los siglos que separan a ambos pensadores, no están tan alejados. Los números reales, cuyo conjunto se designa por **R**, traducen el concepto de «continuidad» y, en última instancia, han sido siempre vistos como los adecuados para el estudio cuantitativo del macrocosmos.

A partir de la segunda mitad del siglo XIX, sin embargo, se va viendo que los números complejos, cuyo conjunto se designa por **C**, pueden proporcionar un marco más adecuado para el planteo y la resolución de problemas propios de la geometría algebraica. Al incorporar estos la unidad **i** imaginaria ($\mathbf{i}^2=-1$), permiten obtener resultados cuantitativos generales. Así, una curva de grado n y una de grado m se cortan *siempre* en $n \times m$ puntos (aunque no sean visibles todos ellos para el ojo humano, que percibe solo las intersecciones reales). El desarrollo teórico de la geometría algebraica sobre los complejos se extendió a lo largo del siglo XIX y hasta bien entrado el XX. En otro orden de ideas, la geometría sobre el cuerpo complejo hizo también posible el nacimiento de las geometrías hiperbólica y elíptica, rompiéndose por primera vez, en más de veintitrés siglos, el monopolio ejercido por la geometría euclídea.

En cuanto a la geometría algebraica del siglo XX, puede decirse que su principal aportación ha sido la denominada *teoría de esquemas,* desarrollada por Alexander Grothendieck (1928) y su escuela en los años sesenta. Entre muchos otros logros, la teoría de esquemas ha permitido profundizar en el estudio de las curvas, las superficies y, en general, las variedades algebraicas sobre los cuerpos finitos **F**.

Las curvas definidas sobre los cuerpos finitos difieren de las curvas que estamos acostumbrados a dibujar mediante un trazo continuo. Una curva algebraica C (o cualquier variedad proyectiva) definida por ecuaciones cuyos coeficientes pertenezcan a un cuerpo finito **F** posee únicamente un número finito de puntos de coordenadas en **F**. Este número, $\#C(\mathbf{F})$, está acotado por un invariante que depende del género g de la curva y del número q de elementos del cuerpo **F**. Las curvas de género $g=0$ son las rectas; las de género $g=1$ proporcionan las denominadas curvas elípticas. Una recta posee exactamente $q+1$ puntos. En general, cuanto mayor es el género de la curva, mayor es el número de puntos que esta puede albergar. Esta afirmación fue establecida y probada rigurosamente por Helmut Hasse (1898-1979), en 1936, en el caso de curvas de género 1, y por André Weil, en 1948, en el caso de curvas de género arbitrario. Si C es una curva de género g y q el número de elementos de **F**, el teorema de Hasse-Weil nos dice que:

$$|\#C(\mathbf{F})-(q+1)|\leq 2g\sqrt{q}$$

Weil intuyó fórmulas análogas a la anterior para el control del número de puntos de las variedades definidas sobre **F**. Weil era consciente de que el salto de la dimensión 1 (curvas) a la dimensión 2 (superficies), o a la dimensión superior, entrañaba dificultades enormes. La herramienta matemática propuesta para el cómputo del número de puntos de las variedades es la denominada función zeta de las variedades, parecida en muchos aspectos a la función zeta de Riemann, considerada en el estudio de los números primos. Gracias al genial talento de Weil, el «contar números primos» o el «contar puntos en variedades» aparecen como problemas análogos. Las conjeturas de Weil sobre la función zeta de las variedades, formuladas en 1940, y la hipótesis de Riemann, enunciada en 1859, tenían, pues, planteamientos paralelos.

Las conjeturas de Weil fueron el motor impulsor de la teoría de esquemas (el desarrollo completo de la cual se mide por miles de páginas). Todas las conjeturas de Weil sobre su función zeta quedaron probadas entre los años 1960 y 1974 gracias, básicamente, al monumental trabajo de Grothendieck y al de Pierre Deligne (1944-).

En contraposición a las conjeturas de Weil, los estudios realizados por los matemáticos del siglo XX en torno a la hipótesis de Riemann no han sido suficientes para probarla. Así, el problema propuesto por Riemann hace casi un siglo y medio se ha revelado mucho más difícil que el análogo propuesto por Weil en los años cuarenta. A la entrada del tercer milenio, la hipótesis de Riemann aparece para las nuevas generaciones como uno de los grandes retos heredados del pasado.

Ahora estamos en disposición de regresar a la teoría de la información, pues, como veremos, el acervo de conocimientos y la experiencia acumulada en el estudio de los cuerpos finitos y de la geometría algebraica sobre estos cuerpos ha encontrado una aplicación sorprendente tanto en teoría de códigos como en criptografía.

El criptosistema RSA

Uno de los puntos débiles de los sistemas de cifrado tradicionales radica en que ambas partes deben tener acceso a la clave. El acuerdo de la clave entre transmisor y receptor ha sido, desde siempre, un momento delicado, utilizado provechosamente por los criptoanalistas. A pesar de los métodos más extravagantes ideados para ocultar la clave, como pueden ser el grabar los textos en el cuero cabelludo de esclavos y esperar a que les creciera el pelo, usar tinta simpática, o valerse de una amplia gama de instrumentos para el cifrado (como la máquina *Enigma),* lo cierto es que el ingenio humano ha acabado siempre venciendo al ingenio humano.

El panorama de la criptología cambió radicalmente a partir de 1976, cuando dos ingenieros electrónicos de la Universidad de Standford, Whitfield Diffie y Martin E. Hellman, inventaron los sistemas criptográficos de *clave pública.* Estos modernos sistemas se contraponen a los clásicos, que son todos de *clave privada.* En los sistemas de clave pública, la clave consta de dos partes: una parte que es expuesta al conocimiento general por el receptor del mensaje (y que constituye su dirección), y una parte privada que tan solo él conoce. Por medio de protocolos adecuados, los criptosistemas de clave pública permiten la transmisión confidencial de mensajes, su autentificación (signaturas digitales), intercambios de claves, compartir secretos, etc.

La idea subyacente a todos los sistemas de clave pública es la utilización de funciones de un solo sentido o *funciones trampilla.* Se trata de funciones calculables de manera eficiente, pero no sus inversas. Suele ocurrir que para calcular las funciones inversas se desconoce la existencia de algoritmos eficientes, salvo que se disponga de información complementaria. El nombre de funciones trampilla lo reciben por el hecho indiscutible de que es muy fácil caer por una trampilla y, por el contrario, es muy difícil subir a través de ella, a menos que contemos con una ayuda.

En el año 1977, Ronald L. Rivest, Adi Shamir y Leonard Adleman, especialistas en ciencias de la computación del MIT, idearon un método para llevar a la práctica la idea de Diffie y Hellman usando propiedades de los números primos. Su método pasó a denominarse RSA.

El método RSA es el que hemos usado anteriormente en el cifrado del poema. Veamos cómo funciona. En el método RSA, el receptor elige dos números primos p,q suficientemente altos. El número de dígitos de tales primos se determina en función de la seguridad que desee alcanzarse: cuanto más altos sean los primos, más seguras serán las transmisiones, pero también más costoso el tiempo de cálculo. El receptor A debe calcular el producto $N=pq$ y debe elegir un número e menor que N y sin divisores comunes con el producto $(p-1)(q-1)$. El par (N,e), que A hará público, es la dirección a la cual se le deben mandar los mensajes encriptados. La función trampilla o de encriptación que utilizarán los emisores B de mensajes viene dada por la aplicación:

$$f\colon \mathbf{Z}/N\mathbf{Z} \to \mathbf{Z}/N\mathbf{Z}, \quad f(a) \equiv a^e \pmod N$$

Esta función es calculable eficientemente (es decir, en un tiempo polinómico en el número de bits del *input*). El receptor de los mensajes encriptados, A, calculará otro entero d con vistas a invertir la función trampilla. Para ello dispone de una ayuda suplementaria: el conocimiento de los factores primos p,q. Valiéndose de estos números, calcula un número entero d tal que el número $ed-1$ sea divisible por $(p-1)(q-1)$. El par (N,d), que mantendrá secreto, es la parte privada de su clave; así mismo, tampoco hará pública la descomposición de N. La inversa de la función trampilla f es la función g definida por

$$g\colon \mathbf{Z}/N\mathbf{Z} \to \mathbf{Z}/N\mathbf{Z}, \quad g(b) \equiv b^d \pmod N$$

Puesto que $gf(a) \equiv a^{ed} \equiv a \pmod N$, la función g aplicada a un mensaje encriptado permite al receptor A la recuperación del mensaje original.

En el ejemplo anterior, hemos tomado como clave pública el par

$$N = 500112729580450269371757488906104442472834307234 81$$
$$e = 17330336031389871117906 83$$

y, como unidades de mensaje, los números de 19 cifras escritos en base 149 correspondientes a las filas del mensaje numérico inicial. Las unidades de mensaje encriptado están compuestas, como se aprecia, por números de 23 cifras escritos en base 149.

La seguridad de un sistema de clave pública se basa en la dificultad de llevar a cabo la factorización del módulo N. Si el criptoanalista no conoce métodos de factorización que le permitan calcular en su ordenador la factorización de N en un tiempo razonable, el emisor del mensaje estará a salvo. Si, por el contrario, el criptoanalista puede factorizar el número N en un tiempo razonable, entonces el mensaje será desencriptado sin dificultad.

Como ejercicio para aquellos que quieran desarrollar sus dotes de criptoanalista, ofrecemos (tabla 26.4) un texto que ha sido encriptado con la clave (N,e) anterior.

CÓDIGOS Y CRIPTOSISTEMAS GEOMÉTRICOS

A finales de los años setenta, el matemático ruso V. D. Goppa descubrió sorprendentes conexiones entre la teoría de códigos y la geometría algebraica. Introdujo una amplia clase de códigos correctores de errores a partir de curvas algebraicas definidas sobre los cuerpos finitos **F**. Dada una curva C definida sobre **F**, los códigos de Goppa asociados a C se construyen por medio de la evaluación de funciones racionales en puntos de la curva de coordenadas en **F**, convenientemente elegidos. En los códigos de Goppa, la distancia mínima entre las palabras del código, los parámetros del mismo, así como el necesario esquema de descodificación, son un reflejo de las propiedades geométricas de la curva de partida.

Tabla 26.4

086	147	006	030	043	011	058	022	096	084	038	019	088	115	072	048	038
056	108	053	121	056	023	026	044	129	081	147	076	058	040	143	064	075
040	018	052	131	009	102	009	036	034	110	020	060	009	082	080	048	102
082	038	032	077	103	062	127	053	081	140	034	039	094	036	145	044	084
062	129	138	028	128	084	073	034	131	051	039	029	007	101	108	005	005
055	022	043	058	050	127	042	053	139	003	127	039	096	057	003	136	048
083	111	142	036	059	144	072	135	069	119	115	105	018	140	082	049	044
012	026	054	135	044	148	109	041	058	043	093	091	047	103	089	003	046
015	002	086	135	066	134	005	148	116	063	068	065	016	062	113	121	009
073	142	144	013	074	146	068	009	104	067	120	056	018	078	107	060	131
129	111	094	004	094	034	068	139	139	035	005	017	027	021	005	030	128
127	129	136	043	039	101	083	051	075	022	006	093	026	083	146	098	068
011	050	033														

En general, las curvas que presentan un mayor número de puntos sobre el cuerpo finito, en relación con su género, son, también, las que dan lugar a los mejores códigos. En este sentido, es destacable el trabajo de M. A. Tsfasman, S. G. Vladut y Th. Zink, que construyeron códigos de Goppa que mejoraban la llamada acotación de Varshamov-Gilbert.

Las variedades algebraicas definidas sobre cuerpos finitos se utilizan también en la construcción de sistemas criptográficos. Hemos visto que en el criptosistema RSA las funciones trampilla están definidas sobre las clases de restos $\mathbf{Z}/N\mathbf{Z}$ y, en particular, sobre su grupo multiplicativo. Sistemas más modernos tienden a la utilización de funciones trampilla en otros contextos. Por un lado, se consideran funciones trampilla sobre los grupos multiplicativos $\mathbf{F}^*$ de los cuerpos finitos, y, por otro, a partir de variedades (jacobianas) de curvas definidas sobre estos cuerpos se está aprendiendo a construir sistemas criptográficos cada vez más seguros… mientras las computadoras mantengan el paradigma de las máquinas de Turing.

De la criptografía de clave pública a los protocolos criptográficos distribuidos

Los *protocolos criptográficos distribuidos* son aquellos destinados a resolver problemas relacionados con las comunicaciones colectivas entre un grupo de usuarios. En dichos sistemas de comunicación aparecen situaciones diversas en las que los criptosistemas habituales, que permiten la comunicación secreta entre dos usuarios, no son suficientes, como, por ejemplo, en la televisión por pago o en las votaciones electrónicas. Las dos componentes fundamentales para avanzar en la elaboración de *protocolos criptográficos distribuidos* son la *cripto-*

grafía de clave pública (como el criptosistema RSA del que hemos hablado anteriormente) y los *esquemas para compartir secretos,* basados en técnicas de combinatoria y de álgebra lineal (de los cuales, por su propio contexto, no hablamos en este capítulo). La investigación en este campo se ha iniciado recientemente y promete dar sus mejores resultados en los primeros años del siglo XXI.

Pongamos un ejemplo que es del máximo interés tanto para la seguridad pública como para los procedimientos judiciales: la posibilidad de descifrar ciertos mensajes si existe la sospecha que están relacionados con una actividad delictiva. Podría legislarse que cualquier usuario de un sistema criptográfico estuviera obligado a facilitar sus claves secretas a cierta autoridad, que las podría utilizar únicamente por orden judicial. Es obvio, sin embargo, que el depositario podría obtener beneficios inmensos a partir de una utilización ilícita de dichas claves secretas.

Una de las mejores protecciones para una tal situación fue diseñada por C. Boyd e Y. Desmedt a finales de la década de los ochenta introduciendo una clave pública y una clave secreta que se reparte en fragmentos entre un grupo de participantes, lo cual permite reconstruir a partir de aquéllos el contenido del mensaje cifrado, pero no la clave secreta.

Una situación análoga se presenta en el sistema de televisión por pago, en el cual los usuarios reciben la misma señal, pero solamente los autorizados la han de poder descifrar. A partir de esta necesidad se han desarrollado los *esquemas de cifrado de emisiones,* propuestos por S. Berkovits y mejorados por Y. Desmedt, K. Kurosawa y D. R. Stinson hace tan solo dos años.

La potencia matemática requerida para desarrollar dichos protocolos es impresionante y requiere resultados y técnicas de la mayor parte de ramas de las matemáticas. Es, sin duda, este tipo de necesidades lo que está impulsando e impulsará en este siglo al que estamos entrando el desarrallo inmediato de ciencias como la teoría de números, la geometría algebraica, la combinatoria, la teoría de grafos o la topología, entre otras.

Conclusión

Decía G. L. Spohr: «Los grandes matemáticos no se permiten a sí mismos hacer comprensible su ciencia a los no iniciados. ¿Es porque consideran que los demás no han alcanzado su nivel de comprensión y, por lo tanto, es superfluo exponerles sus argumentos? ¿O es porque les intimida explicar teorías y resultados que, en su opinión, son simplemente demasiado sencillos?».

Quizá la respuesta pueda encontrarse en este diálogo entre un matemático y un androide, ideado por Ian Stewart en *The Problems of Mathematics,* que reproducimos a continuación.

> Matemático: ¡Es uno de los descubrimientos más importantes de la última década!

ANDROIDE: ¿Podrías explicarlo en palabras comprensibles por los mortales ordinarios?

M: Mira, si los mortales ordinarios pudieran entenderlo, tú no necesitarías matemáticos que hicieran este trabajo por ti, ¿de acuerdo? ¿Cómo puedo hablar de variedades sin mencionar que los teoremas solo son ciertos si las variedades son espacios de Hausdorff paracompactos de dimensión finita sin borde?

A: Miente un poco.

M: ¡Oh, pero no podría hacerlo!

A: ¿Por qué no? Todos los demás lo hacen.

M: ¡Pero yo debo decir la verdad!

A: Cierto. Pero has de estar preparado a engañar un poco, si esto sirve para que la gente comprenda lo que estás haciendo.

M *(escéptico, pero excitado al mismo tiempo):* Bien, supongo que podría intentarlo.

Nosotros hemos escrito este capítulo a partir de la última frase del matemático Ian Stewart. Sin entrar en los detalles excesivamente técnicos, sin profundizar en las teorías ni en los resultados, hemos intentado dar una visión de la complejidad de este concepto tan bien asimilado por la sociedad como es el de *número;* un concepto que ha llevado a lo largo de varios milenios a una serie de teorías y de resultados que son fundamentales para nuestra vida cotidiana y que se presentan como uno de los retos más importantes para el siglo XXI.

27
LAS MATEMÁTICAS DE LO COTIDIANO

Antonio Córdoba Barba

INTRODUCCIÓN

Suele decirse que la cortesía de los matemáticos reside en la claridad y en la precisión. Sin embargo, dirigirnos a un público no especializado nos plantea, casi siempre, un dilema doloroso, porque el lenguaje de nuestra ciencia, que es una maravilla de sobriedad y elegancia, se presenta al profano como una montaña inaccesible, de cuestas empinadas y canchales ariscos. Cualquier explicación matemática hecha fuera de ese lenguaje puede, y suele, contener imprecisiones. La experiencia acumulada en las pocas ocasiones en las que he escrito artículos de divulgación, o he sido entrevistado en un periódico, me aconseja ser precavido. En este ensayo solo pretendo dar una versión impresionista de las ideas, omitiendo muchos detalles y salvedades.

Vivimos rodeados de cifras tales como número de identificación fiscal, estadísticas de empleo, casos registrados de meningitis por cada 100.000 habitantes, velocidades máximas, intereses, descuentos, longitudes de onda o niveles de colesterol, sin mencionar la importancia creciente de los ordenadores en la vida cotidiana. Desde la Segunda Guerra Mundial la influencia de las Matemáticas en la tecnología ha ido *in crescendo,* de manera que el tiempo de la alta tecnología es, en gran medida, el de la tecnología matemática. Durante los años escolares, las Matemáticas desempeñan también un papel decisivo en la formación de la mente, en el desarrollo de la capacidad de razonar y de la lógica del pensamiento. Dicho en la jerga moderna, son fundamentales para la instalación del sistema operativo del cerebro.

No obstante, la presencia de las matemáticas suele pasar inadvertida, es poco visible. Los físicos han tenido mucho más éxito en hacerse notar. Los periódicos, con cierta frecuencia, publican artículos divulgativos sobre cosmología y física de partículas. Por el contrario, los matemáticos tenemos mala prensa. Una tontería demasiado generalizada consiste en asociar la capacidad matemática con la habilidad para efectuar cálculos enrevesados, aunque triviales, como hacía el personaje autista que interpretó Dustin Hoffman en la película *Rain Man*. Nuestros artistas y hombres de letras suelen contribuir a la perpetuación de esa imagen de disciplina abstrusa y aburrida, representando al profesor de Matemáticas en forma de un señor estricto, feo y malhumorado que martiriza la vida de sus, por otra parte, imaginativos y divertidos alumnos. Algunos de ellos, incluso, consideran de buen gusto hacer ostentación pública de incultura matemática, proclamando ignorancias que sonrojarían a cualquiera si de su contrapartida literaria se tratara.

Pero existen también razones internas que contribuyen a esa mala imagen. La profesión del matemático es muy austera. La tradición establece que las publicaciones han de contener resultados nuevos, relevantes y rigurosamente demostrados. La recapitulación y puesta al día de un tema está reservada a quien haya contribuido sustancialmente a su desarrollo. El gran matemático inglés Godfrey H. Hardy, en su celebrado libro *A Mathematician's Apology,* escribió que la divulgación es tarea de segunda clase: «No puede haber desprecio mayor que el del hombre que crea hacia el que divulga». Opiniones de este tenor, estemos o no de acuerdo con ellas, no han ayudado precisamente a mejorar la comunicación entre los investigadores y la sociedad. Las Matemáticas siguen resultando invisibles para los ciudadanos, a pesar de que sin ellas no podrían realizarse actividades tan cotidianas como son, por ejemplo, pagar los productos etiquetados con códigos de barras, dosificar un medicamento o convertir la información obtenida con los rayos X en imágenes precisas de los tejidos.

Los resultados de la investigación afectan a nuestro estilo de vida de una manera cada vez más rápida. Pensemos en las matemáticas de las comunicaciones, del tratamiento de imágenes o de los códigos correctores de errores, responsables de que un disco compacto siga oyéndose bien aun después de ser rayado. Según la conocida frase de Galileo: «El gran libro de la Naturaleza puede ser leído solo por aquellos que conocen el lenguaje en el que está escrito. Y ese lenguaje son las Matemáticas». Es sabido que las leyes y las teorías científicas logran su expresión óptima cuando son formuladas en ese idioma. El oficio matemático es naturalmente reduccionista y exige entender con más profundidad y rigor las teorías fenomenológicas, buscando demostraciones basadas en los primeros principios. Consideremos algo tan cotidiano como la ebullición del agua, que tiene lugar en las ollas de la cocina, o la formación de hielo en los frigoríficos. Si calentamos un cazo de agua aumentaremos su temperatura hasta que comienza a hervir a 100 °C. La Física aporta una explicación convincente en términos del incremento de la energía cinética de las moléculas del agua. No obstante, si queremos profundizar un poco, enseguida nos encontramos hablando de Matemáticas: ecuación de estado, transición de fase, parámetro de orden, aumento de la entropía. La termodinámica, que se ocupa de este fenómeno, es una teoría matemática con sus principios o axiomas y sus teoremas deducidos de ellos con la ayuda del Cálculo Diferencial. Pero las leyes de la Termodinámica no son fundamentales, sino que hay otra teoría, llamada Mecánica Estadística, de la que son consecuencias. A los matemáticos nos gustaría demostrar *more geometrico* que, cuando se aumenta o disminuye la temperatura, hay una transición de fase y obtenemos, respectivamente, vapor o hielo. Pues bien, es un problema muy difícil que todavía se resiste. ¿Por qué los matemáticos queremos llevar el análisis hasta ese extremo? Una razón es porque está en la naturaleza misma de nuestro oficio. Pero no es la única, ni la más importante. La historia está llena de ejemplos en los que el empeño por explicar los fenómenos desde los principios fundamentales ha originado avances y aplicaciones prácticas importantes. Casos recientes son los cuasicristales, los métodos de cifrado en clave pública o el uso de la ecuación del calor en las finanzas. Un caso antiguo es la radio, otro el descubrimiento del planeta Neptuno.

La investigación y la docencia han estado siempre fuertemente acopladas. Casi todos los investigadores matemáticos somos también profesores universitarios. En el curso 1996-1997 fui encargado por mi departamento de poner en marcha una nueva asignatura de Modelización. Para elaborar un programa interesante creí decisivo conseguir un equilibrio entre el estudio de los grandes modelos de la Ciencia y el de otros más livianos, más de andar por casa, pero que permiten meter mayor baza en el proceso de su modelización. Se me ocurrió que una manera fehaciente de poner en evidencia la importancia de las Matemáticas en la vida cotidiana era seguir la actualidad y comentar las noticias de la prensa desde ese punto de vista. No nos faltaron temas: fue el año de la clonación de la oveja *Dolly,* lo que nos llevó a considerar los modelos matemáticos de la herencia genética; el premio Nobel de Química recayó en Curl, Kroto y Smalley por el descubrimiento del nuevo estado del carbono C-60 y los fullerenos, lo que nos condujo a la fórmula de Euler, el estudio de los grafos y el balón de fútbol; los casos de meningitis registrados ese invierno hicieron saltar las alarmas sanitarias de varias comunidades autónomas, por lo que estudiamos modelos de propagación de enfermedades; el cometa Hale-Bopp estuvo visible en nuestro cielo durante más de un mes, proporcionándonos una excusa estupenda para reconsiderar el modelo matemático por antonomasia, es decir, la Teoría de la Gravitación Universal y la Relatividad Especial; los vaivenes de la Bolsa, sobre todo en el mercado asiático, nos familiarizaron con las *opciones* o los *mercados de futuros y derivados.* Observamos cómo los grandes agentes de las finanzas necesitan matemáticos que apliquen métodos de ecuaciones diferenciales y procesos estocásticos, con el objetivo de entender la evolución de los mercados y poner precio a sus productos financieros; finalmente, tuvimos el interesante desafío ajedrecístico entre Gari Kasparov y la máquina *Deep Blue,* lo que nos llevó a estudiar modelos de redes neuronales e inteligencia artificial.

Aunque han transcurrido varios años desde que impartí aquel curso, usaré mis notas de entonces, convenientemente renormalizadas, para abordar la tarea que me ha sido encomendada por los editores de este libro. Y, sin más preámbulos, entremos directamente *in medias res.*

El NIF

Si exceptuamos a los más jóvenes, la mayoría de los ciudadanos aún recuerda cuando el antiguo número del DNI pasó a ser llamado NIF, después de recibir el añadido de una letra. Lo que no es tan conocido es que esa letra no aporta ninguna información nueva. Se trata, tan solo, de un método para detectar posibles errores en la escritura del número.

Uno de los primeros ejercicios que realizamos en el curso de modelización consistió en desentrañar el mecanismo que asigna las letras del NIF. Los aproximadamente cien alumnos del curso apuntaron sus números en una lista, en la que se observaban solo 23 de las 29 letras del alfabeto. Por razones fáciles de entender, las letras I, O, Ñ, U, además de los dígrafos Ch y Ll, no son usados en el NIF. No fue complicado adivinar el procedimiento. En realidad, este ya había sido descubierto en otro contexto por C. Gauss hacia mediados del siglo XIX. Se trata de lo siguiente:

La letra asignada a un número depende solo del resto obtenido al dividirlo por 23. De manera que dos números con el mismo resto obtienen la misma letra. Por ejemplo: 22405224, 20128201 y 20105201 dan resto 4, por lo que pertenecen a la misma clase, que, en este caso, resulta ser la de la letra G. Para asignar las letras a los restos bastó con realizar unas cuantas divisiones con los números de lista. El resultado obtenido fue el siguiente:

Resto	Letra	Resto	Letra
0	T	12	N
1	R	13	J
2	W	14	Z
3	A	15	S
4	G	16	Q
5	M	17	V
6	Y	18	H
7	F	19	L
8	P	20	C
9	D	21	K
10	X	22	E
11	B		

De manera que si usted no se acuerda de la letra, pero sí del número, divida este por 23 y busque el resto en la tabla anterior. ¿Para qué sirve entonces la letra si está determinada por el número? Como mencionamos antes, sirve para detectar errores.

Supongamos que al escribir el número 20105201 G cometemos un error en una de las cifras y escribimos 20105301 G. Quien lea nuestra documentación puede fácilmente detectar el error, ya que $20105301 = 23 \times 874147 + 20$, y la letra que corresponde a 20 es la C.

Observemos que dos números tienen la misma letra, es decir, dan el mismo resto, si y solo si su diferencia es un múltiplo de 23:

$$\begin{aligned} a &= 23 \times c + r \\ a' &= 23 \times c' + r \quad ; \quad 0 \leq r \leq 22 \\ a - a' &= 23 \times (c - c') \end{aligned}$$

Las clases de restos módulo 23 pueden sumarse y multiplicarse originando una aritmética modular. Dado que 23 es un número primo, podemos también dividirlas. El método es eficiente al cien por cien en la detección de errores de una sola cifra. También descubre otro tipo de equivocación habitual, como es la transposición de dos cifras consecutivas. Sin embargo, si nos equivocamos en dos o más cifras, puede ocurrir que la diferencia entre el número correcto y el erróneo sea precisamente un múltiplo de 23. En ese caso nuestro detective falla. ¿Cuál es la probabilidad de que tal cosa ocurra si el error es cometido al azar? Un sencillo cálculo muestra que es muy pequeña, pero no es cero. De manera que el método solo es seguro al cien por cien para errores de una cifra y transposiciones. Permite también correcciones, en el caso de que se nos haya borrado una de las cifras. Por otro lado, si nuestro interés radica en hacer trampa, lo tenemos muy fácil: basta con sumar o restar un múltiplo de 23 y mantener la letra.

Los cheques bancarios poseen también un dígito de control que, en la mayoría de los casos, se calcula como el resto módulo el número primo 7. Mención especial merecen los discos compactos, cuyo mecanismo aritmético de corrección de errores es responsable de que sigan sonando bien después de ser rayados. Son ejemplos de las aplicaciones de la Teoría de Números a la vida cotidiana.

LOS CÓDIGOS DE BARRAS

Comprar es una actividad diaria. En la caja del mercado se calcula el precio total de nuestra compra de manera automática, haciendo pasar por un escáner la etiqueta codificada de cada producto.

9 788431 810405

00001
9 788439 718178

Fig. 27.1.—Códigos de barra

Un sistema de codificación muy usado en las ventas al por menor es el denominado UPC (Código Universal de Productos) o su variante EAN (Numeración Europea de Artículos). Otro ejemplo es el ISBN que aparece en todos los libros.

En un paquete de galletas encontramos una etiqueta con los dígitos 8 410000-00282-9 debajo de las barras, blancas y negras. La de una monografía sobre Teoría de los Números contiene las cifras 9 788439-71817-8. Las barras constituyen una representación binaria, con dos símbolos, de esos dígitos. Los primeros siete sirven para determinar al fabricante, y le son asignados a este por el organismo correspondiente. El bloque siguiente de cinco dígitos caracteriza el producto y los pone cada fabricante. El último es el dígito de control y se obtiene de la manera siguiente: Calculamos la suma de las cifras que están en las posiciones pares (segunda + cuarta + sexta + octava + décima + duodécima), y la multiplicamos por tres. Al resultado le añadimos las situadas en posiciones impares (primera + tercera + quinta + séptima + novena + undécima). El dígito de control es lo que le falta a esta suma para ser múltiplo de 10.

En nuestros dos ejemplos obtenemos: $3 \times (4+0+0+0+2+2)+8+1+0+0+0+8=41$, por lo que el dígito de control es 9, como aparece en la etiqueta; $3 \times (7+8+3+7+8+7)+9+8+4+9+1+1=152$, que da lugar a 8.

Al principio y al final de la etiqueta están colocadas unas barras que tienen por misión transmitir al sistema lector el tamaño (anchura) de cada una de ellas. Una barra más gruesa es el producto de la colocación consecutiva de dos o tres de tamaño sencillo. Se trata de un código binario, pero con una representación distinta para los dígitos que determinan al producto de los que caracterizan al fabricante. De manera que no importa el sentido izquierda-derecha o derecha-izquierda en la que presentemos la etiqueta al lector óptico, por cuanto este puede determinar qué dígitos corresponden a cada apartado.

Si representamos una raya blanca por 0 y una negra por 1, los dígitos del fabricante comienzan todos por 0 y terminan por 1. En medio hay cinco posiciones, que son tres ceros y dos unos. Obsérvese que existen, en total, $(5 \times 4)/2=10$ posibilidades, por lo que cada una de las diez cifras 0, 1, 2, 3, 4, 5, 6, 7, 8, 9 puede ser descrita por una sucesión de tres ceros y dos unos. Es decir, cada dígito del fabricante está representado por siete barras: la primera blanca y la última negra es común a todos; las cinco de en medio, tres blancas y dos negras, determinan al dígito. Por ejemplo, el 0 se corresponde con 0001101; el 1, con 0011001; etcétera. En el caso del producto la representación se obtiene intercambiando el papel de los ceros y los unos.

Es una forma muy eficiente y rápida de transmitir información. La mayor parte de los sistemas utilizan un láser rojo. Las barras negras apenas reflejan la luz, mientras que las blancas la reflejan casi toda. Estas diferencias de intensidad son detectadas por el lector óptico y convertidas en sucesiones de 0 y 1. El programa de ordenador efectúa ahora con todos los dígitos, incluido el de control, la operación de sumar los de posición par, multiplicar el resultado por tres y añadir los de puesto impar. Si el número obtenido no acaba en cero es que hay un error. En su sencillez es una maravilla y permite detectar todos los errores de una cifra, las transposiciones y un número superior al 80 por 100 de los de dos o más.

Resalta el uso simultáneo que se hace en los códigos de barras de los sistemas de numeración decimal y binario. Este último, asociado a las congruencias módulo 2, es también fundamental para el lenguaje de los ordenadores y en las comunicaciones vía satélite.

Mensajes secretos

A través del cine y de la literatura, sabemos de la importancia que el cifrado de mensajes tiene en las transmisiones militares y en los servicios secretos. Pero no es necesario ser un espía para hacer uso de la criptografía: las transacciones bancarias y el acceso a los computadores están controlados por contraseñas almacenadas de manera cifrada en la memoria de los ordenadores. También lo está la señal de los canales de televisión codificada. Para proteger la información se transforma el mensaje de forma que solo pueda ser leído por su destinatario.

Supongamos que tenemos que enviar un conjunto M de mensajes secretos. Lo que hacemos es transformarlo en otro C de mensajes cifrados, con la ayuda de algún truco. En matemáticas representamos esta situación por medio de una función inyectiva f:M→C. Dado el mensaje m obtenemos $c=f(m)$, que es la versión cifrada que se envía. El destinatario ha de conocer la función inversa f^{-1}:C→M para descifrarlo. Las matemáticas proveen muchos procedimientos para construir tales mecanismos. Por ejemplo, cada una de las $27!=27\times26\times25\times, ..., \times2\times1$ permutaciones de las letras del alfabeto produce una manera de cifrar. En particular, con la permutación σ(A) = B, σ(B) = C, ..., σ(Y) = Z, σ(Z) = A, el mensaje RAZON se convierte en SBAPÑ, mientras que EN UN LUGAR DE LA MANCHA se torna en FÑVÑMVHBSEFMBNBÑDIB.

El método de las permutaciones del alfabeto fue usado por Julio César. Es eficiente para mensajes cortos, debido a que el número 27! es enorme. En el caso de mensajes largos, su debilidad radica en la frecuencia distinta con la que las letras del alfabeto aparecen en un texto. Los alemanes fabricaron una máquina cifradora que evitaba ese fallo, valiéndose de un sistema de rodillos que iba cambiando la permutación antes de que el mensaje fuera demasiado largo. Llamada *Enigma,* esa máquina desempeñó un papel importante en la Segunda Guerra Mundial. No obstante, los matemáticos de los servicios secretos ingleses lograron encontrar f^{-1} de *Enigma* y descifrar las comunicaciones del ejército alemán. Lo que fue un hecho crucial en el desarrollo de la guerra.

Hacia mediados de los setenta se crearon métodos ingeniosos que permiten recibir mensajes secretos haciendo pública la forma de codificación. Su fundamento estriba en la existencia de funciones trampa, que permiten fácilmente codificar un mensaje $c=f(m)$, pero para las que resulta muy difícil, prácticamente imposible, calcular f^{-1}. Siempre que no se posea cierta información privilegiada.

El ejemplo más notable, llamado RSA por las iniciales de sus tres autores, se basa en que existen estrategias eficaces para encontrar números primos muy grandes. Por el contrario, nadie conoce un algoritmo eficiente que factorice números de muchas cifras. Se estima que un ordenador actual tardaría miles de años en factorizar un número típico de 300 dígitos. Quien se quede sorprendido por esta afirmación puede tratar de descomponer en factores primos, con ayuda de todos los ordenadores que desee, el número siguiente:

1094173864157052742180970732204035761200373294544920599091
3842131476349984288934784717997257891267332497625752899781
8337970765372440271467435315933543338 97

Ejemplos de números primos de 78 cifras:

$p=$ 1026395928297411057720541965739916759007165678080380668
033419335217907113077779

$q=$ 1066034883801684548209272203600128786792079585759892915
222706082371930628086 43

En el arte de la criptografía se empieza por asignar a cada letra, o signo de puntuación, un número. De manera que lo que transmitiremos serán sucesiones de números. Esto se puede hacer de muchas maneras, pero no es lo más importante. La esencia del método RSA es la siguiente: se eligen dos números primos grandes, en torno a cien cifras cada uno, que llamaremos p y q. Luego se escoge un entero r que sea primo con $p-1$ y con $q-1$.

Calculamos el producto $n=p\cdot q$ y hacemos público que quien desee enviarnos un mensaje m nos envíe el resto de dividir la potencia m^r por el entero n, es decir, m^r módulo (n).

El tamaño de m debe ser inferior a n, pero esto se consigue fácilmente dividiendo los dígitos del mensaje original en bloques parciales del mismo tamaño. A pesar de que n, r y m^r módulo (n) pueden ser conocidos por cualquier persona, solamente quien sepa la factorización $n=p\cdot q$ es capaz de descifrarlo.

La clave radica en el llamado pequeño teorema de Fermat-Euler, que se remonta al siglo XVII y se refiere también a la aritmética modular. Conocidos p, q y r primo con $\varphi(n)=(p-1)\cdot(q-1)$, resulta fácil encontrar un entero s, entre 0 y $\varphi(n)$, de manera que $r\cdot s$ sea congruente con 1 módulo $\varphi(n)$. Es decir, $r\cdot s$ dé resto 1 al dividirlo por $\varphi(n)$. Entonces $m=(m^r)^s$ mod(n) descifra el mensaje.

Como hemos mencionado antes, conocidos los primos p y q resulta sencillo encontrar la clave para descifrar. Pero solo con el conocimiento de n no podemos hacerlo, y la factorización es extremadamente costosa.

Encontrar primos de muchas cifras es importante para la seguridad. Buscar algoritmos rápidos de factorización es fundamental para el espionaje

Un ejemplo fácil:

$$p = 11, q = 23, n = 253, \varphi(n) = 220, r = 13, s = 17$$

Supongamos que asignamos números:

$$A = 0, B = 1, C = 2, D = 3, E = 4, F = 5, G = 6, H = 7, I = 8, J = 9, \ldots$$

El mensaje: HIJA = 7890 que dividimos en bloques 78-90. Tenemos que:

$$78^2 = 145 \bmod (253);\ 78^4 = 26 \bmod (253);\ 78^{13} = 174 \bmod (253)$$

análogamente: $90^{13} = 234 \bmod (253)$.

Luego recibiremos la pareja de números 174, 234 que descodificaremos por el método: $174^{17} = 78 \bmod (253)$, $234^{17} = 90 \bmod (253)$.

Ahora miramos la asignación de las letras: 78 = HI, 90 = JA, resultando HIJA.

El balón de fútbol

La esfera, en su materialización balompédica, tiene difícil parangón como objeto lúdico universal. Tanto para los que disfrutan con la práctica del deporte como para los millones de aficionados e hinchas de sus respectivos equipos. Desde la aparición del modelo Tango en el Mundial de Argentina, los balones de fútbol se aproximan bastante bien a la esfera perfecta, a través de una estructura formada por pentágonos y hexágonos unidos por aristas comunes.

Pero quizá pase inadvertido que se trata de una estructura muy interesante desde el punto de vista geométrico.

Las abejas construyen muy eficientemente sus panales con celdas hexagonales. Entre todas las maneras de enlosar un plano de manera periódica, es decir, con una losa que se repite por traslaciones, el enlosado hexagonal resulta ser el más eficiente respecto a la relación perímetro/área. Los centros de los hexágonos son también los del empaquetamiento más denso del plano con círculos de igual radio.

Un somero examen del balón muestra que consta de doce pentágonos y veinte hexágonos, cuyos lados tienen idéntica longitud. En cada vértice concurren tres aristas. A la vista de los panales de las abejas parece legítimo preguntarse: ¿Por qué los pentágonos? Pues bien, resulta que son del todo imprescindibles. Podríamos, si quisiéramos, fabricar balones con más o menos hexágonos, incluso sin ninguno, pero los doce pentágonos son sagrados. Tienen que estar allí.

La explicación se encuentra en una fórmula maravillosa que descubrió Leonardo Euler y que cumplen todos los poliedros convexos, como es el caso del balón de fútbol. La fórmula dice así:

$$\text{Caras} + \text{Vértices} - \text{Aristas} = 2$$

Designemos con P el número de pentágonos, E el de hexágonos, V el número de vértices y A el de aristas. Teniendo en cuenta que cada arista es compartida por dos caras y que en cada vértice se juntan tres de ellas, obtenemos las relaciones:

$$A = (5P + 6E)/2 \quad ; \quad V = (5P + 6E)/3$$

Sustituyendo estos valores en la fórmula de Euler, resulta que:

$$P + E + (5P + 6E)/3 - (5P + 6E)/2 = 2$$

Que se simplifica a $P = 12$.

En el caso del balón de fútbol se tiene además que $E = 20$, $V = 60$ y $A = 90$. Inflando un dodecaedro regular, $E = 0$, $P = 12$, podemos lograr un balón. También se puede hacer con otros valores de E. Pero el número 12 de pentágonos es fundamental, no puede ser alterado.

Siguiendo el famoso adagio de que la Naturaleza imita al arte, en este caso al balón de fútbol, el premio Nobel de Química de 1996 fue otorgado a Carl, Kroto y Smalley, por el descubrimiento de una nueva molécula de carbono, en la que 60 átomos de carbono se disponen según los vértices del balón.

La estructura del C-60 ha tenido una influencia considerable, dando lugar a una nueva serie de estados del carbono denominados fullerenos, en honor del arquitecto Buckminster Fuller, que es famoso por sus cúpulas.

Fig. 27.2.—Balón de fútbol

El balón de fútbol puede ser también considerado como un mapa trazado sobre la esfera. Hay diversas maneras de proyectar este mapa sobre un plano; después de todo, eso es lo que hacen los cartógrafos al dibujar mapas de la Tierra. A veces resulta interesante representar un mapa asignando un punto a cada país, y uniendo por un segmento dos países que tengan frontera común. Obtenemos así un grafo.

Un grafo consiste en un conjunto V, de puntos o vértices, y otro A, de segmentos o aristas, que conectan a algunas parejas de vértices.

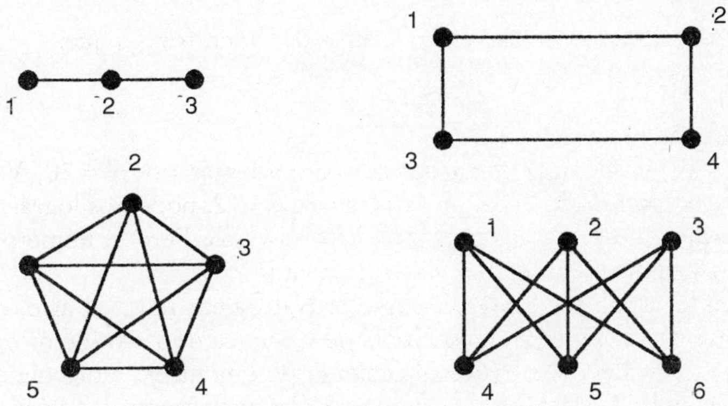

Fig. 27.3.—Ejemplos de grafos

Colorear un grafo consiste en pintar los vértices de manera que los adyacentes tengan siempre distinto color. El número cromático de un grafo es el mínimo número de colores que nos bastan para colorearlo. En la Teoría de Grafos se desarrollan algoritmos para calcularlo.

El problema de los horarios

En un colegio se enseñan *n* asignaturas, pero algunas de ellas no pueden impartirse a la misma hora, porque tienen muchos alumnos comunes. ¿Se puede elaborar un horario con $k<n$ horas lectivas? ¿Cuántos horarios hay?

Es un problema que podemos trasladar al lenguaje de grafos:

Asignaturas	Vértices de un grafo
Incompatibilidades	Aristas uniendo vértices
Hora asignada	Color del vértice

Ejemplo sencillo

Supongamos que las asignaturas y sus incompatibilidades obedecen al esquema siguiente:

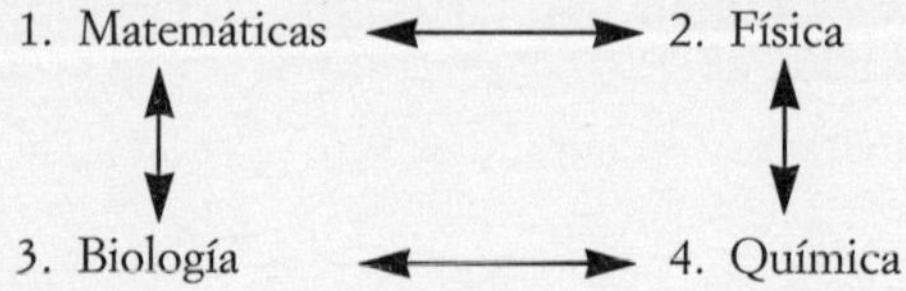

donde ⟷ designa incompatibilidad.

Obtenemos el grafo

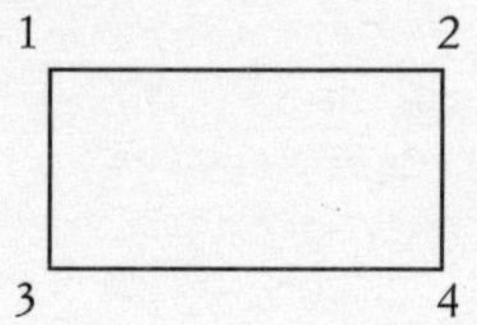

Que puede ser coloreado con solo dos colores, rojo y verde:

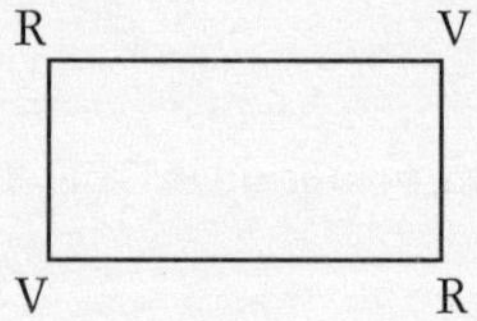

Lo que da lugar al siguiente horario:

	Aula 1.ª	Aula 2.ª
1.ª hora	Mat.	Quím.
2.ª hora	Fís.	Biol.

Claro está que se trata tan solo de un caso muy sencillo. Pero no es difícil imaginarse la complejidad que adquiere cuando, en vez de cuatro, haya cincuenta asignaturas, y las incompatibilidades no dependan únicamente de los alumnos, sino también de los profesores. En las jefaturas de estudios de nuestros institutos de bachillerato se vive este problema cada mes de septiembre. La Teoría de Grafos permite abordarlo de una manera sistemática.

Supongamos ahora el caso de un viajante de comercio que ha de visitar las ciudades de su territorio de ventas. ¿Cuál es el recorrido de coste mínimo? Se trata del conocido problema del viajante, que aparece también en muchos otros contextos: una compañía eléctrica que ha de diseñar una ruta para los lectores de contadores o un autobús escolar que tenga que recoger a cuarenta alumnos y devolverlos a sus domicilios al final de la jornada. La Teoría de Grafos ha desarrollado algoritmos que permiten encontrar soluciones eficientes en la mayoría de los casos de interés. Pero el problema general dista mucho de estar resuelto. Por el contrario, sigue siendo un desafío al ingenio humano y es una cuestión abierta importante dentro de la moderna Teoría de la Complejidad.

El Sistema Global de Posicionamiento

El sistema GPS permite localizar a una persona con un error de unas pocas decenas de metros. Veinticuatro satélites giran alrededor de la Tierra en seis órbitas circulares situadas a algo más de 20.000 km de altura. Emiten señales de radio, en dos frecuencias distintas, dándonos su posición y el tiempo exacto en el que las señales fueron transmitidas.

Los satélites están dotados de relojes atómicos de extrema precisión y su giro alrededor de la Tierra tiene un período de doce horas.

Los receptores tienen el tamaño de un teléfono móvil y son un ingenio electrónico. Conectados en cualquier lugar de la Tierra, reciben la señal de los satélites y, en unos pocos minutos, en su pantalla indican la posición: longitud, latitud y altitud en las que nos encontramos.

En una primera aproximación las matemáticas del GPS son muy sencillas. La señal informa al receptor dónde estaba situado el satélite en el mo-

Fig. 27.4.—Satélite artificial

mento de emitirla y el tiempo de la emisión. El reloj del receptor mide cuánto ha tardado en llegar. Como la velocidad de las señales la conocemos con precisión exquisita, una sencilla cuenta nos da la distancia al satélite: sabemos que estamos en una esfera centrada en el satélite y de radio conocido. Si procesamos la información de tres satélites distintos, obtendremos nuestra posición como el punto de intersección de las tres esferas que esté situado en la superficie de la Tierra. ¡Fantástico!

En la realidad, este sencillo modelo debe ser corregido. Una de las razones radica en que los relojes de los receptores no son tan exactos como los relojes atómicos instalados en los satélites. El error cometido en la medición del tiempo ha de ser multiplicado por la velocidad de la luz (aprox. 300.000 km/s), de manera que una simple millonésima de segundo da lugar a una indeterminación de cientos de metros. Afortunadamente las Matemáticas nos ayudan también en este empeño, siempre y cuando nuestro reloj sea sistemático, es decir, adelante o atrase de una manera uniforme. Para ello necesitamos la información de un cuarto satélite: las órbitas están calculadas de manera que cualquier punto de la Tierra reciba siempre la señal de, por lo menos, cuatro satélites.

Tenemos, pues, datos sobre la posición X_i, Y_i, Z_i y el tiempo t_i, $i=1, 2, 3, 4$, de cada uno de los satélites. Nuestra posición X, Y, Z debe satisfacer el sistema de cuatro ecuaciones

$$(X-X_i)^2+(Y-Y_i)^2+(Z-Z_i)^2=c^2(\Delta t_i+\epsilon)^2 \quad ; \quad i=1, 2, 3, 4$$

siendo c = velocidad de la luz, y donde ϵ, mayor o menor que cero, es el desfase del reloj del receptor respecto a los relojes atómicos de los satélites.

Es decir, tenemos cuatro ecuaciones con cuatro incógnitas que nos permiten calcular los valores de X, Y, Z y ϵ.

Para resolver efectivamente este sistema en tiempo real hay que usar estrategias de Análisis Numérico, o sea, más Matemáticas. El programa de los receptores incluye también las correcciones que los efectos de la ionosfera y la troposfera ejercen sobre la señal de los satélites. Para conseguir una precisión mayor y pasar de las decenas de metros a los centímetros necesitaremos, seguramente, un Análisis Numérico más sofisticado. Pero esta tecnología está aún en sus comienzos.

Cabría objetar, no obstante, que lo más importante del sistema son los satélites, las emisiones de radio, los relojes... Sí, pero la señal de radio se emite siguiendo un código binario, que debe incorporar un sistema de corrección de errores... y ¿no estuvieron las ecuaciones de Maxwell en el origen del descubrimiento de la radio? ¿Cómo se calculan con tanta precisión las órbitas de los satélites?...

SUPERFICIE Y VOLUMEN

Una columna vertical que tenga una sección cuadrada de lado *b* y una altura *h* podrá soportar un peso máximo, digamos que P kg, antes de desintegrarse. Si colocamos cuatro columnas idénticas, una al lado de la otra, formaremos un pilar de lado 2*b* que podrá soportar una carga máxima de 4P kg. En los laboratorios podemos llevar a cabo experimentos que nos conducen a la ley: la potencia de un pilar de altura fija es proporcional al área de su sección. Si ignoramos el propio peso de la columna, es de esperar que la carga máxima soportada sea independiente de la altura. Pero si tomamos en consideración el propio peso, entonces la carga máxima decrece cuando la altura aumenta.

De este sencillo razonamiento deducimos la imposibilidad de aumentar indefinidamente los tamaños de los objetos y de los seres vivos. No es posible construir rascacielos o barcos de tamaños enormes, torres como la mítica Babel, o que existan los ogros gigantescos de los cuentos. Pongamos el caso de un edificio que esté sostenido por columnas. Si agrandamos todas las dimensiones lineales por un factor α entonces el peso, y el volumen, de cada parte del edificio resultará multiplicado por α^3, mientras que la sección transversal de las columnas lo será por α^2. Es claro que si hacemos α muy grande los pilares se desintegrarán.

Unos cálculos tan sencillos como los anteriores nos pueden ilustrar acerca del funcionamiento del corazón: este lanza la sangre valiéndose de las sucesivas contracciones de sus paredes. El tejido muscular tiene limitada su capacidad de contracción hasta, aproximadamente, la mitad de su posición de reposo. Por lo tanto, en un principio, da la impresión de ser poco eficiente. Sin embargo, dado que el volumen se comporta como el cubo de su diámetro, una contracción de solo un 20 por 100 en el diámetro produce una reducción de hasta $(80/100)^3 \sim 0{,}5$ de su volumen. Es decir, lanzaría fuera la mitad de su contenido de sangre. En realidad, cuando el corazón está lleno, el volumen de su masa muscular es, aproximadamente, el doble de la sangre que contiene. Por lo que, para bombear la mitad de su contenido, el corazón necesita contraer su diámetro tan solo un 7 por 100, mientras que con un 15 por 100 se queda prácticamente vacío.

Los animales de sangre caliente están diseñados para mantener constante la temperatura corporal. Definamos el metabolismo P como la velocidad de pérdida de calor del animal. El intercambio calórico con el exterior tiene lugar a través de la superficie, por lo que, al menos dentro de especies próximas, P será proporcional a ella: $P \sim S$ (P proporcional a S).

Sea L la longitud del animal, dentro de la escala de longitud típica de su especie; entonces

$$S \sim L^2 \quad ; \quad M = \text{masa} \sim L^3$$

y, por lo tanto, $P = \text{metabolismo} \sim M^{2/3}$.

En la escala logarítmica: log P = 2/3 log M + constante. Los biólogos han realizado medidas y afirman que la ley es correcta, aunque quizá el coeficiente 2/3 debe ser corregido y pasar a 3/4. En fin, como solo se pretende una descripción a grandes rasgos, sigamos con nuestra ley, log P = 2/3 log M + C, y veamos qué implicaciones tiene.

Supongamos que un mamífero de masa M, longitud típica $L \sim M^{1/3}$ y superficie $S \sim M^{2/3}$, se sumerge en agua. La cantidad de oxígeno que puede almacenar en sus pulmones es proporcional a su masa. El metabolismo, el gasto de oxígeno por unidad de tiempo, es proporcional a $M^{2/3}$. Luego si T es la cantidad total de tiempo que puede estar sumergido, tenemos que $T \times M^{2/3}$ es proporcional a M. Es decir, $T \sim M/M^{2/3} = M^{1/3}$. *Cuanto mayor sea el animal, más tiempo puede estar sumergido.* Es lógico que las ballenas sean tan grandes.

Con cálculos tan sencillos como estos, podemos explicar por qué los bajos escalan mejor que los altos, o por qué para los animales pequeños la tensión superficial puede ser una fuerza descomunal, mientras que la gravedad les afecta muy poco. Otro ejemplo notable lo proporciona la Antropología. En *El collar del neandertal,* de Juan Luis Arsuaga, podemos leer: «Neandertales y hombres de Cro-Magnon no se distinguían unos a otros solo por los rasgos de la cabeza, sino que se reconocían a distancia también por la forma y las proporciones del cuerpo... Una forma de abordar el estudio de la forma del cuerpo humano es asimilándolo a un cilindro. Tanto el peso y el volumen del cilindro, como la superficie, dependen de su altura y diámetro, y así también varía la superficie y el volumen; esta relación es muy importante para la termorregulación de los mamíferos...». Más adelante Arsuaga nos explica cómo el análisis de una pelvis hallada en el yacimiento de Atapuerca nos conduce razonablemente al conocimiento del tamaño del cuerpo, de las extremidades, del peso del individuo, y también nos permite inferir si provenían de regiones cálidas o frías.

Se trata de modelos no muy precisos cuantitativamente, pero que también demuestran el poder de las Matemáticas para descodificar la información de un yacimiento arqueológico.

La epidemia de meningitis

El estudio de las epidemias ha interesado a la humanidad desde la noche de los tiempos, habiéndose creado una gran variedad de modelos y explicaciones de las causas que las originan y de los vehículos de propagación. Incluso hoy día, pensemos en el caso del sida, hay quien las atribuye a la acción de demonios perversos o a la cólera de dioses descontentos.

Durante el invierno de 1996-1997, algunas regiones españolas registraron un número de casos de meningitis superior al considerado normal. La prensa se hizo eco del seguimiento efectuado por las autoridades sanitarias sobre la conveniencia, o inconveniencia, de una vacunación masiva de la población susceptible de contraer la enfermedad. El problema se presenta cuando la vacuna puede tener efectos secundarios, un período corto de duración o que sea desaconsejable su uso después de una primera vacunación. Lo que quizá no sea muy conocido es que los modelos matemáticos de la propagación de las epidemias desempeñan un papel muy importante en el análisis de los datos hospitalarios y en la toma de decisiones.

Consideremos una población en la que en el instante t hay una cantidad de individuos $I(t)$ infectados por la enfermedad. La población puede ser dividida en tres clases distintas: $I = I(t)$ de los infectados; $S = S(t)$ de los susceptibles de adquirir la enfermedad, y $R = R(t)$ de los que están inmunizados o están aislados y no pueden contagiar a nadie, o han fallecido por la enfermedad. Supongamos que la contribución de los procesos migratorios sea irrelevante, dentro del período de tiempo en el que nos interesa estudiar la evolución de la población. La suma total $N = I(t) + S(t) + R(t)$ es constante. Aunque los valores de las funciones I, S, R son números enteros, y nuestras estadísticas estén confeccionadas en intervalos discretos de tiempo (días, semanas o meses), resulta conveniente considerar la aproximación en la que la variable tiempo es continua y las funciones son diferenciables. Es un truco habitual fácil de justificar en el caso de poblaciones grandes.

La velocidad de crecimiento $I'(t)$ de la población infectada depende, por una parte, de los contagios entre infectados y susceptibles, que cuantificamos por rIS, donde $r > 0$ es una constante. Por otra parte, la velocidad con la que se retiran, o aíslan, los infectados es proporcional a estos: $R'(t) = aI$, donde $a > 0$ es otra constante que dependerá de la efectividad del sistema sanitario. Supondremos también que el período de incubación es corto. En estas circunstancias, el modelo matemático consiste en un sencillo sistema de ecuaciones diferenciales:

$$\begin{aligned} I'(t) &= rIS - aI \\ S'(t) &= -rIS \\ R'(t) &= aI \end{aligned}$$

Los parámetros r y a dependen de las condiciones de la población, rural, urbana, instalaciones higiénicas, etc., y de la calidad de su sistema sanitario. Las autoridades tienen estimaciones de r y de a, a través de los datos históricos de la enfermedad en su territorio. La solución de las ecuaciones permite interpretar los datos que llegan de los hospitales para tomar decisiones.

Una cuestión fundamental es conocer si la enfermedad se extenderá o si, por el contrario, el número de infectados disminuirá monótonamente con el tiempo. En nuestro modelo depende del signo de la derivada $I'(0)$. Tenemos que:

$$I'(0) = I(0)\,[r\,S(0) - a]$$

Por lo tanto, si en el tiempo $t = 0$ hay individuos infectados $I(0) > 0$ y la población de susceptibles $S(0)$ verifica que $S(0) > a/r = \rho$, habrá epidemia;

mientras que si $S(0) < \rho$ entonces el número de enfermos decrecerá hasta desaparecer. Las autoridades sanitarias han de velar para que la población se encuentre siempre en la situación $S < \rho = a/r$. Las campañas de vacunación sirven para disminuir el valor de S, hasta situarlo por debajo del valor crítico ρ, lo que impide la epidemia. Las mejoras del sistema sanitario aumentan el valor de a, mientras que las medidas de higiene pública disminuyen el valor de r; ambos efectos juntos, o por separado, contribuyen al aumento del parámetro crucial ρ.

Con un poco de destreza en el manejo de las ecuaciones se obtienen resultados que son muy útiles. Los datos hospitalarios nos informan acerca de los ingresos diarios de nuevos enfermos y de las altas habidas, mientras que conocer la cifra total de infectados es mucho más difícil. Las Matemáticas ayudan a desarrollar el modelo para expresar las funciones relevantes en términos de la información disponible. Este modelo es de los años treinta y se debe a Kermack y McKendrick. Existen versiones más sofisticadas y variaciones que sirven para otras enfermedades, tales como la gonorrea o el sida. Los modelos matemáticos de evolución de las poblaciones, aisladas o en interacción con otras, son un valioso utensilio para entender la Naturaleza.

Tomografía Asistida por Computador: TAC

Los rayos X fueron descubiertos en 1895 por Roentgen de manera fortuita. La mayoría de las sustancias son penetradas por ellos de forma apreciable. Los huesos los absorben en mayor proporción que la carne, por lo que los rayos X fueron usados en Medicina a los pocos meses de su descubrimiento. Su naturaleza ondulatoria fue reconocida más tarde, cuando se observó su difracción a través de los cristales, lo que constituye un hito en el desarrollo de la Física del estado sólido.

Desde hace no muchos años, los hospitales están dotados de unas máquinas que utilizan los rayos X con el fin de obtener imágenes precisas de tejidos blandos. Se trata de un instrumento valioso en el diagnóstico de los tumores.

El fundamento matemático es el siguiente: cuando un rayo atraviesa un órgano, sufre un decaimiento en su intensidad que depende de la densidad del tejido atravesado. Supongamos que hemos establecido un sistema de coordenadas centrado en el órgano a estudiar, y que $\rho = \rho(x, y, z)$ designa a su densidad. El decaimiento de la intensidad de los rayos X, que podemos medir con nuestros aparatos, nos da información acerca de la integral de ρ en la línea de propagación del rayo. El problema matemático preciso consiste en recuperar los valores de una función ρ a partir del conocimiento de sus integrales sobre las rectas del espacio. Los tumores se corresponden con cambios bruscos de los valores de ρ respecto a los tejidos sanos.

Los TAC suelen estudiar un órgano a través de sus secciones planas. En cada plano se procesa la información de los rayos X: se trata de la versión bidimensional del problema que hemos descrito antes. Se han desarrollado métodos matemáticos para resolverlo que están basados en las llamadas transformaciones de Radon y de Fourier. Una primera solución afirmativa dice que, efectivamente, el conocimiento de las integrales de ρ a través de todas las líneas sirve para determinarla. Pero es claro que no nos basta, por cuanto mataríamos al paciente al someterlo a tantos, infinitos, rayos X. No obstante, con un poco más de trabajo matemático se consiguen estrategias que optimizan la calidad de la imagen con un mínimo de radiación. Las máquinas de nuestros hospitales llevan incorporadas en sus programas todos estos métodos matemáticos que, sin embargo, para muchos usuarios resultan invisibles.

Debido a su longitud de onda tan pequeña, el carácter ondulatorio de los rayos X solo pudo ser observado al hacerlos pasar por redes cristalinas. Existen 17 grupos cristalográficos planos y 230 espaciales. Los primeros aparecen en la decoración de la Alhambra. Uno de los problemas más difíciles de la Química consiste en determinar cómo están enlazados los átomos de una molécula. El modelo matemático, como el del TAC, involucra también a la transformación de Fourier, que es un instrumento importante del Análisis Matemático. La onda difractada es la transformada de Fourier de la función de densidad electrónica ρ:

$$F(\rho)(\xi) = \int e^{-i\xi x} \rho(x)\, dx$$

En realidad, lo que se puede medir es el valor absoluto $|F(\rho)|$ perdiéndose la fase. Es el famoso problema de la fase: recuperar ρ a partir de $|F(\rho)|$.

Para moléculas complicadas es muy difícil, aunque, a veces, la geometría ayuda. Es lo que ocurrió en el caso del ADN: *una distribución ρ que tenga su soporte en una hélice puede ser reconstruida a partir del conocimiento de* $|F(\rho)|$.

En fin, esto nos aleja de lo cotidiano.

Aunque no resulta difícil volver a ello, basta con hacer alusión al tratamiento de imágenes que, entre otras cosas, permite prever la evolución del rostro de una persona, y que ha servido para encontrar niños secuestrados, como ha popularizado también el cine.

Las Matemáticas, aunque resulten muchas veces invisibles, impregnan y forman parte importante de lo cotidiano.

Para dosificar un medicamento

El uso correcto de los medicamentos es fundamental en los tratamientos de las enfermedades. Administrar dosis superiores o inferiores a las necesarias, olvidar tomar la medicina a la hora prescrita, o alterar la duración de los intervalos recomendados, implica pérdida de eficacia. En algunos casos pueden producirse intoxicaciones graves. ¿De qué medios dispone el médico para recetar la dosis correcta de un medicamento? La respuesta consiste en unos sencillos cálculos matemáticos.

Supongamos el caso de un paciente aquejado de una infección bacteriana tratada con un antibiótico. La concentración de la droga en la sangre, medida en miligramos por litro, tiene que estar comprendida entre un extremo inferior, por debajo del cual el antibiótico no es efectivo, y otro superior, que no puede ser rebasado sin que se produzcan efectos tóxicos indeseados. Una vez introducido el antibiótico en el flujo sanguíneo es distribuido rápidamente a los órganos del cuerpo, y eliminado a través de los riñones. El problema consiste en calcular las dosis y los intervalos de tiempo para que la concentración del antibiótico en la sangre se aproxime a un valor óptimo, dentro siempre del rango terapéutico.

Sean C_M y C_m, respectivamente, las concentraciones *máxima tolerada* y *mínima eficaz*. Supongamos que una fracción $1-r$, $0<r<1$, de la droga es eliminada del cuerpo cada intervalo de tiempo Δt. En el diseño del tratamiento usualmente se prescribe una concentración inicial C_0, alta pero comprendida en el intervalo $C_m < C_0 < C_M$; y C, que es el aumento de concentración administrada a intervalos iguales de tiempo Δt. La dosis dependerá del peso del individuo y es la cantidad necesaria para producir un aumento de la concentración igual a C.

Al cabo del primer intervalo Δt la concentración inicial C_0 habrá sido reducida a $r\,C_0$ a través de los riñones y aumentada en la cantidad C, por medio de una inyección o ingesta, dando lugar al nuevo valor

$$C_1 = r\,C_0 + C$$

En el segundo intervalo obtendríamos

$$C_2 = r\,C_1 + C = r^2\,C_0 + C(1+r)$$

Por lo que al cabo de n tomas la concentración de droga en la sangre resultará ser:

$$\begin{aligned} C_n = r\,C_{n-1} + C &= r\,\{r\,C_{n-2} + C\} + C \\ &= r^2\,C_{n-2} + C(1+r) \\ &= \ldots = r^n\,C_0 + C(1 + r + \ldots + r^{n-1}) \\ &= r^n\,C_0 + C(1-r^n)/(1-r) \end{aligned}$$

¿Cuál es la concentración final del antibiótico de acuerdo con este modelo?

Observemos que al ser $0<r<1$ resulta que

$$\lim_{n\to\infty} C_n = C/(1-r) = C_{\text{óptima}}$$

Como el valor de r ha sido medido por los laboratorios, así como la concentración óptima, una sencilla multiplicación nos permite calcular

$$C = (1-r) \times C_{\text{óptima}}$$

En cuanto al inicial C_0 podemos escoger cualquier cantidad menor que C_M. Observemos que

$$C_n = C_{óptima} + r^n(C_0 - C_{óptima})$$

Por lo tanto, si $C_0 > C_{óptima}$ entonces la sucesión C_n decrecerá. Mientras que si $C_0 < C_{óptima}$ obtendremos una sucesión creciente de concentraciones.

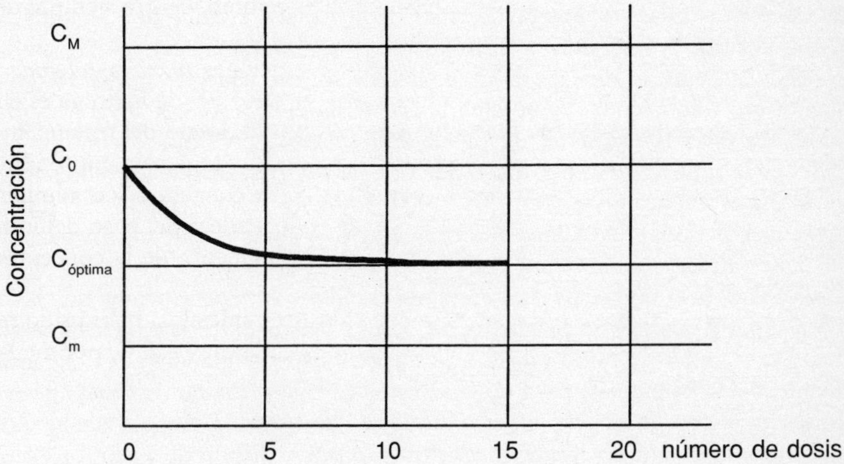

Fig. 27.5.—Dosificación de un medicamento

Se trata, pues, de un modelo muy sencillo basado en la ley

$$C_n = C_0\, r^n + C(1 - r^n)/(1 - r)$$

que prevé un acercamiento geométrico al límite $C_{óptima} = C/(1 - r)$.

La elección del inicial C_0 nos da la libertad de acercarnos al óptimo por exceso o por defecto, según interese en cada tratamiento. En estos modelos se supone que la concentración del medicamento en la sangre es proporcional a la que existe en los tejidos corporales. Por lo tanto, el peso del paciente es el dato que ha de tenerse en cuenta para convertir las concentraciones C_0, C en las dosis efectivas del medicamento que hay que suministrarle. Se trata de una sencilla multiplicación.

La quimera del oro

El bienestar, la alegría y la tristeza de la gente depende, en cierta medida, de la interpretación correcta de las estadísticas elaboradas por las agencias especializadas en la recogida de datos. He aquí una información aparecida en la prensa madrileña el mes de agosto de 1999:

> El gasto en juegos de azar supera el medio billón de pesetas cada año. La factura en juegos de azar que generan los madrileños representa el 16 por 100 del total nacional (en 1997 se gastaron en este apartado casi 3,4 billones de pesetas en todo el país).

Las loterías constituyen una forma socialmente aceptada de cobrar impuestos a las clases menos favorecidas de la sociedad. Aunque a algunos no nos parezca muy correcto, la Administración pública suele animar a la ciudadanía a gastarse sus dineros en toda clase de sorteos y juegos de azar. Supongamos una lotería en la que se reparte en premios el 55 por 100 de la recaudación. De cada 100 pesetas jugadas la Administración se queda con 45. Las leyes de la probabilidad nos dicen que por cada X pesetas que juguemos tenemos una esperanza de perder 45X/100 pesetas. Es decir, ¡cuanto más juguemos, más perderemos! Claro que cada Navidad algunos ciudadanos ganan y se convierten en millonarios y aparecen felices en la pantalla del televisor. Es esa ilusión la que se paga al comprar el billete, aunque sabemos que la lotería supone siempre un promedio del 45 por 100 de pérdida para los jugadores. Pero ¿quién le pone precio a la ilusión? Mis compañeros del Departamento de Matemáticas, para quienes estos cálculos resultan triviales, juegan todos los años a un mismo número del sorteo de Navidad. Alguna vez he oído la confesión de que hay quien juega no tanto por la ilusión de ganar, que sabe de probabilidad muy pequeña, sino para evitar la irritación y el bochorno de que les tocase el «gordo» a los demás y él se quedara al margen. Eso sí que parece tener un precio altísimo.

Existe la creencia errónea de que unos números son menos probables que otros. Por ejemplo, se dice que los números pequeños son peores porque salen menos. Es la falacia de confundir la probabilidad de un suceso, ser número de pocas cifras, con la de cada número particular, que es la misma para todos. Si una lotería emite números del 0 hasta el 99999, entonces la probabilidad de cada número es 1/100.000, y esto vale tanto para el 7 como para el 23645.

El que la probabilidad de que salga un número de una cifra, que es 1/10.000, sea mucho menor que la de que el número premiado tenga cinco cifras, que es 9/10, no afecta al hecho de que 7 y 23645 sean equiprobables.

Otra superstición curiosa consiste en la creencia de que hay administraciones de lotería especialmente tocadas por la fortuna. O esa otra basada en cierta noción primitiva de justicia cósmica, según la cual el «gordo» ha de caer en un lugar donde se haya padecido una gran desgracia. En ambos casos sucede que, efectivamente, la superstición aumenta la probabilidad de que ocurra el suceso, por cuanto mucha más gente comprará su billete en la administración premiada antaño o en el lugar de la catástrofe, haciendo más probable que caiga allí el premio. Eso no aumenta, sin embargo, la probabilidad de cada número concreto, provenga o no de un lugar anteriormente afortunado o catastrófico.

Un caso un tanto distinto es el de la Lotería Primitiva. Cada papeleta consiste en seis números escogidos entre 1 y 49. Luego tenemos un total de

$$49 \times 48 \times 47 \times 46 \times 45 \times 44 / 2 \times 3 \times 4 \times 5 \times 6 = 13983816$$

combinaciones y una probabilidad $p = 1/13983816$ para cada una. La primera diferencia importante es que si no hay acertantes en un sorteo el premio se acumula para el siguiente. De manera que, aunque siempre se asigne para premios un porcentaje fijo de cada recaudación (digamos un 55 por 100), hay sorteos que son más interesantes que otros para el jugador.

En un boleto ordinario, el apostante de la Primitiva ha de escoger sus números entre los que aparecen en un cuadro que contiene a todos los números entre 1 y 49 dispuestos en diez filas y cinco columnas.

Si elegimos seis números al azar en el cuadro, todas las combinaciones son equiprobables. Pero, en la realidad, los boletos no se rellenan así. Los psicólogos han llevado a cabo diversos experimentos que demuestran que si a un colectivo amplio de personas damos a elegir un número, digamos entre 1 y 100, la mayoría se decanta por elecciones centrales, y la distribución resultante no es uniforme. Algunos números, como el cabalístico 7, ejercen una fascinación especial. En el caso de la Primitiva hay que añadir que muchos jugadores eligen fechas del mes que se corresponden con efemérides familiares: cumpleaños, aniversarios de boda... Por lo tanto, es menor la frecuencia de los números de las esquinas entre el 31 y el 49. Las matemáticas nos dicen que todas las combinaciones son equiprobables (no dudamos de la profesionalidad del sorteo). Sin embargo, no es lógico esperar el mismo premio si jugamos unos números que otros, porque con unos habrá probablemente más acertantes que con los otros.

El sorteo de la Primitiva del 23 de octubre de 1999 produjo la combinación: 7, 11, 19, 25, 33, 41, con el número complementario 17. Mientras que en el celebrado el día 11 de noviembre de 1999 salieron los números 18, 23, 30, 31, 42, 48, teniendo al 49 como complementario. El siguiente cuadro compara los premios en pesetas que obtuvieron los acertantes en una y otra fecha; el contraste es muy significativo del fenómeno que describimos:

	23-X-1999	11-XI-1999
4 aciertos	4.624	12.037
5 aciertos	110.567	516.532
5 + C	1.623.318	9.362.140
6 aciertos	54.759.000	191.000.000

Podemos elaborar un modelo sencillo utilizando los datos históricos de la Primitiva para aproximar la esperanza del premio condicionada por la aparición del número j $(1 \leq j \leq 49)$ en el sorteo.

Por ejemplo, podemos calcular la suma de los premios dados en los sorteos en los que ha aparecido el número *j*, y dividirla por el número de tales sorteos. Asociaremos así un peso a cada número *j*, que nos permite hacer una previsión de cuánto ganaríamos de salir premiada la combinación que hemos determinado. Mi amigo Javier Cilleruelo ha llevado a cabo estas cuentas, con modelos algo más sofisticados que el aquí expuesto. Sus previsiones han sido aceptablemente confirmadas por la experiencia y, efectivamente, el modelo asigna expectativas a unas combinaciones que duplican las de otras. Por mi parte, solo puedo recomendarle al lector interesado que haga sus propios cálculos o que pregunte a Javier.

VEINTE IMÁGENES Y UN POEMA

En la Naturaleza y en el arte encontramos numerosos seres y objetos cuyas formas tienen un contenido geométrico importante. Algunos escritores han sido sensibles a la belleza de las Matemáticas. Un caso notable es el de Jorge Luis Borges, cuyos relatos sobre la *Biblioteca de Babel* y *El Aleph* tienen a la teoría de conjuntos en su trasfondo. Borges, que cita explícitamente a Cantor, se sentía fascinado por los números transfinitos y las paradojas de Zenon de Elea. Otro ejemplo es Wislawa Szymborska, premio Nobel de Literatura, cuyo poema *El número Pi,* reproducido al final de este párrafo, expresa la sorpresa ante la sucesión infinita no periódica de las cifras decimales de Pi, sucesión que, según una famosa conjetura, lo contiene todo: nuestro número de teléfono, nuestro DNI, una versión cifrada del *Quijote,* las obras completas de Shakespeare...

EL NÚMERO PI

El número Pi es digno de admiración
tres coma uno cuatro uno
todas sus cifras siguientes también son iniciales
cinco nueve dos, porque nunca se termina.
No permite abarcarlo con la mirada *seis cinco tres cinco*
Con un cálculo *ocho nueve*
o en broma *tres dos tres,* es decir, por comparación
cuatro seis con cualquier otra cosa
dos seis cuatro tres en el mundo.
La más larga serpiente de varios metros se interrumpe.
Igualmente, aunque un poco más tarde, hacen las serpientes fabulosas.
El cortejo de cifras que forman el número Pi
no se detiene en el margen de un folio,
es capaz de prolongarse por la mesa, a través del aire,
a través del muro, de una hoja del nido de un pájaro,
de las nubes, directamente al cielo

a través de la total hinchazón del cielo.
¡Oh, qué corta es la cola de la cometa, como la de un ratón!
¡Qué frágil el rayo de la estrella que se encorva en cualquier espacio!
Pero aquí *dos tres quince trescientos noventa*
mi número de teléfono la talla de tu camisa
año mil novecientos setenta y tres sexto piso
número de habitantes sesenta y cinco céntimos
la medida de la cadera dos dedos de charada y el código
en la que mi ruiseñor vuela y canta.
y pide un comportamiento tranquilo
también transcurre la tierra y el cielo
pero no el número Pi, este no,
él todavía es un buen *cinco*
no es un *ocho* cualquiera
ni el último *siete*
metiendo prisa, oh, metiendo prisa a la perezosa eternidad
para la permanencia.

WISLAWA SZYMBORSKA

Los cristales, la concha del *Nautilus,* la estrella de mar, las espirales de las piñas y las margaritas son, a la vez, formas bellas de la Naturaleza y objetos matemáticos interesantes. En pintura podemos citar el descubrimiento de la perspectiva y la geometría proyectiva; el cubismo que corta la realidad en pedazos para luego pegarlos de mil maneras distintas, como los mapas locales de una variedad diferenciable; el puntillismo, Seurat, y la teoría de Cantor; Mondrian, Kandinsky, Escher... En escultura encontramos las superficies regladas. La razón áurea, el rectángulo más proporcionado, aparece en la fachada del Partenon y en algunos edificios de Le Corbusier.

Cristal de hielo

Cristal de cuarzo

Girasol

Coliflor

Tela de araña

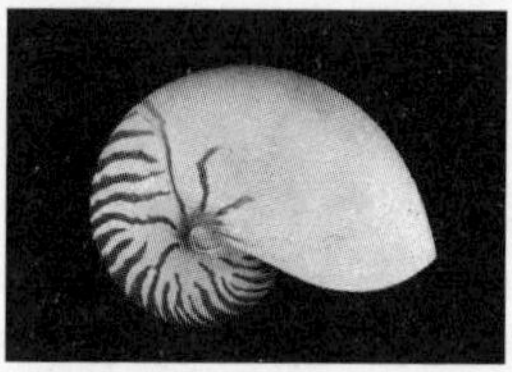

Nautilus

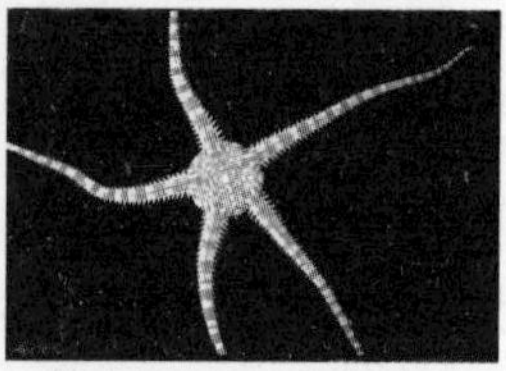

Estrella de mar

Decorado de la Alhambra

Arlequín, de Juan Gris

Cielo e infierno, de M. C. Escher

El nacimiento de Venus, de Botticelli

Un árbol para el año 2000, de Andrew Alfaro

El Partenón

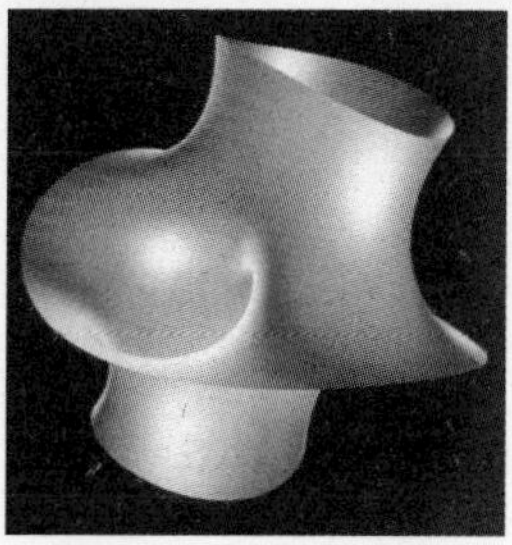

Superficie de Costa

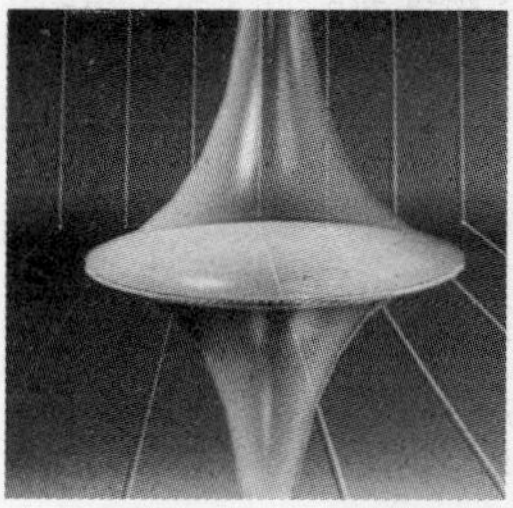

Curvatura negativa

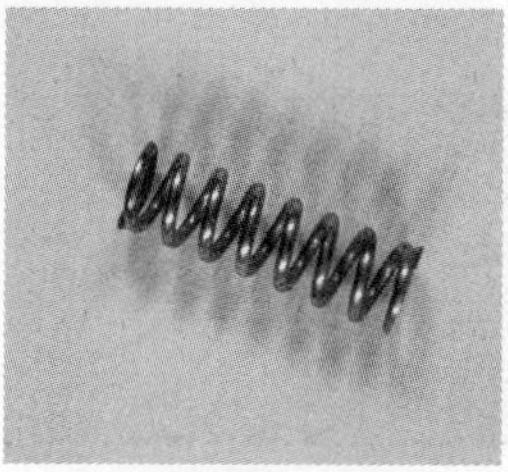

Muelle

Geometría fractal 1

Geometría fractal 2

Crecimiento exponencial

Onda en el agua

Fig. 27.6.—Veinte imágenes matemáticamente interesantes

Agradecimientos

Fernando Chamizo, Javier Cilleruelo y Adolfo Quirós leyeron las primeras versiones de mi manuscrito. Les estoy agradecido por sus oportunos comentarios.

PROBABILIT [illegible]

INTROD [illegible]

Las observaciones de la [illegible]
laboratorio [illegible]
mientos [illegible]
[illegible]

28
Probabilidad, complejidad y caos

Manuel García Velarde

Introducción. Fenómenos y modelos

La observación de la Naturaleza y lo que obtenemos de experimentos en el laboratorio nos muestran fenómenos y procesos muy variados cuyo comportamiento y evolución cabe calificar de sencillo o complejo, determinista o aleatorio (estocástico). Que un sistema o un fenómeno sea aleatorio no significa que sea complejo, ya que aunque no seamos capaces de describirlo en detalle, de forma sencilla, cabe hacerlo de forma estadística (promediadamente usando probabilidades). Por otro lado, algo determinista no siempre es sencillo, pues puede ocurrir que su evolución sea muy compleja e incluso impredecible. Lo anterior se aplica también a las representaciones o imágenes que nos hacemos de sistemas o fenómenos naturales, o de laboratorio, y que llamamos modelos. El sólido cristalino ideal, con una malla tridimensional perfecta, e incluso con algunos defectos, es un caso típico de modelo sencillo que puede ser descrito de manera determinista o estocástica. En cualquier forma toda su complejidad es describible a partir de sus modos vibratorios elementales, que son lineales de acuerdo con el análisis armónico introducido por Joseph Fourier. A nivel determinista macroscópico, las notas musicales que oímos al rasgar una cuerda de guitarra son sus modos de Fourier. Tal metodología hace que la descripción de un sistema lineal, en el que hay proporcionalidad entre causas y efectos, siempre sea sencilla aunque se componga de muchísimos elementos. Nuestro oído es un buen analizador de Fourier, pero no así el ojo. Superpuestos unos cuantos senos, poco diferentes, vemos algo aparentemente complejo que, en realidad, no lo es.

El ruido, lo aleatorio, no es siempre complejo. El ruido blanco, de las pantallas de televisión, o el movimiento errático de las numerosas moléculas del aire de una habitación a temperatura (y presión) ambiente normal no son complejos. Pero, en cambio, el rumor de las hojas en un bosque, el ruido de las olas en el mar o casi toda la música de Johann S. Bach son complejos. Así, aunque el gas perfecto es un modelo con moléculas que se mueven de forma aleatoria, y hablamos de caos molecular microscópico, es un sistema macroscópicamente sencillo cuyas leyes estadísticas se estudian en cursos elementales de física o química. Conviene, no obstante, dejar constancia de que la evolución de un gas perfecto plantea paradojas de un rompecabezas aún no resuelto.

En cuanto queremos ir más allá del sólido cristalino ideal, o del gas perfecto, las cosas empiezan a complicarse hasta hacerse complejas, e incluso muy complejas. Simplemente variando la presión, la temperatura, o actuando con un campo magnético externo, la evolución de un sólido o un gas, reales, puede llegar a ser tan compleja que ninguno de los posibles comportamientos de los modelos sencillos ideales sirva lo más mínimo para, extrapolando, describir la realidad. Por ejemplo, con el modelo del gas perfecto no podemos describir la licuación de los gases o las propiedades específicas de un líquido. El comportamiento de los líquidos ha desafiado, y sigue haciéndolo, nuestro entendimiento científico analítico aunque casi todo puede decirse de un líquido y de sus propiedades, en equilibrio, gracias a la descripción computacional con ordenador. De los sólidos baste recordar el fenómeno de la supraconductividad a «alta» temperatura (temperatura ambiente), cuya explicación sigue desafiando a los físicos más preclaros. Es fácil decir cómo explicar lo que le ocurre a un conjunto de imancitos moleculares o espines interactuantes cuando se varía la temperatura (fig. 28.1), pero nadie ha sido capaz de aplicar la receta con exactitud cuando el sistema se considera en la dimensión de nuestro mundo, el espacio tridimensional. Todo se reduce a una suma estadística, aparentemente sencilla, que el genial Lars Onsager (1944) pudo calcular —con exactitud— en dimensión dos, y más tarde, solo aproximadamente pero en dimensión arbitraria, Kenneth G. Wilson (1971).

Algo parecido a lo anterior cabe decir de otros aspectos evolutivos, macroscópicos, de un sólido o un fluido reales, tales como la elasticidad de aquellos o la evolución de corrientes fluidas en los otros. Sabemos todo del comportamiento elástico ideal de un sólido, pero al tratar de describir lo que ocurre cuando no hay linealidad entre compresión y respuesta, o cuando las tensiones generan calor, poco hemos sido capaces de hacerlo. Ni de los fluidos ideales, sin viscosidad, ni de los viscosos, hemos sido capaces de entender, satisfactoriamente, lo que ocurre cuando la velocidad se va haciendo cada vez más elevada debido a la alinealidad de las ecuaciones de evolución que, aparentemente, son sencillas.

El entendimiento de los procesos químicos, reactivos, próximos al equilibrio, es tan antiguo y sencillo, que en casi todos sus aspectos se describe en los cursos elementales de Química, aunque el uso de recientes técnicas físicas, como la fotografía con láser en femtosegundos (10^{-15} s) puesta a punto por Ahmed Zewail, han dado, y permitirán aún, descubrimientos significativos e incluso revolucionarios (p. ej., siguiendo una idea de Savo Bratos, con luz infrarroja femtosegundo podríamos ver, en tiempo real, el acto químico elemental). No obstante, cuando ya entrados los años sesenta del siglo XX algunos

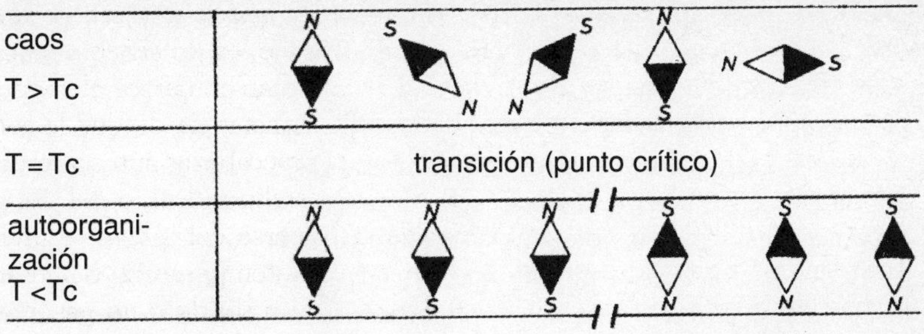

Fig. 28.1.—Transición paraferromagnética o formación espontánea de un imán. Por encima de la temperatura de Curie, T_c, los imancitos o espines apuntan, individualmente, en cualquier dirección al azar. Es el estado caótico o desordenado, donde cada elemento N-S va a su aire pese a estar interactuando con los demás. Cuando al enfriar el sistema T se acerca a T_c las fluctuaciones en la orientación se hacen cada vez mayores y la interacción empieza a compensar su carácter caótico, de modo que grupitos de espines se ponen, cooperativamente, paralelos aunque en direcciones arbitrarias. Suponiendo que solo puedan estar en posición N-S y S-N según la figura, al ser $T = T_c$ e inmediatamente inferior prácticamente todos los espines se alinean N-S o S-N. Como estas orientaciones son simétricas, se alinean todos N-S o todos S-N con igual probabilidad. Si hubiese alguna imperfección interna o sesgo externo, tal como un campo magnético, la alineación dominante y, por lo tanto, la imantación cooperativa del conjunto de espines sería la de dicho sesgo, siendo raros los espines o imancitos alineados en sentido contrario

científicos describieron observaciones de fenómenos oscilatorios en procesos reactivos, sus comunicaciones fueron rechazadas por la comunidad científica. Solo a partir de la década de los sesenta, cuando dejó de haber dudas sobre la validez de las metodologías y técnicas utilizadas y se apreció la clarividencia intuitiva de Alan M. Turing e Ilya Prigogine, se progresó en el entendimiento de los procesos reactivos alejados del equilibrio, aunque aún no disponemos de una teoría termodinámica adecuada. La razón proviene no solo de la complejidad de los procesos microscópicos estocásticos subyacentes, sino también y sobre todo de la alinealidad, a nivel macroscópico, entre causas y efectos en los procesos reactivos. También en química hemos progresado más computacionalmente que en lo analítico con la teoría.

En los sistemas biológicos la situación es muy parecida. Charles Darwin apuntó cómo era posible la evolución. Los físicos y químicos pronto notaron la incapacidad de sus teorías para dar cuenta de ella. Preclaras mentes, como Ludwig E. Boltzmann, subrayaron que el siglo XIX sería recordado como el de Darwin, cuando —he aquí lo extraordinario— a la vez proponía una teoría evolutiva de los procesos fisicoquímicos en clara contradicción con lo que se observaba, darwinianamente, en el mundo biológico. Mucho se ha progresado tanto en la dirección biológica, gracias a Manfred Eigen, Peter Schuster,

Francisco Montero, etc., como en la de Boltzmann, debido a Prigogine, Gregoire Nicolis, Eddie G. D. Cohen, Giovanni Gallavotti y otros, pero amplio es el terreno que queda para transitar.

Del comportamiento de nuestro organismo, y particularmente de nuestro cerebro, mucho se sabe desde Santiago Ramón y Cajal, pero parece enorme lo que queda por entender, aun cuando se diga que sabemos los principios y la receta para casi todos los detalles. Del comportamiento de los humanos, lo que llamamos sociología, economía o política, poco hay entendido y consensuado. De la praxis, recordemos los monstruos responsables de genocidios y demás aberraciones políticas programadas que ha habido en el siglo XX.

Niveles de descripción (micro-, meso- y macroscópico) y el papel de la probabilidad o metodología estocástica

Transiciones y evolución

La complejidad, concepto cuyo significado preciso ni hemos definido ni vamos a definir, puede aparecer cuando hay muchísimos elementos en interacción, pero eso no es necesario. Puede también ocurrir cuando a nivel macroscópico, como ya hemos ido apuntando, hay relaciones alineales entre las magnitudes de un sistema o un proceso. Insistamos en que complejidad macroscópica no implica complejidad microscópica, o viceversa. Recientemente, nuestro entendimiento de la última ha progresado de manera sustancial gracias al uso de supercomputadores, que han permitido simular movimientos microscópicos a grandísima escala espacial (número de moléculas) y temporal, usando metodologías como la dinámica molecular, cuyo pionero fue Berni Alder, o el método de Montecarlo, magistralmente puesto a punto por Kurt Binder, cuyo nombre deriva del celebérrimo Principado del juego de azar. También ha habido, en fechas recientes, progresos significativos en el entendimiento de la complejidad a nivel mesoscópico, donde lo microscópico emerge como fluctuaciones de las variables macroscópicas, permitiendo así introducir una distribución de probabilidad para sus valores. Lo natural, entonces, es conocer la evolución de dicha distribución de probabilidad, que puede venir dada por una ecuación lineal o no. Estas ecuaciones provienen de los trabajos de Marian von Smoluchowski, Albert Einstein, Paul Langevin, Andrei N. Kolmogoroff, A. D. Fokker y Max Planck, habiendo contribuido a su generalización reciente Niko Van Kampen, Gregoire Nicolis, Crispin W. Gardiner, Hannes Risken y Ludwig Arnold, entre otros.

En equilibrio (termodinámico) existe, microscópicamente, balance detallado; es decir, si un proceso lleva de A a B, su inverso es así mismo probable. Tal es la típica situación con un sistema aislado (que no intercambia ni energía ni materia con el exterior) y, por lo tanto, no posee interés desde el punto de vista evolutivo. Al abrirse un sistema no está asegurado el citado balance detallado. Además, se expone a evolucionar, haciéndose inestable un primitivo equilibrio y, consecuentemente, a experimentar transiciones que le pueden conducir a nuevas formas y funciones. También hay transiciones posibles en equilibrio apareciendo nuevas formas y funciones como el ferromagnetismo (creación de imanes, como en la fig. 28.1) o formas cristalinas diversas, pero no hay auténtica evolución temporal. Las transiciones en equilibrio están básicamente entendidas y su estudio desbrozó a fondo el terreno para la comprensión de las otras, que son las que aquí nos interesa comentar.

Cuando un sistema se abre al exterior su relación con el medio puede ser lineal o no, al margen de que intrínsecamente su regulación sea lineal o no. La alinealidad, interna o externa, es fuente de sorpresas y de riqueza de comportamientos incluso impredecibles. Gracias a la alinealidad, un sistema al experimentar transiciones puede tomar rutas diversas y su línea evolutiva separarse por senderos varios como del tronco de un árbol bifurcan ramas diversas, y de la evolución biológica, en que desde un común ancestro fisicoquímico o animal salieron diversas especies o ramas evolutivas. Así, en una bifurcación ocurre que la línea prebifurcada se hace inestable en beneficio de una nueva línea o varias —coexistentes simultáneamente— que aparecen estables en tiempo y espacio no predeterminados.

La interacción sistema/medio hace que dos ramas salidas de un mismo punto de bifurcación puedan seguir caminos evolutivos diferentes. De ahí que haya animales o plantas que han permanecido inalterables durante millones

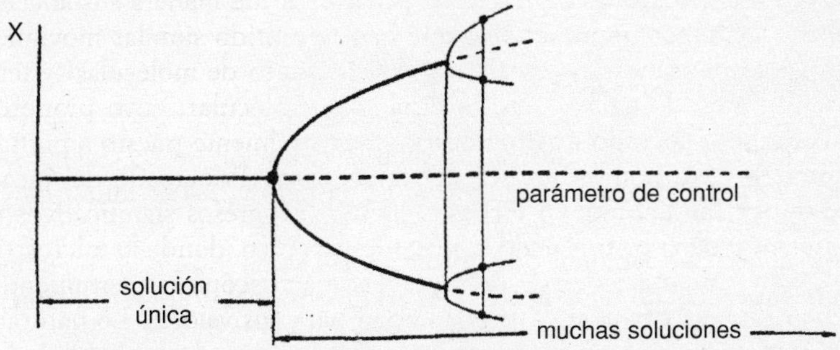

Fig. 28.2.—Diagrama que ilustra varias sucesivas bifurcaciones en un sistema alineal donde una magnitud X cambia suavemente al variar un parámetro. Imperfecciones internas o sesgos externos podrían llevar a que alguna rama no aparezca o si lo hiciese fuese inestable, extinguiéndose. Si todo es perfecto y no hay sesgo, cada dos ramas que emergen lo hacen simétricamente, o sea, que salen una o la otra (no las dos) con igual probabilidad. Si las ramas apareciesen de manera discontinua a saltos, habría, generalmente, histéresis en la transición y cabe con ello generar memoria en el sistema, que después de muchas transiciones daría algo así como un protocódigo «genético»

de años y otros, como la especie humana, sean el producto de numerosas transiciones y bifurcaciones. Estas transiciones dan al sistema su sentido histórico (fig. 28.2) y, por ejemplo, bioquímicamente su ADN. Este proceso histórico es como una cadena de eslabones en que azar y determinismo cooperan o compiten circularmente (fig. 28.3).

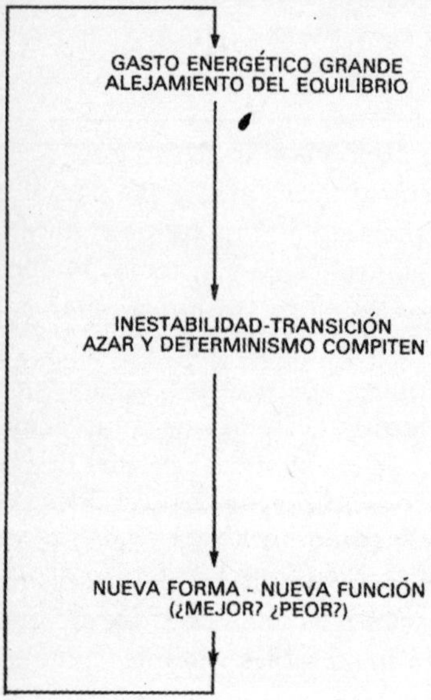

Fig. 28.3.—Bucle de causalidad circular, alineal, donde determinismo y azar compiten, y hasta cooperan

Atractores sencillos y fractales

Cualitativamente, las bifurcaciones en la evolución de un sistema suelen llevarlo a lo que llamamos «atractores». En la figura 28.4 se muestran ejemplos, entre los cuales cabe destacar por su más reciente descubrimiento el atractor *caótico* (un conjunto de puntos que si es una línea no tiene longitud, si es una superficie no tiene área y si es tridimensional no posee volumen; en cualquier caso su dimensión es fractal, pues puede valer entre dos enteros). Su carácter fractal, concepto y terminología introducidos por Benoit Mandelbrot, conlleva que su estructura se repita a sí misma, al ir afinando la escala como en una ampliación fotográfica, por lo que se dice que es autosimilar. El concepto de atractor, como otros de la teoría de sistemas dinámicos, ha tenido resonancia enorme en diversos campos ajenos a la Física como la Genética, la Teoría del Arte, la Musicología o la Lingüística. En esta última se ha propuesto que los diferentes fonemas del lenguaje son distintos atractores de un sistema dinámico generador de sonido.

Conviene resaltar que, en ausencia de toda imperfección o sesgo en el momento de la bifurcación de una nueva rama, el sistema quizá podría elegir

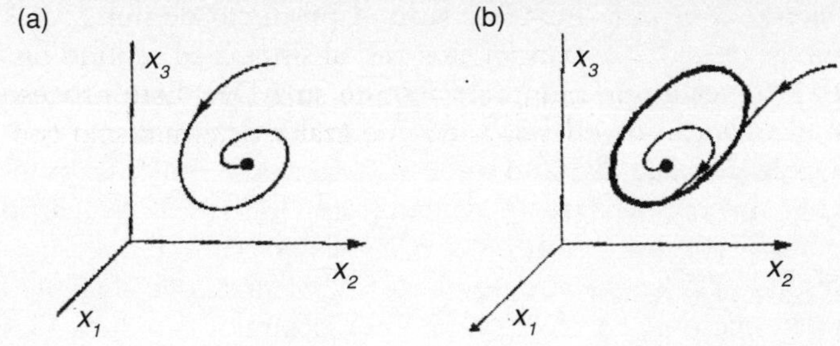

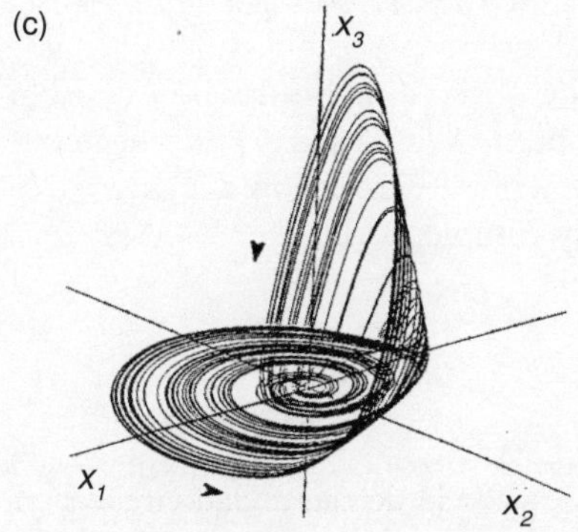

Fig. 28.4.—Atractores de un sistema alineal en un espacio (de fases) X_i ($i = 1,2,3$) de tres magnitudes: (a) estado estacionario, equilibrio o punto fijo; (b) oscilación periódica sencilla, reloj alineal o ciclo límite; (c) atractor aperiódico o caótico donde la trayectoria alabea indefinidamente, sin pararse nunca, aunque permanezca encerrada en una región acotada del espacio

entre dos o más posibilidades equiprobables o simétricas. Pero si un sesgo existe, entonces se pierde la simetría. Ya en equilibrio el sesgo, tal como la acción de un campo externo por muy débil que sea, permite a un enantiómero ganarle la partida al otro, en una mezcla racémica, y crecer a sus expensas, como ocurre con la quiralidad de algunas moléculas biológicas (aminoácidos de derechas y azúcares de izquierdas) o que gane el imán N-S al S-N (fig. 28.1). Una leve señal —real o espejismo— en el desierto hace que alguien perdido se oriente en una dirección dada cuando sin ese sesgo podría haber tirado por uno cualquiera de los radios del círculo en su derredor.

Claramente, una bifurcación es una reestructuración cualitativa del sistema que acontece cuando uno de sus parámetros adopta un valor «crítico», también denominado valor umbral de inestabilidad o bifurcación. Eso parece una catástrofe, pues es un cambio brusco como respuesta a una modificación suave de las condiciones externas a las que está sometido el sistema. Anecdóticamente, señalemos que la teoría de catástrofes, debida a René Thom, Vladimir I. Arnold, Christopher Zeeman y otros, se ha aplicado a fenómenos tan diferentes como la estabilidad de los barcos, las transiciones de fase en la materia, la evolución bio- o ecológica, los motines en las prisiones y la política de censura frente a la literatura pornográfica. Pero esa aplicación dio un catálogo heurístico y no, realmente, una teoría dinámica de los correspondientes sistemas.

Bifurcaciones

Para fijar las ideas, veamos lo que ocurre con un sistema unidimensional gobernado por la ecuación de evolución $dx/dt = \alpha - x^2$, donde α es un parámetro y «dx/dt» denota la derivada de x con respecto al tiempo o ritmo de evolución. Los puntos para los que se anula la derivada temporal son de equilibrio o estacionarios; puntos fijos o atractores puntuales. Están en $x = \pm(\alpha)^{1/2}$, por lo que cuando α es nulo hay un solo punto fijo, $x = 0$, mientras que al aumentar, $\alpha > 0$, el sistema tiene dos. La creación de estos dos nuevos puntos fijos ocurre en $\alpha = 0$ y da la imagen de una bifurcación en horquilla aunque estrictamente no lo sea. Los sistemas continuos unidimensionales pueden presentar varios tipos de bifurcación. Con dos ecuaciones, como detallaremos más adelante, en un sistema bidimensional se puede observar la bifurcación de Eberhard Hopf, que consiste en el paso de un punto fijo a oscilar periódicamente en forma de ciclo límite. A medida que aumenta la dimensión del sistema, los tipos de bifurcación aumentan en número y complejidad.

Fluctuaciones

Es indispensable separar las etapas de desarrollo de los momentos de transición o críticos, en los que una inestabilidad conduce a nueva forma y/o nueva función. En el primer caso podemos limitarnos, básicamente, a leyes deterministas, aunque de forma continua el sistema sufra fluctuaciones que intentan desestabilizarlo. Aquí pequeñas variaciones en causas originan pequeños efectos. Lo que es muy distinto, insistamos, cuando en un punto crítico o de transición los elementos estocásticos (el azar, las fluctuaciones) predominan sobre los deterministas. Y donde aún, incluso, la disipación puede jugar un papel otro que estabilizador del estado anterior. Determinismo (necesidad) y fluctuaciones (azar) compiten para hacer evolucionar el sistema y para el establecimiento del nuevo estado o fase evolutiva. Como ya se ilustró en la figura 28.1, basta bajar muy poco la temperatura de un sólido imantable por debajo de la de Pierre Curie para que se haga un imán (ferromagnético) capaz de atraer las limaduras de hierro. El sistema se hace más y más susceptible conforme nos acercamos a su punto de transición o región crítica.

Las fluctuaciones, espontáneas y forzadas, de un sistema le permiten explorar continuamente nuevas posibilidades, nuevos estados a los que podría llegar y estabilizarse de acuerdo con las ligaduras externas. La «selección» tendría sentido claro si de entre ellos hay alguno de alcance más rápido que los otros, o de estabilidad relativa mayor, o tiene una estructuración o función menos costosa, o ha sido favorecido por alguna causa externa (que puede ser sutil y que es su sesgo o vicio de nacimiento; tal podría ser la causa de la mencionada *quiralidad* en las moléculas biológicas que tanto preocupó a Louis Pasteur y que es un fenómeno aún no satisfactoriamente explicado).

Si una fluctuación pasa el nivel umbral de inestabilidad y se establece dominando a toda otra posibilidad o fluctuación del sistema, entonces el estado de partida desaparece por ser ya inestable, y el nuevo estado (lo que puede ocurrir tras una mutación) toma el relevo en la evolución. Como con las elecciones al Parlamento, cabe intentar aprovecharse para mejorar, lo que no siempre ocurre. La supervivencia del toro —desde esta perspectiva— proviene del uso que hace de sus cuernos que a sus antepasados les aparecieron de manera espontánea, como una fluctuación (aleatoria) que progresó estableciéndose sin prejuzgar que le fuese a ser útil, como Wolfgang Goethe agudamente observó y Darwin nos recuerda en nota de pie de página en su *Origen de las especies*. Así, el azar, las fluctuaciones en los sistemas complejos juegan un papel crucial al permitir explorar, aunque solo sea transitoriamente, alternativas al estado de cada momento, y el determinismo (v. gr., la necesidad) pasa a ser el mecanismo estabilizador de una nueva situación. Las leyes macroscópicas son básicamente las mismas, aunque forma (arquitectura, anatomía, etc.) y función (legislación, conducta, cultura, etc.) pueden ser muy diferentes respecto a la etapa anterior.

Evolución probabilista

Ilustremos el papel de las fluctuaciones, y la metodología de su estudio, discutiendo lo que ocurre con un circuito (R,C). Si la carga eléctrica es Q, su evolución viene dada por la ecuación lineal macroscópica $dQ/dt = Q/RC \equiv -\gamma Q$ (γ= constante). Supongamos que Q no tiene un valor estrictamente constante, sino que Q es, digamos, el valor medio de $q(t)$. Entonces la evolución de la carga cabe imaginarla dada por $dq/dt + \gamma q = F(t)$ (ecuación de Langevin), donde $F(t)$ representa la supuesta «fuerza» aleatoria responsable de la fluctuación de $q(t)$, cuyo origen está en la agitación errática que, dependiente de la temperatura, tienen los muchísimos electrones de los conductores eléctricos. El valor medio de $F(t)$ ha de ser cero si el valor medio de q es Q. Pero para tener un problema evolutivo bien planteado hay que dar de $F(t)$ algo más que su valor medio. Ha de darse también su correlación temporal entre dos instantes, t_1 y t_2, que puede ser sin memoria y, digamos, de valor Γ. Este es el caso del ruido blanco, cuyo espectro de potencia plano tiene todas las frecuencias o colores excitados, y por eso se llama blanco. Einstein formuló termodinámicamente el problema y demostró que $\Gamma = 2\gamma k_B TC = 2k_B T/R$, siendo k_B la constante de Boltzmann y T la temperatura observada.

Una alternativa a la ecuación de Langevin fue la adoptada por Fokker y Planck. Como q fluctúa, sea $P(q,t)$ su distribución de probabilidad en el instante t. Entonces la evolución de q se puede obtener de la evolución de $P(q,t)$ según la ecuación de Fokker-Planck $\partial P(q,t)/\partial t = \gamma\partial(qP)/\partial q + \gamma k_B TC\partial^2 p/\partial q^2$. Su solución de equilibrio ($t \to \infty$) es $P^{eq}(q) = (2\pi k_B TC)^{-1/2}\exp(-q^2/2k_B TC)$. Nótese que γ se obtiene de la ecuación macroscópica satisfecha por Q. La evolución de q mediante la ecuación de Fokker-Planck es idéntica a la descrita por la ecuación de Langevin.

Veamos cómo las cosas se complican si la relación macroscópica no es lineal. En efecto, sea ahora $dQ/dt = f(Q)$ la ecuación de evolución macroscópica, donde f no es una función lineal. Ocurre que, en general, ya no es posible decir que la ecuación que rige la evolución de la fluctuante q sea $dq/dt + f(q) = F(t)$ por la simple razón que la media de $f(q)$ no tiene por qué coincidir con lo que vale f para el valor medio de q. Tampoco puede, en general, decirse que la alternativa de Fokker y Planck sea válida o adecuada, es decir, que $P(q,t)$ se rija por la ecuación $\partial P(q,t)/\partial t = -\partial\alpha_1(q)P/\partial q + (1/2)\partial^2\alpha_2(q)P/\partial q^2$, pues, por ejemplo, es imposible obtener unívocamente $\alpha_1(q)$ a partir de la ecuación macroscópica que rige la evolución de Q. Por otro lado, α_2 tampoco deriva de forma sencilla de esa evolución macroscópica.

Una forma concreta de f como $f(q) = aq + bq^3$ nos permite ver qué ocurre en la transición del estado $q = 0$ al de un valor no nulo. Dejando de lado F, si q derivase de un potencial, su evolución podría representarse como el ficticio movimiento de una molécula, de masa m, en dicho potencial (fig. 28.5), regido por la ecuación $(md^2q/dt^2 +)dq/dt = aq + bq^3$. Nótese que hemos puesto entre paréntesis la parte ficticia. Por otro lado, si hubiese algún sesgo, este podría incorporarse con un término cq^2, o una constante, con lo que la profundidad de los valles sería distinta debido a la asimetría introducida por el valor no nulo de c. Si actuase F, la molécula podría saltar de uno a otro valle o pozo del potencial. Resuelta la correspondiente ecuación de Fokker-Planck, obtendríamos que al pasar del estado $q = 0$, sobre el que habría un máximo de probabilidad, esta se aplanaría hasta finalmente dar sendos máximos colocados, en ausencia de sesgo externo, sobre los dos simétricos mínimos de los pozos. Volveremos sobre esta cuestión al describir la evolución probabilista de un reloj biofisicoquímico.

El ruido oportuno o la resonancia estocástica

Ya hemos indicado cómo las fluctuaciones o ruido interno en un sistema y el ruido externo son cruciales para su evolución y, particularmente, en los momentos de transición. Al ruido no cabe adscribirle siempre un papel negativo como del lenguaje vulgar pudiera desprenderse. En efecto, recordemos que una señal cuyo espectro de Fourier tuviese muchísimas, digamos infinitas, frecuencias no racionalmente relacionadas sería en apariencia ruidosa pero, técnicamente, solo es cuasiperiódica. Si las frecuencias estuviesen muy cercanas entre sí, en la práctica podría parecernos realmente ruidosa. Como es un conjunto discreto de frecuencias, si la aplicamos a un sistema dinámico, cabría que alguna de ellas resonase con su frecuencia propia o alguno de sus armónicos. Entonces observaríamos en dicho sistema dinámico una respuesta espectacularmente amplificada.

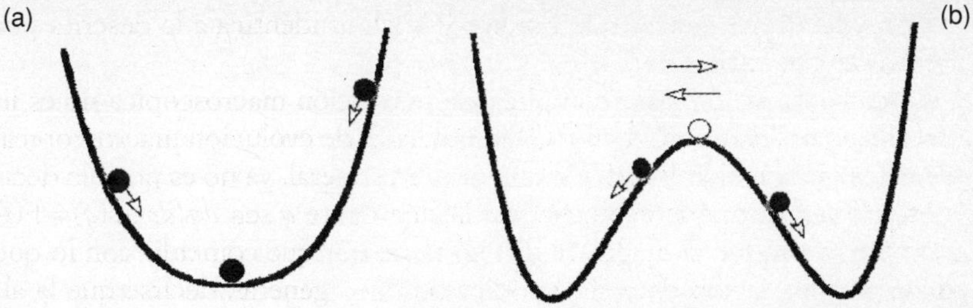

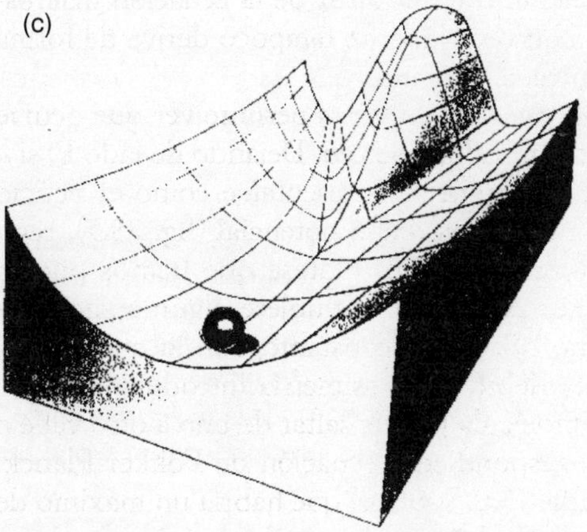

Fig. 28.5.—Inestabilidad con transición de un estado estacionario a otros dos simétricos en un potencial dado, ilustrada con los posibles movimientos de una molécula. Esos movimientos pueden ser drásticamente afectados por el ruido interno, debido, por ejemplo, a cambios de temperatura, o externo, porque se altere la forma del potencial: (a) potencial con un solo valle o pozo cuyo mínimo corresponde a la posición de equilibrio estable de la molécula; (b) aparición de dos valles o de la circulación periódica en el espacio (ciclo límite); (c) ilustración espacial del proceso de transición entre (a) y (b)

Veamos en el caso, antes mencionado, de la molécula capaz de moverse en un potencial con dos pozos o valles cómo un ruido auténtico puede jugar papel análogo al comentado para la señal cuasiperiódica, pero hablaremos de *resonancia estocástica.* Supongamos que la fricción haga que la molécula tienda a quedarse en uno de los valles. La molécula está en el aire o en un medio cuyas propiedades como la temperatura o la presión pueden variar. Estas variaciones, antes descritas por F(t), afectan a su movimiento de tal modo que cabe imaginar que pueden llegar a hacerla saltar de uno al otro valle. También podríamos imaginar que hay perturbaciones capaces de deformar el potencial haciéndolo perder la inicial simetría. Hendrik A. Kramers (1940) calculó el posible ritmo de salto entre valles, en función tanto de la frecuencia de la agitación molecular en el valle correspondiente como de la de su posible tránsito por la colina que los separa, cuya altura se denomina barrera de potencial, o energía de activación de Arrhenius en un proceso reactivo. La influencia de las variaciones o fluctuaciones antes mencionadas viene medida por $D = k_B T$, donde D mide, pues, la intensidad del ruido.

Movamos verticalmente el potencial, con período T_Ω, de modo que sus mínimos suban y bajen, alternativamente. Entonces la colina no aparece siempre a igual altura vista desde ambos valles y al perder su simetría con la vertical ofrece a la molécula diferente altura para el salto. Se ha demostrado que aunque una tal vibración periódica del potencial sea muy tenue puede entrar en resonancia con el ruido, D, al que la molécula está supuestamente sometida. Recordemos que el espectro de una señal ruidosa posee infinitas frecuencias pegadas de continuo y, por lo tanto, experimentalmente se parece —a primera vista— a la señal cuasiperiódica antes mencionada. Así, inducida por el ruido es posible la circulación periódica de un valle a otro en el transcurso del tiempo (fig. 28.6). Esta circulación no es determinista, sino estocástica, o sea, que no ocurre sistemáticamente en el transcurso del tiempo, sino en media, con un período $\tau(D)$. La perfecta sincronización ocurriría cuando $\tau(D) = \tau_{\Omega}/2$, o sea, cuando la frecuencia «intrínseca», $1/\tau(D)$, duplica la de la forzante. Leída la dinámica a la inversa, diríamos que dado τ_{Ω} la resonancia estocástica se consigue variando de manera conveniente el ruido que, consecuentemente, hace variar la frecuencia intrínseca, $1/\tau(D)$.

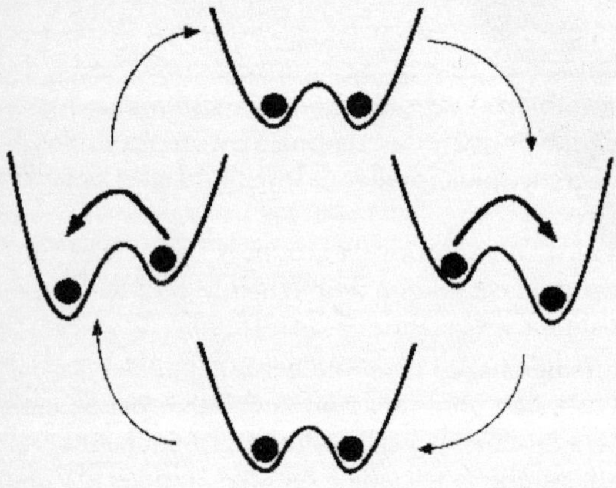

Fig. 28.6.—Resonancia estocástica. Haciendo variar periódicamente la forma del potencial de la figura 28.5, el movimiento errático de la molécula debido a fluctuaciones, o sea, al ruido, puede resonar con la frecuencia del vaivén arriba-abajo de la posición relativa de los valles, dando lugar a la circulación periódica de izquierda o derecha que en la figura sigue a las agujas de un reloj

El concepto de resonancia estocástica fue introducido en 1981 por Roberto Benzi y el matrimonio Catherine y Gregoire Nicolis para explicar la alternancia en los períodos de glaciación y su influencia en el clima de la Tierra. Actualmente, dicho concepto se ha generalizado a otros numerosos sistemas, tanto a nivel macro- como meso- y microscópico. Más aún, como anécdota, digamos de paso que ha dado lugar a tratamientos psicofisiológicos para mejorar nuestros sentidos del tacto, visión u oído.

Caos determinista

Por lo hasta ahora dicho, cabe darse cuenta de que los términos aleatorio, caótico o estocástico aparecen en dos campos de fenómenos diferentes de la física. En primer lugar, macroscópicamente en la ciencia alineal ya mencionada y en la mecánica o física estadística que se ocupa de sistemas con muchísimas partículas, elementos o grados de libertad, y aplica para su estudio leyes probabilistas debido al desconocimiento de la totalidad de las condiciones iniciales y a lo errático de los movimientos microscópicos. La mecánica estadística, particularmente del equilibrio, justo de los sistemas que en realidad no evolucionan, se fundamenta en la hipótesis ergódica, según la cual se supone que hay cierta equiprobabilidad entre todos los posibles movimientos del sistema. Desde esa sencilla idea se ha progresado mucho gracias a los trabajos de David Ruelle, Giovanni Gallavotti, Salvador Miracle, Nikolai S. Kryloff y otros. El término «aleatorio» surgió también en relación con la impredecibilidad intrínseca de la teoría cuántica, tanto por el principio de indeterminación enunciado por Werner K. Heisenberg como por la descripción ondulatoria introducida por Erwin Schrödinger, Louis de Broglie y Max Born, y, recientemente, continuada por Michael V. Berry y Alain Aspect, entre otros. Según aquel, en la Naturaleza no cabe conocer, simultáneamente, por ejemplo, la posición y la velocidad de una partícula, de manera que no es posible predecir los movimientos de las partículas individuales con exactitud, ya que no se conocen nunca todas las condiciones iniciales. La otra establece la evolución de un sistema de forma probabilista, regida por una ecuación introducida por Schrödinger. Nos limitaremos a la descripción macroscópica mediante leyes alineales dejando de lado lo estrictamente cuántico.

Los «atractores» mencionados con anterioridad, puntos fijos, ciclos límite sencillos o trayectorias cuasiperiódicas fueron ampliamente estudiados por la escuela de Leonid I. Mandelshtam y Alexander A. Andronoff. Se caracterizan porque podemos predecir el futuro del sistema cualquiera que sea el intervalo de tiempo considerado; esto es, dos órbitas con condiciones iniciales próximas no se separan de forma apreciable a lo largo del tiempo y podemos incluso acotar cuánto se pueden separar local o globalmente. Dichos atractores eran los únicos usados hasta hace treinta años, cuando, a partir de una observación de Barry Saltzman, el meteorólogo Edward N. Lorenz, estudiando con computador un modelo muy simplificado de la convección atmosférica, descubrió un ejemplar de atractor determinista aperiódico, caótico (fig. 28.4c). Simultáneamente al descubrimiento «experimental» de Lorenz, y con independencia del mismo, la existencia de atractores caóticos y su estabilidad fue establecida por Stephen Smale, Dimitry V. Anosov, Yacob G. Sinai y Leonid P. Shilnikoff, principalmente, siguiendo ideas del maestro de todos ellos, Kolmogoroff. Fue Smale quien propuso una transformación topológica que, mediante un proceso como el tradicional amasado del panadero, permite visualizar lo errático de las órbitas en un atractor aperiódico. Después del atractor de Lorenz se han descubierto otros atractores caóticos, tanto en experimentos como en simulaciones con computador digital o analógico. Otro célebre atractor aperiódico lleva el nombre de Hénon y fue descubierto por

George Contopoulos y Michel Hénon estudiando las órbitas de estrellas en torno a un centro galáctico.

Los sistemas deterministas susceptibles de ir hacia el caos, dando lugar al carácter aleatorio de su evolución a largo plazo, exhiben una dinámica muy sensible a suaves variaciones de las condiciones iniciales en su espacio de «fases». En ese espacio, cuyas coordenadas son las posiciones y las velocidades de todas las partículas del sistema, este se reduce a un punto. Minúsculas diferencias en ellas dan lugar, en el transcurso del tiempo (para tiempos suficientemente «largos»), a trayectorias divergentes con comportamientos o estados finales muy distintos. La divergencia en la evolución de dos trayectorias inicialmente próximas en su inicio es una medida (Kolmogoroff) de la caoticidad y consecuente pérdida de información en el sistema. En términos gráficos, aunque no rigurosos, cuando de un punto «gordo», o sea, de un punto con error, llegamos a otro punto «gordo», si el punto «gordo» final se «achica» decimos que hay estabilidad en dicha evolución en el espacio de fases, hablando de inestabilidad en caso contrario. El espacio de fases tiene la ventaja de proporcionar una imagen geométrica, visual, del desarrollo del sistema, mostrando sus atractores, a los que tiende en el transcurso del tiempo.

Henry Poincaré fue quien primero asoció la inestabilidad en la dinámica de un sistema con la caoticidad, señalando además lo paradójico que resulta que en el caso de un gas perfecto sea la inestabilidad dinámica en su espacio de fases la que provea su sencillez estadística. Solo desde hace tres décadas, y a ello no es ajeno el disponer de computadores muy rápidos, hemos empezado a preguntarnos adecuadamente cuáles sean las condiciones y cómo ocurre que una dinámica determinista, aun con solo unas pocas moléculas, conduce a leyes probabilistas y por qué esas leyes estocásticas no son alteradas drásticamente por cualesquiera de las diversas fluctuaciones o ruidos que el sistema encuentra en su evolución.

Algunos fenómenos ilustrativos de la evolución de lo aparentemente sencillo a lo realmente complejo

Variedad de fenómenos y universalidad de conceptos y modelos

La clarividencia, y una inmensa labor, de Hermann Haken ayudó a conseguir una visión unificada de la muy diversa fenomenología de los sistemas complejos. Sistemas tan dispares como el ferromagnetismo, la emisión de luz por un láser, la autoorganización química o bioquímica (aparición de formas espaciales, relojes químicos o biológicos, etc.), el comportamiento ecológico e incluso sociológico de animales y humanos son descritos, actualmente, con una metodología de valor universal. A su obra y a la de Prigogine hay que añadir la de preclaros científicos como Gregoire Nicolis, F. Tito Arecchi, Luigi A. Lugiato, Robert Graham, Pierre Coullet, Wolfgang Weidlich, Leon O. Chua, entre otros, cada uno con su aportación genuina que no cabe detallar aquí y no todos rezando el mismo credo.

La idea primigenia proviene de Lev D. Landau, quien imaginó que la muy diversa fenomenología de las transiciones en equilibrio termodinámico podría describirse universalmente si, prescindiendo de los detalles, nos concentramos en la evolución de una o unas pocas magnitudes que denominó modos dominantes, parámetros de ordenamiento o de autoorganización. Haken extendió el concepto a los procesos muy alejados del equilibrio tal que la evolución de esos modos, en el tiempo y en el espacio, proporciona lo esencial del comportamiento sinérgico del sistema, por muy complejo que sea, y además esclaviza a la de las demás magnitudes variables. Cabe inferir, fácilmente, que no hay modo o comportamiento colectivo si no hay interacción entre los, generalmente, muchísimos elementos o grados de libertad o individuos del sistema. Pero eso no es suficiente, ya que aunque un gas perfecto no exhibe comportamientos colectivos, un sólido cristalino ideal sí los tiene, como las notas de la guitarra, que son la consecuencia de la interacción entre las moléculas de sus cuerdas. Para que un sólido sea complejo es preciso que sea alineal, anarmónico, dando lugar a modos colectivos como los solitones cuya generalización como estructuras disipativas ha sido, recientemente, dada por Manuel G. Velarde. La figura 28.7 muestra, esquemáticamente, ejemplos de la visión debida a Haken.

Estructuras disipativas y relojes biofisicoquímicos.
La revolución de Belusoff y Zhabotinsky

Formas espaciales, geométricamente estructuradas, en sistemas reactivos, así como oscilaciones temporales de las concentraciones de reactantes, eran ya conocidas en el siglo XIX, tras los trabajos de Friedlieb F. Runge (1855), R. Liesegang (1898) y otros. Su correlación con la biología y los procesos vitales ya fue pioneramente establecida por, al menos, S. Leduc y Henri Bénard hacia 1900, e incluso por Lord Rayleigh (1917), aunque este último, menos metafísico que los otros, no comentó sobre la eventual trascendencia ideológica del asunto, a pesar de haber sido junto con Lord Kelvin (1854) quien inició el desarrollo de la termodinámica de los procesos disipativos fuera del equilibrio, continuada, magistralmente, por Lars Onsager, Ilya Prigogine, Gregoire Nicolis y John Ross, quedando mucho por hacer, si es que llega a hacerse.

Más tarde, W. Bray (1921) puso de manifiesto que en un cierto proceso reactivo había oscilaciones temporales de los reactantes y atribuyó su origen a mecanismos de autocatálisis. Más recientemente, ya en 1958, Boris P. Belusoff descubrió que en el proceso reactivo de bromato potásico, sulfato cérico y ácido cítrico, en ácido sulfúrico diluido, la razón de las concentraciones del ion cérico (Ce–4+) a ceroso (Ce–3+) variaba rítmicamente en el

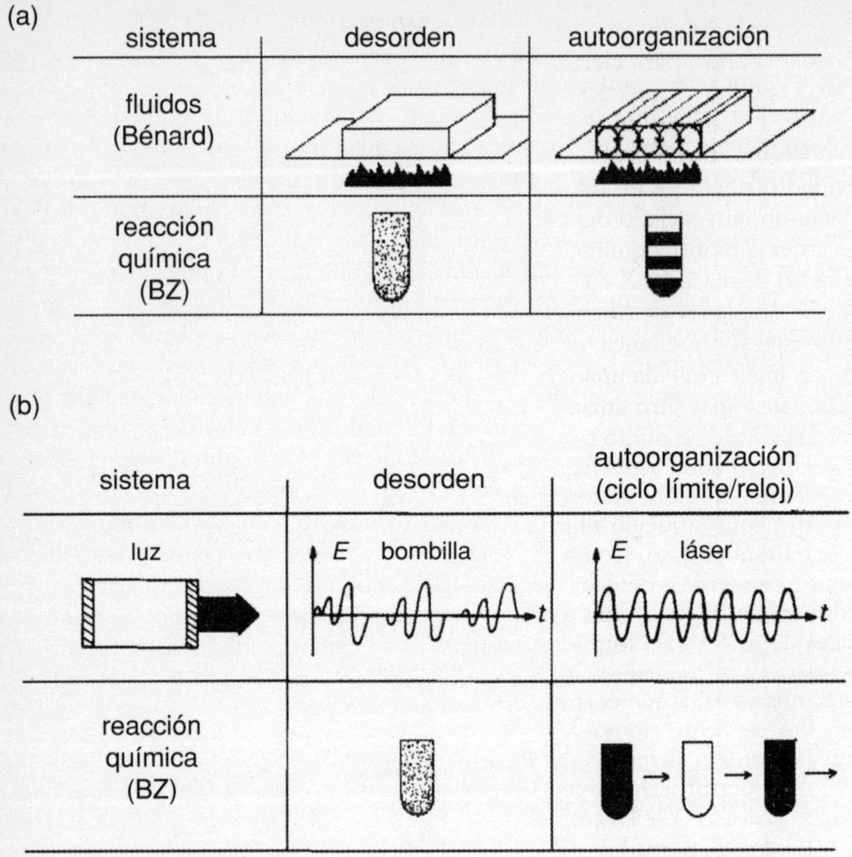

Fig. 28.7.—Autoorganización espontánea o sinergesis fuera de equilibrio: (a) Transición cooperativa desorden-forma espacial (estado estacionario) en un líquido calentado por su base o en una reacción química con difusión. En el primer caso, se forman celdas convectivas (Bénard), y en el segundo, bandas de concentración de posibles diferentes colores. (b) Transición desorden-oscilación periódica. En el primer caso, entre una bombilla (luz incoherente) y un láser (luz coherente), y en el segundo, en una reacción química (sin difusión), dando lugar a un reloj químico

tiempo, constituyendo un auténtico reloj. Su tesis doctoral fue rechazada por la comunidad científica. Después, Anatol Zhabotinsky (1964) puso de manifiesto que lo mismo ocurría si se cambiaba el ácido cítrico por malónico, bromomalónico o análogo; e incluso si el cerio se sustituía por manganeso u otro catalizador. Tras estos ha habido numerosos experimentos destinados a ilustrar la gama amplia de estructuras espaciales, temporales o espaciotemporales que pueden obtenerse en reacciones suficientemente alejadas del equilibrio, en ocasiones de forma violenta, como fue descrito, hace cincuenta años, para ciertos procesos de combustión, por Nikolai N. Semenov, David A. Frank-Kamenetsky y Yacob B. Zeldovich. La comunidad científica ha rehabilitado, difunto ya, a Belusoff.

Veamos diversas posibilidades fenomenológicas de coherencia y cooperatividad o sinergesis en un modelo sencillo de sistema reactivo abierto y funcionando muy alejado del equilibrio con algunos de los elementos típicos de un sistema biofisicoquímico: 1) autocatálisis, que en el caso más sencillo sería un paso de reacción $X+Y \rightarrow 2X$ entre dos reactantes X e Y; 2) saturación que obedezca a la ley de Michaelis-Menten para enzimas, ladrillo fundamental de la sinergesis bioquímica, con la velocidad de reacción $X/(l+qX)$, donde q es un parámetro que da una idea de la potencia de la saturación. Variar q puede significar tomar otro enzima en otra vasija; y 3) tanto X como Y pueden difundirse, ir de un punto a otro de la vasija de reacción.

Un esquema *global* que involucre esas características es el siguiente: $A \rightarrow Y$, $X+Y \rightarrow 2X$, X(con enzima) $\rightarrow$ P, donde A y P se consideran productos cuya concentración mantenemos constante desde el exterior y por eso el sistema está abierto. Como solo consideramos pasos de reacción que proceden de izquierda a derecha estamos suponiendo un proceso *infinitamente* alejado del equilibrio. ¿Qué puede ocurrir a partir de unas concentraciones iniciales de A, X y P? No podrá ir a un estado de equilibrio termodinámico por la restricción que hemos hecho en los pasos de reacción. Un posible estado estacionario es el que corresponde a $Y_o = 1 - qA$ y $X_o = A/Y_o$, que es homogéneo (las concentraciones X_o e Y_o son las mismas por doquier en la vasija) y único. Pero ¿es siempre estable este estado estacionario homogéneo frente a cualquier perturbación externa (variaciones de A) o fluctuación interna (variaciones de X e Y)? La respuesta es negativa.

En efecto, perturbando A o q (es decir, fijando A y observando otra vasija de reacción con otro enzima que se rija por una forma cuantitativamente distinta de la misma ley de saturación), resulta que el proceso puede conducir a: 1) estados estacionarios inhomogéneos de modo que la distribución espacial en la vasija de reacción de las concentraciones de los reactantes X e Y forma una estructura geométrica bien definida denominada *estructura disipativa espacial,* según Turing y Prigogine (fig. 28.7a); 2) un valor de las concentraciones de X e Y dependiente del tiempo con un período bien definido [es el caso de la oscilación temporal de un reloj biofisicoquímico mantenido por el continuo aporte de A para que el proceso reactivo pueda seguir desarrollándose mientras queramos; tales relojes *(ciclos límites)* del proceso o del sistema son ejemplo de *estructura disipativa temporal]* (fig. 28.7b); 3) una distribución espacial geométricamente bien definida, pero con concentraciones que a su vez oscilan en el tiempo con período bien definido (es la *estructura disipativa espaciotemporal),* y 4) propagación de diversas ondas y pulsos como espirales o solitones disipativos. Si hubiese tres o más reactantes intermedios, cabría así mismo un funcionamiento *caótico* determinista del proceso, en el tiempo o espaciotemporalmente, y, por lo tanto, un atractor aperiódico, caótico, del siste-

Fig. 28.8.—Celdas convectivas de Bénard. Cuando un líquido se calienta por su base debido a la flotabilidad de Arquímedes o al efecto de la variación de la tensión superficial líquido-aire, el sistema evoluciona desde una situación homogénea (sin ordenar) autoorganizándose en celdas de diversas formas (v. gr., hexagonales). La secuencia permite ver cómo el sesgo debido a la presencia de una pared intenta producir una forma axisimétrica, pero al final la dinámica intrínseca del líquido domina induciendo el panel de abeja

ma, ya mencionado, que correspondería a distribución dinámica errática de las concentraciones de los reactantes en la vasija. Conviene subrayar que el reactante A se añade desde el exterior al sistema de manera incoherente, aleatoria, y, sin embargo, el sistema lo recoge para organizarse, para establecerse en un modo de funcionamiento colectivo y sinérgico, tal y como análogamente ocurre con el calor en las celdas de Bénard (fig. 28.7a).

Ahora cabe preguntarse: ¿cuándo y bajo qué condiciones se da una u otra estructura disipativa? Y una vez dadas, ¿en qué rango de fluctuaciones de A, X e Y son estables?, e incluso, dado un reloj biofisicoquímico, un ciclo límite, para el enzima q_1, ¿dará lugar el enzima q_2 también a un comportamiento temporal, periódico, para los mismos valores de A y P? El problema demanda el estudio de la estabilidad del reloj frente a perturbaciones externas (A) y frente a fluctuaciones de las concentraciones de los reactantes X e Y. Podría ocurrir que pudiésemos desestabilizar un ciclo límite dado, de modo que el proceso tomase otra oscilación, o una estructuración espaciotemporal diferente, y así mediante transiciones, unas después de otras, fuese evolucionando. Por eso si al final de una serie de transiciones el sistema *recordase* las etapas intermedias e incluso su situación inicial, entonces tendríamos una forma primitiva de su *código genético,* como hemos mencionado anteriormente.

Descripción probabilista de un reloj biofisicoquímico

Profundicemos algo más sobre lo que son los niveles macro-, meso- y microscópico usando un proceso cíclico biofisicoquímico observado por Hans Degn (1969) con un cultivo bacteriano de *Klebsiella aerogenes,* quien propuso que el proceso respiratorio de ese cultivo podía ser descrito, cualitativamente, con unas pocas variables y un sencillo esquema reactivo $A-(k_1)\rightarrow Y$, $B-(k_2)\rightarrow X$, $X-(k_3)\rightarrow B$, $X+Y-(k_4,k_5;l)\rightarrow P$, simulando X e Y las concentraciones de oxígeno y sustrato alimenticio, respectivamente. A es una magnitud cuyo control externo se supone posible. P denota el producto final de desecho. Las variables k_i $(i=1,2,...,5)$ dan los ritmos de los correspondientes pasos reactivos. El proceso denotado por (l) corresponde a una señal que se supone inhibitoria cuando hay exceso de oxígeno, ya que, según la observación experimental, hay máximo consumo de oxígeno cuando su concentración es lo más baja posible. Una forma matemática para su descripción es la ley $X/(1+qX^2)$, que extiende a un orden superior la citada ley de Michaelis-Menten. El parámetro q es una medida de la intensidad de inhibición. El esquema reactivo-respiratorio arriba descrito se expresa matemáticamente mediante dos ecuaciones diferenciales alineales acopladas y fue estudiado por Victor Fairén. En forma compacta se puede escribir $dX/dt=F(X,Y;k_2,k_3,k_4,k_5)$, $dY/dt=G(X,Y;k_1,k_4,k_5)$, que son las ecuaciones macroscópicas deterministas del sistema. Como se suponen los pasos reactivos de acción instantánea, dos es el número mínimo de variables para que el proceso biofisicoquímico global pueda ser cíclico.

Veamos ahora el mismo proceso desde sus niveles micro- y mesoscópico. Como ya hemos indicado, en un proceso natural o en el laboratorio, generalmente, los valores de las concentraciones de A, B, X e Y solo están controlados en media. Si admitimos que, por la aleatoriedad de los movimientos moleculares, fluctúan, y tratamos de simular la evolución estocástica del proceso global, podríamos hacerlo usando el método de Montecarlo. En el caso que aquí tratamos, supondremos para simplificar que el proceso es Markoffiano (en cada instante lo que ocurre solo depende de lo que ocurrió en un instante inmediatamente anterior), los pasos reactivos no cambian en el transcurso del tiempo, las concentraciones de A y B se pueden controlar, y en cada colisión molecular microscópica solo hay un salto o paso unitario en el tiempo. Entonces cabe prescindir de las variables (X, Y) del sistema introduciendo una distribución de probabilidad cuya evolución viene dada por una ecuación estocástica cuyas soluciones deben reproducir los resultados experimentales y las propiedades de las soluciones de las ecuaciones macroscópicas deterministas. La alternancia cíclica en el proceso respiratorio (X, Y) aparece a partir de la descripción probabilista P(X, Y). En zonas donde la probabilidad es más alta y picuda, la velocidad es menor relativamente a las otras zonas donde la probabilidad está más aplanada. Más aún, ha sido demostrado por John Ross y cols. que el producto de la velocidad a lo largo del ciclo por el área de la sección de la distribución de probabilidad, en cada instante, es constante en su recorrido. Vemos así cómo la descripción probabilista complementa y, en lo esencial, corrobora lo que predice la teoría macroscópica, en este caso concreto.

MÁS SOBRE EVOLUCIÓN Y CAOS EN SISTEMAS O PROCESOS DETERMINISTAS

Introducción

Una ley de Isaac Newton da una relación entre aceleraciones y posiciones de los cuerpos, estando así el sistema *determinado* a partir de sus condiciones iniciales (c.i.) —en su espacio de fases que aquí es el agregado de sus coordenadas de posición y valores de velocidades en un instante dado (con el resto de los parámetros fijados)—. Al intentar obtener los valores de posiciones y velocidades en instantes futuros la situación es drásticamente diferente según que el sistema (en general, alineal) sea *integrable* (caso Kepleriano de dos cuerpos) o no. La mayoría de los sistemas Newtonianos no lo son, ya que en la vecindad de un sistema integrable hay infinidad no integrables, aunque preserven la energía. Por ejemplo, con tres cuerpos, tal como el Sol, la Tierra y la Luna, se ha demostrado que el sistema se desintegrará *a largo plazo* (millones de años). Así, al contrario de lo que parece imaginaron Newton y otros clásicos, ecuaciones deterministas no siempre implican, necesariamente, un Universo evolucionando ordenada y regularmente. Situación similar existe cuando hay *disipación,* que conlleva no integrabilidad. En la vecindad de un sistema conservativo hay infinidad disipativos. Por eso la mecánica newtoniana es *estructuralmente* inestable.

Ya hemos mencionado que en una evolución caótica disipativa la trayectoria puede no acabar en un punto (estado estacionario) ni en una línea cerrada (órbita periódica o ciclo límite), sino que en el espacio tridimensional puede indefinidamente alabear, cruzándose a sí misma sin cortarse, por lo que aparece de longitud «infinita», no medible, aunque esté confinada a un dominio finito del correspondiente espacio (de fases) ocupando «volumen» nulo por ser disipativa: ni un punto, ni una línea, ni un volumen, sino algo de dimensión no entera que es un atractor caótico *fractal* (fig. 28.4c). Como en un sistema caótico, según hemos dicho, pequeñas causas, cambios ínfimos en las c.i. pueden tener grandes efectos aun cuando todo esté determinado y no haya elementos aleatorios, se habla de impredecibilidad a *largo* plazo en un sistema determinista de modo que el azar aparece donde, de entrada, no lo había. Datos climáticos, fluidodinámicos (turbulencias), series temporales biológicas o ecológicas, índices de la Bolsa, etc., muestran tanto regularidades como caoticidad. Simplificando cabe decir que un sistema caótico está continuamente explorando trayectorias periódicas (ciclos límite) en las que solo permanece un intervalo finito, no «largo», de tiempo. Por eso, para controlar y regularizar a un sistema caótico cabe hacerlo con una señal resonante, aunque débil, con alguno de sus aparentes ciclos límite, lo que ha conducido a aplicaciones ingenieriles a partir de investigación básica.

La clara separación entre sistemas dinámicos sencillos y complejos puede ser ilusoria o inexistente. Unas mismas ecuaciones aparentemente sencillas pueden conducir a trayectorias o evoluciones tanto sencillas como complejas, regulares como erráticas. Sistemas aparentemente muy parecidos pueden, en realidad, poseer comportamientos cualitativos muy distintos. Un mismo sistema desde c.i. muy próximas puede terminar muy diferentemente. Lo dicho se refiere al caos temporal y por analogía se extiende a sistemas caóticos en su desarrollo espacial o espaciotemporal.

Sistemas discretos o aplicaciones. Un ejemplo sencillo para ilustrar algunas cascadas hacia el caos determinista

Los sistemas dinámicos discretos son aquellos en los que las variables toman valores en instantes aislados del tiempo, separados aunque equidistantes entre sí. En el caso de una sola variable x, la expresión general de sistema discreto es $x_{t+1} = g(x_t)$, donde el tiempo t puede tomar los valores 0,1,2,..., y la función g es conocida. Dado un valor inicial o semilla, x_0, la evolución del sistema viene dada por la iteración $x_1 = g(x_0)$, $x_2 = g(x_1) = g[g(x_0)]$, etc. Obsérvese que cualquier toma de datos en una medida da una sucesión discreta de la que interpolando y/o extrapolando se suele sacar una ley continua. Por otro lado, si tenemos una ley continua y presenta periodicidad, cortándola con un plano perpendicular a la trayectoria proporciona una sucesión discreta (aplicación de Poincaré). El estudio de muchísimos sistemas con un número grande de dimensiones puede reducirse al estudio de sistemas discretos o aplicaciones con una o pocas variables. Estos como los continuos pueden presentar comportamientos tanto regulares como caóticos. Por su simplicidad han proporcionado modelos para sistemas físicos, químicos, biológicos, etc., fácilmente analizables con computador.

Un ejemplo sencillo es la ecuación logística, $x_{t+1}=rx_t(1-x_t)$, que permite describir, aunque solo sea caricaturalmente, multitud de sistemas como reacciones químicas, la evolución temporal de poblaciones en un territorio dado, datos de Bolsa, etc. Si acotamos el valor del parámetro r entre 1 y 4 e imponemos que la entrada x_t pertenezca al intervalo unidad (0,1), entonces la salida x_{t+1} también estará comprendida entre 0 y 1. Para estudiar la ecuación logística basta emplear una calculadora de bolsillo programable capaz de iterar a partir de una semilla x_0. Conviene iterar hasta que desaparezca el régimen transitorio, que para el caso considerado en la práctica se reduce a unas doscientas cincuenta veces, y posteriormente otras tantas que aseguren la convergencia. Se observa que pequeñas variaciones en el valor de r, que será el mismo en cada iteración, conducen a resultados diferentes en el comportamiento de x_t. Si r es inferior a un valor crítico, aproximadamente $r_c=3{,}56$, las trayectorias resultantes son regulares, pero si r es mayor que r_c serán caóticas. Cuando r es menor o igual que $r_1=3$, todas las trayectorias tienden a un valor constante, el atractor $x^*=(r-1)/r$, independiente de la semilla al crecer el tiempo. Se obtiene también que si r aumenta de valor, x^* también lo hace, pero si r es mayor que $r_1=3$, aunque las trayectorias siguen siendo regulares, ya no hay un final común para todas ellas, sino que tienden a oscilar periódicamente entre dos valores x^*_1 y x^*_2. Cuando r supera el valor $r=3{,}45$, las trayectorias tienen un atractor, ciclo límite, de período doble. De esta forma se van encontrando los valores r_3, r_4, r_5, r_6, ..., tales que para $r>r_n$ las trayectorias tienden a ciclos sucesivos de período 2^n después de su primera duplicación. Para valores de $r>r_c$ las trayectorias recorren el intervalo (0,1) de forma aleatoria, de modo que dos semillas próximas acaban dando lugar a trayectorias y/o finales de trayectoria muy diferentes. Esta es la mencionada propiedad de sensibilidad a variaciones en las condiciones iniciales. Jocosamente, Lorenz la denominó «efecto de la mariposa» en la predicción meteorológica. En efecto, dados la velocidad del viento, su humedad relativa, su temperatura... en un lugar concreto del planeta, y hecha la predicción meteorológica de soleado y seco en otro lugar para un par de semanas después, la perturbación de la velocidad del viento debida al vuelo inesperado de una mariposa puede que afecte tan drásticamente a la evolución de la atmósfera que en vez de sol haya lluvia. Por último, en el intervalo entre r_c y 4 aparecen ventanas de comportamiento regular. Tales movimientos regulares pueden estar arbitrariamente cerca de otros erráticos. La transición al caos por duplicación de períodos en un sistema determinista fue descubierta por Mitchell J. Feigenbaum, Pierre Coullet y Charles Tresser. Se asemeja a la descripción debida a Michael E. Fisher, Leo P. Kadanoff, Benjamin Widom, Robert W. Griffiths y Wilson, entre otros, de las transiciones y fenómenos críticos en equilibrio, como el mencionado ferromagnetismo, pese a que en este lo aleatorio tiene origen probabilista y no determinista.

Esa ruta al caos, descrita anteriormente para la ecuación logística, es una cascada que siguen aplicaciones con un máximo de tipo cuadrático. No es la única vía hacia el comportamiento caótico. Hay otras posibilidades como la propuesta por Ruelle, Floris Takens y S. E. Newhouse por la que sistemas que presentan movimientos cuasiperiódicos con tres frecuencias inconmensurables, cuyas trayectorias se encuentran en un toro tridimensional, pasan a exhibir atractores caóticos cuando experimentan perturbaciones arbitrariamente pequeñas. De forma muy somera, cabe decir que, dado un comportamiento cuasiperiódico con dos frecuencias, como el descrito por una trayectoria que recorra la cámara neumática de una rueda de coche, si aparece una tercera hace que el sistema cambie de comportamiento, pasando a caótico. Esa tercera frecuencia viene ruidosa con un espectro que tiene excitada la frecuencia «nula», o sea, el período «infinito», el más largo posible en el sistema. Otras cascadas de transición al caos son ciertas «intermitencias» descubiertas por Yves Pomeau en las que, por ejemplo, el comportamiento periódico del sistema se transforma de modo ocasional en caótico a lo largo del tiempo. Al aumentar el valor del parámetro de transición del sistema, la pauta caótica se hace cada vez más persistente, acabando por ser la única reconocible. Las mencionadas cascadas hacia el caos han sido observadas en hidrodinámica y con relojes químicos y eléctricos, gracias a los trabajos de Pierre Bergé, Albert Libchaber, Jerry Gollub, Harry Swinney, entre otros. Su generalización para evoluciones espaciotemporales y su posible relación con el fenómeno de la turbulencia son objeto de intenso estudio en la actualidad, con posibles implicaciones científicas e ideológicas lejanas a la física.

CONCLUSIÓN

Un éxito de la física es su capacidad predictiva. Por ejemplo, conocida la ley de evolución de un sistema —mediante una ecuación continua o discreta, diferencial o funcional— y su «estado» en un instante dado, queda fijado, en teoría, su comportamiento en el futuro. Cuando se puede encontrar la solución general de la misma, se dice que el sistema es integrable y su comportamiento es «regular». Tal fue la teoría de Newton al dar cuenta de las órbitas descubiertas por Kepler. Sin embargo, resulta que en la vecindad de cualquier sistema integrable hay una infinidad de no integrables, de modo que si variamos ligeramente la ley de evolución caemos en un caso no integrable. Más aún, en la vecindad de cualquier sistema no integrable, aunque conservativo, porque su energía inicial no cambia en el transcurso del tiempo, hay una infinidad de sistemas que no son conservativos, para los que en el transcurso del tiempo se disipa, por ejemplo, en forma de «calor». Por eso se dice que la ley física no tiene estabilidad estructural, lo que, precisamente, ocurre con las leyes de Newton. Todo es posible, desde el comportamiento regular hasta la caoticidad y el determinismo no predictivo. En efecto, muchas leyes físicas son alineales y, generalmente, las de los sistemas disipativos lo son cuando estamos muy alejados del equilibrio, de modo que en raras ocasiones se pueden obtener soluciones exactas de sus ecuaciones de evolución. En defecto de las mismas es necesario recurrir a métodos numéricos, intrínsecamente aproximados, puesto que los datos iniciales siempre están afectados por el error de toda medida y la capacidad, siempre finita, del computador que utilicemos. De ahí que el proceso iterativo de cálculo puede dar lugar a la pérdida de predecibilidad; tanto mayor cuanto más nos alejamos del instante inicial. Simplificando, eso es el comportamiento caótico, el caos determinista para sistemas, leyes o parámetros no estocásticos. Pero, ¡cuidado!, un sistema puede presentar movimientos regulares, íntimamente entrelazados con caóticos, para condiciones iniciales arbitrariamente cercanas. Así pues, con esta visión del caos, tanto el viejo mecanicismo reduccionista, que encarna la creencia en la capacidad predictiva de la teoría y, en consecuencia, presupone que todos los movimientos de los sistemas son «regulares», como la aproximación probabilista en la que los movimientos son «aleatorios», constituyen solo modelos extremos de la evolución de los sistemas dinámicos. La norma general es que un mismo sistema presente diversidad en las etapas de su evolución, según los valores de sus parámetros de control o de sus ligaduras externas, independientemente de que conste de unos pocos o muchísimos «grados de libertad». Este importante resultado permite abandonar la concepción clásica de lo complejo como simple acumulación de elementos simples, para llevarnos a algo cualitativamente distinto, donde el todo no es la «simple» suma de las partes que, determinista o probabilísticamente, es el aspecto sinérgico o sinergético de los sistemas complejos.

Suele ser fácil identificar lo sencillo y, en el extremo opuesto, lo complejo. En cambio, definir la complejidad o trazar la raya de separación entre sencillo y complejo es harina de otro costal o tarea imposible y, finalmente, quizá ajena al interés de un científico por mucho que ello sea de interés para el filósofo o incluso para el hombre de la calle. Ocurre que un sistema (v. gr., una persona) puede exhibir uno u otro de esos comportamientos según las circunstancias. Se ha propuesto como definición de la complejidad (al menos algorítmica) de un sistema o proceso la longitud del programa mínimo de computador para describirlo. Cierto que con tal magnitud un sólido cristalino ideal o un gas perfecto son sencillos, mientras que una bacteria, una neurona, nuestro cerebro o una persona son complejos; pero la definición da lugar a ambigüedades sobre las que no entraremos. Con el origen de la vida pasa algo parecido. Discriminamos sin problema lo que está vivo de lo inanimado, pero ¿dónde está la raya de separación?, o ¿cuándo empezó lo vivo? No creo que haya nunca consenso universal sobre ello ni que, técnicamente, sea problema importante para el científico. Quizá quepa apostillar que lo complejo, y generalmente la vida lo es, conlleva que en su dinámica o evolución casi todas las escalas (espaciales y temporales) están entrelazadas. Un fenómeno o un proceso, algo que ocurre a escala pequeña o corta (en un lugar o en un instante dados) suele tener influencia sobre escalas más amplias y viceversa. Además, en el devenir de un sistema complejo, un elemento sencillo —aparentemente sin importancia— puede tener extraordinaria influencia por su enmarañada o crítica relación con otros elementos del mismo.

En este capítulo he tratado de mostrar, en la medida de lo posible con ejemplos, algunas propiedades de sistemas que cabe considerar como complejos en algún momento porque pueden evolucionar tanto de manera regular como caótica y, por ello, impredecible. He tratado de ilustrar cómo hemos ido comprendiendo y describiendo algunos aspectos de dicha evolución, tanto de manera determinista como probabilista o estocástica. También he tratado de ilustrar lo que son los niveles macro-, meso- y microscópicos en nuestra descripción teórica. He aprovechado para dejar constancia de los nombres de algunos preclaros científicos que han contribuido a crear la ciencia que tenemos. Ni en la descripción de lo que entendemos ni al mencionar los nombres recordados he podido ni querido ser exhaustivo. Confío en que los brochazos aquí dados sean suficientes para animar al lector, tras percibir lo fascinante de la investigación y lo magnífico de lo conseguido, a profundizar en la literatura científica. Me permito concluir afirmando que de la ciencia, aunque sea importante lo logrado, como cuerpo de doctrina, mayor interés tiene considerarla como un proceso que durará tanto como el hombre.

Lecturas recomendadas

1. El pensamiento matemático

BOYER, C. B., *A History of Mathematics,* John Wiley, Nueva York, 1963. [Existe traducción al castellano en Alianza Editorial (Madrid).]

CAÑÓN LOYES, C., *La Matemática: creación y descubrimiento,* UPCO, Madrid, 1993.

COURANT, R., y ROBBINS, H., *What is Mathematics?,* Oxford U.P., Londres, 1941. [Existe traducción castellana en Trillas (México).]

DAVIS, P. J., y HERSH, R., *The Mathematical Experience,* Birkhäuser, Boston, 1982. [Existe traducción al castellano en Labor (Barcelona).]

— *Descartes Dream. The World According to Mathematics,* Harcourt Brace Jovanovich, Nueva York, 1986. [Existe traducción castellana en Labor (Barcelona).]

REY PASTOR, J., y BABINI, J., *Historia de la Matemática,* 2 vols., Gedisa, Barcelona, 1984.

SANTALÓ, L., *La Matemática: una filosofía y una técnica,* Ariel, Barcelona, 1994.

WANG, H., *A Logical Journey. From Gödel to Philosophy,* The MIT Press, Cambridge (Massachusetts), 1996.

2. La ciencia a través de la historia

ALLEN, G., *La ciencia de la vida en el siglo XX,* Fondo de Cultura Económica, México, 1983.

BASALLA, G., *La evolución de la Tecnología,* Crítica, Barcelona, 1991.

BROCK, W. H., *Historia de la Química,* Alianza, Madrid, 1998.

KLINE, M., *El pensamiento matemático de la antigüedad a nuestros días,* 3 vols., Alianza, Madrid, 1992.

LÓPEZ PIÑERO, J. M., *Breve historia de la Medicina,* Alianza, Madrid, 2000.

MASON, S. F., *Historia de las ciencias,* 5 vols., Alianza, Madrid, 1984-1986.

MILLER, R., *Diccionario de la Evolución,* Bibliograf, S. A., Barcelona, 1995.

NORTH, J., *The Fontana History of Astronomy and Cosmology,* Fontana Press, Londres, 1994.
SÁNCHEZ RON, J. M., *El poder de la Ciencia,* Alianza, Madrid, 1992.

3. EL UNIVERSO

AUDOUZE, J., e ISRAEL, D. (eds.), *The Cambridge Atlas of Astronomy* (3.ª ed.), Cambridge University Press, Cambridge, 1996.
BARROW, J. D., y SILK, J., *The Left Hand of Creation,* Oxford University Press, Cambridge, 1993.
DAVIES, P. C. W., *The Last Three Minutes,* Basic Books, Nueva York, 1994.
— *The New Physics,* Cambridge University Press, Cambridge, 1989.
KAUFMANN III, W. J., y FREEDMAN, R. A., *Universe* (5.ª ed.), W. H. Freeman, Nueva York, 1998.
LINDE, A., *Particle Physics and Inflationary Cosmology,* Hardwood, Nueva York, 1990.
RIORDAN, M., y SCHRAMM, D., *The Shadows of Creation,* Oxford University Press, Cambridge, 1991.
SILK, J., *The Big Bang* (ed. revisada), W. H. Freeman, Nueva York, 1989.
— *A Short History of the Universe,* Scientific American Library, W. H. Freeman, Nueva York, 1994.

4. LA TIERRA

BOLT, B. A., *Terremotos,* Reverté, Barcelona, 1981.
EMILIANI, C., *Planet Earth, Cosmology, Geology, and Evolution of Life and Environment,* Cambridge University Press, 1992.
GASS, I. G.; SMITH, P. J., y WILSON, R. C. L., *Introducción a las ciencias de la Tierra,* Reverté, Barcelona, 1978.
HALLAM, A., *De la deriva de los continentes a la tectónica de placas,* Labor, Barcelona, 1976.
LUMINE, J. I., *Earth. Evolution of a Habitable World,* Cambridge University Press, 1999.
TAKEUCHI, A.; UYEDA, S., y KANAMORI, H., *¿Qué es la Tierra?,* Antoni Bosch, Barcelona, 1978.
UDÍAS, A. (ed.), *La Tierra: estructura y dinámica,* Prensa Científica, Barcelona, 1987.

5. El mundo del microcosmos: un siglo de física de partículas

Álvarez-Estrada, R. F., y Ramón Medrano, M., *Partículas elementales,* Eudema Universidad, Madrid, 1988.
Fraser, G. (ed.), *The Particle Century,* Inst. of Physics, Londres, 1998.
Gell-Mann, M., *El quark y el jaguar,* Tusquets, Barcelona, 1995.
Hawking, S., *Breve historia del tiempo,* Crítica, Barcelona, 1988.
Heródoto de Halicarnaso, *Historias,* vols. I, II, Ed. Círculo del Bibliófilo, Madrid, 1983.
Pais, A., *El señor es sutil,* Ariel, Barcelona, 1984.
Poincaré, H., *La ciencia y la hipótesis,* Espasa Calpe (Austral), Madrid, 1943.
— *Ciencia y método,* Espasa Calpe (Austral), Madrid, 1944.
— *Últimos pensamientos,* Espasa Calpe (Austral), Madrid, 1946.
Sánchez del Río, C., *Principios de la física en su evolución histórica,* Editorial Complutense, Madrid, 1986.
Sánchez Ron, J. M., *Marie Curie y la radiactividad,* CSN, Madrid, 1998.
Taubes, G., *Nobel Dreams,* Random House, Londres, 1986.
Yang, C. N., *Elementary Particles: A Short History of Some Discoveries in Atomic Physics,* Princeton University Press, Nueva Jersey, 1961
Ynduráin, F. J., *Teorías unificadas y constituyentes fundamentales de la materia,* Espasa Calpe, Madrid, 1988.
— «Espacio, Tiempo, Materia», *Revista Española de Física* 12: 14-19 (1988).

6. El mundo de la química

Atkins, P. W., «Forever Physical Chemistry», en *Chemistry 2000,* Chemistry in Britain, 1999, pág. 9.
— *Molecules,* Scientific American Library, Nueva York, 1987.
Berson, J. A., *Chemical Creativity. Ideas from the Work of Woodward, Hückel, Meerwein and others,* Wiley-VCH, Weinheim, 1999.
Davies, P. (ed.), *The New Physics,* Cambridge University Press, Cambridge, 1989. (Véase el capítulo 11, «Physics of Far-from-equilibrium Systems and Self-organization», por G. Nicolis.)
Elguero, J., «El papel de la química en el segle xxi», en *Reptes de la ciència a les portes del segle xxi,* Barcelona, 1995.
Emsley, J., *The Consumer's Good Chemical Guide,* W. H. Freeman, Oxford, 1994.
Mason, S. F., *Molecular Optical Activity and the Chiral Discrimination,* Cambridge University Press, Cambridge, 1982.
Ugalde, J. M.; Alkorta, I., y Elguero, J., «Water Clusters: Towards an Understanding Based on First-principles of Their Static and Dynamic Properties», *Angew. Chem. Int. Ed. Engl.* 39: 717 (2000).

7. La evolución y la herencia biológica

Agustí, J., *La evolución y sus metáforas,* Metatemas, Barcelona, 1994.
Ayala, F. J., *La naturaleza inacabada,* Biblioteca Científica, Salvat, Barcelona, 1987.
— *Origen y evolución del hombre,* 4.ª ed., Alianza Universidad, Madrid, 1991.
— *La teoría de la evolucion,* Temas de Hoy, Madrid, 1994.
— y Kiger, J. A., *Genética moderna,* Omega, Barcelona, 1984.
— y Valentine, J. W., *La evolución en acción,* Alhambra Universidad, Madrid, 1983.
Dobzhansky, Th.; Ayala, F. J.; Stebbins, G. L., y Valentine, J. W., *Evolución,* Omega, Barcelona, 1980.
Futuyma, D. J., *Evolutionary Biology,* 3.ª ed., Sinauer, Sunderland (Massachusetts), 1998.
Gould, S. J., *Desde Darwin,* Blume, Madrid, 1984.
— *Dientes de gallina, dedos de caballo,* Blume, Madrid, 1984.
— *La sonrisa del flamenco,* Blume, Madrid, 1987.
— *El pulgar del panda,* Orbis, Barcelona, 1993.
Lewin, R., *Interpretación de los fósiles,* Planeta, Barcelona, 1989.
Ridley, M., *La evolución y sus problemas,* Pirámide, Madrid, 1987.
Strickberger, M. W., *Evolution*, 3.ª ed., Ones y Bartlett, Sudbury (Massachusetts), 2000.

8. La célula

Albarracín, A., *La teoría celular en el siglo xix*, AKAL, Historia de la Ciencia y de la Técnica, vol. 42, 1992.
Alberts, B.; Bray, D.; Lewis, J.; Raff, M.; Roberts, K., y Watson, J., *Molecular Biology of the Cell,* Garland Publishing Inc., 1994.
Darnell, J.; Lodish, H., y Baltimore, D., *Biología Celular y Molecular,* Editorial Labor, S. A., Cerdanyola (Barcelona), 1988.
De Duve, C., y Beaufay, H., «A Short History of Tissue Fractionation», *Journal Cell Biology* 91: 293 (1981).
Graham, J. M., y Rickwood, D. (eds.), *Subcellular Fractionation. A Practical Approach,* The Practical Approach Series, IRL Press, Oxford University Press, Oxford, 1997.
Lacey, A. J. (ed.), *Light Microscopy in Biology. A Practical Approach,* The Practical Approach Series, IRL Press, Oxford University Press, 1989.
Robin H. J. (ed.), *Electron Microscopy in Biology. A Practical Approach,* The Practical Approach Series, IRL Press, Oxford University Press, 1991.
Spector, D. L.; Goldman, R. D., y Leinwand, L. A., *Cells. A Laboratory Manual,* Cold Spring Harbor Laboratory Press, 1998.

9. Ecosistemas y biodiversidad

Bailey, R. G., *Ecosystem Geography,* Springer, Nueva York, 1996.
Begon, M.; Harper, J. L., y Towsend, C. R., *Ecología,* Omega, Barcelona, 1988.
Bernáldez, F. G., *Ecología y paisaje,* Blume, Madrid, 1981.
Margalef, R., *Ecología marina,* Fundación La Salle, Caracas, 1972.
— *Ecología,* Omega, Barcelona, 1974.
— *La biosfera, entre la termodinámica y el juego,* Omega, Barcelona, 1980.
— *Our Biosphere,* Ecology Institute, Oldendorf, 1997.
Molles, M. C. Jr., *Ecology,* Mc Graw-Hill, Madrid, 1999.
Odum, E., *Ecología,* Editora Importécnica, Madrid, 1972.
— *Ecología: Bases científicas para un nuevo paradigma,* Ed. Vedra, Barcelona, 1993.
Ricklefs, R. E. y Miller, G. L., *Ecology,* Freeman & Co., New York, 2000.
Schrödinger, E., *¿Qué es la vida?,* Tusquets Editores, Barcelona, 1984.

10. El mundo de los microbios

Basset, J. R. J.; Basrai, M. A.; Connelly, C.; Hyland, K. M.; Kitagawa, K.; Mayer, M. L.; Morrow, D. M.; Page, A. M.; Resto, V. A.; Skibbens, R. V., y Hieter, P., «Exploiting the Complete Yeast Genome Sequence», *Current Opinion in Genetics and Development* 6: 763-766 (1996).
Covacci, A.; Telford, J. L.; Del Giudice, G.; Parsonnet, J., y Rappuoli, R., «Helicobacter Pylori Virulence and Genetic Geography», *Science* 284: 1328-1333 (1999).
De Risi, J. L.; Vishwanath, R. I., y Brown, P. O., «Exploring the Metabolic and Genetic Control of Gene Expression on a Genomic Scale», *Science* 278: 680-686 (1997).
Koonin, E. V., «Genome Sequence of a Model Prokaryote», *Current Biology* 7: R656-R659 (1997).
Moss, B., «Genetically Engineered Poxviruses for Recombinant Gene Expression, Vaccination and Safety», *Proceeding of the National Academy of Sciences USA* 93: 11341-11348 (1996).
Prusiner, S. B., «Biology and Genetics of Prion Diseases», *Annual Review of Microbiology* 48: 655-686 (1994).
Richard Hutchison, C., y Fujii, I., «Polyketide Synthase Gene Manipulation: A Structure-function Approach in Engineering Novel Antibiotics», *Annual Review of Microbiology* 49: 201-238 (1995).
Smith, G. L., «Virus Strategies for Evasion of the Host Response in Infection», *Trends in Microbiology* 2: 81-88 (1994).
Timmins, K. N.; Steffan, R. J., y Unterman, R., «Designing Microorganisms for the Treatment of Toxic Wastes», *Annual Review of Microbiology* 48: 525-557 (1994).
Wilson, M., y Lindow, S. E., «Release of Recombinant Microorganisms», *Annual Review of Microbiology* 47: 913-944 (1993).

11. DESARROLLO EMBRIONARIO Y MORFOGÉNESIS

BARD, J., *Morphogenesis,* Cambridge University Press, Cambridge, 1991.

CARROLL, S. B., «Homeotic Genes and the Evolution of Arthropods and Chordates», *Nature* 376: 479-485 (1995).

DUBOULE, D., y WILKINS, A. S., «The Evolution of "Bricolage"», *Trends in Genetics* 14: 54-59 (1998).

ERWIN, D.; VALENTINE, J., y JABLONSKI, D., «The Origin of Animal Body Plans», *Am. Sci.* 85: 126-137 (1997).

GERHART, J., y KIRSCHNER, M., *Cells, Embryos and Evolution,* Blackwell, Oxford, 1997.

GILBERT, S. F., *Developmental Biology,* Sinauer Associates Inc., Sunderland (Massachusetts), 1997.

HOLLAND, P. W. H., y GARCÍA-FERNÁNDEZ, J., «Hox Genes and Chordate Evolution», *Dev. Biol.* 173: 382-395 (1996).

RAFF, R. A., *The Shape of Life,* University of Chicago Press, Chicago, 1996.

SHUBIN, N.; TABIN, C., y CARROLL, S., «Fossils, Genes and the Evolution of Animal Limbs», *Nature* 388: 639-648 (1997).

VALENTINE, J. W.; JABLONSKI, D., y ERWIN, D. H., «Fossils, Molecules and Embryos: New Perspectives on the Cambrian Explosion», *Development* 126: 851-859 (1999).

WOLPERT, L., *Principles of Development,* Current Biology Ltd., Londres, 1998.

12. FUNCIONES BÁSICAS Y ENVEJECIMIENTO

ALBERTS, B.; BRAY, D.; LEWIS, J.; RAFF, M.; ROBERTS, K., y WATSON, J. D., *Biología molecular de la célula,* 3.ª ed., Ediciones Omega, Barcelona, 1996.

BERNE, R. M., y LEVY, M. N., *Fisiología,* 2.ª ed., Harcourt Brace, Madrid, 1998.

DAWKINS, R., *The Selfish Gene,* 2.ª ed., Oxford University Press, Oxford, 1989. [Existe una edición en español *(El gen egoísta,* 1.ª ed., Editorial Labor, Barcelona, 1979), pero no contiene los últimos capítulos.]

FULLER, G. M., y SHIELDS, D., *Molecular Basis of Medical Cell Biology,* Appletonblange, Stanford, 1998.

GREIDER, C. W., y BLACKBURN, E. H., «Telómeros, telomerasa y cáncer», *Investigación y Ciencia* 20-26 (abril 1996).

Investigación y Ciencia, *Temas 11: Biología del envejecimiento,* Prensa Científica, S. A., Barcelona, 1998.

NESSE, R. M., y WILLIAMS, G. C., «Evolución y orígenes de la enfermedad», *Investigación y Ciencia* 4-12 (enero 1999).

WEINDRUCH, R., «Restricción calórica y envejecimiento», *Investigación y Ciencia* 12-19 (marzo 1996).

13. El desafío del cerebro

ALBRICHT, T. D.; JESSELL, T. M.; KANDEL, E. R., y POSNER, M. I., «Neural Science: A Century of Progress and the Mysteries that Remain», *Review Supplement. Cell,* vol. 100, y *Neuron,* vol. 25 (2000).

BEAR, M. F.; CONNORS, B. W., y PARADISO, M. A., *Neuroscience: Exploring the Brain,* William & Wilkins, Baltimore, 1996.

CAMPBELL, P. (ed.), «Neurological Disorders», *Nature* (suppl. v. 399, núm. 6.738), 1999.

HUBEL, D. H., *Ojo, cerebro y visión,* Universidad de Murcia, 1999.

GAZZANIGA, M. S., *The Nueva Cognitive Neurosciences,* A Bradford Book, MIT Press, Cambridge (Massachusetts), 2000.

KANDEL, E. R.; SCHWARTZ, J. H., y JESSELL, T. M., *Principles of Neural Science,* 4.ª ed., McGraw-Hill, Nueva York, 2000.

ZIGMOND, M.; BLOOM, F. E.; LANDIS, S. C.; ROBERTS, J. L., y SQUIRE, L. R., *Fundamental Neuroscience,* Academic Press, San Diego, 1999.

14. Enfermedades prevalentes

Delphi (Estudio prospectivo), *Libro Blanco. Costes económicos y sociales de la obesidad y sus patologías asociadas,* Roche-Bernard Krief/Nizo Industria Gráfica, S. A., 1999.

Editorial, «From What Will We Die in 2020», *The Lancet* 349: 1263 (1997).

GWATKIN, D. R.; GILLOT, M., y HENVELINE, P., «The Burden of Disease Among the Global Poor», *The Lancet* 354: 586-589 (1999).

HANEFELD, M., y LEONHARDT, W. (eds.). *The Metabolic Syndrome,* Gustav Fischer Verlag, Sena, 1997.

Investigación y Ciencia, *Temas 18: Epidemias,* Prensa Científica, S. A., Barcelona, 1999.

LÓPEZ, A. D., y MURRAY, C. J. L., «The Global Burden of Disease: 1990-2020», *Nature Medicine* 4: 1241-1243 (1998).

MURRAY, C. J. L., y LÓPEZ, A. D., «Evidence-based Health Policy. Lessons from the Global Burden of Disease Study», *Science* 274: 740-743 (1996).

— «Global Mortality, Disability, and Contribution of Risk Factors: Global Burden of Disease Study», *The Lancet* 349: 1436-1442 (1997).

NATHAN, D., «The Rise of non-Insulin Dependent Diabetes mellitus. The Diabetes Pandemic», *Odyssey. The Glaxo Journal of Innovation and Health Care* 1(2): 52-59 (1995).

SPRANT, B. G. (ed.), «Resurgent/Emergent Infectious Diseases», *British Medical Bulletin* 54(3): número especial (1998).

World Health Organization, «Obesity. Preventing and Managing the Global Epidemic», *Report of a WHO Consultation on Obesity,* WHO Publications, Ginebra, 1998.

World Health Organization, «Health Agenda for the 21st Century», *The World Health Report 1998,* WHO Publications, Ginebra, 1998.
— «Health and Development in the 20th Century», *The World Health Report 1999,* WHO Publications, Ginebra, 1999.
— «Making a Difference in the 21st Century», *The World Health Report 1999,* WHO Publications, Ginebra, 1999.
YOUNG, D. B., «The Return of an Old Nemesis: Tuberculosis», *Odyssey. The Glaxo Journal of Innovation and Health Care* 1(2): 10-15 (1995).

15. BIOTECNOLOGÍA

BAINS, W., *Biotechnology. From A to Z,* Oxford University Press, 1998.
BORRILLO, D. (ed.), *Genes en el estrado,* CSIC-IESA, Madrid, 1996.
«Especial Biotecnología», en *Estudios para el Fomento de la Investigación* 9 (1997).
GARCÍA OLMEDO, F., *La tercera revolución verde,* Temas de Debate, Madrid, 1998.
HODGSON, J. (ed.), «BioVision: Building a Common Future», *Nature Biotecnology* 17 (supl.): BV1-BV41 (1999).
MARTÍN MUNICIO, A., «Tradición intelectual de la biotecnología», *ABC,* enero 1988.
MONTULL, E., *Licitud o prohibición de las armas nucleares, biológicas y químicas en el derecho internacional positivo,* Academia Aragonesa de Jurisprudencia y Legislación, Zaragoza, 2000.
MUÑOZ, E., *Nueva biotecnología y sector agropecuario. El reto de las racionalidades contrapuestas,* IESA, Madrid, 1997.
— *La biotecnología ante su espejo. Sociedad, industria, desarrollo y medio ambiente,* IESA, Madrid, 1998.
REISS, M. J., y STRAUGHAN, R., *Improving Nature? The Science and Ethics of Genetic Engineering,* Cambridge Univ. Press, Cambridge, Reino Unido, 1996.
RIFKIN, J., *The Biotech Century. The Comming Age of Genetic Commerce,* Victor Gollancz, Londres, 1998.
ROBINSON, C. (ed.), «The Genome Race. Genome Mapping and Sequencing», *Trends in Biotechnology* 10: 1-69 (1992).
— «Gene Therapy», *Trends in Biotechnology* 11: 156-215 (1993).

16. TECNOCIENCIA MÉDICA

APUZZO, M. L. J., «New Dimensions of Neurosurgery in the Realm of High Technology: Possibilities, Practicalities, Realities», *Neurosurgery* 38: 625-639 (1996).

HALL, S. S., *Mapping the Next Millennium,* Vintage Books, Nueva York, 1993.

Howard Hughes Institute of Medicine (ed.), *Holiday Lectures on Science Serie*, www.holidaylectures.org/webcast.

KOLATA, G., *Hello, «Dolly». El nacimiento del primer clon,* Planeta, Barcelona, 1998.

LE FANU, J., *The Rise and Fall of Modern Medicine,* Carroll and Graf Publishers, Inc., Nueva York, 2000.

RENNIE, J. (ed.), «Growing New Organs. A Special Report on Tissue Engineering», *Scientific American* 280: 37-65 (1999).

SCHNEIDERMAN, L. J., y JECKER, N. S. J., *Wrong Medicine. Doctors, Patients, and Futile Treatment,* The Johns Hopkins University Press, Baltimore, 1995.

SCHWARTZ, W. B., *Life Without Disease: The Pursuit of Medical Utopia,* Univ. California Press, California, 1998.

SIEGEL, V. (ed.), «Millennium Reviews», *Cell* 100: 1-183 (2000).

SLACK, W. V., *Cybermedicine: How Computing Empowers Doctors and Patients for Better Health Care,* Jossey-Bass Inc. Publishers, San Francisco, 1997.

STARZL, T. E., *El hombre puzzle. Memorias de un cirujano de trasplantes,* J. R. Prous Editores, Barcelona, 1994.

SWEET, D.; PURTON, M., y ALFRED, J. (ed.), «Millenium Issue», *Trends in Cell Biology* 9(12), M1-M75 (1999).

WEATHERALL, D., *Science and the Quiet Art. Medical Research & Patient Care,* Oxford University Press, Oxford, 1995.

WHITTEMORE, H., *Your Future Self. A Journal to the Frontiers of Molecular Medicine,* Thames and Hudson, Nueva York, 1998.

WYKE, A., *21st Century Miracle Medicine. RoboSurgery, Wonder Cures, and the Quest for Immortality,* Plenum Press, Nueva York, 1997.

17. MODIFICACIÓN GENÉTICA EN ANIMALES

BUEREN, J. A.; ALBELLA, B.; CASTRO, J. G.; GRANDE, T.; GÜENECHEA, G.; LAMANA, M. L.; SEGOVIA, J. C., y VARAS, F., «Transferencia y terapia génica de la hematopoyesis», *Rev. R. Acad. Cien. Exact. Fís. Nat. (Esp.)* 91: 163-167 (1997).

Dossier, «Terapia génica: Una nueva frontera para la investigación médica», en *Mundo Científico,* núm. 198 (febrero 1999).

GARCÍA BARRENO, P., «Terapia génica: Introducción», *Rev. R. Acad. Cien. Exact. Fís. Nat. (Esp.)* 91: 153-162 (1997).

HAMMER, R. E., y BEHRINGER, R. R. (eds.), «Stem Cells and Transgenesis», *Int. J. Dev. Biol.* 12, 42(7) núm. especial: 831-1071 (1998).

HOUDEBINA, L. M. (ed.), *Transgenic Animals. Generation and Use,* Harwood Academic Publisher, 1997.

MONTOLIN, L., «Transgénesis por microinyección», *An. Rev. Genet.* 20: 139-146 (1997).

OTAEGUI, P. J., «Clonación», *Rev. R. Acad. Cien. Exact. Fís. Nat. (Esp.)* 91: 129-132 (1997).

PALMITER, R. D., y BRINSTER, R. L., «Germ Line Transformation of Mice», *An. Rev. Genet.* 20: 465-499 (1986).

TORRES, M., «La modificación dirigida del genoma de ratón y su repercusión en biomedicina», *Rev. R. Acad. Cien. Exact. Fís. Nat. (Esp.)* 91: 147-152 (1997).

WILMUT, I.; YOUNG, L., y CAMPBELL, K. H., «Embryonic and Somatic Cell Cloning», *Reprod. Fertil. Dev.* 10: 639-643 (1998).

18. MEJORA GENÉTICA VEGETAL

CUBERO, J. I., *Introducción a la mejora genética vegetal,* Ediciones Mundi-Prensa, Madrid, 1999.

GARCÍA OLMEDO, F., *La tercera revolución verde,* Editorial Debate, Madrid, 1998.

GLICK, B. R., y PASTERNAK, J. J., *Molecular Biotechnology* (2.ª ed.), ASM Press, Washington, D. C., 1998.

HAYWARD, M. D.; BOSEMARK, N. O., y ROMAGOSA, I. (eds.), *Plant Breeding. Principles and Prospects,* Chapman & Hall, Londres, 1993.

IZQUIERDO ROJO, M., *Ingeniería genética y transferencia génica,* Ediciones Pirámide, Madrid, 1999.

19. LA SOCIEDAD DE LA INFORMACIÓN

CASTELLS, M., *La era de la información: Economía, Sociedad, Cultura,* Alianza Editorial, Madrid, 1997.

HAGEL, J., *Net Worth,* Harvard Business School Press, Boston, 1999.

HARTMAN, A., y SIFONIS, J., *Net Ready: Strategies for Success in the Economy,* McGraw-Hill, Nueva York, 2000.

LEWIS, M., *The New, New Thing. A Silicon Valley History,* W. W. Norton & Company, Nueva York, 2000.

Price Waterhouse Coopers Technology Forecast 1999, Menlo Park, California, 1998.

SEGALLER, S., *Nerds 2.0.1: A Brief History of Internet,* TV Books, Nueva York, 1998.

20. La Inteligencia Artificial y su entorno conceptual

BODEN, M. A. (ed.), *The Philosophy of Artificial Intelligence,* Oxford University Press, Oxford, 1990.

COPELAND, J., *Inteligencia Artificial. Una introducción filosófica,* Alianza Universidad, Madrid, 1996.

CUENA, J. (comp.), *Inteligencia Artificial* (Partes I y II), *Arbor,* monográficos, julio y septiembre 1995.

GILLIES, D., *Artificial Intelligence and Scientic Method,* Oxford University Press, Oxford, 1996.

GREVIER, D., *AI: The Tumultuous History of the Search for Artificial Intelligence,* Basic Books, Nueva York, 1993.

SANGALLI, A., *The Importance of Being Fuzzy (And Other Insights from the Border Between Math and Computers),* Princeton University Press, Princeton (Nueva Jersey), 1998.

TRILLAS, E., *La Inteligencia Artificial. Máquinas y personas,* Ed. Debate, Madrid, 1998.

21. Nuevas formas de energía

BOWMAN, C. D., y cols., «Nuclear Energy Generation and Waste Transmutation Using an Accelerator Driven Intense Thermal Neutron Source», *Nuclear Instruments and Methods in Physics Research,* A320, 336 (1992).

Desarrollos tecnológicos en el campo de la energía, UIMP-Ciemat, 1997.

Energy Technology, Publication DGXVII 97-001.

GROSS, R. A., *Fusion Energy,* John Wiley & Sons, 1984.

Las tecnologías energéticas en el siglo XXI, UCM-Iberdrola, 1997.

Plan de Fomento de las Energías Renovables, IDEA, 1999.

RUBBIA, C., *Resonance Enhanced Neutron Captures for Element Activation and Waste Transmutation,* CERN/LHC/97-04 (EET).

Status Report on Actinide and Fission Product Transmutation Studies, IAEA-TECDOC-948, junio 1997.

TAYLOR, P. J., «Discussion of Modeling the U.S. OH Industry: How Much Off is Left?», *Journal of Petroleum Technology* (SPE 52600), 1997.

The Future for Renewable Energy, Eurec Agency, Biddles UK, 1996.

World Energy Outlook 1999, International Energy Agency.

Yergin Report: Energy R&D: Shaping our Nation's Future in a Competitive World, DOE, junio 1995.

22. Los transportes

ESTEVAN, A., y SANZ, A., *Hacia la reconversión del transporte en España,* La Catarata, Madrid, 1996.

Group de Travail 2000 Plus, *Transport in a Fast Changing Europe,* European Commission, Bruselas, 1990.

Investigación y Ciencia, *Temas 13: Presente y futuro de los transportes,* Prensa Científica, S. A., Barcelona, 1998.

VV.AA., «Trenes, tranvías, bicicletas. Volver a andar», *Archipiélago,* núms. 18 y 19, 1994.

— *Lost in Concrete,* A SEED, Amsterdam, 1996.

23. Los materiales

ALARIO, M. A., *De superconductores y otros materiales,* Real Academia de Ciencias, Madrid, 1993.

— y VICENT, J. L., *Superconductividad,* Eudema, Madrid, 1991.

AMATO, I., *Stuff: The Materials the World is Made of,* Basic Books, Nueva York, 1997.

BALL, P., *Made to Measure: New Materials for the 21st Century,* Princeton University Press, 1998.

BRUCE, D. W., y O'HARE, D. (eds.), *Inorganic Materials,* J. Wiley, Nueva York, 1992.

HALL, N., *The Age of the Molecule,* Royal Society of Chemistry, Londres, 1999.

HERNANDO, A., «Imanes: su misterioso atractivo y su utilidad», Discurso de recepción, Real Academia de Ciencias Exactas, Físicas y Naturales, Madrid, 2000.

HUMMEL, R. H., *Understanding Materials Science: History, Properties, Applications,* Springer, Nueva York, 1998.

SÁNCHEZ QUESADA, F., y GONZÁLEZ DÍAZ, G., *Electrónica y materiales: dispositivos fotovoltaicos,* Eudema, Madrid, 1988.

24. La arquitectura y su construcción

CURTIS, W., *La arquitectura moderna desde 1900,* Hermann Blume, Barcelona, 1986.

FERNÁNDEZ-GALIANO, L., «La década digital», *Arquitectura Viva* 69, noviembre-diciembre 1999.

— (ed.), «España, los 90», *AV Monografías* 79-80, 1999.

FRAMPTON, K., *Historia crítica de la arquitectura moderna,* Gustavo Gili, S. A., Barcelona, 1993.

KOOLHAAS, R.; SIGLER, J., y MAU, B., *SMLXL: O.M.A.,* 010Publishers, Rotterdam, 1995.

LE CORBUSIER, *Hacia una arquitectura,* Apóstrofe, Barcelona, 1988.
PARICIO, I., *Construcciones para iniciar un siglo,* Editorial Visagra, Barcelona, 2000.

25. REALIDAD VIRTUAL

CHORAFAS, D. N., y STEINMANN, H., *Realidad Virtual,* Prentice Hall Inc., Englewood Cliffs, 1996.
DAI, F. (ed.), *Virtual Reality for Industrial Applications,* Springer, Nueva York, 1998.
HAYLES, N. K., *How We Became Posthuman,* The University of Chicago Press, Chicago, 1999.
HEIM, M., *Virtual Realism,* Oxford University Press, Nueva York, 1998.
LEVY, P., *Collective Intelligence,* Plenum Trade, 1998.
MAGNENAT THALMANN, N., y THALMANN, D., *Artificial Life and Virtual Reality,* John Wiley & Sons Inc., Nueva York, 1994.
MALDONADO, T., *Lo real y lo virtual,* Gedisa Ed., Barcelona, 1994.
MAZURYK, T., y GERANITZ, M., *Virtual Reality-History, Applications, Technology and Future,* www.cg.tuwien.ac.at
RHEINGOLD, H., «Realidad Virtual», Gedisa Ed., Barcelona, 1994.
SINGHAL, S., y ZYDA, M., *Networked Virtual Environments,* Addison-Wesley Pub. Co., Wokingham, 1999.
SYSECA, *VR for Europe-Industrial Application of VR,* www.syseca.Thomson-csf.com
VINCE, J., *Essential Virtual Reality Fast,* Springer-Verlag, Londres, 1998.
WHITTLE, D. B., *Cyberspace — The Human Dimension,* W. H. Freeman and Co., Oxford, 1997.

26. LOS NÚMEROS: DE LA SIMBOLOGÍA A LA APLICABILIDAD

BARROW, J. D., *¿Por qué el mundo es matemático?,* Libro de Mano, Grijalbo Mondadori, Barcelona, 1997.
CILLERUELO, J., y CÓRDOBA, A., *La teoría de números,* Biblioteca Mondadori, Mondadori, Madrid, 1992.
GAUSS, C. F., *Disquisicions Aritmètiques,* Societat Catalana de Matemàtiques, Institut d'Estudis Catalans, Barcelona, 1996.
GUEDJ, D., *El imperio de las cifras y de los números,* Claves, Gallimard, Barcelona, 1998.
PAULOS, J. A., *Un matemático lee el periódico,* Metatemas, 44, Tusquets Editores, Barcelona, 1996.
SANTALÓ, L., A., *La matemática: una filosofía y una técnica,* Ariel, Barcelona, 1994.

SCHRÖDINGER, E., *¿Qué es la vida?,* Metatemas, 1, Tusquets Editores, Barcelona, 1997.

STRATHERN, P., *Crik, Watson y el ADN,* Los Científicos y sus Descubrimientos, Siglo XXI de España Editores, Madrid, 1999.

TRAVESA, A., *Aritmètica,* Col·lecció UB, Edicions Universitat de Barcelona, Barcelona, 1998.

VON NEUMANN, J., *El ordenador y el cerebro,* Bon Ton, Barcelona, 1999.

WEIL, A., *Souvenirs d'apprentissage,* Vita Mathematica, Birkhäuser, Basilea, 1991.

ZITELMANN, A., *Hypatia,* Gulliver Taschenbuch, 750, Beltz Verlag, Weinheim, 1998.

27. LAS MATEMÁTICAS DE LO COTIDIANO

ARSUAGA, J. L., *El collar del neandertal,* Temas de Hoy, Madrid, 1999.

CILLERUELO, J., y CÓRDOBA, A., *La teoría de los números,* Mondadori, Madrid, 1993.

GARFUNKEL, S., y STEEN, L. A., *Las Matemáticas de la vida cotidiana,* Addison-Wesley/UAM, Madrid, 1998.

HARDY, G. H., *A Mathematician's Apologhy,* Cambridge University Press, Cambridge, 1940.

KÖRNER, T. W., *The Pleasures of Counting,* Cambridge University Press, Cambridge, 1996.

MCMAHON, T., y BARNES, J., *Tamaño y vida,* Biblioteca Scientific American.

NEWMAN, J. R., *Sigma. El mundo de las Matemáticas,* 6 vols., Ediciones Grijalbo, Barcelona, 1968-1969.

PENROSE, R., *La nueva mente del Emperador,* Mondadori, Madrid, 1991.

SCHROEDER, M. R., *Number Theory in Science and Communications,* Springer, Berlín, 1984.

Selecciones de Scientific American, *Matemáticas en el mundo moderno,* Ed. Blume, Madrid, 1974.

SZYMBORSKA, W., *El gran número. Fin y principio y otros poemas,* Ediciones Hiperión, 1997.

28. PROBABILIDAD, COMPLEJIDAD Y CAOS

BRIGGS, J., y PEAT, F. D., *Seven Life Lessons of Chaos. Timeless Wisdom from the Science of Change,* Harper Collins, Nueva York, 1998.

CAGLIOTI, G., *Simmetrie infrante nella scienza e nell'arte,* Clup, Milán, 1983.

— *The Dynamics of Ambiguites,* Springer-Verlag, Berlín, 1992.

DALMENICO, A. D.; CHABERT, J.-L., y CHEMLA, K. (coords.), *Chaos et Determinisme,* Seuil, París, 1992.

GLEICK, J., *Chaos. Making a New Science,* Viking, Nueva York, 1987.
HAKEN, H., *Secreto de los éxitos de la Naturaleza. Sinergética: la doctrina de la acción de conjunto,* Argos-Vergara, Barcelona, 1981/Salvat, Barcelona, 1986.
MANDELBROT, B. B., *The Fractal Geometry of Nature,* Freeman, San Francisco, 1982.
PEITGEN, H.-O., y RICHTER, P. H., *The Beauty of Fractals,* Springer-Verlag, Berlín, 1986.
PRIGOGINE, I., y JACOB, O., *La fin des certitudes,* París, 1996.
PRIGOGINE, I., y STENGERS, I., *La nueva alianza,* Alianza Universidad, Madrid, 1990.
ROSNAY, J. DE, *Le Macroscope,* Seuil, París, 1976.
RUELLE, O., *Hasard et Chaos,* Jacob, París, 1991.
STEWART, I., y BLACKWELL, B., *Does God Play with Dice? The New Mathematics of Chaos,* Basil Blackwell, Oxford, 1989.

REFERENCIAS GENERALES

Annual Reviews, *The Excitement and Fascination of Science. Reflections by Eminent Scientists,* Annual Reviews Inc., Palo Alto, California, 1965-1990.
BARTUSIAK, M. F., y cols., *A Positron Named Pristila. Scientific Discovery at the Frontier* (2nd and 3rd Annual Symposia on Frontiers of Science, 1991-1992), National Academy of Sciences/National Academy Press, Washington, D.C., 1994.
BROCKMAN, J., *La tercera cultura. Más allá de la revolución científica,* Tusquets Editores, Barcelona, 1996.
CAMPBELL, P. (ed.), «Impacts of Foreseeable Science», *Nature* 402 (supl.): C7-C88, 1999.
CEGIELSKI, C. (ed.), *Yearbooks of Science and the Future,* Encyclopaedia Britannica Inc., Chicago, 1997-2000.
CORNWELL, J. (ed.), *Nature's Imagination. The Frontiers of Scientific Vision,* Oxford University Press, Oxford, 1985.
GREENWOOD, A. (ed.), *Science at the Frontier. The Nation's Top Scientists Report on Research at the Cutting Edge* (1st Annual Symposium on Frontiers of Science, 1990), National Academy of Sciences/National Academy Press, Washington, D.C., 1992.
HAMBURG, D. A. (ed.), *Science, Technology, and Government for a Changing World,* Carnegie Commission, Nueva York, 1993.
HORGAN, J., «El fin de la ciencia. Los límites del conocimiento en el declive de la era científica», Paidós, Barcelona, 1998.
http://www.nas.edu [The National Academies: Education]
KAKU, M., *Visiones. Cómo la ciencia revolucionará la materia, la vida y la mente en el siglo XXI*, Editorial Debate, Madrid, 1998.

MADDOX, J., *Lo que queda por descubrir,* Editorial Debate, Madrid, 1999.
National Academy of Sciences (ed.), «Frontiers of Science Annual Symposia», en *Proceeding of the National Academy of Sciences, USA*, 1995-1999.
— *Beyond Discovery Serie. The Path from Research to Human Benefict,* National Academy of Sciences. http://www2.nas.edu/bsi.
RENNIE, J. (ed.), «End-of-the-Millenium Special Issue: What Science Will Known in 2050», *Scientific American* 281: 30-93 (1999).
REVISTAS DE DIVULGACIÓN CIENTÍFICA:
Investigación y Ciencia (Scientific American), Prensa Científica, S. A., Barcelona.
Investigación y Ciencia-Temas, Prensa Científica, S. A., Barcelona.
Mundo Científico (La Recherche), Ed. Fontalba, S. A., Barcelona.
SÁNCHEZ RON, J. M., *Como al león por sus garras*, Debate Ed., Madrid, 1999.
SHOW, C. P., *The Two Cultures,* Cambridge University Press, Cambridge, 1959.
STEVER, H. G. (ed.), *Enabling the Future. Linking Science and Technology to Societal Goals,* Carnegie Commission, Nueva York, 1994.

Los autores

Miguel Á. Alario
Catedrático de Química Inorgánica
Facultad de Ciencias Químicas, Universidad Complutense (Madrid)
e-mail: maaf@eucmax.sim.ucm.es

Luis Arroyo
Doctor Ingeniero de Telecomunicación
e-mail: larroyo@terra.com

Francisco J. Ayala
Donald Bren Professor of Biological Sciences
Ecology & Evolutionary Biology, University of California, Irvine
e-mail: fjayala@uci.edu

Pilar Bayer
Catedrática de Álgebra
Facultad de Matemáticas, Universidad de Barcelona
e-mail: bayer@mat.ub.es

Carlos Belmonte
Catedrático de Fisiología Humana. Instituto de Neurociencias
Universidad Miguel Hernández – CSIC (San Juan de Alicante)
e-mail: carlos.belmonte@umh.es

Manuel Castellet
Catedrático de Geometría y Topología
President. Institut d'Estudis Catalans
e-mail: president@iec.es

Antonio Córdoba
Catedrático de Análisis Matemático
Facultad de Ciencias, Universidad Autónoma de Madrid
e-mail: antonio.cordoba@uam.es

FRANCISCO DÍAZ PINEDA
Catedrático de Ecología
Facultad de Ciencias Biológicas, Universidad Complutense (Madrid)
e-mail: pacopi@eucmax.sim.ucm.es

JOSÉ ELGUERO
Profesor de Investigación. Instituto de Química Médica
Consejo Superior de Investigaciones Científicas (Madrid)
e-mail: iqmbe17@iqm.csic.es

LUIS FERNÁNDEZ-GALIANO
Catedrático de Proyectos Arquitectónicos
E. T. S. Arquitectura, Universidad Politécnica de Madrid
e-mail: AViva@infornet.es

RAMÓN FERNÁNDEZ DURÁN
Ingeniero de Caminos
e-mail: ramonfd@jazzfiesta.com

JUAN FERNÁNDEZ SANTARÉN
Profesor Titular. Departamento de Biología Molecular
Centro Biología Molecular Severo Ochoa, Universidad Autónoma de Madrid
e-mail: jfsantaren@cbm.uam.es

ALBERTO GALINDO
Catedrático de Física Teórica
Facultad de Ciencias Físicas, Universidad Complutense (Madrid)
e-mail: galindo@eucmos.sim.ucm.es

PEDRO GARCÍA BARRENO
Director. Unidad de Medicina y Cirugía Experimental
Hospital General Universitario Gregorio Marañón (Madrid)
e-mail: barreno@mce.hggm.es

ANTONIO GARCÍA-BELLIDO
Profesor de Investigación. Laboratorio de Genética del Desarrollo
Centro de Biología Molecular Severo Ochoa, CSIC (Madrid)
e-mail: agbellido@cbm.uam.es

FRANCISCO GARCÍA OLMEDO
Catedrático de Bioquímica y Biología Molecular
E. T. S. Ingenieros Agrónomos, Universidad Politécnica de Madrid
e-mail: olmedo@bit.etsia.upm.es

JAVIER GARCÍA SANCHO
Catedrático de Fisiología. Instituto de Biología y Genética Molecular
Facultad de Medicina, Universidad de Valladolid – CSIC
e-mail: jgsancho@ibgm.uva.es

MANUEL GARCÍA VELARDE
Catedrático de Mecánica Estadística
Instituto Pluridisciplinar, Universidad Complutense (Madrid)
e-mail: mvelarde@eucmax.sim.ucm.es

MIGUEL DE GUZMÁN
Catedrático de Análisis Matemático
Facultad de Matemáticas, Universidad Complutense (Madrid)
e-mail: mdeguzman@bitmailer.net

JOSÉ L. JORCANO
Jefe del Proyecto de Biología Molecular y Celular y Terapia Génica
CIEMAT, Ministerio de Ciencia y Tecnología (Madrid)
e-mail: jorcano@ciemat.es

ENRIQUE MARTÍN-BLANCO
Investigador. Laboratorio de Genética del Desarrollo
Centro de Biología Molecular Severo Ochoa, CSIC (Madrid)
e-mail: emblanco@cbm.uam.es

DANIEL MARTÍN MAYORGA
Doctor Ingeniero de Telecomunicación
Presidente de Telefónica Soluciones Móviles
e-mail: martin_d@telefonicamoviles.com

ÁNGEL MARTÍN MUNICIO
Catedrático de Bioquímica y Biología Molecular
Presidente. Real Academia de Ciencias Exactas, Físicas y Naturales
e-mail: presidente.racefyn@insde.es

JUAN ORTÍN
Profesor de Investigación. Dept. Biología Celular y Molecular
Centro Nacional de Biotecnología, CSIC (Madrid)
e-mail: jortin@cnb.uam.es

IGNACIO PARICIO
Catedrático de Construcción
E. T. S. Arquitectura. Universidad Politécnica de Barcelona
e-mail: cpa@coac.es

José M. Sánchez Ron
Catedrático de Historia de la Ciencia
Facultad de Ciencias, Universidad Autónoma de Madrid
e-mail: sron@delta.ft.uam.es

Manuel Serrano Ríos
Catedrático de Patología Médica
Facultad de Medicina, Universidad Complutense (Madrid)
e-mail: mserranorios@navegalia.com

Enric Trillas
Catedrático de Inteligencia Artificial
Facultad de Informática, Universidad Politécnica de Madrid
e-mail: etrillas@dia.fi.upm.es

Agustín Udías
Catedrático de Geofísica
Facultad de Ciencias Físicas, Universidad Complutense (Madrid)
e-mail: figeo12@sis.ucm.es

Félix Ynduráin
Catedrático de Física del Estado Sólido
Director. CIEMAT, Ministerio de Ciencia y Tecnología (Madrid)
e-mail: felix.yndurain@ciemat.es

Francisco J. Ynduráin
Catedrático de Física Teórica
Facultad de Ciencias, Universidad Autónoma de Madrid
e-mail: fjy@delta.ft.uam.es